石油和化工行业"十四五"规划教材（普通高等教育）

2018-1-162

Physical Chemistry

物理化学

（第二版）

刘建兰　韩明娟　裴文博　吴雅静　主编

化学工业出版社

·北京·

内容简介

《物理化学》（第二版）将第一版上、下册合并为一册出版，进一步理顺了课程体系，整合和更新了内容。对第一版中的化学平衡、统计热力学初步、相平衡、电解质溶液、电化学平衡、电解池与极化作用和界面化学部分进行了全面修订；在此基础上，将电解质溶液、电化学平衡、电解池与极化作用整合、优化为电化学一章，精简了内容并突出重点；删除了量子力学概论相关内容。全书包括气体的性质与液化、热力学第一定律、热力学第二定律、多组分系统热力学、化学平衡、统计热力学初步、相平衡、电化学、化学反应动力学、界面现象和胶体分散系统，共 11 章内容。

本书可作为化学化工类、材料类、生物与制药类、食品与轻工类、环境与能源类等相关专业的教材，也可供科研和工程技术人员参考。

图书在版编目（CIP）数据

物理化学 / 刘建兰等主编 . —2 版 . —北京：化学工业出版社，2021.9（2025.1 重印）
高等学校规划教材
ISBN 978-7-122-39933-5

Ⅰ . ①物…　Ⅱ . ①刘…　Ⅲ . ①物理化学-高等学校-教材　Ⅳ . ①O64

中国版本图书馆 CIP 数据核字（2021）第 191027 号

责任编辑：宋林青　　　　　　　　　　　文字编辑：刘志茹
责任校对：宋　夏　　　　　　　　　　　装帧设计：史利平

出版发行：化学工业出版社（北京市东城区青年湖南街 13 号　邮政编码 100011）
印　　装：河北鑫兆源印刷有限公司
787mm×1092mm　1/16　印张 31　字数 787 千字　2025 年 1 月北京第 2 版第 4 次印刷

购书咨询：010-64518888　　　　　　　　售后服务：010-64518899
网　　址：http://www.cip.com.cn

定　　价：69.80 元

前言

　　本书第一版于 2013 年 12 月出版，是高等学校"十二五"规划教材，适合作为高等学校化学化工类、材料类、生物与制药类、食品与轻工类、环境与能源类等相关专业本科生的教材和教学参考书。该教材获得中国石油和化学工业优秀出版物奖一等奖，2018 年被江苏省教育厅确立为江苏省高等学校重点建设教材。

　　第二版在保留第一版特色的基础上，针对以往学生学习和教师教学中存在的难点和疑惑，编者进一步理顺了课程体系，整合和更新了内容，条理更加清晰。对第一版中的化学平衡、统计热力学初步、相平衡、电解质溶液、电化学平衡、电解池与极化作用和界面化学部分进行了全面修订，内容焕然一新；并将电解质溶液、电化学平衡、电解池与极化作用三章内容整合、优化为电化学一章，精简了内容，突出了重点；删除了量子力学概论相关章节。同时，对其余各章内容进行了适当调整和补充。为发挥教材立德树人的作用，弘扬科学家精神，书中注意顺势引入化学家的生平及事迹介绍。

　　修订后，将原先《物理化学》（上）和《物理化学》（下）合并为《物理化学》出版，全书包括气体的性质与液化、热力学第一定律、热力学第二定律、多组分系统热力学、化学平衡、统计热力学初步、相平衡、电化学、化学反应动力学、界面现象和胶体分散系统，共11 章内容。

　　参加修订的南京工业大学化学与分子工程学院教师（以姓氏汉语拼音排名）：韩明娟、李冀蜀、林志华、刘建兰、裴文博、彭国、王芳、王小辉、吴雅静、姚敏霞，全书由刘建兰统稿。

　　本书初稿承蒙东南大学化学化工学院张一卫教授审稿，张一卫教授提出了宝贵周全的修改意见，对提高本书的质量起到了关键作用，编者在此表示诚挚的谢意。化学工业出版社的编辑为保证教材的出版付出了辛勤的努力，编者表示衷心感谢。

　　限于编者水平，书中难免有疏漏和不当之处，恳请读者不吝赐教，便于提高和修改。

编者

2021 年 4 月

第一版 序

物理化学常被称为理论化学，包含化学热力学、化学动力学、量子力学和统计力学四大分支，是化学中最重要的基础学科。物理化学也是化工类、材料类、制药类、食品与轻化类、环境类等相关工科专业学生必修的一门基础理论课程，教学中除了要求学生掌握物理化学的基本知识外，更重要的是培养学生学会物理化学的科学思维方法、获得解决实际问题的能力。

刘建兰教授长期从事物理化学教学工作，通熟经典物理化学教材，潜心研究教学内容和教学方法，积累了丰富的教学经验，形成了鲜明的教学风格，所开设的物理化学课是南京工业大学学生最喜欢的课程之一，常因其他班学生"蹭课"而使教室"爆满"。因教学效果显著，获得过学校"首届学生最喜爱的老师""师德十佳"等多项荣誉。他汲取大量物理化学教材和教改论文之精华，将自己多年的体会与心得融入本教材的编写中，在保持传统经典教材优点的同时，具有自身鲜明特色和独到见解。

第一，教材在绪论中对化学发展简史和物理化学的建立与发展做了简要的介绍，还重点归纳、推介了本课程的学习方法，这对于学生了解和学习前人的工作方法、激发学生的学习兴趣和求知欲望，增加教材的趣味性和可读性等是十分有益的。这也是本教材的一大特色。

第二，教材在内容安排上层次分明、条理清晰。例如，第一章气体的性质与液化中，由低压下气体的性质直到对应状态原理，简洁、明了地串联成了本章内容；第二章热力学第一定律和第三章热力学第二定律，是物理化学中读者普遍感到最难学的内容，书中以七个热力学函数为一条主线、同时以每一个函数在"单纯 pVT 变化、相变化和化学反应"三大问题中的应用为另一条主线展开介绍，起到了提纲挈领、删繁就简、化难为易的效果。

第三，教材系统性强、逻辑严密、论述严谨、重点突出，强调基本概念和基本原理的重要性；同时，力求语言上生动精辟、简明扼要、通俗易懂，使读者容易理解和接受。精心挑选有代表性的例题，剖析解题思路，规范解题过程，尽可能用最贴近现实的例子，解读深奥的理论。例如，在热力学第一定律和第二定律中，相变问题中涉及 Q、W、ΔU、ΔH、ΔS、ΔA 和 ΔG 的计算，书中始终以大家熟悉的"水"为例展开讨论，简便易懂，令人耳目一新。

本教材既能博采众家之长，又能亮出自己特色，是一本雅俗共赏的好教材。相信您读过该书后，一定会获益匪浅。

陆小华

2013-12-18

第一版前言

物理化学是以物理的原理和实验技术为基础，探求化学变化中最基本规律的一门学科，是所有化学学科的理论基础。物理化学课程是化学化工类、材料类、制药类、食品与轻化类、环境类等相关专业最重要的基础理论课之一。物理化学概念抽象、理论性强、公式繁多，是读者普遍感到难学的一门课程。

根据教育部高等学校化学与化工教学指导委员会关于化工类、材料类及化学类等专业化学教学基本内容的要求，编者结合长期从事物理化学教学的经验与心得，编写了本教材。编写过程中，所有物理量的符号和单位，都严格遵循国家标准和 ISO 国际标准，对物理化学的基本概念和基本原理的阐述做到准、精、易；在内容安排上从易到难，力求兼顾条理性、逻辑性、严谨性、连贯性和系统性。在绪论部分，编入了化学发展简史和物理化学的建立与发展过程；对重要的科学家介绍了生平，这些可以使历史得以传承，拓展读者的知识面。为使读者及时消化所学理论知识，提升读者运用理论解决问题的能力，教材精选了例题和相对应的习题。同时，为了帮助读者归纳、总结所学内容，在各章结尾部分都给出了"学习基本要求"。

本教材分上、下两册，共 14 章。参加本教材编写工作的有南京工业大学刘建兰（绪论、第 1、2、3、4、12 章），邱安定（第 5 章），李冀蜀（第 6、7 章），王强（第 8 章），郭会明（第 9、10、11 章），韩明娟（第 13 章），吴雅静（第 14 章）。本教材全文由刘建兰统稿。

本教材编写过程中，参考了国内外许多优秀的教材和期刊，获益匪浅；同时，南京工业大学鲁新宇等老师为本教材的出版提出了宝贵的建议和意见，编者在此谨表由衷的感谢。

限于编者的水平和学识，书中疏漏、不当之处在所难免，敬请同行诸家及广大读者给予指正，便于再版时改正。

编者
2013 年 10 月于南京

目录

90

◎ 第3章 热力学第二定律

◎ 第 4 章 多组分系统热力学

139

◎ 第5章　化学平衡　175

◎ 第6章　统计热力学初步　198

○ 第7章 相平衡   **231**

○ 第8章 电化学   **269**

○ **第9章　化学反应动力学**

◯ 第 10 章　界面现象

◎ 第11章 胶体分散系统   **431**

◎ 附录   **473**

◎ 参考文献   **480**

绪　论　▶▶

化学是研究物质的性质、组成、结构、变化和应用的科学，与人们的日常生活息息相关。化学作为一门基础学科，自始至终伴随着人类社会历史的发展，极大地促进了各个时代社会生产力的发展，成为人类进步的标志。让化学为人类社会的进步发挥更好的作用，是当今人们需要关注的一个课题。

0.1　化学发展史概述

化学的发展历史非常渊源古老，可以说人类开始使用火是化学史开端的标志。而化学知识的形成、化学的发展经历了漫长而曲折的道路，纵观整个化学发展史，大致分为以下几个时期。

（1）远古的工艺化学时期

从远古到公元前 1500 年，这一时期人类学会了用火烘烤和烧煮食物，在熊熊的烈火中由黏土制出陶器，由矿石烧出金属，还学会了从谷物中酿造出美酒，给丝麻等织物染上颜色。这些制陶、冶金、酿造和染色等最早的化学工艺，都是在长期实践经验的直接启发下经过多少万年摸索得来的，但化学知识还没有形成。这是化学的萌芽时期。

（2）炼丹术和医药化学时期

从公元前 1500 年到公元 1650 年，这一时期炼丹术士和炼金术士们，在皇宫、教堂、家中、深山老林的烟熏火燎中，为求得长生不老的仙丹和荣华富贵的金银，开始了最早的化学实验。这个时期，记载、总结炼丹术的书籍很多，例如我国的《参同契》《道藏》等。欧洲在 1572 年出版的《化学原理》（Artis Chemiae Principes）一书中首次使用了"化学"这个名词。英语的 chemistry 起源于 alchemy，即炼金术。chemist 至今还保留着两个相关的含义：化学家和药剂师。希腊、阿拉伯、罗马等许多著名学者，例如柏拉图、亚里士多德、阿维森纳等，都写了有关化学方面的书，说明这些学者开始认识到实验是科学工作的重要工具。到了十五、十六世纪，炼丹术因缺乏科学基础而屡遭失败，化学实验开始转向医学等领域。

医药化学时期，从公元 1500 年到 1700 年。在这两百年间，欧洲进入文艺复兴时期。这一时期最具代表性的人物是瑞士医生、医药化学家帕拉塞斯（P. A. Paracelsus，1493—1541）。他强调化学研究的目的是把化学知识应用于医疗实践，制取药物，有人认为帕拉塞斯"从根本上改变了医疗和化学的发展道路"。德国医生、医药化学家安德雷·李巴乌（Andreas Libavius，1540—1616)在 1611～1613 年间编著的《工艺化学大全》，使化学终于有了真正的教科书。继帕拉塞斯、李巴乌之后，对化学的发展贡献卓著的医药化学家还有赫尔蒙特(J. B. van Helmont，1597—1644)，他工作的最大特点是对化学进行定量研究，广泛使用了天平，他所做的"柳树实验"和"沙子实验"，是早期化学发展史上著名的两个定量实验，他常被称为从炼丹术到化学过渡阶段的代表。

（3）燃素化学时期

从 1650 年到 1775 年，这一时期德国化学家施塔尔(G. E. Stahl，1660—1734)在继承前人关于燃烧的各种观点基础上，通过大量的实验积累，提出了第一个化学理论——燃素说，认为可燃物能够燃烧是因为它含有燃素，燃烧的过程是可燃物中燃素放出的过程，可燃物放出燃素后成为灰烬。尽管燃素说是错误的，但它所认为的"化学反应是一种物质转移到另一种物质的过程，化学反应中物质守恒"等是奠定近代、现代化学思想的基础。

英国化学家波义尔(R. Boyle，1627—1691)是站在古代化学和近代化学交叉点上继往开来的伟大人物。他是化学旧观念的批评者、新化学观的建立者，是近代机械原子论的开拓者，科学认识论和方法论的倡导者。1661 年，波义尔发表了名著《怀疑派化学家》(The Sceptical Chemist)，提出了科学的元素观念，指出研究化学的目的在于认识物质的本质，认为只有运用严密的和科学的实验方法才能够把化学确立为科学。正如恩格斯高度评价的那样，"波义尔把化学确立为科学"。因此，波义尔被尊为"化学之父"。

（4）定量化学时期

这一时期从 1775 年至 1900 年，又称为近代化学时期。1777 年，拉瓦锡(A. L. Lavoisier，1743—1794)用定量化学实验阐述了燃烧的氧化学说，推翻了统治了化学界 100 多年的燃素说，开创了定量化学(即近代化学)时期。因此，拉瓦锡是近代化学的奠基者，被尊为"近代化学之父"。

正是在此基础上，近代化学才得以蓬勃发展，从而拓展了化学科学研究的领域，导致了许多重要化学理论的建立和发展。例如，1808 年英国科学家道尔顿(J. Dalton，1766—1844)创立了科学的原子论；1811 年意大利科学家阿伏伽德罗(A. Avogadro，1776—1856)提出了分子假说；1818 年瑞典化学家贝采里乌斯(J. J. Berzelius，1779—1848)开始使用化学符号；1828 年德国化学家维勒(Friedrich Wohler，1800—1882)首次用无机物人工合成了尿素，打破了有机化合物的"生命力"学说；1830 年前后德国化学家李比希(Justus von Liebig，1803—1873)发现了同分异构体，和维勒共同创立了有机化学、发展了有机化学结构理论；1869 年俄国化学家门捷列夫(Дмитрий Иванович Менделеев，1834—1907)发现了元素周期律；1888 年法国化学家勒沙特列(Le Chatelier，1850—1936)提出了化学平衡移动原理，等等。

这一时期化学发展的中心在欧洲，化学研究从多个方面展开，逐步建立起了无机化学、有机化学、分析化学和物理化学等重要的基础分支学科，具备了较为丰富的实验基础和理论基础。

（5）科学相互渗透时期

这一时期开始于 19 世纪末和 20 世纪初，延续到当今，又称为现代化学时期。19 世纪末，X 射线、放射性和电子技术三大发现，猛烈地冲击着道尔顿原子论关于原子不可再分的观念，打开了原子和原子核内部结构的大门，使化学家能够从微观的角度和更深的层次上来研究物质的性质和化学变化的根本原因。同时，量子论的发展使化学和物理学有了共同的语言，解决了化学上许多悬而未决的问题；另外，化学又向生物学和地质学等学科渗透，使过去很难解决的蛋白质、酶等的结构问题，正在逐步得到解决。化学又衍生出许多分支，例如生物化学、地理化学、高分子化学、材料化学、合成化学、仪器分析化学等。

化学的发展历史过程，体现了人类对化学物质及其变化规律认识不断深化的过程，表现出化学实验和化学理论相互作用、相互促进、辩证发展的过程。

0.2　物理化学的建立与发展

物理化学是化学学科的一个重要分支，它是以物理的原理和实验技术为基础探求化学变化中最基本规律的一门学科。"物理化学"这一术语最早是在 18 世纪中叶，被俄国科学家罗蒙诺索夫（M. B. Ломонócoв，1711—1765）首次使用，但它作为一门学科的正式形成，一般认为是从 1887 年德国化学家奥斯特瓦尔德（F. W. Ostwald，1853—1932）和荷兰化学家范特霍夫（J. H. Van't Hoff，1852—1911）创立《物理化学杂志》开始的。

从物理化学学科的正式形成之时起到 20 世纪 20 年代，物理化学以化学热力学的迅猛发展为其显著特征。热力学第一定律和第二定律在各种化学系统，尤其是溶液系统的研究中得到广泛应用，取得了辉煌的成就。吉布斯（J. W. Gibbs，1839—1903）对多相平衡系统进行了研究，提出了相律概念，范特霍夫提出了化学平衡理论，阿伦尼乌斯（S. A. Arrhenius，1859—1927）提出了电离学说，能斯特（W. H. Nernst，1864—1941）发现了热定律，路易斯（G. N. Lewis，1875—1946）提出了非理想系统的逸度和活度概念及其测定方法，及至 1923 年德拜（P. J. W. Debye，1884—1966）和休克尔（E. A. A. J. Huckel，1896—1980）提出的强电解质溶液理论时，经典热力学，即平衡热力学的全部基础已经具备。到了 20 世纪 70 年代，普里戈金（I. Prigogine，1917—2003）等提出的耗散结构理论，促进热力学扩展到非平衡态领域。

化学动力学的研究也起源于 19 世纪末期，阿伦尼乌斯首先提出了反应活化能的概念，博登斯坦（M. Bodenstein，1871—1942）和能斯特提出了链反应机理，辛歇乌德（C. N. Hinshelwood，1897—1967）和谢苗诺夫（N. Semyonow，1896—1986）发展了自由基链式反应动力学。到了 20 世纪 60 年代，激光技术的出现和实验技术的不断提高，促使动力学的研究从宏观走向微观和超快速反应动力学的方向进行。目前，反应时间分辨率已达到飞秒（10^{-15} s）数量级。若反应时间分辨率再提高 2～3 个数量级，人类有可能彻底认识和控制反应过程。

20 世纪是物理化学的一个重要分支——结构化学的快速发展时期。劳厄（M. Laue，1879—1960）和布拉格（W. H. Bragg，1862—1942）用 X 射线对晶体结构的研究奠定了结构化学的基础，1926 年量子力学的研究兴起又促进了对物质微观结构的认识。鲍林（L. C. Pauling，1901—1994）等提出了杂化轨道理论、氢键和电负性等概念，路易斯提出了共价键概念，鲍林和斯莱脱（J. C. Slater，1900—1976）完善了价键理论，穆利肯（R. S. Mulliken，1896—1986）和洪特（F. Hund，1896—1997）发展了分子轨道理论，使价键法和分子轨道法成为近代化学键理论的基础。到了 50 年代，实验技术的发展促进了从基态稳定态分子进入各种激发态结构的研究。电子能谱的出现又使结构化学研究能够从物质的体相转移到表面相。目前，结构化学的研究对象正从一般键合分子扩展到准键合分子、范德华分子、原子簇、分子簇和非化学计量化合物。

伴随着大型快速电子计算机的诞生，物理化学的另一分支学科——量子化学应运而生。

福井谦一（Fukui Kenichi，1918—1998）提出的前线轨道理论、伍德沃德（R. B. Woodward，1917—1979）和霍夫曼（R. Hoffmann，1937—）提出的分子轨道对称守恒原理，是建立量子化学的重要基础，波普尔（J. A. Pople，1925—2004）发展的半经验和从头计算法为量子化学的广泛应用奠定了基础。目前，量子化学是研究化学与材料性质的重要手段之一。

20 世纪 80 年代以来，人们对介于宏观与微观之间的介观领域的研究越来越重视，发现了许多奇异现象。目前，对三维尺寸在 1～100nm 范围纳米体系的研究，已成为材料、化学、物理等学科的前沿热点。

0.3　研究物理化学的目的和研究内容

物理化学是研究所有物质系统化学行为中的原理、规律和方法的学科，它是所有化学学科的理论基础。物理化学与其他学科之间有着密不可分的联系，物理化学所取得的理论成就和先进的实验方法，能为其他学科的研究和发展提供理论指导。因此，研究物理化学的目的，是解决一切实际生产和科学实验过程中所遇到的化学理论问题，揭示化学变化的本质，更好地为生产实践服务。例如，无机化学家常用化学热力学原理研究无机材料的性质及其稳定性；有机化学家用化学反应动力学理论研究有机反应的机理，用结构化学的理论探索反应中间产物的结构及其稳定性；分析化学家则通过光谱分析以确定未知物的组成。除此以外，在生物领域，人们常用化学热力学原理研究生物能、膜平衡和生物大分子的分子量；材料科学工作者，会应用热力学原理来判断合成未知新材料的可能性及已合成材料的稳定性，用光谱的方法确定材料的结构与功能等。总之，物理化学是一门无处不在的学科，它的基本原理和科学的实验方法每时每刻都在为其他学科的发展指明方向。

物理化学是化学学科的一个最重要分支，它所面临的主要研究内容有以下几个方面。

（1）化学变化的方向与限度

在一定的条件下，一个化学反应能否朝着设定的方向进行？若能，则进行的程度又如何？改变外界条件，如温度、压力、组成等，对反应进行的方向和限度各有怎样的影响？如何控制反应的外界条件，使反应朝着设计的方向进行？所发生的反应过程中能量如何变化？这些都是化学热力学的研究范畴，主要依赖于热力学第一、第二定律来解决。

（2）化学反应的速率与机理

一定的条件下，对于一个反应方向已确定的化学反应，其反应速率有多大？反应进行的历程怎样？改变外界条件，如温度、压力、组成、催化剂等，对反应进行时的历程和速率会产生怎样的影响？如何通过控制反应的外界条件，使反应能按照适宜的速率进行、有效抑制副反应？这些都是化学动力学所要研究的问题。

（3）物质结构与性能之间的关系

本质上讲，物质的内部结构决定了物质的性质。深入了解物质的内部结构，除了能了解化学变化的内在因素外，更重要的是可以预见在适当改变外在条件的情况下，物质的内部结构将如何改变，进一步对物质的性质将产生怎样的影响，这为合成特殊用途的新材料提供了方向和线索。这类问题的研究，要借助于结构化学和量子化学。结构化学的任务是研究分子的结构，如表面结构、内部结构和动态结构等。量子化学是量子力学与化学相结合的学科，它通过对模型的模拟计算，了解分子成键过程，为分子的设计提供帮助。

化学热力学、化学动力学、量子力学、统计热力学是物理化学的四大分支。本书将重点介绍热力学的基本原理及其在物质单纯 pVT 变化过程、化学反应、多相平衡系统、电化学、界面现象以及胶体化学中的应用；着重介绍动力学的基本原理及其在一般化学反应和特殊化学反应中的应用；简要介绍量子力学的基本理念和统计热力学处理化学问题时的思路与方法。

0.4　物理化学中物理量的运算规则

在物理化学中，要研究诸如气体温度、压力、体积等各种物理量之间的关系，常常涉及用定量的公式来描述物理量之间的关系。因此，正确理解物理量的表示方法及其运算规则，既是学好物理化学课程的必要条件，也是培养严谨科学态度的基本要求。

（1）物理量的表示

物质存在的状态和运动形式是多种多样的，既有大小的增减，又有性质、属性的改变。物理量就是指物质的这种可以定性区别和可以定量确定的属性。因此，一方面，物理量反映了属性的大小、轻重、长短或多少等概念；另一方面，物理量又反映了物质在性质上的区别。可见，物理量都是由数值和单位两部分构成，物理量的大小等于数值和单位的乘积。

若以 A 代表任意一个物理量，以 $[A]$ 表示其单位，则 $\{A\}$ 表示以 $[A]$ 为单位时的数值，三者之间的关系可表示为

$$A = \{A\} \cdot [A]$$

例如，某体积 $V = 10\mathrm{dm}^3$，V 是体积的物理量符号，dm^3 是体积的单位符号，10 是以 dm^3 为单位时体积的数值。

理论上，单位的大小可以任意选择，但一般常用国际单位制，即 SI 制。数值的大小将随单位的选择而改变，即单位 $[A]$ 的不同，$\{A\}$ 的数值大小不等，且与单位的大小成反比。但是物理量本身不随单位的大小变化而改变，即与单位的选择无关。上面的体积也可表示为 $V = 0.01\mathrm{m}^3$，V 依然是体积的物理量，m^3 是体积的 SI 制单位，0.01 是以 m^3 为单位时体积的数值。可见，两个物理量是相等的，即 $V = 10\mathrm{dm}^3 = 0.01\mathrm{m}^3$。但是，由于单位 m^3 是 dm^3 的 10^3 倍，所以，单位为 m^3 时的体积数值 0.01 是单位为 dm^3 时的体积数值 10 的 10^{-3} 倍，体现出体积的数值与单位成反比的关系。

为了区分物理量本身和以一定单位表示的物理量数值，特别是在图、表中要用到以一定单位表示的物理量的数值时，通常以物理量与单位的比值 $\dfrac{A}{[A]} = \{A\}$ 表示。例如，$\dfrac{V}{\mathrm{m}^3} = 0.01$ 或者 $\dfrac{V}{\mathrm{dm}^3} = 10$。

物理量都有各自特定的符号，一般用拉丁字母或希腊字母表示，用大、小写字母表示的都有，有时用上、下标记加注说明。物理量的符号除 pH（正体）以外，都用斜体印刷；上、下标记中如果是物理量则也用斜体，其他说明标记用正体。如体积符号 V，物质的量符号 n，密度符号 ρ，摩尔定容热容符号 $C_{V,\mathrm{m}}$ 等。对于 $C_{V,\mathrm{m}}$，C 是物理量符号，斜体；V,m 是下标记，其中 V 代表体积，是物理量，需要斜体，m 代表摩尔，不是物理量，因此是正体。

物理量的单位符号都用正体印刷，一般用小写字母，当单位名称来源于人名时，则其第一个字母要大写，如米（m）、秒（s）、西门子（S）、帕斯卡（Pa）等。

（2）量方程式与数值方程式及其运算

方程式（或公式）可分为量方程和数值方程两种。量方程式表示物理量之间的关系，

是以物理量的符号组成的方程。如理想气体状态方程的量方程式为

$$pV = nRT$$

计算时，先列出量方程式，然后同时代入数值和单位进行计算。例如，计算 25℃、150kPa 下 2mol 理想气体的体积，用量方程式计算为

$$V = \frac{nRT}{p}$$

$$= \frac{2\text{mol} \times 8.314\text{J·mol}^{-1}\text{·K}^{-1} \times (273.15 + 25)\text{K}}{150 \times 10^3 \text{Pa}}$$

$$= 3.305 \times 10^{-2} \text{m}^3 = 33.05 \text{dm}^3$$

数值方程式表示的是物理量中数值之间的关系，是以物理量与其单位的比值组成的方程形式。因物理量的数值大小与物理量的单位有关，故数值方程式中物理量的单位统一采用 SI 制单位。如理想气体状态方程的数值方程式为

$$\frac{p}{\text{Pa}} \times \frac{V}{\text{m}^3} = \frac{n}{\text{mol}} \times \frac{R}{\text{J·mol}^{-1}\text{·K}^{-1}} \times \frac{T}{\text{K}}$$

计算时，先列出数值方程式，然后直接代入数值进行计算。刚才的例子用数值方程式计算的过程为

$$\frac{V}{\text{m}^3} = \frac{(n/\text{mol}) \times (R/\text{J·mol}^{-1}\text{·K}^{-1}) \times (T/\text{K})}{p/\text{Pa}}$$

$$= \frac{2 \times 8.314 \times (273.15 + 25)}{150 \times 10^3} = 3.305 \times 10^{-2}$$

所以

$$V = 3.305 \times 10^{-2} \text{m}^3 = 33.05 \text{dm}^3$$

在物理化学中，通常都采用量方程式。为了运算过程简便起见，运用量方程式计算时一般可以不列出每一个物理量的单位，直接代入物理量在 SI 制单位时的数值，直接给出所需计算物理量的最后 SI 制单位，即

$$V = \frac{nRT}{p}$$

$$= \left[\frac{2 \times 8.314 \times (273.15 + 25)}{150 \times 10^3} \right] \text{m}^3$$

$$= 3.305 \times 10^{-2} \text{m}^3 = 33.05 \text{dm}^3$$

在图中所表示的函数关系都是数值关系，运算时应该使用数值方程式。例如，应用阿伦尼乌斯方程

$$\ln k = -\frac{E_a}{R} \times \frac{1}{T} + \ln A$$

通过 $\ln(k/[k])$ 对 $\frac{1}{T/\text{K}}$ 作图，由直线的斜率 m 求活化能 E_a 时，使用的便是数值方程

$$\ln(k/[k]) = -\frac{E_a/\text{J·mol}^{-1}}{8.314} \times \frac{1}{(T/\text{K})} + \ln(A/[A])$$

所以

$$m = -\frac{E_a/\text{J·mol}^{-1}}{8.314}$$

即
$$E_a = -8.314m\text{J·mol}^{-1}$$

（3）物理量的运算规律

物理化学中的方程式都要涉及物理量，方程式中等式两边物理量运算的结果，其单位是一致的。例如，理想气体状态方程 $pV=nRT$ 中，左边的单位运算为
$$[p][V] = \text{Pa·m}^3 = \frac{\text{N}}{\text{m}^2}\text{·m}^3 = \text{N·m} = \text{J}$$

右边的单位运算为
$$[n][R][T] = (\text{mol})\text{·}(\text{J·mol}^{-1}\text{·K}^{-1})\text{·}(\text{K}) = \text{J}$$

可见，理想气体状态方程中左右两边的单位都是能量单位 J。

方程式中能进行加减运算的项，它们的单位一定相同，并且能够以此为依据确定方程式中的比例系数或常数的单位。例如，范德华方程
$$\left(p+\frac{a}{V_m^2}\right)(V_m-b) = RT$$

左边 $\dfrac{a}{V_m^2}$ 与 p 能够相加，说明 $\dfrac{a}{V_m^2}$ 与 p 的单位一致，为 Pa；V_m 与 b 相减，说明 b 与 V_m 的单位相同，都是 $\text{m}^3\text{·mol}^{-1}$。同时，可以推导出 a 的单位为 $\text{Pa·m}^6\text{·mol}^{-2}$。

物理化学中对物理量进行对数运算时，都要将物理量除以其单位，化为纯数后才能进行。例如，前面介绍的阿伦尼乌斯量方程式中的 $\ln k$ 实际上为 $\ln(k/[k])$。

0.5　物理化学课程的学习方法

物理化学是化学、化工、材料、生物化工、轻工、环境、能源、冶金等专业的一门极其重要的基础课程，应该把这门课程的学习放在十分重要的地位。为了学好物理化学课程，每位读者应结合自身的具体情况摸索出一套适合自己特点的学习方法。下面所提的几点学习方法仅供读者参考。

（1）步步为营，学好每节、每章内容；纵观全局，注重节与节、章与章的内在联系

每一节内容都有其重点，学习过程中应着重掌握。学完每一章，应该在教师的指导下，及时地挖掘节与节之间的内在联系，自己总结、整理出这一章的核心内容，做到提纲挈领、事半功倍。随着学习的深入，更应把握章与章之间的联系，把新学到的内容与已经掌握的知识进行比较、联系。通过前后联系、反复思考，才有可能达到融会贯通的境界。

（2）分清公式的主次，紧扣基本公式，以点带面，消化衍生公式

公式繁多、应用条件复杂，是读者学习物理化学遇到的最大困难。但对所学公式分析后不难发现，这些庞杂众多的公式，是由极少数的基本公式在不同条件下衍生而来的。因此，学习过程中，首先要树立基本公式是主要公式的理念，其次要学会从基本公式出发、推导特定条件的派生公式，这样才能搞清公式的来龙去脉。在这基础上，应该对公式使用条件加以重视。

（3）既要注重理论学习中解题能力的培养，又要重视基本实验技能的培养

物理化学是理论与实验并重的学科，理论的发展离不开实验的启示和检验。通过解答习题不仅可以加深对课堂内容的理解，而且可以检查对课程内容的掌握程度。物理化学中任何

有价值的理论，其提出和建立都具有生产实践和科学实验的基础，并能对实践起指导作用。物理化学实验是学生运用所学理论解决实际问题必不可少的手段。为此，学生必须掌握物理化学的基本实验技能。

（4）课前预习，课上笔记，课后复习

课前预习可以带着问题去听课，能提高听课效率；课上做笔记不仅有利于记忆，而且更重要的是可以使教材内容简明扼要、重点突出；课后复习，可以及时地巩固所学内容。"三课"的有机结合，是学好物理化学的重要保障。

在物理化学的学习中，掌握其基本内容只是完成了学习任务的一个方面，更重要的任务是要领会物理化学中提出问题、考虑问题和解决问题的科学方法和精神。只有这样，才能培养出更多的创新型人才，科技才能不断进步。

第1章

气体的性质与液化

▶▶

根据构成自然界物质的微粒(主要是分子或原子)间距离远近,物质的聚集状态通常有气态、液态和固态三种。对物质聚集状态起决定作用的因素主要有温度和压力。一般而言,温度越高微粒的热运动越剧烈,压力越小微粒间的吸引力越弱,微粒间的距离就越远,物质往往以气态形式存在。相反,温度越低微粒的热运动越弱,压力越大微粒间的吸引力越大,微粒间的距离便越近,物质常常以固态方式存在。介于这两种情况之间,温度和压力适中,温度较高但压力较大,或者温度较低而压力较小时,物质往往以液态形式出现。以气态与液态形式存在的物质具有流动性,合称为流体;而液态和固态物质又统称为凝聚态。当然,在常压条件下并非所有物质都有气、液和固三种状态,例如,常压下碳酸钙没有液态,因为常压下对固体碳酸钙升温时未到熔点便先分解了。

物质除了常见的气、液、固三种聚集状态外,在近代物理的研究中,人们发现了性质上与气、液、固三态有本质区别的另一种聚集状态——等离子态(plasma state),被称为物质的第四态。此外,物质的存在状态还有第五态(超高压、超高温条件下的状态)、超导态和超流态等。

在常见的物质三种状态中,固体因其粒子排布的规律性较强,对它已进行了较为深入和详细的研究,取得了丰硕的成果。液体因其流动性,加之微粒的相互作用极为复杂,人们对其认识十分有限,有待进一步研究。

气体结构最为简单,历史上人们对它的性质研究得比较早、比较多,获得了许多经验定律。在此基础上设计和建立了气体分子的微观运动模型,从理论高度研究了气体分子运动的基本规律,从而使人们能够从物质微观运动的角度去了解诸如温度、压力等宏观参数的微观本质,对工业化生产和科学研究具有重要的理论和实际意义。

1.1　理想气体状态方程

在工业生产和科学研究中,人们经常遇到和使用的是气体,研究气体的性质和变化过程的规律,具有十分重要的实际意义和理论价值。气体分为理想气体和实际气体(又称为真实气体),对理想气体状态方程的建立和其性质的研究,不但可以为低压下实际气体的性质处理提供近似方法,而且还能为任意压力下实际气体的研究提供借鉴和参考。

1.1.1　低压下气体 pVT 变化过程的经验定律

早在 17 世纪中期，人们就开始了气体在低压（$p<1\text{MPa}$）及较高温度下 pVT 变化行为的研究。在测量低压下气体性质时，人们发现了波义尔-马里奥特（Boyle-Marriotte）定律、查理-盖·吕萨克（Charles-Gay Lussac）定律和阿伏伽德罗（A. Avogadro）定律，这三个经验定律适用于一切低压下的各种纯气体。

（1）波义尔-马里奥特定律

1662 年波义尔研究发现，在热力学温度 T 和物质的量 n 一定的条件下，气体的体积 V 与压力 p（这里的压力实际上是压强，物理化学中习惯称为压力）成反比，即

$$(pV)_{T,n}=C \tag{1-1}$$

式中，C 为常数，上式两边微分，得

$$(V\partial p+p\partial V)_{T,n}=0$$

即

$$\left(\frac{\partial V}{\partial p}\right)_{T,n}=-\frac{V}{p} \tag{1-2}$$

罗伯特·波义尔（R. Boyle，1627—1691）　英国科学家。他把化学从炼丹术中分离出来，是近代化学的奠基人之一，也是应用实验与科学方法来检验理论的一个先驱者，被认为是科学方法的奠基人。他的重要贡献是发现了波义尔定律，同时他一生在许多方面做出了杰出贡献。例如，他是第一个将气体分离出来的人，是第一个研究了生物发光现象的人，是第一个制造出了小型、可携带的盒式奥布斯古拉（Obscura）照相机的人，还是第一个在英国报道了应用液体比重计测量液体密度的人，他发明鉴别酸与碱的指示剂——石蕊试纸，他测定了地球大气中空气的密度，研究了燃烧过程的化学问题，甚至被认为发明了火柴，另外做过动物生理学实验。在物理学领域，波义尔还研究了空气在声音传导中的作用，及在凝固过程中水的膨胀力。他对英国皇家学会的建立做出了重要贡献。同时，他对神学与对科学一样有兴趣，化了大量的时间翻译圣经，通过学习希伯来语、希腊语、叙利亚语来促进他对于圣经的研究。

（2）查理-盖·吕萨克定律

1809 年，盖·吕萨克提出，在压力 p 和物质的量 n 一定的条件下，气体的体积 V 与热力学温度 T 成正比，即

$$\left(\frac{V}{T}\right)_{p,n}=C \tag{1-3}$$

上式两边微分，得

$$\left(\frac{T\partial V-V\partial T}{T^2}\right)_{p,n}=0$$

即

$$\left(\frac{\partial V}{\partial T}\right)_{p,n}=\frac{V}{T} \tag{1-4}$$

盖·吕萨克(J. L. Gay-Lussac，1778—1850)　法国化学家。1797 年入巴黎综合工科学校学习，1800 年毕业后，任法国著名化学家贝托雷的私人实验室助手。1802 年任巴黎综合工科学校的辅导教师，后任化学教授。1806 年当选为法国科学院院士，1809 年任索邦大学物理学教授，1832 年任法国自然历史博物馆化学教授。

盖·吕萨克 1805 年研究空气的成分。在一次实验中他证实，水可以用氧气和氢气按体积 1：2 的比例制取。1808 年他证明，体积的一定比例关系不仅在参加反应的气体中存在，而且在反应物与生成物之间也存在。1809 年 12 月 31 日盖·吕萨克发表了他发现的气体化合体积定律(盖·吕萨克定律)，在化学原子、分子学说的发展历史上起了重要作用。1813 年为碘命名。1815 年发现氰，并弄清它作为一个有机基团的性质。1827 年提出建造硫酸废气吸收塔，直至 1842 年才被应用，称为盖·吕萨克塔。

（3）阿伏伽德罗定律

1869 年，阿伏伽德罗提出，在相同的温度 T 和压力 p 下，物质的量相同的任何气体所占的体积都相同，即

$$\left(\frac{V}{n}\right)_{T,p} = C \tag{1-5}$$

上式两边微分，得

$$\left(\frac{n\partial V - V\partial n}{n^2}\right)_{T,p} = 0$$

即

$$\left(\frac{\partial V}{\partial n}\right)_{T,p} = \frac{V}{n} \tag{1-6}$$

阿伏伽德罗(A. Avogadro，1776—1856)　意大利化学家、物理学家。1792 年入都灵大学学习法学，获法学博士学位，当过律师。1800 年起，研究物理学和数学。1809 年任韦尔切利大学哲学教授，1820 年、1834～1850 年任都灵大学教授。1804 年被都灵科学院选为通讯院士，1819 年当选院士。

阿伏伽德罗对科学的最大贡献是：他毕生致力于原子-分子学说的研究，在盖·吕萨克气体化合体积定律的基础上，提出了著名的阿伏伽德罗定律。1811 年，他发表了题为《原子相对质量的测定方法及原子进入化合物时数目之比的测定》的论文，首次引入"分子"概念，并把它与原子概念相区别。遗憾的是，当时由于学术界盛行电化学学说，致使他的假说默默无闻地被搁置半个世纪之久。直到 1860 年，意大利化学家坎尼扎罗在一次国际化学会议上的慷慨陈词，阿伏伽德罗定律才得以为全世界科学家所公认。

1.1.2　理想气体状态方程的导出

从低压下气体的三个经验定律可以发现，气体的体积与气体所处的热力学温度、压力和物质的量有关，即

$$V = V(T, p, n) \tag{1-7}$$

上式的全微分为

$$dV = \left(\frac{\partial V}{\partial T}\right)_{p,n} dT + \left(\frac{\partial V}{\partial p}\right)_{T,n} dp + \left(\frac{\partial V}{\partial n}\right)_{T,p} dn$$

将式(1-2)、式(1-4)和式(1-6)代入上式，得

$$dV = \frac{V}{T} dT + \left(-\frac{V}{p}\right) dp + \frac{V}{n} dn$$

等式两边同时除以体积 V，并移项得

$$\frac{dV}{V} + \frac{dp}{p} - \frac{dT}{T} - \frac{dn}{n} = 0$$

$$d\ln V + d\ln p - d\ln T - d\ln n = 0$$

$$d\ln \frac{pV}{nT} = 0$$

则

$$\frac{pV}{nT} = R$$

即

$$pV = nRT \tag{1-8}$$

式(1-8)称为理想气体状态方程。式中，n 为气体物质的量，SI 制单位为 mol；p 是由于气体分子运动而碰撞单位面积容器器壁所产生的压力，对理想气体来说就是容器内气体的压力，SI 制单位为 Pa；V 为容器内气体分子自由活动空间的体积，对理想气体而言便是容器自身的体积，SI 制单位为 m^3；R 为摩尔气体常数，其值为 8.314 J•mol^{-1}•K^{-1}；T 是热力学温度，单位为 K，它与摄氏温度的关系为

$$T = \left(\frac{t}{℃} + 273.15\right) K$$

式中，t 为摄氏温度，单位为℃。

单位物质的量气体所具有的体积，称为摩尔体积，记为 V_m，即

$$V_m = \frac{V}{n} \tag{1-9}$$

代入式(1-8)，理想气体状态方程的另一种形式为

$$pV_m = RT \tag{1-10}$$

由于气体的物质的量 n 可表示为气体的质量 m 与它的摩尔质量 M 之比，即

$$n = \frac{m}{M}$$

代入式(1-8)，得理想气体状态方程的一种形式为

$$pV = \frac{m}{M} RT \tag{1-11}$$

1.1.3 理想气体模型与概念

（1）分子间作用力与势能

从分子运动论的观点出发，决定分子各种性质的基本因素是分子的热运动和分子间作用力，分子间作用力的存在已为许多事实所证实。例如，一定温度下，气体的液化或固化；固体能保持一定的形状与体积，很难把固体的一部分与另一部分分开；液体虽没有一定的形状，但却有体积，这些都说明了分子间存在着相互作用的吸引力。分子之间存在着间隙，但液体与固体难以压缩，这说明了分子间存在着相互作用的排斥力。

分子间的吸引力和排斥力总是同时存在的，并且两者都会随着分子间距离的增加而减少，但减少的规律有所不同，排斥力的减少更快些。如图 1-1(a)，当两个分子间的距离 r 等于平衡距离 r_0 时，吸引力与排斥力大小相等，分子间作用力的合力为零；当两个分子间距离 r 小于平衡距离 r_0 时，吸引力与排斥力随分子间距离的减小而增加，但排斥力增加得更快，分子间作用力的合力表现为排斥作用；当两个分子间距离 r 大于平衡距离 r_0 时，吸引力与排斥力随分子间距离的增加而减小，但排斥力减小得更快，分子间作用力的合力表现为吸引作用。当两个分子间距离 r 不断增大时，它们之间相互作用的合力不断减小，直至几乎为零。气体分子之间的距离通常较大时，分子间的相互作用的合力表现为吸引作用，一般较弱。液体和固体的存在是分子间相互吸引作用的必然结果，但它们的难以压缩又印证了近距离的分子间存在相互排斥作用。根据形成分子间作用力的不同因素，分子间作用力通常有色散力、诱导力和取向力三种。

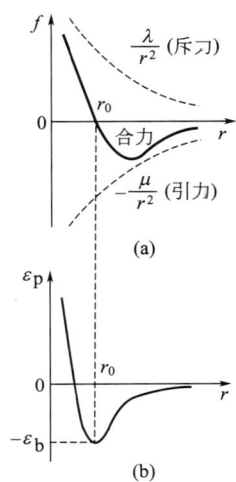

图 1-1　分子间的作用力、势能与分子间距离关系曲线

同样，任何分子间的相互作用势能都包括相互吸引势能和相互排斥势能两个方面，按照兰纳德-琼斯(Lennard-Jones)的势能理论，两个分子间的相互吸引势能与它们之间距离 r 的 6 次方成反比，相互排斥势能与它们之间距离 r 的 12 次方成反比。以 E_1 代表两分子间的相互吸引势能，E_2 代表两分子间的相互排斥势能，E 代表两分子间总的相互作用势能，为前两者之和：

$$E = E_1 + E_2 = -\frac{A}{r^6} + \frac{B}{r^{12}} \tag{1-12}$$

式中，A、B 分别为吸引势能和排斥势能常数，其值均与物质的分子结构有关。

图 1-1(b)是由式(1-12)得到的兰纳德-琼斯势能曲线。在到达两分子平衡距离 r_0 前，分子间的势能随着分子间距离 r 的增加逐渐减小，在平衡距离 r_0 处势能降到最低，在分子间距离大于平衡距离 r_0 后，分子间势能又随着分子间距离 r 的增加而升高。当两个分子间距离 r 不断增大时，分子间势能趋向于零，这与此时分子间相互作用的合力几乎为零是一致的。

（2）理想气体模型与概念

在极低的压力下，分子之间的距离大大增加，此时一方面分子之间的相互作用变得非常小，可以近似看作没有相互作用力，另一方面分子自身尺寸大小与分子间的距离相比可忽略不计，因而分子可近似被看成是没有体积的质点。所以，可以从研究极低压力下气体的行为出发，抽象地提出理想气体(ideal gas 或 perfect gas)的微观模型：理想气体是一群分子间无相互作用力的质点，即在微观上具有"分子间无相互作用力和分子本身没有体积"两个基本特征。

理想气体状态方程是在研究低压下气体的变化行为时得到的，但各种实际气体在应用理想气体状态方程时或多或少会产生偏差。一定温度下，压力越低的实际气体产生的偏差越小，只有在极低压力条件下，理想气体状态方程才能近似地、较准确地描述实际气体 pVT 的变化行为。当实际气体的压力 $p \to 0$ 时，其变化行为与 $p \to 0$ 时的理想气体完全一致，即实际气体在压力 $p \to 0$ 的条件下才能完全应用理想气体状态方程。因此，把在任何温度和任何压力下都服从理想气体状态方程的气体称为理想气体。

事实上，绝对的理想气体并不存在，它只是一个科学的抽象概念。在计算精度要求不高时，把较高温度或较低压力下的实际气体近似作为理想气体处理，在不带来太大误差的前提下可以大大简化计算过程，具有实际意义和应用价值。至于在多高的温度或多低的压力下，才能将实际气体作为理想气体处理，没有明确的界限，主要取决于实际气体的种类和性质以及对计算结果精度高低的要求。一般在低于 1MPa 压力下，实际气体近似应用理想气体状态方程处理，往往能满足工程计算需要。对于临界温度较高、易液化的气体如水蒸气、氨气、二氧化碳等适用理想气体状态方程时的压力范围要窄些；而临界温度较低、难液化的气体，如氦气、氢气、氮气、氧气等适用的压力范围会宽些。

1.1.4 摩尔气体常数

理论上，可以通过实验直接测定一定量的气体的 pVT 数据，然后代入 $R = \dfrac{pV}{nT}$，计算出摩尔气体常数 R。但这个公式是理想气体状态方程，实际气体只有在压力很低时才近似适用，压力趋于零时才能严格服从。但在压力很低时，不仅实验不易操作，而且数据难以测准，所以，在实际操作中常采用外推法来计算出 $p \to 0$ 处所对应的 pV_m 值，进而计算摩尔气体常数 R 值。

具体做法是：在一定温度 T 下，先测量某些实际气体不同压力 p 时的摩尔体积 V_m，然后用 pV_m 对 p 作图，外推到 $p \to 0$ 处，求出所对应的 pV_m 值，最后计算得到摩尔气体常数 R 值。

从图 1-2 可以看出，同一种气体在不同温度下，或者一定温度下的不同种气体，在压力 $p \to 0$ 时，$(\dfrac{pV_m}{T})$ 都趋于一个共同的极限值 R，其值为 $8.314 \ \mathrm{J \cdot mol^{-1} \cdot K^{-1}}$，$R$ 称为摩尔气体常数。

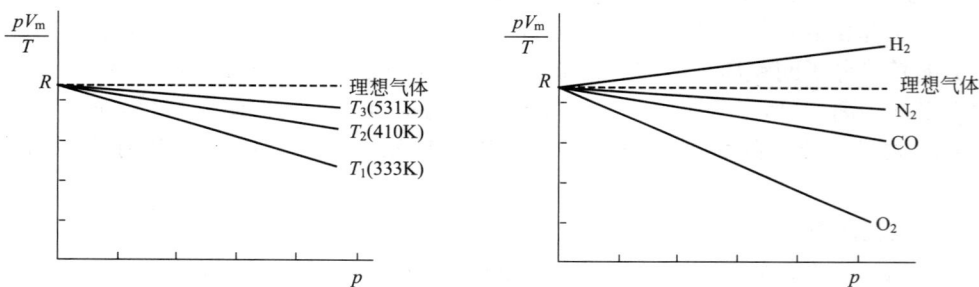

(a) 某气体在不同温度下的实验结果   (b) 在同一温度下不同气体的实验结果

图 1-2 气体的 $\dfrac{pV_m}{T}$ -p 图

1.2 理想气体混合物性质

上节介绍了纯理想气体的状态方程，在实际生产和科学研究中，常常会遇到多种气体组成的气体混合物，例如空气、天然气等。本节将讨论理想气体混合物的 pVT 关系。在物理化学中，通常用 B 泛指混合物系统中的任意一种物质，它相当于数学加和公式 $\sum\limits_{i=1}^{10} x_i$ 中的

i，但有时它也仅仅特指物质 B 本身而无泛指含义，在后面的学习中请注意，并根据具体的情况加以区别。

1.2.1　混合物组成

有两种或两种以上物质以分子水平级大小的粒子分散而构成的均匀系统，称为混合物系统。对于混合物系统，需要知道各物质的含量，即组成。组成的表示方法有许多，这里主要介绍物质的量分数、体积分数和质量分数三种。

（1）物质的量分数

B 的物质的量分数（amount of substance fraction of B），常用 x_B 或 y_B 表示。对于任意一种物质 B，其物质的量分数的数学定义式为

$$x_B \text{（或 } y_B\text{）} = \frac{n_B}{\sum\limits_B n_B} \tag{1-13}$$

式中，n_B 是物质 B 的物质的量，单位为 mol。物质 B 的物质的量分数等于物质 B 的物质的量与混合物总的物质的量之比，其量纲为 1。习惯上，用 x_B 表示液体混合物的物质的量分数，用 y_B 表示气体混合物的物质的量分数。显然，$\sum\limits_B x_B = 1$ 或 $\sum\limits_B y_B = 1$。

（2）体积分数

B 的体积分数（volume fraction of B），用 φ_B 表示。对于任意一种物质 B，其体积分数定义为

$$\varphi_B = \frac{V_B^*}{\sum\limits_B V_B^*} = \frac{n_B V_{m,B}^*}{\sum\limits_B (n_B V_{m,B}^*)} = \frac{x_B V_{m,B}^*}{\sum\limits_B (x_B V_{m,B}^*)} \tag{1-14}$$

式中，V_B^* 为一定温度、压力下纯物质 B 的体积，SI 制单位为 m^3；$V_{m,B}^*$ 为一定温度、压力下纯物质 B 的摩尔体积，SI 制单位为 $m^3 \cdot mol^{-1}$，上标"$*$"表示纯物质。物质 B 的体积分数等于混合前纯物质 B 的体积与混合前各纯物质的体积总和之比，其量纲为 1，同样 $\sum\limits_B \varphi_B = 1$。

（3）质量分数

B 的质量分数（mass fraction of B），用 w_B 表示。对于任意一种物质 B，其质量分数定义为

$$w_B = \frac{m_B}{\sum\limits_B m_B} = \frac{n_B M_B}{\sum\limits_B (n_B M_B)} = \frac{x_B M_B}{\sum\limits_B (x_B M_B)} \tag{1-15}$$

式中，m_B 为物质 B 的质量，SI 制单位为 kg；M_B 为物质 B 的摩尔质量，SI 制单位为 $kg \cdot mol^{-1}$。物质 B 的质量分数等于物质 B 的质量与混合物的总质量之比，其量纲为 1，$\sum\limits_B w_B = 1$。

【例 1-1】　在 298.15K、101.325kPa 时，将 1mol N_2 与 3mol O_2 混合，求混合后的 y_{O_2}、φ_{O_2} 和 w_{O_2}。假设气体均为理想气体。

解　根据混合物不同组成的定义，有

（1）物质的量分数为

$$y_{O_2} = \frac{n_{O_2}}{n_{N_2} + n_{O_2}} = \frac{3}{1+3} = 0.75$$

（2）根据理想气体状态方程，混合前 N_2 与 O_2 的体积为

$$V_{N_2}^* = \frac{n_{N_2}RT}{p} = \left(\frac{1 \times 8.314 \times 298.15}{101.325 \times 10^3}\right) m^3 = 2.45 \times 10^{-2} m^3$$

$$V_{O_2}^* = \frac{n_{O_2}RT}{p} = \left(\frac{3 \times 8.314 \times 298.15}{101.325 \times 10^3}\right) m^3 = 7.34 \times 10^{-2} m^3$$

体积分数为

$$\varphi_{O_2} = \frac{V_{O_2}^*}{V_{N_2}^* + V_{O_2}^*} = \frac{7.34 \times 10^{-2}}{2.45 \times 10^{-2} + 7.34 \times 10^{-2}} = 0.75$$

（3）质量分数为

$$w_{O_2} = \frac{n_{O_2}M_{O_2}}{n_{N_2}M_{N_2} + n_{O_2}M_{O_2}} = \frac{3 \times 32 \times 10^{-3}}{1 \times 28 \times 10^{-3} + 3 \times 32 \times 10^{-3}} = 0.77$$

可见，对于一定温度和压力下的混合理想气体，任一组分的物质的量分数与其体积分数在数值上是相等的。

1.2.2 理想气体状态方程在理想气体混合物中的应用

将几种不同的纯理想气体混合在一起，便形成了理想气体混合物。如前所述，由于理想气体的分子之间没有相互作用，分子本身又没有体积，故理想气体混合物的 pVT 性质与气体的种类无关。理想气体混合物，可以理解为一种理想气体的部分分子被另一种理想气体的分子所置换，因此理想气体的 pVT 性质并没改变，只是 $pV = nRT$ 中的 n 此时代表的是混合物中总的物质的量，所以理想气体混合物的状态方程为

$$pV = nRT = \left(\sum_B n_B\right)RT \tag{1-16}$$

或

$$pV = \frac{m}{\overline{M}_{mix}}RT \tag{1-17}$$

式中，p 为混合气体的总压力；V 为混合气体的总体积；$m = \sum_B m_B$，是混合气体的总质量，$\overline{M}_{mix}$ 是混合气体的平均摩尔质量。

混合物的平均摩尔质量定义为

$$\overline{M}_{mix} = \frac{m}{n} = \frac{\sum_B m_B}{\sum_B n_B} \tag{1-18}$$

即混合物的平均摩尔质量等于混合物的总质量与混合物总的物质的量之比。由 $m_B = n_B M_B$，代入上式，得

$$\overline{M}_{mix} = \frac{\sum_B (n_B M_B)}{\sum_B n_B} = \sum_B y_B M_B \tag{1-19}$$

即混合物的平均摩尔质量等于混合物中各物质的摩尔质量与其物质的量分数的乘积之和。

1.2.3 道尔顿分压定律

不管是理想气体混合物还是实际气体混合物，都可用分压力的概念来描述混合物中任意

一种气体所产生的压力，分压力的定义为

$$p_B = y_B p \tag{1-20}$$

式中，p_B 为物质 B 的分压；y_B 为物质 B 的物质的量分数；p 为混合气体总压。

因为混合气体中，各种气体的物质的量分数之和 $\sum\limits_B y_B = 1$，所以各种气体的分压之和等于混合气体总压，即

$$p = \sum\limits_B p_B \tag{1-21}$$

式(1-20)及式(1-21)不仅适用于理想气体混合物，而且适用于实际气体混合物。

对于理想气体混合物，由式(1-16)得

$$p = \frac{\left(\sum\limits_B n_B\right) RT}{V}$$

将上式和式(1-13)同时代入分压定义式(1-20)，可得

$$p_B = \frac{n_B RT}{V} \tag{1-22}$$

即理想气体混合物中任一物质 B 的分压等于该物质单独存在于混合气体的温度 T 及混合气体的总体积 V 条件下所具有的压力。

由此可见，理想气体混合物的总压等于各气体物质单独存在于混合气体的温度、混合气体的总体积条件下所产生压力的总和，这便是道尔顿分压定律，或简称分压定律。严格而言，道尔顿分压定律只适用于理想气体混合物，或近似适用于低压下的实际气体混合物，不适用于压力较高的实际气体。

道尔顿(J. Dalton, 1766—1844) 英国化学家，物理学家。道尔顿 1793~1799 年在曼彻斯特新学院任数学和自然哲学教授。他 1816 年当选为法国科学院通讯院士，1817~1818 年任曼彻斯特文学和哲学学会会长，1822 年当选为英国皇家学会会员，1835~1836 年任英国学术协会化学分会副会长。道尔顿最大的贡献是把古代模糊的原子假说发展为科学的原子理论，为近代化学的发展奠定了重要的基础。道尔顿提出了元素的相对原子质量，发表第一张相对原子质量表，总结出气体分压定律、定比定律和倍比定律等。他著有《化学哲学的新体系》《气象观察和论文集》，一生宣读和发表过 116 篇论文。

1.2.4 阿马加定律

1880 年，阿马加(Amagat)在研究低压气体性质时发现，低压下气体混合物的总体积 V 等于各气体物质 B 单独存在于混合气体温度 T 及混合气体总压 p 条件下所占有的体积 V_E 之和，即

$$V = \sum\limits_B V_B \tag{1-23}$$

这便是与道尔顿分压定律相对应的阿马加定律，V_B 也称为气体物质 B 的分体积，其值为

$$V_B = \frac{n_B RT}{p} \tag{1-24}$$

阿马加定律是理想气体 pVT 性质的必然结果，由理想气体混合物的状态方程式(1-16)很容易导出阿马加定律

$$V = \frac{(\sum_{B} n_B) RT}{p} = \sum_{B} \left(\frac{n_B RT}{p} \right) = \sum_{B} V_B$$

式(1-24)说明，理想气体混合物中气体物质 B 的分体积 V_B，相当于是纯气体物质 B 在理想气体混合物的温度及总压条件下所占有的体积。而式(1-23)体现了理想气体混合物的总体积具有加和性，即在相同温度、压力下，理想气体混合后的总体积等于混合前各纯气体物质的体积之和。

同样，严格说来阿马加定律也只适用于理想气体混合物，对于低压下的实际气体混合物可以近似适用。

结合物质的量分数定义、道尔顿分压定律和阿马加定律，很方便地得到理想气体混合物中气体物质 B 的物质的量分数 y_B 计算公式

$$y_B = \frac{n_B}{\sum n_B} = \frac{p_B}{p} = \frac{V_B}{V} \tag{1-25}$$

即理想气体混合物中任意气体物质 B 的物质的量分数 y_B 等于其在混合物中的分压与总压之比，也等于其在混合物中的分体积与总体积之比。

1.3 实际气体状态方程

实验研究发现，在较低温度和较高压力的条件下，将理想气体状态方程应用于实际气体 pVT 行为时将产生较大的偏差。这是因为在低温、高压下，气体分子间的距离大大缩小，分子间的作用力和分子自身的体积已不能忽略不计，不能再把气体分子当作质点，理想气体的分子运动微观模型已不适用于此时的实际气体。

1.3.1 实际气体的 pV_m-p 图与波义尔温度

在温度较低或压力较高时，实际气体的 pVT 行为与理想气体状态方程之间会产生较大的偏差。一定温度下，理想气体的 pV_m 值是不随压力变化而改变的，体现在 pV_m-p 图上应该是平行于横轴的直线。而在实际气体的 pV_m-p 图上，pV_m 值一定会随压力的改变而变化。一定温度下，不同气体的 pV_m-p 图中 pV_m 值随 p 的变化一般有以下三种类型。

第一种类型，pV_m 值随着 p 的增加而单调增加。如图 1-3(a)中的 H_2 曲线和图 1-3(b)中的 T_1 曲线。

第二种类型，pV_m 值随着 p 的增加，开始变化很小，可以认为基本不变，然后增加。如图 1-3(b)中的 T_2 曲线。

第三种类型，pV_m 值随着 p 的增加，开始先下降，然后再上升，曲线上出现最低点。图 1-3 中除了上面提到的三条曲线外，其余曲线都属于这种类型。

图 1-3(b)是 N_2 在不同温度下（$T_4 < T_3 < T_2 < T_1$）的 pV_m-p 曲线示意图，尽管是同一种气体，也会出现上述三种类型，曲线的类型取决于气体所处的温度，当温度为 T_3 和 T_4 时，曲线上出现最低点，是第三种类型。当温度为 T_1 时，曲线单调增加，是第一种类型。当温度为 T_2 时，属于第二种类型，曲线的 pV_m 随 p 的改变在开始时变化不大，在相当一段压力范围内，基本趋向于水平线，较好地符合理想气体状态方程。这一特殊的温度 T_2，称为波义尔温度（Boyle temperature），用 T_B 表示。在波义尔温度下，当压力趋于零时，pV_m-p 曲线的斜率为零，即

$$\lim_{p \to 0} \left[\frac{\partial (pV_m)}{\partial p} \right]_{T_B} = 0 \qquad (1\text{-}26)$$

只要知道了实际气体的状态方程，便可由式(1-26)求得波义尔温度 T_B。当气体的温度高于 T_B 时，气体可压缩性小，难以液化。

任何实际气体都有自身的波义尔温度 T_B，在该温度下，实际气体在几百千帕范围内能较好地遵循理想气体状态方程，或者说符合波义尔定律。

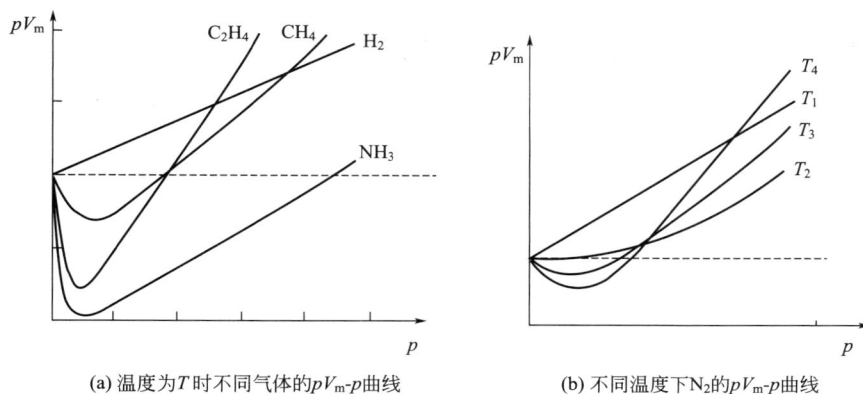

(a) 温度为 T 时不同气体的 pV_m-p 曲线　　　(b) 不同温度下 N_2 的 pV_m-p 曲线

图 1-3　实际气体的 pV_m-p 曲线

如前所述，pV_m-p 曲线的三种类型可以依据低于、等于和高于波义尔温度来区分，三种不同类型曲线的变化规律，可以用实际气体的分子之间具有相互作用力和分子本身具有体积来进行说明。

气体的压力，是由于气体分子在作无规则热运动时碰撞器壁所产生的结果。理想气体的压力，是在气体分子间无相互作用条件下，分子施加在单位面积器壁上的力。对于实际气体，由于分子之间存在的作用力主要是吸引力，那些不靠近器壁的气体分子，受到来自四面八方其他分子的对称引力，总的结果是引力的作用相互抵消，合力为零。而接近、即将撞击器壁的某分子，因从该分子到器壁这一侧的距离内已没有其他分子存在，但该分子相对于器壁的另一侧其它分子对该分子有吸引作用，可见这时该分子所受吸引力具有不对称性，故合力不为零，总的结果是该分子受到一个将其拉向气体内部的引力。这种向内的引力，减弱了气体分子对器壁的碰撞效果，相当于减小了压力，使得实际气体的 pV_m 值与理想气体相比趋于减小，实际气体变得容易压缩，把这一现象称为分子间引力效应。

另一方面，状态方程中的体积 V_m 定义为单位物质的量的分子自由活动空间。理想气体因分子本身没有体积，状态方程中的体积 V_m 与容器的体积是一致的。而实际气体分子因本身具有体积，其 V_m 值是分子自由活动空间与分子本身占有的不可压缩空间之和。这样，同样的 V_m，实际气体自由活动空间要比理想气体的小，实际气体变得比理想气体难以压缩。压力越高，分子本身所占体积引起的不可压缩性就越大，使得实际气体的 pV_m 值与理想气体相比趋于增大，通常把这一现象称为气体分子的体积效应。

由此可见，实际气体的 pV_m 值随 p 的变化受到两个完全相反的因素牵制，加上温度对这两个因素的影响并不一样，所以出现了三种不同类型的 pV_m-p 曲线。$T < T_B$ 时，随着压力的增加，开始时是分子引力效应起主导作用，而后是分子体积效应起主导作用，因此，pV_m 值随 p 的增加先减小，经历一个最低值后，随 p 的增加而增加，属于第三种类型。$T =$

T_B 时，随着压力逐渐增加，开始时两种效应大小相当，基本可以相互抵消，而后体积效应起主导作用，所以，pV_m-p 曲线在开始时有一水平过渡阶段，然后随压力增加而增加，属于第二种类型。$T > T_B$ 时，分子热运动加剧，分子引力效应变得微弱，自始至终是分子体积效应起主导作用，pV_m 值随 p 的增加始终呈现上升趋势，属于第一种类型。

为了能够获得与实际气体 pVT 行为相符的状态方程，人们开展了卓有成效的研究工作，提出了大量的状态方程，为生产实践和科学研究提供了理论支撑。至今为止，人们提出的有关实际气体的状态方程至少有 200 种。一般可分为两类：一类是依据物质的结构，并在一定的物理模型基础上推导出来的半经验状态方程，其特点是物理意义明确且具有一定的普遍性，其中最具有代表性且最有名的是范德华方程。另一类是只凭实践获得的纯经验状态方程，这类方程不具有普遍性，只适用于特定的气体，但它能在给定的温度和压力范围内得出较为精确的结果，这类方程常常在实际工程中得到应用，其中最具代表性的是维里方程。在随后介绍的内容里不难发现，实际气体的状态方程有一个共同之处，即它们大多是以理想气体状态方程为基础加以修正得到的，在压力趋于零时，实际气体状态方程均可还原为理想气体状态方程。

1.3.2　范德华方程

1873 年荷兰科学家范德华(van der Waals)在总结前人研究的基础上，从理想气体与实际气体的差别出发，用硬球模型来处理实际气体时，提出了用体积修正项和压力修正项来修正理想气体状态方程中的体积和压力的理念，导出了适用于中、低压力下的实际气体状态方程——范德华方程。

在理想气体的分子模型中，气体分子被看成是没有体积的质点，理想气体状态方程中的 V_m 是单位物质的量气体分子的自由活动空间，它等于容器自身的体积。这对低压下的实际气体来说无疑是正确的，因为低压下，气体的密度小，分子的活动空间大，分子自身的体积和分子间作用力小到可以忽略不计。但当压力变大后，气体的密度增大，分子的活动空间受到压缩而变小，分子自身体积和分子间作用力对系统性质的影响发生了质的变化，已不能忽略。由于实际气体分子本身占有体积，所以单位物质的量的实际气体分子的自由活动空间应小于理想气体的摩尔体积 V_m，其值要从 V_m 中减去与分子自身体积有关的空间体积(设为 b)，即($V_m - b$)。因此，在只考虑分子存在自身体积而减小分子自由活动空间时，对理想气体状态方程中体积项修正后，得到实际气体的状态方程为

$$p(V_m - b) = RT \tag{1-27}$$

或

$$p = \frac{RT}{V_m - b} \tag{1-28}$$

理想气体状态方程中的压力，是指气体分子间无相互吸引力时施加在单位面积器壁上的力。实际气体由于分子间吸引力的存在，使得靠近器壁且将要撞击器壁的气体分子受到位于器壁反方向一侧相邻气体分子的吸引力作用，有把它拉离器壁一侧的趋势，因此，这时施加在单位面积器壁上的力要比忽略分子间吸引力时的小。在进行体积项修正的基础上，进一步考虑分子间吸引力作用，结合式(1-28)，实际气体施加于器壁上的压力为

$$p = \frac{RT}{V_m - b} - p_i \tag{1-29}$$

式中，p_i 称为内压力，是由于分子间吸引力而产生的。内压力 p_i 一方面与内部气体的分子

数成正比，另一方面又与碰撞到器壁上的分子数成正比，即 p_i 与分子数的平方成正比。对于单位物质的量的气体而言，一定温度下气体的分子数与摩尔体积成反比，因此内压力 p_i 可表示为

$$p_i = \frac{a}{V_m^2} \tag{1-30}$$

将上式代入式(1-29)得

$$\left(p + \frac{a}{V_m^2}\right)(V_m - b) = RT \tag{1-31}$$

上式两边同时乘以物质的量 n，得

$$\left(p + \frac{n^2 a}{V^2}\right)(V - nb) = nRT \tag{1-32}$$

式(1-31)和式(1-32)都是范德华方程，式中，a、b 称为范德华常数。

a 是压力修正项常数，SI 制单位为 $Pa \cdot m^6 \cdot mol^{-2}$，它是只与气体种类有关的一种特性常数。一般而言，分子间吸引力越大，a 的值就越大，a 与系统的温度无关。b 是体积修正项常数，SI 制单位为 $m^3 \cdot mol^{-1}$，可看作是单位物质的量的气体分子因本身体积对其自由活动空间造成的影响，即单位物质的量的实际气体由于分子本身占有体积而使分子自由活动空间减小的值。范德华认为，常数 b 也是一种只与气体性质有关而与系统温度无关的特性常数。范德华还曾根据硬球理论模型，导出过常数 b 为单位物质的量的硬球气体分子本身体积的 4 倍。表 1-1 列出了一些气体的范德华常数。

每一种实际气体的范德华常数 a 和 b，可通过实验测得的 p、V_m 和 T 数据拟合得出。另外，范德华常数也可通过气体的临界参数求得，这在后面的学习中将讨论。

人们常常把在任何温度、压力条件下都能服从范德华方程的气体称作范德华气体。范德华气体当压力 $p \rightarrow 0$ 时，摩尔体积 $V_m \rightarrow \infty$，此时范德华方程中 $\left(p + \dfrac{a}{V_m^2}\right)$ 及 $(V_m - b)$ 两项分别化简为 p 及 V_m，范德华方程还原为理想气体状态方程。

表 1-1　一些气体的范德华常数

气体	$a \times 10^3$ /Pa $\cdot$ m$^6 \cdot$ mol^{-2}	$b \times 10^6$ /m$^3 \cdot$ mol^{-1}	气体	$a \times 10^3$ /Pa $\cdot$ m$^6 \cdot$ mol^{-2}	$b \times 10^6$ /m$^3 \cdot$ mol^{-1}
H_2	24.32	26.6	SO_2	686.0	56.8
Ar	135.3	32.2	HCl	371.8	40.8
N_2	136.8	38.6	NH_3	424.6	37.3
O_2	137.8	31.8	HBr	451.9	44.3
Cl_2	657.6	56.2	H_2S	454.9	43.4
NO	141.8	28.3	CH_4	228.0	42.7
CO	147.9	39.3	C_6H_6	1920.9	120.8
CO_2	365.8	42.8	CCl_4	1978.8	126.8

【例 1-2】　求范德华气体的波义尔温度。

解　将范德华方程改写为

$$pV_m = \frac{RTV_m}{V_m - b} - \frac{a}{V_m}$$

根据式(1-26)，得

$$\left[\frac{\partial(pV_m)}{\partial p}\right]_{T,p\to 0} = \left[\frac{\partial(pV_m)}{\partial V_m}\right]_T \left(\frac{\partial V_m}{\partial p}\right)_T$$

$$= \left(\frac{RT}{V_m-b} - \frac{RTV_m}{(V_m-b)^2} + \frac{a}{V_m^2}\right)\left(\frac{\partial V_m}{\partial p}\right)_T = 0$$

当 $T = T_B$ 时，上式有

$$\frac{RT_B}{V_m-b} - \frac{RT_BV_m}{(V_m-b)^2} + \frac{a}{V_m^2} = 0$$

解方程，得

$$T_B = \frac{a}{Rb}\left(\frac{V_m-b}{V_m}\right)^2$$

$p \to 0$ 时，分子自由活动空间大，体积修正常数 $b \ll V_m$。所以，范德华气体的波义尔温度为

$$T_B = \frac{a}{Rb}$$

【例 1-3】 CO_2 气体在 40℃时的摩尔体积为 $0.381 \text{dm}^3 \cdot \text{mol}^{-1}$。试分别用理想气体状态方程和范德华方程计算其压力，并与实验值 5066.3kPa 做比较。

解 （1）按理想气体状态方程计算

$$p_1 = \frac{RT}{V_m} = \frac{8.314 \times 313}{0.381 \times 10^{-3}} \text{Pa} = 6830.1 \text{kPa}$$

（2）按范德华方程

CO_2 气体的范德华常数为

$$a = 0.3658 \text{ Pa} \cdot \text{m}^6 \cdot \text{mol}^{-2}, \quad b = 4.28 \times 10^{-5} \text{ m}^3 \cdot \text{mol}^{-1}$$

$$p_2 = \frac{RT}{V_m-b} - \frac{a}{V_m^2}$$

$$= \left[\frac{8.314 \times 313}{0.381 \times 10^{-3} - 0.428 \times 10^{-4}} - \frac{0.3658}{(0.381 \times 10^{-3})^2}\right] \text{Pa}$$

$$= 5174.5 \text{kPa}$$

用理想气体状态方程和范德华方程计算出的压力均超过了 1MPa，已不属于几百千帕的低压范围。这时利用理想气体状态方程计算，误差必然会很大。计算结果表明，范德华方程计算的结果与实验值更加接近。

对前面介绍过的、由实验得到的实际气体的 pV_m-p 曲线，应用范德华方程可以给出较为合理的解释。将式(1-31)展开，整理得

$$pV_m = RT + bp - \frac{a}{V_m} + \frac{ab}{V_m^2} \tag{1-33}$$

高温时，分子热运动剧烈，分子间的相互吸引力可以忽略不计，上式中含有压力修正项常数 a 的项均可以略而不计，得到

$$pV_m = RT + bp$$

因为 $b > 0$，所以 $pV_m > RT$。在一定温度下，pV_m 与 RT 的差值，即超出的数值，随着 p 的增加自始至终增加，这就是波义尔温度 T_B 以上的情况，pV_m-p 曲线属于第一种类型。

低温时，分子热运动小，分子间的相互吸引力对系统性质的影响增大，体现分子间吸引力的压力修正项常数 a 不能忽略。假定气体同时处在压力较低的范围，低压时气体分子自由

活动的空间大，式(1-33)中含有体积修正项常数 b 的项可以略去，式(1-33)改写为

$$\frac{a}{V_m} = RT - pV_m$$

因为 $a > 0$，所以 $pV_m < RT$。在一定温度下，pV_m 与 RT 的差值是负数，并随着 p 的增加而减小。但是当压力 p 增加到一定限度后，体积修正项常数 b 的体积效应渐渐凸显，式(1-33)中的含 b 项不能再忽略，又将出现 $pV_m > RT$ 的情况。因此低温时，pV_m 随着 p 的增加先降低，经过一个最低点后又逐渐增加，这就是低于波义尔温度 T_B 时的情形，pV_m-p 曲线属于第三种类型。

范德华方程之所以备受关注，并不是因为它比其他方程式更为准确，而是在于它在修正理想气体方程时，对压力与体积分别提出了两个具有物理意义的修正因子 a 和 b，而这两个因子恰恰揭示了实际气体与理想气体本质差别的根本原因之所在。从现代理论来看，范德华对内压力反比于 V_m^2 以及 b 的导出等观点都不尽完善，所以范德华方程只能是一种简化了的实际气体的数学模型。

范德华(van der Waals, 1837—1923)　荷兰物理学家。就学于莱顿大学，从 1877 年到 1907 年任阿姆斯特丹大学物理学教授。他引入液体和气体连续性的概念，创立了流体状态的动力学理论。范德华提出的气体状态方程，为临界压力、温度和体积提供了一种合理的解释，结果与对二氧化碳气体的实验观测很一致，显示出范氏气体与理想气体存在的偏差。同时，他研究了独立分子间的吸引力，这些力后来被称为范德华力。1910 年，范德华因其关于气体的流动性质研究而荣获诺贝尔物理学奖。

1.3.3　维里方程

维里(virial)方程是卡末林-昂尼斯(Kammerlingh-Onnes)于 20 世纪作为纯经验方程提出的，通常有下列两种形式

$$pV_m = RT\left(1 + \frac{B}{V_m} + \frac{C}{V_m^2} + \frac{D}{V_m^3} + \cdots\right) \tag{1-34}$$

$$pV_m = RT(1 + B'p + C'p^2 + D'p^3 + \cdots) \tag{1-35}$$

两式中的 B、C、D … 与 B'、C'、D' … 分别称为第二维里系数、第三维里系数、第四维里系数……它们都是温度 T 的函数，且与气体本身性质相关。两式中的维里系数从数值到单位都不相同，其数值往往可由实验得到的 pVT 数据拟合得出。像范德华方程一样，当压力 $p \to 0$ 时，摩尔体积 $V_m \to \infty$，维里方程也可还原为理想气体状态方程。

维里方程是级数形式，包含很多项维里系数，依据梅耶尔(Mayer)理论，只要能求出分子间的作用能，各级维里系数原则上都能计算出来。目前，对于第二、第三项的维里系数，由分子间相互作用的势能关系已得出了一些计算公式。但在实际应用时可根据具体要求，有选择地选取最前面的几项系数进行计算，以便得到系数有定值的维里方程。在计算要求不高时，只要用到维里方程的第二项即可，因此第二维里系数尤为重要。

维里方程提出之初纯粹是一个经验公式，但随着它为统计力学所证明，维里方程已发展成为具有一定理论意义的方程。统计力学指出，第二维里系数反映了两个气体分子间的相互作用对实际气体 pVT 性质的影响，第三维里系数则反映了三分子相互作用所引起的偏差。

1.3.4 其他重要的状态方程

为了提高计算精度，在范德华方程与维里方程的研究基础上，人们引入更多的参数来修正实际气体与理想气体的偏差，得到了许多其他描述实际气体行为的状态方程。下面所介绍的只是其中几个较为重要的状态方程。

（1）R-K（Redlich-Kwong）方程

$$\left[p + \frac{a}{T^{\frac{1}{2}} V_m (V_m + b)} \right] (V_m - b) = RT \tag{1-36}$$

式中，a、b 为常数，但不是范德华方程中的常数。该方程适用于烃类等非极性气体，且适用的 T 和 p 变化范围较宽。

（2）B-W-R（Benedict-Webb-Rubin）方程

$$p = \frac{RT}{V_m} + \left(B_0 RT - A_0 - \frac{C_0}{T^2} \right) \frac{1}{V_m^2} + \frac{bRT - a}{V_m^3} + \frac{a\alpha}{V_m^6} + \frac{c}{T^2 V_m^3} \left(1 + \frac{\gamma}{V_m^2} \right) e^{-\gamma/V_m^2}$$

$$\tag{1-37}$$

式中，A_0、B_0、C_0、a、b、c、α 和 γ 均为常数，该方程为八参数状态方程。一般说来，方程中的参数越多，方程的计算精确度越高，但计算越麻烦。随着计算机应用的普及，多参数方程的计算得到了圆满解决。B-W-R 方程能较好地适用于碳氢化合物及其混合物的计算，不仅适用于气相，而且适用于液相。

（3）贝塞罗（Berthelot）方程

$$\left(p + \frac{a}{T V_m^2} \right) (V_m - b) = RT \tag{1-38}$$

对照范德华方程，贝塞罗方程显然是在范德华方程的基础上，考虑了温度对分子间相互吸引力的影响而提出的。

1.3.5 普遍化的实际气体状态方程

尽管各种实际气体状态方程在工程应用中发挥了很好的作用，但各种方程中总含有与气体种类有关的特性常数，如范德华常数、维里系数等，都不能像理想气体状态方程那样不涉及各种气体各自特性而对任何气体普遍适用。

比较理想气体与实际气体的 pVT 行为可以发现，理想气体在温度 T 时的 pV_m 值与其 RT 值相等；实际气体在温度 T 时的 pV_m 值与其 RT 值不相等，两者之间存在一个差值，若对实际气体的 RT 值乘以一个校正系数后，便能与它的 pV_m 值相等。因此，描述实际气体的 pVT 性质的状态方程中，最简单、最直接、最准确、最普遍化、适用压力范围也是最广泛的状态方程，是对理想气体状态方程用校正系数，即习惯上称为压缩因子（compressibility factor）的 Z 加以修正，即

$$pV_m = ZRT \tag{1-39}$$

或 $$pV = ZnRT \tag{1-40}$$

式（1-39）和式（1-40）都不涉及各种气体自身特性，适用于一切实际气体，故可以称为普遍化的实际气体状态方程。其实，上两方程同样适用于理想气体，因为当 $Z=1$ 时，方程依然能还原为理想气体状态方程。可见，压缩因子的定义为

$$Z = \frac{pV}{nRT} = \frac{pV_m}{RT} \tag{1-41}$$

式中，p、V（或 V_m）、T 都是实际气体的状态参数。压缩因子的量纲为 1，其值不是常数，而是与温度、压力有关的函数。只要测定实际气体在不同温度、不同压力下的 p、V、T 数据，代入式(1-41)就能算出压缩因子 Z。因为压缩因子的值直接来自实验测定所得数据后计算的结果，没有作任何假设，所以其值的准确性较高。

若在压力为 p、温度为 T 的条件下，理想气体的摩尔体积为 $V_{m,pg}$，显然 $pV_{m,pg} = RT$。同样的压力 p、温度 T 时，实际气体的摩尔体积为 $V_{m,rg}$，代入式(1-41)，得

$$Z = \frac{pV_m}{RT} = \frac{pV_{m,rg}}{pV_{m,pg}} = \frac{V_{m,rg}}{V_{m,pg}} \tag{1-42}$$

式(1-42)表明，对于理想气体，在任何温度、压力下 $Z=1$；对于实际气体，当 $Z>1$ 时，说明实际气体的摩尔体积 $V_{m,rg}$ 比同样条件下理想气体的摩尔体积 $V_{m,pg}$ 要大，此时实际气体比理想气体难以压缩；当 $Z<1$ 时，说明实际气体的摩尔体积 $V_{m,rg}$ 比同样条件下理想气体的摩尔体积 $V_{m,pg}$ 要小，此时实际气体比理想气体容易压缩。可见，Z 的大小不仅可以衡量实际气体与理想气体之间的偏差大小，而且还能反映出实际气体较理想气体受压缩时的难易程度，所以将它称为压缩因子。

既然压缩因子 Z 可以衡量实际气体与理想气体之间的偏差大小，那么在涉及实际气体对理想气体的偏差随压力的变化情况时，就可以转换成压缩因子 Z 随压力的变化情况。因此，可以将前面的 pV_m-p 等温线改为 Z-p 等温线，其结果是一样的。由于任何气体在 $p \rightarrow 0$ 时均接近理想气体，故 Z-p 图中所有实际气体在任何温度下的曲线，在 $p \rightarrow 0$ 处均趋于 $Z=1$ 这一点，Z-p 图中等温线的形状与 pV_m-p 图中曲线的形状是相类似的。

1.4　实际气体的等温曲线与液化

1.4.1　液体的饱和蒸气压

理想气体分子间没有相互作用力，所以在任何温度、压力下都无法使其液化。而实际气体则不同，其分子间相互作用力随分子间距离的变化而改变。温度的降低可以使分子的热运动减小，缩小了分子间距离；压力的增加可以压缩气体分子，同样缩小了分子间距离。这两种情况都可以增加分子间吸引力，最终导致实际气体液化为液体。

当温度一定时，在一定体积的密闭真空容器中，加入足够量的某种纯物质液体（自始至终都有液体存在），容器中的液体与其蒸气能够达成一种动态平衡，即微观上单位时间内由气体分子变为液体分子的数目与由液体分子变为气体分子的数目相等，宏观上气体的凝结速率与液体的蒸发速率相同，这种状态称为气-液平衡状态。处于气-液平衡状态时的气体称为饱和蒸气，液体则称为饱和液体，气体所对应的压力称为饱和蒸气压，简称蒸气压。液体的蒸气压是液体的本性，来源于液体中能量较大的分子有脱离液面进入空间成为气态分子的倾向，正因为如此，即使在一个装满了液体的容器中，尽管没有了气体，自然就没有气体的压力，但是此时仍有液体的蒸气压，也就是说，任何时刻都存在液体的蒸气压。

表 1-2 列出了水、乙醇和苯在不同温度下的饱和蒸气压。由表可知，同一温度下不同物质具有不同的饱和蒸气压，因此饱和蒸气压首先是由物质的本性决定的。而对于同一种物质，不同温度下对应不同的饱和蒸气压，且饱和蒸气压随温度的升高而增大，所以饱和蒸气压是温度的函数。实际上，纯液体的饱和蒸气压与温度之间具有一一对应的关系，这将在第 3 章讨论。

表 1-2　水、乙醇和苯在不同温度下的饱和蒸气压

水		乙醇		苯	
T/K	p^*/kPa	T/K	p^*/kPa	T/K	p^*/kPa
293.15	2.338	293.15	5.671	293.15	9.9712
313.15	7.376	313.15	17.395	313.15	24.411
333.15	19.916	333.15	46.008	333.15	51.993
353.15	47.343	351.55	101.325	353.25	101.325
373.15	101.325	373.15	222.48	373.15	181.44
393.15	198.54	393.15	422.35	393.15	308.11

　　温度升高液体的饱和蒸气压增加，当液体的饱和蒸气压增加到与外界压力相等时，液体就沸腾。此时，饱和蒸气压所对应的温度称为液体在此外界压力下的沸点。很明显，沸点的高低与外界压力的大小密切相关，习惯将外界压力为 101.325kPa 时的沸点称为正常沸点，如水的正常沸点为 373.15K，乙醇的正常沸点为 351.55K，苯的正常沸点为 353.25K。与正常沸点相对应，外界压力为 100kPa 时的沸点称为标准沸点，如水的标准沸点为 372.75K。在 101.325kPa 的外界压力下，如果将水从 298.15K 开始加热，随着温度上升，水的饱和蒸气压会不断增大，当加热到 373.15K 时，水的饱和蒸气压达到 101.325kPa，恰好与外界压力相等，这时不仅液体表面的水分子可以汽化，液体内部的水分子也可以汽化产生气泡，所以液体在此时沸腾了。在高原地带，空气稀薄，外界的大气压较低，故水的沸点较低。而在外界压力高于 101.325kPa 下加热水（如日常生活中所用的高压锅），水的沸点会相应地高于373.15K。溶液的沸点与纯物质的不同，除了受外界压力影响外，还与溶液组成有关，将在第 4 章作详细介绍。

　　一定温度下纯物质的气-液共存系统中，如果气体的压力小于该温度下的饱和蒸气压，液体将不断蒸发变为气体，直至气体压力增至该温度下液体的饱和蒸气压，达到气-液平衡为止。反之，如果气体的压力大于饱和蒸气压，则气体将部分凝结为液体，直至气体的压力降至该温度下的饱和蒸气压，达到气-液平衡为止。水在 298.15K 时的饱和蒸气压为 3.167kPa，在大气环境中尽管有其他气体存在，只要大气中水的分压小于 3.167kPa，液体水就会蒸发成为水蒸气。相反，如果大气中水蒸气的分压大于同温度下水的饱和蒸气压，水蒸气就会凝结成液体水。秋天白昼温度差异大，白天温度高，大气中处于平衡的水蒸气的分压大，而到了夜间温度降低，水的饱和蒸气压变小，于是，白天大气中的水蒸气在夜间凝结成水形成露珠。

　　一定温度下，大气中水蒸气的分压占该温度下水的饱和蒸气压的百分数，称为相对湿度。北方的冬季，温度往往在零下十摄氏度以下，水的饱和蒸气压本身就低，加上相对湿度一般在 30% 左右，空气显得非常干燥，液体水很容易蒸发为水蒸气。南方的夏季，尤其是梅雨季节，温度高、水的饱和蒸气压也高，且相对湿度最高时可达 90%，几乎接近于饱和蒸气压，天气变得异常闷热，这时液体水不再容易变为水蒸气。

　　与液体类似，固体同样存在饱和蒸气压。固体升华成蒸气、蒸气凝华成固体的现象，充分说明了固体饱和蒸气压的存在。与液体不同的是，常温下一般固体的蒸气压都很低，特别是那些用作吸附剂和催化剂的无机固体尤为如此。例如钨，在 298.15K 时的饱和蒸气压约为 10^{-35}Pa。正因为这一原因，大多数情况下，主要讨论液体的饱和蒸气压，固体的饱和蒸气压鲜有讨论。

1.4.2　实际气体的等温曲线与液化

1869 年安德鲁（Andrews）根据不同温度下所测得的 CO_2 气体 p、V、T 实验数据，绘制了 CO_2 气体的 p-V_m 图，结果见图 1-4。图中每条曲线都是等温线，反映了一定温度下 CO_2 气体的压力 p 与摩尔体积 V_m 之间的相互关系以及 CO_2 气体的液化情况。尽管物质的不同会导致其 p-V_m 图有所差异，但图 1-4 中所反映的基本规律对研究其他实际气体的 p、V、T 关系和气体的液化都是适用的。

① 低温时，以 294.65K（21.5℃）等温线为例。曲线分三段，其中 di 段，表示气体的摩尔体积随压力的增加而减小，遵循波义尔定律或理想气体状态方程。当压力增加到点 i 时，此刻的气体为饱和二氧化碳蒸气，$CO_2(g)$ 开始液化，点 i 所对应摩尔体积为饱和二氧化碳蒸气在 294.65K（21.5℃）时的摩尔体积 $V_m(g)$。继续对二氧化碳压缩，则液化过程继续保持，因二氧化碳气体液化造成系统体积不断缩小，体积沿水平线 if 变化，但压力始终保持不变，到达点 f 时气体全部液化，点 f 所对应的摩尔体积为饱和二氧化碳液体在 294.65K（21.5℃）时的摩尔体积，其值为 $V_m(l)$。if 水平线段表示二氧化碳气-液两相平衡共存时的情况，线段上任意一点所对应的摩尔体积 V_m 是气-液两相共存时系统的摩尔体积，若气、液相的物质的量分别为 $n(g)$、$n(l)$，系统总的物质的量为 $n = n(g) + n(l)$，则

$$V_m = \frac{n(g)V_m(g) + n(l)V_m(l)}{n} \tag{1-43}$$

在 if 水平段，二氧化碳气-液两相平衡，所对应的压力就是 294.65K（21.5℃）时液体二氧化碳的饱和蒸气压。

当二氧化碳气体全部液化完后再继续加压，对液体进行恒温压缩，因液体的可压缩性很小，所以液体的压缩曲线 fg 段，压力增加很大但体积变化甚微，曲线很陡。

图 1-4 中温度为 286.25K（13.1℃）的等温线的变化规律与 294.65K 等温线的基本相似，只是气-液共存时的水平线段 hk 较上述的 if 要长。这是因为温度低，相应的饱和蒸气压小，饱和气体的摩尔体积变大，而饱和液体的摩尔体积却因热胀冷缩原理略有减小，造成气-液两相的摩尔体积之差增加。

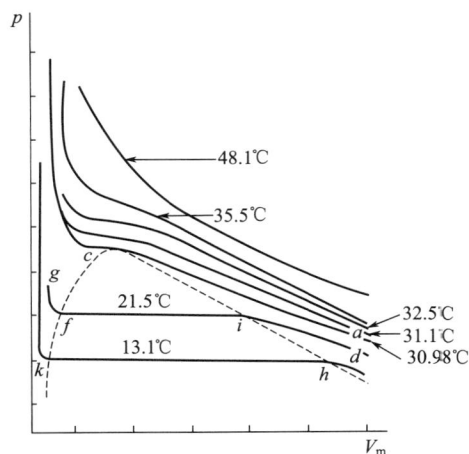

图 1-4　实验得到的 CO_2 的 p-V_m 等温线

② 随着温度不断升高，气-液两相共存时的水平线段会越来越短。对于二氧化碳，当温度升高到 304.13K（30.98℃）时，等温线水平线段缩为一点，出现拐点 c，将点 c 称为临界点（critical point），它所对应的温度称为临界温度，以 T_c 表示。30.98℃是二氧化碳的临界温度，在此温度之上，无论加多大的压力，二氧化碳气体都不能液化。可见，临界温度是指气体能够通过加压液化所允许的最高温度，各种液体都有自身特定的临界温度。临界温度越高，气体越容易液化，反之临界温度越低，气体就越难液化。

在临界点时，除了图中所示的气、液两相的摩尔体积相等外，气、液两相所有其他差别也随之消失，体现出完全相同的性质，诸如表面张力为零、汽化热为零、比热容相同等，因而气、液界面消失，已经无法区分气态和液态了。另外，在等温线上的临界点 c 处，数学上

具有下列特征

$$\left(\frac{\partial p}{\partial V_m}\right)_{T_c} = 0$$

$$\left(\frac{\partial^2 p}{\partial V_m^2}\right)_{T_c} = 0 \tag{1-44}$$

③ 温度高于临界温度时，二氧化碳气体无论加多大的压力都不能液化，在 p-V_m 图上只能是气态 CO_2 的等温线，温度越高，如图中的 321.25K(48.1℃)，曲线越接近于理想气体的等温线，即温度越高或压力越低时，实际气体的 pVT 行为与理想气体的越接近。

处于略高于临界温度和临界压力状态时的物质，称为超临界流体(supercritical fluid)。超临界流体是一种具有气体和液体双重特性的高密度流体，其黏度与气体相近，密度与液体相当，但在扩散系数、介电常数、极化率和分子行为等方面与气、液两相均存在显著区别。超临界流体是一种优异的溶剂，可用于分离和提取一些物质，这种技术称为超临界萃取。随着科学技术的不断发展，超临界萃取技术在食品、医药、材料、环境等诸多领域得到了越来越广泛的应用。

通过上述讨论并结合图 1-4 可知，临界等温线以上只有气态存在，是单相区；临界等温线以下的等温线既含有气态、液态的单相区，又含有气-液共存的两相区。可以看出，图中虚线所包含的区域为气-液两相共存区，虚线以外为单相区。

1.4.3 临界参数与临界压缩因子 Z_c

(1) 临界参数

在临界温度 T_c 时使气体液化所需要的最小压力称为临界压力，以 p_c 表示。在临界温度 T_c、临界压力 p_c 时物质的摩尔体积称为临界摩尔体积，以 $V_{m,c}$ 表示。物质处于临界温度、临界压力下的状态称为临界状态，临界温度 T_c、临界压力 p_c 和临界摩尔体积 $V_{m,c}$ 统称为临界参数，它们是物质的特性参数。一些气体的临界参数见表 1-3。

表 1-3　一些气体的临界参数

气体	T_c/K	$p_c \times 10^{-3}/kPa$	$V_{m,c} \times 10^3/m^3 \cdot mol^{-1}$
H_2	33.23	1.22	0.0560
He	5.3	0.23	0.0576
N_2	126.1	3.39	0.0900
O_2	153.4	5.03	0.0744
Ar	150.7	4.86	0.0771
CO	134.0	3.55	0.0900
CO_2	304.1	7.39	0.0957
NH_3	405.6	11.30	0.0724
H_2O	647.2	22.06	0.0450
CH_4	190.2	4.62	0.0988
n-C_5H_{12}	470.3	3.34	0.3102
C_6H_6	561.6	4.85	0.2564
CH_3OH	513.1	7.95	0.1177

(2) 范德华常数与其临界参数的关系

前面已经介绍过，实际气体处于临界温度 T_c 下的 p-V_m 等温线，在临界点处的一阶、二阶导数均为零，即 $\left(\dfrac{\partial p}{\partial V_m}\right)_{T_c}=0$，$\left(\dfrac{\partial^2 p}{\partial V_m^2}\right)_{T_c}=0$。范德华方程是描绘实际气体变化行为的一种模型，上述结论对它当然也适用。

临界温度 T_c 下的范德华方程为

$$p_c=\frac{RT_c}{V_{m,c}-b}-\frac{a}{V_{m,c}^2}$$

在临界温度 T_c 时，由 $\left(\dfrac{\partial p}{\partial V_m}\right)_{T_c}=0$ 和 $\left(\dfrac{\partial^2 p}{\partial V_m^2}\right)_{T_c}=0$，得

$$\frac{-RT_c}{(V_{m,c}-b)^2}+\frac{2a}{V_{m,c}^3}=0$$

$$\frac{2RT_c}{(V_{m,c}-b)^3}-\frac{6a}{V_{m,c}^4}=0$$

联立上述三方程，可以求出用范德华常数 a、b 与摩尔气体常数 R 表示的临界参数为

$$V_{m,c}=3b \tag{1-45}$$

$$T_c=\frac{8a}{27Rb} \tag{1-46}$$

$$p_c=\frac{a}{27b^2} \tag{1-47}$$

实际应用中，往往是由实验测得的临界参数反过来计算范德华常数 a、b。在临界温度 T_c、临界压力 p_c、临界摩尔体积 $V_{m,c}$ 中，由于 $V_{m,c}$ 测定的准确度相对而言要低些，因此通常用由实验测得的 T_c、p_c 值来计算范德华常数 a、b，即

$$a=\frac{27R^2T_c^2}{64p_c} \tag{1-48}$$

$$b=\frac{RT_c}{8p_c} \tag{1-49}$$

（3）临界压缩因子 Z_c

将气体的临界参数代入压缩因子 Z 的定义式，可以得到临界压缩因子 Z_c 为

$$Z_c=\frac{p_c V_{m,c}}{RT_c} \tag{1-50}$$

将测得的各种实际气体的 p_c、$V_{m,c}$、T_c 值代入上式，计算得到的 Z_c 值大多在 $0.26\sim0.29$ 之间，具体结果见附录三。

将用范德华常数表示的临界参数的式(1-45)、式(1-46)和式(1-47)代入式(1-50)，得

$$Z_c=\frac{3}{8}=0.375$$

也就是说，只要是范德华气体，其临界压缩因子 Z_c 的理论值都应该等于 0.375。但实际上，只有氦、氢等少数最难液化的气体才接近这一数值，而实验测得的其他大多数气体的 Z_c 值都有一定的偏差，有些甚至存在较大的偏差。这充分说明了范德华方程在处理实际气体时的近似性，它只能在一定的温度和压力范围内描述少数实际气体的行为，与大多数的真实情况存在一定距离。

1.5 对应状态原理与压缩因子图

1.5.1 对比参数

不同种类的实际气体，分子结构存在差异、分子间的相互作用各不相同，因此描述实际气体 pVT 关系的状态方程中的修正项、临界参数等都因气体种类不同而异。例如，假设 N_2、O_2 都是范德华气体，它们都遵循范德华方程，但由表 1-1 可以看出，范德华方程中的修正参数 a、b，N_2 的和 O_2 的不相等；表 1-3 数据表明，N_2 的临界参数和 O_2 的也不相等。

各种不同气体即便在性质上有许多不同之处，它们却存在一个共同的性质，就是在各自临界点处的饱和蒸气与饱和液体并无区别，即气、液不分。因此，可以以各自的临界参数为基准，用气体所处实际状态的 p、V_m、T 除以各自的临界参数，即

$$p_r = \frac{p}{p_c}, \ V_r = \frac{V_m}{V_{m,c}}, \ T_r = \frac{T}{T_c} \tag{1-51}$$

式中，p_r、V_r、T_r 分别称为对比压力（reduced pressure）、对比体积（reduced volume）和对比温度（reduced temperature），统称为气体的对比参数，对比参数的量纲都是一。对比参数反映了实际气体所处的状态偏离临界状态的倍数。

若实际气体是 $H_2(g)$、$He(g)$ 和 $Ne(g)$，对比压力和对比温度应分别用下列公式计算

$$p_r = \frac{p/\text{kPa}}{p_c/\text{kPa} + 800}, \ T_r = \frac{T/\text{K}}{T_c/\text{K} + 8} \tag{1-52}$$

1.5.2 对应状态原理

范德华指出，不同气体有两个对比参数相等时，第三个对比参数必将大致相等，这就是对应状态原理。把具有相同对比参数的气体称为处于相同的对应状态。

实验已经证明，凡是组成、结构、分子大小相近的物质都能较为严格地遵循对应状态原理。这类物质处于相同的对应状态时，它们的许多性质，如膨胀系数、逸度系数、黏度、折射率、旋光度和压缩性等之间具有简单的对应关系。这一原理反映了不同物质之间的内在联系，能较好地用来确定结构相近的未知物质的某些性质，实现了同类物质的共性与单一物质的个性之间的有机统一。因此，对应状态原理在工程上有着极其广泛和重要的应用。

1.5.3 普遍化的范德华方程

范德华方程是定量确立实际气体 pVT 关系的一种状态方程。对于不同的范德华气体，虽然方程的形式是一样的，但是方程中的范德华常数因气体种类不同而异，所以，不同气体的范德华方程本质上是有区别的，给应用带来不便。寻找和发现普遍适用的实际气体状态方程，一直是科学工作者尤其是工程技术人员感兴趣的课题。受对应状态原理启迪，人们应用对比参数的概念，导出了普遍化的范德华方程。

将式(1-31)的范德华方程改写为

$$p = \frac{RT}{V_m - b} - \frac{a}{V_m^2}$$

由式(1-51)得

$$p = p_r p_c, \qquad V_m = V_r V_{m,c}, \qquad T = T_r T_c$$

代入上式

$$p_r p_c = \frac{R T_r T_c}{V_r V_{m,c} - b} - \frac{a}{(V_r V_{m,c})^2}$$

将式(1-48)和式(1-49)代入上式后，等式两边同时除以 p_c，整理得

$$p_r = \frac{T_r}{V_r\,\dfrac{p_c V_{m,c}}{RT_c} - \dfrac{1}{8}} - \frac{27}{64 V_r^2} \times \left(\frac{p_c V_{m,c}}{RT_c}\right)^{-2}$$

对于范德华气体，理论上 $Z_c = \dfrac{p_c V_{m,c}}{RT_c} = \dfrac{3}{8}$，代入上式，整理得

$$p_r = \frac{8T_r}{3V_r - 1} - \frac{3}{V_r^2} \tag{1-53}$$

上式中已不再出现与物质特性有关的常数 a 和 b，因而具有普遍性，称为普遍化的范德华方程。在普遍化的范德华方程中，气体的特性参数实际上隐含在对比参数中，因此，普遍化的范德华方程与常用的范德华方程在计算准确性方面应处于同一水平。

事实上，从一定程度上可以这样说，普遍化的范德华方程验证了对应状态原理的正确性。这是因为，式(1-53)中的三个对比参数，只有两个是独立变量，一个是应变量。例如，当 T_r、V_r 有确定的值时，代入式(1-53)后计算得到的 p_r 是唯一的，即如果两种气体的 T_r、V_r 值对应相等，那么它们的 p_r 必然也相等。

1.5.4　压缩因子图

根据压缩因子和对比参数的定义，得

$$Z = \frac{p V_m}{RT} = \frac{p_c V_{m,c}}{RT_c} \times \frac{p_r V_r}{T_r}$$

所以

$$Z = Z_c\,\frac{p_r V_r}{T_r} \tag{1-54}$$

前面已经介绍，经实验测定各种实际气体 p_c、$V_{m,c}$、T_c 数据后计算得到的 Z_c 值介于 $0.26 \sim 0.29$ 之间，即各种实际气体的 Z_c 值可以近似视为常数，因此依据式(1-54)和对应状态原理，处在相同对应状态时的不同种气体，不管其自身性质怎样，它们必然具有相同的压缩因子 Z。也就是说，不同气体处在偏离临界状态相同倍数的状态时，它们偏离理想气体的程度是相同的。

根据对应状态原理，在 p_r、V_r 和 T_r 三个对比参数中只有两个是独立变量，一个是应变量。因此，式(1-54)中的压缩因子 Z 可以表示为与两个对比参数有关的函数，习惯上选取 p_r 和 T_r 为变量，得

$$Z = f(p_r, T_r) \tag{1-55}$$

通过测定实际气体的 p、V_m 和 T 数据，根据式(1-55)，便能得到压缩因子图。现以乙烷气体为例来说明压缩因子图的绘制过程。

① 查出乙烷气体的临界参数 p_c、$V_{m,c}$ 和 T_c。

② 在 T_1 温度下，测定不同压力 p 时的 V_m，获得一组 T_1 温度下的（p，V_m）数据。

③ 计算：T_1 温度恒定，对比温度 $T_{r,1} = \dfrac{T_1}{T_c}$ 为定值，依据 $Z = \dfrac{p V_m}{RT_1}$、$p_r = \dfrac{p}{p_c}$，可以计算出对比温度为 $T_{r,1}$ 时、不同对比压力 p_r 所对应的压缩因子 Z，获得一组（Z，p_r）数据。

④ 绘制 Z-p_r 曲线，因为 $T_{r,1}$ 为定值，所以该曲线又称为等温线。

改变系统温度为 T_2，重复步骤②～④，可以得到 $T_{r,2}$ 时的 Z-p_r 曲线。不断改变温度，

可以得到一系列不同 T_r 时的 Z-p_r 曲线，这就是压缩因子图。

图 1-5 是荷根(O. A. Hongen)和华德生(K. M. Watson)在 20 世纪 40 年代由若干无机、有机气体实验数据的平均值，绘制的等 T_r 线。它代表了式(1-55)的普遍化关系，涉及两个对比参数 T_r 和 p_r，称为双参数普遍化压缩因子图。

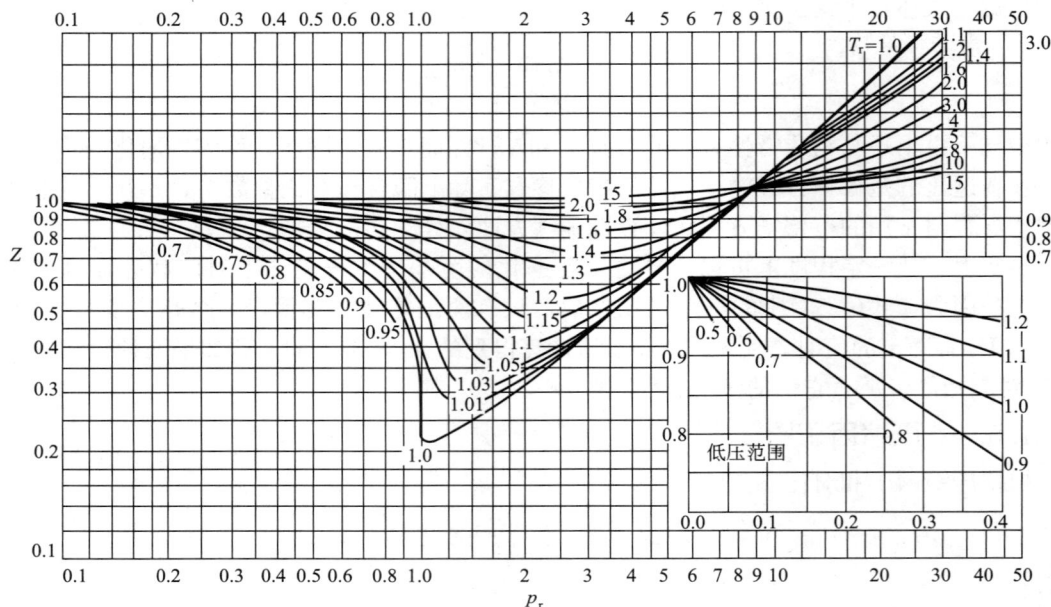

图 1-5　双参数普遍化压缩因子图

由图 1-5 可知，在任何对比温度 T_r 下，当 $p_r \rightarrow 0$ 时，$Z \rightarrow 1$，说明低压时实际气体的行为更接近于理想气体状态方程。在 p_r 相同时，T_r 越大，Z 偏离 1 的程度越小，表明高温下的实际气体与理想气体极为相似。$T_r < 1$ 时，Z-p_r 曲线都会中断于某一 p_r 点，这是因为 $T_r < 1$ 的实际气体升压到饱和蒸气压时会液化。在 T_r 不太高时，大多数 Z-p_r 曲线随 p_r 的增加先下降后上升，经历一个最低点，这反映出实际气体在加压过程中，从开始的较易压缩反转为后来的较难压缩这一历程。

压缩因子图是经实验测定得来的，它在相当大的压力范围内都能得到满意的结果，所以在工业上有极大的应用价值。利用对应状态原理，不仅能计算高压下实际气体 p、V_m 和 T 之间的关系，而且还能利用类似的图形进行有关逸度、比热容、焓等热力学函数的计算。

1.5.5　利用压缩因子图计算实际气体的 p、V_m、T

计算实际气体的 p、V_m 和 T 值是压缩因子图的应用之一。知道了实际气体的临界参数和所处状态的部分参数，可以利用对比参数定义公式、普遍化的实际气体状态方程 $pV_m = ZRT$、压缩因子图和合理的数学处理问题的方法，就能计算实际气体所处状态的未知参数。在实际应用中往往有以下三种情况。

（1）已知 p、T 计算 V_m

这是最简单的一种情况。首先，由 $T_r = \dfrac{T}{T_c}$ 计算出 T_r 值，$p_r = \dfrac{p}{p_c}$ 计算出 p_r 值。然后，

在压缩因子图上找出所算出 T_r 值的等温线，再在该等温线上找出所算出 p_r 值所对应的 Z 值。最后，代入公式 $pV_m = ZRT$ ，即可算出 V_m 。

【例 1-4】 应用压缩因子图求 373K 时，压力为 5.07×10^3 kPa、质量为 1.0 kg 二氧化碳气体的体积。

解 查得 $CO_2(g)$ 的 $T_c = 304.1$ K， $p_c = 7.39 \times 10^3$ kPa， 则

$$T_r = \frac{T}{T_c} = \frac{373}{304.1} = 1.226$$

$$p_r = \frac{p}{p_c} = \frac{5.07 \times 10^3}{7.39 \times 10^3} = 0.686$$

利用插值法，在 $T_r = 1.226$ 的等温线上当 $p_r = 0.686$ 时， $Z = 0.895$ 。

因为

$$pV = Z \frac{m}{M} RT$$

所以

$$
\begin{aligned}
V &= Z \frac{mRT}{Mp} \\
&= \left(0.895 \times \frac{1.0 \times 8.314 \times 373}{44 \times 10^{-3} \times 5.07 \times 10^6} \right) m^3 \\
&= 0.01244 m^3 = 12.44 dm^3
\end{aligned}
$$

（2）已知 T 、 V_m 计算 p

这是一种较复杂的情况，需要借助在压缩因子图上作辅助线来完成计算。首先，由 $T_r = \frac{T}{T_c}$ 计算出 T_r 值，并在压缩因子图上找出该 T_r 值所对应的等温线。然后，根据

$$Z = \frac{pV_m}{RT} = \frac{p_c V_m}{RT} p_r = C p_r$$

因 T 、 V_m 和 p_c 为已知的定值，所以上式中 $C = \frac{p_c V_m}{RT}$ 为常数，是一个具体的数值， Z 与 p_r 为线性关系，把它在压缩因子图上绘制成直线。最后，找出该直线与等温线的交点所对应的 p_r 值，由 $p = p_c p_r$ 即可算出 p 。

（3）已知 p 、 V_m 计算 T

这是一种最复杂的情况。首先，由 $p_r = \frac{p}{p_c}$ 计算出 p_r 值，并在压缩因子图上找出该 p_r 值所对应的一组（ Z ， T_r ）数据，在 Z-T_r 坐标图上绘制出曲线 L_1 。然后，根据

$$Z = \frac{pV_m}{RT} = \frac{pV_m}{RT_c} \times \frac{1}{T_r} = C' \frac{1}{T_r}$$

因 p 、 V_m 和 T_c 为已知的定值，所以上式中 $C' = \frac{pV_m}{RT_c}$ 为常数，是一个具体的数值， Z 与 T_r 成反比关系，在同一个 Z-T_r 坐标图上绘制出这种反比关系曲线 L_2 。最后，找出曲线 L_1 和曲线 L_2 的交点所对应的 T_r 值，由 $T = T_c T_r$ 即可算出 T 。

1. 了解理想气体状态方程的导出过程，掌握理想气体分子运动微观模型，掌握理想气体状态方程的适用条件，能熟练、巧妙地使用理想气体状态方程。

2. 掌握混合物组成的表示方法，能熟练运用道尔顿定律、阿马加定律对理想气体混合物的性质进行计算。

3. 了解波义尔温度的概念，掌握范德华方程及其常数的物理意义，掌握普遍化的实际气体状态方程和压缩因子概念。

4. 掌握液体饱和蒸气压的概念及其相关知识，了解实际气体的液化过程，掌握临界参数概念，了解临界压缩因子的概念。

5. 掌握对比参数的概念和对应状态原理，了解普遍化的范德华方程、压缩因子图和实际气体 p、V_m、T 的计算。

习题

1-1　273.15K、101.325kPa 的条件常称为气体的标准状况，试求甲烷在标准状况下的密度。设甲烷近似看作理想气体。

1-2　在室温下，某氮气钢瓶内的压力为 538kPa，若放出压力为 100kPa 的氮气 160dm³，钢瓶内的压力降为 138kPa，试估计钢瓶的体积。设氮气近似看作理想气体。

1-3　两个体积相同的烧瓶中间用玻璃管相通，通入 1.4mol 氧气后，使整个系统密封。开始时，两瓶的温度相同，都是 300K，压力为 50kPa，今若将一个烧瓶浸入 400K 的油浴内，另一烧瓶的温度保持不变，试计算两瓶中各有氧气的物质的量和温度为 400K 的烧瓶中气体的压力。设氧气近似看作理想气体，且相通的玻璃管体积忽略不计。

1-4　一抽成真空的球形容器，质量为 25.0000g。充满 277K 液体水后，总质量为 125.0000g。若改充 298K、13.33kPa 的某碳氢化合物气体，则总质量为 25.0163g。试估算该气体的摩尔质量。水的密度为 1g·cm⁻³，设气体为理想气体。

1-5　在 293K 和 100kPa 时，将 He(g) 充入体积为 1dm³ 的气球内，当气球放飞后，上升至某一高度，这时的压力为 28kPa，温度为 230K，试求这时的气球的体积是原体积的多少倍？设 He(g) 近似看作理想气体。

1-6　有 2.0dm³ 潮湿空气，压力为 101.325kPa，其中水气的分压为 12.33kPa。设干空气中 $O_2(g)$ 和 $N_2(g)$ 的体积分数分别为 0.21 和 0.79，试求

(1) $H_2O(g)$，$O_2(g)$，$N_2(g)$ 的分体积；

(2) $O_2(g)$，$N_2(g)$ 在潮湿空气中的分压力。设气体为理想气体。

1-7　今有 293K 的乙烷-丁烷混合气体，充入一抽成真空的 200cm³ 容器中，直至压力达 101.325kPa，测得容器中混合气体的质量为 0.3897g。试求该混合气体中两种组分的摩尔分数及分压力。设气体为理想气体。

1-8　氯乙烯、氯化氢及乙烯构成的混合气体中，各组分的摩尔分数分别为 0.89，0.09 及 0.02。于恒定压力 101.325kPa 下，用水吸收其中的氯化氢，所得混合气体中增加了分压力为 2.670kPa 的水蒸气。试求洗涤后的混合气体中 C_2H_3Cl 及 C_2H_4 的分压力。设气体为理想气体。

1-9　如图所示一带隔板的容器中，两侧分别有同温同压的氢气与氮气，二者均可视为理想气体。

H₂	3dm³	N₂	1dm³
p	T	p	T

(1) 保持容器内温度恒定时抽去隔板，且隔板本身的体积可忽略不计，试求两种气体混合后的压力；

(2) 隔板抽去前后，H₂ 及 N₂ 的摩尔体积是否相同？

(3) 隔板抽去后，混合气体中 H₂ 及 N₂ 的分压力之比以及它们的分体积各为若干？

1-10　273.15K 时氯甲烷(CH₃Cl)气体的密度 ρ 随压力的变化如下表。试作出 $\frac{\rho}{p}$-p 图，用外推法求氯甲烷的相对摩尔质量。设氯甲烷为理想气体。

p/kPa	101.325	67.550	50.663	33.775	25.331
ρ/g·dm⁻³	2.3074	1.5263	1.1401	0.7571	0.5666

1-11　在压力 100kPa 时，当温度为 1845K 时锑蒸气的密度是同温同压下空气密度的 12.43 倍，在温度为 1913K 时，密度为同温同压下空气的 11.25 倍。假定锑蒸气中仅有 Sb₂ 和 Sb₄ 两种分子，试求各温度下，两种蒸气的摩尔分数。设气体为理想气体。

1-12　发生炉煤气系以干空气通过红热的焦炭而获得。设若有 92% 的氧变为 CO(g)，其余的氧变为 CO₂(g)。

(1) 在同温同压下，试求每通过一单位体积的空气可产生发生炉煤气的体积；

(2) 求所得气体中 N₂(g)，Ar(g)，CO(g)，CO₂(g) 的摩尔分数(空气中各气体的摩尔分数为：$x_{O_2}=0.21, x_{N_2}=0.78, x_{Ar}=0.0094, x_{CO_2}=0.0003$)；

(3) 每燃烧 1kg 的碳，计算可得 293K、100kPa 下的发生炉煤气的体积。设气体为理想气体。

1-13　298.15K 时饱和了水蒸气的湿乙炔气体(即混合气体中水蒸气分压力为同温度下水的饱和蒸气压)总压力为 138.7kPa，于恒定总压下冷却到 283.15K，使部分水蒸气凝结为水。试求每摩尔干乙炔气在该冷却过程中凝结出水的物质的量。已知 298.15K 及 283.15K 时水的饱和蒸气压分别为 3.17kPa 及 1.23kPa。设气体为理想气体。

1-14　一密闭刚性容器中充满了空气，并有少量的水。当容器于 300.15K 条件下达平衡时，容器内压力为 101.325kPa。若把该容器移至 373.15K 的沸水中，试求容器中到达新的平衡时应有的压力。设容器中始终有水存在，且可忽略水的任何体积变化。300.15K 时水的饱和蒸气压为 3.567kPa。设气体为理想气体。

1-15　物质的热膨胀系数 α_V 与等温压缩率 k_T 的定义如下：

$$\alpha_V = \frac{1}{V}\left(\frac{\partial V}{\partial T}\right)_p, \quad k_T = -\frac{1}{V}\left(\frac{\partial V}{\partial p}\right)_T$$

试分别导出下列气体的 α_V，k_T 与温度、压力的关系。

(1) 设气体为理想气体；

(2) 设气体为 van der Waals 气体。

1-16　在一个容积为 0.5m³ 的钢瓶内，放有 16kg 温度为 500K 的 CH₄(g)，试分别按下列情况计算容器内的压力。

(1) 用理想气体状态方程；

(2) 由 van der Walls 方程，已知 CH₄(g) 的 van der Walls 常数 $a=0.228$Pa·m⁶·mol⁻²，$b=0.427\times10^{-4}$m³·mol⁻¹，$M_{CH_4}=16.0$g·mol⁻¹。

1-17　今有 273.15K，40530kPa 的 N₂ 气体，分别用理想气体状态方程及范德华方程计算其摩尔体积。并比较与实验值 70.3cm³·mol⁻¹ 的相对误差。

1-18　已知 CO₂(g) 的临界温度、临界压力和临界摩尔体积分别为：$T_c=304.3$K，$p_c=73.8\times10^5$Pa，$V_{m,c}=0.0957$dm³·mol⁻¹，试计算

(1) $CO_2(g)$ van der Waals 常数 a，b 的值；

(2) 313K 时，在容积为 $0.005m^3$ 的容积内含有 $0.1kg\ CO_2(g)$，用 van der Waals 方程计算气体的压力。

1-19　NO(g) 和 $CCl_4(g)$ 的临界温度分别为 177K 和 550K，临界压力分别为 $64.7 \times 10^5 Pa$ 和 $45.5 \times 10^5 Pa$。

(1) 哪一种气体的 van der Waals 常数 a 较小？

(2) 哪一种气体的 van der Waals 常数 b 较小？

(3) 哪一种气体的临界体积较大？

(4) 在 300K 和 $10 \times 10^5 Pa$ 的压力下，哪一种气体更接近理想气体？

1-20　373.15K 时，$1.0kg\ CO_2(g)$ 的压力为 $5.07 \times 10^3 kPa$，试用下述两种方法计算其体积。

(1) 用理想气体状态方程式；

(2) 用范德华方程。

1-21　在 273K 时，$1mol\ N_2(g)$ 的体积为 $7.03 \times 10^{-5} m^3$，试用下述几种方法计算其压力，并比较所得数值的大小。

(1) 用理想气体状态方程式；

(2) 用 van der Waals 气体状态方程式；

(3) 用压缩因子图(实测值为 $4.05 \times 10^4 kPa$)。

1-22　348K 时，$0.3kg\ NH_3(g)$ 的压力为 $1.61 \times 10^3 kPa$，试用 van der Waals 气体状态方程式计算其体积，并比较与实测值 $28.5dm^3$ 的相对误差。

已知在该条件下 $NH_3(g)$ 的 van der Waals 气体常数 $a=0.417 Pa \cdot m^6 \cdot mol^{-2}$，$b=3.71 \times 10^5 m^3 \cdot mol^{-1}$。

1-23　函数 $1/(1-x)$ 在 $-1 < x < 1$ 区间可用下述幂级数表示：

$$1/(1-x) = 1 + x + x^2 + x^3 + \cdots$$

先将范德华方程整理成

$$p = \frac{RT}{V_m}\left(\frac{1}{1-b/V_m}\right) - \frac{a}{V_m^2}$$

再用上述幂级数展开式来求证范德华气体的第二、第三维里系数分别为

$$B(T) = b - a/(RT)，C(T) = b^2$$

1-24　把 298.15K 的氧气充入 $40dm^3$ 的氧气钢瓶中，压力达 $202.7 \times 10^2 kPa$。试用普遍化压缩因子图求钢瓶中氧气的质量。

第2章

热力学第一定律 ▶▶

热力学全称热动力学（thermodynamics），是自然科学的一个重要分支，它是研究热现象中物质转变和能量转换规律的学科，着重研究物质的平衡状态和准平衡状态的物理和化学变化过程。

热力学作为一门学科，其形成和建立经历了漫长而曲折的发展过程，只是到了19世纪中期，在大量实验的基础上，才真正建立了科学的热力学理论。英国科学家焦耳（J. P. Joule，1818—1889）经过近40年的不懈钻研和测量热功当量，先后用不同的方法做了400多次实验，在1850年前后建立了能量守恒定律，即热力学第一定律。德国科学家克劳修斯（R. Clausius，1822—1888）和英国科学家开尔文（L. Kelvin，原名汤姆生，W. Thomson，1824—1907)在卡诺工作的基础上共同建立了热力学第二定律，他们分别于1850年和1851年提出了著名的热力学第二定律克劳修斯表述和开尔文表述。热力学第一定律和热力学第二定律的建立，有着扎实牢固的实验基础和科学严密的逻辑推理，是人类经验的总结，更是热力学理论的主要内容，这两个定律的创立标志着科学的热力学理论的形成。之后，能斯特（W. H. Nernst，1864—1941）于1906年建立了热力学第三定律，否勒（R. H. Fowler，1889—1944)于1939年发现了热力学第零定律，使热力学内容更加严密和完善。

把热力学原理应用于化学变化规律的研究，称为化学热力学（chemical thermodynamics）。化学热力学的研究内容主要有：应用热力学第一定律研究化学反应过程的能量转换和变化规律，根据热力学第二定律解决化学变化的方向和限度问题，以及相平衡、化学平衡和电化学中的相关问题。热力学第零定律为温度下了严格的科学定义，而热力学第三定律以绝对0K为基准，确定了物质的规定熵数值。

化学热力学的应用十分广泛，在生产实践和科学研究中发挥着巨大的作用。例如，化工生产过程中的能量衡算，开发新的化学品及设计新的反应路线时的可能性研判等，都离不开热力学。但是，热力学也有它的局限性一面。例如，热力学研究的对象仅限于宏观系统（即大量分子的集合体），因此所得到的结论具有统计意义，反映的是平均行为，只适用于整个宏观系统，而不适用于每一个分子的个体行为。又如，热力学能够预言在给定条件下过程变化的方向和限度，但它既不能给出完成这一变化所需要的时间，也不能回答这一变化发生的原因和变化所经过的历程问题等。

本章将在介绍热力学基本概念及术语的基础上，重点讨论热力学第一定律及其在气体

pVT 变化、相变和化学反应等过程中的应用。

2.1　温度与热力学第零定律

日常生活中，人们常用温度来表示物体的"冷、热"程度，用手触摸物体，感觉热则温度高，感觉冷则温度低。这种建立在人的主观感觉基础上的温度概念，不仅十分粗糙、容易混淆事实，而且往往会得出错误的结果。例如，冬天用手触摸同在室外的铁器和木棍，感觉铁器比木棍冷，实际上两者的温度是一样的。之所以感觉不同，是由于铁器和木棍对热传导速率不同。因此，要定量地表示出物体的温度，必须对温度给出科学的定义。

温度概念的建立以及温度的测定都是以热平衡为基础的。当把两个已达成平衡、但状态不相同的系统 A 和 B 通过一个界壁接触，在没有机械及电磁等作用时，它们的状态是否会因彼此干扰而发生改变，取决于这个接触界壁的导热情况。如果用绝热界壁(常称绝热壁)把 A 和 B 隔开，则它们的状态函数互不影响，系统各自保持其原来的状态。如果用导热界壁(俗称导热壁)把 A 和 B 隔开，则它们的状态函数将相互影响，其数值会一升一降，直至两个系统的状态函数相同，达到一个新的平衡态为止，即热平衡。因此，热平衡是指两个或两个以上系统通过导热壁接触后所到达的一种平衡状态。

热平衡实验见图 2-1，把 A 和 B 用绝热壁隔开，而 A 和 B 又同时通过导热壁与 C 接触，此时 A 和 B 分别与 C 建立热平衡，如图 2-1(a)。接着，把 A 和 B 之间换成导热壁，同时将 A 与 C、B 与 C 之间换成绝热壁，此时观察不到 A 和 B 的状态发生任何变化，如图 2-1(b)。这表明，在图 2-1(a)状态时 A 和 B 已经处于热平衡状态。

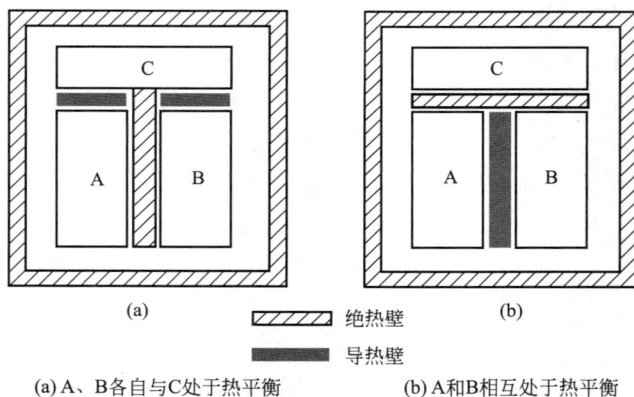

(a)　　　▨ 绝热壁　　　(b)
　　　　　▰ 导热壁

(a) A、B 各自与 C 处于热平衡　　　(b) A 和 B 相互处于热平衡

图 2-1　热力学第零定律

实验事实说明，在不受外界的影响下，只要系统 A 和 B 同时与系统 C 处于热平衡，即使系统 A 和 B 没有接触，它们仍处于热平衡状态。也就是说，如果两个系统分别和处于确定状态的第三个系统达到热平衡，则这两个系统彼此也将处于热平衡。这个结论称为热平衡定律或热力学第零定律(the zeroth law of thermodynamics)。热力学第零定律是 Fowler 于1939 年提出的，是对大量实验事实的概括和总结，既不能从其他的定律或定义推导，也不能由逻辑推理得出。

热力学第零定律为建立温度概念提供了实验基础。热力学第零定律指出，处于同一个热平衡状态下的所有系统都具有某个相同的状态函数(也可称宏观性质)，决定系统热平衡的这个状态函数称为温度，也就是说，温度是决定某一系统是否与其他系统处于热平衡的宏观标志，它的特征在于一切互为热平衡的系统都具有相同的温度。温度的微观统计意义是，系统内分子热运动剧烈程度的量度。

热力学第零定律不仅给温度下了科学的定义，而且为测定温度提供了依据和方法。在判断两物体温度高低时，不一定要将两物体直接接触，可借助第三方物体作"标准"与这两个物体分别接触就行，这个"标准"的物体便是温度计。

温度计是根据物质随冷热变化而发生单调、较显著改变的某种属性而设计的，并规定好具体的数值表示法（温标）来计量温度。显然，可以有各种各样的温度计，如酒精温度计、水银温度计、电阻温度计等。还可以有不同的温标，如，建立在热力学第二定律基础上的温标称为热力学温标，它是一种理论温标，不依赖于任何物质及其物理属性，它的单位为"开尔文"，简称"开"，记为"K"。

2.2　基本概念与常用术语

2.2.1　系统与环境

为了观察和研究问题的方便，在研究具体事物时，人们总是习惯首先确定所需研究的对象，确定它与其他部分物质的分开界限，把作为研究对象的那部分物质称为系统（system），也称为物系或体系。如常温、常压下，桌子上放置了一杯温度为 50℃ 的水，要研究杯中水的性质（温度、质量等）变化，水便是系统。存在于系统之外、与系统有密切联系的那部分物质，称为系统的环境（ambience）。上面例子中盛水的杯子、放杯子的桌子、杯子周围的大气，都是"水"这个系统的环境。事实上，系统与环境之间的界限有时是实际存在的，有时根本不存在，是为了解决问题而假想的。

根据系统与环境之间进行能量交换和物质交换的情况不同，系统常可以分为敞开系统、封闭系统和隔离系统三类。

（1）敞开系统

系统与环境之间既有物质交换又有能量交换，这样的系统称为敞开系统（open system），也称为开放系统。如一杯水若没有加杯盖，杯中的水（系统）因分子热运动会蒸发到大气（环境）中而减少，同时，杯中水会把热传给杯壁、桌面、大气而降温。可见，此时的这杯水处于敞开系统。

（2）封闭系统

系统与环境之间只有能量交换而没有物质交换，这样的系统称为封闭系统（closed system），它是热力学研究的基础。如一杯水若加了杯盖（假定完全密封），杯中水会因将热传给杯壁、桌面，并通过它们继续传给大气而降温，但杯中水的质量自始至终不会减少。可见，此时的这杯水处于封闭系统。

（3）隔离系统

系统与环境之间既无能量交换又无物质交换，这样的系统称为隔离系统（isolated system），也称为孤立系统。如假定盛水的杯子既加杯盖又百分之百保温，那么，这杯水随着时间的推移，既不会有质量上的减少，也不会有温度方面的降低，此时的水属于隔离系统。

现实中真正的隔离系统并不存在，它是一种假想的系统。有时为了研究问题的需要，往往把原先划分的系统和环境在分开研究完成后，再合起来作为一个整体来处理，此时的这个整体就是隔离系统。这种处理问题的理念和方法是必须学会的，在后面的学习中将通过具体的实例加以介绍。

2.2.2 性质、状态与状态函数

（1）性质

研究一个系统，就要了解这个系统所处的温度 T、压力 p、体积 V、质量 m、密度 ρ、组成 x、黏度 η 等宏观上的物理量，这些物理量称为热力学性质（thermodynamic property），简称性质。除了宏观上可测定的性质外，系统还具有宏观上不能直接测定的性质，如热力学能 U、焓 H 和熵 S 等。按性质的数值是否与系统物质的数量多少有关，将其分为广度性质（extensive property）和强度性质（intensive property）两类。

广度性质又叫容量性质（capacity property）或广度量，其数值与系统物质的数量成正比，具有加和性。如 1mol 理想气体在 273.15K 和 101.325kPa 条件下的体积是 22.4dm³，而 2mol 理想气体在 273.15K 和 101.325kPa 条件下的体积是 44.8dm³，所以体积 V 是广度性质。同样，质量 m、热力学能 U、焓 H 等都是广度性质。

强度性质又称强度量，其数值与系统物质的数量无关，不具有加和性。如一杯 298.15K 的水倒掉一半仍是 298.15K，因此温度 T 是强度性质。同样压力 p、密度 ρ、黏度 η、摩尔体积 V_m 等都是强度性质。

一般情况下，由两个广度性质之比得到的物理量则是强度性质。例如，广度性质体积与物质的量之比称为摩尔体积，即 $V_m = \dfrac{V}{n}$，是强度性质；广度性质热力学能与物质的量之比称为摩尔热力学能，即 $U_m = \dfrac{U}{n}$，也是强度性质；广度性质质量与体积之比为密度，即 $\rho = \dfrac{m}{V}$，同样是强度性质等。

（2）状态与状态函数

系统性质的综合表现称为状态（state）。当系统的每个性质都有确定值时，系统的状态也就确定了。例如，一杯质量一定的水温度为 298.15K、压力为 202.650kPa，这时水的状态就确定了。如果温度变成了 308.15K，或者压力变成了 101.325kPa，则系统的状态发生了变化。变化前的状态叫做始态（初态），变化后的状态叫做终态（末态）。在系统状态发生变化的过程中，无论是先升温后降压，还是先降压后升温，或是升温降压同时进行，系统温度的变化 $\Delta T = T_{终} - T_{始} = 10K$，系统压力 p 的变化 $\Delta p = p_{终} - p_{始} = -101.325kPa$。

上述例子说明，当系统处于一定状态时，系统的性质就有确定的值，该值的相对大小只取决于此时此刻的状态，而与过去的历史无关。当外界条件维持不变，系统的各种性质就不会发生改变。系统的状态发生变化时，一定有性质随之而变，但不一定是所有的性质都改变。若性质的变化值只与系统的始态和终态相关，而与所经历的途径无关，这种定态有定值的热力学性质称为状态函数。例如，温度的增量 ΔT，压力的减少量 Δp 只与始、终态有关而与途径无关。除了温度 T、压力 p 和体积 V 外，后面将要学习的热力学能 U、焓 H、熵 S、亥姆霍兹函数 A、吉布斯函数 G 等都是热力学中重要的状态函数。状态函数具有下列特征。

① 状态函数 Z 在数学上具有全微分的性质，其微小变化可用全微分 dZ 表示。如温度的微小变化为 dT，压力的微小变化为 dp 等。

② 系统开始时的 A 状态（始态）变化到终态 B，即 A → B，这一过程状态函数 Z 的变化

量 $\Delta_A^B Z$ 仅取决于终态与始态的差值 $\Delta_A^B Z = Z_B - Z_A$，而与变化的具体途径无关。显然，若系统发生变化后又恢复到原状态，则状态函数也恢复到原来的数值，即状态函数的变化值为零。

③ 状态函数的二阶导数与求导的先后次序无关。如状态函数 Z 取决于系统的温度 T 和压力 p 两个性质，即 $Z = Z(T, p)$，则

$$\left[\frac{\partial}{\partial T} \left(\frac{\partial Z}{\partial p} \right)_T \right]_p = \left[\frac{\partial}{\partial p} \left(\frac{\partial Z}{\partial T} \right)_p \right]_T \tag{2-1}$$

需要给定多少个系统的性质，才能确定系统的状态呢？实验事实说明，对于没有化学反应的纯物质均相封闭系统，只要给定两个独立变化的强度性质，其他的强度性质也就随之确定；若再明确了系统的物质数量，则广度性质也就确定。至于说确定哪两个强度性质，原则上没有规定。然而，通常采用实验容易测定的温度 T 和压力 p 作为独立变化的强度性质。例如，液体水一旦给定温度 T、压力 p 两个强度性质，则它的密度 ρ、黏度 η、摩尔体积 V_m 等强度性质都有确定的值。又例如，对于理想气体，$V_m = \frac{RT}{p} = f(T, p)$，温度 T、压力 p 及摩尔体积 V_m 三者都是强度性质，若温度 T、压力 p 给定，则 V_m 也就确定，此时若再明确系统的物质的量 n，系统的广度性质体积 V 就确定了，因为 $V = nV_m$。或者，$V = \frac{nRT}{p} = f(T, p, n)$，若给定强度性质温度 T、压力 p 的基础上，再给出物质的量 n，则同样可以确定广度性质 V。

（3）热力学平衡状态

在一定条件下，经过足够长的时间，系统中各种热力学性质都不随时间而改变，此时系统处于热力学平衡状态（thermodynamic equilibrium state），简称平衡态。处于热力学平衡态的系统一般应同时满足下列条件，缺一不可。

① 热平衡（thermal equilibrium），系统内部各处温度相等，即系统有唯一的温度。

② 力平衡（mechanical equilibrium），系统内部各个部分的压力相等，即系统有单一的压力。若两个均匀系统被一个固定的器壁隔开，即便两个系统的压力不等，系统同样能保持力平衡。

③ 相平衡（phase equilibrium），系统有多个相共存时，达到平衡后各相中的任何一种物质，从组成到数量都不随时间而改变。如水和水蒸气在沸点时的两相平衡，液相中水的量与气相中水蒸气的量都保持不变。

④ 化学平衡（chemical equilibrium），系统中存在化学反应时，达到平衡后宏观上表现出化学反应已经停止，即各种物质的数量和组成不随时间而改变。

2.2.3　过程与途径

系统从一个状态变化到另一个状态，称为系统发生了一个热力学过程，简称过程（process）。变化的具体步骤称为途径（path），从始态到终态的一个过程，可以通过不同的途径来完成。如，人们从南京去北京，要完成这一个过程，可以通过坐高铁或坐飞机等不同的途径来实施。

根据过程发生的条件不同，通常可以将过程分为以下几种。

① 等温过程（isothermal process）。等温过程又称为恒温过程，是指系统在变化过程中温度保持不变，即始态的温度 T_1、终态的温度 T_2 以及变化过程中环境的温度 T_{amb} 三者都相等的过程，$T_1 = T_2 = T_{amb}$。

② 等压过程(isobaric process)。等压过程又称为恒压过程，是指系统在变化过程中压力保持不变，即始态的压力 p_1、终态的压力 p_2 以及变化过程中系统在任何时刻对抗的环境压力 p_{amb} 三者都相等的过程，$p_1 = p_2 = p_{amb}$。

③ 恒外压过程(constant external pressure process)。变化过程中系统所对抗的环境压力 p_{amb} 始终不变，因系统最终处于平衡状态，所以环境压力 p_{amb} 与系统终态压力 p_2 相等，但系统始态的压力 p_1 与终态压力 p_2 一般不等，即 $p_1 \neq p_2 = p_{amb}$。等压过程属于恒外压过程，是恒外压过程的特例。

④ 恒容过程(isochoric process)。又称为等容过程或定容过程，是指系统在变化过程中体积保持不变的过程。一般在刚性容器中进行的过程都是恒容过程。

⑤ 绝热过程(adiabatic process)。系统在变化过程中与环境之间不存在热传递的过程。真正的绝热过程很难实现，若过程进行极迅速(如爆炸)，系统来不及与环境进行热交换，或者系统与环境传热极少，都可近似地认为是绝热过程。绝热过程分为绝热可逆过程与绝热不可逆过程两种。

⑥ 循环过程(cyclic process)。系统从始态出发，经过一系列变化又回到原来的状态，称为循环过程。循环过程的特征是状态函数的变化值为零。

系统所进行的过程，不仅仅只有上述几种，要依据具体的变化情况而确定相应的处理方法，例如理想气体在 pVT 变化过程中沿着"p/V 为常数"的可逆途径进行，就不属于上述任何过程。从大的方向看，系统所进行的过程，不外乎有 pVT 变化过程、相变化过程、化学变化过程三大类，当然也可以几种过程兼而有之。

2.2.4　热和功

当系统的状态发生变化时，系统与环境间的能量交换是通过热和功的传递方式来实现的。也就是说，热和功是系统与环境进行能量交换的两种基本形式，它们的 SI 制单位都是焦耳(J)。

热是物质运动的一种表现形式，与大量分子的无规则运动紧密相关。温度是分子无规则运动剧烈程度的量度，温度越高，分子的无规则运动强度越大。当两个温度不同的物体相接触时，无规则运动的差异导致它们通过分子间的碰撞而交换能量，这种能量交换的方式就是热。因此，热是由于系统与环境间存在着温度差而交换的能量，以符号 Q 表示，且规定系统从环境吸热 $Q>0$，系统向环境放热 $Q<0$。

热不是系统的状态函数，而是与过程相关的途径函数，只有系统进行某一过程，系统与环境间交换的热才能体现出来，处于一定状态的系统，没有热的概念。微小变化过程的热常用 δQ 表示。热的形式有多种，最常见的是系统既不发生化学变化又没有相变、而仅仅因与环境的温度差异交换的热，称为显热；把系统发生化学变化过程交换的热称为化学反应热，或反应热效应；另外，还有相变热，是指系统发生相变化而交换的热，因过程温度不变，所以又称潜热，从这一点看，把热定义为"由于系统与环境间存在分子热运动差异而交换的能量"更为全面、科学。

除热以外，系统与环境间能量交换的另一种形式称为功，用符号 W 表示功。同样规定系统对环境做功，系统失去能量，$W<0$；环境对系统做功，系统获得能量，$W>0$。与热一样，功也不是系统的状态函数，而是途径函数，功也只有在系统的变化过程中才得以体现，处于一定状态的系统，也没有功的概念。微小变化过程的功常用 δW 表示。

在物理化学中，功分为体积功和非体积功两类。体积功是在变化过程中因系统体积变化而与环境交换的能量，以功的符号 W 表示。除体积功以外的其他形式的功，如电功、表面功等统称为非体积功，为与体积功区分，以符号 W' 表示。所以，在以后的学习中要特别注意，不能随便使用符号 W'，因为它特指非体积功。热力学中讨论最多的是体积功，且一般假设没有非体积功。电功和表面功等非体积功，只是在电化学和界面现象等相关章节内容中才加以阐述。

如图 2-2 所示，在截面积为 A 的气缸内装有一定量的气体，如果作用在活塞上的力为 F，其方向向左，它与环境的压力 p_{amb} 之间的关系为 $F = p_{amb}A$。假如活塞本身无质量且与气缸壁无摩擦，当气缸与热源相接触受热时，气体膨胀的体积为 dV，相应地活塞向右移动的距离为 dl，显然 $dl = \dfrac{dV}{A}$。

体积功是系统体积变化时反抗外压所做的功，本质上是机械功，等于力与力作用方向上的位移乘积。现在因为力 F 的方向向左，气缸位移 dl 方向向右，所以气体所做的体积功 $\delta W = -Fdl$，将 $F = p_{amb}A$ 和 $dl = \dfrac{dV}{A}$ 同时代入上式，得

$$\delta W = -p_{amb}A\frac{dV}{A} = -p_{amb}dV$$

或

$$W = -\int_{V_1}^{V_2} p_{amb}dV \tag{2-2}$$

上式是体积功的计算公式，p_{amb} 是环境压力，单位为 Pa；V 是系统体积，单位为 m^3。计算体积功的关键是分析具体过程中环境压力 p_{amb} 与系统内部压力 p 之间的关系，同时找出系统体积 V 与压力 p 的联系，代入式(2-2)就可以计算出结果。

可见，当系统内部压力 p 小于环境压力 p_{amb}，即 $p < p_{amb}$ 时，气缸内气体受到压缩，$dV < 0$，该过程的 $\delta W > 0$，系统得到环境所做的功；当系统内部压力 p 大于环境压力 p_{amb}，即 $p > p_{amb}$ 时，气缸内气体膨胀，$dV > 0$，该过程的 $\delta W < 0$，系统对环境做功。因此，气体受到压缩时，系统得到环境做的功，体积功一定为正；气体膨胀时，系统对环境做功，体积功一定小于零或等于零(等于零为真空膨胀时的情况)。

若气体向真空自由膨胀，即 $p_{amb} = 0$，则不管体积变化多大，体积功总是为零。若一个变化过程在密闭刚性容器中进行，体积变化为零，即 $\Delta V = 0$，则不管外压有多大，体积功也总是为零。体积功还可以这样来理解，加热气缸内的气体，气体体积膨胀，本来毫无秩序运动着的气体分子做定向运动，从而推动活塞移动。因此从微观的角度看，功是系统内部分子做有序运动时与环境交换的能量。

若 1mol 理想气体在 273.15K 下，由 101.325kPa 的始态出发，分别反抗 50.6625kPa 的恒外压膨胀和真空膨胀，经过这样两条不同途径达到同一终态 50.6625kPa。由体积功公式计算可知，在恒温、恒外压膨胀过程中，系统对环境做 1134.84J 的功；而在恒温向真空膨胀过程中，系统对环境做功为零。

由此可见，系统由相同的始态出发，经过不同的途径变化到相同的终态，功的数值是不相等的，这说明功的值与变化的途径密切相关，证明了功不是系统的状态函数，而是途径函数。

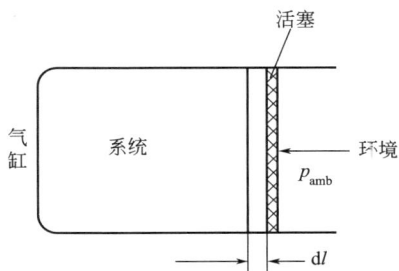

图 2-2 体积功示意图

2.3 体积功的计算与可逆过程

功不是状态函数，是途径函数，计算系统发生变化时的体积功，是热力学最基本也是最重要的内容之一。体积功的计算依据是式(2-2)，下面以气缸中气体膨胀、压缩为例来介绍体积功的计算，并从中发现有关规律。

2.3.1 体积功的计算

图 2-3 是理想气体的恒温膨胀和恒温压缩过程示意图。在 298.15K 下将一定量的理想气体置于带有活塞(其质量和摩擦忽略不计)的气缸中，气体的压力为 p。活塞上放一定数目的砝码(每个砝码相当于 100kPa 的压力)，产生的压力为 p_{amb}。当气体内部的压力 p 与外压 p_{amb} 相等时，系统处于平衡态；当气体内部的压力大于外压时，气体就膨胀；当气体的压力小于外压时，气体被压缩。

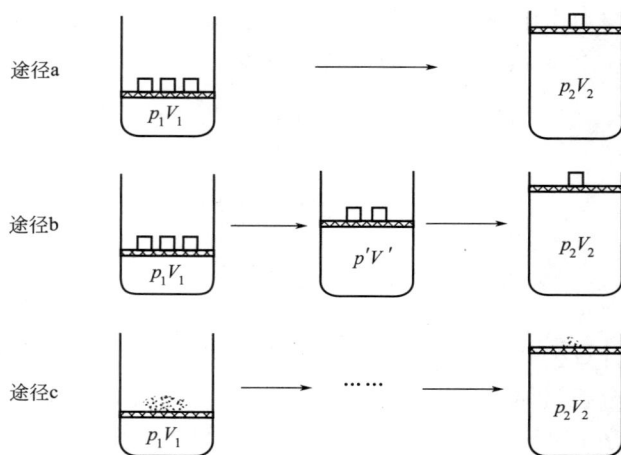

图 2-3 恒温时气体不同途径膨胀与压缩示意图

恒外压过程，意味着外压 p_{amb} 与终态压力 p_2 相等且为常数，依据式(2-2)得恒外压过程体积功的计算公式为

$$W = -p_2(V_2 - V_1) \tag{2-3}$$

下面分别讨论理想气体恒温膨胀过程和压缩过程体积功的计算。

膨胀过程：在 298.15K 下，将 $1dm^3$ 理想气体由始态压力 $p_1 = 300kPa$ 的平衡态，经过三条不同的途径膨胀至终态压力为 $p_2 = 100kPa$ 的平衡态(一个砝码)。压缩过程：相当于对始态压力为 100kPa 的平衡态理想气体，加压压缩到终态压力为 300kPa 的平衡态过程。

途径 a：将活塞上的砝码一次性移去两个，外压由 300kPa 一下子降低到 $100kPa(p_2)$，气体在恒定外压 100kPa 下膨胀，体积由 $V_1 = 1dm^3$ 膨胀至 $V_2 = 3dm^3$，过程的膨胀体积功记为 W_{a-1}。

$$W_{a-1} = -p_2(V_2 - V_1) = -100 \times 10^3 \times (3 \times 10^{-3} - 1 \times 10^{-3})J = -200J$$

其反向过程是恒温、恒外压压缩，在活塞上一次性加上两个砝码，将外压一下子增加到 300kPa，使膨胀后的理想气体重新从 $V_2 = 3dm^3$ 被压缩到体积为 $V_1 = 1dm^3$ 的起始状态，其压缩体积功记为 W_{a-2}。

$$W_{\mathrm{a}-2} = -p_1(V_1 - V_2) = -300 \times 10^3(1 \times 10^{-3} - 3 \times 10^{-3})\,\mathrm{J} = 600\,\mathrm{J}$$

计算结果表明，在膨胀过程中，系统对环境做功 200J，功为负值；在反向压缩过程中，环境对系统做功 600J，功为正值。膨胀与反向压缩过程虽然始态、终态相同，但在做功的数值上不等同，存在差值。

途径 b：分两步进行，先从活塞上移走一个砝码，外压从 300kPa 减至 200kPa（p'），气体在恒定外压 p' 下膨胀到平衡，体积由 $V_1 = 1\mathrm{dm}^3$ 变到 $V' = 1.5\,\mathrm{dm}^3$；然后再从活塞上移走一个砝码，外压从 $p' = 200\mathrm{kPa}$ 降为 100kPa（p_2），气体在恒定外压 p_2 下再次膨胀，体积由 $V' = 1.5\mathrm{dm}^3$ 变到 $V_2 = 3\mathrm{dm}^3$。过程总的体积功记为 $W_{\mathrm{b}-1}$，其值是两步体积功之和。

$$
\begin{aligned}
W_{\mathrm{b}-1} &= -p'(V' - V_1) - p_2(V_2 - V') \\
&= [-200 \times 10^3(1.5 \times 10^{-3} - 1 \times 10^{-3}) - 100 \times 10^3(3 \times 10^{-3} - 1.5 \times 10^{-3})]\,\mathrm{J} \\
&= -250\,\mathrm{J}
\end{aligned}
$$

其反向压缩过程也分两步进行，从理想气体所处的 100kPa 状态开始，先把外压加大到 200kPa 压缩气体到平衡；然后再把外压加大到 300kPa，压缩气体到平衡终态，其总的压缩体积功记为 $W_{\mathrm{b}-2}$，其值也等于两步体积功之和。

$$
\begin{aligned}
W_{\mathrm{b}-2} &= -p'(V' - V_2) - p_1(V_1 - V') \\
&= [-200 \times 10^3(1.5 \times 10^{-3} - 3 \times 10^{-3}) - 300 \times 10^3(1 \times 10^{-3} - 1.5 \times 10^{-3})]\,\mathrm{J} \\
&= 450\,\mathrm{J}
\end{aligned}
$$

途径 b 气体膨胀过程与其反向压缩过程做功的特点与途径 a 完全一致。途径 b 与途径 a 相比，从始态到终态的步骤增加了，以至于途径 b 中系统对环境做功的数值比途径 a 大，而反向压缩时环境对系统所做的功，途径 b 比途径 a 的小。同时，途径 b 的膨胀体积功与其反向的压缩体积功，在数值上的差距比途径 a 缩小了许多。步骤增多到一定程度这种差距是否会完全消除呢？

途径 c：将活塞上的三只砝码换成一堆等重的细砂，每次取走一粒细砂后，与取走这粒细砂之前相比，总是外压降低 dp，气体体积膨胀 dV，系统新的平衡压力降为 $p - \mathrm{d}p$。经过无限多次这种取走一粒细砂操作后，系统膨胀到内、外压力都达到 100kPa 的终态。显然，在每次取走一粒砂子的瞬间，系统的压力 p 与外压 p_{amb} 仅相差无限小量 dp，即 $p_{\mathrm{amb}} = p - \mathrm{d}p$。可见，完成整个过程的变化是无限慢的，每完成一步时系统所处的状态非常接近于平衡态。完成整个过程的膨胀体积功记为 $W_{\mathrm{c}-1}$。

$$W_{\mathrm{c}-1} = -\int_{V_1}^{V_2} p_{\mathrm{amb}}\,\mathrm{d}V = -\int_{V_1}^{V_2} (p - \mathrm{d}p)\,\mathrm{d}V = -\int_{V_1}^{V_2} (p\,\mathrm{d}V - \mathrm{d}p\,\mathrm{d}V)$$

因为 dpdV 为二阶无穷小，相对于 pdV 可以略去，所以

$$
\begin{aligned}
W_{\mathrm{c}-1} &= -\int_{V_1}^{V_2} p\,\mathrm{d}V = -\int_{V_1}^{V_2} \frac{nRT}{V}\,\mathrm{d}V = -nRT\ln\frac{V_2}{V_1} = -p_1 V_1\ln\frac{V_2}{V_1} = p_1 V_1\ln\frac{p_2}{p_1} \\
&= \left(300 \times 10^3 \times 1 \times 10^{-3} \times \ln\frac{100}{300}\right)\mathrm{J} = -330\,\mathrm{J}
\end{aligned}
$$

再来看其反向压缩过程，同样采用每次加一粒细砂的方法，可以使系统压力由 100kPa 经过无限多次压缩后达到 300kPa 的状态，过程的压缩体积功记为 $W_{\mathrm{c}-2}$。

$$
\begin{aligned}
W_{\mathrm{c}-2} &= nRT\ln\frac{V_2}{V_1} = p_1 V_1\ln\frac{V_2}{V_1} = -p_1 V_1\ln\frac{p_2}{p_1} \\
&= \left(-300 \times 10^3 \times 1 \times 10^{-3} \times \ln\frac{100}{300}\right)\mathrm{J} = 330\,\mathrm{J}
\end{aligned}
$$

途径 c 气体膨胀时系统对环境所做的体积功,与其反向过程压缩时的体积功在数值上完全相等,膨胀和压缩两个过程中系统所做的总功为零,正好能使系统和环境都恢复到原来的状态。

综合上述三种途径体积功计算结果可以发现,在恒温条件下系统由相同的始态经过不同的途径膨胀或压缩到相同的终态,各途径的体积功不相等,再次验证了功不是状态函数,而是途径函数。不同的途径中,系统对环境所做功的大小(绝对值)顺序为

$$|W_{c-1}| > |W_{b-1}| > |W_{a-1}|$$

因为功本身就有正负之分,系统对环境做功为负值,所以上式去掉绝对值符号后,膨胀体积功的关系为

$$W_{c-1} < W_{b-1} < W_{a-1}$$

而在不同途径的逆向压缩过程中,环境对系统所做的功的大小顺序为

$$W_{a-2} > W_{b-2} > W_{c-2}$$

2.3.2　可逆过程概念及其特征

上述途径 c 每一步膨胀或反向压缩时,其推动力无限小、系统与环境之间在无限接近平衡条件下进行,在经过无限缓慢的膨胀、压缩循环之后,系统和环境都回到了原来的状态而不留下任何痕迹,这样的过程称为可逆过程(reversible process),它是热力学中一种非常重要的过程。

因此,途径 c 中气体膨胀与压缩之间互为可逆过程,理想气体恒温可逆变化过程的体积功公式为

$$W_r = -nRT\ln\frac{V_2}{V_1} = nRT\ln\frac{p_2}{p_1} \tag{2-4}$$

式中,W_r 代表可逆体积功。

从上面的讨论可以看出,可逆过程具有下列特征:

① 可逆过程是由一连串无限接近于平衡态的状态构成,紧邻的状态之间以无限微小的变化在推进,完成整个过程的速度是无限缓慢的。

② 在反向过程中,采用与原来过程同样的手段反向操作,可以使系统和环境都完全还原到原来的状态而不留下任何痕迹。

③ 恒温可逆膨胀过程中,系统对环境做最大功,体现出可逆过程的效率最高准则;恒温可逆压缩过程中,环境对系统做最小功,或者说环境对系统做功最省力,反映了可逆过程的经济最佳准则。

与理想气体的概念一样,可逆过程是一种理想的过程,是一种为了处理问题的方便而提出的科学抽象概念,实际上真正的可逆过程并不存在,自然界中的一切过程都是不可逆的,充其量也只能无限接近可逆过程。但是,可逆过程是热力学中极其重要的概念,一些重要的热力学函数的变化值只有借助可逆过程才可以求得。

对于单纯的 pVT 变化过程来说,在压力恒定或者体积恒定的条件下,系统的温度为 T,当环境的温度比系统的温度低 dT 时,系统就降温;当环境的温度比系统的温度高 dT 时,系统就升温。这样的变温过程即为可逆变温过程。在温度恒定的条件下,系统(气体)的压力为 p,当环境的压力比系统的压力低 dp 时,气体就膨胀;当环境的压力比系统的压力高 dp 时,气体就压缩。这样的变压过程即为恒温可逆变压过程。

在相变过程中,常见的可逆相变有:①在一定温度和该温度所对应的平衡压力(饱和蒸

气压)下的相变。例如，水在 298.15K 时的饱和蒸气压为 3.167kPa，则在 298.15K 和 3.167kPa 下，液体水蒸发为水蒸气或水蒸气凝结成液体水的过程；以及固体在一定温度和该温度所对应的平衡压力(饱和蒸气压)下的升华或凝华过程等，都是可逆相变过程。②在正常沸点或正常凝固点下的相变。例如，水的正常沸点是 373.15K，因此在 373.15K 和 101.325kPa 下，液体水蒸发成水蒸气或水蒸气凝结成液体水是可逆相变过程；水的正常凝固点为 273.15K，在 273.15K 和 101.325kPa 下，液体水结成冰或冰融化成液体水的过程同样是可逆相变过程。

2.4　热力学第一定律

能量守恒定律的建立是科学史上继牛顿力学之后又一次伟大的发现，是科学史上激动人心的一页，恩格斯曾将它与进化论、细胞学说并列为三大发现。18 世纪末到 19 世纪初，随着蒸汽机在生产中的广泛应用，人们对热与功的转换关系越来越关注，于是热力学应运而生。德国物理学家、医生梅耶尔(J. R. Mayer，1814—1878)受病人血液颜色变化的启迪，在 1841—1843 年间提出了热与机械运动之间能量相互转换的观点，这是热力学第一定律(the first law of thermodynamics)的首次提出。焦耳精心、严谨地设计实验测定热功当量，他以精确的实验数据为热力学第一定律提供了可靠的事实证明和坚固的实验基础。与梅耶尔和焦耳不同，德国物理学家亥姆霍兹(H. Von. Helmholtz，1821—1894)从理论上发现了热力学第一定律。因此，科学界公认梅耶尔、焦耳和亥姆霍兹同为热力学第一定律的奠基人。

2.4.1　热力学第一定律文字叙述

热力学第一定律的本质是能量守恒定律，即"自然界一切物质都具有能量，能量有各种不同的形式，它能从一种形式转化为另一种形式，从一个物体传递给另一个物体，在转化和传递过程中能量的总值保持不变"。换句话说，"隔离系统中无论发生什么样的变化，其能量总值不变"。

在热力学第一定律确立之前，人们早就幻想能制造出一种机器，它既不需外界供给能量又不减少自身的能量，却能不断地对外做功，即所谓的第一类永动机。第一类永动机违反了能量守恒定律，所以热力学第一定律也可以表述为"第一类永动机是不可能制造出来的"。

然而，历史上曾有许多人为这种假想的机器付出了艰辛却徒劳的努力。随着人们逐步对永动机不可能实现的认识，一些国家对永动机给出了限制，如 1775 年法国科学院正式宣布不再刊载有关永动机的通讯，1917 年美国专利局决定不再受理有关永动机的专利申请等。这些都表明了科学的理论对实践具有积极的指导意义。

2.4.2　封闭系统热力学第一定律的数学表达式

热力学第一定律仅仅是一种思想，它的发展要借助于数学，正如马克思所说"一门科学只有达到了能成功运用数学时，才算是得到了真正发展"。热力学第一定律描述了热与功之间的能量转换，但热与功都不是系统的状态函数，我们应该寻找一个量纲也是能量且与系统状态有关的函数(状态函数)，把热与功联系起来，以此说明热与功之间可以转换，但其总能量仍然守恒。

一般而言，系统的总能量包括系统相对于环境作整体运动的动能、系统在外力场中的位能和系统内部的能量三种形式。在化学热力学中，往往研究的是宏观静止系统，没有系统整体运动的动能，而且一般也不考虑特殊的外力场作用下产生的位能。因此，化学热力学关注的仅仅是最后一种能量——系统内部的能量。

系统内部的能量，是指系统内部所有能量的总和，称为热力学能(thermodynamics energy，也称为内能)，用符号 U 表示，SI 制单位为 J。热力学能包括只取决于温度高低的动能、取决于分子间作用力大小和距离远近(在宏观性质上体现为体积)的位能两部分。其中，动能是指系统内分子运动的平动能、转动能、振动能、电子运动能与原子核运动能等的总称。

在一个封闭系统中，由始态变化到终态，这个变化可以通过不同的途径来实现，各条途径所对应的功 W 和热 Q 都有各自不同的数值。但实验结果表明，不论哪种途径，它们的 $(Q+W)$ 值却都有同一数值。这说明，在系统的状态发生变化后，一定存在着一个状态函数，其变化值在数值上与 $(Q+W)$ 相等，它只取决于系统的始态和终态，而与实现变化的途径无关，这个状态函数就是热力学能 U。

图 2-4 始态和终态热力学能关系

对于封闭系统，由热力学能为 U_1 的始态变化到热力学能为 U_2 的终态时，系统从环境吸热为 Q，得到环境所做的功为 W，见图 2-4。

根据能量守恒定律，有

$$U_2 = U_1 + Q + W$$

即

$$\Delta U = U_2 - U_1 = Q + W \tag{2-5}$$

若系统的状态仅发生一无限小的变化，则

$$dU = \delta Q + \delta W \tag{2-6}$$

以上两式是封闭系统热力学第一定律的数学表达式，它表明热力学能、热和功之间相互转化时的定量关系，表达式中的功 W 实际上包括体积功和非体积功两种功。大多数情况下，都是在假定非体积功 $W' = 0$ 的前提下，只考虑存在体积功时讨论热力学第一定律的。但是，在系统中存在电功、表面功等非体积功时，热力学第一定律中的功 W 要把这些非体积功 W' 计算在内。

对于封闭系统，若以决定系统内部动能大小的温度 T 和位能大小的体积 V 为独立变量，则状态函数热力学能 U 可表述为温度 T、体积 V 的函数，即

$$U = U(T, V) \tag{2-7}$$

热力学能的全微分表达式为

$$dU = \left(\frac{\partial U}{\partial T}\right)_V dT + \left(\frac{\partial U}{\partial V}\right)_T dV \tag{2-8}$$

对于隔离系统而言，$Q = 0$，$W = 0$，则 $\Delta U = 0$，即隔离系统的热力学能守恒。

热力学能是系统的广度性质，其值与系统内所含物质的量成正比。热力学能的绝对值无法确定，而变化过程中热力学能的变化量 ΔU 可以通过热力学第一定律得出，这正是热力学研究所关注的问题。

2.4.3 焦耳实验

1843 年焦耳设计了如图 2-5 所示的实验装置，进行了如下实验：将两个体积容量相等的导热容器 A 和 B 浸在水浴中，两容器之间用带有活塞 a 的管子连接，其中一个容器 A 抽成真空，另一个容器 B 装有低压气体，水浴中有精度为百分之一的温度计，用来测定水浴温

度的变化。打开活塞 a，气体就由容器 B 向抽成真
空的容器 A 作自由膨胀，直至系统达到平衡状态。
实验结束，发现水浴温度在整个实验过程中没有一
点变化，气体的体积增大了，压力降低了。

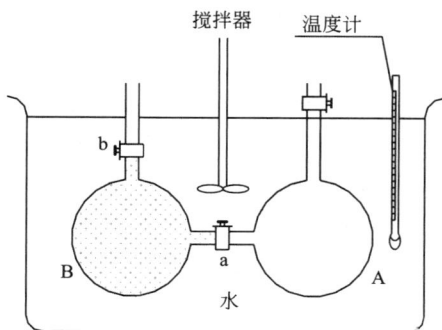

图 2-5　焦耳实验装置示意图

　　这一实验事实表明，整个过程水温没变，气体
在膨胀过程中温度必然也没有改变。因此，系统与
环境（水浴）间没有热量交换，即 $Q=0$；气体向真
空膨胀，因外压 $p_{\mathrm{amb}}=0$，体积功 $W=0$。根据热力
学第一定律 $\Delta U=Q+W$ 可知，气体在自由膨胀中
热力学能不变。将式(2-8)应用于这一过程，即 $\mathrm{d}U=
0$、$\mathrm{d}T=0$，

　　所以

$$\left(\frac{\partial U}{\partial V}\right)_T \mathrm{d}V = 0$$

焦耳实验过程中，气体的体积是增加的，即 $\mathrm{d}V>0$，上式成立的条件为

$$\left(\frac{\partial U}{\partial V}\right)_T = 0 \tag{2-9}$$

　　实验中采用的是低压下的实际气体，可以视为理想气体。上式表明在恒温条件下，理想
气体的热力学能不随体积而改变。这是焦耳实验得出的结论。

　　对于一定量（即 n 一定）的理想气体，$V=\dfrac{nRT}{p}$，代入式(2-9)得

$$\left[\frac{\partial U}{\partial(nRT/p)}\right]_T = 0$$

$$-\frac{p^2}{nRT}\left(\frac{\partial U}{\partial p}\right)_T = 0$$

所以

$$\left(\frac{\partial U}{\partial p}\right)_T = 0 \tag{2-10}$$

上式表明在恒温条件下，理想气体的热力学能同样不随压力而改变。

　　式(2-9)和式(2-10)表明，理想气体的热力学能仅仅与温度有关，与体积、压力无关，
也就是说，理想气体的热力学能只是温度的函数，即

$$U=U(T) \tag{2-11}$$

　　这一结论可以从理想气体微观模型给以解释。热力学能是系统内分子所有种类的动能及
分子间相互作用的位能之和。各种动能与分子的热运动有关，均取决于温度。分子间相互作
用的位能与分子间作用力大小和分子间距离远近（体现为气体体积）有关，而理想气体分子间
没有相互作用力，位能自然为零。因此，理想气体的热力学能仅仅是各类动能之和，只与温
度有关，而与体积、压力无关。

　　当然，焦耳实验的设计是不够精确的，因为作为环境的水其热容量很大，比作为系统的
气体热容量大很多倍，所以气体（实验用的必然是实际气体）膨胀可能引起水温的微小变化就
不易被测出。即便如此，焦耳实验测定精度上的欠缺并不影响"理想气体的热力学能仅仅是
温度的函数"这一结论的正确性。

焦耳（J. P. Joule，1818—1889） 出生于英国曼彻斯特酿酒世家，自幼跟随父母参加酿酒劳动而没有上过正规学校，是一位没有受过专门训练的自学成才的科学家。19世纪30年代末，焦耳首先开始了对电流热效应的研究，1840～1841年，他发表了著名的焦耳定律。在以后近40年的时间内，焦耳进行了400余次测定"热功当量"的实验，以精确的数据为热和功转换的当量问题提供了可靠的论据，证明了热和机械能及电能的转化关系，为能量守恒定律的建立打下坚实的实验基础。历经艰难曲折的探索，他的实验结果最终得到了科学界的公认，能量守恒是自然界的一条基本定律。1850年，32岁的焦耳被选为英国皇家学会会员，1886年被授予皇家学会柯普兰金质奖章。1872～1887年任英国科学促进协会主席。

2.5 恒容热、恒压热及焓

无论在科学研究还是在化工生产中，对变化过程热的研究都有着重要的意义。热和功都是途径函数，是与过程有关的物理量。但是在某些特定条件下，变化过程的热可通过状态函数的变化值求出。应用热力学第一定律，对恒容和恒压两种特定过程的热与状态函数变化量的关系进行如下讨论。

2.5.1 恒容热（Q_V）与热力学能

在非体积功为零（$W'=0$）时，系统进行恒容变化的过程中与环境交换的热，称为恒容热，用符号 Q_V 表示。

恒容过程体积变化 $dV=0$，体积功 $W=0$。根据热力学第一定律 $\Delta U=Q+W$ 可得

$$\Delta U = Q_V \tag{2-12}$$

可见，对于非体积功为零的恒容过程，系统与环境交换的热（即恒容热 Q_V）等于系统热力学能的变化量 ΔU。

式(2-12)表明，在恒容且非体积功为零的条件下，计算途径函数 Q_V 时，可以转化为计算热力学能这个状态函数的变化量 ΔU；反过来，不可测量的热力学能的变化量可以通过测定这种条件下变化过程的 Q_V 得到。

在非体积功为零时，对于发生一个微小变化的恒容过程，有

$$dU = \delta Q_V \tag{2-13}$$

2.5.2 恒压热（Q_p）与焓

在非体积功为零（$W'=0$）时，系统进行恒压变化的过程中与环境交换的热，称为恒压热，用符号 Q_p 表示。

恒压过程系统与环境压力关系为 $p_1=p_2=p_{amb}$，由体积功的定义得

$$W = -p_{amb}(V_2-V_1) = -p_2V_2+p_1V_1$$

在非体积功为零（$W'=0$）时，将上式代入热力学第一定律 $\Delta U=Q+W$，可得到恒压热 Q_p 为

$$Q_p = \Delta U - W = (U_2-U_1)-(-p_2V_2+p_1V_1)$$

即

$$Q_p = (U_2 + p_2 V_2) - (U_1 + p_1 V_1) \tag{2-14}$$

由于 U、p、V 均为系统的状态函数，其组合仍是一个状态函数。因此，可定义出另一个新的状态函数，称为焓（enthalpy），用符号 H 表示，即

$$H = U + pV \tag{2-15}$$

将上式代入式（2-14）得到

$$Q_p = H_2 - H_1 = \Delta H \tag{2-16}$$

可见，对于非体积功为零的恒压过程，系统与环境交换的恒压热 Q_p 等于系统的焓变 ΔH。同样，式（2-16）表明，在恒压且非体积功为零的条件下，计算途径函数 Q_p 时，可以转化为计算系统的焓变 ΔH。

在非体积功为零时，对于发生一个微小变化的恒压过程，有

$$\mathrm{d}H = \delta Q_p \tag{2-17}$$

从状态函数 H 的定义式可知，U、V 为广度性质，故焓 H 表现为广度性质。因热力学能 U 的绝对值不可知，所以焓 H 的绝对值也无法获得，热力学所关注的仍然是变化过程的焓变 ΔH。热力学能 U 代表系统的总能量，但焓 H 是组合函数，没有明确的物理意义。焓与热力学能的单位一样，也为焦耳（J）。

理想气体的热力学能 U 只是温度的函数，而与压力、体积无关。因为 $H = U(T) + pV$，且理想气体的 $pV = nRT$，故 $H = U(T) + nRT$。因此，理想气体的焓也只是温度的函数，同样与压力、体积无关，即

$$H = H(T) \tag{2-18}$$

2.6　热容

热容是热力学最重要的基础热数据之一，用于计算没有相变和化学反应的均相系统因温度变化时的 ΔU 和 ΔH，以及过程的恒容热 Q_V 和恒压热 Q_p。

2.6.1　热容与比热容

在非体积功为零、没有相变和化学反应的均相封闭系统中，处于温度 T 的物质升高温度到（$T + \mathrm{d}T$），所吸收的热量为 δQ，则 $\dfrac{\delta Q}{\mathrm{d}T}$ 称为该物质在温度 T 时的热容（heat capacity），即

$$C = \frac{\delta Q}{\mathrm{d}T} \tag{2-19}$$

式中，C 为热容，等于系统升高单位热力学温度所吸收的热。热容 C 是广度性质，一般又称为真热容，单位为 $J \cdot K^{-1}$。根据系统升温时的不同条件，即是在恒压还是恒容下进行，热容可以分为定压热容 C_p 和定容热容 C_V。

系统中所含某种物质越多，则升高相同的温度 $\mathrm{d}T$ 时，吸收的热量 δQ 就越多。为了方便比较不同种类的物质吸热能力的大小，又提出了两个与热容密切相关的概念——摩尔热容和比热容。

系统单位物质的量所具有的热容，称为摩尔热容，用 C_m 表示，单位为 $J \cdot mol^{-1} \cdot K^{-1}$：

$$C_m = \frac{C}{n} = \frac{1}{n} \times \frac{\delta Q}{dT} = \frac{\delta Q_m}{dT} \tag{2-20}$$

系统单位质量所具有的热容，称为比热容，用 c 表示，单位 $J \cdot kg^{-1} \cdot K^{-1}$：

$$c = \frac{C}{m} = \frac{1}{m} \times \frac{\delta Q}{dT} \tag{2-21}$$

因此，物质的量相同时，摩尔热容越大的物质，升高相同的温度所需吸收的热就越多；或者说质量相同的物质，吸收相同的热量时，比热容越小的物质，温度升高得就越多。摩尔热容 C_m 与比热容 c 都是强度性质，它们之间存在着定量关系，即

$$C_m = cM \tag{2-22}$$

式中，M 为摩尔质量，单位为 $kg \cdot mol^{-1}$。

2.6.2　热容与温度的关系及平均热容

物质的热容除了与物质的种类有关外，一般还会随温度的变化而改变。例如，1mol Ag 在 300K 时升温 1K 所需吸收的热是 25.52J，而在 700K 时升温 1K 所需吸收的热是 28.24J。同一种物质升高相同的温度 1K 时，因为起始温度不同导致吸收的热不同，说明同一种物质在每个温度点都有不同的热容，即热容与温度存在函数关系。这种函数关系因物质的本性、物质的聚集态和温度等的不同而异。常常可以根据实验，将热容与温度的函数关系写成经验方程式，例如

$$C(T) = a + bT + cT^2 + \cdots \tag{2-23}$$

式中，a、b、c、$\cdots$ 均为经验常数，由各种物质自身的特性及温度决定。

用 $C(T)$ 计算变化过程的热或系统的 ΔU、ΔH 时要积分，工程上为避免积分带来的麻烦，特引入平均热容的概念。系统中某物质的温度由 T_1 升高到 T_2 时吸热 Q，物质在温度 T_1 到 T_2 区间内的平均热容 $\overline{C}$ 为

$$\overline{C} = \frac{Q}{T_2 - T_1} = \frac{\int_{T_1}^{T_2} \delta Q}{T_2 - T_1} = \frac{\int_{T_1}^{T_2} C dT}{T_2 - T_1} \tag{2-24}$$

2.6.3　摩尔定压热容（$C_{p,m}$）和摩尔定容热容（$C_{V,m}$）

（1）摩尔定压热容（$C_{p,m}$）

在前面定义摩尔热容的基础上加上"恒压升温"这个条件，就是摩尔定压热容 $C_{p,m}$，即

$$C_{p,m} = \frac{\delta Q_{p,m}}{dT} \tag{2-25}$$

因为非体积功为零的恒压变化过程中 $dH_m = \delta Q_{p,m}$

所以

$$C_{p,m} = \left(\frac{\partial H_m}{\partial T} \right)_p \tag{2-26}$$

可见，摩尔定压热容是恒压条件下系统的摩尔焓随温度的变化率。

根据平均热容的定义，恒压且非体积功为零的条件下，系统中单位物质的量的某物质温度由 T_1 升高到 T_2 时吸热 $Q_{p,m}$，则该温度范围内物质的平均摩尔定压热容 $\overline{C}_{p,m}$ 为

$$\overline{C}_{p,\mathrm{m}} = \frac{Q_{p,\mathrm{m}}}{T_2 - T_1} = \frac{\int_{T_1}^{T_2} \delta Q_{p,\mathrm{m}}}{T_2 - T_1} = \frac{\int_{T_1}^{T_2} C_{p,\mathrm{m}} \mathrm{d}T}{T_2 - T_1} \tag{2-27}$$

（2）摩尔定容热容（$C_{V,\mathrm{m}}$）

同样地，只要在前面定义摩尔热容的基础上加上"恒容升温"这个条件，就是摩尔定容热容 $C_{V,\mathrm{m}}$，即

$$C_{V,\mathrm{m}} = \frac{\delta Q_{V,\mathrm{m}}}{\mathrm{d}T} \tag{2-28}$$

因为非体积功为零的恒容变化过程中 $\mathrm{d}U_{\mathrm{m}} = \delta Q_{V,\mathrm{m}}$
所以

$$C_{V,\mathrm{m}} = \left(\frac{\partial U_{\mathrm{m}}}{\partial T}\right)_{V_{\mathrm{m}}} \tag{2-29}$$

可见，摩尔定容热容是恒容条件下系统的摩尔热力学能随温度的变化率。

在恒容且非体积功为零的条件下，系统中单位物质的量的某物质温度由 T_1 升高到 T_2 时吸热 $Q_{V,\mathrm{m}}$，则根据平均热容的定义，该温度范围内物质的平均摩尔定容热容 $\overline{C}_{V,\mathrm{m}}$ 为

$$\overline{C}_{V,\mathrm{m}} = \frac{Q_{V,\mathrm{m}}}{T_2 - T_1} = \frac{\int_{T_1}^{T_2} \delta Q_{V,\mathrm{m}}}{T_2 - T_1} = \frac{\int_{T_1}^{T_2} C_{V,\mathrm{m}} \mathrm{d}T}{T_2 - T_1} \tag{2-30}$$

2.6.4　$C_{p,\mathrm{m}}$ 与 $C_{V,\mathrm{m}}$ 的关系

对于物质的量为 1mol 的封闭系统，由式（2-8）得

$$\mathrm{d}U_{\mathrm{m}} = \left(\frac{\partial U_{\mathrm{m}}}{\partial T}\right)_{V_{\mathrm{m}}} \mathrm{d}T + \left(\frac{\partial U_{\mathrm{m}}}{\partial V_{\mathrm{m}}}\right)_T \mathrm{d}V_{\mathrm{m}}$$

恒压下，上式两边同时除以 $\mathrm{d}T$，得

$$\left(\frac{\partial U_{\mathrm{m}}}{\partial T}\right)_p = \left(\frac{\partial U_{\mathrm{m}}}{\partial T}\right)_{V_{\mathrm{m}}} + \left(\frac{\partial U_{\mathrm{m}}}{\partial V_{\mathrm{m}}}\right)_T \left(\frac{\partial V_{\mathrm{m}}}{\partial T}\right)_p \tag{2-31}$$

根据式（2-26）和式（2-29）关于 $C_{p,\mathrm{m}}$ 与 $C_{V,\mathrm{m}}$ 的定义，得

$$\begin{aligned} C_{p,\mathrm{m}} - C_{V,\mathrm{m}} &= \left(\frac{\partial H_{\mathrm{m}}}{\partial T}\right)_p - \left(\frac{\partial U_{\mathrm{m}}}{\partial T}\right)_{V_{\mathrm{m}}} \\ &= \left[\frac{\partial (U_{\mathrm{m}} + pV_{\mathrm{m}})}{\partial T}\right]_p - \left(\frac{\partial U_{\mathrm{m}}}{\partial T}\right)_{V_{\mathrm{m}}} \\ &= \left(\frac{\partial U_{\mathrm{m}}}{\partial T}\right)_p + p\left(\frac{\partial V_{\mathrm{m}}}{\partial T}\right)_p - \left(\frac{\partial U_{\mathrm{m}}}{\partial T}\right)_{V_{\mathrm{m}}} \end{aligned}$$

将式（2-31）代入上式，得

$$C_{p,\mathrm{m}} - C_{V,\mathrm{m}} = \left[\left(\frac{\partial U_{\mathrm{m}}}{\partial V_{\mathrm{m}}}\right)_T + p\right] \left(\frac{\partial V_{\mathrm{m}}}{\partial T}\right)_p \tag{2-32}$$

在非体积功为零的恒容条件下，系统不对外做体积功，它从环境吸收的热全部用来增加系统的热力学能，而使系统温度升高。而在非体积功为零的恒压条件下，系统从环境吸收的热因有一部分用于对外做体积功上，只有其中的一部分转化成热力学能而使系统温度升高。因此，要让系统升高同样的温度，恒压过程系统吸收的热一定比恒容过程吸收的热多，所以，$C_{p,\mathrm{m}} > C_{V,\mathrm{m}}$。

式（2-32）适用于任何均相纯物质系统。对于理想气体，由于热力学能仅仅是温度的函

数，而与体积无关，即 $\left(\dfrac{\partial U_m}{\partial V_m}\right)_T = 0$；且理想气体的 $V_m = \dfrac{RT}{p}$，则 $\left(\dfrac{\partial V_m}{T}\right)_p = \dfrac{R}{p}$，代入式（2-32），得

$$C_{p,m} - C_{V,m} = R \tag{2-33}$$

或

$$C_p - C_V = nR \tag{2-34}$$

理想气体的热容与温度及气体的本性无关。根据气体分子运动论，单原子气体分子常认为是球形分子，可以不考虑它的转动和振动，只要考虑分子的平动。所以，单原子理想气体（如 He 等），其 $C_{V,m} = \dfrac{3}{2}R$，$C_{p,m} = \dfrac{3}{2}R + R = \dfrac{5}{2}R$。若是双原子气体分子，除了考虑平动外还要考虑转动因素，因此，其 $C_{V,m} = \dfrac{5}{2}R$，$C_{p,m} = \dfrac{5}{2}R + R = \dfrac{7}{2}R$。

对于凝聚态物质，即液体和固体，大多数情况下，压力一定时它们的摩尔体积随温度变化的值很小，即 $\left(\dfrac{\partial V_m}{\partial T}\right)_p \approx 0$，故 $C_{p,m} \approx C_{V,m}$。但有些特殊情况的凝聚态系统，其 $C_{p,m}$ 与 $C_{V,m}$ 并不相等。

对于真实气体，其 $C_{p,m}$ 与 $C_{V,m}$ 的关系遵循式（2-32），即

$$C_{p,m} - C_{V,m} = \left[\left(\dfrac{\partial U_m}{\partial V_m}\right)_T + p\right]\left(\dfrac{\partial V_m}{\partial T}\right)_p$$

2.7 热力学第一定律在纯 pVT 变化过程的应用

纯 pVT 变化过程，是指系统在非体积功为零的条件下，变化过程中不涉及化学变化和相变化的情况。本节着重讨论理想气体 pVT 变化过程中，系统的 ΔU、ΔH 及过程的 Q、W 计算。理想气体的 pVT 变化主要包括下列几种过程。

2.7.1 恒温过程

理想气体的恒温变化过程可分为恒温可逆过程（膨胀或压缩）、恒温恒外压过程（膨胀或压缩）和恒温真空自由膨胀过程三种。由于理想气体的热力学能和焓只是温度的函数，所以不管发生什么样的恒温变化时，都有

$$\Delta U = 0，\Delta H = 0$$

（1）恒温可逆过程

物质的量为 n 的理想气体，经恒温可逆过程由始态 $p_1 V_1 T$ 变到终态 $p_2 V_2 T$，根据式（2-4）恒温时可逆体积功的计算公式，得

$$W_r = -nRT\ln\dfrac{V_2}{V_1} = nRT\ln\dfrac{p_2}{p_1}$$

由于理想气体恒温过程中 $\Delta U = 0$，由热力学第一定律 $\Delta U = Q + W$，恒温可逆热为

$$Q_r = -W_r = nRT\ln\dfrac{V_2}{V_1} = -nRT\ln\dfrac{p_2}{p_1}$$

（2）恒温恒外压过程

物质的量为 n 的理想气体，恒温恒外压下由始态 $p_1 V_1 T$ 变到终态 $p_2 V_2 T$，恒外压过程

的特点是变化过程外压力自始至终不变，且 $p_{amb} = p_2$。因此，过程的体积功为

$$W = -p_{amb}(V_2 - V_1) = -p_2(V_2 - V_1) = -p_2 V_2 + \frac{p_2}{p_1} p_1 V_1 = -nRT\left(1 - \frac{p_2}{p_1}\right)$$

由于理想气体恒温时 $\Delta U = 0$，由热力学第一定律 $\Delta U = Q + W$，恒温恒外压过程的热为

$$Q = -W = nRT\left(1 - \frac{p_2}{p_1}\right)$$

（3）恒温真空自由膨胀过程

物质的量为 n 的理想气体，恒温下由始态 $p_1 V_1 T$ 真空自由膨胀到终态 $p_2 V_2 T$，真空自由膨胀过程的特点是变化过程 $p_{amb} = 0$。因此，过程的体积功为

$$W = -p_{amb}(V_2 - V_1) = 0$$

由于理想气体恒温时 $\Delta U = 0$，由热力学第一定律 $\Delta U = Q + W$，恒温真空自由膨胀过程的热为

$$Q = 0$$

【例 2-1】　1mol 理想气体在 $T = 300K$ 时，从始态 200kPa 经下列不同的过程达到相同的平衡终态，压力为 100kPa。求各过程的 Q、W、ΔU 和 ΔH。

（1）可逆膨胀；

（2）反抗恒外压；

（3）真空自由膨胀。

解　因为各过程都是恒温变化，所以各过程的

$$\Delta U = 0，\Delta H = 0$$

（1）$W_1 = nRT\ln\frac{p_2}{p_1} = \left(1 \times 8.314 \times 300 \times \ln\frac{100}{200}\right)J = -1729J$

　　$Q_1 = -W_1 = 1729J$

（2）$W_2 = -nRT\left(1 - \frac{p_2}{p_1}\right)$

　　　$= \left[-1 \times 8.314 \times 300 \times \left(1 - \frac{100}{200}\right)\right]J = -1247J$

　　$Q_2 = -W_2 = 1247J$

（3）真空自由膨胀过程 $p_{amb} = 0$，$W_3 = -p_{amb}(V_2 - V_1) = 0$，所以

　　$Q_3 = -W_3 = 0$

可见，理想气体恒温过程的计算，要分清是何种恒温过程，其热 Q 和功 W 的结果是不相同的，不能混为一谈。

2.7.2　恒容过程

理想气体在发生恒容变化时，由始态 $p_1 V T_1$ 变到终态 $p_2 V T_2$，首先由理想气体状态方程可以得出 $T_2 = \frac{p_2}{p_1} T_1$，据此确定终态温度 T_2。

根据摩尔定容热容的定义式（2-29）得

$$\Delta U = n\Delta U_m = n\int_{T_1}^{T_2} C_{V,m} dT \tag{2-35}$$

若 $C_{V,m}$ 在 $T_1 - T_2$ 范围内为与温度 T 无关的常数，则

$$\Delta U = nC_{V,m}(T_2 - T_1) \tag{2-36}$$

由于理想气体的熵只与系统的温度有关而与具体的途径无关，因此，即使是恒容过程，系统由始态 p_1VT_1 变到终态 p_2VT_2 时，过程的熵变依然只与始态温度 T_1 和终态温度 T_2 有关。根据摩尔定压热容的定义公式(2-26)得

$$\Delta H = n\Delta H_m = n\int_{T_1}^{T_2} C_{p,m}\mathrm{d}T \tag{2-37}$$

若 $C_{p,m}$ 在 $T_1 - T_2$ 范围内为与温度 T 无关的常数，则

$$\Delta H = nC_{p,m}(T_2 - T_1) \tag{2-38}$$

焓变也可以通过焓的定义式 $H = U + pV$ 求解，即

$$\Delta H = \Delta U + \Delta(pV) = nC_{V,m}(T_2 - T_1) + nR(T_2 - T_1)$$
$$= n(C_{V,m} + R)(T_2 - T_1) = nC_{p,m}(T_2 - T_1)$$

所以，两种方法计算 ΔH 的结果是一样的。

恒容变化，$\mathrm{d}V = 0$，故 $W = 0$。由热力学第一定律，得

$$Q = Q_V = \Delta U$$

【例 2-2】 1mol 单原子理想气体由 $T_1 = 300\mathrm{K}$、$p_1 = 200\mathrm{kPa}$ 的始态，恒容变化到 $p_2 = 100\mathrm{kPa}$ 的终态。求过程的 Q、W、ΔU 和 ΔH。

解 单原子理想气体的 $C_{V,m} = \dfrac{3}{2}R$，$C_{p,m} = \dfrac{5}{2}R$

终态温度 $T_2 = \dfrac{p_2}{p_1}T_1 = \dfrac{100}{200} \times 300\mathrm{K} = 150\mathrm{K}$

$$\Delta U = n\,C_{V,m}(T_2 - T_1) = \left[1 \times \frac{3}{2} \times 8.314 \times (150 - 300)\right]\mathrm{J} = -1871\mathrm{J}$$

$$\Delta H = n\,C_{p,m}(T_2 - T_1) = \left[1 \times \frac{5}{2} \times 8.314 \times (150 - 300)\right]\mathrm{J} = -3118\mathrm{J}$$

恒容时，$W = 0$，则

$$Q = \Delta U = -1871\mathrm{J}$$

2.7.3 恒压过程

理想气体在发生恒压变化时，由始态 pV_1T_1 变到终态 pV_2T_2，先由理想气体状态方程可以得出 $T_2 = \dfrac{V_2}{V_1}T_1$，以此确定终态温度 T_2。

然后由式(2-35)或式(2-36)求解系统的 ΔU，并由式(2-37)或式(2-38)求出系统的 ΔH。

最后，根据恒压过程的热等于系统的焓变，得 $Q = Q_p = \Delta H$，再根据热力学第一定律可以得出体积功 $W = \Delta U - Q = \Delta U - \Delta H$。这是求恒压过程的热与功最便捷的方法，但要求做到概念清楚。

此外，恒压过程的热与功也可以采用先求体积功再计算热的方法。恒压过程的功 $W = -p_{amb}(V_2 - V_1) = -(p_2V_2 - p_1V_1) = -nR(T_2 - T_1)$，再由热力学第一定律，过程的热为 $Q = \Delta U - W$，两种方法计算的结果是一样的。

【例 2-3】 1mol 双原子理想气体由 $T_1 = 300\mathrm{K}$、$V_1 = 50\mathrm{dm}^3$ 的始态，恒压加热到 $V_2 = 100\ \mathrm{dm}^3$ 的终态。求过程的 Q、W、ΔU 和 ΔH。

解 双原子理想气体的 $C_{V,m} = \dfrac{5}{2}R$，$C_{p,m} = \dfrac{7}{2}R$

终态温度 $T_2 = \dfrac{V_2}{V_1} T_1 = \dfrac{100}{50} \times 300\text{K} = 600\text{K}$

$$\Delta U = nC_{V,\text{m}}(T_2 - T_1) = \left[1 \times \frac{5}{2} \times 8.314 \times (600 - 300) \right]\text{J} = 6236\text{J}$$

$$\Delta H = nC_{p,\text{m}}(T_2 - T_1) = \left[1 \times \frac{7}{2} \times 8.314 \times (600 - 300) \right]\text{J} = 8730\text{J}$$

$$Q = \Delta H = 8730\text{J}$$

$$W = \Delta U - \Delta H = (6236 - 8730)\text{J} = -2494\text{J}$$

2.7.4 绝热过程

绝热过程是指变化过程中系统与环境之间没有热交换，即 $Q = 0$，计算绝热过程的 ΔU、ΔH 及 W 的关键是求出始态和终态温度。理想气体的绝热过程分为绝热可逆过程和绝热不可逆过程两种。

(1) 绝热可逆过程

对于理想气体的绝热可逆过程，$\delta Q_\text{r} = 0$，所以

$$dU = \delta W_\text{r}$$

即

$$nC_{V,\text{m}}dT = -p\,dV \tag{2-39}$$

封闭系统中，对理想气体状态方程 $pV = nRT$ 两边微分，得

$$V\,dp + p\,dV = nR\,dT$$

所以

$$\frac{C_{V,\text{m}}}{R}(V\,dp + p\,dV) = nC_{V,\text{m}}dT$$

将上式代入式(2-39)，且利用 $R = C_{p,\text{m}} - C_{V,\text{m}}$，整理得

$$\frac{C_{p,\text{m}}}{C_{V,\text{m}}} \times \frac{dV}{V} + \frac{dp}{p} = 0$$

令 $\dfrac{C_{p,\text{m}}}{C_{V,\text{m}}} = \gamma$，$\gamma$ 称为热容比(heat capacity ratio)。若 γ 是常数，代入上式，则

$$d\ln(pV^\gamma) = 0$$

所以

$$pV^\gamma = 常数 \tag{2-40}$$

上式是理想气体绝热可逆过程中，压力与体积的函数关系。对于物质的量 n 一定的理想气体，将 $p = \dfrac{nRT}{V}$ 和 $V = \dfrac{nRT}{p}$ 分别代入上式，整理得到理想气体绝热可逆过程中，温度与体积、温度与压力的函数关系分别为

$$TV^{\gamma-1} = 常数 \tag{2-41}$$

$$T^\gamma p^{1-\gamma} = 常数 \tag{2-42}$$

式(2-40)、式(2-41)和式(2-42)是理想气体在绝热可逆过程中的过程方程式，能定量地给出理想气体绝热可逆变化时所处的各状态，尤其是始态和终态时 p、V 和 T 的关系。通过绝热可逆过程的过程方程式，能求出终态温度 T_2(始态温度 T_1 一般会给出)，然后根据式(2-36)和式(2-38)计算系统的热力学能变化值 ΔU 和焓变值 ΔH，进一步得到体积功 $W_\text{r} = \Delta U$。

有了理想气体在绝热可逆过程中的过程方程式，还可以用体积功的定义式进行绝热可逆

过程体积功的计算。理想气体经过绝热可逆变化，由始态 $p_1V_1T_1$ 变到终态 $p_2V_2T_2$，因为 $pV^\gamma = p_1V_1^\gamma = p_2V_2^\gamma = K$，所以可逆体积功 W_r 为

$$W_r = -\int_{V_2}^{V_1} p\,\mathrm{d}V = -\int_{V_2}^{V_1} \frac{K}{V^\gamma}\,\mathrm{d}V$$

$$= \frac{K}{(\gamma-1)}\left(\frac{1}{V_2^{\gamma-1}} - \frac{1}{V_1^{\gamma-1}}\right)$$

大家自己可以证明，用上式计算理想气体绝热可逆过程的体积功，与用 ΔU 计算得到的结果是完全相同的。显然利用 $W_r = \Delta U$，通过计算 ΔU 求 W_r 更为方便、快捷。

理想气体从同一始态出发，若分别经过恒温可逆膨胀和绝热可逆膨胀到压力相同的终态，由于对抗外压不为零的膨胀时系统要对环境做功，因此绝热可逆膨胀过程系统的温度必然降低，而恒温可逆膨胀时系统温度不变，所以绝热可逆膨胀后气体的体积要小于恒温可逆膨胀过程时气体的体积。因此在 p-V 图上，绝热可逆膨胀过程的 p-V 曲线要比恒温可逆膨胀过程的 p-V 更陡，如图 2-6 所示。

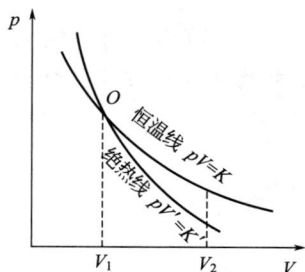

图 2-6　理想气体恒温可逆和绝热可逆膨胀 p-V 曲线

（2）绝热不可逆过程

绝热不可逆过程又分为绝热向真空膨胀过程和绝热恒外压过程（膨胀或压缩）。绝热向真空膨胀过程的热力学计算很简单：由于过程绝热 $Q=0$，向真空膨胀 $W=0$，由热力学第一定律可知 $\Delta U=0$。因为理想气体的热力学能只与温度有关，故过程的 $\Delta T=0$，所以，过程的焓变 $\Delta H=0$。

对于理想气体绝热恒外压不可逆过程中的热力学计算，相对而言要复杂些，它不像绝热可逆过程那样有过程方程式。要计算绝热恒外压不可逆过程中终态的温度，只能以绝热过程的基本条件 $Q=0$，即 $\Delta U = W$ 为依据。根据理想气体的热力学能变化值

$$\Delta U = nC_{V,\mathrm{m}}(T_2 - T_1)$$

恒外压过程的体积功

$$W = -p_2(V_2 - V_1) = -p_2V_2 + \frac{p_2}{p_1}p_1V_1 = -nRT_2 + \frac{p_2}{p_1}nRT_1$$

利用

$$nC_{V,\mathrm{m}}(T_2 - T_1) = -nRT_2 + \frac{p_2}{p_1}nRT_1$$

即

$$C_{V,\mathrm{m}}(T_2 - T_1) = -RT_2 + \frac{p_2}{p_1}RT_1$$

可以算出终态温度 T_2。

【例 2-4】 1mol 理想气体，自始态 300K，1dm^3，分别经过下列两条不同的途径达到平衡态，平衡态压力均为 101.325kPa。分别求出两种途径终态的体积 V 和温度 T，及 W、ΔU 和 ΔH 值。已知 $C_{V,\mathrm{m}}=12.55\mathrm{J\cdot mol^{-1}\cdot K^{-1}}$。

（1）绝热可逆膨胀；

（2）绝热反抗恒外压不可逆膨胀到平衡终态。

解　（1）绝热可逆过程

$$\boxed{\begin{array}{c} p_1 = ? \\ V_1 = 1\text{dm}^3 \\ T_1 = 300\text{K} \end{array}} \xrightarrow{\text{绝热可逆膨胀}} \boxed{\begin{array}{c} p_2 = 101.325\text{kPa} \\ V_2 = ? \\ T_2 = ? \end{array}}$$

$$p_1 = \frac{nRT_1}{V_1} = \left(\frac{1 \times 8.314 \times 300}{1 \times 10^{-3}} \right) \text{Pa} = 2.494 \times 10^6 \text{Pa}$$

$$C_{p,\text{m}} = C_{V,\text{m}} + R = (12.55 + 8.314) \text{J·mol}^{-1}\text{·K}^{-1} = 20.864 \text{J·mol}^{-1}\text{·K}^{-1}$$

$$\gamma = \frac{C_{p,\text{m}}}{C_{V,\text{m}}} = \frac{20.864}{12.55} = 1.662$$

因为 $p_1 V_1^\gamma = p_2 V_2^\gamma$，所以 $\dfrac{p_1}{p_2} = \left(\dfrac{V_2}{V_1} \right)^\gamma$，即

$$\frac{2.494 \times 10^6}{1.01325 \times 10^5} = \left(\frac{V_2/\text{m}^3}{1 \times 10^{-3}} \right)^{1.662}$$

解得 $V_2 = 6.872 \times 10^{-3} \text{m}^3 = 6.872 \text{dm}^3$

$$T_2 = \frac{p_2 V_2}{nR} = \left(\frac{1.01325 \times 10^5 \times 6.872 \times 10^{-3}}{1 \times 8.314} \right) \text{K} = 83.75 \text{K}$$

$$W = \Delta U = n C_{V,\text{m}} (T_2 - T_1) = [1 \times 12.55 \times (83.75 - 300)] \text{J} = -2714 \text{J}$$

$$\Delta H = n C_{p,\text{m}} (T_2 - T_1) = [1 \times 20.864 \times (83.75 - 300)] \text{J} = -4512 \text{J}$$

（2）绝热反抗恒外压不可逆膨胀

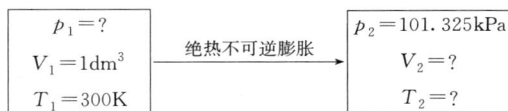

$$\boxed{\begin{array}{c} p_1 = ? \\ V_1 = 1\text{dm}^3 \\ T_1 = 300\text{K} \end{array}} \xrightarrow{\text{绝热不可逆膨胀}} \boxed{\begin{array}{c} p_2 = 101.325\text{kPa} \\ V_2 = ? \\ T_2 = ? \end{array}}$$

如前所述，运用绝热条件 $Q = 0$，即 $\Delta U = W$，可以导出

$$C_{V,\text{m}} (T_2 - T_1) = -RT_2 + \frac{p_2}{p_1} RT_1$$

$$12.55 \times (T_2 - 300\text{K}) = -8.314(T_2/\text{K}) + \frac{1.01325 \times 10^5}{2.494 \times 10^6} \times 8.314 \times 300$$

所以 $T_2 = 185.3 \text{K}$

$$V_2 = \frac{nRT_2}{p_2} = \left(\frac{1 \times 8.314 \times 185.3}{101325} \right) \text{m}^3 = 1.52 \times 10^{-2} \text{m}^3 = 15.2 \text{dm}^3$$

$$W = \Delta U = n C_{V,\text{m}} (T_2 - T_1) = [1 \times 12.55 \times (185.3 - 300)] \text{J} = -1439 \text{J}$$

$$\Delta H = n C_{p,\text{m}} (T_2 - T_1) = [1 \times 20.864 \times (185.3 - 300)] \text{J} = -2393 \text{J}$$

计算结果表明，理想气体自同一始态出发，经过绝热可逆过程与绝热不可逆过程，不能到达同一终态，即终态压力相等，但终态的温度和体积都不相等。

（3）恒容绝热过程与恒压绝热过程

在绝热容器中带有绝热隔板，隔板两侧物质(气体、液体或固体都可以)的温度不同，快速抽去隔板时，整个系统在形成新的热平衡过程中，可以视为绝热过程。如果整个容器是密闭的，因容器体积不变，新的热平衡建立过程是恒容绝热过程；若整个容器是带活塞且活塞上的压力始终与环境压力相等，形成热平衡的过程是恒压绝热过程。现以后者为例，说明其热力学计算方法。

【例 2-5】 在一带活塞的绝热容器中有一绝热隔板，隔板两侧分别为 1mol，273K 的双原子理想气体 A 和 2mol，323K 的单原子理想气体 B，两气体的压力都为 100kPa，活塞外的压力维持 100kPa 不变。现将容器的隔板抽去，两种气体混合达到平衡。求平衡温度 T 及过程的 W、ΔU 和 ΔH 值。

解 单原子理想气体 $C_{V,m,B}=1.5R$，$C_{p,m,B}=2.5R$

双原子理想气体 $C_{V,m,A}=2.5R$，$C_{p,m,A}=3.5R$

容器带有可以自由移动的活塞，说明系统压力自始至终维持不变且等于环境压力，因此整个过程为恒压绝热，即

$$\Delta H = Q_p = 0$$

$$\Delta H = \Delta H_A + \Delta H_B = n_A C_{p,m,A}(T-T_A) + n_B C_{p,m,B}(T-T_B) = 0$$

$$\Delta H = 1 \times 3.5R(T-273\text{K}) + 2 \times 2.5R(T-323\text{K}) = 0$$

解得 $T=302\text{K}$

$$\Delta U = \Delta U_A + \Delta U_B = n_A C_{V,m,A}(T-T_A) + n_B C_{V,m,B}(T-T_B)$$
$$= [1 \times 2.5 \times 8.314 \times (302-273) + 2 \times 1.5 \times 8.314 \times (302-323)]\text{J}$$
$$= 79.0\text{J}$$

因为是恒压绝热过程，所以 $Q=Q_p=\Delta H=0$，则

$$W = \Delta U = 79.0\text{J}$$

上面较为详细地介绍了理想气体单纯 pVT 变化中特定过程的 Q、W 和系统的 ΔU、ΔH 计算，获得了计算时的一些规律。

① 温度是求解理想气体单纯 pVT 变化过程的 Q、W 及系统的 ΔU、ΔH 之关键，因此，解题时首先要准确无误地算出各状态所处的温度。

② 公式 $\Delta U = n\int_{T_1}^{T_2} C_{V,m}\mathrm{d}T$ 和 $\Delta H = n\int_{T_1}^{T_2} C_{p,m}\mathrm{d}T$ 适用于一切理想气体单纯 pVT 变化过程，而不是恒容时才能用前者、恒压时才能用后者。仅仅是，恒容时，过程的热 Q（恒容热 Q_V）等于热力学能的变化值 ΔU，即 $Q=Q_V=\Delta U$；恒压时，过程的热 Q（恒压热 Q_p）等于焓的变化值 ΔH，即 $Q=Q_p=\Delta H$。

需要特别指出的是，对于恒压条件下的凝聚态物质（液态和固态物质）以及压力变化不大时的凝聚态物质，温度发生变化时，系统的焓变也只取决于始态和终态温度，都可以用下列公式进行计算

$$\Delta H = n\int_{T_1}^{T_2} C_{p,m}\mathrm{d}T$$

③ 单纯 pVT 变化过程的恒压热与恒容热之差，等于系统焓的变化值与热力学能的变化值之差，即 $Q_p - Q_V = \Delta H - \Delta U = \Delta(pV)$。对于理想气体，$\Delta(pV) = p_2 V_2 - p_1 V_1 = nR(T_2-T_1)$；对于凝聚态系统，$\Delta(pV) \approx 0$。

2.8 热力学第一定律对实际气体的应用——节流膨胀

前面已经指出，焦耳设计的低压实际气体自由膨胀实验不够精确。为了克服因环境（水浴）热容量比系统（实验用的实际气体）大得多，而难以测出气体膨胀后水浴温度可能发生的微小变化，1852 年，焦耳和汤姆逊（全名威廉·汤姆逊·开尔文，William Thomson Kelvin，

1824—1907)设计了著名的多孔塞实验(常称为焦耳-汤姆逊实验),比较精确地测量了实际气体在绝热膨胀前后的温度变化。这个实验反映出,实际气体的热力学能、焓不仅仅取决于系统的温度,还与系统的压力或体积有关。在此基础上,将它应用到工业生产上,获得了制冷及气体液化技术。

2.8.1　焦耳-汤姆逊实验

图 2-7 为焦耳-汤姆逊实验装置示意图。在一个绝热圆筒的中部安置一个多孔塞,它的作用是使气体不能快速通过,当一侧气体向另一侧流动时,造成压力下降。多孔塞的左右两侧有两个绝热活塞,两侧的压力及温度的变化,可分别通过压力计和温度计测量。

实验开始前,把温度为 T_1、压力为 p_1 和体积为 V_1 的实际气体全部置于多孔塞的左侧,左侧活塞上外加恒定压力为 p_1。多孔塞右侧活塞外加恒定压力 $p_2(p_2 < p_1)$,活塞与多孔塞紧挨,见图 2-7(a)。实验开始时,多孔塞左侧气体连续地、缓慢地、有节制地通过多孔塞进入右侧,直到所有气体进入右侧为止,见图 2-7(b)。此时,右侧气体的温度为 T_2、压力为 p_2、体积为 V_2。这种在绝热条件下,气体通过多孔塞(工业上用减压阀代替)而使气体的压力下降,始态和终态的外压保持不变而温度发生变化的膨胀过程,称为节流膨胀过程(throttling process)。可见,节流膨胀是压力减小($p_2 < p_1$)的绝热过程。

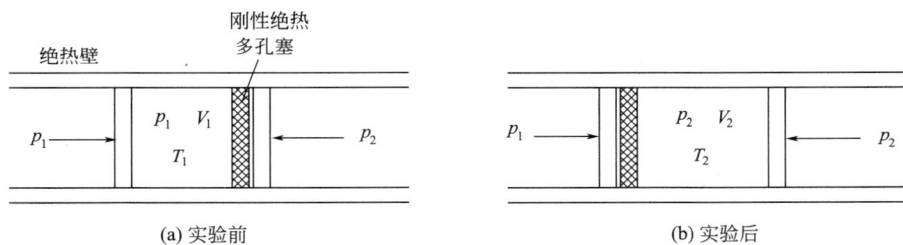

图 2-7　焦耳-汤姆逊实验示意图

2.8.2　节流膨胀热力学

节流膨胀装置是绝热的,因此整个过程绝热,即

$$Q = 0$$

系统包括多孔塞左、右两侧气体。左侧,环境对系统做功 W_1 为

$$W_1 = -p_1(0 - V_1) = p_1 V_1$$

右侧,系统对环境做功 W_2 为

$$W_2 = -p_2(V_2 - 0) = -p_2 V_2$$

故整个节流膨胀过程中功 W 为

$$W = W_1 + W_2 = p_1 V_1 - p_2 V_2$$

根据热力学第一定律,得

$$U_2 - U_1 = \Delta U = Q + W = p_1 V_1 - p_2 V_2$$

整理得

$$U_2 + p_2 V_2 = U_1 + p_1 V_1$$

即

$$H_2 = H_1$$

或

$$\Delta H = 0$$

上两式表明，节流膨胀前后，系统的焓维持不变，即节流膨胀是恒焓过程。

理想气体的焓只与温度有关，而节流膨胀是恒焓过程，故理想气体经节流膨胀后温度保持不变（$\Delta T = 0$），因此这一过程的热力学能也不改变，即 $\Delta U = 0$。因为节流膨胀是在绝热条件下进行的，$Q = 0$，所以体积功同样为零，即 $W = 0$。

实际气体经过节流膨胀后，尽管焓不变，但实验发现温度发生了变化，表明实际气体的焓不只与温度有关，还与压力有关，即 $H = H(T, p)$。这是实际气体经节流膨胀后，必然会产生制冷（降温，即 $T_2 < T_1$）或制热（升温，即 $T_2 > T_1$）效应的根本原因。

实际气体分子间存在相互作用力，节流膨胀后系统体积膨胀，分子间距离增加将引起分子间相互作用的势能改变；而且节流膨胀后系统的温度发生了变化，分子热运动的动能自然会变。两种因素将导致节流膨胀后的热力学能可能发生改变。因此，实际气体的热力学能与温度和体积有关，即 $U = U(T, V)$。

与理想气体一样，实际气体的节流膨胀也是在绝热下进行，即 $Q = 0$，但是，实际气体节流膨胀后的热力学能存在改变的可能。因此，根据热力学第一定律，实际气体节流膨胀过程中的体积功不一定为零。

2.8.3 节流膨胀系数 $\mu_{\text{J-T}}$

实际气体经过节流膨胀后，系统的压力减小、温度可能改变，将温度随压力的变化率称为节流膨胀系数，或称焦耳-汤姆逊系数（Joule-Thomson coefficient），用符号 $\mu_{\text{J-T}}$ 表示，即

$$\mu_{\text{J-T}} = \left(\frac{\partial T}{\partial p} \right)_H \tag{2-43}$$

节流膨胀系数 $\mu_{\text{J-T}}$ 是系统的强度性质，与温度和压力有关，它反映了实际气体在节流膨胀过程中制冷或制热能力的大小。

因为节流膨胀中压力减小，即 $p_2 < p_1$，或 $\mathrm{d}p < 0$，所以，若 $\mu_{\text{J-T}} > 0$，则 $\mathrm{d}T < 0$，表示节流膨胀后气体温度下降，产生制冷效应。反之，若 $\mu_{\text{J-T}} < 0$，则 $\mathrm{d}T > 0$，表示节流膨胀后气体温度升高，产生制热效应。处于室温、常压下的大多数气体，如氧气、空气、氮气的 $\mu_{\text{J-T}}$ 都为正值，但少数气体如氢、氦的 $\mu_{\text{J-T}}$ 为负值。因理想气体经节流膨胀后温度不变，其 $\mu_{\text{J-T}}$ 为零。

焦耳-汤姆逊实验还发现，足够低压的实际气体经节流膨胀后温度基本不变，其 $\mu_{\text{J-T}}$ 值近似为零，说明低压下的实际气体行为可以按理想气体处理。表 2-1 列出了几种气体在 273.15K、100kPa 下的 $\mu_{\text{J-T}}$ 值。

表 2-1 几种气体在 273.15K、100kPa 下的 $\mu_{\text{J-T}}$ 值

气体	He	N_2	空气	CO	Ar	CO_2
$\mu_{\text{J-T}} / 10^{-6} \text{K} \cdot \text{Pa}^{-1}$	−0.62	2.67	2.75	2.95	4.31	12.90

节流膨胀系数 $\mu_{\text{J-T}}$ 值可以是正值，也可以是负值，甚至可以为零，其原因可以利用热力学方法加以分析。

对于单位物质的量的气体，其热力学函数 H_m 可表示成

$$H_\text{m} = H_\text{m}(T, p)$$

对其全微分

$$\mathrm{d}H_\text{m} = \left(\frac{\partial H_\text{m}}{\partial T} \right)_p \mathrm{d}T + \left(\frac{\partial H_\text{m}}{\partial p} \right)_T \mathrm{d}p$$

焦耳-汤姆逊节流膨胀过程的 $dH_m = 0$，代入上式，整理得

$$\left(\frac{\partial T}{\partial p}\right)_{H_m} = -\frac{\left(\dfrac{\partial H_m}{\partial p}\right)_T}{\left(\dfrac{\partial H_m}{\partial T}\right)_p}$$

即

$$\mu_{J-T} = \left(\frac{\partial T}{\partial p}\right)_{H_m} = -\frac{\left[\dfrac{\partial(U_m + pV_m)}{\partial p}\right]_T}{C_{p,m}}$$

所以

$$\mu_{J-T} = -\frac{1}{C_{p,m}}\left\{\left(\frac{\partial U_m}{\partial p}\right)_T + \left[\frac{\partial(pV_m)}{\partial p}\right]_T\right\} \tag{2-44}$$

对于单位物质的量的理想气体，$\left[\dfrac{\partial(pV_m)}{\partial p}\right]_T = \left[\dfrac{\partial(RT)}{\partial p}\right]_T = 0$，且热力学能只与温度有关，即 $\left(\dfrac{\partial U_m}{\partial p}\right)_T = 0$，由式（2-44）可知，理想气体的 $\mu_{J-T} = 0$，与上面的结果相吻合。

实际气体的 μ_{J-T} 值，取决于式（2-44）中的 $\left(\dfrac{\partial U_m}{\partial p}\right)_T$ 和 $\left[\dfrac{\partial(pV_m)}{\partial p}\right]_T$ 两项值的大小与正负号。

实际气体的热力学能 U_m 不仅仅是温度 T 的函数，还与压力 p（或体积 V_m）有关。一般温度和压力下，实际气体分子间主要是相互吸引力作用，在恒温下减压（$dp < 0$），意味着增加体积，系统的位能增加，而恒温时分子动能不变，所以系统的热力学能 U_m 增大。因此，$\left(\dfrac{\partial U_m}{\partial p}\right)_T < 0$。

$\left[\dfrac{\partial(pV_m)}{\partial p}\right]_T$ 的值取决于气体本身的性质及所处状态的温度和压力，它可以从各种实际气体 pV_m-p 的等温线上求出。如图 2-8，273.15K 时 CH_4 等温线在压力不太大时，即曲线的前段，$\left[\dfrac{\partial(pV_m)}{\partial p}\right]_T < 0$，由式（2-44）可知，此时 CH_4 气体的 μ_{J-T} 一定为正值。当压力不断增大时，$\left[\dfrac{\partial(pV_m)}{\partial p}\right]_T > 0$，此时 $\left(\dfrac{\partial U_m}{\partial p}\right)_T$ 和 $\left[\dfrac{\partial(pV_m)}{\partial p}\right]_T$ 绝对值的大小决定着 CH_4 气体的 μ_{J-T} 的数值与正负：两者绝对值相等，μ_{J-T} 为零；前者的

图 2-8　273.15K 下 H_2 和 CH_4 的 pV_m-p 恒温线示意图

绝对值大于后者，μ_{J-T} 为正值；前者的绝对值小于后者，μ_{J-T} 为负值。因此，实际气体的 μ_{J-T} 数值随气体所处的具体温度及压力，可以为正、负或零。

在室温时，氢气在任何压力下的 $\left[\dfrac{\partial(pV_m)}{\partial p}\right]_T > 0$，且其绝对值都大于 $\left(\dfrac{\partial U_m}{\partial p}\right)_T$ 的绝对值，所以它的节流膨胀系数 μ_{J-T} 为负值，节流膨胀后温度升高。若降低温度，氢气等温线的

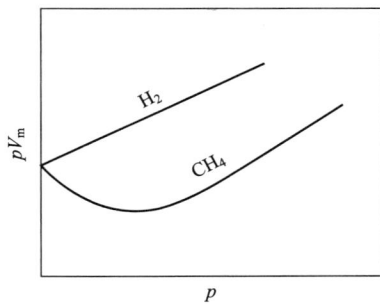

图形逐渐变为与 CH_4 在 273.15K 时的等温线相似，具有最低点。这样 μ_{J-T} 就可能出现正值。

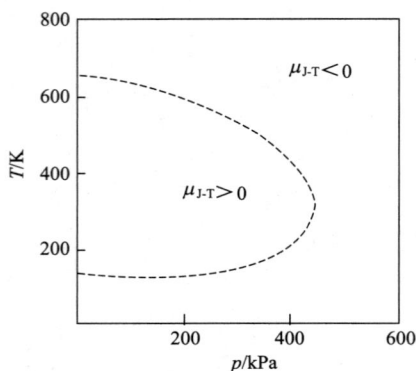

焦耳-汤姆逊效应最重要的用途是降温及气体的液化。只有在 $\mu_{J-T} > 0$ 时，气体才会因绝热膨胀而降温。

随着温度和压力的变化，实际气体的节流膨胀系数 μ_{J-T} 都有从正值到负值的转变过程。在这个过程中一定会出现 $\mu_{J-T} = 0$ 的状态，把此状态所对应的温度和压力称为该气体的转换温度和转换压力。若将各转换温度及其转换压力在 T-p 图上所代表的点标出并连线，得到一条 $\mu_{J-T} = 0$ 的曲线，称为转换曲线。图 2-9 是空气的转换曲线图，图中虚线是转换曲线，由它分出了制冷区（$\mu_{J-T} > 0$）和制热区（$\mu_{J-T} < 0$）。不同气体的转化曲线和转化温度是不同的，工业上利用节流膨胀使气体液化。

图 2-9　空气的转换曲线

2.8.4　实际气体的 ΔU 与 ΔH

系统的热力学能是分子动能与位能的总和。分子运动论认为，气体分子的动能只与温度有关，因此体积变化而温度不变时，分子动能不变。但是，实际气体分子间存在相互作用力（通常是指吸引力），体积增大时，系统位能增加。所以，实际气体在恒温膨胀时，可以用反抗分子间引力（即内压力，internal pressure，以 p_i 表示）所消耗的能量来衡量热力学能的变化。内压力 p_i 为

$$p_i = \left(\frac{\partial U}{\partial V}\right)_T$$

实际气体的热力学能 $U = U(T, V)$ ，则

$$dU = \left(\frac{\partial U}{\partial T}\right)_V dT + \left(\frac{\partial U}{\partial V}\right)_T dV = C_V dT + \left(\frac{\partial U}{\partial V}\right)_T dV$$

若实际气体为范德华气体，符合方程

$$\left(p + \frac{a}{V_m^2}\right)(V_m - b) = RT$$

其内压力为 $p_i = \dfrac{a}{V_m^2}$ ，即

$$\left(\frac{\partial U}{\partial V}\right)_T = \frac{a}{V_m^2}$$

所以

$$\Delta U = \int dU = \int C_V dT + \int \frac{a}{V_m^2} dV$$

上式表明，与理想气体相比，计算范德华气体的热力学能变化值时，仅多了后面一个积分项。对于恒温下的范德华气体，有

$$\Delta U = \int_{V_{m,1}}^{V_{m,2}} \frac{a}{V_m^2} dV = -a\left(\frac{1}{V_{m,2}} - \frac{1}{V_{m,1}}\right)$$

$$\Delta H = \Delta U + \Delta(pV_m) = -a\left(\frac{1}{V_{m,2}} - \frac{1}{V_{m,1}}\right) + \Delta(pV_m)$$

2.9 热力学第一定律在相变过程的应用

系统中物理性质和化学性质完全相同的均匀部分，称为一个相。例如，在 100℃、101.325kPa 时液体水与水蒸气共存的平衡系统中，尽管液体水和水蒸气的化学组成是相同的，但是它们的物理性质并不一样。因此，液体水是一个相，常称为液相；水蒸气为另一个相，常称为气相。

系统中同一种物质在不同相之间的转变，或者说物质由一种聚集状态转变为另一种聚集状态的过程，称为相变过程。常见的相变过程有：气-液之间的蒸发（evaporation）和凝结（condensation）、气-固之间的升华（sublimation）与凝华（deposition）、液-固之间的熔化（fusion）和凝固（solidification），以及固体不同晶型间的转变等。

2.9.1 摩尔相变焓

在非体积功为零、一定温度 T 和该温度所对应的平衡压力 p 下，物质的量为 n 的某种物质 B 发生 B(α) → B(β) 相变时的焓变，称为物质 B 的相变焓，以 $\Delta_\alpha^\beta H$ 表示，单位为 J。α 代表相变的始态相，β 代表相变的终态相。单位物质的量的相变焓，称为摩尔相变焓，以 $\Delta_\alpha^\beta H_m$ 表示，单位为 J·mol^{-1}，所以

$$\Delta_\alpha^\beta H_m = \frac{\Delta_\alpha^\beta H}{n} \tag{2-45}$$

相变焓是在非体积功为零和恒压条件下定义的，所以相变过程的热（习惯上称为相变热）是恒压热，在数值上应等于相变焓，即 $Q_p = \Delta_\alpha^\beta H$。

一定压力下，温度相同但聚集状态不同的同一种物质，具有不同的能量。例如，0℃、101.325kPa 时的冰融化为同温同压时的液体水要吸热，100℃、101.325kPa 时的液体水蒸发为同温同压时的水蒸气也要吸热，说明相同温度和压力下气体的能量大于液体的，而液体的能量又大于固体的。显然，物质在温度和压力恒定的条件下，熔化或蒸发时吸收的热全部"潜藏"到了物质的内部。在相变过程中，系统的温度和压力维持恒定，系统与环境交换的热全部用于改变物质的聚集状态，故相变热又称为相变潜热。

焓是状态函数，同一种物质在相同的条件下发生的两个互为相反的相变过程，其摩尔相变焓数值相等，正、负号相反，即

$$\Delta_\alpha^\beta H_m = -\Delta_\beta^\alpha H_m$$

例如，单位物质的量的纯液体在一定温度 T 和该温度所对应的平衡压力 p 下，蒸发成气体所吸收的热，叫做摩尔蒸发焓，用 $\Delta_{vap} H_m$ 表示；相同条件下，单位物质的量的纯气体凝结成液体所放出的热，称为摩尔凝结焓 $\Delta_{con} H_m$。蒸发与凝结互为相反的相变过程，因此有

$$\Delta_{con} H_m = -\Delta_{vap} H_m$$

同样的道理，在相同条件下，摩尔凝固焓 $\Delta_{sol} H_m$ 和摩尔熔化焓 $\Delta_{fus} H_m$ 之间的关系为

$$\Delta_{sol} H_m = -\Delta_{fus} H_m$$

摩尔凝华焓 $\Delta_{sgt} H_m$ 和摩尔升华焓 $\Delta_{sub} H_m$ 之间的关系为

$$\Delta_{sgt} H_m = -\Delta_{sub} H_m$$

固体的升华过程可以分两步完成：先是固体熔化为液体，然后是液体蒸发为气体，见图 2-10。由于焓是状态函数，摩尔升华焓等于摩尔熔化焓与摩尔蒸发焓之

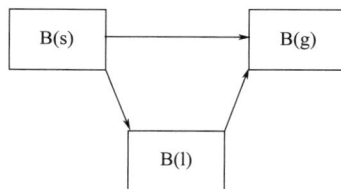

图 2-10 固体升华步骤分解图

和，即

$$\Delta_{sub} H_m = \Delta_{fus} H_m + \Delta_{vap} H_m \tag{2-46}$$

2.9.2　相变过程热力学函数的计算

相变化过程的计算，主要是应用热力学第一定律，计算相变过程系统的 ΔU 和 ΔH 及其与环境之间的 Q 、W 。

【例 2-6】 液体水 100℃时的饱和蒸气压为 101.325kPa，在此温度和压力下水的摩尔蒸发焓 $\Delta_{vap} H_m = 40.67 \text{kJ·mol}^{-1}$，试求下列两过程的 Q 、W 、ΔU 和 ΔH 。

（1）将 2mol、100℃、101.325kPa 的液体水在 100℃、101.325kPa 条件下，蒸发为同温、同压下的水蒸气；

（2）将 2mol、100℃、101.325kPa 的液体水在真空容器中，蒸发为同温、同压下的水蒸气。假设水蒸气为理想气体。

解　（1）根据蒸发焓的定义，有

$$\Delta H_1 = n \Delta_{vap} H_m = (2 \times 40.67 \times 10^3) \text{J} = 8.134 \times 10^4 \text{J}$$

因为蒸发过程是在恒温、恒压条件下进行，所以

$$Q_1 = Q_p = \Delta H_1 = 8.134 \times 10^4 \text{J}$$

$$W_1 = -\int_{V_1}^{V_g} p_{amb} dV = -p(V_g - V_1)$$

因为气体体积远远大于液体体积，即 $V_g \gg V_1$，故

$$W_1 \approx -pV_g = -nRT = (-2 \times 8.314 \times 373.15) \text{J} = -6.20 \times 10^3 \text{J}$$

根据热力学第一定律，得

$$\Delta U_1 = Q_1 + W_1 = (8.134 \times 10^4 - 6.20 \times 10^3) \text{J} = 7.514 \times 10^4 \text{J}$$

实际上，计算热力学能的变化值和功的方法不只有上述一种。在计算完 Q_1 后，可以按下列方法先计算 ΔU_1：

$$\Delta U_1 = \Delta H_1 - \Delta(pV) = \Delta H_1 - p(V_g - V_1) \approx \Delta H_1 - pV_g = \Delta H_1 - nRT$$
$$= (8.134 \times 10^4 - 2 \times 8.314 \times 373.15) \text{J}$$
$$= 7.514 \times 10^4 \text{J}$$

然后根据热力学第一定律，再计算 W_1，两种结果是一样的。

（2）由于过程（2）与过程（1）的始态和终态相同，热力学能和焓均为状态函数，所以有

$$\Delta U_2 = \Delta U_1 = 7.514 \times 10^4 \text{J}$$

$$\Delta H_2 = \Delta H_1 = 8.134 \times 10^4 \text{J}$$

因为在真空条件下蒸发，外压 $p_{amb} = 0$，所以

$$W_2 = 0$$

根据热力学第一定律，得

$$Q_2 = \Delta U_2 - W_2 = \Delta U_2 = 7.514 \times 10^4 \text{J}$$

过程（1）在 100℃、101.325kPa 条件下蒸发，蒸发过程中环境的压力始终为 101.325kPa，系统的压力也是 101.325kPa，相当于气-液两相是在平衡共存的条件下进行的蒸发，这种相变称为可逆相变过程。纯物质在正常相变点发生的相变化，如水在 100℃、101.325kPa 条件下的蒸发（常称正常沸点下蒸发）或水蒸气的凝结，水在 0℃、101.325kPa 条件下的凝固或冰的融化等，都是可逆相变。除此以外，纯物质在一定温度和该温度所对应的饱和蒸气压与外压相等时的相变化，也属于可逆相变，如液体水在 25℃、外压为

3.167kPa 条件下的蒸发。

过程（2）在真空条件下蒸发，蒸发过程中环境的压力为零，而系统的压力为 101.325kPa，系统与环境压力不相等，不满足"可逆过程每一步必须在无限接近于平衡状态下进行"的条件，因此，这是不可逆相变过程。

两种相变过程始态和终态相同，作为状态函数的热力学能和焓在两种条件下的变化值相等，这也是单独计算过程（2）时的 ΔU 和 ΔH 依据所在。两种相变过程的热与功不相等，再次说明了热与功不是状态函数，而是途径函数。

除了上面的不可逆相变外，像过冷液体的凝固、过热液体的蒸发、过饱和蒸气的凝结等，都是常见的不可逆相变。计算不可逆相变过程的 ΔU 和 ΔH 时，可以利用状态函数的特点，先设计一条与所求过程有相同始态和终态的可逆途径，然后进行相关计算。

【例 2-7】 将 1mol 温度为 298.15K、压力为 101.325kPa 的过饱和水蒸气（视为理想气体）在恒定压力 101.325kPa 下，凝结为 298.15K 时的液体水，计算该过程的 Q、W、ΔU 和 ΔH。已知水在正常沸点下的摩尔蒸发焓 $\Delta_{vap} H_m = 40.67 \text{kJ} \cdot \text{mol}^{-1}$，液体水的 $C_{p,m,H_2O(l)} = 75.75 \text{J} \cdot \text{mol}^{-1} \cdot \text{K}^{-1}$，水蒸气的 $C_{p,m,H_2O(g)} = 33.76 \text{J} \cdot \text{mol}^{-1} \cdot \text{K}^{-1}$。

解 根据题目所给条件，设计如下途径。

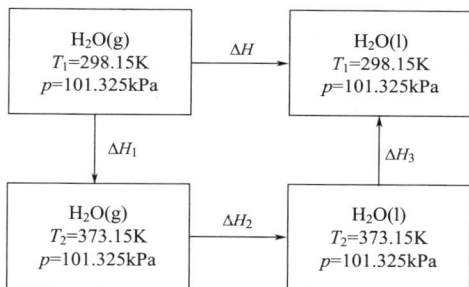

其中 ΔH_1 为水蒸气恒压升温过程的焓变

$$\Delta H_1 = nC_{p,m,H_2O(g)}(T_2 - T_1) = 1 \times 33.76 \times (373.15 - 298.15)\text{J} = 2532\text{J}$$

ΔH_2 为恒温恒压时水蒸气变为液体水可逆相变的焓变

$$\Delta H_2 = -n\Delta_{vap} H_m = (-1 \times 40.67 \times 10^3)\text{J} = -4.067 \times 10^4 \text{J}$$

ΔH_3 为液体水恒压降温过程的焓变

$$\Delta H_3 = nC_{p,m,H_2O(l)}(T_1 - T_2) = [1 \times 75.75 \times (298.15 - 373.15)]\text{J} = -5681\text{J}$$

所以，过程的焓变 ΔH 为

$$\Delta H = \Delta H_1 + \Delta H_2 + \Delta H_3 = [(2532 - 4.067 \times 10^4 - 5681)]\text{J} = -4.382 \times 10^4 \text{J}$$

系统的热力学能变化值 ΔU 为

$$\Delta U = \Delta H - \Delta(pV) = \Delta H - p(V_1 - V_g) \approx \Delta H + pV_g = \Delta H + nRT_1$$
$$= (-4.382 \times 10^4 + 1 \times 8.314 \times 298.15)\text{J}$$
$$= -4.134 \times 10^4 \text{J}$$

因为凝结过程恒压，所以过程的热为

$$Q = Q_p = \Delta H = -4.382 \times 10^4 \text{J}$$

根据热力学第一定律，得

$$W = \Delta U - Q = [-4.134 \times 10^4 - (-4.382 \times 10^4)]\text{J} = 2480\text{J}$$

2.9.3　摩尔相变焓与温度的关系

相变与分子热运动密切相关，而温度是衡量分子热运动剧烈程度的量度，不同温度下的

同一种相变，其相变焓并不相等。一般说来，文献只提供压力为 101.325kPa 及其平衡温度时的相变焓数据，而不涉及其他温度时的相变焓数据。

实际工作中常需要用到其他温度下的相变焓数据，利用已知温度条件下的相变焓数据和相变前后两种相的热容数据，通过设计途径、从状态函数的特点出发，可以求出其他条件下的相变焓数据。

现以物质 B 由 α 相转变到 β 相过程中，温度 T 时的摩尔相变焓 $\Delta_\alpha^\beta H_m$ 求解过程为例予以说明。已知压力为 $p_0 = 101.325\text{kPa}$ 时的平衡温度为 T_0，对应的相变焓为 $\Delta_\alpha^\beta H_m(T_0)$，$\alpha$ 相、β 相的摩尔定压热容分别为 $C_{p,m(\alpha)}$ 和 $C_{p,m(\beta)}$，欲求压力为 p 及其平衡温度为 T 时的相变焓 $\Delta_\alpha^\beta H_m(T)$，可以设计如下途径。

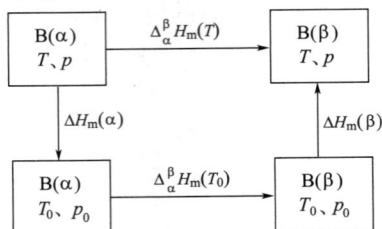

$$
\begin{array}{ccc}
\boxed{\begin{array}{c} B(\alpha) \\ T,\ p \end{array}} & \xrightarrow{\ \Delta_\alpha^\beta H_m(T)\ } & \boxed{\begin{array}{c} B(\beta) \\ T,\ p \end{array}} \\[1ex]
{\scriptstyle\Delta H_m(\alpha)}\downarrow & & \uparrow{\scriptstyle\Delta H_m(\beta)} \\[1ex]
\boxed{\begin{array}{c} B(\alpha) \\ T_0,\ p_0 \end{array}} & \xrightarrow{\ \Delta_\alpha^\beta H_m(T_0)\ } & \boxed{\begin{array}{c} B(\beta) \\ T_0,\ p_0 \end{array}}
\end{array}
$$

途径中 $\Delta H_m(\alpha)$ 和 $\Delta H_m(\beta)$ 的计算，无论 α 相、β 相是液态、固态还是气态，正如前面所述，凝聚态（液态或固态）系统的焓受压力 p 变化的影响甚微，可以按理想气体 pVT 变化过程中焓变的计算公式进行计算；只要途径中的气态能按理想气体处理，$\Delta H_m(\alpha)$ 和 $\Delta H_m(\beta)$ 都可按下式计算

$$
\Delta H_m(\alpha) = \int_T^{T_0} C_{p,m(\alpha)}\,dT = -\int_{T_0}^T C_{p,m(\alpha)}\,dT
$$

$$
\Delta H_m(\beta) = \int_{T_0}^T C_{p,m(\beta)}\,dT
$$

因此，压力为 p 及其平衡温度为 T 时的相变焓 $\Delta_\alpha^\beta H_m(T)$ 为

$$
\Delta_\alpha^\beta H_m(T) = \Delta H_m(\alpha) + \Delta_\alpha^\beta H_m(T_0) + \Delta H_m(\beta)
$$

$$
= \Delta_\alpha^\beta H_m(T_0) + \int_{T_0}^T \left[C_{p,m(\beta)} - C_{p,m(\alpha)} \right]\,dT
$$

令

$$
\Delta_\alpha^\beta C_{p,m} = C_{p,m(\beta)} - C_{p,m(\alpha)} \tag{2-47}
$$

则

$$
\Delta_\alpha^\beta H_m(T) = \Delta_\alpha^\beta H_m(T_0) + \int_{T_0}^T \Delta_\alpha^\beta C_{p,m}\,dT \tag{2-48}
$$

上式显示，在给定压力为 101.325kPa 及其平衡温度为 T_0 时的摩尔相变焓为 $\Delta_\alpha^\beta H_m(T_0)$，以及相变前后 α 相、β 相的摩尔定压热容分别为 $C_{p,m(\alpha)}$ 和 $C_{p,m(\beta)}$ 后，可以求解任何温度下的摩尔相变焓 $\Delta_\alpha^\beta H_m(T)$，对实际工作有应用价值。上式还表明，若 $\Delta_\alpha^\beta C_{p,m} = 0$，摩尔相变焓 $\Delta_\alpha^\beta H_m(T)$ 是一个不随温度而变化的常数。

【例 2-8】 已知液态水和水蒸气在 298.15 ~ 373.15K 间的平均摩尔定压热容分别为 $C_{p,m,H_2O(l)} = 75.75\text{J·mol}^{-1}\text{·K}^{-1}$ 和 $C_{p,m,H_2O(g)} = 33.76\text{J·mol}^{-1}\text{·K}^{-1}$，水在 373.15K、101.325kPa 时的摩尔蒸发焓 $\Delta_{vap}H_m(373.15\text{K}) = 40.67\text{kJ·mol}^{-1}$。试求水在 298.15K 时的摩尔蒸发焓。假设水蒸气为理想气体。

解 根据公式(2-47)得

$$\Delta_{vap}C_{p,m} = C_{p,m,H_2O(g)} - C_{p,m,H_2O(l)}$$
$$= (33.76 - 75.75)J \cdot mol^{-1} \cdot K^{-1} = -41.99J \cdot mol^{-1} \cdot K^{-1}$$

代入式(2-48)

$$\Delta_{vap}H_m(298.15K) = \Delta_{vap}H_m(373.15K) + \int_{T_0}^{T} \Delta_{vap}C_{p,m}dT$$
$$= \left(40.67 \times 10^3 + \int_{373.15K}^{298.15K} -41.99dT\right) J \cdot mol^{-1} = 43.82kJ \cdot mol^{-1}$$

2.10 化学反应焓变

化学反应往往伴随着系统与环境之间的热交换，在非体积功为零的条件下，系统在完成化学反应后温度又恢复到反应开始时的温度，这一过程中系统吸收或放出的热，称为化学反应的热效应，研究化学反应热效应的科学称为热化学(thermochemistry)。

热化学的数据是计算化学反应平衡常数和其他热力学函数变化量的依据，为化学热力学的建立和发展奠定了坚实的基础。同时，化学反应的热效应为化工、冶金、机械、能源和安全等生产过程的设计提供了基础数据。因此，研究热化学的实验方法和所获得的热化学数据，具有重大的理论意义和应用价值。

化学反应的热效应与系统中所发生化学反应的物质的多少有关。为了更好地研究化学反应过程中的热效应，首先介绍两个重要的概念——化学计量数和反应进度。

2.10.1 化学计量数与反应进度

对于任意的化学反应

$$aA + dD + \cdots = eE + fF + \cdots$$

按照热力学表达状态函数增量时的终态与始态相减原则，上式可以写为

$$0 = (eE + fF + \cdots) - (aA + dD + \cdots)$$

即

$$0 = \sum_B \nu_B B \tag{2-49}$$

式中，B 代表化学反应方程式中任一组分；ν_B 为组分 B 的化学计量数，规定产物的计量数 ν_B 为正数、反应物的计量数 ν_B 为负数，例如 $\nu_E = e$、$\nu_F = f$、$\cdots$；$\nu_A = -a$、$\nu_D = -d$、$\cdots$。ν_B 是量纲为一的量。

通常用反应进度(extent of reaction)ξ 来衡量化学反应进行的程度，对于任一化学反应

$$0 = \sum_B \nu_B B$$

反应进度 ξ 的定义式为

$$d\xi = \frac{dn_B}{\nu_B} \tag{2-50}$$

式中，n_B 为组分 B 的物质的量，单位为 mol；ν_B 为组分 B 的化学计量数；ξ 为反应进度，其大小代表了化学反应进行的程度，单位为 mol。

若规定反应开始，即 $n_{B,0}$ 时的反应进度 $\xi = 0$，反应进行到组分 B 的物质的量为 n_B 时的反应进度为 ξ，则

$$\int_0^{\xi} d\xi = \int_{n_{B,0}}^{n_B} \frac{dn_B}{\nu_B}$$

即

$$\xi = \frac{n_B - n_{B,0}}{\nu_B} = \frac{\Delta n_B}{\nu_B} \tag{2-51}$$

若 B 为产物，随着反应的进行其物质的量增加，即 $\Delta n_B > 0$，且产物的 $\nu_B > 0$，则反应进度 ξ 为正值；若 B 为反应物，随着反应的进行其物质的量减少，即 $\Delta n_B < 0$，且反应物的 $\nu_B < 0$，所以反应进度 ξ 依然为正值。

引入反应进度 ξ 来衡量化学反应进行程度的显著优点是，反应进行到任何时刻，可以用化学反应方程式中的任一物质表示反应进度，其结果是一样的。对于化学反应

$$a\text{A} + d\text{D} + \cdots = e\text{E} + f\text{F} + \cdots$$

有

$$\xi = \frac{\Delta n_A}{\nu_A} = \frac{\Delta n_D}{\nu_D} = \cdots = \frac{\Delta n_E}{\nu_E} = \frac{\Delta n_F}{\nu_F} = \cdots \tag{2-52}$$

对于反应物和产物都相同的化学反应，由于反应方程式书写形式可以不同，即 ν_B 不同，即便物质 B 的物质的量的变化量 Δn_B 相同，它们的化学反应进度 ξ 也不相同。例如，二氧化硫氧化生成三氧化硫的反应方程式，有以下两种写法

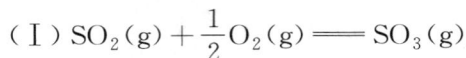

$$(\text{I}) \quad SO_2(g) + \frac{1}{2}O_2(g) = SO_3(g)$$

$$(\text{II}) \quad 2SO_2(g) + O_2(g) = 2SO_3(g)$$

若反应过程中 $O_2(g)$ 物质的量消耗为 1mol，即 $\Delta n_{O_2(g)} = -1\text{mol}$，对于反应方程式（I），反应进度为

$$\xi_1 = \frac{-1\text{mol}}{-1/2} = 2\text{mol}$$

而对于反应方程式（II），反应进度为

$$\xi_2 = \frac{-1\text{mol}}{-1} = 1\text{mol}$$

可见，当化学反应按照所给方程式的计量系数比例进行了一个单位的化学反应，即 $\Delta n_B = \nu_B \text{mol}$ 时，此时的反应进度 ξ 为 1mol，上例中的反应方程式（II）就属于这种情况。显然，方程式书写形式不同时，如方程式（I）和（II），即使反应进度都为 1mol，两种方程式中反应物的消耗量和产物的生成量也是不同的。

2.10.2 摩尔反应焓变与标准摩尔反应焓变

（1）标准态规定

大家早就熟知，高度的绝对零点无从知道，要获得处在两地的两座山的高度差，都是选择一定温度、压力下地面上某一纬度的海平面为高度零点作参考基准，测出相对于这一基准的相对高度，两个相对高度之差就是两座山的绝对高度差值。热力学能 U、焓 H 等热力学函数的绝对值同样不可知，要得到系统由于温度 T、压力 p 等条件发生变化时热力学函数的变化量，与高度相似，同样要面临基准的选择，而这个基准就是标准态（standard state）。处于标准态的物理量，在其符号右上角用 "$\ominus$" 标记，如标准热力学能 $U^{\ominus}$、标准焓 $H^{\ominus}$ 等。对于化学反应而言，若反应物和生成物都处于标准态，则热力学函数就有了绝对值的意义。

标准态的压力规定为 100kPa，用符号 "$p^{\ominus}$" 表示，即 $p^{\ominus} = 100\text{kPa}$。热力学对各种聚集状态物质的标准态作了如下规定：

对于气体，无论是理想气体还是实际气体，都规定任意温度 T、标准压力 $p^{\ominus}$ 下具有理

想气体性质的纯气体所处的状态为标准态。理想气体实际上并不存在，而压力为 $p^{\ominus}$ 时的实际气体，其行为又不遵循理想气体变化规律，所以气体的标准态是一种假想的状态。

对于液体或固体，规定任意温度 T、标准压力 $p^{\ominus}$ 下的纯液体或纯固体所处的状态为标准态。

由于溶液中各组分的标准态的规定，与溶液组成的表示方法有关，将在第 4 章做详细的介绍。

标准态对温度没有作出规定，换句话说，任何温度下都有各自的标准态。

（2）摩尔反应焓变

在非体积功为零时，对于在温度 T、压力 p 条件下进行的化学反应，其热效应的大小可以用焓变 $\Delta_r H$（脚标"r"是"reaction"的缩写，代表"反应"）进行衡量。焓是广度性质，因此化学反应的焓变 $\Delta_r H$ 取决于反应的进度，反应进度不同则焓变 $\Delta_r H$ 值不同。定义完成单位反应进度所引起的反应焓变为摩尔反应焓变（molar enthalpy of the reaction）$\Delta_r H_m$，即

$$\Delta_r H_m = \left(\frac{\partial H}{\partial \xi}\right)_{T,p} \tag{2-53}$$

$\Delta_r H_m$ 是指反应完成进度为 1mol 时的焓变，单位是 $J \cdot mol^{-1}$。$\Delta_r H_m$ 除了受温度 T、压力 p 影响外，还与反应方程式书写形式有关，因为反应进度都为 1mol，但方程式书写形式不同时，反应系统中各物质的物质的量变化不相等。

（3）标准摩尔反应焓变

在温度 T 下，反应方程式中各物质都处于标准态时，化学反应的摩尔反应焓变就是温度 T 时的标准摩尔反应焓变，用符号"$\Delta_r H_m^{\ominus}(T)$"表示。例如，对于化学反应

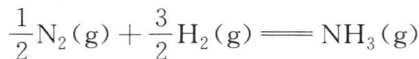

$$\frac{1}{2}N_2(g) + \frac{3}{2}H_2(g) = NH_3(g)$$

298.15K 时的标准摩尔反应焓变

$$\Delta_r H_m^{\ominus}(298.15K) = -46.11kJ \cdot mol^{-1}$$

这表明，在 298.15K 时的标准态下，上述化学反应完成进度为 1mol 的反应时，系统放热 $46.11kJ \cdot mol^{-1}$。也就是说，0.5mol 纯 $N_2(g)$ 与 1.5mol 纯 $H_2(g)$ 完全反应，生成 1mol 纯 $NH_3(g)$ 时系统放热 $46.11kJ \cdot mol^{-1}$，要求 $N_2(g)$ 和 $H_2(g)$ 相互之间不混合，显然这是个假想过程。而若将 0.5mol $N_2(g)$ 与 1.5mol $H_2(g)$ 混合后反应，由于这一反应过程本身是个平衡反应，因此达到平衡时 0.5mol $N_2(g)$ 与 1.5mol $H_2(g)$ 不可能全部转化为产物，系统放热也不会是 $46.11kJ \cdot mol^{-1}$。

另外，化学反应方程式若写为

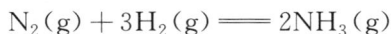

$$N_2(g) + 3H_2(g) = 2NH_3(g)$$

那么，298.15K 时的标准摩尔反应焓变

$$\Delta_r H_m^{\ominus}(298.15K) = -92.22kJ \cdot mol^{-1}$$

因此，标准摩尔反应焓变与方程式书写形式相关。

2.10.3　恒压摩尔热效应 $Q_{p,m}$ 与恒容摩尔热效应 $Q_{V,m}$

大多数的化工生产，是在非体积功为零的恒压或恒容条件下进行的恒温反应。在非体积功为零且恒温、恒压条件下完成单位反应进度时的热效应，称为恒压摩尔热效应，用符号 $Q_{p,m}$ 表示。在非体积功为零且恒温、恒容条件下完成单位反应进度时的热效应，称为恒容摩尔热效应，用符号 $Q_{V,m}$ 表示。

化学反应的摩尔热效应往往可以通过实验测定，而常用的热量计(如氧弹测定燃烧热)所测得的热效应是恒容摩尔热效应 $Q_{V,m}$，要获得恒压摩尔热效应 $Q_{p,m}$ 数据，可以从 $Q_{V,m}$ 与 $Q_{p,m}$ 的关系求算。

设任一恒温反应，在非体积功为零的条件下，从相同的初始状态(反应物状态 T、p、V)出发分别经恒压和恒容两条途径完成单位反应进度的反应，到达产物相同但状态不同的终态，如图 2-11 所示。图中途径(1)是恒温、恒压反应，产物所处状态为(T、p、V')；途径(2)是恒温、恒容反应，产物所处状态为(T、p'、V)。恒容反应产物所处的状态，通过途径(3)使其压力变化至 p，成为恒压反应产物所处的状态。

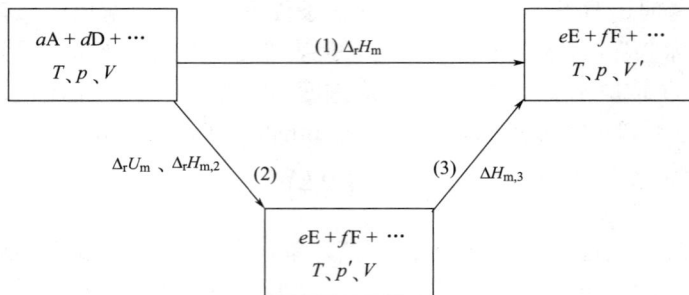

$$aA + dD + \cdots \quad T、p、V \xrightarrow{\text{(1) } \Delta_r H_m} eE + fF + \cdots \quad T、p、V'$$

图 2-11 Q_p 与 Q_V 的关系

因为 H 是状态函数，所以
$$\Delta_r H_m = \Delta_r H_{m,2} + \Delta H_{m,3} = [\Delta_r U_m + \Delta(pV)_2] + \Delta H_{m,3}$$
由于 $Q_{p,m} = \Delta_r H_m$，$Q_{V,m} = \Delta_r U_m$，故
$$Q_{p,m} - Q_{V,m} = \Delta_r H_m - \Delta_r U_m = \Delta(pV)_2 + \Delta H_{m,3}$$
式中，$\Delta H_{m,3}$ 是途径(3)恒温变化的摩尔焓变，若产物是理想气体，其焓只与温度有关，故 $\Delta H_{m,3} = 0$；若产物是液体或固体等凝聚态物质，因恒容和恒压过程的终态压力变化不大，在恒温的条件下可以忽略压力对焓的影响，即 $\Delta H_{m,3} = 0$。总之，不论产物以什么聚集状态出现，都有 $\Delta H_{m,3} = 0$。所以
$$Q_{p,m} - Q_{V,m} = \Delta_r H_m - \Delta_r U_m = \Delta(pV)_2$$
式中，$\Delta(pV)_2$ 代表途径(2)中终态与始态的 pV 之差，即恒温、恒容化学反应的产物与反应物的 pV 之差。对于反应系统中的凝聚态物质，反应前后 pV 值相差甚微，可以忽略不计，只需考虑系统中的气体物质，并假定气体为理想气体，则
$$\Delta(pV)_2 = \Delta(n_g RT) = \Delta n_g \cdot RT$$

因化学反应是完成 1mol 反应进度为前提讨论的，故 $\Delta n_g = \sum_B \nu_{B(g)}$。所以，得
$$Q_{p,m} - Q_{V,m} = \Delta n_g \cdot RT = \sum_B \nu_{B(g)} RT \tag{2-54}$$
或
$$\Delta_r H_m - \Delta_r U_m = \Delta n_g \cdot RT = \sum_B \nu_{B(g)} RT \tag{2-55}$$
上两式分别代表化学反应的恒压摩尔热效应与恒容摩尔热效应之间、化学反应的摩尔焓变与摩尔热力学能变之间的关系。上两式中 $\sum_B \nu_{B(g)}$ 为化学反应方程式中的气体物质的计量数代数和，如

$$2H_2(g) + O_2(g) == 2H_2O(l) \qquad \sum_B \nu_{B(g)} = -3$$

$$H_2(g) + \frac{1}{2}O_2(g) == H_2O(g) \qquad \sum_B \nu_{B(g)} = -0.5$$

$$CaCO_3(s) == CaO(s) + CO_2(g) \qquad \sum_B \nu_{B(g)} = 1$$

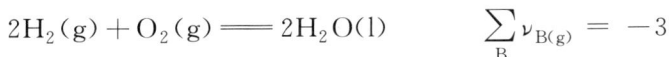

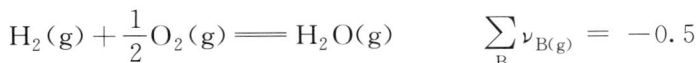

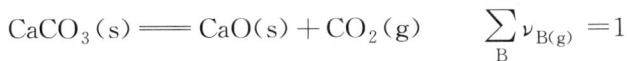

2.10.4　热化学方程式

表示化学反应及其热效应的方程式，称为热化学方程式。热化学方程式既要表示出化学反应各组分之间的计量关系，又要表示反应的热效应。例如，1mol 石墨碳在 298.15K 和 100kPa 下完全燃烧放出 393.51kJ 的热量，热化学方程式表示为

$$C(石墨) + O_2(g) == CO_2(g) \qquad \Delta_r H_m^{\ominus}(298.15K) = -393.51kJ \cdot mol^{-1}$$

书写热化学方程式有以下几点具体规定：

① 指明是恒容反应热或是恒压反应热，前者用 $\Delta_r U_m$ 而后者用 $\Delta_r H_m$ 表示；

② 注明反应的温度和压力，若不注明温度和压力，则一般认为温度为 298.15K，压力为 100kPa；

③ 注明方程式中各物质的聚集状态及晶型，一般用"g"代表气体，"l"代表液体，"s"代表固体；

④ 对于在溶液中进行的化学反应，在其热化学方程式中应注明物质的浓度，当溶液为无限稀时，用 aq 表示。例如

$$HCl(aq) + NaOH(aq) == NaCl(aq) + H_2O(l) \qquad \Delta_r H_m^{\ominus}(298.15K) = -56.9kJ \cdot mol^{-1}$$

2.10.5　盖斯定律

1840 年，俄国化学家盖斯在大量实验的基础上总结出一条规律：一个化学反应不管是一步完成，还是分几步完成，其热效应相同。也就是说，化学反应的热效应只与起始状态和终了状态有关，而与具体的途径无关，称为盖斯定律（Hess's Law）。

一般情况下，大多数化学反应都是在非体积功为零的恒压或恒容条件下进行的，在这样的条件下，根据热力学第一定律必然有 $Q_{p,m} = \Delta_r H_m$ 或 $Q_{V,m} = \Delta_r U_m$。因此，恒压过程的摩尔热效应等于摩尔反应焓的变化量，恒容过程的摩尔热效应等于摩尔反应热力学能的变化量，即摩尔热效应可以转化为状态函数（焓或热力学能）的变化量，只要给定了化学反应的始态和终态，$\Delta_r H_m$ 和 $\Delta_r U_m$ 便有定值，而与具体途径无关。因此，可以说盖斯定律是热力学第一定律的必然结果。对每一步都是恒压，或每一步都是恒容的化学反应，盖斯定律才能适用。

盖斯定律为热化学的计算奠定了一定基础。由于实验手段和方法上的问题，有些化学反应的热效应测量比较困难或者测量精度不高，更有甚者根本就没有直接的测量方法。这时，可以借助于盖斯定律，运用化学方程式相互加减，热效应进行相对应的加减运算，从而通过能够准确测定的反应热效应来计算这类化学反应的热效应。

例如，在煤气生产中，固体碳燃烧生成 CO(g) 反应的热效应数据对工厂设计与生产很重要，但无法用实验方法直接测定，因为碳在空气中燃烧时必定会伴有 $CO_2(g)$ 的生成。但是，可以准确直接测定下列两个反应的热效应数据，利用盖斯定律间接推算出固体碳燃烧生成 CO(g) 反应的热效应数据。

① $C(s) + O_2(g) == CO_2(g) \qquad \Delta_r H_{m,1}^{\ominus}(298.15K) = -393.51kJ \cdot mol^{-1}$

② $CO(g) + \frac{1}{2}O_2(g) == CO_2(g) \qquad \Delta_r H_{m,2}^{\ominus}(298.15K) = -282.98kJ \cdot mol^{-1}$

因为方程式①－②得

$$C(s) + \frac{1}{2}O_2(g) \rightleftharpoons CO(g)$$

所以，该方程式的标准摩尔焓变为

$$\Delta_r H_m^\ominus(298.15K) = \Delta_r H_{m,1}^\ominus(298.15K) - \Delta_r H_{m,2}^\ominus(298.15K)$$
$$= (-393.51 + 282.98)kJ \cdot mol^{-1} = -110.53kJ \cdot mol^{-1}$$

盖斯(G. H. Hess，1802—1850)生于瑞士日内瓦，在俄国学习和工作，1825年毕业于多尔帕特大学，取得医学博士学位。1826年弃医专攻化学，1828年因化学上的卓越贡献被选为圣彼得堡科学院院士。盖斯早年从事分析化学的研究，1830年开始专门从事化学热效应测定方法改进的研究，曾任俄国圣彼得堡工艺学院理论化学教授兼中央师范学院和矿业学院教授。1836年在大量实验的基础上总结出了举世闻名的盖斯定律，奠定了热化学计算的基础。1838年选为俄国科学院院士，1850年12月13日卒于圣彼得堡。盖斯的主要著作为《纯化学基础》(1834年)，曾作为俄国教科书达40年之久，出版过七次，对欧洲化学界有较大影响。

G. H. 盖斯

2.10.6　标准摩尔反应焓变的计算

物质的标准摩尔生成焓、标准摩尔燃烧焓和离子的标准摩尔生成焓，是计算化学反应标准摩尔反应焓变 $\Delta_r H_m^\ominus$ 的基础热力学数据。由 $\Delta_r H_m^\ominus$ 可以进一步计算化学反应过程的 Q_p、Q_V、W 以及系统的 $\Delta_r H$ 和 $\Delta_r U$ 等。

(1) 物质的标准摩尔生成焓 $\Delta_f H_m^\ominus$ 与反应的 $\Delta_r H_m^\ominus$

在温度为 T 的标准态下，由稳定的单质生成单位物质的量的 β 相态的化合物 B 时的反应焓变，称为化合物 B(β)在温度 T 时的标准摩尔生成焓(standard molar enthalpy of formation)，用 $\Delta_f H_m^\ominus(B,\beta,T)$ 表示，下标"f"表示"生成"，单位为 $J \cdot mol^{-1}$ 或 $kJ \cdot mol^{-1}$。

显然，定义对温度没有作出具体规定，理论上可以定义任意温度下稳定单质的标准摩尔生成焓为零，以此为基准得到该温度下各种化合物的标准摩尔生成焓。即便如此，人们习惯定义 298.15K 温度下稳定单质的标准摩尔生成焓为零，因此从各种化工手册上能够查到的，也仅仅是在 298.15K 时各种化合物的标准摩尔生成焓 $\Delta_f H_m^\ominus(B,\beta,298.15K)$ 数据。值得指出的是，温度不为 298.15K 时，稳定单质的标准摩尔生成焓不为零。

同时，标准摩尔生成焓的定义中，要求参加反应的单质必须在指定条件下具有稳定的相态。当单质在一定的条件下有多种形态存在时，应该以其中最为稳定的一种为基准定义化合物 B 的 $\Delta_f H_m^\ominus(B,\beta,T)$。例如在 298.15K、101.325kPa 时，碳有石墨、金刚石和无定形碳等同素异构体，其中石墨是热力学上最为稳定的，因此，$\Delta_f H_m^\ominus(C,石墨,298.15K)=0$。又如硫的稳定单质为正交硫，而非单斜硫，即 $\Delta_f H_m^\ominus(S,正交,298.15K)=0$。磷比较特殊，虽然红磷比白磷稳定，但因白磷容易制得，故过去一直选择白磷作为标准参考态，即 $\Delta_f H_m^\ominus(P,白磷,298.15K)=0$。但近些年来，有的文献已改用红磷作为标准参考态。因此，在应用磷及含磷化合物的标准摩尔生成焓数据时，一定要注意选用的是哪种磷作为标准参考态。既然稳定单质的 $\Delta_f H_m^\ominus(B,\beta,298.15K)=0$，那么不稳定单质的 $\Delta_f H_m^\ominus(B,\beta,298.15K) \neq 0$，如 298.15K 时碳的另一种单质金刚石的 $\Delta_f H_m^\ominus(C,金刚石,298.15K)=1.985kJ \cdot mol^{-1}$。

此外，相同温度下，聚集态不同的同一种物质，标准摩尔生成焓 $\Delta_f H_m^\ominus$ 也不相同。例如

298.15K 时，$\Delta_f H_m^\ominus(H_2O_2,g) = -136.3kJ \cdot mol^{-1}$，而 $\Delta_f H_m^\ominus(H_2O_2,l) = -187.8kJ \cdot mol^{-1}$，液体水、气体水的情况与此类似。

在非体积功为零的条件下，恒温、恒压时化学反应的焓变等于各产物焓的总和与反应物焓的总和之差。尽管各种物质焓的绝对值无法知道，但是物质的标准摩尔生成焓 $\Delta_f H_m^\ominus$ 规定了一个统一的相对标准，以此来计算化学反应的标准摩尔焓变 $\Delta_r H_m^\ominus$，其结果与"化学反应的焓变等于各产物焓的总和与反应物焓的总和之差"是一致的。

按照质量守恒原理，化学反应方程式两边的物质都可以由相同种类、相同数量的稳定单质生成，例如温度为 T 的标准态下乙烯二聚反应

$$2C_2H_4(g) \Longrightarrow C_4H_8(g)$$

形成方程式左边的 $2C_2H_4(g)$ 和形成方程式右边的 $C_4H_8(g)$ 起点共同，均为稳定的单质 $4C(s)+4H_2(g)$，为计算乙烯二聚反应的标准摩尔焓变 $\Delta_r H_m^\ominus$，可以设计下列途径：

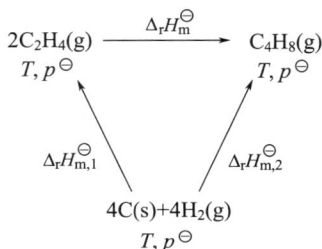

根据物质标准摩尔生成焓的定义，得

$$\Delta_f H_m^\ominus(C_2H_4,g) = \frac{\Delta_r H_{m,1}^\ominus}{2}$$

$$\Delta_f H_m^\ominus(C_4H_8,g) = \Delta_r H_{m,2}^\ominus$$

焓是状态函数，因此

$$\Delta_r H_{m,2}^\ominus = \Delta_r H_{m,1}^\ominus + \Delta_r H_m^\ominus$$

则

$$\Delta_r H_m^\ominus = \Delta_r H_{m,2}^\ominus - \Delta_r H_{m,1}^\ominus$$
$$= \Delta_f H_m^\ominus(C_4H_8,g) - 2\Delta_f H_m^\ominus(C_2H_4,g)$$

基于上述化学反应求算反应的标准摩尔焓变 $\Delta_r H_m^\ominus$ 理念，对于在温度为 298.15K、标准态下进行的任意化学反应

$$a\text{A} + d\text{D} + \cdots \Longrightarrow e\text{E} + f\text{F} + \cdots$$

其 298.15K 时的标准摩尔焓变，可以运用相同的方法，利用化学反应方程式中各组分的标准摩尔生成焓来进行计算

$$\Delta_r H_m^\ominus(298.15K) = [e\Delta_f H_m^\ominus(E) + f\Delta_f H_m^\ominus(F) + \cdots] - [a\Delta_f H_m^\ominus(A) + d\Delta_f H_m^\ominus(D) + \cdots]$$

即

$$\Delta_r H_m^\ominus(298.15K) = \sum_B \nu_B \Delta_f H_m^\ominus(B) \tag{2-56}$$

上式表明，298.15K 时化学反应的标准摩尔反应焓变 $\Delta_r H_m^\ominus(298.15K)$，等于相同温度下方程式中各组分标准摩尔生成焓与其计量数乘积的代数和。换句话说，等于终态各产物总的标准摩尔生成焓之和减去始态各反应物总的标准摩尔生成焓之和。

【例 2-9】 已知反应

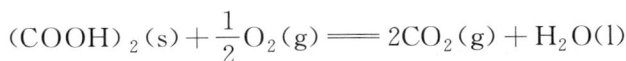

$$(COOH)_2(s) + \frac{1}{2}O_2(g) \Longrightarrow 2CO_2(g) + H_2O(l)$$

计算该反应 298.15K 时的 $\Delta_r H_m^{\ominus}$ 。

解 查 298.15K 时物质的标准摩尔生成焓数据得

$$\Delta_f H_m^{\ominus}[(COOH)_2,s]=-826.8kJ\cdot mol^{-1}$$

$$\Delta_f H_m^{\ominus}(CO_2,g)=-393.5kJ\cdot mol^{-1}$$

$$\Delta_f H_m^{\ominus}(H_2O,l)=-285.8kJ\cdot mol^{-1}$$

稳定单质的标准摩尔生成焓为零，即 $\Delta_f H_m^{\ominus}(O_2,g)=0$

$$\Delta_r H_m^{\ominus}=[2\Delta_f H_m^{\ominus}(CO_2,g)+\Delta_f H_m^{\ominus}(H_2O,l)]-\left\{\Delta_f H_m^{\ominus}[(COOH)_2,s]+\frac{1}{2}\Delta_f H_m^{\ominus}(O_2,g)\right\}$$

$$=\{[2\times(-393.5)+(-285.8)]-[(-826.8)+0]\}kJ\cdot mol^{-1}$$

$$=246.0kJ\cdot mol^{-1}$$

（2）物质的标准摩尔燃烧焓 $\Delta_c H_m^{\ominus}$ 与反应的 $\Delta_r H_m^{\ominus}$

在温度为 T 的标准态下，由单位物质的量的物质 B(β) 与氧气发生完全氧化反应时的焓变，称为物质 B(β) 在温度 T 时的标准摩尔燃烧焓（standard molar enthalpy of combustion），用 $\Delta_c H_m^{\ominus}(B,\beta,T)$ 表示，下标"c"表示"燃烧"，单位为 $J\cdot mol^{-1}$ 或 $kJ\cdot mol^{-1}$。

定义中的完全氧化，又称完全燃烧，是指物质 B 在没有催化剂的条件下与氧气充分地自然燃烧、分子中的各元素生成指定产物的过程，如物质中的 C 元素变为 $CO_2(g)$，H 元素变为 $H_2O(l)$，S 元素变为 $SO_2(g)$，N 元素变成 $N_2(g)$，Cl 元素变为 $HCl(l)$ 等。例如，298.15K 时 C(石墨)、$H_2(g)$、$C_6H_5NH_2(l)$（苯胺）与 $O_2(g)$ 在标准态下的燃烧反应分别为

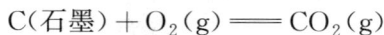

$$C(石墨)+O_2(g)===CO_2(g)$$

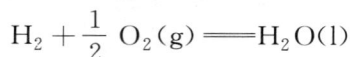

$$H_2+\frac{1}{2}O_2(g)===H_2O(l)$$

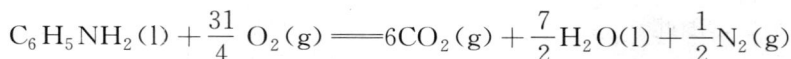

$$C_6H_5NH_2(l)+\frac{31}{4}O_2(g)===6CO_2(g)+\frac{7}{2}H_2O(l)+\frac{1}{2}N_2(g)$$

各反应的标准摩尔焓变分别为 C(石墨)、$H_2(g)$、$C_6H_5NH_2(l)$ 在 298.15K 时的标准摩尔燃烧焓 $\Delta_c H_m^{\ominus}$。同时可以看出，C(石墨)的标准摩尔燃烧焓在数值上等于 $CO_2(g)$ 的标准摩尔生成焓，即 $\Delta_c H_m^{\ominus}(C,石墨)=\Delta_f H_m^{\ominus}(CO_2,g)$，$H_2(g)$ 的标准摩尔燃烧焓在数值上等于 $H_2O(l)$ 的标准摩尔生成焓，即 $\Delta_c H_m^{\ominus}(H_2,g)=\Delta_f H_m^{\ominus}(H_2O,l)$。

绝大多数有机化合物难以由稳定单质直接合成，且即使可以合成但有机反应过程中常伴有副反应，因而它们的标准摩尔生成焓不易直接测定或测量不准。但是，有机化合物能在氧气中充分燃烧，生成完全氧化产物，所以其标准摩尔燃烧焓能够方便、准确地直接测定。物质的标准摩尔燃烧焓 $\Delta_c H_m^{\ominus}$ 是重要的热化学数据，通常一些有机物质在 298.15K 时的 $\Delta_c H_m^{\ominus}$ 可以从化工手册中查到。当然完全氧化产物的标准摩尔燃烧焓为零，如 $\Delta_c H_m^{\ominus}(CO_2,g)=0$、$\Delta_c H_m^{\ominus}(H_2O,l)=0$ 等。

利用标准摩尔燃烧焓 $\Delta_c H_m^{\ominus}$ 数据可以计算有机反应的标准摩尔反应焓变 $\Delta_r H_m^{\ominus}$。若已知化学反应中各物质 298.15K 时的标准摩尔燃烧焓 $\Delta_c H_m^{\ominus}$，则化学反应的标准摩尔反应焓变 $\Delta_r H_m^{\ominus}$，等于该温度下方程式中各组分标准摩尔燃烧焓与其计量数乘积代数和的相反数。或者说，等于各反应物总的标准摩尔燃烧焓之和减去各产物总的标准摩尔燃烧焓之和。对于化学反应

$$aA+dD+\cdots===eE+fF+\cdots$$

其 298.15K 时用物质标准摩尔燃烧焓计算的标准摩尔焓变为

$$\Delta_r H_m^{\ominus}(298.15\text{K}) = -\left[\{e\Delta_c H_m^{\ominus}(E) + f\Delta_c H_m^{\ominus}(F) + \cdots\} - \{a\Delta_c H_m^{\ominus}(A) + d\Delta_c H_m^{\ominus}(D) + \cdots\}\right]$$

即

$$\Delta_r H_m^{\ominus}(298.15\text{K}) = -\sum_B \nu_B \Delta_c H_m^{\ominus}(B) \tag{2-57}$$

上式计算化学反应的 $\Delta_r H_m^{\ominus}$ 是基于化学反应方程式两边的物质分别与氧气完全反应、生成的产物种类和数量是相等的。例如，298.15K 的标准态下，反应

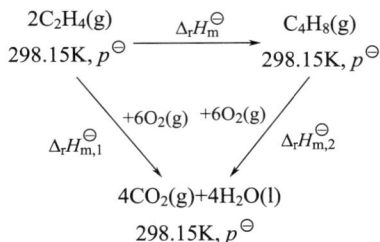

$$\begin{array}{ccc}
2C_2H_4(g) & \xrightarrow{\Delta_r H_m^{\ominus}} & C_4H_8(g) \\
298.15\text{K}, p^{\ominus} & & 298.15\text{K}, p^{\ominus}
\end{array}$$

$$\Delta_r H_{m,1}^{\ominus} \searrow \ +6O_2(g) \quad +6O_2(g) \ \swarrow \Delta_r H_{m,2}^{\ominus}$$

$$\begin{array}{c}
4CO_2(g)+4H_2O(l) \\
298.15\text{K}, p^{\ominus}
\end{array}$$

根据物质标准摩尔燃烧焓的定义，得

$$\Delta_c H_m^{\ominus}(C_2H_4, g) = \frac{\Delta_r H_{m,1}^{\ominus}}{2}$$

$$\Delta_c H_m^{\ominus}(C_4H_8, g) = \Delta_r H_{m,2}^{\ominus}$$

焓是状态函数，因此

$$\Delta_r H_{m,1}^{\ominus} = \Delta_r H_m^{\ominus} + \Delta_r H_{m,2}^{\ominus}$$

则

$$\begin{aligned}
\Delta_r H_m^{\ominus} &= \Delta_r H_{m,1}^{\ominus} - \Delta_r H_{m,2}^{\ominus} \\
&= 2\Delta_c H_m^{\ominus}(C_2H_4, g) - \Delta_c H_m^{\ominus}(C_4H_8, g)
\end{aligned}$$

【例 2-10】 已知化学反应

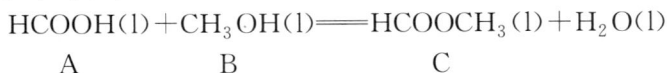

$$\begin{array}{cccc}
HCOOH(l) + CH_3OH(l) &=\!\!=& HCOOCH_3(l) + H_2O(l) \\
A & B & C &
\end{array}$$

试求反应在 298.15K 的 $\Delta_r H_m^{\ominus}$。

解 查 298.15K 时各物质的标准摩尔燃烧焓数据为

$$\Delta_c H_m^{\ominus}(HCOOH, l) = \Delta_c H_m^{\ominus}(A) = -254.6\text{kJ·mol}^{-1}$$

$$\Delta_c H_m^{\ominus}(CH_3OH, l) = \Delta_c H_m^{\ominus}(B) = -726.5\text{kJ·mol}^{-1}$$

$$\Delta_c H_m^{\ominus}(HCOOCH_3, l) = \Delta_c H_m^{\ominus}(C) = -979.5\text{kJ·mol}^{-1}$$

$$\begin{aligned}
\Delta_r H_m^{\ominus} &= \Delta_c H_m^{\ominus}(A) + \Delta_c H_m^{\ominus}(B) - \Delta_c H_m^{\ominus}(C) \\
&= (-254.6 - 726.5 + 979.5)\text{kJ·mol}^{-1} = -1.6\text{kJ·mol}^{-1}
\end{aligned}$$

标准摩尔燃烧焓 $\Delta_c H_m^{\ominus}$ 除了用于计算有机反应的焓变 $\Delta_r H_m^{\ominus}$ 外，还可以用来计算有机化合物的标准摩尔生成焓 $\Delta_f H_m^{\ominus}$，特别是对一些通常不能直接由单质合成的有机化合物尤其重要。

【例 2-11】 已 知 298.15K 时 乙 烯 的 $\Delta_c H_m^{\ominus}(C_2H_4, g) = -1411.0$ kJ·mol^{-1}，$\Delta_f H_m^{\ominus}(CO_2, g) = -393.5\text{kJ·mol}^{-1}$，$\Delta_f H_m^{\ominus}(H_2O, l) = -285.8\text{kJ·mol}^{-1}$。求乙烯在 298.15K 时的 $\Delta_f H_m^{\ominus}$。

解 乙烯在 298.15K、标准态下的燃烧反应为

$$C_2H_4(g) + 3O_2(g) =\!\!= 2CO_2(g) + 2H_2O(l)$$

乙烯的标准摩尔燃烧焓等于化学反应的标准摩尔焓变

$$\Delta_c H_m^{\ominus}(C_2H_4, g) = \Delta_r H_m^{\ominus} = \sum_B \nu_B \Delta_f H_m^{\ominus}(B)$$
$$= 2\Delta_f H_m^{\ominus}(CO_2, g) + 2\Delta_f H_m^{\ominus}(H_2O, l) - \Delta_f H_m^{\ominus}(C_2H_4, g)$$

所以

$$\Delta_f H_m^{\ominus}(C_2H_4, g) = 2\Delta_f H_m^{\ominus}(CO_2, g) + 2\Delta_f H_m^{\ominus}(H_2O, l) - \Delta_c H_m^{\ominus}(C_2H_4, g)$$
$$= [2 \times (-393.5) + 2 \times (-285.8) - (-1411.0)] \text{kJ} \cdot \text{mol}^{-1}$$
$$= 52.4 \text{kJ} \cdot \text{mol}^{-1}$$

(3)* 离子的标准摩尔生成焓 $\Delta_f H_m^{\ominus}$ 与反应的 $\Delta_r H_m^{\ominus}$

对于水溶液中进行的离子反应，如果能够得到每种离子的标准摩尔生成焓数据，同样可以计算出离子反应的焓变。

在 298.15K 和 100kPa 下，将 1mol HCl(g) 溶于大量水中，形成含有 H^+ (aq, ∞)、Cl^- (aq, ∞) 的水溶液，"(aq, ∞)" 代表"无限稀释"，其溶解过程为

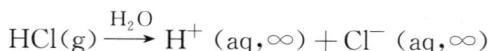

实验测得，此条件下溶解 1mol HCl(g) 放热 74.77kJ。由于溶解是在恒温、恒压下完成，所以此时的溶解热等于 HCl(g) 的标准摩尔溶解焓变，即 $\Delta_{sol} H_m^{\ominus} = -74.77 \text{kJ} \cdot \text{mol}^{-1}$。像化学反应的标准摩尔焓变计算一样，溶解过程的标准摩尔溶解焓变也可以通过物质的标准摩尔生成焓进行计算，即

$$\Delta_{sol} H_m^{\ominus} = \Delta_f H_m^{\ominus}(H^+, aq, \infty) + \Delta_f H_m^{\ominus}(Cl^-, aq, \infty) - \Delta_f H_m^{\ominus}(HCl, g)$$

所以，有

$$\Delta_f H_m^{\ominus}(H^+, aq, \infty) + \Delta_f H_m^{\ominus}(Cl^-, aq, \infty) = \Delta_{sol} H_m^{\ominus} + \Delta_f H_m^{\ominus}(HCl, g)$$

查得 298.15K 时 $\Delta_f H_m^{\ominus}(HCl, g) = -92.31 \text{kJ} \cdot \text{mol}^{-1}$，所以

$$\Delta_f H_m^{\ominus}(H^+, aq, \infty) + \Delta_f H_m^{\ominus}(Cl^-, aq, \infty) = (-74.77 - 92.31) \text{kJ} \cdot \text{mol}^{-1}$$
$$= -167.08 \text{kJ} \cdot \text{mol}^{-1}$$

得到了正、负两种离子无限稀释时的标准摩尔生成焓之和。溶液为保持电中性，溶液中正、负离子总是同时共存，HCl(g) 溶解于水也不例外。因此，无法获得单一离子的标准摩尔生成焓。但是，如果选定一种离子并规定它的标准摩尔生成焓为某一定值，则可以获得其他离子在无限稀释时的标准摩尔生成焓的相对值数据。应用这些相对值数据，可以解决水溶液中有关离子反应的热效应、溶解过程的标准摩尔溶解焓变等计算问题。现在公认的热力学标准是，规定 H^+ (aq, ∞) 的标准摩尔生成焓为零，即

$$\Delta_f H_m^{\ominus}(H^+, aq, \infty) = 0$$

在这样的规定基础上，上例中 $\Delta_f H_m^{\ominus}(Cl^-, aq, \infty) = -167.08 \text{kJ} \cdot \text{mol}^{-1}$。

以此类推，可以获得其他离子无限稀释时的标准摩尔生成焓。例如，在 298.15K 和 100kPa 下实验测得，1mol KCl(s) 溶于水中形成无限稀释溶液时，吸热 17.28kJ，即 KCl(s) 标准摩尔溶解焓 $\Delta_{sol} H_m^{\ominus}(KCl, s) = 17.28 \text{kJ} \cdot \text{mol}^{-1}$，而 $\Delta_f H_m^{\ominus}(KCl, s) = -436.50 \text{kJ} \cdot \text{mol}^{-1}$。KCl(s) 在水中的溶解过程为

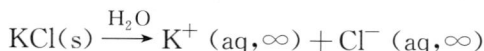

$$\Delta_{sol} H_m^{\ominus}(KCl, s) = \Delta_f H_m^{\ominus}(K^+, aq, \infty) + \Delta_f H_m^{\ominus}(Cl^-, aq, \infty) - \Delta_f H_m^{\ominus}(KCl, s)$$

因为上面已有 $\Delta_f H_m^{\ominus}(Cl^-, aq, \infty) = -167.08 \text{kJ} \cdot \text{mol}^{-1}$，所以

$$\Delta_f H_m^{\ominus}(K^+, aq, \infty) = (17.28 + 167.08 - 436.50) kJ \cdot mol^{-1}$$
$$= -252.14 kJ \cdot mol^{-1}$$

其他离子无限稀释时的 $\Delta_f H_m^{\ominus}$ 都可以用类似的方法求出。表 2-2 给出了部分离子在 298.15K 时的 $\Delta_f H_m^{\ominus}$。

表 2-2　298.15K 时部分离子的 $\Delta_f H_m^{\ominus}$

正离子	$\Delta_f H_m^{\ominus}/kJ \cdot mol^{-1}$	负离子	$\Delta_f H_m^{\ominus}/kJ \cdot mol^{-1}$
H^+	0	OH^-	-230.02
Li^+	-278.49	F^-	-332.63
Na^+	-240.12	Cl^-	-167.08
K^+	-252.14	Br^-	-121.55
NH_4^+	-132.51	I^-	-55.19
Ag^+	105.79	S^{2-}	33.10
Ba^{2+}	-537.64	SO_4^{2-}	-909.27
Cu^{2+}	64.77	NO_3^-	-205.00
$[Ag(NH_3)_2]^+$	-111.29	CO_3^{2-}	-677.14
$[Cu(NH_3)_4]^{2+}$	-348.5	PO_4^{3-}	-1277.40

【例 2-12】　在 298.15K 和 100kPa 下，大量水中含有 Ag^+ 和 Cl^- 各 1mol，当有 AgCl (s)沉淀生成时，求沉淀过程的焓变。

解　查得 298.15K 时 $\Delta_f H_m^{\ominus}(AgCl, s) = -127.07 kJ \cdot mol^{-1}$，

$\Delta_f H_m^{\ominus}(Ag^+, aq, \infty) = 105.79 kJ \cdot mol^{-1}$，$\Delta_f H_m^{\ominus}(Cl^-, aq, \infty) = -167.08 kJ \cdot mol^{-1}$

Ag^+ 和 Cl^- 沉淀反应为

$$Ag^+(aq, \infty) + Cl^-(aq, \infty) \Longrightarrow AgCl(s)$$

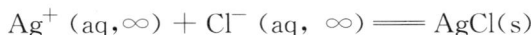

沉淀过程的标准摩尔焓变为

$$\Delta_r H_m^{\ominus} = \Delta_f H_m^{\ominus}(AgCl, s) - [\Delta_f H_m^{\ominus}(Ag^+, aq, \infty) + \Delta_f H_m^{\ominus}(Cl^-, aq, \infty)]$$
$$= [-127.07 - (105.79 - 167.08)] kJ \cdot mol^{-1}$$
$$= -65.78 kJ \cdot mol^{-1}$$

2.11　反应焓变与温度的关系

在 298.15K、标准态下进行的化学反应，其标准摩尔反应焓变 $\Delta_r H_m^{\ominus}(298.15K)$，可以通过 298.15K 时物质(不含离子)的标准摩尔生成焓 $\Delta_f H_m^{\ominus}$、标准摩尔燃烧焓 $\Delta_c H_m^{\ominus}$ 以及离子的标准摩尔生成焓 $\Delta_f H_m^{\ominus}$ 等算出。当化学反应在任意温度 $T \neq 298.15K$ 下进行时，其标准摩尔反应焓变 $\Delta_r H_m^{\ominus}(T)$ 可以用 $\Delta_r H_m^{\ominus}(298.15K)$ 为基础，通过途径设计进行计算。

2.11.1　基尔霍夫公式

对于任意温度 T、标准态下进行的化学反应，既可以一步直接完成生成产物，也可以分三步来完成反应：

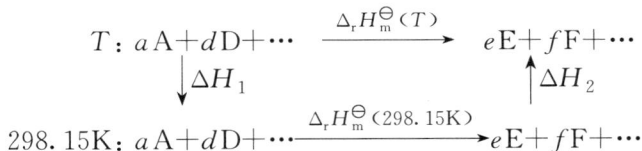

$$
\begin{array}{ccc}
T: a\mathrm{A} + d\mathrm{D} + \cdots & \xrightarrow{\Delta_r H_m^{\ominus}(T)} & e\mathrm{E} + f\mathrm{F} + \cdots \\
\Big\downarrow \Delta H_1 & & \Big\uparrow \Delta H_2 \\
298.15K: a\mathrm{A} + d\mathrm{D} + \cdots & \xrightarrow{\Delta_r H_m^{\ominus}(298.15K)} & e\mathrm{E} + f\mathrm{F} + \cdots
\end{array}
$$

由于焓是状态函数，所以一步直接完成反应时的标准摩尔反应焓变 $\Delta_r H_m^{\ominus}(T)$，与分三步完成时各步的焓变之和相等，即

$$\Delta_r H_m^{\ominus}(T) = \Delta H_1 + \Delta_r H_m^{\ominus}(298.15K) + \Delta H_2$$

第一步是将 $a\text{A} + d\text{D} + \cdots$ 的反应物在恒压的条件下，温度由 T 变化到 298.15K，其过程焓变为

$$\Delta H_1 = \int_T^{298.15K} (aC_{p,m,A} + dC_{p,m,D} + \cdots) dT$$

第二步是在 298.15K、标准态下完成化学反应，生成产物，过程的焓变为 $\Delta_r H_m^{\ominus}(298.15K)$，它可以通过物质的 $\Delta_f H_m^{\ominus}(298.15K)$ 或 $\Delta_c H_m^{\ominus}(298.15K)$ 数据，由式(2-56)或式(2-57)计算。

第三步是将生成的产物 $e\text{E} + f\text{F} + \cdots$ 在恒压的条件下，温度由 298.15K 变化到 T，其过程焓变为

$$\Delta H_2 = \int_{298.15K}^T (eC_{p,m,E} + fC_{p,m,F} + \cdots) dT$$

因此

$$\Delta_r H_m^{\ominus}(T) = \Delta_r H_m^{\ominus}(298.15K) + \int_{298.15K}^T \Delta_r C_{p,m} dT \qquad (2\text{-}58)$$

式中，$\Delta_r C_{p,m}$ 称为恒压摩尔热容差，等于产物恒压热容之和减去反应物恒压热容之和，即

$$\Delta_r C_{p,m} = (eC_{p,m,E} + fC_{p,m,F} + \cdots) - (aC_{p,m,A} + dC_{p,m,D} + \cdots)$$
$$= \sum_B \nu_B C_{p,m,B} \qquad (2\text{-}59)$$

式(2-58)两边对温度 T 求导，得

$$\Delta_r C_{p,m} = \frac{d[\Delta_r H_m^{\ominus}(T)]}{dT} \qquad (2\text{-}60)$$

式(2-58)和式(2-60)都称为基尔霍夫(Kirchhoff，1824—1887，德国化学家)公式，前者为积分式，后者为微分式。两者都表明了任意温度 T 时化学反应的标准摩尔焓变随温度 T 的变化规律。

若 $\Delta_r C_{p,m} > 0$，表明化学反应的摩尔反应焓变 $\Delta_r H_m^{\ominus}(T)$ 将随温度升高而增大；若 $\Delta_r C_{p,m} < 0$，表明化学反应的摩尔反应焓变 $\Delta_r H_m^{\ominus}(T)$ 将随温度升高而减小；若 $\Delta_r C_{p,m} = 0$，表明化学反应的摩尔反应焓变 $\Delta_r H_m^{\ominus}(T)$ 不随随温度的改变而变化。

若 $\Delta_r C_{p,m}$ 是一个与温度无关且不为零的常数，式(2-58)可以简化为

$$\Delta_r H_m^{\ominus}(T) = \Delta_r H_m^{\ominus}(298.15K) + \Delta_r C_{p,m}(T - 298.15)$$

若 $\Delta_r C_{p,m}$ 是温度的函数，如 $\Delta_r C_{p,m} = f(T)$，将这种函数关系代入式(2-58)先积分再代温度数据，便能计算出温度 T 时的标准摩尔反应焓变 $\Delta_r H_m^{\ominus}(T)$。

应用式(2-58)的条件是，在温度 298.15K 和 T 之间任何组分均不能有相变化。若有相变化，则应重新设计途径进行计算。

【例 2-13】 试求在 500K、100kPa 时，下列反应 $\Delta_r H_m^{\ominus}(500K)$、$\Delta_r U_m^{\ominus}(500K)$、$Q$ 和 W。

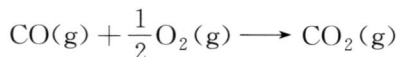

$$CO(g) + \frac{1}{2}O_2(g) \longrightarrow CO_2(g)$$

已知 CO(g) 和 CO_2(g) 的标准摩尔生成焓 $\Delta_f H_m^{\ominus}(298.15K)$ 分别为 $-110.53\text{kJ}\cdot\text{mol}^{-1}$

和—393.51kJ·mol^{-1}；在298.15～500K温度范围内，$O_2(g)$、$CO(g)$、$CO_2(g)$的平均定压摩尔热容$\overline{C}_{p,m}$分别为30.56J·mol^{-1}·K^{-1}、29.41J·mol^{-1}·K^{-1}和41.29J·mol^{-1}·K^{-1}。假设气体均为理想气体。

解 298.15K、标准态下反应的焓变为

$$\Delta_r H_m^\ominus(298.15K) = \Delta_f H_m^\ominus(CO_2,g) - \Delta_f H_m^\ominus(CO,g)$$
$$= (-393.51 + 110.53)kJ·mol^{-1}$$
$$= -282.98kJ·mol^{-1}$$

反应的平均恒压摩尔热容差为

$$\Delta_r \overline{C}_{p,m} = \overline{C}_{p,m,CO_2(g)} - \overline{C}_{p,m,CO(g)} - \frac{1}{2}\overline{C}_{p,m,O_2(g)}$$

$$= \left(41.29 - 29.41 - \frac{1}{2} \times 30.56\right)J·mol^{-1}·K^{-1} = -3.40J·mol^{-1}·K^{-1}$$

由基尔霍夫公式得500K时反应的标准摩尔反应焓变

$$\Delta_r H_m^\ominus(500K) = \Delta_r H_m^\ominus(298.15K) + \Delta_r \overline{C}_{p,m}(T - 298.15)$$
$$= [-282.98 - 3.40 \times (500 - 298.15) \times 10^{-3}]kJ·mol^{-1}$$
$$= -283.67kJ·mol^{-1}$$

根据化学反应的摩尔热力学能变化值与反应的摩尔焓变之间的关系，应用式(2-55)得

$$\Delta_r U_m^\ominus(500K) = \Delta_r H_m^\ominus(500K) - \sum_B \nu_{B(g)}RT$$
$$= \left[-283.67 - \left(1 - 1 - \frac{1}{2}\right) \times 8.314 \times 500 \times 10^{-3}\right]kJ·mol^{-1}$$
$$= -281.59kJ·mol^{-1}$$

因为反应在恒温、恒压条件下进行，所以

$$Q = Q_p = \Delta_r H_m^\ominus(500K) = -283.67kJ·mol^{-1}$$

由热力学第一定律，化学反应过程中的体积功为

$$W = \Delta_r U_m^\ominus(500K) - Q = (-281.59 + 283.67)kJ·mol^{-1} = 2.08kJ·mol^{-1}$$

可见，在非体积功为零的条件下，计算出化学反应的标准摩尔反应焓变后，应用热力学能与焓的关系式和热力学第一定律，可以计算出化学反应的热力学能变化值以及反应过程的体积功。

【例2-14】 对于反应

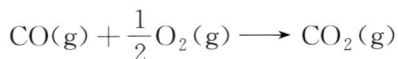

$$CO(g) + \frac{1}{2}O_2(g) \longrightarrow CO_2(g)$$

若已知$O_2(g)$、$CO(g)$、$CO_2(g)$的定压摩尔热容与温度的函数关系，即$C_{p,m} = f(T) = a + bT + cT^2$，各气体的特性常数$a$、$b$和$c$见下表。试求任意温度$T$时，反应的标准摩尔反应焓变$\Delta_r H_m^\ominus(T)$与温度$T$的关系式；并以此求出$\Delta_r H_m^\ominus(500K)$。

气体	a/J·mol^{-1}·K^{-1}	$b \times 10^3$/J·mol^{-1}·K^{-2}	$c \times 10^6$/J·mol^{-1}·K^{-3}
$O_2(g)$	28.17	6.30	—0.75
$CO(g)$	26.54	7.68	—1.17

续表

气体	$a/\text{J·mol}^{-1}·\text{K}^{-1}$	$b\times10^3/\text{J·mol}^{-1}·\text{K}^{-2}$	$c\times10^6/\text{J·mol}^{-1}·\text{K}^{-3}$
$CO_2(g)$	26.75	42.26	-14.25

解 由上例可知，298.15K、标准态下反应的焓变为

$$\Delta_r H_m^{\ominus}(298.15\text{K})=-282.98\text{kJ·mol}^{-1}$$

反应的恒压摩尔热容差与温度 T 的关系为

$$\Delta_r C_{p,m}=C_{p,m,CO_2(g)}-C_{p,m,CO(g)}-\frac{1}{2}C_{p,m,O_2(g)}$$

$$=\sum_B \nu_B a_B+\sum_B \nu_B b_B+\sum_B \nu_B c_B$$

$$=[-13.88+31.43\times10^{-3}(T/\text{K})-12.71\times10^{-6}(T/\text{K})^2]\text{J·mol}^{-1}·\text{K}^{-1}$$

任意温度 T 时化学反应的标准摩尔焓变

$$\Delta_r H_m^{\ominus}(T)=\Delta_r H_m^{\ominus}(298.15\text{K})+\int_{298.15\text{K}}^{T}\Delta_r C_{p,m}\text{d}T$$

$$=\left\{-282.98\times10^3+\int_{298.15\text{K}}^{T}[-13.88+31.43\times10^{-3}(T/\text{K})-12.71\times10^{-6}(T/\text{K})^2]\,\text{d}T\right\}\text{J·mol}^{-1}$$

$$=[-280.13\times10^3-13.88(T/\text{K})+15.72\times10^{-3}(T/\text{K})^2-4.24\times10^{-6}(T/\text{K})^3]\text{J·mol}^{-1}$$

当温度为 500K 时，有

$$\Delta_r H_m^{\ominus}(500\text{K})=-283.47\text{kJ·mol}^{-1}$$

例 2-13 和例 2-14 计算表明，用平均热容计算化学反应焓变的值和真热容计算的结果是基本一致的。因此，工程上用平均热容进行计算而避开用真热容计算时的烦琐积分，具有合理性。

2.11.2　非恒温反应

上面介绍的都是非体积功为零、标准态下进行且反应物和产物温度相同的恒温化学反应。但是，实际化工生产中情况远非如此，反应既不是在标准态下进行，又常常不是在恒温下完成等。当反应速率很快、反应过程的热量不能及时与环境进行传递，系统的温度就会发生改变，始态和终态的温度就不相同，这样的化学反应便是非恒温反应。

非恒温反应中最极端的是，反应过程中的热量与环境之间没有一点交换，这种情况称为绝热反应。例如，对于一个在恒压下进行的燃烧反应，所放出的热量没有任何损失，全部用于提升系统中各组分的温度，这是一个非体积功为零的恒压绝热过程，即 $Q_p=\Delta H=0$。恒压燃烧反应过程中所能达到的最高温度，称为最高火焰温度。

又如，在绝热容器中进行的有气体存在的放热反应，化学反应放出的热量因容器绝热而滞留在容器内部，这部分热量对系统中存在的气体加热，使得气体压力迅猛增加，当系统内的压力大到超过容器材质所能承受的最大压力时，爆炸发生。在爆炸到来的前一瞬间，容器体积不变，容器内压力最大、温度最高，且又是绝热容器。因此，这是一个非体积功为零时的恒容绝热过程，即 $Q_V=\Delta U=0$。

【例 2-15】 计算甲烷与理论量的空气在 100kPa 下完全燃烧时所能达到的最高温度（设空气中氧气和氮气的物质的量之比为 1∶4）。已知甲烷在 298.15K 时的标准摩尔燃烧焓为 -890.3kJ·mol^{-1}，在 298.15K 和 100kPa 下水的摩尔蒸发焓为 44.02kJ·mol^{-1}，$CO_2(g)$、$H_2O(g)$ 以及 $N_2(g)$ 的 $C_{p,m}$ 与温度 T 的关系依次为

$$C_{p,\mathrm{m,CO_2(g)}}=(26.75+42.26\times10^{-3}T/\mathrm{K})\mathrm{J\cdot mol^{-1}\cdot K^{-1}}$$

$$C_{p,\mathrm{m,H_2O(g)}}=(29.16+14.49\times10^{-3}T/\mathrm{K})\mathrm{J\cdot mol^{-1}\cdot K^{-1}}$$

$$C_{p,\mathrm{m,N_2(g)}}=(27.32+6.23\times10^{-3}T/\mathrm{K})\mathrm{J\cdot mol^{-1}\cdot K^{-1}}$$

解　甲烷与氧气的燃烧反应为

$$\mathrm{CH_4(g)+2O_2(g)\!=\!\!=\!\!CO_2(g)+2H_2O(l)}$$

若燃烧 1mol $\mathrm{CH_4(g)}$，理论上需要 2mol $\mathrm{O_2(g)}$，由于空气中 $\mathrm{O_2(g)}$ 和 $\mathrm{N_2(g)}$ 的物质的量之比为 1∶4，所以反应系统中带入 8mol $\mathrm{N_2(g)}$（始终不参加化学反应）。在 298.15K 时 1mol $\mathrm{CH_4(g)}$ 和 2mol $\mathrm{O_2(g)}$ 完全燃烧后生成 1mol $\mathrm{CO_2(g)}$ 和 2mol $\mathrm{H_2O(l)}$，放出的热量全部被产物和不参加反应的 $\mathrm{N_2(g)}$ 所吸收，用于液体水的汽化和混合气体的升温。因此，从燃烧开始到升高到最高温度整个过程中，是恒压绝热过程。其过程如下：

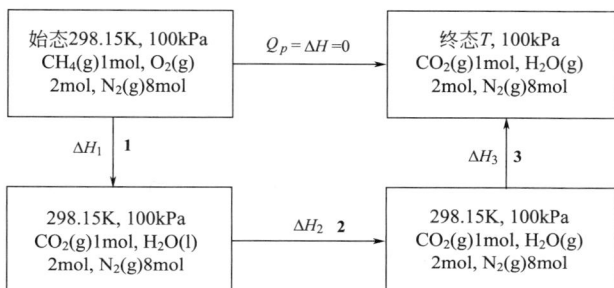

$$Q_p=\Delta H=\Delta H_1+\Delta H_2+\Delta H_3=0$$

其中，过程 1 是在 298.15K、100kPa 下时 $\mathrm{CH_4(g)}$ 完全燃烧，过程的焓变为

$$\Delta H_1=\Delta_\mathrm{r}H_\mathrm{m}=\Delta_\mathrm{c}H_{\mathrm{m,CH_4(g)}}=-890.3\mathrm{kJ\cdot mol^{-1}}$$

过程 2 是在 298.15K、100kPa 下 2mol $\mathrm{H_2O(l)}$ 汽化为 2mol $\mathrm{H_2O(g)}$，过程的焓变为

$$\Delta H_2=2\Delta_\mathrm{vap}H_{\mathrm{m,H_2O}}=88.04\mathrm{kJ\cdot mol^{-1}}$$

过程 3 是在 100kPa 下三种混合气体温度由 298.15K 升高到 T，过程的焓变为

$$\Delta H_3=\int_{298.15\mathrm{K}}^{T}\Delta_\mathrm{r}C_{p,\mathrm{m}}\mathrm{d}T$$

其中

$$\Delta_\mathrm{r}C_{p,\mathrm{m}}=C_{p,\mathrm{m,CO_2(g)}}+2C_{p,\mathrm{m,H_2O(g)}}+8C_{p,\mathrm{m,N_2(g)}}$$
$$=(303.63+121.02\times10^{-3}T/\mathrm{K})\mathrm{J\cdot mol^{-1}\cdot K^{-1}}$$

所以

$$(-890.3+88.04)\times10^{3}+\int_{298.15\mathrm{K}}^{T}(303.63+121.02\times10^{-3}T)\mathrm{d}T=0$$

即

$$60.51\times10^{-3}(T/\mathrm{K})^2+303.63T/\mathrm{K}-802.26\times10^{3}=0$$

解得

$$T=2088\mathrm{K}$$

因此，甲烷在所给条件下完全燃烧时的最高温度为 2088K。

*2.12　溶解焓与稀释焓

将溶质溶于溶剂形成溶液的过程中，以及将溶剂加入一定浓度的溶液中形成浓度更低溶液的稀释过程中，都会伴有热交换。前者称为溶解热，如 NaCl(s)溶于水要吸热、HCl(g)溶于水要放热；后者称为稀释热，如 KNO₃ 溶液稀释要吸热，H₂SO₄ 溶液稀释要放热等。在非体积功为零时进行的溶解和稀释过程，因过程的热与焓变相等，所以溶解热称为溶解焓，稀释热称为稀释焓。

2.12.1 摩尔溶解焓

摩尔溶解焓分为摩尔积分溶解焓和摩尔微分溶解焓两种。在一定的温度和压力下，在物质的量为 n_A 的溶剂 A 中，将单位物质的量的溶质 B 从开始溶解到全部溶解过程中所吸收或放出的热，称为物质 B 在溶剂 A 中的摩尔积分溶解焓，用符号 $\Delta_{sol}H_m$ 表示，单位为 kJ·mol⁻¹。摩尔积分溶解焓除了与温度 T、压力 p 有关外，还与溶液的组成有关，因溶质恒定为 1mol，因此溶液的组成只取决于溶剂 A 的物质的量 n_A 大小。例如，在 298.15K、101.325kPa 时将 1mol H₂SO₄(l)溶于物质的量不同的溶剂水中形成溶液，测得过程的摩尔积分溶解焓如表 2-3 所示。

表 2-3   298.15K、101.325kPa 时，不同溶液组成时 H₂SO₄(l) 的摩尔积分溶解焓

序号	$n_{水}$/mol	$-\Delta_{sol}H_m$/kJ·mol⁻¹	序号	$n_{水}$/mol	$-\Delta_{sol}H_m$/kJ·mol⁻¹
1	1	28.16	6	50	74.37
2	5	58.21	7	100	75.06
3	10	67.93	8	200	75.82
4	20	71.85	9	1000	79.34
5	25	73.08	10	∞	96.19

可见，摩尔积分溶解焓与溶剂水的物质的量有关，即与溶液组成相关。表中的"∞"表示溶剂水的用量非常大，形成的溶液极稀，再加入水时系统不再产生热效应。这种状态称为"无限稀释状态"，其摩尔积分溶解焓用符号"$\Delta_{sol}H_m(aq,\infty)$"表示。

另外，在一定的温度和压力下，在组成一定的溶液中加入物质的量为 dn_B 的溶质，所引起的热效应为 δQ_m 或 $d(\Delta_{sol}H_m)$，则

$$\left[\frac{\partial(\Delta_{sol}H_m)}{\partial n_B}\right]_{T,p,n_A}$$

称为摩尔微分溶解焓，单位为 kJ·mol⁻¹。这一定义也可以理解为，在一定的温度和压力下，在大量组成一定的溶液中加入单位物质的量溶质所产生的热效应。

摩尔微分溶解焓不能像摩尔积分溶解焓那样直接测定，但能通过测定摩尔积分溶解焓得到求解。具体做法为：在一定的温度和压力下，在一定量的溶剂中加入物质的量不同的溶质，测出各自的摩尔积分溶解焓 $\Delta_{sol}H_m$；然后以溶质的物质的量 n_B 为横坐标，以 $\Delta_{sol}H_m$ 为纵坐标，绘制出曲线。曲线上任一点切线的斜率为该浓度时的摩尔微分溶解焓。

2.12.2 摩尔稀释焓

与摩尔溶解焓相似，摩尔稀释焓分为摩尔积分稀释焓和摩尔微分稀释焓两种。在一定的温度和压力下，向含有单位物质的量溶质 B、组成为 $x_{B,1}$ 的溶液中添加溶剂 A，溶液稀释至组成为 $x_{B,2}$ 的过程中所吸收或放出的热，称为物质 B 自 $x_{B,1}$ 稀释到 $x_{B,2}$ 时的摩尔积分稀释焓，用符号 $\Delta_{dil}H_m$ 表示，单位为 kJ·mol⁻¹。显然，摩尔积分稀释焓与溶液开始的组成 $x_{B,1}$、终了的组成 $x_{B,2}$ 有关，它不是经实验直接测定的，而是等于溶液稀释过程的终了时摩尔积分溶解焓与开始时摩尔积分溶解焓之差，即

$$\Delta_{dil}H_m(x_{B,1} \to x_{B,2}) = \Delta_{sol}H_m(x_{B,2}) - \Delta_{sol}H_m(x_{B,1}) \tag{2-61}$$

例如，将表 2-3 中的 1 号溶液稀释为 2 号溶液，3 号溶液稀释为 6 号溶液，过程的摩尔积分稀释焓分别为：

$$\Delta_{dil}H_m(x_{B,1} \to x_{B,2}) = (-58.21 + 28.16)kJ \cdot mol^{-1} = -30.05kJ \cdot mol^{-1}$$

$$\Delta_{dil}H_m(x_{B,3} \to x_{B,6}) = (-74.37 + 67.93)kJ \cdot mol^{-1} = -6.44kJ \cdot mol^{-1}$$

可见，硫酸溶液在没有达到无限稀释状态前的稀释过程都是放热的，对不同浓度的同一种溶液进行稀释，其摩尔积分稀释焓不相等。

在一定的温度和压力下，在组成一定的溶液中加入物质的量为 dn_A 的溶剂，所引起的热效应为 δQ_m 或 $d(\Delta_{sol}H_m)$，则

$$\left[\frac{\partial(\Delta_{sol}H_m)}{\partial n_A}\right]_{T,p,n_B}$$

称为摩尔微分稀释焓，单位为 $kJ \cdot mol^{-1}$。也就是说，在一定的温度和压力下，在大量组成一定的溶液中加入单位物质的量溶剂所产生的热效应。

摩尔微分稀释焓也不能由实验直接测得，其求解过程与摩尔微分溶解焓相同。在一定的温度和压力下，在单位物质的量的溶质中加入不同物质的量的溶剂，测出各自的积分溶解焓 $\Delta_{sol}H_m$；然后以溶剂的物质的量 n_A 为横坐标、以 $\Delta_{sol}H_m$ 为纵坐标，绘制出曲线，曲线上任一点切线的斜率为该浓度时的摩尔微分稀释焓。例如，表 2-3 中的数据是 $1mol\ H_2SO_4(l)$ 溶于不同量水中时的积分溶解焓，绘制成图 2-12，得硫酸在水中的摩尔积分溶解焓与溶剂水的物质的量 n_A 的关系曲线。

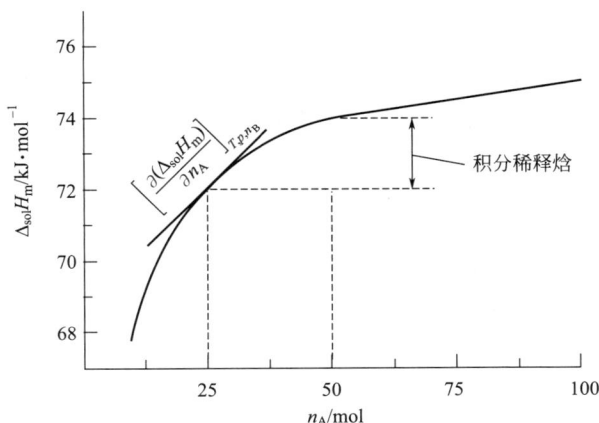

图 2-12 硫酸在水中的积分溶解焓

在一定的温度和压力条件下，摩尔积分溶解焓与溶液的浓度有关，它是溶剂（A）的物质的量 n_A 和溶质（B）的物质的量 n_B 的函数，即

$$\Delta_{sol}H_m = \Delta_{sol}H_m(n_A, n_B)$$

在恒温、恒压下，溶液浓度改变时摩尔积分溶解焓的变化可用下面的全微分表示

$$d(\Delta_{sol}H_m) = \left(\frac{\partial \Delta_{sol}H_m}{\partial n_A}\right)_{T,p,n_B} dn_A + \left(\frac{\partial \Delta_{sol}H_m}{\partial n_B}\right)_{T,p,n_A} dn_B \tag{2-62}$$

式中，$\left(\frac{\partial \Delta_{sol}H_m}{\partial n_B}\right)_{T,p,n_A}$ 称为摩尔微分溶解焓；$\left(\frac{\partial \Delta_{sol}H_m}{\partial n_A}\right)_{T,p,n_B}$ 称为摩尔微分稀释焓。

摩尔微分溶解焓和摩尔微分稀释焓很难由实验直接测定，它们可从积分溶解焓间接求得。将式(2-62)在温度、压力和溶液浓度保持不变的条件下积分，得

$$\Delta_{sol} H_m = \left(\frac{\partial \Delta_{sol} H_m}{\partial n_A}\right)_{T,p,n_B} n_A + \left(\frac{\partial \Delta_{sol} H_m}{\partial n_B}\right)_{T,p,n_A} n_B \tag{2-63}$$

上式表明，在恒温和恒压下，物质的量为 n_B 的溶质溶于物质的量为 n_A 的溶剂时的积分溶解焓 $\Delta_{sol} H_m$，等于 n_A 乘以在该浓度时的摩尔微分稀释焓和 n_B 乘以在该浓度时的摩尔微分溶解焓之和。式(2-63)还说明，若按照原来溶液中溶剂和溶质的物质的量之比(设为 n_A：n_B)，在溶液里加入物质的量为 n_A 的溶剂和物质的量为 n_B 的溶质时所产生的总的热效应(积分溶解焓 $\Delta_{sol} H_m$)，等于由 n_A 乘以在该浓度时的摩尔微分稀释焓和 n_B 乘以在该浓度时的摩尔微分溶解焓之和。

式(2-63)提供了由实验测定积分溶解焓，可以同时求解摩尔微分溶解焓和摩尔微分稀释焓的方法。由实验测定积分溶解焓 $\Delta_{sol} H_m$ 与溶剂的物质的量 n_A 的关系曲线，通过曲线上某一点作切线，其斜率便是该组成下溶液的摩尔微分稀释焓 $\left(\frac{\partial \Delta_{sol} H_m}{\partial n_A}\right)_{T,p,n_B}$，并且由该点所对应的积分溶解焓 $\Delta_{sol} H_m$ 数据，代入式(2-63)，可以求算出该点的摩尔微分溶解焓 $\left(\frac{\partial \Delta_{sol} H_m}{\partial n_B}\right)_{T,p,n_A}$。若实验测定的是积分溶解焓 $\Delta_{sol} H_m$ 与溶质的物质的量 n_B 的关系曲线，用同样的处理方法，可以先求出摩尔微分溶解焓 $\left(\frac{\partial \Delta_{sol} H_m}{\partial n_B}\right)_{T,p,n_A}$，然后计算出摩尔微分稀释焓 $\left(\frac{\partial \Delta_{sol} H_m}{\partial n_A}\right)_{T,p,n_B}$。

学习基本要求

1. 熟悉系统与环境的概念，掌握系统的分类；掌握广度性质与强度性质的区别与联系，学会对性质分类；掌握状态函数的基本特征和始态、终态原则，了解平衡态概念；掌握几种特定过程的特点；掌握热与功的概念，了解温度本质和热力学第零定律。

2. 掌握体积功的定义，熟练进行体积功的计算，掌握可逆过程的基本特征，掌握常见的可逆过程。

3. 熟悉热力学第一定律的文字叙述，掌握热力学第一定律的数学表达式，了解焦耳实验过程，掌握理想气体热力学能只与温度有关的理念。

4. 掌握焓的定义，掌握恒容热与热力学能变化量、恒压热与焓变的关系，掌握理想气体的焓只与温度有关的理念。

5. 掌握热容、摩尔热容、比热容的定义，尤其是定容摩尔热容和定压摩尔热容的定义，掌握 $C_{p,m}$ 与 $C_{V,m}$ 的关系，了解平均热容的概念。

6. 能熟练应用热力学第一定律，计算理想气体恒温、恒容、恒压和绝热等变化过程中 W、Q、ΔU 和 ΔH。

7. 了解节流膨胀的概念，掌握节流膨胀热力学和节流系数的概念，熟悉恒温下实际气体 W、Q、ΔU 和 ΔH 的计算。

8. 掌握相变与相变焓的概念，能熟练应用热力学第一定律计算相变过程的 W、Q、ΔU 和 ΔH，掌握摩尔相变焓与温度的关系。

9. 掌握化学反应计量数、反应进度、反应摩尔焓变与标准态的概念，能熟练运用物质的标准摩尔生成焓、标准摩尔燃烧焓计算化学反应的标准摩尔焓变，掌握盖斯定律、恒压摩尔热效应 $Q_{p,m}$ 与恒容摩尔热效应 $Q_{V,m}$ 的关系，了解热化学反应方程式和离子的标准摩尔生成焓概念。

10. 掌握化学反应焓变与温度关系的基尔霍夫公式，了解非恒温反应及最高火焰温度、爆炸极限温度等概念。

11. 了解摩尔溶解焓和摩尔稀释焓的概念，了解摩尔微分溶解焓和摩尔微分稀释焓的定义与计算。

习题

2-1　在 100℃、101.325kPa 时，将 1mol 的液体水蒸发为水蒸气，求过程的体积功。假设水蒸气为理想气体，气体体积远远大于液体体积。

2-2　在 298.15K 时，2mol、25dm³ 的理想气体经过下列三种过程膨胀到体积为 50dm³ 的平衡终态。试求三种过程的体积功。

(1) 恒温可逆膨胀；

(2) 向真空自由膨胀；

(3) 在恒定外压下膨胀。

2-3　求 1mol $N_2(g)$ 在 500K 恒温下从 20dm³ 可逆膨胀到 50dm³ 时的体积功 W_r。

(1) 假设 $N_2(g)$ 为理想气体；

(2) 假设 $N_2(g)$ 为范德华气体。

2-4　1mol 理想气体从 298K、100kPa 的始态，沿着 $p/V=$ 常数的途径可逆地变化到压力为 200kFa 的终态，求过程的体积功 W_r。

2-5　1mol 理想气体在恒定压力下温度升高 1K，求过程中系统与环境交换的功。

2-6　1mol 理想气体由 350K、100kPa 的始态，分别经两条不同的途径到达相同的终态。途径 a：先绝热压缩到 450K、200kPa，过程的体积功 $W_1=2.079$kJ；然后恒容冷却到压力为 100kPa 的终态，过程的热 $Q_1=-4.577$kJ。途径 b：恒压冷却过程。试求途径 b 的体积功 W_b 和热 Q_b。

2-7　2mol 理想气体分别经恒压和恒容两条途径升高温度 50℃，求两个过程所吸收热的差值。

2-8　已知 $H_2O(g)$ 的

$$C_{p,m}=\{29.16+14.49\times10^{-3}(T/K)-2.02\times10^{-6}(T/K)^2\}J\cdot mol^{-1}\cdot K^{-1}$$

试求：

(1) 25～100℃间 $H_2O(g)$ 的平均定压摩尔热容 $\overline{C}_{p,m}$；

(2) 恒压下将 5kg $H_2O(g)$ 从 25℃ 加热到 100℃ 时所需的 Q。

2-9　证明：$\left(\dfrac{\partial U}{\partial T}\right)_p=C_p-p\left(\dfrac{\partial V}{\partial T}\right)_p$，并证明对于理想气体有 $\left(\dfrac{\partial H}{\partial V}\right)_T=0$，$\left(\dfrac{\partial C_V}{\partial V}\right)_T=0$。

2-10　证明：$\left(\dfrac{\partial U}{\partial V}\right)_p=C_p\left(\dfrac{\partial T}{\partial V}\right)_p-p$，$C_p-C_V=-\left(\dfrac{\partial p}{\partial T}\right)_V\left[\left(\dfrac{\partial H}{\partial p}\right)_T-V\right]$

2-11　某理想气体 $C_{p,m}=\dfrac{7}{2}R$，今有该气体 2mol 在恒容下温度降低 10K。求过程的 W、Q、ΔU 和 ΔH。

2-12　某理想气体 $C_{V,m}=\dfrac{3}{2}R$，今有该气体 3mol 在恒压下温度升高 20K。求过程的 W、Q、ΔU 和 ΔH。

2-13　2mol 某单原子理想气体，由始态 100kPa、100dm³，先恒压冷却使体积缩小至 50dm³，再恒容加热使压力升高至 200kPa。求整个过程的 W、Q、ΔU 和 ΔH。

2-14　1mol 双原子理想气体，从始态 273K、200kPa 到终态 323K、100kPa，通过两个途径：

（1）先等压加热至 323K，再等温可逆膨胀至 100kPa；

（2）先等温可逆膨胀至 100kPa，再等压加热至 323K。

请分别计算两个途径的 Q、W、ΔU 和 ΔH，试比较两种结果有何不同。

2-15　1mol 单原子理想气体，在 298.15K 和 200kPa 压力下，分别经下列两条不同的途径到达各自平衡终态，终态的压力都为 100kPa。试求两个过程的 W、ΔU 和 ΔH。

（1）绝热可逆膨胀；

（2）绝热反抗恒外压膨胀。

2-16　单原子理想气体 A 与双原子理想气体 B 的混合物共 5mol，摩尔分数 $y_B = 0.6$，始态温度 $T_1 = 500K$，压力 $p_1 = 200kPa$。今该混合气体绝热反抗恒外压 $p = 50kPa$ 膨胀到平衡态。求末态温度 T_2 及过程的 W、ΔU 和 ΔH。

2-17　体积一定的密闭绝热容器中有一绝热隔板，隔板两侧分别为 273K、2mol 的 Ar(g) 和 373K、4mol 的 Cu(s)。现将隔板撤掉，求整个系统达到平衡时的温度及过程的 ΔH。已知 Ar(g) 和 Cu(s) 的 $C_{p,m}$ 分别是 20.786J·mol^{-1}·K^{-1} 及 24.435J·mol^{-1}·K^{-1}。

2-18　在一带活塞的绝热容器中有一绝热隔板，隔板的两侧分别为 2mol、298K 的单原子理想气体 A 及 3mol、373K 的双原子理想气体 B，两气体的压力均为 100kPa。活塞外的压力维持 100kPa 不变。今将容器内的绝热隔板撤去，使两种气体混合达到平衡态。求末态的温度 T 及过程的 Q_B、W_B、ΔU_B 和 ΔH_B。

2-19　373.15K、101.325kPa 时，将 5mol $H_2O(g)$ 全部液化为 373.15K、101.325kPa 的 $H_2O(l)$。试求过程的 Q、W、ΔU 和 ΔH。已知水的汽化热为 2259kJ·kg^{-1}。

2-20　在 101.325kPa 下，加热 1mol 25℃ 的液体苯，使之成为 100℃ 的苯蒸气。试求过程的 Q、W、ΔU 和 ΔH。已知苯在 101.325kPa 下的沸点为 80.2℃，该温度下的摩尔蒸发焓为 30.878kJ·mol^{-1}，液体苯和苯蒸气在 298.15 ~ 373.15K 之间的平均定压摩尔热容分别为 $C_{p,m,l} = 131.0$J·mol^{-1}·K^{-1} 和 $C_{p,m,g} = 101.9$J·mol^{-1}·K^{-1}。假设蒸气为理想气体。

2-21　冰在 101.325kPa 下的熔点为 0℃，此时其摩尔熔化焓 $\Delta_{fus}H_m = 6.012$kJ·mol^{-1}。现在一绝热容器中加入 50℃ 的水和 -20℃ 的冰各 1kg。试求混合平衡后系统的温度及冰、水质量。已知题中温度区间内冰与水的平均定压摩尔热容分别为 $C_{p,m,s} = 37.2$J·mol^{-1}·K^{-1} 和 $C_{p,m,l} = 75.3$J·mol^{-1}·K^{-1}。

2-22　在 101.325kPa 下，把一个极小的冰块投入 0.1kg、268.15K 的水中，结果使系统的温度变为 273.15K，并有一定数量的水凝结成冰。由于过程进行得很快，可以看作是绝热的。已知冰的融化热为 334kJ·kg^{-1}，在 268.15 ~ 273.15K 之间水的比热容为 4.183kJ·K^{-1}·kg^{-1}。

（1）写出系统物态的变化，并求出 ΔH；

（2）求析出冰的质量。

2-23　已知苯的正常沸点为 353K，此时的摩尔蒸发焓 $\Delta_{vap}H_m = 30.878$kJ·mol^{-1}。液体苯和苯蒸气在 298 ~ 353K 之间的平均定压摩尔热容分别为 $C_{p,m,l} = 131.0$J·mol^{-1}·K^{-1} 和 $C_{p,m,g} = 101.9$J·mol^{-1}·K^{-1}。试求 298K、101.325kPa 时苯的摩尔蒸发焓。

2-24　冰在 101.325kPa 下的熔点为 0℃，此时的摩尔熔化焓 $\Delta_{fus}H_m = 6.012$kJ·mol^{-1}。已知在 -10 ~ 0℃ 温度区间内冰与水的平均定压摩尔热容分别为 $C_{p,m,s} = 37.2$J·mol^{-1}·K^{-1} 和 $C_{p,m,l} = 75.3$J·mol^{-1}·K^{-1}。试求在 101.325kPa 和 -10℃ 下，过冷水结成冰的摩尔凝固焓。

2-25　应用附录中有关物质在 298.15K 的标准摩尔生成焓的数据，计算下列反应在 298.15K 时的 $\Delta_r H_m^{\ominus}$ 及 $\Delta_r U_m^{\ominus}$。

（1）$4NH_3(g) + 5O_2(g) \Longrightarrow 4NO(g) + 6H_2O(g)$

（2）$3NO_2(g) + H_2O(l) \Longrightarrow 2HNO_3(l) + NO(g)$

（3）$Fe_2O_3(s) + 3C(石墨) \Longrightarrow 2Fe(s) + 3CO(g)$

2-26　应用附录中物质在 298.15K 的标准摩尔燃烧焓数据、物质在 298.15K 的标准摩尔生成焓数据且 $\Delta_f H_m^{\ominus}(HCOOCH_3, l) = -379.07$kJ·mol^{-1}，分别计算 298.15K 时反应

$$2CH_3OH(l) + O_2(g) \Longrightarrow HCOOCH_3(l) + 2H_2O(l)$$

的标准摩尔反应焓变。

2-27 已知 $CH_3COOH(g)$、$CH_4(g)$ 和 $CO_2(g)$ 的平均恒压摩尔热容 $C_{p,m}$ 分别为 52.3J·mol^{-1}·K^{-1}、37.7J·mol^{-1}·K^{-1} 和 31.4J·mol^{-1}·K^{-1}。并应用附录中物质在 298.15K 的标准摩尔生成焓数据,计算 1000K 时下列反应的 $\Delta_r H_m^{\ominus}$。

$$CH_3COOH(g) \Longrightarrow CH_4(g) + CO_2(g)$$

2-28 对于化学反应 $CH_4(g) + H_2O(g) \Longrightarrow CO(g) + 3H_2(g)$,应用附录中物质在 298.15K 时标准摩尔生成焓数据以及恒压摩尔热容与温度的函数关系式数据,试求:

(1) 将 $\Delta_r H_m^{\ominus}(T)$ 表示成温度的函数关系式;

(2) 该反应在 1000K 时的 $\Delta_r H_m^{\ominus}$。

2-29 在 1200K、100kPa 压力下,有 1mol $CaCO_3(s)$ 完全分解为 $CaO(s)$ 和 $CO_2(g)$,吸热 180kJ。计算过程中 Q、W、ΔU 和 ΔH。设气体为理想气体。

2-30 298.15K 下,密闭恒容的容器中有 10g 固体萘 $C_{10}H_8(s)$,在过量的 $O_2(g)$ 中完全燃烧生成 CO_2 (g) 和 $H_2O(l)$,过程放热 401.727kJ。求:

(1) $C_{10}H_8(s) + 12O_2(g) \Longrightarrow 10CO_2(g) + 4H_2O(l)$ 的反应进度;

(2) $C_{10}H_8(s)$ 的 $\Delta_c H_m$。

2-31 根据下列反应在 298.15K 时的标准摩尔焓变值,计算 $AgCl(s)$ 的标准摩尔生成焓 $\Delta_f H_m^{\ominus}(AgCl, s, 298.15K)$。

(1) $Ag_2O(s) + 2HCl(g) \Longrightarrow 2AgCl(s) + H_2O(l)$ $\Delta_r H_{m,1}^{\ominus}(298.15K) = -324.9kJ·mol^{-1}$

(2) $2Ag(s) + \dfrac{1}{2}O_2(g) \Longrightarrow Ag_2O(s)$ $\Delta_r H_{m,2}^{\ominus}(298.15K) = -30.57kJ·mol^{-1}$

(3) $\dfrac{1}{2}H_2(g) + \dfrac{1}{2}Cl_2(g) \Longrightarrow HCl(g)$ $\Delta_r H_{m,3}^{\ominus}(298.15K) = -92.31kJ·mol^{-1}$

(4) $H_2(g) + \dfrac{1}{2}O_2(g) \Longrightarrow H_2O(l)$ $\Delta_r H_{m,4}^{\ominus}(298.15K) = -285.84kJ·mol^{-1}$

2-32 已知 298.15K 甲酸甲酯($HCOOCH_3$, l)的标准摩尔燃烧焓 $\Delta_c H_m^{\ominus} = -979.5kJ·mol^{-1}$,甲酸($HCOOH$, l)、甲醇($CH_3OH$, l)、水($H_2O$, l)和二氧化碳($CO_2$, g)的标准摩尔生成焓 $\Delta_f H_m^{\ominus}$ 分别为 $-424.72kJ·mol^{-1}$、$-238.66kJ·mol^{-1}$、$-285.83kJ·mol^{-1}$ 和 $-393.509kJ·mol^{-1}$。试求 298.15K 时下列反应的标准摩尔反应焓变

$$HCOOH(l) + CH_3OH(l) \Longrightarrow HCOOCH_3(l) + H_2O(l)$$

2-33 在 298.15K 及 100kPa 压力时,设环丙烷、石墨及氢气的燃烧焓 $\Delta_c H_m^{\ominus}(298.15K)$ 分别为 $-2092kJ·mol^{-1}$、$-393.8kJ·mol^{-1}$ 及 $-285.84kJ·mol^{-1}$;若已知丙烯 $C_3H_6(g)$ 的标准摩尔生成焓为 $\Delta_f H_m^{\ominus}(298.15K) = 20.50kJ·mol^{-1}$。试求:

(1) 环丙烷的标准摩尔生成焓 $\Delta_f H_m^{\ominus}(298.15K)$;

(2) 环丙烷异构化变为丙烯的摩尔反应焓变值 $\Delta_r H_m^{\ominus}(298.15K)$。

2-34 甲烷与过量 50% 的空气混合,为使恒压燃烧的最高温度能达到 2273K,问燃烧前混合气体应预热到多少摄氏度。物质的标准摩尔生成焓数据见附录,空气组成为 $y_{O_2} = 0.21$、$y_{N_2} = 0.79$。各物质的平均恒压摩尔热容 $\overline{C}_{p,m}$/J·mol^{-1}·K^{-1}:$CH_4(g)$ 为 75.31、$O_2(g)$ 为 34.37、$N_2(g)$ 为 33.47、$CO_2(g)$ 为 54.39、$H_2O(g)$ 为 41.84。

2-35 氢气与过量 50% 的空气混合物置于密闭恒容的容器中,始态温度 298.15K,压力 100kPa。将氢气点燃,反应瞬间完成后,求系统所能达到的最高温度和最大压力。空气组成为 $y_{O_2} = 0.21$、$y_{N_2} = 0.79$。水蒸气的标准摩尔生成焓见附录。各气体的平均恒容摩尔热容 $C_{V,m}$/J·mol^{-1}·K^{-1}:$O_2(g)$ 为 25.1、$N_2(g)$ 为 25.1、$H_2O(g)$ 为 37.66。假设气体为理想气体。

第3章

热力学第二定律

热力学第一定律是自然界存在的普遍规律之一，它揭示了系统在状态发生变化过程中所遵循的总能量不变原则，其正确性已被无数事实所证实。对于给定的两个状态，热力学第一定律能够给出两个状态之间变化时的能量变化值，但不能指出变化的方向和变化进行到什么程度终止。例如，对于 298.15K 下的化学反应

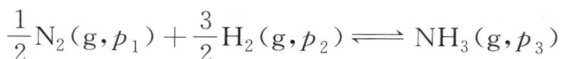

$$\frac{1}{2}N_2(g,p_1) + \frac{3}{2}H_2(g,p_2) \Longrightarrow NH_3(g,p_3)$$

热力学第一定律能够指出，若反应向正方向进行，过程的 $\Delta_r H_{m,1}^{\ominus} = -46.11 \text{kJ} \cdot \text{mol}^{-1}$；若反应向逆方向进行，过程的 $\Delta_r H_{m,2}^{\ominus} = 46.11 \text{kJ} \cdot \text{mol}^{-1}$。但是，在具体的反应条件如反应温度、各组分分压等确定后，反应究竟朝什么方向进行以及进行的最大限度等问题，热力学第一定律无法作出回答。

虽然自然界中所发生的一切变化和过程都遵守热力学第一定律，但是并不意味着不违背热力学第一定律的变化和过程都能自动发生。例如，温度不同的两个物体相互接触，高温物体自动地把热传给低温物体，直到两个物体温度相同为止；但是，它的相反过程即热是不能自动地由低温物体传给高温物体的，即使后者依然遵守热力学第一定律。因此，在判断过程的方向性和限度这两个问题上，热力学第一定律显得无能为力，只能依赖于热力学第二定律（the second law of thermodynamics）。

在热力学的发展史上，热力学第二定律的建立是与热机效率密切相关的。蒸汽机于 18世纪末被发明，经过瓦特（J. Watt，1736—1819）的改进后在工业上得到了广泛的应用，并促进了第一次工业革命的发展，追求效率高的蒸汽机是当时人们研究的热点课题。在这种大背景下，1824 年，卡诺（S. Carnot，1796—1832）发表了他一生中唯一的一篇不朽名著《关于火的动力的思考》，系统地探讨了热机工作的本质，从理论上阐明了提高热机效率的根本途径。他用错误的"热质学"论据得出了正确的卡诺定理，指出了热功转换的条件及热机效率的最高理论限度，奠定了热力学第二定律的基础。1834 年，克拉佩龙（B. P. E. Clapeyron，1799—1864）在发现并阅读卡诺著作的基础上，认识到卡诺这一工作的重要意义，发表了《关于热动力备忘录》，转述并总结了卡诺的主要工作。随后，开尔文和克劳修斯从克拉佩龙的论文得到启发，在进一步研究工作的基础上，1850 年克劳修斯在《物理学与化学年鉴》上率先发表了《论热的动力及由此推出的关于热本性的定律》一文，1851 年开尔文在《爱丁堡皇家学会会刊》发表了 3 篇题目均为《热的动力理论》的论文，各自对热力学第二定律进行了表述。

至此，热力学第二定律得到建立。

热力学第二定律以热功转换规律为依据，引出了对解决过程的方向性和限度具有普遍意义的熵函数(S)判据。在熵函数(S)判据的基础上，进一步导出了两个重要的热力学函数——亥姆霍兹函数(A)和吉布斯函数(G)，以此可以方便地判断特定条件下变化的方向和限度问题。

和热力学第一定律一样，热力学第二定律是人类长期生产和科学实践的总结，它的正确性不需要严格的数学证明。热力学第二定律对于工业生产和科学研究具有指导作用，一个经过热力学第二定律判断不可能发生的变化过程，就失去了研究和开发的意义。例如，热力学第二定律判断常温下没有环境帮助水分解为氢气和氧气是不可能的，这是不能违背的规律。热力学第二定律只解决了过程发生的可能性，但它对如何把可能性变为现实性不能给出回答，因为热力学研究中不涉及时间因素，不考虑反应速率的快慢。例如，根据热力学第二定律的观点，氢气和氧气在常温下发生反应生成水的趋势非常大，但实际上常温下把氢气和氧气放在一起，长时间不发生可觉察的反应。

3.1　热力学第二定律

3.1.1　自发过程

凡是在无需外力人为帮助的自然条件下，系统自然而然就能自动发生的过程，称为自发过程(spontaneous process)。这里的"外力人为帮助"是指环境对系统做功。自发过程总是自动地、单向地朝着平衡方向进行，其相反过程不能自动进行。

自发过程的实例很多，例如：①气体流动的方向总是自动地从高压处流向低压处，直到两处压力相等为止。其相反过程，即气体由低压处流向高压处，使高压处的压力更高、低压处的压力更低，是不可能自动发生的。②温度不同的两个物体之间的热交换，自动进行的方向是热量由高温物体传给低温物体，直到两个物体的温度相等。其相反过程，热量不可能自动地由低温物体传给高温物体。③水总是自动地从高水位处向低水位处流动，直至水位相等为止。而其相反过程，水由低处向高处自动地流，是不可能发生的。④酸碱中和反应，

$H^+ + OH^- \Longrightarrow H_2O$，直到 $\dfrac{c_{H^+}}{c^\ominus} \times \dfrac{c_{OH^-}}{c^\ominus} = 1.0 \times 10^{-14}$ 为止。它的相反过程，水不可能自动

地分解为 H^+ 和 OH^-。这些例子说明，对于不同的系统，可以利用各系统特有的某些性质上的差异，如压力差、温度差、水位差、离子积与离子积常数差等，来判断气体扩散、热量传递、水体流动及化学反应的方向和限度。这些物理量尽管很直观，但是，对于判断任意过程的方向和限度缺乏普遍性。

上述例子表明自发过程有以下共同特征。第一，自发过程都是自动地、单向地向着平衡方向进行，直到平衡为止，是热力学上的不可逆过程，这是确立热力学第二定律的基础。第二，自发过程具有对外做功的能力，只要有合适的装置就都能对外做功。气体流动只要在中间加上汽轮机就能做功；高温物体与低温物体之间安置热机后传热就可以做功；水由高处往低处流时装上水轮机便能做功；酸碱中和反应在原电池装置上进行就可以做功。

自发过程都是自动地、单向地向着平衡方向进行，其相反过程不能自动进行，并不代表在其他条件下相反过程依然不能进行。只要环境对系统做功，就可以使一个自发过程的相反过程能够进行。例如，在上面所列举自发过程的相反过程中，压缩机做功可以实现低压气体向高压气体流动；热泵做功可以把热从低温物体传给高温物体；水泵做功能够使水由低处

向高处流动；利用电解池、通过电解做功，可以将水分解成 H^+ 和 OH^-。因此，实现自发过程的相反过程进行的条件是，环境必须对系统做功。

3.1.2 热和功的转换

人们总结长期的实践经验发现，自然界的一切过程都与热和功的转换相关。进一步研究表明，功变热和热变功这两个过程并不等价。功可以全部转化为热，如钻木取火、双手相搓取暖，都是通过摩擦做功生热的实例，功完全转变成了热；但是，热不能全部转化为功，例如汽车燃烧汽油后所获得的热，一部分用于做功使得汽车运动起来，另一部分热则散发到空气中。

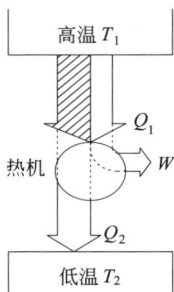

吸收热量后将其中一部分转换为机械功向外输出的原动机，称为热机(heat engine)，热机能量流向示意图见图 3-1。热机效率是指热机对外做的功 $-W(W<0)$ 与从高温热源吸收的热量 Q_1 之比，用 η 表示，即

$$\eta = \frac{-W}{Q_1} \tag{3-1}$$

若热机从高温热源吸收的热量全部用于对外做功而不向低温热源散热，此时的热机效率为 100%，相当于从单一热源吸热后全部用来对外做功，这样的热机称为第二类永动机(second kind of perpetual motion machine)。遗憾的是，实践早已证明这样的永动机虽然不违背能量守恒定律，但却永远无法制造出来，从而也说明了热不能完全转化为功。

最早的热机是 18 世纪发明的蒸汽机，但那时的热机效率太低，不足 5%。当时，工程师、科学家们对提高热机效率和效率的极限值的共同关注与倾心投入，直接导致了热力学第二定律的确立。

图 3-1 热机能量流向示意图

3.1.3 热力学第二定律的表述

事实上，自然界许许多多只能自动向单一方向进行的过程，尽管存在这样或那样的差异，但是，"不可逆性"却是各种自发过程的共性。人们在总结长期实践经验的基础上，得出了一条适用于判断任何过程方向与限度的客观规律——热力学第二定律。虽然热力学第二定律说法众多，但是各种说法之间都存在着密切的内在联系，都是等价的。这里，仅介绍最具代表性的克劳修斯说法和开尔文说法。

1850 年，克劳修斯在《论热的动力及由此推出的关于热本性的定律》一文中对热力学第二定律进行了明确的阐述，即克劳修斯说法："热不能从低温物体传给高温物体而不产生其他变化"。

克劳修斯(R. Clausius，1822—1888) 德国物理学家，热力学的奠基人之一。1822 年 1 月 2 日生于普鲁士的克斯林(今波兰科沙林)，1850 年，他对卡诺循环进行了精心的研究，得出了热力学第二定律的克劳修斯陈述。克劳修斯在科学研究方面的主要贡献是建立了热力学基础，他最先提出了熵的概念，导出了克拉佩龙-克劳修斯方程，创建了统计物理学。鉴于他在物理学等各领域中所做出的贡献和取得的成就，1865 年，他被选为法国科学院院士。克劳修斯虽然在晚年错误地提出了"热寂说"，但在他一生的大部分时间里，在科学、教育上做了大量有益的工作。特别是他奠定了热力学理论基础，他的大量学术论文和专著是人类宝贵的财富，他在科学史上的功绩是不容否定的。克劳修斯先后在柏林大学、苏黎世大学、维尔茨堡大学和波恩大学执教长达三十余年，桃李芬芳。他培养的很多学生后来都成了知名的学者，有的甚至是举世闻名的物理学家。

1851 年，开尔文在《热的动力理论》的论文中对热力学第二定律进行了表述，即开尔文说法："不可能从单一热源吸热使之全部对外做功而不产生其他变化"。

开尔文（L. Kelvin，1824—1907）　英国著名物理学家、发明家，热力学的主要奠基人之一。1824 年 6 月 26 日生于爱尔兰的贝尔法斯特，1845 年毕业于剑桥大学，1846 年受聘为格拉斯哥大学自然哲学（物理学当时的别名）教授，任职达 53 年之久。由于装设第一条大西洋海底电缆有功，英国政府于 1866 年封他为爵士，并于 1892 年晋升为开尔文勋爵，开尔文这个名字就是从此开始的。开尔文 1877 年被选为法国科学院院士，1890～1895 年任伦敦皇家学会会长，1904 年任格拉斯哥大学校长，直到 1907 年 12 月 17 日在苏格兰的内瑟霍尔逝世为止。开尔文对热力学的发展作出了一系列的重大贡献，于 1848 年创立了热力学温标，1852 年他与焦耳合作，进行了气体膨胀的多孔塞实验，发现了焦耳-汤姆孙效应。开尔文的一生是非常成功的，他可以算是世界上最伟大的科学家之一。他于 1907 年 12 月 17 日去世时，得到了几乎整个英国和全世界科学家的哀悼。他的遗体被安葬在威斯敏斯特教堂牛顿墓的旁边。

热力学第二定律的克劳修斯说法和开尔文说法的本质是完全一致的，都是指某一自发过程的逆向过程是不可能自动进行的，一旦进行必然会产生其他影响。克劳修斯说法指出的是热传导过程的不可逆性，开尔文说法讲述的是功转变为热过程的不可逆性。这两种说法是等效的，一种说法成立，另一种说法也一定成立；反之，一种说法不成立，则另一种说法必然也不能成立。下面用反证法来证明两种说法的等同性。

假设"热可以自动从低温物体传给高温物体而不产生其他变化"。如图 3-2，工作于温度为 T_1 的高温热源和温度为 T_2 的低温热源之间的热机，从高温热源吸热 Q_1（$Q_1 > 0$）后，一部分用于对外做功，其数值大小为 $|W|$（$W < 0$），另一部分热量传给低温热源，其数值为 $|Q_2|$（$Q_2 < 0$）。若热量 $|Q_2|$ 能够从温度为 T_2 的低温热源自动地传给温度为 T_1 的高温热源，则在完成一个循环后，对于低温热源而言，得到与失去的热量相等。对于高温热源，其获得热量的值为 $(Q_1 - |Q_2|)$ 或 $(Q_1 + Q_2)$。相当于热机从单一的高温热源吸收了 $(Q_1 - |Q_2|)$ 的热量，全部用于对外做功而没有引起其他变化，这显然违背了开尔文说法。同样可以证明，若开尔文说法不成立，则克劳修斯说法也不成立（请读者自己证明）。

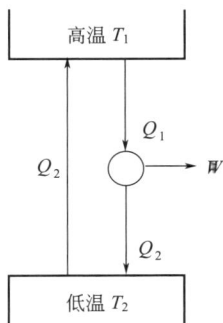

图 3-2　热力学第二定律两种说法的等效性

开尔文说法是用热功转换关系来表述热力学第二定律的，因此，开尔文说法也可以表达为："第二类永动机是不可能制造成功的"。

3.2　卡诺循环与卡诺定理

3.2.1　卡诺循环

19 世纪初，蒸汽机在采矿、冶炼、纺织、机器制造和交通运输等行业发挥的作用越来越重要，但是，有关控制蒸汽机把热转变为机械功的各种因素的理论尚未形成。1824 年，法国青年军事工程师卡诺在《关于火的动力的思考》一文中总结了他早期的研究成果，他在加热器和冷凝器之间构造了一个理想循环：①将盛有工作介质（简称工质，水蒸气）的汽缸与加热器相连，汽缸内的蒸汽异常缓慢地膨胀，以至于整个过程蒸汽与加热器的温度始终相同。

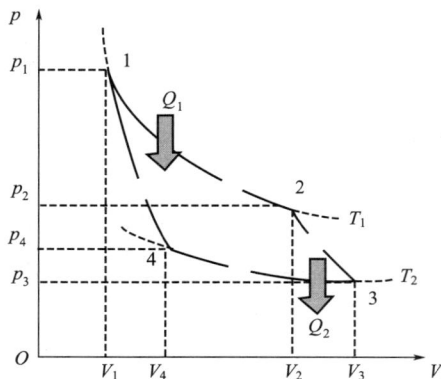

图 3-3　卡诺循环示意图

②然后，将汽缸与加热器隔绝，蒸汽绝热缓慢膨胀、温度降到与冷凝器的温度相同。③保持在冷凝器的温度下用活塞缓慢压缩蒸汽，直到汽缸与冷凝器脱离为止。④最后蒸汽作绝热压缩，回复到原来的状态。这是由两个等温可逆过程和两个绝热可逆过程构成的循环，称为"卡诺循环"（Carnot cycle），而按卡诺循环工作的热机称为卡诺热机。

卡诺循环是热力学的基本循环，它是将物质的量为 n 的工作介质视为理想气体，放在带有无摩擦、无重量的活塞的汽缸中，然后使其在高温热源 T_1 和低温热源 T_2 之间，经由恒温可逆膨胀、绝热可逆膨胀、恒温可逆压缩和绝热可逆压缩四步，组合起来的简单循环过程，如图 3-3 所示。

恒温可逆膨胀（1→2）

汽缸中物质的量为 n 的理想气体与温度为 T_1 的高温热源相接触，作恒温可逆膨胀，从状态 $1(p_1,V_1,T_1)$ 变到状态 $2(p_2,V_2,T_1)$，该过程从高温热源 T_1 吸热 Q_1，对外做功 $-W_1$。因为理想气体的热力学能只与温度有关，所以

$$\Delta U_1 = 0$$

则

$$Q_1 = -W_1 = nRT_1\ln\frac{V_2}{V_1} \tag{a}$$

绝热可逆膨胀（2→3）

物质的量为 n 的理想气体从状态 $2(p_2,V_2,T_1)$ 经绝热可逆膨胀到状态 $3(p_3,V_3,T_2)$，由于过程绝热 $Q=0$，故

$$\Delta U_2 = W_2 = nC_{V,m}(T_2-T_1) \tag{b}$$

系统对外做功要消耗热力学能，所以系统的温度由 T_1 下降为 T_2。

恒温可逆压缩（3→4）

物质的量为 n、温度降为 T_2 的理想气体与温度为 T_2 的低温热源接触，系统从状态 $3(p_3,V_3,T_2)$ 恒温可逆压缩到状态 $4(p_4,V_4,T_2)$，系统得到功 W_3 的同时向低温热源放 热 $-Q_2$。因为

$$\Delta U_3 = 0$$

所以

$$Q_2 = -W_3 = nRT_2\ln\frac{V_4}{V_3} \tag{c}$$

绝热可逆压缩（4→1）

物质的量为 n 的理想气体由状态 $4(p_4,V_4,T_2)$ 经绝热可逆压缩，回复到原来的状态 $1(p_1,V_1,T_1)$，由于绝热过程 $Q=0$，所以

$$\Delta U_4 = W_4 = nC_{V,m}(T_1-T_2) \tag{d}$$

环境对系统做功，增加系统的热力学能，因此系统的温度由 T_2 升高到 T_1。

以上四步可逆过程构成一个可逆循环。循环一周系统回到原来的状态，根据热力学第一

定律，总热在数值上应等于总功，即

$$Q = Q_1 + Q_2 = -W = -(W_1 + W_2 + W_3 + W_4)$$

把式(a)~式(d)代入上式得

$$-W = -(W_1 + W_2 + W_3 + W_4) = -(W_1 + W_3)$$

$$= nRT_1 \ln \frac{V_2}{V_1} + nRT_2 \ln \frac{V_4}{V_3} \qquad (e)$$

过程 2 和过程 4 均为理想气体绝热可逆过程，遵循绝热可逆过程方程式，即

$$T_1 V_2^{\gamma-1} = T_2 V_3^{\gamma-1}$$

$$T_1 V_1^{\gamma-1} = T_2 V_4^{\gamma-1}$$

两式相除，得

$$\frac{V_2}{V_1} = \frac{V_3}{V_4}$$

将上式代入式(e)得

$$-W = nR(T_1 - T_2) \ln \frac{V_2}{V_1}$$

热机从高温热源 T_1 吸热 Q_1，将其中一部分热用于对外做功 $-W$，而另一部分热量 $-Q_2$ 则传给低温热源 T_2。根据热机效率的定义，卡诺热机的效率为

$$\eta = \frac{-W}{Q_1} = \frac{Q_1 + Q_2}{Q_1} = \frac{nR(T_1 - T_2) \ln(V_2/V_1)}{nRT_1 \ln(V_2/V_1)}$$

整理，得

$$\eta = \frac{-W}{Q_1} = \frac{Q_1 + Q_2}{Q_1} = \frac{T_1 - T_2}{T_1} = 1 - \frac{T_2}{T_1} \qquad (3-2)$$

上式表明：

① 卡诺热机的效率 η 只与两个热源的热力学温度有关。提高高温热源的温度 T_1 和降低低温热源的温度 T_2，是提高热机效率的两个方向。由于低温热源往往是周围环境(如大气或冷却水)，降低环境温度难度大、成本高，既不现实也不经济，是不足取的方法。因此，提高高温热源温度 T_1 是提高热机效率的最佳方法。现代热电厂尽量提高水蒸气的温度，采用过热水蒸气推动汽轮机以获得尽可能高的热机效率，正是基于这一原理。

② 因为既不能获得 $T_1 \to \infty$ 的高温热源，也不能有 $T_2 = 0\text{K}(-273.15℃)$ 的低温热源，所以，可逆循环的热机效率必然小于 1。这充分说明了热力学第二定律开尔文说法的正确性，即"第二类永动机是不可能制造成功的"。

③ 热不仅有量的多少，还有质的高低。因为低温热源 T_2 相同时，高温热源 T_1 越高，热机效率就越大。也就是说，处于相同环境温度 T_2 下的热机，从不同高温热源获得相同的热量后，T_1 越高，热机对外做功就越多。可见，温度越高的热，其"品质"越高。

④ 由式(3-2)得

$$1 + \frac{Q_2}{Q_1} = 1 - \frac{T_2}{T_1}$$

所以

$$\frac{Q_1}{T_1} + \frac{Q_2}{T_2} = 0 \qquad (3-3)$$

式中，$\dfrac{Q_1}{T_1}$、$\dfrac{Q_2}{T_2}$ 称为热温商，即卡诺循环中，可逆热温商之和为零，这是卡诺循环最重要的结论，是后面导出熵函数的理论依据。

3.2.2 卡诺定理

提高热机效率是人们一直致力于的工作，但热机效率究竟可以达到多少？卡诺回答了这一问题，他认为："一切工作在两个不同温度热源之间的热机，以可逆热机的效率为最高"，这就是卡诺定理。虽然卡诺定理的发表比热力学第二定律的建立早了二十多年，但是，要证明其正确性却要用到热力学第二定律。

设在温度为 T_1 的高温热源和温度为 T_2 的低温热源之间，有任意热机 i 和可逆热机 r（卡诺热机）各一台，见图 3-4。假设任意热机的热机效率大于可逆热机效率，即

$$\eta_i > \eta_r$$

若两个热机从高温热源吸收相同的热 Q_1 分别对外做功，见图 3-4(a)。因为

$$\frac{-W_i}{Q_1} = \eta_i > \eta_r = \frac{-W_r}{Q_1}$$

即

$$-W_i > -W_r$$

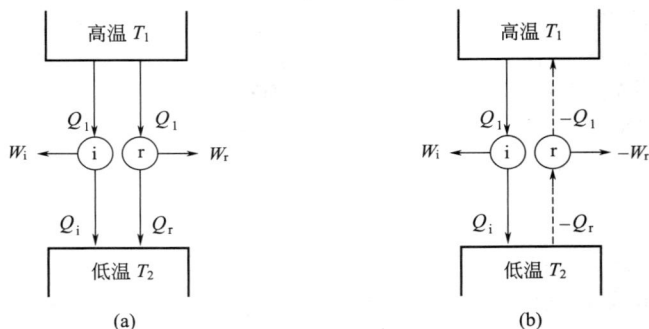

图 3-4　卡诺定理证明

式中，$-W_i$、$-W_r$ 分别代表任意热机和可逆热机对外做的功的数值，即任意热机对环境做功比可逆热机大。

因为

$$-Q_i = Q_1 + W_i$$
$$-Q_r = Q_1 + W_r$$

所以

$$-Q_i < -Q_r$$

因此，任意热机向低温热源 T_2 所传递的热 $-Q_i$ 小于可逆热机向低温热源 T_2 传递的热 $-Q_r$。

现将可逆热机逆向运行，即从低温热源 T_2 吸热 $-Q_r$，从环境得到功 $-W_r$，然后向高温热源传递热量 Q_1，见图 3-4(b)。当将任意热机 i 与该可逆热机联合工作一个循环后，总的结果是：高温热源 T_1 先失去热量 Q_1 给任意热机，后来从可逆热机得到热量 Q_1，热量总体上是不得不失，热源复原。低温热源 T_2 先从任意热机得到热量 $-Q_i$，然后被可逆热机取走热量 $-Q_r$。因 $-Q_i < -Q_r$，即 $-Q_i + Q_r < 0$，故低温热源 T_2 热量总体上是得少失多，失去的这部分热量，全部转化成了任意热机和可逆热机做功的总和（$-W_i + W_r$）。因为

$-W_i + W_r > 0$，这意味着从单一热源 T_2 吸热可以用来全部对外做功而不产生其他变化，这显然违背了热力学第二定律开尔文说法。所以前面的假设 $\eta_i > \eta_r$ 是错误的，只能有

$$\eta_i \leqslant \eta_r$$

这是用热力学第二定律证明卡诺定理的过程。当 $\eta_i < \eta_r$ 时，说明任意热机 i 为不可逆热机；当 $\eta_i = \eta_r$ 时，此时的任意热机便是可逆热机。

除了用热力学第二定律证明卡诺定理外，实际上在前面以理想气体为工作介质导出卡诺热机效率时，已很好地说明了卡诺定理的正确性。卡诺循环每一步都是可逆过程，其中两个绝热可逆过程的功在数值上相等、符号上相反，两者之和为零。另两个是恒温可逆过程，其一是理想气体的恒温可逆膨胀过程，热机对外做功最大；其二是恒温可逆压缩过程，环境对系统(热机)做功最小。所以，经过一个卡诺循环过程后的结果是，热机以最大极限水准对外界提供了最大的功，因此其热机效率最大。

从卡诺定理不难发现，"在两个不同温度热源之间工作的所有可逆热机，其热机效率都相等，且与工作介质、变化过程的形式和种类无关"，这是卡诺定理推论。也就是说，不管工作介质是理想气体还是实际气体或液体，也不管进行的是可逆的 pVT 变化还是可逆的相变化或化学反应，只要两个热源的温度确定，则可逆热机效率都相等。

卡诺 (Carnot, 1796—1832)　1796 年 6 月 1 日生于巴黎。他的父亲拉查雷·卡诺是法国有名的将军、政治活动家，并在数学、物理方面有很高的造诣。卡诺自幼受父亲的熏陶进步非常快。1812 年，16 岁的卡诺考了法国著名的巴黎理工学校，1814 年 10 月，以班上第六名的成绩获得理工学校的毕业文凭。接着，他到梅斯工兵学校学习了两年军事工程。1820 年，卡诺先后在巴黎大学、法兰西学院、矿业学院和巴黎国立工艺博物馆学习物理学、数学和政治经济学。1824 年，28 岁的卡诺发表了《关于火的动力的思考》一文，阐述了他的理想热机理论并提出了著名的卡诺定理。他最先提出了热功当量的概念，他的一些研究发现奠定了热力学的理论基础。1832 年 6 月，卡诺不幸得了猩红热，接着又患脑膜炎，最后又染上了流行性霍乱。在这些严重疾病的袭击下，他于同年 8 月 24 日逝世，终年仅 36 岁。

3.3　熵与克劳修斯不等式

卡诺循环不仅解决了热功转换的极限问题，更为重要的是，由卡诺循环得出的可逆过程的热温商之和为零，这一结论是导出热力学中极其重要的状态函数——熵的理论依据，从而为过程的方向与限度判断找到了共同的判据。

3.3.1　熵的导出与定义

在前面讨论卡诺循环热机效率时，我们得到了一个重要结论，即

$$\frac{Q_1}{T_1} + \frac{Q_2}{T_2} = 0$$

若是一个无限微小的卡诺循环，工作介质从高温热源吸收或给低温热源释放的是微量热量 δQ，则

$$\frac{\delta Q_1}{T_1} + \frac{\delta Q_2}{T_2} = 0$$

可见，任意卡诺循环的热温商之和为零。将这一结果应用于任意可逆循环的热温商研究，以期得出相同的结论。

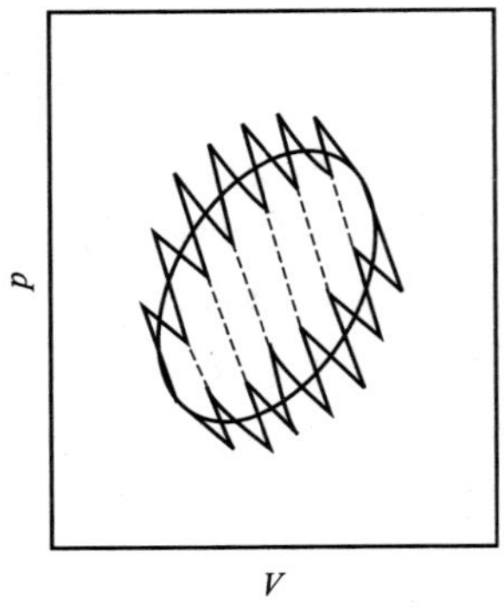

图 3-5 任意可逆循环

对于任意一个可逆循环，如图 3-5 中所示。在这个循环中，引入若干彼此排列极为接近的恒温线（以实线表示）和绝热线（以虚线表示），把整个封闭曲线分割成许多个由两条恒温可逆线和两条绝热可逆线构成的小卡诺循环的集合体。图中任何一段绝热可逆线（图中虚线部分）可以认为是不存在的，它是前一个小卡诺循环的绝热可逆膨胀线和后一个小卡诺循环的绝热可逆压缩线的部分重叠区域，因此在每一条绝热线上，过程都要沿正、反方向各进行一次以完成膨胀和压缩，重叠部分过程的体积功恰好互相抵消，使得这些小卡诺循环的总和形成了一个沿着原先任意可逆循环曲线的封闭折线。当小卡诺循环分割得无限小时，折线就与原先任意可逆循环的曲线完全重叠。于是，就可以用无限多个无限小的卡诺循环之和来代替任意一个可逆循环。

对于每个无限小的卡诺循环来说，它们的可逆热温商之和为零，即

$$\frac{\delta Q_1}{T_1} + \frac{\delta Q_2}{T_2} = 0$$

$$\frac{\delta Q'_1}{T'_1} + \frac{\delta Q'_2}{T'_2} = 0$$

$$\vdots \qquad \vdots \qquad \vdots$$

式中，T_1、T_2、T'_1、T'_2、… 为各小卡诺循环的热源温度。上述各式相加，得

$$\frac{\delta Q_1}{T_1} + \frac{\delta Q_2}{T_2} + \frac{\delta Q'_1}{T'_1} + \frac{\delta Q'_2}{T'_2} + \cdots = 0$$

即

$$\sum \frac{\delta Q_r}{T} = 0 \tag{3-4}$$

式中，δQ_r 代表各小卡诺循环中系统与温度为 T 的热源所交换的微量可逆热，因为过程是可逆的，所以 T 也是系统温度。在极限条件下，式（3-4）可以写为

$$\oint \frac{\delta Q_r}{T} = 0 \tag{3-5}$$

上式表示，任意可逆循环的可逆热温商 $\frac{\delta Q_r}{T}$ 沿封闭曲线的环程积分为零。

现在考察可逆过程中的热温商。如图 3-6 所示，以一个封闭曲线代表任意的可逆循环，在曲线上任意选取两点 1 和 2，把可逆循环分为可逆过程 a（1→2）和可逆过程 b（2→1）。将式（3-5）中的环程积分拆成两项，即

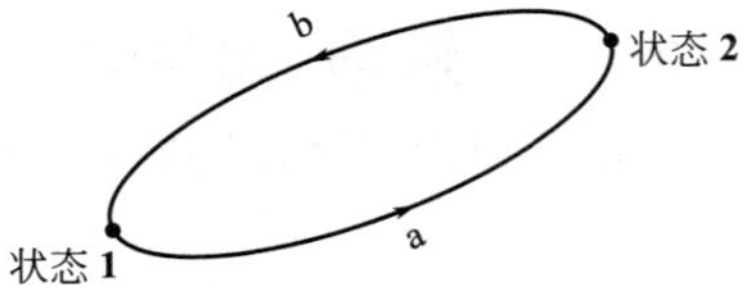

图 3-6 可逆循环过程

$$\int_1^2 \frac{\delta Q_{r,a}}{T} + \int_2^1 \frac{\delta Q_{r,b}}{T} = 0$$

移项后得

$$\int_1^2 \frac{\delta Q_{r,a}}{T} = -\int_2^1 \frac{\delta Q_{r,b}}{T}$$

即

$$\int_1^2 \frac{\delta Q_{r,a}}{T} = \int_1^2 \frac{\delta Q_{r,b}}{T}$$

这表明，从状态 1 到状态 2 经过两个不同的可逆过程，这两个可逆过程的热温商之和相等。由于所选的可逆过程是任意的，因此从状态 1 至状态 2 的其他任何可逆过程也可以得到同样的结论。所以，$\int_1^2 \frac{\delta Q_r}{T}$ 的值仅取决于系统的始态 1 和终态 2，而与始态 1 和终态 2 间具体的可逆途径无关。

按积分定理，若沿闭合曲线的环程积分等于零，则被积变量——可逆过程的热温商 $\frac{\delta Q_r}{T}$ 应是系统某一状态函数的全微分，该变量的积分值应为这一函数的变化值，它只取决于系统的始态、终态，而与变化的具体途径无关，这就反映了系统中存在着某一个状态函数。

克劳修斯将这个状态函数定义为熵（entropy），用符号 S 表示，即

$$dS = \frac{\delta Q_r}{T} \tag{3-6}$$

上式表明，系统发生微小变化时的熵变，等于可逆过程的微量热与温度的比值。这里定义的是熵的变化值，而非熵本身的值，关注的是变化过程前后熵的变化量。熵的单位为 $J \cdot K^{-1}$。

若系统从始态 1 变化到终态 2 时，其熵变为

$$\Delta S = S_2 - S_1 = \int_1^2 \frac{\delta Q_r}{T} \tag{3-7}$$

熵是广度性质，是状态函数，当始态和终态确定后，过程的熵变就有确定的值，其值可以通过可逆过程的热温商求出。即便是不可逆过程，只要给定始态和终态，其熵变也有定值，但是这时实际过程的热温商不能用作熵变计算，需要在始态和终态之间设计可逆途径，方可求解熵变，这一点尤其值得倍加重视。显然，对于绝热可逆过程，因为 $\delta Q_r = 0$，所以熵变为零，故绝热可逆过程又称为恒熵过程。

3.3.2　克劳修斯不等式

工作在温度为 T_1 的高温热源和温度为 T_2 的低温热源之间的任意不可逆热机 ir，从高温热源吸热 Q_1、给低温热源放热 $-Q_2$，其热机效率为

$$\eta_{ir} = \frac{Q_1 + Q_2}{Q_1} = 1 + \frac{Q_2}{Q_1}$$

若 T_1 和 T_2 两个热源之间还有一台可逆热机 r 在工作，其热机效率为

$$\eta_r = \frac{T_1 - T_2}{T_1} = 1 - \frac{T_2}{T_1}$$

根据卡诺定理，不可逆热机与可逆热机的热机效率关系为

$$\eta_{ir} < \eta_r$$

则

$$1 + \frac{Q_2}{Q_1} < 1 - \frac{T_2}{T_1}$$

即

$$\frac{Q_1}{T_1} + \frac{Q_2}{T_2} < 0$$

当任意不可逆热机完成一个微小的不可逆循环时，有

$$\frac{\delta Q_1}{T_1} + \frac{\delta Q_2}{T_2} < 0$$

上式表明，任意不可逆热机在完成一个微小的不可逆循环后，其热温商之和小于零。

用导出 $\oint \frac{\delta Q_r}{T} = 0$ 同样的方法，将任意一个不可逆循环用无数多个微小的不可逆循环分割替换，可以得到

$$\oint \frac{\delta Q_{ir}}{T} < 0 \qquad (3-8)$$

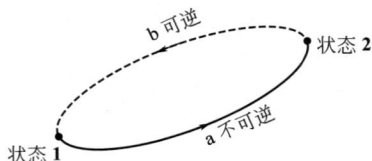

现有一个不可逆循环，由从状态1到状态2的不可逆途径 a 和从状态2到状态1的可逆途径 b 构成，见图3-7。对这一不可逆循环应用式(3-8)，得

$$\int_1^2 \frac{\delta Q_{ir}}{T} + \int_2^1 \frac{\delta Q_r}{T} < 0$$

图 3-7　不可逆循环过程

对于可逆途径 b，有

$$\int_2^1 \frac{\delta Q_r}{T} = -\int_1^2 \frac{\delta Q_r}{T}$$

所以

$$\Delta S = \int_1^2 \frac{\delta Q_r}{T} > \int_1^2 \frac{\delta Q_{ir}}{T}$$

即不可逆过程的热温商小于熵变。

因此，对于任意一个过程，不管是可逆还是不可逆，必有

$$\Delta S \geqslant \int_1^2 \frac{\delta Q}{T} \quad (\text{">" 为 "不可逆"，"=" 为 "可逆"}) \qquad (3-9)$$

对于微小过程，则

$$dS \geqslant \frac{\delta Q}{T} \quad (\text{">" 为 "不可逆"，"=" 为 "可逆"}) \qquad (3-10)$$

式(3-9)和式(3-10)都是克劳修斯不等式，又称为热力学第二定律的数学表达式。式中 δQ 是实际发生过程系统与环境所交换的热，T 是环境温度，而可逆过程中的环境温度等于系统温度。

利用克劳修斯不等式可以判断过程的可逆性：若过程的热温商小于熵变，则该过程不可逆；若过程的热温商等于熵变，则该过程可逆。

3.3.3　熵增原理

若系统发生的是绝热变化过程，即 $\delta Q = 0$，依据克劳修斯不等式，有

$$\Delta S \geqslant 0 \quad (\text{">" 为 "不可逆"，"=" 为 "可逆"}) \qquad (3-11)$$

或

$$dS \geqslant 0 \quad (\text{">" 为 "不可逆"，"=" 为 "可逆"}) \qquad (3-12)$$

式(3-11)和式(3-12)表明，在绝热可逆过程中，系统的熵不变；在绝热不可逆过程中，系统的熵增加。即绝热不可逆过程向着熵增加的方向进行，当达到平衡时，系统熵值达到最大，熵的变化和最大值指明了过程进行的方向和限度。因此，绝热过程中熵值永不减少，或者说，绝热条件下朝着平衡方向进行的过程总是使系统的熵增加，这就是熵增原理(principle of entropy increasing)。

隔离系统自然是绝热的，故

$$\Delta S_{\text{iso}} \geqslant 0 \quad (\text{">" 为 "不可逆"，"=" 为 "可逆"}) \tag{3-13}$$

或

$$\mathrm{d}S_{\text{iso}} \geqslant 0 \quad (\text{">" 为 "不可逆"，"=" 为 "可逆"}) \tag{3-14}$$

即隔离系统的熵不可能减少，这是熵增原理的另一种说法。

不可逆过程可以是自发过程，也可以是非自发过程。在绝热的封闭系统中，系统与环境虽没有热的交换，但可以通过功的形式交换能量，若绝热封闭系统中环境对系统做功，尽管系统熵增加，但仍是非自发过程。对于隔离系统，由于它与环境没有能量交换，因此，其内部若发生不可逆过程，必定是自发过程，且自发过程的方向与不可逆过程的方向一致；而其内部若发生的是可逆过程，则是系统处于平衡状态。所以有

$$\Delta S_{\text{iso}} \geqslant 0 \quad (\text{">" 为 "自发"，"=" 为 "平衡"}) \tag{3-15}$$

或

$$\mathrm{d}S_{\text{iso}} \geqslant 0 \quad (\text{">" 为 "自发"，"=" 为 "平衡"}) \tag{3-16}$$

式(3-13)～式(3-16)是利用隔离系统的熵变来判断过程的方向与限度，所以常称为熵判据。

通常，系统与环境之间并不绝热，这时可以将原先划分的系统(sys)和环境(amb)合起来作为一个整体，假想成一个新的隔离系统，通过计算这个隔离系统的熵变，再应用式(3-13)～式(3-16)，判断过程的方向与限度。假想的隔离系统熵变为

$$\Delta S_{\text{iso}} = \Delta S_{\text{sys}} + \Delta S_{\text{amb}} \tag{3-17}$$

或

$$\mathrm{d}S_{\text{iso}} = \mathrm{d}S_{\text{sys}} + \mathrm{d}S_{\text{amb}} \tag{3-18}$$

式中的 $\mathrm{d}S_{\text{sys}}$（或 ΔS_{sys}）是原先所划分系统的熵变，等于可逆热温商，应按式(3-6)和式(3-7)进行计算，即

$$\mathrm{d}S_{\text{sys}} = \frac{\delta Q_{\text{r}}}{T} \quad \text{或} \quad \Delta S_{\text{sys}} = \int_1^2 \frac{\delta Q_{\text{r}}}{T}$$

而 $\mathrm{d}S_{\text{amb}}$（或 ΔS_{amb}）是原先所划分环境的熵变，它的计算依赖于实际发生过程中原先系统与环境交换的热 δQ_{sys}（或 Q_{sys}），因为 $\delta Q_{\text{amb}} = -\delta Q_{\text{sys}}$（或 $Q_{\text{amb}} = -Q_{\text{sys}}$），所以

$$\mathrm{d}S_{\text{amb}} = \frac{\delta Q_{\text{amb}}}{T_{\text{amb}}} = -\frac{\delta Q_{\text{sys}}}{T_{\text{amb}}} \tag{3-19}$$

或

$$\Delta S_{\text{amb}} = \frac{Q_{\text{amb}}}{T_{\text{amb}}} = -\frac{Q_{\text{sys}}}{T_{\text{amb}}} \tag{3-20}$$

3.3.4　熵的物理意义

根据热力学第二定律，熵是描述自然界一切自发过程都具有不可逆性特征的宏观物理量，隔离系统的熵值增加，过程自发进行。以热传递过程为例，热量只能自发地从高温物体传向低温物体，而不能自发地从低温物体传向高温物体。热量 Q（$Q > 0$）从温度为 T_1 的高温物体传递到温度为 T_2 的低温物体的过程中，高温物体失去热量，熵变为 $\Delta S_1 = -\dfrac{Q}{T_1}$，低温物体得到热量，熵变为 $\Delta S_2 = \dfrac{Q}{T_2}$，隔离系统总熵变为

$$\Delta S_{\text{iso}} = \Delta S_1 + \Delta S_2 = -\frac{Q}{T_1} + \frac{Q}{T_2}$$

因为 $T_1 > T_2$，所以隔离系统总熵变 $\Delta S_{\text{iso}} > 0$，这表明，在热量从高温物体自发地传给低

温物体的过程中系统的熵增加了。

熵还标志着热功转换的不可逆性和限度。热是因系统与环境之间存在温度差而交换的能量，温度是分子热运动剧烈程度的量度，因此，热是系统内部分子做无序运动时与环境交换能量的方式。而功是系统内部气体在膨胀或压缩时，分子做定向运动（有序运动）时与环境交换能量的形式。在无外界作用的情况下，一切有序的运动会自动地变成无序的运动，而无序的运动则不会自动地变成有序的运动。功转变为热的过程，从微观上讲是分子做有序定向运动的能量向做无序热运动的能量转化，这种熵增的过程是没有限制的；反之，单纯热转化为功的过程是熵减过程，不可能简单发生。热机工作时，高温热源放热并对外做功（有序运动），混乱度减小，同时必须有一低温热源吸收热量，其混乱度增加，且所增加的部分必须超过所减小的部分。所以，在隔离系统中一切自发过程都是向着混乱度增加的方向进行，而达到完全混乱的状态时，也就是平衡态，即为过程的最大限度。

从微观上说，熵是组成系统的大量微观粒子无序度的量度，系统越无序、越混乱，熵就越大，热力学过程不可逆性的微观本质和统计意义就是系统从有序趋于无序，从概率较小趋于概率较大的状态，热力学第二定律体现的就是这个特征。统计热力学中的玻尔兹曼熵定理为

$$S = k\ln\Omega \qquad\qquad (3\text{-}21)$$

式中，k 为玻尔兹曼常数；Ω 为系统的总微态数，也称为系统总的热力学概率。玻尔兹曼关系式是联系系统宏观物理量熵 S 和微观量概率 Ω 的桥梁，奠定了统计热力学的基础。

玻尔兹曼（L. Boltzmann, 1844—1906）　奥地利物理学家，他为现代统计物理理论做了奠基性的工作。玻尔兹曼 1844 年 2 月 20 日生于维也纳，青少年时代的玻尔兹曼聪明伶俐、志趣广泛，学习成绩始终在班上名列前茅，1866 年在维也纳大学获得博士学位。享有奥地利和德国几所大学的数学、实验物理学和理论物理学的教授职位。他把统计学的思想引入分子运动论，玻尔兹曼熵定理把宏观性质熵与微观性质热力学概率联系在一起，并对热力学第二定律进行了微观解释，奠定了统计热力学领域的基础。最后因疾病和沮丧使玻尔兹曼于 1906 年结束了自己的生命，他的墓志铭是伟大的公式：$S = k\ln\Omega$。

3.4 熵变的计算

定量地计算出系统的熵变和环境的熵变，可以利用熵判据判断一个具体过程的方向与限度。熵变的计算必须注意两个基本点：一是要用可逆过程的热来计算系统的熵变；二是要灵活运用熵是状态函数的特点。熵变的计算主要对单纯 pVT 变化过程、相变过程和化学反应三种情况进行讨论，本节介绍前两种过程中熵变的计算。

一般情况下，不作特殊说明时，直接用 ΔS 表示系统熵变，而不另外加注脚标；有时，要同时讨论原先所划分系统的熵变、环境的熵变和假设的隔离系统的熵变，这时分别用 ΔS_{sys}、ΔS_{amb} 和 ΔS_{iso} 区别表示。

3.4.1 单纯 pVT 变化过程的熵变

单纯的 pVT 变化是指在没有相变和化学反应存在的情况下，系统 p、V、T 三个参数之间的改变。在理想气体和凝聚态物质进行 pVT 变化时，因凝聚态物质变化过程中熵变的计

算比较简单,可以借助理想气体熵变计算公式,故下面将重点介绍理想气体 pVT 变化过程熵变的计算方法。理想气体 pVT 变化又可以分为恒温膨胀和压缩过程、恒容变温过程、恒压变温过程、pVT 同时变化过程和理想气体混合过程等,现对各过程熵变的计算一一加以探讨。

(1) 理想气体恒温变化的 $\Delta_T S$

理想气体恒温变化常见的有恒温可逆过程、恒温恒外压过程和恒温真空膨胀过程三种。后两种是不可逆过程,其过程的热不能用来计算系统的熵变值。若三种途径的始态、终态相同,则第一种恒温可逆过程就是后两种不可逆过程计算熵变时所要设计的途径。恒温可逆变化过程的框架见图 3-8。

图 3-8 恒温可逆变化过程

因为理想气体恒温过程的热力学能变化值 $\Delta U = 0$,恒温可逆过程的热为

$$Q_r = -W_r = nRT\ln\frac{V_2}{V_1} = -nRT\ln\frac{p_2}{p_1}$$

所以,恒温过程系统的熵变为

$$\Delta_T S = \frac{Q_r}{T} = nR\ln\frac{V_2}{V_1} = -nR\ln\frac{p_2}{p_1} \tag{3-22}$$

上式虽在恒温可逆条件下导出,由于熵是状态函数,对于恒温恒外压变化和恒温真空膨胀这两种不可逆过程,同样适用。

【例 3-1】 在 298K 时,将 1mol、200kPa 的某理想气体通过下列三种途径膨胀到终态平衡压力为 100kPa,分别计算系统和环境的熵变,并判断过程的可逆性。

(1) 可逆膨胀;

(2) 反抗恒外压膨胀;

(3) 真空膨胀。

解

(1) 可逆膨胀过程

$$\Delta S_{sys,1} = -nR\ln\frac{p_2}{p_1} = \left(-1\times8.314\times\ln\frac{100}{200}\right)J\cdot K^{-1} = 5.76J\cdot K^{-1}$$

因为理想气体恒温过程的热力学能变化值 $\Delta U = 0$,故系统与环境交换的热为

$$Q_{sys,1} = -W_r = -nRT\ln\frac{p_2}{p_1} = \left(-1\times8.314\times298\times\ln\frac{100}{200}\right)J = 1717J$$

环境的熵变计算依据式(3-20),得

$$\Delta S_{amb,1} = \frac{Q_{amb,1}}{T_{amb}} = -\frac{Q_{sys,1}}{T_{amb}} = \left(-\frac{1717}{298}\right)J\cdot K^{-1} = -5.76J\cdot K^{-1}$$

隔离系统的熵变为

$$\Delta S_{iso,1} = \Delta S_{sys,1} + \Delta S_{amb,1} = 0$$

所以,过程(1)为可逆过程。

(2) 反抗恒外压膨胀

系统的熵是状态函数,恒温反抗恒外压膨胀与过程(1)中的恒温可逆膨胀始态、终态相同,系统的熵变也相同,所以

$$\Delta S_{sys,2} = -nR\ln\frac{p_2}{p_1} = \left(-1\times 8.314\times\ln\frac{100}{200}\right)J\cdot K^{-1} = 5.76J\cdot K^{-1}$$

因为理想气体恒温过程的热力学能变化值 $\Delta U = 0$，故系统与环境交换的热为

$$Q_{sys,2} = -W_2 = \int p_{amb}dV = p_2(V_2 - V_1) = p_2V_2 - \frac{p_2}{p_1}p_1V_1$$

$$= nRT\left(1-\frac{p_2}{p_1}\right) = \left[1\times 8.314\times 298\times\left(1-\frac{100}{200}\right)\right]J = 1239J$$

环境的熵变为

$$\Delta S_{amb,2} = -\frac{Q_{sys,2}}{T_{amb}} = \left(-\frac{1\,239}{298}\right)J\cdot K^{-1} = -4.16J\cdot K^{-1}$$

隔离系统的熵变为

$$\Delta S_{iso,2} = \Delta S_{sys,2} + \Delta S_{amb,2} = (5.76-4.16)J\cdot K^{-1} = 1.60J\cdot K^{-1} > 0$$

所以，过程(2)为不可逆过程。

(3) 真空膨胀

用与(2)相同的方法，计算结果如下：

$$\Delta S_{sys,3} = 5.76J\cdot K^{-1}$$

$$Q_{sys,3} = -W_3 = \int p_{amb}dV = 0$$

$$\Delta S_{amb,3} = -\frac{Q_{sys,3}}{T_{amb}} = 0$$

$$\Delta S_{iso,3} = \Delta S_{sys,3} + \Delta S_{amb,3} = (5.76+0)J\cdot K^{-1} = 5.76J\cdot K^{-1} > 0$$

所以，过程(3)为不可逆过程。

计算结果表明，始态、终态相同的三种不同恒温过程，系统的熵变相等，而环境和隔离系统的熵变都不相等。这说明，熵是状态函数这一结论，只对原先的系统有效，环境及假设的隔离系统的熵值与具体过程有关，不是状态函数。

(2) 理想气体恒容变温过程的 $\Delta_V S$ 和恒压变温过程的 $\Delta_p S$

在没有相变和化学反应存在的情况下，当环境的温度 $T_{amb} = T \pm dT$ 时，系统便缓慢地升温或降温，这样的变温过程就是可逆变温过程。可逆变温过程分为恒容可逆变温和恒压可逆变温两种情况。

恒容可逆变温的框架见图 3-9。

在非体积功为零的无限小的恒容可逆变温过程中，$dV = 0$，故 $\delta W = -p_{amb}dV = 0$，系统与环境交换的热为 $\delta Q_V = dU = nC_{V,m}dT$。因此，过程的熵变 $\Delta_V S$ 为

$$\Delta_V S = \int_{T_1}^{T_2}\frac{nC_{V,m}}{T}dT \tag{3-23}$$

若 $C_{V,m}$ 与温度 T 有关时，即 $C_{V,m} = f(T)$，代入上式先积分，然后计算过程的熵变；若 $C_{V,m}$ 是与温度无关的常数，直接积分上式得

$$\Delta_V S = nC_{V,m}\ln\frac{T_2}{T_1} \tag{3-24}$$

上两式为恒容可逆变温过程熵变的计算公式。

恒压可逆变温的框架见图 3-10。

图 3-9 恒容可逆变温过程

图 3-10 恒压可逆变温过程

在非体积功为零的无限小的恒压可逆变温过程中，系统与环境交换的是恒压热，其值为 $\delta Q_p = \mathrm{d}H = nC_{p,\mathrm{m}}\mathrm{d}T$ 。因此，过程的熵变 $\Delta_p S$ 为

$$\Delta_p S = \int_{T_1}^{T_2} \frac{nC_{p,\mathrm{m}}}{T}\mathrm{d}T \tag{3-25}$$

若 $C_{p,\mathrm{m}}$ 是温度 T 的函数，即 $C_{p,\mathrm{m}} = f(T)$，代入上式先积分，然后计算过程的熵变；若 $C_{p,\mathrm{m}}$ 是与温度无关的常数，可以直接积分上式得

$$\Delta_p S = nC_{p,\mathrm{m}}\ln\frac{T_2}{T_1} \tag{3-26}$$

上两式为恒压可逆变温过程熵变的计算公式。

【**例 3-2**】 2mol 单原子理想气体从始态 300K、100kPa，先恒压加热使气体体积增加 1 倍，再恒容升压到 150kPa。求过程的 Q、W、ΔU、ΔH 和 ΔS。

解 因为是单原子理想气体，所以 $C_{V,\mathrm{m}} = \frac{3}{2}R$、$C_{p,\mathrm{m}} = \frac{5}{2}R$。

理想气体在变化过程中各状态的温度关系见下面流程图：

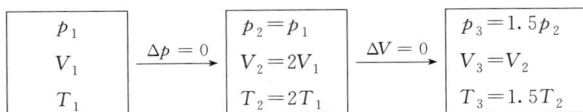

各状态的温度为

$$T_2 = 2T_1 = 600\mathrm{K}, \qquad T_3 = 1.5T_2 = 900\mathrm{K}$$

系统的热力学能变化为

$$\Delta U = nC_{V,\mathrm{m}}(T_3 - T_1) = \left[2 \times \frac{3}{2} \times 8.314 \times (900 - 300)\right]\mathrm{J} = 1.50 \times 10^4\mathrm{J}$$

系统的焓变为

$$\Delta H = nC_{p,\mathrm{m}}(T_3 - T_1) = \left[2 \times \frac{5}{2} \times 8.314 \times (900 - 300)\right]\mathrm{J} = 2.49 \times 10^4\mathrm{J}$$

变化过程的体积功为

$$W = W_1 + W_2 = -p_{\mathrm{amb}}(V_2 - V_1) + 0 = -p_2 V_2 + p_1 V_1$$

$$= -nRT_2 + nRT_1 = [-2 \times 8.314 \times (600 - 300)]\mathrm{J} = -4.99 \times 10^3\mathrm{J}$$

系统与环境交换的热为

$$Q = \Delta U - W = (1.5 \times 10^4 + 4.99 \times 10^3)\mathrm{J} = 2.0 \times 10^4\mathrm{J}$$

系统的熵变为

$$\Delta S = \Delta S_1 + \Delta S_2 = nC_{p,\mathrm{m}}\ln\frac{T_2}{T_1} + nC_{V,\mathrm{m}}\ln\frac{T_3}{T_2}$$

$$= \left(2 \times \frac{5}{2} \times 8.314 \times \ln\frac{2T_1}{T_1} + 2 \times \frac{3}{2} \times 8.314 \times \ln\frac{1.5T_2}{T_2}\right)\mathrm{J \cdot K^{-1}} = 38.92\mathrm{J \cdot K^{-1}}$$

需要说明的是，式(3-23)和式(3-24)不仅适用于理想气体，对凝聚态物质的单纯 pVT 变化中的恒容过程同样适用；式(3-25)和式(3-26)除适用于理想气体单纯 pVT 变化外，还可用于凝聚态物质的恒压过程。即便对于凝聚态物质的非恒容和非恒压过程，由于压力 p 对固体、液体等凝聚态物质的影响甚微，在其他条件不变的情况下，仅仅改变压力，系统内部质点的无序度变化极小，因此可以认为熵值不变。所以，对凝聚态物质的非恒容和非恒压变温过程，仍然用式(3-25)和式(3-26)计算熵变。

【例 3-3】 容器中盛有 500g、373.15K 的液体水，在 101.325kPa 下向温度为 298.15K 的大气散热直到平衡为止。求水的熵变 ΔS_{sys} 和大气的熵变 ΔS_{amb}，并判断过程的自发性。已知液体水在 298.15～373.15K 间的平均定压摩尔热容 $C_{p,m}=75.75 J \cdot mol^{-1} \cdot K^{-1}$。

解 500g 的液体水在 101.325kPa 下，由初始温度 373.15K 散热变到 298.15K 的终态，过程的熵变为

$$\Delta S_{sys}=nC_{p,m}\ln\frac{T_2}{T_1}=\left(\frac{500}{18}\times75.75\times\ln\frac{298.15}{373.15}\right)J \cdot K^{-1}=-472.14 J \cdot K^{-1}$$

液体水向大气所散的热量为

$$Q_{sys}=nC_{p,m}(T_2-T_1)=\left[\frac{500}{18}\times75.75\times(298.15-373.15)\right]J=-1.578\times10^5 J$$

大气的熵变为

$$\Delta S_{amb}=-\frac{Q_{sys}}{T_{amb}}=\left(\frac{1.578\times10^5}{298.15}\right)J \cdot K^{-1}=529.26 J \cdot K^{-1}$$

隔离系统的熵变为

$$\Delta S_{iso}=\Delta S_{sys}+\Delta S_{amb}=(-472.35+529.53)J \cdot K^{-1}=57.12 J \cdot K^{-1}$$

$\Delta S_{iso}>0$ 表明，在 101.325kPa 下 373.15K 的液体水向温度为 298.15K 的大气散热是自发过程。

（3）理想气体 p、V、T 同时变化的 ΔS

恒温过程、恒容变温过程和恒压变温过程是理想气体最基本的单纯 pVT 变化，它们

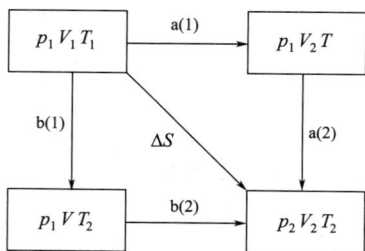

图 3-11 理想气体 pVT 变化
ΔS 计算的途径设计

的熵变计算公式极其重要。由于熵是状态函数，理想气体 p、V、T 三者同时变化时，即由始态 p_1、V_1、T_1 变化到终态 p_2、V_2、T_2，其熵变的计算可以通过设计可逆途径，利用已有的恒温过程、恒容变温过程和恒压变温过程熵变计算公式进行计算。如图 3-11，对于理想气体 p、V、T 三者都改变的过程，设计了两条可逆途径来计算熵变。途径 a 是将中间状态设为 $p_1 V_2 T$，其第一步是恒压变温过程，第二步是恒容变温过程，因此，系统熵变为

$$\Delta S=nC_{p,m}\ln\frac{T}{T_1}+nC_{V,m}\ln\frac{T_2}{T} \tag{a}$$

式中，$T=\frac{V_2}{V_1}T_1$。

途径 b 的中间状态设为 $p_1 V T_2$，其第一步是恒压变温过程，第二步是恒温过程，因此，系统熵变为

$$\Delta S = nC_{p,\mathrm{m}}\ln\frac{T_2}{T_1} + nR\ln\frac{V_2}{V} \tag{b}$$

式中，$V = \dfrac{T_2}{T_1}V_1$。

式（a）和式（b）计算过程的熵变，结果是等价的，证明如下。

将 $T = \dfrac{V_2}{V_1}T_1$ 代入式（a），得

$$\Delta S = nC_{p,\mathrm{m}}\ln\frac{V_2}{V_1} + nC_{V,\mathrm{m}}\ln\left(\frac{T_2}{T_1}\times\frac{V_1}{V_2}\right) = nC_{V,\mathrm{m}}\ln\frac{T_2}{T_1} + \left(nC_{p,\mathrm{m}}\ln\frac{V_2}{V_1} - nC_{V,\mathrm{m}}\ln\frac{V_2}{V_1}\right)$$

$$= nC_{V,\mathrm{m}}\ln\frac{T_2}{T_1} + nR\ln\frac{V_2}{V_1}$$

将 $V = \dfrac{T_2}{T_1}V_1$ 代入式（b），得

$$\Delta S = nC_{p,\mathrm{m}}\ln\frac{T_2}{T_1} + nR\ln\frac{V_2}{V_1}\times\frac{T_1}{T_2} = \left(nC_{p,\mathrm{m}}\ln\frac{T_2}{T_1} - nR\ln\frac{T_2}{T_1}\right) + nR\ln\frac{V_2}{V_1}$$

$$= nC_{V,\mathrm{m}}\ln\frac{T_2}{T_1} + nR\ln\frac{V_2}{V_1}$$

因此，在理想气体 p、V、T 三者同时发生变化时，所设计的两种可逆途径计算的熵变，其结果是一样的。

实际上，在始态 p_1、V_1、T_1 和终态 p_2、V_2、T_2 之间，还可以设计出其他四种不同的可逆途径，所求得的过程熵变都是相同的。设计可逆途径的关键是确立中间状态的 p、V、T 参数，一般的原则有以下三点：从始态的 p、V、T 三个参数中任选一个，共有三种选择方法，如上述可逆途径设计中选择了压力 p_1；然后从终态余下的两个参数中任选一个，又有两种选择方法，如上述可逆途径设计中选择的 V_2 或 T_2，中间状态的最后一个参数可以由所选择的两个参数确定，如上述可逆途径设计中的 $T = \dfrac{V_2}{V_1}T_1$ 和 $V = \dfrac{T_2}{T_1}V_1$；虽然可以按照上面两条原则任意选择中间状态的参数，但为了计算方便，应尽可能选择题中已经给出具体数据的参数。可见，这样的设计总共有 $C_3^1 C_2^1 = 3\times2 = 6$ 条可逆途径。

当然，对于理想气体，可以从熵的定义和热力学第一定律的可逆热出发，直接导出熵变的计算公式，而不需要设计可逆途径。

对于 $\delta W' = 0$ 的理想气体 pVT 的微小变化，其熵的微小变化为

$$\mathrm{d}S = \frac{\delta Q_{\mathrm{r}}}{T} = \frac{\mathrm{d}U - \delta W_{\mathrm{r}}}{T} = \frac{\mathrm{d}U + p\,\mathrm{d}V}{T} = \frac{nC_{V,\mathrm{m}}\mathrm{d}T}{T} + \frac{nR\,\mathrm{d}V}{V}$$

若 $C_{V,\mathrm{m}}$ 是与温度无关的常数，积分上式得

$$\Delta S = \int_{S_1}^{S_2}\mathrm{d}S = \int_{T_1}^{T_2}\frac{nC_{V,\mathrm{m}}\mathrm{d}T}{T} + \int_{V_1}^{V_2}\frac{nR\,\mathrm{d}V}{V}$$

即

$$\Delta S = nC_{V,\mathrm{m}}\ln\frac{T_2}{T_1} + nR\ln\frac{V_2}{V_1} \tag{3-27}$$

将理想气体的 $\dfrac{V_2}{V_1} = \dfrac{nRT_2}{p_2}\times\dfrac{p_1}{nRT_1} = \dfrac{T_2}{T_1}\times\dfrac{p_1}{p_2}$ 代入上式，整理得

$$\Delta S = nC_{p,m}\ln\frac{T_2}{T_1} - nR\ln\frac{p_2}{p_1} \tag{3-28}$$

将理想气体的 $\dfrac{T_2}{T_1} = \dfrac{p_2V_2}{nR} \times \dfrac{nR}{p_1V_1} = \dfrac{p_2}{p_1} \times \dfrac{V_2}{V_1}$ 代入上式，整理得

$$\Delta S = nC_{p,m}\ln\frac{V_2}{V_1} + nC_{V,m}\ln\frac{p_2}{p_1} \tag{3-29}$$

式(3-27)～式(3-29)是计算理想气体 pVT 变化过程熵变的通式。由这三个公式可以得出理想气体恒温过程（$T_1 = T_2$）、恒容过程（$V_1 = V_2$）和恒压过程（$p_1 = p_2$）熵变的计算公式[式(3-22)、式(3-24)和式(3-26)]。

【例 3-4】 加热 1mol 双原子理想气体，温度由 300K 升到 450K，系统压力由 200kPa 变到 100kPa，计算过程的熵变。

解 双原子理想气体的 $C_{V,m} = \dfrac{5}{2}R$，$C_{p,m} = \dfrac{7}{2}R$。这是一个 p、V、T 都发生变化的过程，因给出了始态和终态的温度与压力，可以设计成先恒压变化、后恒温变化的可逆途径。

$$\begin{aligned}
\Delta S &= nC_{p,m}\ln\frac{T_2}{T_1} - nR\ln\frac{p_2}{p_1} \\
&= \left(1 \times \frac{7}{2} \times 8.314 \times \ln\frac{450}{300} - 1 \times 8.314 \times \ln\frac{100}{200}\right) \text{J·K}^{-1} \\
&= 17.56 \text{J·K}^{-1}
\end{aligned}$$

（4）理想气体、凝聚态物质混合或传热过程的 ΔS

这里的混合是指两种或两种以上的理想气体的混合，凝聚态物质仅指温度不同的同种液体间的混合，有时还涉及理想气体与凝聚态物质间的混合等。

由于理想气体分子间没有作用力，任意一种气体的性质不会因其他组分气体的存在而受到影响。所以，理想气体混合系统中任意一种组分气体的熵变，都可以按照该气体单独存在时性质发生变化，应用式(3-27)～式(3-29)计算熵变，只不过公式中的 p_1 和 p_2 是指某种气体混合前与混合后的分压力，这一点要加以注意；然后把各组分的熵变相加，得出混合过程总熵变。

【例 3-5】 一绝热容器中间有一隔板，将容器隔为两等分，两边分别盛有温度相同的 2mol He(g) 和 1mol Ar(g)。He(g) 和 Ar(g) 均按理想气体处理。

2mol He(g) T、V	1mol Ar(g) T、V

（1）求隔板抽走后气体混合过程的 $\Delta_{\text{mix}}S_1$，判断过程的可逆性；

（2）若开始时将左侧的 He(g) 换成 Ar(g)，求隔板抽走后气体混合过程的 $\Delta_{\text{mix}}S_2$。

解 （1）因为容器绝热，即 $Q = 0$；容器体积不变，则 $W = 0$。根据热力学第一定律，过程的 $\Delta U = Q + W = 0$，故理想气体混合过程中温度恒定不变。经过混合后两种气体存在的体积加倍，He(g) 和 Ar(g) 的压力都变为原来的 $\dfrac{1}{2}$。混合后系统熵变为

$$\begin{aligned}
\Delta_{\text{mix}}S_1 &= -n_{\text{He}}R\ln\frac{p_{\text{He,2}}}{p_{\text{He,1}}} - n_{\text{Ar}}R\ln\frac{p_{\text{Ar,2}}}{p_{\text{Ar,1}}} \\
&= \left(-2 \times 8.314 \times \ln\frac{1}{2} - 1 \times 8.314 \times \ln\frac{1}{2}\right) \text{J·K}^{-1} \\
&= 17.28 \text{J·K}^{-1}
\end{aligned}$$

因为过程的 $Q=0$，$W=0$，所以这是隔离系统。$\Delta S_{iso}=\Delta_{mix}S_1=17.28\text{J·K}^{-1}>0$，因此，过程自发进行，即不可逆。

（2）抽走隔板前：左侧 Ar(g) 的分压 $p_{Ar,1}=\dfrac{2RT}{V}$，右侧 Ar(g) 的分压 $p'_{Ar,1}=\dfrac{RT}{V}$；抽走隔板后，即气体混合后，系统中气体都是 Ar(g)，混合后 Ar(g) 的压力 $p_{Ar,2}=\dfrac{3RT}{2V}$，因此系统的熵变为

$$\begin{aligned}\Delta_{mix}S_2&=-n_{Ar,1}R\ln\frac{p_{Ar,2}}{p_{Ar,1}}-n_{Ar,2}R\ln\frac{p_{Ar,2}}{p'_{Ar,1}}\\&=\left(-2\times8.314\times\ln\frac{3}{4}-1\times8.314\times\ln\frac{3}{2}\right)\text{J·K}^{-1}\\&=1.41\text{J·K}^{-1}\end{aligned}$$

可见，气体混合使系统混乱程度达到最大，熵增加、过程自发进行。

对于初始状态不同的同种理想气体，若混合后的状态为 $(p_2V_2T_2)$，混合过程的熵变应用式（3-28），即

$$\Delta S=\sum\left(n_iC_{p,m}\ln\frac{T_2}{T_{i,1}}-n_iR\ln\frac{p_2}{p_{i,1}}\right)$$

计算熵变时，p_2 是混合后系统的总压力；$p_{i,1}$ 是混合前气体的压力。若是恒温混合，上式简化为 $\Delta S=\sum\left(-n_iR\ln\dfrac{p_2}{p_{i,1}}\right)$，上面例题的第二个问题的求解，就属于这种情况。

温度不同的气体在绝热容器中的混合分为绝热恒容混合和绝热恒压混合两种，前者利用 $Q_V=\Delta U=0$ 计算混合后系统的平衡温度，后者利用 $Q_p=\Delta H=0$ 计算混合后系统的平衡温度。在此基础上，可以计算出混合过程的熵变。

【例 3-6】 绝热恒容容器中有一绝热隔板，隔板的一侧是 1mol 温度为 300K、体积为 100dm³ 的单原子理想气体 A，另一侧是 2mol 温度为 500K、体积为 200dm³ 的双原子理想气体 B。现将隔板抽走，气体 A 和气体 B 混合达到平衡，求过程的 ΔH 和 ΔS。

解 单原子理想气体 A 的 $C_{V,m,A}=1.5R$，$C_{p,m,A}=2.5R$；
双原子理想气体 B 的 $C_{V,m,B}=2.5R$，$C_{p,m,B}=3.5R$

1mol A 300K 100dm³	2mol B 500K 200dm³

气体是在恒容绝热下混合，过程的 $Q_V=\Delta U=\Delta U_A+\Delta U_B=0$，即
$$\Delta U=n_AC_{V,m,A}(T-T_A)+n_BC_{V,m,B}(T-T_B)=0$$
则
$$1\times1.5R(T-300)+2\times2.5R(T-500)=0$$
系统终态温度为
$$T=454K$$
$$\begin{aligned}\Delta H&=\Delta H_A+\Delta H_B=n_AC_{p,m,A}(T-T_A)+n_BC_{p,m,B}(T-T_B)\\&=[1\times2.5\times8.314\times(454-300)+2\times3.5\times8.314\times(454-500)]\text{J}\\&=523.8\text{J}\end{aligned}$$
抽走隔板后，对于气体 A，相当于由温度为 300K、体积为 100dm³ 的始态变化为温度

为 454K、体积为 300dm³ 的终态，这一过程的熵变为

$$\Delta S_A = n_A C_{V,m,A} \ln \frac{T}{T_A} + n_A R \ln \frac{V}{V_A}$$

$$= \left(1 \times 1.5 \times 8.314 \times \ln \frac{454}{300} + 1 \times 8.314 \times \ln \frac{300}{100}\right) J \cdot K^{-1}$$

$$= 14.3 J \cdot K^{-1}$$

同样，抽走隔板后，对于气体 B，相当于由温度为 500K、体积为 200dm³ 的始态变化为温度为 454K、体积为 300dm³ 的终态，这一过程的熵变为

$$\Delta S_B = n_B C_{V,m,B} \ln \frac{T}{T_B} + n_B R \ln \frac{V}{V_B}$$

$$= \left(2 \times 2.5 \times 8.314 \times \ln \frac{454}{500} + 2 \times 8.314 \times \ln \frac{300}{200}\right) J \cdot K^{-1}$$

$$= 2.7 J \cdot K^{-1}$$

混合过程的熵变为

$$\Delta S = \Delta S_A + \Delta S_B = (14.3 + 2.7) J \cdot K^{-1} = 17.0 J \cdot K^{-1}$$

因为混合是绝热容器中进行的过程，$\Delta S = 17.0 J \cdot K^{-1} > 0$，所以过程自发。

【例 3-7】 101.325kPa 下，在一绝热容器中将 5mol 300K 的铁块和 10mol 800K 的铁块放在一起。当两铁块传热达到平衡后，求过程的 ΔS。已知铁的定压摩尔热容为 $C_{p,m} = (14.10 + 29.72 \times 10^{-3} T/K) J \cdot K^{-1} \cdot mol^{-1}$。

解 因为铁块传热是在恒压下的绝热容器中进行，所以 $Q_p = \Delta H = 0$，即

$$\Delta H = \Delta H_1 + \Delta H_2 = \int_{300}^{T} n_1 C_{p,m} dT + \int_{800}^{T} n_2 C_{p,m} dT$$

$$= \int_{300}^{T} 5 \times (14.10 + 29.72 \times 10^{-3} T) dT + \int_{800}^{T} 10 \times (14.10 + 29.72 \times 10^{-3} T) dT$$

$$= 222.9 \times 10^{-3} T^2 + 211.5 T - 235741 = 0$$

解得系统终态温度为

$$T = 658K$$

两铁块传热达到平衡后的熵变为

$$\Delta S = \Delta S_1 + \Delta S_2 = \int_{300}^{T} \frac{n_1 C_{p,m} dT}{T} + \int_{800}^{T} \frac{n_2 C_{p,m} dT}{T}$$

$$= \left[\int_{300}^{658} \frac{5 \times (14.10 + 29.72 \times 10^{-3} T) dT}{T} + \int_{800}^{658} \frac{10 \times (14.10 + 29.72 \times 10^{-3} T) dT}{T}\right] J \cdot K^{-1}$$

$$= 38.82 J \cdot K^{-1}$$

在绝热容器中，$Q_p = 0$，$\Delta S_{amb} = -Q_p/T = 0$，铁块传热可以视为隔离系统，因为 $\Delta S_{iso} = 38.82 J \cdot K^{-1} > 0$，故过程自发进行。

3.4.2 相变过程的熵变

在第 2 章已经介绍过，相变不仅形式多种多样，而且有可逆相变和不可逆相变之分，在无限接近于两相平衡条件下进行的相变为可逆相变，否则为不可逆相变。因熵变等于可逆过程的热温商，故可逆相变过程可以直接由熵的定义计算熵变；而对于不可逆相变过程，则需要利用熵是状态函数的特点，在不可逆相变过程的始态和终态之间，设计一条由可逆相变过程和单纯 pVT 变化过程构成的可逆途径，然后才能计算不可逆相变过程系统的熵变。

同样，对于任意的相变过程，可以通过计算隔离系统的熵变，应用熵判据来判断相变过程是否可逆。

【例 3-8】 液体水 100℃ 时的饱和蒸气压为 101.325kPa，在此温度和压力下水的摩尔蒸发焓 $\Delta_{\text{vap}}H_{\text{m}}=40.67\text{kJ·mol}^{-1}$，试求下列两途径的 ΔS_{sys}、ΔS_{amb} 和 ΔS_{iso}，并判断相变过程的可逆性。

(1) 将 2mol、100℃、101.325kPa 的液体水在 100℃、101.325kPa 条件下，蒸发为同温、同压下的水蒸气；

(2) 将 2mol、100℃、101.325kPa 的液体水在真空容器中，蒸发为同温、同压下的水蒸气。假设水蒸气为理想气体。

解 (1) 该条件下液体水蒸发为水蒸气的过程，是在一定温度及该温度所对应的平衡压力下进行的相变，是可逆相变，系统熵变为

$$\Delta S_{\text{sys},1}=\frac{n\Delta_{\text{vap}}H_{\text{m}}}{T}=\left(\frac{2\times40.67\times10^3}{373.15}\right)\text{J·K}^{-1}=217.98\text{J·K}^{-1}$$

系统与环境交换的热为

$$Q_{\text{sys},1}=\Delta H=n\Delta_{\text{vap}}H_{\text{m}}=(2\times40.67\times10^3)\text{J}=8.134\times10^4\text{J}$$

环境熵变为

$$\Delta S_{\text{amb},1}=-\frac{Q_{\text{sys},1}}{T_{\text{amb}}}=\left(-\frac{8.134\times10^4}{373.15}\right)\text{J·K}^{-1}=-217.98\text{J·K}^{-1}$$

隔离系统熵变为

$$\Delta S_{\text{iso},1}=\Delta S_{\text{sys},1}+\Delta S_{\text{amb},1}=(217.98-217.98)\text{J·K}^{-1}=0$$

$\Delta S_{\text{iso},1}=0$，说明是可逆相变，这与实际情况是一致的。

(2) 熵是状态函数，由于途径(2)与途径(1)的始态和终态相同，所以，系统熵变为

$$\Delta S_{\text{sys},2}=\Delta S_{\text{sys},1}=217.98\text{J·K}^{-1}$$

因为在真空条件下蒸发，$W_2=0$，根据热力学第一定律，系统与环境交换的热为

$$Q_{\text{sys},2}=\Delta U_2=\Delta H_2-\Delta(pV)=\Delta H_2-p(V_{\text{g}}-V_1)\approx\Delta H_2-pV_{\text{g}}$$
$$=n\Delta_{\text{vap}}H_{\text{m}}-nRT=(2\times40.67\times10^3-2\times8.314\times373.15)\text{J}$$
$$=7.514\times10^4\text{J}$$

环境熵变为

$$\Delta S_{\text{amb},2}=-\frac{Q_{\text{sys},2}}{T_{\text{amb}}}=\left(-\frac{7.514\times10^4}{373.15}\right)\text{J·K}^{-1}=-201.37\text{J·K}^{-1}$$

隔离系统熵变为

$$\Delta S_{\text{iso},2}=\Delta S_{\text{sys},2}+\Delta S_{\text{amb},2}=(217.98-201.37)\text{J·K}^{-1}=16.61\text{J·K}^{-1}$$

$\Delta S_{\text{iso},2}=16.61\text{J·K}^{-1}>0$，说明是自发过程，为不可逆相变。

可见，通过计算隔离系统的熵变 ΔS_{iso}，可以判断是否为可逆相变过程。过程(2)尽管终态的温度、压力与始态的相等，但是环境的压力为零，不等于始态、终态的压力，因此是不可逆相变。要计算此时系统的相变，过程(1)就是它所需设计的可逆过程。

对于在一定温度和该温度非平衡压力下进行的不可逆相变，系统的熵变要通过设计可逆途径才能计算。

【例 3-9】 将 1mol 温度为 298.15K、压力为 101.325kPa 的过饱和水蒸气(视为理想气体)在恒定压力 101.325kPa 下，凝结为 298.15K 时的液体水，计算该过程的 ΔS_{sys}、ΔS_{amb}

和 ΔS_{iso}，并判断相变过程的可逆性。

已知水在正常沸点下的摩尔蒸发焓为 $\Delta_{vap} H_m = 40.67 kJ \cdot mol^{-1}$，298.15K 时的平衡压力为 3.167kPa。水蒸气的平均定压摩尔热容 $C_{p,m,H_2O(g)} = 33.76 J \cdot mol^{-1} \cdot K^{-1}$，液体水的平均定压摩尔热容 $C_{p,m,H_2O(l)} = 75.75 J \cdot mol^{-1} \cdot K^{-1}$。

解　水在温度为 298.15K 时的平衡压力为 3.167kPa。显然，温度为 298.15K、压力为 101.325kPa 的过饱和水蒸气在恒定压力 101.325kPa 下凝结为 298.15K、101.325kPa 时的液体水，是不可逆相变过程。

根据题中所给条件，设计的可逆途径由如下三个可逆过程构成：(1)视为理想气体的水蒸气恒压下温度由 298.15K 升至 373.15K；(2)水蒸气在 373.15K、101.325kPa 条件下液化为同温同压的液体水(可逆相变)；(3)液体水恒压下温度由 373.15K 降为 298.15K。

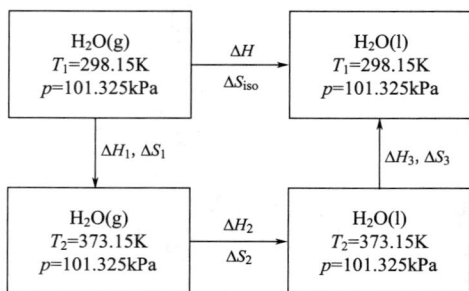

系统的熵是状态函数，过程的熵变为

$$\Delta S_{sys} = \Delta S_1 + \Delta S_2 + \Delta S_3 = \int_{298.15}^{373.15} \frac{n C_{p,m,H_2O(g)} dT}{T} + \frac{-n\Delta_{vap}H_m}{373.15} + \int_{373.15}^{298.15} \frac{n C_{p,m,H_2O(l)} dT}{T}$$

$$= \left(\int_{298.15}^{373.15} \frac{1 \times 33.76 dT}{T} + \frac{-1 \times 40.67 \times 10^3}{373.15} + \int_{373.15}^{298.15} \frac{1 \times 75.75 dT}{T} \right) J \cdot K^{-1}$$

$$= -118.41 J \cdot K^{-1}$$

焓与熵一样也是状态函数，过程的焓变 ΔH 为

$$\Delta H = \Delta H_1 + \Delta H_2 + \Delta H_3$$

$$= n C_{p,m,H_2O(g)}(T_2 - T_1) + (-n\Delta_{vap}H_m) + n C_{p,m,H_2O(l)}(T_1 - T_2)$$

$$= [1 \times 33.76 \times (373.15 - 298.15) - 1 \times 40.67 \times 10^3 + 1 \times 75.75 \times (298.15 - 373.15)] J$$

$$= (2532 - 4.067 \times 10^4 - 5681) J$$

$$= -4.382 \times 10^4 J$$

因为题中过程是恒压变化，所以系统与环境交换的热为

$$Q_{sys} = Q_p = \Delta H = -4.382 \times 10^4 J$$

环境熵变为

$$\Delta S_{amb} = -\frac{Q_{sys}}{T_{amb}} = \left(\frac{4.382 \times 10^4}{298.15} \right) J \cdot K^{-1} = 146.97 J \cdot K^{-1}$$

隔离系统熵变为

$$\Delta S_{iso} = \Delta S_{sys} + \Delta S_{amb} = (-118.41 + 146.97) J \cdot K^{-1} = 28.56 J \cdot K^{-1}$$

因为 $\Delta S_{iso} = 28.56 J \cdot K^{-1} > 0$，所以相变为自发过程，是不可逆相变。

3.5　化学反应的标准摩尔反应熵变

如前所述，熵变等于可逆过程的热温商，而通常情况下给定条件下进行的化学反应都是不可逆的，化学反应的热效应当然就不是可逆热，因此，这样的反应热不能用来计算化学反应的熵变。要利用 $dS = \dfrac{\delta Q_r}{T}$ 计算一定条件下不可逆化学反应的熵变，必须通过设计可逆途径，而可逆途径中的化学变化过程一定也应该是可逆的化学反应，如可以设计成可逆原电池反应（属于可逆的化学反应）。但是，若将所有的不可逆化学反应都进行可逆途径设计，不仅麻烦而且困难较大，因此，寻找方便快捷的计算化学反应熵变的途径成为必然。

热力学第三定律（the third law of themodynamics）的发现，确立了任何物质在各种状态下的规定熵（conventional entropy），为计算化学反应（不管是否可逆）的熵变提供了一条简便的途径。熵是状态函数，只与系统的始态和终态有关，其变化量 ΔS 等于终态的 S_2 减去始态的 S_1。对于化学反应而言，反应物相当于始态，产物则是终态，因此，化学反应的熵变等于产物的规定熵减去反应物的规定熵。

3.5.1　热力学第三定律

早在 1902 年，美国学者理查德（T. W. Richard，1868—1926）在研究低温下凝聚系统电池反应时发现，随着温度逐渐降低，凝聚系统恒温反应的熵变降低，当温度趋于 0K 时，熵变趋于最小。这一研究成果为热力学第三定律的提出提供了理论和实验准备。

在此基础上，德国物理学家能斯特应用热力学原理，对低温条件下凝聚系统物质的化学反应过程进行了深入、系统的研究，经过大量的实验，于 1906 年提出了一个基本假设：当温度趋近于 0K 时，凝聚系统恒温变化过程的熵变趋向于零，即

$$\lim_{T \to 0} \Delta_T S = 0 \tag{3-30}$$

上式称为能斯特热定理（Nernst heat theorem），能斯特热定理奠定了热力学第三定律的基础。

能斯特（W. H. Nernst，1864—1941）　德国卓越的化学家和物理学家。1886 年获维尔茨堡大学博士学位，1887 年在莱比锡大学做奥斯特瓦尔德的助手，后在多所大学执教。从 1905～1922 年，任柏林大学物理化学教授兼第二化学研究所所长。1924 年任柏林大学物理学教授和实验物理研究所所长，直到 1934 年退休。1932 年当选为英国皇家学会会员。

能斯特主要从事电化学、热力学和光化学方面的研究，是电化学、溶液理论、低温物理和光化学等领域的奠基者之一。1888～1889 年他引入溶度积这一重要概念，用以解释沉淀平衡。同年，他提出了溶解压假说，导出了电极电势与溶液浓度的关系式，即能斯特方程，为用电化学的方法来测定热力学数据提供了理论依据。1906年，能斯特提出了热定理，即后来发展成为热力学第三定理，有效地解决了计算平衡常数的许多问题，并断言绝对零度不可能达到。1918 年他提出了光化学的链反应理论，用以解释氯化氢的光化学合成反应。能斯特因热化学研究方面的突出成就和对热力学第三定律的贡献而获 1920 年诺贝尔化学奖。他一生发表论文 157 篇，著书 14 本，最著名的为《理论化学》（1895）。

德国物理学家普朗克（M. Planck，1858—1947）全面分析了能斯特热定理，他根据状态函数的特点发展了能斯特热定理。普朗克敏锐地发现，既然熵是状态函数且只有 ΔS 才有意义，若选择 $T \to 0$ 时的 $S = 0$，这对于计算变化过程的 ΔS 最为方便。因此，他于 1911 年提出了下列假定：0K 时，凝聚态纯物质的熵值等于零，即

$$\lim_{T \to 0} S^*(凝聚态) = 0$$

或

$$S^*(0K，凝聚态) = 0$$

这是普朗克关于热力学第三定律的最早说法，" $*$ "代表纯物质。

与能斯特说法相比，普朗克说法有两个显著优点：一是在 $T \to 0$ 时，能斯特认为所有凝聚态物质的熵变趋于零；而普朗克认为只有纯的凝聚态物质的熵值才趋于零，对于那些不纯物质，即便 $T \to 0$，由于混合使系统混乱程度增加，其熵值不为零，这与熵的物理意义是相符的。二是普朗克说法选定了物质的熵的基准态，给出了"绝对熵"的概念，为不可逆过程熵变的计算提供了一条捷径。因此，普朗克说法比能斯特说法前进了一大步，而且很明显，若普朗克的说法成立，则很方便就能推导出能斯特说法，反之却不能。

尽管如此，普朗克说法还是引起了当时科学家们的争论与质疑，因为一些纯固体在 $T \to 0$ 时熵值仍然大于零而不等于零，但是普朗克说法对这一现象没有给出合理解释，这是热力学第三定律的普朗克说法的不足之处。在普朗克说法的基础上，为解决一些纯物质在 $T \to 0$ 时 $S > 0$ 的实验事实，路易斯和吉布森在 1920 年用"完美晶体"的概念对热力学第三定律进行了更加科学、严谨的表述，即"0K 时，纯物质完美晶体的熵值等于零"，用数学式表示为

$$\lim_{T \to 0} S^*(完美晶体) = 0$$

或

$$S^*(0K，完美晶体) = 0 \qquad\qquad (3\text{-}31)$$

这种说法是热力学第三定律第一次被科学家们都认为满意的表述，以至于成了现在最普遍的说法。

这里的"完美晶体"，也称为理想晶体，是指没有任何缺陷的规则晶体，即构成晶体的所有质点都处于最低能级且规则地排列在完全有规律的点阵结构中，形成空间排布只有一种方式的晶体。从微观统计角度看，这种"完美晶体"的微观状态数，即热力学概率 $\Omega = 1$，根据玻尔兹曼熵定律得

$$S = k \ln \Omega = k \ln 1 = 0$$

即，此时的熵值为零。例如，一氧化碳分子晶体中若都按照 COCOCO⋯或 OCOCOC⋯的规则顺序排列，它就是完美晶体，在 $T \to 0$ 时，其熵值为零；一旦晶体中有分子出现反向排列，如 COCOOC⋯或 OCCOOC⋯等，系统的混乱程度就会增加，在 $T \to 0$ 时，这种晶体的熵值比完美晶体的熵值大，不再为零。

3.5.2　规定熵与物质的标准摩尔熵

由热力学第三定律可知，0K 时纯物质完美晶体的熵值为零，以此为基准，可以求出一定量的该物质在给定状态（T，p）时的熵值，称为该物质在此状态下的规定熵，也称为第三定律熵。1mol 纯物质在标准状态下（$p^{\ominus} = 100\text{kPa}$）、温度为 T 时的规定熵，称为该物质在温度为 T 时的标准摩尔熵（standard molar entropy），记为 $S_m^{\ominus}(T)$。

现以 $p = 101.325\text{kPa}$ 下 1mol 的 B 物质为例，将温度为 0K 的完美晶体经过下列过程，变为温度为 298.15K、标准状态下的理想气体，讨论理想气体 B 的 $S_m^{\ominus}(298.15\text{K})$ 计算方法。假设固体变化过程没有晶型转变。

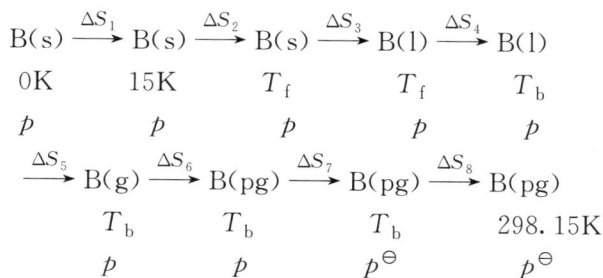

$$\text{B(s)} \xrightarrow{\Delta S_1} \text{B(s)} \xrightarrow{\Delta S_2} \text{B(s)} \xrightarrow{\Delta S_3} \text{B(l)} \xrightarrow{\Delta S_4} \text{B(l)}$$

$$\begin{array}{ccccc} 0\text{K} & 15\text{K} & T_f & T_f & T_b \\ p & p & p & p & p \end{array}$$

$$\xrightarrow{\Delta S_5} \text{B(g)} \xrightarrow{\Delta S_6} \text{B(pg)} \xrightarrow{\Delta S_7} \text{B(pg)} \xrightarrow{\Delta S_8} \text{B(pg)}$$

$$\begin{array}{cccc} T_b & T_b & T_b & 298.15\text{K} \\ p & p & p^{\ominus} & p^{\ominus} \end{array}$$

式中，T_f 代表固体 B 的正常熔点温度；T_b 代表正常沸点温度；pg 代表理想气体。

根据热力学第三定律，$S_m^*(\text{B},0\text{K}) = 0$，则理想气体 B 在 298.15K 时的标准摩尔熵等于八步变化过程熵变之和

$$S_m^{\ominus}(298.15\text{K}) = \Delta S_1 + \Delta S_2 + \Delta S_3 + \Delta S_4 + \Delta S_5 + \Delta S_6 + \Delta S_7 + \Delta S_8$$

第一步，固体在压力 p 下由 0K 升温到 15K，因温度极低时实验测定困难，缺乏 15K 以下的热容数据，人们习惯用德拜(Debye)公式计算 0～15K 的热容，即

$$C_{p,\text{m}} \approx C_{V,\text{m}} = aT^3$$

式中，a 为物质的特征常数。因此，有

$$\Delta S_1 = \int_{0\text{K}}^{15\text{K}} \frac{aT^3 \text{d}T}{T} = \int_{0\text{K}}^{15\text{K}} aT^2 \text{d}T$$

第二步，固体在恒压 p 下由 15K 升温到熔点温度 T_f，其熵变为

$$\Delta S_2 = \int_{15\text{K}}^{T_f} \frac{C_{p,\text{m,s}}}{T} \text{d}T$$

第三步，固体在恒压 p、恒温 T_f 下熔化为同温、同压下的液体，其熵变为

$$\Delta S_3 = \frac{\Delta_s^l H_m}{T_f} = \frac{\Delta_{\text{fus}} H_m}{T_f}$$

第四步，在恒压 p 下液体由 T_f 升温到沸点温度 T_b，过程的熵变为

$$\Delta S_4 = \int_{T_f}^{T_b} \frac{C_{p,\text{m,l}}}{T} \text{d}T$$

第五步，液体在恒压 p、恒温 T_b 下汽化为同温、同压下的实际气体，其熵变为

$$\Delta S_5 = \frac{\Delta_l^g H_m}{T_b} = \frac{\Delta_{\text{vap}} H_m}{T_b}$$

第六步，在恒压 p、恒温 T_b 下实际气体变为理想气体，过程的熵变计算方法参见 3.8 节例 3-18。

第七步，恒温 T_b 下理想气体由压力 p 变为 $p^{\ominus}$，过程的熵变为

$$\Delta S_7 = R\ln\frac{p}{p^{\ominus}}$$

第八步，恒压 $p^{\ominus}$ 下理想气体由温度 T_b 变为 298.15K，过程的熵变为

$$\Delta S_8 = \int_{T_b}^{298.15\text{K}} \frac{C_{p,\text{m,pg}}}{T} \text{d}T$$

3.5.3 化学反应的标准摩尔反应熵变

理论上可以运用热力学第三定律，计算任意物质在给定状态(T,p)时的规定熵，从上面的介绍可以发现，这样处理相当麻烦。各种物质在标准态、298.15K 时的标准摩尔熵的数据能够从书后附录或化工手册中查到，若再有了物质的 $C_{p,m}$ 值数据及状态发生变化时的途径方程，就可以把标准态、298.15K 时的状态作为始态，通过计算变化过程的熵变，利用 $\Delta S = S_2 - S_1$ 算出物质在任意温度或压力下的熵值 S_2，进一步可以计算任何条件下化学反应的熵变。例如，任意物质 B 在恒定压力 $p^\ominus$ 下，温度由 298.15K 变化到任意 T 时，即

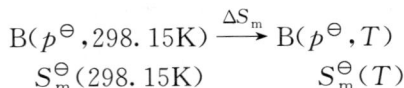

$$B(p^\ominus, 298.15K) \xrightarrow{\Delta S_m} B(p^\ominus, T)$$
$$S_m^\ominus(298.15K) \qquad\qquad S_m^\ominus(T)$$

过程的熵变为

$$S_m^\ominus(T) - S_m^\ominus(298.15K) = \Delta S_m = \int_{298.15K}^{T} \frac{C_{p,m}}{T} dT$$

则

$$S_m^\ominus(T) = S_m^\ominus(298.15K) + \int_{298.15K}^{T} \frac{C_{p,m}}{T} dT \qquad (3-32)$$

上式是由物质 B 的 $S_m^\ominus(298.15K)$ 和 $C_{p,m}$ 数据计算任意温度 T 时的标准摩尔熵公式。

对于任意的化学反应

$$a A + d D + \cdots = e E + f F + \cdots$$

若在 298.15K 且各组分均处于标准状态下进行，完成 1mol 反应进度时，对应的熵变为标准摩尔反应熵变，它可以直接利用 298.15K 时各物质的 $S_m^\ominus$ 进行计算，即

$$\Delta_r S_m^\ominus = [e S_m^\ominus(E) + f S_m^\ominus(F) + \cdots] - [a S_m^\ominus(A) + d S_m^\ominus(D) + \cdots]$$
$$= \sum_B \nu_B S_m^\ominus(B) \qquad (3-33)$$

上式表明，298.15K 下化学反应标准摩尔反应熵变等于产物(终态)的标准摩尔熵代数和减去反应物(始态)的标准摩尔熵代数和。

若化学反应

$$a A + d D + \cdots = e E + f F + \cdots$$

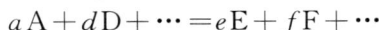

在标准状态下的任意温度 T 下恒温进行，要计算此时化学反应的熵变 $\Delta_r S_m^\ominus(T)$，可以由式(3-32)先计算出反应方程式中各物质的 $S_m^\ominus(T)$，然后再用 T 温度时产物的标准摩尔熵代数和减去反应物的标准摩尔熵代数和，即

$$\Delta_r S_m^\ominus(T) = [e S_m^\ominus(E,T) + f S_m^\ominus(F,T) + \cdots] - [a S_m^\ominus(A,T) + d S_m^\ominus(D,T) + \cdots]$$
$$= \Delta_r S_m^\ominus(298.15K) + \int_{298.15K}^{T} \frac{\Delta_r C_{p,m}}{T} dT \qquad (3-34)$$

式中

$$\Delta_r C_{p,m} = [e C_{p,m}(E) + f C_{p,m}(F) + \cdots] - [a C_{p,m}(A) + d C_{p,m}(D) + \cdots]$$
$$= \sum_B \nu_B C_{p,m}(B) \qquad (3-35)$$

【例 3-10】 对于反应

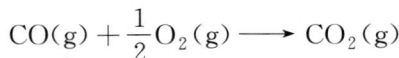

$$CO(g) + \frac{1}{2} O_2(g) \longrightarrow CO_2(g)$$

已知 $O_2(g)$、$CO(g)$、$CO_2(g)$ 在 298.15K 时的 $S_m^\ominus$ 分别为 205.14J·mol^{-1}·K^{-1}、197.67

$J \cdot mol^{-1} \cdot K^{-1}$ 和 $213.74 J \cdot mol^{-1} \cdot K^{-1}$，若它们的定压摩尔热容与温度的函数关系即 $C_{p,m} = f(T)$，分别为 $(28.17 + 6.30 \times 10^{-3} T/K)$、$(26.54 + 7.68 \times 10^{-3} T/K)$ 和 $(26.75 + 42.26 \times 10^{-3} T/K) J \cdot mol^{-1} \cdot K^{-1}$。试求 500K 时反应的标准摩尔反应熵变 $\Delta_r S_m^{\ominus}(500K)$。

解　298.15K 时反应的标准摩尔熵变为

$$\Delta_r S_m^{\ominus}(298.15K) = S_m^{\ominus}(CO_2) - S_m^{\ominus}(CO) - \frac{1}{2} S_m^{\ominus}(O_2)$$

$$= \left(213.74 - 197.67 - \frac{1}{2} \times 205.14\right) J \cdot mol^{-1} \cdot K^{-1}$$

$$= -86.50 J \cdot mol^{-1} \cdot K^{-1}$$

反应的恒压摩尔热容差为

$$\Delta_r C_{p,m} = C_{p,m,CO_2(g)} - C_{p,m,CO(g)} - \frac{1}{2} C_{p,m,O_2(g)}$$

$$= [-13.88 + 31.43 \times 10^{-3} T/K] J \cdot mol^{-1} \cdot K^{-1}$$

500K 时化学反应的标准摩尔焓变

$$\Delta_r S_m^{\ominus}(500K) = \Delta_r S_m^{\ominus}(298.15K) + \int_{298.15K}^{500K} \frac{\Delta_r C_{p,m}}{T} dT$$

$$= \left(-86.50 + \int_{298.15K}^{500K} \frac{-13.88 + 31.43 \times 10^{-3} T/K}{T/K} dT\right) J \cdot mol^{-1} \cdot K^{-1}$$

$$= -87.33 J \cdot mol^{-1} \cdot K^{-1}$$

3.6　亥姆霍兹函数与吉布斯函数

熵函数的引入和克劳修斯不等式的建立，成功开启了判断过程的方向与限度之门。在隔离系统中应用克劳修斯不等式，所得到的熵判据（又称熵增原理），可以方便地判断出过程是自发进行还是处于平衡状态。但是，大多数情况下，很多化学反应和变化过程往往是在恒温、恒容或恒温、恒压条件下进行的，这些并不是隔离系统，若再应用熵判据就要构建一个假想的隔离系统，这样除了要计算系统的熵变外，还要计算环境的熵变，极不方便。因此，有必要引入新的热力学函数，以期只需通过系统自身的这种新函数的变化值，就可以判断特定条件下过程的方向与限度，而无需考虑环境的变化因素。为此，亥姆霍兹和吉布斯从克劳修斯不等式出发，结合热力学第一定律，利用特定的条件，定义了两个新的热力学状态函数——亥姆霍兹函数 A 和吉布斯函数 G。

3.6.1　亥姆霍兹函数

根据热力学第二定律的数学表达式

$$dS \geqslant \frac{\delta Q}{T} \quad (\text{">" 为 "不可逆", "=" 为 "可逆"})$$

将热力学第一定律的数学表达式改写为 $\delta Q = dU - \delta W$，代入上式，得

$$dS \geqslant \frac{dU - \delta W}{T} \quad (\text{">" 为 "不可逆", "=" 为 "可逆"})$$

两边同时乘以 T，因为过程是恒温的，整理可以得

$$d(U - TS) \leqslant \delta W \quad (\text{"<" 为 "不可逆", "=" 为 "可逆"})$$

由于 U、T、S 均为状态函数，因而（$U - TS$）也是状态函数，定义

$$A = U - TS \tag{3-36}$$

A 称为亥姆霍兹函数，是系统的状态函数，它与物质的量有关，是广度性质，SI 制单位为 J。则

$$\mathrm{d}A_T \leqslant \delta W \quad (\text{"<" 为 "不可逆"，"=" 为 "可逆"}) \tag{3-37}$$

或

$$\Delta A_T \leqslant W \quad (\text{"<" 为 "不可逆"，"=" 为 "可逆"}) \tag{3-38}$$

式中，W 包括体积功 $\left(\int_{V_1}^{V_2} - p_{\mathrm{amb}} \mathrm{d}V\right)$ 和非体积功 W' 两部分。为方便讨论，下面对式(3-38)进行阐述，其结论对式(3-37)同样适用。

对于 $W' = 0$ 的封闭系统中进行的恒温变化过程，若恒容，则体积功 $\int_{V_1}^{V_2} - p_{\mathrm{amb}} \mathrm{d}V = 0$，那么式(3-38)变为

$$\Delta A_{T,V} \leqslant 0 \quad (\text{"<" 为 "不可逆"，"=" 为 "可逆"}) \tag{3-39}$$

上式表明，在非体积功为零、恒温、恒容的条件下，封闭系统中自发进行的过程，其亥姆霍兹函数减小，即 $\Delta A_{T,V} < 0$；而平衡过程，其亥姆霍兹函数不变，即 $\Delta A_{T,V} = 0$。这样只需要由系统状态函数的变化值 ΔA 而不需要考虑环境的变化，就能直接判断非体积功为零、恒温、恒容时过程的方向与限度，比熵判据方便。

若系统在非体积功为零、恒温、恒容条件下进行微小的变化，则

$$\mathrm{d}A_{T,V} \leqslant 0 \quad (\text{"<" 为 "不可逆"，"=" 为 "可逆"}) \tag{3-40}$$

式(3-39)和式(3-40)称为亥姆霍兹函数判据。

对于 $W' = 0$ 的恒温变化过程(但不恒容)，式(3-38)中的 W 仅仅是体积功，当过程可逆时，必然有

$$\Delta A_T = W_r \tag{3-41}$$

显然，$W' = 0$ 的恒温变化过程(未必是可逆过程)，系统的亥姆霍兹函数的增量等于恒温可逆过程的体积功。由于在所有恒温变化过程中，恒温可逆过程系统对环境做的功最大(参见 2.3 节)，故 ΔA_T 体现了 $W' = 0$ 时系统进行恒温变化时所具有的对外做功的最大能力。这正是亥姆霍兹函数的物理意义之所在。

对于 $W' \neq 0$ 的恒温、恒容变化过程，因为体积功为零，式(3-38)中的 W 只有非体积功 W' 一项，若过程可逆，则

$$\Delta A_{T,V} = W'_r \tag{3-42}$$

此式表明，亥姆霍兹函数的增量 $\Delta A_{T,V}$ 表示在恒温、恒容变化过程中系统所具有的对外做非体积功的最大能力。

亥姆霍兹(H. Helmholtz，1821—1894)　德国物理学家、生理学家。1821年 10 月 31 日生于柏林波茨坦的一个中学教师家庭，1842 年获医学博士学位。1848 年起，在多所大学担任生理学和解剖学的教学工作。1860 年他被选为英国皇家学会会员，并获该会 1873 年度科普利奖章。1870 年成为普鲁士科学学会会员，1871 年任柏林大学物理学教授，1877 年荣任柏林大学校长，1888 年任新成立的夏洛特堡帝国物理学工程研究所的第一任主席。他的研究领域广泛，在科学界最负盛名的成就是他与梅耶尔和焦耳共同成为热力学第一定律的奠基人。

3.6.2　吉布斯函数

结合热力学第一定律和热力学第二定律的数学表达式，上面我们已经导出了恒温变化过程

$$\mathrm{d}(U-TS)\leqslant\delta W\quad(\text{"<"为"不可逆"，"="为"可逆"})$$

也指出式中 δW 包括体积功和非体积功两部分，即 $\delta W=-p_{\mathrm{amb}}\mathrm{d}V+\delta W'$，代入上式得

$$\mathrm{d}(U-TS)\leqslant-p_{\mathrm{amb}}\mathrm{d}V+\delta W'\quad(\text{"<"为"不可逆"，"="为"可逆"})$$

恒压变化过程，应满足 $p_{\mathrm{amb}}=p_1=p_2=p=$ 常数，代入上式

$$\mathrm{d}(U+pV-TS)\leqslant\delta W'\quad(\text{"<"为"不可逆"，"="为"可逆"})$$

即

$$\mathrm{d}(H-TS)\leqslant\delta W'\quad(\text{"<"为"不可逆"，"="为"可逆"})$$

由于 H、T、S 都是状态函数，因而 $(H-TS)$ 也是状态函数，定义

$$G=H-TS \tag{3-43}$$

G 称为吉布斯函数，与亥姆霍兹函数一样，吉布斯函数也是系统的状态函数，它与物质的量有关，是广度性质，SI 制单位为 J。则

$$\mathrm{d}G_{T,p}\leqslant\delta W'\quad(\text{"<"为"不可逆"，"="为"可逆"}) \tag{3-44}$$

或

$$\Delta G_{T,p}\leqslant W'\quad(\text{"<"为"不可逆"，"="为"可逆"}) \tag{3-45}$$

式(3-45)表明，恒温、恒压下的 ΔG 是系统对外做非体积功的最大限度，这个最大限度在可逆途径中得以实现。可见，恒温、恒压下的可逆过程，系统吉布斯函数的变化值等于系统对外所做的最大非体积功，即

$$\Delta G_{T,p}=W'_{\mathrm{r}} \tag{3-46}$$

这是第 8 章中连接可逆原电池热力学与原电池电动势关系的桥梁公式，极其重要。

当 $W'=0$，式(3-44)和式(3-45)对应变为

$$\mathrm{d}G_{T,p}\leqslant0\quad(\text{"<"为"不可逆"，"="为"可逆"}) \tag{3-47}$$

或

$$\Delta G_{T,p}\leqslant0\quad(\text{"<"为"不可逆"，"="为"可逆"}) \tag{3-48}$$

式(3-47)和式(3-48)称为吉布斯函数判据。这两式表明，在非体积功为零、恒温、恒压的条件下，封闭系统中进行的过程，可以像亥姆霍兹函数判据一样，不需考虑环境变化因素，直接由系统状态函数的变化值 ΔG 判断过程进行的可能性：在 $W'=0$、恒温、恒压的条件下，自发过程朝着系统吉布斯函数减小的方向进行，当吉布斯函数不再变化时，系统进行的程度达到最大限度、处于平衡状态，不可能发生吉布斯函数增加的过程。

由吉布斯函数和亥姆霍兹函数定义可以发现，两种函数之间存在内在联系，因为

$$G-A=(H-TS)-(U-TS)=H-U=pV$$

所以

$$G=A+pV \tag{3-49}$$

吉布斯(J. W. Gibbs，1839—1903)　美国物理化学家、数学物理学家。吉布斯出生于康涅狄克州，1854 年入耶鲁学院学习，并于 1858 年以极其优秀的成绩毕业，1863 年在耶鲁学院获得美国第一个工程学博士学位。1866 年吉布斯前往巴黎、柏林、海德堡各学习一年，卡尔·魏尔施特拉斯、基尔霍夫、克劳修斯和亥姆霍兹等大师开设的课程让他受益匪浅。1869 年吉布斯返回耶鲁，1871 年成为耶鲁学院数学物理学教授，是全美第一个这一学科的教授，在这一职位上工作到 1903 年逝世。1876 年吉布斯在康涅狄克科学院学报上发表了奠定化学热力学基础的经典之作《论非均相物体的平衡》的第一部分，1878 年完成了第二部分，被认为是化学史上最重要的论文之一，其中提出了吉布斯自由能、化学势等概念，阐明了化学平衡、相平衡、表面吸附等现象的本质。1889 年之后吉布斯撰写了一部关于统计力学的经典教科书《统计力学的基本原理》，从而将热力学建立在了统计力学的基础之上。1901 年吉布斯获得当时的科学界最高奖赏柯普利奖章。奥斯特瓦尔德认为"无论从形式还是内容上，吉布斯赋予了物理化学整整一百年。"

3.7　ΔA 与 ΔG 的计算

依据 $A = U - TS$ 和 $G = H - TS$ ，一个过程的 ΔA 和 ΔG 分别为

$$\Delta A = \Delta U - \Delta(TS) \tag{3-50}$$

$$\Delta G = \Delta H - \Delta(TS) \tag{3-51}$$

从上面两式可以看出，ΔA 和 ΔG 的计算要涉及 ΔS 的计算，而熵变等于可逆过程的热温商。因此，常常需在给定的始态和终态之间，借助可逆途径的设计完成 ΔA 和 ΔG 的计算。又因为 $G = A + pV$ ，所以可以优先算出过程的 ΔG ，然后再利用 $\Delta A = \Delta G - \Delta(pV)$ 计算出 ΔA 。

现在分别对单纯 pVT 变化过程、相变过程和化学反应过程的 ΔA 和 ΔG 的计算，逐一进行介绍。

3.7.1　单纯 pVT 变化过程的 ΔA 与 ΔG

单纯 pVT 变化过程 ΔA 和 ΔG 的计算可以分为恒温变化过程和变温变化过程两大类。先讨论恒温变化过程。

（1）单纯 pVT 恒温过程

对于在 $W' = 0$ 的封闭系统中进行的理想气体恒温变化，因为 $\Delta T = 0$，故 $\Delta U = 0$，$\Delta H = 0$，则

$$\Delta A = \Delta G = -T\Delta S = -Q_r = W_r = -nRT\ln\frac{V_2}{V_1} = nRT\ln\frac{p_2}{p_1} \tag{3-52}$$

理想气体恒温变化，ΔA 和 ΔG 也可以用下列方法计算。因为是封闭系统中进行的理想气体恒温变化，所以 $pV = nRT =$ 常数，则有 $\mathrm{d}(pV) = 0$，即 $-p\mathrm{d}V = V\mathrm{d}p$，因为

$$\mathrm{d}G = \mathrm{d}A = -T\mathrm{d}S = -T\frac{\delta Q_r}{T} = -\delta Q_r = \delta W_r = -p\mathrm{d}V = V\mathrm{d}p$$

所以

$$\Delta G = \int_{p_1}^{p_2} V\mathrm{d}p \tag{3-53}$$

式(3-53)尽管由理想气体恒温变化过程导出，但它同样适用于 $W'=0$ 的封闭系统中非理想气体和凝聚态物质，进行单纯 pVT 恒温变化过程时 ΔA 和 ΔG 的计算，这一点可以从后面 3.8 节中热力学基本方程得到证明。

【例 3-11】 2mol 理想气体在 300K 下，由始态 200kPa 经真空自由膨胀到原体积的 2 倍，求过程的 ΔA 和 ΔG。

解 这是一个理想气体恒温变化过程，所以

$$\Delta A = \Delta G = -nRT\ln\frac{V_2}{V_1} = \left(-2\times8.314\times300\times\ln\frac{2}{1}\right)\text{J} = -3458\text{J}$$

（2）单纯 pVT 变温过程

对于单纯 pVT 的变温过程，一般都用式(3-50)和式(3-51)来计算 ΔA 和 ΔG，而式中的 $\Delta(TS) = T_2S_2 - T_1S_1$。变温过程中常常会给出始态或终态之一的规定熵（或规定摩尔熵），在计算出过程的 ΔS 后，利用 $\Delta S = S_2 - S_1$ 便能确定 S_1 或 S_2。

【例 3-12】 在 3.4 节例 3-2 中，若给出始态单原子理想气体 S_m 为 114.71J·mol^{-1}·K^{-1}。计算过程的 ΔA 和 ΔG。

解 始态的规定熵为 $S_1 = nS_m = (2\times114.71)\text{J·K}^{-1} = 229.42\text{J·K}^{-1}$

由例 3-2 得 $\Delta S = 38.92\text{J·K}^{-1}$，所以终态的规定熵为

$$S_2 = S_1 + \Delta S_1 = (229.42 + 38.92)\text{J·K}^{-1} = 268.34\text{J·K}^{-1}$$

则

$$\Delta(TS) = T_2S_2 - T_1S_1 = (900\times268.34 - 300\times229.42)\text{J} = 17.27\times10^4\text{J}$$

由例 3-2 得 $\Delta U = 1.50\times10^4\text{J}$，过程的亥姆霍兹函数变化为

$$\Delta A = \Delta U - \Delta(TS) = (1.50\times10^4 - 17.27\times10^4)\text{J} = -15.77\times10^4\text{J}$$

由例 3-2 得 $\Delta H = 2.49\times10^4\text{J}$，过程的吉布斯函数变化为

$$\Delta G = \Delta H - \Delta(TS) = (2.49\times10^4 - 17.27\times10^4)\text{J} = -14.78\times10^4\text{J}$$

3.7.2　相变过程的 ΔA 与 ΔG

相变可以分为可逆相变和不可逆相变，若相变过程在恒温下进行，在计算出过程的 ΔU、ΔH 和 ΔS 后，可以用式 $\Delta A = \Delta U - T\Delta S$ 及 $\Delta G = \Delta H - T\Delta S$ 计算相变过程的 ΔA 和 ΔG。

【例 3-13】 结合 2.9 节例 2-6 的中 ΔU 和 ΔH 计算结果，计算 3.4 节例 3-8 中的 ΔA 和 ΔG。

解 在 3.4 节例 3-8 中两条途径的始态和终态相同，A 函数和 G 函数是状态函数，因此它们的 ΔA 和 ΔG 应该是一样的。由 2.9 节例 2-6 得

$$\Delta U = 7.514\times10^4\text{J}, \Delta H = 8.134\times10^4\text{J}$$

由 3.4 节例 3-8 得

$$\Delta S = 217.98\text{J·K}^{-1}$$

因此

$$\Delta A = \Delta U - T\Delta S = (7.514\times10^4 - 373.15\times217.98)\text{J} = -6.2\times10^3\text{J}$$

$$\Delta G = \Delta H - T\Delta S = (8.134\times10^4 - 373.15\times217.98)\text{J} = 0$$

题中相变途径(1)是恒温、恒压条件下的相变，且 $W'=0$，符合吉布斯函数判据适用条件。因为计算所得 $\Delta G = 0$，所以途径(1)是可逆相变，这与熵判据的结果是一致的。途径(2)虽然 $\Delta G = 0$ 且恒温，但由于真空汽化不是恒压变化，因此，不能使用吉布斯函数判据，只能用熵判据判断过程的方向性，例 3-8 中已经判断出途径(2)是不可逆相变。

【例 3-14】 结合 2.9 节例 2-7 的中 ΔU 和 ΔH 计算结果，计算 3.4 节例 3-9 中的 ΔA 和 ΔG。

解 由 2.9 节例 2-7 得

$$\Delta U = -4.134 \times 10^4 \text{J}, \ \Delta H = -4.382 \times 10^4 \text{J}$$

由 3.4 节例 3-9 得

$$\Delta S = -118.41 \text{J} \cdot \text{K}^{-1}$$

因此

$$\Delta A = \Delta U - T\Delta S = (-4.134 \times 10^4 + 298.15 \times 118.41) \text{J} = -6.04 \times 10^3 \text{J}$$

$$\Delta G = \Delta H - T\Delta S = (-4.382 \times 10^4 + 298.15 \times 118.41) \text{J} = -8.52 \times 10^3 \text{J}$$

因为是恒温、恒压且 $W' = 0$ 的相变，过程的 $\Delta G = -8.52 \times 10^3 \text{J} < 0$，因此，根据吉布斯函数判据，过程自发进行，是不可逆相变。

在 3.4 节例 3-9 中水在 298.15K 时的平衡压力为 3.167kPa，还可以通过设计下列可逆途径，直接计算 ΔA 和 ΔG。

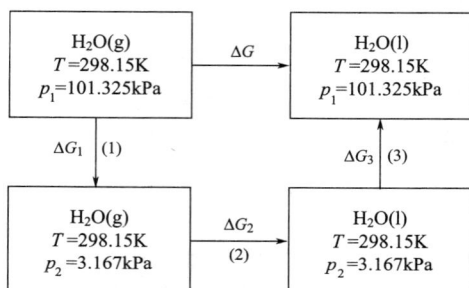

过程(1)是理想气体恒温变压，由式(3-53)得

$$\Delta G_1 = \int_{p_1}^{p_2} V_g \mathrm{d}p$$

过程(2)是在 298.15K 及其平衡压力 3.167kPa 下的恒温、恒压可逆相变过程，故

$$\Delta G_2 = 0$$

过程(3)是液体恒温变压，同样可以根据式(3-53)得

$$\Delta G_3 = \int_{p_2}^{p_1} V_l \mathrm{d}p$$

则

$$\Delta G = \Delta G_1 + \Delta G_2 + \Delta G_3 = \int_{p_1}^{p_2} V_g \mathrm{d}p + \int_{p_2}^{p_1} V_l \mathrm{d}p = \int_{p_1}^{p_2} (V_g - V_l) \mathrm{d}p$$

因为 $V_g \gg V_l$，所以

$$\Delta G = \int_{p_1}^{p_2} V_g \mathrm{d}p = \int_{p_1}^{p_2} \frac{nRT}{p} \mathrm{d}p = nRT \ln \frac{p_2}{p_1}$$

$$= \left(1 \times 8.314 \times 298.15 \times \ln \frac{3.167}{101.325} \right) \text{J}$$

$$= -8.59 \times 10^3 \text{J}$$

$$\Delta A = \Delta G - \Delta(pV) = \Delta G - p_1(V_l - V_g) \approx \Delta G + p_1 V_g = \Delta G + nRT$$

$$= (-8.59 \times 10^3 + 1 \times 8.314 \times 298.15) \text{J}$$

$$= -6.11 \times 10^3 \text{J}$$

可见，两种计算方法所得结果是相同的。

3.7.3 化学反应的 ΔA 与 ΔG

对于恒温、标准态下进行的化学反应

$$a\mathrm{A} + d\mathrm{D} + \cdots = e\mathrm{E} + f\mathrm{F} + \cdots$$

其吉布斯函数的变化值为

$$\Delta_\mathrm{r} G_\mathrm{m}^\ominus(T) = \Delta_\mathrm{r} H_\mathrm{m}^\ominus(T) - T\Delta_\mathrm{r} S_\mathrm{m}^\ominus(T) \tag{3-54}$$

式中，化学反应的标准摩尔焓变 $\Delta_\mathrm{r} H_\mathrm{m}^\ominus(T)$ 和标准摩尔熵变 $\Delta_\mathrm{r} S_\mathrm{m}^\ominus(T)$ 的计算，可以参考前面相关章节的内容。

同时，与利用物质的标准摩尔生成焓 $\Delta_\mathrm{f} H_\mathrm{m}^\ominus(\mathrm{B})$ 计算化学反应的标准摩尔反应焓变 $\Delta_\mathrm{r} H_\mathrm{m}^\ominus$ 一样，可以引入物质的标准摩尔生成吉布斯函数概念，以便计算化学反应的标准摩尔吉布斯函数变化值。

在温度为 T 的标准态下，由稳定的单质生成单位物质的量的 β 相态的化合物 B 时，化学反应的吉布斯函数变化，称为化合物 B(β) 在温度 T 时的标准摩尔生成吉布斯函数，用 $\Delta_\mathrm{f} G_\mathrm{m}^\ominus(\mathrm{B}, \beta, T)$ 表示，它的 SI 制单位为 $\mathrm{J \cdot mol^{-1}}$。常见物质在 298.15K 时的 $\Delta_\mathrm{f} G_\mathrm{m}^\ominus(\mathrm{B}, 298.15\mathrm{K})$ 数据，可从书中附录或化工手册中查到。明显地，稳定相态单质的 $\Delta_\mathrm{f} G_\mathrm{m}^\ominus(\mathrm{B}, 298.15\mathrm{K}) = 0$，由物质的 $\Delta_\mathrm{f} G_\mathrm{m}^\ominus(\mathrm{B}, 298.15\mathrm{K})$，可以直接通过下式计算化学反应在 298.15K 时的 $\Delta_\mathrm{r} G_\mathrm{m}^\ominus(298.15\mathrm{K})$。

$$\Delta_\mathrm{r} G_\mathrm{m}^\ominus(298.15\mathrm{K}) = [e\Delta_\mathrm{f} G_\mathrm{m}^\ominus(\mathrm{E}) + f\Delta_\mathrm{f} G_\mathrm{m}^\ominus(\mathrm{F}) + \cdots] - [a\Delta_\mathrm{f} G_\mathrm{m}^\ominus(\mathrm{A}) + d\Delta_\mathrm{f} G_\mathrm{m}^\ominus(\mathrm{D}) + \cdots]$$

即

$$\Delta_\mathrm{r} G_\mathrm{m}^\ominus(298.15\mathrm{K}) = \sum_\mathrm{B} \nu_\mathrm{B} \Delta_\mathrm{f} G_\mathrm{m}^\ominus(\mathrm{B}, 298.15\mathrm{K}) \tag{3-55}$$

上式表明，298.15K 时化学反应的标准摩尔吉布斯函数的变化值，等于产物的标准摩尔生成吉布斯函数的代数和减去反应物的标准摩尔生成吉布斯函数的代数和。

另外，若几个化学反应有内在的联系，即可以进行代数运算时，可以效仿运用盖斯定律计算化学反应焓变的方法，来计算化学反应的 $\Delta_\mathrm{r} G_\mathrm{m}^\ominus$。这将在第 5 章作详细介绍。

计算得到了化学反应的 $\Delta_\mathrm{r} G_\mathrm{m}^\ominus$，可以通过下式计算化学反应的标准摩尔亥姆霍兹函数变化值，即

$$\Delta_\mathrm{r} A_\mathrm{m}^\ominus = \Delta_\mathrm{r} G_\mathrm{m}^\ominus - \Delta_\mathrm{r}(pV) \tag{3-56}$$

若是恒温反应，则

$$\Delta_\mathrm{r} A_\mathrm{m}^\ominus = \Delta_\mathrm{r} G_\mathrm{m}^\ominus - \sum_\mathrm{B} \nu_{\mathrm{B, g}} RT \tag{3-57}$$

3.8 热力学基本方程式与麦克斯韦关系式

在前面所讨论的热力学函数中，除了热 Q 和体积功 W 是途径函数外，其余的都是状态函数，如 p、V、T 和 U、H、S、A、G 等。所列举的前三个热力学状态函数，都可以用实验手段直接测定，而后面五个热力学状态函数则无法直接测定。从后五个热力学状态函数的用途来看，U 和 H 主要用于系统能量之间转化的计算，S、A 和 G 致力于判断过程的方向和限度。

热力学能 U 和熵 S 分别是热力学第一定律和热力学第二定律的必然产物，它们具有明

确的物理意义。而热力学状态函数 H、A 和 G，都是为了处理问题的方便，由相应的状态函数 p、V、T、U 和 S 组合、定义而成，没有任何物理意义。但是，在特定的条件下，当系统状态发生改变时，这些组合而成的状态函数的变化量 ΔH、ΔA 和 ΔG 等于过程的热、体积功和非体积功，并表现出明确的物理意义。因此，寻找出各函数之间的内在联系，特别是如能用可以直接测定的函数表述出不可直接测定的函数的变化量，对处理具体问题意义重大，所以确立函数之间的关系极为必要。

若 z 是以 x，y 为独立变量的函数，即 $z=z(x，y)$，其全微分为

$$\mathrm{d}z = \left(\frac{\partial z}{\partial x}\right)_y \mathrm{d}x + \left(\frac{\partial z}{\partial y}\right)_x \mathrm{d}y = M\mathrm{d}x + N\mathrm{d}y$$

$M = \left(\dfrac{\partial z}{\partial x}\right)_y$，$N = \left(\dfrac{\partial z}{\partial y}\right)_x$ 称为系数。由于

$$\left(\frac{\partial M}{\partial y}\right)_x = \left[\frac{\partial}{\partial y}\left(\frac{\partial z}{\partial x}\right)_y\right]_x，\left(\frac{\partial N}{\partial x}\right)_y = \left[\frac{\partial}{\partial x}\left(\frac{\partial z}{\partial y}\right)_x\right]_y$$

且

$$\frac{\partial^2 z}{\partial x \partial y} = \left[\frac{\partial}{\partial x}\left(\frac{\partial z}{\partial y}\right)_x\right]_y = \left[\frac{\partial}{\partial y}\left(\frac{\partial z}{\partial x}\right)_y\right]_x$$

所以

$$\left(\frac{\partial M}{\partial y}\right)_x = \left(\frac{\partial N}{\partial x}\right)_y$$

这些数学知识是讨论热力学函数对应系数关系式和麦克斯韦关系式的基础。

3.8.1 热力学基本方程式

在组成不变的封闭系统中，发生一个 $\delta W' = 0$ 的、微小的可逆变化过程，其热力学第一定律表达式为

$$\mathrm{d}U = \delta Q_r + \delta W_r = \delta Q_r - p\mathrm{d}V$$

根据热力学第二定律，可逆过程的热为

$$\delta Q_r = T\mathrm{d}S$$

所以

$$\mathrm{d}U = T\mathrm{d}S - p\mathrm{d}V \tag{3-58}$$

由焓的定义式 $H = U + pV$ 得

$$\mathrm{d}H = \mathrm{d}U + \mathrm{d}(pV) = \mathrm{d}U + p\mathrm{d}V + V\mathrm{d}p$$

将式(3-58)代入上式，整理得

$$\mathrm{d}H = T\mathrm{d}S + V\mathrm{d}p \tag{3-59}$$

由亥姆霍兹函数的定义式 $A = U - TS$ 得

$$\mathrm{d}A = \mathrm{d}U - \mathrm{d}(TS) = \mathrm{d}U - T\mathrm{d}S - S\mathrm{d}T$$

将式(3-58)代入上式，整理得

$$\mathrm{d}A = -S\mathrm{d}T - p\mathrm{d}V \tag{3-60}$$

由吉布斯函数的定义式 $G = H - TS$ 得

$$\mathrm{d}G = \mathrm{d}H - \mathrm{d}(TS) = \mathrm{d}H - T\mathrm{d}S - S\mathrm{d}T$$

将式(3-59)代入上式，整理得

$$\mathrm{d}G = -S\mathrm{d}T + V\mathrm{d}p \tag{3-61}$$

式(3-58)～式(3-61)四个公式称为热力学基本方程。其中，式(3-58)是热力学第一定律和热

力学第二定律的联合公式，包含了热力学第一定律和热力学第二定律的基本原理，正因为如此，它是四个热力学基本方程中最基本的。

式(3-59)～式(3-61)三个热力学基本方程是由式(3-58)衍生得出，因此，它们与最基本的热力学方程的适用条件是相同的。尽管在导出式(3-58)这个热力学基本方程时，引用了"组成不变的封闭系统、$\delta W' = 0$ 和可逆变化"三个条件，但是四个基本方程中的 p、V、T、S、U、H、A、G 都是状态函数，状态函数的变化量只取决于始态、终态。所以，在应用热力学基本方程计算状态函数的变化量时，只有前两个条件是必不可少的，而与过程是否可逆无关。但只有在可逆过程中，$T\mathrm{d}S$ 才代表可逆热 δQ_r，$-p\mathrm{d}V$ 才代表可逆体积功 δW_r。

"组成不变的封闭系统"对有化学反应和相变化存在的封闭系统，若发生的是可逆化学反应和可逆相变，仍可视为组成不变，四个热力学基本方程依然适用。若发生的是不可逆化学反应或不可逆相变，系统组成发生了改变，热力学基本方程就不再适用，否则将得出错误的结论。例如，在 $101.325\mathrm{kPa}$、$-5℃$ 条件下，$-5℃$ 的过冷水结成相同温度、相同压力的冰是自发过程，这是不争的事实。虽然过程的 $\mathrm{d}T=0$、$\mathrm{d}p=0$，由式(3-61)也可以得到 $\mathrm{d}G=0$，根据吉布斯函数判据可知，上述过程为可逆相变。显然，这是一个错误的结论，其原因是在应用热力学基本方程式(3-61)时，忽略了适用条件中的"组成不变的封闭系统"。因为水结为冰的过程，系统中液体水和固体冰的物质的量都发生了变化，是"组成改变的封闭系统"，此时根本不能用式(3-61)计算过程的 $\mathrm{d}G$。

在四个热力学基本方程中，式(3-61)是最常用的，在恒温时，式(3-61)变为

$$\mathrm{d}G = V\mathrm{d}p$$

积分，得

$$\Delta G = \int_{p_1}^{p_2} V\mathrm{d}p$$

可见，上式适用于 $\delta W'=0$、组成不变的封闭系统中进行的恒温变化过程，不管是理想气体，还是非理想气体或凝聚态物质。这很好地解释了 3.7 节中由理想气体恒温变化过程导出的式(3-53)，同样适用于非理想气体或凝聚态物质恒温变化过程 ΔG 的计算。

对于凝聚态物质的恒温变压过程，一方面其体积 V 随压力变化甚微，可以认为是不变的常数，所以 $\Delta G = \int_{p_1}^{p_2} V\mathrm{d}p = V(p_2 - p_1) = V\Delta p$；另一方面，凝聚态物质的体积 V 本身就很小，在系统压力变化不大时，可以忽略压力对吉布斯函数的影响，即 $\Delta G \approx 0$。

3.8.2　对应系数关系式

由式(3-58)可以发现，热力学能 U 是熵 S 与体积 V 的函数，即 $U=U(S,V)$，则热力学能的全微分为

$$\mathrm{d}U = \left(\frac{\partial U}{\partial S}\right)_V \mathrm{d}S + \left(\frac{\partial U}{\partial V}\right)_S \mathrm{d}V$$

将上式与热力学基本方程式(3-58)比较，依照对应项相等原则，有

$$T = \left(\frac{\partial U}{\partial S}\right)_V, \qquad p = -\left(\frac{\partial U}{\partial V}\right)_S \tag{3-62}$$

用同样的方法，由另外三个热力学基本方程可以分别得出

$$T = \left(\frac{\partial H}{\partial S}\right)_p, \qquad V = \left(\frac{\partial H}{\partial p}\right)_S \tag{3-53}$$

$$S = -\left(\frac{\partial A}{\partial T}\right)_V, \qquad p = -\left(\frac{\partial A}{\partial V}\right)_T \tag{3-64}$$

$$S = -\left(\frac{\partial G}{\partial T}\right)_p, \qquad V = \left(\frac{\partial G}{\partial p}\right)_T \tag{3-65}$$

式(3-62)～式(3-65)称为对应系数关系式，表达的是四个具有能量单位的状态函数(U、H、A、G)在恒定一个独立变量的条件下随另一个独立变量的变化率。利用对应系数关系式，既可以判断状态函数随独立变量变化的升降情况，又可以对有些状态函数的变化值进行计算。例如，$S = -(\partial A/\partial T)_V$，因 S 恒大于零，故恒容时随着温度 T 的升高，系统的亥姆霍兹函数 A 一定降低。又如，根据 $V = (\partial G/\partial p)_T$，可以计算恒温下改变压力时系统的吉布斯函数变化值 ΔG 等。

应用热力学函数对应系数关系式，可以推导出如下两个重要的关系式：

$$\left[\frac{\partial(G/T)}{\partial T}\right]_p = \frac{T(\partial G/\partial T)_p - G}{T^2} = \frac{T(-S) - G}{T^2} = -\frac{H}{T^2}$$

即

$$\left[\frac{\partial(G/T)}{\partial T}\right]_p = -\frac{H}{T^2} \tag{3-66}$$

同理可以得

$$\left[\frac{\partial(A/T)}{\partial T}\right]_V = -\frac{U}{T^2} \tag{3-67}$$

式(3-66)和式(3-67)称为吉布斯-亥姆霍兹方程，它们是讨论温度对化学平衡影响的理论基础。

对于 U、H、S、A 和 G 等热力学函数，只要其独立变量选择合适，利用热力学函数对应系数关系式，就可以由一个已知的热力学函数及其独立变量表述出所有其他热力学函数，从而可以把一个热力学体系的平衡性质完全确定下来。这个已知的热力学函数就称为特性函数，所选择的独立变量就称为该特性函数的特征变量。常用的特性函数所对应的特征变量见表 3-1。

表 3-1　特性函数及其特征变量

特性函数	U	H	S	A	G
特征变量	S,V	S,p	H,p	T,V	T,p

例如，G 是以 T、p 为独立变量的特性函数，T 和 p 就是特征变量，如果给出了特性函数 $G = G(T, p)$ 的具体函数表达式，可以导出都是以 T 和 p 为变量的其他热力学函数。由式(3-65)得

$$S = -\left(\frac{\partial G}{\partial T}\right)_p, \qquad V = \left(\frac{\partial G}{\partial p}\right)_T$$

根据吉布斯函数的定义式，可以得出焓

$$H = G + TS = G - T\left(\frac{\partial G}{\partial T}\right)_p$$

同样，由焓的定义式得出热力学能

$$U = H - pV = G - T\left(\frac{\partial G}{\partial T}\right)_p - p\left(\frac{\partial G}{\partial p}\right)_T$$

根据亥姆霍兹函数与吉布斯函数的关系式，得

$$A = G - pV = G - p\left(\frac{\partial G}{\partial p}\right)_T$$

可见，其他热力学函数都表示成了只与特性函数 G 及其特征变量 T 和 p 有关的函数关系。

3.8.3 麦克斯韦关系式

根据热力学基本方程 $dU = TdS - pdV$，联系本节开始时的数学知识，得

$$\left(\frac{\partial T}{\partial V}\right)_S = -\left(\frac{\partial p}{\partial S}\right)_V \tag{3-68}$$

由热力学基本方程 $dH = TdS + Vdp$，得

$$\left(\frac{\partial T}{\partial p}\right)_S = \left(\frac{\partial V}{\partial S}\right)_p \tag{3-69}$$

由热力学基本方程 $dA = -SdT - pdV$，得

$$\left(\frac{\partial S}{\partial V}\right)_T = \left(\frac{\partial p}{\partial T}\right)_V \tag{3-70}$$

由热力学基本方程 $dG = -SdT + Vdp$，得

$$-\left(\frac{\partial S}{\partial p}\right)_T = \left(\frac{\partial V}{\partial T}\right)_p \tag{3-71}$$

式（3-68）～式（3-71）称为麦克斯韦关系式，它们表示了组成不变的封闭系统在平衡时的一些偏微分商之间的关系。根据麦克斯韦关系式，可以用易于实验直接测定的量，如 p、V、T 将不能用实验直接测定的量表示出来。例如，式（3-70）中左侧恒温时熵随体积的变化率无法直接测量，但公式右侧恒容时压力随温度的变化率极容易由实验直接测定。

麦克斯韦（J. C. Maxwell，1831—1879） 英国物理学家，经典电磁理论的创始人，统计物理学的奠基人之一。麦克斯韦 1831 年生于苏格兰的爱丁堡，1854 年以优异成绩毕业于剑桥大学并留校工作两年，1856 年任苏格兰阿伯丁的马里沙耳学院的自然哲学教授，1859 年他用统计方法导出了处于热平衡态中的气体分子的"麦克斯韦速率分布"。1860 年经法拉第举荐，麦克斯韦任伦敦国王学院自然哲学和天文学教授，1861 年选为英国皇家学会会员。1871 年，麦克斯韦受聘剑桥大学新设立的卡文迪什试验物理学教授，负责筹建著名的卡文迪什实验室，1873 年出版经典名著《论电和磁》（被尊为继牛顿《自然哲学的数学原理》之后的最重要的物理学著作）。1874 年卡文迪什实验室建成，麦克斯韦被任命为该实验室第一任主任，直到 1879 年 11 月 5 日在剑桥逝世。麦克斯韦被普遍认为是对 20 世纪最有影响力的 19 世纪物理学家。

【例 3-15】 某实际气体状态方程为 $p(V - nb) = nRT$，b 为与气体本性有关但与温度无关的常数。试证明：恒温变化时，系统的热力学能与体积变化无关。

证明 根据热力学基本方程，得

$$dU = TdS - pdV$$

等式两边在恒温条件下同时除以 dV，则

$$\left(\frac{\partial U}{\partial V}\right)_T = T\left(\frac{\partial S}{\partial V}\right)_T - p$$

将麦克斯韦关系式 $(\partial S/\partial V)_T = (\partial p/\partial T)_V$ 代入上式，有

$$\left(\frac{\partial U}{\partial V}\right)_T = T\left(\frac{\partial p}{\partial T}\right)_V - p \tag{3-72}$$

上式为实际气体恒温变化时热力学能的计算公式。

因为 $p(V-nb)=nRT$，即 $p=\dfrac{nRT}{V-nb}$ 代入上式，得

$$\left(\frac{\partial U}{\partial V}\right)_T = T\left[\partial\left(\frac{nRT}{V-nb}\right)\big/\partial T\right]_V - \frac{nRT}{V-nb}$$

$$= T\frac{nR}{V-nb} - \frac{nRT}{V-nb}$$

$$= 0$$

系统的热力学能包括动能与位能两部分，温度恒定，动能不变。而位能与分子间作用力大小和分子距离远近有关，题中所给状态方程表明，该实际气体没有分子间作用力，因此尽管系统体积发生变化，即分子间距离有变化，但是，位能保持不变。所以，恒温变化时系统的热力学能与体积变化无关。

【例 3-16】 某实际气体状态方程为 $pV(1-ap)=nRT$，a 为与气体本性有关但与温度无关的常数。试证明：恒温变化时，系统的焓与压力变化无关。

证明 根据热力学基本方程，得

$$dH = TdS + Vdp$$

等式两边在恒温条件下同时除以 dp，则

$$\left(\frac{\partial H}{\partial p}\right)_T = T\left(\frac{\partial S}{\partial p}\right)_T + V$$

将麦克斯韦关系式 $(\partial S/\partial p)_T = -(\partial V/\partial T)_p$ 代入上式，有

$$\left(\frac{\partial H}{\partial p}\right)_T = -T\left(\frac{\partial V}{\partial T}\right)_p + V \tag{3-73}$$

上式为实际气体恒温变化时焓的计算公式。

因为 $pV(1-ap)=nRT$，即 $V=\dfrac{nRT}{p(1-ap)}$ 代入上式，得

$$\left(\frac{\partial H}{\partial p}\right)_T = -T\left[\partial\left(\frac{nRT}{p(1-ap)}\right)\big/\partial T\right]_p + \frac{nRT}{p(1-ap)}$$

$$= -T\frac{nR}{p(1-ap)} + \frac{nRT}{p(1-ap)}$$

$$= 0$$

因此，可以通过热力学基本方程，利用麦克斯韦关系式，把实验不能直接测量的参数转换为实验可以直接测量的参数，对实际气体的热力学能、焓的变化值进行计算。而实际气体恒温变化过程的熵变，可以通过麦克斯韦关系式(3-70)和式(3-71)直接计算，即

$$\Delta S = \int_{V_1}^{V_2}\left(\frac{\partial p}{\partial T}\right)_V dV \tag{3-74}$$

或

$$\Delta S = -\int_{p_1}^{p_2}\left(\frac{\partial V}{\partial T}\right)_p dp \tag{3-75}$$

【例 3-17】 若例 3-15 中有 1mol 该实际气体在恒定温度 T 下，压力由 p_1 变化到 p_2，

求过程的熵变 ΔS。

解 由实际气体的状态方程得

$$p = \frac{nRT}{V - nb} = \frac{RT}{V - b} \qquad (n = 1\text{mol})$$

代入式(3-74)，有

$$\Delta S = \int_{V_1}^{V_2} \left[\partial \left(\frac{RT}{V-b} \right) / \partial T \right]_V \mathrm{d}V = \int_{V_1}^{V_2} \frac{R}{V-b} \mathrm{d}V = R\ln\frac{V_2 - b}{V_1 - b}$$

因为

$$\frac{p_2}{p_1} = \frac{RT}{V_2 - b} \bigg/ \frac{RT}{V_1 - b} = \frac{V_1 - b}{V_2 - b}$$

所以

$$\Delta S = -R\ln\frac{p_2}{p_1}$$

另外，该题也可以通过式(3-75)计算，由实际气体的状态方程得

$$V = \frac{nRT}{p} + nb = \frac{RT}{p} + b \qquad (\because n = 1\text{mol})$$

代入式(3-75)，有

$$\Delta S = -\int_{p_1}^{p_2} \left[\partial \left(\frac{RT}{p} + b \right) / \partial T \right]_p \mathrm{d}p = -\int_{p_1}^{p_2} \frac{R}{p} \mathrm{d}p = -R\ln\frac{p_2}{p_1}$$

可见，两个公式计算的结果是相同的。而例 3-16 只能用式(3-75)计算计算过程的熵变 ΔS，因为该题所给的状态方程，V 用 p、T 很方便就能表示出函数关系，而 p 关于 V、T 的函数关系不易表示。

【例 3-18】 在一定压力范围内，O_2 的 pVT 行为遵循 $pV_m(1 - ap) = RT$，其中常数 $a = -9.28 \times 10^{-9}\text{Pa}^{-1}$。试计算在 298.15K、101.325kPa 下按理想气体处理的规定熵 $S_m(\text{pg})$ 与在相同的温度、压力下按实际气体处理的规定熵 $S_m(\text{rg})$ 之间的差值 ΔS_m。

解 因为实际气体在 $p \to 0$ 时的行为与 $p \to 0$ 时的理想气体是一样的，因此，可以设计下列途径。

1mol H₂(rg) $T = 298$K $p = 101.325$kPa	$\xrightarrow{\Delta S_m}$	1mol H₂(pg) $T = 298$K $p = 101.325$kPa
$\Delta S_{m,1}$ (1) $\downarrow$		$\uparrow$ $\Delta S_{m,3}$ (3)
1mol H₂(rg) $T = 298$K $p \to 0$	$\xrightarrow[(2)]{\Delta S_{m,2}}$	1mol H₂(pg) $T = 298$K $p \to 0$

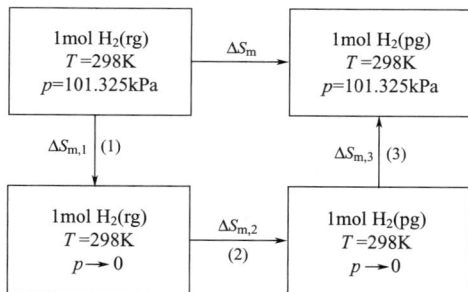

过程(1)是实际气体在 298.15K 时，压力由 $p = 101.325\text{kPa}$ 变到 $p \to 0$，$V_m = \dfrac{RT}{p(1 - ap)}$，由式(3-75)过程熵变为

$$\Delta S_{m,1} = -\int_p^0 \left(\frac{\partial V_m}{\partial T} \right)_p \mathrm{d}p = -\int_p^0 \frac{R}{p(1 - ap)} \mathrm{d}p = -R\int_p^0 \left(\frac{1}{p} + \frac{a}{1 - ap} \right) \mathrm{d}p$$

过程(2)是实际气体在 298.15K、$p \to 0$ 时变为 298.15K，$p \to 0$ 时的理想气体，两者相当于同一状态，熵变为

$$\Delta S_{m,2} = 0$$

过程(3)是理想气体在 298.15K 时，压力由 $p \to 0$ 变到 $p = 101.325$kPa，$V_m = \dfrac{RT}{p}$ ，过程熵变为

$$\Delta S_{m,3} = -\int_0^p \frac{R}{p} dp = \int_p^0 \frac{R}{p} dp$$

$$\Delta S_m = S_m(pg) - S_m(rg) = \Delta S_{m,1} + \Delta S_{m,2} + \Delta S_{m,3}$$

$$= -R \int_p^0 \left(\frac{1}{p} + \frac{a}{1-ap} \right) dp + 0 + \int_p^0 \frac{R}{p} dp$$

$$= -R \int_p^0 \frac{a}{1-ap} dp$$

$$= R \ln \frac{1}{1-ap}$$

$$= \left(8.314 \times \ln \frac{1}{1 + 9.28 \times 10^{-9} \times 101.325 \times 10^3} \right) \text{J} \cdot \text{K}^{-1} \cdot \text{mol}^{-1}$$

$$= -7.814 \times 10^{-3} \text{J} \cdot \text{K}^{-1} \cdot \text{mol}^{-1}$$

计算结果表明，在相同的温度和压力下实际气体变为理想气体过程中的熵变很小，这一过程的熵变可以忽略不计。

3.9　热力学第二定律在单组分系统相平衡中的应用

热力学基本方程充分反映了热力学状态函数之间的内在联系，本节以吉布斯函数判据和吉布斯函数变量的热力学基本方程为基础，导出单组分系统两相平衡时系统的温度与其平衡压力之间的函数关系。

3.9.1　克拉佩龙方程

设在恒定温度 T 及其平衡压力 p 下，纯物质 B 的 α 相与 β 相处于平衡状态，即

$$B(\alpha, T, p) \Longleftrightarrow B(\beta, T, p)$$

根据吉布斯函数判据，恒温、恒压下 α 相与 β 相处于平衡状态时，相变过程的 $\Delta G = 0$，也就是

$$G(\alpha) = G(\beta)$$

若将平衡温度 T 增加 dT ，则对应的平衡压力 p 必然相应增加 dp ，以维持系统仍然处于新的平衡状态。这样，系统两相的吉布斯函数相应也要发生微小的改变，还是依据吉布斯函数判据，微小的变化值仍然相等，即

$$dG(\alpha) = dG(\beta)$$

在 α 相与 β 相中分别应用吉布斯函数的热力学基本方程式，得

$$-S(\alpha)dT + V(\alpha)dp = -S(\beta)dT + V(\beta)dp$$

则

$$\frac{dp}{dT} = \frac{S(\beta) - S(\alpha)}{V(\beta) - V(\alpha)} = \frac{\Delta_\alpha^\beta S}{\Delta_\alpha^\beta V} = \frac{\Delta_\alpha^\beta S_m}{\Delta_\alpha^\beta V_m}$$

由于相平衡时

$$\Delta_\alpha^\beta S_m = \frac{\Delta_\alpha^\beta H_m}{T}$$

所以

$$\frac{dp}{dT} = \frac{\Delta_\alpha^\beta H_m}{T\Delta_\alpha^\beta V_m} \tag{3-76}$$

上式称为克拉佩龙方程，是克拉佩龙于 1839 年利用一个无穷小的卡诺循环方法推导得到的。克拉佩龙方程表示，单组分系统两相平衡时的压力随温度的变化率，与此时的摩尔相变焓成正比，而与温度和相变过程的摩尔体积变化量的乘积成反比。在导出克拉佩龙方程过程中未作任何假设，它对任何纯物质的两相平衡都适用，如固-气间的升华、液-气间的蒸发、固-液间的熔化及不同晶型间的转变等。

dp/dT 的大小及正负与各种物质自身的性质、相变的类型有关。升华、蒸发过程中，平衡压力 p 分别指的是温度 T 时固体的饱和蒸气压和液体的饱和蒸气压，所有物质的这两种相变过程的 $\Delta_\alpha^\beta H_m > 0$，$\Delta_\alpha^\beta V_m > 0$，故 $dp/dT > 0$，即固-气、液-气两相平衡时的饱和蒸气压 p 随温度 T 的升高一定升高。大多数物质固体熔化为液体时，其 $\Delta_s^l H_m > 0$，$\Delta_s^l V_m > 0$，故 $dp/dT > 0$，因此它们的熔点温度同样随着压力的增加而升高；但是对于 101.325kPa、273.15K 时的冰-水平衡系统，由于 $\Delta_s^l H_m > 0$，而 $\Delta_s^l V_m < 0$，故 $dp/dT < 0$，即冰-水平衡时的蒸气压随温度升高而降低。

对于固-液相变和晶型转变过程，在压力变化不大时，$\Delta_\alpha^\beta H_m$ 和 $\Delta_\alpha^\beta V_m$ 可以视为常数，由式(3-76)得

$$\frac{dT}{T} = \frac{\Delta_\alpha^\beta V_m}{\Delta_\alpha^\beta H_m} dp$$

积分上式，则

$$\int_{T_1}^{T_2} \frac{dT}{T} = \int_{p_1}^{p_2} \frac{\Delta_\alpha^\beta V_m}{\Delta_\alpha^\beta H_m} dp$$

所以

$$\ln\frac{T_2}{T_1} = \frac{\Delta_\alpha^\beta V_m}{\Delta_\alpha^\beta H_m}(p_2 - p_1) \tag{3-77}$$

【例 3-19】 101.325kPa 时水的凝固点温度为 0℃，此时水和冰的密度分别为 $\rho_1 = 999.8 \text{kg} \cdot \text{m}^{-3}$、$\rho_s = 916.8 \text{kg} \cdot \text{m}^{-3}$，冰的摩尔熔化焓 $\Delta_{fus} H_m = 6003 \text{J} \cdot \text{mol}^{-1}$。试求外压为 10MPa 时水的凝固点。

解 由式(3-77)得

$$\ln\frac{T_2}{T_1} = \frac{\Delta_{fus} V_m}{\Delta_{fus} H_m}(p_2 - p_1)$$

冰融化为水时的摩尔体积变化为

$$\begin{aligned}
\Delta_{fus} V_m &= V_{m,l} - V_{m,s} \\
&= \left(\frac{18.0153 \times 10^{-3}}{999.8} - \frac{18.0153 \times 10^{-3}}{916.8}\right) \text{m}^3 \cdot \text{mol}^{-1} \\
&= -1.6313 \times 10^{-6} \text{m}^3 \cdot \text{mol}^{-1}
\end{aligned}$$

将数据代入公式，得

$$\ln\frac{T_2}{273.15\text{K}} = \frac{-1.6313 \times 10^{-6}}{6003} \times (10 \times 10^6 - 101.325 \times 10^3)$$

解得

$$T_2 = 272.42\text{K}$$

即外压为 10MPa 时水的凝固点为

$$
\begin{aligned}
t_2 &= (272.42 - 273.15)\ ℃ \\
&= -0.73℃
\end{aligned}
$$

3.9.2　克劳修斯-克拉佩龙方程

将克拉佩龙方程应用于气-液平衡和气-固平衡，经过合理的近似处理后，可以得到气-液、气-固平衡时饱和蒸气压与温度的定量关系式，即克劳修斯-克拉佩龙方程。现以气-液平衡为例，即 $B(l) \rightleftharpoons B(g)$，其克拉佩龙方程为

$$\frac{\mathrm{d}p}{\mathrm{d}T} = \frac{\Delta_{\mathrm{vap}}H_{\mathrm{m}}}{T\Delta_{\mathrm{vap}}V_{\mathrm{m}}} \tag{3-78}$$

在温度远低于临界温度时，蒸气的摩尔体积 $V_{\mathrm{m}}(\mathrm{g})$ 远远大于液体的摩尔体积 $V_{\mathrm{m}}(l)$，故 $\Delta_{\mathrm{vap}}V_{\mathrm{m}} = V_{\mathrm{m}}(\mathrm{g}) - V_{\mathrm{m}}(l) \approx V_{\mathrm{m}}(\mathrm{g})$。假设蒸气为理想气体，则 $\Delta_{\mathrm{vap}}V_{\mathrm{m}} = V_{\mathrm{m}}(\mathrm{g}) = RT/p$，代入式(3-78)，整理得

$$\frac{\mathrm{d}\ln p}{\mathrm{d}T} = \frac{\Delta_{\mathrm{vap}}H_{\mathrm{m}}}{RT^2} \tag{3-79}$$

上式为气-液平衡时克劳修斯-克拉佩龙方程(简称克-克方程)的微分式。

在温度变化不大时，假设摩尔蒸发焓 $\Delta_{\mathrm{vap}}H_{\mathrm{m}}$ 不随温度变化，积分上式，得

$$\ln p = -\frac{\Delta_{\mathrm{vap}}H_{\mathrm{m}}}{R} \times \frac{1}{T} + C \tag{3-80}$$

上式为气-液平衡时克劳修斯-克拉佩龙方程的不定积分形式，其定积分形式为

$$\ln\frac{p_2}{p_1} = -\frac{\Delta_{\mathrm{vap}}H_{\mathrm{m}}}{R}\left(\frac{1}{T_2} - \frac{1}{T_1}\right) \tag{3-81}$$

式中，$\Delta_{\mathrm{vap}}H_{\mathrm{m}}$ 为液体蒸发时的摩尔蒸发焓，推导积分公式时对它作了不随温度变化假设，严格而言它与温度有关。当温度趋近于临界温度时，$\Delta_{\mathrm{vap}}H_{\mathrm{m}}$ 将趋近于零，即 $\Delta_{\mathrm{vap}}H_{\mathrm{m}}$ 随温度升高而下降。但是，在远离临界温度且温度变化不大时，克劳修斯-克拉佩龙方程能较为满意地符合饱和蒸气压与温度的定量关系。

运用同样的方法，可以得到形式与式(3-79)～式(3-81)相同的、气-固平衡时的克劳修斯-克拉佩龙方程，只要将气-液平衡方程式中的摩尔蒸发焓 $\Delta_{\mathrm{vap}}H_{\mathrm{m}}$ 换成气-固平衡时的摩尔升华焓 $\Delta_{\mathrm{sub}}H_{\mathrm{m}}$ 就可以。例如气-固平衡时的克劳修斯-克拉佩龙方程的不定积公式为

$$\ln p = -\frac{\Delta_{\mathrm{sub}}H_{\mathrm{m}}}{R} \times \frac{1}{T} + C \tag{3-82}$$

通过实验，可以测定某液体或固体一组不同温度下的饱和蒸气压数据，根据式(3-80)和式(3-82)，用 $\ln p$ 对 $\frac{1}{T}$ 作图，由所得直线的斜率及截距可以求出液体的摩尔蒸发焓 $\Delta_{\mathrm{vap}}H_{\mathrm{m}}$ 或固体的摩尔升华焓 $\Delta_{\mathrm{sub}}H_{\mathrm{m}}$ 和积分常数 C。

式(3-81)是克劳修斯-克拉佩龙方程的定积分形式，它是由摩尔蒸发焓、两个温度和温度所对应的两个平衡压力所构成的一个五参数方程，已知其中四个参数，就能计算最后一个物理量。

3.9.3　外压与液体饱和蒸气压的关系

液体具有饱和蒸气压，是液体的本性。在 1.4 节中已经定义了液体置于真空容器时的饱

和蒸气压，真空容器中液体上方除了液体自身的蒸气外别无他物，此时气-液平衡时蒸气的压力对液体而言就是外压。但是，若把液体置于盛有气体（不溶于该液体）的容器中而不是真空容器中，例如最常见的气体为空气（不溶于该液体），则大气的压力是构成气-液平衡时液体上方外压的一部分，此时液体的蒸气压相应会有所改变，即液体的蒸气压与它所处的环境压力有关。

液体的饱和蒸气压是液体与其自身蒸气达成两相平衡时蒸气的压力。设在温度 T 时，将液体 B 置于真空容器中，气-液达到平衡时，液体的饱和蒸气压为 p_B^*，液体上方气体对液体的压力也为 p_B^*，此时相当于外压 $p_{amb} = p_B^*$。若在相同的温度时，将该液体置于已盛有气体 C（不溶于液体 B）的容器中，当液体 B 与其蒸气达到气-液平衡时，液体的饱和蒸气压为 p_B，液体上方对液体的压力为自身的蒸气压 p_B 与气体 C 的分压 p_C 之和，即外压为 $p_{amb} = p_B + p_C$。

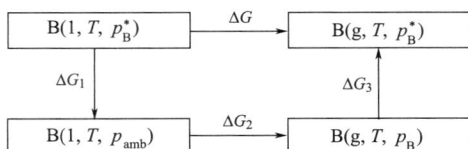

因为吉布斯函数是状态函数，所以

$$\Delta G = \Delta G_1 + \Delta G_2 + \Delta G_3$$

真空容器中，液体 B 在温度 T 及其平衡压力 p_B^* 下达成气-液两相平衡，由吉布斯函数判据得到 $\Delta G = 0$。途径设计中的状态 B(l, T, p_{amb})，p_{amb} 代表的是液体上方气体的总压，而 B 的分压为此时的饱和蒸气压 p_B，B(l, T, p_{amb}) → B(g, T, p_B) 实际上是在温度 T 和外压 p_{amb} 下，液体 B 在温度 T 及其平衡压力 p_B 下与气体 B 达成气-液平衡，根据吉布斯函数判据，故 $\Delta G_2 = 0$。

B(l, T, p_B^*) → B(l, T, p_{amb}) 是液体恒温变压过程，吉布斯函数变化值为

$$\Delta G_1 = \int_{p_B^*}^{p_{amb}} V(l) dp$$

B(g, T, p_B) → B(g, T, p_B^*) 是气体恒温变压过程，吉布斯函数变化值为

$$\Delta G_3 = \int_{p_B}^{p_B^*} V(g) dp$$

所以

$$\int_{p_B^*}^{p_{amb}} V(l) dp + \int_{p_B}^{p_B^*} V(g) dp = 0$$

若压力变化不大时，$V(l)$ 视为常数，蒸气视为理想气体，则

$$V(l)(p_{amb} - p_B^*) + nRT \ln \frac{p_B^*}{p_B} = 0$$

所以

$$\ln \frac{p_B}{p_B^*} = \frac{V_m(l)}{RT}(p_{amb} - p_B^*) \tag{3-83}$$

这是液体的蒸气压随外压变化的关系式。式中，p_B^* 是指液体 B 在温度 T 时没有其他气体存在的真空容器中的蒸气压，是液体的特性常数；p_B 是在容器中有其他气体存在，即液体上方的外压为 p_{amb} 时的蒸气压，它随着外压的改变而改变。当 $p_{amb} = p_B^*$ 时，意味着是没有

其他气体存在的真空容器，由式(3-83)可知此时 $p_B = p_B^*$ ；当容器中存在其他气体，则 $p_{amb} > p_B^*$ ，必然有 $p_B > p_B^*$ ，即有外压存在时液体的蒸气压总是大于真空条件下定义的蒸气压 p_B^* 。

在恒定温度 T 下，对式(3-83)两边求导，得

$$\frac{dp_B}{p_B} = \frac{V_m(l)}{RT} dp_{amb}$$

则

$$\frac{dp_B}{dp_{amb}} = \frac{V_m(l)}{RT/p_B} = \frac{V_m(l)}{V_m(g)} \tag{3-84}$$

此式表明，液体的蒸气压 p_B 随着外压 p_{amb} 的升高而增加，但这种增加极为有限，因为当远离临界状态时，$V_m(g) \gg V_m(l)$ 。所以，通常情况下，在实际测量或计算中可以忽略外压对液体饱和蒸气压的影响，但这种热力学上的概念和本质区别是不可忽视的。

【例 3-20】 液体的蒸气压随外压的变化在生产中常能遇到，合成氨过程中的冷凝工艺就是典型例子。设进入温度为 303.2K 冷凝器时，分析发现合成氨产物混合气体中氨气的物质的量分数为 $y_{NH_3} = 0.12$ ，混合气体的压力为 25.33MPa 。已知 303.2K 时液氨的密度 $\rho_{NH_3,l} = 595 kg \cdot m^{-3}$ ，饱和蒸气压 $p_{NH_3}^* = 1.16MPa$ 。试求冷凝器出口压力和合成氨冷凝为液体的百分数。假设气体为理想气体。

解 合成氨混合气体由 $N_2(g)$、$H_2(g)$ 和 $NH_3(g)$ 组成，经过冷凝器后 $NH_3(g)$ 部分液化，但是 $N_2(g)$、$H_2(g)$ 不会液化。因此，冷凝器出口压力由原先的 $N_2(g)$、$H_2(g)$ 和未液化的 $NH_3(g)$ 构成，这部分压力也就是已液化的液氨的外压。

$$p_{amb} = [25.33 \times 10^6 \times (1 - 0.12) + p_{NH_3}] Pa$$
$$= (22.29 \times 10^6 + p_{NH_3}) Pa$$

由式(3-83)得

$$\ln \frac{p_{NH_3}}{p_{NH_3}^*} = \frac{V_m(l)}{RT} (p_{amb} - p_{NH_3}^*)$$

即

$$\ln \frac{p_{NH_3}/Pa}{1.16 \times 10^6} = \frac{\frac{17.03 \times 10^{-3}}{595}}{8.314 \times 303.2} (22.29 \times 10^6 + p_{NH_3}/Pa - 1.16 \times 10^6)$$

用尝试法解得

$$p_{NH_3} = 1.50 \times 10^6 Pa = 1.50 MPa$$

冷凝器出口压力为

$$p_{amb} = (22.29 \times 10^6 + 1.5 \times 10^6) Pa = 23.79 MPa$$

设冷凝器进口混合气体物质的量为 1mol，冷凝器出口处未液化 $NH_3(g)$ 的物质的量为

$$n_{NH_3} = \left[\frac{1.50}{22.29} \times (1 - 0.12) \right] mol = 0.059 mol$$

液化氨的百分数为

$$\frac{0.12 - 0.059}{0.12} \times 100\% = 50.8\%$$

学习基本要求

1. 掌握自发过程的概念，掌握热力学第二定律的克劳修斯叙述和开尔文叙述，了解热功转换关系和热机效率的定义。

2. 熟悉卡诺循环过程和卡诺定理，掌握卡诺循环的热温商之和为零这一基本结论。

3. 了解熵的导出过程，掌握熵的定义式，掌握克劳修斯不等式和熵增原理，了解熵的物理意义。

4. 掌握单纯 pVT 变化过程中理想气体恒温变化、恒容变化、恒压变化、pVT 都变化、理想气体混合过程以及凝聚态物质变温过程熵变的计算，掌握可逆相变和不可逆相变过程熵变的计算，能够运用隔离系统的熵变判断过程的方向与限度。

5. 掌握热力学第三定律的各种说法，了解规定熵和统计熵的区别，掌握计算化学反应在 298.15K 和非 298.15K 时熵变的方法。

6. 掌握亥姆霍兹函数和吉布斯函数的定义，掌握亥姆霍兹函数判据和吉布斯函数判据的使用条件，掌握单纯 pVT 变化过程、相变过程和化学反应过程 ΔA 与 ΔG 的计算。

7. 掌握热力学基本方程、对应系数关系式和麦克斯韦关系式，能综合运用相关知识求解实际气体的热力学能变化值、焓变和熵变等。

8. 了解克拉佩龙方程的导出过程和克劳修斯-克拉佩龙方程导出时的假设，能运用克劳修斯-克拉佩龙方程进行计算，了解外压与液体饱和蒸气压的关系。

习题

3-1　卡诺热机在 $T_1 = 500K$ 的高温热源和 $T_2 = 300K$ 的低温热源间工作。试求：

（1）热机效率 η；

（2）当向环境做功 $W = -100kJ$ 时，系统从高温热源吸收的热 Q_1 及向低温热源放出的热 Q_2。

3-2　卡诺热机在 $T_1 = 800K$ 的高温热源和 $T_2 = 300K$ 的低温热源间工作。试求：

（1）热机效率 η；

（2）当向低温热源放热 1000kJ 时，系统从高温热源吸热 Q_1 及对环境所做的功 W。

3-3　工作于高温热源 $T_1 = 600K$ 和低温热源 $T_2 = 300K$ 之间的三台不同热机，其热机效率如下。试求三台热机分别从高温热源吸热 300kJ 时，两热源的总熵变 ΔS。

（1）可逆热机效率 $\eta = 0.50$；

（2）不可逆热机效率 $\eta = 0.45$；

（3）不可逆热机效率 $\eta = 0.35$。

3-4　现有一温度为 800K 的大热源，缓慢地向温度为 300K 的大气散热 120kJ，试求过程的总熵变。

3-5　在一带活塞、传热良好的容器中有 1mol、300K、100kPa 的 CO(g)，活塞外对容器的压力始终为 100kPa，现将该容器置于 800K 的大热源中。试求系统到达平衡时的 Q、ΔS 及 ΔS_{iso}。已知 CO(g)的摩尔定压热容与温度的关系为

$$C_{p,m} = [26.54 + 7.68 \times 10^{-3}(T/K) - 1.17 \times 10^{-6}(T/K)^2] \, \text{J·mol}^{-1} \cdot \text{K}^{-1}$$

3-6　2mol 双原子理想气体在 300K 下，由 10dm³ 分别经下列各途径恒温膨胀到终态体积为 20dm³。试求各过程的 Q、W、ΔS 及 ΔS_{iso}。

（1）可逆膨胀到终态；

（2）反抗恒定外压膨胀到终态；

（3）向真空自由膨胀到终态。

3-7 1mol 单原子理想气体从始态 300K、100kPa，先恒温可逆膨胀至压力为 50kPa，再恒容加热使压力升至 75kPa。求过程的 Q、W、ΔU、ΔH 及 ΔS。

3-8 4mol 双原子理想气体从始态 200kPa、$50dm^3$，先恒压加热至 $75dm^3$，再恒温对抗恒外压膨胀到平衡态，终态压力为 100kPa。求过程的 Q、W、ΔU、ΔH 及 ΔS。

3-9 5mol 单原子理想气体从始态 400K、100kPa，先恒压膨胀使体积加倍，再恒容冷却使压力降至 75kPa。求过程的 Q、W、ΔU、ΔH 及 ΔS。

3-10 2mol 双原子理想气体从始态 300K、75kPa，先恒容加热至压力为 150kPa，再绝热可逆膨胀到终态压力为 100kPa。求过程的 Q、W、ΔU、ΔH 及 ΔS。

3-11 1mol 双原子理想气体从始态 500K、200kPa，先绝热对抗恒外压膨胀到平衡压力为 100kPa，再恒温真空膨胀到终态压力为 50kPa。求过程的 Q、W、ΔU、ΔH 及 ΔS。

3-12 在 300K 时，将 1mol 体积为 $5dm^3$ 的 A 气体和 1mol 体积为 $5dm^3$ 的 B 气体在体积为 $10dm^3$ 的容器中进行混合，试求过程的熵变 ΔS_1；若将 B 气体换成相同条件下的 A 气体，再求混合过程的熵变 ΔS_2。

3-13 在 300K 时，将 1mol 体积为 $5dm^3$ 的 A 气体和 1mol 体积为 $5dm^3$ 的 B 气体在体积为 $5dm^3$ 的容器中进行混合，试求过程的熵变 ΔS_1；若将 B 气体换成相同条件下的 A 气体，再求混合过程的熵变 ΔS_2。

3-14 体积为 $50dm^3$ 的绝热容器中有一绝热耐压挡板，将容器分为 $20dm^3$ 和 $30dm^3$ 的左、右两室。左侧放置的是 2mol、300K 的单原子理想气体 A，右侧放置的是 1mol、500K 的双原子理想气体 B。现将挡板抽去，气体 A 和气体 B 混合达到平衡。试求过程的 Q_B、W_B、ΔU_B、ΔH_B 和 ΔS_B。

3-15 在一带活塞的绝热容器中有一绝热隔板，隔板的两侧分别为 1mol、200K 的单原子理想气体 A 及 3mol、400K 的双原子理想气体 B，两气体的压力均为 100kPa。活塞外的压力维持 100kPa 不变。今将容器内的绝热隔板撤去，使两种气体混合达到平衡态。试求过程的 Q_B、W_B、ΔU_B、ΔH_B 和 ΔS_B。

3-16 100kPa 下，将 2mol 25℃ 的液体水与 3mol 75℃ 的液体水在绝热容器中混合。试求过程的熵变，并判断过程是否自发进行。已知液体水的 $C_{p,m}=75.75J\cdot mol^{-1}\cdot K^{-1}$。

3-17 容器中有 2mol 500K 的 $N_2(g)$，在 101.325kPa 下向 300K 的大气散热。求过程的熵变，并判断过程的方向。假设 $N_2(g)$ 为理想气体。

3-18 已知液体苯在 101.325kPa 下的沸点为 80.2℃，该温度下的摩尔蒸发焓为 $30.878kJ\cdot mol^{-1}$。试求在此温度、压力条件下，1mol 液体苯按下列两种途径全部蒸发为气体时的 ΔS、ΔS_{amb}、ΔS_{iso} 和 ΔG，并判断过程的方向。

（1）正常沸点下蒸发；

（2）真空条件下蒸发。

3-19 已知乙醚 $(C_2H_5)_2O(l)$ 的正常沸点为 308.66K，此条件下乙醚的摩尔蒸发焓 $\Delta_{vap}H_m=25.104kJ\cdot mol^{-1}$。将装有 0.1mol 乙醚(l) 的小玻泡放入容积为 $5dm^3$ 的恒容密封的真空容器中，并在 308.66K 的恒温槽中恒温。今将小玻泡打破，乙醚蒸发至平衡态。试求：

（1）乙醚蒸气的压力；

（2）过程的 Q、ΔU、ΔH、ΔS 和 ΔG。

3-20 在 101.325kPa 时，将 1mol、－10℃ 的过冷水结为 －10℃ 的冰。试求过程的 ΔS、ΔS_{iso} 和 ΔG，并判断自发性。已知题中温度区间内冰与水的平均摩尔定压热容分别为 $C_{p,m,s}=37.2J\cdot mol^{-1}\cdot K^{-1}$ 和 $C_{p,m,l}=75.3J\cdot mol^{-1}\cdot K^{-1}$，冰在 101.325kPa 下的熔点温度为 0℃，此时其摩尔熔化焓 $\Delta_{fus}H_m=6.012kJ\cdot mol^{-1}$。

3-21 已知 $H_2(g)$ 的摩尔定压热容与温度的关系为

$$C_{p,m}=[26.88+4.35\times10^{-3}(T/K)-0.33\times10^{-6}(T/K)^2]J\cdot mol^{-1}\cdot K^{-1}$$

25℃ 时 $H_2(g)$ 的标准摩尔熵 $S_m^{\ominus}=130.68J\cdot mol^{-1}\cdot K^{-1}$。试求 $H_2(g)$ 在 50℃、200kPa 时的规定熵 S_m。

3-22 已知化学反应

$$CO(g)+2H_2(g)\longrightarrow CH_3OH(g)$$

（1）利用书后附录中各物质 298.15K 时的 $S_m^{\ominus}$ 和 $\Delta_f H_m^{\ominus}$ 数据，计算反应 298.15K 时的 $\Delta_r S_m^{\ominus}$ 和 $\Delta_r G_m^{\ominus}$；

（2）利用书后附录中各物质 298.15K 时的 $\Delta_f G_m^{\ominus}$ 数据，计算反应 298.15K 时的 $\Delta_r G_m^{\ominus}$；

（3）在上述基础上，再利用书后附录中各物质的 $C_{p,m}$ 数据，计算反应 500K 时的 $\Delta_r S_m^{\ominus}$ 和 $\Delta_r G_m^{\ominus}$。

3-23　已知硫的两种晶型为单斜硫和斜方硫，298.15K 时它们的标准摩尔熵分别为 32.55J·mol⁻¹·K⁻¹ 和 31.90J·mol⁻¹·K⁻¹、标准摩尔燃烧焓分别为 −297.20kJ·mol⁻¹ 和 −296.90kJ·mol⁻¹。试通过计算说明，在 298.15K，标准压力下，单斜硫和斜方硫何者更为稳定。

3-24　已知 298.15K 时水的饱和蒸气压为 3.167kPa，气体水的标准摩尔生成吉布斯函数 $\Delta_f G_m^{\ominus}(H_2O, g) = -228.57$kJ·mol⁻¹。试求 298.15K 时液体水的标准摩尔生成吉布斯函数。

3-25　已知 101.325kPa、268.15K 时液体苯凝固时的 $\Delta S_m = -35.46$J·mol⁻¹·K⁻¹、放热 9360J·mol⁻¹，固体苯在 268.15K 时的饱和蒸气压为 2.28kPa。试求该温度下液体苯的饱和蒸气压。

3-26　试求 101.325kPa 下，将 2mol −5℃的过冷水凝固为同温、同压条件下的冰的 ΔS 和 ΔG。已知 101.325kPa 下水的凝固点为 0℃，−5℃时过冷水的摩尔凝固焓 $\Delta H_m = -5.814$kJ·mol⁻¹，过冷水和冰在此温度下的饱和蒸气压分别为 0.421kPa 和 0.401kPa。

3-27　2mol 双原子理想气体从始态 400K，100kPa，先恒压膨胀使体积加倍，再恒容降压至 50kPa。试求过程的 Q、W、ΔU、ΔH、ΔS、ΔA 及 ΔG。

3-28　假设 $N_2(g)$ 为理想气体，其 $S_m^{\ominus}(298.15K) = 191.6$J·mol⁻¹·K⁻¹。现有 5mol $N_2(g)$ 由 298.15K、100kPa 的始态出发，沿着 $p/V =$ 常数的途径可逆地变化到 150kPa 的终态。试求过程的 Q、W、ΔU、ΔH、ΔS、ΔA 及 ΔG。

3-29　对于理想气体，试证明：$\dfrac{\left(\frac{\partial U}{\partial V}\right)_S \left(\frac{\partial H}{\partial p}\right)_S}{\left(\frac{\partial U}{\partial S}\right)_V} = -nR$。

3-30　若 $U_m = U_m(T, V_m)$，试证明：

（1）$\mathrm{d}U_m = C_{V,m}\mathrm{d}T + \left[T\left(\dfrac{\partial p}{\partial T}\right)_{V_m} - p\right]\mathrm{d}V_m$；

（2）对于范德华气体，$\left(\dfrac{\partial U_m}{\partial V_m}\right)_T = \dfrac{a}{V_m^2}$。

3-31　若 $H_m = H_m(T, p)$，试证明：

（1）$\mathrm{d}H_m = C_{p,m}\mathrm{d}T + \left[V_m - T\left(\dfrac{\partial V_m}{\partial T}\right)_p\right]\mathrm{d}p$；

（2）对理想气体，$\left(\dfrac{\partial H_m}{\partial p}\right)_T = 0$。

3-32　若 $S = S(T, V)$，试证明：

（1）$\mathrm{d}S = \dfrac{C_V}{T}\mathrm{d}T + \left(\dfrac{\partial p}{\partial T}\right)_V \mathrm{d}V$；

（2）对于理想气体，$\mathrm{d}S = C_V \mathrm{d}\ln p + C_p \mathrm{d}\ln V$；

（3）对于范德华气体，$\left(\dfrac{\partial S}{\partial V}\right)_T = \dfrac{R}{V_m - b}$。

3-33　证明：焦耳-汤姆逊系数 $\mu_{J\text{-}T} = \dfrac{1}{C_{p,m}}\left[T\left(\dfrac{\partial V_m}{\partial T}\right)_p - V_m\right]$。

3-34　已知单原子理想气体的摩尔亥姆霍兹函数为

$$A_m = RT\left[\ln\left(\dfrac{p}{T^{5/2}}\right) - (a+1)\right]$$，其中 a 为常数，试导出 S_m、U_m、H_m、G_m、$C_{p,m}$ 和 $C_{V,m}$ 的表达式。

3-35　实际气体符合方程 $\left(p + \dfrac{a}{V_m^2}\right)V_m = RT$，其中 a 为常数。试求，1mol 该气体在恒温下体积由 $V_{m,1}$ 变化到 $V_{m,2}$ 时的 ΔS。

3-36　汞的正常熔点为 −38.87℃，此时的摩尔熔化焓为 $\Delta_{fus}H_m = 1.956$kJ·mol⁻¹，汞的摩尔质量为

$200.6 \times 10^{-3} \mathrm{kg} \cdot \mathrm{mol}^{-1}$，液体汞和固体汞的密度分别为 $13.690 \times 10^{3} \mathrm{kg} \cdot \mathrm{m}^{-3}$ 和 $14.193 \times 10^{3} \mathrm{kg} \cdot \mathrm{m}^{-3}$。试求：

（1）压力为 202.65MPa 时的熔点；

（2）熔点若为 $-36.5℃$，所需要的压力。

3-37　水的正常沸点为 100℃，其摩尔蒸发焓 $\Delta_{\mathrm{vap}} H_{\mathrm{m}} = 40.67 \mathrm{kJ} \cdot \mathrm{mol}^{-1}$，并假定它不随温度变化而改变。若某锅炉设计的出口压力为 607.95kPa。试求锅炉中水蒸气的温度。

3-38　313K 时某液体的摩尔蒸发焓为 $\Delta_{\mathrm{vap}} H_{\mathrm{m}} = 30.10 \mathrm{kJ} \cdot \mathrm{mol}^{-1}$，其蒸气的摩尔体积 $V_{\mathrm{m}} = 25.7 \times 10^{-3}$ $\mathrm{m}^{3} \cdot \mathrm{mol}^{-1}$、摩尔定压热容 $C_{p,\mathrm{m}} = 150 \mathrm{J} \cdot \mathrm{mol}^{-1} \cdot \mathrm{K}^{-1}$，蒸气视为理想气体。试求：

（1）313K 时此液体的饱和蒸气压随温度的变化率；

（2）313K 时该蒸气在绝热可逆膨胀条件下能否冷凝为液体。

第4章

多组分系统热力学

▶▶

第 2、第 3 章介绍了简单组分系统在发生 pVT 变化、相变和化学变化时的热力学函数计算问题，这里的简单组分系统是指只有一种物质构成的系统，或者即使有多种物质但其组成始终保持不变的系统，如由 2mol A 理想气体和 3mol B 理想气体构成的系统在进行 pVT 变化时，系统组成不变，可以把此时的混合物看成一个整体，按一种物质进行处理。

但是，最常见的系统是多组分系统（multi-component system）和相组成发生变化的系统。在一个封闭的多组分系统内部，当外界条件改变时，往往会发生化学反应或相变，致使该系统的相和相组成发生变化。因此，在总结简单组分系统热力学的基础上，本章将对多组分系统的热力学问题展开讨论。

多组分系统既可以是单相的，又可以是多相的。对多组分单相系统热力学的研究是最重要和最根本的，它的结果可以适用于多组分多相系统，因为多组分多相系统可以拆分为若干个多组分单相系统处理。

多组分单相系统是指两种或两种以上组分以分子大小的粒子相互分散的均匀系统（homogeneous system）。研究多组分单相系统时，热力学上按照处理问题的方法不同，把多组分单相系统分为混合物（mixture）和溶液（solution）。

热力学上，对于混合物中的任意组分可以按相同的方法加以处理，因此，只要任选其中的一种组分进行研究，所得出的结论适用于其他任何一个组分。按照混合物聚集状态的不同，混合物可以分为气态混合物、液态混合物和固态混合物。另外，若按照混合物的性质不同，可以分为理想混合物和非理想混合物。不作特殊说明时，本章讨论的是液态混合物的热力学性质。

与混合物不同，溶液只有液态溶液和固态溶液两类，没有气态溶液。溶液将组分划分为溶剂与溶质，习惯上将含量多的称为溶剂，含量少的称为溶质，通常用 A 表示溶剂，用 B、C、…表示溶质。热力学上处理溶剂和溶质的方法是不同的，必须分开研究。例如，在讨论溶剂与溶质的化学势时，它们选用的标准态是不同的。溶质有电解质和非电解质之分，对应地，溶液分为电解质溶液和非电解质溶液。与混合物相似，溶液还可分为理想稀溶液和实际溶液。本章只探讨非电解质稀溶液的热力学性质。

4.1 多组分系统组成的表示法

要描述多组分系统所处的状态，除了温度、压力两个独立变化的热力学函数外，还需要明确多组分系统中各组分的组成（即浓度或相对含量）。组分的组成表示方法有多种，第 1 章已经介绍了用物质的量分数 x_B（或 y_B）、体积分数 φ_B 和质量分数 w_B 来表示混合物中组分 B 的组成。现在，再讨论组成的另外几种表示方法。

（1）质量浓度

B 的质量浓度（mass concentration of B）用 ρ_B 表示。对于任意组分 B，其质量浓度定义为

$$\rho_B = \frac{m_B}{V} \tag{4-1}$$

式中，m_B 为组分 B 的质量，kg；V 为混合物体积，m^3；ρ_B 为质量浓度，$kg \cdot m^{-3}$。组分 B 的质量浓度等于组分 B 的质量与混合物的体积之比。

（2）物质的量浓度

B 的物质的量浓度（amount of substance concentration of B），也称体积摩尔浓度，用 c_B 表示。对于任意组分 B，其物质的量浓度定义为

$$c_B = \frac{n_B}{V} \tag{4-2}$$

式中，n_B 为组分 B 的物质的量，mol；V 为混合物体积，m^3；c_B 为物质的量浓度，$mol \cdot m^{-3}$，常用 $mol \cdot dm^{-3}$。组分 B 的物质的量浓度等于组分 B 的物质的量与混合物的体积之比。

（3）质量摩尔浓度

B 的质量摩尔浓度（molality of solute B），用 b_B 表示。对于任意组分 B，其质量摩尔浓度定义为

$$b_B = \frac{n_B}{m_A} \tag{4-3}$$

式中，n_B 为组分 B 的物质的量，mol；m_A 为溶剂 A 的质量，kg；b_B 为质量摩尔浓度，$mol \cdot kg^{-1}$。组分 B 的质量摩尔浓度等于组分 B 的物质的量与溶剂 A 的质量之比。

4.2 偏摩尔量

先看一个实验。在 25℃、101.325kPa 时，纯水（以 B 表示）的摩尔体积为 $18.07 cm^3 \cdot mol^{-1}$，乙醇（以 C 表示）的摩尔体积为 $58.28 cm^3 \cdot mol^{-1}$。现将 50g 水和 50g 乙醇相混合，混合前系统的总体积为

$$V = V_B^* + V_C^* = n_B V_{m,B}^* + n_C V_{m,C}^*$$
$$= \left(\frac{50}{18} \times 18.07 + \frac{50}{46} \times 58.28\right) cm^3 = 113.54 cm^3$$

混合后实验测得系统总体积为 $109.43 cm^3$，混合前后总体积显然不相等，相差 $4.11 cm^3$。产生这一结果微观上的原因是，水分子和乙醇分子在分子大小、分子间作用力等方面存在差异，混合过程中分子间可能会发生"错位"，使得混合后分子间的距离发生改变，影响混合后总体积。同时也说明，混合后系统的总体积 V' 与系统中各组分物质的量及该纯组分的摩尔体积的乘积之间不再具有简单的加和关系，即

$$V' \neq n_B V_{m,B}^* + n_C V_{m,C}^*$$

这种现象不只是表现在体积这个广度性质上，在其他热力学广度性质上同样存在着，只

不过体积是可以通过实验测定，是最直观的。这个实验事实表明，每一种组分在形成混合物后，对混合系统的广度性质贡献与它单独存在(纯物质)时是不同的。因此，在研究多组分系统热力学性质时，不能再用纯物质时所用的摩尔量，要引入一个与混合物系统相适应的新概念——偏摩尔量(partial molar quantity)。

4.2.1　偏摩尔量的定义

对于一个由 B、C、D、… 组成的多组分单相系统，各组分的物质的量分别为 n_B、n_C、n_D、… 系统任意一个广度性质 Z，除了与温度、压力有关以外，还与各组分的物质的量有关，即

$$Z = Z(T, p, n_B, n_C, n_D, \cdots) \tag{4-4}$$

式中，Z 代表任一广度性质，如 V、U、H、S、A、G 等。

上式在恒温、恒压下全微分，得

$$dZ = \left(\frac{\partial Z}{\partial n_B}\right)_{T,p,n_C,n_D,\cdots} dn_B + \left(\frac{\partial Z}{\partial n_C}\right)_{T,p,n_B,n_D,\cdots} dn_C + \left(\frac{\partial Z}{\partial n_D}\right)_{T,p,n_B,n_C,\cdots} dn_D + \cdots \tag{4-5}$$

令

$$Z_B = \left(\frac{\partial Z}{\partial n_B}\right)_{T,p,n_C \neq n_B} \tag{4-6}$$

式中，$n_C \neq n_B$ 表示在系统中除了组分 B 以外其他组分的物质的量都不变。将式(4-6)代入(4-5)，得

$$dZ = \sum_B Z_B dn_B \tag{4-7}$$

式中，Z_B 称为组分 B 的偏摩尔量。它的物理意义是：在恒温、恒压和混合系统中除组分 B 以外其他组分的物质的量都不变的条件下，系统广度性质 Z 随组分 B 的物质的量的变化率。也可以理解为，在恒温、恒压和混合系统中除组分 B 以外其他组分的物质的量都不变的条件下，在有限量的系统中，加入 dn_B 后引起系统的广度性质 Z 的改变量为 dZ，dZ 与 dn_B 的比值就是 Z_B。

常见的偏摩尔量有：偏摩尔体积 V_B、偏摩尔热力学能 U_B、偏摩尔焓 H_B、偏摩尔熵 S_B、偏摩尔亥姆霍兹函数 A_B 以及偏摩尔吉布斯函数 G_B 等，它们相应的定义式为

偏摩尔体积　　　　　　$V_B = \left(\frac{\partial V}{\partial n_B}\right)_{T,p,n_C \neq n_B}$

偏摩尔热力学能　　　　$U_B = \left(\frac{\partial U}{\partial n_B}\right)_{T,p,n_C \neq n_B}$

偏摩尔焓　　　　　　　$H_B = \left(\frac{\partial H}{\partial n_B}\right)_{T,p,n_C \neq n_B}$

偏摩尔熵　　　　　　　$S_B = \left(\frac{\partial S}{\partial n_B}\right)_{T,p,n_C \neq n_B}$

偏摩尔亥姆霍兹函数　　$A_B = \left(\frac{\partial A}{\partial n_B}\right)_{T,p,n_C \neq n_B}$

偏摩尔吉布斯函数　　　$G_B = \left(\frac{\partial G}{\partial n_B}\right)_{T,p,n_C \neq n_B}$

值得指出的是，只有广度性质才有偏摩尔量，强度性质没有偏摩尔量。和摩尔量一样，偏摩尔量本身是强度性质，不具有加和性。偏摩尔量定义中的偏微商的下角标都是 T,p，$n_C \neq n_B$，即只有在恒温、恒压和混合系统中除组分 B 以外其他组分的物质的量都不变的条

件下，系统广度性质 Z 对组分 B 的物质的量的偏导数才称为偏摩尔量。在所有偏摩尔量中，偏摩尔吉布斯函数 G_B 最为重要。若系统中只有一种物质，即纯组分时，偏摩尔量 Z_B 就是纯物质的摩尔量 $Z_{m,B}^*$。

4.2.2 偏摩尔量的加和公式

偏摩尔量是强度性质，与系统的组成有关，但与系统的总量无关。在组成不变（即按照原始系统中各物质的比例加入物质，系统的总量在变，但系统的组成，如物质的量分数没变）的条件下，各物质的 Z_B 数值不变，是常数。对式（4-7）积分

$$\int_0^Z \mathrm{d}Z = \int_0^{n_B} \sum_B Z_B \mathrm{d}n_B = \sum_B Z_B \int_0^{n_B} \mathrm{d}n_B$$

得

$$Z = \sum_B n_B Z_B \tag{4-8}$$

此式称为偏摩尔量的加和公式，也称集合公式。

若系统中只有两种物质，如本节开始时的水（B）与乙醇（C）混合系统，混合后系统的总体积为

$$V = n_B V_B + n_C V_C \tag{4-9}$$

式中，V_B 为水的偏摩尔体积；V_C 为乙醇的偏摩尔体积，$m^3 \cdot mol^{-1}$。运用偏摩尔体积进行计算，其结果和实验测得的值能完全相符。

Z 代表任意广度性质，因此有

$$V = \sum_B n_B V_B \qquad\qquad U = \sum_B n_B U_B$$

$$H = \sum_B n_B H_B \qquad\qquad S = \sum_B n_B S_B$$

$$A = \sum_B n_B A_B \qquad\qquad G = \sum_B n_B G_B \tag{4-10}$$

4.2.3 Gibbs-Duhem 公式

根据多组分单相系统的偏摩尔量加和公式（4-8），对其微分，得

$$\mathrm{d}Z = \sum_B Z_B \mathrm{d}n_B + \sum_B n_B \mathrm{d}Z_B \tag{4-11}$$

比较式（4-7）和式（4-11），有

$$\sum_B n_B \mathrm{d}Z_B = 0 \tag{4-12}$$

两边除以系统总的物质的量 $\sum_B n_B$，得

$$\sum_B x_B \mathrm{d}Z_B = 0 \tag{4-13}$$

式（4-12）和式（4-13）都称为吉布斯-杜亥姆（Gibbs-Duhem）方程。Gibbs-Duhem 方程表明，在恒温、恒压下，多组分单相系统的组成发生变化时，各组分偏摩尔量的变化不是彼此独立的，而是相互关联和制约的。

对于只有 B 和 C 二个组分的系统，则有

$$n_B \mathrm{d}Z_B + n_C \mathrm{d}Z_C = 0 \qquad 或 \qquad x_B \mathrm{d}Z_B + x_C \mathrm{d}Z_C = 0$$

即

$$\frac{\mathrm{d}Z_B}{\mathrm{d}Z_C} = -\frac{n_C}{n_B} \qquad 或 \qquad \frac{\mathrm{d}Z_B}{\mathrm{d}Z_C} = -\frac{x_C}{x_B} \tag{4-14}$$

所以，在恒温、恒压下，二组分混合系统中一个组分的偏摩尔量增大，则另一个组分的偏摩尔量必定减小，而且增大与减小的比例与混合物中两组分的物质的量（或物质的量分数）成反比。

4.2.4　偏摩尔量的测定方法

用实验方法测定偏摩尔量的理论基础主要是偏摩尔量的定义和偏摩尔量的集合公式。以测定由物质 B 和 C 构成的二组分系统的偏摩尔体积为例，介绍几种方法。

（1）解析法

在一定的温度和压力下，恒定物质 C 的物质的量 n_C，不断改变物质 B 的物质的量 n_B，实验测定混合系统相对应的体积 V，根据所得的不同 n_B 时的 V 数据，拟合出体积 V 关于物质的量 n_B 的解析式 $V = V(n_B)$，然后应用偏摩尔体积的定义，就可以计算出偏摩尔体积 V_B 和 V_C。

【例 4-1】　25℃、101.325kPa 时，在 $1000cm^3$（55.344mol）水（A）中不断加入物质的量为 n_B 的溶质 NaCl（B），测定溶液的体积 V，由实验数据拟合得到 V 关于 n_B 的方程式为

$$V = \left[1001.38 + 16.6253 \times \frac{n_B}{mol} + 1.7738 \times \left(\frac{n_B}{mol} \right)^{\frac{3}{2}} + 0.1194 \times \left(\frac{n_B}{mol} \right)^2 \right] cm^3$$

计算当 $n_B = 0.25mol$ 和 $n_B = 0.50mol$ 时，溶液中水（A）和 NaCl（B）的偏摩尔体积。

解　由偏摩尔体积的定义，得

$$V_B = \left(\frac{\partial V}{\partial n_B} \right)_{T,p,n_A} = \left[16.6253 + 2.6607 \times \left(\frac{n_B}{mol} \right)^{\frac{1}{2}} + 0.2388 \times \frac{n_B}{mol} \right] cm^3 \cdot mol^{-1}$$

由偏摩尔体积的集合公式，得

$$V_A = \frac{V - n_B V_B}{n_A}$$

$$= \left[18.0937 - 1.6025 \times 10^{-2} \times \left(\frac{n_B}{mol} \right)^{\frac{3}{2}} - 2.1574 \times 10^{-3} \times \left(\frac{n_B}{mol} \right)^2 \right] cm^3 \cdot mol^{-1}$$

当 $n_{B,1} = 0.25mol$ 时，水和 NaCl 的偏摩尔体积分别为

$$V_{A,1} = 18.0916cm^3 \cdot mol^{-1}; \qquad V_{B,1} = 18.0154cm^3 \cdot mol^{-1}$$

当 $n_{B,2} = 0.50mol$ 时，水和 NaCl 的偏摩尔体积分别为

$$V_{A,2} = 18.0875cm^3 \cdot mol^{-1}; \qquad V_{B,2} = 18.6261cm^3 \cdot mol^{-1}$$

这个例子有力地说明了在不同的浓度中，系统中同一种物质的偏摩尔体积是不相同的。通过大量准确的实验数据，拟合出体积 V 关于物质的量 n_B 的方程式，是解析法解决问题的关键。

（2）图解法

用与解析法相同的实验方法，获得不同 n_B 时的 V 数据。然后作 V-n_B 图，得到一条实验曲线，曲线上某点（V，n_B）处切线的斜率便是 $\left(\frac{\partial V}{\partial n_B} \right)_{T,p,n_A}$ 值，即浓度为 n_B 时的 V_B 值。

例如，在上例中（以 $n_{B,1} = 0.25mol$ 时说明），实验得到一组（V，n_B）数据后，作出 V-n_B 曲线图，找出 $n_{B,1} = 0.25mol$ 时在曲线上所对应的点，这点所对应的体积为混合系统在 $n_{B,1} = 0.25mol$ 时的体积，记为 V_1；过这点作曲线的切线，切线的斜率就是 $n_{B,1} = 0.25mol$ 时 NaCl 的偏摩尔体积 $V_{B,1}$。进一步应用偏摩尔体积的集合公式，求出水在此时的偏摩尔体积，即

$$V_{A,1} = \frac{V_1 - n_{B,1} V_{B,1}}{n_A}$$

（3）截距法

在一定温度和压力下，B 和 C 二组分混合物系统的摩尔体积定义为

$$V_m = \frac{V}{n_B + n_C} \tag{4-15}$$

物质 B 的物质的量分数 $x_B = \dfrac{n_B}{n_B + n_C}$。显然，$n_B$ 或 n_C 改变，x_B 的值都会变化。为使问题简化，假定 n_B 保持不变，x_B 的改变完全因 n_C 的变化引起，则

$$dx_B = \frac{-n_B dn_C}{(n_B + n_C)^2} = -x_B \frac{dn_C}{n_B + n_C}$$

所以

$$\frac{dn_C}{n_B + n_C} = -\frac{dx_B}{x_B} \tag{4-16}$$

或

$$\frac{x_B}{n_B + n_C} = -\frac{dx_B}{dn_C} \tag{4-17}$$

在温度、压力和 n_B 恒定下对式(4-15)两边微分，得

$$dV_m = \frac{dV}{n_B + n_C} - \frac{V dn_C}{(n_B + n_C)^2}$$

$$= \frac{dV}{n_B + n_C} - V_m \frac{dn_C}{n_B + n_C}$$

将式(4-16)代入上式，得

$$dV_m = \frac{dV}{n_B + n_C} + V_m \frac{dx_B}{x_B}$$

上式两边同时除以 $\dfrac{dx_B}{x_B}$，然后将式(4-17)代入得

$$x_B \frac{dV_m}{dx_B} = \frac{x_B}{n_B + n_C} \times \frac{dV}{dx_B} + V_m = -\frac{dx_B}{dn_C} \times \frac{dV}{dx_B} + V_m = -\frac{dV}{dn_C} + V_m$$

上式是在恒温、恒压和 n_B 恒定下得到的，所以

$$x_B \left(\frac{\partial V_m}{\partial x_B}\right)_{T,p,n_B} = -\left(\frac{\partial V}{\partial n_C}\right)_{T,p,n_B} + V_m$$

因为 $\left(\dfrac{\partial V}{\partial n_C}\right)_{T,p,n_B} = V_C$，所以

$$V_C = V_m - x_B \left(\frac{\partial V_m}{\partial x_B}\right)_{T,p,n_B} \tag{4-18}$$

同样的方法可以证明

$$V_B = V_m - x_C \left(\frac{\partial V_m}{\partial x_C}\right)_{T,p,n_C} \tag{4-19}$$

式(4-18)和式(4-19)是截距法测定和计算偏摩尔体积的理论依据。通过实验测定和计算，可以获得一系列不同 x_C 时系统的摩尔体积 V_m，然后以 V_m 对 x_C 作图，得到如图 4-1

中的实线曲线。

在曲线上任取一点，如图中的 d 点，作曲线的切线与两纵轴交于点 V_B 和 V_C。可以证明点 V_B 和 V_C 所对应的数值，就是 B 和 C 二组分混合系统在 $x_C = a$ 时的偏摩尔体积，可见这种方法求算偏摩尔体积的突出优点是，一次作图可同时得到两个组分的偏摩尔体积。从图中可以看出，混合物的组成改变时，B 和 C 的偏摩尔体积也随之改变，当 V_B 点变高时，V_C 点必然降低，反之亦然，很好地验证了 Gibbs-Duhem 方程。

4.2.5　偏摩尔量之间的关系

在第 2、第 3 章中介绍过简单组分系统，即单一组分或组成不变的系统中热力学函数之间的内在联系，如 $H = U + pV$、$A = U - TS$、$G = A + pV$，以及 $(\partial A/\partial T)_V = -S$ 等。在多组分系

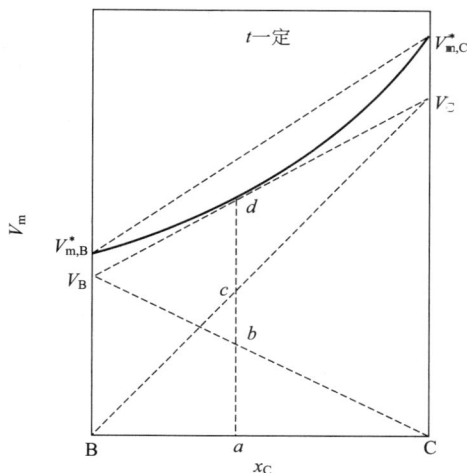

图 4-1　二组分液态混合物摩尔体积与组成关系曲线

统中，对于任一组分 B，在恒温、恒压和其他组分组成不变的情况下，上述等式对 B 的物质的量 n_B 求偏导数后，可以发现各偏摩尔量之间存在着同样的关系。例如

$$\left(\frac{\partial H}{\partial n_B}\right)_{T,p,n_C \neq n_B} = \left(\frac{\partial (U + pV)}{\partial n_B}\right)_{T,p,n_C \neq n_B}$$

$$= \left(\frac{\partial U}{\partial n_B}\right)_{T,p,n_C \neq n_B} + p\left(\frac{\partial V}{\partial n_B}\right)_{T,p,n_C \neq n_B}$$

所以

$$H_B = U_B + pV_B \tag{4-20}$$

又如

$$\left(\frac{\partial A_B}{\partial T}\right)_{V,n_B} = \left[\frac{\partial}{\partial T}\left(\frac{\partial A}{\partial n_B}\right)_{T,p,n_C \neq n_B}\right]_{V,n_B}$$

$$= \left[\frac{\partial}{\partial n_B}\left(\frac{\partial A}{\partial T}\right)_{V,n_B}\right]_{T,p,n_C \neq n_B}$$

$$= \left[\frac{\partial(-S)}{\partial n_B}\right]_{T,p,n_C \neq n_B}$$

所以

$$\left(\frac{\partial A_B}{\partial T}\right)_{V,n_B} = -S_B \tag{4-21}$$

同样 $A_B = U_B - TS_B$、$G_B = A_B + pV_B$ 等关系读者可以自行推导证明。

4.3　化学势

事实上，我们遇到的系统往往不是各组分的相对含量有变化，就是各物质的质量有增减的情况，例如正在进行化学反应的封闭系统、系统与环境有物质交换的敞开系统等等。为了解决这类多组分系统的热力学函数关系，进一步判断它们所进行的过程与方向，Gibbs 和 Lewis 提出了一个重要的热力学概念——化学势（chemical potential）。

4.3.1 化学势的定义

正如前面所述，对于一个多组分单相系统，它所处的状态除了取决于 p、V、T、U 和 S 等热力学函数中任意两个独立变化的函数外（通常选取 T 和 p 这两个函数），还取决于系统中各组分的物质的量。吉布斯函数也不例外，它的状态由温度、压力以及系统中各组分物质的量所决定

$$G = G(T, p, n_B, n_C, n_D, \cdots)$$

$$dG = \left(\frac{\partial G}{\partial T}\right)_{p, n_B} dT + \left(\frac{\partial G}{\partial p}\right)_{T, n_B} dp + \sum_B \left(\frac{\partial G}{\partial n_B}\right)_{T, p, n_C \neq n_B} dn_B \tag{4-22}$$

令

$$\left(\frac{\partial G}{\partial n_B}\right)_{T, p, n_C \neq n_B} = \mu_B \tag{4-23}$$

式中，μ_B 称为物质 B 的化学势。化学势的物理意义是，当温度、压力和除组分 B 以外其他组分的物质的量都不变化时，系统吉布斯函数随物质 B 的物质的量改变的变化率。在数值上，化学势等于偏摩尔吉布斯函数。纯物质的化学势等于它自身的摩尔吉布斯函数，即

$$\mu^* = G_m^* \tag{4-24}$$

组成不变的多组分系统可以作为简单组分系统处理，因此有

$$\left(\frac{\partial G}{\partial T}\right)_{p, n_B} = -S \ , \ \left(\frac{\partial G}{\partial p}\right)_{T, n_B} = V$$

将上两等式及式(4-23)代入式(4-22)，得

$$dG = -S dT + V dp + \sum_B \mu_B dn_B \tag{4-25}$$

因为 $dA = d(G - pV)$ ，所以

$$dA = dG - V dp - p dV$$

将式(4-25)代入上式，得

$$dA = -S dT - p dV + \sum_B \mu_B dn_B \tag{4-26}$$

同样，可以根据 $dH = d(G + TS)$ 和 $dU = d(A + TS)$ 的展开式和式(4-25)、式(4-26)，得到

$$dH = T dS + V dp + \sum_B \mu_B dn_B \tag{4-27}$$

$$dU = T dS - p dV + \sum_B \mu_B dn_B \tag{4-28}$$

式(4-25)～式(4-28)是多组分单相系统最为普遍的热力学基本方程式。只要在非体积功为零的条件下，这些方程式不仅适用于组成发生变化的封闭系统，还适用于敞开系统。

确定多组分单相系统吉布斯函数的状态时，选取了温度和压力两个独立变量及系统中各组分的物质的量。同样，为了确定多组分单相系统焓函数的状态，通常可以选取熵和压力两个独立变量及系统中各组分的物质的量，即

$$H = H(S, p, n_B, n_C, n_D, \cdots)$$

则

$$dH = \left(\frac{\partial H}{\partial S}\right)_{p, n_B} dS + \left(\frac{\partial H}{\partial p}\right)_{S, n_B} dp + \sum_B \left(\frac{\partial H}{\partial n_B}\right)_{S, p, n_C \neq n_B} dn_B$$

$$= T dS + V dp + \sum_B \left(\frac{\partial H}{\partial n_B}\right)_{S, p, n_C \neq n_B} dn_B$$

上式与式(4-27)比较，由对应项系数相等原则，得

$$\mu_{\mathrm{B}} = \left(\frac{\partial H}{\partial n_{\mathrm{B}}}\right)_{S,p,n_{\mathrm{C}} \neq n_{\mathrm{B}}} \tag{4-29}$$

采用同样的方法，可以得到

$$\mu_{\mathrm{B}} = \left(\frac{\partial U}{\partial n_{\mathrm{B}}}\right)_{S,V,n_{\mathrm{C}} \neq n_{\mathrm{B}}} \tag{4-30}$$

$$\mu_{\mathrm{B}} = \left(\frac{\partial A}{\partial n_{\mathrm{B}}}\right)_{T,V,n_{\mathrm{C}} \neq n_{\mathrm{B}}} \tag{4-31}$$

因此，除了式(4-23)是化学势的定义外，式(4-29)～式(4-31)都是化学势的定义式，即

$$\mu_{\mathrm{B}} = \left(\frac{\partial U}{\partial n_{\mathrm{B}}}\right)_{S,V,n_{\mathrm{C}} \neq n_{\mathrm{B}}} = \left(\frac{\partial H}{\partial n_{\mathrm{B}}}\right)_{S,p,n_{\mathrm{C}} \neq n_{\mathrm{B}}} = \left(\frac{\partial A}{\partial n_{\mathrm{B}}}\right)_{T,V,n_{\mathrm{C}} \neq n_{\mathrm{B}}} = \left(\frac{\partial G}{\partial n_{\mathrm{B}}}\right)_{T,p,n_{\mathrm{C}} \neq n_{\mathrm{B}}}$$

这四个定义式形式相似，但每个偏导数的下角标不同。其中，只有用吉布斯函数定义的化学势，与偏摩尔吉布斯函数相等，其余三个都不是对应的偏摩尔量，因为偏摩尔量的定义都要求是恒温、恒压及 $n_{\mathrm{C}} \neq n_{\mathrm{B}}$。

4.3.2 多组分多相系统热力学

一方面，多组分多相系统可以拆分为若干个多组分单相系统，上面研究的多组分单相系统的热力学方程式对拆分后的每一个相都适用。因此，多组分多相系统的热力学函数等于各相热力学函数之和。

另一方面，多组分多相系统处于热平衡和力平衡状态，各相的温度和压力都相同。在忽略相与相之间存在的界面现象因素后，得到多组分多相系统的热力学基本方程式为

$$\mathrm{d}U = T\mathrm{d}S - p\mathrm{d}V + \sum_{\alpha} \sum_{\mathrm{B}} \mu_{\mathrm{B}(\alpha)} \mathrm{d}n_{\mathrm{B}(\alpha)} \tag{4-32}$$

$$\mathrm{d}H = T\mathrm{d}S + V\mathrm{d}p + \sum_{\alpha} \sum_{\mathrm{B}} \mu_{\mathrm{B}(\alpha)} \mathrm{d}n_{\mathrm{B}(\alpha)} \tag{4-33}$$

$$\mathrm{d}A = -S\mathrm{d}T - p\mathrm{d}V + \sum_{\alpha} \sum_{\mathrm{B}} \mu_{\mathrm{B}(\alpha)} \mathrm{d}n_{\mathrm{B}(\alpha)} \tag{4-34}$$

$$\mathrm{d}G = -S\mathrm{d}T + V\mathrm{d}p + \sum_{\alpha} \sum_{\mathrm{B}} \mu_{\mathrm{B}(\alpha)} \mathrm{d}n_{\mathrm{B}(\alpha)} \tag{4-35}$$

式(4-32)～(4-35)中凡涉及广度性质的都是系统总的广度性质，它等于各相中该广度性质之和。例如，$\mathrm{d}U = \sum_{\alpha} \mathrm{d}U(\alpha)$，$S = \sum_{\alpha} S(\alpha)$ 等。同样，式(4-32)～式(4-35)适用于非体积功为零、封闭的多组分多相系统的 pVT 变化、相变和化学反应以及敞开系统。

4.3.3 化学势判据

非体积功为零时，封闭系统中任意的恒温、恒容过程，可以用 $\mathrm{d}A_{T,V} \leqslant 0$ 作为过程的自发性和是否达到平衡的判据；同样，非体积功为零时，封闭系统中任意的恒温、恒压过程，可以用 $\mathrm{d}G_{T,p} \leqslant 0$ 作为过程的自发性和是否达到平衡的判据。由式(4-34)和式(4-35)分别得到

$$\mathrm{d}A_{T,V} = \sum_{\alpha} \sum_{\mathrm{B}} \mu_{\mathrm{B}(\alpha)} \mathrm{d}n_{\mathrm{B}(\alpha)}$$

$$\mathrm{d}G_{T,p} = \sum_{\alpha} \sum_{\mathrm{B}} \mu_{\mathrm{B}(\alpha)} \mathrm{d}n_{\mathrm{B}(\alpha)}$$

因此，对于非体积功为零的情况，无论是恒温、恒容还是恒温、恒压条件下进行的过程，判断过程的自发性和是否达到平衡时，都可以归结为

$$\sum_{\alpha} \sum_{B} \mu_{B(\alpha)} \, dn_{B(\alpha)} \leqslant 0 \tag{4-36}$$

式(4-36)常称为过程的自发性和平衡性的化学势判据。它表明，一个系统在非体积功为零时，其过程的自发性及是否达到平衡只与 $\sum\limits_{\alpha} \sum\limits_{B} \mu_{B(\alpha)} \, dn_{B(\alpha)}$ 大小有关，而与具体进行的方式（如恒温、恒容过程或恒温、恒压过程等）无关。

4.3.4 化学势在相平衡中的应用

化学势判据可以应用于判断物质平衡方向。物质平衡是指系统中各相的物质组成不随时间而变化，包括相平衡和化学平衡。这里先讨论相平衡问题。

设多组分系统有 α 和 β 两个相。在 $W'=0$、恒温、恒压及两个相中其他组分的物质的量不变的条件下，有微量的 B 物质从 α 相转移到 β 相，即

$$\mathrm{B}(\alpha) \longrightarrow \mathrm{B}(\beta)$$
$$dn_{B(\alpha)} \qquad\qquad dn_{B(\beta)}$$

显然有 $-dn_{B(\alpha)} = dn_{B(\beta)} > 0$。应用式(4-36)，得

$$\mu_{B(\alpha)} \, dn_{B(\alpha)} + \mu_{B(\beta)} \, dn_{B(\beta)} = \mu_{B(\alpha)} [-dn_{B(\beta)}] + \mu_{B(\beta)} \, dn_{B(\beta)} \leqslant 0$$

所以

$$\mu_{B(\beta)} \leqslant \mu_{B(\alpha)} \tag{4-37}$$

式(4-37)表明，物质 B 总是从化学势高的相自发地流向化学势低的相，直到物质 B 在两相中的化学势相等为止。因此，多组分多相系统相平衡的条件是，每一种组分在各相中的化学势相等，即

$$\mu_{B(\alpha)} = \mu_{B(\beta)} = \mu_{B(\gamma)} = \cdots \tag{4-38}$$

例如，在 100℃、101.325kPa 条件下，$\mu_{H_2O(g)} = \mu_{H_2O(l)}$，因为此时液体水与气体水处于气-液平衡状态；而在 100℃、90kPa 条件下，$\mu_{H_2O(g)} < \mu_{H_2O(l)}$，因为 100℃ 时水的饱和蒸气压为 101.325kPa，而此时气相压力只有 90kPa，液体水汽化成气体水是一个自发过程，直到气相的压力达到 101.325kPa 为止。再如，饱和 NaCl 水溶液已达到溶解平衡，所以饱和 NaCl 水溶液中 NaCl 的化学势与相同条件下固体 NaCl 的化学势相等，自然就容易联想到，固体 NaCl 的化学势大于相同条件下不饱和 NaCl 水溶液中 NaCl 的化学势，以及过饱和 NaCl 水溶液中 NaCl 的化学势大于相同条件下固体 NaCl 的化学势。

4.3.5 化学势与温度、压力的关系

（1）化学势与温度的关系

$$\left(\frac{\partial \mu_B}{\partial T}\right)_{p,n_B} = \left[\frac{\partial}{\partial T}\left(\frac{\partial G}{\partial n_B}\right)_{T,p,n_c \neq n_B}\right]_{p,n_B}$$
$$= \left[\frac{\partial}{\partial n_B}\left(\frac{\partial G}{\partial T}\right)_{p,n_B}\right]_{T,p,n_c \neq n_B}$$
$$= \left[\frac{\partial}{\partial n_B}(-S)\right]_{T,p,n_c \neq n_B} = -S_B$$

即

$$\left(\frac{\partial \mu_B}{\partial T}\right)_{p,n_B} = -S_B \tag{4-39}$$

S_B 是组分 B 的偏摩尔熵，显然恒压时，温度升高，化学势降低。

（2）化学势与压力的关系

$$\left(\frac{\partial \mu_{\mathrm{B}}}{\partial p}\right)_{T,n_{\mathrm{B}}} = \left[\frac{\partial}{\partial p}\left(\frac{\partial G}{\partial n_{\mathrm{B}}}\right)_{T,p,n_{\mathrm{C}}\neq n_{\mathrm{B}}}\right]_{T,n_{\mathrm{B}}}$$

$$= \left[\frac{\partial}{\partial n_{\mathrm{B}}}\left(\frac{\partial G}{\partial p}\right)_{T,n_{\mathrm{B}}}\right]_{T,p,n_{\mathrm{C}}\neq n_{\mathrm{B}}}$$

$$= \left(\frac{\partial V}{\partial n_{\mathrm{B}}}\right)_{T,p,n_{\mathrm{C}}\neq n_{\mathrm{B}}} = V_{\mathrm{B}}$$

即

$$\left(\frac{\partial \mu_{\mathrm{B}}}{\partial p}\right)_{T,n_{\mathrm{B}}} = V_{\mathrm{B}} \tag{4-40}$$

V_{B} 是组分 B 的偏摩尔体积，即恒温时压力升高，化学势也升高。

4.4　气体的化学势

化学势是极其重要的热力学函数，但正如热力学能、吉布斯函数等热力学函数一样，化学势没有绝对值。为了定量计算的方便，化学势应选择一个标准态作为计算的基准。对于气体，选定的标准态是压力为 $100\mathrm{kPa}(p^{\ominus})$ 下具有理想气体性质的纯气体所处的状态，没有温度限制。在这一状态下的化学势称为标准化学势，用 $\mu_{\mathrm{B(g)}}^{\ominus}$ 表示，对于纯气体则省略下角标 B。显然，气体的标准化学势只与温度有关。

4.4.1　纯理想气体的化学势

根据式（4-24），纯理想气体有

$$\mu^{*} = G_{\mathrm{m}}^{*}$$

上式在恒温下对压力 p 微分，得

$$\left(\frac{\partial \mu^{*}}{\partial p}\right)_{T} = \left(\frac{\partial G_{\mathrm{m}}^{*}}{\partial p}\right)_{T} = V_{\mathrm{m}}^{*}$$

对于纯理想气体，$V_{\mathrm{m}}^{*} = \dfrac{RT}{p}$，代入上式得

$$\mathrm{d}\mu^{*} = RT\mathrm{d}\ln p$$

积分

$$\int_{\mu_{(\mathrm{g})}^{\ominus}}^{\mu_{(\mathrm{pg})}} \mathrm{d}\mu^{*} = RT \int_{p^{\ominus}}^{p} \mathrm{d}\ln p$$

得

$$\mu_{(\mathrm{pg})} = \mu_{(\mathrm{g})}^{\ominus} + RT\ln \frac{p}{p^{\ominus}} \tag{4-41}$$

式中，$\mu_{(\mathrm{pg})}$ 是纯理想气体在温度为 T、压力为 p 时的化学势；$\mu_{(\mathrm{g})}^{\ominus}$ 是温度为 T、压力为 $p^{\ominus}$ 时理想气体的标准化学势；$\mu_{(\mathrm{g})}^{\ominus}$ 随温度 T 的改变而改变，温度不变时为常数。

4.4.2　理想气体混合物中任一组分的化学势

根据多组分系统化学势与压力的关系式（4-40），一定温度下理想气体混合物中组分 B 有

$$\mathrm{d}\mu_{\mathrm{B(pg)}} = V_{\mathrm{B}}\mathrm{d}p$$

由于理想气体不仅分子间无相互作用力，而且分子本身体积为零，所以理想气体混合物中组

分 B 的偏摩尔体积就是它的摩尔体积，即 $V_B = \dfrac{RT}{p}$，代入上式

$$\mathrm{d}\mu_{B(pg)} = RT\mathrm{d}\ln p \tag{4-42}$$

标准态对压力的规定是 $100\text{kPa}(p^\ominus)$，理想气体混合物中组分 B 的标准态是指其分压为 $p^\ominus$，此时理想气体混合系统的总压对应为 $\dfrac{p^\ominus}{y_B}$，相应地组分 B 的标准化学势为 $\mu_{(g)}^\ominus$。式 (4-42)中，右边的压力 p 是指理想气体混合系统在温度为 T 时的总压，左边的化学势 $\mu_{B(pg)}$ 是组分 B 在系统总压为 p 时所对应的化学势。也就是说，理想气体混合物中组分 B 的化学势计算是以混合系统总压而不是以其分压为参照的。搞清了这一基本问题后，对式(4-42)积分为

$$\int_{\mu_{B(g)}^\ominus}^{\mu_{B(pg)}} \mathrm{d}\mu_{B(pg)} = RT\int_{\frac{p^\ominus}{y_B}}^{p} \mathrm{d}\ln p$$

所以

$$\mu_{B(pg)} = \mu_{B(g)}^\ominus + RT\ln\frac{y_B p}{p^\ominus} = \mu_{B(g)}^\ominus + RT\ln\frac{p_B}{p^\ominus} \tag{4-43}$$

由式(4-43)得

$$\mu_{B(pg)} = \mu_{B(g)}^\ominus + RT\ln\frac{p_B}{p^\ominus} \tag{4-44}$$

式中，组分 B 的 $\mu_{B(g)}^\ominus$ 是标准化学势，是理想气体混合物中组分 B 的分压为 $p^\ominus$ 时的化学势，$\mu_{B(pg)}$ 是理想气体混合物中组分 B 的分压为 p_B 时的化学势。

由式(4-43)同样可以得

$$\mu_{B(pg)} = \mu_{B(g)}^\ominus + RT\ln\frac{p}{p^\ominus} + RT\ln y_B = \mu_{B(g)}^* + RT\ln y_B$$

即

$$\mu_{B(pg)} = \mu_{B(g)}^* + RT\ln y_B \tag{4-45}$$

式中，$\mu_{B(g)}^* = \mu_{B(g)}^\ominus + RT\ln\dfrac{p}{p^\ominus}$ 相当于温度为 T 时组分 B 单独存在于混合气体总压 p 时的化学势，因 p 不一定等于 $p^\ominus$，所以 $\mu_{B(g)}^*$ 未必是标准态下的化学势。

4.4.3　纯实际气体的化学势

实际气体的标准态是一种假想态，指一定温度 T 和标准压力 $p^\ominus$ 下纯理想气体所处的状态，对应标准化学势 $\mu_{(g)}^\ominus$；纯的实际气体 B 在压力 p 时的化学势对应为 $\mu_{(g)}^*$。在恒定温度 T 下，通过下列途径求算 $\mu_{(g)}^*$ 与 $\mu_{(g)}^\ominus$ 的关系：假想的标准态理想气体 $B(pg, p^\ominus)$ 变为压力为 p 的理想气体 $B(pg, p)$，该状态的理想气体继续减压到 $p \to 0$，即 $B(pg, p \to 0)$。由于 $p \to 0$ 时，实际气体与理想气体的行为是完全等同的，所以可以将 $p \to 0$ 的实际气体 $B(rg, p \to 0)$ 升高到压力为 p，即 $B(rg, p)$。

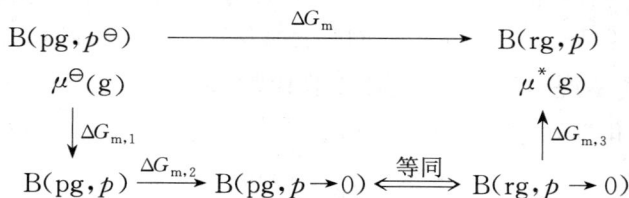

根据状态函数的性质

$$\Delta G_{\mathrm{m}} = \Delta G_{\mathrm{m,1}} + \Delta G_{\mathrm{m,2}} + \Delta G_{\mathrm{m,3}} = \mu_{(\mathrm{g})}^{*} - \mu_{(\mathrm{g})}^{\ominus}$$

因为

$$\Delta G_{\mathrm{m,1}} = \int_{p^{\ominus}}^{p} V_{\mathrm{m(pg)}}^{*}\, \mathrm{d}p = \int_{p^{\ominus}}^{p} \frac{RT}{p}\, \mathrm{d}p = RT \ln \frac{p}{p^{\ominus}}$$

$$\Delta G_{\mathrm{m,2}} = \int_{p}^{0} V_{\mathrm{m(pg)}}^{*}\, \mathrm{d}p = -\int_{0}^{p} \frac{RT}{p}\, \mathrm{d}p$$

$$\Delta G_{\mathrm{m,3}} = \int_{0}^{p} V_{\mathrm{m(rg)}}^{*}\, \mathrm{d}p$$

所以

$$\mu_{(\mathrm{g})}^{*} = \mu_{(\mathrm{g})}^{\ominus} + RT \ln \frac{p}{p^{\ominus}} + \int_{0}^{p} \left[V_{\mathrm{m(rg)}}^{*} - \frac{RT}{p} \right] \mathrm{d}p \tag{4-46}$$

式(4-46)是纯的实际气体化学势的计算公式。与纯理想气体的化学势公式(4-41) 相比较，在相同温度与压力下，纯的实际气体的摩尔体积 $V_{\mathrm{m(rg)}}^{*}$ 与纯理想气体的摩尔体积 $V_{\mathrm{m(pg)}}^{*}$（即 $\frac{RT}{p}$）的差值，决定了纯的实际气体与纯理想气体化学势的差别。

4.4.4　混合实际气体中任一组分的化学势

与纯的实际气体类似，在温度 T 时，混合实际气体中组分 B 的化学势 $\mu_{\mathrm{B(g)}}$ 与其标准化学势 $\mu_{\mathrm{B(g)}}^{\ominus}$ 关系的导出，可设计如下途径：

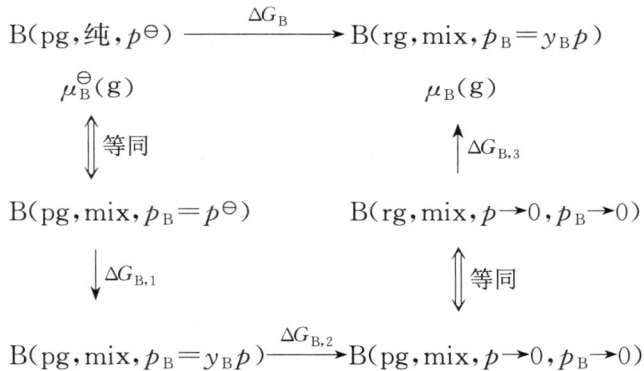

混合实际气体中组分 B 的标准态同样是在温度为 T、压力为 $p^{\ominus}$ 时假想的纯 B 理想气体，它等同于混合理想气体中组分 B 的分压为 $p^{\ominus}$ 时所对应标准化学势 $\mu_{\mathrm{B(g)}}^{\ominus}$。改变混合理想气体的总压 p，使物质的量分数为 y_{B} 的组分 B 由分压 $p^{\ominus}$ 变化到分压为 p_{B}，然后进一步将混合理想气体的总压减至 $p \to 0$，此时组分 B 的分压 p_{B} 也趋于零，即 $p_{\mathrm{B}} \to 0$。当 $p \to 0$ 时，混合理想气体的状态完全等同于混合实际气体的状态，最后将 $p \to 0$ 的混合实际气体升压到组分 B 的分压为 p_{B}，此时组分 B 对应的化学势为 $\mu_{\mathrm{B(g)}}$。

恒温时，由公式(4-40)可知，$\mathrm{d}\mu_{\mathrm{B}} = \mathrm{d}G_{\mathrm{B}} = V_{\mathrm{B}}\mathrm{d}p$，$V_{\mathrm{B}}$ 为偏摩尔体积。混合理想气体中组分 B 的偏摩尔体积，与纯理想气体 B 的摩尔体积 $V_{\mathrm{m(g)}}^{*}$ 是相同的。混合实际气体中任一组分 B 的化学势推导如下：

$$\Delta G_{\mathrm{B}} = \Delta G_{\mathrm{B,1}} + \Delta G_{\mathrm{B,2}} + \Delta G_{\mathrm{B,3}} = \mu_{\mathrm{B(g)}} - \mu_{\mathrm{B(g)}}^{\ominus}$$

因为

$$\Delta G_{B,1} = \int_{p^\ominus}^{p_B} V_{m,B(pg)}^* \, dp = \int_{p^\ominus}^{p_B} \frac{RT}{p} dp = RT\ln\frac{p_B}{p^\ominus}$$

$$\Delta G_{B,2} = \int_{p_B}^{0} V_{m,B(pg)}^* \, dp = -\int_{0}^{p_B} \frac{RT}{p} dp$$

$$\Delta G_{B,3} = \int_{0}^{p_B} V_{B(rg)} \, dp$$

式中，$V_{B(rg)}$ 为混合实际气体中组分 B 的偏摩尔体积，则

$$\mu_{B(g)} = \mu_{B(g)}^\ominus + RT\ln\frac{p_B}{p^\ominus} + \int_{0}^{p_B} \left[V_{B(rg)} - \frac{RT}{p} \right] dp \qquad (4\text{-}47)$$

4.4.5　逸度及逸度因子

为使实际气体及实际气体混合物中任一组分 B 的化学势表达式，与理想气体的化学势在形式上一样简单和相对应，1908 年 Lewis 提出了逸度和逸度因子的概念。实际气体混合物中组分 B 在温度为 T、压力为 p 的条件下，其化学势可表示为

$$\mu_{B(g)} = \mu_{B(g)}^\ominus + RT\ln\frac{f_B}{p^\ominus} \qquad (4\text{-}48)$$

上式是用化学势定义的实际气体混合物中组分 B 的逸度 f_B，其量纲与压力相同。在此基础上，进一步引入逸度因子的概念：

$$\varphi_B = \frac{f_B}{p_B} \qquad (4\text{-}49)$$

逸度因子的量纲为一，将其代入式(4-48)，得

$$\mu_{B(g)} = \mu_{B(g)}^\ominus + RT\ln\frac{\varphi_B p_B}{p^\ominus} \qquad (4\text{-}50)$$

此式是逸度因子 φ_B 的化学势定义式。φ_B 的意义在于，在压力上起到修正实际气体对理想气体偏差的作用。

将式(4-47)分别与式(4-48)和式(4-50)比较得到

$$f_B = p_B \exp\int_{0}^{p_B} \left(\frac{V_{B(rg)}}{RT} - \frac{1}{p} \right) dp \qquad (4\text{-}51)$$

$$\varphi_B = \exp\int_{0}^{p_B} \left(\frac{V_{B(rg)}}{RT} - \frac{1}{p} \right) dp \qquad (4\text{-}52)$$

4.5　稀溶液的两个经验定律

稀溶液中有两个重要的经验定律——拉乌尔(Raoult)定律和亨利(Henry)定律，它们揭示了液态多组分系统所遵循的一般规律，是建立诸如理想液态混合物、理想稀溶液等液体模型的理论基础，对溶液热力学的发展起着极其重要的作用。

4.5.1　Raoult 定律

1887 年法国化学家拉乌尔(F. M. Raoult，1830—1901)通过对许多次实验结果的归纳和总结，得出结论：一定温度下，稀溶液中溶剂的蒸气压等于该温度下纯溶剂的饱和蒸气压与溶液中溶剂的物质的量分数的乘积。这便是 Raoult 定律(Raoult's law)，用公式表示为

$$p_A = p_A^* x_A \tag{4-53}$$

式中，p_A^* 为一定温度下纯溶剂的饱和蒸气压，单位为 Pa；x_A 为溶液中溶剂的物质的量分数，p_A 为稀溶液平衡气相中溶剂 A 的分压，单位为 Pa。

若溶液中只有溶剂 A 和溶质 B 两个组分，因 $x_A + x_B = 1$，式(4-53)改写为

$$p_A = p_A^* (1 - x_B)$$

若令 $\Delta p_A = p_A^* - p_A$，称为溶剂蒸气压下降，代入上式得

$$\Delta p_A = p_A^* x_B \tag{4-54}$$

即一定温度下，溶剂的蒸气压下降值与溶液中溶质的物质的量分数成正比，而比例系数为该温度下纯溶剂的饱和蒸气压。这是 Raoult 定律的另一种表示形式。

Raoult 定律最初是在研究不挥发性非电解质的稀溶液时总结出来的，后来发现，它对于其他稀薄溶液中的溶剂也是适用的，进而推广到双液系溶液。

Raoult 定律是稀溶液最基本的经验定律之一，应用它能解释稀溶液一些性质，如凝固点下降、沸点升高等。Raoult 定律广泛应用于蒸馏等化工单元操作过程中的计算。

4.5.2　Henry 定律

实验表明，气体物质在液体中的溶解度随气体在气相中的平衡压力增大而增加，随温度升高而减小。1803 年英国化学家亨利（W. Henry，1775—1836）在研究气体溶解度的实验中发现，一定温度下气体在液态溶剂中的溶解度与该气体在气相中的平衡分压成正比，这就是 Henry 定律（Henry's law）。若溶解度（或溶液组成）以气体 B 在溶液中的物质的量分数表示，Henry 定律用公式表示为

$$p_B = k_{x_B} x_B \tag{4-55}$$

式中，p_B 是溶解达到平衡时挥发性溶质 B 在气相中的分压，Pa；x_B 是挥发性溶质在溶液中的物质的量分数；k_{x_B} 是以 x_B 表示溶液组成时的 Henry 常数，Pa。

气体在液态溶剂 A 中的溶解度很小，所形成的溶液属于稀溶液范围。溶液可以使用不同的组成标度表示，如 x_B、b_B、c_B、w_B 等。对于同一系统的稀溶液，溶质的量远远小于溶剂的量，使得这些不同的组成标度之间存在近似的线性关系。因为 $x_B = \dfrac{n_B}{n_A + n_B} \approx \dfrac{n_B}{n_A}$，所以

$$b_B = \frac{n_B}{m_A} = \frac{n_B}{n_A M_A} \approx \frac{1}{M_A} x_B$$

$$c_B = \frac{n_B}{V} \approx \frac{n_B}{V_A} = \frac{n_B}{m_A / \rho_A} = \rho_A \frac{n_B}{m_A} \approx \frac{\rho_A}{M_A} x_B$$

$$w_B = \frac{m_B}{m_A + m_B} \approx \frac{m_B}{m_A} = \frac{n_B M_B}{n_A M_A} \approx \frac{M_B}{M_A} x_B$$

因此，将 $x_B = M_A b_B$、$x_B = \dfrac{M_A}{\rho_A} c_B$、$x_B = \dfrac{M_A}{M_B} w_B$ 分别代入式(4-55)，得到溶液不同组成标度时的 Henry 定律表达式

$$p_B = k_{x_B} M_A b_B = k_{b_B} b_B \tag{4-56}$$

$$p_B = k_{x_B} \frac{M_A}{\rho_A} c_B = k_{c_B} c_B \tag{4-57}$$

$$p_B = k_{x_B} \frac{M_A}{M_B} w_B = k_{w_B} w_B \tag{4-58}$$

式中，k_{b_B}、k_{c_B}、k_{w_B} 均为 Henry 常数，它们对应的单位分别为 Pa·kg·mol^{-1}、Pa·m^3·mol^{-1} 和 Pa，不同组成标度所对应的 Henry 常数不仅单位不同，而且数值大小也不一样，它们之间的换算为

$$k_{x_B} = \frac{k_{b_B}}{M_A} = \frac{\rho_A}{M_A} k_{c_B} = \frac{M_B}{M_A} k_{w_B}$$

Henry 常数的数值取决于温度、溶质和溶剂的性质以及浓度标度。表 4-1 列出了几种气体在水中和苯中的 Henry 常数（k_{x_B}）。

表 4-1　298.15K 下若干气体在水中和苯中的亨利系数

气体		H$_2$	N$_2$	O$_2$	CO	CO$_2$	CH$_4$	C$_2$H$_2$	C$_2$H$_4$	C$_2$H$_6$
k_{x_B}/GPa	水溶剂	7.2	8.68	4.40	5.79	0.166	4.18	0.135	1.16	3.07
	苯溶剂	0.367	0.239		0.163	0.114	0.0569			

【例 4-2】 当潜水员由深水急速上升到水面，氮气在血液中的溶解度降低，形成气泡，阻塞血液流通，这就是"潜涵病"，又称"减压症"。在 20℃、101.325kPa 大气中，1kg 水中溶解 1.39×10^{-5}kg 的 N$_2$，人身体中的血液量为 3kg。试求人从 60m 深水处急速上升到水面时血液中形成的氮气泡半径。假设 N$_2$ 在血液中的溶解度与水中的相同，空气中 N$_2$ 的体积分数始终为 0.79，N$_2$ 为理想气体，水的密度为 1000kg·m^{-3}。

解　因为 $p_{N_2} = k_{c_{N_2}} c_{N_2}$，所以

$$k_{c_{N_2}} = \frac{p_{N_2}}{c_{N_2}} = \left(\frac{101.325 \times 10^3 \times 0.79}{1.39 \times 10^{-5}} \right) \text{Pa·kg(H}_2\text{O)/kg(N}_2\text{)}$$
$$= 5.76 \times 10^9 \text{Pa·kg(H}_2\text{O)/kg(N}_2\text{)}$$

60m 深水处人体内空气的压力 p' 和血液中 N$_2$ 的浓度 c'_{N_2}

$$p' = p_0 + \rho g h = 1.01325 \times 10^5 + 1000 \times 9.81 \times 60 \text{Pa} = 6.90 \times 10^5 \text{Pa}$$

$$c'_{N_2} = \frac{p'_{N_2}}{k_{c_{N_2}}} = \left(\frac{6.90 \times 10^5 \times 0.79}{5.76 \times 10^9} \right) \text{kg(N}_2\text{)/kg(H}_2\text{O)}$$
$$= 9.46 \times 10^{-5} \text{kg(N}_2\text{)/kg(H}_2\text{O)}$$

人升到水面时压力恢复到 101.325kPa，这一过程血液中 N$_2$ 浓度的变化为 $c'_{N_2} - c_{N_2}$，也就是减压过程所释放的 N$_2$ 浓度，转化为 20℃、101.325kPa 下气泡的体积为

$$V = \frac{n_{N_2} RT}{p} = \left[\frac{\frac{(9.46 \times 10^{-5} - 1.39 \times 10^{-5}) \times 3}{28 \times 10^{-3}} \times 8.314 \times 293.15}{101.325 \times 10^3} \right] \text{m}^3$$
$$= 2.08 \times 10^{-4} \text{m}^3$$

因为

$$V = \frac{4}{3} \pi r^3 = 2.08 \times 10^{-4} \text{ m}^3$$

所以

$$r = 0.037 \text{m} = 3.7 \text{cm}$$

计算结果表明，这样大的气泡足以堵塞人体血管，阻滞血液流动，致人死亡。

结合式(4-55)～式(4-58)，Henry 定律也可表述为：一定温度下，稀溶液中挥发性溶质在气相中的平衡分压与其在溶液中的物质的量分数(或质量摩尔浓度或物质的量浓度或质量分数等)成正比。使用 Henry 定律时有以下几点值得注意：

① 气体混合物同时溶于同一溶剂形成稀溶液时，在总压力不太高的情况下，每种气体在气相中的平衡分压与其在液相溶液中的溶解度的关系都分别适用 Henry 定律，可以近似地认为其他气体的存在对该气体没影响。例如，空气中的 O_2 和 N_2 在水中的溶解。

② 溶质在溶液中的分子形态和在气相中的一样时 Henry 定律才适用，若溶质分子在溶液中发生聚合、解离或与溶剂形成化合物时，就不能用 Henry 定律。例如，氯化氢溶解在苯或 $CHCl_3$ 中，在气相和液相中都是以 HCl 的分子状态出现，系统遵循 Henry 定律。但是，将氯化氢溶于水时，在气相中是 HCl 分子，在溶液中则是 H^+ 和 Cl^-，没有 HCl 分子，这时 Henry 定律就不能适用。

③ 溶液浓度越稀，就能更好地服从于 Henry 定律，大多数气体在水中的溶解度随温度的升高而降低。因此，升温或降低气体在气相中的分压都可以使溶液变稀，使系统更加遵循 Henry 定律。

4.5.3　Raoult 定律与 Henry 定律的比较

溶剂服从 Raoult 定律和溶质遵循 Henry 定律，只有对无限稀的溶液即理想稀溶液才完全准确，当溶质的物质的量分数接近于零时，即在稀溶液的极小组成范围内，两个定律依然近似适用。以 A、B 两种液体在温度 t 时形成的混合系统为例，来说明两个定律的联系与差别，见图 4-2。

p_A^*、p_B^* 分别代表纯液体 A 和 B 在温度 t 时的饱和蒸气压。k_{x_A}、k_{x_B} 分别代表 A 溶于 B 形成溶液时和 B 溶于 A 形成溶液时溶质的 Henry 常数。图中两条实线分别为 A 和 B 在气相中的蒸气分压 p_A 和 p_B 随液相组成变化的关系曲线，实线下面的两条虚线是按 Raoult 定律计算的 A 和 B 在气相中的蒸气分压。图中左、右两边各有一稀溶液区。例如，对于组分 B，在右侧稀溶液区它是溶剂，服从 Raoult 定律，$p_B = p_B^* x_B$，p_B 与 x_B 呈线性关系，比例系数为

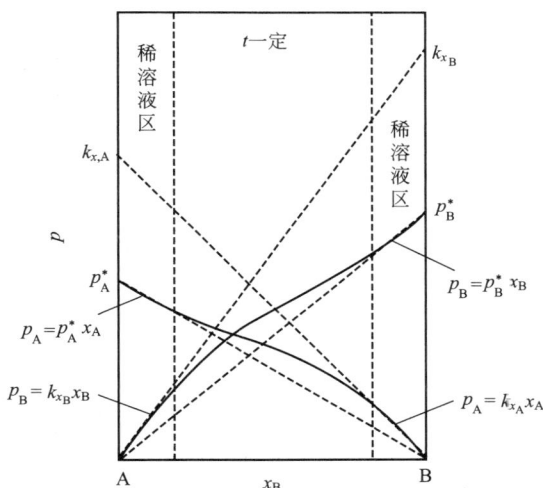

图 4-2　蒸气压与组成的关系

p_B^*。在左侧稀溶液区，组分 B 成了溶质，遵循 Henry 定律，$p_B = k_{x_B} x_B$，p_B 与 x_B 还是线性关系，但比例系数为 k_{x_B}。同样地，组分 A 在左侧稀溶液还是溶剂，而在右侧稀溶液还是溶质。在两个稀溶液区的中间，p_A 和 p_B 的实际值与按 Raoult 定律计算的值都存在明显偏差。

4.6　理想液态混合物

4.6.1　理想液态混合物的概念

液态混合物中的任一个组分在全部浓度范围内都遵循 Raoult 定律的，称为理想液态混

合物，简称理想混合物。这是宏观上对理想液态混合物的定义。微观上讲，构成液态混合物的各组分应满足：相同组分分子之间的作用力（A、B 二组分系统时的 A-A、B-B）与不同组分分子之间作用力（A、B 二组分系统时的 A-B）基本相等；同时，不同组分的分子具有相似的结构和相近的体积。这样，在混合过程中不同组分的分子相互取代时，不会引起系统能量和空间距离的变化，便能形成理想液态混合物。

如同气体中的理想气体分子模型一样，理想液态混合物为液态混合物的研究提供了一种简约化的理论模型，是研究液态混合物性质的基础。正如不存在理想气体一样，严格的理想液态混合物客观上也是不存在的。但是，有些混合物，如光学异构体的混合物、立体异构体的混合物、同位素化合物的混合物可以近似认为是理想液态混合物。同时，紧紧相邻的同系物混合物，如苯和甲苯、甲醇和乙醇等也可以近似看作理想液态混合物。

4.6.2　理想液态混合物中任一组分的化学势

一定温度下，当理想液态混合物与其蒸气达到平衡时，理想液态混合物中任一组分 B 在气、液两相中的化学势相等，即

$$\mu_{B(l)} = \mu_{B(g)}$$

与理想液态混合物成平衡的气相压力一般不大，气相可近似认为是理想气体的混合物，按照式（4-44）得

$$\mu_{B(l)} = \mu_{B(g)} = \mu_{B(g)}^{\ominus} + RT\ln\frac{p_B}{p^{\ominus}}$$

液相是理想液态混合物，任一组分 B 都遵循 Raoult 定律，$p_B = p_B^* x_B$，代入上式，得

$$\mu_{B(l)} = \mu_{B(g)}^{\ominus} + RT\ln\frac{p_B^*}{p^{\ominus}} + RT\ln x_B \tag{4-59}$$

令

$$\mu_{B(l)}^* = \mu_{B(g)}^{\ominus} + RT\ln\frac{p_B^*}{p^{\ominus}} \tag{4-60}$$

代入上式，得

$$\mu_{B(l)} = \mu_{B(l)}^* + RT\ln x_B \tag{4-61}$$

上式是理想液态混合物中任一组分 B 的化学势表达式。式中，$\mu_{B(l)}^*$ 实际上是温度为 T 及其平衡压力为 p_B^* 时纯液体 B 的化学势，它只与温度 T 和平衡压力 p_B^* 有关，当温度一定时，其值为常数。但常常把 $\mu_{B(l)}^*$ 作为温度为 T、系统压力为 p 时纯液体 B 的化学势，其原因与下文关于 $\mu_{B(l)}^* = \mu_{B(l)}^{\ominus}$ 的解释是相同的。

理想液态混合物中任一组分 B 的标准态规定为，温度为 T、压力为 $p^{\ominus}$ 时的纯液体，这时的化学势为标准化学势，以 $\mu_{B(l)}^{\ominus}$ 表示。因此，式（4-61）中的 $\mu_{B(l)}^*$ 并不是此处的标准化学势 $\mu_{B(l)}^{\ominus}$。

对于纯液体 B，在温度恒定为 T 时，

$$d\mu_{B(l)} = dG_{m,B(l)} = V_{m,B(l)}^* dp$$

式中，$V_{m,B(l)}^*$ 为纯液体 B 的摩尔体积。在此温度下，压力由 $p^{\ominus}$ 变化到 p_B^*，纯液体 B 的化学势相应地由 $\mu_{B(l)}^{\ominus}$ 变至 $\mu_{B(l)}^*$，有

$$\mu_{B(l)}^* = \mu_{B(l)}^{\ominus} + \int_{p^{\ominus}}^{p_B^*} V_{m,B(l)}^* dp \tag{4-62}$$

代入式（4-61）

$$\mu_{B(l)} = \mu_{B(l)}^{\ominus} + RT\ln x_B + \int_{p^{\ominus}}^{p_B^*} V_{m,B(l)}^* \mathrm{d}p \tag{4-63}$$

一般情况下，液体的摩尔体积 $V_{m,B(l)}^*$ 值较小，而且 p_B^* 与 $p^{\ominus}$ 相差不大，式(4-62)和式(4-63)中的积分项可以忽略，故 $\mu_{B(l)}^* = \mu_{B(l)}^{\ominus}$。式(4-63)可近似为

$$\mu_{B(l)} = \mu_{B(l)}^{\ominus} + RT\ln x_B \tag{4-64}$$

这是理想液态混合物中任一组分 B 最常用的化学势公式。

4.6.3　理想液态混合物的混合性质

一定温度和压力下，将物质的量分别为 n_B、n_C、n_D、… 的纯液体 B、C、D 混合，形成物质的量分数为 x_B、x_C、x_D、… 的理想液态混合物，混合前后系统广度性质的变化，称为理想液态混合物的混合性质。

混合前，系统中各种液体都以纯态单独存在，系统总的吉布斯函数(记为 G_1)等于各种纯物质的摩尔吉布斯函数与其物质的量乘积之和，再根据式(4-24)得

$$G_1 = \sum_B n_B G_{m,B}^* = \sum_B n_B \mu_{B(l)}^*$$

在恒温、恒压下，将系统中各种纯液体混合在一起，形成理想液态混合物后系统总的吉布斯函数记为 G_2，根据式(4-25)式(4-61)得

$$G_2 = \sum_B n_B \mu_{B(l)} = \sum_B n_B (\mu_{B(l)}^* + RT\ln x_B)$$

所以混合前后的吉布斯函数变化为

$$\Delta_{mix}G = G_2 - G_1 = \sum_B n_B(\mu_{B(l)}^* + RT\ln x_B) - \sum_B n_B \mu_{B(l)}^*$$

即

$$\Delta_{mix}G = RT \sum_B n_B \ln x_B \tag{4-65}$$

因为 $0 < x_B < 1$，所以 $\Delta_{mix}G < 0$。混合过程是在恒温、恒压下进行的，表明混合为自发过程。

根据式(4-25)，结合式(4-65)，形成理想液态混合物过程的熵变及体积变化为

$$\Delta_{mix}S = -\left(\frac{\partial \Delta_{mix}G}{\partial T}\right)_{p,n_B} = -R\sum_B n_B \ln x_B \tag{4-66}$$

$$\Delta_{mix}V = \left(\frac{\partial \Delta_{mix}G}{\partial p}\right)_{T,n_B} = 0 \tag{4-67}$$

根据热力学函数之间的关系，得

$$\Delta_{mix}H = \Delta_{mix}G + T\Delta_{mix}S = 0 \tag{4-68}$$

$$\Delta_{mix}U = \Delta_{mix}H - p\Delta_{mix}V = 0 \tag{4-69}$$

$$\Delta_{mix}A = \Delta_{mix}G - p\Delta_{mix}V = \Delta_{mix}G = RT\sum_B n_B \ln x_B \tag{4-70}$$

【**例 4-3**】　液体 A 和液体 B 可形成理想液态混合物。300K、101.325kPa 时，从 A、B 各 2mol 所形成的理想液态混合物中，分出 1mol 纯 A，求此过程的 ΔG。

解　分出纯 A 前，系统是组成为 $x_{A(l),1} = x_{B(l),1} = 0.5$、总的物质的量为 4mol 的理想液态混合物，此时系统的吉布斯函数记为 G_1，则

$$G_1 = n_{A(l),1}\mu_{A(l),1} + n_{B(l),1}\mu_{B(l),1}$$
$$= n_{A(l),1}[\mu_{A(l)}^* + RT\ln x_{A(l),1}] + n_{B(l),1}[\mu_{B(l)}^* + RT\ln x_{B(l),1}]$$

即 $\quad G_1 = 2\left[\mu_{A(l)}^* + RT\ln 0.5\right] + 2\left[\mu_{B(l)}^* + RT\ln 0.5\right] = 2\mu_{A(l)}^* + 2\mu_{B(l)}^* + 4RT\ln 0.5$

分出 1mol 纯 A 后，系统由两部分构成：一部分是由 1mol A 和 2mol B 构成的理想液态混合物，其组成为 $x_{A(l),2} = \dfrac{1}{3}$，$x_{B(l),2} = \dfrac{2}{3}$；另一部分是 1mol 纯 A。此时系统总的吉布斯函数记为 G_2，则

$$G_2 = \left[n_{A(l),2}\mu_{A(l),2} + n_{B(l),2}\mu_{B(l),2}\right] + \left[n_{A(l),1} - n_{A(l),2}\right]\mu_{A(l)}^*$$

$$= n_{A(l),2}\left[\mu_{A(l)}^* + RT\ln x_{A(l),2}\right] + n_{B(l),2}\left[\mu_{B(l)}^* + RT\ln x_{B(l),2}\right] + \left[n_{A(l),1} - n_{A(l),2}\right]\mu_{A(l)}^*$$

$$= 1 \times \left[\mu_{A(l)}^* + RT\ln\frac{1}{3}\right] + 2\left[\mu_{B(l)}^* + RT\ln\frac{2}{3}\right] + (2-1)\mu_{A(l)}^*$$

$$= 2\mu_{A(l)}^* + 2\mu_{B(l)}^* + RT\ln\frac{1}{3} + 2RT\ln\frac{2}{3}$$

所以

$$\Delta G = G_2 - G_1 = \left(RT\ln\frac{1}{3} + 2RT\ln\frac{2}{3}\right) - 4RT\ln 0.5$$

$$= \left[8.314 \times 300 \times \left(\ln\frac{1}{3} + 2\ln\frac{2}{3} - 4\ln 0.5\right)\right] J$$

$$= 2153 J$$

恒温、恒压下形成理想液态混合物是自发过程，但从理想液态混合物中分出纯物质，却是非自发的，要借助外界帮助才能完成这一过程。

理想液态混合物的形成过程是在恒温、恒压下进行的，过程的热 $Q = \Delta_{mix}H = 0$，说明该过程系统与环境间没有热交换。$\Delta_{mix}U = 0$ 及 $\Delta_{mix}V = 0$，体现了混合过程没有能量和体积变化，这与理想液态混合物微观上的两个基本要求是相吻合的。混合过程 $\Delta_{mix}S > 0$，加之系统与环境间没有热交换，说明环境熵变为零，因此，隔离系统的熵变是增加的，从另一个方面验证了理想液态混合物的混合过程是自发过程。

4.7 理想稀溶液

本章开始时提出了混合物与溶液之间的界定，即在液态混合物中，对其任何一个组分在热力学上的处理是等价的，如上一节的理想液态混合物化学势中，只要任意选取其中一个组分，应用 Raoult 定律、用同样的标准态，导出的化学势公式，对理想液态混合物中所有组分都适用。但是，在溶液中，如本节将讨论的溶液的理想化模型——理想稀溶液，将对其组分分为溶剂 A 和溶质 B，溶剂 A 用 Raoult 定律、溶质 B 用 Henry 定律才能导出它们各自的化学势公式，且两者在选取标准态时是不同的。

溶液中当溶质的含量无限小（即 $x_B \to 0$）时，称为理想稀溶液，也称为无限稀薄溶液。理想稀溶液中的溶剂遵循 Raoult 定律，溶质遵循 Henry 定律。为研究问题的方便，与理想稀溶液液相成平衡关系的气相近似按理想气体混合物处理，且系统的压力 p 与标准压力 $p^\ominus$ 相差不大。现以二组分溶液（溶剂为 A 和溶质为 B）为例，加以讨论。

4.7.1 溶剂 A 的化学势

理想稀溶液中的溶剂 A 遵守 Raoult 定律，其化学势的推导过程及最后的表达式与理想液态混合物中任一组分 B 的完全相同，即

$$\mu_{A(l)} = \mu_{A(l)}^* + RT\ln x_A \tag{4-71}$$

$$\mu_{A(l)} = \mu_{A(l)}^\ominus + RT\ln x_A \tag{4-72}$$

式中，$\mu_{A(l)}^*$ 是温度为 T、压力为 p 时纯溶剂 A 的化学势；$\mu_{A(l)}^\ominus$ 是纯溶剂 A 的标准化学势，两者近似相等，即 $\mu_{A(l)}^* = \mu_{A(l)}^\ominus$。溶液中溶剂 A 的标准态规定为温度为 T、压力为 $p^\ominus$ 时的纯液态 A，这与理想液态混合物中任一组分 B 的标准态是一样的。

与理想液态混合物任一组分 B 的化学势公式相比，理想稀溶液溶剂 A 的化学势公式在适用溶液组成范围上存在差别：前者在所有组成范围内适用，即 $0 \leqslant x_B \leqslant 1$；后者只有在特定的组成范围内适用，即 $x_A \rightarrow 1$ 或 $x_B \rightarrow 0$ 时。

对于溶液，组成往往用溶质的质量摩尔浓度 b_B 表示，它与溶剂 A 的物质的量分数 x_A 之间存在着一定的关系：

$$x_A = \frac{n_A}{n_A + n_B} = \frac{1}{1 + \dfrac{n_B}{n_A}}$$

因为 $\dfrac{n_B}{n_A} = \dfrac{n_B}{m_A/M_A} = M_A\dfrac{n_B}{m_A} = M_A b_B$，代入上式，得

$$x_A = \frac{1}{1 + M_A b_B} \tag{4-73}$$

代入式(4-72)，得

$$\mu_{A(l)} = \mu_{A(l)}^\ominus - RT\ln(1 + M_A b_B) \tag{4-74}$$

对于理想稀溶液，因为 $b_B \rightarrow 0$，所以 $\ln(1 + M_A b_B) = M_A b_B$，代入上式，得到温度为 T、压力为 p 时溶剂 A 的化学势与溶液组成 b_B 之间的表达式为

$$\mu_{A(l)} = \mu_{A(l)}^\ominus - RTM_A b_B \tag{4-75}$$

为了研究问题的方便，上式中的 $\mu_{A(l)}^\ominus$ 常常也可以用 $\mu_{A(l)}^*$ 替换。

4.7.2　溶质 B 的化学势

现以挥发性溶质 B 为例，导出溶质的化学势 $\mu_{B(溶质)}$ 与溶液组成的关系式。在温度为 T、压力为 p 的理想稀溶液平衡系统中，根据相平衡原理，溶质 B 在液相中的化学势 $\mu_{B(溶质)}$ 与溶质 B 在气相中的化学势 $\mu_{B(g)}$ 相等；同时，理想稀溶液的溶质遵循 Henry 定律，以 c_B 为组成标度时 $p_B = k_{c_B} c_B$，因此

$$\mu_{B(溶质)} = \mu_{B(g)} = \mu_{B(g)}^\ominus + RT\ln\frac{p_B}{p^\ominus}$$

$$= \mu_{B(g)}^\ominus + RT\ln\frac{k_{c_B} c_B}{p^\ominus}$$

所以

$$\mu_{B(溶质)} = \mu_{B(g)}^\ominus + RT\ln\frac{k_{c_B} c^\ominus}{p^\ominus} + RT\ln\frac{c_B}{c^\ominus} \tag{4-76}$$

$c^\ominus = 1\,\text{mol} \cdot \text{dm}^{-3}$ 称为溶质的标准物质的量浓度。在标准压力 $p^\ominus$ 及 $c_B = c^\ominus$ 时，$\mu_{B(溶质)} = \mu_{B(g)}^\ominus + RT\ln\dfrac{k_{c_B} c^\ominus}{p^\ominus}$，此时的化学势定义为溶质的标准化学势，以 $\mu_{c,B(溶质)}^\ominus$ 表示，代入式(4-76)，则

$$\mu_{B(溶质)} = \mu_{c,B(溶质)}^{\ominus} + RT\ln\frac{c_B}{c^{\ominus}} \tag{4-77}$$

因此，组成标度以 c_B 表示时，溶质的标准态规定为在温度为 T、标准压力 $p^{\ominus}$ 和标准物质的量浓度 $c^{\ominus}=1\text{mol}\cdot\text{dm}^{-3}$ 下具有理想稀溶液性质（$p_B=k_{c_B}c_B$）的状态，对应的化学势为标准化学势 $\mu_{c,B(溶质)}^{\ominus}$。

溶液组成可以用不同的组成标度如 c_B、b_B、x_B 等表示，但 Henry 定律都有相同的形式。因此，可以用组成标度为 c_B 时推导溶质化学势的方法，导出组成标度为 b_B 和 x_B 时理想稀溶液中溶质 B 的化学势表达式。

组成标度为 b_B 时，Henry 定律为 $p_B=k_{b_B}b_B$，理想稀溶液中溶质 B 的化学势表达式为

$$\mu_{B(溶质)} = \mu_{b,B(溶质)}^{\ominus} + RT\ln\frac{b_B}{b^{\ominus}} \tag{4-78}$$

其中，$\mu_{b,B(溶质)}^{\ominus} = \mu_{B(g)}^{\ominus} + RT\ln\frac{k_{b_B}b^{\ominus}}{p^{\ominus}}$。因此，组成标度以 b_B 表示时，溶质的标准态规定为在温度为 T、标准压力 $p^{\ominus}$ 和标准质量摩尔浓度 $b^{\ominus}=1\text{mol}\cdot\text{kg}^{-1}$ 下具有理想稀溶液性质（$p_B=k_{b_B}b_B$）的状态，相应的标准化学势为 $\mu_{b,B(溶质)}^{\ominus}$。

同样，组成标度为 x_B 时，Henry 定律为 $p_B=k_{x_B}x_B$，理想稀溶液中溶质 B 的化学势表达式为

$$\mu_{B(溶质)} = \mu_{x,B(溶质)}^{\ominus} + RT\ln x_B \tag{4-79}$$

其中 $\mu_{x,B(溶质)}^{\ominus} = \mu_{B(g)}^{\ominus} + RT\ln\frac{k_{x_B}}{p^{\ominus}}$。可见，组成标度以 x_B 表示时，溶质的标准态规定为在温度为 T、标准压力 $p^{\ominus}$ 和 $x_B=1$ 下具有理想稀溶液性质（$p_B=k_{x_B}x_B$）的状态，相应的标准化学势为 $\mu_{x,B(溶质)}^{\ominus}$。

需要说明的是，虽然溶液组成可以用 c_B、b_B、x_B 等标度表示，但是溶液浓度只有在 $c_B=1\text{mol}\cdot\text{dm}^{-3}$、$b_B=1\text{mol}\cdot\text{kg}^{-1}$ 或 $x_B=1$ 时才能规定溶质 B 的标准态。显然，此时在这些浓度下的溶液都已不属于稀溶液浓度范围，根本上已不是理想稀溶液，也就不遵循 Henry 定律。所以，理想稀溶液中溶质 B 的标准态都只是一种假想状态。

同时，尽管溶液组成标度不同时，溶质 B 规定的标准态、相应的标准化学势以及化学势表达式都不相同，但是对于给定的同一种理想稀溶液，其溶质 B 的化学势的数值是唯一的。

尽管在表述混合物和溶液时，都是指多种组分的物质以分子水平混合形成的均相系统，似乎没有什么区别。但是，通过上一节理想液态混合物化学势和本节理想稀溶液中溶剂和溶质化学势的讨论，对热力学上处理混合物和溶液时方法上存在的本质差异，应该有一个深刻的认识，不能混淆不清。

4.7.3 溶质化学势的应用——分配定律

实验表明，在一定的温度和压力下，在两个互不相溶的液体所形成的系统中，能同时溶解某种溶质且均形成理想稀溶液，系统达到平衡后，该溶质在两液相中的浓度之比为常数，称为能斯特分配定律（Nernst's distribution law）。例如，一定温度和压力下，氨气在水和三氯甲烷系统中的溶解平衡，单质碘在水和四氯化碳系统中的溶解平衡，都遵循能斯特分配定律。

一定温度和压力下，溶质 B 在两个互不相溶的液相 α、β 中达到溶解平衡时，溶质在两个相中的化学势相等，为方便起见省去"（溶质）"即

$$\mu_{B,\alpha} = \mu_{B,\beta}$$

因为

$$\mu_{B,\alpha} = \mu_{b,B,\alpha}^{\ominus} + RT\ln\frac{b_{B,\alpha}}{b^{\ominus}}$$

$$\mu_{B,\beta} = \mu_{b,B,\beta}^{\ominus} + RT\ln\frac{b_{B,\beta}}{b^{\ominus}}$$

所以

$$\mu_{b,B,\alpha}^{\ominus} + RT\ln\frac{b_{B,\alpha}}{b^{\ominus}} = \mu_{b,B,\beta}^{\ominus} + RT\ln\frac{b_{B,\beta}}{b^{\ominus}}$$

即

$$\ln\frac{b_{B,\alpha}}{b_{B,\beta}} = \frac{\mu_{b,B,\beta}^{\ominus} - \mu_{b,B,\alpha}^{\ominus}}{RT}$$

因为在一定温度和压力下，$\mu_{b,B,\alpha}^{\ominus}$、$\mu_{b,B,\beta}^{\ominus}$ 均有确定的值，所以 $\dfrac{\mu_{b,B,\beta}^{\ominus} - \mu_{b,B,\alpha}^{\ominus}}{RT}$ 为定值，因此

$$\frac{b_{B,\alpha}}{b_{B,\beta}} = K_b \tag{4-80}$$

运用相同的方法可以得出，用 c_B 和 x_B 为浓度标度表示溶质 B 的化学势时，所对应的公式为

$$\frac{c_{B,\alpha}}{c_{B,\beta}} = K_c \tag{4-81}$$

$$\frac{x_{B,\alpha}}{x_{B,\beta}} = K_x \tag{4-82}$$

式(4-80)、式(4-81)和式(4-82)是在不同浓度标度下，能斯特分配定律的数学表达式。式中，K_b、K_c 和 K_x 是不同浓度标度下的分配系数（distribution coefficient），它与系统的温度、压力、溶质的性质和两种溶剂的性质等因素有关。

分配定律是化工生产中萃取单元操作的理论基础。应用分配定律时要求溶质在两种溶剂中具有相同的分子形式，如果溶质在某一种溶剂中存在缔合或解离等现象时，不能直接应用分配定律。例如，若溶质 B 在 α 相中以溶质分子 B 的形式存在，而在 β 相中溶质 B 发生二聚（缔合）后完全以 B_2 的形式存在，相当于

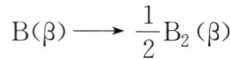

$$\text{B}(\beta) \longrightarrow \frac{1}{2}\text{B}_2(\beta)$$

$$\mu_{B,\beta} \qquad\qquad \mu_{B_2,\beta}$$

显然

$$\mu_{B,\beta} = \frac{1}{2}\mu_{B_2,\beta}$$

而 β 相中若溶质 B 仍以分子 B 的形式存在，就会遵循分配定律，即

$$\mu_{B,\alpha} = \mu_{B,\beta}$$

即

$$2\mu_{B,\alpha} = \mu_{B_2,\beta}$$

因此有

$$K_b' = \frac{b_{B,\alpha}^2}{b^\ominus b_{B,\beta}} \tag{4-83}$$

上式是溶质分子在其中一种溶剂中发生二聚缩合时，以质量摩尔浓度为标度时两相中溶质浓度的关系表达式。若溶质在其中一种溶剂中存在解离现象时，情况就更复杂，在此不再赘述。

4.8 实际液态混合物和实际溶液——活度的概念

在讨论实际气体化学势时，Lewis 引入了逸度和逸度因子的概念，修正了实际气体对理想气体的压力偏差。对于实际液态混合物和实际溶液，同样是 Lewis 提出了相应的活度和活度因子概念，以修正实际液态混合物对理想液态混合物和实际溶液对理想稀溶液在浓度上的偏差。

4.8.1 实际液态混合物

对于实际液态混合物中任意组分 B，其活度（activity）a_B、活度因子（activity factor，又称活度系数，activity coefficient）γ_B 的定义为

$$\mu_{B(l)} = \mu_{B(l)}^* + RT\ln a_B \tag{4-84}$$

$$\mu_{B(l)} = \mu_{B(l)}^* + RT\ln(x_B\gamma_B) \tag{4-85}$$

$$\gamma_B = \frac{a_B}{x_B} \tag{4-86}$$

式中，$\mu_{B(l)}^*$ 为纯液体 B 在温度为 T、压力为 p 时的化学势，它不是标准化学势，但数值上近似等于纯液体 B 在温度为 T、压力为 $p^\ominus$ 时的标准化学势 $\mu_{B(l)}^\ominus$，其原因与前面所述理想液态混合物时的情况一样。因此，式(4-84)和式(4-85)可改写为

$$\mu_{B(l)} = \mu_{B(l)}^\ominus + RT\ln a_B \tag{4-87}$$

$$\mu_{B(l)} = \mu_{B(l)}^\ominus + RT\ln(x_B\gamma_B) \tag{4-88}$$

可见，实际液态混合物中组分 B 的标准态同样规定为温度为 T、压力为 $p^\ominus$ 时的纯液体 B。

在实际液态混合物中，当 $x_B \to 1$ 时，系统接近于纯液体 B 的情况，此时组分 B 的化学势 $\mu_{B(l)}$ 基本与纯液体 B 的化学势 $\mu_{B(l)}^*$ 相等，根据式(4-84)可知，在这种条件下 $a_B \to 1$。因此，由式(4-86)得

$$\lim_{x_B \to 1} \gamma_B = \lim_{x_B \to 1} \frac{a_B}{x_B} = 1 \tag{4-89}$$

若将与实际液态混合物液相成平衡的气相部分按理想气体混合物处理，组分 B 在气相中的分压为 p_B，则

$$\mu_{B(g)} = \mu_{B(g)}^\ominus + RT\ln\frac{p_B}{p^\ominus}$$

$$= \mu_{B(g)}^\ominus + RT\ln\frac{p_B^*}{p^\ominus} + RT\ln\frac{p_B}{p_B^*}$$

$$=\mu_{B(l)}^{*}+RT\ln\frac{p_B}{p_B^{*}}$$

系统达到平衡时，$\mu_{B(g)}=\mu_{B(l)}=\mu_{B(l)}^{*}+RT\ln a_B$，即

$$\mu_{B(l)}^{*}+RT\ln\frac{p_B}{p_B^{*}}=\mu_{B(l)}^{*}+RT\ln a_B$$

所以

$$a_B=\frac{p_B}{p_B^{*}} \tag{4-90}$$

或者

$$\gamma_B=\frac{a_B}{x_B}=\frac{p_B}{p_B^{*}x_B} \tag{4-91}$$

式中，p_B^{*} 为纯液体 B 在 T 温度时的饱和蒸气压；p_B 为实际液态混合物平衡系统中组分 B 在气相中的平衡分压；x_B 为液相中组分 B 的物质的量分数。根据式(4-90)和式(4-91)，可计算实际液态混合物组分 B 在液相中的活度和活度因子。

4.8.2　实际溶液

与理想稀溶液相似，实际溶液也要将溶剂 A 和溶质 B 区分开，分别讨论它们各自的活度和活度因子。

（1）溶剂 A 的渗透因子

参照实际液态混合物组分 B 的定义，在温度为 T、压力为 p 时，实际溶液中溶剂 A 的活度与活度因子可以定义为

$$\mu_{A(l)}=\mu_{A(l)}^{\ominus}+RT\ln a_A \tag{4-92}$$

$$\mu_{A(l)}=\mu_{A(l)}^{\ominus}+RT\ln(x_A\gamma_A) \tag{4-93}$$

但是，稀溶液中溶剂的活度接近于 1，用活度因子 γ_A 不能显著地反映实际溶液与理想溶液之间的偏差。例如，25℃时溶剂为水（A）的 KCl 溶液，水的物质的量分数 $x_A=0.9328$ 时，水的活度 $a_A=0.9364$，因而水的活度因子 $\gamma_A=1.004$。为此，贝耶伦（Bjerrum）提出月渗透因子（osmotic factor）φ 表示实际溶液中溶剂的非理想程度，φ 的定义为

$$\mu_{A(l)}=\mu_{A(l)}^{\ominus}+\varphi RT\ln x_A \tag{4-94}$$

式中，当 $x_A\to1$ 时，$\varphi\to1$。

比较式(4-93)和式(4-94)，得

$$\ln(x_A\gamma_A)=\varphi\ln x_A$$

所以

$$\varphi=\frac{\ln\gamma_A}{\ln x_A}+1 \tag{4-95}$$

上例的 KCl 溶液，水的活度因子 $\gamma_A=1.004$，而水的渗透因子 $\varphi=0.942$。可见，用渗透因子 φ 表示实际溶液中溶剂对理想溶液中溶剂的偏差，要比用活度因子 γ_A 表示效果明显。

（2）溶质 B 的活度因子

溶液中溶质 B 的组成用不同浓度标度表示时，不仅溶质 B 的标准态和标准化学势不相同，而且化学势的表达式也不同，那么用化学势表达式定义的活度和活度因子必然也不一

样。因此，本教材只对用质量摩尔浓度为标度时溶质的活度因子作介绍。

在温度为 T、压力为 p 且 p 与 $p^\ominus$ 相差不大时，实际溶液中的溶质 B 的活度和活度因子为

$$\mu_{溶质} = \mu_{溶质}^\ominus + RT\ln a_B \tag{4-96}$$

$$\mu_{溶质} = \mu_{溶质}^\ominus + RT\ln\left(\frac{\gamma_B b_B}{b^\ominus}\right) \tag{4-97}$$

$$\gamma_B = \frac{a_B}{b_B/b^\ominus} \tag{4-98}$$

且

$$\lim_{x_B \to 0} \gamma_B = \lim_{x_B \to 0}\left(\frac{a_B}{b_B/b^\ominus}\right) = 1 \tag{4-99}$$

4.9　稀溶液的依数性

稀溶液中溶剂的蒸气压下降、凝固点下降、沸点升高以及渗透压的大小等，只与溶液中溶质分子的数目多少有关，而与溶质的本性无关，称为稀溶液的依数性（colligative properties）。在推导依数性公式的过程中，依赖的是理想稀溶液中溶剂的化学势公式，所以，严格说来，所得到的依数性公式只适用于理想稀溶液，对一般意义上的稀溶液只能近似适用。

4.9.1　溶液中溶剂蒸气压下降

一定温度下，溶液中溶剂的蒸气压低于同温度下纯溶剂的饱和蒸气压，这一现象称为溶剂的蒸气压下降。对于稀溶液，如前所述遵循 Raoult 定律：溶液中溶剂蒸气压的下降值与溶质的物质的量分数成正比，与溶质的本性无关，即 $\Delta p_A = p_A^* x_B$。应用这一性质，可以测定非挥发性溶质的摩尔质量等。

【例 4-4】　一定温度下，将一未知碳氢化合物 0.5455g 溶解在 25.00g CCl_4 中，测得溶液的蒸气压为 $p_{CCl_4} = 11189Pa$。经元素分析，化合物中碳、氢的质量分数分别为 0.9434 和 0.0566。已知该温度下 $p_{CCl_4}^* = 11401Pa$，试确定化合物的分子式。

解　由 Raoult 定律，得

$$\frac{\Delta p_{CCl_4}}{p_{CCl_4}^*} = x_B = \frac{n_B}{n_A + n_B} \approx \frac{n_B}{n_A} = \frac{m_B/M_B}{m_A/M_A}$$

$$M_B = M_A \times \frac{m_B}{m_A} \times \frac{p_{CCl_4}^*}{p_{CCl_4}^* - p_{CCl_4}}$$

$$= \left(153.81 \times \frac{0.5455}{25.00} \times \frac{11401}{11401 - 11189}\right) g\cdot mol^{-1}$$

$$= 180.5 g\cdot mol^{-1}$$

$$\frac{180.5 \times 0.9434}{12} = 14, \qquad \frac{180.5 \times 0.0566}{1} = 10$$

所以未知化合物的分子式为 $C_{14}H_{10}$。

4.9.2　溶液的凝固点下降

一定外压下，冷却纯液体至析出固体时的平衡温度称为液体的凝固点（freezing point），

而加热纯固体(晶体)到出现液体时的平衡温度称为熔点(fusing point),纯物质的凝固点和熔点是一致的。外压对凝固点的影响遵循克拉佩龙方程,但是,由于外压改变不大时对液体物质的凝固点影响甚微,所以一般不予考虑。

　　然而,若为溶液或混合物系统,其凝固点和熔点常常并不相同。一定外压下,溶液的凝固点不仅与溶液的组成有关,还与所析出固相的形态及组成有关:若析出的是纯溶剂固体,溶液凝固点一定下降;但如果析出固体的过程中生成固溶体,溶液的凝固点可能降低,也可能升高。这里所讨论的是前一种情况,溶液凝固点下降是由于溶液中溶剂蒸气压下降引起的,见图 4-3。

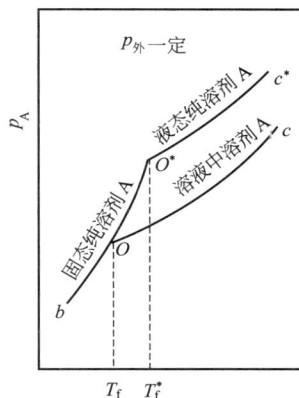

图 4-3　稀溶液凝固点降低

　　事实上,溶液的凝固点比纯溶剂的低,这种现象早已被人们认识并应用于实践,如生活中常见的雪后马路上撒盐化雪,机动车水箱加防冻液防冻等。在大量实验的基础上,人们提出了溶液凝固点下降定律:在恒定外压(通常为大气压)下,只要溶质与溶剂不形成固溶体,稀溶液的凝固点与纯溶剂相比必然下降,而且下降的数值与稀溶液中溶质的质量摩尔浓度成正比。

　　在一定外压 p 下,溶质 B 溶于溶剂 A 中所形成的稀溶液(假定为理想稀溶液),其质量摩尔浓度为 b_B,降低溶液温度到 T_f 时,开始析出纯溶剂固体 A(s)。此时,固、液两相处于平衡状态,纯溶剂固体 A(s)的化学势与溶液中溶剂的化学势 A(l)相等,即

$$\mu^*_{A(s)} = \mu_{A(l)}$$

恒压下,若溶液的浓度由 b_B 变到 $b_B + db_B$,溶液的凝固点相应地由 T_f 变到 $T_f + dT$,则在新的条件下两相达平衡时,溶剂 A 在固、液两相中的化学势的改变值相等,即

$$d\mu^*_{A(s)} = d\mu_{A(l)} \tag{4-100}$$

纯溶剂固体 A(s)的化学势 $\mu^*_{A(s)}$ 只与温度 T、压力 p 有关,即

$$\mu^*_{A(s)} = \mu^*_{A(s)}(T, p)$$

所以

$$d\mu^*_{A(s)} = \left[\frac{\partial \mu^*_{A(s)}}{\partial T}\right]_p dT + \left[\frac{\partial \mu^*_{A(s)}}{\partial p}\right]_T dp \tag{4-101}$$

　　对于由溶剂 A 和溶质 B 形成的二组分理想稀溶液,其溶剂的化学势 $\mu_{A(l)}$ 与系统温度 T、压力 p 及其中一个组分的组成(这里以 b_B 浓度标度表示)有关,即

$$\mu_{A(l)} = \mu_{A(l)}(T, p, b_B)$$

所以

$$d\mu_{A(l)} = \left[\frac{\partial \mu_{A(l)}}{\partial T}\right]_{p, b_B} dT + \left[\frac{\partial \mu_{A(l)}}{\partial p}\right]_{T, b_B} dp + \left[\frac{\partial \mu_{A(l)}}{\partial b_B}\right]_{T, p} db_B$$

因为理想稀溶液溶剂的化学势 $\mu_{A(l)} = \mu^*_{A(l)} - RTM_A b_B$,代入上式,得

$$d\mu_{A(l)} = \left[\frac{\partial \mu^*_{A(l)}}{\partial T}\right]_{p, b_B} dT - RM_A b_B dT + \left[\frac{\partial \mu^*_{A(l)}}{\partial p}\right]_{T, b_B} dp - RTM_A db_B \tag{4-102}$$

所以,结合式(4-100)~式(4-102),在恒压(即 $dp = 0$)条件下,有

$$\left[\frac{\partial \mu^*_{A(s)}}{\partial T}\right]_p dT = \left[\frac{\partial \mu^*_{A(l)}}{\partial T}\right]_{p, b_B} dT - RM_A b_B dT - RTM_A db_B$$

因为 $\left[\dfrac{\partial \mu_{A(s)}^{*}}{\partial T}\right]_{p} = -S_{m,A(s)}^{*}$，$\left[\dfrac{\partial \mu_{A(l)}^{*}}{\partial T}\right]_{p,b_{B}} = -S_{m,A(l)}^{*}$，且稀溶液意味着 b_{B} 很小，上式右边第二项近似为零，忽略不计，所以

$$\mathrm{d}b_{B} = \frac{S_{m,A(s)}^{*} - S_{m,A(l)}^{*}}{RTM_{A}}\mathrm{d}T$$

式中，$S_{m,A(s)}^{*}$、$S_{m,A(l)}^{*}$ 分别为 A 的纯固体和纯液体的摩尔熵，它们的差值是温度为 T、压力为 p 时，纯液体可逆凝固为纯固体时的摩尔凝固熵，数值上等于摩尔熔化熵的相反数，即

$$S_{m,A(s)}^{*} - S_{m,A(l)}^{*} = \Delta S_{m,A(l)\to A(s)}^{*} = -\Delta_{fus}S_{m,A(s)\to A(l)}^{*} = -\frac{\Delta_{fus}H_{m,A}^{*}}{T}$$

式中，$\Delta_{fus}H_{m,A}^{*}$ 为纯固体 A 的摩尔熔化焓，在温度变化不大时可视为常数。因此，

$$\mathrm{d}b_{B} = -\frac{\Delta_{fus}H_{m,A}^{*}}{RM_{A}T^{2}}\mathrm{d}T$$

对上式作定积分得

$$\int_{0}^{b_{B}}\mathrm{d}b_{B} = -\frac{\Delta_{fus}H_{m,A}^{*}}{RM_{A}}\int_{T_{f}^{*}}^{T_{f}}\frac{\mathrm{d}T}{T^{2}}$$

所以

$$b_{B} = \frac{\Delta_{fus}H_{m,A}^{*}}{RM_{A}}\times\frac{T_{f}^{*} - T_{f}}{T_{f}^{*}T_{f}}$$

式中，T_{f}^{*}、T_{f} 分别代表外压为 p 时纯溶剂 A 和溶液中溶剂的凝固点，一般凝固点下降值 $\Delta T_{f} = T_{f}^{*} - T_{f}$ 很小，可以认为 $T_{f}^{*}T_{f}\approx(T_{f}^{*})^{2}$；常压下 $\Delta_{fus}H_{m,A}^{*}\approx\Delta_{fus}H_{m,A}^{\ominus}$。代入上式得

$$\Delta T_{f} = \frac{RM_{A}(T_{f}^{*})^{2}}{\Delta_{fus}H_{m,A}^{\ominus}}b_{B} \tag{4-103}$$

令

$$K_{f} = \frac{RM_{A}(T_{f}^{*})^{2}}{\Delta_{fus}H_{m,A}^{\ominus}} \tag{4-104}$$

将式(4-104)代入式(4-103)，得

$$\Delta T_{f} = K_{f}b_{B} \tag{4-105}$$

上式为凝固点下降公式，表明在给定溶剂的稀溶液中，其凝固点下降值与溶质的质量摩尔浓度成正比，但与溶质是何种物质没有关系。式中 K_{f} 称为凝固点下降常数（freezing point depression constant），单位为 $K\cdot kg\cdot mol^{-1}$，由式(4-104) K_{f} 计算公式可以看出，K_{f} 的值只与纯溶剂性质有关而与溶质性质无关。表 4-2 列出了几种常见溶剂的 K_{f} 值。

表 4-2　几种常见溶剂的 K_{f} 值

溶剂	水	醋酸	苯	萘	环己烷	樟脑
$K_{f}/K\cdot kg\cdot mol^{-1}$	1.86	3.90	5.12	6.94	20.8	37.8

利用凝固点下降原理，实验室常通过测定未知物（非电解质）水溶液的凝固点，来确定未知物的摩尔质量。

【例 4-5】　在 25℃、101.325kPa 的实验室，50.00g 水中溶解 0.2420g 某非电解质溶质，测得该溶液的凝固点为 −0.15℃。试求该溶质的摩尔质量。

解
$$\Delta T_f = K_f b_B = K_f \frac{n_B}{m_A} = K_f \frac{m_B/M_B}{m_A}$$

$$M_B = K_f \frac{m_B}{m_A} \times \frac{1}{\Delta T_f}$$
$$= \left(1.86 \times \frac{0.2420}{50.00} \times \frac{1}{0.15}\right) \text{kg·mol}^{-1}$$
$$= 6.0 \times 10^{-2} \text{kg·mol}^{-1}$$

用水作溶剂时，由于水的 K_f 值较小，稀溶液凝固点下降值很有限，实验测定温度时对仪器的精度要求就高。所以，为提高实验测量的精确度，保证实验结果的准确性，尽可能选用 K_f 值大些的溶剂。

凝固点下降除了前面已提及的应用外，在工业生产和科学研究上也有着极其广泛的用途。如保险丝是由锡、铅、铋、镉四种金属制备而成的易熔合金，其熔点仅为 343K，比熔点最低的金属锡（505K）还低 162K。又如，冶金时除去硫、磷等杂质的造渣过程中，由于 SiO_2 熔点很高，可通过调节造渣材料降低熔点，实现节能。熔化后的液态金属若作溶剂其 K_f 值很大，金属中稍有杂质，熔点将大幅下降，据此可检验金属的纯度。

4.9.3　溶液的沸点升高

液体饱和蒸气压等于外压时的温度，称为该外压下液体的沸点（boiling point）。通常情况下，纯溶剂中加入不挥发性溶质形成溶液后，其蒸气压要低于同温度下纯溶剂的蒸气压。图 4-4 是稀溶液的沸点升高示意图，纯溶剂的饱和蒸气压曲线位于溶液中溶剂的蒸气压之上。在温度为 T_b^* 时，纯溶剂曲线上的 c^* 点所对应的压力刚好与外压相等，依据沸点定义，T_b^* 为纯溶剂在该外压下的沸点温度。而温度为 T_b^* 时溶液中溶剂的蒸气压显然低于外压，只有通过升高温度，使溶液中溶剂的蒸气压增大到图中 c 点时，所对应的压力恰好等于外压，此时溶液开始沸腾，所以 c 点所对应的温度 T_b 就是溶液在此外压下的沸点。可见，溶液的沸点 T_b 要高于纯溶剂的沸点 T_b^*，这种现象称为溶液的沸点升高，两者之间的差值 $T_b - T_b^* = \Delta T_b$ 称为沸点升高值。

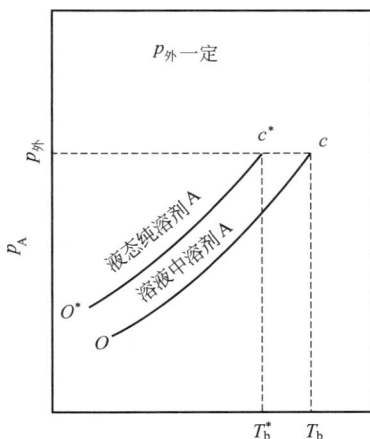

图 4-4　稀溶液的沸点升高

溶液组成以 b_B 为浓度标度时，可用与凝固点下降完全相同的方法推导出 ΔT_b 与 b_B 的关系式。这里只简单介绍，溶液组成以 x_B 为浓度标度时推导 ΔT_b 与 b_B 关系式的过程，方法与以 b_B 为浓度标度时类似，稍有区别的是数学处理上的差异。

在一定外压 p 下，溶剂 A 和不挥发性溶质 B 形成组成为 x_B 的稀溶液，在温度 T 时达到气-液平衡。因溶质不挥发，所以气相中只有纯溶剂气体 A(g)，它的化学势与温度 T 和压力 p 有关，即 $\mu_{A(g)}^*(T,p)$。溶液中溶剂 A(l) 的化学势除与温度 T 和压力 p 有关外，还与溶液组成 x_B 有关，即 $\mu_{A(l)}(T,p,x_B)$。气-液达到平衡时

$$\mu_{A(g)}^{*}(T,p) = \mu_{A(l)}(T,p,x_B)$$

恒压下，

$$\left[\frac{\partial \mu_{A(g)}^{*}}{\partial T}\right]_p dT = \left[\frac{\partial \mu_{A(l)}}{\partial T}\right]_{p,x_B} dT + \left[\frac{\partial \mu_{A(l)}}{\partial x_B}\right]_{T,p} dx_B$$

溶剂的化学势 $\mu_{A(l)} = \mu_{A(l)}^{*} + RT\ln x_A = \mu_{A(l)}^{*} + RT\ln(1-x_B)$ ，且 $\left[\frac{\partial \mu_{A(g)}^{*}}{\partial T}\right]_p = -S_{m,A(g)}^{*}$ ，

$\left[\frac{\partial \mu_{A(l)}^{*}}{\partial T}\right]_{p,x_B} = -S_{m,A(l)}^{*}$ ，代入上式后得

$$-S_{m,A(g)}^{*} dT = \left[-S_{m,A(l)}^{*} dT + R\ln(1-x_B)dT\right] + \left[-\frac{RT}{1-x_B} dx_B\right]$$

因为是稀溶液，$x_B \to 0$，式中右边第二项近似为零，忽略不计。$S_{m,A(g)}^{*}$、$S_{m,A(l)}^{*}$ 分别为纯气体 A 和纯液体 A 的摩尔熵，它们的差值是温度为 T、压力为 p 时，纯液体 A 可逆蒸发为纯气体 A 过程中的摩尔蒸发熵，即

$$S_{m,A(g)}^{*} - S_{m,A(l)}^{*} = \Delta_{vap} S_{m,A(l)\to A(g)}^{*} = \frac{\Delta_{vap}H_{m,A}^{*}}{T}$$

式中，$\Delta_{vap}H_{m,A}^{*}$ 为纯液体 A 的摩尔蒸发焓，在温度变化不大时可视为常数。因此，

$$\frac{dx_B}{1-x_B} = \frac{\Delta_{vap}H_{m,A}^{*}}{RT^2} dT$$

对上式作定积分得

$$\int_0^{x_B} \frac{dx_B}{1-x_B} = \int_{T_b^*}^{T_b} \frac{\Delta_{vap}H_{m,A}^{*}}{RT^2} dT$$

所以

$$-\ln(1-x_B) = -\frac{\Delta_{vap}H_{m,A}^{*}}{R} \times \frac{T_b^* - T_b}{T_b^* T_b}$$

式中，因为稀溶液的 $x_B \to 0$，所以 $\ln(1-x_B) = -x_B \approx -\frac{n_B}{n_A} = -\frac{n_B}{m_A/M_A} = -M_A b_B$；一般沸点升高值 $\Delta T_b = T_b - T_b^*$ 不大，可以认为 $T_b^* T_b \approx (T_b^*)^2$；常压下 $\Delta_{vap}H_{m,A}^{*} \approx \Delta_{vap}H_{m,A}^{\ominus}$。代入上式得

$$\Delta T_b = \frac{RM_A(T_b^*)^2}{\Delta_{vap}H_{m,A}^{\ominus}} b_B$$

令

$$K_b = \frac{RM_A(T_b^*)^2}{\Delta_{vap}H_{m,A}^{\ominus}} \tag{4-106}$$

则

$$\Delta T_b = K_b b_B \tag{4-107}$$

上式为沸点升高公式，表明在给定溶剂的稀溶液中，其沸点升高值与溶质的质量摩尔浓度成正比，而与溶质是什么具体物质没有关系。式中 K_b 称为沸点升高常数(boiling point elevation constant)，单位为 $K \cdot kg \cdot mol^{-1}$。由式(4-106) K_b 计算公式可以看出，K_b 的值取决于纯溶剂性质，与溶质性质无关。表 4-3 列出了几种常见溶剂的 K_b 值。

表 4-3　几种溶剂的 K_b 值

溶剂	水	乙醇	丙酮	苯	醋酸	氯仿	四氯化碳
$K_b/\text{K·kg·mol}^{-1}$	0.51	1.23	1.80	2.64	3.07	3.80	5.26

【例 4-6】　将 12.2g 某有机物溶于 100g 乙醇中形成稀溶液，乙醇的沸点升高了 1.23K，计算该有机物的摩尔质量。

解　乙醇的 $K_b=1.23\text{K·kg·mol}^{-1}$，因为

$$\Delta T_b = K_b b_B = K_b \frac{n_B}{m_A} = K_b \frac{m_B/M_B}{m_A}$$

所以

$$M_B = K_b \frac{m_B}{m_A} \times \frac{1}{\Delta T_b} = \left(1.23 \times \frac{12.2}{100} \times \frac{1}{1.23}\right)\text{kg·mol}^{-1}$$

$$= 0.122\text{kg·mol}^{-1} = 122\text{g·mol}^{-1}$$

沸点升高公式和凝固点下降公式都只适用于稀溶液，若溶液中有多种溶质共存时，公式中的质量摩尔浓度应等于各溶质的质量摩尔浓度加和。沸点升高只对非挥发性溶质形成的稀溶液适用；凝固点下降不仅适用于非挥发性溶质的稀溶液，而且对挥发性溶质如 O_2、N_2 等形成的稀溶液同样适用。

水作溶剂时，沸点升高常数 K_b 值只有其凝固点下降常数 K_f 值的三分之一不到，同一种水溶液的沸点升高值还不到其凝固点下降值的三分之一。从前面凝固点下降的例题可以看出，稀的水溶液凝固点下降值已经很小，它的沸点升高值必然更小。因此，实验室常用凝固点下降法而不用沸点升高法测定溶质的摩尔质量，以保证实验测定的准确度和精确度，更为科学合理。

4.9.4　渗透压

渗透是自然界最普遍的现象，渗透压是溶液的重要性质之一。渗透压的产生源自于半透膜，如细胞膜、羊皮纸、动物膀胱等，这类膜具有允许溶剂（如水）分子透过却不允许溶质分子透过的特性。

在温度 T 下用某种半透膜把纯溶剂与溶液（溶剂 A 和溶质 B 构成）隔开，如图 4-5。在未发生渗透之前，液体纯溶剂的化学势为 $\mu_{A(l)}^*$，溶液中溶剂的化学势为 $\mu_{A(l)}$

$$\mu_{A(l)}^* = \mu_{A(g)}^* = \mu_{A(g)}^\ominus + RT\ln\frac{p_A^*}{p^\ominus} \qquad (4\text{-}108)$$

$$\mu_{A(l)} = \mu_{A(g)} = \mu_{A(g)}^\ominus + RT\ln\frac{p_A}{p^\ominus}$$

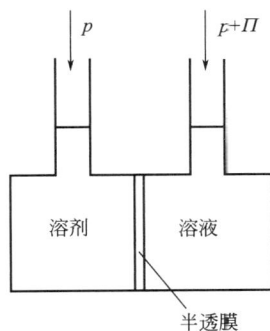

图 4-5　渗透平衡示意图

式中，p_A^*、p_A 分别为纯溶剂 A 在温度 T 时的饱和蒸气压和溶液中溶剂 A 的蒸气压，由于溶液的蒸气压下降，即：$p_A^* > p_A$，则 $\mu_{A(l)}^* > \mu_{A(l)}$。因此，纯溶剂分子有自溶剂一侧通过半透膜进入溶液一侧的倾向。为了阻止这种倾向的发生，保持半透膜两侧液面在同一水平高度，必须在溶液液面上方施加额外的压力，以增加溶液一侧的压力，使两侧溶剂的化学势相等而达到渗透平衡。这个额外的压力称为渗透压（osmotic pressure），以 Π 表示。

在一定温度下，纯溶剂的饱和蒸气压为一定值，由(4-108)可知，$\mu_{A(l)}^{*}$ 为常数。达到渗透平衡时，溶液一侧溶剂 A 的化学势 $\mu_{A(l)}$ 与溶剂一侧纯溶剂 A 的化学势 $\mu_{A(l)}^{*}$ 相等，即

$$\mu_{A(l)} = \mu_{A(l)}^{*} = 常数$$

所以

$$d\mu_{A(l)} = 0$$

$\mu_{A(l)}$ 与系统所处的温度 T、压力 p 和溶液组成 x_B 有关，即

$$\mu_{A(l)} = \mu_{A(l)}(T, p, x_B)$$

恒温下，上式全微分，得

$$d\mu_{A(l)} = \left[\frac{\partial \mu_{A(l)}}{\partial p}\right]_{T,x_B} dp + \left[\frac{\partial \mu_{A(l)}}{\partial x_B}\right]_{T,p} dx_B = 0$$

溶液中溶剂的化学势 $\mu_{A(l)} = \mu_{A(l)}^{*} + RT\ln x_A = \mu_{A(l)}^{*} + RT\ln(1-x_B)$，则

$$\left[\frac{\partial \mu_{A(l)}^{*}}{\partial p}\right]_{T,x_B} dp - \frac{RT}{1-x_B} dx_B = 0$$

因为

$$\left[\frac{\partial \mu_{A(l)}^{*}}{\partial p}\right]_{T,x_B} = \left[\frac{\partial G_{m,A(l)}^{*}}{\partial p}\right]_{T,x_B} = V_{m,A(l)}^{*}$$

所以

$$\frac{RT}{1-x_B} dx_B = V_{m,A(l)}^{*} dp$$

液体的可压缩性小，恒温下，压力由 p 变化到 $p+\Pi$ 时，纯液体 A 的摩尔体积 $V_{m,A(l)}^{*}$ 可视为常数，对上式作定积分

$$\int_0^{x_B} \frac{RT}{1-x_B} dx_B = V_{m,A(l)}^{*} \int_p^{p+\Pi} dp$$

$$-RT\ln(1-x_B) = V_{m,A(l)}^{*} [(p+\Pi) - p]$$

式中，因为稀溶液的 $x_B \to 0$，所以 $\ln(1-x_B) = -x_B \approx -\dfrac{n_B}{n_A}$，则

$$n_B RT = n_A V_{m,A(l)}^{*} \Pi = V_{A(l)} \Pi \approx V\Pi \tag{4-109}$$

式中，V 为稀溶液体积，$\dfrac{n_B}{V} = c_B$，代入上式

$$\Pi = c_B RT \tag{4-110}$$

式(4-109)和式(4-110)都称为范特霍夫渗透压公式，表明溶液的渗透压只与溶液的物质的量浓度有关，而与溶质的本性无关。

【例 4-7】 300K 时，将葡萄糖($C_6H_{12}O_6$)溶于水，得葡萄糖的质量分数为 0.044、密度为 $1.015kg \cdot dm^{-3}$ 的溶液。求该溶液的渗透压。

解 假设溶液质量为 1kg，溶液物质的量浓度为

$$c_B = \frac{n_B}{V} = \frac{m_B/M_B}{m/\rho} = \left(\frac{\dfrac{1 \times 0.044}{180 \times 10^{-3}}}{\dfrac{1}{1.015 \times 10^3}}\right) mol \cdot m^{-3} = 2.48 \times 10^2 \, mol \cdot m^{-3}$$

$$\Pi = c_B RT = (2.48 \times 10^2 \times 8.314 \times 300)\text{Pa} = 618.6\text{kPa}$$

通过测定溶液渗透压，可以求出纯天然物、人工合成的高聚物及蛋白质等大分子的摩尔质量。渗透压在生物学尤其是医学上有着极其重要的应用价值，范特霍夫正是因为在渗透压和化学反应动力学等方面的卓越研究成果而荣获首届诺贝尔化学奖。

如果在溶液一侧施加的压力比渗透压更大，溶液中的溶剂分子会从溶液一侧通过半透膜渗透到纯溶剂一侧，这种现象称为反渗透或逆向渗透(reverse osmosis)。人体的肾功能便是反渗透作用的典型例子，血液中的糖分远高于尿液中的，肾的反渗透功能能阻止血液中的糖分进入尿液，而一旦肾功能出现问题，血液中的糖分将进入尿液造成尿液中血糖过高，形成"糖尿病"。反渗透在工业上有着广泛的应用前景，利用反渗透原理不仅可以实现海水淡化、废水处理等，还可以代替一般的离心分离和加热浓缩等，既保证了产品不至于受热分解，又降低了生产过程的能耗。反渗透技术的核心是制备性能优良、能适用于特殊需要的半透膜，而无机和高分子材料化学的发展为制备这种半透膜打开了空间。

4.9.5　依数性小结

通过讨论稀溶液的蒸气压下降、凝固点降低、沸点升高及渗透压，可以得出以下几点共同规律：

① 导致稀溶液的凝固点降低、沸点升高及渗透压的根本原因，是稀溶液中的溶剂蒸气压低于同温度下纯溶剂的饱和蒸气压；

② 依数性公式的导出都是以纯溶剂相如纯固相 $A^*(s)$（凝固点下降）、纯气相 $A^z(g)$（沸点升高）、纯液相 $A^*(l)$（渗透压）与溶液中溶剂 $A(l)$ 达成相平衡为依据的；

③ 溶剂的蒸气压下降、凝固点降低、沸点升高及渗透压都只与溶液中溶质的分子数目成正比关系，而与溶质是什么具体物质无关，这就是依数性；

④ 依数性公式适用于非电解质的稀溶液，浓度越低，公式使用时准确性越高。

对于由溶剂 A 和溶质 B 形成的稀溶液，运用相平衡的化学势判据导出了依数性公式，再经过合理的近似处理，可以得到四种依数性之间的关系，即

$$-\ln x_A = x_B = \frac{\Delta_{fus}H_{m,A}^{\ominus}}{R(T_f^*)^2} \cdot \Delta T_f = \frac{\Delta_{vap}H_{m,A}^{\ominus}}{R(T_b^*)^2} \cdot \Delta T_b = \frac{\Pi M_A}{RT\rho_A} = \frac{\Delta p_A}{p_A^*} \tag{4-111}$$

依数性提供了通过测量诸如温度 T、压力 p 等容易测定的性质，求解摩尔相变焓和摩尔质量等的方法，其中，精确度最高的当属渗透压法。例如，298.15K 时，浓度为 0.001mol·kg^{-1} 的非电解质水溶液，各依数性数值如下：蒸气压下降 $\Delta p_A = 5.7 \times 10^{-2}\text{Pa}$、凝固点降低 $\Delta T_f = 1.9 \times 10^{-3}\text{K}$、沸点升高 $\Delta T_b = 5.1 \times 10^{-4}\text{K}$、渗透压 $\Pi = 2.5\text{kPa}$。显然，除了渗透压外，其他依数性数值较小，对所用测试仪器的精度要求必然增加。

需要指出的是，依数性公式适用于非电解质的稀溶液，并不是说电解质溶液不存在蒸气压下降、凝固点降低、沸点升高及渗透压，只是电解质溶液的这些变化值与其溶质的分子数之间不存在正比例关系而已。同时，浓度相同的电解质稀溶液比非电解质稀溶液在蒸气压下降、凝固点降低、沸点升高及渗透压四个方面表现得更加显著。

学习基本要求

1. 掌握多组分系统组成的表示方法及其内在联系，掌握偏摩尔量的定义和偏摩尔量的测定方法，能应用偏摩尔量加和公式进行与偏摩尔体积有关的计算，了解 Gibbs-Duhem 公

式和各偏摩尔量之间的关系。

2. 掌握化学势的定义和多组分系统热力学基本方程式，能熟练运用化学势判据判断相变过程的方向性和平衡性，了解化学势与温度及压力之间的关系。

3. 掌握理想气体及理想气体混合物化学势的计算公式，了解实际气体及实际气体混合物化学势公式，掌握逸度与逸度因子的定义。

4. 掌握 Raoult 定律、Henry 定律及它们应用的条件，能对稀溶液采用不同浓度标度时的 Henry 常数进行换算。

5. 掌握理想液态混合物的定义及微观上的基本特征，掌握理想液态混合物化学势的计算公式和混合性质。

6. 了解理想稀溶液的概念，掌握溶剂化学势的计算公式，掌握不同浓度标度下溶质的标准态选定、标准化学势、化学势之间的关系，掌握分配定律，了解实际溶液化学势的计算公式及活度、活度因子的概念。

7. 掌握稀溶液的依数性，能熟练运用蒸气压下降、凝固点降低、沸点升高和渗透压公式进行相关的计算，了解它们之间的内在联系及在生产和科研中的应用。

习题

4-1 在 298.15K 、101.325kPa 时，将 0.50mol 乙醇溶于 0.50kg 水中形成溶液，溶液的密度为 $0.992kg \cdot dm^{-3}$。试求乙醇的摩尔分数、质量分数、物质的量浓度及质量摩尔浓度。

4-2 在 298.15K 、101.325kPa 时，将葡萄糖($C_6H_{12}O_6$)溶于水制得溶液，溶液中葡萄糖的质量分数为 0.035，溶液密度为 $1.012kg \cdot dm^{-3}$。求此溶液中葡萄糖的摩尔分数、物质的量浓度及质量摩尔浓度。

4-3 一定温度下，乙醇和水形成的混合液，其密度为 $0.8494kg \cdot dm^{-3}$，$x_{H_2O} = 0.40$，乙醇的偏摩尔体积为 $57.5cm^3 \cdot mol^{-1}$。试求此混合液中水的偏摩尔体积。

4-4 在 298.15K 、101.325kPa 下，水(A)和甲醇(B)的摩尔体积分别为：$V_{m,A}^* = 18.068cm^3 \cdot mol^{-1}$，$V_{m,B}^* = 40.722cm^3 \cdot mol^{-1}$。甲醇与水形成 $x_B = 0.30$ 的溶液时，水和甲醇的偏摩尔体积分别为：$V_A = 17.765 cm^3 \cdot mol^{-1}$，$V_B = 38.632 cm^3 \cdot mol^{-1}$。现要配制上述组成的溶液 $1dm^3$，试求：

(1) 所需纯水和纯甲醇的体积；

(2) 混合前后的体积变化值。

4-5 在 298.15K 、101.325kPa 下，1kg 水(A)中溶有醋酸(B)，当醋酸的质量摩尔浓度 b_B 介于 $0.16mol \cdot kg^{-1}$ 和 $2.5mol \cdot kg^{-1}$ 之间时，溶液的总体积为 $V/cm^3 = 1002.935 + 51.832[b_B/(mol \cdot kg^{-1})] + 0.1394[b_B/(mol \cdot kg^{-1})]^2$。

(1) 试用 b_B 的函数式表示水(A)和醋酸(B)的偏摩尔体积；

(2) 试求当 $b_B = 1.5mol \cdot kg^{-1}$ 时水和醋酸的偏摩尔体积。

4-6 298.15K 时，将 1mol 纯理想气体，压力由 150kPa 变化到 250kPa。试求这一过程化学势的变化值。

4-7 373.15K 时，己烷和辛烷的饱和蒸气压分别为 244.78kPa 和 47.196kPa。这两种液体形成的理想液态混合物若在 373.15K 、101.325kPa 下沸腾，试求平衡时气、液两相的组成。

4-8 苯和甲苯可形成理想液态混合物。一定温度下，当气相压力为 47.42kPa 时，苯在液相中的组成为 0.1423，而在气相中的组成为 0.3000。试求该温度下苯和甲苯的饱和蒸气压。

4-9 410K 时，氯苯和溴苯的饱和蒸气压分别为 115.06kPa 和 60.39kPa。在该温度下，将等质量的氯苯和溴苯混合形成理想液体混合物，试求与该液相达平衡时的系统总压和气相组成。

4-10 273.15K 时，101.325kPa 的 O_2 在 1kg 水中能溶解 $6.4 \times 10^{-5}kg$。试求 273.15K 时 O_2 溶解于水

的亨利系数 k_b 和 k_x。

4-11　291.15K 时，O_2 和 N_2 的压力都为 101.325kPa，它们在 1kg 水中的溶解度分别为 0.045g 和 0.02g。现将 1kg 被 202.65kPa 的空气饱和的水溶液加热至沸腾，赶出其中溶解的 O_2 和 N_2 并干燥之。试求此干燥混合气体在标准状态下的体积及其组成。假定空气为理想气体，其以体积分数表示的组成为：$\varphi_{O_2} = 0.21$，$\varphi_{N_2} = 0.79$。

4-12　293.15K 时，HCl(g) 溶于苯的亨利系数 $k_{b,\mathrm{HCl}} = 186.0\mathrm{kPa \cdot kg \cdot mol^{-1}}$，苯的饱和蒸气为 10.0kPa。在 293.15K、101.325kPa 时，HCl(g) 溶于苯形成稀溶液，气、液两相达到平衡后，试求：

（1）液相的组成 x_{HCl}；

（2）1kg 苯中能溶解 HCl 的质量。

4-13　298.15K、101.325kPa 时，将 1mol 的甲苯和 2mol 乙苯混合，形成理想液态混合物。试求此混合过程的 ΔG、ΔV、ΔH 及 ΔS。

4-14　液体 B 和液体 C 能形成理想液态混合物。298.15K、101.325kPa 时，向 3mol 液体 B 和 5mol 液体 C 所形成的液态混合物中加入 2mol 的液体 B，形成新的混合物。求此过程的 ΔG 和 ΔS。

4-15　液体 B 和液体 C 能形成理想液态混合物。298.15K、101.325kPa 时，向组成为 $x_B = 0.3$ 的大量液态混合物中加入 2mol 的纯液体 B。求此过程的 ΔG 和 ΔS。

4-16　液体 B 和液体 C 能形成理想液态混合物。298.15K、101.325kPa 时，从 5mol 液体 B 和 5mol 液体 C 所形成的液态混合物中分出 2mol 的纯液体 B。求此过程的 ΔG。

4-17　298.15K 时，$1\mathrm{dm^3}$ 水中溶有某有机物 100g，在此溶液中加入乙醚 $1\mathrm{dm^3}$ 进行萃取，实验结果得 66.7g 该有机物。试求该有机物在水与乙醚之间的分配系数。设有机物在两种溶剂中的存在形态一致。

4-18　298.15K 时，将 0.284g 碘溶于 $25\mathrm{cm^3}$ $\mathrm{CCl_4}$ 中，所得溶液与 $250\mathrm{cm^3}$ 水经长时间摇动，然后测得水层含有 0.167mmol 的碘。设碘在水和 $\mathrm{CCl_4}$ 的存在形态均为 I_2。试求，碘在水与 $\mathrm{CCl_4}$ 间的分配系数。

4-19　298.15K 时，水的饱和蒸气压为 3.167kPa，在 100g 水中加入 10g 甘油（$\mathrm{C_3H_8O_3}$）形成溶液。试求气-液平衡时溶液的蒸气压。假设甘油为不挥发性物质。

4-20　293.15K 时，乙醚的饱和蒸气压为 58.95kPa。今在 0.1kg 的乙醚中加入 0.01kg 某非挥发性有机物，使乙醚的蒸气压下降到 56.79kPa。求该有机物质的摩尔质量。

4-21　为了防止水在仪器中冻结，常将防冻剂甘油（$\mathrm{C_3H_8O_3}$）加到水中。在 101.325kPa 时，若要使水溶液的凝固点下降到 $-5^\circ\mathrm{C}$，求 1kg 水中应加入甘油的质量。

4-22　在 101.325kPa 时，溶剂 A 的凝固点为 318.15K。在 0.1kg 的溶剂 A 中，加入 0.555g 溶质 B，溶剂 A 的凝固点下降 0.382K。若在溶液中继续加入 0.4372g 另一溶质 C，溶液的凝固点又下降 0.467K。试求：

（1）溶剂 A 的凝固点降低系数 K_f；

（2）溶质 C 的摩尔质量 M_C；

（3）溶剂 A 的摩尔熔化焓 $\Delta_{\mathrm{fus}} H_m$。

已知，溶剂 A、B 的摩尔质量分别为 $M_A = 94.10\mathrm{g \cdot mol^{-1}}$ 和 $M_B = 110.1\mathrm{g \cdot mol^{-1}}$。

4-23　已知苯的正常沸点为 353.25K。在 101.325kPa 时，100g 苯中溶有 13.76g 的联苯（$\mathrm{C_6H_5C_6H_5}$），所形成溶液的沸点为 355.55K。试求：

（1）苯的沸点升高系数 K_b；

（2）苯的摩尔蒸发焓 $\Delta_{\mathrm{vap}} H_m$。

4-24　在 101.325kPa 时，0.0337kg 的 $\mathrm{CCl_4}$ 中溶解 $6 \times 10^{-4}\mathrm{kg}$ 某不挥发性溶质，测得该稀溶液的沸点为 $78.26^\circ\mathrm{C}$。已知 $\mathrm{CCl_4}$ 的沸点升高系数为 $5.02\mathrm{K \cdot kg \cdot mol^{-1}}$，正常沸点为 $76.75^\circ\mathrm{C}$。求该溶质的摩尔质量。

4-25　在 101.325kPa 时，10g 葡萄糖（$\mathrm{C_6H_{12}O_6}$）溶于 400g 乙醇形成溶液，其沸点较纯乙醇的上升 $0.1428^\circ\mathrm{C}$。另外，有 2g 某有机物质溶于 100g 乙醇中，此溶液的沸点则上升 $0.1250^\circ\mathrm{C}$。试求乙醇的沸点升高系数 K_b 及有机溶质的摩尔质量 M。

4-26　300K 时，将 0.01kg 的 B 物质溶于溶剂 A 中，形成 $V = 7.0\mathrm{dm^3}$ 的稀溶液，实验测得溶液的渗透

压为 0.40kPa。试求溶质 B 的摩尔质量 M_B。

4-27 100℃时，葡萄糖（$C_6H_{12}O_6$）溶于水形成的稀溶液的蒸气压下降了 0.4539kPa。试求此水溶液的正常沸点。

4-28 293.15K 时，水的饱和蒸气压为 2.339kPa。将 68.4g 蔗糖（$C_{12}H_{22}O_{11}$）溶于 1kg 的水中，所形成溶液的密度为 1.024g·cm^{-3}。试求溶液的蒸气压和渗透压。

4-29 在 101.325kPa 时，人的血液（视为水溶液）的凝固点为 −0.56℃。试求：37℃时血液的渗透压。

4-30 298.15K 时，测定异丙醇（A）和苯（B）的液态混合物，当 $x_A=0.70$ 时，测得 $p_A=4852.9$Pa，蒸气总压力 $p=13305.6$Pa，试计算异丙醇（A）和苯（B）的活度和活度因子（均以纯液体 A 或 B 为标准态）。已知 298K 时纯异丙醇 $p_A^*=5866.2$Pa，纯苯 $p_B^*=12585.6$Pa。

4-31 在 330.3K，丙酮（A）和甲醇（B）的液态混合物在 101325Pa 下平衡，平衡组成为液相 $x_A=0.400$，气相 $y_A=0.519$。已知 330.3K 纯组分的蒸气压：$p_A^*=104791$Pa，$p_B^*=73460$Pa。通过计算说明该液态混合物是否为理想液态混合物。若不是理想液态混合物，计算各组分的活度和活度因子（均以纯液态为标准态）。

第 5 章

化学平衡 ▶▶

通常情况下，化学反应可以向正、逆两个方向同时进行，例如高温下 CO 和 H_2O 反应生成 CO_2 和 H_2 的同时，产物 CO_2 和 H_2 能够进一步发生反应，反过来生成 CO 和 H_2O

$$CO(g) + H_2O(g) \Longrightarrow CO_2(g) + H_2(g)$$

保持温度不变、反应在体积（或压力）一定的密闭容器中进行，那么反应进行一段时间后，该反应中各种组分的物质的量（或浓度）不再随时间变化而改变，处于这种状态的化学反应称为化学平衡。达到化学平衡状态的反应，正、逆方向的反应并不是已经停止，而是都在不断进行，只是正、逆两个方向的反应速率相等而已。因此化学平衡宏观上表现为静止，微观上是一种动态平衡。当外界条件（如温度、压力等）发生改变时，原先的化学平衡状态就有可能被打破，从而建立新的化学平衡。

在实际化工生产中，人们关注的焦点，一是从理论上预测在已有的一定条件下将反应物（原料）转化为产物时的极限产率，二是如何改变温度、压力等外界条件使化学平衡朝正方向移动，以获得更高的极限产率。化学反应总是朝着平衡方向进行，达到平衡状态是化学反应所能进行的最大限度，对应的平衡产率就是极限产率。本章将应用热力学基本原理和规律来讨论化学平衡，解决化学平衡反应进行的方向、平衡的条件以及平衡产率等问题。

5.1 化学反应方向和限度

5.1.1 化学反应方向和限度

任何化学反应至少包含两种物质，在反应达到平衡前各种物质对应的物质的量是不断改变的（即系统组成是可变的），因此化学反应系统属于多组分系统。

对于任意均相化学反应

$$0 = \sum_B \nu_B B$$

在不做非体积功的情况下，若系统发生了微小变化，反应过程吉布斯函数的微小变化可以用多组分系统的热力学基本方程得出，即

$$dG = -SdT + Vdp + \sum_B \mu_B dn_B$$

在等温、等压条件下

$$dG = \sum_B \mu_B dn_B \tag{5-1}$$

由反应进度的定义可知，$dn_B = \nu_B d\xi$，代入上式，得

$$dG = \sum_B \mu_B \nu_B d\xi$$

上式两边同时除以 $d\xi$，得

$$\left(\frac{\partial G}{\partial \xi}\right)_{T,p} = \sum_B \nu_B \mu_B \qquad (5-2)$$

式中，$\left(\frac{\partial G}{\partial \xi}\right)_{T,p}$ 表示在等温、等压和不做非体积功的条件下，化学反应进行了 $d\xi$ 的微量进度时所引起系统吉布斯函数的变化；或者说在反应系统为无限大量时反应完成了单位进度（$\xi = 1mol$）时所引起系统吉布斯函数的变化，简称为化学反应的摩尔吉布斯函数变，以 $\Delta_r G_m$ 表示，即

$$\Delta_r G_m = \left(\frac{\partial G}{\partial \xi}\right)_{T,p} = \sum_B \nu_B \mu_B \qquad (5-3)$$

根据等温、等压和不做非体积功的条件下的吉布斯函数判据，可以判断化学反应进行的方向：

若 $\Delta_r G_m = \left(\frac{\partial G}{\partial \xi}\right)_{T,p} = \sum_B \nu_B \mu_B < 0$，化学反应向着生成产物的正方向自发进行；

若 $\Delta_r G_m = \left(\frac{\partial G}{\partial \xi}\right)_{T,p} = \sum_B \nu_B \mu_B > 0$，化学反应不能向着生成产物的正方向自发进行，但能自发地由产物向着生成反应物的方向自发进行；

若 $\Delta_r G_m = \left(\frac{\partial G}{\partial \xi}\right)_{T,p} = \sum_B \nu_B \mu_B = 0$，此时化学反应达到了平衡。

显然，等温、等压和不做非体积功的条件下进行的化学反应，$\Delta_r G_m$、$\left(\frac{\partial G}{\partial \xi}\right)_{T,p}$ 和 $\sum_B \nu_B \mu_B$ 值的大小都可以用来判断化学反应进行的方向和限度，它们是完全等效的。

图 5-1 是等温、等压下化学反应的吉布斯函数 G 随反应进度 ξ 变化的示意图。点 R 是反应物的吉布斯函数位置，点 P 是产物的吉布斯函数位置，由点 R 到点 P 的曲线代表随着反应进度的变化，系统的吉布斯函数变化情况。从反应开始到达点 E 之前，化学反应进度 ξ 不断增加，系统的吉布斯函数 G 逐渐减小，曲线斜率 $\left(\frac{\partial G}{\partial \xi}\right)_{T,p} < 0$（如图中的 I 点），反应向正方向自发进行；到达点 E 时曲线斜率 $\left(\frac{\partial G}{\partial \xi}\right)_{T,p} = 0$，化学反应达到平衡；从点 E 之后到点 P，反应进度 ξ 进一步增加，系统的吉布斯函数 G 逐渐增大，曲线斜率 $\left(\frac{\partial G}{\partial \xi}\right)_{T,p} > 0$（如图中的点 H），等温、等压条件下反应是不可能向正方向自发进行的（逆反应自发进行）。因此，对于正、逆双向进行的平衡反应，$\left(\frac{\partial G}{\partial \xi}\right)_{T,p}$ 的值在不同的进度瞬间都是变化着的，与反应进度 ξ 具有一一对应的关

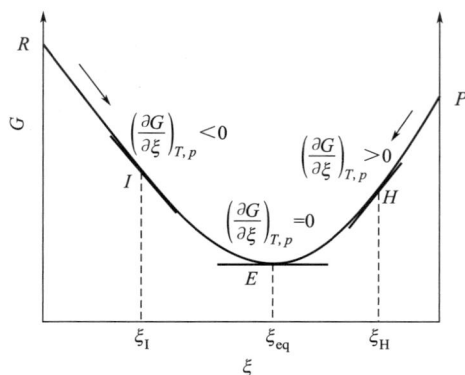

图 5-1　等温、等压下 G 随 ξ 变化示意图

系，是 ξ 的函数，它代表了反应系统在某一特定的反应进度 ξ 时的反应趋势。反应总是向着吉布斯函数减小的方向进行，直至 $\left(\dfrac{\partial G}{\partial \xi}\right)_{T,p}=0$ 达到平衡，吉布斯函数的最低点对应于反应的平衡状态，此时的反应进度 $\xi=\xi_e$（用角标"e"代表平衡，ξ_e 代表达到化学平衡时的反应进度），而不是对应于反应物完全转变为产物的状态。

由图 5-1 发现，从点 R 到点 E（平衡点）的 G-ξ 曲线斜率的绝对值，随着向平衡点靠近而减小，说明随着反应进度 $\xi \to \xi_e$，反应自发进行的趋势逐渐减小，达到 $\xi=\xi_e$ 时反应达到平衡。因此，通常将 $-\Delta_r G_m$ 看作化学反应的净推动力，定义为化学反应亲和势，用 A 表示，即

$$A=-\Delta_r G_m=-\left(\frac{\partial G}{\partial \xi}\right)_{T,p} \tag{5-4}$$

同样，可以用化学反应亲和势 A 作为等温、等压和不做非体积功条件下化学反应方向和限度的判据：$A>0$，反应正方向自发进行；$A<0$，反应逆方向自发进行；$A=0$，反应达到平衡。

5.1.2 化学反应的等温方程

5.1.2.1 理想气体化学反应的等温方程

为便于讨论和初学者掌握，下面先以理想气体间的化学反应（反应中各物质都是理想气体）为例来讨论化学反应的等温方程。

对于等温、等压下理想气体间的化学反应 $0=\sum_B \nu_B B$，系统中任意一个组分 B 的化学势为

$$\mu_B=\mu_B^\ominus+RT\ln\frac{p_B}{p^\ominus}$$

代入式（5-3）得

$$\Delta_r G_m=\sum_B \nu_B \mu_B=\sum_B \nu_B \mu_B^\ominus+RT\ln\prod_B \left(\frac{p_B}{p^\ominus}\right)^{\nu_B} \tag{5-5}$$

令

$$\sum_B \nu_B \mu_B^\ominus=\Delta_r G_m^\ominus, \qquad \prod_B \left(\frac{p_B}{p^\ominus}\right)^{\nu_B}=J_p$$

式（5-5）改写为

$$\Delta_r G_m=\Delta_r G_m^\ominus+RT\ln J_p \tag{5-6}$$

上式称为理想气体化学反应的等温方程。式中 $\Delta_r G_m^\ominus$ 称为化学反应的标准摩尔吉布斯函数变，只是温度的函数，可以由热力学基础数据计算得到，具体计算方法可参见第 3 章 3.7.3 内容；J_p 称为压力商，其值为各反应物和产物 $\left(\dfrac{p_B}{p^\ominus}\right)^{\nu_B}$ 的连乘积，但必须考虑反应物的化学计量系数为负、产物的为正这一因素。因此，对于理想气体化学反应

$$a A+d D+\cdots \Longrightarrow e E+f F+\cdots$$

压力商为

$$J_p=\prod_B \left(\frac{p_B}{p^\ominus}\right)^{\nu_B}=\frac{(p_E/p^\ominus)^e (p_F/p^\ominus)^f}{(p_A/p^\ominus)^a (p_D/p^\ominus)^d} \tag{5-7}$$

5.1.2.2 任意化学反应系统的等温方程

与理想气体反应系统相比，不同的化学反应系统（不含理想气体反应系统）的任意组分 B

的化学势公式中不是用 $\left(\dfrac{p_B}{p^\ominus}\right)$ 项，而是换成了逸度、活度等，它们的等温方程也作了相应的置换，而推导方法则与理想气体化学反应的完全类似。

（1）实际气体（非理想气体）反应系统

实际气体反应系统中任意组分 B 的化学势 $\mu_B = \mu_B^\ominus + RT\ln\dfrac{f_B}{p^\ominus}$，用逸度项 $\dfrac{f_B}{p^\ominus}$ 代替理想气体反应系统中的压力项 $\left(\dfrac{p_B}{p^\ominus}\right)$，就可以得到相应的化学反应等温方程，即

$$\Delta_r G_m = \Delta_r G_m^\ominus + RT\ln J_f \tag{5-8}$$

式中，$J_f = \prod\limits_B \left(\dfrac{f_B}{p^\ominus}\right)^{\nu_B}$，称为逸度商。

（2）理想液态混合物反应系统

该反应系统中任意组分 B 的化学势 $\mu_B = \mu_B^\ominus + RT\ln x_B$，用物质的量分数 x_B 代替理想气体反应系统中的压力项 $\left(\dfrac{p_B}{p^\ominus}\right)$，就可以得到相应的化学反应等温方程，即

$$\Delta_r G_m = \Delta_r G_m^\ominus + RT\ln\prod\limits_B x_B^{\nu_B} \tag{5-9}$$

（3）非理想液态混合物反应系统

反应系统中任意组分 B 的化学势 $\mu_B = \mu_B^\ominus + RT\ln a_{x,B}$，用活度 $a_{x,B}$ 代替理想气体反应系统中的压力项 $\left(\dfrac{p_B}{p^\ominus}\right)$，就可以得到相应的化学反应等温方程，即

$$\Delta_r G_m = \Delta_r G_m^\ominus + RT\ln\prod\limits_B a_{x,B}^{\nu_B} = \Delta_r G_m^\ominus + RT\ln\prod\limits_B (\gamma_B x_B)^{\nu_B} \tag{5-10}$$

式中，γ_B 为组分 B 的活度因子。

（4）溶剂不参与反应的理想稀溶液反应系统

溶液中溶质的组成可以采用不同的组成（浓度）标度表示（参见第 4 章 4.7.2），用不同的组成标度代替理想气体反应系统中的压力项 $\left(\dfrac{p_B}{p^\ominus}\right)$，就可以得到不同组成标度时的化学反应等温方程，它们分别为

$$\Delta_r G_m = \Delta_r G_m^\ominus + RT\ln\prod\limits_B x_B^{\nu_B} \quad （x_B \text{ 为组成标度}） \tag{5-11}$$

$$\Delta_r G_m = \Delta_r G_m^\ominus + RT\ln\prod\limits_B \left(\dfrac{b_B}{b^\ominus}\right)^{\nu_B} \quad （b_B \text{ 为组成标度}） \tag{5-12}$$

$$\Delta_r G_m = \Delta_r G_m^\ominus + RT\ln\prod\limits_B \left(\dfrac{c_B}{c^\ominus}\right)^{\nu_B} \quad （c_B \text{ 为组成标度}） \tag{5-13}$$

（5）溶剂不参与反应的非理想稀溶液反应系统

对于这样的反应系统，只要将式(5-11)～式(5-13)中的浓度项换成相应的活度项，就可以得到对应的化学反应等温方程

$$\Delta_r G_m = \Delta_r G_m^\ominus + RT\ln\prod\limits_B a_{x,B}^{\nu_B} \tag{5-14}$$

$$\Delta_r G_m = \Delta_r G_m^\ominus + RT\ln\prod\limits_B a_{b,B}^{\nu_B} \tag{5-15}$$

$$\Delta_r G_m = \Delta_r G_m^\ominus + RT \ln \prod_B a_{c,B}^{\nu_B} \tag{5-16}$$

式中，活度 $a_{x,B} = \gamma_{x,B} \cdot x_B$，$a_{b,B} = \gamma_{b,B} \cdot \dfrac{b_B}{b^\ominus}$，$a_{c,B} = \gamma_{c,B} \cdot \dfrac{c_B}{c^\ominus}$；$\gamma_{x,B}$、$\gamma_{b,B}$ 和 $\gamma_{c,B}$ 为不同组成标度时的活度因子。

5.2　化学反应的平衡常数

5.2.1　理想气体化学反应的平衡常数

5.2.1.1　理想气体化学反应的标准平衡常数

根据等温、等压和不做非体积功条件下化学反应平衡时的判据，结合式(5-6)，当理想气体化学反应达到平衡时，有

$$\Delta_r G_m = \Delta_r G_m^\ominus + RT \ln J_{p,e} = 0$$
$$\Delta_r G_m^\ominus = -RT \ln J_{p,e} \tag{5-17}$$

式中，$J_{p,e}$ 为理想气体化学反应的平衡压力商。对于给定的化学反应，$\Delta_r G_m^\ominus$ 只是温度的函数，温度确定后 $\Delta_r G_m^\ominus$ 便是一个定值。显然 $J_{p,e}$ 也只与温度有关，温度一定，其值也确定，与系统的压力和组成无关。令 $K^\ominus = J_{p,e}$，$K^\ominus$ 称为标准平衡常数，其量纲为 1，仅是温度的函数。将 $K^\ominus = J_{p,e}$ 代入式(5-17)，得到

$$\Delta_r G_m^\ominus = -RT \ln K^\ominus = -RT \ln J_{p,e} = -RT \ln \prod_B \left(\frac{p_{B,e}}{p^\ominus} \right)^{\nu_B} \tag{5-18a}$$

或

$$K^\ominus = \exp\left(-\frac{\Delta_r G_m^\ominus}{RT} \right) \tag{5-18b}$$

上两式是 $K^\ominus$ 的定义式，虽由理想气体化学反应的等温方程推导得出，但它是一个普遍公式，不仅适用于理想气体化学反应系统，而且也适用于实际气体、液态混合物和溶液中的化学反应系统。由 $K^\ominus$ 的定义式可以得到不同化学反应系统各自的标准平衡常数表达式，显然，理想气体化学反应系统的标准平衡常数表达式为

$$K^\ominus = \prod_B \left(\frac{p_{B,e}}{p^\ominus} \right)^{\nu_B} \tag{5-19}$$

式中，$p_{B,e}$ 为理想气体化学反应达到平衡时组分 B 的平衡分压力。

将式(5-18a)代入式(5-6)得

$$\Delta_r G_m = -RT \ln K^\ominus + RT \ln J_p = -RT \ln \frac{K^\ominus}{J_p} \tag{5-20}$$

可见，对于等温、等压下的任意化学反应系统，当 $K^\ominus > J_p$ 时，$\Delta_r G_m < 0$，反应正方向自发进行；当 $K^\ominus < J_p$ 时，$\Delta_r G_m > 0$，反应正方向不能自发进行，逆方向自发进行；当 $K^\ominus = J_p$ 时，$\Delta_r G_m = 0$，反应处于平衡状态。因此，可以用反应进行到某一时刻的 J_p 值与 $K^\ominus$ 进行比较，确定反应的方向和限度。由于一定温度下的 $K^\ominus$ 是常数，而 J_p 却可以人为调节和控制，化工生产中常常通过改变反应物和产物在反应系统中的比例，来提高原料在产品中的转化率。

【例 5-1】　298.15K 时，理想气体反应

$$CO(g) + H_2O(g) \Longrightarrow CO_2(g) + H_2(g)$$

的 $\Delta_r G_m^\ominus = -28.62 kJ \cdot mol^{-1}$。在 $CO(g)$、$H_2O(g)$、$CO_2(g)$ 和 $H_2(g)$ 物质的量依次为 1mol、4mol、3mol 和 2mol 的系统中，总压力为 150kPa 时，试计算：(1)该温度下反应的

$K^{\ominus}$ 和 J_p，比较两者大小，判断反应方向；(2)计算反应的 $\Delta_r G_m$，判断反应方向。

解 (1) $K^{\ominus} = \exp\left(-\dfrac{\Delta_r G_m^{\ominus}}{RT}\right) = \exp\left(-\dfrac{-28620}{8.314 \times 298.15}\right) = 1.03 \times 10^5$

$$J_p = \prod_B \left(\frac{p_B}{p^{\ominus}}\right)^{\nu_B} = \frac{[p(CO_2)/p^{\ominus}][p(H_2)/p^{\ominus}]}{[p(CO)/p^{\ominus}][p(H_2O)/p^{\ominus}]}$$

$$= \frac{\left(\dfrac{3}{1+4+3+2} \times \dfrac{150}{100}\right) \times \left(\dfrac{2}{1+4+3+2} \times \dfrac{150}{100}\right)}{\left(\dfrac{1}{1+4+3+2} \times \dfrac{150}{100}\right) \times \left(\dfrac{4}{1+4+3+2} \times \dfrac{150}{100}\right)}$$

$$= 1.5$$

由于 $K^{\ominus} > J_p$，反应正方向自发进行。

(2) $\Delta_r G_m = \Delta_r G_m^{\ominus} + RT\ln J_p$

$$= -28.62 + \frac{8.314 \times 298.15 \times \ln 1.5}{1000}$$

$$= -27.61(\text{kJ} \cdot \text{mol}^{-1})$$

因为 $\Delta_r G_m < 0$，所以反应正方向自发进行。可见，对于同一个反应，用比较 $K^{\ominus}$ 与 J_p 的大小和直接用 $\Delta_r G_m$ 值的大小作为反应方向的判据，结果是一致的。

5.2.1.2 理想气体化学反应平衡常数的其他表示方法

理想气体反应中任意组分 B 在混合气体中的量可以用分压 p_B、物质的量浓度 c_B、物质的量分数 y_B 和物质的量 n_B 等表示，它们对应的平衡常数分别为 K_p、K_c、K_y 和 K_n，这些平衡常数的表达式以及它们与标准平衡常数 $K^{\ominus}$ 的关系如下。

(1) K_p

$$K_p = \prod_B p_{B,e}^{\nu_B} = \prod_B \left(\frac{p_{B,e}}{p^{\ominus}} \times p^{\ominus}\right)^{\nu_B} = K^{\ominus}(p^{\ominus})^{\sum \nu_B} \tag{5-21}$$

(2) K_c

由于理想气体组分 B 的分压 $p_B = \dfrac{n_B}{V}RT = c_B RT$，即 $c_B = p_B/(RT)$，所以有

$$K_c = \prod_B c_{B,e}^{\nu_B} = \prod_B \left(\frac{p_{B,e}}{p^{\ominus}} \times \frac{p^{\ominus}}{RT}\right)^{\nu_B} = K^{\ominus}\left(\frac{p^{\ominus}}{RT}\right)^{\sum \nu_B} \tag{5-22}$$

(3) K_y

由气体分压定律可知 $y_B = \dfrac{p_B}{p}$，p 为理想气体反应系统总压，则

$$K_y = \prod_B y_{B,e}^{\nu_B} = \prod_B \left(\frac{p_{B,e}}{p^{\ominus}} \times \frac{p^{\ominus}}{p}\right)^{\nu_B} = K^{\ominus}\left(\frac{p^{\ominus}}{p}\right)^{\sum \nu_B} \tag{5-23}$$

(4) K_n

理想气体组分 B 的 $y_B = \dfrac{n_B}{\sum n_B}$，即 $n_B = y_B \sum n_B$，则

$$K_n = \prod_B n_{B,e}^{\nu_B} = \prod_B (y_B \sum n_B)^{\nu_B} = K_y (\sum n_B)^{\sum \nu_B} = K^{\ominus}\left(\frac{p^{\ominus} \sum n_B}{p}\right)^{\sum \nu_B} \tag{5-24}$$

从上述平衡常数的表达式及与 $K^{\ominus}$ 的关系可以看出，$K^{\ominus}$、K_p 和 K_c 都只与温度有关，

一定温度下均为常数；K_y 和 K_n 除了与温度有关外，还与系统总压有关，一定温度下它们的值会随总压的改变而变化；而 K_n 还与系统总的物质的量 $\sum n_B$ 有关。当理想气体化学反应方程式中气体的计量系数之和 $\sum \nu_B = 0$ 时，

$$K^\ominus = K_p = K_c = K_y = K_n \tag{5-25}$$

需要指出的是，一般情况下在平衡计算和讨论平衡问题时，所提及的平衡常数主要是指标准平衡常数 $K^\ominus$。

【**例 5-2**】 已知理想气体化学反应 $N_2O_4(g) \rightleftharpoons 2NO_2(g)$ 在 298.15K、120kPa 时的 $K_p = 13.2$ kPa。求该温度和压力下反应的 $K^\ominus$ 和 K_y。

解　$\sum \nu_B = 2 - 1 = 1$

$$K^\ominus = K_p (p^\ominus)^{-\sum \nu_B} = 13.2 \times 100^{-1} = 0.132$$

$$K_y = K^\ominus \left(\frac{p^\ominus}{p} \right)^{\sum \nu_B} = 0.132 \times \left(\frac{100}{120} \right)^1 = 0.110$$

5.2.1.3　有纯凝聚态物质参与的理想气体化学反应的标准平衡常数

纯凝聚态物质是指纯的固态物质或纯液态物质，若一个反应系统由凝聚态物质和气态物质共同参与完成，这个反应称为多相反应。在忽略压力对凝聚态物质影响的条件下，纯凝聚态物质 B 的化学势近似等于其标准化学势 $\mu_B^* \approx \mu_B^\ominus$；并假设气相物质是单一的理想气体或理想气体混合物。例如，对于等温、等压条件下进行的多相分解反应

$$NH_4Cl(s) \rightleftharpoons NH_3(g) + HCl(g)$$

$$\begin{aligned}
\Delta_r G_m &= \sum_B \nu_B \mu_B \\
&= \mu^\ominus(NH_3, g) + RT\ln \frac{p(NH_3)}{p^\ominus} + \mu^\ominus(HCl, g) + RT\ln \frac{p(HCl)}{p^\ominus} - \mu^\ominus(NH_4Cl, s) \\
&= \sum_B \nu_B \mu_B^\ominus + RT\ln \left[\frac{p(NH_3)}{p^\ominus} \times \frac{p(HCl)}{p^\ominus} \right]
\end{aligned}$$

达到反应平衡时，$\Delta_r G_m = 0$，各气体分压变为平衡分压 p_e，则

$$\Delta_r G_m^\ominus = \sum_B \nu_B \mu_B^\ominus = -RT\ln \left[\frac{p_e(NH_3)}{p^\ominus} \times \frac{p_e(HCl)}{p^\ominus} \right]$$

根据标准平衡常数的定义，多相分解反应 $NH_4Cl(s) \rightleftharpoons NH_3(g) + HCl(g)$ 的标准平衡常数表达式为

$$K^\ominus = \frac{p_e(NH_3)}{p^\ominus} \times \frac{p_e(HCl)}{p^\ominus}$$

可见，对于有纯凝聚态物质参与的理想气体化学反应，标准平衡常数 $K^\ominus$ 的表达式中不涉及纯凝聚态物质，只包含了理想气体的平衡分压。由于多相反应的 $\Delta_r G_m^\ominus$ 也仅仅是温度的函数，所以多相反应的标准平衡常数也只与温度有关，温度一定，其值确定。又例如一定温度下多相分解反应

$$MgCO_3(s) \rightleftharpoons MgO(s) + CO_2(g)$$

的标准平衡常数为

$$K^\ominus = \frac{p_e(CO_2)}{p^\ominus}$$

式中，$p_e(CO_2)$ 为 $MgCO_3(s)$ 在一定温度下分解反应达到平衡时的平衡压力，故又称为

$MgCO_3(s)$ 的分解压力。温度一定时，$K^{\ominus}$ 一定，分解反应平衡时 $p_e(CO_2)$ 也一定，即固体的分解压力和温度具有一一对应关系。对于产生多种气体的固体分解反应，分解压力等于分解反应达到平衡时各气体平衡分压之和，上面 $NH_4Cl(s)$ 的分解压力等于 $p_e(NH_3)$ 与 $p_e(HCl)$ 的总和。

常用分解压力来衡量固体化合物的对热稳定性。分解压力越小，固体的对热稳定性越好，例如 600K 时，$CaCO_3(s)$ 和 $MgCO_3(s)$ 的分解压力分别为 $45.3\times10^{-3}Pa$ 和 $28.4Pa$，则 $CaCO_3(s)$ 比 $MgCO_3(s)$ 稳定。升高温度可以增大分解压力，当分解压力与环境压力相等时（一般指 101.325kPa），所对应的温度称为固体的分解温度，例如 $CaCO_3(s)$ 在 101.325kPa 的环境压力下，其分解温度为 897℃。

【例 5-3】 25℃时，在一抽真空的容器中加入足够量的 $NH_4HS(s)$，待 $NH_4HS(s)$ 分解达到平衡时，测得容器内的总压力为 6.68×10^4Pa。求该温度下 $NH_4HS(s)$ 分解反应的标准平衡常数。

解 $NH_4HS(s)$ 分解反应为

$$NH_4HS(s) \Longrightarrow NH_3(g) + H_2S(g)$$

这是一个纯固体的多相分解反应，反应平衡时系统中 $NH_3(g)$ 与 $H_2S(g)$ 的组成是 1:1，则

$$p_e(NH_3) = p_e(H_2S) = \frac{1}{2}p = 3.34\times10^4Pa$$

$$K^{\ominus} = \frac{p_e(NH_3)}{p^{\ominus}} \times \frac{p_e(H_2S)}{p^{\ominus}} = \left(\frac{3.34\times10^4}{10^5}\right)^2 = 0.112$$

5.2.2 关联化学反应标准平衡常数之间的关系

若干个化学反应之间存在代数运算关系时，称这些反应互为关联反应。吉布斯函数 G 是状态函数，且为广度性质，因此，当数个不同的化学反应经过代数运算后得到某个目标化学反应时，只要用数个不同化学反应的 $\Delta_r G_m^{\ominus}$ 进行相同的代数运算，其值便是目标化学反应的 $\Delta_r G_m^{\ominus}$。然后再将各反应的 $\Delta_r G_m^{\ominus} = -RT\ln K^{\ominus}$ 代入 $\Delta_r G_m$ 的代数运算关系式中，就能得到关联反应 $K^{\ominus}$ 之间的内在关系。例如以下三个反应

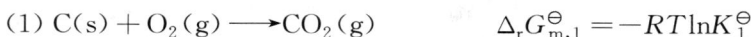

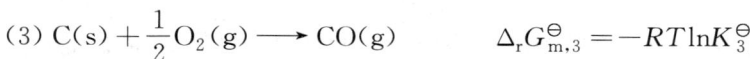

(1) $C(s) + O_2(g) \longrightarrow CO_2(g)$ $\Delta_r G_{m,1}^{\ominus} = -RT\ln K_1^{\ominus}$

(2) $2CO(g) + O_2(g) \longrightarrow 2CO_2(g)$ $\Delta_r G_{m,2}^{\ominus} = -RT\ln K_2^{\ominus}$

(3) $C(s) + \frac{1}{2}O_2(g) \longrightarrow CO(g)$ $\Delta_r G_{m,3}^{\ominus} = -RT\ln K_3^{\ominus}$

因为，反应(3) = 反应(1) $- \frac{1}{2} \times$ 反应(2)

所以有

$$\Delta_r G_{m,3}^{\ominus} = \Delta_r G_{m,1}^{\ominus} - \frac{1}{2} \times \Delta_r G_{m,2}^{\ominus}$$

$$-RT\ln K_3^{\ominus} = -RT\ln K_1^{\ominus} - \frac{1}{2} \times (-RT\ln K_2^{\ominus})$$

因此得到

$$K_3^{\ominus} = \frac{K_1^{\ominus}}{(K_2^{\ominus})^{1/2}}$$

最后应强调的是，标准平衡常数与化学反应计量方程的书写形式有关。即使是反应物和产物都相同的化学反应，若计量系数不同，则对应于不同计量系数方程的 $\Delta_r G_m^{\ominus}$ 和 $K^{\ominus}$ 都不

相同，但存在内在联系。例如

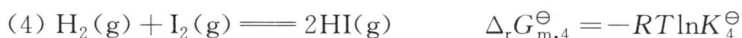

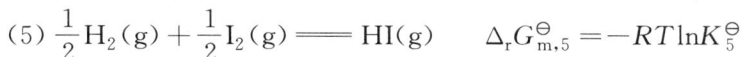

(4) $H_2(g) + I_2(g) \Longrightarrow 2HI(g)$　　　$\Delta_r G_{m,4}^{\ominus} = -RT\ln K_4^{\ominus}$

(5) $\frac{1}{2}H_2(g) + \frac{1}{2}I_2(g) \Longrightarrow HI(g)$　　　$\Delta_r G_{m,5}^{\ominus} = -RT\ln K_5^{\ominus}$

由于反应(4) = 2×反应(5)，故 $\Delta_r G_{m,4}^{\ominus} = 2\Delta_r G_{m,5}^{\ominus}$，$K_4^{\ominus} = (K_5^{\ominus})^2$。因此，提及某反应的标准平衡常数时，除了指明温度外，必须要给出相应的化学反应计量方程式。

5.2.3　实际气体化学反应的标准平衡常数

当实际气体化学反应达到平衡时，根据实际气体化学反应的等温方程式(5-8)中的 $\Delta_r G_m = 0$，得

$$\Delta_r G_m^{\ominus} = -RT\ln\prod_B\left(\frac{f_{B,e}}{p^{\ominus}}\right)^{\nu_B} \tag{5-26}$$

由标准平衡常数的定义式可知，实际气体化学反应的标准平衡常数表达式为

$$K^{\ominus} = \prod_B\left(\frac{f_{B,e}}{p^{\ominus}}\right)^{\nu_B} \tag{5-27}$$

式中，$f_{B,e}$ 为实际气体化学反应达到平衡时组分 B 的平衡逸度。将 $f_{B,e} = \varphi_{B,e} p_{B,e}$ 代入式(5-27)，得

$$K^{\ominus} = \prod_B(\varphi_{B,e})^{\nu_B}\prod_B\left(\frac{p_{B,e}}{p^{\ominus}}\right)^{\nu_B} \tag{5-28}$$

令 $K_{\varphi} = \prod_B(\varphi_{B,e})^{\nu_B}$，$K_p^{\ominus} = \prod_B\left(\frac{p_{B,e}}{p^{\ominus}}\right)^{\nu_B}$，代入上式

$$K^{\ominus} = K_{\varphi}K_p^{\ominus} \tag{5-29}$$

上述各式中 $\varphi_{B,e}$ 为实际气体化学反应达到平衡时组分 B 的逸度因子；$p_{B,e}$ 为实际气体化学反应达到平衡时组分 B 的逸度；$K_p^{\ominus}$ 代表实际气体反应达到平衡时，各组分的平衡分压与标准压力之比的计量系数幂次方乘积。

逸度因子 φ_B 是温度和总压的函数，故 K_{φ} 也取决于温度和压力。由于标准平衡常数 $K^{\ominus}$ 只与温度有关，根据式(5-29)可知，$K_p^{\ominus}$ 必然也是温度和压力的函数。

对于理想气体(或 $p \to 0$ 的实际气体)参与的化学反应，$\varphi_B = 1$，$K_{\varphi} = 1$；低压下的实际气体化学反应，$\varphi_B \approx 1$，$K_{\varphi} \approx 1$，这些条件下的化学反应 $K_p^{\ominus}$ 即为理想气体反应的标准平衡常数 $K^{\ominus}$。而高压下的实际气体化学反应，一般而言 $K_{\varphi} \neq 1$，故 $K_p^{\ominus} \neq K^{\ominus}$。

5.2.4　液态混合物化学反应的标准平衡常数

液态混合物化学反应系统分理想液态混合物系统和非理想液态混合物系统两种。若反应系统是理想液态混合物，反应系统达到平衡时，由理想液态混合物的化学反应等温式(5-9)得

$$\Delta_r G_m = \Delta_r G_m^{\ominus} + RT\ln\prod_B x_{B,e}^{\nu_B} = 0$$

根据标准平衡常数的定义式，有

$$K^{\ominus} = \prod_B x_{B,e}^{\nu_B} \tag{5-30}$$

式中，$x_{B,e}$ 是理想液态混合物反应系统达到平衡时组分 B 的物质的量分数。

对于非理想液态混合物反应系统，同样可以根据非理想液态混合物的化学反应等温式(5-10)和标准平衡常数的定义式，得到标准平衡常数的表达式为

$$K^\ominus = \prod_{B} a_{x_{B,e}}^{\nu_B} = \prod_{B} (\gamma_{x_{B,e}} x_{B,e})^{\nu_B} \tag{5-31}$$

式中，$a_{x_{B,e}}$ 是非理想液态混合物的组成用物质的量分数表示时，组分 B 的平衡活度；$\gamma_{x_{B,e}}$ 为组分 B 的平衡活度因子；$x_{B,e}$ 为组分 B 的平衡物质的量分数。

5.2.5 溶液中化学反应的标准平衡常数

溶液中的化学反应是假定溶剂不参与反应，只有溶质发生反应的一类化学反应系统（例如，氯化钠水溶液和硝酸银水溶液的沉淀反应，水是溶剂不参与反应，反应在溶质氯化钠和硝酸银之间进行），同时假定反应在稀溶液中进行。

如果反应是在理想的稀溶液中进行，当溶质的浓度用质量摩尔浓度 b_B 和物质的量浓度 c_B 表示时，根据理想稀溶液反应系统的等温方程式(5-12)和式(5-13)，以及标准平衡常数的定义式，得

$$K^\ominus = \prod_{B} \left(\frac{b_{B,e}}{b^\ominus}\right)^{\nu_B} \tag{5-32}$$

$$K^\ominus = \prod_{B} \left(\frac{c_{B,e}}{c^\ominus}\right)^{\nu_B} \tag{5-33}$$

如果溶质的行为偏离了理想状况，需用活度 $a_{b_{B,e}}$ 和 $a_{c_{B,e}}$ 代替式(5-32)和式(5-33)中的浓度项，得到对应的标准平衡常数表达式为

$$K^\ominus = \prod_{B} (a_{b_{B,e}})^{\nu_B} = \prod_{B} \left(\gamma_{b_{B,e}} \cdot \frac{b_B}{b^\ominus}\right)^{\nu_B} \tag{5-34}$$

$$K^\ominus = \prod_{B} (a_{c_{B,e}})^{\nu_B} = \prod_{B} \left(\gamma_{c_{B,e}} \cdot \frac{c_B}{c^\ominus}\right)^{\nu_B} \tag{5-35}$$

5.3 化学反应平衡系统的计算

根据化学反应标准平衡常数的定义式 $\Delta_r G_m^\ominus = -RT\ln K^\ominus$，化学反应的标准摩尔吉布斯函数变 $\Delta_r G_m^\ominus$ 与反应的标准平衡常数 $K^\ominus$ 之间存在内在联系。可以通过热力学数据计算出一定温度下反应的 $\Delta_r G_m^\ominus$，然后求算反应的标准平衡常数 $K^\ominus$（标准平衡常数 $K^\ominus$ 的理论计算），进一步计算系统的平衡组成；同样，可以先用实验方法测定化学反应达到平衡时系统各组分的组成后，用标准平衡常数 $K^\ominus$ 的表达式计算出 $K^\ominus$ 值，进而计算反应的 $\Delta_r G_m^\ominus$。

5.3.1 标准平衡常数 $K^\ominus$ 的理论计算（由 $\Delta_r G_m^\ominus$ 计算）

根据公式 $K^\ominus = \exp\left(-\dfrac{\Delta_r G_m^\ominus}{RT}\right)$，只有计算出给定温度下反应的 $\Delta_r G_m^\ominus$，便可计算出该温度下的 $K^\ominus$。反应 $\Delta_r G_m^\ominus$ 的计算方法主要有以下几种。

（1）由物质的标准摩尔生成吉布斯函数 $\Delta_f G_m^\ominus(B)$ 计算反应的 $\Delta_r G_m^\ominus$

根据第 3 章 3.7.3 中的式(3-55)便能计算反应的 $\Delta_r G_m^\ominus$。

【例 5-4】 已知 298.15K 时，$\Delta_f G_m^\ominus(NH_3) = -16.45\text{kJ·mol}^{-1}$，计算化学反应

$$\frac{1}{2}N_2(g) + \frac{3}{2}H_2(g) \Longrightarrow NH_3(g)$$

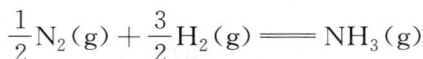

在该温度下的 $\Delta_r G_m^\ominus$ 和 $K^\ominus$。

解 因为稳定单质的 $\Delta_f G_m^\ominus(B) = 0$，所以反应的

$$\Delta_r G_m^\ominus = \sum_B \nu_B \Delta_f G_m^\ominus(B) = -16.45 \text{kJ} \cdot \text{mol}^{-1}$$

$$K^\ominus = \exp\left(-\frac{\Delta_r G_m^\ominus}{RT}\right) = \exp\left(-\frac{-16.45 \times 10^3}{8.314 \times 298.15}\right) = 7.62 \times 10^2$$

（2）通过化学反应的 $\Delta_r H_m^\ominus$ 和 $\Delta_r S_m^\ominus$ 计算 $\Delta_r G_m^\ominus$

若反应温度为 298.15K，可以利用该温度下物质的热力学数据 $\Delta_f H_m^\ominus(B)$ [或 $\Delta_c H_m^\ominus(B)$]和 $S_m^\ominus(B)$ 分别计算出反应的 $\Delta_r H_m^\ominus$ 和 $\Delta_r S_m^\ominus$，然后由第 3 章 3.7.3 中的式（3-54）计算 $\Delta_r G_m^\ominus$。

【例 5-5】 已知 298.15K 时，CO(g)、CO_2(g) 和 O_2(g) 的热力学数据如下：

物质	CO(g)	CO_2(g)	O_2(g)
$\Delta_f H_m^\ominus$/kJ·mol^{-1}	−110.5	−393.5	0
$S_m^\ominus$/J·mol^{-1}·K^{-1}	197.7	213.7	205.1

计算反应：

$$2CO(g) + O_2(g) \longrightarrow 2CO_2(g)$$

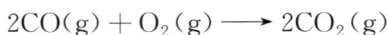

在 298.15K 时的 $\Delta_r G_m^\ominus$ 及 $K^\ominus$。

解 $\Delta_r H_m^\ominus = \sum_B \nu_B \Delta_f H_m^\ominus(B) = [2 \times (-393.5) + (-2) \times (-110.5)] \text{kJ} \cdot \text{mol}^{-1}$

$$= -566.0 \text{kJ} \cdot \text{mol}^{-1}$$

$\Delta_r S_m^\ominus = \sum_B \nu_B S_m^\ominus(B) = [2 \times 213.7 - 205.1 - 2 \times 197.7] \text{J} \cdot \text{K}^{-1} \cdot \text{mol}^{-1}$

$$= -173.1 \text{J} \cdot \text{K}^{-1} \cdot \text{mol}^{-1}$$

$\Delta_r G_m^\ominus = \Delta_r H_m^\ominus - T\Delta_r S_m^\ominus = [-566 \times 10^3 - 298.15 \times (-173.1)] \text{J} \cdot \text{mol}^{-1}$

$$= -5.14 \times 10^5 \text{J} \cdot \text{mol}^{-1}$$

$$K^\ominus = \exp\left(-\frac{\Delta_r G_m^\ominus}{RT}\right) = \exp\left(-\frac{-5.14 \times 10^5}{8.314 \times 298.15}\right) = 1.13 \times 10^{90}$$

（3）通过几个关联化学反应的 $\Delta_r G_m^\ominus$ 计算目标反应的 $\Delta_r G_m^\ominus$

该方法可以参考本章5.2.2部分的内容，在此不再赘述。

除了上面利用已有知识计算反应 $\Delta_r G_m^\ominus$ 的三种方法外，在第 8 章 8.6.4 的学习中，还将介绍通过测量可逆原电池标准电动势 $E^\ominus$ 计算电池反应 $\Delta_r G_m^\ominus$ 和 $K^\ominus$ 的方法。

5.3.2　标准平衡常数的实验测定

一定温度下，当化学反应达到平衡时，可以通过实验测定反应系统中各种物质的平衡压力或平衡浓度，从而由平衡常数表达式计算出 $K^\ominus$，然后再由 $\Delta_r G_m^\ominus = -RT\ln K^\ominus$ 计算反应的 $\Delta_r G_m^\ominus$。

测定平衡系统中各组分的平衡压力或平衡浓度可以采用物理或化学两大类方法。物理方法是直接测定平衡系统中与压力或浓度呈线性关系的物理量，如体积、折射率、电导率、旋光度、色度、吸光度、定量色谱和定量核磁共振谱等，其优点是不干扰系统的平衡状态，可以原位测定。化学方法是在测定过程中通过降温、移走催化剂或稀释反应液等手段，设法使反应系统停留在原来的平衡状态，且要求不因加入分析试剂而偏离原来的平衡状态，然后选用适宜的化学分析方法直接测定系统的平衡组成，化学分析方法的速度较慢。

当然，测定平衡系统组成前首先要判断反应系统是否已经达到平衡，判断依据是反应系统达到平衡时应具有下列特征：

①　保持反应条件不变的情况下，系统组成不随时间变化；

②　一定温度下，反应不管是从反应物开始向正方向进行，还是从生成物开始向逆方向进行，达到平衡后，所得到的标准平衡常数相等；

③　在相同的反应条件下，随意改变反应系统中各物质的初始浓度，达到平衡后所得的标准平衡常数相同。

【例 5-6】 25℃时，在一真空容器中加入 1.564g $N_2O_4(g)$ 气体，分解反应始终在标准压力下进行，实验测得平衡时容器体积为 $0.485dm^3$。求该温度下，$N_2O_4(g)$ 分解反应的标准平衡常数。假定所有气体均为理想气体。

解　设 $N_2O_4(g)$ 分解反应达到平衡时的转化率为 α

反应开始时 $N_2O_4(g)$ 的物质的量 $n = 1.564/92.0 = 0.017mol$

$N_2O_4(g)$ 分解反应为　　$N_2O_4(g) \rightleftharpoons 2NO_2(g)$

$t=0$ 时	n	0
$t=t_e$ 时	$n(1-\alpha)$	$2n\alpha$

平衡时系统总的物质的量 $\sum n_B = n(1+\alpha)$，根据理想气体状态方程 $pV = \sum n_B RT$ 得

$$(100 \times 10^3) \times (0.485 \times 10^{-3}) = 0.017 \times (1+\alpha) \times 8.314 \times 298.15$$

则　　　　　　　　　　　　　　　　$\alpha = 0.151$

所以　　　$K^\ominus = \prod_B \left(\frac{p_{B,e}}{p^\ominus}\right)^{\nu_B} = \frac{[p_e(NO_2)/p^\ominus]^2}{[p_e(N_2O_4)/p^\ominus]^1}$

$$= \frac{\left[\dfrac{2n\alpha}{n(1+\alpha)} \cdot p^\ominus/p^\ominus\right]^2}{\dfrac{n(1-\alpha)}{n(1+\alpha)} \cdot p^\ominus/p^\ominus} = \frac{4\alpha^2}{1-\alpha^2} = \frac{4 \times 0.151^2}{1 - 0.151^2} = 0.0934$$

5.3.3　化学平衡组成的计算

平衡转化率(常用符号 α 表示)和平衡产率是计算平衡组成时最常用的术语。平衡转化率是指反应系统达到平衡时，某反应物转化为产物的物质的量与反应起始时该反应物的物质的量之比，即

$$\text{平衡转化率} \alpha = \frac{\text{反应平衡时某反应物转化为产物的物质的量}}{\text{反应开始时该反应物的物质的量}} \times 100\% \qquad (5-36)$$

平衡转化率是理论上的最高转化率，因此有时也称为理论转化率或最高转化率。例如，对于平衡反应

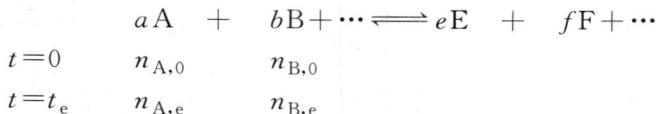

	$a\text{A} \quad + \quad b\text{B} + \cdots \rightleftharpoons e\text{E} \quad + \quad f\text{F} + \cdots$	
$t=0$	$n_{A,0} \qquad\qquad n_{B,0}$	
$t=t_e$	$n_{A,e} \qquad\qquad n_{B,e}$	

反应物 A 的平衡转化率 $\alpha_A = \dfrac{n_{A,0} - n_{A,e}}{n_{A,0}} \times 100\%$，反应物 B 的平衡转化率的表示形式相类似。若反应开始时，各反应物的物质的量之比等于化学计量系数之比，则各种反应物的平衡转化率相同，反之则不同。

平衡产率(或收率)是指反应系统达到平衡后，生成目标产物所消耗某反应物的物质的量，与反应开始时该反应物的物质的量之比，通常产率不高于转化率。由于副反应的存在、

实际生产时需考虑单位时间内的生产效率而往往使反应未到达平衡，导致工业生产中的实际产率远低于平衡产率。例如，用硝基苯(反应物)发生硝化反应生产间二硝基苯(目标产品)，由于生成副产物对二硝基苯和邻二硝基苯，降低了间二硝基苯的实际产率。

【**例 5-7**】　400K 时反应

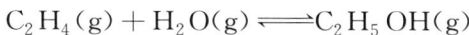

$$C_2H_4(g) + H_2O(g) \Longrightarrow C_2H_5OH(g)$$

的 $\Delta_r G_m^\ominus = 7.66 \text{kJ·mol}^{-1}$。若按照化学反应计量系数比加料后合成 $C_2H_5OH(g)$，计算：(1)该温度下反应的标准平衡常数 $K^\ominus$；(2)在该温度和 1000kPa 下反应的平衡转化率 α 及系统的平衡组成。设气体均为理想气体。

解　(1) $K^\ominus = \exp\left(-\dfrac{\Delta_r G_m^\ominus}{RT}\right) = \exp\left(-\dfrac{7.66 \times 10^3}{8.314 \times 400}\right) = 0.100$

(2)　　　　　$C_2H_4(g)$　　　　$+$　　　　$H_2O(g) \Longrightarrow C_2H_5OH(g)$

$t=0$　　　　　　n_0　　　　　　　　　n_0　　　　　　　0

$t=t_e$　　　　$n_0(1-\alpha)$　　　　　$n_0(1-\alpha)$　　　　$n_0\alpha$

平衡时系统总的物质的量 $\sum n_B = n_0(2-\alpha)$，则 $p_e(C_2H_4) = p_e(H_2O) = \dfrac{1-\alpha}{2-\alpha}p_总$、

$p_e(C_2H_4OH) = \dfrac{\alpha}{2-\alpha}p_总$，由标准平衡常数表达式，得

$$K^\ominus = \prod_B \left(\frac{p_{B,e}}{p^\ominus}\right)^{\nu_B} = \frac{\dfrac{\alpha}{2-\alpha} \cdot p_总/p^\ominus}{\left[\dfrac{1-\alpha}{2-\alpha} \cdot p_总/p^\ominus\right]^2} = \frac{\alpha(2-\alpha)}{(1-\alpha)^2} \times \frac{p^\ominus}{p_总}$$

即

$$\frac{\alpha(2-\alpha)}{(1-\alpha)^2} \times \frac{100}{1000} = 0.100$$

所以

$$\alpha = 0.293$$

系统平衡组成为

$$y(C_2H_4) = y(H_2O) = \frac{1-0.293}{2-0.293} = 0.414, \quad y(C_2H_5OH) = \frac{0.293}{2-0.293} = 0.172$$

【**例 5-8**】　在一定体积的容器中，若按照化学反应计量系数比投料催化合成甲醇：

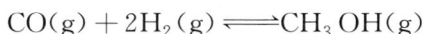

$$CO(g) + 2H_2(g) \Longrightarrow CH_3OH(g)$$

在 523K 时，投料瞬间测得系统压力为 900kPa，反应达到平衡时测得系统总压为 859kPa。计算：(1)该温度下反应的标准平衡常数 $K^\ominus$ 和 $\Delta_r G_m^\ominus$；(2)该温度下反应的平衡转化率 α 及系统的平衡组成。设气体均为理想气体。

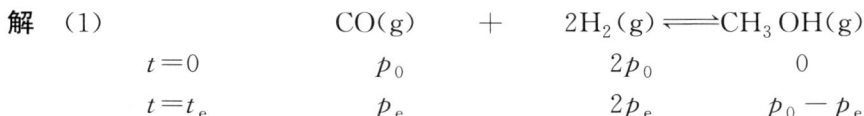

解　(1)　　　　　　　$CO(g)$　　　　$+$　　　　$2H_2(g) \Longrightarrow CH_3OH(g)$

$t=0$　　　　　　p_0　　　　　　　$2p_0$　　　　　　　0

$t=t_e$　　　　p_e　　　　　　　$2p_e$　　　　　p_0-p_e

因为按照化学反应计量系数比投料，所以 $p_0 = 900/3 = 300\text{kPa}$

平衡时系统总压 $\sum p_B = 2p_e + p_0 = p_总$，则

$$p_e = \frac{p_总 - p_0}{2} = \left(\frac{859-300}{2}\right)\text{kPa} = 279.5\text{kPa}$$

$$K^\ominus = \prod_B \left(\frac{p_{B,e}}{p^\ominus}\right)^{\nu_B} = \frac{(300-279.5)/100}{(279.5/100) \times (2 \times 279.5/100)^2} = 2.35 \times 10^{-3}$$

$$\Delta_r G_m^\ominus = -RT\ln K^\ominus = [-8.314 \times 523 \times \ln(2.35 \times 10^{-3})] J \cdot mol^{-1} = 2.632 \times 10^4 J \cdot mol^{-1}$$

(2)平衡转化率 $\alpha = \dfrac{p_0 - p_e}{p_0} \times 100\% = \dfrac{300 - 279.5}{300} \times 100\% = 6.83\%$

系统平衡组成

$$y(CO) = \frac{279.5}{859} = 0.325$$

$$y(H_2) = \frac{2 \times 279.5}{859} = 0.651$$

$$y(CH_3OH) = \frac{300 - 279.5}{859} = 0.024$$

5.4　影响化学平衡移动的因素

在一定条件下建立的化学平衡系统，当改变诸如温度、压力、原料配比等条件时，原先的平衡有可能被打破，从而建立新的平衡，这个过程称为化学平衡移动。研究影响化学平衡移动的因素，对于调动积极因素、抑制消极因素，使平衡向着所需要的方向（如提高产率的方向）移动，具有重要意义。

5.4.1　温度对化学平衡移动的影响

标准平衡常数只是温度的函数，改变温度，其值随之改变。根据第 3 章 3.8.2 吉布斯-亥姆霍兹方程（3-66）

$$\left[\frac{\partial(G/T)}{\partial T}\right]_p = -\frac{H}{T^2}$$

将其应用于标准态下单位反应进度（ $\xi = 1 mol$ ）的化学反应，有

$$\left[\frac{\partial(\Delta_r G_m^\ominus / T)}{\partial T}\right]_p = -\frac{\Delta_r H_m^\ominus}{T^2}$$

将 $\Delta_r G_m^\ominus = -RT\ln K^\ominus$ 代入上式，整理得

$$\left(\frac{\partial \ln K^\ominus}{\partial T}\right)_p = \frac{\Delta_r H_m^\ominus}{RT^2} \tag{5-37}$$

上式称为范特霍夫（van't Hoff）方程的微分式。该式表明等压条件下化学反应标准平衡常数不仅受温度的影响，而且还与反应本身的标准摩尔反应焓变 $\Delta_r H_m^\ominus$ 有关。

$\Delta_r H_m^\ominus > 0$ 时，为吸热反应，标准平衡常数 $K^\ominus$ 随温度升高而增大，升温有利于正方向反应；$\Delta_r H_m^\ominus < 0$ 时，为放热反应，标准平衡常数 $K^\ominus$ 随温度升高而减小，升温不利于正方向反应而有利于逆方向反应。

式（5-37）中若 $\Delta_r H_m^\ominus$ 与温度 T 有关，先将 $\Delta_r H_m^\ominus$ 关于温度 T 的函数式代入式（5-37），然后分离变量积分，就能得到标准平衡常数 $K^\ominus$ 与温度 T 的定积分或不定积分关系式。下面重点介绍的是，当 $\Delta_r H_m^\ominus$ 与温度 T 无关时 $K^\ominus$ 与 T 的积分关系式。

根据基尔霍夫公式（2-58），当 $\Delta_r C_{p,m} = 0$ 时，化学反应的 $\Delta_r H_m^\ominus$ 是与温度变化无关的常数；或者，当温度变化不大时，$\Delta_r H_m^\ominus$ 可近似看作不随温度变化的常数。在这两种情况下，对式（5-37）进行积分

$$\int_{K_1^\ominus}^{K_2^\ominus} d\ln K^\ominus = \int_{T_1}^{T_2} \frac{\Delta_r H_m^\ominus}{RT^2} dT \tag{5-38}$$

得定积分

$$\ln\frac{K_2^\ominus}{K_1^\ominus} = -\frac{\Delta_r H_m^\ominus}{R}\left(\frac{1}{T_2} - \frac{1}{T_1}\right) \tag{5-39}$$

式中，$K_1^\ominus$ 和 $K_2^\ominus$ 分别对应于温度 T_1 和 T_2 时化学反应的标准平衡常数。上式是五参数方程，已知化学反应的 $\Delta_r H_m^\ominus$ 值和某一温度下的标准平衡常数，就可以计算另一温度下的标准平衡常数；或者，已知两个不同温度下的标准平衡常数，就可以计算化学反应的标准摩尔焓变 $\Delta_r H_m^\ominus$，这是除了用物质的 $\Delta_f H_m^\ominus(B)$ 或 $\Delta_c H_m^\ominus(B)$ 数据计算反应 $\Delta_r H_m^\ominus$（参见第 2 章 2.10.6 内容）之外的另一种方法。

若对式(5-37)进行不定积分，其结果为

$$\ln K^\ominus = -\frac{\Delta_r H_m^\ominus}{R} \times \frac{1}{T} + C \tag{5-40}$$

上式中 C 为积分常数。若由实验测得多个不同温度下的标准平衡常数 $K^\ominus$ 数据，可以通过 $\ln K^\ominus$ 对 $1/T$ 作图，由直线的斜率得到化学反应的标准摩尔焓变 $\Delta_r H_m^\ominus$，这一结果要比仅从两个温度对应的标准平衡常数、应用式(5-39)计算所得结果更加精准。

【例 5-9】 已知反应

$$CO(g) + H_2O(g) \Longrightarrow CO_2(g) + H_2(g)$$

在 500K 和 800K 时的标准平衡常数分别为 126 和 3.06。试求：(1)该反应在 500～800K 区间内 $\Delta_r H_m^\ominus$（设在此温度区间内 $\Delta_r H_m^\ominus$ 为与温度无关的常数）；(2)该反应在 700K 时的标准平衡常数。

解　(1) $\Delta_r H_m^\ominus$ 与温度无关时，$K^\ominus$ 与 T 的关系遵循范特霍夫定积分公式

$$\ln\frac{K_2^\ominus}{K_1^\ominus} = -\frac{\Delta_r H_m^\ominus}{R}\left(\frac{1}{T_2} - \frac{1}{T_1}\right)$$

则

$$\ln\frac{3.06}{126} = -\frac{\Delta_r H_m^\ominus}{8.314} \times \left(\frac{1}{800} - \frac{1}{500}\right)$$

得

$$\Delta_r H_m^\ominus = -4.12 \times 10^4 \, J\cdot mol^{-1}$$

(2)当 $T_3 = 700K$ 时

$$\ln\frac{K_3^\ominus}{126} = -\frac{-4.12 \times 10^4}{8.314} \times \left(\frac{1}{700} - \frac{1}{500}\right)$$

所以

$$K_3^\ominus = 7.42$$

计算结果表明，$\Delta_r H_m^\ominus < 0$，为放热反应，升高温度标准平衡常数 $K^\ominus$ 减小。

范特霍夫(J. H. van't Hoff, 1852—1911 年)，荷兰物理化学家。1852 年 8 月 30 日，范特霍夫出生于荷兰的鹿特丹市。1872 年，范特霍夫在莱顿大学毕业后，到柏林拜德国著名有机化学家凯库勒为师，次年到巴黎医学院的武兹实验室深造，得到著名化学家武兹的指导。1874 年，范特霍夫与法国好友勒贝尔分别提出了关于碳的正四面体构型假说，标志着立体化学学科的建立，1875 年在《空间化学》一文中首次提出"不对称碳原子"概念。1878 年，范特霍夫成为阿姆斯特丹大学教授，1878～1896 年间致力于化学热力学与化学亲和力、化学动力学和稀溶液渗透压方面的研究，1884 年出版《化学动力学研究》一书，1885 年以后一直被选为荷兰皇家科学院成员，1887 年与奥斯特瓦尔德共同创办《物理化学杂志》，1901 年获首届诺贝尔化学奖。

5.4.2 压力对化学平衡移动的影响

标准平衡常数只是温度的函数，改变压力不会影响标准平衡常数的数值，但可能会改变平衡组成，引起分压商 J_p 的改变，最终导致平衡发生移动。因压力对凝聚相（固相或液相）的体积影响极小，可以忽略压力对固相或液相反应的平衡组成影响。下面只讨论压力对有理想气体参与反应的平衡组成影响。根据前面讨论的式(5-23)

$$K_y = K^{\ominus} \left(\frac{p^{\ominus}}{p} \right)^{\sum \nu_B}$$

式中 $\sum \nu_B$ 指方程式中气体的化学计量数之和。由于等温条件下的化学反应，$K^{\ominus}$ 一定，那么：

若 $\sum \nu_B > 0$，即气体分子数增加的反应，增加系统的总压 p，K_y 将减小，平衡向逆方向移动，不利于反应正方向进行，这类反应减压有利于正方向反应。

若 $\sum \nu_B < 0$，即气体分子数减少的反应，增加系统的总压 p，K_y 将增大，平衡向正方向移动，有利于反应正方向进行，这类反应减压不利于正方向反应。

若 $\sum \nu_B = 0$，即气体分子数反应前后不变，改变系统的总压，K_y 不变，压力对平衡组成没有影响，平衡不移动。

【例 5-10】 工业上乙苯脱氢制乙烯的反应

$$C_6H_5C_2H_5(g) \Longrightarrow C_6H_5C_2H_3(g) + H_2(g)$$

在 527℃和 100kPa 下的平衡转化率 $\alpha = 0.213$。试计算该温度下，系统压力为 10kPa 时的平衡转化率。

解
$$C_6H_5C_2H_5(g) \Longrightarrow C_6H_5C_2H_3(g) + H_2(g)$$

$t=0$	n_0	0	0
$t=t_e$	$n_0(1-\alpha)$	$n_0\alpha$	$n_0\alpha$ 总量 $\sum n_B = n_0(1+\alpha)$

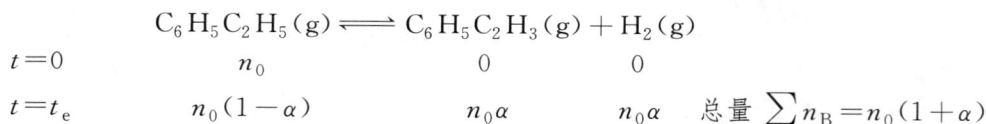

由标准平衡常数表达式，得

$$K^{\ominus} = \frac{\alpha^2}{1-\alpha^2} \times \frac{p_{总}}{p^{\ominus}}$$

将 $p_{总} = 100\text{kPa}$、$\alpha = 0.213$ 代入上式，得 $K^{\ominus} = 0.0475$

当 $p'_{总} = 10\text{kPa}$ 时

$$0.0475 = \frac{\alpha'^2}{1-\alpha'^2} \times \frac{10}{100}$$

因此，压力为 10kPa 时的平衡转化率 $\alpha' = 0.567$。

这是分子数增加的化学反应，降低压力有利于提高乙苯脱氢制乙烯的转化率。

5.4.3 惰性气体组分对化学平衡移动的影响

惰性气体组分指的是不参加化学反应的组分，它对化学平衡的影响，可以根据前面讨论的公式(5-24)加以分析。因为

$$K_n = K^{\ominus} \left(\frac{p^{\ominus} \sum n_B}{p} \right)^{\sum \nu_B}$$

所以，等温、等压条件下化学反应达到平衡时，上式中的 $K^{\ominus}$ 和系统总压 p 都是一定的。对于 $\sum \nu_B \neq 0$ 的平衡系统，加入惰性气体组分，则上式中的 $\sum n_B$ 增大，K_n 将变化，平衡会移动。

等温、等压条件下，气体分子数减小（$\sum \nu_B < 0$）的化学反应达到平衡时，加入惰性组

分气体，K_n 将变小，平衡逆方向移动，不利于生成产物；但是，气体分子数增加（$\sum \nu_{\text{B}} > 0$）的化学反应达到平衡时，加入惰性组分气体，K_n 将变大，平衡正方向移动，有利于生成产物，可以提高原料转化率。工业上恒压下乙苯脱氢制苯乙烯，在反应原料中掺入水蒸气（不参与反应的惰性组分），可以提高乙苯制乙烯的转化率。

【例 5-11】　工业上乙苯脱氢制乙烯的反应

$$C_6H_5C_2H_5(g) \Longrightarrow C_6H_5C_2H_3(g) + H_2(g)$$

527℃ 时的 $K^{\ominus} = 0.0475$。反应开始前，将原料 $C_6H_5C_2H_5(g)$ 和 $H_2O(g)$ 的物质的量按 1:5 的比例掺和。试计算该温度下，系统压力为 100kPa 时的平衡转化率。

解　$H_2O(g)$ 不参与乙苯脱氢制乙烯反应，其物质的量在整个反应过程中保持不变。

$$C_6H_5C_2H_5(g) \Longrightarrow C_6H_5C_2H_3(g) + H_2(g) \qquad H_2O(g)$$

| $t=0$ | n_0 | 0 | 0 | $5n_0$ |
| $t=t_e$ | $n_0(1-\alpha)$ | $n_0\alpha$ | $n_0\alpha$ | $5n_0$ |

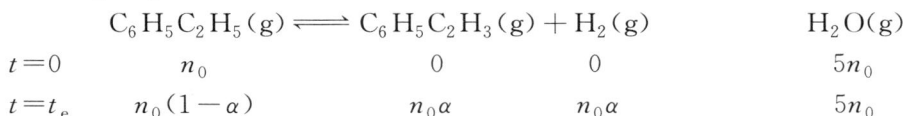

达到平衡时，系统总的物质的量 $\sum n_{\text{B}} = n_0(6+\alpha)$

由标准平衡常数表达式，得

$$K^{\ominus} = \frac{[p_e(C_6H_5C_2H_3)/p^{\ominus}][p_e(H_2)/p^{\ominus}]}{[p_e(C_6H_5C_2H_5)/p^{\ominus}]} = \frac{\alpha^2}{(6+\alpha)(1-\alpha)} \times \frac{p_{\text{总}}}{p^{\ominus}}$$

则

$$0.0475 = \frac{\alpha^2}{(6+\alpha)(1-\alpha)} \times \frac{100}{100}$$

得

$$\alpha = 0.422$$

而例 5-10 中纯乙苯脱氢制乙烯反应在 527℃、100kPa 时的平衡转化率只有 0.213，加入惰性组分 $H_2O(g)$ 后平衡转化率提高到了 0.422。因此，在等温、等压反应中，加入惰性气体组分，对气体分子数增加的反应有利于提高平衡转化率。

值得强调的是，对于等温、等容反应，根据道尔顿分压定律 $p_{\text{B}} = n_{\text{B}}RT/V$，加入惰性气体组分后，不会改变原先平衡系统中任意组分 B 的平衡分压，所以对平衡反应没有影响，平衡不移动。

5.4.4　改变反应物配比对化学平衡移动的影响

对于理想气体的气相化学反应

$$aA + dD + \cdots \Longrightarrow eE + fF + \cdots$$

改变反应物配比，平衡将会发生移动，但等温、等容时的反应系统和等温、等压条件下的反应系统，平衡移动的情况并不相同。

（1）等温、等容时的平衡反应系统

理想气体的气相反应若在等温、等容下进行，达到平衡后向系统中加入一定量的反应物，例如组分 D（可以加一种或同时加几种反应物），由道尔顿分压定律 $p_D V = n_D RT$ 可知，加入的瞬间组分 D 的分压 p_D 增加，而此刻没有添加的反应物组分的分压（例如 p_A）和产物的分压（例如 p_E 和 p_F），均保持不变。根据压力商公式（5-7）

$$J_p = \prod_{\text{B}} \left(\frac{p_{\text{B}}}{p^{\ominus}}\right)^{\nu_{\text{B}}} = \frac{(p_E/p^{\ominus})^e(p_F/p^{\ominus})^f}{(p_A/p^{\ominus})^a(p_D/p^{\ominus})^d}$$

式中分子项不变，分母有增大项，所以此时的 J_p 一定减小，导致 $J_p < K^{\ominus}$，使平衡向生成产物的正方向移动。实际生产过程中常利用这一原理，通过大大增加反应物中价格便宜且又容易从混合气中分离的原料气用量，最大限度地提高价格昂贵反应物气体的转化率，以提

高经济效益。

（2）等温、等压条件下的平衡反应系统

理想气体的气相反应若在等温、等压条件下进行，达到平衡后向系统中加入一定量的反应物，改变反应物之间的配比，平衡未必总向正方向移动。

假定反应物只有 A 和 D 两种理想气体的反应，设它们在反应起始时的物质的量之比为 $r = n_D/n_A$，其变化范围为 $0 < r < \infty$。保持系统总压为一定值，随着 r 增加，组分 A 的转化率增加，组分 D 的转化率降低，而产物在平衡混合气体中的含量随着 r 增加，存在一个极大值。用数学上求极大值的方法可以证明，在反应起始时没有产物的情况下，反应物中两种理想气体起始时的物质的量之比等于它们的化学计量系数比，即 $r = n_D/n_A = d/a$ 时，产物气体在平衡混合气体中的含量（物质的量分数）最大。在出现最大值以前，增加反应物 A 的量（相当于减小 r 值），或者在出现最大值以后，增加反应物 D 的量（即增加 r 的值），平衡都不会向生成产物的正方向移动，而是向逆方向移动。只有在出现最大值以前，增加反应物 D 的量（即 r 值增加），或是在出现最大值以后，增加反应物 A 的量（即减小 r 的值），平衡才会向生成产物的正方向移动。因此，等温、等压条件下的平衡反应系统，在反应达到平衡时增加反应物的量，反应不一定向正方向移动。

工业合成氨 $N_2(g) + 3H_2(g) \rightleftharpoons 2NH_3(g)$ 生产中，原料气配比 $r = n(H_2)/n(N_2) = 3 : 1$ 时，产物氨气在平衡混合气体中的含量最高。图 5-2 是实验所测 500℃、30.4MPa 时平衡混合气体中产物氨气的含量体积分数 $\varphi(NH_3)$（即物质的量分数）与反应原料气的物质的量之比 r 的关系曲线。

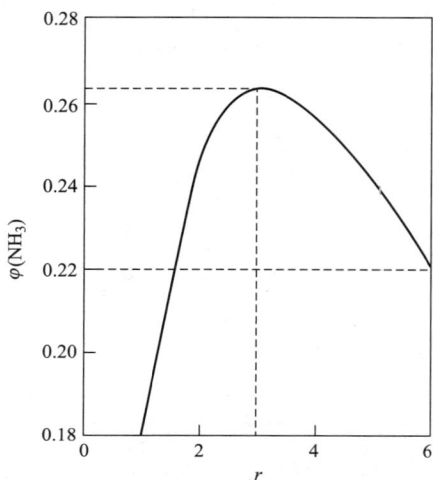

图 5-2　合成氨反应中氨的平衡含量 $\varphi(NH_3)$ 与原料气的物质的量之比 r 关系

5.5　同时反应平衡系统和偶合反应

5.5.1　同时反应平衡系统

若系统中包含两个或两个以上同时进行的化学反应，且各化学反应之间不能进行代数运算，互为独立反应，系统中独立反应的数目之和称为独立反应数。例如，系统中同时进行着下面四个化学反应

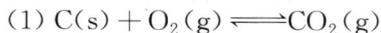

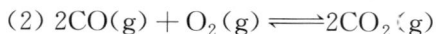

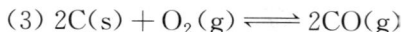

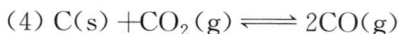

（1）$C(s) + O_2(g) \rightleftharpoons CO_2(g)$

（2）$2CO(g) + O_2(g) \rightleftharpoons 2CO_2(g)$

（3）$2C(s) + O_2(g) \rightleftharpoons 2CO(g)$

（4）$C(s) + CO_2(g) \rightleftharpoons 2CO(g)$

原则上可以选四个反应中的任意两个作为独立反应，若选定反应（1）和反应（2）为独立反应（这两个反应之间没有代数运算关系，彼此独立），则反应（3）可以由反应（1）×2 − 反应（2）

运算得到，反应(4)由反应(1)－反应(2)运算得到。因此，反应(3)和反应(4)不是独立反应，系统中尽管有四个反应同时存在，但独立反应数为 2。

若系统中某一个或几个组分同时参加了两个以上(含两个)的独立反应，则称为同时反应。当同时反应系统中的各个独立反应达到平衡时(一定同时达到平衡)，称为同时反应平衡系统。同时反应平衡系统中，参与多个独立反应的任意组分的平衡组成(浓度或分压)不仅只有一个，而且同时满足所有独立反应的平衡常数表达式。例如，上面例子中，$O_2(g)$、$CO_2(g)$ 同时参加了独立反应(1)和(2)的反应，它们的平衡分压同时满足反应(1)和(2)的平衡常数表达式，且这两个表达式中 $O_2(g)$ 的分压相同，$CO_2(g)$ 的分压也相同。

【例 5-12】 在真空容器中加入足够量的 $NaHCO_3(s)$ 和 $CuSO_4 \cdot 5H_2O(s)$，在 323K 时发生分解反应：

(1) $2NaHCO_3(s) \Longrightarrow Na_2CO_3(s) + H_2O(g) + CO_2(g)$

(2) $CuSO_4 \cdot 5H_2O(s) \Longrightarrow CuSO_4 \cdot 3H_2O(s) + 2H_2O(g)$

该温度下，$NaHCO_3(s)$ 和 $CuSO_4 \cdot 5H_2O(s)$ 单独发生上述分解反应时的分解压力分别为 4.0kPa 和 5.4kPa。试求分解达到平衡时系统中的总压和气相组成。

解 设达到分解平衡时，由 $NaHCO_3(s)$ 分解产生 $H_2O(g)$、$CO_2(g)$ 的分压均为 x kPa；由 $CuSO_4 \cdot 5H_2O(s)$ 分解产生 $H_2O(g)$ 分压为 y kPa。

$H_2O(g)$ 是参加两个独立反应的组分，达到同时反应平衡时，系统中 $H_2O(g)$ 的分压来自两个分解反应的贡献，但其值只有一个，即 $x+y$。

$NaHCO_3(s)$ 分解反应的标准平衡常数 $K_1^\ominus = \left(\dfrac{1}{2}p_1/p^\ominus\right)^2 = \left(\dfrac{1}{2} \times 4.0/100\right)^2 = 4.0 \times 10^{-4}$

$CuSO_4 \cdot 5H_2O(s)$ 分解反应的标准平衡常数 $K_2^\ominus = (p_2/p^\ominus)^2 = (5.4/100)^2 = 29.2 \times 10^{-4}$

$$t = t_e, \quad p/\text{kPa} \qquad\qquad\qquad\qquad 2NaHCO_3(s) \Longrightarrow Na_2CO_3(s) + H_2O(g) + CO_2(g)$$

$$\qquad\qquad\qquad\qquad\qquad\qquad\qquad\qquad\qquad\qquad x+y \qquad\quad x$$

$$CuSO_4 \cdot 5H_2O(s) \Longrightarrow CuSO_4 \cdot 3H_2O(s) + 2H_2O(g)$$

$$t = t_e, \quad p/\text{kPa} \qquad\qquad\qquad\qquad\qquad\qquad\qquad\qquad\qquad y+x$$

则

$$K_1^\ominus = \frac{x+y}{100} \times \frac{x}{100} = 4.0 \times 10^{-4}$$

$$K_2^\ominus = \left(\frac{y+x}{100}\right)^2 = 29.2 \times 10^{-4}$$

联立上面两个方程，解得：$x = 0.74$ kPa，$y = 4.67$ kPa

系统平衡时总压 $p = (x+y) + x = 2 \times 0.74 + 4.67 = 6.15$ kPa

系统平衡时气相组成 $y(H_2O) = \dfrac{0.74 + 4.67}{6.15} = 0.88$，$y(CO_2) = \dfrac{0.74}{6.15} = 0.12$

5.5.2 偶合反应

系统中同时存在两个化学反应，若其中一个反应的某产物是另一个反应的反应物之一，则这两个反应互为偶合反应(coupled reaction)。偶合反应的实质是同时反应，不过是为了达到某种目的，人为地在某一反应系统中加入另外组分而发生的同时反应。偶合反应不仅可以通过某个反应影响另一个反应的平衡位置，而且甚至可以使一个热力学上原本不能自发进行的反应，得以通过另外的途径而完成反应。

偶合反应一般利用一个 $\Delta_r G_m^\ominus$ 负值很大的反应，去"带动"另一个 $\Delta_r G_m^\ominus$ 负值很小，其

至是 $\Delta_r G_m^\ominus$ 值大于零的、不能进行的反应。例如 298.15K、$p^\ominus$ 时，反应

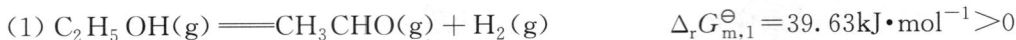

（1）$C_2H_5OH(g) \Longrightarrow CH_3CHO(g) + H_2(g)$ $\qquad \Delta_r G_{m,1}^\ominus = 39.63 kJ \cdot mol^{-1} > 0$

（2）$H_2(g) + \dfrac{1}{2}O_2(g) \Longrightarrow H_2O(g)$ $\qquad \Delta_r G_{m,2}^\ominus = -228.57 kJ \cdot mol^{-1} < 0$

反应（1）中的 $CH_3CHO(g)$ 是目标产品，但由于 $\Delta_r G_{m,1}^\ominus > 0$，298.15K、标准态下，反应（1）从热力学角度分析是不能自发进行的；而 $\Delta_r G_{m,2}^\ominus < 0$，而且负得很大，反应（2）能够自发进行。同时发现，反应（1）中的产物 H_2 是反应（2）中的反应物之一。因此，若把反应（1）和反应（2）放到一个系统中进行（即偶合），相当于将反应（1）+反应（2），得

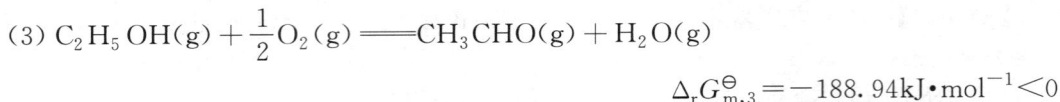

（3）$C_2H_5OH(g) + \dfrac{1}{2}O_2(g) \Longrightarrow CH_3CHO(g) + H_2O(g)$

$$\Delta_r G_{m,3}^\ominus = -188.94 kJ \cdot mol^{-1} < 0$$

$\Delta_r G_{m,3}^\ominus < 0$，表明 298.15K、标准态下，反应（3）能够自发进行。因此，反应（1）和反应（2）中的 H_2 是偶合反应的关联物质，这两个反应偶合，使反应（3）顺利进行，得到目标产品 $CH_3CHO(g)$。

偶合反应的理念在尝试设计新的合成方法和路线时，是极为有用的。生物体内的反应是在恒温、恒压下进行的，不能采用改变温度和压力的方法来完成，生物体选择了偶合反应这一途径。例如，生物体内糖类化合物分解生成 $CO_2(g)$ 和 $H_2O(l)$，放出能量的代谢过程，就是典型的偶合反应。

学习基本要求

1. 了解化学反应平衡条件与反应进度的关系，掌握化学反应亲和势与反应方向的关系。

2. 掌握理想气体化学反应的等温方程和标准平衡常数的表达式，了解理想气体化学反应其他平衡常数的表达式和它们之间的内在联系，掌握有纯凝聚态物质参加的理想气体化学反应的标准平衡常数表示方法，掌握固体的分解压力和分解温度及标准平衡常数之间的关系，掌握相关联化学反应标准平衡常数之间的联系，了解实际气体反应的标准平衡常数表示方法。

3. 了解液态混合物和液态溶液中化学反应的平衡常数表示方法。

4. 掌握化学反应 $\Delta_r G_m^\ominus$ 的计算方法，掌握由 $\Delta_r G_m^\ominus$ 计算 $K^\ominus$ 的方法，掌握平衡组成和转化率的计算。

5. 掌握温度对化学平衡影响的范特霍夫方程，掌握压力和惰性组分对化学平衡移动的原理，了解原料配比对化学平衡移动的影响。

6. 掌握系统中多个化学平衡共存时的组成计算，了解偶合反应的原理及其在科学研究和生产实践中的作用和意义。

习题

5-1 298.15K 时分解反应 $N_2O_4(g) \Longrightarrow 2NO_2(g)$ 的 $\Delta_r G_m^\ominus = 4.75 kJ \cdot mol^{-1}$。试分别计算在该温度和下列压力条件下反应的 $\Delta_r G_m$ 和化学反应亲和势 A，并判断反应进行的方向。设气体为理想气体。

（1）$N_2O_4(g)(100kPa)$，$NO_2(g)(1000kPa)$；

（2）$N_2O_4(g)(1000kPa)$，$NO_2(g)(100kPa)$；

（3）$N_2O_4(g)(200kPa)$，$NO_2(g)(300kPa)$。

5-2　在 673K、100kPa 时将 1mol N_2 和 3mol H_2 的混合气通过催化剂合成 NH_3，反应达到平衡时，混合气中 $y(NH_3) = 0.0044$，计算反应 $\dfrac{1}{2}N_2(g) + \dfrac{3}{2}H_2(g) \Longrightarrow NH_3(g)$ 的 $K^\ominus$、K_c 和 K_y。设气体为理想气体。

5-3　1000K 时反应 $C(s) + 2H_2(g) \Longrightarrow CH_4(g)$ 的 $\Delta_r G_m^\ominus = 19.4kJ \cdot mol^{-1}$。

（1）在系统混合气体组成为 $y(CH_4) = 0.10$、$y(H_2) = 0.80$ 和 $y(N_2) = 0.10$（N_2 不参与反应），总压力为 100kPa 时，通过计算 $K^\ominus$ 和 J_p 判断是否能形成 $CH_4(g)$。

（2）若维持（1）中的系统气相组成不变，总压升高还是降低到多少开始生成 $CH_4(g)$？设气体为理想气体。

5-4　298.15K 时反应 $N_2(g) + 3H_2(g) \Longrightarrow 2NH_3(g)$ 的 $\Delta_r G_m^\ominus = -32.9kJ \cdot mol^{-1}$。试求：

（1）该温度下反应的 $K^\ominus$；

（2）该温度下反应 $\dfrac{1}{2}N_2(g) + \dfrac{3}{2}H_2(g) \Longrightarrow NH_3(g)$ 的 $K^\ominus$；

（3）该温度下反应 $2NH_3(g) \Longrightarrow N_2(g) + 3H_2(g)$ 的 $K^\ominus$。设气体为理想气体。

5-5　某温度下，已知下列两反应的标准平衡常数为 $K_1^\ominus$ 和 $K_2^\ominus$

$$C(石墨) + H_2O(g) \Longrightarrow CO(g) + H_2(g) \qquad\qquad K_1^\ominus$$
$$C(石墨) + 2H_2O(g) \Longrightarrow CO_2(g) + 2H_2(g) \qquad\qquad K_2^\ominus$$

求该温度下反应 $CO(g) + H_2O(g) \Longrightarrow CO_2(g) + H_2(g)$ 的 $K^\ominus$。设气体为理想气体。

5-6　已知反应 $CO(g) + H_2O(g) \Longrightarrow CO_2(g) + H_2(g)$ 的标准平衡常数与温度的函数关系为 $\ln K^\ominus = \dfrac{4951}{T/K} - 5.104$，当系统中 $CO(g)$、$H_2O(g)$、$CO_2(g)$ 和 $H_2(g)$ 的物质的量分数分别为 0.30、0.30、0.20 和 0.20，总压为 100kPa 时，问温度升高还是降低到多少反应才能向生成产物的方向进行？设气体为理想气体。

5-7　600K 时 $NH_4Cl(s)$ 的分解压力为 71.16kPa。

（1）求该温度下，分解反应 $NH_4Cl(s) \Longrightarrow NH_3(g) + HCl(g)$ 的标准平衡常数 $K^\ominus$；

（2）600K 时，在盛有压力为 40.00kPa 的 $NH_3(g)$ 容器中加入足够量的 $NH_4Cl(s)$，计算系统达到平衡时容器的总压；

（3）600K 时，若容器中充入压力为 50.00kPa 的 $HCl(g)$，欲生成 $NH_4Cl(s)$，则充入 $NH_3(g)$ 的压力至少为多少？设气体为理想气体。

5-8　已知 298.15K 时下列数据：

	$NaHCO_3(s)$	$Na_2CO_3(s)$	$CO_2(g)$	$H_2O(g)$
$S_m^\ominus / J \cdot K^{-1} \cdot mol^{-1}$	101.70	134.98	213.74	188.83
$\Delta_f H_m^\ominus / kJ \cdot mol^{-1}$	-950.81	-1130.68	-393.51	-241.82

试求在 101.325kPa 下，反应 $2NaHCO_3(s) \Longrightarrow Na_2CO_3(s) + CO_2(g) + H_2O(g)$ 的分解温度。设 $\Delta_r C_{p,m} = 0$，气体为理想气体。

5-9　375.3K 时，在体积一定的真空容器中，充入压力为 47.84kPa 的 $Cl_2(g)$ 和压力为 44.79kPa 的 $SO_2(g)$，发生反应 $SO_2(g) + Cl_2(g) \Longrightarrow SO_2Cl_2(g)$。反应达到平衡时，测得系统压力为 86.10kPa。求该温度下反应的 $K^\ominus$ 和 $\Delta_r G_m^\ominus$。设气体为理想气体。

5-10　分解反应 $PCl_5(g) \Longrightarrow PCl_3(g) + Cl_2(g)$ 在 473K 时的 $K^\ominus = 0.312$，计算：

（1）473K、200kPa 时 $PCl_5(g)$ 的解离度 α 和系统组成；

（2）$PCl_5(g)$ 和 $Cl_2(g)$ 的物质的量按照 1:5 混合后，在 473K、200kPa 时 $PCl_5(g)$ 的解离度。设气体为

理想气体。

5-11 25℃时，$H_2S(g)$ 和 $Ag_2S(s)$ 的 $\Delta_f G_m^\ominus(B)$ 为 $-33.6kJ \cdot mol^{-1}$ 和 $-40.3kJ \cdot mol^{-1}$。$Ag(s)$ 在 $H_2S(g)$ 氛围中可能会发生下列反应 $2Ag(s) + H_2S(g) \longrightarrow Ag_2S(s) + H_2(g)$ 而被腐蚀。在 25℃ 和 100kPa 下，试问：

(1) 在 $H_2S(g)$ 和 $H_2(g)$ 等体积混合的气体中，$Ag(s)$ 是否会被腐蚀生成 $Ag_2S(s)$？

(2) 为确保 $Ag(s)$ 在 $H_2S(g)$ 和 $H_2(g)$ 的混合气体中不被腐蚀生成 $Ag_2S(s)$，混合气体中 $H_2S(g)$ 的物质的量分数不得高于多少？设气体为理想气体。

5-12 25℃时，$C_4H_8(g)$、$C_4H_6(g)$ 和 $H_2(g)$ 的 $\Delta_f H_m^\ominus(B)/kJ \cdot mol^{-1}$ 依次为 -0.13、110.16 和 0，它们的 $S_m^\ominus(B)/J \cdot K^{-1} \cdot mol^{-1}$ 依次为 305.7、278.8 和 130.7。

(1) 计算丁烯脱氢制取丁二烯反应 $C_4H_8(g) \Longrightarrow C_4H_6(g) + H_2(g)$ 在 25℃时的 $\Delta_r G_m^\ominus$ 和 $K^\ominus$。

(2) 计算反应在 523℃、200kPa 进行时 $C_4H_8(g)$ 的平衡转化率。设反应的 $\Delta_r C_{p,m} = 0$，气体为理想气体。

5-13 25℃时，$CO(g)$、$H_2(g)$ 和 $CH_3OH(l)$ 的 $S_m^\ominus(B)/J \cdot K^{-1} \cdot mol^{-1}$ 分别为 197.7、130.7 和 126.8，$CO(g)$ 和 $CH_3OH(g)$ 的 $\Delta_f H_m^\ominus(B)/kJ \cdot mol^{-1}$ 分别为 -110.5 和 -200.7；且该温度下 $CH_3OH(l)$ 的饱和蒸气压为 16.6kPa，摩尔蒸发焓 $\Delta_{vap} H_m = 38.0kJ \cdot mol^{-1}$。计算该温度下反应 $CO(g) + 2H_2(g) \Longrightarrow CH_3OH(g)$ 的 $\Delta_r G_m^\ominus$ 和 $K^\ominus$。设气体为理想气体。

5-14 已知 298.15K 时下列数据：

物　　质	$S_m^\ominus/J \cdot K^{-1} \cdot mol^{-1}$	$\Delta_c H_m^\ominus/kJ \cdot mol^{-1}$	$\Delta_f G_m^\ominus/kJ \cdot mol^{-1}$
C(石墨)	5.74	-393.51	
$H_2(g)$	130.57	-285.83	
$N_2(g)$	191.50	0	
$O_2(g)$	205.03	0	
$NH_3(g)$			-16.50
$CO_2(g)$			-394.36
$H_2O(g)$			-228.59
$CO(NH_2)_2(s)$	104.60	-631.66	

计算 298.15K 时 $CO(NH_2)_2(s)$ 的标准摩尔吉布斯函数 $\Delta_f G_m^\ominus$ 以及下列反应的 $K^\ominus$。设气体为理想气体。

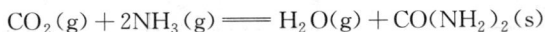

$$CO_2(g) + 2NH_3(g) \Longrightarrow H_2O(g) + CO(NH_2)_2(s)$$

5-15 25℃、200kPa 时，将一定量的纯 $A(g)$ 通入带有可以自由移动活塞的密闭容器中，发生如下反应 $A(g) \Longrightarrow 2B(g)$，反应达到平衡时测得 $A(g)$ 的转化率为 0.576。

(1) 求该温度下反应的 $K^\ominus$ 和 $\Delta_r G_m^\ominus$；

(2) 若总压为 100kPa，计算 $A(g)$ 的平衡转化率。设气体为理想气体。

5-16 873K、100kPa 时，反应 $CO(g) + H_2O(g) \Longrightarrow CO_2(g) + H_2(g)$ 达到平衡。若将压力由 100kPa 提高到 500kPa。问：

(1) 若各气体均为理想气体，平衡是否移动？

(2) 若各气体为实际气体，它们的逸度因子分别为 $\varphi(CO) = 1.23$、$\varphi(H_2O) = 0.77$、$\varphi(CO_2) = 1.09$ 和 $\varphi(H_2) = 1.10$，则平衡如何移动？

5-17 200℃时分解反应 $2NOCl(g) \Longrightarrow 2NO(g) + Cl_2(g)$，在一真空容器中通入足够量的 $NOCl(g)$，反应达到平衡时，测得系统压力为 100kPa，混合气体中 $NOCl(g)$ 物质的量分数为 0.64。设气体为理想气体。

（1）计算该温度下反应的 $K^{\ominus}$ 和 $\Delta_r G_m^{\ominus}$；

（2）若在 200℃附近，每升温 1℃，$K^{\ominus}$ 增加 1.5%，求反应在 200℃附近的 $\Delta_r H_m^{\ominus}$。

5-18　已知反应 $C_6H_{12}(g) \rightleftharpoons C_5H_9CH_3(g)$ 的标准平衡常数 $K^{\ominus}$ 与温度 T 的函数关系为

$$\ln K^{\ominus} = 4.184 - \frac{2059}{T/K}$$

计算 25℃时反应的 $\Delta_r H_m^{\ominus}$ 和 $\Delta_r S_m^{\ominus}$。

5-19　298.15K 时，理想气体分解反应 $A(g) \rightleftharpoons B(g) + C(g)$ 的 $\Delta_r G_m^{\ominus} = 20.51 kJ \cdot mol^{-1}$，$\Delta_r H_m^{\ominus} = 50.02 kJ \cdot mol^{-1}$，且 $\Delta_r C_{p,m} = 0$。计算：

（1）298.15K 时反应的 $K^{\ominus}$；

（2）500K、100kPa 时 $A(g)$ 分解的平衡转化率。

5-20　已知 25℃时，$\Delta_f H_m^{\ominus}(NH_3) = -46.11 kJ \cdot mol^{-1}$，$\Delta_f G_m^{\ominus}(NH_3) = -16.45 kJ \cdot mol^{-1}$ $N_2(g)$、$H_2(g)$ 和 $NH_3(g)$ 的等压摩尔热容 $C_{p,m}/J \cdot K^{-1} \cdot mol^{-1}$ 与温度 T 的函数关系分别为 $26.98 + 5.91 \times 10^{-3}T$、 $29.07 - 0.84 \times 10^{-3}T$ 和 $25.89 + 32.58 \times 10^{-3}T$。计算反应 $2NH_3(g) \rightleftharpoons N_2(g) + 3H_2(g)$ 在 327℃时的 $K^{\ominus}$。

5-21　340℃时，$NH_4Cl(s)$ 和 $NH_4I(s)$ 的分解压力分别为 104.6kPa 和 18.8kPa。该温度下，现将足够量的 $NH_4Cl(s)$ 和 $NH_4I(s)$ 同时加入一容器中，计算平衡时系统的总压和组成。

5-22　675.65K 时，在一真空容器中加入过量 $NH_4I(s)$，$NH_4I(s)$ 分解生成的 $HI(g)$ 进一步分解生成 $H_2(g)$ 和 $I_2(g)$：

$$NH_4I(s) \rightleftharpoons NH_3(g) + HI(g) \tag{1}$$

$$2HI(g) \rightleftharpoons H_2(g) + I_2(g) \tag{2}$$

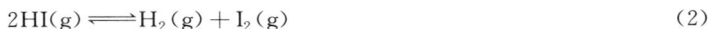

已知反应（1）的 $K_1^{\ominus} = 0.221$，反应（2）的 $K_2^{\ominus} = 0.019$。计算达到平衡时的系统总压和组成。

5-23　合成甲醇反应

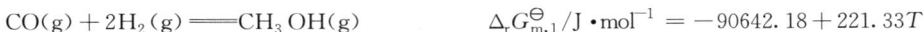

$$CO(g) + 2H_2(g) \rightleftharpoons CH_3OH(g) \qquad \Delta_r G_{m,1}^{\ominus}/J \cdot mol^{-1} = -90642.18 + 221.33T$$

副反应为

$$CH_3OH(g) + H_2(g) \rightleftharpoons CH_4(g) + H_2O(g) \qquad \Delta_r G_{m,2}^{\ominus}/J \cdot mol^{-1} = -115507.69 - 6.69T$$

（1）问在 700K 反应达到平衡时的产物是什么？

（2）提高系统压力，对平衡系统有何影响？

第6章

统计热力学初步

▶▶

在量子力学研究分子结构的基础上，人们从组成系统内部粒子的微观性质及分子结构出发，借助力学规律、用统计的方法推算大量粒子运动的统计平均结果，从而得到平衡系统的各种宏观性质，这就是统计热力学（statistical thermodynamics）。由于经典热力学是研究能量转换及伴随的物质状态变化，是宏观的方法，不涉及物质的微观性质，因此统计热力学是经典热力学的补充，是联系体系微观性质与宏观性质的桥梁。

统计热力学是统计力学（statistical mechanics）中有关热力学宏观性质计算方面的一个分支。统计力学是十九世纪中叶主要由玻尔兹曼、麦克斯韦和吉布斯发展起来的一门学科，它的前身是气体分子运动论。早期的统计力学是建筑在经典力学的基础上，称为经典统计力学。在经典统计力学里，分子的运动状态是用分子在空间的位置和动量描述的，分子的能量被认为是连续变量。到二十世纪二十年代量子力学问世，人们认识到微观粒子的运动服从量子力学。于是，统计力学引用量子力学中波函数、量子态、能级及简并度等概念，修改了原来描述分子运动状态的经典方法，统计方法也有改变。1924年玻色和爱因斯坦（Bose-Einstein）提出了第一种量子统计法（用于光子等自旋为零或整数的粒子）；1926年费米和狄拉克（Fermi-Dirac）提出了第二种统计法（用于电子等自旋为半整数的粒子）。这两种统计方法称为量子统计法，它们都可以在一定的条件下通过适当的近似处理得到玻尔兹曼统计。所以本章主要介绍修正的玻尔兹曼统计。

统计热力学将研究对象中的个体，比如聚集在气体、液体、固体中的原子、分子、离子等统称为粒子（particle），简称为子。按照系统中粒子间有无相互作用，系统可分为独立子系统（system of independent particles）和相依子系统（system of interacting particles）。独立子系统是指粒子间除了弹性碰撞外无其他任何作用的系统，如理想气体；或相互作用非常弱的系统也可近似看作独立子系统，如高温低压下的实际气体。相依子系统是指粒子间有不能忽略的相互作用，如固体、液体和一般条件下（非高温低压）的实际气体等。

按照粒子的运动特点，统计系统可以分为定域子系统（system of localized particles）和离域子系统（system of non-localized particles）。组成系统的同类粒子在一定的固定位置（小范围内）运动，粒子虽然都是等同、自身不可辨的，但由于位置是固定和可辨识的，因此可以根据粒子所处的位置区别它们，由这样的粒子组成的系统称为定域子系统，又称为可辨粒子系统。例如，构成晶体的每一个粒子在固定位置上运动，这种运动是定域化的，可以想象若按照粒子所处的位置加以编号，则可以区别，所以晶体可作为定域子系统（或可辨粒子系统）

处理。当组成系统的同类粒子处于非定域（没有固定位置）的混乱运动中，粒子彼此之间无法区别，这样的粒子组成的系统称为离域子系统，或称为等同粒子系统，例如纯气体和纯液体等属于离域子系统或等同粒子系统。

对于独立子系统，粒子间无相互作用，粒子间的势能为零，故系统的总能量（热力学能）等于各粒子运动的动能之和：

$$U = \sum_i n_i \varepsilon_i \tag{6-1}$$

式中，ε_i 为粒子在第 i 能级上运动的能量；n_i 为在能级 ε_i 上的粒子数。相依子系统的热力学能除了粒子运动的动能外，还包括粒子间相互作用的势能，势能是各粒子坐标的函数。本章主要讨论独立子系统，包括独立定域子系统和独立离域子系统的相关原理。

6.1　分子的运动形式及其能级公式

6.1.1　分子的运动形式与能级

（1）分子的运动形式

分子是由一定数目的原子通过化学键紧密结合形成的，原子由原子核和核外电子组成。分子的热运动形式包括平动（t）、转动（r）和振动（v）。其中，平动是分子的质量中心（简称质心）在空间的整体位移；转动是分子中的原子核绕着质心的旋转；振动是分子中的各原子偏离其平衡位置的相对位移。一切分子都存在平动，但只有双原子或多原子分子才有转动和振动。另外，所有分子都存在原子核运动（n）和核外电子运动（e）两种形式，但是一般情况下，化学反应或物理变化中，原子核不发生变化，绝大多数分子的电子不易被激发，即原子核运动和绝大多数分子的电子运动通常处于基态。

可以近似地认为分子各种运动形式之间是彼此独立的，而每种运动形式都有相应的能量，因此整个分子热运动的能量等于分子的平动、转动、振动、电子运动和核运动五种形式能量之和，即

$$\varepsilon = \varepsilon_t + \varepsilon_r + \varepsilon_v + \varepsilon_e + \varepsilon_n \tag{6-2}$$

（2）能级及其简并度

量子力学指出，分子各种运动形式的能量都是量子化的，即是不连续的，像台阶一样逐渐变化，称之为能级。分子的各种运动形式都具有若干个可能的台阶一般的能级，而每种运动形式中能量最低的那个能级（相当于最底层那个台阶）称为各自的基态能级，其余的称为激发态能级。对于某一个能级，可能会存在多个不同的量子态对应于这一个能级，即量子态不同、但不同量子态的能量值相同，这种现象称为简并（degeneracy），同一个能级中所有不同量子态的数目称为该能级的简并度（degree of degeneracy）或统计权重，用符号"g"表示，g 为 1 时的能级称为非简并能级。对于独立子系统，分子运动的简并度等于各独立运动形式的简并度之积，即

$$g = g_t \cdot g_r \cdot g_v \cdot g_e \cdot g_n \tag{6-3}$$

6.1.2　各种运动形式的能级公式

6.1.2.1　三维平动子

根据三维势箱中平动子模型可知，质量为 m 的分子在边长为 a、b、c 的矩形势箱中自由运动，其平动能级公式为

$$\varepsilon_t = \frac{h^2}{8m}\left(\frac{n_x^2}{a^2} + \frac{n_y^2}{b^2} + \frac{n_z^2}{c^2}\right) \tag{6-4}$$

式中，h 为普朗克常数，其值为 $6.626 \times 10^{-34} J \cdot s$；$n_x$、$n_y$、$n_z$ 分别为 x、y、z 轴方向上的平动量子数，取值为 1、2、3 等正整数。对于边长为 a 的立方体容器，体积 $V = a^3$，上式变为

$$\varepsilon_t = \frac{h^2}{8mV^{2/3}}(n_x^2 + n_y^2 + n_z^2) \tag{6-5}$$

因此，在边长为 a 的立方体容器中，ε_t 与分子的质量 m 和系统的体积 V 有关。从上式可以看出：

① 平动能随着平动量子数的变化而跳跃变化，即平动能级是量子化的。

② 平动能是粒子运动所占据体积 V 的函数，体积越大，平动能越小。

③ 当 $n_x = n_y = n_z = 1$ 时，只有一种量子状态 $\psi(1,1,1)$，$g_{t,0} = 1$，能级是非简并的，$\varepsilon_{t,0} = \frac{3h^2}{8mV^{2/3}}$，是平动的最低能级，称为平动基态能级，又称零点平动能级。

④ 平动能级不均匀，即相邻两个平动能级的能量差值并不都相等，一般在 $10^{-40} J$ 数量级，比较小。

三维平动子最初的几个能级、简并度和量子数如图 6-1 所示。

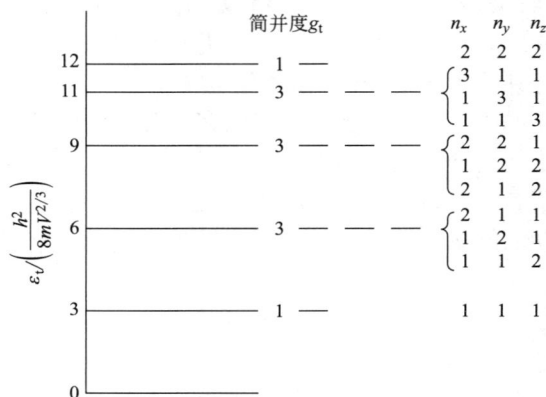

图 6-1　三维平动子最初的能级、简并度和量子数

6.1.2.2　刚性转子

双原子分子除了质心的平动外，其内部还有原子核绕质心的转动及沿核间连线方向的振动。若将转动看作刚性转子绕质心的转动，得到转动能级公式为

$$\varepsilon_r = J(J+1)\frac{h^2}{8\pi^2 I} \tag{6-6}$$

式中，I 为转动惯量，$I = \mu d^2$；d 为两个原子间的核间距离；$\mu = m_1 m_2/(m_1 + m_2)$ 为两个原子的折合质量，I 可由光谱数据求得；J 为转动量子数，其值取 0、1、2 等非负整数，转动能级的简并度 $g_{r,J} = 2J + 1$。结合式(6-6)可以有下列结论：

① 转动能与转动惯量 I、转动量子数 J 有关，转动能级是量子化的。

② $J = 0$ 时，$\varepsilon_{r,0} = 0$，$g_{r,0} = 1$，即转动的基态能级能量值为零(或零点转动能为零)，是非简并能级。

③ 除了基态，其他转动能级都是简并的，相邻能级的简并度随着转动量子数的增加而增加。

④ 转动的每两个相邻能级的能量差值都不相等，转动量子数越大，其差值越大。

6.1.2.3 一维谐振子

把双原子分子中原子的振动看作只沿一个方向（化学键方向）振动的一维谐振子，得到振动能级公式为

$$\varepsilon_v = \left(\upsilon + \frac{1}{2}\right)h\nu \tag{6-7}$$

式中，υ 为振动量子数，其值取 0、1、2 等非负整数；ν 为分子的振动频率，其值由光谱数据求得。由式(6-7)可以得出：

① 振动能与振动量子数 υ 和分子的振动频率 ν 有关，振动能级是量子化的。

② $\upsilon = 0$ 时，$\varepsilon_{v,0} = \frac{1}{2}h\nu$，是零点振动能，或振动的基态能级。

③ 一维谐振子的振动能级都是非简并的，$g_v = 1$。原因是一维谐振子只在一个轴方向振动，只有一个自由度。

④ 一维谐振子的振动能级是均匀的，每两个相邻能级的能量差值都等于 $h\nu$。

【例 6-1】 298.15K 时，$N_2(g)$ 分子在边长为 0.10m 的立方体容器中运动，$N_2(g)$ 分子质量 $m = 4.65 \times 10^{-26} kg$，转动惯量 $I = 1.39 \times 10^{-46} kg \cdot m^2$，振动频率 $\nu = 7.08 \times 10^{13} s^{-1}$，求各种运动形式的基态能级能量及第一激发态与基态的能量差值。

解 （1）平动能级

基态能级　　$\varepsilon_{t,0} = \dfrac{3h^2}{8mV^{2/3}} = \left[\dfrac{3 \times (6.626 \times 10^{-34})^2}{8 \times 4.65 \times 10^{-26} \times (10^{-3})^{2/3}}\right] J = 3.54 \times 10^{-40} J$

第一激发态能级　　$\varepsilon_{t,1} = \dfrac{6h^2}{8mV^{2/3}} = 2\varepsilon_{t,0} = 7.08 \times 10^{-40} J$

故平动第一激发态与基态能级差 $\Delta\varepsilon_t = \varepsilon_{t,1} - \varepsilon_{t,0} = 3.54 \times 10^{-40} J$

（2）转动能级

基态能级　　$\varepsilon_{r,0} = J(J+1)\dfrac{h^2}{8\pi^2 I} = 0$

第一激发态能级　　$\varepsilon_{r,1} = \dfrac{2h^2}{8\pi^2 I} = \left[\dfrac{2 \times (6.626 \times 10^{-34})^2}{8 \times 3.14^2 \times 1.39 \times 10^{-46}}\right] J = 8.01 \times 10^{-23} J$

故转动第一激发态与基态能级差

$$\Delta\varepsilon_r = \varepsilon_{r,1} - \varepsilon_{r,0} = 8.01 \times 10^{-23} J$$

（3）振动能级

基态能级　　$\varepsilon_{v,0} = \left(\upsilon + \dfrac{1}{2}\right)h\nu = \left(\dfrac{1}{2} \times 6.626 \times 10^{-34} \times 7.08 \times 10^{13}\right) J = 2.35 \times 10^{-20} J$

第一激发态能级　　$\varepsilon_{v,1} = \left(\dfrac{3}{2} \times 6.626 \times 10^{-34} \times 7.08 \times 10^{13}\right) J = 7.04 \times 10^{-20} J$

故振动第一激发态与基态能级差 $\Delta\varepsilon_v = \varepsilon_{v,1} - \varepsilon_{v,0} = 4.69 \times 10^{-20} J$

显然，不同运动形式的第一激发态与基态两个相邻能级的能量差值很大。统计热力学的数学处理方法常与 $\Delta\varepsilon/(kT)$ 大小有关，这里的 $k = 1.381 \times 10^{-23} J \cdot K^{-1}$，称为玻尔兹曼常数。平动子的每两个相邻能级的能量差值都非常小，平动子容易受到激发而处于各个激发态

能级上，在 298.15K 时其 $\Delta\varepsilon_t/(kT)$ 值在 $10^{-20}\sim10^{-19}$ 数量级，量子化效应不显著，可以近似认为能级上的能量是连续变化的，计算时可以近似用经典力学方法处理。而振动的每两个相邻能级的能量差值比较大，在 298.15K 时 $\Delta\varepsilon_v/(kT)$ 值在 10 数量级左右，量子化效应明显，能级上的能量不连续变化，计算时不能用经典力学方法处理。转动的每两个相邻能级的能量差值比平动的大，但还算比较小，在 298.15K 时其 $\Delta\varepsilon_r/(kT)$ 值在 $10^{-3}\sim10^{-2}$ 数量级，在多数情况下的计算也可以近似按经典力学方法处理。

6.1.2.4　电子运动与原子核运动

电子运动的能级差以及原子核运动的能级差通常都很大，一般温度下这两种运动都难以产生能级的激发或跃迁。因此，本章对这两种运动形式只讨论最简单的情况，即认为系统中所有粒子的电子运动和原子核运动都处于基态。

不同物质电子运动基态能级的简并度 $g_{e,0}$ 以及原子核运动基态能级的简并度 $g_{n,0}$ 可能存在差别，但对于指定物质，它们都是常数，即 $g_{e,0}=$ 常数，$g_{n,0}=$ 常数。

6.2　能级分布的微态数与系统的总微态数

6.2.1　能级分布和状态分布

（1）能级分布

设粒子数 N、热力学能 U 和体积 V 确定的独立子系统，系统的能级是量子化的，各能级依次用 ε_0、ε_1、ε_2、$\cdots$、ε_i 表示。任意能级 ε_i 上的每个粒子的能量都为 ε_i，系统中 N 个粒子分配在各能级上的粒子数分别为 n_0、n_1、n_2、$\cdots$、n_i，则任意能级 ε_i 上的 n_i 个粒子具有的能量为 $n_i\varepsilon_i$，因此该独立子系统的总能量等于各能级能量与该能级上的粒子数乘积加和，即 $U=\sum_i n_i\varepsilon_i$，与式(6-1)一致。系统总的粒子数等于各能级的粒子数加和，为

$$N=\sum_i n_i \tag{6-8}$$

任意能级 ε_i 上的粒子数 n_i 称为能级 ε_i 上的分布数；将 N 个粒子在同时满足 $U=\sum_i n_i\varepsilon_i$ 和 $N=\sum_i n_i$ 的条件下，分配到各个能级上，这种分配方式称为能级分布，简称分布，能级分布由各能级的分布数所确定。

粒子是不停运动的，在运动过程中粒子间发生碰撞而交换能量，使得粒子因能量升高或降低而从一个能级"跳跃"或"跌落"到另一个不同的能级上，从而改变了原先能级上的粒子数，即能级 ε_i 上的粒子数 n_i 有随机改变的可能，但任何变化的瞬间系统都满足 $U=\sum_i n_i\varepsilon_i$ 和 $N=\sum_i n_i$。因此，对于一个 N、U 和 V 确定的系统，可能具有多种能级分布，但能级分布的种类是确定的。

【例 6-2】　对于 3 个在定点 A、B 和 C 做独立振动的一维谐振子系统，若系统总能量为 $\dfrac{9}{2}h\nu$，即 $N=3$，$U=\dfrac{9}{2}h\nu$。请列出系统的能级分布。

解　一维谐振子能级公式为 $\varepsilon_v=\left(v+\dfrac{1}{2}\right)h\nu$

系统中粒子可能分布的能级有：$\varepsilon_{v,0}=\dfrac{1}{2}h\nu$、$\varepsilon_{v,1}=\dfrac{3}{2}h\nu$、$\varepsilon_{v,2}=\dfrac{5}{2}h\nu$、$\varepsilon_{v,3}=\dfrac{7}{2}h\nu$，粒

子绝不可能分布在能量大于 $\varepsilon_{v,3}$ 的能级上，否则系统总能量将大于 $\dfrac{9}{2}h\nu$。

分布在能级 $\varepsilon_{v,0}$、$\varepsilon_{v,1}$、$\varepsilon_{v,2}$ 和 $\varepsilon_{v,3}$ 上的粒子数分别为 n_0、n_1、n_2 和 n_3，则系统满足 $U=\sum\limits_i n_i\varepsilon_i=\dfrac{9}{2}h\nu$ 和 $N=\sum\limits_i n_i=3$ 的三种能级分布为

能级分布	能级分布数				$\sum n_i$	$\sum n_i\varepsilon_i$
	n_0	n_1	n_2	n_3		
Ⅰ	0	3	0	0	3	$3\times\dfrac{3}{2}h\nu=\dfrac{9}{2}h\nu$
Ⅱ	2	0	0	1	3	$2\times\dfrac{1}{2}h\nu+1\times\dfrac{7}{2}h\nu=\dfrac{9}{2}h\nu$
Ⅲ	1	1	1	0	3	$1\times\dfrac{1}{2}h\nu+1\times\dfrac{3}{2}h\nu+1\times\dfrac{5}{2}h\nu=\dfrac{9}{2}h\nu$

即系统共有Ⅰ、Ⅱ和Ⅲ三种能级分布方式，每种能级分布由其相应的能级分布数确定，如Ⅰ(0,3,0,0)、Ⅱ(2,0,0,1)和Ⅲ(1,1,1,0)。

（2）状态分布

能级分布解决的是系统中粒子在能级上的分布问题，即给出了各能级的粒子分布数。但当能级是简并的时，每个能级有多个独立的量子态与之对应。例如，三维立方体势箱中的粒子，$\varepsilon_{t,1}$ 能级有三个不同的量子态 $\psi(2,1,1)$、$\psi(1,2,1)$ 和 $\psi(1,1,2)$ 与之对应，若此时有一个粒子处于 $\varepsilon_{t,1}$ 能级上，则应该弄清某一时刻该粒子处在哪一个量子态。因此，像这种系统中的粒子在量子态上的分配方式，称为状态分布。

很明显，状态分布比能级分布更精细化，若将状态分布按各量子态所对应的能级种类（或能量值的大小）及各能级上的粒子数目归类，便能得出能级分布。当所有能级都为非简并时，一个能级就只有一个量子态与之对应，此时能级分布与状态分布相同。

6.2.2　能级分布的微态数

（1）定域子系统能级分布的微态数

定域子系统中因粒子运动的位置固定而使得各粒子可以区别。在知道了系统的能级分布或状态分布后，依然无法明白每个粒子所处的具体量子态是哪个（相当于某一瞬间粒子所处的具体位置），因此，需进一步研究粒子所处的微观状态（即微态）。现以【例 6-2】系统为例加以说明，能级分布Ⅱ(2,0,0,1)代表有两个振子处于 $\varepsilon_{v,0}$ 能级（即振动量子数 $v=0$ 的量子态），一个振子处在 $\varepsilon_{v,3}$ 能级（即振动量子数 $v=3$ 的量子态）。如图 6-2 所示，每个可识别的定点 A、B、C 只能被一个粒子所占据，能级分布Ⅱ有三种占据方式，每一种占据方式代表系统的一个微态，即能级分布Ⅱ对系统贡献了三个微态。每个能级分布所能具有微态的数目，称为微态数，用 "W" 表示，则 $W_{\text{Ⅱ}}=3$。能级分布Ⅰ和Ⅲ的微态数分别为 $W_{\text{Ⅰ}}=1$ 和 $W_{\text{Ⅲ}}=6$。

定域子系统中有 N 个粒子（可以根据位置识别），假定系统的每个能级均是非简并的。系统中任意一个能级分布 D 在 ε_0、ε_1、ε_2、$\cdots$、ε_i 能级上的分布数分别为 n_0、n_1、n_2、$\cdots$、n_i。N 个可识别粒子的全排列为 $N!$；任意能级 ε_i 上的 n_i 个粒子的排列数为 $n_i!$（它只对应于系统的一种微态，应该从全排列中扣除）。因此，所有能级的这种排列总数应该为 $n_0!\,n_1!\cdots n_i!=\prod\limits_i n_i!$，这是需从全排列中扣除的总数。因此，对应于任意一个能级分布 D 的微态数为

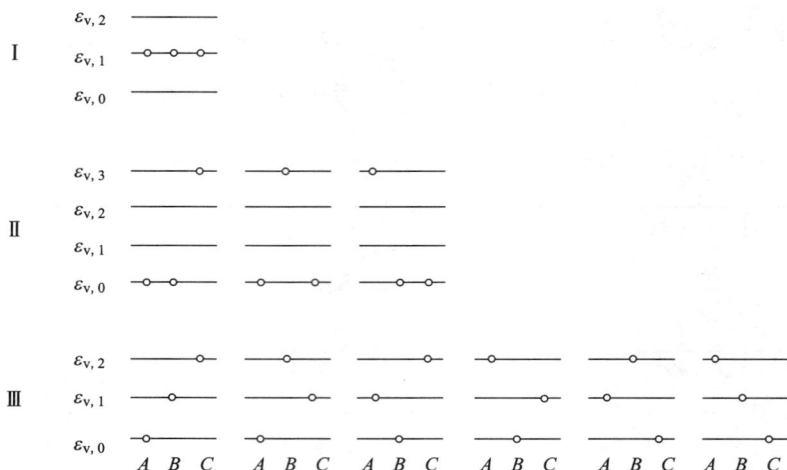

图 6-2　$N=3$ 和 $U=\dfrac{9}{2}h\nu$ 的一维谐振子在 A、B、C 定点振动系统各种能级分布的微态

$$W_D = \frac{N!}{\prod\limits_{i} n_i!} \tag{6-9}$$

例如，对于例 6-2 中的一维谐振子的振动能级都是非简并的，三种能级分布的微态数可由上式计算，即

$$W_{\text{I}} = \frac{3!}{0! \times 3! \times 0! \times 0!} = 1; \quad W_{\text{II}} = \frac{3!}{2! \times 0! \times 0! \times 1!} = 3;$$

$$W_{\text{III}} = \frac{3!}{1! \times 1! \times 1! \times 0!} = 6$$

若能级存在简并时，ε_0、ε_1、ε_2、$\cdots$、ε_i 各能级的简并度分别为 g_0、g_1、g_2、$\cdots$、g_i。任意一个能级 ε_i 上有 g_i 个不同的量子态，ε_i 上的每一个粒子都能占据 g_i 个量子态中的任意一个，那么，n_i 个粒子共有 $g_i^{n_i}$ 种占据方式，因此，所有能级占据方式的总数为 $g_0^{n_0} g_1^{n_1} \cdots g_i^{n_i} = \prod\limits_{i} g_i^{n_i}$。

所以，在考虑各能级的简并度后，系统中任意一个能级分布 D 的微态数为

$$W_D = \frac{N!}{\prod\limits_{i} n_i!} \times \prod\limits_{i} g_i^{n_i} = N! \prod\limits_{i} \frac{g_i^{n_i}}{n_i!} \tag{6-10}$$

上式是计算定域子系统任意一个能级分布 D 微态数 W_D 的通式。

（2）离域子系统能级分布的微态数

离域子系统中的粒子不可识别，是全同粒子。当离域子系统的能级都是非简并的，将 N 个粒子分布在 ε_0、ε_1、ε_2、$\cdots$、ε_i 能级上时，由于粒子不可识别，故只有一种分布方式，即微态数 $W_D = 1$。

当能级存在简并时，n_i 个不可识别粒子在简并度为 g_i 的任意能级 ε_i 上分布，等同于将 n_i 个同一色彩的小球放到有隔板相连的 g_i 个大小、外观完全一致的盒子中，隔板数为 $g_i - 1$，则该能级分布的微态数为 $\dfrac{(n_i + g_i - 1)!}{n_i!(g_i - 1)!}$，由于粒子有多个不同简并度的能级，系统中任意能级分布 D 的总微态数等于每一个能级分布微态数的连乘，即 $W_D = \prod\limits_{i} \dfrac{(n_i + g_i - 1)!}{n_i!(g_i - 1)!}$。

当 $g_i \gg n_i$ 时，

$$W_\mathrm{D} \approx \prod_i \frac{g_i^{n_i}}{n_i!} \qquad (6\text{-}11)$$

在离域子系统的温度不太低时，$g_i/n_i \approx 10^5$，上式总是成立。

由式(6-10)和式(6-11)可以发现，在系统粒子数、能级的分布数和能级简并度都相同时，由于定域子系统的粒子可识别，使得定域子系统能级分布 D 的微态数是离域子系统的 $N!$ 倍。

6.2.3　系统的总微态数

在 N、U 和 V 一定时，系统的总微态数 Ω 是各种可能的能级分布 D 的微态数之和

$$\Omega = \sum_\mathrm{D} W_\mathrm{D} \qquad (6\text{-}12)$$

系统的总微态数 Ω 除了与粒子的微观性质（ε_i、g_i）有关外，还与宏观条件 N、U 和 V 有关，即 $\Omega = \Omega(N, U, V)$，其中 V 对平动能有影响。

6.3　最概然分布与平衡分布

6.3.1　概率与等概率原理

（1）概率

复合事件若只发生一次，所产生的结果纯属偶然。但是，复合事件重复多次，某偶然事件 A 出现的次数就会有一定的规律性。当复合事件重复 m 次，偶然事件 A 出现 n 次，则比值 $\frac{n}{m}$ 在 m 趋于无穷大时有定值，定义为事件 A 出现的概率 P_A(probability)，即

$$P_\mathrm{A} = \lim_{m \to \infty} \frac{n}{m}$$

在 m 趋于无穷大时，P_A 值是完全确定的，这就是偶然事件概率的稳定性。例如，掷骰子（六个面均匀）时任何一面出现的概率均为 1/6，表明出现任何一面的可能性相同。概率的稳定性反映了出现各偶然事件的客观实际规律。概率又称为概然率，任何偶然事件 i 的概率 P_i 均小于 1，复合事件所包含的所有偶然事件的概率之和应为 1，即

$$\sum_i P_i = 1$$

（2）等概率原理

统计热力学研究的对象是由大量（10^{24} 数量级）粒子构成的宏观系统，因此可以用统计的方法从微观性质出发研究系统的宏观性质。

统计热力学假设：在 N、U 和 V 恒定的系统中，每一种微态出现的概率相等，这个假设称为等概率原理，其正确性已为实践所证明，是统计热力学的基本假定。根据等概率原理，N、U 和 V 确定的系统中若总微态数为 Ω，任何一个微态 i 出现的概率为

$$P_i = \frac{1}{\Omega}$$

6.3.2　最概然分布与平衡分布

（1）最概然分布

N、U 和 V 确定时，系统的总微态数为 Ω。基于等概率原理，系统中每一个微态出现

的概率相等，均为 $P_i = 1/\Omega$。但是，系统中粒子的各种能级分布方式所对应的微态数不同，所以各种能级分布方式出现的概率就不相等。对于任意能级分布 D，对应的微态数为 W_D，那么，能级分布 D 出现的概率 P_D 应该等于各微态出现的概率之和，即

$$P_D = \frac{1}{\Omega} \times W_D = \frac{W_D}{\Omega} \tag{6-13}$$

在给定的 N、U 和 V 条件下，虽然能级分布的类型很多，但其中只有一种能级分布类型出现的概率最大，它所拥有的微态数最多。基于对应于微态数最多的能级分布出现的概率最大，习惯上把这种能级分布称为最概然分布(the most probable distribution)。前面介绍的图 6-2 所示系统，Ⅰ、Ⅱ、Ⅲ 三种能级分布的总微态数 $\Omega = W_Ⅰ + W_Ⅱ + W_Ⅲ = 1 + 3 + 6 = 10$，三种能级分布出现的概率为

$$P_Ⅰ = \frac{W_Ⅰ}{\Omega} = \frac{1}{10}, \quad P_Ⅱ = \frac{W_Ⅱ}{\Omega} = \frac{3}{10}, \quad P_Ⅲ = \frac{W_Ⅲ}{\Omega} = \frac{6}{10}$$

概率 $P_Ⅲ$ 值最大，对应的能级分布Ⅲ微态数最大，说明能级分布Ⅲ出现的概率最大。因此，能级分布Ⅲ是给定 N、U 和 V 系统的最概然分布。

显然，任意能级分布 D 出现的概率 P_D 与对应的微态数 W_D 仅差一常数项 $1/\Omega$，可以直接用能级分布 D 的微态数 W_D，也就能说明该分布出现的概率大小。因此，统计热力学把 W_D 称为能级分布 D 的热力学概率(thermodynamic probability)，把 Ω 称为指定 N、U 和 V 条件下系统总的热力学概率，也就是指宏观状态的总热力学概率。

（2）最概然分布与平衡分布

对于给定 N、U 和 V 的系统，N 个粒子的运动状态始终在不断变化，例如粒子间的不断碰撞使彼此改变能量，导致能级分布数不断改变，但经过足够长的时间后，系统中离开每个能级上的粒子数与进到该能级上的粒子数达到基本相等，此时，系统中的粒子在各能级上的分布方式几乎不再随时间而改变，即系统达到了平衡，这样的能级分布称为平衡分布。

在系统处于平衡态的情况下，最概然分布的概率实际上是随着粒子数目的增大而减小的。但是，当含有数量级为 10^{24} 个粒子的系统处于平衡时，在最概然分布处以及偏离最概然分布一个宏观上根本无法觉察的极小范围内，各种分布的概率之和已十分接近于 1，这说明紧靠最概然分布的一个极小范围内，各种分布的微态数之和已十分接近系统的总微态数 Ω。因此，平衡分布就是最概然分布所代表的那些分布，换种说法，最概然分布实际上就是平衡分布。

设最概然分布的热力学概率为 W_B，系统达到平衡时，虽然 W_B/Ω 极小，但当系统的粒子数 N 无限增大到 10^{24} 数量级时，$\ln W_B/\ln \Omega \approx 1$，即 $\ln W_B \approx \ln \Omega$。所以，统计热力学认为，当系统中粒子数足够大（$10^{24}$ 数量级）时，最概然分布的那些分布微态数（W_B）即可代表平衡分布微态数，这一近似处理方法称为摘取最大项原理。据此，可以用计算出的最概然分布微态数 W_B 代替系统总的热力学概率 Ω。

6.4 玻尔兹曼分布定律与配分函数定义

6.4.1 玻尔兹曼分布定律

玻尔兹曼在处理独立子平衡系统中微观粒子在各状态上的分布时指出：处于平衡系统中的 N 个粒子，在某一量子态 j（其对应的能级为 ε_j）上的粒子分布数 n_j 与其玻尔兹曼因子

$e^{-\varepsilon_j/(kT)}$ 成正比，即

$$n_j = \lambda e^{-\varepsilon_j/(kT)} \tag{6-14}$$

式中，λ 为比例系数；k 为玻尔兹曼常数。

　　将系统中各量子态上的粒子全部相加，便可以得出系统的总粒子数

$$N = \sum_j n_j = \sum_j \lambda e^{-\varepsilon_j/(kT)} \tag{6-15}$$

上式是按照系统各量子态的粒子分布数计算的总粒子数。

　　若能级 i 的简并度为 g_i，则能级 i 上有 g_i 个量子态对应于该能级相同的能量值 ε_i。由式(6-14)可知，对于能级 i 上的每一个量子态，其粒子分布数是相等的，均为 $\lambda e^{-\varepsilon_i/(kT)}$。因此，分布于能级 i 上的粒子数 n_i 应该为每一个量子态的粒子分布数的 g_i 倍，即

$$n_i = \lambda g_i e^{-\varepsilon_i/(kT)} \tag{6-16}$$

将系统中所有能级上的粒子分布数相加，也能得到系统的总粒子数，即

$$N = \sum_i n_i = \sum_i \lambda g_i e^{-\varepsilon_i/(kT)} \tag{6-17}$$

该式是按照系统各能级上的粒子分布数计算的系统总粒子数。

　　由式(6-15)和式(6-17)得比例系数为

$$\lambda = \frac{N}{\sum_j e^{-\varepsilon_j/(kT)}} = \frac{N}{\sum_i g_i e^{-\varepsilon_i/(kT)}}$$

将上式的比例系数代入式(6-14)和式(6-16)，得

$$n_j = \frac{N e^{-\varepsilon_j/(kT)}}{\sum_j e^{-\varepsilon_j/(kT)}} \tag{6-18}$$

$$n_i = \frac{N g_i e^{-\varepsilon_i/(kT)}}{\sum_i g_i e^{-\varepsilon_i/(kT)}} \tag{6-19}$$

式(6-18)和式(6-19)计算的分布数，分别是按照量子态和能级分布获得的最概然分布，称为玻尔兹曼分布，两个公式称为玻尔兹曼分布定律。

6.4.2　配分函数定义

　　式(6-18)和式(6-19)中的分母在统计热力学中起着极其重要的作用，将它们定义为配分函数(partition function)，用"q"表示，即

$$q = \sum_j e^{-\varepsilon_j/(kT)} \tag{6-20a}$$

$$q = \sum_i g_i e^{-\varepsilon_i/(kT)} \tag{6-20b}$$

式(6-20a)是按粒子的量子态定义的配分函数，式(6-20b)是按照粒子的能级定义的配分函数。式(6-20b)中，$g_i e^{-\varepsilon_i/(kT)}$ 称为能级 i 的有效状态数或有效容量，其值等于能级 i 的简并度 g_i 与该能级的玻尔兹曼因子 $e^{-\varepsilon_i/(kT)}$ 相乘；而 $\sum_i g_i e^{-\varepsilon_i/(kT)}$ 表示所有能级的有效状态数之和，或者说配分函数是系统所有微观状态的玻尔兹曼因子之和，简称"状态和"。

　　分别将式(6-20a)和式(6-20b)代入式(6-18)和式(6-19)，得

$$n_j = \frac{N}{q} e^{-\varepsilon_j/(kT)} \tag{6-21}$$

$$n_i = \frac{N}{q} g_i \mathrm{e}^{-\varepsilon_i/(kT)} \tag{6-22}$$

那么，任意能级 i 上分布的粒子数 n_i 与系统总粒子数 N 之比为

$$\frac{n_i}{N} = \frac{g_i \mathrm{e}^{-\varepsilon_i/(kT)}}{\sum_i g_i \mathrm{e}^{-\varepsilon_i/(kT)}} = \frac{g_i \mathrm{e}^{-\varepsilon_i/(kT)}}{q} \tag{6-23}$$

【例 6-3】 一定温度下一立方体容器中存在大量三维平动子，其 $\dfrac{h^2}{8mV^{2/3}} = 0.1kT$。计算该系统在平衡状态时，$n_x^2 + n_y^2 + n_z^2 = 14$ 的平动能级上粒子的分布数 n 与基态能级上的粒子分布数 n_0 之比。

解 三维平动子的基态能级 $g_0 = 1$，$n_x^2 + n_y^2 + n_z^2 = 1^2 + 1^2 + 1^2 = 3$，

$$\varepsilon_0 = \frac{h^2}{8mV^{2/3}}(n_x^2 + n_y^2 + n_z^2) = 0.1kT \times 3 = 0.3kT$$

当 $n_x^2 + n_y^2 + n_z^2 = 14$ 时，三个平动量子数均可以取 1、2 和 3 中的任意一个，则 $g = 3! = 6$，

$$\varepsilon = \frac{h^2}{8mV^{2/3}}(n_x^2 + n_y^2 + n_z^2) = 0.1kT \times 14 = 1.4kT$$

则

$$\frac{n}{n_0} = \frac{g\mathrm{e}^{-\varepsilon/(kT)}}{g_0 \mathrm{e}^{-\varepsilon_0/(kT)}} = \frac{6 \times \mathrm{e}^{-1.4}}{1 \times \mathrm{e}^{-0.3}} = 1.997$$

6.5 粒子配分函数的计算

6.5.1 配分函数的析因子性质

如前所述，分子的运动形式可以看作由彼此独立的平动、转动、振动、电子运动和原子核运动组成。根据式(6-2)和式(6-3)，配分函数可以写成：

$$q = \sum_i g_i \mathrm{e}^{-\varepsilon_i/(kT)} = \sum_i g_i \exp\left(\frac{-\varepsilon_i}{kT}\right)$$

$$= \sum_i g_{\mathrm{t},i} \cdot g_{\mathrm{r},i} \cdot g_{\mathrm{v},i} \cdot g_{\mathrm{e},i} \cdot g_{\mathrm{n},i} \cdot \exp\left(-\frac{\varepsilon_{\mathrm{t},i} + \varepsilon_{\mathrm{r},i} + \varepsilon_{\mathrm{v},i} + \varepsilon_{\mathrm{e},i} + \varepsilon_{\mathrm{n},i}}{kT}\right)$$

$$= \left(\sum_i g_{\mathrm{t},i} \exp\frac{-\varepsilon_{\mathrm{t},i}}{kT}\right)\left(\sum_i g_{\mathrm{r},i} \exp\frac{-\varepsilon_{\mathrm{r},i}}{kT}\right)\left(\sum_i g_{\mathrm{v},i} \exp\frac{-\varepsilon_{\mathrm{v},i}}{kT}\right)\left(\sum_i g_{\mathrm{e},i} \exp\frac{-\varepsilon_{\mathrm{e},i}}{kT}\right)$$

$$\left(\sum_i g_{\mathrm{n},i} \exp\frac{-\varepsilon_{\mathrm{n},i}}{kT}\right)$$

令

$$q_{\mathrm{t}} = \left(\sum_i g_{\mathrm{t},i} \exp\frac{-\varepsilon_{\mathrm{t},i}}{kT}\right) \tag{6-24}$$

$$q_{\mathrm{r}} = \left(\sum_i g_{\mathrm{r},i} \exp\frac{-\varepsilon_{\mathrm{r},i}}{kT}\right) \tag{6-25}$$

$$q_{\mathrm{v}} = \left(\sum_i g_{\mathrm{v},i} \exp\frac{-\varepsilon_{\mathrm{v},i}}{kT}\right) \tag{6-26}$$

$$q_e = \left(\sum_i g_{e,i} \exp \frac{-\varepsilon_{e,i}}{kT} \right) \tag{6-27}$$

$$q_n = \left(\sum_i g_{n,i} \exp \frac{-\varepsilon_{n,i}}{kT} \right) \tag{6-28}$$

所以

$$q = q_t \cdot q_r \cdot q_v \cdot q_e \cdot q_n \tag{6-29}$$

上式中，q_t、q_r、q_v、q_e、q_n 分别称为平动配分函数、转动配分函数、振动配分函数、电子运动配分函数、核运动配分函数。

上式说明粒子的配分函数 q 可以用各独立运动配分函数的乘积表示，称为配分函数的析因子性质或因子分解性质（property of factorization）。相对各独立运动配分函数而言，q 称为粒子的全配分函数。

6.5.2　能量零点基准点的选择对配分函数的影响

配分函数的值与各能级的能量 ε_i 有关，而任意一个能级的能量 ε_i 与能量零点基准点的选择有关。能量零点基准点的选择有两种方式：一种是选择能量的绝对零点（即能量值为"0"称为零点），此时基态能级的能量为 ε_0，它不一定为"0"，各能级以自身原先能量的绝对值 ε_i 代入粒子的配分函数定义，得

$$q = \sum_i g_i e^{-\varepsilon_i/(kT)} = g_0 e^{-\varepsilon_0/(kT)} + g_1 e^{-\varepsilon_1/(kT)} + g_2 e^{-\varepsilon_2/(kT)} + \cdots \tag{6-30}$$

另一种是统计热力学通常用的方式，规定各独立运动形式的基态能级作为各自能量零点基准点，相当于令基态能量 $\varepsilon_0 = 0$（ε_0 自身不一定为"0"），让它作为其他能级能量的参考基准点。能级 i 自身原先能量的绝对值为 ε_i，在以基态作为能量零点参考基准点以后，能级 i 相对于基准点的能量值变为 $\varepsilon_i^0 = \varepsilon_i - \varepsilon_0$，此值是能量的相对值。同时，规定基态能级作为能量零点参考基准点后，能级 i 得到的相对能级 ε_i^0 所对应的配分函数为 q^0，按照配分函数的定义，得

$$q^0 = \sum_i g_i e^{-\varepsilon_i^0/(kT)} = g_0 e^{-\varepsilon_0^0/(kT)} + g_1 e^{-\varepsilon_1^0/(kT)} + g_2 e^{-\varepsilon_2^0/(kT)} + \cdots$$

显然，根据 $\varepsilon_i^0 = \varepsilon_i - \varepsilon_0$ 得 $\varepsilon_0^0 = \varepsilon_0 - \varepsilon_0 = 0$，代入上式，有

$$q^0 = \sum_i g_i e^{-\varepsilon_i^0/(kT)} = g_0 + g_1 e^{-\varepsilon_1^0/(kT)} + g_2 e^{-\varepsilon_2^0/(kT)} + \cdots \tag{6-31}$$

比较式（6-30）和式（6-31）的右边，得

$$q = e^{-\varepsilon_0/(kT)} q^0 \quad 或 \quad q^0 = e^{\varepsilon_0/(kT)} q \tag{6-32}$$

将上式应用到五种独立运动形式的配分函数，得

$$q_t^0 = e^{\varepsilon_{t,0}/(kT)} q_t, \; q_r^0 = e^{\varepsilon_{r,0}/(kT)} q_r, \; q_v^0 = e^{\varepsilon_{v,0}/(kT)} q_v, \; q_e^0 = e^{\varepsilon_{e,0}/(kT)} q_e, \; q_n^0 = e^{\varepsilon_{n,0}/(kT)} q_n$$

因 $\varepsilon_{t,0} \approx 0$，$\varepsilon_{r,0} = 0$，故常温条件下 $q_t^0 \approx q_t$，$q_r^0 = q_r$；而振动，$\varepsilon_{v,0} = h\nu/2$，所以 $q_v^0 = e^{h\nu/(2kT)} \cdot q_v$，$h\nu/(kT)$ 的值通常在 10 左右，故 q^0 与 q_v 的差别不能忽略。电子运动与核运动基态的能量很大，各自对应的 q^0 和 q 这两种配分函数同样具有明显的区别。

选择基态能级作为能量零点基准点，可以使任何能级的能量不为负值，可以简化和方便有关计算公式。式（6-32）表明，只要实际基态能级的能量值 $\varepsilon_0 \neq 0$，选择不同的能量零点基准点，必然会给配分函数带来影响，即 $q \neq q^0$，但不会影响玻尔兹曼分布中任意能级 i 上的粒子分布数 n_i，这是因为

$$n_i = \frac{N}{q} g_i \mathrm{e}^{-\varepsilon_i/(kT)} = \frac{N}{\mathrm{e}^{-\varepsilon_0/(kT)} q^0} g_i \mathrm{e}^{-(\varepsilon_i^0 + \varepsilon_0)/(kT)} = \frac{N}{q^0} g_i \mathrm{e}^{-\varepsilon_i^0/(kT)} = n_i^0$$

式中，n_i^0 表示以基态作为能量零点基准点时能级 i 上的粒子分布数，与 n_i 相等。

6.5.3　各种运动形式的配分函数的计算

（1）平动配分函数

平动能级公式（6-4）实际上是各量子状态时的能量值，因此，根据量子态定义的配分函数（6-20a），质量为 m 的粒子在边长为 a、b、c 的矩形势箱中运动时的配分函数为

$$q_t = \sum_j \exp\left(\frac{-\varepsilon_t}{kT}\right) = \sum_{n_x, n_y, n_z} \exp\left[-\frac{h^2}{8mkT}\left(\frac{n_x^2}{a^2} + \frac{n_y^2}{b^2} + \frac{n_z^2}{c^2}\right)\right]$$

$$= \sum_{n_x} \exp\left(-\frac{h^2}{8mkTa^2} n_x^2\right) \sum_{n_y} \exp\left(-\frac{h^2}{8mkTb^2} n_y^2\right) \sum_{n_z} \exp\left(-\frac{h^2}{8mkTc^2} n_z^2\right)$$

令

$$q_{t,x} = \sum_{n_x} \exp\left(-\frac{h^2}{8mkTa^2} n_x^2\right)$$

$$q_{t,y} = \sum_{n_y} \exp\left(-\frac{h^2}{8mkTb^2} n_y^2\right)$$

$$q_{t,z} = \sum_{n_z} \exp\left(-\frac{h^2}{8mkTc^2} n_z^2\right)$$

则

$$q_t = q_{t,x} q_{t,y} q_{t,z} \tag{6-33}$$

令 $A^2 = \dfrac{h^2}{8mkTa^2}$，对在通常温度和体积条件下的气体而言，$A^2 \ll 1$，于是有

$$q_{t,x} = \sum_{n_x=1}^{\infty} \exp\left(-\frac{h^2}{8mkTa^2} n_x^2\right) \approx \int_0^\infty \exp(-A^2 n_x^2)\mathrm{d}n_x = \frac{\sqrt{\pi}}{2A}$$

所以

$$q_{t,x} = \frac{\sqrt{\pi}}{2A} = \frac{(2\pi mkT)^{1/2}}{h} a \tag{6-34}$$

同理

$$q_{t,y} = \frac{(2\pi mkT)^{1/2}}{h} b \tag{6-35}$$

$$q_{t,z} = \frac{(2\pi mkT)^{1/2}}{h} c \tag{6-36}$$

故平动子配分函数的计算式为

$$q_t = q_{t,x} q_{t,y} q_{t,z} = \frac{(2\pi mkT)^{3/2}}{h^3} abc = \frac{(2\pi mkT)^{3/2}}{h^3} V \tag{6-37}$$

显然，q_t 与粒子的质量 m、系统的温度 T 和体积 V 有关。

若以 f_t 表示立方体容器中平动子运动的一个平动自由度的配分函数，则

$$q_t = f_t^3 \quad 或 \quad f_t = \frac{(2\pi mkT)^{1/2}}{h} V^{1/3} \tag{6-38}$$

【例 6-4】　在 298.15K 和 100kPa 下，氧气的摩尔体积为 0.0248m³。计算氧分子的平动配分函数。

解　氧气分子的质量为

$$m = M/L = \left(\frac{31.9988 \times 10^{-3}}{6.0221 \times 10^{23}}\right) \mathrm{kg} = 5.3136 \times 10^{-26} \mathrm{kg}$$

由式(6-37)

$$q_t = \frac{(2\pi mkT)^{3/2}V}{h^3}$$

$$= \frac{[2 \times 3.14 \times 5.3136 \times 10^{-26} \times 1.381 \times 10^{-23} \times 298.15]^{3/2} \times 0.0248}{(6.626 \times 10^{-34})^3}$$

$$= 4.342 \times 10^{30}$$

（2）转动配分函数

双原子分子可近视看作是刚性转子，将双原子分子的转动能级公式(6-6)及能级简并度(2J+1)，代入转动配分函数定义式，得

$$q_r = \sum_i g_{r,i} \exp\left(\frac{-\varepsilon_{r,i}}{kT}\right) = \sum_{J=0}^{\infty} (2J+1) \exp\left[-J(J+1)\frac{h^2}{8\pi^2 IkT}\right]$$

令

$$\Theta_r = \frac{h^2}{8\pi^2 Ik} \tag{6-39}$$

式中，Θ_r 称为转动特征温度(characteristic temperature of rotation)，具有温度量纲，其数值与粒子的转动惯量 I 成反比，可以由分子的转动光谱数据求得。将转动特征温度代入上面的转动配分函数表达式，得

$$q_r = \sum_{J=0}^{\infty} (2J+1) e^{-J(J+1)\Theta_r/T}$$

对大多数分子来说，转动特征温度 Θ_r 很低，在常温下，$\Theta_r/T \ll 1$，q_r 各加和项在数学上可以看作是连续的，因此可以用积分代替上式中的求和，即

$$q_r = \int_0^{\infty} (2J+1) e^{-J(J+1)\Theta_r/T} dJ = \frac{T}{\Theta_r} = \frac{8\pi^2 IkT}{h^2} \tag{6-40}$$

上式只适用于：$T \gg \Theta_r$ 时，计算异核双原子分子或线型分子的 q_r 值。

将分子在空间围绕对称轴旋转 360° 复原的次数称为对称数(symmetry number)，用 σ 表示。配分函数是所有微观状态的玻尔兹曼因子之和，由于同核双原子分子（或对称线型分子）是等同不可识别的，而异核双原子分子（或不对称线型分子）是可以识别的，即同核的比异核的微态数要少一半，故前者的配分函数是后者的一半。因此，在考虑分子对称数对配分函数的影响后，公式(6-40)改写为

$$q_r = \frac{T}{\sigma\Theta_r} = \frac{8\pi^2 IkT}{\sigma h^2} \tag{6-41}$$

对于异核双原子分子（如 HCl、CO），$\sigma = 1$；对于同核双原子分子（如 N_2、H_2），$\sigma = 2$。

双原子分子的转动自由度为 2，以 f_r 表示一个转动自由度方向的配分函数，则

$$q_r = f_r^2 \tag{6-42}$$

【例 6-5】已知 CO 分子的转动惯量 $I = 1.45 \times 10^{-46} \text{kg·m}^2$，求 CO 的转动特征温度 Θ_r 及 298.15K 时的转动配分函数 q_r。

解　$\Theta_r = \dfrac{h^2}{8\pi^2 Ik} = \left[\dfrac{(6.626 \times 10^{-34})^2}{8 \times 3.14^2 \times 1.45 \times 10^{-46} \times 1.381 \times 10^{-23}}\right] \text{K} = 2.78\text{K}$

CO 分子是异核双原子分子，$\sigma = 1$，由式(6-41)得

$$q_r = \frac{298.15}{2.78} = 107.25$$

（3）振动配分函数

双原子分子的振动可以按一维谐振子模型处理，因一维谐振子的能级都是非简并的，即 $g_{v,i}=1$，将其能级公式(6-7)代入振动配分函数定义式，得

$$q_v = \sum_i g_{v,i} e^{-\varepsilon_{v,i}/(kT)} = \sum_{v=0}^{\infty} \exp\left[-\left(v+\frac{1}{2}\right)h\nu/(kT)\right] = e^{-h\nu/(2kT)} \sum_{v=0}^{\infty} \exp\left[-vh\nu/(kT)\right]$$

令 $\Theta_v = h\nu/k$，因其具有温度量纲，称为振动特征温度，其值与粒子的振动频率有关，可由振动光谱数据获得。因通常温度下，$\Theta_v \gg T$，q_v 求和式中各项数值相差甚大，振动的量子化效应明显，不能用积分代替求和。将振动特征温度 Θ_v 代入 q_v 求和式，展开后可利用等比数列求和公式，得

$$q_v = e^{-\Theta_v/2T} \sum_{v=0}^{\infty} \exp\left[-v\Theta_v/T\right] = \frac{e^{-\Theta_v/(2T)}}{1-e^{-\Theta_v/T}} = \frac{1}{e^{\Theta_v/(2T)}-e^{-\Theta_v/(2T)}} \qquad (6\text{-}43)$$

若以振动基态能级的能量 $\varepsilon_0 = h\nu/2$ 作为能量零点基准点，由式(6-32)得到振动配分函数 q_v^0 为

$$q_v^0 = e^{\varepsilon_0/(kT)} q_v = e^{\Theta_v/(2T)} \times \frac{e^{-\Theta_v/(2T)}}{1-e^{-\Theta_v/T}} = \frac{1}{1-e^{-\Theta_v/T}} = \frac{1}{1-e^{-h\nu/(kT)}} \qquad (6\text{-}44)$$

【例 6-6】 已知 CO 分子的振动特征温度 $\Theta_v = 3084K$，求 298.15K 时 CO 的振动配分函数 q_v 和 q_v^0。

解 $\quad q_v = [e^{\Theta_v/(2T)} - e^{-\Theta_v/(2T)}]^{-1} = [e^{3084/(2\times298.15)} - e^{-3084/(2\times298.15)}]^{-1} = 5.67\times10^{-3}$

$q_v^0 = [1-e^{-\Theta_v/T}]^{-1} = [1-e^{-3084/298.15}]^{-1} = 1.000$

由于振动能级都是非简并的，即 $g_{v,v}=1$，结合配分函数的析因子性质，根据式(6-31)得，$q_v^0 = 1 + e^{-\varepsilon_{v,1}^0/(kT)} + e^{-\varepsilon_{v,2}^0/(kT)} + \cdots$ 计算所得 $q_v^0 = 1.000$，说明振动能级基态以上的各能级对 q_v^0 都没有贡献，即这些能级均没有开放，表明 CO 分子的振动都处于基态能级。

（4）电子运动配分函数

一般情况下，电子能级的间隔较大，电子运动几乎全部处于基态，即电子运动基态以上各能级没有开放，电子配分函数求和公式中右边自第二项起可以忽略不计，即

$$q_e = \sum_i g_{e,i} e^{-\varepsilon_{e,i}/(kT)} = g_{e,0} e^{-\varepsilon_{e,0}/(kT)}$$

或者

$$q_e^0 = e^{\varepsilon_{e,0}/(kT)} q_e = e^{\varepsilon_{e,0}/(kT)} \times [g_{e,0} e^{-\varepsilon_{e,0}/(kT)}] = g_{e,0} = 常数$$

（5）核运动配分函数

与电子运动类似，核运动同样只考虑核运动全部处于基态的情况，得到

$$q_n = g_{n,0} e^{-\varepsilon_{n,0}/(kT)}$$

$$q_n^0 = g_{n,0} = 常数$$

6.6 用统计热力学方法计算热力学函数

统计热力学的目的是从系统的微观性质出发，用统计热力学的方法从理论上计算出物质的宏观热力学性质，进而解释系统宏观性质之间规律性的本质，实现宏观理论与微观理论的

有机结合。由于本章内容主要讨论的是独立子系统，因此，用统计热力学方法所计算的都是理想气体的热力学函数。

6.6.1　热力学能的计算

（1）热力学能与配分函数的关系

配分函数是统计热力学中最重要的量，各种热力学函数的值可以用配分函数表示和计算，下面先讨论热力学能与配分函数的关系。

独立子系统的热力学能是各能级上粒子能量的总和 $U=\sum_i n_i\varepsilon_i$，　根据系统最概然分布时能级 i 上分布粒子数 n_i 的计算公式（6-22），得到

$$U=\sum_i n_i\varepsilon_i=\frac{N}{q}\sum_i(g_i\mathrm{e}^{-\varepsilon_i/(kT)})\varepsilon_i=\frac{N}{q}\sum_i g_i\varepsilon_i\mathrm{e}^{-\varepsilon_i/(kT)} \tag{6-45}$$

对由能级定义的粒子配分函数公式（6-20b）中的配分函数 q 在等容下对 T 求偏导数，得

$$\left(\frac{\partial q}{\partial T}\right)_V=\sum_i g_i\left[\frac{\partial}{\partial T}(\mathrm{e}^{-\varepsilon_i/(kT)})\right]=\sum_i\left(\frac{\varepsilon_i}{kT^2}\right)g_i\mathrm{e}^{-\varepsilon_i/(kT)}=\frac{1}{kT^2}\sum_i g_i\varepsilon_i\mathrm{e}^{-\varepsilon_i/(kT)}$$

则

$$\sum_i g_i\varepsilon_i\mathrm{e}^{-\varepsilon_i/(kT)}=kT^2\left(\frac{\partial q}{\partial T}\right)_V$$

将上式代入式（6-45），得

$$U=\frac{NkT^2}{q}\left(\frac{\partial q}{\partial T}\right)_V=NkT^2\left(\frac{\partial\ln q}{\partial T}\right)_V \tag{6-46}$$

因为 $q=\mathrm{e}^{-\varepsilon_0/(kT)}q^0$，　故有

$$U=NkT^2\left(\frac{\partial\ln q^0}{\partial T}\right)_V+N\varepsilon_0$$

令 $U_0=N\varepsilon_0$，　是系统中所有粒子都处于各种运动形式基态时的热力学能，也可以认为是系统处于 0K 时的热力学能；同时令 $U^0=NkT^2\left(\frac{\partial\ln q^0}{\partial T}\right)_V$，　是将各种运动形式的基态能量作为能量零点基准点时的热力学能，代入上式，整理得

$$U^0=U-U_0 \tag{6-47}$$

上式表明，热力学能与选择能量零点基准点有关，即能量零点基准点的选择不同，得出的系统热力学能值不同。

式（6-45）～式（6-47）对定域子系统和离域子系统都适用。

（2）系统热力学能与各种运动形式热力学能的关系

将配分函数析因子性质公式（6-29）代入式（6-46），得

$$U=NkT^2\left(\frac{\partial\ln q_t}{\partial T}\right)_V+NkT^2\left(\frac{\partial\ln q_r}{\partial T}\right)_V+NkT^2\left(\frac{\partial\ln q_v}{\partial T}\right)_V$$
$$+NkT^2\left(\frac{\partial\ln q_e}{\partial T}\right)_V+NkT^2\left(\frac{\partial\ln q_n}{\partial T}\right)_V$$

上式等号右边五项分别是平动、转动、振动、电子运动和核运动对系统总热力学能的贡献，即

$$U_t=NkT^2\left(\frac{\partial\ln q_t}{\partial T}\right)_V,\quad U_r=NkT^2\left(\frac{\partial\ln q_r}{\partial T}\right)_V,\quad U_v=NkT^2\left(\frac{\partial\ln q_v}{\partial T}\right)_V$$

$$U_e = NkT^2\left(\frac{\partial \ln q_e}{\partial T}\right)_V, \quad U_n = NkT^2\left(\frac{\partial \ln q_n}{\partial T}\right)_V \tag{6-48}$$

故
$$U = U_t + U_r + U_v + U_e + U_n \tag{6-49}$$

显然，U^0 同样有下列关系

$$U^0 = U_t^0 + U_r^0 + U_v^0 + U_e^0 + U_n^0 \tag{6-50}$$

结合 6.5.2 节内容中粒子各种运动形式的 q^0 与 q 的关系，得到

$$U_t^0 \approx U_t, \quad U_r^0 = U_r, \quad U_v^0 = U_v - Nh\nu/2$$

$$U_e^0 = 0, \quad U_n^0 = 0 \text{（电子和核运动处于基态能级）} \tag{6-51}$$

所以，只要计算出平动的 U_t^0、转动的 U_r^0 和振动的 U_v^0 值，就能最终计算出独立子系统的热力学能 U^0 和 U。

（3）U_t^0 的计算

结合平动配分函数 q_t 公式(6-37)，得

$$U_t^0 \approx U_t = NkT^2\left(\frac{\partial \ln q_t}{\partial T}\right)_V$$

$$= NkT^2\left\{\frac{\partial}{\partial T}\ln\left[\frac{(2\pi mkT)^{3/2}}{h^3}V\right]\right\}_V$$

所以
$$U_t^0 = \frac{3}{2}NkT \tag{6-52}$$

可见，当系统粒子的物质的量为 1mol 时，系统的粒子数 $N = L$（L 为阿伏伽德罗常数），而气体摩尔常数 $R = L \cdot k$，平动摩尔热力学能为

$$U_{t,m}^0 = \frac{3}{2}RT \tag{6-53}$$

粒子有三个平动自由度，每个平动自由度对热力学能贡献的摩尔能量为 $\frac{1}{2}RT$，这一结果与根据经典的能量均分原理处理的结果相一致，其原因是平动能级的量子化效应不明显，可以近似看作是连续变化的。

（4）U_r^0 的计算

根据转动配分函数 q_r 公式(6-41)，得

$$U_r^0 = U_r = NkT^2\left(\frac{\partial \ln q_r}{\partial T}\right)_V$$

$$= NkT^2\left[\frac{\partial}{\partial T}\ln\left(\frac{T}{\sigma\Theta_r}\right)\right]_V$$

故
$$U_r^0 = NkT \tag{6-54}$$

当 $N = L$ 时，得转动摩尔热力学能为

$$U_{r,m}^0 = RT \tag{6-55}$$

刚性双原子分子具有两个转动自由度，每个转动自由度对热力学能贡献的摩尔能量也为 $\frac{1}{2}RT$，这一结果与经典的能量均分原理结果相符，同样是因为转动能级在一般情况下量子化效应不明显所致。

（5）U_v^0 的计算

由振动配分函数 q_v^0 公式(6-44)，得

$$U_{\mathrm{v}}^0 = NkT^2\left(\frac{\partial \ln q_{\mathrm{v}}^0}{\partial T}\right)_V = NkT^2\left[\frac{\partial}{\partial T}\ln(1 - \mathrm{e}^{-\Theta_{\mathrm{v}}/T})^{-1}\right]_V$$

故
$$U_{\mathrm{v}}^0 = Nk\Theta_{\mathrm{v}}(\mathrm{e}^{\Theta_{\mathrm{v}}/T} - 1)^{-1} \tag{6-56}$$

当 $N = L$ 时，得振动摩尔热力学能为

$$U_{\mathrm{v,m}}^0 = R\Theta_{\mathrm{v}}(\mathrm{e}^{\Theta_{\mathrm{v}}/T} - 1)^{-1} \tag{6-57}$$

一般情况下，$\Theta_{\mathrm{v}} \gg T$，振动能级的量子化效应比较突出，此时 $U_{\mathrm{v,m}}^0 \approx 0$，说明相对于基态能级而言，粒子的振动对系统的热力学能基本没有贡献。如果系统温度 T 很高，Θ_{v} 很小，当 $\Theta_{\mathrm{v}} \ll T$ 时，量子化效应不明显，此时适用能量均分定律，因一维谐振子的振动自由度为 1，其振动能包括动能和位能，则 1mol 一维谐振子的振动能应该为 $U_{\mathrm{v,m}}^0 = 2 \times \frac{1}{2}RT = RT$，但该值与公式(6-57)的结论不相符。因此，经典的能量均分原理不适用于量子化效应突出的系统。

【例 6-7】 已知 $O_2(\mathrm{g})$ 的振动特征温度 $\Theta_{\mathrm{v}} = 2230\mathrm{K}$。分别计算温度在 298.15K、500K 和 800K 时系统的 U_{m}^0，并分析不同温度下 $U_{\mathrm{v,m}}^0$ 对 U_{m}^0 的贡献。

解 当电子运动和核运动都处于基态时，$U_{\mathrm{e,m}}^0 = 0$，$U_{\mathrm{n,m}}^0 = 0$，故

$$U_{\mathrm{m}}^0 = U_{\mathrm{t,m}}^0 + U_{\mathrm{r,m}}^0 + U_{\mathrm{v,m}}^0 = \frac{3}{2}RT + RT + U_{\mathrm{v,m}}^0 = \frac{5}{2}RT + U_{\mathrm{v,m}}^0$$

当 $T = 298.15\mathrm{K}$ 时，$\Theta_{\mathrm{v}}/T = 2230/298.15 = 7.479$，由式(6-57)得

$$\begin{aligned}
U_{\mathrm{v,m}}^0 &= R\Theta_{\mathrm{v}}(\mathrm{e}^{\Theta_{\mathrm{v}}/T} - 1)^{-1}\\
&= [8.314 \times 2230 \times (\mathrm{e}^{7.479} - 1)^{-1}]\mathrm{J \cdot mol}^{-1}\\
&= 10.48\mathrm{J \cdot mol}^{-1}
\end{aligned}$$

此温度下，
$$\begin{aligned}
U_{\mathrm{t,m}}^0 + U_{\mathrm{r,m}}^0 &= \frac{5}{2}RT\\
&= \left(\frac{5}{2} \times 8.314 \times 298.15\right)\mathrm{J \cdot mol}^{-1}\\
&= 6197.05\mathrm{J \cdot mol}^{-1}
\end{aligned}$$

$$U_{\mathrm{m}}^0 = (6193.93 + 10.44)\mathrm{J \cdot mol}^{-1} = 6207.53\mathrm{J \cdot mol}^{-1}$$

$$(U_{\mathrm{v,m}}^0/U_{\mathrm{m}}^0) = \frac{10.44}{6204.37} = 1.69 \times 10^{-3}$$

将温度分别换成 500K 和 800K，进行如上相同的计算，结果列于下表。

T/K	$U_{\mathrm{v,m}}^0/\mathrm{J \cdot mol}^{-1}$	$(U_{\mathrm{t,m}}^0 + U_{\mathrm{r,m}}^0)/\mathrm{J \cdot mol}^{-1}$	$U_{\mathrm{m}}^0/\mathrm{J \cdot mol}^{-1}$	$(U_{\mathrm{v,m}}^0/U_{\mathrm{m}}^0)/10^{-3}$
298.15	10.48	6197.05	6207.53	1.69
500	216.88	10392.5	10609.38	20.4
800	1216.52	16628	17844.52	68.2

从计算结果的 $(U_{\mathrm{v,m}}^0/U_{\mathrm{m}}^0)$ 值可以看出，双原子理想气体分子随着温度升高，振动对系统总热力学能的贡献逐渐增加，但总体而言，即便到了 800K 时，$(U_{\mathrm{v,m}}^0/U_{\mathrm{m}}^0)$ 值仅为 0.0682，依然很小。因此，大多数情况下，可以认为只有平动和转动对双原子理想气体分子

的热力学能有贡献，即 $U_m^0 = U_{t,m}^0 + U_{r,m}^0 = \frac{5}{2}RT$。

综上所述，在粒子的电子运动和核运动都处于基态时，$U_e^0 = 0$，$U_n^0 = 0$。单原子理想气体没有转动和振动运动，热力学能仅来自平动能的贡献，即 $U_m = \frac{3}{2}RT + U_{0,m}$（$U_{0,m}$ 是系统中 1mol 粒子都处于各运动形式基态时的摩尔热力学能，或者是系统处于 0K 时的摩尔热力学能）；双原子分子除了平动运动外，还涉及转动和振动运动，当振动能级没有得到充分开放（即量子化效应比较明显）时，$U_{v,m}^0 \approx 0$，平动能和转动能共同为系统提供了热力学能，其值为 $U_m = \frac{5}{2}RT + U_{0,m}$。

6.6.2 焓的计算

（1）焓与配分函数的关系

理想气体的 $pV = nRT = (N/L)RT = NkT$，焓的定义 $H = U + pV$，由式(6-46)得

$$H = NkT^2\left(\frac{\partial \ln q}{\partial T}\right)_V + NkT \tag{6-58}$$

将 $q = e^{-\varepsilon_0/(kT)}q^0$ 代入上式，又因为 $N\varepsilon_0 = U_0$，所以得

$$H = NkT^2\left(\frac{\partial \ln q^0}{\partial T}\right)_V + NkT + U_0 = H^0 + U_0 \tag{6-59a}$$

式中，U_0 是 0K 时系统的热力学能，而 0K 时（物质处于凝固态）$H_0 \approx U_0$，代入上式，得

$$H^0 = H - H_0 \tag{6-59b}$$

式中，H_0 为系统中所有粒子都处于各种运动形式基态时的焓，或是系统处于 0K 时的焓。上式说明焓与选择能量零点基准点有关，选择不同的能量零点基准点，系统的焓值不同。

（2）焓的计算

将配分函数析因子性质公式(6-29)代入式(6-58)，得

$$H = NkT^2\left(\frac{\partial \ln q_t}{\partial T}\right)_V + NkT^2\left(\frac{\partial \ln q_r}{\partial T}\right)_V + NkT^2\left(\frac{\partial \ln q_v}{\partial T}\right)_V$$
$$+ NkT^2\left(\frac{\partial \ln q_e}{\partial T}\right)_V + NkT^2\left(\frac{\partial \ln q_n}{\partial T}\right)_V + NkT$$

令 $H_t = NkT^2\left(\frac{\partial \ln q_t}{\partial T}\right)_V + NkT$， $H_r = NkT^2\left(\frac{\partial \ln q_r}{\partial T}\right)_V$， $H_v = NkT^2\left(\frac{\partial \ln q_v}{\partial T}\right)_V$

$$H_e = NkT^2\left(\frac{\partial \ln q_e}{\partial T}\right)_V, \qquad\qquad H_n = NkT^2\left(\frac{\partial \ln q_n}{\partial T}\right)_V \tag{6-60}$$

上式中各项分别是平动、转动、振动、电子运动和核运动对系统总焓的贡献。由于 NkT 来源于公式推导过程的 pV，而粒子的五种运动形式只有平动与系统体积 V 有关，因此，把 NkT 归入平动焓部分。故

$$H = H_t + H_r + H_v + H_e + H_n \tag{6-61}$$

对于 H^0 同样有下列关系

$$H^0 = H_t^0 + H_r^0 + H_v^0 + H_e^0 + H_n^0 \tag{6-62}$$

比较式(6-48)和式(6-60)，得

$$H_t = U_t + NkT, \; H_r = U_r, \; H_v = U_v, \; H_e = U_e, \; H_n = U_n \tag{6-63}$$

除了平动焓等于平动热力学能与 NkT 之和，其他各种独立运动形式的焓与它们的热力学能相等，因此系统焓的具体计算不作更多介绍。

在粒子的电子运动和核运动都处于基态时，只有平动焓对单原子理想气体的总焓有贡献，即 $H = H_t = H_t^0 + H_0 = (U_t^0 + NkT) + H_0 = \dfrac{3}{2}NkT + NkT + H_0 = \dfrac{5}{2}NkT + H_0$。

当 $N = L$ 时，$Lk = R$，则 $H_m = \dfrac{5}{2}RT + H_{0,m}$；当振动能级没有得到充分开放时，双原子理想气体分子的平动焓和转动焓共同构成系统的总焓，同样可推导出其值为 $H_m = \dfrac{7}{2}RT + H_{0,m}$。

6.6.3 等容摩尔热容的计算

（1）等容摩尔热容与配分函数的关系

若系统粒子数 $N = L$，则式（6-46）变为

$$U_m = LkT^2 \left(\frac{\partial \ln q}{\partial T} \right)_V = RT^2 \left(\frac{\partial \ln q}{\partial T} \right)_V$$

将上式代入 $C_{V,m} = (\partial U_m / \partial T)_V$，得

$$C_{V,m} = \frac{\partial}{\partial T} \left[RT^2 \left(\frac{\partial \ln q}{\partial T} \right)_V \right]_V \tag{6-64}$$

将 $q = e^{-\varepsilon_0 / (kT)} q^0$ 代入上式，因 ε_0 是不变的常数，故有

$$C_{V,m} = \frac{\partial}{\partial T} \left[RT^2 \left(\frac{\partial \ln q^0}{\partial T} \right)_V \right]_V \tag{6-65}$$

式（6-64）和式（6-65）表明，系统的 $C_{V,m}$ 与能量零点基准点的选择无关。

因电子运动和核运动都处于基态运动，它们的能级不开放，对应的 q_e^0 和 q_n^0 均为常数，将配分函数的析因子性质 $q^0 = q_t^0 \cdot q_r^0 \cdot q_v^0 \cdot q_e^0 \cdot q_n^0$ 代入式（6-65），化简后得

$$C_{V,m} = \frac{\partial}{\partial T} \left[RT^2 \left(\frac{\partial \ln q_t^0}{\partial T} \right)_V \right]_V + \frac{\partial}{\partial T} \left[RT^2 \left(\frac{\partial \ln q_r^0}{\partial T} \right)_V \right]_V + \frac{\partial}{\partial T} \left[RT^2 \left(\frac{\partial \ln q_v^0}{\partial T} \right)_V \right]_V \tag{6-66}$$

上式显示，只有平动、转动和振动对系统的等容摩尔热容 $C_{V,m}$ 有贡献，等式右端各项依次为平动、转动和振动的等容摩尔热容，分别用 $C_{V,m,t}$、$C_{V,m,r}$ 和 $C_{V,m,v}$ 表示，即

$$C_{V,m,t} = \frac{\partial}{\partial T} \left[RT^2 \left(\frac{\partial \ln q_t^0}{\partial T} \right)_V \right]_V \tag{6-67}$$

$$C_{V,m,r} = \frac{\partial}{\partial T} \left[RT^2 \left(\frac{\partial \ln q_r^0}{\partial T} \right)_V \right]_V \tag{6-68}$$

$$C_{V,m,v} = \frac{\partial}{\partial T} \left[RT^2 \left(\frac{\partial \ln q_v^0}{\partial T} \right)_V \right]_V \tag{6-69}$$

于是，式（6-66）可以简写为

$$C_{V,m} = C_{V,m,t} + C_{V,m,r} + C_{V,m,v} \tag{6-70}$$

因为系统的 $C_{V,m}$ 与能量零点基准点的选择无关，所以，应用式（6-67）～式（6-69）计算相应运动形式的等容摩尔热容时，用 q 或 q^0 代入计算，结果一样。

（2）$C_{V,m,t}$ 的计算

将式（6-37）中的 q_t 代入式（6-67），得

$$C_{V,m,t} = \frac{3}{2}R \tag{6-71}$$

（3）$C_{V,m,r}$ 的计算

将式（6-41）中的 q_r 代入式（6-68），得

$$C_{V,m,r} = R \tag{6-72}$$

（4）$C_{V,m,v}$ 的计算

将式（6-44）中的 q_v^0 代入式（6-69），得

$$C_{V,m,v} = R\left(\frac{\Theta_v}{T}\right)^2 \frac{e^{\Theta_v/T}}{(e^{\Theta_v/T}-1)^2} \tag{6-73}$$

当 $\Theta_v \gg T$ 时，$e^{\Theta_v/T} - 1 \approx e^{\Theta_v/T}$，上式近似处理为

$$C_{V,m,v} = R\left(\frac{\Theta_v}{T}\right)^2 \frac{e^{\Theta_v/T}}{(e^{\Theta_v/T})^2} = R\left(\frac{\Theta_v}{T}\right)^2 e^{-\Theta_v/T} \approx 0$$

即在振动能级不开放时，粒子的振动运动对系统的等容摩尔热容没有贡献。但当 $\Theta_v \ll T$ 时，振动能级完全开放，此时式（6-73）中的 $C_{V,m,v} \approx R$。

所以，在电子运动和核运动的能级处于基态不开放时，单原子理想气体，只有平动对系统等容摩尔热容有贡献，其 $C_{V,m} = C_{V,m,t} = \frac{3}{2}R$；双原子理想气体，在电子运动、核运动和振动都完全不开放时，平动和转动贡献系统热容，即 $C_{V,m} = C_{V,m,t} + C_{V,m,r} = \frac{3}{2}R + R = \frac{5}{2}R$。值得指出的是，通常情况下，双原子理想气体的 $C_{V,m}$ 随温度而变，且 $\frac{5}{2}R \leqslant C_{V,m}(T) \leqslant \frac{7}{2}R$，下限值和上限值分别对应于振动能级的完全不开放和完全开放时的情形，此时应根据式（6-73）计算出振动的 $C_{V,m,v}$，代入式（6-70）后得到 $C_{V,m}$ 的具体值。

【例 6-8】 已知 HBr(g) 分子的 $\Theta_r = 12.1K$，$\Theta_v = 3700K$。计算 800K 和 100kPa 时 HBr(g) 的 $C_{V,m}$，并与该温度和压力下 HBr(g) 的实验值 $C_{V,m} = 22.566 J \cdot mol^{-1} \cdot K^{-1}$ 进行比较。

解 800K 时 HBr(g) 分子的平动是完全开放，故 $C_{V,m,t} = \frac{3}{2}R$。

$\Theta_r = 12.1K \ll 800K = T$，故转动 $C_{V,m,r} = R$。

$\Theta_v/T = 3700/800 = 4.625$，不属于 $\Theta_v \ll T$ 和 $\Theta_v \gg T$ 的情况，应加以具体计算。根据式（6-73）得

$$\begin{aligned}
C_{V,m,v} &= R\left(\frac{\Theta_v}{T}\right)^2 \frac{e^{\Theta_v/T}}{(e^{\Theta_v/T}-1)^2} \\
&= \left[8.314 \times 4.625^2 \times \frac{e^{4.625}}{(e^{4.625}-1)^2}\right] J \cdot mol^{-1} \cdot K^{-1} \\
&= 1.778 J \cdot mol^{-1} \cdot K^{-1}
\end{aligned}$$

所以，HBr(g) 分子在 800K 时由统计热力学计算的摩尔等容热容为

$$C_{V,m} = C_{V,m,t} + C_{V,m,r} + C_{V,m,v}$$

$$= \frac{3}{2}R + R + 1.778$$

$$= 22.563 \text{J} \cdot \text{mol}^{-1} \cdot \text{K}^{-1}$$

与实验值 $22.566\text{J} \cdot \text{mol}^{-1} \cdot \text{K}^{-1}$ 相比较，两者几乎一样。

6.6.4 统计熵的计算

6.6.4.1 玻尔兹曼熵定理

给定 N、U 和 V 的系统达到平衡时，熵 S 就有确定的值（S 是状态函数），系统的总微观状态数 Ω 达到最大值。S 和 Ω 都是与系统 N、U 和 V 有关的函数，因此 S 和 Ω 之间必然存在着某种函数关系。

现将上述系统 (N,U,V) 分成 (N_1,U_1,V_1) 和 (N_2,U_2,V_2) 两部分，因 S 是广度性质，故有

$$S(N,U,V) = S_1(N_1,U_1,V_1) + S_2(N_2,U_2,V_2) \tag{6-74}$$

若分成的两部分的微态数分别为 Ω_1 和 Ω_2，则整个系统的总微态数 Ω 等于 Ω_1 和 Ω_2 的乘积，即

$$\Omega(N,U,V) = \Omega_1(N_1,U_1,V_2)\Omega_2(N_2,U_2,V_2)$$

两边取对数，得

$$\ln\Omega(N,U,V) = \ln\Omega_1(N_1,U_1,V_2) + \ln\Omega_2(N_2,U_2,V_2) \tag{6-75}$$

比较式(6-74)和式(6-75)，发现 S 和 Ω 之间的函数关系是对数关系，而且可以证明 S 与 $\ln\Omega$ 之间的比例系数是玻尔兹曼常数 k。所以

$$S = k\ln\Omega \tag{6-76}$$

上式是独立子系统的熵与总微态数 Ω 的关系，称为玻尔兹曼熵定理。

前面 6.3 的内容中已经阐述过摘取最大项原理，当系统的粒子数 N 无限增大到 10^{24} 数量级时，可以用最概然分布微态数 W_B 代替系统总的微态数 Ω，即 $\ln W_B \approx \ln\Omega$。由此，玻尔兹曼熵定理可以表示为

$$S = k\ln W_B \tag{6-77}$$

利用定域子系统微态数的计算公式(6-10)和离域子系统微态数的计算公式(6-11)，可以计算两种系统的玻尔兹曼分布微态数 W_B，然后由玻尔兹曼熵定理公式(6-77)导出熵 S 与配分函数的关系，进一步实现用统计热力学的方法计算全部热力学函数。可见，玻尔兹曼熵定理在统计热力学中的地位极其重要。

6.6.4.2 熵的统计意义

玻尔兹曼熵定理架起了系统宏观和微观的联系桥梁，揭示了系统宏观性质（S）和微观性质（Ω）的定量关系。式(6-76)表明，N、U 和 V 确定的系统的熵值直接反映了系统能够达到的微态数的多少，这就是熵的统计意义。第 3 章 3.3.4 节中经典热力学指出，"隔离系统的熵是描述系统中粒子运动混乱程度大小的状态函数"；而统计热力学的观点是，用系统能达到的总微态数 Ω 来衡量粒子运动的混乱程度，Ω 越大，则混乱程度越大。

0K 时，纯物质完美晶体中粒子的各种运动形式都处于基态，粒子以唯一的方式排列，此时 $\Omega = 1$，根据玻尔兹曼熵定理，该条件下的熵值 $S_0 = 0$。异核双原子分子晶体在 0K 时若分子取向不一致，如第 3 章 3.5.1 节中提及的 CO 晶体可能有 COCOCO 和 OCCOOC 等多种不同的排列方式，即系统总的微态数 $\Omega > 1$，玻尔兹曼熵定理表明此时 $S_0 > 0$。因此，

统计热力学的玻尔兹曼熵定理很好地解释了经典热力学第三定律，即"0K 时，纯物质完美晶体的熵值为零"。

经典热力学还阐明"隔离系统中一切自发过程都趋于熵增大，达到平衡时熵值最大"。统计热力学认为，在不受外界干扰的隔离系统中，自发过程朝着热力学概率 Ω 增大的方向进行，并在达到平衡时 Ω 最大，玻尔兹曼熵定理表明，这与经典热力学的观点完全一致。

6.6.4.3 熵与配分函数的关系

定域子系统与离域子系统计算玻尔兹曼分布微态数 W_B 的数学公式不同，现以定域子系统为例导出熵与配分函数的关系。

由公式(6-10)得到定域子系统玻尔兹曼分布 B 的微态数为

$$W_B = N! \prod_i \frac{g_i^{n_i}}{n_i!}$$

对上式取对数，并在 N 和 n_i 足够大时利用 Stirling 公式（如 $\ln N! = N\ln N - N$），得

$$\ln W_B = N\ln N - N + \sum_i (n_i \ln g_i - n_i \ln n_i + n_i)$$

上式中 $\ln n_i$ 项的 n_i，用式(6-22)代入，得

$$\ln W_B = N\ln N - N + \sum_i \left[n_i \ln g_i - n_i \ln \frac{N g_i e^{-\varepsilon_i/(kT)}}{q} + n_i \right]$$

整理上式，则

$$\ln W_B = N\ln q + \frac{U}{kT}$$

将上式代入式(6-77)，得

$$S = Nk\ln q + \frac{U}{T} \quad \text{（定域子系统）} \tag{6-78}$$

将 $q = e^{-\varepsilon_0/(kT)} q^0$ 代入上式，得

$$S = Nk\ln q^0 + \frac{U^0}{T} \quad \text{（定域子系统）} \tag{6-79}$$

根据离域子系统能级分布的微态数公式(6-11)，用导出公式(6-78)同样的方法，可以导出离域子系统熵与配分函数的关系为

$$S = Nk\ln \frac{q}{N} + \frac{U}{T} + Nk \text{（离域子系统）} \tag{6-80}$$

同样将 $q = e^{-\varepsilon_0/(kT)} q^0$ 代入上式，得

$$S = Nk\ln \frac{q^0}{N} + \frac{U^0}{T} + Nk \quad \text{（离域子系统）} \tag{6-81}$$

因此，尽管定域子系统和离域子系统熵的计算公式不一样，但它们的熵值都与能量零点基准点的选择无关。

将配分函数的析因子性质 $q^0 = q_t^0 \cdot q_r^0 \cdot q_v^0 \cdot q_e^0 \cdot q_n^0$ 和 $U^0 = U_t^0 + U_r^0 + U_v^0 + U_e^0 + U_n^0$ 一起代入式(6-79)或式(6-81)，可得到系统的熵等于各种独立运动形式熵之和，即

$$S = S_t + S_r + S_v + S_e + S_n \tag{6-82}$$

以离域子系统为例，上式中各独立运动的熵分别为

$$S_t = Nk\ln \frac{q_t^0}{N} + \frac{U_t^0}{T} + Nk , \qquad\qquad S_r = Nk\ln q_r^0 + \frac{U_r^0}{T}$$

$$S_v = Nk\ln q_v^0 + \frac{U_v^0}{T} , \qquad S_e = Nk\ln q_e^0 + \frac{U_e^0}{T} , \qquad S_n = Nk\ln q_n^0 + \frac{U_n^0}{T} \tag{6-83}$$

与定域子系统相比，离域子系统中的粒子多了平动，因此，把熵的计算公式中离域子系统比定域子系统多出的（$-Nk\ln N + Nk$）项，归到离域子系统的平动熵中。

定域子系统各种独立运动形式熵的计算与离域子系统的类似，请读者自行导出。本章在后面内容中有关熵的计算，都是以离域子系统为例。

6.6.4.4　统计熵的计算

根据式(6-83)可以计算各种独立运动的熵值，将结果代入式(6-82)便能计算系统的熵值。受对原子核内微粒运动缺乏深层次认识的局限，即便是处于基态的核运动，其 q_n^0 值依然无法确定。因此，用统计热力学的方法并不能求出 N、U 和 V 确定系统中熵的绝对值。基于通常温度下粒子的电子运动和核运动处于基态这一事实，且一般物理化学过程中电子运动和核运动对系统熵值的贡献保持不变，而人们关注的是物理化学过程中熵值的变量 ΔS，该变量是由于粒子的 S_t、S_r 和 S_v 变化引起的。因此，将用统计热力学方法计算得到系统的 S_t、S_r 与 S_v 之和，称为统计熵，依然用 S 表示，即

$$S = S_t + S_r + S_v \tag{6-84}$$

很明显，通常情况下运用式(6-84)计算所得的统计熵值，对系统变化过程 ΔS 的计算不会产生影响。计算统计熵时要利用物质的光谱数据，故又称为光谱熵。

（1）S_t 的计算

将平动配分函数公式(6-37) $q_t^0 = q_t = \dfrac{(2\pi mkT)^{3/2}}{h^3} V$ 和平动热力学能公式(6-52) $U_t^0 = \dfrac{3}{2}NkT$ 代入 S_t 的计算公式(6-83)，得

$$S_t = Nk\ln\frac{(2\pi mkT)^{3/2}V}{Nh^3} + \frac{5}{2}Nk \tag{6-85}$$

上式表明，S_t 与系统的粒子数 N、粒子质量 m、系统温度 T 和体积 V 有关。

对于 1mol 理想气体，$N = L$、$m = M/L$、$V = nRT/p = RT/p$（$n = 1$mol），代入上式，得理想气体的摩尔平动熵：

$$S_{t,m} = R\left[\frac{3}{2}\ln(M/\text{kg}\cdot\text{mol}^{-1}) + \frac{5}{2}\ln(T/\text{K}) - \ln(p/\text{Pa}) + 20.723\right] \tag{6-86}$$

此式也称为萨克尔-泰特洛德(Sackur-Tetrode)方程，用于计算理想气体的摩尔平动熵。

【例 6-9】 计算 298.15K 时 Ne 的标准摩尔统计熵，并与其标准量热熵 146.6J·K^{-1}·mol^{-1} 进行比较。

解　Ne 是单原子理想气体，只有平动运动，其摩尔平动熵就是摩尔统计熵。将 Ne 的摩尔质量 $M = 20.179\times10^{-3}$kg·mol^{-1}、温度 $T = 298.15$K 和压力 $p = 1\times10^5$Pa，代入式(6-36)，得

$$S_m^\ominus = S_{t,m}^\ominus = R\left[\frac{3}{2}\ln(20.179\times10^{-3}) + \frac{5}{2}\ln298.15 - \ln(1\times10^5) + 20.723\right]$$
$$= 146.3\text{J}\cdot\text{K}^{-1}\cdot\text{mol}^{-1}$$

结果表明，298.15K 时 Ne 的标准摩尔统计熵与其标准摩尔量热熵的值基本相等。

（2）S_r 的计算

将转动配分函数公式(6-41) $q_r^0 = q_r = \dfrac{T}{\sigma\cdot\Theta_r}$ 和转动热力学能公式(6-54) $U_r^0 = NkT$ 代入 S_r

的计算公式(6-83)，得

$$S_r = Nk\ln\frac{T}{\sigma\cdot\Theta_r} + Nk \tag{6-87}$$

可见，转动熵与粒子数 N、粒子的特征转动温度 Θ_r、对称数 σ 和温度 T 有关。

当 $N=L$ 时，由上式可以得出摩尔转动熵：

$$S_{r,m} = R\ln\frac{T}{\sigma\cdot\Theta_r} + R \tag{6-88}$$

（3）S_v 的计算

将振动配分函数公式(6-44) $q_v^0 = (1-e^{-\Theta_v/T})^{-1}$ 和振动热力学能公式(6-56) $U_v^0 = Nk\Theta_v(e^{\Theta_v/T}-1)^{-1}$ 代入 S_v 的计算公式(6-83)，得

$$S_v = Nk\ln(1-e^{-\Theta_v/T})^{-1} + Nk\Theta_v T^{-1}(e^{\Theta_v/T}-1)^{-1} \tag{6-89}$$

可见，振动熵与粒子数 N、粒子的特征转动温度 Θ_v 和温度 T 有关。

当 $N=L$ 时，由上式可以得出摩尔振动熵：

$$S_{v,m} = R\ln(1-e^{-\Theta_v/T})^{-1} + R\Theta_v T^{-1}(e^{\Theta_v/T}-1)^{-1} \tag{6-90}$$

【例6-10】 已知 HI 的 $\Theta_r = 9.40K$，$\Theta_v = 3324K$。求 298.15K 时 HI 的标准摩尔统计熵，并与其标准摩尔量热熵 $206.594 J\cdot K^{-1}\cdot mol^{-1}$ 进行比较。

解 HI 是异核双原子分子，分子的对称数 $\sigma=1$，标准态的压力 $p=1\times10^5 Pa$，HI 的摩尔质量 $M=127.912\times10^{-3} kg\cdot mol^{-1}$。将数据依次代入式(6-86)、式(6-88)和式(6-90)，得

$$S_{t,m}^\ominus = R\left[\frac{3}{2}\ln(127.912\times10^{-3}) + \frac{5}{2}\ln298.15 - \ln(1\times10^5) + 20.723\right]$$
$$= 169.352(J\cdot K^{-1}\cdot mol^{-1})$$

$$S_{r,m} = \left(8.314\times\ln\frac{298.15}{1\times9.40} + 8.314\right)J\cdot K^{-1}\cdot mol^{-1} = 37.054 J\cdot K^{-1}\cdot mol^{-1}$$

$$S_{v,m} = [8.314\times\ln(1-e^{-3324/298.15})^{-1} + 8.314\times3324\times298.15^{-1}$$
$$\times(e^{3324/298.15}-1)^{-1}]J\cdot K^{-1}\cdot mol^{-1}$$
$$= 1.454\times10^{-3} J\cdot K^{-1}\cdot mol^{-1}$$

$$S_m^\ominus = S_{t,m}^\ominus + S_{r,m} + S_{v,m}$$
$$= (169.352 + 37.054 + 1.454\times10^{-3})J\cdot K^{-1}\cdot mol^{-1}$$
$$= 206.407 J\cdot K^{-1}\cdot mol^{-1}$$

显然，HI 的标准摩尔统计熵 $206.407 J\cdot K^{-1}\cdot mol^{-1}$ 与其标准摩尔量热熵 $206.594 J\cdot K^{-1}\cdot mol^{-1}$ 极其吻合。

6.6.4.5 统计熵与量热熵的比较

统计熵从分子的平动、转动和振动结构数据出发，用统计热力学的方法，借助于配分函数这一桥梁而求得。而经典热力学则是以第三定律为基础，通过量热实验测定相关数据后计算出的规定熵，故称其为量热熵。大部分物质的统计熵和量热熵数值基本相等，但某些物质的统计熵一般大于量热熵，其差值称为残余熵。表6-1给出了一些物质在298.15K的标准摩尔统计熵 $S_m^\ominus$（统计）和标准摩尔量热熵 $S_m^\ominus$（量热）。

表 6-1　某些气体物质 298.15K 时的 $S_m^{\ominus}$(统计)和 $S_m^{\ominus}$(量热)/J·K^{-1}·mol^{-1}

气体	$S_m^{\ominus}$(统计)	$S_m^{\ominus}$(量热)
H_2	130.68	124.04
N_2O	219.99	215.10
H_2O	188.83	185.38
N_2	191.61	192.27
O_2	205.15	205.14
HCl	186.91	186.34
HI	206.80	206.59
Cl_2	223.16	223.07

统计熵只需要提供熵值温度下的光谱数据就能求算，量热熵的测量是以系统达到热力学平衡为基础的。但是，低温(特别是 $T \rightarrow 0K$)时，晶体构型取向不同、分子中原子核自旋方向的转变等内在因素，致使系统并不是真正处于热力学平衡状态。因此，统计熵更接近实际的熵值，量热熵存在一定偏差。

例如，表 6-1 中 N_2O 的残余熵为 4.89J·K^{-1}·mol^{-1}，合理的解释是：0K 时 N_2O 分子在晶体中理应严格按照一种取向进行排列，但实际上由于 N_2O 分子中的 N 和 O 原子在大小和电荷分布方面非常相似，所以晶体中可能同时存在 NNO 和 ONN 两种取向方式，若这两种取向是完全随机的，则对于 1mol N_2O(分子数为 L)的系统将增加微观微态数为 2^L，相应地由构型取向不同增加的熵值为 $k\ln 2^L = R\ln 2 = 5.76$J·K^{-1}·mol^{-1}，这一熵值不随温度而变化，在实验测量的量热熵中体现不出来，但计入统计熵。5.76J·K^{-1}·mol^{-1}＞4.89J·K^{-1}·mol^{-1} 的可能原因是，实际晶体中的两种取向并不完全随机，按构型取向完全随机所计算的值高了些。

又例如，H_2 的两个原子核的自旋方向相同时为正氢，相反时为仲氢。较高温度时氢气中正氢与仲氢的平衡比例为 3∶1，降温时正氢向仲氢转变使平衡组成中仲氢含量逐渐增大，到 0K 时完全转变为仲氢。但量热实验中由于这种转变难以达到平衡，导致正氢与仲氢的比例极有可能始终被冻结在较高温度时的平衡比例 3∶1 上，量热实验中不能测量到这部分熵，使实验测得的量热熵偏低。

6.6.5　其他热力学函数的计算

6.6.5.1　A、p 和 G 与配分函数的关系

(1) A 与配分函数的关系

将定域子系统、离域子系统与配分函数的关系式(6-78)式(6-80)分别代入亥姆霍兹函数定义式 $A = U - TS$，并结合 Stirling 公式 $N\ln N - N = \ln N!$，整理得

$$A = -NkT\ln q \qquad\qquad (定域子系统) \qquad\qquad (6\text{-}91)$$
$$A = -NkT\ln(q/N) - NkT \qquad (离域子系统) \qquad (6\text{-}92)$$

(2) p 与配分函数的关系

对于 N、U 和 V 确定的系统，将式(6-91)和式(6-92)分别代入第 3 章 3.8.2 公式(3-64) $p = -(\partial A/\partial V)_T$，得到相同的结果，即

$$p = NkT(\partial \ln q/\partial V)_T$$

由于 $q=q_t \cdot q_r \cdot q_v \cdot q_e \cdot q_n$ 中的 q_r、q_v、q_e 和 q_n 均与系统体积 V 无关，将 q_t 与体积 V 的关系式(6-37)代入上式，得

$$p = NkT(\partial \ln q/\partial V)_T = NkT/V \tag{6-93}$$

因此，无论是定域子系统还是离域子系统，压力与配分函数的关系、计算式均相同。

（3）G 与配分函数的关系

将 A 与配分函数的关系式(6-91)、式(6-92)以及压力与配分函数的关系式(6-93)代入定义式 $G = A + pV$，得

$$G = -kT \ln q^N + NkTV(\partial \ln q/\partial V)_T = -NkT \ln q + NkT \quad （定域子系统）$$
$$\tag{6-94}$$

$$G = -kT \ln(q^N/N!) + NkTV(\partial \ln q/\partial V)_T = -NkT \ln(q/N) \quad （离域子系统）$$
$$\tag{6-95}$$

6.6.5.2　$G_{m,T}^{\ominus}$ 的计算

前面的内容已经介绍了用统计热力学的方法计算系统的 U、H 和 S，只要根据定义式 $A = U - TS$ 和 $G = H - TS$ 就能计算出系统的 A 和 G。由于计算任意温度 T 下理想气体化学反应的标准平衡常数时，需用标准摩尔吉布斯函数 $G_{m,T}^{\ominus}$，所以，下面以离域子系统为例，介绍从配分函数出发计算 $G_{m,T}^{\ominus}$ 的方法。

在系统的温度为 T、压力 $p = p^{\ominus} = 100 \text{kPa}$，$N = L$ 时，式(6-95)变为

$$G_{m,T}^{\ominus} = -LkT \ln(q/L) = -RT \ln(q/L) \tag{6-96}$$

将 $q = e^{-\varepsilon_0/(kT)} q^0$ 代入上式，得

$$G_{m,T}^{\ominus} = -RT \ln(q^0/L) + U_{0,m} \tag{6-97}$$

式(6-96)和式(6-97)是离域子系统 $G_{m,T}^{\ominus}$ 的统计热力学表达式，此两式也表明，$G_{m,T}^{\ominus}$ 与能量零点基准点的选择有关。将配分函数的析因子性质代入式(6-96)，得

$$G_{m,T}^{\ominus} = -RT \ln(q_t/L) + (-RT \ln q_r) + (-RT \ln q_v) + (-RT \ln q_e) + (-RT \ln q_n)$$

即

$$G_{m,T}^{\ominus} = G_{t,m,T}^{\ominus} + G_{r,m,T}^{\ominus} + G_{v,m,T}^{\ominus} + G_{e,m,T}^{\ominus} + G_{n,m,T}^{\ominus} \tag{6-98}$$

式中，$G_{t,m,T}^{\ominus}$、$G_{r,m,T}^{\ominus}$、$G_{v,m,T}^{\ominus}$、$G_{e,m,T}^{\ominus}$ 和 $G_{n,m,T}^{\ominus}$ 分别是温度 T 时平动、转动、振动、电子运动和核运动对系统标准摩尔吉布斯函数 $G_{m,T}^{\ominus}$ 的贡献。由于电子运动和核运动的配分函数 q_e 和 q_n 无法求出，故 $G_{m,T}^{\ominus}$ 的绝对值无法用统计热力学方法计算。但是，一般认为物理化学变化过程中 $G_{e,m,T}^{\ominus}$ 和 $G_{n,m,T}^{\ominus}$ 保持不变，变化过程的 $\Delta G_{m,T}^{\ominus}$ 通过计算出 $G_{t,m,T}^{\ominus}$、$G_{r,m,T}^{\ominus}$ 和 $G_{v,m,T}^{\ominus}$ 而求出。

【**例 6-11**】　已知 O_2 的 $\Theta_r = 2.08 \text{K}$，$\Theta_v = 2230 \text{K}$。试求 298.15K 和 100kPa 时平动、转动和振动各自对 O_2 标准摩尔吉布斯函数 $G_{m,298.15K}^{\ominus}$ 的贡献。

解　由例 6-4 得 O_2 的 $q_t = 4.342 \times 10^{30}$

O_2 是同核双原子分子，$\sigma = 2$，由式(6-41)得

$$q_r = \frac{T}{\sigma \Theta_r} = \frac{298.15}{2 \times 2.08} = 71.67$$

振动的 $\dfrac{\Theta_v}{2T} = \dfrac{2230}{2 \times 298.15} = 3.74$，根据振动配分函数计算式(6-43)，得

$$q_v = \frac{1}{e^{\Theta_v/(2T)} - e^{-\Theta_v/(2T)}} = \frac{1}{e^{3.74} - e^{-3.74}} = 0.0238$$

则

$$G_{t,m,298.15K}^{\ominus} = -RT \ln(q_t/L)$$

$$= \left(-8.314 \times 298.15 \times \ln \frac{4.342 \times 10^{30}}{6.0221 \times 10^{23}} \right) \text{J} \cdot \text{mol}^{-1}$$

$$= -39.14 \times 10^3 \text{J} \cdot \text{mol}^{-1}$$

$$G^{\ominus}_{r,m,298.15K} = -RT \ln q_r$$

$$= (-8.314 \times 298.15 \times \ln 71.67) \text{J} \cdot \text{mol}^{-1}$$

$$= -10.59 \times 10^3 \text{J} \cdot \text{mol}^{-1}$$

$$G^{\ominus}_{v,m,298.15K} = -RT \ln q_v$$

$$= (-8.314 \times 298.15 \times \ln 0.0238) \text{J} \cdot \text{mol}^{-1}$$

$$= 9.27 \times 10^3 \text{J} \cdot \text{mol}^{-1}$$

可见，平动、转动和振动对 O_2 标准摩尔吉布斯函数 $G^{\ominus}_{m,298.15K}$ 贡献的数值有正负之分，但数量级相当。

6.6.6　统计热力学方法计算热力学函数小结

综上所述，用统计热力学方法计算的系统热力学能 U 与能量零点基准点的选择有关，统计熵 S 的计算要分定域子系统和离域子系统。因此，凡是由 U 组合得到的复合函数，如 H、A 和 G 也与能量零点基准点的选择有关，而 $C_{V,m}$、S 和 p 与能量零点基准点的选择无关；与 S 有关的复合函数，如 A 和 G 的计算也须分定域子系统和离域子系统，而 U、H、$C_{V,m}$ 和 p 对定域子系统和离域子系统的计算公式相同。

6.7　统计热力学方法计算反应标准平衡常数

用统计热力学方法计算理想气体反应的标准平衡常数时，需要引入两个新的函数，即物质的标准摩尔吉布斯自由能函数和标准摩尔焓函数。

6.7.1　物质的标准摩尔吉布斯自由能函数

由式(6-97)移项，得

$$(G^{\ominus}_{m,T} - U_{0,m})/T = -R \ln(q^0/L) \tag{6-99}$$

式中，$(G^{\ominus}_{m,T} - U_{0,m})/T$ 称为物质(理想气体)的标准摩尔吉布斯自由能函数，是统计热力学方法计算标准平衡常数的基础数据之一，其值可以通过温度 T 和压力 100kPa 时的配分函数 q^0 求得。

0K 时，物质处于凝固态，其 $U_{0,m} \approx H_{0,m}$，则 $(G^{\ominus}_{m,T} - H_{0,m})/T$ 也称为物质的标准摩尔吉布斯自由能函数，式(6-99)变为：

$$(G^{\ominus}_{m,T} - H_{0,m})/T = -R \ln(q^0/L) \tag{6-100}$$

由于物质的 q^0 是温度的函数，因此，物质的标准摩尔吉布斯自由能函数也随温度而变化，一些物质在不同温度下的标准摩尔吉布斯自由能函数值列于表 6-2。

表 6-2　一些气体物质的标准摩尔吉布斯自由能函数值/$\text{J} \cdot \text{mol}^{-1} \cdot \text{K}^{-1}$

物　　质	298.15K	500K	1000K	1500K
H_2	−102.17	−117.24	−137.09	−149.02
O_2	−176.09	−191.24	−212.24	−225.25
CO	−168.41	−183.62	−204.17	−216.77

续表

物 质	298.15K	500K	1000K	1500K
CO_2	−182.26	−199.56	−226.51	−244.79
CH_4	−152.66	−170.61	−199.48	−221.49
H_2O	−155.56	−172.91	−196.85	−211.87

【例 6-12】 已知 CO 的 $\Theta_r=2.78K$，$\Theta_v=3084K$。试求 298.15K 时 CO 气体的标准摩尔吉布斯自由能函数 $(G_{m,T}^{\ominus}-H_{0,m})/T$。

解 由式（6-100）得

$$(G_{m,T}^{\ominus}-H_{0,m})/T=-R\ln(q^0/L)$$

式中，q^0 是 $T=298.15K$、$p=1\times10^5Pa$、$n=1mol$ 时的值。CO 是异核双原子分子，其对称数 $\sigma=1$、分子的质量为

$$m=M/L=\left(\frac{28.0102\times10^{-3}}{6.0221\times10^{23}}\right)kg\cdot mol^{-1}=4.6512\times10^{-26}kg$$

分子运动的体积为

$$V=\frac{nRT}{p}=\left(\frac{1\times8.314\times298.15}{1\times10^5}\right)m^3=0.0248m^3$$

$$q_t^0\approx q_t=\frac{(2\pi mkT)^{3/2}V}{h^3}$$

$$=\frac{(2\times3.14\times4.6512\times10^{-26}\times1.381\times10^{-23}\times298.15)^{3/2}\times0.0248}{(6.626\times10^{-34})^3}$$

$$=3.556\times10^{30}$$

由例 6-5 得，$q_r^0=q_r=107.25$；由例 6-6 得，$q_v^0=1.000$，故

$$q^0=q_t^0\cdot q_r^0\cdot q_v^0=3.814\times10^{32}$$

所以

$$(G_{m,T}^{\ominus}-H_{0,m})/T=-R\ln(q^0/L)$$

$$=\left(-8.314\times\ln\frac{3.814\times10^{32}}{6.0221\times10^{23}}\right)J\cdot mol^{-1}\cdot K^{-1}$$

$$=-168.50J\cdot mol^{-1}\cdot K^{-1}$$

计算结果与表 6-2 中 298.15K 时 CO 气体的标准摩尔吉布斯自由能函数的值 $-168.41J\cdot mol^{-1}\cdot K^{-1}$ 非常接近。

6.7.2 物质的标准摩尔焓函数

温度为 T 的标准压力下，对于单位物质的量系统，即 $N=L$，由式（6-59a）得

$$H_{m,T}^{\ominus}=LkT^2\left(\frac{\partial\ln q^0}{\partial T}\right)_V+LkT+U_{0,m}=RT^2\left(\frac{\partial\ln q^0}{\partial T}\right)_V+RT+U_{0,m}$$

移项，得

$$\frac{H_{m,T}^{\ominus}-U_{0,m}}{T}=RT\left(\frac{\partial\ln q^0}{\partial T}\right)_V+R$$

式中，$\dfrac{H_{m,T}^{\ominus}-U_{0,m}}{T}$ 称为物质的标准摩尔焓函数。因 0K 时，$U_{0,m}\approx H_{0,m}$，上式改写为

$$\frac{H_{m,T}^{\ominus}-H_{0,m}}{T}=RT\left(\frac{\partial\ln q^0}{\partial T}\right)_V+R \tag{6-101}$$

即，$\dfrac{H^{\ominus}_{m,T} - H_{0,m}}{T}$ 也称为物质的标准摩尔焓函数，同样是统计热力学方法计算标准平衡常数的另一基础数据。298.15K 时一些气体物质的 $(H^{\ominus}_{m,T} - H_{0,m})$ 值列于表 6-3。

表 6-3　一些气体物质的 $(H^{\ominus}_{m,T} - H_{0,m})/kJ \cdot mol^{-1}$

H_2	O_2	CO	CO_2	CH_4	H_2O
8.468	8.660	8.673	9.364	10.029	9.910

6.7.3　统计热力学方法计算反应标准平衡常数

温度为 T 时，任意一个理想气体反应 $0 = \sum\limits_{B} \nu_B B$，其标准平衡常数为

$$-RT\ln K^{\ominus} = \sum_{B} \nu_B G^{\ominus}_{m,B} = \sum_{B} \nu_B (G^{\ominus}_{m,B} - H_{0,m,B}) + \sum_{B} \nu_B H_{0,m,B}$$

所以

$$-\ln K^{\ominus} = \frac{1}{R} \sum_{B} \nu_B \left(\frac{G^{\ominus}_{m,B} - H_{0,m,B}}{T} \right) + \frac{1}{RT} \sum_{B} \nu_B H_{0,m,B}$$

即

$$-\ln K^{\ominus} = \frac{1}{R} \Delta_r \left(\frac{G^{\ominus}_m - H_{0,m}}{T} \right) + \frac{1}{RT} \Delta_r H_{0,m} \tag{6-102}$$

式中，$\Delta_r(G^{\ominus}_m - H_{0,m})/T$ 是反应的标准摩尔吉布斯自由能函数变，可以由物质的标准摩尔吉布斯自由能函数数据求出：

$$\Delta_r \left(\frac{G^{\ominus}_m - H_{0,m}}{T} \right) = \sum_{B} \nu_B \left(\frac{G^{\ominus}_{m,B} - H_{0,m,B}}{T} \right) \tag{6-103}$$

$\Delta_r H_{0,m}$ 是 0K 时反应的摩尔焓变，可以通过下式计算得出：

$$\Delta_r H_{0,m} = \Delta_r H^{\ominus}_{m,298.15K} - \Delta_r (H^{\ominus}_{m,298.15K} - H_{0,m}) \tag{6-104}$$

式中，$\Delta_r H^{\ominus}_{m,298.15K} = \sum\limits_{B} \nu_B \Delta_f H^{\ominus}_{m,298.15K,B}$，由 298.15K 时物质的 $\Delta_f H^{\ominus}_{m,298.15K,B}$ 求出；

$\Delta_r(H^{\ominus}_{m,298.15K} - H_{0,m})$ 通过物质的 $(H^{\ominus}_{m,298.15K,B} - H_{0,m,B})$ 利用下式计算得到，即

$$\Delta_r (H^{\ominus}_{m,298.15K} - H_{0,m}) = \sum_{B} \nu_B (H^{\ominus}_{m,298.15K,B} - H_{0,m,B}) \tag{6-105}$$

【例 6-13】 已知反应 $CO(g) + H_2O(g) \Longrightarrow CO_2(g) + H_2(g)$ 中各物质的数据如下表。

物质	$\dfrac{-\left(\dfrac{G^{\ominus}_{m,T} - H_{0,m}}{T}\right)_{298.15K}}{J \cdot mol^{-1} \cdot K^{-1}}$	$\dfrac{H^{\ominus}_{m,298.15K} - H_{0,m}}{kJ \cdot mol^{-1}}$	$\dfrac{\Delta_f H^{\ominus}_{m,298.15K}}{kJ \cdot mol^{-1}}$	$\dfrac{\Delta_f G^{\ominus}_{m,298.15K}}{kJ \cdot mol^{-1}}$
CO	168.41	8.673	−110.52	−137.168
H_2O	155.56	9.910	−241.82	−228.572
CO_2	182.26	9.364	−393.51	−394.359
H_2	102.17	8.468	0	0

分别用统计热力学方法和经典热力学方法计算该反应在 298.15K 时的标准平衡常数。

解　(1) 统计热力学法计算

由式(2-56)得

$$\Delta_r H_{m,298.15K}^{\ominus} = \sum_B \nu_B \Delta_f H_{m,298.15K,B}^{\ominus}$$

$$= [(-393.51+0)-(-110.52)-(-241.82)] \text{kJ·mol}^{-1}$$

$$= -41.17 \text{kJ·mol}^{-1}$$

由式(6-105)得

$$\Delta_r(H_{m,298.15K}^{\ominus} - H_{0,m}) = \sum_B \nu_B(H_{m,298.15K,B}^{\ominus} - H_{0,m,B})$$

$$= [(9.364+8.468)-(8.673+9.910)] \text{kJ·mol}^{-1}$$

$$= -0.751 \text{kJ·mol}^{-1}$$

根据式(6-104)，则

$$\Delta_r H_{0,m} = \Delta_r H_{m,298.15K}^{\ominus} - \Delta_r(H_{m,298.15K}^{\ominus} - H_{0,m})$$

$$= [-41.17-(-0.751)] \text{kJ·mol}^{-1}$$

$$= -40.419 \text{kJ·mol}^{-1}$$

由式(6-103)得

$$\Delta_r\left(\frac{G_m^{\ominus} - H_{0,m}}{T}\right)_{298.15K} = \sum_B \nu_B\left(\frac{G_{m,B}^{\ominus} - H_{0,m,B}}{T}\right)_{298.15K}$$

$$= [(-182.26-102.17)-(-168.41-155.56)] \text{J·mol}^{-1}\text{·K}^{-1}$$

$$= 39.54 \text{J·mol}^{-1}\text{·K}^{-1}$$

根据式(6-102)得

$$-\ln K^{\ominus} = \frac{1}{R}\Delta_r\left(\frac{G_m^{\ominus} - H_{0,m}}{T}\right) + \frac{1}{RT}\Delta_r H_{0,m}$$

$$= \frac{39.54}{8.314} + \frac{-40419}{8.314 \times 298.15}$$

$$= -11.5499$$

所以 $\qquad K^{\ominus} = 1.04 \times 10^5$

（2）经典热力学方法计算

由式(5-18a)和式(3-55)得

$$-RT\ln K^{\ominus} = \Delta_r G_{m,298.15K}^{\ominus} = \sum_B \nu_B \Delta_f G_{m,298.15K,B}^{\ominus}$$

$$= [(-394.359+0)-(-137.168-228.572)] \text{kJ·mol}^{-1}$$

$$= -28.619 \text{kJ·mol}^{-1}$$

则 $\qquad \ln K^{\ominus} = \dfrac{28619}{8.314 \times 298.15} = 11.5454$

所以 $\qquad K^{\ominus} = 1.03 \times 10^5$

可见，用统计热力学方法和经典热力学方法计算得到的标准平衡常数值是一致的。

学习基本要求

1. 了解统计热力学研究的内容和方法。

2. 掌握独立子系统的微观状态、能级分布与状态分布等概念。

3. 掌握玻尔兹曼分布律及其适用条件。

4. 理解配分函数的定义和析因子性质，了解配分函数与热力学函数的关系。

5. 了解平动、转动、振动配分函数的计算方法，学会用配分函数计算简单分子的热力学函数，掌握理想气体简单分子内能和平动熵的计算。

6. 了解用统计热力学的方法计算理想气体反应的化学平衡常数。

习题

6-1　已知三维平动子在立方体运动的能级公式为

$$\varepsilon_t = \frac{h^2}{8mV^{2/3}}(n_x^2 + n_y^2 + n_z^2)$$

当 $(n_x^2 + n_y^2 + n_z^2)$ 分别等于 14 和 27 时，两种能级的简并度各是多少？写出各能级的所有平动量子状态。

6-2　若某双原子分子的转动惯量 $I = 1.0 \times 10^{-39}$ g•cm^2，计算 $J = 3$ 和 $J = 2$ 时转动能级的能量及它们之间的能量差。

6-3　假设系统由三个一维谐振子组成，三个谐振子各自绕定点位置振动，系统的总能量为 $\frac{13}{2}h\nu$。试求各种分布类型的微态数和总微态数。

6-4　系统中有 6 个可识别粒子，它们可能出现在能量依次为 $\varepsilon_0 = 0$、$\varepsilon_1 = \varepsilon$、$\varepsilon_2 = 2\varepsilon$ 和 $\varepsilon_3 = 3\varepsilon$ 的能级上，系统的总能量为 3ε。试问：

(1) 若各能级都是非简并的，则系统有哪几种分布类型？每种类型出现的微态数和系统总微态数是多少？每一种分布的概率是多少？哪一种分布是最概然分布？

(2) 若各能级的简并度分别为 $g_0 = 1$、$g_1 = 1$、$g_2 = 6$ 和 $g_2 = 10$，则每种类型出现的微态数和系统总微态数变为多少？每一种分布的概率是否改变？

6-5　设一系统中粒子的能级是等间隔的并且非简并的，能级间隔 $\Delta\varepsilon = 3.2 \times 10^{-20}$ J。应用玻尔兹曼分布定律分别计算在 298.15K 和 573K 时，分布在相邻能级上粒子数目的比值，并以此说明温度对于粒子在能级上分布的影响。

6-6　设某分子的一个能级的能量和简并度分别为 $\varepsilon_1 = 6.1 \times 10^{-21}$ J，$g_1 = 3$，另一个能级的能量和简并度分别为 $\varepsilon_2 = 8.4 \times 10^{-21}$ J，$g_2 = 5$。请分别计算在 300K 和 1000K 时，这两个能级上分布的粒子数之比 n_2/n_1。

6-7　设某理想气体 A，其分子的最低能级是非简并的，取分子的基态作为能量零点，第一激发态能级的能量为 ε，其简并度为 2，忽略更高能级。

(1) 写出 A 分子的总配分函数的表达式；

(2) 若 $\varepsilon = kT$，计算第一激发态上粒子的分布数 n_1 与基态能级的分布数 n_0 之比；

(3) 若 $\varepsilon = kT$，计算在 298.15K 时 1mol A 分子气体的平均能量。

6-8　设 I$_2$ 分子为一维谐振子，其振动频率 $\nu = 6.6434 \times 10^{12}$ s^{-1}。计算：

(1) I$_2$ 分子相邻两个能级间的能量差值 $\Delta\varepsilon_v$；

(2) 两个相邻能级上分布的分子数之比 n_2/n_1。

6-9　已知 NO 气体的振动频率 $\nu = 5.602 \times 10^{13}$ s^{-1}，求 350K 时 NO 的 q_v^0/q_v。

6-10　298.15K 时，计算 1cm^3 容器中 CH$_4$ 分子的平动配分函数 q_t。

6-11　298.15K 时，分别计算 ^{14}N$_2$ 和 ^{14}N^{15}N 两种分子的转动配分函数 q_r。已知这两种分子的核间距为 0.1095nm。

6-12　已知 HBr 分子的振动频率 $\nu = 7.712 \times 10^{13}$ s^{-1}。求：

(1) HBr 分子的振动特征温度 Θ_v；

（2）298.15K 时 HBr 的振动配分函数 q_v 和 q_v^0。

6-13 已知 CO 气体的 $\Theta_r = 2.77K$，$\Theta_v = 3084K$。求 500K 和 100kPa 时，CO 气体的 $C_{V,m}$ 值，并与实验值 $C_{V,m} = (18.223 + 7.683 \times 10^{-3} T/K - 1.172 \times 10^{-6} T^2/K^2)$ 进行比较。

6-14 气体 CO 和 Cl_2 的振动特征温度分别是 3084K 和 810K，计算在 298.15K 时振动对这两种气体摩尔等容热容 $C_{V,m}$ 的贡献。

6-15 计算 298.15K 时 Ar 的标准摩尔统计熵。已知 Ar 的 $M = 39.9481g \cdot mol^{-1}$。

6-16 已知 NO 的 $\Theta_r = 2.42K$，$\Theta_v = 2690K$。求 298.15K 时 NO 的标准摩尔统计熵，并与其标准摩尔量热熵 $210.761J \cdot K^{-1} \cdot mol^{-1}$ 进行比较。

6-17 已知 CO 的转动惯量 $I = 1.45 \times 10^{-46} kg \cdot m^2$，振动特征温度 $\Theta_v = 3084K$。计算 298.15K 时 CO 的标准摩尔统计熵。

6-18 试从亥姆霍兹 A 与配分函数 q 的关系出发，导出气体压力 p 与 q 的关系，并证明理想气体的 $pV = NkT$。

6-19 已知 N_2 的 $\Theta_r = 2.86K$，$\Theta_v = 3340K$。用统计的方法计算 298.15K 和 100kPa 时转动和振动对 N_2 标准摩尔吉布斯函数 $G_{m,298.15K}^{\ominus}$ 的贡献值。

6-20 已知 298.15K 时，反应 $H_2(g) + I_2(g) \Longrightarrow 2HI(g)$ 各物质的数据如下表。

物质	$H_2(g)$	$I_2(g)$	$HI(g)$
$\dfrac{\Delta_f H_{m,298K}^{\ominus}}{kJ \cdot mol^{-1}}$	0	62.44	26.48
$\dfrac{H_{m,298K}^{\ominus} - H_{0,m}}{kJ \cdot mol^{-1}}$	8.468	8.987	8.659

计算该反应在 298.15K 时的 $\Delta_r H_{0,m}$（或 $\Delta_r U_{0,m}$）。

6-21 已知 298.15K 时，反应 $CH_4(g) + H_2O(g) \Longrightarrow CO(g) + 3H_2(g)$ 的标准摩尔焓变 $\Delta_r H_m^{\ominus} = 206.10kJ \cdot mol^{-1}$，各物质的其他数据如下表。

物质	$\dfrac{-\left(\dfrac{G_{m,T}^{\ominus} - H_{0,m}}{T}\right)_{298.15K}}{J \cdot mol^{-1} \cdot K^{-1}}$	$\dfrac{H_{m,298.15K}^{\ominus} - H_{0,m}}{kJ \cdot mol^{-1}}$	$\dfrac{\Delta_f G_{m,298.15K}^{\ominus}}{kJ \cdot mol^{-1}}$
CH_4	152.55	10.029	−50.72
H_2O	155.56	9.910	−228.572
CO	168.41	8.673	−137.168
H_2	102.17	8.468	0

分别用统计热力学方法和经典热力学方法计算该反应在 298.15K 时的标准平衡常数。

第7章

相平衡

▶▶

相平衡是化学热力学的主要研究对象之一，在前面章节介绍的内容中，已经涉及简单的相变化和相平衡。例如，用热力学第一定律研究了纯物质气相、液相和固相两两之间发生相变化过程的能量转换，用热力学第二定律研究了发生这些相变的可能性和限度问题；稀溶液的依数性是建立在二组分的气-液相或液-固相平衡基础上得出的结果等。但是，生产和科研实践中遇到的问题要比这些复杂许多，例如，冶金过程中合金成分的控制与温度、添加物的关系，化工生产中的萃取、精馏、蒸发、结晶等分离纯化操作，催化剂制备的组分和性能调控，超导材料和纳米技术的研究等，都涉及相平衡问题，而且它们往往是多组分多相系统，凭借纯物质相平衡的简单知识和规律已不能解决这类复杂问题，务必借助适用于相平衡普遍规律的相平衡理论——相律。

早在19世纪70年代，美国物理化学家约西亚·威拉德·吉布斯（Josiah Willard Gibbs，1839—1903年）提出了相平衡理论，至今已有近150年历史。研究相平衡的方法主要有热力学解析和几何图解两种方法，前者是根据热力学的基本原理，建立起系统的温度、压力和各相组成之间的定量关系方程来描述相平衡的规律性，如 Clapeyron 方程、Planck 方程等；后者是将平衡系统的温度、压力和各相组成的关系用几何图形表示出来，这种几何图形称之为相图（phase diagram），其基本理论依然是热力学基本方程、Gibbs-Duhum 方程和 Gibbs 相律等。热力学解析方法有简明和定量化的优点，而几何图解方法具有直观和整体性的特点。

本章首先用热力学方法推导各类相平衡所遵循的共同规律——相律，揭示平衡系统中相数、组分数和独立变量数之间的关系。然后介绍单组分系统，二组分系统的气-液平衡、液-液平衡、液-固平衡以及三组分系统的平衡相图，学会绘制相图、解读和应用相图信息，便于为生产和科研解决实际问题。

7.1 相律与杠杆规则

相律是相平衡的理论依据，是由吉布斯于1876年，通过热力学基本关系式推导出的相平衡系统中组分数、相数和独立变量数之间的定量关系式，是物理化学中研究相平衡最普遍、最重要的定律。

7.1.1 基本概念

(1) 相和相数

相(phase)是指系统内部物理性质和化学性质完全均匀的部分。两个不同的相与相之间存在明显的物理界面，越过界面，物质的物理性质和化学性质都将发生突变。例如，液体水和水蒸气构成的系统，液体水(称为液相)和水蒸气(称为气相)之间有物理界面，界面两侧各相的一些物理性质，如热容、密度和折射率等都完全不同。系统中所具有的相的总数，称为相数(number of phase)，用符号 P 表示。

在不发生化学反应的前提下，系统中任意种气体都能达到无限均匀混合，因此，不管系统有多少种气体，只能形成一个气相，即 $P=1$。对于液体，则应根据液体间的互溶情况确定相数，可以有一个、或多个相共存于一个平衡系统，例如，水和乙醇可以任意比例互溶，形成混合均匀的液态平衡系统，其相数 $P=1$；而水和苯不能以任意比例互溶，大多数情况下形成 $P=2$ 的两个液相平衡系统，一个是水相(水是溶剂、苯是溶质，形成苯溶于水的饱和溶液)，另一个是苯相(苯是溶剂、水是溶质，形成水溶于苯的饱和溶液)。对于固体混合系统，通常情况下的固体，例如铁粉和硫黄粉，无论研磨得多么细小、混合得多么均匀，它们始终保持各自原来的物理性质和化学性质，它们是两个相，所以，一般来说系统有几种固体就有几个固相。但是，像金-银这样的固体混合系统，它们达到了分子或原子程度的混合，形成了固态溶液，简称固溶体(solid solution)，此时的相数 $P=1$。需要指出的是，晶体结构不同的同素异形体属于不同的相，如石墨和金刚石、红磷和白磷、单斜硫和正交硫等；颗粒大小不一样的同一种物质如 $NaCl$，是同一个相，因为它们的物理性质和化学性质一致。

(2) 物种数和组分数

物种数(number of substance)是指系统中所包含的纯的化学物质数目，用 S 表示。系统中存在几种物质，物种数就是几；不同聚集状态的同一种物质，例如系统中同时存在液体水和水蒸气，其物种数只能算一种，即 $S=1$。

确定平衡系统中所有各相组成所需要的最少物种数，称为独立组分数(number of independent component)，简称组分数，用 C 表示。组分数与物种数的关系为

$$C=S-R-R'\tag{7-1}$$

式中，R 表示独立的化学平衡反应数目；R' 表示同一个相中不同物质间独立的浓度限制条件的数目。

例如，一定温度下，体积一定的容器中同时存在下列三个平衡反应

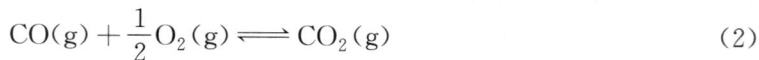

$$C(s)+O_2(g) \Longrightarrow CO_2(g)\tag{1}$$

$$CO(g)+\frac{1}{2}O_2(g) \Longrightarrow CO_2(g)\tag{2}$$

$$C(s)+\frac{1}{2}O_2(g) \Longrightarrow CO(g)\tag{3}$$

系统中有 $C(s)$、$O_2(g)$、$CO_2(g)$ 和 $CO(g)$ 四种物质，即 $S=4$。但三个反应中，反应(3)可以用反应(1)减去反应(2)得到，即只有两个反应是独立的，因此 $R=2$。系统中同一个相(气相)中虽然有 $O_2(g)$、$CO_2(g)$ 和 $CO(g)$ 三种物质，但它们的浓度之间不存在限制条件，即 $R'=0$。所以，该系统的组分数 $C=4-2-0=2$。

又例如，一定温度下在一个真空容器中加入足量的 $NH_4Cl(s)$，分解达到下列平衡

$$NH_4Cl(s) \Longrightarrow NH_3(g)+HCl(g)$$

系统中有 $NH_4Cl(s)$、$NH_3(g)$ 和 $HCl(g)$ 三种物质，即 $S=3$；有一个独立的化学平衡反应，则 $R=1$；分解反应生成的两种产物 $NH_3(g)$ 和 $HCl(g)$ 同属于一个气相，且它们的浓度存在 $1:1$ 的关系，有 1 个浓度限制条件数目，即 $R'=1$。因此，系统的组分数 $C=3-1-1=1$。

显然，物种数和组分数有区别，一般而言，系统的物种数大于或等于组分数。

【例 7-1】 计算 NaCl 水溶液系统的组分数。

解 可以从不同的角度计算该系统的组分数。

(1) 不考虑水的电离和 NaCl 固体的溶解和电离，那么系统就只有 H_2O 和 NaCl 两种物质，则 R 和 R' 均为 0，所以

$$C=S-R-R'=2-0-0=2$$

(2) 若 NaCl 固体全部溶解且完全电离成 Na^+ 和 Cl^-，水不电离，那么系统有 H_2O、Na^+ 和 Cl^- 三种物质，$S=3$；没有化学平衡数（因为 NaCl 已全部溶解），$R=0$；由于溶液是电中性的，溶液中 Na^+ 和 Cl^- 处于同一个相，且浓度相等，即 $R'=1$。因此，系统的组分数

$$C=S-R-R'=3-0-1=2$$

(3) 若 NaCl 固体溶解并电离成 Na^+ 和 Cl^- 后还有多余的 NaCl 固体，水不电离，那么系统有 H_2O、NaCl 固体、Na^+ 和 Cl^- 四种物质，$S=4$；存在 $NaCl(s) \rightleftharpoons Na^+ + Cl^-$ 溶解电离平衡（相当于化学平衡），$R=1$；由于溶液是电中性的，溶液中的 Na^+ 和 Cl^- 处于同一个相，且浓度相等，即 $R'=1$。因此，系统的组分数

$$C=S-R-R'=4-1-1=2$$

上述例题表明，一个平衡系统的物种数可以随着人们考虑问题的出发点不同而异，但其组分数是确定的，且是唯一的。

(3) 自由度

在维持系统原有相的数目和相的形态不发生变化的条件下，能够独立改变的强度性质（如温度、压力、组成等）的数目，称为系统的自由度（degree of freedom），用符号 F 表示。

例如纯液体水，在冰点和沸点温度区间内任意改变温度和压力这两个独立的强度性质，仍然保持为单一的液体水，所以其自由度 $F=2$。对于液体水和水蒸气达到平衡的系统，要保持这两个相不变，温度和压力两个变量中只有一个可以独立改变，若指定了系统的温度为 373.15K，则系统的压力只能是该温度时水的饱和蒸气压 101.325kPa，不能任意改变；反之，若指定了系统水蒸气的压力为 3.167kPa，则系统的温度只能是 298.15K，而不能是其他温度。也就是说，保持液体水和水蒸气两相共存，系统的温度和压力只有一个可以独立改变，即自由度 $F=1$，原因是水的饱和蒸气压和温度之间遵循 Clepyron 方程，具有一一对应的函数关系。

7.1.2 相律

在多相平衡系统中，每一个相的容量性质（广度性质），如体积或质量等都不影响相平衡，这是因为相平衡的条件是同一种物质在各个相中的化学势相等，而化学势是强度性质。温度和压力相等不是相平衡的必要条件，例如，对于相界面不是刚性绝热的多相平衡系统，平衡时各相的温度和压力一定相等；但对于相界面刚性绝热的多相平衡系统，平衡时各相的温度和压力可以不相等，因为相平衡的条件仅仅要求同一物质在各相中的化学势相等，而物质的化学势是温度、压力和组成的函数，三个参数有所改变时，化学势可以保

持不变。

在多相平衡系统中，表述系统内自由度数 F 与组分数 C、相数 P 以及影响物质性质的外界因素(如温度、压力、重力场、磁场等)之间的定量关系式，称为相律，即

$$F = C - P + n \tag{7-2}$$

式中，n 代表能够影响系统相平衡的外界因素的个数。一般情况下，只考虑温度 T 和压力 p 这两个外界因素的影响，即 $n = 2$，于是相律变为

$$F = C - P + 2 \tag{7-3}$$

相律是所有多相平衡系统都遵循的普遍规律，是吉布斯于 1876 年根据热力学原理推导出来的。

(1) 相律的推导

相律的推导过程就是确定一个多组分多相平衡系统自由度数(独立变量数)的过程，它基于首先找出系统中所有可能变量的总数，然后减去这些变量中的非独立变量数，即

自由度数 = 变量总数 - 非独立变量数

设一个多相平衡系统中有 S 种物质，P 个相，各种物质在每一个相中都存在，且相界面都不是刚性绝热的。一般情况下，用温度、压力这两个外界变量因素和系统组成(通常用物质的量分数 x 表示)来描述多相平衡系统所处的状态。

在任意一个 α 相中，S 种物质的组成关系为

$$x_1(\alpha) + x_2(\alpha) + \cdots + x_s(\alpha) = 1$$

则 α 相中有 $(S-1)$ 个组成变量，系统有 P 个相，因此系统组成变量的总数为 $P(S-1)$。由于相界面都不是刚性绝热的，所以平衡时系统各相的温度 T 和压力 p 都相等，故外界变量因素数目为 2(指温度和压力两个变量)。于是，得到平衡系统总的变量数为 $P(S-1)+2$。

下面需要找出平衡系统中的非独立变量。相平衡的条件是同一种物质在各个相的化学势相等，对于平衡系统中任意一种物质 B，必然有

$$\mu_B(\alpha) = \mu_B(\beta) = \cdots = \mu_B(P)$$

物质的化学势是与温度、压力和组成有关的函数，即 $\mu_B(T, p, x_B)$。例如，对于理想液态混合物系统中任意组分的化学势 $\mu_{B(l)}(T, p, x_B) = \mu_{B(l)}^{\ominus}(T, p) + RT\ln x_B$，由于系统平衡时各相的温度和压力相等，因此，同一种物质在各相中的化学势便只与各相组成 x_B 有关(各相中的标准化学势不相等)。所以，任意一种物质 B 尽管在 P 个相中可以有 P 个不同的组成，即 $x_B(\alpha)$、$x_B(\beta)$、$\cdots$、$x_B(P)$，但是，因各相中化学势相等这一条件限制，这些组成中只有一个是独立变量，其余 $(P-1)$ 个组成是应变量，即非独立变量。故系统中 S 种物质共有 $S(P-1)$ 个组成是非独立变量。

若系统中还存在 R 个独立的化学平衡反应(在一个相或多个相中进行)；同时，考虑到同一个相内，不同物质的组成之间可能存在限制条件(如缔合或解离反应等)而使组成独立变量减少，若系统中各相的组成限制条件总数为 R'。那么，系统的自由度数为

$$F = [P(S-1)+2] - [S(P-1)+R+R']$$
$$= (S-R-R') - P + 2$$

即

$$F = C - P + 2$$

(2) 关于相律的几点说明

① 相律公式(7-3)的推导过程应用了平衡条件，因此相律只适用于平衡系统。

② 相律公式(7-3)中的"2"是指温度和压力这两个外界变量数，若有 n 个独立的外界强

度变量因素，则应该使用相律公式(7-2)。对于渗透平衡系统，除了温度外，半透膜两侧有两个不同的压力变化因素，故其自由度数 $F=C-P+3$。

③ 对于温度和压力两个外界因素，若系统恒定其中一个参数，则相律公式变为

$$F=C-P+1 \tag{7-4}$$

式中，对于恒定压力(等压)的系统，"1"指温度变量；而恒定温度(等温)的系统，"1"指压力变量。

④ 压力对凝聚系统(不含气体的系统)影响甚小，只需考虑温度这一外界变化因素，可应用相律公式(7-4)，此时的"1"指温度变量。

⑤ 相律推导过程中，假设了每种物质在所有相中都存在，若某相中少了一种或几种物质，那么该相中就少了一个或几个组成变量，但平衡条件中的化学势等式也会相应少一个或几个，两者相互抵消，对相律结果没有影响。

⑥ 由相律公式(7-3)或式(7-4)可知，对于给定的系统，当相数 P 取最小值"1"时，系统的自由度数 F 最大；当自由度数 F 取最小值"0"时，系统相数 P 最大。

【例 7-2】　硫酸与水可以形成 $H_2SO_4 \cdot H_2O(s)$、$H_2SO_4 \cdot 2H_2O(s)$ 和 $H_2SO_4 \cdot 4H_2O(s)$ 三种水合物。试问：

(1) 在 101325Pa 的压力下，能与硫酸水溶液和冰共存的硫酸水合物最多有几种？

(2) 在 25℃时，可与水蒸气平衡共存的硫酸水合物最多有几种？

解　(1) 若系统仅由 H_2SO_4 和 H_2O 构成，组分数 $C=2$。尽管系统可能有多种固体硫酸水合物共存，但每增加一种固体水合物，就同时增加一个形成水合物的化学平衡方程式，即物种数 S 和独立的化学平衡数 R 增加的数目相等，可以抵消，所以组分数始终为 2。

在压力(101325Pa)一定的条件下，应用式(7-4)

$$F=C-P+1=2-P+1=3-P$$

硫酸水合物是固体，系统相数越大，水合物固体越多。因此，在自由度数最小，即 $F=0$ 时，相数 P 最大，其值为 3。所以，系统中除了已存在的硫酸水溶液和冰两个相外，最多还允许存在一个固相，即最多只能存在一种硫酸水合物。

(2) 指定温度为 25℃时，同样应用式(7-4)

$$F=C-P+1=2-P+1=3-P$$

$F=0$ 时，$P=3$ 为最大相数，除了水蒸气一个气相外，最多还允许存在两种硫酸水合物固体相。

【例 7-3】　25℃时，在一抽真空的容器中加入足量的 $NH_4HCO_3(s)$，分解达到平衡

$$NH_4HCO_3(s) \longrightarrow NH_3(g)+H_2O(g)+CO_2(g)$$

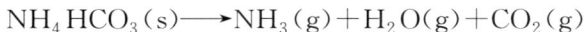

求此系统的组分数 C 和自由度数 F。

解　系统中有固相和气相两个平衡相，$P=2$；有 $NH_4HCO_3(s)$、$NH_3(g)$、$H_2O(g)$ 和 $CO_2(g)$ 四种物质，$S=4$；有一个独立的化学平衡反应，$R=1$；由于是真空条件下的固体分解，因此同属于气相的三种分解产物 $NH_3(g)$、$H_2O(g)$ 和 $CO_2(g)$ 的组成(浓度或分压)存在 $1:1:1$ 的关系，有两个独立的浓度限制条件数，即 $R'=2$。因此

$$C=S-R-R'=4-1-2=1$$

系统温度为 25℃，属于指定温度(等温)系统，故

$$F=C-P+1=1-2+1=0$$

自由度数 $F=0$，表明系统没有可以独立变化的因素。这是因为，给定了温度，固体的

分解压力就有确定的值，温度和分解压力具有一一对应的关系(参见5.2.1.3内容)，即压力不能独立变化；同时，系统的组成(浓度或分压)始终维持1:1:1的关系，每种气体的分压都等于分解压力的1/3，均不能独立变化。

7.1.3 杠杆规则

多组分系统达到两相平衡时，两相的物质的量(或质量)与系统组成、两相组成之间的关系服从杠杆规则。物质的数量若以物质的量 n 计时，组成用物质的量分数 $x_B(y_B)$ 表示；物质的数量若以质量 m 计时，组成用质量分数 w_B 表示。

一定温度和一定压力下，A、B二组分系统中 α 和 β 两相达成平衡，若系统总的物质的量为 n、系统总组成(简称系统组成)为 x_M (含 B 的物质的量分数)，两相的物质的量和组成分别为 $n(\alpha)$、$n(\beta)$ 和 $x_B(\alpha)$、$x_B(\beta)$。根据物料平衡原理，组分 B 在系统中的物质的量 $n_B = n \cdot x_M = [n(\alpha)+n(\beta)] \cdot x_M$，在 α 相中的物质的量 $n_B(\alpha) = n(\alpha) \cdot x_B(\alpha)$、在 β 相中的物质的量 $n_B(\beta) = n(\beta) \cdot x_B(\beta)$，前者应该等于后两者之和：

$$[n(\alpha)+n(\beta)]x_M = n(\alpha) \cdot x_B(\alpha) + n(\beta) \cdot x_B(\beta)$$

整理得

$$\frac{n(\alpha)}{n(\beta)} = \frac{x_B(\beta)-x_M}{x_M-x_B(\alpha)} \tag{7-5}$$

或者

$$n(\alpha) \cdot [x_M-x_B(\alpha)] = n(\beta) \cdot [x_B(\beta)-x_M] \tag{7-6}$$

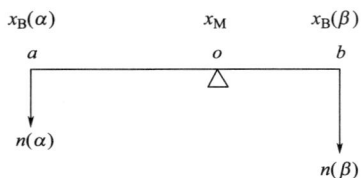

上两式为杠杆规则数学表达式。物质的数量以质量计时，只要将上两式中的物质的量换成质量，物质的量分数换成质量分数，形式完全一样。

杠杆规则可以用如图 7-1 示意图表示，图中点 o、a、b 分别为系统组成点、α 相和 β 相的组成点。以系统点 o 为支点，a、b 为力点，在两个力点上分别悬挂物质的量为 $n(\alpha)$、$n(\beta)$ 的物质，达成杠杆平衡。

图 7-1 杠杆规则示意图

【例 7-4】 苯(A)和甲苯(B)形成理想液态混合物，90℃时它们的饱和蒸气压分别为 136.1kPa 和 54.2kPa。试求：

(1) 在 90℃和 85.3kPa 条件下，苯与甲苯达成气-液两相平衡时两相的组成；

(2) 若将 5.5mol 的苯和 4.5mol 的甲苯混合，在上述温度和压力下，气相和液相的物质的量各为多少？

解 (1) A、B 形成理想液态混合物，各组分都服从拉乌尔定律，即

$$p_A = p_A^* \cdot x_A = p_A^*(1-x_B)$$
$$p_B = p_B^* x_B$$
$$p = p_A + p_B = p_A^* + (p_B^* - p_A^*)x_B$$
$$85.3 = 136.1 + (54.2-136.1)x_B$$

则，液相组成为 $x_B = 0.62$

气相组成为

$$y_B = \frac{p_B}{p} = \frac{p_B^* x_B}{p} = \frac{54.2 \times 0.62}{85.3} = 0.39$$

(2) 系统组成 $x_M = n_B/(n_A+n_B) = 4.5/(5.5+4.5) = 0.45$，根据式(7-6)，得

$$n(g) \times (0.45 - 0.39) = n(l) \times (0.62 - 0.45)$$

同时，　　　　　　　　　$n(g) + n(l) = 5.5 + 4.5 = 10$

联合上两式，解得：　　　　$n(g) = 7.39\text{mol}$，$n(l) = 2.61\text{mol}$

可以根据气相组成 y_B 和液相组成 x_B，进一步计算出平衡时 A、B 在气相和液相中各自的物质的量，请读者自己演算。

7.2　单组分系统相平衡

单组分系统是由纯物质组成的系统，即 $C = 1$，根据相律公式(7-3)，有

$$F = 1 - P + 2 = 3 - P$$

当 $P = 1$ 时，系统最大自由度数 $F = 2$，表明单组分系统最多有两个自由度，称为双变量系统。温度和压力是两个独立的变量，若以温度 T 为横坐标，压力 p 为纵坐标作图，绘制成二维平面图来表示系统的相平衡状态，这种状态图称为相图。

相图上的每一个点代表一定的温度 T 和压力 p，用于描述单组分系统相应的每一个平衡状态(不考虑各相中物质的量多少)。若系统处于三相平衡，$F = 0$，为无变量系统，相图中对应一个点，即三相点；若系统呈两相平衡，$F = 1$，为单变量系统，系统中温度 T 和压力 p 中只有一个可以独立变化，相图中是一条曲线；若系统中只有一个相，$F = 2$，为双变量系统，温度 T 和压力 p 都可以独立变化，相图中对应的是一个面。

下面以水、二氧化碳的单组分系统相图为例，具体分析和解读相图所提供的信息。

7.2.1　水的相图

水的相图是根据实验数据绘制得来，将纯水抽真空后，改变系统温度 T 和压力 p，测出"水 $\rightleftharpoons$ 水蒸气"、"冰 $\rightleftharpoons$ 水蒸气"和"冰 $\rightleftharpoons$ 水"三种两相平衡时的温度和对应的平衡压力数据，以 p 对 T 作图，得到水的相图，如图7-2所示。

三条曲线 OA、OB、OC 把平面图分成三个面，分别是水的气、液、固三个单相区，依次以 $H_2O(g)$、$H_2O(l)$ 和 $H_2O(s)$ 表示，这些区域中 $F = 2$，是双变量系统，要确定系统所处的某个状态，必须同时给出温度和压力两个参数。

曲线 OA 是通过测定不同温度下液态水的饱和蒸气压得到的，是气-液两相平衡曲线，即水的饱和蒸气压曲线或蒸发曲线。OA 曲线右上方端点止于水的临界点(647.4K，22MPa)，因为临界点时液态水和水蒸气不可区分。OA 曲线上方区域为液体水的相区，下方为水蒸气相区。

曲线 OB 是测定不同温度下冰的饱和蒸气压获得的，是气-固两相达成的平衡曲线，是冰的饱和蒸气压曲线，也称为冰的升华曲线，OB 曲线理论上可以延伸至0K附近。OB 曲线上方为固体水(冰)的相区，下方为水蒸气相区。

曲线 OC 是测定不同压力下冰的熔点温度数据得出的，是液-固两相达成的平衡曲线，称为冰的熔点曲线。OC 不能无限延长，当压力大于200MPa时，冰的晶体结构将发生变化，出现同质多晶(polymorphism)现象，相图变得复杂。OC 线左侧是固体水相区，右侧是

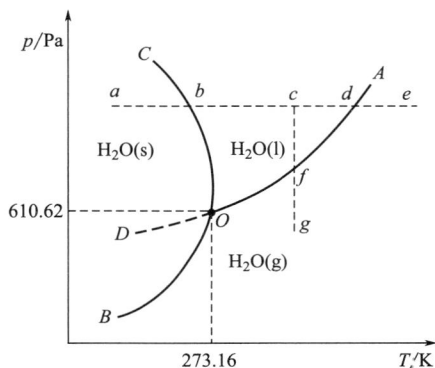

图 7-2　水的相图

液体水相区。

虚线 *OD* 是 *AO* 曲线的延长线，为过冷液体水的饱和蒸气压曲线。从相图中可以看出，在相同的温度下，过冷液体水的饱和蒸气压大于冰的饱和蒸气压，表明过冷水的化学势大于冰的化学势，故过冷水能够自发地转变为冰。过冷水与其蒸气之间的"平衡"不是热力学意义上真正的稳定平衡，但它可以在一定时间内"稳定"存在，因此称为"亚稳状态"。

OA、*OB*、*OC* 三条曲线都是两相平衡线，自由度 $F=1-2+2=1$，是单变量系统，温度和压力中只有一个是独立改变的；且 *OA* 和 *OB* 曲线上任意一点切线的斜率都为正，而 *OC* 曲线上任意一点切线的斜率都为负。这是因为三条曲线的压力和温度具有一一对应的函数关系，都遵循 Clepyron 方程，即

$$\frac{\mathrm{d}p}{\mathrm{d}T}=\frac{\Delta_{\alpha\rightarrow\beta}H_{\mathrm{m}}}{T\Delta_{\alpha}^{\beta}V_{\mathrm{m}}}$$

OA 曲线的 $\Delta_{\alpha\rightarrow\beta}H_{\mathrm{m}}=\Delta_{\mathrm{l}\rightarrow\mathrm{g}}H_{\mathrm{m}}=\Delta_{\mathrm{vap}}H_{\mathrm{m}}>0$，$\Delta_{\alpha}^{\beta}V_{\mathrm{m}}=\Delta_{\mathrm{l}}^{\mathrm{g}}V_{\mathrm{m}}>0$，故 $\mathrm{d}p/\mathrm{d}T>0$，斜率为正；*OB* 曲线的 $\Delta_{\alpha\rightarrow\beta}H_{\mathrm{m}}=\Delta_{\mathrm{s}\rightarrow\mathrm{g}}H_{\mathrm{m}}=\Delta_{\mathrm{sub}}H_{\mathrm{m}}>0$，$\Delta_{\alpha}^{\beta}V_{\mathrm{m}}=\Delta_{\mathrm{s}}^{\mathrm{g}}V_{\mathrm{m}}>0$，故 $\mathrm{d}p/\mathrm{d}T>0$，斜率为正；*OC* 曲线的 $\Delta_{\alpha\rightarrow\beta}H_{\mathrm{m}}=\Delta_{\mathrm{s}\rightarrow\mathrm{l}}H_{\mathrm{m}}=\Delta_{\mathrm{fus}}H_{\mathrm{m}}>0$，冰融化时 $\Delta_{\alpha}^{\beta}V_{\mathrm{m}}=\Delta_{\mathrm{s}}^{\mathrm{l}}V_{\mathrm{m}}<0$，故 $\mathrm{d}p/\mathrm{d}T<0$，斜率为负。

OA、*OB*、*OC* 三条两相平衡线交于 *O* 点，该点表示系统内液体水、固体冰、水蒸气三相达到平衡共存，称为三相点。系统的自由度 $F=1-3+2=0$，是无变量系统，系统的温度和压力都不能改变，有确定的固有值，分别为 273.16K 和 610.62Pa。

需要指出的是，三相点与通常所说的冰点是两个不同的概念。水的三相点是纯水在它自身蒸气压力下的凝固点，对应的温度和压力为 273.16K 和 610.62Pa；而冰点是在 101.325kPa 压力下被空气饱和了的水溶液的凝固点，对应的温度和压力为 273.15K 和 101.325kPa。冰点的温度数值比三相点低了 0.01K，有两方面原因：其一是水中溶解了空气形成稀溶液，由稀溶液的依数性中凝固点下降公式(4-105)，推算出水的凝固点降低了 0.0024K；其二是压力由 610.62Pa 增加到 101.325kPa，可以由液-固成平衡的 Clepyron 方程式(3-77)计算出水的凝固点又降低了 0.0075K。因此，两种因素的共同影响，使得冰点比三相点低了 0.0099K，近似为 0.01K。

根据水的相图，可以分析水在变化过程中的相变行为，现以图 7-2 中 $a\rightarrow b\rightarrow d\rightarrow e$ 和 $a\rightarrow b\rightarrow c\rightarrow f\rightarrow g$ 两条途径为例，分析由冰变为水蒸气过程的相变。$a\rightarrow b\rightarrow d\rightarrow e$ 是等压加热过程：*a* 点到达 *b* 点前，系统处于冰的单相区等压升温，过程的 $F=1-1+1=1$，温度变化不改变系统原有相态(但冰所处状态在改变)；到达 *b* 点，冰开始融化为液态水，此时系统中冰和液态水两相共存，$F=1-2+1=0$，说明温度也不能变化，系统要在 *b* 点停留一段时间，用于系统融化冰；等到冰全部融化为液态水，系统变为单一的液相，温度才能从 *b* 点开始继续升高，从 *b* 点到 *d* 点前，是单一的液相水在升温，过程的 $F=1-1+1=1$；达到 *d* 点，液态水开始汽化生成水蒸气，此时液态水和水蒸气两相共存，$F=1-2+1=0$，温度又不能变化，系统同样要在 *d* 点停留一段时间，用于液态水汽化为水蒸气；待液态水全部汽化成水蒸气后，系统变为单一的气相，温度才能离开 *d* 点继续升高到 *e* 点，完成冰变为水蒸气的整个过程。再来分析 $a\rightarrow b\rightarrow c\rightarrow f\rightarrow g$ 途径：$a\rightarrow b\rightarrow c$ 这一过程的分析和上述途径中到达 *d* 点前的情况一样；从 *c* 点到 *f* 点前，系统是单一的液相水等温降压，过程的 $F=1-1+1=1$；到达 *f* 点，液态水开始汽化生成水蒸气，此时系统中液态水和水蒸气两相共

存，$F=1-2+1=0$，压力不能继续下降，系统同样要在 f 点停留一段时间，让液态水不断汽化为水蒸气；待液态水全部汽化成水蒸气后，系统变为单一的气相，系统才能离开 f 点，压力继续下降到达 g 点，完成系统由冰变为水蒸气的变化过程。

7.2.2　二氧化碳相图

图 7-3 是 CO_2 的相图。与冰不同，固态 CO_2 的密度比液态 CO_2 的大，固态 CO_2 熔化过程中 $\Delta_\alpha^\beta V_m = \Delta_s^l V_m > 0$，使得固态 CO_2 的熔化曲线的 $dp/dT > 0$，斜率为正，即固态 CO_2 的熔点温度随着压力增加而升高。这是大多数单组分系统所具有的相图。

CO_2 的三相点温度为 216.7K，压力为 0.518MPa，即三相点的温度远低于常温，压力远高于大气压力。因此，在常温、常压下，固态 CO_2 直接升华为 CO_2 气体，而无需经过熔化成液态后再汽化为气体，这是称固态 CO_2 为干冰的由来。

温度和压力略高于临界点的状态称为超临界状态，此时物质的气-液界面消失，气态和液态混为无法区分的一体，通常称为超临界流体。这种流体不仅具有液体的密度，溶解能力很强，而且具有气体的黏度，扩散能力特强，是理想的萃取剂。图 7-3 显示，CO_2 的临界温度为 304.5K，临界压力为 7.28MPa，在常温下很容易达到超临界状态，而且具有低毒、无味、价廉、易与被萃取物分离的优势，是目前超临界萃取中应用最广泛的超临界流体。

除了水和二氧化碳的相图外，常见的还有碳和硫的单组分系统相图。由于它们在不同的温度和压力下可以形成多种不同的晶型，相图相对而言要复杂一些，这里不作介绍。

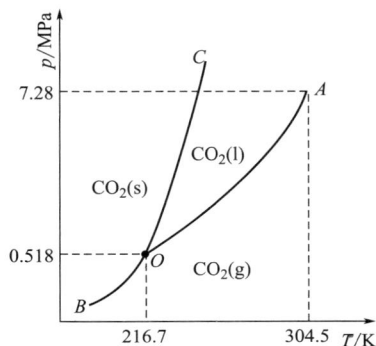

图 7-3　CO_2 的相图

7.3　液态完全互溶的二组分系统气-液平衡相图

两个液态组分能以任意比例互溶形成均匀的一个液相，这样的系统称为液态完全互溶的二组分系统。根据两个组分在结构和性质上是否存在差异和存在差异的大小，液态完全互溶的二组分系统可以分为二组分理想液态混合物系统和二组分实际液态混合物系统。

对于二组分系统，$C=2$，其相律为

$$F = 2 - P + 2 = 4 - P$$

由于系统至少要有一个相，故二组分系统的自由度最多为 3，即系统的状态最多需要由三个独立的强度性质来确定，通常用温度 T、压力 p 和组成（一般用物质的量分数，液相用 x，气相用 y）作为三个独立变量。显然，二组分系统最多可以有四个相平衡共存，此时系统的温度、压力和组成全部确定，$F=0$，为无变量系统。

若用三个独立变量来表述相平衡，二组分系统的相图就必须用三维立体图来描述。为了方便观察和解析相图，通常采用保持其中一个变量为常量，另两个变量就可以用二维平面坐标来描述，得到二组分系统相图。这种处理方法得到的二组分系统相图有以下三种：①保持温度 T 为常量的压力-组成相图；②保持压力 p 为常量的温度-组成相图；③保持组成为常量的 p-T 相图。本章主要讨论前两种相图，此时自由度数 $F = 2 - P + 1 = 3 - P$。

7.3.1 二组分理想液态混合物的气-液平衡相图

7.3.1.1 恒温下理想液态混合物的压力-组成相图

（1）系统气相总压与液相组成的关系

设组分 A 和组分 B 形成理想液态混合物，T 温度时它们的饱和蒸气压为 p_A^* 和 p_B^*，且假定 $p_A^* > p_B^*$。由于组分 A、B 在所有组成范围内都服从拉乌尔定律，它们在气相中的分压和系统总压分别为

A 组分分压 $$p_A = p_A^* x_A = p_A^* (1 - x_B) \tag{7-7}$$

B 组分分压 $$p_B = p_B^* x_B \tag{7-8}$$

系统总压 $$p = p_A + p_B = p_A^* + (p_B^* - p_A^*) x_B \tag{7-9}$$

式中，x_A 和 x_B 分别为液相中 A 和 B 的物质的量分数。式(7-7)～式(7-9)显示，平衡时气相中 A、B 分压 p_A、p_B 及系统总压 p 都与液相组成 x_B 成直线关系。

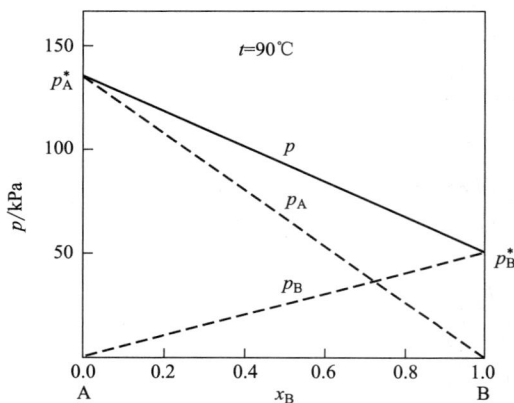

图 7-4 理想液态混合物苯(A)-甲苯(B)
气液平衡系统的压力-液相组成图

苯(A)和甲苯(B)的液态混合物可视为理想液态混合物系统，将它们 90℃时的饱和蒸气压数据 $p_A^* = 136.1\text{kPa}$ 和 $p_B^* = 54.2\text{kPa}$ 代入式(7-7)～式(7-9)，绘制压力-液相组成曲线，如图 7-4。图中系统气相总压 p 与液相组成 x_B 之间的关系曲线（实线），称为液相线，它指明了系统气相总压 p 与液相组成 x_B 之间的一一对应关系。

（2）气相组成与液相组成的关系

在温度一定的条件下，系统气-液两相达到平衡时，自由度数 $F = 2 - 2 + 1 = 1$，系统只有一个独立变量。若选定液相组成 x_B 为独立变量，那么除了系统的压力（包括各组分的压力和系统总压）是液相组成的函数外，气相组成必然也是液相组成的函数。设 A、B 理想液态混合物系统中的气相为理想气体混合物，它们的气相组成分别为 y_A 和 y_B，根据道尔顿分压定律，得

$$y_A = \frac{p_A}{p} = \frac{p_A^* (1 - x_B)}{p_A^* + (p_B^* - p_A^*) x_B} \tag{7-10}$$

$$y_B = \frac{p_B}{p} = \frac{p_B^* x_B}{p_A^* + (p_B^* - p_A^*) x_B} \tag{7-11}$$

上两式是气相组成 y_A、y_B 与液相组成 x_B 的定量关系。一定温度下，给定一个液相组成 x_B，必定有一个与之平衡的气相组成 y_A 和 y_B，即若液相组成 x_B 为独立变量，气相组成必为非独立变量。

一定温度下，A、B 两个组分的饱和蒸气压不同，饱和蒸气压大的组分比小的组分更容易汽化进入气相，因此当系统气-液两相平衡时，各组分在气相中的组成与其在液相中的组成并不相同。由图 7-4 可知，在 $0 < x_B < 1$ 的浓度范围内，系统气相总压恒大于组分 B 的饱和蒸气压，即 $p > p_B^*$。因为 $y_B = \dfrac{p_B}{p} = \dfrac{p_B^*}{p} x_B$，故

$$y_B < x_B$$

即饱和蒸气压小的难挥发组分在气相中的组成 y_B 恒小于它在液相中的组成 x_B；反之，饱和蒸气压大的易挥发组分，例如 A 组分在气相中的组成 y_A 恒大于它在液相中的组成 x_A。

（3）系统气相总压与气相组成的关系

因为 $y_B = \dfrac{p_B}{p} = \dfrac{p_B^* x_B}{p}$，所以 $x_B = \dfrac{y_B p}{p_B^*}$，代入式(7-9)，整理得

$$p = \frac{p_A^* p_B^*}{p_B^* - (p_B^* - p_A^*) y_B} \tag{7-12}$$

上式表明，系统气相总压 p 与气相组成 y_B 是曲线关系。若将系统气相总压与液相组成、气相总压与气相组成关系同时表示在一个压力-组成图上，前者是直线关系的液相线，后者是曲线关系的气相线，如图 7-5 是苯-甲苯系统的压力-组成(包括液相和气相两种组成)图。

液相线上方区域是液相区，气相线下方区域是气相区，夹在液相线和气相线之间的区域是气-液两相平衡共存区。根据温度一定时的自由度 $F = 3 - P$ 可知，单相区的 $F = 2$，说明压力和组成都可以独立变化，换言之，要描述单相区系统所处的状态，必须指明系统的压力和组成。而气-液两相平衡共存区的 $F = 1$，只有一个独立变量，式(7-9)、式(7-11) 和式(7-12)表明，系统中的气相总压 p、液相组成 x_B 和气相组成 y_B 三者之间存在定量函数关系，指定其中任意一个参数，另两个的值就确定。

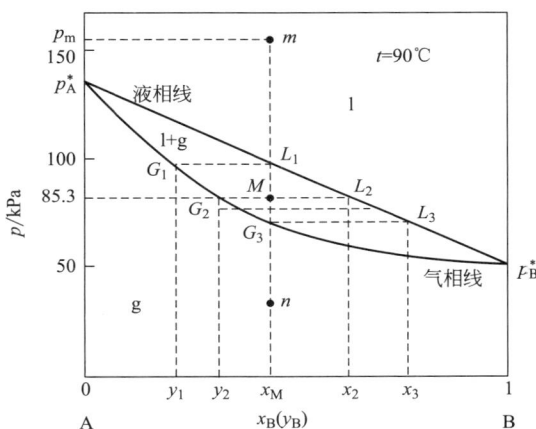

图 7-5　理想液态混合物苯(A)-甲苯(B)
气-液平衡系统的压力-组成图

（4）相图应用

应用相图可以说明给定系统在外界条件发生变化时的相变情况。在一个带有活塞的导热气缸中，加入 5.5mol 的苯(A)和 4.5mol 的甲苯(B)，形成系统组成 $x_M = 0.45$ 的理想液态混合物，将气缸置于 90℃的恒温槽中。开始时系统压力为 p_m，系统处于图 7-5 中液相区内的状态点 m。

状态点 m 缓慢地降低系统压力到点 L_1 前的瞬间，系统始终处于单一的液相区，液态混合物组成保持不变，因此，系统的状态点垂直下移。压力降到点 L_1 瞬间，液态混合物开始蒸发，蒸发产生的第一个微小气泡，其量微小到对此时的液态混合物组成 x_B 几乎没有影响，即 $x_B \approx x_M$，将 x_B 代入式(7-11)可以计算出第一个微小气泡的气相组成 y_B，即图中点 G_1 所对应的横坐标 y_1。第一个微小气泡的气相组成不等于其液相组成，是因为组分 A、B 在 90℃时的饱和蒸气压不等，两者蒸发时各组分液体的汽化速率不一样所致。

随着压力降到点 L_1 产生气泡开始到压力降到点 G_3 前的瞬间，系统中存在未蒸发的液态混合物和已蒸发的气态混合物两个相，其 $F = 1$，系统总压 p、液相组成 x_B 和气相组成 y_B 三个参数只能有一个是独立变量，它们之间存在定量函数关系。因此，在这一区域缓慢降压(相当于把压力作为独立变量)，液态混合物不断蒸发，其量逐渐减少，其组成将沿着 $L_1 \rightarrow L_2 \rightarrow L_3$ 变化；而气态混合物的量逐渐增加，其组成将沿着 $G_1 \rightarrow G_2 \rightarrow G_3$ 变化。例如，当系统压力降到系统点 M 所对应的压力 85.3kPa 时，液相的状态点(通常称为液相点)

为 L_2，对应的液相组成 $x_2 = 0.62$；气相的状态点（通常称为气相点）为 G_2，对应的气相组成 $y_2 = 0.39$，根据杠杆规则，此时系统中气相的物质的量为 7.39mol、液相的物质的量为 2.61mol（数据来源参见例 7-4）。平衡时的液相点 L_2 和气相点 G_2 的连线称为结线。

当系统压力降到点 G_3 的瞬间，液态混合物即将全部蒸发为气态混合物，故此时气态混合物的组成 $y_B \approx x_M$，代入式（7-11）计算出的 x_B，是最后消失的一滴液体的状态点 L_3 所对应的液相组成 x_3。

继续降压，系统离开点 G_3 进入气相区。图 7-5 显示，在单相区内系统点和相点是重合的，在两相区内系统点与相点是分开的。

7.3.1.2　恒压下理想液态混合物的温度-组成相图

液态混合物系统气相压力与外压相等时，液态混合物就开始沸腾，此时的温度称为液态混合物的沸点。二组分液态混合物的液相组成同时影响着其气相压力和气相组成，一定外压下组成不同的二组分液态混合物的沸点温度不同，以二组分液态混合物的沸点对其液相和气相组成作图，得温度-组成图。

对于二组分理想液体混合物系统，可以通过计算和实验两种方法得到温度-组成图。若已知两个纯组分在不同温度下的饱和蒸气压数据，可以参照例 7-4 中（1）的方法，计算出系统在一定外压（通常为 101.325kPa）、不同温度下气-液成平衡时气相和液相的组成；另一种是最常用的实验方法，在一定外压（通常为 101.325kPa）下，测定理想液体混合物不同沸点时系统达到平衡时的液相和气相组成。然后，两种方法都是将不同温度下的气相和液相组成标在温度-组成坐标系上，分别连接所有气相点和液相点，就能得到系统的温度-组成图。图 7-6 是理想液体混合物苯（A）-甲苯（B）系统在外压为 101.325kPa 时的温度-组成图。

纯液体的饱和蒸气压随着温度的升高而增加，相同温度时，苯的饱和蒸气压比甲苯的大，易挥发。因此，在相同的外压 101.325kPa 下，纯液体苯的沸点比纯液体甲苯的低，它们分别为 80.1℃ 和 110.6℃，对应图 7-6 中的点 t_A^* 和点 t_B^*。难挥发组分 B 在液相中的组成大于它在气相中的组成，按照这一原理，过任意温度作平行于横轴的虚线与图 7-6 中两根曲线相交，根据所得交点对应组成的大小，可以判断出下方曲线为液相线，上方曲线为气相线，两根曲线之间为气-液两相区。同样，若将处于图中状态点 m 的 5.5mol 苯和 4.5mol 甲苯构成的理想液态混合物等压升温，到达液相线上的点 L_1 时，液态混合物开始起泡沸腾，产生气泡瞬间的气相组成是点 G_1 对应的横坐标数值，L_1 对应的温度 t_1 称为组成 $x_B = 0.45$ 时的泡点，液相线代表了液相组成与泡点的关系，故又称泡点线。若将处于图中状态点 n 的气体混合物（组成 $y_B = 0.45$）等压降温，到达气相线上的点 G_2 时，气体混合物开始凝结出露珠般的液滴，刚产生的液滴其液相组成是点 L_2 对应的横坐标数值，G_2 对应的温度 t_2 称为气相组成 $y_B = 0.45$ 时的露点，气相线代表了气相组成与露点的关系，故又称露点线。在温度 $t_1 \sim t_2$ 内，系统组成 $x_M = 0.45$（B 的

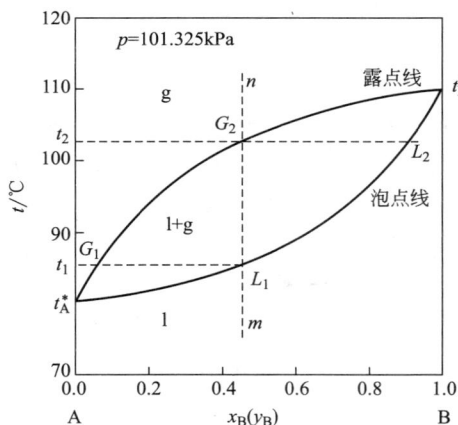

图 7-6　理想液态混合物苯（A）-甲苯（B）气-液平衡系统的温度-组成图

物质的量分数)的苯-甲苯二组分理想液态混合物系统，气-液两相平衡共存，而平衡时气相和液相数量的多少，同样可以依据杠杆规则计算。

7.3.2　精馏基本原理

精馏是化工生产、有机合成中分离或提纯物质的一种常用方法。根据恒定压力下，液态混合物蒸发过程中各组分汽化速率差异和气体混合物在冷凝过程中液化速率不同，将液态混合物同时进行多次部分汽化和部分液化而达到分离和提纯的单元操作，称为精馏。对于二组分液态混合物的泡点都介于两个纯组分沸点之间的 A-B 系统，其精馏过程的温度-组成关系如图 7-7 所示。

设液态混合物系统原始组成为 x_0，温度为 t_0，状态为图中点 m。将系统温度由 t_0 加热到 t_1，系统点为 M_1，液态混合物部分汽化，平衡时气-液两相的相点组成分别为 y_1 和 x_1；将气-液两相分开，继续加热组成为 x_1 的液态混合物至 t_2 对应的系统点 M_2，液体又部分汽化为组成分别为 y_2 和 x_2 的气-液两个平衡相；再对气-液两相分离，得到组成为 x_2 的液态混合物，再加热升温至 t_3 对应的系统点 M_3，液态混合物再次部分汽化为组成分别为 y_3 和 x_3 的气-液两个平衡相。由于 $x_0 <$ $x_1 < x_2 < x_3$，每进行一次加热升温后把部分汽化的气-液两相分开，B 在液相中的组成

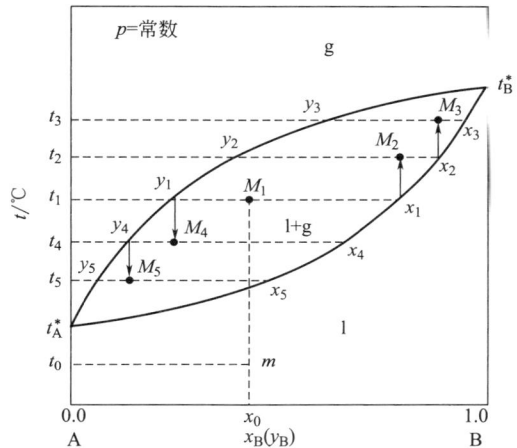

图 7-7　精馏过程的温度-组成图

逐渐增加，经多次重复这种操作，可以获得纯 B 物质。对于 t_1 时气-液分离得到的组成为 y_1 的气体混合物，冷却到 t_4 对应的系统点 M_4，气体混合物部分液化为组成为 y_4 和 x_4 的气-液两个平衡相；分离气-液两相，对组成为 y_4 的气体混合物继续降到 t_5 对应的系统点 M_5，气体混合物继续部分液化为组成为 y_5 和 x_5 的气-液两个平衡相。因为 $y_1 > y_4 > y_5$，每进行一次降温、分离操作，所得的气体混合物中 B 的组成都在减少，所以多次重复这种操作后，可以获得纯 A 物质。

工业上在精馏塔中实施这种精馏操作，精馏塔底部是加热区，温度最高，塔顶温度最低。塔中分为若干层塔板，每一层相当于一次简单蒸馏。待精馏的液态混合物从精馏塔的半高处加入，使混合物处于气-液两相平衡，气相中的高沸点组分放出凝聚热后，在塔板上凝聚成液体流到下一层塔板，液相中的低沸点组分得到热量后汽化上升到上一层塔板。若精馏塔中的塔板数足够多，最终将在塔顶经过冷凝收集到低沸点的纯组分，而高沸点的纯组分则留在塔底，达到分离的目的。

二组分理想液态混合物通过精馏操作，都能最终分离而得到两种纯组分物质。但是，对给定组成的二组分实际液态混合物系统进行精馏，能否分离出两种纯组分物质，还得由它们的温度-组成相图决定。

7.3.3　二组分实际液态混合物的气-液平衡相图

液态完全互溶的二组分系统中各组分的蒸气压与由 Raoult 定律理论计算的值之间存在一定偏差，这样的系统称为二组分实际液态混合物。若组分的蒸气压大于 Raoult 定律的计算值，称为正偏差；反之，称为负偏差。根据正、负偏差程度的大小，二组分实际液态混

合物可分为一般正偏差系统、一般负偏差系统、最大正偏差系统和最大负偏差系统四种类型。

（1）一般正偏差系统和一般负偏差系统

一定温度下，组分 A 和 B 的饱和蒸气压为 p_A^* 和 p_B^*，假定 $p_A^* > p_B^*$。在所有的组成范围内，各组分对 Raoult 定律的计算值偏差不大，实际蒸气总压 $p_{实际}$ 均大于 Raoult 定律计算的蒸气总压 $p_{理想}$，即 $p_{实际} > p_{理想}$；同时 $p_{实际}$ 介于两个纯组分的饱和蒸气压 p_A^* 和 p_B^* 之间，即 $p_A^* > p_{实际} > p_B^*$，这样的系统称为一般正偏差系统，如图 7-8。

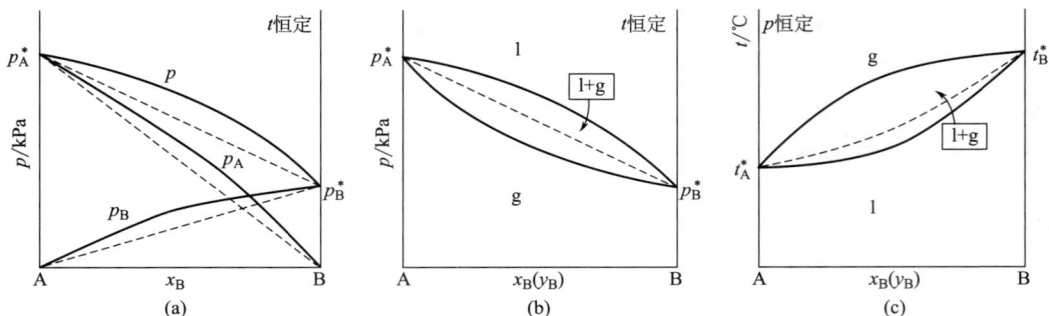

图 7-8　具有一般正偏差的二组分实际液态混合物平衡系统的
蒸气压-液相组成图、压力-组成图和温度-组成图

图 7-8（a）是一定温度下一般正偏差系统蒸气压与液相组成的关系曲线，虚直线是符合 Raoult 定律的理想液态混合物系统，实线代表实际液态混合物系统。图 7-8（b）是一定温度下具有一般正偏差的液态混合物系统气相总压与气相组成、液相组成的关系曲线，简称压力-组成图，由于是一般正偏差，故其液相线（上方实线）在理想液态混合物的液相线（虚直线）之上。图 7-8（c）是一定压力下具有一般正偏差的液态混合物系统沸点与气相组成、液相组成的关系曲线，简称温度-组成图，同样是因为一般正偏差的原因，其液相线（下方实线）比理想液态混合物的液相线（虚线）要略低。属于这类系统的有 $(CH_3)_2CO-C_6H_6$、$CCl_4-C_6H_6$ 和 CH_3OH-H_2O 等。

一般负偏差系统的定义与一般正偏差相似，只需将一般正偏差定义中的"大于"改为"小于"以及" $p_{实际} > p_{理想}$ "改成" $p_{实际} < p_{理想}$ "即可。$(CH_3CH_2)_2O(A)-CH_3Cl(B)$ 为一般负偏差系统，如图 7-9。

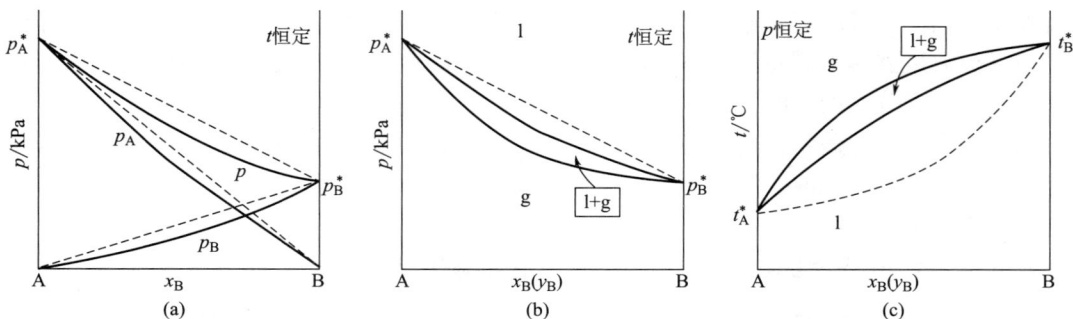

图 7-9　具有一般负偏差的二组分实际液态混合物平衡系统的
蒸气压-液相组成图、压力-组成图和温度-组成图

图 7-9(a)是一定温度下具有一般负偏差系统的蒸气压与液相组成的关系曲线，实线代表实际液态混合物系统。图 7-9(b)代表一定温度下具有一般负偏差的液态混合物系统气相总压与气相组成、液相组成的关系曲线，由于是一般负偏差，其液相线(上方实线)处于理想液态混合物的液相线(虚直线)之下。图 7-9(c)是一定压力下具有一般负偏差的液态混合物系统的沸点与气相组成、液相组成的关系曲线，一般负偏差致使其液相线(下方实线)高于理想液态混合物的液相线(虚线)。

(2) 最大正偏差系统

一定温度下，A、B 两组分($p_A^* > p_B^*$)都对 Raoult 定律的计算值产生正偏差，且在一定的组成范围内，气相实际总压大于易挥发组分的饱和蒸气压，即 $p_{实际} > p_A^*$ ，并在蒸气压力-液相组成图上出现最高点，这样的系统称为最大正偏差系统，如图 7-10。属于这类系统的有 $CHCl_3$-CH_3OH、$(CH_3)_2CO$-CS_2、C_6H_{12}-C_6H_6、C_2H_5OH-C_6H_6 和 C_2H_5OH-H_2O 等。

图 7-10(a)中实线是一定温度下具有最大正偏差系统的气相实际蒸气压与液相组成的关系曲线，在液相组成 x_1 处蒸气总压达到最高点，出现最大正偏差。图 7-10(b)中，同时画出了气相总压与液相组成关系的液相线以及气相总压与气相组成关系的气相线，即压力-组成图。液相组成 x_1 处，即图(a)中的最大正偏差位置，液相线与气相线有一个交点，此处气相和液相组成相同，即 $y_B = x_B = x_1$，同时使得气相线出现两个分支，形成了两个气-液共存区。图 7-10(c)是一定压力下具有最大正偏差系统的沸点对液相组成和气相组成图，最大正偏差处的蒸气压最大，对应的沸点应该最低，所以温度-组成图中液相组成 x_1 处出现最低点，此处也是 $y_B = x_B = x_1$。

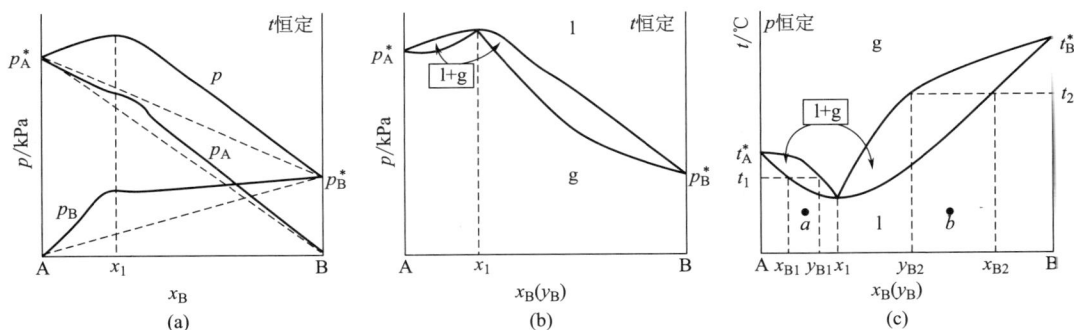

图 7-10　具有最大正偏差的二组分实际液态混合物平衡系统的
蒸气压-液相组成图、压力-组成图和温度-组成图

若在一定压力下对温度-组成图上最低点所对应组成为 x_1 的液态混合物加热，该混合物从开始沸腾到完全汽化，混合物的沸点保持固定不变，故将该点称为最低恒沸点，对应的混合物称为最低恒沸混合物。尽管一定压力下，恒沸混合物具有固定的沸点和组成，但它依然是混合物而不是纯的化合物；改变外界压力，最低恒沸点的温度和组成都将改变。

与二组分理想液态混合物相比，具有最低恒沸点的二组分液态混合物系统有两个显著区别。其一，理想液态混合物的"难挥发组分在气相中的组成恒小于它在液相中的组成"这一规律，不适用于具有最低恒沸点的二组分液态混合物；其二，精馏具有最低恒沸点的二组分液态混合物时，不能同时得到两个纯组分。当系统组成处于最低恒沸点左侧，如图 7-10(c)中的点 a，加热到 t_1 温度达到气-液两相平衡时，$y_{B,1} > x_{B,1}$，即难挥发组分在气相中的组成大于它在液相中的组成,精馏这样的混合物,只能在塔底得到纯 A 和在塔顶得到最低恒沸混合物。当系统组成处于最低恒沸点右侧,如图 7-10(c)中的点 b,加热到 t_2 温度达到气-液两相平衡时,$y_{B,2} < x_{B,2}$,即难挥发组分在气相中的组成小于它在液相中的组成,精馏这样的混合物,只能在塔底得到纯 B 和在塔顶得到最低恒沸混合物。

（3）最大负偏差系统

一定温度下,若 A、B 两组分($p_A^* > p_B^*$)都对 Raoult 定律的计算值产生负偏差,且在一定的组成范围内,气相实际总压小于难挥发性组分的饱和蒸气压,即 $p_{实际} < p_B^*$,并在蒸气压-液相组成图上出现最低点,这样的系统称为最大负偏差系统,如图 7-11。属于这类系统的有(CH₃)₂CO-CHCl₃、HCl-H₂O、HNO₃-H₂O 和 HCHO-H₂O 等。

与具有最大正偏差的系统相对应,一定温度下,在最大负偏差系统的蒸气压与液相组成关系图 7-11(a)以及气相总压与组成关系图 7-11(b)中,液相组成 x_1 处气相总压有最低点,出现最大负偏差,而在温度-组成关系图 7-11(c)中液相组成 x_1 处就有相应的最高点,称为最高恒沸点,此时的混合物称为最高恒沸混合物。同样,由图 7-11(c)可发现,系统组成在最高恒沸点左侧(如点 a),升温到 t_1 达到气-液两相平衡时,$y_{B,1} < x_{B,1}$,即难挥发组分在气相中的组成小于它在液相中的组成；系统组成在最高恒沸点右侧(如点 b),升温到 t_2 达到气-液两相平衡时,$y_{B,2} > x_{B,2}$,即难挥发组分在气相中的组成大于它在液相中的组成。对这类系统的混合物精馏,同样不能同时获得两种纯组分,只能在塔顶得到其中的一种纯组分物质和在塔底得到最高恒沸混合物。

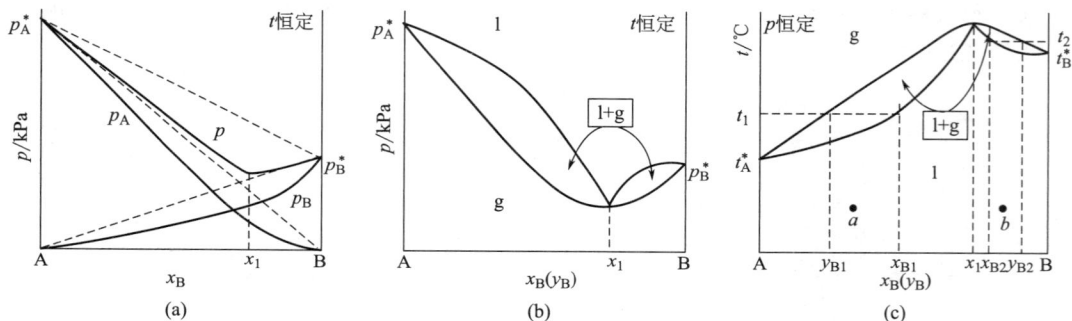

图 7-11　具有最大负偏差的二组分实际液态混合物平衡系统的
蒸气压-液相组成图、压力-组成图和温度-组成图

7.4　液态部分互溶和完全不互溶的二组分系统气-液平衡相图

7.4.1　液态部分互溶的二组分系统气-液平衡相图

在一定温度和压力下,两种液体的性质决定了它们相互之间的溶解程度。性质差别较大的两种液态组分,在一定的温度和组成范围内,它们只能部分互溶、形成两种互不相溶的液态混合物,这样的系统称为液态部分互溶的二组分系统。

（1）液态部分互溶的二组分系统的液-液平衡相图

如图 7-12 所示,在一定压力(通常为 101.325kPa)和 t_1 温度时,纵坐标点 D 处为纯液体水,在一定量的液体纯水（A）中逐渐滴加苯酚（B）液体,系统从点 D 开始向右水平移动,到点 L_1 前是液体苯酚（溶质）全部溶于水（溶剂）形成的不饱和稀溶液。到达点 L_1 时苯酚在水中溶解已达饱和，对应的组成 w_1 代表 t_1 温度时液体苯酚在水中的溶解度。继续滴加苯酚，越过点 L_1，系统变成两个互不相溶的液相平衡共存，上层是苯酚(B)在水(A)中的饱和溶液，简称水层，记为 l_1，其组成为 w_1；下层是水(相当于溶质)在苯酚(相当于溶剂)中的饱和溶液，简称苯酚层，记为 l_2，其组成为 w_2，通常将同一温度下平衡共存的液相 l_1 和 l_2 称为共轭溶液。不断滴加苯酚，在到达点 L_2 前，系统始终是共轭溶液 l_1 和 l_2 两相共存，且两相的组成保持不变，分别为 w_1 和 w_2，但共轭溶液 l_1 和 l_2 的相对质量在改变，它们的质量可应用杠杆规则求算，例如系统处于图中点 a 时，$m(l_1)$: $m(l_2) = aL_2 : L_1a$。滴加苯酚到点 L_2 时，l_1 消失，此时苯酚刚好将系统中全部的液体水溶于其中，形成水(溶质)在苯酚(溶剂)中的饱和溶液 l_2，其对应的组成 w_2 是 t_1 温度时液体水(A)在液体苯酚(B)中的溶解度。从点 L_2 开始继续滴加苯酚，系统离开点 L_2 向右移动，变为单相，是水在苯酚中的不饱和稀溶液。

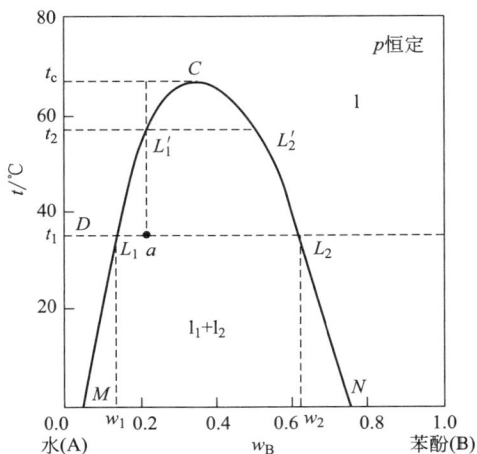

图 7-12　水-苯酚液-液平衡温度-组成图

改变温度，重复上述实验，可以得到一系列不同温度下类似 L_1 和 L_2 的相点，联结这些相点，就能得到帽形曲线，即为液态部分互溶的二组分系统液-液平衡相图。MC 曲线代表苯酚在水中的溶解度随温度变化规律，NC 曲线代表水在苯酚中的溶解度随温度变化规律，故也称为溶解度图。曲线的最高点 C，两种饱和溶液的组成相等，界面消失成为单一液相，点 C 称为最高会溶点，其对应的温度 t_C 称为最高临界会溶点温度。水与苯酚系统的 $t_C = 65℃$，高于该温度，两者可以按任意比例完全互溶。

帽形曲线以外，为单一液相 l。帽形曲线以内，是两个共轭溶液相 l_1 和 l_2 平衡共存，若系统组成在会溶点对应组成左侧时(如图中点 a)，升温到 t_2 时 l_2 相(苯酚层)先消失；若系统组成在会溶点对应组成右侧时，升温时 l_1 相(水层)先消失。两相区内自由度数 $F = 2-2+1 = 1$，即两个共轭溶液 l_1 和 l_2 的组成都只与温度有关，若给定温度，l_1 和 l_2 的组成不变。水-苯胺、苯胺-环己烷、正己烷-硝基苯以及水-正丁醇等，是与水-苯酚系统类似的液态部分互溶的二组分系统。

【例 7-5】 已知 $30℃$ 时，水(A)-苯酚(B)达成液-液两相平衡，共轭溶液的组成为 $w_{B,1} = 0.00875$，$w_{B,2} = 0.699$。试求：

(1) 该温度时，$100g$ 水和 $100g$ 苯酚达成液-液两相平衡时，两液相的质量；

(2) 在上述系统中加入 $100g$ 苯酚，重新达成平衡时，两液相的质量。

解　(1) 系统组成 $w_M = 100/(100+100) = 0.5$，根据杠杆规则，得
$$m_1 \times (0.5 - 0.00875) = m_2 \times (0.699 - 0.5)$$
且
$$m_1 + m_2 = 200$$
所以
$$m_1 = 57.66g, \quad m_2 = 142.34g$$

(2) 系统组成 $w'_M = 200/(200+100) = 0.667$，由杠杆规则，得
$$m'_1 \times (0.667 - 0.00875) = m'_2 \times (0.699 - 0.667)$$
且
$$m'_1 + m'_2 = 300g$$
故
$$m'_1 = 13.91g, \quad m'_2 = 286.09g$$

有些液态部分互溶的二组分系统，随着温度增加，两种液体相互之间的溶解度降低，这样的系统具有最低会溶点和最低临界会溶点温度 t'_C。例如，如图 7-13 所示的水-三乙胺系统，当温度低于 t'_C（18℃）时，两种液体完全互溶，成为单一相区；当温度高于 t'_C 时，出现部分互溶现象，是两相区。

有的液态部分互溶的二组分系统，同时具有最高和最低会溶点温度。例如，图 7-14 所示的水-烟碱系统，当温度低于 t'_C（60.8℃）和高于 t_C（208℃）时，两种液体能以任意比例互溶；但当温度介于 t'_C 和 t_C 之间时，两种液体部分互溶，两种溶解度平衡曲线是完全封闭式的。

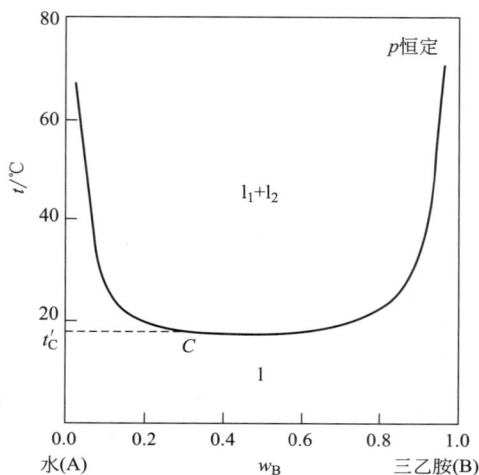

图 7-13　水-三乙胺液-液平衡温度-组成图　　　　图 7-14　水-烟碱液-液平衡温度-组成图

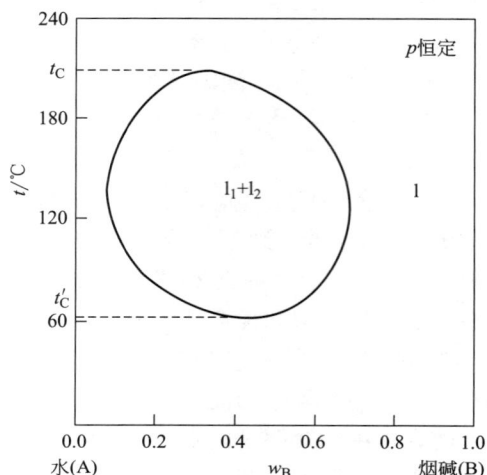

另外，水-乙醚系统没有会溶点温度，在温度低至凝固点、高至沸点的区间内，两种液体始终表现为部分互溶。

（2）液态部分互溶的二组分系统的气-液平衡

水-正丁醇属于液态部分互溶二组分系统，其液-液平衡相图与图 7-15 相似。若不断升高系统温度，共轭溶液层的相互溶解度增大，温度高到一定值时，液态混合物会汽化产生气相，系统同时包括气-液两相平衡和液-液两相平衡，其相图如图 7-15(a) 所示，上半部是高温下具有最低恒沸点的气-液两相平衡曲线，下半部是低温下的液-液两相平衡曲线。

系统压力对液-液两相平衡系统影响不大，但对气-液平衡系统影响很大，因此降低系统压力时，水-正丁醇液态混合物的沸点降低，其气-液两相平衡曲线不仅位置随着压力降低而下移，而且曲线形状也将发生一定变化，压力降至一定值时，气-液两相平衡曲线和液-液平衡曲线发生交汇，系统的温度-组成图如图 7-15(b) 所示。

图 7-15(b) 中，ML_1 线为正丁醇（溶质）在水（溶剂）中的溶解度曲线，NL_2 线为水（溶质）在正丁醇（溶剂）中的溶解度曲线。PL_1 线为正丁醇溶于水所形成溶液的沸点与其液相组成的关系曲线；QL_2 线为水溶于正丁醇所形成溶液的沸点与其液相组成的关系曲线，因此，此两线又称为气-液两相平衡的液相线。PG 线为正丁醇溶于水形成溶液的沸点与其气相组成的关系曲线，是与液相线 PL_1 相对应的气相线；QG 线为水溶于正丁醇所形成溶液的沸点与其气相组成的关系曲线，是与液相线 QL_2 相对应的气相线。L_1GL_2 线为正丁醇溶于水中的饱和溶液 l_1、水溶于正丁醇中的饱和溶液 l_2 和组成为 w_G 的混合气体三相平衡共存时的

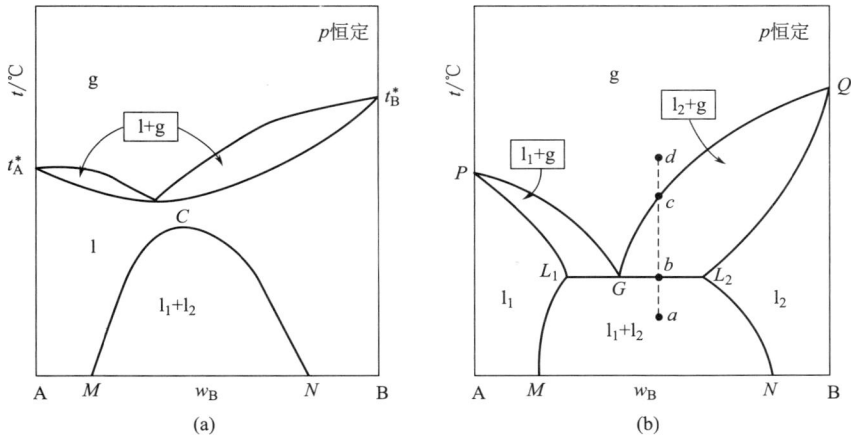

图 7-15　水(A)-正丁醇(B)系统气-液两相平衡的温度-组成图

三相线，点 L_1、L_2 和 G 对应上述三个相的相点。点 P 和 Q 分别为液体水和正丁醇在恒定外压为 p' 时的沸点。

处于图 7-15(b)中点 a 位置的系统是两个共轭溶液 l_1 和 l_2 平衡共存，对其逐渐加热，系统点将由点 a 上移，依次经过点 b、c，最后到达点 d，是一个等压升温过程。刚上移到点 b、尚未汽化的瞬间，两个共轭溶液 l_1 和 l_2 的组成分别为相点 L_1 和 L_2 对应的横坐标，共轭溶液 l_1 和 l_2 的质量之比等于线段 bL_2 和 L_1b 的长度之比。瞬间过后，共轭溶液 l_1 和 l_2 按照线段 GL_2 和 L_1G 的长度之比的量同时汽化，产生与这两相达成平衡的气相(气相组成对应于点 G 的横坐标)，即 $l_1 + l_2 \longrightarrow g$，此时三相共存。根据相律，$F = 2 - 3 + 1 = 0$，表明在恒压条件下，三相共存时的温度和三个平衡相的相点组成都不能变化。由于三相线上的系统点 b 位于气相点 G 右侧，汽化前两个共轭溶液中 l_2 的量多、l_1 的量少，因此，一定是溶液 l_1 首先汽化完毕。当最后一滴溶液 l_1 消失时，系统越过点 b 进入由溶液 l_2 和气相组成的两相区。此时，$F = 2 - 2 + 1 = 1$，继续加热，系统温度上升，溶液 l_2 不断汽化，成平衡的溶液 l_2 和气相两个相的组成分别沿着 L_2Q 和 GQ 曲线而改变。到达点 c 时，随着最后一滴液体的汽化，系统进入单一的气相区，点 c 到点 d 为气相等压升温过程，其自由度数 $F = 2 - 1 + 1 = 2$。

7.4.2　液态完全互不相溶的二组分系统气-液平衡相图

共存于一个系统中的 A、B 两种液体，若它们的互溶程度小到忽略不计，可以近似认为这两种液体是彼此不相溶的，系统中每一种组分的分压值等于它们单独存在时的饱和蒸气压。任何温度下，完全互不相溶的 A、B 两种液体共存系统，其气相总压等于两种纯组分的饱和蒸气压之和，即 $p = p_A^* + p_B^*$。

当系统的气相总压与外压相等时，两种液体同时沸腾，此时的温度称为系统的共沸点。由于完全互不相溶二组分系统的气相总压恒大于任一纯组分的饱和蒸气压，所以系统的共沸点恒低于任一纯组分在同一外压下的沸点。例如，在 101.325kPa 下，水的沸点为 100℃，溴苯的沸点为 156.2℃，而共存于一个系统中的水和溴苯的共沸点为 95℃。

利用共沸点恒低于任一纯组分沸点这一特性，可以将不溶于水的高沸点有机液体和水一起蒸馏，使两种液体在低于水的沸点下共沸，蒸气经冷凝静置后分离出有机液体，达到提纯有机物的目的。这种方法称为水蒸气蒸馏，其优点是，可以确保热稳定性较差的有机液仍不至于在沸腾前发生分解。根据道尔顿分压定律，可以计算出水蒸气蒸馏时蒸馏出的水与有机物(B)的质量之比，蒸气中它们的物质的量分数之比为

$$\frac{y_{H_2O}}{y_B} = \frac{p_{H_2O}}{p_B} = \frac{p_{H_2O}^*}{p_B^*}$$

因为

$$\frac{y_{H_2O}}{y_B} = \frac{n_{H_2O}/(n_B+n_{H_2O})}{n_B/(n_B+n_{H_2O})} = \frac{n_{H_2O}}{n_B} = \frac{m_{H_2O}/M_{H_2O}}{m_B/M_B}$$

所以

$$\frac{m_{H_2O}}{m_B} = \frac{p_{H_2O}^*}{p_B^*} \times \frac{M_{H_2O}}{M_B} \tag{7-13}$$

式中，$\dfrac{m_{H_2O}}{m_B}$ 称为水蒸气消耗系数，代表蒸馏出单位质量有机物所消耗的水蒸气质量，此系数越小，水蒸气蒸馏的效率越高。显然，有机物的饱和蒸气压越大(或沸点越低)，摩尔质量越大，水蒸气的消耗系数越小，效率就越高。

【例 7-6】 水和氯苯是完全互不相溶的液体，在 101.325kPa 压力下对氯苯进行水蒸气蒸馏，共沸点温度为 91℃，该温度下水的饱和蒸气压为 72.82kPa。试求水蒸气消耗系数。

解 $p_B^* = (101.325 - 72.82)kPa = 28.505kPa$， 由式(7-13)得

$$\frac{m_{H_2O}}{m_B} = \frac{72.82 \times 10^3}{28.505 \times 10^3} \times \frac{18 \times 10^{-3}}{112.5 \times 10^{-3}} = 0.41$$

图 7-16 为液态完全互不相溶二组分系统的温度-组成图。在恒定外压 p 下，点 P 和点 Q

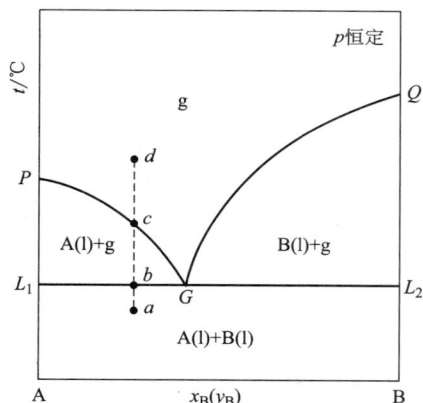

图 7-16 完全互不相溶系统的
温度-组成图

分别为纯液体 A 和纯液体 B 的沸点；线 PG 和线 QG 分别代表气相组成与露点的关系，即露点线；线 L_1GL_2 为纯液体 A、混合蒸气和纯液体 B 三相平衡共存时的三相线，即 A(l) + B(l) $\Longrightarrow$ g，点 L_1、G 和 L_2 是它们对应的相点。三相线上的自由度数 $F = 0$，即在恒定压力下，不论系统原始组成如何，三相共存时共沸点的温度和组成都不变。点 a 为系统处于点 G 左侧的某一状态，加热系统升温到点 b，纯液体 A 和纯液体 B 按照线段 GL_2 和线段 L_1G 长度比例同时汽化，由于原始系统中纯液体 A 和纯液体 B 的物质的量之比等于线段 bL_2 和线段 L_1b 长度之比，因此，液体 B 的量少而首先汽化完毕(若点 a 处于点 G 右侧，则液体 A 先汽化完毕；当点 a 处于点 G 正下方时，则液体 A 和 B 同时汽化完毕)，当最后一滴液体 B 汽化完，系统变为纯 A 液体和混合蒸气两相，继续加热，系统离开三相线进入两相区，$F = 2 - 2 + 1 = 1$，温度可以不断升高，气相组成沿 Gc 曲线变化。到达点 c 时，随着最后一滴纯 A 液体汽化完毕，系统进入单一气相区，点 c 到点 d 是液态混合物的升温过程。

7.5 二组分固-液平衡系统相图

在恒定外压(一般为 101.325kPa)下，对于大多数水-无机盐系统、两种金属系统以及两种固体有机物构成的系统，由于它们的蒸气压比较小，这类系统中可以忽略气相的存在，只

有固相和液相，通常称为固-液平衡系统或凝聚系统。不论固相还是液相部分，都存在完全
互溶、部分互溶和完全不互溶等情况，甚至还存在固相、液相化学反应，故二组分固-液平
衡系统要比气-液、液-液平衡系统复杂得多。基于复杂相图都是由若干个基本类型的相图组
合而成，为方便讨论，都是在液相完全互溶的前提下，介绍固相完全不互溶、完全互溶、部
分互溶和生成化合物的二组分固-液平衡系统相图。由于压力对凝聚系统的影响很小，本节
讨论的都是二组分固-液平衡系统温度-组成图。

7.5.1　固相完全不互溶的二组分固-液平衡系统相图

固相完全不互溶的二组分系统相图，在金属冶炼、金属材料研究和盐类结晶分离过程中
有着广泛的应用，因此，下面主要介绍二元金属系统、水-盐类系统相图的绘制及其解析。

7.5.1.1　二元金属系统相图

凝聚系统相图都是通过实验数据来绘制的，根据实验方法的不同可分为热分析法和溶解
度法等，二元金属系统相图采用热分析法绘制而成。

（1）相图的绘制

热分析法的具体做法是，将组成不同的一组固体样品封闭于不同的系统中，逐个加热系
统使固体熔化，然后让其缓慢均匀地散热降温，记录系统冷却过程中不同时刻的温度，以时
间为横坐标、温度为纵坐标，绘制得到步冷曲线（cooling curve）；然后，根据不同样品的步
冷曲线提供的信息，绘制出温度-组成图。热分析法的原理是，步冷曲线若是连续均匀变化
的，说明系统没有发生相变；步冷曲线若出现转折点（温度随时间的变化率有明显改变）或水
平线段（温度不随时间变化），表明系统发生了相变，这是由于液体凝固（相变过程）放出的热
能够部分或全部抵消系统冷却过程的散热所致。

现以 Bi-Cd 系统为例，说明热分析法绘制相图的过程。首先配制含 Cd 质量分数依次为
0.0、0.2、0.4、0.7 和 1.0 的五个样品各 100g，密封于抽真空的不锈钢样品管中。然后加
热，直至完全熔化为液体，置于常温、常压环境中冷却，记录各样品在不同时刻的温度，绘
制出步冷曲线，如图 7-17（a）。

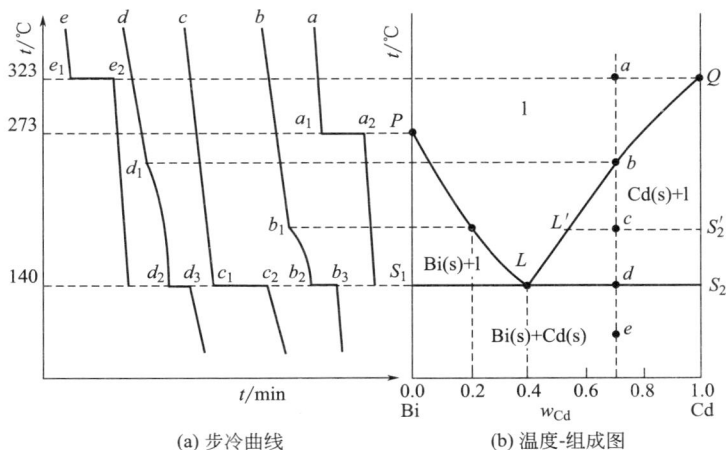

(a) 步冷曲线　　(b) 温度-组成图

图 7-17　Bi-Cd 系统的步冷曲线和温度-组成图

图 7-17（a）中线 a 是纯 Bi（$w_{Cd}=0.0$）的步冷曲线。线段 aa_1 是液体纯 Bi 向环境散热冷
却，其自由度数 $F=1-1+1=1$，温度随时间均匀直线下降。温度降至 Bi 的凝固点 273℃

（对应于点 a_1）时，系统开始析出固体 Bi，即 Bi(l) —— Bi(s)，此时自由度数 $F=1-2+1=0$，故在液体 Bi 凝固过程中，系统温度保持不变，步冷曲线上出现水平线段 a_1a_2，这是因为液体 Bi 凝固过程放出的热恰好抵消了系统向环境散发的热，导致系统温度保持不变。到达点 a_2，液体 Bi 全部凝固，系统成为单一的固体 Bi，继续向环境散热冷却，温度不断下降。

线 e 是纯 Cd（$w_{Cd}=1.0$）的步冷曲线，其形状与线 a 相似，水平线段 e_1e_2 对应的温度为 323℃，是 Cd 的凝固点。

线 c 是 $w_{Cd}=0.4$ 的 Bi-Cd 混合系统步冷曲线，其形状与纯物质的线 a 和线 e 相似，但其水平线段对应的温度为 140℃，比两个纯物质的凝固点都低得多。线段 cc_1 是熔化的 Bi 和 Cd 形成的液体溶液均匀直线冷却；到达点 c_1，从溶液相中以 $w_{Cd}=0.4$ 的组成比例同时开始析出固体 Bi 和 Cd，这两种金属以微小晶粒混杂在一起形成简单低共熔混合物。此时，组成 $w_{Cd}=0.4$ 的液体溶液、析出的金属固体 Bi 和固体 Cd 三相共存，$F=2-3+1=0$，温度保持不变，步冷曲线上表现为水平线段 c_1c_2。到达点 c_2，液体溶液完全凝固，系统变为金属固体 Bi 和固体 Cd 两相共存，$F=2-2+1=1$，温度继续均匀下降。

加热任意组成的 Bi-Cd 混合金属固体，温度到达 140℃时，金属 Bi 和 Cd 都是以 6∶4 的质量比例（即 $w_{Cd}=0.4$）同时开始熔化为金属液体而形成组成为 $w_{Cd}=0.4$ 的液体溶液，直至其中一种金属熔化完毕后，系统温度才能继续升高。因此，Bi-Cd 混合系统的低共熔混合物组成 $w_{Cd}=0.4$，对应的低共熔点温度为 140℃。尽管 Bi-Cd 低共熔混合物与固体纯 Bi 和纯 Cd 一样，有一个固定的熔点，但在金相显微镜下依然可以发现低共熔混合物中的 Bi(s) 和 Cd(s) 之间存在界面，所以，低共熔混合物不是纯物质，其相数为 2。

线 b 是 $w_{Cd}=0.2$ 的 Bi-Cd 混合系统步冷曲线。线段 bb_1 是组成 $w_{Cd}=0.2$ 的液体 Bi 和 Cd 形成的液体溶液均匀直线冷却；该液体溶液中 Bi 的量多，相当于是溶剂，依据溶液降温首先析出的是纯溶剂固体原理，降温到点 b_1，开始析出纯 Bi(s)。凝固过程放出的热可以部分抵消系统向环境的散热，故系统降温速度变慢，步冷曲线上表现出斜率变小，在点 b_1 出现转折。此时，析出的纯 Bi(s) 和液体溶液两相共存，$F=2-2+1=1$，温度继续下降。随着 Bi(s) 不断从液体溶液中析出，液相中 Bi(l) 的量减少，致使液相中 Cd(l) 的含量升高。温度降到点 b_2（对应温度为 140℃）前的瞬间，不仅从液体溶液中析出的纯 Bi(s) 达到最大量的临界点，而且剩余液体溶液中 Cd(l) 的含量已升高到 $w_{Cd}=0.4$。因此，到达点 b_2 时，系统的液相组成、温度都与线 c 降温到点 c_1 时的完全一样，只是液相质量的多少不相同，所以，系统从点 b_2 开始的散热降温与自点 c_1 开始的情况相同。

线 d 是 $w_{Cd}=0.7$ 的 Bi-Cd 混合系统步冷曲线，其降温情况与线 b 类似。温度降至点 d_1 时，该液体溶液中 Cd(l) 量多，相当于溶剂，故首先从液体溶液中析出的是纯 Cd(s)，由点 d_1 到点 d_2 的降温过程，液相中 Cd(l) 不断凝固使其在液相中的含量降低。温度降到点 d_2（对应温度为 140℃）前的瞬间，从液体溶液中析出的纯 Cd(s) 达到最大量的临界点，同时，剩余液体溶液中 Cd(l) 的含量降低到 $w_{Cd}=0.4$。

将上述五条步冷曲线中的转折点、水平线段对应的温度及其相应的系统组成，描绘在温度-组成图上，连接各个固-液两相平衡点，将各三相点连接成水平直线，得到如图 7-17(b) 所示的 Bi-Cd 系统温度-组成图。

（2）相图解析

对所得的 Bi-Cd 系统相图 7-17(b) 做如下解析。点 P 是纯 Bi 的凝固点，温度为 273℃，点 P 垂直向上为纯 Bi(l)、向下为纯 Bi(s)，若系统由 Bi(l) 降温或 Bi(s) 升温到这一点，该点 Bi(l) ⇌ Bi(s) 两相共存，自由度数 $F=1-2+1=0$，步冷曲线出现水平线段，见图 7-17(a)中水平线段 a_1a_2。点 Q 与点 P 类似，是纯 Cd 的凝固点，温度为 323℃。

PL 线是对 Bi-Cd 液体溶液（单一相区）系统降温、析出纯 Bi(s) 时的温度与液相组成关系曲线，纯 Bi(l) 中由于加入 Cd(l) 形成溶液而使 Bi(l) 的凝固点降低，且凝固点随液相组成变化而改变，因此，PL 线称为 Bi(l) 的凝固点降低曲线；同时，PL 线也可以看成是对 Bi(s) 和液体溶液两相共存系统升温、溶解 Bi(s) 时的温度与液相组成关系曲线，故也将 PL 线称为 Bi(s) 的溶解度曲线。PL 线上两相共存，系统的自由度数 $F=2-2+1=1$，温度可以不断下降，步冷曲线类似于图 7-17(a)中的线段 b_1b_2。同理，QL 线称为 Cd(l) 的凝固点降低曲线，或 Cd(s) 的溶解度曲线。PL 线和 QL 线以上的区域是单一的 Bi-Cd 液体溶液相区，$F=2-1+1=2$。

点 L 是 PL 线和 QL 线的交点，对于 Bi-Cd 系统，点 L 所处状态对应的 $w_{Cd}=0.4$ 为低共熔混合物组成、温度 140℃ 为低共熔点，处于点 L 的液体溶液对固体 Bi 和 Cd 都达到饱和，因此，该液体溶液系统散热冷却时，按照 $w_{Cd}=0.4$ 的组成比例同时析出 Bi(s) 及 Cd(s)：

$$l \rightleftharpoons Bi(s) + Cd(s)$$

系统三相共存，S_1LS_2 称为三相线，自由度数 $F=2-3+1=0$，系统的温度保持不变。只有当液相全部凝固成 Bi(s) 和 Cd(s) 时，系统的温度才会继续降低。

PL 线和 S_1L 线之间的区域是固体 Bi 和液相共存的两相区，QL 线和 LS_2 线之间的区域是固体 Cd 和液相共存的两相区。这二个两相区内的自由度数 $F=2-2+1=1$，系统的温度或液相组成是独立变量。S_1S_2 线以下的区域是固体 Bi 和固体 Cd 共存的两相区，自由度数 $F=1$，系统的温度是独立变量。

根据相图，可以分析外界条件改变时系统的相变过程。对系统组成 $w_{Cd}=0.7$、处于图 7-17(b)中点 a 的 100g Bi-Cd 液体溶液（30g 液体 Bi 和 70g 液体 Cd）冷却，系统点将沿着 $a \rightarrow b \rightarrow c \rightarrow d \rightarrow e$ 垂直移动。$a \rightarrow b$ 段，Bi-Cd 液体溶液均匀直线降温，其步冷曲线对应于图 7-17(a)中的 dd_1。到达点 b，开始从液体溶液中析出纯 Cd(s)，随即系统进入 $l \rightleftharpoons$ Cd(s) 两相区。$b \rightarrow d$ 段（不包含点 d），温度持续下降，从液体溶液中析出纯 Cd(s) 的量不断增加、液体溶液的量减少，液体溶液中 Cd(l) 的含量（组成）沿着 bL 线降低，这一降温阶段中的任意一个系统点，例如点 c，析出的纯 Cd(s) 质量与剩余液体溶液的质量之比，等于线段 $L'c$ 与 cS'_2 长度之比；该段的步冷曲线对应于图 7-17(a)中的 d_1d_2。系统冷却到点 d 前的瞬间，液体溶液中 Cd(l) 的含量降低到 $w_{Cd}=0.4$，析出纯 Cd(s) 的量达到最大临界点，由杠杆规则计算可知，此时纯 Cd(s) 和液体溶液各为 50g，溶液中 Cd(l) 的质量为 $50g\times0.4=20g$；瞬间过后，50g 组成 $w_{Cd}=0.4$ 的 Bi-Cd 液体溶液按照 6:4 的质量比同时析出 Bi(s) 和 Cd(s)，即 $l \longrightarrow Bi(s) + Cd(s)$，三相共存，自由度数 $F=2-3+1=0$，温度不变，系统在点 d 要停留一段时间，直至液体溶液全部凝固，系统在点 d 冷却时的步冷曲线对应于图 7-17(a)中的 d_2d_3。随着液体溶液凝固结束，系统点马上离开点 d 继续冷却，$d \rightarrow e$ 段是 30g Bi(s) 和 70g Cd(s) 的混合物降温过程。

除了 Bi-Cd 外，Pb-Sb、Si-Al、KCl-AgCl 和苯-萘等都属于二组分简单低共熔混合物系统。

低共熔混合物的熔点远低于任一纯组分熔点的这一特性，常被应用于冶金工业、焊接材料、保险丝等领域。例如，一些常见的氧化物熔点（如纯 CaO 的熔点为 2570℃）远高于炼钢温度，但当加入助熔剂萤石（CaF_2）后，两者形成的低共熔混合物的熔点低于 1400℃，使得高熔点氧化物在炼钢温度以下就熔化，改善了炉渣的流动性能，实现了节能减排。

7.5.1.2 水-盐类系统相图

当盐溶于水后会使水的凝固点降低，且凝固点降低值与盐在水溶液中的浓度有关，若将盐浓度较小的水溶液降温到0℃以下的某个温度时，将首先析出纯冰。而对盐浓度较大的水溶液冷却时，首先析出的是纯盐，此时的溶液称为盐的饱和水溶液，盐在水中的浓度称为溶解度，溶解度的大小随温度变化。

水-盐类系统的相图通常采用溶解度法绘制。以 H_2O-$(NH_4)_2SO_4$ 系统为例，配制一系列不同浓度（组成）的 $(NH_4)_2SO_4$ 水溶液，通过降温测定不同温度下 $(NH_4)_2SO_4$ 的溶解度。根据所得实验数据，以 $(NH_4)_2SO_4$ 的质量分数为横坐标，温度为纵坐标，绘制出 H_2O-$(NH_4)_2SO_4$ 系统的温度-组成图，如图7-18所示。

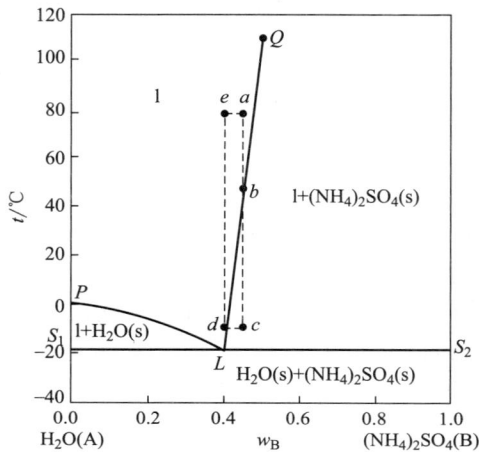

图7-18 H_2O-$(NH_4)_2SO_4$ 系统温度-组成图

图7-18中点 P 是纯水的凝固点，PL 线是 $(NH_4)_2SO_4$ 水溶液的凝固点降低曲线，水溶液的凝固点随 $(NH_4)_2SO_4$ 浓度的增加而下降；LQ 线是不同温度下 $(NH_4)_2SO_4$ 在水中的溶解度曲线，$(NH_4)_2SO_4$ 的溶解度随温度升高而增大。由于 $(NH_4)_2SO_4$ 的熔点为230℃，远远超过了 $(NH_4)_2SO_4$ 饱和水溶液的沸点，若不断升高温度，液相将消失而成为水蒸气和固体 $(NH_4)_2SO_4$，所以 LQ 线不能任意延长到 $(NH_4)_2SO_4$ 的熔点，止于饱和溶液的沸点温度。PL 线和 LQ 线以上是单一的溶液相，自由度数 $F=2-1+1=2$，温度和组成都可以独立变化。S_1LS_2 水平线是冰、固体硫酸铵与组成为点 L 的溶液达成三相平衡的共存线，$F=2-3+1=0$，点 L 的组成为 $w_B=0.3975$，是 H_2O-$(NH_4)_2SO_4$ 系统的低共熔混合物，对应的温度-18.3℃，为低共熔点。S_1LS_2 水平三相线以下的区域是 $H_2O(s)$ 和 $(NH_4)_2SO_4(s)$ 两个固相共存区；曲线 PL 和直线 S_1L 围成的区域是水溶液和冰两相共存区；曲线 QL 和直线 LS_2 围成的区域是水溶液和固体硫酸铵两相共存区，这三个两相共存区的自由度数 $F=2-2+1=1$。

利用水-盐类系统相图可以通过结晶单元操作来分离、提纯和精制盐类。例如，室温下欲从组成 $w_B=0.25$ 的硫酸铵水溶液中提取纯的 $(NH_4)_2SO_4$ 晶体，由图7-18可知，该溶液的组成位于低共熔混合物组成左侧，只有首先通过加热蒸发溶剂水，浓缩溶液到组成高于低共熔混合物组成（$w_B=0.3975$）的右侧，然后再通过降温，就能得到纯的 $(NH_4)_2SO_4$ 晶体。又例如，可利用该相图实现 $(NH_4)_2SO_4$ 粗盐的精制。先将粗盐在较高温度（如80℃）下配制成接近饱和的溶液，这时系统点为图7-18中的点 a，过滤除去不溶性杂质后降温，当到达点 b 时开始析出纯 $(NH_4)_2SO_4$ 晶体。继续降温到点 c，析出的晶体质量增加，为获得尽可能多的纯 $(NH_4)_2SO_4$ 晶体，根据杠杆规则，点 c 应越接近 S_1LS_2 三相线越好，但应以不析出低共熔混合物为原则。过滤便能得到精制的纯 $(NH_4)_2SO_4$ 晶体，而滤液中 $(NH_4)_2SO_4$ 组成降低，此时系统点移至对应的点 d（此时是较低温度下的饱和溶液），加热滤液升温到80℃，系统点到达点 e，此时为不饱和溶液，加入粗盐重新配制成接近饱和的溶液，系统点由点 e 转移到点 a，然后再过滤除去不溶性杂质后降温，循环上述操作，便能实现 $(NH_4)_2SO_4$ 粗盐的精制。当经过多次操作后，滤液中可溶性杂质积累过多时，应对滤液进行适当处理，或废弃滤液，重新配制系统点为 a 的溶液。

　　另外，在化工生产和科学研究中，常依据不同水-盐类系统的低共熔点和低共熔混合物组成数据，配制适宜的水-盐类系统溶液，获得生产和科研所需的低温水浴和低温冷冻循环液。

7.5.2　固相完全互溶的二组分固-液平衡系统相图

　　有些二组分系统中，两种固体物质微粒可以达到分子、原子或离子水平级的均匀混合，这样的固体混合系统称为固体溶液(简称固溶体)或混晶，常用 α、β、γ 等表示固溶体，和液体溶液一样，一种固溶体就是一个相。若晶形相同、微粒(分子、原子或离子)大小相近的两种固体组分，在晶格结点上能够以任意比例相互均匀交换微粒，这样的系统称为固相完全互溶二组分系统，它通常可分为液相线无极值型、具有最低恒熔点型和最高恒熔点型三类系统。

　　液相线无极值型固相完全互溶的二组分系统，其熔点介于两纯组分熔点之间，相图与完全互溶二组分气-液两相平衡的温度-组成图相似，Au-Ag 系统的温度-组成图如图 7-19 所示。点 P 为纯 Au 固体的熔点温度，点 Q 为纯 Ag 固体的熔点，它们是两种纯物质的 s $\rightleftharpoons$ l 两相平衡点，自由度数 $F=1-2+1=0$。上方曲线称为液相线，表示液体溶液 l 降温析出固溶体时的温度与液相组成的关系；下方曲线称为固相线，是加热固溶体 α 熔化时的温度与固溶体组成的关系曲线，它们的 $F=2-2+1=1$。上部平面代表液体溶液 l 相区，下部平面代表固溶体 α 相区，它们的 $F=2-1+1=2$；中间平面代表液体溶液 l 和固溶体 α 两相平衡共存区，自由度数 $F=2-2+1=1$，两相区内熔点较低的组分在液相中的质量分数($w_{B,l}$)恒大于它在固相中的质量分数($w_{B,\alpha}$)。Cu-Ni、Sb-Bi、Co-Ni 和 Cu-Pd 等系统的相图都属于这类情况。

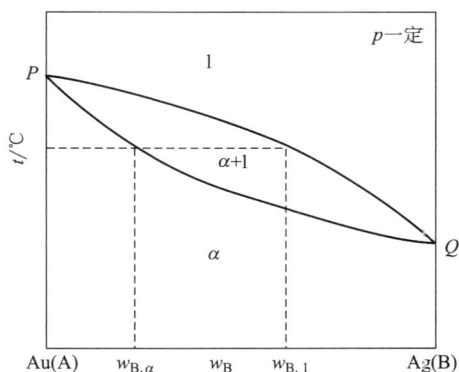

图 7-19　Au-Ag 系统的温度-组成图

　　根据图 7-19，在 Au-Ag 系统的液体溶液降温析出晶体的实际过程中，由于固体内部的扩散传质作用比较慢，而冷却过程较快，难以保证系统在平衡条件下进行相变，致使析出的固体晶体并不均匀。由于对某个系统点降温析出晶体时，固溶体组成沿着下方的固相线逐渐往右下方移动，所以最先析出的、居于固体最内层的晶体含有较多的高熔点组分 Au($w_{B,\alpha}$ 较小)；而作为随后析出的晶体，将包裹在先前析出晶体的外层，所以处在固体表面层的析出晶体，则一定含有较多的低熔点组分 Ag($w_{B,\alpha}$ 较大)，这种析出晶体过程中形成的组成不均匀的层状结构固体，称为偏析现象。偏析现象会对金属材料的弹性、韧性、强度等力学性能产生不良影响，为消除偏析现象给金属材料造成的缺陷，常采用把固体混合金属加热到接近熔点温度时保温足够长的时间，以加快系统内分子的扩散传质速率，使固体内部组成趋于均一，然后再缓慢降温，这一过程称为退火工艺。

　　同样地，与完全互溶二组分气-液两相平衡的温度-组成图类似，固相完全互溶二组分系统相图也会出现最低恒熔点以及最高恒熔点的情况。前者的相图见图 7-20，具有该类型相图的有 Na_2CO_3-K_2CO_3、KCl-KBr、Cu-Au、Cs-K、Ag-Sb 等系统；后者的相图见图 7-21，$HgBr_2$-HgI_2 系统相图属于这类，但总体上较为少见。

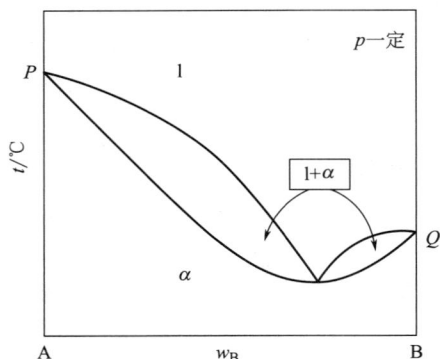

图 7-20 具有最低恒熔点的固溶体相图

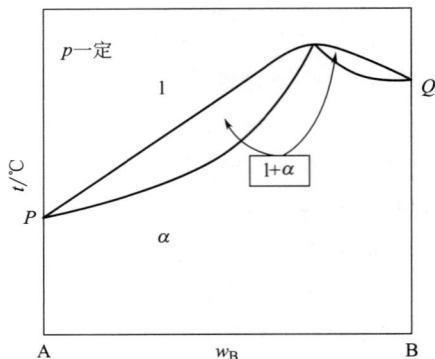

图 7-21 具有最高恒熔点的固溶体相图

7.5.3 固相部分互溶的二组分固-液平衡系统相图

由于性质差异较大的两种固体组分相互间的溶解度有限，使得固体只能在一定的组成（浓度）范围内形成单一相的固溶体，而在其余的组成范围内形成两种互不相溶的固溶体（两个相），这种情况称为固相部分互溶的二组分固-液系统。与液相部分互溶二组分气-液平衡温度-组成图 7-15(b)类似，由 A、B 组成的固相部分互溶的二组分固-液两相系统存在两种固溶体，一种是固体 B 为溶质溶于固体 A 为溶剂而形成的固溶体，记为 α 相固溶体，另一种是固体 A 为溶质溶于固体 B 为溶剂而形成的固溶体，记为 β 相固溶体。这类系统的相图又可分为具有低共熔点的和具有转熔点的两种类型。

（1）具有低共熔点的相图

图 7-22 是具有低共熔点的固相部分互溶的二组分固-液平衡系统相图。点 P 及点 Q 分别为纯 A 固体及纯 B 固体的熔点，点 L 为固溶体 α 和固溶体 β 的低共熔点。PL 线和 QL 线都是液相线，分别是系统组成位于点 L 左侧和右侧的液体溶液降温析出固溶体 α 和 β 时的温度与液相组成关系曲线。PS_1 线和 QS_2 线均为固相线，分别是加热固溶体 α 和 β 熔化时的温度与固溶体组成的关系曲线。MS_1 线是固体 B 在固体 A 中的溶解度曲线，NS_2 线是固体 A 在固体 B 中的溶解度曲线。水平线 S_1LS_2 为固溶体 α、固溶体 β 和点 L 对应组成的液体溶液三相平衡共存线，即 $l \Longrightarrow \alpha + \beta$。每个相区代表的平衡相已在相图中标出。

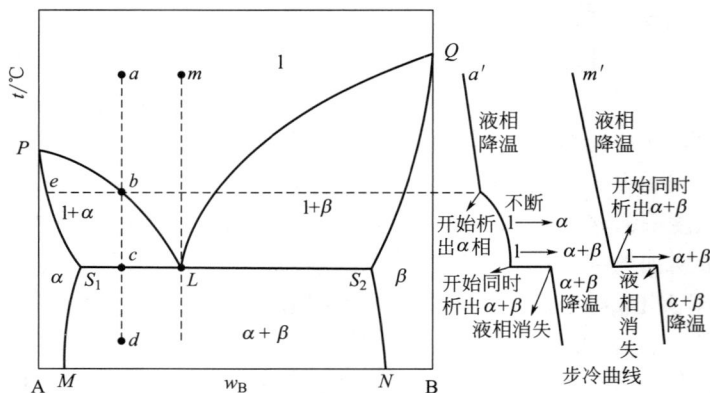

图 7-22 具有低共熔点的固相部分互溶的二组分固-液平衡系统相图与步冷曲线

若系统组成是低共熔点 L 对应的组成，如图 7-22 中的系统点 m，点 m → L 是单一的液体溶液相降温，降温到点 L，开始同时析出固溶体 α 和 β，此时系统变为点 L 对应组成的液体溶液、固溶体 α 和固溶体 β 三相共存，自由度数 F ＝ 2－3＋1＝0，温度保持不变，只有当液相完全消失后，变成固溶体 α 和固溶体 β 两个相后，温度才能继续下降。该系统点的步冷曲线对应图中线 m′。

若系统组成介于点 S_1 和 S_2 对应的组成之间，如图 7-22 中的系统点 a，冷却时依次经过 a → b → c → d。a → b 段是单一的液相降温，到点 b 时开始析出固溶体 α，此时固溶体组成为点 e 所对应。继续降温，即 b → c 段，液相中不断析出固溶体 α，其组成沿着 eS_1 变化；与固溶体 α 成平衡的液相，其组成沿着 bL 变化。当降温到达点 c 前的瞬间，系统的固相点(即单一的固溶体 α)为 S_1，液相点为 L，此时固溶体 α 与液体溶液质量之比等于线段 cL 与 S_1c 长度之比。瞬间过后，组成为点 L 的液体溶液按照线段 LS_2 与 S_1L 长度之比同时析出固溶体 α 和固溶体 β，达成三相平衡共存，温度保持不变。当液相完全消失后，系统离开点 c，c → d 段是固溶体 α 和固溶体 β 继续降温。该系统点的步冷曲线对应图中线 a′。

具有这类相图的系统有 Pb-Bi、Pb-Sn、Ag-Cu、Cd-Zn、AgCl-CuCl 和 KNO_3-$TiNO_3$ 等。

(2) 具有转熔点的相图

图 7-23 是具有转熔点的固相部分互溶的二组分固-液平衡系统相图。六个相区代表的平衡相已在图中标明，相图的分析与具有低共熔点的相图相似。三相线 LS_1S_2 对应的温度称为转熔温度(即转熔点)，该三相线的特点是，代表液相组成的相点 L 在三相线的一个端点，而代表固溶体 α 组成的相点 S_1 在中间。

系统组成在 LS_2 线对应的组成之间时，当降温冷却到转熔温度前的瞬间，系统是液体溶液 1 和固溶体 β 两相平衡共存；冷却到达转熔温度时，液体溶液 1 和固溶体 β 相互作用转化为固溶体 α，即 1＋β ——→ α，三相平衡共存。反过来，若在转熔温度时加热点 S_1 对应组成的固溶体 α，它将转变为液体溶液 1 和固溶体 β，即 α ——→ 1＋β。这种在等温(转熔温度)条件下，由一种固溶体和一种液体溶液相互作用转化为另一种固溶体，或者由一种固溶体转变为一种液体溶液和另一种固溶体的过程，称为转熔相变。

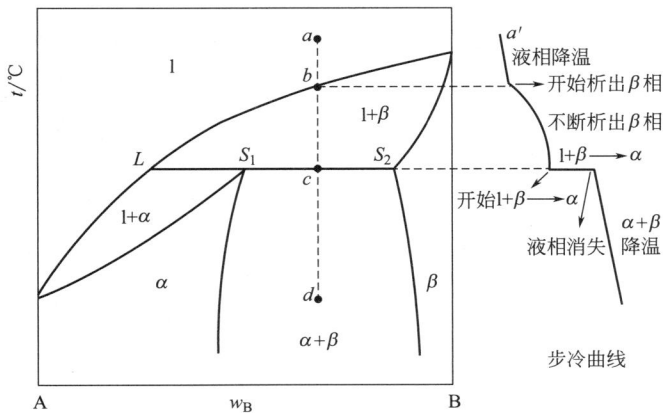

图 7-23　具有转熔点的固相部分互溶的二组分固-液平衡系统相图与步冷曲线

图 7-23 中的系统点 a 降温冷却，当刚降到点 c 前的瞬间(尚未析出固溶体 α)，系统的固相点(即单一的固溶体 β)为 S_2，液相点为 L，此时固溶体 β 与液体溶液质量之比等于线段 Lc 与 cS_2 长度之比。瞬间过后，组成为点 L 的液体溶液和组成为点 S_2 的固溶体 β 按照

线段 S_1S_2 与 LS_1 长度比例转变为组成为点 S_1 的固溶体 α，达成三相平衡共存，温度保持不变。当液相完全消失后，剩余的固溶体 β 和转变成的固溶体 α 两相平衡共存，系统离开点 c 继续降温。该系统点的步冷曲线对应图中线 a'。

属于这类相图的有 Hg-Cd、Pt-W、$AgNO_3$-$NaNO_3$、AgCl-LiCl 等系统。

（3）相图应用——区域熔炼原理

半导体、核燃料等工业需要超高纯度的金属材料，例如，作为半导体材料的硅和锗，要求它们的纯度达到 99.999999%，这是任何化学方法都无法做到的。1952 年，贝尔实验室的化学家 William Pfann 根据二组分固-液平衡系统相图，采用区域熔炼（zone melting）方法成功提取了硅和锗的超纯样品，开启了制备超纯金属材料之门，为现代半导体产业发展奠定了基础。

金属中大多含有杂质，不妨设 A、B 组分分别为所需纯化的金属和杂质金属，图 7-24 为二组分固相完全互溶或部分互溶系统相图的一部分，图中标出了三个相区代表的平衡相。在 $l+\alpha$ 两相区，液相要比与其成平衡的固相杂质含量高，例如 $w_{B,0} > w_{B,1}$，$w_{B,1} > w_{B,2}$。将组成为 $w_{B,0}$ 的金属棒放置于管式高温炉内，管外安装一个可以移动的加热环，让加热环自左向右加热熔化金属棒，见图 7-25。随着加热环的缓慢右移，最左端的最早熔化的金属液体开始凝固，凝固物的组成 $w_{B,1}$ 较原金属棒组成 $w_{B,0}$ 小，即所含杂质降低，而留在液相中的杂质含量将会提高，富集了杂质的液相随加热环的右移而右移。待加热环移至最右端后，重新将加热环放回管式高温炉最左端加热，使最左端析出的组成为 $w_{B,1}$ 的固体重新熔化。然后再使加热环缓慢右移，此时最左端再次凝固的固体组成为 $w_{B,2}$，其杂质含量进一步减少，如此重复 n 次后，在最左端便能得到高纯度的金属 A，杂质 B 被扫到了最右端。

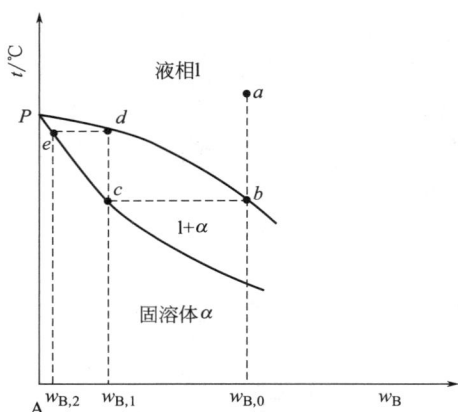

图 7-24　区域熔炼原理图

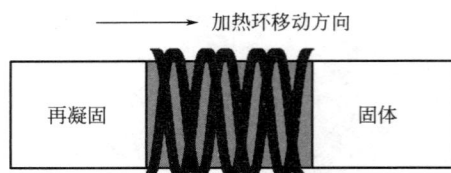

图 7-25　区域熔炼操作示意图

结合超高真空技术，区域熔炼可应用于提纯稀土金属，提高稀土金属的品质和拓展其应用领域。另外，区域熔炼还可以用于有机物的提纯（可达 5 个 9 以上）和高聚物的分级。

7.5.4　生成化合物的二组分固-液平衡系统相图

若 A、B 两个组分之间能相互反应生成一种化合物，则组分数 $C=S-R-R'=3-1=2$。由于每生成一个化合物，物种数 S 相应增加一个的同时，系统的独立化学平衡数目 R 也增加一个，故不管生成多少种化合物，系统的组分数保持不变，都是 $C=2$。生成的化合物 C 可以用通式 A_mB_n 表示，其组成若用物质的量分数表示，则 $x_B=n/(m+n)$，若用质量分数表示，则 $w_B=nM_B/(mM_A+nM_B)$。

A、B 两个组分之间能够生成一种或多种化合物，且能够生成化合物的系统有很多，例如，水-盐组分生成的 $CuSO_4 \cdot nH_2O$（$n=1$、3、5），两种盐组分生成的 $CuCl \cdot FeCl_3$，两种氧化物组分生成的 $SiO_2 \cdot Al_2O_3$，两种有机物组分生成的 $C_6H_5OH \cdot C_6H_5NH_2$，两种金属组分生成的 Mg_2Ge 等。按照生成化合物的稳定性差异，该类系统分为稳定化合物和不稳定化合物系统两种类型。

（1）生成稳定化合物系统的相图

加热固体物质到其熔点时不发生分解反应而能够稳定存在的物质，称为稳定化合物，即熔化时其固态和液态的化学成分是相同的，也称为具有"相合熔点"的化合物。

$CuCl(A)$ 与 $FeCl_3(B)$ 之间只形成一种化合物 $CuCl \cdot FeCl_3(C)$，属于生成稳定化合物系统中最简单的一类，其相图如图 7-26 所示。

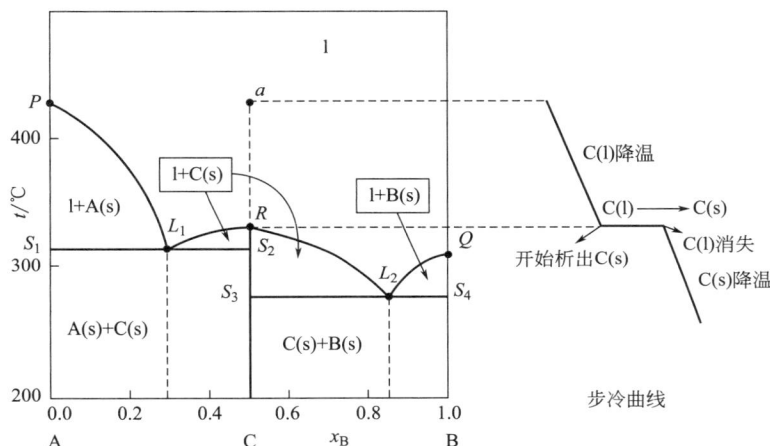

图 7-26　$CuCl(A)$-$FeCl_3(B)$ 系统的固-液平衡 t-x 图和步冷曲线

当系统中所加 $CuCl(A)$ 和 $FeCl_3(B)$ 的物质的量相同（即 $x_B = 0.5$）时，将全部生成 $CuCl \cdot FeCl_3(C)$，系统中既没有 A 也没有 B，只有纯 C；当 A 和 B 按照 $x_B < 0.5$ 的比例加入系统，A 过量、B 不足，两者反应后系统变为由剩余的 A 和生成的 C 组成（相图左半边）；当 A 和 B 按照 $x_B > 0.5$ 的比例加入系统，B 过量、A 不足，两者反应后系统变为由生成的 C 和剩余的 B 组成（相图右半边）。点 R 是生成化合物纯 C 的熔点，与纯 A、纯 B 的熔点 P 和 Q 一样，自由度数 $F = 1 - 2 + 1 = 0$。该相图可以看成是由 A 和 C、C 和 B 两个简单低共熔混合物系统的相图组合而成，L_1 和 L_2 分别为这两个系统的低共熔点。具有这种相图的还有 Au-Fe、Mg-Si、$CuCl_2$-KCl 和苯酚-苯胺等系统，它们所生成的稳定化合物依次为 $AuFe_2$、Mg_2Si、$CuCl_2 \cdot KCl$ 和 $C_6H_5OH \cdot C_6H_5NH_2$。

另外，有些系统的两个组分之间能够生成两个或两个以上的稳定化合物。例如，水和硫酸铜能生成 $CuSO_4 \cdot 5H_2O$、$CuSO_4 \cdot 3H_2O$ 和 $CuSO_4 \cdot H_2O$ 三种稳定的水合物，它们都有自身的熔点，系统原先的两个组分和生成的三种稳定水合物之间可以形成 4 个低共熔混合物，有 4 个低共熔点。因此，对于液态完全互溶、固态完全不互溶的二组分固-液平衡系统，若生成 n 种稳定化合物，则有 $n+1$ 个低共熔点和低共熔混合物。

（2）生成不稳定化合物系统的相图

加热由 A、B 两个组分生成的化合物固体，在没有达到其熔点前的某个温度，就分解产生一个新的固相及组成不同于该化合物的溶液相，这样的物质称为不稳定化合物，或称为具有

"不相合熔点"的化合物。把这样的分解过程称为转熔反应，发生转熔反应时系统三相(两个固相和一个液相)共存，自由度数 $F = 2-3+1 = 0$，三相平衡时的温度称为转熔温度或转熔点。

图 7-27 是 K - Na 系统的固-液平衡相图，生成的化合物 KNa_2 位于横坐标 2/3 处，加热该固体化合物到三相线 $L_2S_3S_4$ 对应的转熔温度时，$KNa_2(s)$ 分解成纯固体 Na 和点 L_2 对应组成的液体溶液，系统三相共存，自由度数 $F = 0$，温度保持不变。当 $KNa_2(s)$ 全部分解完后，系统变为两相，$F = 1$，系统的温度才能继续上升。六个相区代表的平衡相已标明在图中。对组成分别为 a、b 和 c 的系统冷却，它们降温过程的相变情况分析见右边对应的步冷曲线 a'、b' 和 c'。

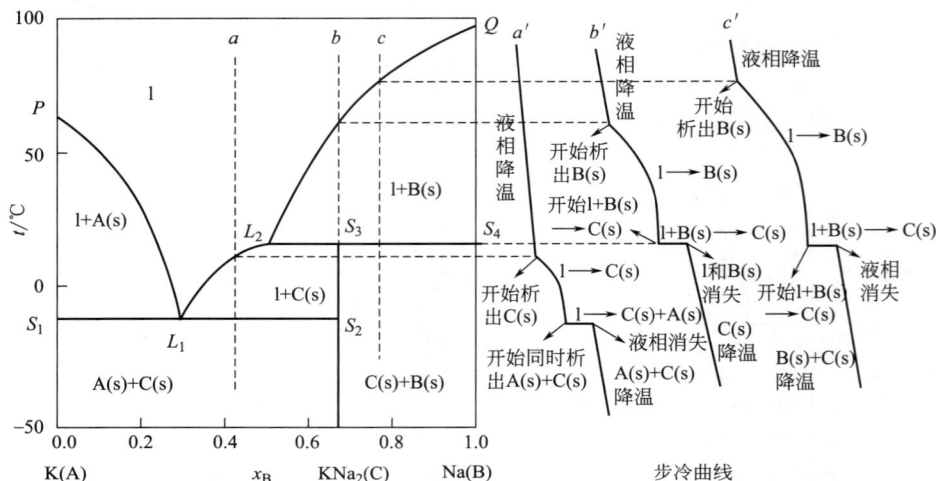

图 7-27　K - Na 系统的固-液平衡 t-x 图和步冷曲线

属于这种情况的还有 SiO_2- Al_2O_3、CaF_2- $CaCl_2$、$NaCl$ - H_2O 和 Na_2SO_4- H_2O 等系统。

7.5.5　二组分平衡系统相图规律总结

分析二组分平衡系统相图，得出以下规律：

① 所有相图都是在恒定温度或压力时绘制的，而固-液平衡系统中相当于恒定压力，所以都是用公式 $F = 2-P+1 = 3-P$ 计算自由度数。

② 相图中的水平线段均为三相线，水平线段的端点和交点代表各相的状态。

③ 相图中的垂直线段(包括左右两个纵坐标)代表单一的纯组分，即纯 A、纯 B 或生成的化合物纯物质，如纯 C 等。

④ 相图中的曲线代表的是两相平衡线，曲线上的一个点代表一个相的相态及其组成。

⑤ 杠杆规则只能应用于两相平衡区，不适用于单相区和三相线。

⑥ 固-液平衡系统中，相图中自由度数 $F = 0$ 的点在对应的步冷曲线上出现平台。

7.6　三组分系统的液-液平衡相图

对于三组分系统，$C = 3$，根据相律公式(7-3)，$F = 3-P+2 = 5-P$。由于系统至少存在一个相，故三组分系统的自由度数最多为 4，即有温度、压力和两个组成共四个独立变量。通常在恒定温度和压力两个变量的情况下，用剩下的两个组成作为独立变量，以便绘制二维平面相图。

7.6.1 三组分系统组成的等边三角形坐标表示法

三组分系统的组成可以用平面图形来表示，常用的有直角三角形和等边三角形两种坐标表示法，为确保三个组分的组成在平面图上具有同等地位，宜采用等边三角形表示法。由 A、B 和 C 三个组分构成的系统，它们的组成（以质量分数 w 计）关系可以用如图 7-28 所示的等边三角形坐标法表示。

图中将等边三角形的每一条边 10 等分，以逆时针方向在三条边上分别标出 A、B 和 C 三个组分的质量分数（也可为物质的量分数）。三角形的三个顶点分别代表纯组分 A、B 和 C；三角形的每一条边 AB、BC 和 CA 分别代表二组分系统 A-B、B-C 和 C-A 的组成关系，例如 AB 边上的点 b 代表二组分系统 A-B 中含 A 80%、含 B 20%，BC 边上的点 c 代表二组分系统 B-C 中含 B 70%、含 C 30%，CA 边上的点 a 代表二组分系统 C-A 中含 C 50%、含 A 50%；三角形内的任意一点代表 A-B-C 三组分系统的组成，例如任意一点 M，过该点作平行于三角形各边的平行线，则 $Mc+Ma+Mb$ 和 $Ca+Ab+Bc$ 都等于三角形的边长，因此可以用 Ca、Ab 和 Bc 的长度表示 A-B-C 三组分系统处于点 M 时的组成，该点的组成为 50%A、20%B 和 30%C。

相反地，若已知三组分系统 A、B 和 C 的组成（只有两个组成是独立变量，这里选取 A 和 B 组分），需在等边三角形内确定系统的坐标点时，可在 CA 边上标出代表 A 组分质量分数的点 a，过点 a 作 BC 边的平行线，同时，在 AB 边上标出代表 B 组分质量分数的点 b，过点 b 作 CA 边的平行线，两条平行线的交点 M 就是该系统的坐标点。

用等边三角形法表示三组分系统的组成时，依据等边三角形的几何特性，可以得出以下几个规律：

① 组成落在平行于等边三角形某一边（如 AB 边）直线（如 cd 线段）上的所有三组分系统，它们所含顶角点所对应组分（如组分 C）的组成彼此相等，均为 30%C。

② 从等边三角形任意一顶角点（如点 B）出发到其对边（如 AC 边）的任一直线（如 BMN），系统中组分 B 的组成由 100% 逐渐变化到零，但另两个组分 A 和 C 之间的组成之比保持不变。

③ 如图 7-29 所示，将两个三组分系统 P 和 Q 混合，所得新的三组分系统 R 的组成必然处在 P 和 Q 的连线之间，具体位置可以通过杠杆规则得到。若系统 P 的质量为 m_1，系统 Q 的质量为 m_2，则 $m_1:m_2=RQ:PR=ef:de$。

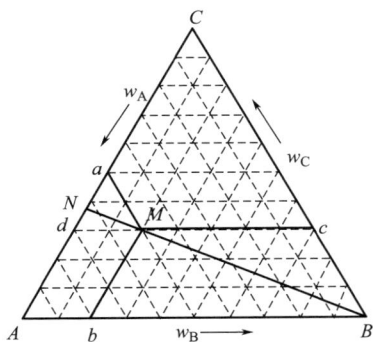

图 7-28　组成的等边三角形表示法

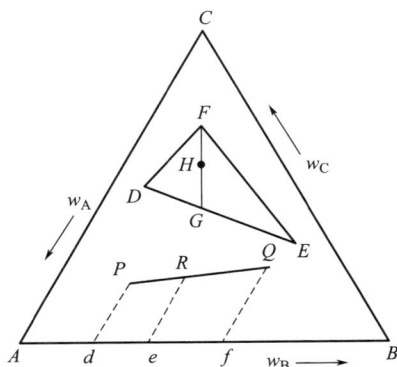

图 7-29　三组分系统的杠杆规则

④ 若将三个三组分系统 D、E 和 F 混合成新系统 H，H 的系统点可以通过两次杠杆规则确定：先由杠杆规则确定 D 和 E 两个三组分系统混合得到的系统点 G；然后再利用一次杠杆规则确定 G 和 F 两个三组分系统混合形成的系统点 H。显然，H 是三个三组分系统的质量重心，称为重心规则。

7.6.2 一对液体部分互溶的三组分液-液平衡系统相图

三组分系统相图有许多种类型，若按照聚集状态的不同，可分为气-液平衡系统、液-液平衡系统和固-液平衡系统等。在三组分液体系统中，三对液体之间可以是完全互溶的、一对部分互溶的、两对部分互溶的或三对部分互溶的。这里仅讨论三组分液-液平衡系统中，只有一对液体部分互溶、另外两对液体完全互溶系统的相图。

图 7-30 是在 30℃ 和 101.325kPa 下，水（A）-乙醚（B）-丙酮（C）三组分液体系统平衡相图，水和乙醚是部分互溶的一对液体，而水和丙酮、丙酮和乙醚是可以任意比例互溶的两对

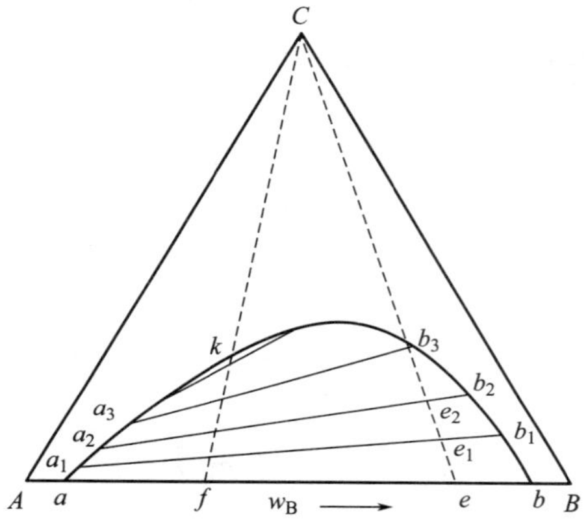

图 7-30 水（A）-乙醚（B）-丙酮（C）
系统液-液平衡相图

液体。当水和乙醚的组成处于 Aa 和 bB 之间时，都形成单一的溶液相，组成介于 ab 之间时，形成互不相溶的两个共轭二组分溶液层：一层是乙醚在水中的饱和溶液（组成对应点 a），另一层是水在乙醚中的饱和溶液（组成对应点 b）。曲线 akb 称为溶解度曲线，是根据 30℃ 和 101.325kPa 下所测定的溶解度数据绘制而成，具体做法如下。

向一定量的纯水中滴加乙醚，系统沿着 AB 线向右移动，在点 a 之前，系统是乙醚溶于水形成的单一的不饱和溶液相。到达点 a 时，乙醚在水中的溶解达到饱和。再滴加乙醚，系统开始分层，形成了乙醚在水中的饱和溶液层（简称水相，其组成对应点 a）和水在乙醚中的饱和溶液层（简称乙醚相，其组成对应点 b）两个共轭二组分溶液相。点 a 和点 b 的位置可以通过分析水相和乙醚相的组成确定。继续滴加乙醚（组成不超过点 b），系统一直维持两个共轭二组分溶液相共存，两相的组成始终不变，但其相对质量在不断变化，可根据杠杆规则定量计算，例如，系统处于点 e 时，$m(水相):m(乙醚相)=eb:ae$。到达点 b 时，水在乙醚中的溶解达到饱和。若进一步滴加乙醚，形成的是水在乙醚中的不饱和溶液。

在系统组成为点 e 的水-乙醚二组分系统中逐渐滴加丙酮，便形成三组分系统，其系统点将沿 eC 线向上移动。由于丙酮既溶于水相又溶于乙醚相，所以此时的水相和乙醚相变为两个共轭的三组分溶液。丙酮的加入使水和乙醚之间的溶解度逐渐增加，溶解度随着丙酮滴加量的增加而分别沿着 $a \rightarrow a_1 \rightarrow a_2 \rightarrow a_3 \rightarrow \cdots$ 和 $b \rightarrow b_1 \rightarrow b_2 \rightarrow b_3 \rightarrow \cdots$ 而增加。每滴加一次丙酮，三组分的系统组成、两个共轭的三组分溶液的相点组成及其质量都要发生变化。共轭的三组分溶液的相点组成可以通过分析测定，标在图上得 a_1、b_1，a_2、b_2，$\cdots$ 各点，连接每一组达成平衡的三组分水相和三组分乙醚相的相点，所得直线（如 a_1b_1、a_2b_2 等）称为结线，由于三组分水相和三组分乙醚相中丙酮的相对含量不相等，故结线与底边 AB 不平行。两个共轭的三组分溶液的质量可以由杠杆规则得出，如系统点为 e_1 时，$m'(水相):m'(乙醚相)=e_1b_1:a_1e_1$，随着不断滴加丙酮，系统点由 $e \rightarrow e_1 \rightarrow e_2 \rightarrow b_3 \rightarrow \cdots$ 逐

渐上移，三组分水相层的质量越来越小，当系统点到达点 b_3 时，三组分水相层消失而成为单一的三组分溶液相，再滴加丙酮时，系统点在单一相区内沿 b_3C 线向点 C 方向移动。

从图 7-30 可以发现，随着滴加丙酮量的增加，达成平衡的两个共轭的三组分溶液，它们的组成不断接近，结线逐渐缩短，最后缩小为图中的一个点 k，此点处两个共轭的三组分溶液组成相等，相界面消失，三组分系统成为一个均匀的溶液相。点 k 称为会溶点，其在相图中的位置与温度有关。曲线 akb 以内为三组分液-液两相平衡区，曲线以外是单一的三组分溶液相区。

在系统点为 f 的水-乙醚二组分系统中滴加丙酮成为三组分系统，系统点沿 fC 线向点 C 移动。在 akb 以内区域，随着丙酮的不断滴加，两个共轭的三组分溶液相分别沿 ak 和 bk 曲线方向移动，因 fC 线恰好通过点 k，故系统点到达点 k 时，不是两个共轭的三组分溶液相中的某一个先消失，而是这两个溶液相的界面消失而成为均匀的一个三组分溶液相。继续滴加丙酮，单一的三组分溶液相沿 kC 变化。

学习基本要求

1. 了解相、组分数和自由度等相平衡中的基本概念。

2. 了解相律的推导过程，熟练掌握相律在相图中的应用。

3. 掌握各类型的相图，理解相图中各相图中点、线和面（相区）所代表的意义，了解其自由度的变化情况，并能进行简单的相图分析。

4. 掌握完全互溶、部分互溶和完全不互溶等各种类型二组分液态混合物气-液平衡相图和二组分凝聚系统液-固平衡相图的特点及其应用。能熟练应用杠杆规则。

5. 理解热分析法制作相图的方法。学会用步冷曲线绘制二组分低共熔相图，并能对其相图进行分析，了解二组分低共熔相图在冶金、分离、提纯等方面的应用。

6. 掌握三组分系统三角形相图的表示方法，了解三组分系统相图中点、线、面的含义。了解三组分系统液-液平衡相图和盐类溶解度图及其应用。

习题

7-1　指出下列各平衡系统中的组分数 C、相数 P 及自由度数 F。

(1) 液体水与水蒸气成平衡；

(2) 25℃时，$KNO_3(s)$ 与其水溶液平衡共存；

(3) 在真空容器中加入足量的 $NH_4I(s)$，分解为 $NH_3(g)$ 和 $HI(g)$ 达平衡；

(4) 一定温度下，真空容器中加入足量的 $MgCO_3(s)$，分解为 $MgO(s)$ 和 $CO_2(g)$ 后达到平衡；

(5) 任意量的 $NH_3(g)$ 和 $HCl(g)$ 混合系统中，$NH_3(g)+HCl(g)\Longrightarrow NH_4Cl(s)$ 达到平衡；

(6) 真空容器中加入足量的 $NH_2COONH_4(s)$，分解为 $NH_3(g)$ 和 $CO_2(g)$，达到平衡时系统压力为 101.325kPa；

(7) 25℃时，$N_2(g)$ 和 $O_2(g)$ 溶于乙醇的水溶液中达成平衡；

(8) 单质碘（固体）全部溶于互不相溶的 $H_2O(l)$ 与 $CCl_4(l)$ 中达成分配平衡；

(9) $N_2(g)$ 和 $O_2(g)$ 溶于 $CH_3Cl(l)$ 与 $H_2O(l)$ 组成的部分互溶的溶液中达到平衡；

(10) 含有 NaCl 和蔗糖的水溶液和纯水达到渗透平衡。

7-2　碳酸钠与水可以形成 $Na_2CO_3 \cdot H_2O(s)$、$Na_2CO_3 \cdot 7H_2O(s)$ 和 $Na_2CO_3 \cdot 10H_2O(s)$ 三种水合物。

试问：

（1）在 101.325kPa 的压力下，能与碳酸钠水溶液、冰共存的水合物最多有几种？

（2）在 30℃时，可与水蒸气平衡共存的碳酸钠水合物最多有几种？

7-3　$SO_2(s)$ 在 177.0K 和 195.8K 时的蒸气压分别为 133.3Pa 和 1333Pa；$SO_2(l)$ 在 209.6K 和 225.3K 时的蒸气压分别为 4453Pa 和 13330Pa。求 SO_2 三相点的温度和压力以及摩尔熔化焓。假设所有相变焓均与温度无关。

7-4　液态 A 和 B 在温度 T 时的饱和蒸气压分别为 $0.4 \times 101.325kPa$ 和 $1.2 \times 101.325kPa$，它们可以形成理想液态混合物。

（1）若温度 T 为 A 和 B 形成溶液的正常沸点，计算该溶液的组成。

（2）若现将系统组成 $x_B = 0.3$ 的 A 和 B 液态混合物 10mol 降压汽化。试求：

（a）第一滴液体开始汽化时，气相组成和系统的压力；

（b）汽化完毕前，最后一滴液体的组成和系统压力；

（c）当压力降至 $0.56 \times 101.325kPa$ 达平衡时，气、液两相的组成及其物质的量 $n(g)$ 和 $n(l)$。

7-5　不同温度下 $CCl_4(A)$ 的饱和蒸气压 p_A^* 和 $SnCl_4(B)$ 的饱和蒸气压 p_B^* 如下表：

T/K	350	353	363	373	383	387
p_A^*/kPa	101.325	111.458	148.254	193.317	250.646	—
p_B^*/kPa	—	34.397	48.263	66.261	89.726	101.325

（1）若组分 A 和 B 形成理想液体混合物，试绘制在 101.325kPa 时的沸点-组成图。

（2）对组成 $x_B = 0.7$ 的理想液体混合物在 101.325kPa 下蒸馏，溶液沸腾时的温度是多少？刚蒸出的馏分组成是多少？

7-6　在 101.325kPa 下蒸馏组成不同的乙醇和乙酸乙酯混合系统，测得不同沸点时液相和气相中乙醇的物质的量分数 x 和 y 如下表：

（1）绘制 101.325kPa 下乙醇和乙酸乙酯系统的沸点-组成图；

（2）蒸馏组成 $x(C_2H_5OH) = 0.600$ 的液态混合物，求最初馏出物的组成；

（3）若在精馏塔中对组成 $x(C_2H_5OH) = 0.600$ 的液态混合物进行精馏，能得到什么产物？

T/K	x	y	T/K	x	y
350.30	0.000	0.000	345.15	0.563	0.507
349.85	0.025	0.070	345.95	0.710	0.600
348.15	0.100	0.164	347.35	0.833	0.735
345.75	0.240	0.295	349.55	0.942	0.880
344.95	0.360	0.398	350.85	0.982	0.965
344.75	0.462	0.462	351.45	1.000	1.000

7-7　部分互溶的水（A）-苯酚（B）系统在 60℃时达成液-液平衡，共轭溶液中水相组成为 $w_B = 0.168$（质量分数）、苯酚相组成 $w_B = 0.551$。

（1）150g 水和 100g 苯酚形成的系统达到液-液两相平衡时，水相和苯酚相的质量各为多少？

（2）质量分数 $w_B = 0.100$ 的 100g 苯酚水溶液中滴加多少克苯酚后，溶液开始分层？

7-8　某有机物与水完全不互溶。对该有机物进行水蒸气蒸馏，在 99.19kPa 压力下的共沸点为 95℃，该温度下水的饱和蒸气压为 84.51kPa。馏出物经分离，检测出水的质量分数为 0.45。试求有机物的摩尔质量。

7-9　已知 363.15K 时水的饱和蒸气压为 70.117kPa，溴苯的摩尔质量为 0.1569kg·mol^{-1}。溴苯与水完全不互溶，在大气压力为 101.325kPa 的实验室，测得溴苯水蒸气蒸馏时的共沸点为 368.15K。试求：

(1) 水蒸气蒸馏时的馏出物中溴苯的质量分数；

(2) 蒸馏出 5kg 溴苯所需水蒸气的质量。假定在 363.15～373.15K 温度范围内，水的摩尔蒸发焓 $\Delta_{vap}H_m$ 是与温度无关的常数。

7-10　在 101.325kPa 下，A、B 两组分液态完全互溶、固态完全不互溶，它们形成的低共熔混合物含 B 的质量分数为 0.6，现有含 B 质量分数为 0.4 的液态混合物 150g。试问：

(1) 冷却上述液态混合物，首先析出的固体是哪种？可最多得到该固体的纯净物为多少？

(2) 在三相平衡时，若低共熔混合物的质量为 40g，与其平衡的固体 A 和固体 B 各是多少？

7-11　已知 101.325kPa 时，固体 Pb 的摩尔熔化焓 $\Delta_{fus}H_m = 4.858$kJ·mol^{-1}，Pb 和 Ag 的熔点分别为 600K 和 1233K，两者在 578K 时形成低共熔混合物，试求低共熔混合物的组成（以摩尔分数表示）。假设液体 Pb 和液体 Ag 形成的是理想稀溶液。

7-12　已知 Tl 和 Hg 的摩尔质量分别为 204.4g·mol^{-1} 和 200.6g·mol^{-1}。101.325kPa 时，Tl 和 Hg 的熔点分别为 576K 和 234K，它们的液体完全互溶、固体完全不互溶，两者可以形成稳定化合物 Tl$_2$Hg$_5$，其熔点为 288K。两种金属单质与稳定化合物间形成两种低共熔混合物，它们的组成（含 Hg 的质量分数）及对应的低共熔点分别为 0.59、282K 和 0.92、213K。

(1) 绘制 Tl-Hg 系统相图，标出各相区的相态和自由度数；

(2) 现对温度为 293K、含 Hg 质量分数为 0.90 的 200g 混合物系统降温到 203K，求平衡时各相的质量。

7-13　已知 Sb 和 Cd 的摩尔质量分别为 121.8g·mol^{-1} 和 112.4g·mol^{-1}，根据 101.325kPa 时 Sb-Cd 二组分系统步冷曲线得到下列数据：

w_{Cd}/%	0.00	20.0	47.5	50.0	58.0	70.0	93.0	100
开始凝固温度/K	—	823	—	692	—	673	—	—
全部凝固温度/K	903	683	683	683	712	568	568	594

(1) 绘制 Sb-Cd 系统相图，标出各相区的相态和自由度数；

(2) 将 500g 含 Cd 80% 的液体溶液降温，温度刚降到 568K 时系统中是哪两相共存？各相的质量是多少？

7-14　金属 Mg 与 Cu 可形成两种稳定化合物 Mg$_2$Cu 和 MgCu$_2$，两种金属及两种化合物的熔点分别为 921K、1358K、853K 和 1073K。金属与化合物之间能形成三种低共熔混合物，三种低共熔混合物含 Cu 的质量分数及对应的低共熔点依次为 0.35、653K，0.66、833K 和 0.906、953K。依据上述参数，绘制 Mg-Cu 二组分系统固-液平衡相图，指出各相区平衡相。

7-15　在 101.325kPa 时，H$_2$O-NaCl 二组分系统的低共熔点为 252K，此时质量分数为 0.223 的 NaCl 水溶液、冰和 NaCl·2H$_2$O(s) 三相平衡共存；在 264K 时系统有一不相合熔点，在该温度时，不稳定化合物 NaCl·2H$_2$O(s) 分解为 NaCl(s) 和质量分数为 0.270 的 NaCl 水溶液。已知 NaCl(s) 在水中的溶解度随温度升高略有增加。

(1) 绘制 H$_2$O-NaCl 系统相图，标出各相区的相态和自由度数；

(2) 若在冰-水平衡系统中加入固体 NaCl 后作制冷剂，能够到达的最低温度是多少？

(3) 将 500g 质量分数为 0.300 的 NaCl 水溶液由 350K 冷却，温度降到接近多少时析出的纯 NaCl 固体最多？其质量是多少？

7-16　金属 A 和 B 形成化合物 A$_2$B$_3$ 和 AB$_3$，固体 A、B、A$_2$B$_3$ 和 AB$_3$ 彼此不互溶，但液态时完全互溶。在 101.325kPa 时，A 和 B 的熔点分别为 600℃和 1100℃；化合物 A$_2$B$_3$ 的熔点为 900℃，与 A 形成的低共熔混合物的组成为 $x_B = 0.20$、低共熔点为 450℃；化合物 AB$_3$ 在 800℃时分解为化合物 A$_2$B$_3$ 和组成为 $x_B = 0.90$ 的液态溶液，与 B 形成的低共熔混合物的组成为 $x_B = 0.95$、低共熔点为 650℃。依据上述数据，绘制 A-B 系统的 t-x 相图，指出各相区代表的平衡相；画出系统组成 $x_B = 0.30$ 和 $x_B = 0.90$ 时液态溶液降温的步冷曲线。

7-17 固体 A 和固体 B 生成不稳定化合物 C，其固-液平衡相图如图 7-31 所示，画出系统点 a、b、c、d、e 和 f 冷却时的步冷曲线。

7-18 Pb(A) 和 Mg(B) 生成稳定化合物 $Pb_2Mg(C)$，Pb-Mg 二组分系统固-液平衡相图如图 7-32 所示。

(1) 指出化合物 C 的横坐标数值；

(2) 标出 1～8 号相区的平衡相；

(3) 画出系统点 a 冷却时的步冷曲线。

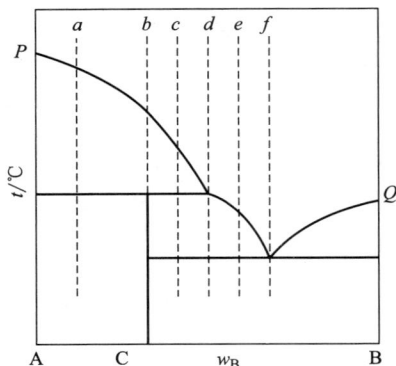

图 7-31 习题 7-17 附图

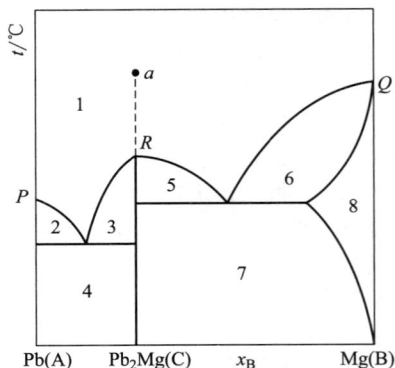

图 7-32 习题 7-18 附图

7-19 某 A-B 二组分系统的固-液平衡相图如图 7-33。指出各相区的平衡相以及三相线上的相平衡关系。

7-20 二组分系统 Hg-Cd 的固-液平衡相图如图 7-34。指出各相区的平衡相以及三相线上的相平衡关系。

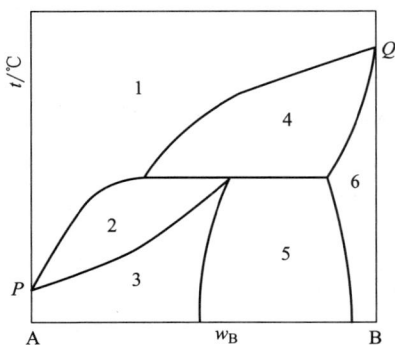

图 7-33 习题 7-19 附图

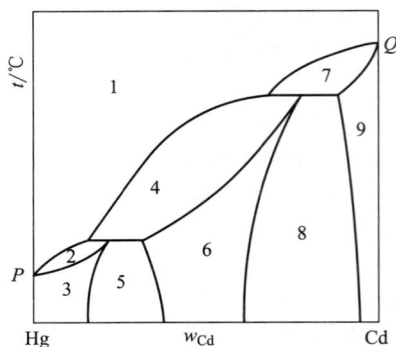

图 7-34 习题 7-20 附图

7-21 某 A-B 二组分系统的固-液平衡相图如图 7-35。指出各相区的平衡相以及三相线上的相平衡关系。

7-22 某 A-B 二组分系统的固-液平衡相图如图 7-36。指出各相区的平衡相以及三相线上的相平衡关系。

7-23 A-B 二组分液体部分互溶系统的固液平衡相图如图 7-37。指出各相区的平衡相以及三相线上的相平衡关系。

7-24 A-B 二组分系统的固-液平衡相图如图 7-38。指出各相区的平衡相以及三相线上的相平衡关系。

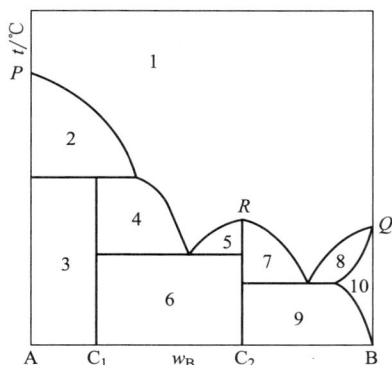

图 7-35　习题 7-21 附图

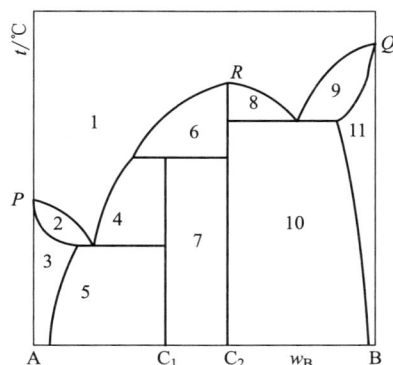

图 7-36　习题 7-22 附图

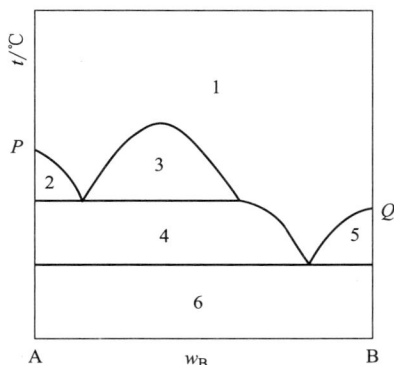

图 7-37　习题 7-23 附图

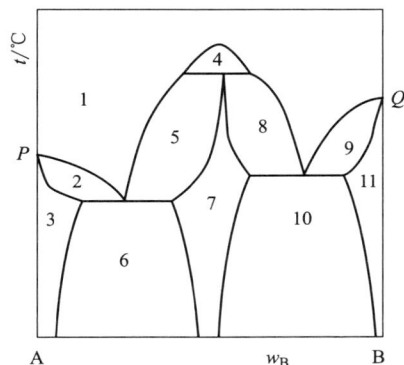

图 7-38　习题 7-24 附图

7-25　A-B 二组分系统的固-液平衡相图如图 7-39。

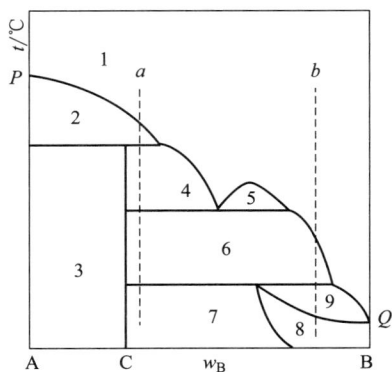

图 7-39　习题 7-25 附图

（1）指出各相区的平衡相；

（2）指出三相线上的相平衡关系；

（3）画出系统点 a、b 冷却时的步冷曲线。

7-26　70℃时，水、乙醇和乙酸乙酯三组分系统达到平衡时，水层和乙酸乙酯层中三种物质的质量分数 w 的数据如下表：

水层			乙酸乙酯层		
水	乙醇	乙酸乙酯	水	乙醇	乙酸乙酯
0.937	0	0.063	0.058	0	0.942
0.910	0.022	0.068	0.065	0.010	0.925
0.880	0.045	0.075	0.082	0.031	0.887
0.820	0.084	0.093	0.128	0.077	0.795

（1）在等边三角形坐标上绘出溶解度曲线和联结线；

（2）三组分共沸物组成为：含水 0.078、乙醇 0.090、乙酸乙酯 0.832。可用加水分层的方法使乙酸乙酯浓缩。现将 100g 共沸物加水 200g，搅拌后分层，求两层溶液的质量；

（3）乙酸乙酯层中各组分的质量及乙酸乙酯的损失量。

第 8 章

电化学

▶▶

电化学是研究电和化学反应之间的相互作用、化学能和电能之间的相互转化以及转化过程中相关规律的一门学科。借助特定装置，将氧化还原反应中转移的电子做定向移动而形成电流，这种可以将化学能转化为电能的装置称为原电池（primary cell），如图 8-1。反之，借助另一种特定装置，利用输入的外部电能迫使不能自发进行的氧化还原反应得以发生反应，这种能够将电能转化为化学能的装置称为电解池（electrolytic cell），如图 8-2。

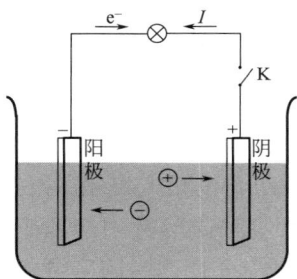

图 8-1　原电池示意图　　　　　图 8-2　电解池示意图

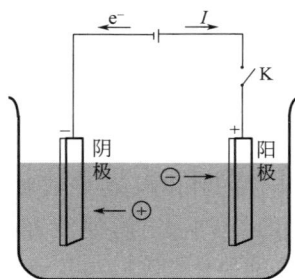

电化学的发展历史最早可以追溯到 17 世纪初人们对电的认识，但公认的电化学起源标志是 1791 年意大利生理解剖学家伽伐尼（L. Galvani，1737—1798 年）发表的题为"电流在肌肉运动中所起作用"论文，文中指出金属能使青蛙腿肌肉发生痉挛的"动物电"现象，它架起了电流与化学反应之间的一座桥梁。1799 年，意大利物理学家伏特（A. Volta，1745—1827 年）从银片、锌片交替的叠堆中成功制造出第一个化学电池，为用直流电源开展广泛研究提供了可能性。1807 年，英国化学家戴维（H. Davy，1778—1829 年）用电解氢氧化钾和氢氧化钠的方法制得了钾和钠的金属单质。1833 年，英国科学家法拉第（M. Faraday，1791—1867 年）基于其电解实验提出的法拉第定律，奠定了定量研究电化学的理论基础。1884 年，瑞典物理化学家阿伦尼乌斯（S. A. Arrhenius，1859—1927 年）提出了电解质电离理论。1889 年，德国物理化学家能斯特（W. H. Nernst，1864—1941 年）提出了原电池的电动势理论，并随后建立了能斯特方程。1905 年，瑞士物理化学家塔菲尔（J. Tafel，1862—1918 年）提出了氢超电势与电流密度之间的经验定量关系式，即塔菲尔公式。1923 年，美籍荷兰物理化学家德拜（P. J. W. Debye，1884—1966 年）和德国物理化学家休克尔（E. Hückel，1896—1980 年）提出了强电解质稀溶液中的离子互吸理论，进一步发展了电化学理论。20 世纪后 50 年，

电化学发展史上出现了两个里程碑：1959 年，捷克斯洛伐克化学家海罗夫斯基（J. Heyrovsky，1890—1967 年）因创立极谱技术获得诺贝尔化学奖；1992 年，美国化学家马库斯（R. A. Marcus，1923—）因建立电子转移反应理论获得诺贝尔化学奖。同时，70 年代兴起的原位（in situ）电化学表面光谱技术、原位电化学波谱技术、非原位（ex situ）表面和界面表征技术；80 年代出现的原位电化学 STM（扫描隧道显微镜）和 AFM（原子力显微镜）技术，均促进了电化学在分子和原子水平研究的突飞猛进。

进入 21 世纪以来，由于材料、能源、信息、生命、环境等学科对电化学技术的要求，电化学技术在下列 10 大领域已经和正在得到快速发展：①纳米材料的电化学合成；②纳米电子学中元器件、集成电路板、纳米电池、纳米光源的电化学制备；③微系统、芯片实验室的电化学加工以及界面动电现象在驱动微液流中的应用；④电动汽车的化学电源和信息产业的配套电源；⑤氢能源的电解制备和锂离子电池的商品化；⑥太阳能利用实用化中的固态光电化学电池和光催化合成；⑦消除环境污染的光催化技术和电化学技术；⑧玻璃、陶瓷、织物等的自洁、杀菌技术中的光催化和光诱导表面能技术；⑨生物大分子、活性小分子、药物分子的电化学研究；⑩微型电化学传感器的研制。

电化学是物理化学的一个重要组成部分，它不仅与无机化学、有机化学、分析化学和化学工程等诸多学科有关，还渗透到材料科学、能源科学、环境科学、生命科学、信息科学等众多领域。本章主要介绍电解质溶液（化学能与电能之间转化的介质）、可逆原电池、电解过程和电化学应用等。

8.1 电极、电解质溶液导电机理与法拉第定律

8.1.1 电极反应及电极名称

原电池装置的外电路用导线将插入电解质溶液中的两个电极与负载（如电灯泡）连成闭合回路（见图 8-1），电解池装置的外电路用导线将插入电解质溶液中的两个电极与直流电源连成闭合回路（见图 8-2）。这两种电化学装置的共同特点是：当闭合开关、外电路导通时，在各电极与溶液界面上将同时发生得到（或失去）电子的化学反应，溶液内部的离子会做定向迁移运动。这种在各电极与溶液界面上发生的化学反应称为电极反应，两个电极反应之和为总的化学反应，原电池装置中则称为电池反应，电解池装置中则称为电解反应。

反应 $H_2(g) + Cl_2(g) \longrightarrow 2H^+ + 2Cl^-$ 若在原电池中完成，$H_2(g)$ 在阳极失去电子被自动氧化，失去的电子通过外电路输送到阴极；$Cl_2(g)$ 在阴极得到从外电路输送来的电子被还原。过程的电极反应和电池反应如下：

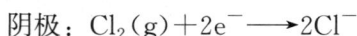

$$阳极：H_2(g) \longrightarrow 2H^+ + 2e^-$$

$$阴极：Cl_2(g) + 2e^- \longrightarrow 2Cl^-$$

$$电池反应：H_2(g) + Cl_2(g) \Longrightarrow 2H^+ + 2Cl^-$$

若在电解池中用铂黑电极电解 HCl 水溶液，H^+ 在阴极得到外电源供给的电子被强迫还原，Cl^- 在阳极失去电子被氧化，失去的电子通过外电路输送到外电源。过程的电极反应与电解反应为：

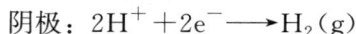

$$阴极：2H^+ + 2e^- \longrightarrow H_2(g)$$

$$阳极：2Cl^- \longrightarrow Cl_2(g) + 2e^-$$

电解反应：$2H^+ + 2Cl^- \!=\!=\! H_2(g) + Cl_2(g)$

电化学中通常以电极电势的高低来区分正、负极，电势高的为正极，电势低的为负极。同时，以电极上发生反应的类型来区分阴、阳极，发生氧化反应的电极为阳极，发生还原反应的电极为阴极。在原电池中，外电路中电子由阳极向阴极运动，而电流则是从阴极流向阳极，因此，其正极发生还原反应，是阴极，例如，上述原电池中的氯电极；负极发生氧化反应，是阳极，例如，上述原电池中的氢电极。在电解池中，正极发生的是氧化反应，是阳极，例如上述电解池中的氯电极；负极发生的是还原反应，是阴极，例如，上述电解池中的氢电极。电解质溶液内部，不论是原电池还是电解池，阴离子总是向阳极定向运动，阳离子总是向阴极定向运动。

8.1.2　电解质溶液导电机理

（1）电解质概念及其分类

在溶剂作用下或处于熔融状态时能电离成带正、负电荷离子的物质，称为电解质，按照在溶剂中电离程度的不同，电解质可分为强电解质和弱电解质。强电解质在溶剂中几乎百分之百电离成正、负离子，弱电解质在溶剂中只能部分电离成正、负离子，例如，在以水为溶剂的电解质溶液体系中，氯化氢、氢氧化钾和硫酸钠等是强电解质，而氨和醋酸等是弱电解质。

（2）电解质溶液的导电机理

能够导电的物质称为导体，分为电子导体（又称为第一类导体）和离子导体（又称为第二类导体）。像金属单质、石墨和某些金属氧化物等都属于第一类导体，它们依靠自由电子的定向运动而导电，导体本身不因有电流通过而发生化学变化，温度升高时这类导体因内部粒子杂乱无章的热运动加剧而阻碍自由电子的定向运动（导电），从而降低了导电能力。电解质溶液或熔融的电解质等属于第二类导体，即离子导体，它们导电的实质是自由运动的离子定向运动，与第一类导体相反，温度升高会使电解质溶液黏度降低、离子运动速度加快以及溶剂化效应减弱，其导电能力增加。

无论原电池还是电解池，都是其外部金属导线中的电流由电子传导完成，而内部电解质溶液中的电流则是由溶液中的离子传导实现，即溶液中的阳离子向阴极定向迁移、阴离子向阳极定向迁移而形成电流。因此，电解质溶液是电化学反应装置中电极间通过溶液迁移离子的介质，其导电能力取决于溶液中离子本身的导电能力、自由移动离子数量和溶液的温度等因素。

8.1.3　法拉第定律

1833 年，英国科学家法拉第通过归纳大量电解实验结果，总结出了一条对电解池和原电池都适用的定量基本定律，称为法拉第定律：当电流通过电解质溶液时，通过任一电极的电荷量与该电极上发生化学反应的物质的量成正比。

设电极反应通式为　　　　M^{z+}（氧化态）$+ ze^- \longrightarrow M$（还原态）

或　　　　　　　　　　　M（还原态）$\longrightarrow M^{z+}$（氧化态）$+ ze^-$

式中，z 为电极反应的电荷数，即转移的电子数。当电极反应的进度为 ξ 时，通过电极的电荷量为

$$Q = z\xi Le = zF\xi \tag{8-1}$$

该式为法拉第定律的数学表达式。式中，L 为阿伏伽德罗常数；e 为一个单位电荷（如一个电子或质子）所带的电荷量；F 为法拉第常数，是 1mol 单位电荷所带的电荷量，即

$$F = Le = [(6.022 \times 10^{23}) \times (1.6022 \times 10^{-19})] C \cdot mol^{-1} \approx 96500 C \cdot mol^{-1}$$

法拉第(M. Faraday，1791—1867 年)　十九世纪电磁学领域中最伟大的实验物理学家，被尊称为"电学之父"和"交流电之父"，在物理、化学领域做出了卓著贡献。1813 年，法拉第成为伦敦皇家学院院长戴维的助手。1820 年，他首次制备了六氯乙烷和四氯乙烯。1823 年，他首次实现了氯气液化。1831 年，法拉第发现了电磁感应现象，并试制了世界上第一台发电机。1833 年，他通过归纳大量电解实验结果，提出了著名的法拉第定律。1837 年，他创立电磁场理论，发现了磁光效应及抗磁物质。1845 年，他发现了"法拉第效应"。1852 年他引入磁力线概念，为经典电磁学理论的建立奠定了基础。人们为了纪念法拉第，用他的名字命名电容的单位——法拉。

法拉第定律表明，无论是原电池还是电解池，同一时间段内通过电路中各点的电荷量是一样的。根据这一原理，通常在电路中串联一个电解池，测量电流通过后电解池中阴极上析出金属的物质的量，来计算电路中通过的电荷量。这种用于测量电路中通过电荷量而串联的电解池称为电量计或库仑计，常用的有铜电量计、银电量计和气体电量计等。

【例 8-1】　某电化学装置电路中同时串联一个银电量计和一个铜电量计。现以 0.50A 的直流电通 1.0h 时，试求两个电量计中析出的银和铜的物质的量。

解　电路中通过的电荷量

$$Q = 0.50A \times 3600s = 1800C$$

银电量计的电极反应为 $Ag^+ + e^- \longrightarrow Ag$, $z_1 = 1$, 则

$$银电量计\ \xi_1 = \frac{Q}{z_1 F} = \left(\frac{1800}{1 \times 96500}\right) mol = 1.865 \times 10^{-2} mol$$

析出银的物质的量 $\Delta n(Ag) = \nu_{Ag} \xi_1 = (1 \times 1.865 \times 10^{-2}) mol = 1.865 \times 10^{-2} mol$

若铜电量计的电极反应为 $Cu^{2+} + 2e^- \longrightarrow Cu$, $z_2 = 2$, 则

$$铜电量计\ \xi_2 = \frac{Q}{z_2 F} = \left(\frac{1800}{2 \times 96500}\right) mol = 9.33 \times 10^{-3} mol$$

析出铜的物质的量 $\Delta n(Cu) = \nu_{Cu} \xi_2 = (1 \times 9.33 \times 10^{-3}) mol = 9.33 \times 10^{-3} mol$

若铜电量计的电极反应写为 $\frac{1}{2} Cu^{2+} + e^- \longrightarrow \frac{1}{2} Cu$, $z_3 = 1$, 则

$$铜电量计\ \xi_3 = \frac{Q}{z_3 F} = \left(\frac{1800}{1 \times 96500}\right) mol = 1.865 \times 10^{-2} mol$$

析出铜的物质的量 $\Delta n(Cu) = \nu'_{Cu} \xi_3 = \left(\frac{1}{2} \times 1.865 \times 10^{-2}\right) mol = 9.33 \times 10^{-3} mol$

可见，同一种电极，但电极反应的书写形式不同时，其化学反应计量系数 ν、得失电子数 z 和反应进度 ξ 均不相同。但通过相同电荷量时，不同书写形式的电极反应中所对应的同一种物质，其发生反应的物质的量是不变的，与电极反应的书写形式无关，即电极上发生化学反应的物质的量与通过的电荷量成正比。

8.2　离子的平均活度与平均活度因子

第 4 章中在介绍实际溶液时引入了活度和活度因子概念，以修正实际溶液对理想溶液的

偏差。由于电解质在溶剂作用下电离出的正、负离子间存在库仑引力，致使电解质溶液的热力学性质偏离理想溶液。因此，电解质溶液也需要用活度和活度因子来修正其对理想溶液的这种偏差。

在强电解质溶液中，溶质几乎完全电离成正、负离子而不存在电解质分子，溶液中正、负离子是相互吸引着共存，而不是自由地单独存在。因此，在研究电解质溶液的化学势等热力学性质时，一方面需要将正、负离子分开后加以讨论，另一方面要清楚整体电解质的活度和活度因子，是电解质电离后正、负离子各自活度和活度因子共同贡献的结果。

8.2.1　离子的平均活度和平均活度因子

对于任一强电解质 $M_{\nu_+} A_{\nu_-}$，在溶液中完全电离

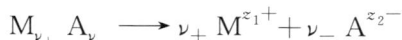

$$M_{\nu_+} A_{\nu_-} \longrightarrow \nu_+ M^{z_1+} + \nu_- A^{z_2-}$$

根据 4.8 节中讨论的实际溶液中溶质 B 的化学势 $\mu_B = \mu_B^\ominus + RT \ln a_B$，整体电解质 $M_{\nu_+} A_{\nu_-}$、溶液中每一个正离子 M^{z_1+} 和负离子 A^{z_2-} 的化学势可以分别表示为

$$\mu = \mu^\ominus + RT \ln a$$
$$\mu_+ = \mu_+^\ominus + RT \ln a_+$$
$$\mu_- = \mu_-^\ominus + RT \ln a_-$$

式中，a 为整体电解质的活度；a_+ 和 a_- 分别为单个正离子和负离子的活度。根据路易斯对活度的定义，正、负离子的活度等于各自活度因子和质量摩尔浓度的乘积，即

$$a_+ = \gamma_+ \frac{b_+}{b^\ominus}, \ a_- = \gamma_- \frac{b_-}{b^\ominus} \tag{8-2}$$

整体电解质 $M_{\nu_+} A_{\nu_-}$ 的化学势 μ，也等于其电离出的所有正、负离子的化学势之和，即

$$\mu = \nu_+ \mu_+ + \nu_- \mu_-$$

则

$$\mu = \mu^\ominus + RT \ln a = \nu_+ (\mu_+^\ominus + RT \ln a_+) + \nu_- (\mu_-^\ominus + RT \ln a_-)$$

整理，得

$$\mu^\ominus + RT \ln a = \nu_+ \mu_+^\ominus + \nu_- \mu_-^\ominus + RT \ln (a_+^{\nu_+} a_-^{\nu_-})$$

所以

$$\mu^\ominus = \nu_+ \mu_+^\ominus + \nu_- \mu_-^\ominus$$
$$a = a_+^{\nu_+} a_-^{\nu_-} \tag{8-3}$$

尽管理论上存在单个正、负离子的活度 a_+ 和 a_-，但是溶液电中性的特性决定了溶液中不可能存在单独的正离子或负离子，因此无法直接用实验测定单个正离子或负离子的活度及活度因子。然而，实验能够直接测定的是正、负离子的平均活度 $a_\pm$ 和平均活度因子 $\gamma_\pm$，可以用 $a_\pm$ 和 $\gamma_\pm$ 来代表正、负离子的活度 a_+、a_- 和活度因子 γ_+、γ_-。因此，定义离子的平均活度 $a_\pm$、平均活度因子 $\gamma_\pm$ 和平均质量摩尔浓度 $b_\pm$ 为

$$a_\pm = (a_+^{\nu_+} a_-^{\nu_-})^{1/\nu} \tag{8-4}$$
$$\gamma_\pm = (\gamma_+^{\nu_+} \cdot \gamma_-^{\nu_-})^{1/\nu} \tag{8-5}$$
$$b_\pm = (b_+^{\nu_+} \cdot b_-^{\nu_-})^{1/\nu} \tag{8-6}$$

式中，$\nu = \nu_+ + \nu_-$。将式(8-2)代入式(8-4)，得

$$a_\pm = \left[\left(\gamma_+ \frac{b_+}{b^\ominus}\right)^{\nu_+} \left(\gamma_- \frac{b_-}{b^\ominus}\right)^{\nu_-}\right]^{1/\nu} = (\gamma_+^{\nu_+} \gamma_-^{\nu_-})^{1/\nu} \left[(b_+^{\nu_+} b_-^{\nu_-})^{1/\nu}/b^\ominus\right]$$

则

$$a_\pm = \gamma_\pm (b_\pm/b^\ominus) \tag{8-7}$$

结合式(8-3)和式(8-4)，得到整体电解质的活度为

$$a = a_+^{\nu_+} a_-^{\nu_-} = a_\pm^\nu \tag{8-8}$$

【例 8-2】 对于质量摩尔浓度为 b、离子平均活度因子为 $\gamma_\pm$ 的 K_2SO_4 水溶液，离子的平均活度 $a_\pm$ 和 K_2SO_4 的活度 a 各是多少？

解 对于 K_2SO_4 电解质，$\nu_+ = 2$，$\nu_- = 1$，$\nu = 2+1 = 3$；$b_+ = 2b$，$b_- = b$，则

$$b_\pm = (b_+^2 \cdot b_-)^{1/3} = \sqrt[3]{4} \, b$$

离子的平均活度 $a_\pm = \gamma_\pm (b_\pm/b^\ominus) = \sqrt[3]{4} \gamma_\pm (b/b^\ominus)$

K_2SO_4 的活度 $a = a_\pm^3 = 4\gamma_\pm^3 (b/b^\ominus)^3$

离子平均活度因子 $\gamma_\pm$ 值的大小反映了电解质水溶液对理想溶液的偏差程度。运用公式(8-7)，对电解质溶液的平均质量摩尔浓度经离子平均活度因子校正后得到离子平均活度，此平均活度对应的电解质溶液，其性质符合理想溶液。离子平均活度因子 $\gamma_\pm$ 可采用蒸气压下降法、凝固点下降法、渗透压法和电动势法等不同的实验方法测定，各种实验方法测得的离子平均活度因子 $\gamma_\pm$，其结果吻合度好。另外，$\gamma_\pm$ 也可以运用 Debye-Hückel 极限公式进行理论近似计算。表 8-1 列出了 298.15K 时一些电解质水溶液在不同质量摩尔浓度下离子平均活度因子 $\gamma_\pm$ 的实验值。

表 8-1 298.15K 时电解质水溶液中离子平均活度因子 $\gamma_\pm$ 的实验值

$b/\text{mol·kg}^{-1}$	0.001	0.005	0.01	0.05	0.10	0.50	1.0	2.0	4.0
HCl	0.965	0.928	0.904	0.830	0.796	0.757	0.809	1.009	1.762
NaCl	0.966	0.929	0.904	0.823	0.778	0.682	0.658	0.671	0.783
KCl	0.965	0.927	0.901	0.815	0.769	0.650	0.605	0.575	0.582
HNO_3	0.965	0.927	0.902	0.823	0.785	0.715	0.720	0.783	0.982
NaOH	0.965	0.927	0.899	0.818	0.766	0.693	0.679	0.700	0.890
$CaCl_2$	0.887	0.783	0.724	0.574	0.518	0.448	0.500	0.792	2.934
K_2SO_4	0.885	0.780	0.710	0.520	0.430				
H_2SO_4	0.830	0.639	0.544	0.340	0.265	0.154	0.130	0.124	0.171
$CdCl_2$	0.819	0.623	0.524	0.304	0.228	0.100	0.066	0.044	
$BaCl_2$	0.880	0.770	0.720	0.560	0.490	0.390	0.390		
$CuSO_4$	0.740	0.530	0.410	0.210	0.160	0.068	0.047		
$ZnSO_4$	0.734	0.477	0.387	0.202	0.148	0.063	0.043	0.035	

由表 8-1 所提供的数据可以得到离子平均活度因子 $\gamma_\pm$ 变化的下列规律：

① 在较稀浓度范围内，同一种电解质的平均活度因子 $\gamma_\pm$ 值随质量摩尔浓度 b 增大而降低。当溶液无限稀释(即 $b \to 0$)时，任何电解质的 $\gamma_\pm$ 值均趋近于 1。

② 通常情况下，$\gamma_\pm$ 值小于 1；但当浓度增加到一定值时，$\gamma_\pm$ 值有随浓度增加而变大的可能，甚至大于 1，例如 4.0mol·kg^{-1} HCl 的 $\gamma_\pm = 1.762$。这是因为较高浓度溶液中的许多

溶剂水分子受离子的水化作用，被束缚在离子周围的水化层中不能自由运动，相当于降低了溶剂水的量。

③ 在稀浓度范围内，质量摩尔浓度相同时，相同价型的不同电解质的 $\gamma_\pm$ 值几近相等，例如浓度为 $0.001 mol \cdot kg^{-1}$ 和 $0.005 mol \cdot kg^{-1}$ 时的 HCl、NaCl、KCl、HNO_3 和 NaCH 等的 $\gamma_\pm$ 值。

④ 不同价型的电解质，即使质量摩尔浓度相同，但它们的 $\gamma_\pm$ 值也不相同，价型低的电解质的 $\gamma_\pm$ 值反而大，例如 KCl、K_2SO_4 和 $CuSO_4$ 分别是 1-1 价型、1-2 价型和 2-2 价型强电解质，它们在相同质量摩尔浓度时的 $\gamma_\pm$ 值依次减小。

8.2.2 离子强度

上述离子平均活度因子 $\gamma_\pm$ 变化规律表明，在电解质稀溶液范围内，影响强电解质离子平均活度因子 $\gamma_\pm$ 的主要因素是溶液的浓度和电解质的价型，而且价型比浓度的影响更大，价型取决于组成电解质的离子所带的电荷数。为了把影响离子平均活度因子 $\gamma_\pm$ 的两个因素结合在一起，1921 年路易斯提出了离子强度的概念，将离子强度 I 定义为

$$I = \frac{1}{2} \sum_B b_B z_B^2 \tag{8-9}$$

式中，z_B 为离子 B 的电荷数；b_B 为溶液中任意离子 B 的真实质量摩尔浓度。对于质量摩尔浓度为 b 的电解质 $M_{\nu_+} A_{\nu_-}$，若是强电解质，则 $b_+ = \nu_+ b$、$b_- = \nu_- b$；若为弱电解质，$b_+ = \alpha \nu_+ b$、$b_- = \alpha \nu_- b$，α 为弱电解质的解离度。I 的量纲与质量摩尔浓度 b 的相同，为 $mol \cdot kg^{-1}$。

【例 8-3】 298.15K 时，计算 $0.01 mol \cdot kg^{-1}$ 的 $ZnSO_4$ 和 $0.02 mol \cdot kg^{-1}$ 的 $Zn(NO_3)_2$ 混合水溶液的离子强度。

解 溶液中三种离子共存：锌离子 $b(Zn^{2+}) = (0.01 + 0.02) mol \cdot kg^{-1} = 0.03 mol \cdot kg^{-1}$，$z(Zn^{2+}) = 2$；硫酸根离子 $b(SO_4^{2-}) = 0.01 mol \cdot kg^{-1}$，$z(SO_4^{2-}) = -2$；硝酸根离子 $b(NO_3^-) = 0.04 mol \cdot kg^{-1}$，$z(NO_3^-) = -1$，则

$$I = \frac{1}{2} \sum_B b_B z_B^2 = \frac{1}{2} \times [0.03 \times 2^2 + 0.01 \times (-2)^2 + 0.04 \times (-1)^2] mol \cdot kg^{-1} = 0.10 mol \cdot kg^{-1}$$

【例 8-4】 下列各电解质溶液的质量摩尔浓度均为 b，求各溶液的离子强度 I 与 b 的关系。
(1)NaCl 溶液；(2)$CaCl_2$ 溶液；(3)$LaCl_3$ 溶液；(4)$MgSO_4$ 溶液；(5)$Al_2(SO_4)_3$ 溶液。

解 对于 NaCl 溶液，$b_+ = b_- = b$，$z_+ = 1$，$z_- = -1$，则

$$I = \frac{1}{2} \sum_B b_B z_B^2 = \frac{1}{2} \times [b \times 1^2 + b \times (-1)^2] = b$$

用同样的方法可以计算其他电解质溶液的 I，结果列于表 8-2。

表 8-2 不同价型强电解质的离子强度与溶液质量摩尔浓度的关系

电解质	b_+	b_-	z_+	z_-	I
NaCl	b	b	1	-1	b
$CaCl_2$	b	$2b$	2	-1	$3b$
$LaCl_3$	b	$3b$	3	-1	$6b$
$MgSO_4$	b	b	2	-2	$4b$
$Al_2(SO_4)_3$	$2b$	$3b$	3	-2	$15b$

离子强度 I 体现了溶液中离子电荷所形成的静电场强度的大小，它必然会影响溶液中离

子的平均活度因子 $\gamma_\pm$ 值。因此，路易斯根据实验结果，提出了稀溶液范围内强电解质的平均活度因子 $\gamma_\pm$ 值与溶液离子强度 I 的经验关系式

$$\lg\gamma_\pm = -B\sqrt{I} \tag{8-10}$$

式中，B 是与温度和溶剂种类有关的常数。该经验公式与后来 Debye-Hückel 提出的计算 $\gamma_\pm$ 的 Debye-Hückel 极限公式相一致。

8.2.3 Debye-Hückel 离子互吸理论及其极限公式

（1）Debye-Hückel 离子互吸理论

1887 年，阿伦尼乌斯提出了经典的电解质溶液部分电离理论，认为一切溶液中的电解质都是部分电离的。该理论适用于弱电解质溶液，是因为弱电解质在溶液中的实际电离就是部分电离，例如，醋酸水溶液 pH 值测定实验就能证明这一点。但是，电解质溶液部分电离理论不能适用于强电解质溶液，原因有两个：①强电解质在溶液中本质上是全部电离而不是部分电离的；②该理论没有考虑强电解质溶液中离子之间的库仑引力作用。

为了解决电解质溶液部分电离理论不能适用于强电解质溶液这一实际问题，德拜（Debye）和休克尔（Hückel）于 1923 年提出了强电解质溶液的离子互吸理论：在稀溶液中强电解质是完全电离的，同时认为强电解质溶液中正、负离子间存在的库仑引力是强电解质溶液偏离理想溶液的主要原因。该理论的主要假定如下。

① 在稀溶液中，强电解质完全电离成大小一样的正、负离子。离子看成是不极化的圆球，在极稀的溶液中视为点电荷，形成的离子电场是球形对称的。

② 离子间的作用力只有库仑引力，它是电解质溶液偏离理想溶液行为的根源。

③ 离子间因库仑引力相互吸引而产生的势能小于离子的热运动能。

④ 稀溶液的介电常数与纯溶剂的介电常数相差甚微，可以忽略溶剂中加入强电解质前后介电常数的变化。

Debye-Hückel 离子互吸理论对电解质溶液理论的发展起到了重大作用，它能较好地适用于强电解质稀溶液，但它依然存在不足：其一，它没有考虑离子的溶剂化作用以及溶剂化程度对离子间相互作用的影响；其二，它忽略了正、负离子的个性差异，将所有离子简单化地视为大小一样的硬球；其三，它没有涉及溶剂中加入电解质前后介电常数变化对离子静电作用的影响。

（2）离子氛

电解质溶液中正、负离子一方面因库仑引力而使离子成为有序，另一方面其热运动又使离子趋向混乱。这两种截然相反作用的综合结果，使得溶液中任意一个离子（常称为中心离子）的周围，出现带异号电荷离子的概率要比带同号电荷离子的大。也就是说，电解质溶液中任意一个离子的四周都被一层异号离子所包围，这层异号离子的总电荷数等于中心离子的电荷数，且呈现球形对称，称为离子氛，见图 8-3。

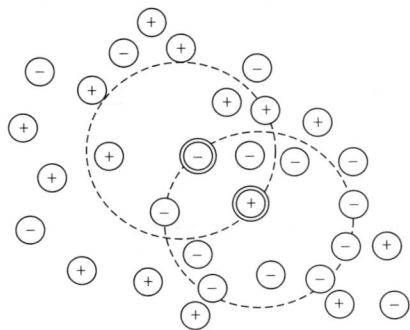

图 8-3 离子氛示意图

电解质溶液中的每一个离子都被带异号电荷的球形离子氛包围着，任意一个离子既是由它形成的离子氛的中心离子，又是某个异号离子所形成离子氛中的

一员。这种现象与 NaCl 离子晶体中晶格结点上 Na^+ 四周围了六个 Cl^-、Cl^- 四周围了六个 Na^+ 的排列情况相似,所不同的是晶体中结点上 Na^+ 和 Cl^- 的位置通常是固定不变的,而电解质溶液中的离子由于热运动,不停地进行着原有离子氛消失、新的离子氛形成这样的重组和变换,因此,离子氛具有瞬息万变的特征。

由于离子氛模型是球形对称的,可以形象地把离子间的库仑引力归结为中心离子与离子氛之间的作用。离子氛的性质取决于离子的电荷数、溶液的浓度、温度和介电常数等。溶液无限稀释时,离子间的距离大到可以忽略不计库仑引力和离子氛的影响,这时,认为离子的运动不受其他离子的影响。但一般稀溶液中,离子氛的存在影响着中心离子的运动。

(3) Debye-Hückel 极限公式

Debye-Hückel 离子互吸理论认为,电解质溶液偏离理想溶液行为的根本原因是离子间的库仑引力。因此,从热力学观点出发,电解质溶液的化学势 μ_2 与理想溶液的化学势 μ_1 之差 $\Delta\mu$,可以表征这一偏差。

若电解质稀溶液中的离子间无库仑引力作用,此时的系统是理想溶液,溶液中各离子的化学势用浓度 b 表示,整体电解质的化学势为

$$\mu_1 = \nu_+ \mu_+ + \nu_- \mu_- = \nu_+ \left(\mu_+^\ominus + RT\ln\frac{b_+}{b^\ominus}\right) + \nu_- \left(\mu_-^\ominus + RT\ln\frac{b_-}{b^\ominus}\right)$$

即

$$\mu_1 = \mu^\ominus + RT\ln\left(\frac{b_\pm}{b^\ominus}\right)^\nu$$

若将上述理想溶液系统由无库仑引力作用变为有库仑引力作用,此时对应为实际的电解质溶液,必然存在离子氛,溶液中各离子的化学势需用活度 a 表示,整体电解质的化学势为

$$\mu_2 = \nu_+ \mu'_+ + \nu_- \mu'_- = \nu_+ (\mu_+^\ominus + RT\ln a_+) + \nu_- (\mu_-^\ominus + RT\ln a_-)$$

$$= \nu_+ \left[\mu_+^\ominus + RT\ln\left(\gamma_+ \frac{b_+}{b^\ominus}\right)\right] + \nu_- \left[\mu_-^\ominus + RT\ln\left(\gamma_- \frac{b_-}{b^\ominus}\right)\right] = \mu^\ominus + RT\ln\left(\gamma_\pm \frac{b_\pm}{b^\ominus}\right)^\nu$$

所以

$$\Delta\mu = \mu_2 - \mu_1 = RT\ln\gamma_\pm^\nu$$

上式中等式左边 $\Delta\mu$ 相当于恒温恒压下,将溶液中的离子由无库仑引力作用变为有库仑引力作用时所做的可逆电功。

德拜-休克尔根据离子氛模型,结合静电学理论和玻尔兹曼分布定律,导出了电解质稀溶液中单个离子活度因子的计算公式为

$$\lg\gamma_i = -Az_i^2\sqrt{I} \tag{8-11}$$

整体电解质的平均活度因子为

$$\lg\gamma_\pm = -Az_+|z_-|\sqrt{I} \tag{8-12}$$

式中,A 是与温度、溶剂性质等有关的常数,298.15K 水溶液中的 $A = 0.509(\mathrm{mol \cdot kg^{-1}})^{-1/2}$。由于导出公式(8-12)时有些假设是在溶液非常稀的前提下才能成立,因此,上式称为 Debye-Hückel 极限公式,该公式只适用于强电解质浓度 $b < 0.01\mathrm{mol \cdot kg^{-1}}$ 的稀溶液,浓度越稀,由 Debye-Hückel 极限公式计算得到的 $\gamma_\pm$ 值与实验测定的值越相符。

【**例 8-5**】　试用德拜-休克尔极限公式计算 298.15K 时,$0.01\mathrm{mol \cdot kg^{-1}} KNO_3$ 和 $0.002\mathrm{mol \cdot kg^{-1}} Cu(NO_3)_2$ 混合水溶液中,$Cu(NO_3)_2$ 的平均活度因子 $\gamma_\pm$ 值。

解 溶液中共有 K^+、Cu^{2+} 和 NO_3^- 三种离子，它们的浓度和电荷数依次为：$b(K^+)=$ $0.01mol\cdot kg^{-1}$、$z(K^+)=1$；$b(Cu^{2+})=0.002mol\cdot kg^{-1}$、$z(Cu^{2+})=2$；$b(NO_3^-)=$ $0.014mol\cdot kg^{-1}$、$z(NO_3^-)=-1$

$$I=\frac{1}{2}\sum_B b_B z_B^2=\frac{1}{2}\times[0.01\times1^2+0.002\times2^2+0.014\times(-1)^2]mol\cdot kg^{-1}=0.016mol\cdot kg^{-1}$$

由式(8-12)得

$$\lg\gamma_\pm=-Az_+\,|z_-|\sqrt{I}=-0.509\times2\times1\times\sqrt{0.016}=-0.1288$$

故

$$\gamma_\pm=0.7434$$

计算时应注意，离子强度 I 需要涉及溶液中的所有电解质；而 $\gamma_\pm$ 值则应根据题中指明的溶液中某一种电解质，确定其 z_+ 和 z_-。

需要指出的是，由于单个离子的活度因子没法测定，也无法计算，故在具体应用中遇到单个离子活度因子时，常以离子的平均活度因子近似代替单个正离子或负离子的活度因子，特别是对于 n-n 价型电解质，$\gamma_+\approx\gamma_-\approx\gamma_\pm$，例如，溶液 pH 计算过程中，需要用离子平均活度因子代替单个氢离子的活度因子：

$$pH=-\lg a_{H^+}=-\lg\left(\gamma_{H^+}\times\frac{c_{H^+}}{c^\ominus}\right)=-\lg\left(\gamma_\pm\times\frac{c_{H^+}}{c^\ominus}\right)$$

根据德拜-休克尔极限公式(8-12)可知，一定温度下，相同溶剂(通常情况下，溶剂为水)的强电解质稀溶液中，电解质的平均活度因子 $\gamma_\pm$ 值只与离子的电荷数和溶液的离子强度相关。因此，由于价型相同的不同电解质的 $z_+\,|z_-|$ 乘积相同，若用 $\lg\gamma_\pm$ 对 $\sqrt{I}$ 作图，均在同一条直线上。图 8-4 是不同价型电解质水溶液的 $\lg\gamma_\pm$-$\sqrt{I}$ 图，图中虚线为德拜-休克尔极限公式计算的理论值，实线为实验值。显然，浓度很低的溶液，理论值与实验值高度相符；相同离子强度的不同电解质，$z_+\,|z_-|$ 乘积越大的电解质其 $\gamma_\pm$ 值越小，即电解质溶液偏离理想溶液的程度越大，这充分说明了库仑引力是电解质溶液偏离理想溶液行为的主要原因。

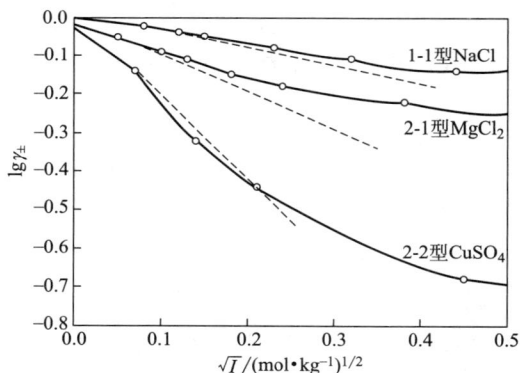

图 8-4　298.15K 时不同价型电解质的 $\lg\gamma_\pm$ 与 $\sqrt{I}$ 关系图

8.3　离子的迁移数

8.3.1　离子的电迁移与迁移数

(1) 离子的电迁移现象

在外电场作用下，电解质溶液中的正、负离子分别向阴、阳两极做定向移动的现象，称为离子的电迁移。电化学中的外电路是金属导线，通过电子传导形成电流，而电解质溶液是由正、负离子共同传导来完成的，因此，单位时间内通过任一电极的电荷量与通过溶液中任意截面的电荷量相等，都等于溶液中正、负离子运载的电荷量之和，即

$$Q=Q_++Q_- \tag{8-13}$$

迁移到阴、阳两极的正、负离子在两个电极的界面上发生氧化或还原反应，改变了电极周围溶液的浓度。整个电解过程可用图 8-5 加以说明。

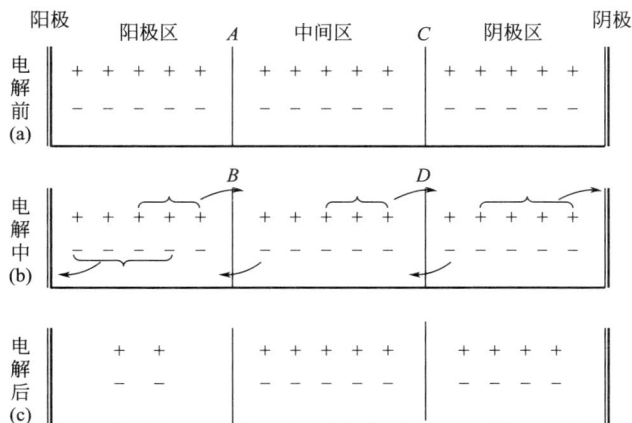

图 8-5　离子的电迁移示意图

若电解池中盛有 1-1 价型强电解质溶液，假想在两个惰性电极之间存在两个界面 *AB* 和 *CD*，将两个电极之间的电解质溶液均分为阳极区、中间区和阴极区三个区。通电前各区均含有 5mol 的正离子和负离子，见图（a），分别以"＋"和"－"代表 1mol 正离子和 1mcl 负离子。当电路中通过 4mol 电子的电荷量时，阳极上有 4mol 负离子失去电子被氧化，阴极上有 4mol 正离子得到电子被还原；同时，电解质溶液中通过正、负离子的定向运动迁移 4mol 电子的电荷量。

在一定外电场作用下，大多数电解质正、负离子的迁移速度不同，即 $r_+ \neq r_-$，通过正、负离子运载的电荷量也不相等，即 $Q_+ \neq Q_-$，离子运载的电荷量 Q 与其运动速度 r 成正比。若上述电解质溶液中正离子的运动速度是负离子的 3 倍，即 $r_+ = 3r_-$，则 1mol 负离子从阴极区迁出时，必有 3mol 正离子从阳极区迁出。事实上，在电解质溶液的任意截面（包括两个假想的界面）上都有 1mol 负离子自右向左迁移、3mol 正离子自左向右迁移，正、负离子总共运载 4mol 电子的电荷量，见图（b）。

通电结束，如图（c）所示，由于阳极区迁出了 3mol 正离子、迁入了 1mol 负离子，有 4mol 负离子失去电子被氧化，因此，阳极区溶液中正、负离子各有 2mol；而阴极区迁出了 1mol 负离子、迁入了 3mol 正离子，有 4mol 正离子得到电子被还原，故阴极区溶液中正、负离子各有 4mol。中间区因迁出和迁入的负离子都是 1mol、正离子都是 3mol，其溶液中依然含有 5mol 的正离子和负离子，浓度保持不变。结合上述分析，得到离子电迁移过程的三条规律。

① 电极反应和离子迁移是改变电极周围电解质溶液浓度的两个因素。

② 向阴、阳两极迁移的正、负离子的物质的量之和等于通过溶液总电荷量的法拉第数。

③ 阳极区物质的量的减少与阴极区物质的量的减少之比、正离子的迁移速度 r_+ 与负离子的迁移速度 r_- 之比，以及正离子所迁移的电荷量 Q_+ 与负离子所迁移的电荷量 Q_- 之比，三者相等，即

$$\frac{\text{阳极区物质的量的减少}}{\text{阴极区物质的量的减少}} = \frac{r_+}{r_-} = \frac{Q_+}{Q_-} \tag{8-14}$$

（2）离子的迁移数

把电解质溶液中某种离子所传导的电荷量与通过溶液总电荷量的比值，称为该种离子的迁移数，用符号 t 表示。若溶液中只有一种电解质，则该电解质正、负离子的迁移数为

$$t_+=\frac{Q_+}{Q_++Q_-}=\frac{r_+}{r_++r_-}\ ,\ t_-=\frac{Q_-}{Q_++Q_-}=\frac{r_-}{r_++r_-} \tag{8-15}$$

显然
$$t_++t_-=1 \tag{8-16}$$

若溶液中有多种电解质共存，所有离子的迁移数之和等于1，即 $\sum t_B=1$。

式(8-15)表明，离子的迁移数取决于溶液中离子的迁移速度。在外电场作用下，影响溶液中离子迁移速度的主要因素为：①离子性质　离子半径及水化离子半径越大，离子迁移时受到阻力越大，迁移速度越小；离子电荷数越大，与电场作用力越强，迁移速度越快；②溶剂性质　溶剂黏度大，离子迁移阻力大，迁移速度小；③温度　温度高，溶液黏度降低，迁移速度增大；④溶液浓度　溶液浓度增加，正、负离子间的库仑引力增加，离子迁移阻力增加，迁移速度减小；⑤外电场强度　外电场强度越大，离子迁移速度越快。

（3）离子的电迁移率

外电场强度对离子迁移速度的影响可以定量地表述为

$$r_+=u_+\frac{dE}{dl}\ ,\ r_-=u_-\frac{dE}{dl} \tag{8-17}$$

式中，比例系数 u_+、u_- 相当于是单位电场强度（即 $dE/dl=1V \cdot m^{-1}$）时正、负离子的迁移速度，称之为离子的电迁移率，也称为淌度，单位为 $m^2 \cdot s^{-1} \cdot V^{-1}$。

通常，能够影响离子迁移速度 r 的因素都会改变离子迁移数 t 的大小，但当外电场强度改变时，式(8-17)表明，正、负离子的迁移速度将按相同比例变化，所以，外电场强度改变尽管对离子迁移速度有影响，但对离子的迁移数 t 并没有影响。结合式(8-15)和式(8-17)，得到正、负离子迁移数与电迁移率的关系为

$$t_+=\frac{u_+}{u_++u_-}\ ,\ t_-=\frac{u_-}{u_++u_-} \tag{8-18}$$

离子电迁移率的大小与温度、离子的本性和浓度等因素有关。表8-3列出了298.15K时部分离子在无限稀释水溶液中的电迁移率数据。表中数据显示，H^+ 和 OH^- 分别是电迁移率最大的正离子和负离子，说明它们是导电能力极强的离子。

表 8-3　298.15K 时部分离子在无限稀释水溶液中的电迁移率

正离子	$(u_+^\infty \times 10^8)/m^2 \cdot s^{-1} \cdot V^{-1}$	负离子	$(u_-^\infty \times 10^8)/m^2 \cdot s^{-1} \cdot V^{-1}$
H^+	36.30	OH^-	20.52
K^+	7.62	SO_4^{2-}	8.27
Ba^{2+}	6.59	Cl^-	7.91
Na^+	5.19	NO_3^-	7.40
Li^+	4.01	HCO_3^-	4.61

8.3.2　离子迁移数的测定

实验室常用希托夫(Hittorf)法、界面移动法和电动势法等测定离子迁移数。下面对希

托夫法和界面移动法测定离子迁移数的原理作简单介绍。

（1）希托夫法

希托夫法测定装置如图 8-6 所示。希托夫 (Hittorf)法是应用电解的方法来测定离子迁移数，其基本原理是通过对通电前后阴极区或阳极区电解质溶液浓度进行测定和分析，由电解质溶液浓度的变化量确定负离子迁出阴极区或正离子迁出阳极区的物质的量，结合式(8-14)和式(8-15)便可计算出离子的迁移数。

【例 8-6】 在 Hittorf 迁移数测定装置中，用两个 Pb(s)电极电解 $Pb(NO_3)_2$ 溶液。通电一段时间后，测得与电解池串联的银电量计中有 0.1658g 银沉淀。经分析发现，电解前溶液中 1kg 水含有 16.60g $Pb(NO_3)_2$，电解后阳极区的溶液质量为 62.50g，其中含有 $Pb(NO_3)_2$ 1.151g。试计算 $t(Pb^{2+})$ 和 $t(NO_3^-)$。

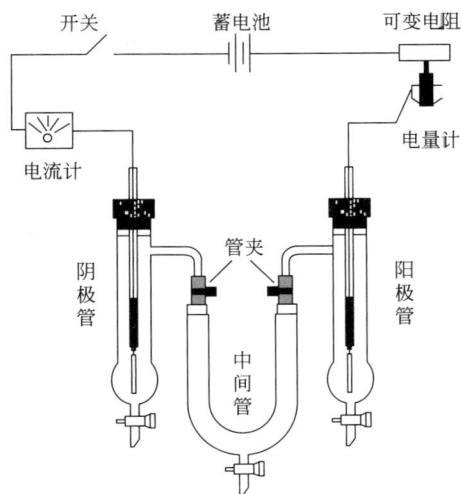

图 8-6 希托夫法测定迁移数的装置

解 Pb(s)电极电解 $Pb(NO_3)_2$ 溶液时的电极反应为

$$阳极 \quad Pb = Pb^{2+} + 2e^-$$
$$阴极 \quad Pb^{2+} + 2e^- = Pb$$

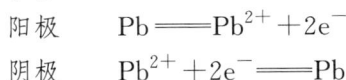

分析电解前、电解过程和电解后阳极区溶液中 Pb^{2+} 的情况为：电解前溶液中原有的 Pb^{2+}、电解过程阳极反应生成的 Pb^{2+} 进入溶液、从阳极区迁移出的 Pb^{2+} 和电解后溶液中剩余的 Pb^{2+}。因此，阳极区溶液中 Pb^{2+} 的物料衡算关系为

$$n_{迁出}(Pb^{2+}) = n_{电解前}(Pb^{2+}) + n_{反应}(Pb^{2+}) - n_{电解后}(Pb^{2+})$$

通电前后阳极区溶剂水不发生迁移，其质量保持不变，因此，电解前溶液中 Pb^{2+} 的物质的量为

$$n_{电解前}(Pb^{2+}) = \left(\frac{62.50 - 1.151}{1000} \times \frac{16.60}{331.2}\right) mol = 3.075 \times 10^{-3} mol$$

式中，331.2g·mol^{-1} 为 $Pb(NO_3)_2$ 的摩尔质量。电解后溶液中 Pb^{2+} 的物质的量为

$$n_{电解后}(Pb^{2+}) = \left(\frac{1.151}{331.2}\right) mol = 3.475 \times 10^{-3} mol$$

由于银电量计中 Ag^+ 每得到 1mol 电子便沉淀 1mol 单质 Ag，而阳极 Pb 电极每失去 2mol 电子生成 1mol Pb^{2+} 进入溶液，因此由银电量计沉淀的银可以计算反应生成 Pb^{2+} 的物质的量为

$$n_{反应}(Pb^{2+}) = \left(\frac{0.1658}{107.9 \times 2}\right) mol = 0.7683 \times 10^{-3} mol$$

则

$$n_{迁出}(Pb^{2+}) = [(3.075 + 0.7683 - 3.475) \times 10^{-3}] mol = 0.3683 \times 10^{-3} mol$$

$$t(Pb^{2+}) = \frac{n_{迁出}(Pb^{2+})}{n_{反应}(Pb^{2+})} = \frac{0.3683 \times 10^{-3}}{0.7683 \times 10^{-3}} = 0.4794$$

$$t(NO_3^-) = 1 - t(Pb^{2+}) = 1 - 0.479 = 0.5206$$

该题还可以从阳极区 NO_3^- 电解前后物质的量的变化进行计算。因 NO_3^- 不参与反应，阳极区 NO_3^- 物质的量的改变只因 NO_3^- 迁入引起。

$$n_{电解前}(NO_3^-) = \left[\left(\frac{62.50-1.151}{1000} \times \frac{16.60}{331.2}\right) \times 2\right] mol = 6.150 \times 10^{-3} mol$$

$$n_{电解后}(NO_3^-) = \left(\frac{1.151}{331.2} \times 2\right) mol = 6.950 \times 10^{-3} mol$$

$$n_{迁入}(NO_3^-) = n_{电解后}(NO_3^-) - n_{电解前}(NO_3^-) = (6.950 - 6.150) \times 10^{-3} mol = 0.800 \times 10^{-3} mol$$

因 NO_3^- 的电荷量为 -1，故应按银电量计中沉淀 Ag 的物质的量作为反应的物质的量，即

$$n_{反应}(Ag) = \left(\frac{0.1658}{107.9}\right) mol = 1.537 \times 10^{-3} mol$$

$$t(NO_3^-) = \frac{n_{迁入}(NO_3^-)}{n_{反应}(Ag)} = \frac{0.800 \times 10^{-3}}{1.537 \times 10^{-3}} = 0.5205$$

$$t(Pb^{2+}) = 1 - t(NO_3^-) = 1 - 0.520 = 0.4795$$

尽管希托夫法测定离子迁移数的原理比较简单，但测定过程中不可避免操作振动、中间区溶液与阴、阳极区溶液因浓度差异引起的对流和扩散等，这些因素必然造成阴、阳极区的溶液与中间区溶液的混合，影响测量结果的准确性。同时，该测量方法在计算时忽略了溶剂水随离子的迁移，即阴、阳极区溶液中溶剂水的质量保持不变的假设，与实际情况并不相符。因此，希托夫法测出的迁移数常称为表观迁移数。

（2）界面移动法

界面移动法是通过直接测定溶液中离子的移动速度来测定离子迁移数，能获得较为精准的结果。例如，要测定 HCl 溶液中 H^+ 的迁移数。如图 8-7，可以先将 $CdCl_2$ 溶液（HCl 和 $CdCl_2$ 含有同一种负离子 Cl^-）置于一垂直的细管内，然后小心地加入 HCl 溶液，利用这两种溶液的颜色或折射率不同，形成一个清晰的界面 AB。通电开始，金属 Cd 在细管底部的阳极处失去电子氧化成 Cd^{2+} 进入溶液，H^+ 在上面阴极处得到电子变为 H_2 而释放，溶液中的 H^+ 向上移动，由于 Cd^{2+} 的淌度小于 H^+ 而跟在 H^+ 后面向上移动，不会产生新的界面。通电一定时间后，AB 界面移至 CD。若细管的直径为 d，界面移动的距离为 l，HCl 溶液的浓度为 c 和通过电解池的电荷量为 nF，根据所迁移 H^+ 的物质的量可以计算 H^+ 的迁移数

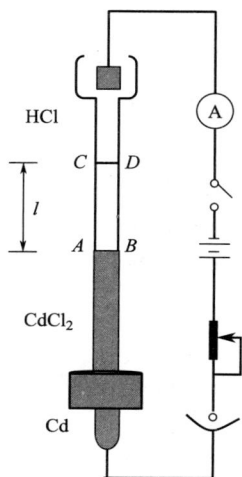

图 8-7 界面移动法测定迁移数装置

$$t(H^+)n = \pi\left(\frac{d}{2}\right)^2 lc$$

即

$$t(H^+) = \frac{\pi d^2 lc}{4n} = \frac{Vc}{n} \tag{8-19}$$

式中，V 是 AB 界面与 CD 界面之间的液柱体积。

8.4　电解质溶液的电导

8.4.1　电解质溶液的电导、电导率和摩尔电导率

（1）电导

导体的导电能力用电导 G 来表示，它是电阻 R 的倒数，即

$$G = \frac{1}{R} \tag{8-20}$$

电导的单位是西门子，用 S 表示，$1S = 1\Omega^{-1}$。

（2）电导率

导体的电导与其截面积 A 成正比，与其长度 l 成反比，即

$$G = \kappa \frac{A}{l} \tag{8-21}$$

式中，比例系数 κ 称为电导率，单位为 $S \cdot m^{-1}$，是指单位截面积、单位长度时的电导，可用于比较不同导体的导电能力。

电解质溶液的电导率 κ，可定义为在两个相距 1m、正对着的、面积都为 $1m^2$ 的电极组成的电导池中所盛溶液的电导，即 $1m^3$ 电解质溶液时的电导，如图 8-8 所示。

（3）摩尔电导率

电解质溶液导电的实质是自由运动的离子定向迁移，因此，离子的导电本性和离子数目的多少，影响着电解质溶液的电导和电导率。一定温度下，不同浓度的电解质溶液，$1m^3$ 溶液中所含离子数目不同，它们的电导和电导率也不相同。因此，只有

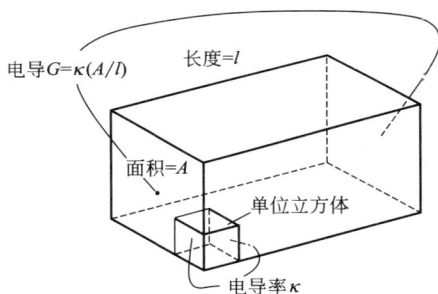

图 8-8　电导率的定义示意图

在相同浓度下比较不同电解质的电导或电导率大小，才能说明电解质溶液的导电能力强弱。为此，引入摩尔电导率的概念，以便消除溶液浓度对导电能力的影响，真实地反映不同电解质溶液的导电能力差异。

摩尔电导率 Λ_m 是指把含有 1mol 电解质的溶液置于相距为单位距离（1m）的两个平行电极之间时所具有的电导。定义单位物质的量浓度的电导率为摩尔电导率，即

$$\Lambda_m = \frac{\kappa}{c} \tag{8-22}$$

式中，c 为电解质溶液的物质的量浓度，单位为 $mol \cdot m^{-3}$；Λ_m 的单位为 $S \cdot m^2 \cdot mol^{-1}$。表示电解质溶液的摩尔电导率时，应标明物质的量的基本单元，例如在相同的温度和浓度下，硫酸钾水溶液可以选择 K_2SO_4 和 $\left(\frac{1}{2}K_2SO_4\right)$ 两种方式作为计算物质的量的基本单元，由此所得电解质溶液的摩尔电导率关系为 $\Lambda_m(K_2SO_4) = 2\Lambda_m\left(\frac{1}{2}K_2SO_4\right)$。

（4）电导率、摩尔电导率与浓度的关系

一定温度和压力下，电解质溶液的导电能力取决于离子数目的多少和离子的本性，因此，电解质溶液的浓度将影响电解质溶液的电导率和摩尔电导率。

图 8-9 是一定温度和压力下，几种不同的强、弱电解质溶液的电导率随浓度的变化曲线。强电解质溶液的电导率随着浓度的增加而增大，出现一极大值后逐渐降低。这是因为，电导率 κ 是指单位体积（$1m^3$）电解质溶液的电导，溶液浓度由稀逐渐增加，单位体积的溶液中离子数目增加，电导率 κ 增大；浓度增加的过程中，溶液中正、负离子间吸引作用不断加大，降低了离子移动速度，电导率 κ 开始降低。弱电解质溶液的电导率不仅很小，而且随着浓度的增加变化甚微。这是由于弱电解质解离出的用于导电的离子数目本身就少，当弱电解质溶液浓度增加时，尽管电解质的数量增加了，但解离度随之减小，解离出的离子数目增加极为有限。

图 8-10 是一定温度下几种电解质溶液的摩尔电导率与浓度平方根的关系图。显然，无论是强电解质还是弱电解质，溶液的摩尔电导率都随浓度的增加而减小，但强、弱电解质溶液的摩尔电导率随浓度变化的规律是不一样的。

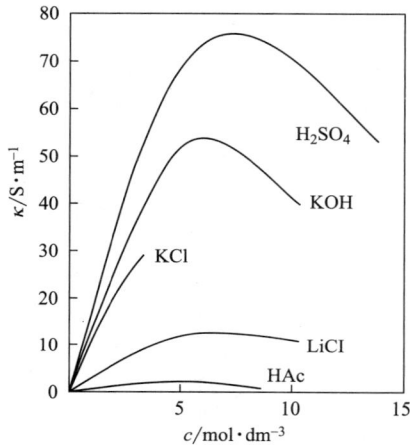

图 8-9　电导率随浓度的变化

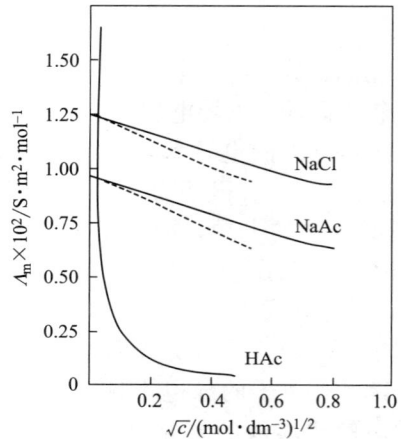

图 8-10　摩尔电导率与浓度的关系

强电解质溶液浓度降低时，正、负离子间引力减小，离子移动速度增加，摩尔电导率增大。在低浓度（$c < 10^{-3}\,mol \cdot dm^{-3}$）范围内，$\Lambda_m$ 与 $\sqrt{c}$ 呈直线关系，若将直线外推到 $c = 0$ 处所得直线的截距，称为电解质的无限稀释摩尔电导率 Λ_m^∞，也称为电解质的极限摩尔电导率。直线关系服从柯尔劳施（Kohlrausch）经验公式，即

$$\Lambda_m = \Lambda_m^\infty - B\sqrt{c} \tag{8-23}$$

式中，Λ_m^∞ 和 B 均为常数。

弱电解质溶液在浓度较大时降低浓度，摩尔电导率增加，但增幅较小；在浓度极稀时，摩尔电导率随着浓度降低而急剧增加。这是因为，弱电解质溶液浓度降低，解离度增加，离子数目增多，摩尔电导率增大。柯尔劳施经验公式不适用于弱电解质溶液，无法用外推法获得弱电解质的极限摩尔电导率，只能运用柯尔劳施的离子独立运动定律加以解决。

（5）离子独立运动定律与离子的极限摩尔电导率

柯尔劳施在研究了大量强电解质极稀溶液摩尔电导率的基础上，提出了离子独立运动定律：在无限稀释的溶液中，各种离子独立运动，彼此互不影响，电解质的无限稀释摩尔电导率等于无限稀释时正、负离子的摩尔电导率之和。表 8-4 列出了 298.15K 时一些强电解质的无限稀释摩尔电导率 Λ_m^∞。表中数据表明：

① 具有相同阴离子的钾盐和锂盐的 Λ_m^∞ 之差相等，都为 $34.9\times10^{-4}\,S\cdot m^2\cdot mol^{-1}$，与阴离子的性质无关，即

$$\Lambda_m^\infty(KCl)-\Lambda_m^\infty(LiCl)=\Lambda_m^\infty(KNO_3)-\Lambda_m^\infty(LiNO_3)=\Lambda_m^\infty(KOH)-\Lambda_m^\infty(LiOH)$$

② 具有相同阳离子的氯化物和硝酸类化合物的 Λ_m^∞ 之差都为 $4.9\times10^{-4}\,S\cdot m^2\cdot mol^{-1}$，与阳离子的性质无关，即

$$\Lambda_m^\infty(KCl)-\Lambda_m^\infty(KNO_3)=\Lambda_m^\infty(LiCl)-\Lambda_m^\infty(LiNO_3)=\Lambda_m^\infty(HCl)-\Lambda_m^\infty(HNO_3)$$

这些事实验证了柯尔劳施离子独立运动定律的正确性，据此可以推理得出：在一定温度和一定的溶剂中，不同电解质中同一种离子的无限稀释摩尔电导率都相等，例如强电解质 HCl 和弱电解质 HAc 的极稀溶液中，H^+ 的无限稀释摩尔电导率 $\Lambda_m^\infty(H^+)$ 是同一数值。

表 8-4　298.15K 时一些强电解质的无限稀释摩尔电导率 Λ_m^∞

电解质	$\Lambda_m^\infty\times10^2/S\cdot m^2\cdot mol^{-1}$	$\Delta\Lambda_m^\infty\times10^4/S\cdot m^2\cdot mol^{-1}$
KCl	1.499	34.9
LiCl	1.150	
KNO$_3$	1.450	34.9
LiNO$_3$	1.101	
KOH	2.715	34.8
LiOH	2.367	
KCl	1.499	4.9
KNO$_3$	1.450	
LiCl	1.150	4.9
LiNO$_3$	1.101	
HCl	4.262	4.9
HNO$_3$	4.213	

对于任意电解质 $M_{\nu_+}A_{\nu_-}$，不论是强电解质还是弱电解质，在无限稀释时将全部解离为正、负离子，即

$$M_{\nu_+}A_{\nu_-}\longrightarrow\nu_+M^{z_1+}+\nu_-A^{z_2-}$$

若以 Λ_m^∞、$\Lambda_{m,+}^\infty$ 和 $\Lambda_{m,-}^\infty$ 分别表示无限稀释时电解质 $M_{\nu_+}A_{\nu_-}$、正离子 M^{z_1+} 和负离子 A^{z_2-} 的摩尔电导率，可以得到柯尔劳施离子独立运动定律的数学表达式

$$\Lambda_m^\infty=\nu_+\Lambda_{m,+}^\infty+\nu_-\Lambda_{m,-}^\infty \tag{8-24}$$

根据离子独立运动定律，可以通过两种方法计算弱电解质的无限稀释摩尔电导率。其一是由组成弱电解质的各离子的无限稀释摩尔电导率数值、应用式(8-24)进行计算；其二是由相关强电解质的无限稀释摩尔电导率进行代数运算。例如，计算 298.15K 时无限稀释的水溶液中弱电解质醋酸的 $\Lambda_m^\infty(HAc)$。

由组成 HAc 的 H^+ 和 Ac^- 的无限稀释摩尔电导率数值计算：

$$\Lambda_m^\infty(HAc)=\Lambda_m^\infty(H^+)+\Lambda_m^\infty(Ac^-)$$
$$=(349.82+40.90)\times10^{-4}\,S\cdot m^2\cdot mol^{-1}$$
$$=390.72\times10^{-4}\,S\cdot m^2\cdot mol^{-1}$$

由强电解质 H_2SO_4、NaAc 和 Na_2SO_4 的无限稀释摩尔电导率代数运算：

$$\Lambda_m^\infty(HAc)=\frac{1}{2}\Lambda_m^\infty(H_2SO_4)+\Lambda_m^\infty(NaAc)-\frac{1}{2}\Lambda_m^\infty(Na_2SO_4)$$

$$=\left[\left(\frac{1}{2}\times859.24+91.01-\frac{1}{2}\times259.82\right)\times10^{-4}\right]S\cdot m^2\cdot mol^{-1}$$

$$=390.72\times10^{-4}S\cdot m^2\cdot mol^{-1}$$

两种计算方法所得的 $\Lambda_m^\infty(HAc)$ 完全相同。

电解质的摩尔电导率等于正、负离子的摩尔电导率之和，因此，离子的迁移数可以看成是正、负离子的摩尔电导率占电解质摩尔电导率 Λ_m^∞ 的分数，对于无限稀释溶液中的电解质 $M_{\nu_+}A_{\nu_-}$，有

$$t_+^\infty=\frac{\nu_+\Lambda_{m,+}^\infty}{\Lambda_m^\infty}\quad,\quad t_-^\infty=\frac{\nu_-\Lambda_{m,-}^\infty}{\Lambda_m^\infty}$$

则

$$\Lambda_{m,+}^\infty=\frac{\Lambda_m^\infty t_+^\infty}{\nu_+}\quad,\quad \Lambda_{m,-}^\infty=\frac{\Lambda_m^\infty t_-^\infty}{\nu_-}\qquad(8-25)$$

对于强电解质的 Λ_m^∞，可以通过测定很稀溶液的电导率数据后，用 Λ_m 对 $\sqrt{c}$ 作图外推法求得，同时再测出离子的迁移数，就可以用式(8-25)计算出离子的无限稀释摩尔电导率。例如，对于 2-1 价型的电解质 $Mg(NO_3)_2$：

$$\Lambda_m^\infty(Mg^{2+})=t_{Mg^{2+}}^\infty\Lambda_m^\infty[Mg(NO_3)_2]\quad,\quad \Lambda_m^\infty(NO_3^-)=\frac{1}{2}t_{NO_3^-}^\infty\Lambda_m^\infty[Mg(NO_3)_2]$$

又如 1-1 价型的电解质 NaCl

$$\Lambda_m^\infty(Na^+)=t_{Na^+}^\infty\Lambda_m^\infty(NaCl)\quad,\quad \Lambda_m^\infty(Cl^-)=t_{Cl^-}^\infty\Lambda_m^\infty(NaCl)$$

与电解质溶液的摩尔电导率一样，离子的无限稀释摩尔电导率也应指明物质的量的基本单元，例如，分别以 La^{3+} 和 $\left(\frac{1}{3}La^{3+}\right)$ 作为物质的量的基本单元时，它们的无限稀释摩尔电导率的关系为 $\Lambda_m^\infty(La^{3+})=3\Lambda_m^\infty\left(\frac{1}{3}La^{3+}\right)$。表 8-5 列出了 298.15K 时实验测得的水溶液中一些离子的无限稀释摩尔电导率 Λ_m^∞。

表 8-5　298.15K 时一些离子的无限稀释摩尔电导率 Λ_m^∞

正离子	$\Lambda_{m,+}^\infty\times10^4/S\cdot m^2\cdot mol^{-1}$	负离子	$\Lambda_{m,-}^\infty\times10^4/S\cdot m^2\cdot mol^{-1}$
H^+	349.82	OH^-	198.0
Li^+	38.69	F^-	55.40
Na^+	50.11	Cl^-	76.34
K^+	73.52	Br^-	78.40
NH_4^+	73.40	I^-	76.80
Ag^+	61.92	NO_3^-	71.44
$\frac{1}{2}Mg^{2+}$	53.06	HCO_3^-	44.48
$\frac{1}{2}Ca^{2+}$	59.50	ClO_4^-	68.00

续表

正离子	$\Lambda_{m,+}^{\infty} \times 10^4 / S \cdot m^2 \cdot mol^{-1}$	负离子	$\Lambda_{m,-}^{\infty} \times 10^4 / S \cdot m^2 \cdot mol^{-1}$
$\frac{1}{2}Sr^{2+}$	59.45	MnO_4^-	62.00
$\frac{1}{2}Ba^{2+}$	63.64	Ac^-	40.90
$\frac{1}{2}Cu^{2+}$	53.60	$\frac{1}{2}CO_3^{2-}$	69.30
$\frac{1}{2}Zn^{2+}$	52.80	$\frac{1}{2}SO_4^{2-}$	79.80
$\frac{1}{3}La^{3+}$	69.60	$\frac{1}{3}\left[Fe(CN)_6\right]^{3-}$	101.0

8.4.2　电解质溶液电导的测定

　　导体的电导与其电阻互为倒数关系，因此电解质溶液的电导可以通过测定其电阻得到。随着电子技术的快速发展，诸如数显式的各种新型电导率仪不断涌现，电解质溶液电导的测定变得方便、快捷和精准。但各种电导率仪测定电解质溶液电导的原理，依然是应用物理学上测量电阻的 Wheatstone 电桥。

　　图 8-11 是测量电解质溶液电导用的 Wheatstone 电桥装置示意图。测量电解质溶液电导时通常用频率为 1000 Hz 左右的交流电源，AB 为均匀的滑线电阻，G 为检流计，R_x 是电导池中待测电解质溶液的电阻，与可变电阻 R_1 并联的可变电容器 K 用于与电导池建立阻抗平衡。接通电源后，选择合适的电阻 R_1，移动接触点 C 直至 CD 间的电流为零，这时电桥达到平衡，电路中电阻关系为：$R_1/R_x = R_3/R_4$，因此待测电解质溶液的电导为

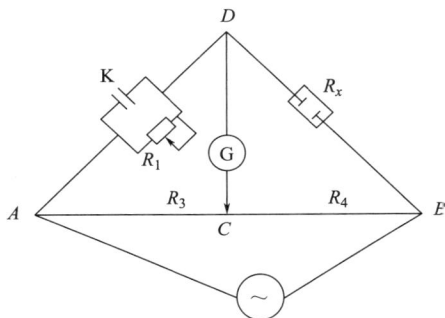

图 8-11　测定溶液电阻的 Wheatstone 电桥

$$G_x = \frac{1}{R_x} = \frac{R_3}{R_4} \times \frac{1}{R_1} = \frac{\overline{AC}}{\overline{BC}} \times \frac{1}{R_1}$$

根据式(8-21)，待测电解质溶液的电导率为

$$\kappa_x = G_x \times \frac{l}{A} = \frac{1}{R_x} K_{cell} \tag{8-26}$$

对于一个给定的电导池，两电极间的距离 l 和电极面积 A 都是定值，其比值 l/A 为一常数，称为电导池常数，用上式中的 K_{cell} 表示，单位为 m^{-1}。

　　由于不易测量电导池中两电极间的距离 l 和电极面积 A 的几何尺寸，要测定某一电导池的电导池常数时，通常将已知电导率的溶液(一般用 KCl 水溶液)加入该电导池中，测量溶液的电阻，由式(8-26)计算出 K_{cell}。表 8-6 列出了 298.15K 时几种不同浓度 KCl 水溶液的电导率数据。

表 8-6 298.15K 时几种不同浓度 KCl 水溶液的电导率 κ

$c/\text{mol·m}^{-3}$	10^3	10^2	10	1	10^{-1}
$\kappa/\text{S·m}^{-1}$	11.19	1.289	0.1413	0.01469	0.001489

【**例 8-7**】 298.15K 时，某电导池中盛有电导率为 0.1413S·m^{-1}、浓度为 0.01mol·dm^{-3} 的 KCl 水溶液，测得该溶液的电阻为 150.0Ω；若该电导池中盛有 0.01mol·dm^{-3} 的 HCl 水溶液时，测得其电阻为 51.4Ω。试计算：(1)电导池常数 K_{cell}；(2)HCl 水溶液的电导率 $\kappa(\text{HCl})$；(3)HCl 水溶液的摩尔电导率 $\Lambda_{\text{m}}(\text{HCl})$。

解 (1) 电导池常数 $K_{\text{cell}}=\kappa(\text{KCl})\cdot R(\text{KCl})=(0.1413\times150.0)\text{m}^{-1}=21.195\text{m}^{-1}$

(2) HCl 水溶液的电导率 $\kappa(\text{HCl})=K_{\text{cell}}/R=\left(\dfrac{21.195}{51.4}\right)\text{S·m}^{-1}=0.4124\text{S·m}^{-1}$

(3) HCl 水溶液的摩尔电导率 $\Lambda_{\text{m}}(\text{HCl})=\dfrac{\kappa(\text{HCl})}{c}=\left(\dfrac{0.4124}{0.01\times10^3}\right)\text{S·m}^2\text{·mol}^{-1}$

$$=4.124\times10^{-2}\text{S·m}^2\text{·mol}^{-1}$$

8.4.3 电导测定的应用

(1) 检测水的纯度

298.15K 时，纯水解离出的 H^+ 和 OH^- 浓度都等于 $10^{-7}\text{mol·dm}^{-3}$，由离子独立运动定律可知 $\Lambda_{\text{m}}^{\infty}(H_2O)=5.4782\times10^{-2}\text{S·m}^2\text{·mol}^{-1}$，因此，据此可推算出纯水的理论电导率 κ 值为 $5.48\times10^{-6}\text{S·m}^{-1}$。由于普通蒸馏水中难免含有空气溶解的 CO_2 及玻璃器皿溶入的硅酸钠等，使其电导率约为 $1.0\times10^{-3}\text{S·m}^{-1}$。在半导体工业或专门进行电导测量的研究领域中，往往要用到电导率在 $1.0\times10^{-4}\text{S·m}^{-1}$ 以下的高纯度的"电导水"。可以将蒸馏水经 $KMnO_4$ 和 KOH 溶液处理，以除去水中的有机杂质和 CO_2，然后在石英器皿中重新蒸馏二次，便可制得"电导水"。因此，只要测定水的电导率，就可以了解水的纯度是否达到要求。

(2) 测定弱电解质的解离度和解离常数

电解质溶液导电的本质是自由运动的离子定向迁移，因此，对浓度为 c 的弱电解质水溶液摩尔电导率 Λ_{m} 有贡献的是弱电解质解离出的那部分正、负离子，由于这部分正、负离子浓度很低，可以认为它们在溶液中是独立运动的，而弱电解质的 $\Lambda_{\text{m}}^{\infty}$ 是其在无限稀释溶液中全部解离成正、负离子时的摩尔电导率。因此，弱电解质的 Λ_{m} 与 $\Lambda_{\text{m}}^{\infty}$ 的比值是浓度为 c 的弱电解质在水溶液中的解离度 α，即

$$\alpha=\frac{\Lambda_{\text{m}}}{\Lambda_{\text{m}}^{\infty}} \tag{8-27}$$

式中，$\Lambda_{\text{m}}^{\infty}$ 是弱电解质的无限稀释摩尔电导率，可根据离子独立运动定律计算得到；Λ_{m} 是浓度为 c 的弱电解质水溶液的摩尔电导率，可由实验测定弱电解质溶液电导率 κ 后，根据公式(8-22)计算得出。

对于 1-1 价型或 2-2 价型、浓度为 c、解离度为 α 的弱电解质 MA 水溶液，达到解离平衡时

$$\text{MA}\Longrightarrow\text{M}^++\text{A}^-$$

解离平衡时 $\qquad\qquad\qquad c(1-\alpha)\qquad c\alpha\qquad c\alpha$

解离平衡常数表示为

$$K^{\ominus} = \frac{(c\alpha/c^{\ominus})^2}{c(1-\alpha)/c^{\ominus}} = \frac{\Lambda_{\mathrm{m}}^2}{\Lambda_{\mathrm{m}}^{\infty}(\Lambda_{\mathrm{m}}^{\infty} - \Lambda_{\mathrm{m}})} \times \frac{c}{c^{\ominus}} \tag{8-28}$$

上式可以写成下列形式：

$$\frac{1}{\Lambda_{\mathrm{m}}} = \frac{1}{\Lambda_{\mathrm{m}}^{\infty}} + \frac{\Lambda_{\mathrm{m}}}{K^{\ominus}(\Lambda_{\mathrm{m}}^{\infty})^2} \times \frac{c}{c^{\ominus}}$$

若以 $\dfrac{1}{\Lambda_{\mathrm{m}}}$ 对 $c \cdot \Lambda_{\mathrm{m}}$ 作图可以得一直线，由直线的截距和斜率可以求得 $\Lambda_{\mathrm{m}}^{\infty}$ 和 $K^{\ominus}$。这是由德籍俄罗斯物理化学家奥斯特瓦尔德（Ostwald，1853—1932 年）提出的稀释定律，常称为奥斯特瓦尔德稀释定律。

【例 8-8】　298.15K 时，在一电导池常数 $K_{\mathrm{cell}} = 74.18\mathrm{m}^{-1}$ 的电导池中盛有浓度为 $0.1\mathrm{mol \cdot dm}^{-3}$ 的氨水溶液，测得其电阻为 2030Ω。利用表 8-5 中的数据，计算 298.15K 时氨水的解离度 α 和解离平衡常数 $K^{\ominus}$。

解
$$\begin{aligned}
\Lambda_{\mathrm{m}}^{\infty} &= \Lambda_{\mathrm{m}}^{\infty}(\mathrm{NH}_4^+) + \Lambda_{\mathrm{m}}^{\infty}(\mathrm{OH}^-) \\
&= (73.40 + 198.0) \times 10^{-4}\,\mathrm{S \cdot m^2 \cdot mol^{-1}} \\
&= 271.4 \times 10^{-4}\,\mathrm{S \cdot m^2 \cdot mol^{-1}}
\end{aligned}$$

氨水溶液的电导率为

$$\kappa = \frac{K_{\mathrm{cell}}}{R} = \left(\frac{74.18}{2030}\right)\mathrm{S \cdot m^{-1}} = 3.654 \times 10^{-2}\,\mathrm{S \cdot m^{-1}}$$

氨水溶液的摩尔电导率为

$$\Lambda_{\mathrm{m}} = \frac{\kappa}{c} = \left(\frac{3.654 \times 10^{-2}}{0.1 \times 10^3}\right)\mathrm{S \cdot m^2 \cdot mol^{-1}} = 3.654 \times 10^{-4}\,\mathrm{S \cdot m^2 \cdot mol^{-1}}$$

氨水溶液的解离度为

$$\alpha = \frac{\Lambda_{\mathrm{m}}}{\Lambda_{\mathrm{m}}^{\infty}} = \frac{3.654 \times 10^{-4}}{271.4 \times 10^{-4}} = 1.35 \times 10^{-2}$$

298.15K 时氨水解离平衡常数为

$$K^{\ominus} = \frac{\alpha^2}{1-\alpha} \times \frac{c}{c^{\ominus}} = \frac{(1.35 \times 10^{-2})^2}{1 - 1.35 \times 10^{-2}} \times \frac{0.1}{1} = 1.85 \times 10^{-5}$$

（3）测定难溶盐的溶解度

AgCl、BaSO_4 等难溶盐在水中的溶解度很小，即使是难溶盐的饱和水溶液，尽管其溶解部分完全解离，但解离成正、负离子的数目也极为有限，也就是说，难溶盐饱和水溶液的摩尔电导率 Λ_{m} 与难溶盐的无限稀释摩尔电导率 $\Lambda_{\mathrm{m}}^{\infty}$ 十分接近，即 $\Lambda_{\mathrm{m}} \approx \Lambda_{\mathrm{m}}^{\infty}$，而 $\Lambda_{\mathrm{m}}^{\infty}$ 可依据离子独立运动定律求算。

对于难溶盐水溶液，由于难溶盐解离出的正、负离子数目很少，溶剂水自身解离出的 H^+ 和 OH^- 对整个溶液的导电贡献不能忽略，即难溶盐水溶液是由溶解的难溶盐解离出的正、负离子和溶剂水解离出的 H^+ 和 OH^- 共同承担导电任务。因此，在一定温度下测定难溶盐溶解度时，首先测定溶剂纯水的电导率，然后测定难溶盐饱和水溶液的电导率，根据下式计算难溶盐的电导率

$$\kappa_{\text{难溶盐}} = \kappa_{\text{饱和溶液}} - \kappa_{\text{纯水}}$$

然后根据公式(8-22)，计算出难溶盐在水中的溶解度，即

$$c_{\text{难溶盐}} = \frac{\kappa_{\text{难溶盐}}}{\Lambda_{\mathrm{m, 难溶盐}}^{\infty}} = \frac{\kappa_{\text{饱和溶液}} - \kappa_{\text{纯水}}}{\Lambda_{\mathrm{m, 难溶盐}}^{\infty}} \tag{8-29}$$

【例 8-9】 298.15K 时，实验测得 $SrSO_4$ 饱和水溶液的电导率为 $1.482 \times 10^{-2} S \cdot m^{-1}$，该温度下实验所用高纯度水的电导率为 $1.50 \times 10^{-4} S \cdot m^{-1}$。利用表 8-5 中的数据，计算 298.15K 时 $SrSO_4$ 在水中的溶解度及标准溶度积。

解 $\kappa_{SrSO_4} = \kappa_{饱和溶液} - \kappa_{纯水}$

$$= (1.482 \times 10^{-2} - 1.50 \times 10^{-4}) S \cdot m^{-1}$$

$$= 1.467 \times 10^{-2} S \cdot m^{-1}$$

查表 8-5，计算 $SrSO_4$ 的无限稀释摩尔电导率为

$$\Lambda_{m,SrSO_4}^{\infty} = 2\Lambda_m^{\infty}\left(\frac{1}{2}Sr^{2+}\right) + 2\Lambda_m^{\infty}\left(\frac{1}{2}SO_4^{2-}\right)$$

$$= [(2 \times 59.45 + 2 \times 79.80) \times 10^{-4}] S \cdot m^2 \cdot mol^{-1}$$

$$= 278.5 \times 10^{-4} S \cdot m^2 \cdot mol^{-1}$$

298.15K 时 $SrSO_4$ 在水中的溶解度为

$$c_{SrSO_4} = \frac{\kappa_{SrSO_4}}{\Lambda_{m,SrSO_4}^{\infty}} = \left(\frac{1.467 \times 10^{-2}}{278.5 \times 10^{-4}}\right) mol \cdot m^{-3}$$

$$= 0.5268 mol \cdot m^{-3} = 5.268 \times 10^{-4} mol \cdot dm^{-3}$$

标准溶度积为

$$K_{sp}^{\ominus} = \frac{c_{Sr^{2+}}}{c^{\ominus}} \times \frac{c_{SO_4^{2-}}}{c^{\ominus}} = \frac{5.268 \times 10^{-4}}{1} \times \frac{5.268 \times 10^{-4}}{1} = 2.775 \times 10^{-7}$$

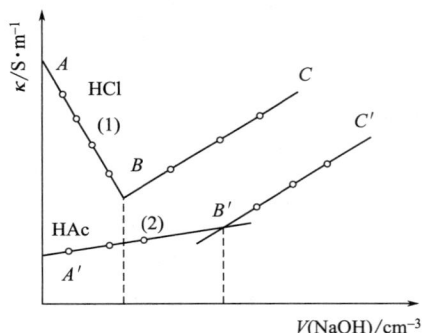

图 8-12　中和反应的电导滴定曲线

（4）电导滴定

在化学分析的酸碱中和滴定、沉淀滴定和氧化还原滴定等过程中，被滴定的电解质溶液的组成不断改变，其电导也随之改变，若在滴定过程中同时测定溶液的电导，可以利用溶液电导变化的转折确定滴定终点，这种方法称为电导滴定。当溶液有颜色、浑浊或者突跃变化范围过小等都将造成无法准确判断滴定终点，而电导滴定可以弥补这些不足。

如图 8-12 所示，用 NaOH 溶液滴定 HCl 溶液，滴加 NaOH 溶液前，溶液中只有 HCl 一种电解质，因溶液中 H^+ 的电导率很大，此时溶液的电导率也最大。滴定开始，H^+ 被加入的 OH^- 中和生成中性物质 H_2O，尽管溶液中正离子（H^+ 和 Na^+）和负离子（Cl^-）数目保持不变，但正离子中电导率很大的 H^+ 不断被电导率较小的 Na^+ 所取代，所以溶液的电导率随着 NaOH 的滴入量增加而逐渐降低，见图 8-12 中 AB 线段。滴加到化学计量点时，HCl 溶液中的 H^+ 完全被中和生成 H_2O，此时溶液的电导率最低。化学计量点之后，随着 NaOH 溶液的滴加，溶液中单纯增加 Na^+ 及 OH^- 的浓度，由于 OH^- 的电导率很大，使溶液的电导率快速增加，见图 8-12 中 BC 线段。AB 线段和 BC 线段的交点就是滴定终点。

若以强碱 NaOH 溶液滴定弱酸 HAc 溶液，滴定前 HAc 溶液只能部分解离出正、负离子，溶液的电导率很低。滴加 NaOH 溶液开始后，弱酸逐渐变成了强电解质盐 NaAc，溶液电导率沿着 $A'B'$ 线段增加；等滴定过了化学计量点之后，滴加的 NaOH 使得溶液电导率沿着 $B'C'$ 线段快速增大，转折点 B' 为滴定终点。

电导滴定同样适用于诸如 KCl 滴定 $AgNO_3$ 的沉淀反应

$$AgNO_3 + KCl \longrightarrow AgCl(s) + KNO_3$$

滴定开始到化学计量点之前，溶液中的负离子只有 NO_3^-，其数目不变，溶液中原先的 Ag^+ 逐渐被滴加的 KCl 溶液中的 K^+ 所代替，但溶液中正离子的数目不变，由于 Ag^+ 和 K^+ 的电导率数值大小相近，故这一阶段溶液的电导率几乎不变，见图 8-13 中 *AB* 线段。当滴定过了化学计量点之后，滴加的 KCl 溶液全部增加了溶液中的 K^+ 和 Cl^-，溶液的电导率迅速增大，见图 8-13 中 *BC* 线段，*AB* 线段和 *BC* 线段的交点 *B* 是沉淀滴定终点。

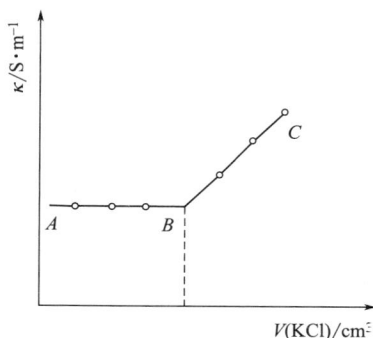

图 8-13　沉淀反应的电导滴定

8.5　可逆电池与可逆电极

8.5.1　可逆电池及其电动势测定

原电池是通过电极上自发进行的氧化还原反应将化学能转化为电能的装置。由于热力学研究的是平衡系统，平衡意味着可逆，因此，只有可逆电池(reversible cell)才对热力学研究有意义。

（1）可逆原电池的条件

按照热力学对可逆过程的定义，可逆电池必须同时满足以下三个条件：

首先，两个电极上的化学反应是可逆的。每个电极上进行的正、反两个方向的反应随着所通过电流的方向改变而改变，即充电过程(相当于电解池)的电极反应是放电过程(相当于原电池)的逆反应，且电极反应随着电流停止而立即停止。但并非所有原电池电极上的化学反应都是可逆的，将在后面的讨论中加以说明。

其次，充电过程和放电过程的能量交换是可逆的。当通过电极的电流无限小时，电池在无限接近平衡状态下工作，可以确保电池在充电时从环境吸收的能量完全等于放电时向环境释放的能量，使系统和环境都能够复原。

再次，其他过程也是可逆的。即电池内在不同电解质溶液的液体接界处不存在不可逆的离子扩散等过程，或者说不存在液体接界电势。

图 8-14　丹尼尔电池的结构示意图

具备了上述三个条件的电池，称为可逆原电池，下面将通过两个典型的原电池对电池的可逆性加以讨论。

（2）丹尼尔电池

图 8-14 是丹尼尔(Daniel)电池的结构示意图，它是一种 Cu-Zn 双液电池，由 Cu 电极插入 $CuSO_4$ 水溶液作为阴极(也是正极)和 Zn 电极插入 $ZnSO_4$ 水溶液作为阳极(也是负极)组成，因阴、阳电极插在两种不同的电解质溶液中，故称为双液电池，两种溶液中间用多孔隔板隔开，以阻断两种溶液直接混合。丹尼尔电池放电时的电极反应和电池反应为

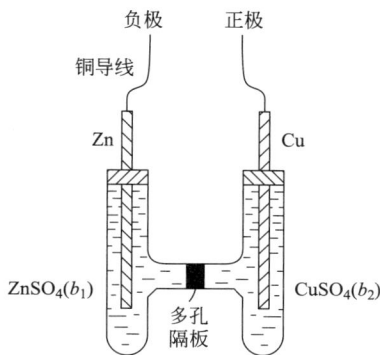

$$阴极（正极）：Cu^{2+}(a_2)+2e^-\longrightarrow Cu$$

$$阳极（负极）：Zn\longrightarrow Zn^{2+}(a_1)+2e^-$$

$$电池反应：Cu^{2+}(a_2)+Zn=\!\!=\!\!=Cu+Zn^{2+}(a_1)$$

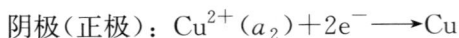

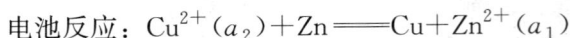

丹尼尔电池在充电时，将按上述电极反应和电池反应的逆方向进行，因此，其电极上的化学反应是可逆的。但是，该电池在两种电解质溶液的液体接界处的离子扩散过程是不可逆的，故严格对照可逆电池的条件，丹尼尔电池属于不可逆电池。若忽略液体接界处离子扩散的不可逆性，在电路中流经的电流 $I\to 0$ 条件下充、放电时，丹尼尔电池可以近似看作可逆电池。

若将两种不同的电极插入同一种电解质溶液中组成的电池，称为单液电池，单液电池的优点是不存在液体接界处离子扩散的不可逆性。例如，将 Cu 电极和 Zn 电极同时插入 H_2SO_4 水溶液中，尽管组成的是单液电池，但它依然不是可逆电池，因为该电池电极上的化学反应是不可逆的。它在充电时的电极反应和电解反应为

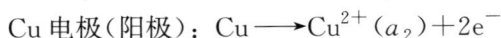

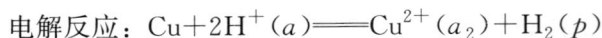

$$Zn\,电极（阴极）：2H^+(a)+2e^-\longrightarrow H_2(p)$$

$$Cu\,电极（阳极）：Cu\longrightarrow Cu^{2+}(a_2)+2e^-$$

$$电解反应：Cu+2H^+(a)=\!\!=\!\!=Cu^{2+}(a_2)+H_2(p)$$

而它在放电时的电极反应和电池反应为

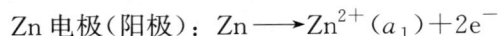

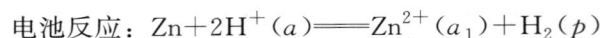

$$Zn\,电极（阳极）：Zn\longrightarrow Zn^{2+}(a_1)+2e^-$$

$$Cu\,电极（阴极）：2H^+(a)+2e^-\longrightarrow H_2(p)$$

$$电池反应：Zn+2H^+(a)=\!\!=\!\!=Zn^{2+}(a_1)+H_2(p)$$

显然，该电池在充电时的电极反应和电解反应与放电时的电极反应和电池反应都不相同，即电极上的化学反应不可逆，所以它不是一个可逆电池。

（3）韦斯顿标准电池

韦斯顿（Weston）标准电池的示意图如图 8-15 所示，它是一个高度可逆的单液电池。该电池的阴极是汞与硫酸亚汞的糊状体，阳极是含镉（Cd）质量分数为 0.125 的镉汞齐，阴、阳极共同浸泡在 $CdSO_4\cdot\dfrac{8}{3}H_2O(s)$ 晶体的饱和溶液中，其放电时的电极和电池反应为

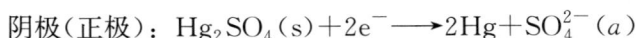

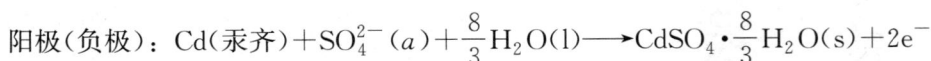

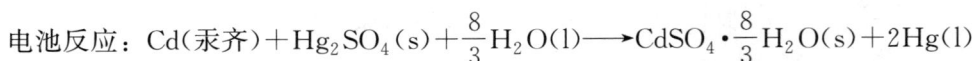

图 8-15 Weston 标准电池结构示意图

$$阴极（正极）：Hg_2SO_4(s)+2e^-\longrightarrow 2Hg+SO_4^{2-}(a)$$

$$阳极（负极）：Cd(汞齐)+SO_4^{2-}(a)+\frac{8}{3}H_2O(l)\longrightarrow CdSO_4\cdot\frac{8}{3}H_2O(s)+2e^-$$

$$电池反应：Cd(汞齐)+Hg_2SO_4(s)+\frac{8}{3}H_2O(l)\longrightarrow CdSO_4\cdot\frac{8}{3}H_2O(s)+2Hg(l)$$

通常，原电池的电动势随温度改变而改变，韦斯顿标准电池的电动势与温度的关系为

$$E/V=1.018645-4.05\times10^{-5}(T/K-293)-$$
$$9.5\times10^{-7}(T/K-293)^2+1.0\times10^{-8}(T/K-293)^3$$

由上式可知，韦斯顿标准电池的电动势受温度变化的影响很小，电动势稳定性好，这是韦斯

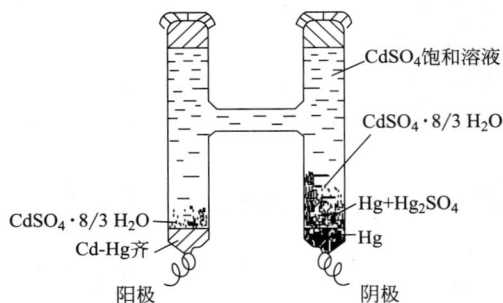

顿标准电池的最大优势。因此，韦斯顿标准电池的主要用途是结合电位差计测定其他原电池的电动势。

（4）可逆电池的书写规则

图 8-14 和图 8-15 能够形象直观地表示原电池的结构和组成，但书写起来极不方便。因此，IUPAC 提出用图式法表示可逆原电池，其书写规则如下。

① 将原电池中发生氧化反应的电极写在左边，为阳极（或负极）；将发生还原反应的电极写在右边，为阴极（或正极）；

② 用单实垂线"｜"表示不同相之间的界面，用虚垂线"┆"表示两个不同液相之间的接界，同一个相中的不同种物质用逗号","隔开；

③ 用双实垂线"‖"或双虚垂线"┇"表示盐桥，采用盐桥可以将不同溶液间的液体接界电势（简称液接电势）降低到忽略不计；

④ 要标明各物质（包括电极）的相态、组成、温度和压力（若是 298.15K 和标准压力 100kPa，可以不标注）。气体要注明压力和所依附的惰性电极，对同种金属不同价态的离子构成的电极也须指出所依附的惰性电极；电解质溶液或离子均须注明活度。

按照这一规则，上述的丹尼尔电池和韦斯顿标准电池可以分别用下列图式表示，即

$$(-)Zn(s)|ZnSO_4(a_1)┆CuSO_4(a_2)|Cu(s)(+)$$

和

$$(-)镉汞齐(w_{Cd}=0.125)|CdSO_4 \cdot \frac{8}{3}H_2O(s)|CdSO_4 饱和溶液|Hg_2SO_4(s)|Hg(l)(+)$$

IUPAC 还规定，原电池的电动势等于电路中电流 $I \to 0$ 时图式法表示中右边正极的还原电极电势减去左边负极的还原电极电势，即

$$E = E_正 - E_负 \tag{8-30}$$

（5）可逆电池电动势的测定

可逆电池电动势不能用伏特计测定，因为伏特计测量电路中两点间电势差的前提是电路中要有电流通过，这不符合可逆电池充、放电时须电流 $I \to 0$ 的条件。同时，若有电流通过电极，电极必然产生极化作用，这将无法测定可逆电池电动势的真实值。因此，可逆电池电动势的测定，通常采用波根多夫（Poggendorff）对消法。该方法的原理是在待测可逆电池两极之间的电路中，并联一个电流方向相反的外加电动势，通过调节滑动变阻器使待测可逆电池电路中无电流通过，此时外加电动势的数值即为待测可逆电池的电动势。

波根多夫对消法测定可逆电池电动势的线路如图 8-16 所示。工作电池 E_w 经均匀滑线电阻 AB 和可变电阻 R 构成一个回路，在 AB 上产生均匀电势降。测量时，首先使滑动触点移动到点 C_1，切换双向开关 K，使标准电池 E_s（通常用韦斯顿标准电池）与 E_w 形成回路，调节 R 使高灵敏度检流计 G 示数为零，此时，标准电池的电动势 E_s 与 AC_1 的电压降相等而对消。然后，切换开关 K，使待测原电池 E_x 与 E_w 形成回路，移动滑线电阻触点至点 C_2 时，检流计 G 示数为零，此时，待测原电池的电动势 E_x 与 AC_2 的电压降相等，根据电压降与滑线电阻的长度成正比，可以得

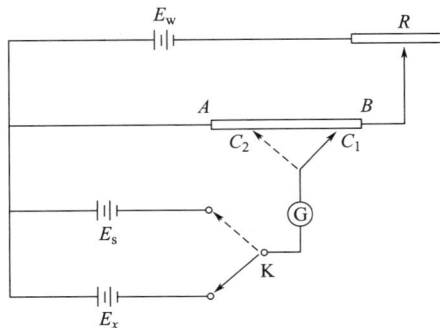

图 8-16　对消法测定电池电动势的原理

$$E_x = E_s \times \frac{\overline{AC_2}}{\overline{AC_1}} \tag{8-31}$$

8.5.2 可逆电极的分类与电极反应

要构成可逆原电池，电极首先必须是可逆的。根据电极材料本性及与其接触的电解质溶液，可逆电极分为以下三类。

(1) 第一类电极

第一类电极包括金属电极和非金属气体电极。金属电极由金属单质与其简单离子的溶液组成，非金属气体电极由吸附了气体单质的惰性金属电极(如 Pt 电极、Pd 电极等)与该气体对应的离子的溶液构成，惰性金属电极只传输电子不参与电极反应。这类电极的特点是电极直接与它的离子溶液接触，发生反应的物质存在于两个相中，电极有一个相界面。例如 Cu(s)电极，当它作阴极(原电池正极)时的电极符号为 $Cu^{2+}(a) \mid Cu(s)$，发生还原反应

$$Cu^{2+}(a) + 2e^- \longrightarrow Cu(s)$$

当它作阳极(原电池负极)时的电极符号为 $Cu(s) \mid Cu^{2+}(a)$，发生氧化反应

$$Cu(s) \longrightarrow Cu^{2+}(a) + 2e^-$$

显然，Cu(s)电极的氧化反应与其还原反应互为逆反应，属于可逆电极。其他常见的第一类电极作阴极(原电池正极)时的电极符号及其电极反应如表 8-7。

表 8-7 常见第一类电极作阴极时的电极符号及其电极反应

电极名称	电极符号	电极反应
银电极	$Ag^+(a) \mid Ag(s)$	$Ag^+(a) + e^- \longrightarrow Ag(s)$
氯电极	$Cl^-(a) \mid Cl_2(p) \mid Pt(s)$	$Cl_2(p) + 2e^- \longrightarrow 2Cl^-(a)$
酸性氢电极	$H^+(a) \mid H_2(p) \mid Pt(s)$	$2H^+(a) + 2e^- \longrightarrow H_2(p)$
碱性氢电极	$OH^-(a) \mid H_2(p) \mid Pt(s)$	$2H_2O + 2e^- \longrightarrow H_2(p) + 2OH^-(a)$
酸性氧电极	$H^+(a) \mid O_2(p) \mid Pt(s)$	$O_2 + 4H^+(a) + 4e^- \longrightarrow 2H_2O$
碱性氧电极	$OH^-(a) \mid O_2(p) \mid Pt(s)$	$O_2 + 2H_2O + 4e^- \longrightarrow 4OH^-(a)$

对于 K、Na 等活泼金属，常将它们溶于液态汞中形成汞齐，再与溶液中该金属的简单离子组成电极，以获得稳定的电极。例如，作阴极的钠汞齐电极符号为 $Na^+(a_+) \mid Na(Hg)(a)$，电极反应为

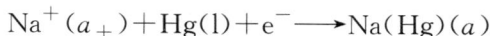

$$Na^+(a_+) + Hg(l) + e^- \longrightarrow Na(Hg)(a)$$

(2) 第二类电极

第二类电极包括金属-难溶盐电极和金属-难溶氧化物电极，这类电极的特点是参与反应的物质存在于两个固相和一个液相中，电极有两个相界面。

金属-难溶盐电极是由金属单质与其难溶盐，以及与难溶盐具有相同阴离子的易溶电解质溶液组成。最常用的是银-氯化银电极和甘汞电极，这两种第二类电极作阴极时的电极符号和电极反应为

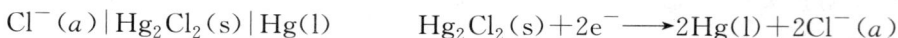

$$Cl^-(a) \mid AgCl(s) \mid Ag(s) \qquad AgCl(s) + e^- \longrightarrow Ag(s) + Cl^-(a)$$

$$Cl^-(a) \mid Hg_2Cl_2(s) \mid Hg(l) \qquad Hg_2Cl_2(s) + 2e^- \longrightarrow 2Hg(l) + 2Cl^-(a)$$

金属-难溶氧化物电极是金属单质表面覆盖了一薄层该金属的氧化物，浸泡在含有 H^+ 或 OH^- 的溶液中组成的电极，常用的这种第二类电极有银-氧化银电极、锑-氧化锑电极等。

例如酸性或碱性中的银-氧化银电极，它们作阴极时的电极符号和电极反应为

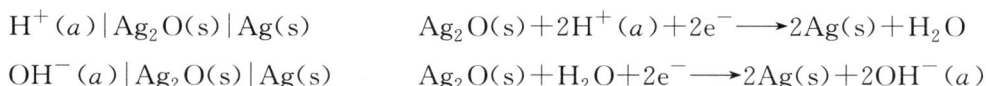

$$H^+(a)\,|\,Ag_2O(s)\,|\,Ag(s) \qquad Ag_2O(s)+2H^+(a)+2e^-\longrightarrow 2Ag(s)+H_2O$$

$$OH^-(a)\,|\,Ag_2O(s)\,|\,Ag(s) \qquad Ag_2O(s)+H_2O+2e^-\longrightarrow 2Ag(s)+2OH^-(a)$$

（3）第三类电极

第三类电极也称为氧化还原电极，是将惰性电极（通常用 Pt 电极）浸入同一种元素、两种不同氧化数离子的溶液中形成的电极。这类电极的特点是两种不同氧化数的同一元素的离子在同一个溶液相中发生反应。作阴极时，常见的第三类电极的电极符号和电极反应为

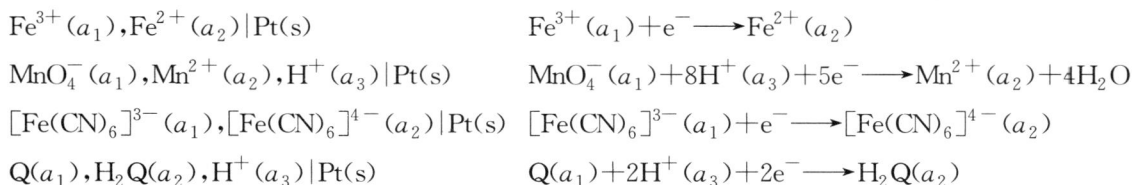

$$Fe^{3+}(a_1),Fe^{2+}(a_2)\,|\,Pt(s) \qquad Fe^{3+}(a_1)+e^-\longrightarrow Fe^{2+}(a_2)$$

$$MnO_4^-(a_1),Mn^{2+}(a_2),H^+(a_3)\,|\,Pt(s) \qquad MnO_4^-(a_1)+8H^+(a_3)+5e^-\longrightarrow Mn^{2+}(a_2)+4H_2O$$

$$[Fe(CN)_6]^{3-}(a_1),[Fe(CN)_6]^{4-}(a_2)\,|\,Pt(s) \qquad [Fe(CN)_6]^{3-}(a_1)+e^-\longrightarrow [Fe(CN)_6]^{4-}(a_2)$$

$$Q(a_1),H_2Q(a_2),H^+(a_3)\,|\,Pt(s) \qquad Q(a_1)+2H^+(a_3)+2e^-\longrightarrow H_2Q(a_2)$$

其中，第四个电极称为醌-氢醌电极。

8.6　可逆电池热力学

将热力学方法应用到可逆原电池的研究中，不仅可以探究原电池反应自发进行的机理，而且可以从理论上计算原电池电动势，讨论浓度和温度等因素对原电池电动势的影响。反过来，可以根据原电池电动势与热力学函数的关系，通过测定原电池的电动势而获得热力学函数的数据。

8.6.1　可逆电池电动势与电池反应的摩尔吉布斯函数变的关系

由公式（3-46）可知，恒温、恒压下的可逆过程，系统吉布斯函数的变化值等于系统对外所做的最大可逆非体积功，即 $\Delta_r G = W_r'$。对于可逆原电池，恒温、恒压下放电过程所做的可逆电功，就是可逆原电池系统发生化学反应时对外所做的最大可逆非体积功 W_r'，其数值等于可逆电动势 E 与输出的电荷量 Q 相乘，因电池对外做功，其值取负数，即 $W_r' = -EQ$。

若可逆原电池完成了一个微小的反应进度 $d\xi$，输出的电荷量 $dQ = zF d\xi$，则

$$dG = \delta W_r' = -E(zF d\xi)$$

所以，得

$$\Delta_r G_m = \left(\frac{\partial G}{\partial \xi}\right)_{T,p} = -zEF \tag{8-32}$$

该式是联系热力学函数与原电池电动势的桥梁公式，它表明，恒温、恒压下可逆原电池反应自发进行的条件是 $E > 0$。

8.6.2　可逆电池电动势的温度系数与电池反应的摩尔熵变

根据对应系数关系式（3-65）得原电池反应的摩尔熵变为

$$\Delta_r S_m = -\left(\frac{\partial \Delta_r G_m}{\partial T}\right)_p$$

将公式（8-32）代入上式，得

$$\Delta_r S_m = zF\left(\frac{\partial E}{\partial T}\right)_p \tag{8-33}$$

式中，$\left(\dfrac{\partial E}{\partial T}\right)_p$ 是指恒压下原电池电动势随温度的变化率，称为电动势的温度系数，它可以通过恒压下测定可逆原电池在不同温度下的电动势求得，并以此求出原电池反应的摩尔熵变。

当原电池反应的 $\Delta_r H_m$ 为与温度无关的常数时，可以根据已知温度下的电动势数据计算另一温度下的电动势。由吉布斯-亥姆霍兹公式(3-66)得

$$\left[\partial\left(\frac{\Delta_r G_m}{T}\right)\Big/\partial T\right]_p = -\frac{\Delta_r H_m}{T^2}$$

将式(8-32)代入上式，得

$$\left[\partial\left(\frac{E}{T}\right)\Big/\partial T\right]_p = \frac{\Delta_r H_m}{zFT^2}$$

积分上式，得

$$\frac{E_2}{T_2} - \frac{E_1}{T_1} = -\frac{\Delta_r H_m}{zF}\left(\frac{1}{T_2} - \frac{1}{T_1}\right) \tag{8-34}$$

8.6.3 可逆电池反应的摩尔焓变与摩尔热效应

将式(8-32)和式(8-33)代入公式 $\Delta_r H_m = \Delta_r G_m + T\Delta_r S_m$，得

$$\Delta_r H_m = -zEF + zFT\left(\frac{\partial E}{\partial T}\right)_p \tag{8-35}$$

由于原电池在恒温、恒压下可逆放电，原电池化学反应热是可逆热，其摩尔热效应为

$$Q_{r,m} = T\Delta_r S_m = zFT\left(\frac{\partial E}{\partial T}\right)_p \tag{8-36}$$

可见，恒压下原电池可逆放电时，原电池化学反应过程是吸热还是放热，取决于电动势温度系数。若温度系数为正，原电池从环境吸热；若温度系数为负，原电池放热给环境；温度系数为零，电池与环境之间没有热交换。

同时，原电池是恒压下可逆放电，故原电池反应的热效应是恒压热，即 $Q_{r,m} = Q_{p,m}$。比较式(8-35)与式(8-36)发现，$\Delta_r H_m \neq Q_{p,m}$，这是由于原电池可逆放电过程存在非体积功——电功，即原电池化学反应的 $W_r' \neq 0$。

【例 8-10】 电池 $Pt(s)|H_2(100kPa)|HCl(0.1mol\cdot kg^{-1})|Hg_2Cl_2(s)|Hg(l)$ 的电动势 E 与温度 T 的关系为

$$E/V = 0.0694 + 1.881\times10^{-3}T/K - 2.9\times10^{-6}(T/K)^2$$

(1) 写出得失电子 $z=2$ 时的电极反应和电池反应；

(2) 计算 298.15K 时，上述电池反应的 $\Delta_r G_m$、$\Delta_r S_m$、$\Delta_r H_m$ 以及电池恒温可逆放电时的 $Q_{r,m}$；

(3) 若在电池外同样的温度和压力下完成上述反应，计算系统与环境交换的热。

解 (1) 阴极反应：$Hg_2Cl_2(s) + 2e^- \longrightarrow 2Hg(l) + 2Cl^-(a_2)$

阳极反应：$H_2(s) \longrightarrow 2H^+(a_1) + 2e^-$

电池反应：$Hg_2Cl_2(s) + H_2(100kPa) \longrightarrow 2Hg(l) + 2H^+(a_1) + 2Cl^-(a_2)$

(2) $(\partial E/\partial T)_p = 1.881\times10^{-3} - 5.8\times10^{-6}(T/K)$

当 $T=298.15K$ 时，有

$E = (0.0694 + 1.881\times10^{-3}\times298.15 - 2.9\times10^{-6}\times298.15^2)V = 0.3724V$

$(\partial E/\partial T)_p = (1.881\times10^{-3} - 5.8\times10^{-6}\times298.15)V\cdot K^{-1} = 1.526\times10^{-4}V\cdot K^{-1}$

$$\Delta_r G_m = -zEF = (-2 \times 96500 \times 0.3724 \times 10^{-3}) \text{kJ·mol}^{-1} = -71.87 \text{kJ·mol}^{-1}$$

$$\Delta_r S_m = zF(\partial E/\partial T)_p = (2 \times 96500 \times 1.526 \times 10^{-4}) \text{J·K}^{-1}\text{·mol}^{-1} = 29.45 \text{J·K}^{-1}\text{·mol}^{-1}$$

$$\Delta_r H_m = \Delta_r G_m + T\Delta_r S_m = (-71.87 + 298.15 \times 29.45 \times 10^{-3}) \text{kJ·mol}^{-1} = -63.09 \text{kJ·mol}^{-1}$$

$$Q_{r,m} = T\Delta_r S_m = (298.15 \times 29.45 \times 10^{-3}) \text{kJ·mol}^{-1} = 8.78 \text{kJ·mol}^{-1}$$

（3）由于焓是状态函数，因此，在相同的温度和压力下，不管是电池可逆放电时还是电池外完成相同的化学反应，其焓变值相等，即电池外反应的 $\Delta_r H'_m = \Delta_r H_m = -63.09 \text{kJ·mol}^{-1}$。又因为电池外进行的是恒温、恒压且 $W' = 0$ 的化学反应，所以，电池外完成化学反应时系统与环境交换的热为

$$Q'_p = \Delta_r H'_m = -63.09 \text{kJ·mol}^{-1}$$

8.6.4　可逆原电池电动势的 Nernst 方程和电池反应的标准平衡常数

对于等温、等压下进行的任一化学反应

$$0 = \sum_B \nu_B B$$

其吉布斯等温方程为

$$\Delta_r G_m = \Delta_r G_m^\ominus + RT \ln \prod_B a_B^{\nu_B}$$

式中，a_B 为组分 B 的活度。组分 B 为纯液体或固体时 $a_B = 1$，为理想气体时 $a_B = p_B/p^\ominus$，为真实气体时 $a_B = f_B/p^\ominus$，为溶液时 $a_B = \gamma_B x_B$（或 $a_B = \gamma_B c_B/c^\ominus$ 或 $a_B = \gamma_B b_B/b^\ominus$ 等）。

根据式(8-32)$\Delta_r G_m = -zEF$ 可知，若电池反应在标准态下进行，相应地有

$$\Delta_r G_m^\ominus = -zE^\ominus F \tag{3-37}$$

式中，$E^\ominus$ 为原电池的标准电动势。将式(8-32)和式(8-37)代入吉布斯等温方程，得

$$E = E^\ominus - \frac{RT}{zF} \ln \prod_B a_B^{\nu_B} \tag{3-38}$$

上式称为可逆原电池电动势的 Nernst 方程，反映了一定温度下原电池的电动势与参加反应各组分活度之间的关系，也称为原电池的基本方程。当原电池在 298.15K 可逆放电时，上式可表示为

$$E = E^\ominus - \frac{0.05916}{z} \lg \prod_B a_B^{\nu_B} \tag{3-39}$$

当 $\Delta_r G_m = 0$ 时，表明等温、等压下进行的原电池反应达到平衡，此时式(8-38)和式(8-39)中的 $E = 0$，$\prod_B a_B^{\nu_B} = K^\ominus$，代入式(8-38)和式(8-39)，整理得

$$\ln K^\ominus = \frac{zE^\ominus F}{RT} \tag{3-40}$$

和

$$\lg K^\ominus = \frac{zE^\ominus}{0.05916} \tag{3-41}$$

上两式中的 $K^\ominus$ 为原电池反应的标准平衡常数。

【例 8-11】　一定温度时，可逆电池 $\text{Pt(s)} | \text{H}_2(p_1) | \text{HCl}(a) | \text{Cl}_2(p_2) | \text{Pt(s)}$，放电时的化学反应可以表示为以下两个方程式

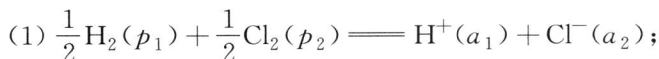

（1）$\frac{1}{2}\text{H}_2(p_1) + \frac{1}{2}\text{Cl}_2(p_2) = \text{H}^+(a_1) + \text{Cl}^-(a_2)$；

（2）$\text{H}_2(p_1) + \text{Cl}_2(p_2) = 2\text{H}^+(a_1) + 2\text{Cl}^-(a_2)$

充电时的化学反应方程式为

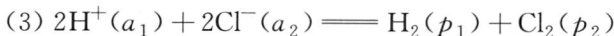

(3) $2H^+(a_1) + 2Cl^-(a_2) \Longrightarrow H_2(p_1) + Cl_2(p_2)$

试分别写出三个方程式对应的 $\Delta_r G_m$、E、$E^\ominus$ 和 $K^\ominus$ 的关系。

解 因为方程式(1)×2＝方程式(2)＝方程式(3)×(−1)，根据5.2节内容，得

$$\Delta_r G_{m,1} \times 2 = \Delta_r G_{m,2} = \Delta_r G_{m,3} \times (-1)$$

所以

$$\Delta_r G_{m,2} = 2\Delta_r G_{m,1} = -\Delta_r G_{m,3}$$

根据公式(8-32)，则

$$-2E_2F = 2 \times (-1E_1F) = -(-2E_3F)$$

故

$$E_1 = E_2 = -E_3$$

若是标准态下的可逆电池，则有

$$E_1^\ominus = E_2^\ominus = -E_3^\ominus$$

根据公式(8-40)，得

$$\ln K_1^\ominus = \frac{E_1^\ominus F}{RT}, \quad \ln K_2 = \frac{2E_2^\ominus F}{RT}, \quad \ln K_3 = \frac{2E_3^\ominus F}{RT}$$

所以，有

$$K_2^\ominus = (K_1^\ominus)^2 = (K_3^\ominus)^{-1}$$

可见，对于同一个原电池，若电池反应计量式的书写形式不同，则转移的电子数不一样，如上述可逆电池放电时的方程式(1)和(2)转移的电子数分别为1和2，但它们的电动势相等，即 $E_1^\ominus = E_2^\ominus$，这表明原电池电动势是电池固有的强度性质，当电池的温度、各组分的组成等确定后，原电池的电动势就有确定的值，而与电池反应计量式的书写形式无关。电动势 $E_1^\ominus = E_2^\ominus = -E_3^\ominus$ 说明，一个可逆电池的放电过程的电动势与充电过程的电动势互为相反数。

8.7 电极电势

原电池是由电解质溶液和两个相对独立的电极组成，其电动势等于正极的电极电势与负极的电极电势之差。但是，无论用对消法实验测定还是用 Nernst 方程理论计算，都无法获得单个电极的电极电势绝对值，只能得到两个电极所组成原电池的电动势值。因此，在实际应用中，只要将任意一个电极与选定的共同基准电极组成原电池，并假定基准电极的电极电势为零，这样测定该原电池的电动势后便能得到任意电极的电极电势数值(实际上是相对于基准电极的相对值)。利用电极电势数值，就可以方便地计算出任意两个电极所组成原电池的电动势。理论上任何电极都可以作为基准电极，但 IUPAC 规定，标准氢电极为基准电极。

8.7.1 标准氢电极

一定温度下，将铂黑电极的铂片插入到氢离子活度为 $1(a_{H^+} = 1)$ 的溶液中，连续地用经过纯化的、压力为 $100kPa$ 的氢气冲打到铂片上，这样的氢电极称为标准氢电极，其构造如图 8-17。它作原电池阳极时的电极符号为

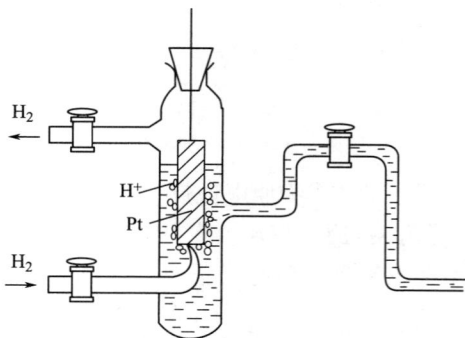

图 8-17 标准氢电极的构造示意图

$$Pt(s)\,|\,H_2(g,100kPa)\,|\,H^+(a_{H^+}=1)$$

标准氢电极上的电极反应为

$$H_2(g,100kPa)\longrightarrow 2H^+(a_{H^+}=1)+2e^-$$

按照基准电极电势的规定，标准氢电极的电极电势为零，记为

$$E^\ominus(H^+/H_2)=0$$

8.7.2　电极电势的 Nernst 方程

规定标准氢电极作为基准电极后，可以用标准氢电极为阳极，待定电极为阴极，组成以下原电池

$$Pt(s)\,|\,H_2(g,100kPa)\,|\,H^+(a_{H^+}=1)\,\|\,待定电极$$

该原电池的电动势就是待定电极的电极电势。由于该原电池中待定电极为阴极（正极），总是发生还原反应，因此这样定义的电极电势称为还原电极电势，用"E（氧化态/还原态）"表示；当待定电极中各组分均处于各自的标准态时，对应的电极电势称为标准电极电势，表示为"$E^\ominus$（氧化态/还原态）"。

值得注意的是，原电池中电极上实际发生的是氧化反应还是还原反应，应根据电极在原电池中作阳极还是阴极而定，与定义还原电极电势的反应没有直接关系。现以铜电极为例，讨论电极电势的 Nernst 方程。

以标准氢电极为阳极，铜电极为阴极组成原电池

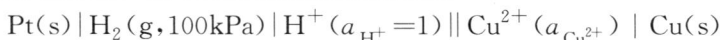

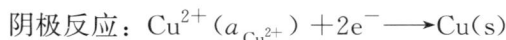

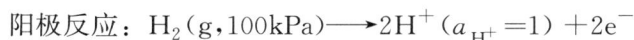

$$Pt(s)\,|\,H_2(g,100kPa)\,|\,H^+(a_{H^+}=1)\,\|\,Cu^{2+}(a_{Cu^{2+}})\,|\,Cu(s)$$

阴极反应：$Cu^{2+}(a_{Cu^{2+}})+2e^-\longrightarrow Cu(s)$

阳极反应：$H_2(g,100kPa)\longrightarrow 2H^+(a_{H^+}=1)+2e^-$

电池反应：$Cu^{2+}(a_{Cu^{2+}})+H_2(g,100kPa)=\!=\!=Cu(s)+2H^+(a_{H^+}=1)$

由原电池电动势 Nernst 方程，得上述原电池的电动势为

$$E=E^\ominus-\frac{RT}{2F}\ln\frac{a_{Cu}a_{H^+}^2}{a_{Cu^{2+}}\,p_{H_2}/p^\ominus}$$

由于标准氢电极中 $a_{H^+}=1$，$p_{H_2}=p^\ominus=100kPa$，上式变为

$$E=E^\ominus-\frac{RT}{2F}\ln\frac{a_{Cu}}{a_{Cu^{2+}}}$$

按照待定电极的电极电势规定，上式中的电动势 E 即为铜电极的电极电势 $E(Cu^{2+}/Cu)$。标准电动势 $E^\ominus$ 即为铜电极的标准电极电势 $E^\ominus(Cu^{2+}/Cu)$，则

$$E(Cu^{2+}/Cu)=E^\ominus(Cu^{2+}/Cu)-\frac{RT}{2F}\ln\frac{a_{Cu}}{a_{Cu^{2+}}}$$

将上述方法推广到任意一个待定电极，以 Ox 表示该待定电极的氧化态、Red 表示待定电极的还原态，待定电极的还原反应通式为

$$\nu_O Ox+ze^- =\!=\!= \nu_R Red$$

电极电势的 Nernst 方程为

$$E(Ox/Red)=E^\ominus(Ox/Red)-\frac{RT}{zF}\ln\frac{a_{Red}^{\nu_R}}{a_{Ox}^{\nu_O}} \tag{8-42}$$

式中，ν_O 和 ν_R 分别为氧化态和还原态的化学计量系数。

例如，酸性氧电极作阴极时的电极反应为

$$O_2(p_{O_2}) + 4e^- + 4H^+(a_{H^+}) == 2H_2O(l)$$

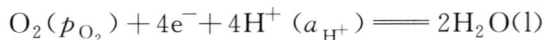

该电极电势的 Nernst 方程为

$$E(O_2/H_2O, H^+) = E^\ominus(O_2/H_2O, H^+) - \frac{RT}{4F}\ln\frac{1}{(p_{O_2}/p^\ominus)a_{H^+}^4}$$

又如,酸性条件下的第三类电极作阴极时的电极反应

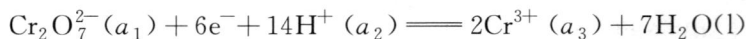

$$Cr_2O_7^{2-}(a_1) + 6e^- + 14H^+(a_2) == 2Cr^{3+}(a_3) + 7H_2O(l)$$

其电极电势的 Nernst 方程为

$$E(Cr_2O_7^{2-}/Cr^{3+}) = E^\ominus(Cr_2O_7^{2-}/Cr^{3+}) - \frac{RT}{6F}\ln\frac{a_3^2}{a_1 a_2^{14}}$$

表 8-8 列出了 298.15K 和 100kPa 时水溶液中常用电极的标准还原电极电势数据。

表 8-8 298.15K、100kPa 时水溶液中一些电极的标准还原电极电势

电极	电极反应	$E^\ominus/V$
第一类电极		
$Li^+\|Li$	$Li^+ + e^- == Li$	−3.040
$K^+\|K$	$K^+ + e^- == K$	−2.931
$Ba^{2+}\|Ba$	$Ba^{2+} + 2e^- == Ba$	−2.912
$Ca^{2+}\|Ca$	$Ca^{2+} + 2e^- == Ca$	−2.868
$Na^+\|Na$	$Na^+ + e^- == Na$	−2.710
$Mg^{2+}\|Mg$	$Mg^{2+} + 2e^- == Mg$	−2.372
$H_2O, OH^-\|H_2(g)\|Pt$	$2H_2O + 2e^- == H_2(g) + 2OH^-$	−0.828
$Zn^{2+}\|Zn$	$Zn^{2+} + 2e^- == Zn$	−0.763
$Cr^{3+}\|Cr$	$Cr^{3+} + 3e^- == Cr$	−0.744
$Cd^{2+}\|Cd$	$Cd^{2+} + 2e^- == Cd$	−0.403
$Co^{2+}\|Co$	$Co^{2+} + 2e^- == Co$	−0.280
$Ni^{2+}\|Ni$	$Ni^{2+} + 2e^- == Ni$	−0.257
$Sn^{2+}\|Sn$	$Sn^{2+} + 2e^- == Sn$	−0.138
$Pb^{2+}\|Pb$	$Pb^{2+} + 2e^- == Pb$	−0.126
$Fe^{3+}\|Fe$	$Fe^{3+} + 3e^- == Fe$	−0.037
$H^+\|H_2(g)\|Pt$	$2H^+ + 2e^- == H_2(g)$	0.000
$Cu^{2+}\|Cu$	$Cu^{2+} + 2e^- == Cu$	+0.341
$H_2O, OH^-\|O_2(g)\|Pt$	$O_2(g) + 2H_2O + 4e^- == 4OH^-$	+0.401
$Cu^+\|Cu$	$Cu^+ + e^- == Cu$	+0.521
$I^-\|I_2(s)\|Pt$	$I_2(s) + 2e^- == 2I^-$	+0.535
$Hg_2^{2+}\|Hg$	$Hg_2^{2+} + 2e^- == 2Hg$	+0.797
$Ag+\|Ag$	$Ag^+ + e^- == Ag$	+0.799
$Hg^{2+}\|Hg$	$Hg^{2+} + 2e^- == Hg$	+0.851
$Br^-\|Br_2(l)\|Pt$	$Br_2(l) + 2e^- == 2Br^-$	+1.066

电极	电极反应	$E^{\ominus}/V$
$H^+, H_2O\|O_2(g)\|Pt$	$O_2(g)+4H^++4e^-\!=\!\!=\!2H_2O$	$+1.229$
$Cl^-\|Cl_2(g)\|Pt$	$Cl_2(g)+2e^-\!=\!\!=\!2Cl^-$	$+1.358$
$Au^+\|Au$	$Au^++e^-\!=\!\!=\!Au$	$+1.692$
$F^-\|F_2(g)\|Pt$	$F_2(g)+2e^-\!=\!\!=\!2F^-$	$+2.866$
第二类电极		
$SO_4^{2-}\|PbSO_4(s)\|Pb$	$PbSO_4(s)+2e^-\!=\!\!=\!Pb+SO_4^{2-}$	-0.359
$I^-\|AgI(s)\|Ag$	$AgI(s)+e^-\!=\!\!=\!Ag+I^-$	-0.152
$Br^-\|AgBr(s)\|Ag$	$AgBr(s)+e^-\!=\!\!=\!Ag+Br^-$	$+0.071$
$Cl^-\|AgCl(s)\|Ag$	$AgCl(s)+e^-\!=\!\!=\!Ag+Cl^-$	$+0.222$
氧化还原电极		
$Cr^{3+}, Cr^{2+}\|Pt$	$Cr^{3+}+e^-\!=\!\!=\!Cr^{2+}$	-0.407
$Sn^{4+}, Sn^{2+}\|Pt$	$Sn^{4+}+2e^-\!=\!\!=\!Sn^{2+}$	$+0.151$
$Cu^{2+}, Cu^+\|Pt$	$Cu^{2+}+e^-\!=\!\!=\!Cu^+$	$+0.153$
$H^+,$ 醌氢醌$\|Pt$	$C_6H_4O_2+2H^++2e^-\!=\!\!=\!C_6H_4(OH)_2$	$+0.699$
$Fe^{3+}, Fe^{2+}\|Pt$	$Fe^{3+}+e^-\!=\!\!=\!Fe^{2+}$	$+0.771$
$Tl^{3+}, Tl^+\|Pt$	$Tl^{3+}+2e^-\!=\!\!=\!Tl^+$	$+1.252$
$Ce^{4+}, Ce^{3+}\|Pt$	$Ce^{4+}+e^-\!=\!\!=\!Ce^{3+}$	$+1.720$

注：表中数据摘自李松林等. 物理化学：下册. 第 5 版. 北京：高等教育出版社，2009.

由表 8-8 可见，电极电势有正、负之分，正、负值是相对于基准电极（标准氢电极）的电极电势为零而言的。298.15K 时，铜电极的 $E^{\ominus}(Cu^{2+}/Cu)=+0.341V$，标准态下，铜电极比氢电极的电极电势高 0.341V，表明实际原电池中铜电极为正极，基准氢电极为负极，符合测定待定电极的电极电势的规定；而锌电极的 $E^{\ominus}(Zn^{2+}/Zn)=-0.763V$，标准态下，锌电极比氢电极的电极电势低 0.763V，意味着基准氢电极与锌电极构建原电池时实际上是锌电极为负极，基准氢电极为正极，这与测定待定电极的电极电势所规定的正、负极情况相反。

还原电极电势的高低，体现了电极中所对应的氧化态物质氧化能力和还原态物质还原能力的大小。随着电极电势的增加，氧化态物质的氧化能力增强，还原态物质的还原能力降低；相反，随着电极电势的降低，氧化态物质的氧化能力下降，还原态物质的还原能力增强。例如，298.15K 的标准态下，由上述铜电极和锌电极的标准电极电势数值可知，标准态时氧化态 Cu^{2+} 的氧化能力高于 Zn^{2+}，而还原态 Cu 的还原能力低于 Zn。

不管电极作阴极还是作阳极，甚至电极反应的计量数改变，电极电势的大小都不变。例如氯电极，作阴极时的电极反应为 $Cl_2(p)+2e^-\!=\!\!=\!2Cl^-(a)$，作阳极时的电极反应为 $Cl^-(a)\!=\!\!=\!1/2Cl_2(p)+e^-$，其电极电势的 Nernst 方程是相同的，电极电势数值是相等的，即

$$E(Cl_2/Cl^-)=E^{\ominus}(Cl_2/Cl^-)-\frac{RT}{2F}\ln\frac{a^2}{p/p^{\ominus}}=E^{\ominus}(Cl_2/Cl^-)-\frac{RT}{F}\ln\frac{a}{(p/p^{\ominus})^{1/2}}$$

同一种金属（如 Fe）与其不同氧化态物质（如 Fe^{3+} 和 Fe^{2+}）间的标准还原电极电势之间

存在内在联系，例如

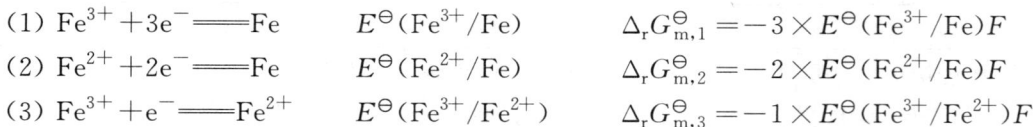

(1) $Fe^{3+}+3e^-$ ===== Fe $E^\ominus(Fe^{3+}/Fe)$ $\Delta_rG_{m,1}^\ominus=-3\times E^\ominus(Fe^{3+}/Fe)F$

(2) $Fe^{2+}+2e^-$ ===== Fe $E^\ominus(Fe^{2+}/Fe)$ $\Delta_rG_{m,2}^\ominus=-2\times E^\ominus(Fe^{2+}/Fe)F$

(3) $Fe^{3+}+e^-$ ===== Fe^{2+} $E^\ominus(Fe^{3+}/Fe^{2+})$ $\Delta_rG_{m,3}^\ominus=-1\times E^\ominus(Fe^{3+}/Fe^{2+})F$

由于方程式(3)＝方程式(1)－方程式(2)，故

$$\Delta_rG_{m,3}^\ominus=\Delta_rG_{m,1}^\ominus-\Delta_rG_{m,2}^\ominus$$

所以 $$E^\ominus(Fe^{3+}/Fe^{2+})=3E^\ominus(Fe^{3+}/Fe)-2E^\ominus(Fe^{2+}/Fe)$$

8.7.3　参比电极及其电极电势

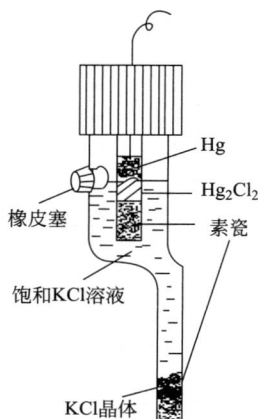

图 8-18　甘汞电极构造示意图

用标准氢电极为基准电极测定原电池电动势时，尽管其精确度可高达$\pm10^{-6}$V，但它的使用条件极为苛刻，加上它的制备和纯化都较为复杂，限制了标准氢电极在一般实验室中的使用。因此，在实验测定电动势的实际应用中常采用易于制备、使用方便、电极电势稳定的第二类电极作为参比电极，常用的有甘汞电极和银-氯化银电极等，它们的电极电势事先用标准氢电极为基准电极进行过精准测定。例如，图 8-18 是甘汞电极的构造示意图，其作为阴极时的电极反应为

$$Hg_2Cl_2(s)+2e^-\longrightarrow 2Hg(l)+2Cl^-(a)$$

其电极电势的 Nernst 方程为

$$E(Hg_2Cl_2/Hg)=E^\ominus(Hg_2Cl_2/Hg)-\frac{RT}{2F}\ln a_{Cl^-}^2=E^\ominus(Hg_2Cl_2/Hg)-\frac{RT}{F}\ln a_{Cl^-}$$

上式表明，甘汞电极的电极电势取决于温度和 KCl 溶液的浓度（或活度），不同浓度 KCl 溶液的甘汞电极的电极电势与温度的关系见表 8-9，其中饱和 KCl 溶液对应的甘汞电极称为饱和甘汞电极（saturated calomel electrode，SCE），是最常用的参比电极。

表 8-9　甘汞电极的电极电势与温度的关系式

$c(KCl)/mol\cdot dm^{-3}$	E/V	$E(298.15K)/V$
0.1	$0.3335-8.75\times10^{-5}(T/K-298.15)$	0.3335
1	$0.2799-2.75\times10^{-4}(T/K-298.15)$	0.2799
饱和	$0.2410-6.61\times10^{-4}(T/K-298.15)$	0.2410

8.7.4　液体接界电势及其消除

在两种不同电解质溶液的界面上，或者在电解质相同而活度（或浓度）不同的两种溶液界面上，存在的微小电势差称为液体接界电势，也称为扩散电势。溶液中正、负离子迁移速度的差异是产生液体接界电势的根本原因。例如，两种浓度不同的 HCl 溶液界面上，HCl 将由浓溶液的一侧向稀溶液的一侧迁移扩散，由于 H^+ 的迁移速度高于 Cl^-，致使稀溶液一侧产生过剩的 H^+ 而使稀溶液带正电荷，而在浓溶液一侧由于留下多余的 Cl^- 而带负电荷，这样在界面两侧就产生了电势差。电势差的产生，既降低了 H^+ 的迁移速度，又加快了 Cl^- 的迁移速度，最后达到平衡状态，此时两种离子以相同的速度通过界面，液体的接界电势差保持恒定。

假设由 1-1 价型电解质 $AgNO_3$ 的两种不同浓度溶液形成如下的液体接界

$$(-)AgNO_3(a_{\pm,1}) \vdots AgNO_3(a_{\pm,2})(+)$$

$$nt_+Ag^+(a_{+,1}) \longrightarrow nt_+Ag^+(a_{+,2})$$

$$nt_-NO_3^-(a_{-,1}) \longleftarrow nt_-NO_3^-(a_{-,2})$$

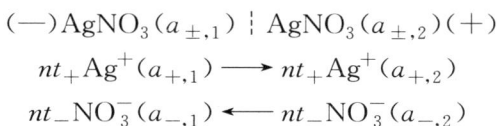

两溶液的平均离子活度分别为 $a_{\pm,1}$、$a_{\pm,2}$，它们间的液体接界电势为 $E_{液接}$。 在可逆情况下，当电池输出物质的量为 n mol 的电子(即 nF 的电量)时，所做的电功为

$$W_r' = \Delta G = -nFE_{液接}$$

式中，ΔG 为电迁移过程中的吉布斯函数变化。

　　若离子的迁移数 t 与 $AgNO_3$ 溶液的浓度无关，电池放电过程中将有 nt_+ mol 的 $Ag^+(a_{+,1})$ 从离子平均活度为 $a_{\pm,1}$ 的 $AgNO_3$ 溶液中通过界面迁移至离子平均活度为 $a_{\pm,2}$ 的 $AgNO_3$ 溶液中，即 $nt_+Ag^+(a_{+,1}) \longrightarrow nt_+Ag^+(a_{+,2})$，根据 $\mu_+ = \mu_+^\ominus + RT\ln a_+$ 可得迁移过程 Ag^+ 的吉布斯函数变化为

$$\Delta G(Ag^+) = \sum n_{Ag^+}\mu_{Ag^+} = nt_+(\mu_+^\ominus + RT\ln a_{+,2}) - nt_+(\mu_+^\ominus + RT\ln a_{+,1})$$

即

$$\Delta G(Ag^+) = nt_+RT\ln\frac{a_{+,2}}{a_{+,1}}$$

　　电池放电过程中同时有 nt_- mol 的 $NO_3^-(a_{-,2})$ 从离子平均活度为 $a_{\pm,2}$ 的 $AgNO_3$ 溶液中通过界面迁移至离子平均活度为 $a_{\pm,1}$ 的 $AgNO_3$ 溶液中，即 $nt_-NO_3^-(a_{-,2}) \longrightarrow nt_-NO_3^-(a_{-,1})$，同样可以得出迁移过程 NO_3^- 的吉布斯函数变化为

$$\Delta G(NO_3^-) = \sum n_{NO_3^-}\mu_{NO_3^-} = nt_-RT\ln\frac{a_{-,1}}{a_{-,2}}$$

　　电池放电过程总的吉布斯函数变化等于 Ag^+ 和 NO_3^- 的吉布斯函数变化之和，即

$$\Delta G = nt_+RT\ln\frac{a_{+,2}}{a_{+,1}} + nt_-RT\ln\frac{a_{-,1}}{a_{-,2}} = -nFE_{液接}$$

$AgNO_3$ 是 1-1 价型电解质，溶液中 $\gamma_+ \approx \gamma_- \approx \gamma_\pm$，则 $a_+ \approx a_- \approx a_\pm$，故

$$E_{液接} = (t_+ - t_-)\frac{RT}{F}\ln\frac{a_{\pm,1}}{a_{\pm,2}} \tag{8-43}$$

　　对于 2-2 价型的电解质，例如 $CuSO_4$ 溶液，当电池输出物质的量为 n mol 的电子时，所作的电功依然为 $-nFE_{液接}$，但迁移 Cu^{2+} 和 SO_4^{2-} 的物质的量分别为 $\frac{1}{2}nt_+$ mol 和 $\frac{1}{2}nt_-$ mol，此时液体接界电势的计算公式为

$$E_{液接} = (t_+ - t_-)\frac{RT}{2F}\ln\frac{a_{\pm,1}}{a_{\pm,2}} \tag{8-44}$$

　　【例 8-12】 298.15K 时，$CdSO_4$ 溶液中 Cd^{2+} 的迁移数 $t_{Cd^{2+}} = 0.37$ 且与溶液浓度无关，质量摩尔浓度为 $b_1 = 0.2mol\cdot kg^{-1}$ 和 $b_2 = 0.02mol\cdot kg^{-1}CdSO_4$ 溶液的离子平均活度因子分别为 $\gamma_{\pm,1} = 0.1$ 和 $\gamma_{\pm,2} = 0.32$，计算液体接界电势。

　　解　$t_{SO_4^{2-}} = 1 - t_{Cd^{2+}} = 1 - 0.37 = 0.63$，由于 $CdSO_4$ 是 2-2 价型电解质，所以有

$$b_{\pm,1} = b_1 = 0.2mol\cdot kg^{-1}, \quad a_{\pm,1} = \gamma_{\pm,1}\times\frac{b_{\pm,1}}{b^\ominus} = 0.1\times\frac{0.2}{1} = 0.02$$

$$b_{\pm,2} = b_2 = 0.02mol\cdot kg^{-1}, \quad a_{\pm,2} = \gamma_{\pm,2}\times\frac{b_{\pm,2}}{b^\ominus} = 0.32\times\frac{0.02}{1} = 0.0064$$

$$E_{液接}=(t_{Cd^{2+}}-t_{SO_4^{2-}})\frac{RT}{2F}\ln\frac{a_{\pm,1}}{a_{\pm,2}}=\left[(0.37-0.63)\times\frac{8.314\times298.15}{2\times96500}\ln\frac{0.02}{0.0064}\right]\text{V}$$

$$=-3.803\times10^{-3}\text{V}$$

液体接界电势的存在，会对精确测量原电池电动势造成不能忽略的误差，因此必须力求消除，通常采用盐桥法来最大程度减小或消除液体接界电势。将混有3%琼脂凝胶剂的高浓度(一般用饱和溶液)的强电解质溶液凝固在U形管内，便能制得盐桥。选择盐桥中的强电解质时，首先考虑其正、负离子迁移数应尽可能接近，通常选择KCl，因为K^+和Cl^-的迁移数分别为0.496和0.504，近似相等；其次，所选的电解质不能与原电池溶液中的离子发生反应，例如，若原电池中有$AgNO_3$溶液，就不能用KCl溶液作盐桥，而应该用NH_4NO_3或KNO_3溶液。把盐桥插入原电池的两个溶液中取代两溶液直接接触，在盐桥两端形成两个新的界面，此两界面上的扩散均来自盐桥，所产生的液体接界电势不仅数值小，而且正、负号相反，可以相互对消。

8.7.5　原电池电动势的计算

根据原电池电动势计算公式(8-30)，原电池的标准电动势$E^{\ominus}$为

$$E^{\ominus}=E_{正}^{\ominus}-E_{负}^{\ominus} \tag{8-45}$$

因此，利用标准电极电势和Nernst方程，可以计算原电池的电动势，计算方法有二。其一，先按照电极电势的Nernst方程式(8-40)分别计算正、负电极的电极电势$E_{正}$和$E_{负}$，然后由式(8-30)计算原电池电动势E；其二，先由式(8-45)计算原电池的标准电动势$E^{\ominus}$，然后根据原电池电动势的Nernst方程式(8-38)计算原电池电动势E。

【例8-13】　利用表8-1离子平均活度因子数据和表8-8电极电势数据，计算298.15K时，下列电池的电动势

$$Zn(s)|ZnSO_4(0.01mol\cdot kg^{-1})\ ||\ CuSO_4(0.1mol\cdot kg^{-1})|Cu(s)$$

解　原电池的电极反应和电池反应分别为

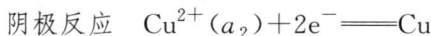

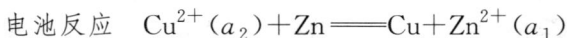

$$阴极反应\quad Cu^{2+}(a_2)+2e^-\!\!=\!\!=\!\!Cu$$

$$阳极反应\quad Zn\!\!=\!\!=\!\!Zn^{2+}(a_1)+2e^-$$

$$电池反应\quad Cu^{2+}(a_2)+Zn\!\!=\!\!=\!\!Cu+Zn^{2+}(a_1)$$

因$ZnSO_4$和$CuSO_4$均为2-2价型电解质，它们的$\gamma_+\approx\gamma_-\approx\gamma_{\pm}$。查表8-1，298.15K时0.01$mol\cdot kg^{-1}ZnSO_4$水溶液的$\gamma_{\pm}=0.387$，0.1$mol\cdot kg^{-1}CuSO_4$水溶液的$\gamma_{\pm}=0.160$，根据$a_+=\gamma_+(b_+/b^{\ominus})$得

$a_1=0.387\times(0.01/1)=0.00387$，$a_2=0.160\times(0.1/1)=0.0160$，纯固体的活度均为1

查表8-8，$E^{\ominus}(Cu^{2+}/Cu)=0.341$V，$E^{\ominus}(Zn^{2+}/Zn)=-0.763$V

第一种计算方法：

$$E_{正}=E^{\ominus}(Cu^{2+}/Cu)-\frac{RT}{2F}\ln\frac{1}{a_2}=\left(0.341-\frac{8.314\times298.15}{2\times96500}\ln\frac{1}{0.0160}\right)\text{V}=0.288\text{V}$$

$$E_{负}=E^{\ominus}(Zn^{2+}/Zn)-\frac{RT}{2F}\ln\frac{1}{a_1}=\left(-0.763-\frac{8.314\times298.15}{2\times96500}\ln\frac{1}{0.00387}\right)\text{V}=-0.834\text{V}$$

$$E=E_{正}-E_{负}=[0.288-(-0.834)]\text{V}=1.122\text{V}$$

第二种计算方法：

$$E^{\ominus}=E_{正}^{\ominus}-E_{负}^{\ominus}=[0.341-(-0.763)]\text{V}=1.104\text{V}$$

$$E = E^{\ominus} - \frac{RT}{2F} \ln \frac{a_1}{a_2} = \left(1.104 - \frac{8.314 \times 298.15}{2 \times 96500} \ln \frac{0.00387}{0.0160} \right) V = 1.122V$$

两种方法计算原电池电动势的结果是一样的。尤其值得注意的是，用第一种方法时，阳极发生的是氧化反应，该反应式不能作为计算阳极电极电势时书写 Nernst 方程的依据。

8.8　原电池设计与电动势测定的应用

8.8.1　原电池设计

通过前面内容的介绍可以发现，若将化学反应或物理过程(例如，不同浓度电解质溶液的扩散)安排在可逆原电池中进行，不仅可以利用已有的热力学数据研究电化学行为，而且可以通过测定原电池电动势来计算热力学数据。因此，可逆原电池设计在电化学研究中显得尤为重要。理论上，恒温、恒压下任何 $\Delta G < 0$ 的化学反应或物理过程都可以设计成可逆原电池，方法是将化学反应或物理过程拆分成两个电极反应，一个在阴极上发生还原反应，一个在阳极上发生氧化反应。具体操作分三步，首先，从总反应的反应物中找出氧化态(或潜在的氧化态)物质，让它发生得电子的还原反应，作为可逆原电池的阴极。然后，用总反应减去这个阴极反应，得到失电子的氧化反应，作为可逆原电池的阳极；涉及的阴、阳电极必须属于前述的三类可逆电极。最后，按图式法的规定表示可逆原电池。

（1）氧化还原反应

氧化还原反应的反应物中氧化态物质显而易见，很容易就能把反应设计成原电池，例如化学反应

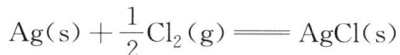

$$Ag(s) + \frac{1}{2}Cl_2(g) == AgCl(s)$$

反应物中 Cl_2 是氧化态物质，作可逆原电池的阴极，发生下面得电子的还原反应

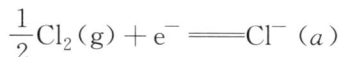

$$\frac{1}{2}Cl_2(g) + e^- == Cl^-(a)$$

它是第一类电极。用总反应减去阴极反应，得到阳极反应为

$$Ag(s) - e^- + Cl^-(a) == AgCl(s)，即 \; Ag(s) + Cl^-(a) == AgCl(s) + e^-$$

从左边的反应可以更好地理解阳极反应历程：还原态物质 $Ag(s)$ 失去电子成为 Ag^+ 进入溶液，遇到溶液中的 Cl^- 生成 $AgCl(s)$，属于第二类电极。用图式法表示的原电池为

$$Ag(s) | AgCl(s) | Cl^-(a) | Cl_2(g,p) | Pt(s)$$

对于同一个氧化还原反应，有时可以设计出多个可逆原电池。例如化学反应

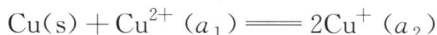

$$Cu(s) + Cu^{2+}(a_1) == 2Cu^+(a_2)$$

反应物中 Cu^{2+} 是氧化态物质，结合产物 Cu^+，很容易联想到阴极的电极反应为

$$Cu^{2+}(a_1) + e^- == Cu^+(a_2)$$

它属于第三类电极。用总反应减去阴极反应，得到阳极反应为

$$Cu(s) == Cu^+(a_2) + e^-$$

它是第一类电极。用图式法表示的原电池为

$$Cu(s) | Cu^+(a_2) \| Cu^{2+}(a_1), Cu^+(a_2) | Pt(s)$$

该电池由一个第一类电极和一个第三类电极构成，反应得失电子数 $z = 1$，要求两个溶液中 Cu^+ 的活度相等。

还是上面的化学反应，若把阴极的电极反应设计为

$$Cu^{2+}(a_1) + 2e^- \longrightarrow Cu(s)$$

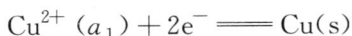

它是第一类电极。用总反应减去阴极反应，得到阳极反应为

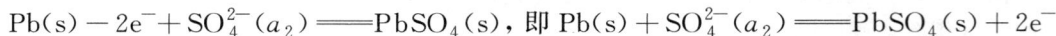

$$2Cu(s) \longrightarrow 2Cu^+(a_2) + 2e^-$$

它是第一类电极。用图式法表示的原电池为

$$Cu(s)|Cu^+(a_2)||Cu^{2+}(a_1)|Cu(s)$$

该电池由两个不同的第一类电极构成，反应得失电子数 $z=2$。

另外，上面的化学反应还可以设计成如下原电池

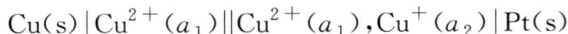

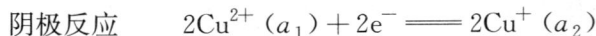

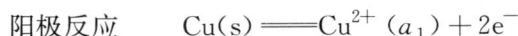

$$Cu(s)|Cu^{2+}(a_1)||Cu^{2+}(a_1), Cu^+(a_2)|Pt(s)$$

阴极反应　　　　$2Cu^{2+}(a_1) + 2e^- \longrightarrow 2Cu^+(a_2)$

阳极反应　　　　$Cu(s) \longrightarrow Cu^{2+}(a_1) + 2e^-$

该电池由一个第一类电极和一个第三类电极构成，反应得失电子数 $z=2$，要求两个溶液中 Cu^{2+} 的活度相等。

设计的三个原电池，由于它们总的电池反应相同，故各电池反应的 $\Delta_r G_m$ 相等，可逆放电时的电功 W_r' 相等，但得失电子不尽相同。由 $\Delta_r G_m = -zEF$ 得到三个原电池的电动势关系为 $E_1 = 2E_2 = 2E_3$，电池反应若在标准状态下进行，则有 $E_1^\ominus = 2E_2^\ominus = 2E_3^\ominus$。

（2）中和反应

酸碱中和反应为

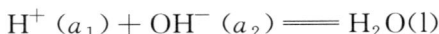

$$H^+(a_1) + OH^-(a_2) \longrightarrow H_2O(l)$$

反应本身不是氧化还原反应，反应物中不存在氧化态物质，但反应物中的 H^+ 处于高价态，是潜在的氧化态物质，因此，可以把它作原电池的阴极，发生得电子的还原反应

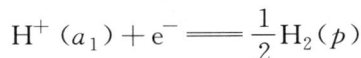

$$H^+(a_1) + e^- \longrightarrow \frac{1}{2}H_2(p)$$

这是酸性条件下的氢电极，是第一类电极。用总反应减去阴极反应，得到阳极反应为

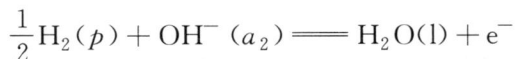

$$\frac{1}{2}H_2(p) + OH^-(a_2) \longrightarrow H_2O(l) + e^-$$

这是碱性条件下的氢电极，是第一类电极。用图式法表示的原电池为

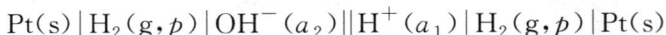

$$Pt(s)|H_2(g,p)|OH^-(a_2)||H^+(a_1)|H_2(g,p)|Pt(s)$$

中和反应还可以设计成由酸性条件下的氧电极和碱性条件下的氧电极两个第一类电极构成的原电池，即

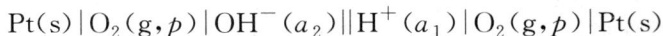

$$Pt(s)|O_2(g,p)|OH^-(a_2)||H^+(a_1)|O_2(g,p)|Pt(s)$$

（3）沉淀反应

与中和反应一样，沉淀反应也不是氧化还原反应，反应物中同样不存在氧化态物质。例如沉淀反应

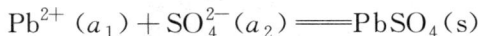

$$Pb^{2+}(a_1) + SO_4^{2-}(a_2) \longrightarrow PbSO_4(s)$$

反应物中 Pb^{2+} 处于高价态，是潜在的氧化态物质，因此，可以把它作原电池的阴极，发生得电子的还原反应

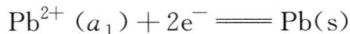

$$Pb^{2+}(a_1) + 2e^- \longrightarrow Pb(s)$$

它是第一类电极。用总反应减去阴极反应，得到阳极反应为

$Pb(s) - 2e^- + SO_4^{2-}(a_2) \longrightarrow PbSO_4(s)$，即 $Pb(s) + SO_4^{2-}(a_2) \longrightarrow PbSO_4(s) + 2e^-$

它是第二类电极，还原态物质 $Pb(s)$ 失去电子成为 Pb^{2+} 进入溶液，遇到 SO_4^{2-} 生成

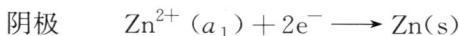

$PbSO_4(s)$。用图式法表示的原电池为

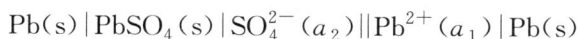

$$Pb(s)|PbSO_4(s)|SO_4^{2-}(a_2)\|Pb^{2+}(a_1)|Pb(s)$$

（4）扩散过程（浓差电池）

物质自高浓度向低浓度的扩散过程不是化学反应，是物理过程，如气体的扩散和离子的扩散。例如，一定温度下碱性条件下 O_2 的扩散过程为

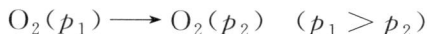

$$O_2(p_1)\longrightarrow O_2(p_2)\quad(p_1>p_2)$$

尽管是物理过程，但可以将左侧 O_2 视为反应物，把它作原电池的阴极，在碱性条件下发生得电子的还原反应

$$O_2(p_1)+4e^-+2H_2O(l)\longrightarrow 4OH^-(a)$$

它是第一类电极。用总反应减去阴极反应，得到阳极反应为

$$4OH^-(a)\longrightarrow O_2(p_2)+4e^-+2H_2O(l)$$

当两个电极反应中 OH^- 的活度相等时，两个电极反应相加后可以消去 OH^-，因此，最简单的方法是设计成两个电极共用一个碱性溶液的单液原电池，即

$$Pt(s)|O_2(p_2)|\,OH^-(a)|O_2(p_1)|Pt(s)$$

由于该原电池两个电极都是碱性氧电极，所以原电池的标准电动势 $E^{\ominus}=0$，由电动势的 Nernst 方程得

$$E=-\frac{RT}{4F}\ln\frac{p_2}{p_1}\tag{8-46}$$

溶液中不同活度的同一种离子同样存在扩散过程，例如溶液中 Zn^{2+} 的扩散过程为

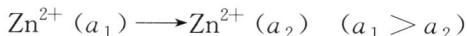

$$Zn^{2+}(a_1)\longrightarrow Zn^{2+}(a_2)\quad(a_1>a_2)$$

可以设计为

阴极　　$Zn^{2+}(a_1)+2e^-\longrightarrow Zn(s)$

阳极　　$Zn(s)\longrightarrow Zn^{2+}(a_2)+2e^-$

用图式法表示的原电池为

$$Zn(s)|Zn^{2+}(a_2)\|Zn^{2+}(a_1)|Zn(s)$$

两溶液通过盐桥间接扩散，液体接界电势为零。由于都是锌电极，标准电动势 $E^{\ominus}=0$，电池的电动势为

$$E=-\frac{RT}{2F}\ln\frac{a_2}{a_1}\tag{8-47}$$

若两溶液没有用盐桥连接而进行直接扩散，需考虑存在液体接界电势 $E_{液接}$，此时用图式法表示的原电池为

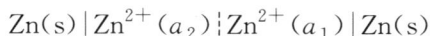

$$Zn(s)|Zn^{2+}(a_2)\vdots Zn^{2+}(a_1)|Zn(s)$$

电池的电动势为

$$E=-\frac{RT}{2F}\ln\frac{a_2}{a_1}+E_{液接}\tag{8-48}$$

8.8.2　电动势测定的应用

电动势测定的应用极其广泛，除了前面介绍的利用测定电动势计算热力学数据外，下面再列举电动势测定在难溶盐的溶度积计算、电解质溶液的离子平均活度因子计算和溶液 pH 值测定等方面的应用。

（1）计算难溶盐的溶度积

通常用 K_{sp} 或 $K_{sp}^{\ominus}$ 表示难溶盐的溶度积，其本质是难溶盐溶解达到平衡时的平衡常数。将溶解反应设计成原电池，由原电池的标准电动势 $E^{\ominus}$ 可计算 $K_{sp}^{\ominus}$。

【例 8-14】 已知 298.15K 时，$E^{\ominus}(PbSO_4/Pb)=-0.359V$，$E^{\ominus}(Pb^{2+}/Pb)=-0.126V$。计算 $PbSO_4(s)$ 的 $K_{sp}^{\ominus}$。

解 $PbSO_4(s)$ 的溶解反应为

$$PbSO_4(s) \Longrightarrow Pb^{2+}(a_1) + SO_4^{2-}(a_2)$$

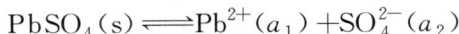

设计成原电池时的电极反应为

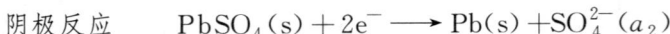

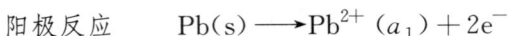

阴极反应 $\qquad PbSO_4(s) + 2e^- \longrightarrow Pb(s) + SO_4^{2-}(a_2)$

阳极反应 $\qquad Pb(s) \longrightarrow Pb^{2+}(a_1) + 2e^-$

用图式法表示的原电池为

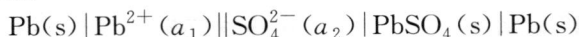

$$Pb(s)|Pb^{2+}(a_1)\|SO_4^{2-}(a_2)|PbSO_4(s)|Pb(s)$$

$$E_{正}^{\ominus}=E^{\ominus}(PbSO_4/Pb)=-0.359V, E_负^{\ominus}=E^{\ominus}(Pb^{2+}/Pb)=-0.126V$$

$$E^{\ominus}=E_{正}^{\ominus}-E_负^{\ominus}=[-0.359-(-0.126)]V=-0.233V$$

$$\ln K_{sp}^{\ominus}=\frac{zE^{\ominus}F}{RT}=\frac{2\times(-0.233)\times96500}{8.314\times298.15}=-18.14$$

$$K_{sp}^{\ominus}=1.3\times10^{-8}$$

（2）计算电解质溶液的离子平均活度因子

【例 8-15】 已知 298.15K 时，$E^{\ominus}(AgCl/Ag)=0.2222V$，原电池

$$Pt(s)|H_2(g,100kPa)|HCl(0.50mol\cdot kg^{-1})|AgCl(s)|Ag(s)$$

的电动势为 0.2721V，计算 298.15K 时 HCl 溶液的离子平均活度因子 $\gamma_\pm$。

解 原电池反应为

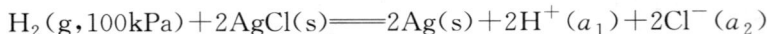

$$H_2(g,100kPa)+2AgCl(s)\Longrightarrow 2Ag(s)+2H^+(a_1)+2Cl^-(a_2)$$

由于 $E^{\ominus}(H^+/H_2)=0$，故原电池电动势

$$E=E^{\ominus}-\frac{RT}{2F}\ln(a_1^2\cdot a_2^2)=E^{\ominus}-\frac{RT}{F}\ln(a_1\cdot a_2)$$

$$0.2721=0.2222-\frac{8.314\times298.15}{96500}\ln(a_1\cdot a_2)$$

则 $\qquad\qquad\qquad\qquad\qquad a_1\cdot a_2=0.1433$

因为 HCl 是 1-1 价型电解质，故

$$a_\pm=(a_1\cdot a_2)^{1/2}=\sqrt{0.1433}=0.3785$$

$$b_\pm=(b_+\cdot b_-)^{1/2}=0.50mol\cdot kg^{-1}$$

所以 $\qquad\qquad\qquad\qquad \gamma_\pm=\frac{a_\pm}{b_\pm/b^{\ominus}}=\frac{0.3785}{0.50/1}=0.7571$

（3）溶液 pH 值的测定

要测定一定温度下待测溶液的 pH 值，需将一个浸泡在待测溶液中的指示电极，诸如氢电极、醌-氢醌电极和玻璃电极等，与一个参比电极（通常用饱和甘汞电极）构成原电池，测出原电池的电动势就能计算待测溶液的 pH 值。

先对用于指示电极的醌-氢醌电极作简单介绍。醌-氢醌的化学式为 $C_6H_4O_2\cdot C_6H_4(OH)_2$，由醌 $C_6H_4O_2$（用 Q 代表）和氢醌 $C_6H_4(OH)_2$（用 H_2Q 代表）等物质的量结合而成，简写成

$Q \cdot H_2Q$，在水中的溶解度很小，溶解的醌-氢醌建立如下溶解平衡

$$Q \cdot H_2Q \Longrightarrow Q + H_2Q$$

将金属铂片插入溶解少许 $Q \cdot H_2Q$ 晶体的待测溶液中，就构成了醌-氢醌电极

$$Q, H_2Q, H^+(a) | Pt(s)$$

其作阴极时的电极反应为

$$Q + 2H^+ + 2e^- \longrightarrow H_2Q$$

醌-氢醌电极的电极电势 Nernst 方程为

$$E(Q/H_2Q) = E^{\ominus}(Q/H_2Q) - \frac{RT}{2F} \ln \frac{a_{H_2Q}}{a_Q a_{H^+}^2}$$

298.15K 时，$E^{\ominus}(Q/H_2Q) = 0.6995V$，在 $Q \cdot H_2Q$ 稀溶液中 $a_{H_2Q} \approx a_Q$，上式变为

$$E(Q/H_2Q) = 0.6995 - 0.05916(-\lg a_{H^+})$$

由于 $pH = -\lg a_{H^+}$，故

$$E(Q/H_2Q) = (0.6995 - 0.05916 pH)V \tag{3-49}$$

醌-氢醌电极具有制备容易、使用简便等优点，但不能用于测定 pH>8.5 的碱性溶液的 pH 值，因为超过这一碱性，氢醌会大量解离，使醌与氢醌活度近似相等的假设不成立。同时，醌-氢醌电极也不能用于测定含有强氧化剂溶液的 pH 值。

选取用醌-氢醌电极作原电池的阴极，饱和甘汞电极作原电池的阳极，构成如下原电池

$$饱和甘汞电极 \| Q, H_2Q, H^+(a) | Pt(s)$$

测定电动势 E 便可求出待测溶液的 pH 值，即

$$E = E(Q/H_2Q) - E_{饱和甘汞}$$

又因为 298.15K 时，$E_{饱和甘汞} = 0.2410V$，所以有

$$E = 0.6995V - 0.05916V\, pH - 0.2410V$$

则

$$pH = \frac{0.4585V - E}{0.05916V} \tag{3-50}$$

由上式可以推算，当溶液的 pH<7.75 时，$E>0$，甘汞电极为负极，醌-氢醌电极为正极；当溶液的 7.75<pH<8.5 时，$E<0$，则甘汞电极实际为正极，而醌-氢醌电极则为负极，计算 pH 值的公式应为

$$pH = \frac{0.4585V + E}{0.05916V} \tag{3-51}$$

8.9 电解与极化作用

8.9.1 分解电压

能够将电能转化为化学能的装置称为电解池。在电解池中外加电源输入足够大的电流时，系统从环境获得电功，可以使一个 $\Delta G > 0$ 的非自发反应完成电解反应。例如，将两个铂电极插入 $1mol \cdot dm^{-3}$ HCl 水溶液中，按照图 8-19 所示组建电解池。图中 G 为安培计，V 为伏特计，R 为可变电阻。调节 R 以逐渐增加外加电压，同时记录对应的电流。电流随电压的变化关系如图 8-20 所示。刚开始外加电压很小，电路中几乎没有电流通过。随后电压增加，电流仅仅微小增加。当电压增大到某一数值后，电流随电压直线上升。直线反推到电

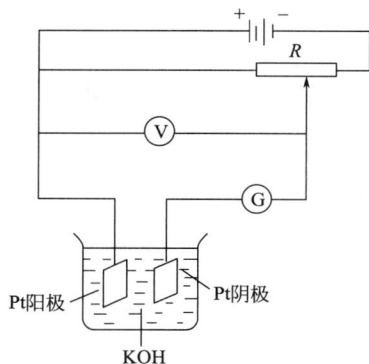

图 8-19　测定分解电压的电解池装置

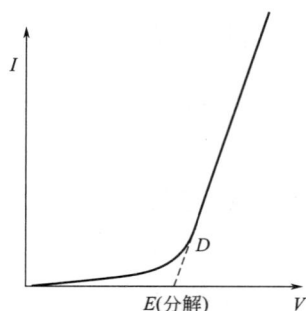

图 8-20　测定分解电压的 I-V 曲线

流为零处所对应的电压，是维持电解反应连续进行所需的最小外加电压，称为分解电压。

电解 HCl 水溶液时，溶液中的 H^+ 向阴极（负极）移动，在阴极上获得电子发生还原反应，生成氢气

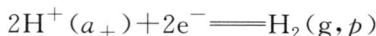

$$2H^+(a_+)+2e^- \longrightarrow H_2(g,p)$$

同时，溶液中的 Cl^- 向阳极（正极）移动，在阳极上失去电子发生氧化反应，生成氯气

$$2Cl^-(a_-) \longrightarrow Cl_2(g,p)+2e^-$$

电解总反应为

$$2H^+(a_+)+2Cl^-(a_-) \longrightarrow H_2(g,p)+Cl_2(g,p)$$

电解产生的 H_2 与溶液中的 H^+ 组成氢电极、Cl_2 与溶液中的 Cl^- 组成氯电极，两者可以构成如下原电池

$$Pt(s)|H_2(g,p)|HCl(1mol \cdot dm^{-3})|Cl_2(g,p)|Pt(s)$$

该原电池中氢电极为阳极（负极），氯电极为阴极（正极），其电动势与外加电压方向相反，称为反电动势。

当外加电压小于分解电压时，产生的反电动势可以抵消外加电压，电路中理应没有电流通过。但是，此时电极上因电解产生的微量氢气和氯气的压力远低于大气压力，它们无法逸出溶液而"冒泡"，只能向溶液中扩散而消失，只有电极上保持微弱的电流通过，才能连续补充电极上的电解产物。当外加电压增大到分解电压时，电解产物氢气和氯气的压力与大气压力（101.325kPa）相等而冒泡逸出，此时反电动势达到最大值。利用电动势的 Nernst 方程，根据产生反电动势的原电池反应 $H_2(g,p)+Cl_2(g,p) \longrightarrow 2H^+(a_+)+2Cl^-(a_-)$，可以计算电解 $1mol \cdot dm^{-3}$ HCl 水溶液（该溶液中离子的平均活度因子 $\gamma_\pm = 0.809$，假定 $p = 101.325kPa$）的理论分解电压 E（理论）

$$E(理论)=E^\ominus - \frac{RT}{2F}\ln \frac{a_+^2 a_-^2}{(p/p^\ominus)^2} = E^\ominus - \frac{RT}{F}\ln \frac{a_\pm^2}{p/p^\ominus}$$

$$= \left[1.358 - \frac{8.314 \times 298.15}{96500}\ln \frac{(0.809 \times 1)^2}{101.325/100}\right] V$$

$$= 1.37V$$

表 8-10 列出了 298.15K 时一些电解质溶液的理论分解电压 E（理论）和实际分解电压 E（分解）数据。通常，E（理论）和 E（分解）并不相等，且多数情况下 E（分解）大于 E（理论），主要原因是由于电极的极化作用使得实际电极电势与理论平衡电极电势产生偏差所致。

表 8-10　298.15K 时一些电解质溶液的分解电压(铂电极)

电解质	$c/mol \cdot dm^{-3}$	电解产物	E(理论)/V	E(分解)/V
HCl	1	H_2 和 Cl_2	1.37	1.31
HNO_3	1	H_2 和 O_2	1.23	1.69
H_2SO_4	0.5	H_2 和 O_2	1.23	1.67
NaOH	1	H_2 和 O_2	1.23	1.69
$NH_3 \cdot H_2O$	1	H_2 和 O_2	1.23	1.74
$AgNO_3$	1	Ag 和 O_2	0.04	0.70
$NiCl_2$	0.5	Ni 和 Cl_2	1.64	1.85
$CuSO_4$	0.5	Cu 和 O_2	1.49	0.51
$ZnSO_4$	0.5	Zn 和 O_2	1.60	2.55

8.9.2　极化作用

电极反应在电流趋于零的平衡条件下进行时所对应的电极电势,称为平衡电极电势或可逆电极电势。但是,无论原电池还是电解池,电极上实际都有一定的电流通过,是不可逆过程,导致实际电极电势偏离平衡电极电势,这种现象称为电极的极化。随着电极上电流密度的增加,电极的极化程度加大,将某一电流密度下电极的实际电极电势(通常也称为极化电极电势)与其平衡电极电势差值的绝对值称为超电势,用 η 表示。可见,η 可以衡量电极极化程度的大小。

根据极化产生的原因不同,极化可以分为浓差极化和电化学极化,与之相应的超电势称为浓差超电势和电化学超电势。

(1)浓差极化

电解过程中电极表面附近溶液中离子的浓度低于本体溶液的浓度,是产生浓差极化的根本原因。例如,电解 $0.01mol \cdot dm^{-3}$ HCl 水溶液,阴极因 H^+ 得电子生成 H_2,若本体溶液中的 H^+ 不及时补充到阴极附近溶液中,相当于降低了阴极附近溶液中 H^+ 的浓度;同样,阳极附近溶液中降低了 Cl^- 浓度。由于

$$E(H^+/H_2) = E^{\ominus}(H^+/H_2) - \frac{RT}{2F} \ln \frac{(p_{H_2}/p^{\ominus})}{(c_{H^+}/c^{\ominus})^2}$$

$$E(Cl_2/Cl^-) = E^{\ominus}(Cl_2/Cl^-) - \frac{RT}{2F} \ln \frac{(c_{Cl^-}/c^{\ominus})^2}{(p_{Cl_2}/p^{\ominus})}$$

本体溶液中 H^+ 和 Cl^- 浓度都为 $0.01mol \cdot dm^{-3}$,对应的是平衡电极电势,而电极附近溶液的实际浓度小于 $0.01mol \cdot dm^{-3}$,对应的是极化电极电势。显然,由上面两个 Nernst 方程可知,平衡电极电势与极化电极电势不相等。浓差极化的存在,使得阴极的极化电极电势低于其平衡电极电势,阳极的极化电极电势高于其平衡电极电势。搅拌溶液可以减小浓差极化,但由于电极表面扩散层的存在,浓差极化不可能完全消除。

(2)电化学极化

在一定电流密度下,电极上发生的得到或失去电子的电极反应速率,滞后于外电路中电子的传输速率,是产生电化学极化的内在原因。还是以电解 $0.01mol \cdot dm^{-3}$ HCl 水溶液为例,阴极上因 H^+ 得电子生成 H_2 的速率,比外电路通过导线把电子从阳极输送到阴极的速率慢,相当于在阴极积累了比平衡状态时多余的电子,降低了阴极的电极电势。阳极上 Cl^-

失去电子生成 Cl_2 的速率比外电路通过导线从阳极运走电子的速率慢,即电解过程中阳极的实际电子数比平衡状态时的电子数少,阳极的电极电势增加。因此,电化学极化也是使得阴极的极化电极电势低于其平衡电极电势,阳极的极化电极电势高于其平衡电极电势。

(3)极化曲线的测定

综合上面的分析,不管是浓差极化还是电化学极化,都是使得阴极的电极电势变得更负,阳极的电极电势变得更正。实验已经证实了极化电极电势的大小与电流密度相关,描述两者之间关系的曲线,称为极化曲线。

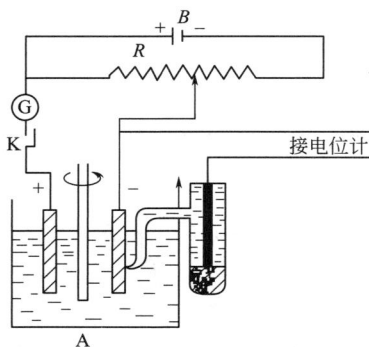

图 8-21　极化曲线的测定装置

用图 8-21 所示的装置测定极化曲线,实质是测定有电流通过电极时的电极电势,即极化电极电势。电解池 A 中的阴极是电极-溶液界面面积已知的待测电极,与阳极组成电解池。调节可变电阻 R 可以改变通过电极的电流,其数值可由安培计 G 测定,该值除以浸入溶液中电极的面积,就是电流密度 $J(A \cdot m^{-2})$。

用另一个参比电极(通常是甘汞电极)与电解池中的待测电极组成原电池,其电动势可以用电位计测定,由于参比电极的电极电势是已知的,故可以计算出不同电流密度 J 下待测电极的电极电势,即阴极的极化电极电势 E(阴)。测定原电池电动势时,为了减少因溶液中的欧姆降(即 IR 降)给待测电极的电极电势带来的误差,常将甘汞电极的一端拉成毛细管,常称为鲁金(Luggin)毛细管,让它尽可能靠近电解池中的待测电极表面。

用阴极的极化电极电势 E(阴)为纵坐标,电流密度 J 为横坐标,将测量结果绘制成图,即为阴极的极化曲线;用同样的方法,可以测定电解池中阳极的极化曲线,如图 8-22 所示。电解池中阳极是正极,阴极是负极,故阳极的极化曲线位于阴极的极化曲线之上,同时,随着电流密度增加,阴、阳极的极化程度都加大,电解池两端的电势差增大,电解过程消耗的能量增多。

原电池的极化曲线见图 8-23。由于原电池的阴极是正极,阳极是负极,所以阴极的极化曲线位于阳极的极化曲线上方。和电解池的极化一样,随着电流密度增加,原电池中的阴、阳极的极化程度均加大,但原电池两端的电势差减小,原电池对外做的电功减小。

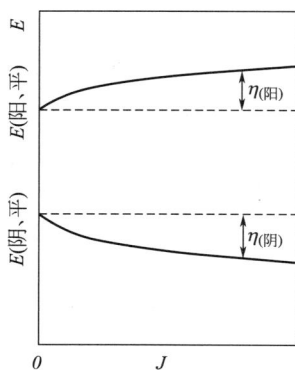

图 8-22　电解池极化曲线示意图

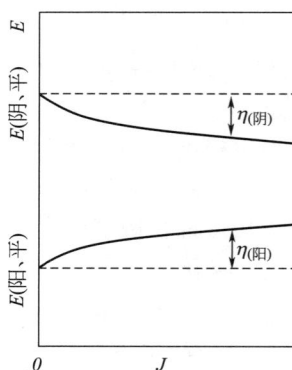

图 8-23　原电池极化曲线示意图

　　不管是电解池还是原电池,由于极化的结果使得阴极的电极电势更负,阳极的电极电势更正,所以不同电流密度下阴极的极化电极电势 E(阴) 低于其平衡电极电势 E(阴,平), 阳极的极化电极电势 E(阳) 高于其平衡电极电势 E(阳,平)。 根据超电势的定义,阴极超电势 η(阴) 和阳极超电势 η(阳) 分别为

$$\eta(\text{阴})=E(\text{阴,平})-E(\text{阴}) \tag{8-52}$$

$$\eta(\text{阳})=E(\text{阳})-E(\text{阳,平}) \tag{8-53}$$

　　由于电极材料、电极的表面状态、电流密度、温度、电解质溶液的性质和浓度,以及溶液中的杂质等因素都能影响超电势,所以测定超电势的数据重复性较差。

　　1905 年,塔菲尔(Tafel)在研究氢气析出的电极过程中,提出了一个关于氢超电势 η 与电流密度 J 关系的经验式,称为塔菲尔公式

$$\eta=a+b\lg J \tag{8-54}$$

式中,a 和 b 是经验常数。

8.9.3　电解时的电极反应与电解产物

　　电解电解质水溶液时,除了要考虑加多大的分解电压才能确保电解反应以适宜的速率持续进行外,还必须明确发生的电极反应和电解产物是什么。

　　在单一电解质或多种电解质共存的水溶液中,除了存在电解质电离出的正、负离子外,还有溶剂水电离出来的微量 H^+ 和 OH^-,它们都可能发生电极反应。

　　凡是能得到电子的还原反应都可能在阴极上发生,包括溶液中的金属离子还原成金属单质或低价态离子(如 Fe^{3+} 还原成 Fe^{2+}),H^+ 还原成氢气等。相反,凡是能失去电子的氧化反应都可能在阳极上发生,包括溶液中的阴离子放电生成单质、OH^- 氧化成氧气以及非惰性金属电极的氧化等。

　　当阴极和阳极都存在多种电极反应时,阴极上总是按照极化电极电势 E(阴) 由高到低的顺序发生还原反应,即阴极上是极化电极电势高的优先反应;阳极上总是按照极化电极电势 E(阳) 由低到高的顺序发生氧化反应,即阳极上是极化电极电势低的优先反应。因此,首先应根据电极反应中离子的活度或气体的压力,由电极电势的 Nernst 方程计算出阴极和阳极的平衡电极电势 E(阴,平) 和 E(阳,平); 然后,若忽略浓差极化,利用式(8-52)和式(8-53),求出阴极的极化电极电势 E(阴) 和阳极的极化电极电势 E(阳); 最后按照上述规则确定优先发生的电极反应和电解产物。

　　优先发生氧化反应的极化电极电势 E(阳) 与优先发生还原反应的极化电极电势 E(阴) 之差,即为分解电压。准确地说,电解某电解质水溶液的过程中,当外加电压达到前述分解电压时,阳极上是极化电极电势最低的发生氧化反应,而阴极上是极化电极电势最高的发生还原反应。只有外加电压足够大时,其他电极反应才可能同时进行。因此,电解时发生何种电极反应,与外加电压大小、电极反应物的活度或压力、电极材料和超电势等相关。

　　【例 8-16】 已知 298.15K 时,在 $1000A\cdot m^{-2}$ 电流密度下用光滑的 Pt 电极电解 $1mol\cdot kg^{-1}$ HCl 水溶液(离子平均活度因子为 0.809)。Cl_2 和 O_2 在 Pt 上的超电势分别为 0.054V 和 1.28V,假定若能析出气体,其压力均为 101.325kPa。试问阳极上首先析出的气体是 Cl_2 还是 O_2?

　　解　Cl^- 在阳极上发生的氧化反应为

$$2Cl^-(a_-)=\!=\!=Cl_2(p_1)+2e^-$$

HCl 是 1-1 价型电解质，$a_+ = a_- = \gamma_\pm (b/b^\ominus) = 0.809$

$$E(Cl_2/Cl^-, 平) = E^\ominus(Cl_2/Cl^-) - \frac{RT}{2F} \ln \frac{a_-^2}{p_1/p^\ominus}$$

$$= \left(1.358 - \frac{8.314 \times 298.15}{2 \times 96500} \ln \frac{0.809^2}{101.325/100}\right) V$$

$$= 1.364V$$

$$E(Cl_2/Cl^-) = E(Cl_2/Cl^-, 平) + \eta(Cl_2) = (1.364 + 0.054)V = 1.418V$$

酸性氧电极在阳极上发生的氧化反应为

$$2H_2O \rightleftharpoons O_2(p_2) + 4e^- + 4H^+(a_+)$$

$$E(O_2/H_2O, 平) = E^\ominus(O_2/H_2O) - \frac{RT}{4F} \ln \frac{1}{a_+^4 \cdot (p_2/p^\ominus)}$$

$$= \left(1.229 - \frac{8.314 \times 298.15}{4 \times 96500} \ln \frac{1}{(0.809)^4 \times (101.325/100)}\right) V$$

$$= 1.224V$$

$$E(O_2/H_2O) = E(O_2/H_2O, 平) + \eta(O_2) = (1.224 + 1.28)V = 2.504V$$

因为 $E(Cl_2/Cl^-) < E(O_2/H_2O)$，故根据阳极上极化电极电势低的优先发生氧化反应规则，首先析出的是 Cl_2。这与实际的电解情况相符。

【例 8-17】 已知 298.15K 时，在 100A·m^{-2} 电流密度下用锌电极作阴极电解 $a_\pm = 1$ 的 $ZnSO_4$ 水溶液，若 H_2 在锌电极上的超电势为 0.75V。试问在 101.325kPa 压力下，阴极上首先析出的气体是 H_2 还是单质锌？当第二种物质在阴极开始析出时，溶液中先析出离子的活度是多少？

解 若在阴极上析出 H_2，其平衡电极电势为

$$E(H^+/H_2, 平) = E^\ominus(H^+/H_2) - \frac{RT}{2F} \ln \frac{p_{H_2}/p^\ominus}{a_{H^+}^2}$$

$$= \left[0 - \frac{8.314 \times 298.15}{2 \times 96500} \ln \frac{101.325/100}{(10^{-7})^2}\right] V$$

$$= -0.414V$$

$$E(H^+/H_2) = E(H^+/H_2, 平) - \eta(H_2) = (-0.414 - 0.75)V = -1.164V$$

Zn^{2+} 的活度等于 $ZnSO_4$ 的平均活度，忽略 Zn 在阴极上的超电势，其极化电极电势等于平衡电极电势，即

$$E(Zn^{2+}/Zn) = E^\ominus(Zn^{2+}/Zn) - \frac{RT}{2F} \ln \frac{1}{a_{Zn^{2+}}}$$

$$= \left(-0.763 - \frac{8.314 \times 298.15}{2 \times 96500} \ln \frac{1}{1}\right) V$$

$$= -0.763V$$

由于 $E(Zn^{2+}/Zn) > E(H^+/H_2)$，根据阴极上优先发生极化电极电势高的还原反应，故首先析出的是单质锌。当阴极上开始析出第二种物质 H_2 时，锌电极的极化电极电势已降至 $-1.164V$，此时

$$-1.164 = -0.763 - \frac{8.314 \times 298.15}{2 \times 96500} \ln \frac{1}{a_{Zn^{2+}}}$$

得 $$a_{Zn^{2+}} = 2.76 \times 10^{-14}$$

8.10　电化学应用概述

电化学是一门多学科交叉的边缘学科，在工业上起着重要作用，有着广泛的应用领域。例如，化学电源的开发与利用、电化学在环境保护中的应用、金属的冶炼与精炼、金属或非金属制品电抛光和电着色等表面精饰、金属材料的电化学腐蚀与防护、生物电化学传感器、有机物和无机物的电化学合成，以及半导体电化学等都与电化学理论和技术密不可分。本节只简单介绍电化学在化学电源和环境保护领域中的应用。

8.10.1　化学电源

化学电源又称电池，是一种将化学能直接转变成电能并可以输出电能的装置，它具有能量转换效率高、污染相对较少、可携带性及使用方便等特点。尽管从 1799 年伏特发明世界上第一个电池——伏打电池后，化学电源发展至今经历了两个多世纪，但化学电源技术的迅猛发展，得益于 20 世纪 50 年代家庭电器化尤其是半导体收音机的出现。因此，化学电源紧随社会需求、科技进步而发展。目前，随着电子技术、移动通信技术、新能源电动汽车和国防航天科技的日新月异，化学电源产业和技术高速发展，金属氢化物镍电池、锂电池、锌空气电池、锌镍电池和燃料电池等新型高能化学电源系列不断商品化和取得突破性进展。

(1) 一次电池

一次电池是指电池全部放完电后，不能通过外加电源充电使其再生的电池。日常所用的干电池就是一次电池，锌-二氧化锰电池、锌-氧化汞电池、锌-空气电池和锌-氧化银电池等是一次电池中的典型。

例如，碱性条件下的锌-二氧化锰电池的图式为

$$(-)Zn(s)\,|\,ZnO(s)\,|\,NaOH(aq)\,|\,MnO_2(s)\,|\,C(s)(+)$$

该电池放电时的电极反应为

负极反应：　　　　$Zn + 2OH^- \longrightarrow ZnO + H_2O + 2e^-$

正极反应：　　　　$2MnO_2 + 2H_2O + 2e^- \longrightarrow 2MnO(OH) + 2OH^-$

电池反应：　　　　$Zn + 2MnO_2 + H_2O \longrightarrow ZnO + 2MnO(OH)$

该干电池的开路电压为 1.55V，其电容量较小，使用寿命不长。目前，一次电池朝着高容量、无水银、碱性化方向发展。

(2) 二次电池

二次电池是指电池放电后，可以通过外加电源充电使其重新恢复放电功能的电池，因其具有储存电能的功能，故常称为蓄电池。常用的有镍-镉蓄电池、铅-酸蓄电池、镍-铁蓄电池、镍-氢蓄电池、锌-银蓄电池和锂二次电池等。这里只介绍镍-镉蓄电池和锂二次电池。

① 镍-镉蓄电池　镍-镉蓄电池以 KOH 水溶液为电解质，属于碱性蓄电池，其电池图式为

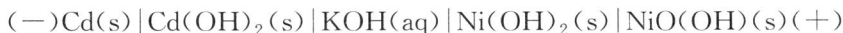

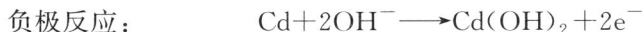

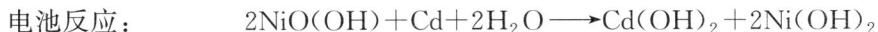

$$(-)Cd(s)\,|\,Cd(OH)_2(s)\,|\,KOH(aq)\,|\,Ni(OH)_2(s)\,|\,NiO(OH)(s)(+)$$

负极反应：　　　　$Cd + 2OH^- \longrightarrow Cd(OH)_2 + 2e^-$

正极反应：　　　　$2NiO(OH) + 2H_2O + 2e^- \longrightarrow 2Ni(OH)_2 + 2OH^-$

电池反应：　　　　$2NiO(OH) + Cd + 2H_2O \longrightarrow Cd(OH)_2 + 2Ni(OH)_2$

镍-镉蓄电池比铅-酸蓄电池的使用寿命长、自放电小、低温性能好、耐过充放电能力

强、电池可以任何方位使用、无需维修，是应用最广泛的化学电源之一。不足的是成本比铅-酸蓄电池高，且有记忆效应。

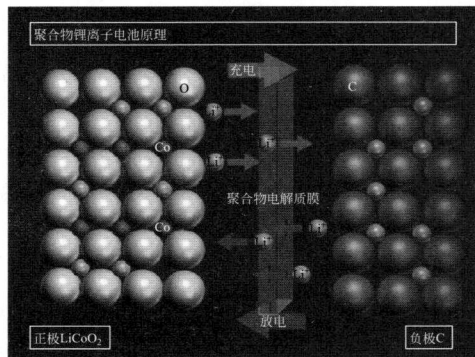

图 8-24　锂离子电池工作原理图

② 锂二次电池　锂二次电池又称锂离子电池，它实际上是一种锂离子浓差电池，正、负极由两种锂离子嵌入化合物组成。根据所用电解质材料的不同，锂离子电池可分为液态锂离子电池(LIB)和聚合物锂离子电池(LIP)两大类，它们的正、负极材料相同，正极是 $LiCoO_2$，负极是各种碳材料，不同类型的锂离子电池的工作原理基本一致：锂离子电池充放电过程中，依靠 Li^+ 在两个电极之间的嵌入和脱嵌，借助电解质实现 Li^+ 在正极和负极之间的移动而工作，即充电时，Li^+ 从正极脱嵌，经过电解质嵌入负极，负极处于富锂状态；放电时情况刚相反，见图 8-24。

1990 年，日本索尼公司采用可以嵌入和脱嵌 Li^+ 的碳材料作负极，可以脱嵌和嵌入 Li^+ 的具有高电极电势的 $LiCoO_2$ 作正极材料，以与正、负极相容性良好的 $LiPF_6 + EC + DMC$ 作电解质溶液(EC，碳酸乙烯酯；DMC，二甲基碳酸酯)，首先研发出可以实用化的新型锂离子蓄电池。其电池图式为

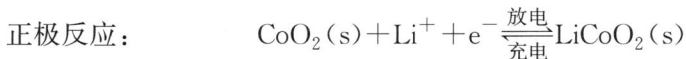

$$(-)LiC_6(s) \mid LiPF_6 + EC + DMC \mid LiCoO_2(s)(+)$$

负极反应：　　　　　　$LiC_6 \underset{充电}{\overset{放电}{\rightleftharpoons}} Li^+ + C_6(s) + e^-$

正极反应：　　　　　　$CoO_2(s) + Li^+ + e^- \underset{充电}{\overset{放电}{\rightleftharpoons}} LiCoO_2(s)$

电池反应：　　　　　　$LiC_6 + CoO_2(s) \underset{充电}{\overset{放电}{\rightleftharpoons}} LiCoO_2(s) + C_6(s)$

这种新型锂离子蓄电池平均工作电压高达 3.6～3.7V、比能量高达 $100W \cdot h \cdot kg^{-1}$、循环寿命超长到 71000 次，同时还具有极低的自放电(约 6%/月)、无记忆效应、无污染、充电速度快和安全性能好等特点。

基于锂离子电池对当今科技所产生的巨大作用，2019 年诺贝尔化学奖授予约翰·古迪纳夫、斯坦利·惠廷厄姆和吉野彰三位科学家，以表彰他们在锂离子电池研发领域做出的贡献。

目前，锂离子电池是手机、笔记本电脑等便携式电子器件的主要电源。今后发展锂离子电池的方向主要有：①开发以导电材料为正极、碳材料为负极、采用固态或凝胶态有机导电膜为电解质的性能更加稳定的聚合物锂离子电池，实现液态锂离子电池更新换代；②开发容量在 3A·h 以上，适用于可以驱动设备、器械、模型、电动工具、混合动力汽车等的动力锂离子电池；③研制一种能在很小的储电单元内储存更多电力的全新铁碳储电材料，以突破传统锂电池的储电瓶颈。

(3) 燃料电池

燃料电池是一种以燃料为能源，将其与氧化剂反应时的化学能直接转化为电能的装置。燃料电池电极上发生反应所需的燃料和氧化剂都储存在电池之外，电池工作时可以从外界连续供给，同时排出产物，是一个与环境既有能量交换又有物质交换的敞开系统，而电极本身在工作过程中不发生任何变化。而一般的一次电池和二次电池的反应物质都在电池系统内，

系统与环境之间只有能量交换而反应物不能连续补充，这类电池的容量必然受电池的体积和质量限制。与一般电池一样，燃料电池不受卡诺循环的热机效率限制，能量的转换率高。

通常，将燃料燃烧过程的化学反应放出的热通过热机转换成电能的效率极低，在 35% 以下。但是，在燃料电池中把同样的燃料燃烧的化学能直接转化为电能的效率非常高，理论上可以达到 100%，实际可以达到 70%，远超通过热机转化成电能的效率，实现节能。同时，燃料电池还可以减少燃料在空气中燃烧时排放的有害气体。

以碱性氢氧燃料电池为例，其电池图式为

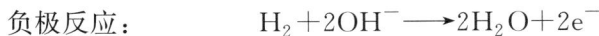

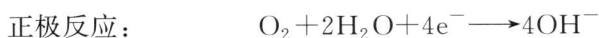

$$(-)C(s)|H_2(g,p_1)|NaOH(aq)|O_2(g,p_2)|C(s)(+)$$

负极反应：$\qquad H_2+2OH^- \longrightarrow 2H_2O+2e^-$

正极反应：$\qquad O_2+2H_2O+4e^- \longrightarrow 4OH^-$

电池反应：$\qquad 2H_2+O_2 \longrightarrow 2H_2O$

两个电极是多孔的石墨，电极上反应所需的 H_2 和 O_2 可以连续不断地通过石墨并扩散到电极孔中，一部分电解质溶液也会扩散到电极孔中，每一个电极起到催化电极反应的作用，于是 H_2 和 O_2 反应生成 H_2O 释放出的化学能转换为电能，水从电池内排出，电池的电压约为 1V。

用碳氢化合物（如 CH_4、C_2H_6、C_3H_8 等）代替氢气作燃料，构成一类新的燃料电池。但是，催化碳氢化合物发生氧化反应的电极材料需用贵金属铂，因此，研究如何降低铂的用量或用非贵金属替代贵金属催化剂，是这类燃料电池的关键技术之一。

燃料电池首先在国防军事、航空航天、宇宙飞船和深海潜艇等高端科技领域得到了广泛应用。燃料电池具有节能和环保双重优势，能够满足节能减排要求，已成为国际汽车行业能源和动力转型的主流方向。日本与韩国对于燃料电池汽车的研发水平超越欧美，领先于世界其他国家。目前，日本大力推动燃料电池汽车的商业化发展，计划到 2030 年商业化的燃料电池汽车达到 1500 万辆，占日本汽车市场的五分之一；韩国计划到 2030 年燃料电池汽车占新车销量的百分之十。我国在《中国制造 2025》提出"继续支持燃料电池汽车发展，自主品牌的燃料电池要与国际先进水平接轨，实现关键材料和零部件国产化"。因此，研发并尽快实现燃料电池汽车商业化和普及化，是当前世界化学电源研究的热点。

8.10.2　电化学在环境保护中的应用

随着世界经济的发展和科学技术的进步，自然资源和自然环境受到了极大破坏，排放到环境中的无机污染物、有机污染物和微生物污染物等种类繁多，对环境和人类健康造成了严重危害。电化学技术以其自身的优势和特性，在污染物治理和环境保护方面发挥着极其重要的作用。电化学技术处理环境污染物常用的方法有电絮凝法、电化学氧化法、电化学还原法、电沉积法、光电化学氧化法、电渗析法、三维电极电化学技术、微电解法、电化学法清洁空气法等。

（1）电絮凝法

电絮凝法又称电浮选法，依靠外电场的作用，电解装置上的电极发生反应产生直径很小的 H_2、O_2 或 Cl_2（溶液中有 Cl^- 时），这些气体可以吸附（或裹携）水中的微小胶体颗粒、油污等而共同上浮，实现分离和去除污染物。或者在电浮选过程中，在外加电场作用下，溶解用铝或铁质材料所作的阳极，生成相应的氢氧化物——$Al(OH)_3$ 或 $Fe(OH)_3$，然后凝聚水中的胶体颗粒物质，分离污染物、净化水质。电絮凝法的优点是絮凝效率高、操作简单、自动化程度高和运行费用低等。

（2）电化学氧化法

电化学氧化法主要用于有毒、难生物降解有机废水的处理，利用电化学氧化方法可使有机污染物在电极上发生电化学反应，完全降解为 CO_2 和 H_2O；或即使不完全降解，也可以将难降解或不可降解物质转换为可降解物，然后再进行生物处理，最终将有机物彻底降解转化为无害物质。根据不同的氧化作用机理，电化学氧化可分为直接氧化和间接氧化两种，属于阳极过程（或反应）。

直接氧化是利用阳极氧化使污染物直接转化为无害物质。例如，电镀工业中的高浓度含氰废水，可以应用现代电化学技术，采用具有良好抗腐蚀性的 Ni 电极，在碱性电解液中将氰化物直接氧化，氧化过程中不仅不会产生 HCN 剧毒气体，而且处理成本低，能够将残余的 CN^- 降低到用氯酸盐进一步处理的浓度。

间接氧化是指利用阳极氧化反应，产生具有强氧化作用的中间物质（诸如 $O_2\cdot$、$HO\cdot$ 和 $HO_2\cdot$ 等自由基，它们是寿命短、氧化性极强的活性物质）或发生阳极反应之外的中间反应，使有机污染物最终被氧化，转化为无害物质。例如，间接氧化法处理含酚废水，使用具有较高析氧超电势的电极，如 TiO_2/Ti、SnO_2/Sn、PbO_2/Pb 或 Pt 电极等，水被氧化成 $HO\cdot$ 自由基，$HO\cdot$ 自由基吸附在电极表面与酚反应生成 CO_2。或者通过间接氧化的方式破坏有毒有机物，如 Ag^+ 在阳极被氧化为 Ag^{2+}，在 $30\sim60℃$ 时，Ag^{2+} 可以破坏有机物而被还原成 Ag^+，Ag^+ 可重复循环使用。

（3）电化学还原法

通过阴极还原反应去除污染物的处理方法，称为电化学还原法。该法主要用于有毒氯代烃的脱氯和重金属的回收。氯代烃的脱氯还原反应为

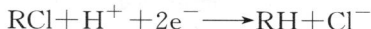

$$RCl + H^+ + 2e^- \longrightarrow RH + Cl^-$$

脱氯后的还原产物毒性很低，提高了废水的可生物降解性。研究表明，即便有机物浓度较低（$100\mu g\cdot dm^{-3}$）时，处理废水的能量消耗在可接受的 $10\sim100kW\cdot h\cdot m^{-3}$ 范围。

（4）电沉积法

根据电解液中不同金属组分的电极电势差异，使游离态或结合态的溶解性金属离子在阴极上以单质的形态析出，称为电沉积，该法可用于废水中重金属的回收和资源化处理。发生电沉积的关键是电极电势的大小，电极电势越大，越容易发生电沉积。金属不管以什么形态存在，均可以根据氧化/还原电对的还原反应形式、溶液中相关离子的活度，由 Nernst 方程确定其电极电势的高低。同时，溶液组成、温度、超电势和电极材料等都会影响阴极实际电极电势的大小，从而影响电沉积过程。

（5）光电化学氧化法

光电化学氧化法，也称为电助光催化，是指通过半导体吸收可见光或紫外线中的能量，产生"电子-空穴"对，并储存多余的能量，使得半导体粒子能够克服热力学反应的屏障，作为催化剂使用，进行一些催化反应。

显然，维持较高的"电子-空穴"浓度是光催化反应的前提。半导体材料中电子和空穴有较强的"复合"倾向，在光催化体系中需外加电流，可以避免"电子-空穴"的重新结合，维持半导体材料中的空穴浓度。而空穴具有很强的得电子能力和强氧化性，可夺取半导体表面的有机物或溶剂中的电子，使得原先不吸收入射光的物质被氧化。因此，光电化学氧化法可以对许多有机物（如三氧乙酸、对苯二酚、乙醇等）进行降解。

（6）电渗析法

电渗析是膜分离技术的一种，它是将阴、阳离子交换膜交替排列于正负电极之间，并用

特制的隔板将其隔开，组成除盐(淡化)和浓缩两个系统，在直流电场作用下，以电位差为推动力，利用离子交换膜的选择透过性，把电解质从溶液中分离出来，从而实现溶液的浓缩、淡化、精制和提纯。目前电渗析技术已发展成一个大规模的化工单元过程，在膜分离领域占有重要地位。工业废水的处理是电渗析的主要应用领域之一，主要有废碱、废酸回收，电镀工业漂洗水的处理，有害金属的回收处理等，目前研究最多的是单阳膜电渗析法。

(7) 三维电极电化学技术

三维电极又名三元电极，是一种新型的电化学反应器，也叫粒子电极或床电极。三维电极可分为固定床电极、流化床电极和多孔电极。目前，在理论和应用方面的研究正处于起步阶段，从应用角度出发，三维电极更具竞争力。三维电极是一种新型的电化学反应器，它是在传统二维电解槽的电极间装填粒状或其他碎屑状工作电极材料，并使装填的工作电极材料处于表面，成为新的一极，即第三极。在工作电极材料表面能发生电化学反应，该反应是一个动态的吸附-电解-脱附过程，反应器中的活性炭炭粒不仅具有巨大的比表面积和极强的吸附能力，而且还是优良的导电体，在直流电场中，被绝缘性颗粒互相隔开的炭粒因感应带电而使两侧呈正、负两极，形成微小的电解槽。例如，应用电化学技术，采用二维电极反应器(金属离子质量浓度为 $1\sim3\mathrm{g\cdot dm^{-3}}$)或者三维电极反应器(金属离子质量浓度低于 $100\mathrm{mg\cdot dm^{-3}}$，甚至金属离子质量浓度小于 $1\mathrm{mg\cdot dm^{-3}}$ 时)，可以处理碱性条件下电镀、冶金、印染及印刷工业中含重金属离子的废水，能够获得满意的处理结果。

近年来，在二维电极的基础上发展起来的填充床复合电极，即三维电极，对不同的废水，选择恰当的填料，通过试验和理论分析，探明反应过程中电化学特性及机理，是三维电极技术中亟待解决的问题。三维电极的开发利用，是电化学方法在水质净化处理中一个重要发展方向，必将为电化学在水处理中的应用开拓更为广阔的前景。

(8) 微电解法

铁屑(较多使用铸铁屑)是铁-碳合金，当浸没在废水溶液中时，就构成一个完整的微电池回路，形成一种内部电解反应，这就是微电解。而在铸铁屑中再加入惰性炭(如石墨、焦炭、活性炭、煤等)颗粒时，铁屑与炭粒接触，形成的原电池则是内电解法。微电解工艺用于染料废水的处理，对含偶氮染料活性蓝、络合染料活性绿和二硝基氯苯等难生化降解物质的溶液进行微电解处理后，其脱色率达 93% 以上，COD 去除率达 50% 以上，$\mathrm{COD/BOD_5}$ 值大幅度提高，废水的可生化性得以优化，减轻了后续处理工艺的负担。

(9) 电化学法清洁空气法

空气中的污染物大多是电活性的，因此可以用电化学方法除去空气中的污染物。电化学方法清洁空气包括两个步骤：使气体中的有害物质溶解在液体中；用电解法将其转化为无害的物质。如将 $\mathrm{N_2O}$ 氧化为 $\mathrm{HNO_3}$，$\mathrm{SO_2}$ 氧化为 $\mathrm{H_2SO_4}$，$\mathrm{Cl_2}$ 还原为 $\mathrm{Cl^-}$。这种氧化反应或还原反应可能直接发生在电极上，或是通过间接电氧化(或还原)来完成，例如，用 $\mathrm{Er_2}$ 氧化 $\mathrm{SO_2}$：

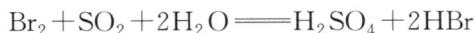

$$\mathrm{Br_2 + SO_2 + 2H_2O \Longrightarrow H_2SO_4 + 2HBr}$$

再应用电化学方法将 HBr 转化为 $\mathrm{Br_2}$ 和 $\mathrm{H_2}$，即

$$\mathrm{2HBr \Longrightarrow Br_2 + H_2}$$

含有 $\mathrm{H_2S}$ 的污浊空气也可用同样的方法。

电化学方法处理有机废液的过程与电极材料、电极表面结构及负载情况、电解质溶液组成以及浓度等因素相关，其中电极材料是最重要的因素，不同的电极材料具有不同的催化特性，可以产生不同的反应或不同的氧化中间物质。因此，电极材料的开发是电化学方法处理有机废液技术的关键。

随着电极材料、再生电极表面技术、膜技术、电解液、反应器结构等的深入研发，以及电化学与各种微型化、自动化技术的联用，电化学技术在环境科学领域中的应用将得到进一步深化，为实现"碳达峰""碳中和"国家战略目标做出更大贡献。

学习基本要求

1. 熟悉原电池与电解池概念，掌握阴极与阳极、正极与负极的关系以及法拉第定律，了解电解质溶液的导电机理。

2. 掌握离子平均活度、平均活度因子和平均质量摩尔浓度的定义及它们之间的关系，熟悉离子平均活度因子的变化规律、离子活度因子与离子平均活度因子的关系。

3. 了解强电解质的离子互吸理论和离子氛模型，掌握离子强度的计算，学会用 Debye-Hückel 极限公式计算离子平均活度因子。

4. 了解电解质溶液中离子的电迁移过程，熟悉影响离子迁移速度的因素和影响离子电迁移率的因素，掌握离子迁移数的定义、离子迁移数的测定方法和迁移数的计算。

5. 熟悉电解质溶液的电导、电导率和摩尔电导率的定义，掌握电导率、摩尔电导率和物质的量浓度三者之间的定量关系，熟悉电导率、摩尔电导率随浓度变化的规律。

6. 掌握离子独立运动定律及其应用，了解无限稀释溶液中离子迁移数与极限摩尔电导率的关系，了解电导测定的原理，掌握电导测定的应用。

7. 掌握原可逆原电池的条件和原电池表达式的书写规则，了解丹尼尔电池、韦斯顿电池和原电池电动势的测定；掌握可逆电极的种类及其电极反应。

8. 掌握利用电池电动势及电动势温度系数计算电池反应的 $\Delta_r G_m$、$\Delta_r S_m$、$\Delta_r H_m$ 和 $Q_{r,m}$，同时，能熟练运用 Nernst 方程进行计算，掌握电池反应的标准平衡常数计算。

9. 熟悉标准氢电极、参比电极的概念及其电极电势值，掌握运用电极电势 Nernst 方程的计算和原电池电动势的计算，了解液体接界电势及其消除。

10. 了解原电池设计的基本理念和思路，掌握把氧化还原反应、中和反应、沉淀反应和扩散过程等设计成原电池的方法，掌握电动势测定应用中的计算。

11. 了解分解电压概念、极化曲线的测定、电解池与原电池极化曲线的区别，以及氢超电势的塔菲尔公式，熟悉电极极化的分类及其产生原因，掌握考虑超电势情况时极化电极电势的计算和判断电解产物。

12. 了解一次电池、二次电池（包括锂离子电池）、燃料电池的组成、电极和电池反应，以及它们的应用与发展趋势，了解电化学在环境保护中的处理方法。

习题

8-1　用惰性电极电解 $CuSO_4$ 水溶液，用10A的直流电通电1h。试求：

(1) 阴极上析出铜的质量；

(2) 298.15K、101.325kPa 下阳极上析出 O_2 的体积。

8-2　298.15K 时，现有 $0.002\text{mol}\cdot\text{kg}^{-1}$ 的 $MgSO_4$ 和 $0.003\text{mol}\cdot\text{kg}^{-1}$ 的 $(NH_4)_2SO_4$ 混合水溶液。

（1）计算该溶液的离子强度；

（2）试用德拜-休克尔极限公式计算 Mg^{2+} 和 SO_4^{2-} 的活度因子；

（3）试用德拜-休克尔极限公式计算 $MgSO_4$ 的平均活度因子 $\gamma_{\pm}$ 值；

（4）计算 $MgSO_4$ 的平均活度 $a_{\pm}$。

8-3　298.15K 时，$0.01\text{mol}\cdot\text{kg}^{-1}$ 的 HAc 水溶液的平衡解离度为 0.0134，试用德拜-休克尔极限公式计算离子的平均活度因子 $\gamma_{\pm}$ 值，并计算 HAc 的解离平衡常数 K_a。

8-4　用两个 Cu 电极电解 $CuSO_4$ 水溶液，电解一定时间后测得阳极上有 1.853g 的 Cu 溶解，阴极区溶液中 Cu^{2+} 的质量减少了 1.158g。试求 Cu^{2+} 和 SO_4^{2-} 的迁移数。

8-5　希托夫法测定离子迁移数实验中，用两个银电极电解浓度为 $0.0435\text{mol}\cdot\text{kg}^{-1}$ 的 $AgNO_3$ 水溶液，银电量计中有 0.723mmol 的 Ag 沉淀，分析电解后阴极区电解质溶液，其中有 23.14g 水和 0.624mmol 的 $AgNO_3$。试计算 Ag^+ 和 NO_3^- 的迁移数。

8-6　用希托夫法测定 $CuSO_4$ 溶液离子迁移数时，用 Cu 电极电解浓度为 $0.6303\text{mol}\cdot\text{kg}^{-1}$ 的 $CuSO_4$ 水溶液，测得银电量计中析出 2.321mmol 的 Ag，电解后阳极区电解质溶液质量为 30.165g，其中含 2.863g 的 $CuSO_4$。试计算 Cu^{2+} 和 SO_4^{2-} 的迁移数。

8-7　用界面移动法测定离子迁移数时，在直径为 1cm 的迁移管内盛有 $0.01065\text{mol}\cdot\text{dm}^{-3}$ 的 HCl 和与其不混合的 LiCl 溶液，这两种溶液之间存在明显的分界面。通以 11.54mA 的直流电 21.0min 后，溶液分界面移动 0.15m。试求 H^+ 的迁移数。

8-8　298.15K 时，浓度为 $0.005\text{mol}\cdot\text{dm}^{-3}$ $CaCl_2$ 水溶液的电导率为 $1.194\text{S}\cdot\text{cm}^{-1}$，试求该溶液的摩尔电导率 $\Lambda_m(CaCl_2)$ 和 $\Lambda_m\left(\dfrac{1}{2}CaCl_2\right)$。

8-9　298.15K 时，$LaCl_3$ 的无限稀释摩尔电导率 $\Lambda_m^{\infty}(LaCl_3)=437.82\times10^{-4}\text{S}\cdot\text{m}^2\cdot\text{mol}^{-1}$，$t^{\infty}(Cl^-)=0.523$。试计算 La^{3+} 和 Cl^- 的无限稀释摩尔电导率。

8-10　298.15K 时，某一电导池中盛有浓度为 $0.01\text{mol}\cdot\text{dm}^{-3}$、电导率为 $0.1413\text{S}\cdot\text{m}^{-1}$ 的 KCl 水溶液，测得该溶液的电阻为 156.8Ω；若该电导池中换为 $0.005\text{mol}\cdot\text{dm}^{-3}$ 的 $SrCl_2$ 水溶液时，测得其电阻为 178.4Ω。试计算：(1)电导池常数 K_{cell}；(2)$SrCl_2$ 水溶液的电导率 $\kappa(SrCl_2)$；（3）$SrCl_2$ 水溶液的摩尔电导率 $\Lambda_m(SrCl_2)$。

8-11　298.15K 时，已知 H^+ 和 Ac^- 的无限稀释摩尔电导率分别 $349.82\times10^{-4}\text{S}\cdot\text{m}^2\cdot\text{mol}^{-1}$ 和 $40.90\times10^{-4}\text{S}\cdot\text{m}^2\cdot\text{mol}^{-1}$。在一电导池常数为 38.7m^{-1} 的电导池中测得 $0.100\text{mol}\cdot\text{dm}^{-3}$ HAc 溶液的电阻为 744.2Ω。试计算该温度下 HAc 的平衡解离度 α 和 HAc 解离的标准平衡常数 $K^{\ominus}$。

8-12　已知 298.15K 时，NH_4NO_3、KOH 和 KNO_3 的无限稀释摩尔电导率分别 $144.84\times10^{-4}\text{S}\cdot\text{m}^2\cdot\text{mol}^{-1}$、$271.52\times10^{-4}\text{S}\cdot\text{m}^2\cdot\text{mol}^{-1}$ 和 $144.96\times10^{-4}\text{S}\cdot\text{m}^2\cdot\text{mol}^{-1}$。某一电导池中盛有浓度为 $0.02\text{mol}\cdot\text{dm}^{-3}$、电导率为 $0.2768\text{S}\cdot\text{m}^{-1}$ 的 KCl 水溶液，测得溶液的电阻为 95.2Ω；若该电导池中盛有浓度为 $0.1\text{mol}\cdot\text{dm}^{-3}$ 的氨水溶液，测得其电阻为 735.7Ω。试计算该温度下：(1)氨水的平衡解离度 α；(2)氨水溶液的 pH 值；(3)氨水解离的标准平衡常数 $K^{\ominus}$。

8-13　已知 298.15K 时，H_2SO_4、KOH 和 K_2SO_4 的无限稀释摩尔电导率分别 $859.24\times10^{-4}\text{S}\cdot\text{m}^2\cdot\text{mol}^{-1}$、$271.52\times10^{-4}\text{S}\cdot\text{m}^2\cdot\text{mol}^{-1}$ 和 $306.64\times10^{-4}\text{S}\cdot\text{m}^2\cdot\text{mol}^{-1}$，水的离子积 $K_w=1.008\times10^{-14}$。

（1）298.15K 时纯水的电导率；

（2）测得用该纯水配制的 AgCl 饱和溶液的电导率为 $1.894\times10^{-4}\text{S}\cdot\text{m}^{-1}$。求 AgCl 在水中的溶解度和溶度积常数。

8-14　写出下列电池的电极反应和电池反应。

（1）$Pt(s)\mid H_2(p_1)\mid Na_2SO_4(a)\mid O_2(p_2)\mid Pt(s)$

（2）$Pt(s)\mid H_2(p^{\ominus})\mid HCl(a=1)\mid AgCl(s)\mid Ag(s)$

（3）$Ag(s)\mid AgCl(s)\mid NaCl(a)\mid Cl_2(p)\mid Pt(s)$

(4) $Cu(s)|Cu^{2+}(a_1)\|Fe^{3+}(a_2),Fe^{2+}(a_3)|Pt(s)$

(5) $Ag(s)|AgSCN(s)|SCN^{-}(a_1)\|Cl^{-}(a_2)|AgCl(s)|Ag(s)$

(6) $Pt(s)|Sn^{4+}(a_1),Sn^{2+}(a_2)\|I^{-}(a_3)|I_2(s)$

(7) $Pt(s)|Cl_2(p)|Cl^{-}(a_1)\|MnO_4^{-}(a_2),Mn^{2+}(a_3),H^{+}(a_4)|Pt(s)$

(8) $Na(Hg)(a)|Na^{+}(a_1)\|OH^{-}(a_2)|Ag_2O(s)|Ag(s)$

8-15 已知 Weston 电池的电动势 E 与温度 T 的关系为

$$E/V = 1.01845 - 4.05 \times 10^{-5}(T/K - 293.15) - 9.5 \times 10^{-7}(T/K - 293.15)^2$$

试计算在 298.15K，发生得失电子 2mol 时电池反应的 $\Delta_r G_m$、$\Delta_r S_m$、$\Delta_r H_m$ 以及反应的可逆热效应 $Q_{r,m}$。

8-16 已知电池 $Zn(s)|ZnCl_2(a)|AgCl(s)|Ag(s)$ 的电动势 E 与温度 T 的关系为

$$E/V = 1.015 - 4.92 \times 10^{-4}(T/K - 298.15)$$

(1) 写出得失电子 $z=2$ 时的电极反应和电池反应；

(2) 计算 298.15K 时，上述电池反应的 $\Delta_r G_m$、$\Delta_r S_m$、$\Delta_r H_m$ 以及电池恒温可逆放电时的 $Q_{r,m}$；

(3) 若在相同的温度和压力下，在电池外完成上述同样的化学反应，计算该反应的热效应。

8-17 已知 298.15K 时，电池 $Pt(s)|H_2(p^\ominus)|HCl(0.01mol \cdot kg^{-1})|O_2(p^\ominus)|Pt(s)$ 的电动势为 1.229V，$H_2O(l)$ 的标准摩尔生成焓 $\Delta_f H_m^\ominus = -285.83kJ \cdot mol^{-1}$。

(1) 写出得失电子 $z=2$ 时的电极反应和电池反应；

(2) 计算 298.15K 时，上述原电池反应的标准平衡常数 $K^\ominus$；

(3) 计算该电池电动势的温度系数；

(4) 计算 273.15K 时电池的电动势。假设反应的标准摩尔焓变 $\Delta_r H_m^\ominus$ 与温度无关。

8-18 设电池

$$Pt(s)|H_2(p_1)|HCl(0.10mol \cdot kg^{-1})|H_2(p_2)|Pt(s)$$

中的 H_2 遵循状态方程 $p(V_m - b) = RT$，式中 $b = 1.48 \times 10^{-5} m^3 \cdot mol^{-1}$，且与温度无关。

(1) 写出得失电子 $z=2$ 时的电极反应和电池反应；

(2) 导出温度 T 时原电池电动势 E 与压力 p_1、p_2 的函数关系；

(3) 计算当温度为 298.15K，氢气的压力 $p_1 = 200kPa$，$p_2 = 100kPa$ 时的电动势值；

(4) 计算上述温度和压力下电动势的温度系数；

(5) 计算上述温度和压力下原电池可逆放电时的热效应。

8-19 甲烷燃烧过程可设计成燃料电池，其反应为

$$CH_4(g) + 2O_2(g) = CO_2(g) + 2H_2O(l)$$

已知 298.15K 时，各物质的热力学数据为

物质	$CH_4(g)$	$O_2(g)$	$CO_2(g)$	$H_2O(l)$
$\Delta_f H_m^\ominus/kJ \cdot mol^{-1}$	-74.81	0	-393.51	-285.83
$S_m^\ominus/J \cdot K^{-1} \cdot mol^{-1}$	186.26	205.14	213.74	69.91

计算 298.15K 时该燃料电池的标准电动势 $E^\ominus$ 和电动势的温度系数 $(\partial E^\ominus/\partial T)_p$。

8-20 已知 298.15K 时，标准电极电势 $E^\ominus(Cu^{2+}/Cu) = 0.341V$，$E^\ominus(Cu^{+}/Cu) = 0.521V$。计算该温度下，电极 $Cu^{2+},Cu^{+}|Pt(s)$ 的标准电极电势 $E^\ominus(Cu^{2+}/Cu^{+})$。

8-21 298.15K 时，HCl 溶液中 Cl^{-} 的迁移数 $t_{Cl^{-}} = 0.17$ 且与溶液浓度无关，在 $b_1 = 0.05mol \cdot kg^{-1}$ 和 $b_2 = 0.10mol \cdot kg^{-1}$ 的 HCl 溶液中，离子平均活度因子 $\gamma_{\pm,1} = 0.830$ 和 $\gamma_{\pm,2} = 0.796$，计算液体接界电势。

8-22 已知 298.15K 时，下列电池的标准电动势 $E^\ominus = 0.2679V$

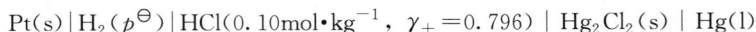

$$Pt(s)|H_2(p^\ominus)|HCl(0.10mol \cdot kg^{-1}, \gamma_{\pm} = 0.796)|Hg_2Cl_2(s)|Hg(l)$$

(1) 写出得失电子 $z=2$ 时的电极反应和电池反应；

(2) 计算该条件下甘汞电极的电极电势 $E(Hg_2Cl_2/Hg)$；

（3）计算该电池的电动势 E。

8-23　已知 298.15K 时反应 $2H_2(g) + O_2(g) = 2H_2O(g)$ 的标准平衡常数 $K^\ominus = 1.03 \times 10^{80}$，该温度下水的饱和蒸气压为 3.167kPa，试求 298.15K 时下列电池的电动势。

$$Pt(s) \,|\, H_2(p^\ominus) \,|\, H_2SO_4(0.05 \text{mol} \cdot \text{kg}^{-1}) \,|\, O_2(p^\ominus) \,|\, Pt(s)$$

8-24　写出下列各电池在得失 2mol 电子时的电池反应，并由表 8-8 数据，计算 298.15K 时，各电池的电动势，各电池反应的 $\Delta_r G_m$ 和 $K^\ominus$。

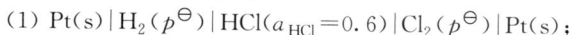

（1）$Pt(s) \,|\, H_2(p^\ominus) \,|\, HCl(a_{HCl} = 0.6) \,|\, Cl_2(p^\ominus) \,|\, Pt(s)$；

（2）$Ag(s) \,|\, AgBr(s) \,|\, CuBr_2(a_{CuBr_2} = 0.8) \,|\, Cu(s)$；

（3）$Cu(s) \,|\, Cu^{2+}(a_{Cu^{2+}} = 0.05) \,\|\, Cl^-(a_{Cl^-} = 0.5) \,|\, Cl_2(p^\ominus) \,|\, Pt(s)$

8-25　将下列反应设计成原电池，应用表 8-8 数据计算 298.15K 时电池反应的 $\Delta_r G_m^\ominus$ 和 $K^\ominus$。

（1）$H_2(g) + 1/2 O_2(g) = H_2O(l)$

（2）$Zn(s) + 2Ag^+ = Zn^{2+} + 2Ag(s)$

（3）$Cu(s) + 2AgCl(s) = Cu^{2+} + 2Ag(s) + 2Cl^-$

（4）$2MnO_4^- + 10Cl^- + 16H^+ = 2Mn^{2+} + 5Cl_2(g) + 8H_2O(l)$

8-26　已知 298.15K 时，$E^\ominus(Ag^+/Ag) = 0.7991V$，$E^\ominus(Fe^{3+}/Fe^{2+}) = 0.7710V$。请将反应

$$Fe^{2+}(a_1) + Ag^+(a_2) \longrightarrow Ag(s) + Fe^{3+}(a_3)$$

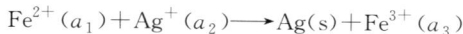

设计成原电池。

（1）写出原电池表达式；

（2）计算电池反应在 298.15K 时的 $K^\ominus$；

（3）在 0.05mol·kg^{-1} 的 $Fe(NO_3)_3$ 的溶液中加入足量的细银粉，求反应达到平衡后溶液中 Ag^+ 的浓度（假设各离子的活度因子均为 1）。

8-27　已知 298.15K 时，化学反应

$$2Ag(s) + Hg_2Cl_2(s) = 2AgCl(s) + 2Hg(l)$$

各物质的热力学数据为

物质	Ag(s)	Hg(l)	AgCl(s)	Hg$_2$Cl$_2$(s)
$\Delta_f H_m^\ominus / \text{kJ} \cdot \text{mol}^{-1}$	0	0	−127.07	−265.22
$S_m^\ominus / \text{J} \cdot \text{K}^{-1} \cdot \text{mol}^{-1}$	42.55	77.40	96.20	192.50

（1）将反应设计成原电池，写出原电池表达式；

（2）计算 298.15K 时该原电池的标准电动势 $E^\ominus$；

（3）计算 298.15K 时电动势的温度系数 $(\partial E^\ominus / \partial T)_p$。

8-28　已知 298.15K 时，浓差电池

$$Ag(s) \,|\, AgCl(s) \,|\, KCl(b_1, \gamma_{\pm,1}) \,\vdots\, KCl(b_2, \gamma_{\pm,2}) \,|\, AgCl(s) \,|\, Ag(s)$$

的电动势为 0.0536V，其中 $b_1 = 0.5 \text{mol} \cdot \text{kg}^{-1}$，$\gamma_{\pm,1} = 0.650$；$b_2 = 0.05 \text{mol} \cdot \text{kg}^{-1}$，$\gamma_{\pm,2} = 0.815$。

（1）写出得失电子 $z = 1$ 时的电池反应；

（2）计算 K^+ 的迁移数（假定离子迁移数与溶液浓度无关）。

8-29　已知 298.15K 时，浓差电池

$$Ag(s) \,|\, AgNO_3(b_1, \gamma_{\pm,1}) \,\vdots\, AgNO_3(b_2, \gamma_{\pm,2}) \,|\, Ag(s)$$

其中 $b_1 = 0.10 \text{mol} \cdot \text{kg}^{-1}$，$\gamma_{\pm,1} = 0.762$；$b_2 = 0.01 \text{mol} \cdot \text{kg}^{-1}$，$\gamma_{\pm,2} = 0.898$，若两液体接界处 NO_3^- 的迁移数与溶液浓度无关，数值为 0.53。

（1）写出得失电子 $z = 1$ 时的电池反应；

（2）计算 298.15K 时液体接界电势 $E_{液接}$；

（3）计算 298.15K 时电池的电动势 E。

8-30 已知 298.15K 时，$E^{\ominus}(Ag^+/Ag) = 0.7991V$，AgBr(s)在水中的溶度积常数 $K_{sp}^{\ominus} = 5.35 \times 10^{-13}$。试计算 298.15K 时银-溴化银电极的标准电极电势 $E^{\ominus}(AgBr/Ag)$。

8-31 已知 298.15K 时，$E^{\ominus}(Ag^+/Ag) = 0.7991V$，$E^{\ominus}(Cl_2/Cl^-) = 1.358V$，AgCl(s)在水中的溶度积常数 $K_{sp}^{\ominus} = 1.77 \times 10^{-10}$。

(1) 计算 298.15K 时银-氯化银电极的标准电极电势 $E^{\ominus}(AgCl/Ag)$；

(2) 求 AgCl(s)的标准生成摩尔吉布斯函数 $\Delta_f G_m^{\ominus}(AgCl, s)$。

8-32 已知 298.15K 时，$E^{\ominus}(Cu^{2+}/Cu) = 0.341V$，$E^{\ominus}(Ag^+/Ag) = 0.7991V$。电池

$$Cu(s)|CuAc_2(0.10mol \cdot kg^{-1})|AgAc(s)|Ag(s)$$

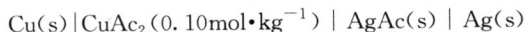

在 298.15K 时的电动势 $E(298.15K) = 0.367V$，在 308.15K 时的电动势 $E(308.15K) = 0.369V$，假定电动势 E 随温度均匀变化，并假定溶液中正、负离子的活度因子均为 1。

(1) 写出得失电子 $z=1$ 时的电极反应和电池反应；

(2) 302.15K 时，电池可逆输出 2mol 电子的电荷量时，求电池反应的 $\Delta_r G_m$、$\Delta_r S_m$、$\Delta_r H_m$ 及 $Q_{r,m}$；

(3) 求 298.15K 时 AgAc(s)的 $K_{sp}^{\ominus}$。

8-33 若 298.15K 时，$E^{\ominus}(Cl_2/Cl^-) = 1.358V$，$Pt(s)|H_2(p^{\ominus})|HCl(0.5mol \cdot kg^{-1})|Cl_2(p^{\ominus})|Pt(s)$ 的电动势为 1.4079V。计算 HCl 水溶液中离子的平均活度因子。

8-34 已知 298.15K 时，$E^{\ominus}(Au^+/Au) = 1.692V$，电池 $Pt(s)|H_2(p^{\ominus})|HI(b)|AuI(s)|Au(s)$ 当 HI 的浓度 $b = 1.0 \times 10^{-4} mol \cdot kg^{-1}$ 时，原电池电动势 $E = 0.97V$；当 $b = 3.0 mol \cdot kg^{-1}$ 时，原电池电动势 $E = 0.41V$。

(1) 写出得失电子 $z=1$ 时的原电池反应；

(2) 计算 HI 浓度 $b = 3.0 mol \cdot kg^{-1}$ 时离子的平均活度因子；

(3) 计算 AuI(s)的 $K_{sp}^{\ominus}$。

8-35 已知 298.15K 时，$\Delta_f G_m^{\ominus}(PbSO_4, s) = -813.0 kJ \cdot mol^{-1}$，$\Delta_f G_m^{\ominus}(SO_4^{2-}, aq) = -744.5 kJ \cdot mol^{-1}$。电池 $Pb(s)|PbSO_4(s)|H_2SO_4(b=0.01mol \cdot kg^{-1})|H_2(p^{\ominus})|Pt(s)$ 的电动势为 0.1705V。

(1) 写出得失电子 $z=2$ 时的电极反应和电池反应；

(2) 计算 298.15K 时的 $E^{\ominus}(PbSO_4/Pb)$；

(3) 计算 $0.01 mol \cdot kg^{-1} H_2SO_4$ 溶液中离子的平均活度和平均活度因子。

8-36 已知 298.15K 时，下列原电池的标准电动势为 2.041V，

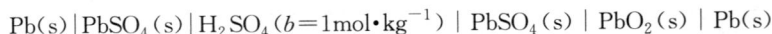

$$Pb(s)|PbSO_4(s)|H_2SO_4(b=1mol \cdot kg^{-1})|PbSO_4(s)|PbO_2(s)|Pb(s)$$

在 273.15 ～ 333.15K 温度区间内，$E = 1.917 + 5.61 \times 10^{-5}(T/K - 273.15) + 1.08 \times 10^{-8}(T/K - 273.15)^2$。

(1) 写出得失电子 $z=2$ 时的电极反应和电池反应；

(2) 计算 298.15K 时 $1 mol \cdot kg^{-1} H_2SO_4$ 溶液中离子的平均活度和平均活度因子。

8-37 奥格(Ogg)为了研究亚汞离子在水溶液中的存在形态是 Hg_2^{2+} 还是 Hg^+，设计了如下原电池

$$Hg(l)|硝酸亚汞(b_1), HNO_3(b)||硝酸亚汞(b_2), HNO_3(b)|Hg(l)$$

在 291.15K 时，保持 $b_2/b_1 = 10$ 的条件下，测得原电池电动势的平均值为 0.0296V。请通过计算确定亚汞离子的存在形态。假设溶液中正、负离子的活度因子均为 1。

8-38 已知 298.15K 时，电池 $Pt(s)|H_2(p^{\ominus})|待测pH的溶液||饱和KCl溶液|Hg_2Cl_2(s)|Hg(l)$ 电动势为 0.6251V，饱和甘汞电极的电极电势为 0.2410V，计算待测溶液的 pH。

8-39 已知 298.15K 时，$1.0 mol \cdot dm^{-3}$ KCl 溶液时甘汞电极的电极电势为 0.2799V，醌-氢醌电极的标准电极电势为 0.6995V。用甘汞电极和醌-氢醌电极组成下列原电池，测定溶液 pH。

$$Hg(l)|Hg_2Cl_2(s)|1.0mol \cdot dm^{-3}KCl溶液||Q, H_2Q, H^+(pH待测)|Pt(s)$$

(1) 计算溶液 pH 为 6.5 时原电池的电动势；

(2) 测得电动势为 0.1534V 时，计算溶液的 pH。

8-40 298.15K 时，用 Pt(s)电解浓度为 0.50mol·kg^{-1}，$\gamma_\pm=0.715$ 的 HNO_3 溶液。

（1）试计算理论分解电压；

（2）若两电极面积均为 1cm^2，电解液电阻为 150Ω，在 Pt 电极上 H_2 和 O_2 的超电势与电流密度的关系分别为

$$\eta(H_2)/V=0.472+0.118\lg[j/(A\cdot cm^{-2})]$$
$$\eta(O_2)/V=1.062+0.118\lg[j/(A\cdot cm^{-2})]$$

则当通过电路的电流为 1mA 时，需外加多大电压？

8-41 298.15K 时，用 Zn(s)作阴极，Pt(s)作阳极，电解浓度为 0.1mol·kg^{-1}，$\gamma_\pm=0.148$ 的 $ZnSO_4$ 溶液。若溶液 pH=7.0，在 Zn 电极上析出 H_2 时的超电势 Tafel 公式为 $\eta/V=0.72+0.116\lg[j/(A\cdot cm^{-2})]$。要使 H_2 不和 Zn 同时析出，如何控制电流密度？

8-42 298.15K 和 $p^\ominus$ 时，$E^\ominus(Ag^+/Ag)=0.799V$、$E^\ominus(Ni^{2+}/Ni)=-0.230V$、$E^\ominus(Cd^{2+}/Cd)=-0.403V$、$E^\ominus(Fe^{2+}/Fe)=-0.439V$，析出金属时的超电势小到可以忽略不计，而 H_2 在金属单质 Ag、Ni、Cd 和 Fe 上的超电势依次为 0.20V、0.24V、0.30V 和 0.18V。现有一混合电解质溶液，含 Ag^+（$a=0.05$）、Ni^{2+}（$a=0.1$）、Cd^{2+}（$a=0.1$）和 Fe^{2+}（$a=0.01$），溶液 pH=3.0。

（1）当外加电压由小逐渐增大时，试分析阴极上将发生什么反应。

（2）当阴极上刚开始析出 H_2 时，求电解质溶液中各金属离子的活度。

8-43 298.15K 时，$E^\ominus(Cu^{2+}/Cu)=0.341V$，$E^\ominus(Zn^{2+}/Zn)=-0.763V$，析出单质 Cu 和 Zn 时的超电势忽略不计。在一定的电流密度和控制电解液 pH 保持为 7.0 的情况下，用 Cu 电极电解 0.1mol·kg^{-1} $CuSO_4$ 和 0.1mol·kg^{-1} $ZnSO_4$ 混合溶液时，H_2 在 Cu 上的超电势为 0.584V。假定两种电解质的离子平均活度因子均为 1。假设 H_2 的分压为 100kPa。

（1）试问阴极上析出物的顺序如何？

（2）计算当开始析出单质 Zn 时，溶液中 Cu^{2+} 的浓度。

第9章

化学反应动力学

▶▶

化学反应热力学能够预测一定条件下化学反应发生的可能性和方向性，以及这种可能性进行的程度有多大。至于怎样实现这种可能性，即将反应物变成产物、完成相应的化学反应，以及化学反应过程的速率如何、化学反应进行时的具体历程是什么等问题，热力学无法作出回答。例如，在298.15K时，化学反应

$$\frac{1}{2}N_2(g)+\frac{3}{2}H_2(g)\longrightarrow NH_3(g) \quad \Delta_r G_m^\ominus=-16.45kJ\cdot mol^{-1} \quad （Ⅰ）$$

依据热力学的观点，在常温常压下因为

$$\Delta_r G_m^\ominus=-16.45kJ\cdot mol^{-1}<0$$

所以，合成氨的反应在此条件下就有可能实现。但是，实际生产过程中即便在3×10^7Pa和773.15K条件下，由热力学计算得到的该反应最大理论转化率仅为26%，且不加催化剂时反应速率非常慢，对于工业化生产没有实际的应用价值。

又如，在298.15K时，化学反应

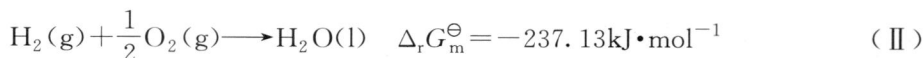

$$H_2(g)+\frac{1}{2}O_2(g)\longrightarrow H_2O(l) \quad \Delta_r G_m^\ominus=-237.13kJ\cdot mol^{-1} \quad （Ⅱ）$$

同样的理由，热力学认为在常温常压下这一反应有向右进行的趋势，但热力学对完成这一过程所需的时间不能给出答案。实际上，常温常压下将氢气和氧气混合后放在一起时，因反应速率异常缓慢，以至于可认为几乎不发生化学反应。这究竟是什么原因呢？

事实上，对于一个化学反应，仅仅研究其反应热力学的可能性是远远不够的，还必须研究其化学动力学(chemical kinetics)的可实现性。化学反应热力学是研究化学反应进行的方向和限度问题的学科，而化学反应动力学则是研究化学反应速率和反应机理的学科。化学反应热力学在前面的内容中已作了详细研究，在这一章中将深入讨论化学反应动力学问题。

化学反应动力学的根本任务之一是研究反应速率，重点研究浓度、压力、温度、介质以及催化剂等反应条件对反应速率的影响，从而找到适宜的反应条件，掌握控制反应快慢的方法。对上述反应(Ⅰ)动力学研究表明，在无催化剂时，氨的合成反应的活化能很高，大约335kJ·mol^{-1}；加入铁催化剂后，反应以生成氮化物和氮氢化物两个阶段进行，第一阶段的反应活化能为126～167kJ·mol^{-1}，第二阶段的反应活化能为13kJ·mol^{-1}。由于反应途径的改变(生成不稳定的中间化合物)，降低了反应的活化能，因而使整个合成氨的反应速率加快了。对反应(Ⅱ)动力学研究发现，当反应温度升高到1073.15K时，反应能以爆炸式的方式瞬间完成；另外，若选用钯作催化剂，氢气和氧气的混合物在常温常压下便能以较快的速率

反应生成水。可见，通过研究外在因素的变化可以提高化学反应速率，对实现大规模化工生产具有极其重要的意义。

化学反应动力学的另一个根本任务是研究反应历程，即探索反应进行的具体途径、步骤。搞清了反应进行的每一个历程，可以找出控制反应速率的决定步骤，以便从内在机制上控制反应速率，使化学反应朝着人们所需要的方向进行，减小副反应速率，提高生产效率和产品的产率。

人们通过对化学反应动力学的研究，可以实现人为调控反应条件，提高主反应的速率与生产效率，增加产品的产量；同时，可以抑制或减慢副反应的速率、减少原料的消耗、减轻分离操作的负担、提高产品的质量，从而实现原子经济和绿色生产。研究化学反应动力学，还能为避免危险品的爆炸、材料的腐蚀、产品的老化和变质等方面提供技术支撑。因此，化学反应动力学是化学工业生产极其重要的基础理论之一。

在实际生产过程中，对于一个具体的化学反应而言，必须同时考虑热力学和动力学问题。例如，对一个未知的化学反应，若热力学研究判断是可能发生的，但实际进行时反应速率太慢。那么，对如何缩短达到平衡所需的时间、加快其反应速率等动力学问题的研究，就成了这一反应的主要研究方向。相反，若一个化学反应在热力学上是不可能进行的，当然就没有必要再去考虑反应速率问题了。需要指出的是，热力学所研究的过程可能性与外界条件（如温度、压力、浓度等）有关，当外界条件发生改变时可使原条件下热力学上的不可能过程变为可能。总之，对化学反应的研究，动力学和热力学是相辅相成、两者缺一不可的。

相对而言，与化学反应热力学相比，化学反应动力学的研究还不够成熟，这主要有两方面的原因。一方面，对化学反应动力学的研究起步迟于化学反应热力学，另一方面，化学反应动力学的研究比化学反应热力学的研究复杂得多。当然化学反应动力学的不成熟反过来又促使其发展速度更为迅猛。近一百年以来，随着相邻学科的实验技术和测试手段的不断发展与更新，化学反应动力学的发展取得了令人瞩目的成就。例如，核磁共振技术检测到了自由基的存在，闪光光解技术发现了寿命奇短的自由基，超短脉冲激光技术的研发成功，将化学反应动力学中极其重要的变量——时间带入了飞秒数量级（10^{-15} s）等。尽管化学反应动力学得到了快速发展，但所形成的理论与经典热力学相比尚欠完善，要想从分子甚至原子水平彻底解决化学反应历程及相关动力学问题，有待科学家们的继续努力。

9.1 化学反应的反应速率及其测定

对于一个给定的化学反应，其反应速率取决于系统的温度和反应物的浓度等因素。为研究问题的方便，常常采用在恒定温度的条件下，研究化学反应速率与反应物浓度之间的关系；在此基础上，再研究温度对反应速率的影响。

9.1.1 反应速率的定义

对于一定温度下的化学反应，其反应速率主要取决于反应物的浓度。一旦反应开始，反应物的浓度不断降低，生成物的浓度不断增加。这种降低与增加不一定与时间的推移呈线性关系，从而导致反应在不同时期的速率不一样。大多数反应在开始时反应物浓度大，反应速率快；而到了反应后期，反应物浓度逐渐变小，反应速率逐渐变慢。而少数反应（如链反应及自催化反应等）因反应初期需要一定的诱导过程，因而开始速率极低，逐渐加快达到最大峰值，最后因反应物的浓度降低而慢慢变小。

在物理学中，速度（velocity）具有方向性，是矢量；而速率（rate）不具有方向性，是标量。本教材采用速率（简写为 r）来表示反应物或生成物浓度随时间的变化率。

对于在体积恒定为 V 的容器中进行的均相化学反应

$$a\mathrm{A}+d\mathrm{D}+\cdots\longrightarrow e\mathrm{E}+f\mathrm{F}+\cdots \tag{Ⅲ}$$

反应进度 ξ 定义为

$$\mathrm{d}\xi=\frac{\mathrm{d}n_\mathrm{B}}{\nu_\mathrm{B}} \tag{9-1}$$

化学反应的转化速率 $\dot\xi$ 是指单位时间内所发生的反应进度，其定义为

$$\dot\xi=\frac{\mathrm{d}\xi}{\mathrm{d}t}=\frac{1}{\nu_\mathrm{B}}\times\frac{\mathrm{d}n_\mathrm{B}}{\mathrm{d}t} \tag{9-2}$$

化学反应速率 r 可以定义为单位体积的化学反应的转化速率 $\dot\xi$：

$$r=\frac{\dot\xi}{V}=\frac{1}{\nu_\mathrm{B}}\times\frac{\mathrm{d}n_\mathrm{B}}{V\mathrm{d}t} \tag{9-3}$$

对于恒容反应，因体积 V 是常数，式（9-3）中 $\mathrm{d}n_\mathrm{B}/V=\mathrm{d}c_\mathrm{B}$，上式可改写为

$$r=\frac{1}{\nu_\mathrm{B}}\times\frac{\mathrm{d}c_\mathrm{B}}{\mathrm{d}t} \tag{9-4}$$

对于化学反应（Ⅲ），既可以用指定的任意反应物（如 A）的消耗速率，又可以用指定的任意产物（如 E）的生成速率来表示化学反应进行的速率，即

A 的消耗速率

$$r_\mathrm{A}=-\frac{\mathrm{d}c_\mathrm{A}}{\mathrm{d}t} \tag{9-5a}$$

E 的生成速率

$$r_\mathrm{E}=\frac{\mathrm{d}c_\mathrm{E}}{\mathrm{d}t} \tag{9-5b}$$

反应物的浓度随着反应的进行逐渐减小，即 $\mathrm{d}c_\mathrm{A}<0$，而产物的浓度随着反应的进行不断增加，即 $\mathrm{d}c_\mathrm{E}>0$，因速率始终为正值，所以式（9-5a）前面要加负号。

对于给定的化学反应，化学反应速率 r 之值是唯一的，r 的下角标不加注，与选择反应物或产物无关；而反应物的消耗速率或产物的生成速率因选择不同的物质可以不相等，需对速率符号加注下角标以示区别，如上述的 r_A 和 r_E。值得指出的是，化学反应速率 r 与各物质的消耗速率（如 r_A）和生成速率（如 r_E）尽管可以不相等，但它们之间存在着内在联系。将式（9-4）应用于方程式（Ⅲ）得

$$r=-\frac{1}{a}\times\frac{\mathrm{d}c_\mathrm{A}}{\mathrm{d}t}=-\frac{1}{d}\times\frac{\mathrm{d}c_\mathrm{D}}{\mathrm{d}t}=\cdots=\frac{1}{e}\times\frac{\mathrm{d}c_\mathrm{E}}{\mathrm{d}t}=\frac{1}{f}\times\frac{\mathrm{d}c_\mathrm{F}}{\mathrm{d}t}=\cdots \tag{9-6a}$$

即

$$r=\frac{r_\mathrm{A}}{a}=\frac{r_\mathrm{D}}{d}=\cdots=\frac{r_\mathrm{E}}{e}=\frac{r_\mathrm{F}}{f}=\cdots \tag{9-6b}$$

例如，二氧化硫氧化生成三氧化硫的反应

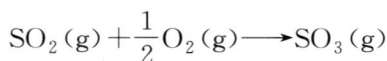

$$\mathrm{SO_2(g)}+\frac{1}{2}\mathrm{O_2(g)}\longrightarrow\mathrm{SO_3(g)}$$

化学反应速率与方程式中各指定物质速率之间的关系为

$$r=\frac{r_{\mathrm{SO_2}}}{1}=\frac{r_{\mathrm{O_2}}}{1/2}=\frac{r_{\mathrm{SO_3}}}{1}$$

对于恒温恒容条件下进行的气相反应，还可以用反应中各物种的分压来代替浓度，得到

由分压定义的反应速率 r_p

$$r_p = \frac{1}{\nu_B} \times \frac{\mathrm{d}p_B}{\mathrm{d}t}$$ (9-7)

若为理想气体反应，由于

$$p_B = \frac{n_B RT}{V} = c_B RT$$

$$\mathrm{d}p_B = RT \mathrm{d}c_B$$

代入式(9-7)得

$$r_p = rRT$$ (9-8)

相应地，式(9-6a)改写为

$$r_p = -\frac{1}{a} \times \frac{\mathrm{d}p_A}{\mathrm{d}t} = -\frac{1}{d} \times \frac{\mathrm{d}p_D}{\mathrm{d}t} = \cdots = \frac{1}{e} \times \frac{\mathrm{d}p_E}{\mathrm{d}t} = \frac{1}{f} \times \frac{\mathrm{d}p_F}{\mathrm{d}t} = \cdots$$ (9-9)

9.1.2　反应速率的测定

化学反应速率的测定，只要测出不同时刻反应物或生成物的浓度，然后绘制出浓度随时间的变化曲线——动力学曲线。若想求出不同反应时刻(如 t 时刻)的速率，只需在 t 时刻作出动力学曲线的切线，由切线的斜率便可算出反应在 t 时刻的速率，如图 9-1。反应开始($t=0$)时的速率 $\left(\dfrac{\mathrm{d}c}{\mathrm{d}t}\right)_{t=0}$ 称为初始速率，是反应动力学重要的边界条件。

测定反应在不同时刻浓度的方法一般有化学法和物理法两种。化学法测定是在某一时刻从反应体系取出少量物质，采取适当的方法使取出部分的反应瞬间停止，然后利用滴定、色谱和光谱等分析手段，对反应混合物的组成及其浓度进行测定，可以直接得到反应在不同时刻某物质的浓度数据。但实验操作比较麻烦，且所得数据会由于实验操作的迟缓带来较大的误差。

物理法测定是在连续进行的反应过程中，对与物质浓度有关的某一物理量参数进行在线监测，获得相应的物理量数据，然后由所得物理量数据换算成浓度。因此，物理法测定的前提条件是浓度与物理量参数之间要具有函数关系，最好选择与浓度变化呈线性关系的物理量参数。常用的物理量参数与测定方法有测定体积、压力、旋光度、折射率、电导率、电动势、介电常数、黏度、热导率、吸收光谱和比色等。它的优点是实验操作方便，可在连续反应中获得数据，不足是无法直接测定物质的浓度。

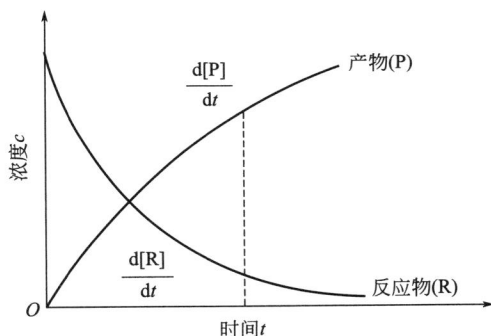

图 9-1　反应物和产物的浓度随时间的变化

9.2　化学反应的反应速率方程

表示某一化学反应的反应速率与浓度等参数间的关系式，或表示浓度与时间等参数间的关系式，称为化学反应的速率方程(rate equation)，也称为动力学方程(kinetic equation)。速率方程可以用微分式和积分式两种形式来表示。

9.2.1　反应历程

通常情况下，绝大多数化学方程式并非代表反应的真正历程，而只代表反应的总结果，即代表反应中各物质的化学计量式关系。例如，在气相中 H_2 分别与 Cl_2、Br_2 以及 I_2 的反应，常写成的计量方程式为

（1）$H_2 + Cl_2 \longrightarrow 2HCl$

（2）$H_2 + Br_2 \longrightarrow 2HBr$

（3）$H_2 + I_2 \longrightarrow 2HI$

尽管这三个反应的化学计量式形式相同，但它们的反应历程（或机理）却不一样。大量实验证明，H_2 与 Cl_2 的反应通过以下几步完成

（4）$Cl_2 + M \longrightarrow 2Cl\cdot + M$

（5）$Cl\cdot + H_2 \longrightarrow HCl + H\cdot$

（6）$H\cdot + Cl_2 \longrightarrow HCl + Cl\cdot$

（7）$Cl\cdot + Cl\cdot + M \longrightarrow Cl_2 + M$

式中，M 代表不参与反应却能传递能量的惰性物质，如反应器壁或其他第三种分子等。

H_2 与 Br_2 的反应则由以下几步完成

（8）$Br_2 + M \longrightarrow 2Br\cdot + M$

（9）$Br\cdot + H_2 \longrightarrow HBr + H\cdot$

（10）$H\cdot + Br_2 \longrightarrow HBr + Br\cdot$

（11）$H\cdot + HBr \longrightarrow H_2 + Br\cdot$

（12）$Br\cdot + Br\cdot + M \longrightarrow Br_2 + M$

H_2 与 I_2 反应由以下几步完成

（13）$I_2 + M \longrightarrow 2I\cdot + M$

（14）$2I\cdot + H_2 \longrightarrow 2HI$

因此，方程式（1）、（2）与（3）仅表示了各自反应的总结果，方程式（4）～（7）、（8）～（12）和（13）～（14）分别代表了完成 H_2 与 Cl_2、H_2 与 Br_2 以及 H_2 与 I_2 反应所需经历的具体步骤，即反应历程，又称反应机理（reaction mechanism）。

9.2.2　基元反应与非基元反应

若一个化学反应，需经过若干个简单的反应步骤后，才最终转化为产物分子而完成化学反应的，那么这个化学反应称为非基元反应。而每一个简单的反应步骤，即分子一经碰撞就能完成的反应，称为基元反应（elementary reaction），或简称元反应。简而言之，基元反应就是一步能完成的反应，非基元反应是许多基元反应的总和。上述反应的（4）～（14）为基元反应，而反应（1）～（3）为非基元反应。

9.2.3　化学反应的速率方程

（1）基元反应的速率方程——质量作用定律

基元反应的速率方程比较简单，即基元反应的速率与反应物浓度的指数次方乘积成正比，其中的指数是指基元反应式中各反应物的计量系数，这一规律称为质量作用定律（law of mass action）。

对于任意基元反应

$$a\mathrm{A} + d\mathrm{D} + \cdots \longrightarrow e\mathrm{E} + f\mathrm{F} + \cdots$$

根据质量作用定律得到的速率方程为

$$r = kc_A^a c_D^d \cdots \tag{9-10}$$

速率方程中的比例系数 k，叫做反应速率常数（rate constant）。温度一定时，速率常数为一定值，与反应物浓度无关。基元反应的速率常数 k 是该反应的特征物理量，直接反映了反应速率的快慢。同一温度下，比较几个不同反应的速率常数大小，可以大致知道各个反应速率的高低，k 越大，反应越快。反应速率常数除与反应温度有关外，还与催化剂和反应介质等因素有关。

（2）非基元反应的速率方程

质量作用定律只适用于基元反应。对于非基元反应，只有在清楚反应机理、分解为若干个基元反应后，才能对机理中的每个基元反应逐个应用质量作用定律，从而得到总反应的速率方程，例如前面提到的非基元反应(1)～(3)的速率方程分别为

$$r_1 = k_1 c_{H_2} c_{Cl_2}^{\frac{1}{2}}$$

$$r_2 = \frac{k c_{H_2} c_{Br_2}^{\frac{1}{2}}}{1 + k' c_{HBr} c_{Br_2}^{-1}}$$

$$r_3 = k_3 c_{H_2} c_{I_2}$$

（3）速率方程的一般形式

不论是基元反应还是非基元反应，对于化学计量反应

$$a A + d D + \cdots \longrightarrow e E + f F + \cdots$$

速率方程通常可以写成一般形式

$$r = kc_A^x c_D^y \cdots \tag{9-11}$$

式中，各浓度的次方指数 x 和 y 等，若反应为基元反应，x、y 分别等于 a、d；若反应为非基元反应，x、y 的值只能通过实验测得。

与速率相类似，对于给定的化学反应，速率方程既可以用化学反应的速率方程式(9-11)来表示，也可以用指定任意反应物（如 A）的消耗速率方程或任意产物（如 E）的生成速率方程来表示：

$$r_A = k_A c_A^x c_D^y$$

$$r_E = k_E c_A^x c_D^y$$

式中，k_A 是反应物 A 的消耗速率方程的速率常数；k_E 是产物 E 的生成速率方程的速率常数。根据式(9-6b)，化学反应的速率常数 k 与各物质的速率常数关系为

$$k = \frac{k_A}{a} = \frac{k_D}{d} = \cdots = \frac{k_E}{e} = \frac{k_F}{f} = \cdots \tag{9-12}$$

依然以二氧化硫氧化生成三氧化硫 $SO_2(g) + \frac{1}{2} O_2(g) \longrightarrow SO_3(g)$ 的反应为例，化学反应的速率常数 k 与各物质的速率常数关系为

$$k = \frac{k_{SO_2}}{1} = \frac{k_{O_2}}{1/2} = \frac{k_{SO_3}}{1}$$

9.2.4　反应级数与反应分子数

（1）反应级数

化学反应速率方程中各物质浓度项的次方数之和，称为反应的级数（order of reaction），

常用 n 表示。式(9-10)中，a、d 等分别称为该反应对反应物 A 和 D 等的分级数，反应总级数(简称反应级数)为

$$n=a+d+\cdots \tag{9-13a}$$

同样地，式(9-11)中的反应级数为

$$n=x+y+\cdots \tag{9-13b}$$

反应级数的大小表示浓度对反应速率影响的程度，级数越大，则反应速率受浓度的影响越大。同时，反应速率常数 k 的单位与反应级数密切相关，反应级数不同，则反应速率常数 k 的单位不同；反应速率常数 k 的单位与反应级数之间有一一对应的关系，这一点在后面的学习中将加以讨论。

例如，反应 $H_2+Cl_2 \longrightarrow 2HCl$，实验证明该反应的速率方程为

$$r=kc_{H_2}c_{Cl_2}^{\frac{1}{2}}$$

该反应对 H_2 而言分级数是 1 级，对 Cl_2 来说分级数是 0.5 级，反应的总级数是 1.5 级。

需要说明的是，速率方程中只有在浓度项次方相互连乘的情况下才定义级数，否则，反应就没有级数的概念。例如，反应 $H_2+Br_2 \longrightarrow 2HBr$ 经实验得出的速率方程为

$$r=\frac{kc_{H_2}c_{Br_2}^{\frac{1}{2}}}{1+k'c_{HBr}c_{Br_2}^{-1}}$$

该反应就没有简单的级数。

另外，对于某些反应，当反应物中某一物质的浓度很大，在反应过程中其浓度保持基本不变，则表现出来的级数将有所改变。如在水溶液中，用酸催化蔗糖($C_{12}H_{22}O_{11}$)水解成葡萄糖($C_6H_{12}O_6$，A)和果糖($C_6H_{12}O_6$，B)的反应

$$C_{12}H_{22}O_{11}+H_2O \xrightarrow{H^+} C_6H_{12}O_6(A)+C_6H_{12}O_6(B)$$

本该为二级反应，其速率方程为

$$r=kc_{C_{12}H_{22}O_{11}}c_{H_2O}$$

但由于蔗糖浓度很小，水的浓度很大，反应过程中水的浓度可认为是基本不变的常数，所以上式改写为

$$r=k'c_{C_{12}H_{22}O_{11}}$$

于是表现为准一级反应，式中 $k'=kc_{H_2O}$。

(2) 反应分子数

反应分子数与反应级数不同，一般将基元反应中实际参加反应的微粒数称为反应分子数，在数值上常等于基元反应方程式中反应物分子数之和。从微观的角度说，按参加反应的分子数划分，基元反应可以分为三类：单分子反应、双分子反应和三分子反应。

经过碰撞而活化的单分子发生分解反应或异构化反应，称为单分子反应，例如

$$A \longrightarrow P$$

双分子反应可分为同类分子间的反应与异类分子间的反应，例如

$$A+A \longrightarrow P$$
$$A+B \longrightarrow P$$

绝大多数的基元反应为双分子反应。

三分子反应较少，仅仅出现在原子复合或自由基复合反应中。四个分子同时碰撞在一起的机会极少，所以至今还没有发现有大于三个分子的基元反应。

　　因此，通常基元反应的级数与反应的分子数是相同的，但偶尔也有一些基元反应的反应级数与反应分子数并不完全一致。例如，乙醚在 773.15K 左右的热分解反应是单分子反应，也是一级反应，但低压下该分解反应仍是单分子反应却表现为二级反应。

　　（3）反应级数和反应分子数的关系

　　反应级数的概念不同于反应分子数，反应级数是对宏观的总反应而言的，而反应分子数是对微观的基元反应来讲的。

　　基元反应中，反应分子数与反应物的计量系数的数值是一致的，同时，反应分子数与反应级数通常也是相等的，基元反应的反应分子数和反应级数只能是不大于 3 的正整数。当然，如上面所述，对于给定的基元反应，随着反应条件的改变，反应分子数始终保持不变，而反应级数有可能会发生改变。

　　非基元反应中，没有反应分子数的概念，反应级数与反应物的计量系数之间也不存在必然的关联。非基元反应的级数可以是整数级、分数级、零级甚至负数级，有的非基元反应甚至没有简单的级数。

9.2.5　气体反应的速率方程

　　对于有气体组分参加且 $\sum \nu_B(g) \neq 0$ 的化学反应，在恒温、恒容下，随着反应的进行，系统的总压必然随之改变。通过测定系统在不同时刻的总压，可以获知反应进程。再运用化学反应的计量式，可以得出反应中某反应物气体组分 A 的分压 p_A 与系统总压之间的关系。

　　对于这类系统，虽然仍然可以用浓度随时间的变化率来表示反应的速率，但是，往往用反应物中某气体组分 A 的分压 p_A 随时间的变化率来表示反应的速率，显得更加方便和直接。

　　若 A 代表反应物中的气体组分，假设为理想气体，且反应级数为 n，反应为

$$aA \longrightarrow P$$

基于浓度时 A 的消耗速率方程为

$$-\frac{dc_A}{dt} = k_A c_A^n$$

基于分压时 A 的消耗速率方程为

$$-\frac{dp_A}{dt} = k_{p,A} p_A^n$$

上两式中 k_A、$k_{p,A}$ 分别为基于浓度和分压时 A 的消耗速率常数。

　　在恒温、恒容下时，理想气体的 $p_A = c_A RT$，代入上式，整理后得：

$$-\frac{dc_A}{dt} = k_{p,A}(RT)^{n-1} c_A^n$$

与 $-\dfrac{dc_A}{dt} = k_A c_A^n$ 比较可得

$$k_A = k_{p,A}(RT)^{n-1} \tag{9-14}$$

　　所以，在恒温、恒容时，$-\dfrac{dc_A}{dt}$ 和 $-\dfrac{dp_A}{dt}$ 均可用来表示气相反应的速率，二者的速率常数 k_A 和 $k_{p,A}$ 之间存在如上换算关系。当反应级数 $n=1$ 时，$k_A = k_{p,A}$，其他级数时 k_A 和 $k_{p,A}$ 不相等。同时，无论用浓度还是用分压表示速率和速率方程，化学反应的级数是等价不变的。

9.3　简单级数反应速率方程的积分形式

上节讨论的是由机理导出的速率方程的微分形式，微分形式的方程不仅便于进行理论分析，而且还能明确地表示出浓度对反应速率的影响。但是，它不能表述在指定的时刻反应各组分的浓度，也无法表明反应达到一定的转化率所需的时间。这就得依赖于将微分形式转化为积分形式，所谓积分形式就是浓度 c_A（或分压 p_A）与时间 t 的函数关系式。下面将着重讨论几种简单级数反应的积分形式及其基本特征。

9.3.1　零级反应

对于反应

$$a\,A \longrightarrow P$$

若反应的速率与反应物 A 浓度的零次方成正比，该反应就是零级反应（the zeroth order reaction），即

$$-\frac{dc_A}{dt} = k_A c_A^0 = k_A \qquad (9\text{-}15)$$

所以，零级反应实际是反应速率与反应物浓度无关的反应。零级反应并不多，最多的是表面催化反应（例如氨在金属钨上的催化分解反应）；另外，对于一些只与光的强度有关的光化学反应，也属于零级反应。

将式(9-15)分离变量作定积分

$$\int_{c_{A,0}}^{c_A} dc_A = -k_A \int_0^t dt$$

得

$$c_A - c_{A,0} = -k_A t \qquad (9\text{-}16)$$

式中，$c_{A,0}$ 为反应开始（$t=0$）时反应物 A 的浓度，即 A 的初始浓度；c_A 为反应进行到 t 时刻反应物 A 的浓度。

结合零级反应的微分式与积分式，可以发现零级反应有以下基本特征。

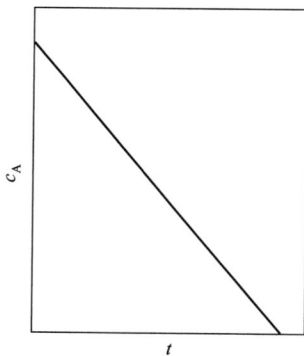

图 9-2　零级反应

从式(9-15)可以发现，零级反应的速率常数 k 的物理意义是单位时间内 A 浓度的减少量，其量纲为［浓度］·［时间］$^{-1}$，常用的单位为 $mol \cdot m^{-3} \cdot s^{-1}$，这是零级反应的基本特征之一。

从式(9-16)可以看出，若以 c_A 对 t 作图，可以得到一条直线，其斜率为 $-k_A$，这是零级反应的基本特征之二，见图 9-2。

若令 $c_A = \frac{1}{2}c_{A,0}$ 时的时间为 $t_{1/2}$，即反应物消耗掉一半所需要的时间，这个时间定义为半衰期（half life）。

将 $c_A = \frac{1}{2}c_{A,0}$ 代入式(9-16)，得零级反应的半衰期为

$$t_{1/2} = \frac{c_{A,0}}{2k_A} \qquad (9\text{-}17)$$

表明零级反应的半衰期正比于反应物的初始浓度的一次方，这是零级反应的基本特征之三。

9.3.2　一级反应

对于反应

$$a\,A \longrightarrow P$$

若反应的速率与反应物 A 浓度的一次方成正比，该反应就是一级反应（the first order reaction），即

$$-\frac{dc_A}{dt} = k_A c_A \tag{9-18}$$

单分子基元反应为一级反应，一些物质的分解反应（如 N_2O_5 的分解）与一些放射性元素的蜕变（如镭的蜕变）等属于典型的一级反应。

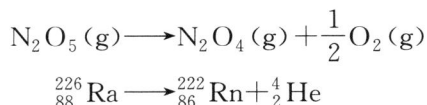

$$N_2O_5(g) \longrightarrow N_2O_4(g) + \frac{1}{2}O_2(g)$$

$$^{226}_{88}Ra \longrightarrow ^{222}_{86}Rn + ^{4}_{2}He$$

另外，一些分子重排反应（例如顺丁烯二酸转化为反丁烯二酸）、蔗糖水解反应，都可以认为是一级反应。

将式（9-18）分离变量积分

$$\int_{c_{A,0}}^{c_A} \frac{dc_A}{c_A} = -k_A \int_0^t dt$$

得

$$\ln c_A - \ln c_{A,0} = -k_A t \tag{9-19}$$

或者

$$c_A = c_{A,0} e^{-k_A t} \tag{9-20}$$

在 t 时刻反应物 A 消耗掉的分数，称为 t 时刻反应物 A 的转化率 x_A，即

$$x_A = \frac{c_{A,0} - c_A}{c_{A,0}} \tag{9-21}$$

将 $c_A = c_{A,0}(1-x_A)$ 代入式（9-19），可得一级反应积分式的另一种形式为

$$\ln \frac{1}{1-x_A} = k_A t \tag{9-22}$$

由式（9-22）可以看出，一级反应速率常数 k_A 的量纲为 [时间]$^{-1}$，常用的单位为 s^{-1}，这是一级反应的基本特征之一。

由式（9-19）可以发现，若以 $\ln c_A$ 对 t 作图，可以得到一条直线，其斜率为 $-k_A$，这是一级反应的基本特征之二，见图9-3。

若将 $c_A = \frac{1}{2}c_{A,0}$ 代入式（9-19），可以得到一级反应的半衰期

$$t_{1/2} = \frac{\ln 2}{k_A} = \frac{0.693}{k_A} \tag{9-23}$$

图 9-3　一级反应

上式表明，一级反应的半衰期 $t_{1/2}$ 与反应的速率常数 k_A 成反比，而与反应物的初始浓度无关，这是一级反应的基本特征之三。

【**例 9-1**】 ^{14}C 放射性蜕变的半衰期 $t_{1/2}$＝5730 年，今在一木乃伊中测得 ^{14}C 占 C 的含量

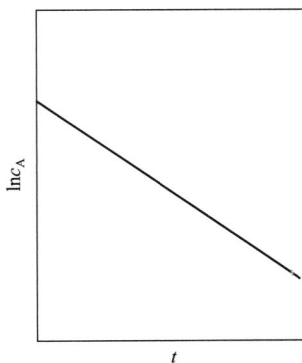

只有 72.0%。求 ^{14}C 的蜕变常数 k 和木乃伊距今有多长时间?

解 由式(9-23)得

$$k = \frac{0.693}{t_{1/2}} = \frac{0.693}{5730} 年^{-1}$$

^{14}C 的蜕变常数为

$$k = 1.21 \times 10^{-4} 年^{-1}$$

代入式(9-22)得

$$\ln \frac{1}{0.72} = 1.21 \times 10^{-4} t$$

木乃伊距今的时间为

$$t = 2715 年$$

9.3.3 二级反应

化学反应的速率与反应物浓度的二次方成正比,即为二级反应(the second order reaction)。二级反应是最常见的反应,例如甲醛、碘化氢气体的热分解,一些烯烃(如乙烯、丙烯、异丁烯等)的气相二聚反应,氢气与碘蒸气化合成碘化氢,水溶液中乙酸乙酯的皂化反应等均为二级反应。二级反应有以下几种情形。

(1)一种反应物的二级反应

对于反应物只有一种的二级反应

$$a A \longrightarrow P$$

速率方程为

$$-\frac{dc_A}{dt} = k_A c_A^2 \tag{9-24}$$

分离变量积分

$$\int_{c_{A,0}}^{c_A} \frac{dc_A}{c_A^2} = -k_A \int_0^t dt$$

得

$$\frac{1}{c_A} - \frac{1}{c_{A,0}} = k_A t \tag{9-25}$$

依据反应物 A 的转化率 x_A 的定义式(9-21),将 $c_A = c_{A,0}(1-x_A)$ 代入上式,可以得到二级反应积分式的另一种形式

$$\frac{1}{c_{A,0}} \times \frac{x_A}{1-x_A} = k_A t \tag{9-26}$$

将 $c_A = \frac{c_{A,0}}{2}$ 代入式(9-25),或将 $x_A = \frac{1}{2}$ 代入式(9-26),得到二级反应的半衰期为

$$t_{1/2} = \frac{1}{k_A c_{A,0}} \tag{9-27}$$

从二级反应的微分式或积分式都能发现,二级反应速率常数 k_A 的量纲为[浓度]$^{-1}$•[时间]$^{-1}$,常用的单位为 $m^3 \cdot mol^{-1} \cdot s^{-1}$,这是二级反应的基本特征之一。

由式(9-25)可以看出,$\frac{1}{c_A}$ 对 t 作图得到一条直线,直线的斜率为 k_A,这是二级反应的

基本特征之二，见图 9-4。

由式(9-27)可知，二级反应的半衰期与反应物的初始浓度的一次方成反比，这是二级反应的基本特征之三。

（2）两种反应物的二级反应

对于反应

$$aA+dD \longrightarrow P$$

理论上只要满足 A、D 的浓度次方之和等于 2 的反应便为二级反应，而不需考虑计量系数 a、d 是否相等或者 $a+d$ 是否等于 2。但是，当 $a \neq d$ 或 $a+d \neq 2$ 时，通常情况下速率方程积分异常困难，只有在 $\dfrac{c_{A,0}}{c_{D,0}}=\dfrac{a}{d}$，即反应物初始浓度等于反应物计量系数之比的特定条件下，积分才显得较为方便，这一特例在随后的例题中加以讨论和说明。

图 9-4　二级反应

因此，为讨论问题的方便，下面所讨论的二级反应都是针对 $a=d=1$ 的情况展开的。这时二级反应方程式可以简化为

$$A+D \longrightarrow P$$

对于上述反应，反应开始时 A、D 的初始浓度分别为 $c_{A,0}$ 和 $c_{D,0}$，反应进行到 t 时刻时，有浓度为 c_x 的 A 与等量浓度的 D 发生了化学反应，即

$$
\begin{array}{ccccc}
& A & + & D & \longrightarrow & P \\
t=0 & c_{A,0} & & c_{D,0} & & \\
t=t & c_A=c_{A,0}-c_x & & c_D=c_{D,0}-c_x & &
\end{array}
$$

其速率方程为

$$-\frac{dc_A}{dt}=k_A c_A c_D=k_A(c_{A,0}-c_x)(c_{D,0}-c_x) \tag{9-28}$$

因为 $c_A=c_{A,0}-c_x$，所以，$dc_A=-dc_x$，上式可以改写为

$$\frac{dc_x}{dt}=k_A(c_{A,0}-c_x)(c_{D,0}-c_x) \tag{9-29}$$

反应物 A、D 的初始浓度可以分为相同与不同两种情况。

① 当两反应物的初始浓度相等，即 $c_{A,0}=c_{D,0}$ 时，速率方程式(9-29)可以写成

$$\frac{dc_x}{dt}=k_A(c_{A,0}-c_x)^2 \tag{9-30}$$

分离变量积分

$$\int_0^{c_x} \frac{dc_x}{(c_{A,0}-c_x)^2}=\int_0^t k_A dt$$

得

$$\frac{1}{c_{A,0}-c_x}-\frac{1}{c_{A,0}}=k_A t \tag{9-31}$$

由于 $c_A=c_{A,0}-c_x$，上式也可写成

$$\frac{1}{c_A}-\frac{1}{c_{A,0}}=k_A t$$

这与只有一种反应物的二级反应积分形式完全一致。

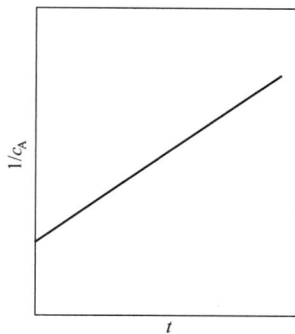

② 当两反应物的初始浓度不相等，即 $c_{A,0} \neq c_{D,0}$ 时，对速率方程式（9-29）分离变量积分

$$\int_0^{c_x} \frac{\mathrm{d}c_x}{(c_{A,0}-c_x)(c_{D,0}-c_x)} = \int_0^t k_A \mathrm{d}t$$

$$\frac{1}{c_{D,0}-c_{A,0}} \int_0^{c_x} \left(\frac{\mathrm{d}c_x}{c_{A,0}-c_x} - \frac{\mathrm{d}c_x}{c_{D,0}-c_x} \right) = \int_0^t k_A \mathrm{d}t$$

得

$$\frac{1}{c_{A,0}-c_{D,0}} \left(\ln \frac{c_{A,0}-c_x}{c_{D,0}-c_x} - \ln \frac{c_{A,0}}{c_{D,0}} \right) = k_A t \tag{9-32}$$

或者

$$\frac{1}{c_{A,0}-c_{D,0}} \left(\ln \frac{c_A}{c_D} - \ln \frac{c_{A,0}}{c_{D,0}} \right) = k_A t \tag{9-33}$$

【例 9-2】 在 298.15K 时乙酸乙酯皂化反应开始时乙酸乙酯和氢氧化钠的浓度都为 0.01mol·dm^{-3}，每隔一段时间，用标准酸溶液测定其中的碱含量，实验结果如下：

t/min	3	5	7	10	15
$c_{\text{NaOH}}/10^{-3}\text{mol·dm}^{-3}$	7.40	6.34	5.50	4.64	3.63

试证明该反应级数为二级，并求速率常数 k。

证明 假定乙酸乙酯皂化反应

$$CH_3COOC_2H_5 + NaOH \longrightarrow CH_3COONa + C_2H_5OH$$

为二级反应，它属于初始浓度相等、有两种反应物参加且 $a=d=1$ 的二级反应，可应用公式

$$\frac{1}{c_A} - \frac{1}{c_{A,0}} = k_A t$$

进行计算，将 NaOH 的初始浓度与不同时刻的 c_{NaOH} 代入上式，计算所得不同时刻的 k 都基本相等，其平均值 $k = 11.64\text{dm}^3\text{·mol}^{-1}\text{·min}^{-1}$，说明假定正确，该反应为二级反应。计算结果列于下表：

t/min	3	5	7	10	15
$c_{\text{NaOH}}/10^{-3}\text{mol·dm}^{-3}$	7.41	6.33	5.51	4.62	3.64
$k_A/\text{dm}^3\text{·mol}^{-1}\text{·min}^{-1}$	11.65	11.60	11.64	11.65	11.65

【例 9-3】 298.15K 时，在一恒容的真空容器中，按化学反应的计量系数比引入反应物 A(g) 和 B(g)，进行如下反应

$$2A(g) + B(g) \longrightarrow P(g)$$

反应开始时，容器内压力为 5.4kPa，反应进行 15min 时压力降至 2.8kPa。已知 A(g) 和 B(g) 的反应分级数分别为 0.7 和 1.3，求速率常数 $k_{p,A}$、k_A 及半衰期 $t_{1/2}$。

解 该反应是气相反应，以 A 的分压 p_A 表示的速率方程为

$$-\frac{\mathrm{d}p_A}{\mathrm{d}t} = k_{p,A} p_A^{0.7} p_B^{1.3}$$

根据题意，反应开始时 $p_{A,0} = 2p_{B,0}$，所以反应进行到任意时刻的分压 $p_A = 2p_B$，代入

上式有

$$-\frac{\mathrm{d}p_A}{\mathrm{d}t}=k_{p,A}\,p_A^{0.7}\left(\frac{1}{2}p_A\right)^{1.3}=(2^{-1.3}k_{p,A})p_A^2$$

积分得

$$\frac{1}{p_A}-\frac{1}{p_{A,0}}=(2^{-1.3}k_{p,A})t$$

$$2A(g)\quad+\quad B(g)\quad\longrightarrow\quad P(g)$$

$$t=0\quad p_{A,0}\qquad p_{B,0}=\frac{1}{2}p_{A,0}\qquad 0\qquad\qquad p_0=\frac{3}{2}p_{A,0}$$

$$t=t\quad p_A\qquad p_B=\frac{1}{2}p_A\qquad p_P=\frac{1}{2}(p_{A,0}-p_A)\quad p_t=\frac{1}{2}p_{A,0}+p_A$$

因此

$$p_{A,0}=\frac{2}{3}p_0=\frac{2}{3}\times5.4\mathrm{kPa}=3.6\mathrm{kPa}$$

$t=15\mathrm{min}=900\mathrm{s}$ 时

$$p_A=p_t-\frac{1}{2}p_{A,0}=\left(2.8-\frac{1}{2}\times3.6\right)\mathrm{kPa}=1.0\mathrm{kPa}$$

故

$$\frac{1}{1.0\times10^3}-\frac{1}{3.6\times10^3}=(2^{-1.3}k_{p,A})\times900$$

$$k_{p,A}=1.98\times10^{-6}\mathrm{Pa}^{-1}\cdot\mathrm{s}^{-1}$$

基于浓度的速率常数为

$$k_A=k_{p,A}(RT)^{n-1}=(1.98\times10^{-6}\times8.314\times298)\mathrm{m}^3\cdot\mathrm{mol}^{-1}\cdot\mathrm{s}^{-1}$$

$$=4.91\times10^{-3}\mathrm{m}^3\cdot\mathrm{mol}^{-1}\cdot\mathrm{s}^{-1}$$

$$t_{1/2}=\frac{1}{2^{-1.3}k_{p,A}p_{A,0}}=\frac{1}{2^{-1.3}\times1.98\times10^{-6}\times3.6\times10^3}\mathrm{s}=345\mathrm{s}=5.75\mathrm{min}$$

从上面的例题可以看出，对于 $a\neq d$ 同时 $a+d=2$ 的两种反应物的二级反应，在反应物初始浓度（气相反应还可用初始分压）等于反应物的计量系数之比的特定条件下，即 $\dfrac{c_{A,c}}{c_{D,0}}=\dfrac{a}{d}$ $\left(\text{气相反应时也可}\dfrac{p_{A,0}}{p_{D,0}}=\dfrac{a}{d}\right)$，那么，反应进行到 t 时刻必然有 $\dfrac{c_A}{c_D}=\dfrac{a}{d}$ $\left(\text{或}\dfrac{p_A}{p_D}=\dfrac{a}{d}\right)$，从而得到 $c_D=\dfrac{d}{a}c_A$ $\left(\text{或}p_D=\dfrac{d}{a}p_A\right)$，再代入速率方程的微分式中，便能方便地解得速率方程的积分式。

9.3.4　n 级反应

在 n 级反应中，只讨论两种最简单的情况。第一种是只有一种反应物的 n 级反应

$$aA\longrightarrow P$$

第二种是反应物虽然多种但反应物各初始浓度符合化学反应的计量系数比 $\dfrac{c_{A,0}}{a}=\dfrac{c_{D,0}}{d}=\cdots$ 的 n 级反应

$$aA+dD\cdots\longrightarrow P$$

对于第一种情况，根据 n 级反应的定义，其速率方程为

$$-\frac{dc_A}{dt}=k_A c_A^n \tag{9-34}$$

第二种情况反应的速率方程可写成

$$-\frac{dc_A}{dt}=k_A c_A^\alpha c_D^\beta \cdots$$

其中 $\alpha+\beta+\cdots=n$。

第二种情况，由于 $\frac{c_{A,0}}{a}=\frac{c_{D,0}}{d}=\cdots$，反应进行到 t 时刻必然存在 $\frac{c_A}{a}=\frac{c_D}{d}=\cdots$，则将 $c_D=\frac{d}{a}c_A$、$\cdots$，代入上述速率方程

$$-\frac{dc_A}{dt}=k_A c_A^\alpha \left(\frac{d}{a}c_A\right)^\beta \cdots$$

$$-\frac{dc_A}{dt}=\left[k_A \left(\frac{d}{a}\right)^\beta \cdots\right]\cdot(c_A^\alpha c_A^\beta \cdots)$$

$$-\frac{dc_A}{dt}=\left[k_A \left(\frac{d}{a}\right)^\beta \cdots\right]\cdot(c_A^{\alpha+\beta+\cdots})$$

即

$$-\frac{dc_A}{dt}=k'_A c_A^n \tag{9-35}$$

其中，$k'_A=k_A \left(\frac{d}{a}\right)^\beta \cdots$

式(9-34)和式(9-35)说明 n 级反应中两种最简单情况的速率微分方程是一致的。现以式(9-34)来讨论 n 级反应的积分形式。

$n=1$ 时，为一级反应，其积分式如前所述为式(9-19)、式(9-20)和式(9-22)三种形式。

$n\neq1$ 时，对式(9-34)分离变量积分

$$-\int_{c_{A,0}}^{c_A} \frac{dc_A}{c_A^n}=k_A \int_0^t dt$$

得积分式

$$\frac{1}{n-1}\left(\frac{1}{c_A^{n-1}}-\frac{1}{c_{A,0}^{n-1}}\right)=k_A t \tag{9-36}$$

正如简单级数反应一样，n 级反应同样具有以下三个基本特征：

① n 级反应速率常数 k_A 的量纲为[浓度]$^{1-n}$·[时间]$^{-1}$。

② n 级反应的 $1/c_A^{n-1}$ 对时间 t 作图呈直线关系，直线的斜率为 $k_A(n-1)$。

③ n 级反应的半衰期为

$$t_{1/2}=\frac{2^{n-1}-1}{(n-1)k_A c_{A,0}^{n-1}} \tag{9-37}$$

本节重点讨论了零级、一级、二级与 n 级反应的积分形式及其动力学特征，结果列于表 9-1。值得一提的是，大多数情况都是基于浓度 c_A 来讨论速率方程的，但对于气相反应同样可以用分压 p_A 来研究速率方程。两种方法得到的速率常数，在数值上除了一级反应的相等外，其余级数反应的均不相同，其理论依据是式(9-14)。

表 9-1　符合通式 $-\dfrac{dc_A}{dt}=k_A c_A^n$ 的各级反应的速率方程及其特征

级数	速率方程		特征		
	微分式	积分式	k_A 的量纲	直线关系	$t_{1/2}$
0	$-\dfrac{dc_A}{dt}=k_A$	$c_A-c_{A,0}=-k_A t$	[浓度]·[时间]$^{-1}$	c_A-t	$\dfrac{c_{A,0}}{2k_A}$
1	$-\dfrac{dc_A}{dt}=k_A c_A$	$\ln\dfrac{c_A}{c_{A,0}}=-k_A t$	[时间]$^{-1}$	$\ln c_A$-t	$\dfrac{\ln 2}{k_A}$
2	$-\dfrac{dc_A}{dt}=k_A c_A^2$	$\dfrac{1}{c_A}-\dfrac{1}{c_{A,0}}=k_A t$	[浓度]$^{-1}$·[时间]$^{-1}$	$\dfrac{1}{c_A}$-t	$\dfrac{1}{k_A c_{A,0}}$
3	$-\dfrac{dc_A}{dt}=k_A c_A^3$	$\dfrac{1}{2}\left(\dfrac{1}{c_A^2}-\dfrac{1}{c_{A,0}^2}\right)=k_A t$	[浓度]$^{-2}$·[时间]$^{-1}$	$\dfrac{1}{c_A^2}$-t	$\dfrac{3}{2k_A c_{A,0}^2}$
n	$-\dfrac{dc_A}{dt}=k_A c_A^n$	$\dfrac{1}{n-1}\left(\dfrac{1}{c_A^{n-1}}-\dfrac{1}{c_{A,0}^{n-1}}\right)=k_A t$	[浓度]$^{1-n}$·[时间]$^{-1}$	$\dfrac{1}{c_A^{n-1}}$-t	$\dfrac{2^{n-1}-1}{(n-1)k_A c_{A,0}^{n-1}}$

9.4　化学反应速率方程级数的确定

对于 n 级反应的速率方程可用下列通式表示

$$r_A=-\frac{dc_A}{dt}=k_A c_A^n \tag{9-38}$$

因此，速率方程的确定，实际上是要确定两个参数：级数 n 和速率常数 k_A。确定反应级数 n 和速率常数 k_A 的方法很多，这里介绍常用的四种方法：积分法、微分法、半衰期法和初始速率法。

9.4.1　积分法

积分法又称为尝试法或试差法，分为代入法和作图法两种方法。

代入法是将实验获得的多组 t、c_A 数据代入上节所介绍的动力学积分公式，分别按零级、一级、二级、三级…反应的公式计算出速率常数 k_A。若各组数据代入零级反应的积分公式后计算所得的所有 k_A 是同一个数值，则该反应是零级反应；如果所得的所有 k_A 不是同一个数值，则该反应不是零级反应，接下来将数据代入一级反应的积分公式。同样地，如果各组数据代入一级反应的积分公式后所得的所有 k_A 是同一个数值，则该反应是一级反应，反之就不是一级反应，然后再将数据代入二级反应的积分公式…，依次类推，直到获得 k_A 值相等、确定反应的级数为止。

【例 9-4】　一定温度下，一气相分解反应 $2A(g)\longrightarrow B(g)$ 在密闭容器中进行，实验测得容器内压力随时间的变化规律如下表，试用代入法确定此反应的级数与速率常数。

t/min	0	5	10	15	20	25
p/kPa	51.42	42.67	38.38	35.79	34.14	32.88

解 假定反应级数 $n=2$，用反应物 A 的分压表示的速率方程积分式为

$$\frac{1}{p_A} - \frac{1}{p_{A,0}} = k_{p,A} t$$

$$2A(g) \longrightarrow B(g)$$

$t=0$	$p_{A,0}$	0
$t=t$	p_A	$\frac{1}{2}(p_{A,0} - p_A)$

总压 $p = \frac{1}{2}(p_{A,0} + p_A)$

所以，$p_A = 2p - p_{A,0}$，将题中反应在各时刻的压力数据按此式计算，然后分别代入积分式，结果见下表。

t/min	0	5	10	15	20	25
p/kPa	51.42	42.67	38.38	35.79	34.14	32.88
p_A/kPa	51.42	33.92	25.34	20.16	16.86	14.34
$k_{p,A}/10^{-3}\,\text{kPa}^{-1}\cdot\text{min}^{-1}$		2.01	2.00	2.01	1.99	2.01

计算结果表明，各反应时刻点所得速率常数基本相等，说明假定级数 $n=2$ 是正确的，反应速率常数平均值 $k_{p,A} = 2.00 \times 10^{-3}\,\text{kPa}^{-1}\cdot\text{min}^{-1}$。

作图法则是按表 9-1 中不同的 c_A 形式与 t 的直线关系，先假定是零级反应，以 c_A 对 t 作图，若得一直线，则该反应为零级反应；如果不是直线，说明不是零级反应。再假定是一级反应，以 $\ln c_A$ 对 t 作图，若得一直线，则该反应为一级反应。如果仍不是直线，则须继续假设，重新尝试，直到得到直线、确定级数为止。

【例 9-5】 仍以上题为例，试用作图法确定反应级数和速率常数。

解 假定反应级数 $n=2$。同样地，可以根据化学反应计量关系，得到 $t=t$ 时的反应物 A 的分压 $p_A = 2p - p_{A,0}$，将题中反应在各时刻的压力数据按此式计算，结果见下表。

t/min	0	5	10	15	20	25
p/kPa	51.42	42.67	38.38	35.79	34.14	32.88
p_A/kPa	51.42	33.92	25.34	20.16	16.86	14.34
$1/p_A/10^{-2}\,\text{kPa}^{-1}$	1.94	2.95	3.95	4.96	5.93	6.97

以 $\frac{1}{p_A}$ 对 t 作图结果见图 9-5，得一直线，说明假定反应级数 $n=2$ 是正确的。同时，由直线斜率求得反应的速率常数 $k_{p,A} = 2.00 \times 10^{-3}\,\text{kPa}^{-1}\cdot\text{min}^{-1}$。

积分法的优点是若一次能选准级数，则运用代入法时所得各 k_A 值相等，采用作图法时直线关系明确。在遇到实际问题时，采用积分法确定反应级数时，无须按照零级、一级、二级、三级…的次序对级数逐一进行选取，只要以确保选准级数为前提，可以采用跳跃式选取级数。

积分法的缺点之一是若初试不准，则需要尝试多次，方法繁杂，好在借助计算机的帮助，这一问题得到了满意的解决。事实上，积分法的致命弱点在于：它只适用于整数级而不

适于分数级（或小数级）反应，对于分数级反应，积分法显得无能为力，这时往往要用微分法来确定级数。

9.4.2　微分法

对式(9-38)两边取对数得

$$\lg r_A = \lg\left(-\frac{dc_A}{dt}\right) = \lg k_A + n\lg c_A \tag{9-39}$$

以 $\lg\left(-\dfrac{dc_A}{dt}\right)$，即 $\lg r_A$ 对 $\lg c_A$ 作图，得一直线，直线的斜率即为级数 n、截距为 $\lg k_A$。

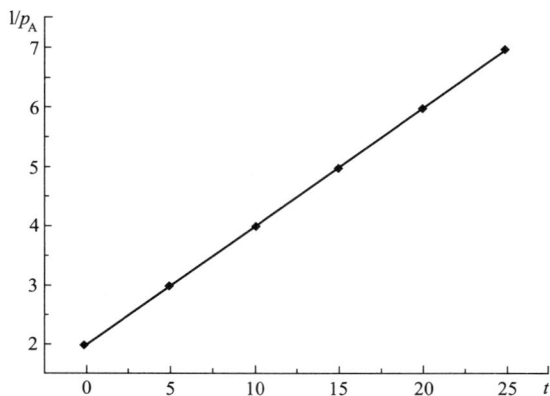

图 9-5　气相反应 $2A(g) \longrightarrow B(g)$ 的 $1/p_A$-t 关系

具体做法：根据在 t 时刻的浓度 c_A 数据，先将浓度 c_A 对时间 t 作图，然后在不同的浓度 $c_{A,1}$、$c_{A,2}$、$c_{A,3}$，…各点处作 c_A-t 曲线的切线，由切线的斜率求出对应于不同浓度的速率 $r_{A,1}$、$r_{A,2}$、$r_{A,3}$，…再以 $\lg r_A$ 对 $\lg c_A$ 作图，得一直线，该直线的斜率就是级数 n 的值，并依据截距计算出速率常数 k_A。

或者将一系列的 c_A 及与之对应的 r_A 代入式(9-39)，例如

$$\lg r_{A,1} = \lg k_A + n\lg c_{A,1}$$
$$\lg r_{A,2} = \lg k_A + n\lg c_{A,2}$$

两式相减得

$$n = \frac{\lg r_{A,2} - \lg r_{A,1}}{\lg c_{A,2} - \lg c_{A,1}} \tag{9-40}$$

用同样的方法可以求出若干个 n，最后计算出平均值。

微分法的优点是既适用于确定整数级反应，又适用于确定分数级反应，因而它比积分法的适用范围广。

9.4.3　半衰期法

半衰期法确定反应级数，是依据化学反应的半衰期和反应物初始浓度之间的关系

$$t_{1/2} = \frac{2^{n-1} - 1}{(n-1)k_A c_{A,0}^{n-1}}$$

来进行。对于同一个化学反应，两个不同初始浓度 $c'_{A,0}$、$c''_{A,0}$ 所对应的半衰期分别为 $t'_{1/2}$、$t''_{1/2}$，则

$$\frac{t''_{1/2}}{t'_{1/2}} = \left(\frac{c'_{A,0}}{c''_{A,0}}\right)^{n-1}$$

等式两边取对数，整理得

$$n = 1 + \frac{\lg\left(\dfrac{t''_{1/2}}{t'_{1/2}}\right)}{\lg\left(\dfrac{c'_{A,0}}{c''_{A,0}}\right)} \tag{9-41}$$

因此，用两组实验数据即可求得反应级数；如果数据较多，也可用作图法，即对半衰期与初始浓度的关系式取对数

$$\lg t_{1/2} = \lg \frac{2^{n-1}-1}{k_A(n-1)} + (1-n)\lg c_{A,0} \qquad (9\text{-}42)$$

作 $\lg t_{1/2}$-$\lg c_{A,0}$ 图，可以得一直线，由直线的斜率即可求得 n。

为了求得不同初始浓度时的半衰期，可将实验测得的 c_A、t 数据绘成 c_A-t 图。再选取几个不同的初始浓度 $c_{A,0}$，并找出反应物浓度降至 $\frac{c_{A,0}}{2}$ 时所在曲线的位置，各 $\frac{c_{A,0}}{2}$ 处所对应的时间与它的 $c_{A,0}$ 处所对应的时间之差，便为不同初始浓度的半衰期。

如图 9-6，初始浓度 $c'_{A,0}$（点 a 处，而点 a' 处的浓度为点 a 浓度的一半）所对应的半衰期 $t'_{1/2}=t_2-0=t_2$，而初始浓度 $c''_{A,0}$（点 b 处，而点 b' 处的浓度为点 b 浓度的一半）所对应的半衰期 $t''_{1/2}=t_3-t_2$。

这种方法并不限于反应一定要进行到初始浓度 1/2 所需的时间，即半衰期 $t_{1/2}$ 法，也可用反应进行到 1/3、1/4、1/8、3/4 等所需的时间 $t_{1/3}$、$t_{1/4}$、$t_{1/8}$、$t_{3/4}$ 等代替式(9-41)和式(9-42)中的半衰期来进行计算，结果一样。

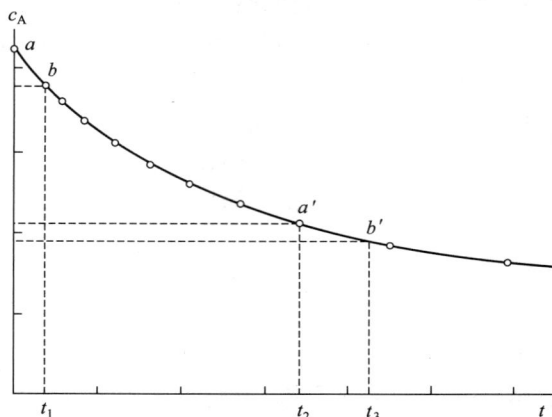

图 9-6　通过 c_A-t 曲线求半衰期

【**例 9-6**】　一定温度下，反应 $aA \longrightarrow P$ 的速率方程为

$$r = k c_A^\alpha$$

实验测得 A 在不同初始浓度时的 $t_{3/4}$ 如下表

$c_{A,0}/\text{mol·dm}^{-3}$	$t_{3/4}/\text{min}$
0.100	121.0
0.200	60.0

试确定反应级数和速率常数。

解　根据上述对 $t_{1/2}$ 法的说明，式(9-41)可以改写为

$$n = 1 + \frac{\lg\left(\dfrac{t''_{3/4}}{t'_{3/4}}\right)}{\lg\left(\dfrac{c'_{A,0}}{c''_{A,0}}\right)}$$

所以，反应级数为

$$\alpha = 1 + \frac{\lg\dfrac{60.0}{121.0}}{\lg\dfrac{0.100}{0.200}} = 2$$

反应速率方程的积分式为

$$\frac{1}{c_A} - \frac{1}{c_{A,0}} = k_A t$$

将 $c_{A,0} = 0.100\,\text{mol}\cdot\text{dm}^{-3}$，$c_A = c_{A,0}\left(1 - \dfrac{3}{4}\right) = 0.025\,\text{mol}\cdot\text{dm}^{-3}$ 时，$t = 121.0\,\text{min}$ 代入上式，速率常数为

$$k_A = 0.248\,\text{dm}^3\cdot\text{mol}^{-1}\cdot\text{min}^{-1}$$

9.4.4 初始速率法

积分法、微分法和半衰期法确定反应的级数时，都是基于反应过程中产物对反应速率没有影响的前提下展开的，当产物对反应速率有干扰时（如后面将介绍的对行反应，其产物对反应速率便有影响），就不能用这些方法来确定级数。为了消除产物对反应速率的影响，可以在初始浓度下测定反应的初始速率。在反应刚刚开始时，产物的量可忽略不计，从而合理避免了因产物的生成对反应速率的影响。

对于反应

$$a\text{A} + d\text{D}\cdots \longrightarrow \text{P}$$

速率方程为

$$r_A = -\frac{dc_A}{dt} = k_A c_A^{\alpha} c_D^{\beta}\cdots$$

反应的初始速率为

$$r_{A,0} = k_A c_{A,0}^{\alpha} c_{D,0}^{\beta}\cdots \tag{9-43a}$$

对其取对数，得

$$\ln r_{A,0} = \ln k_A + \alpha\ln c_{A,0} + \beta\ln c_{D,0} + \cdots \tag{9-43b}$$

只要能确定各反应物的分级数 α、β、$\cdots$，就能最终确定反应总级数。现以确定反应物 A 的分级数 α 为例，来说明各级数的确定过程。

首先，确定 A 的初始速率 $r_{A,0}$。一定温度下，实验测得的 c_A-t 曲线在 $t=0$ 处作曲线的切线，其斜率的相反数便是 $r_{A,0}$，此处所对应的浓度是 $c_{A,0}$，获得一组 $(c_{A,0}, r_{A,0})$ 数据。

其次，在相同的温度下，保持其他组分初始浓度不变的前提下，不断改变 A 的初始浓度，用上述方法可以得到一系列 A 在不同初始浓度时的 $(c_{A,0}, r_{A,0})$ 数据。

由于实验过程中，D 等的初始浓度保持不变，式(9-43b)可以改写为

$$\ln r_{A,0} = \alpha\ln c_{A,0} + C \tag{9-43c}$$

式中，C 为常数。在获得一系列 A 不同初始浓度时的 $(c_{A,0}, r_{A,0})$ 数据后，只要根据式(9-43c)，用 $\ln r_{A,0}$-$\ln c_{A,0}$ 作图，所得直线的斜率便是 A 的分级数 α。如果仅有两组数据，应用式(9-43c)同样可以计算出 A 的分级数 α，即

$$\alpha = \frac{\ln\left(\dfrac{r_{A,0,2}}{r_{A,0,1}}\right)}{\ln\left(\dfrac{c_{A,0,2}}{c_{A,0,1}}\right)} \tag{9-43d}$$

其他组分分级数的求解，可以与求 A 的分级数 α 步骤相同。

9.5 温度对化学反应速率的影响

温度能够影响化学反应速率，这是早已为人们所熟知、不争的事实。温度主要通过对反应速率常数 k 的影响来改变反应速率，因此找出速率常数 k 与反应温度 T 之间的内在关系，是研究温度对反应速率影响的主要任务。

范特霍夫根据大量实验结果，总结出一条规律：温度每升高 10K，反应速率大约增加为原来的 2~4 倍，用公式表示为

$$\frac{k_{T+10K}}{k_T} = 2 \sim 4$$

上式被后人称为范特霍夫规则，式中，k_T 为化学反应在 T 温度时的速率常数，k_{T+10K} 为同一化学反应在原先 T 温度的基础上温度升高 10K 后的速率常数。

范特霍夫规则只是一个近似规则，虽不能精确地给出反应温度改变后速率常数的定量变化值，但可以粗略地估算温度对反应速率的影响程度，对实际工作仍有帮助和指导意义。

9.5.1 阿伦尼乌斯方程

阿伦尼乌斯(S. A. Arrhenius)研究了许多气相反应的速率，特别是对蔗糖水解反应做了大量研究工作。他于 1889 年提出了活化能的概念和著名的阿伦尼乌斯方程，定量地揭示了速率常数与反应温度之间的内在关系，即

$$k = A e^{-\frac{E_a}{RT}} \tag{9-44}$$

式中，k 为反应在温度 T 时的速率常数；A 为指前因子(pre-exponential factor)，又称为表观频率因子(frequency factor)，其单位与化学反应速率常数 k 的单位一致；E_a 是阿伦尼乌斯活化能，它是由实验测得的 k-T 数据依据阿伦尼乌斯方程计算所得，所以常被称为经验活化能或实验活化能，简称为活化能(activation energy)，单位为 $J \cdot mol^{-1}$。表 9-2 列出了一些化学反应在常温下的动力学参数(E_a 和 A)。

表 9-2 常温下一些反应的动力学参数

反应	介质	$E_a/kJ \cdot mol^{-1}$	$\lg [A/(mol^{-1} \cdot dm^3 \cdot s^{-1})]$
$CH_3COOC_2H_5 + NaOH$	水	47.3	7.2
$n\text{-}C_5H_{11}Cl + KI$	丙酮	77.0	8.0
$C_2H_5ONa + CH_3I$	乙醇	81.6	11.4
$C_2H_5Br + NaOH$	乙醇	89.5	11.6
$CH_3I + HI \longrightarrow CH_4 + I_2$	气相	139.7	12.2
$2HI \longrightarrow H_2 + I_2$	气相	184.1	11.2

续表

反应	介质	$E_a/kJ \cdot mol^{-1}$	$\lg [A/(mol^{-1} \cdot dm^3 \cdot s^{-1})]$
$H_2 + I_2 \longrightarrow 2HI$	气相	165.3	11.2
$NH_4CNO \longrightarrow NH_2CONH_2$	水	97.1	12.6
$N_2O_5 \longrightarrow N_2O_4 + \frac{1}{2}O_2$	气相	103.3	13.7
$CH_3N_2CH_3 \longrightarrow C_2H_6 + N_2$	气相	219.7	13.5
$2NO + O_2 \longrightarrow 2NO_2$	气相	-4.6	3.02
$Br + Br + M \longrightarrow Br_2 + M$	气相	0	9.60（M＝H_2 时）

对式(9-44)取对数，得

$$\ln k = -\frac{E_a}{RT} + \ln A \tag{9-45}$$

上式表明，若以 $\ln k$ 对 $\frac{1}{T}$ 作图，可以得到一条直线，由直线的斜率和截距能够分别求出活化能 E_a 和指前因子 A。同时，由于 E_a 大于零，温度升高，反应速率常数 k 增加，反应速率加快。

若反应活化能 E_a 和指前因子 A 均与反应温度无关，将式(9-45)对温度 T 求导，得到阿伦尼乌斯方程的微分式

$$\frac{d\ln k}{dT} = \frac{E_a}{RT^2} \tag{9-46}$$

由式(9-46)可以得到活化能 E_a 的定义式

$$E_a = RT^2 \frac{d\ln k}{dT} \tag{9-47}$$

式(9-46)和式(9-47)表明 $\ln k$ 随 T 的变化率与活化能成正比。活化能越高，温度升高时反应速率增加得越快，也就是说，活化能越高，反应速率的变化对温度的变化就越敏感。若在一个系统中同时存在几个化学反应，则高温更有利于活化能高的反应，低温对活化能低的反应有利。工业生产上常常利用这一原理来选择合适的反应温度，以加速主反应、抑制副反应。

在有限的温度变化范围内，E_a 可认为是与温度无关的常数，对式(9-46)或式(9-47)分离变量积分

$$\int_{k_1}^{k_2} d\ln k = \frac{E_a}{R} \int_{T_1}^{T_2} \frac{dT}{T^2}$$

得定积分式

$$\ln \frac{k_2}{k_1} = -\frac{E_a}{R} \left(\frac{1}{T_2} - \frac{1}{T_1} \right) \tag{9-48}$$

上式含有活化能 E_a、两个温度 T_1、T_2 和与温度相对应的两个速率常数 k_1、k_2 五个参数，若已知其中四个参数，就能通过式(9-48)定量地计算出最后一个参数。

在温度变化不大或面对一般的动力学实验误差范围时，阿伦尼乌斯公式在表达速率常数 k 与温度 T 关系时是最常用的方程，而且结果令人满意。阿伦尼乌斯方程适用于基元反应和

非基元反应，甚至适用于一些非均相反应和扩散过程的速率与温度的关系。

但是，对于精度更高的实验，特别是液相中的一些反应，在温度变化加大时，阿伦尼乌斯方程就显得不够准确了，此时 $\ln k$ 对 $\frac{1}{T}$ 作图往往出现弯曲，说明此时反应活化能 E_a 和指前因子 A 均可能与反应温度有关。这时用下列方程来处理反应速率常数 k 与温度 T 的关系更为合适。

$$k = AT^B e^{-\frac{E}{RT}} \tag{9-49}$$

式中，A、B、E 都是要通过实验确定的常数。与阿伦尼乌斯方程相比，多了一个 T^B 项，可以把它看成是对阿伦尼乌斯经验公式的一个修正项。式(9-49)两边取自然对数后对 T 微分得

$$\frac{\mathrm{d}\ln k}{\mathrm{d}T} = \frac{E}{RT^2} + \frac{B}{T} \tag{9-50}$$

比较式(9-46)和式(9-50)得

$$E_a = E + BRT \tag{9-51}$$

上式说明，活化能 E_a 与温度有关。

对式(9-49)取对数得

$$\ln \frac{k}{T^B} = -\frac{E}{RT} + \ln A \tag{9-52}$$

或

$$\ln k = -\frac{E}{RT} + B\ln T + \ln A \tag{9-53}$$

式(9-52)表明，经修正后的阿伦尼乌斯经验公式，若以 $\ln \frac{k}{T^B}$ 对 $\frac{1}{T}$ 作图，依然是直线关系。

由式(9-53)可以发现，严格说来 $\ln k$ 对 $\frac{1}{T}$ 作图显然不是直线，只能是曲线。反应速率在低温时随温度变化是向上弯曲的曲线，见图 9-7(a)所示。由于一般反应的 B 值较小，在反应温度不高时，$B\ln T$ 值较小，可以忽略，所以大多数系统的实验值仍能与阿伦尼乌斯经验公式较好地相符。

以上讨论的是温度对反应速率影响的一般情况。但有时会遇到更为复杂的特殊情况，如图 9-7(b)～图 9-7(e)所示。

图 9-7(b)曲线代表的是爆炸反应，低温时反应速率慢，基本符合阿伦尼乌斯公式。但当温度升高到某一临界值时，反应速率突然增大，并迅速完成。

图 9-7(c)曲线最典型的是酶催化反应，在温度不太高时，反应速率随温度的升高而加速，但当温度升到一定高度后再升温，反应速率反而降低，这是因为酶的活性随温度升高到一定程度会失活所致。某些受吸附速率控制的多相催化反应(例如加氢反应)，也属于这种情况，这可能是由于高温对催化剂的性能产生负面作用所致。

图 9-7(d)曲线表明，有的反应如碳的氢化，可能由于温度升高时，副反应的影响加大，而导致反应速率出现最高点与最低点，随温度变化的规律不是很明确。

图 9-7(e)曲线显示，反应温度升高速率反而下降，如 $2NO + O_2 \longrightarrow 2NO_2$ 就属于这种情况。

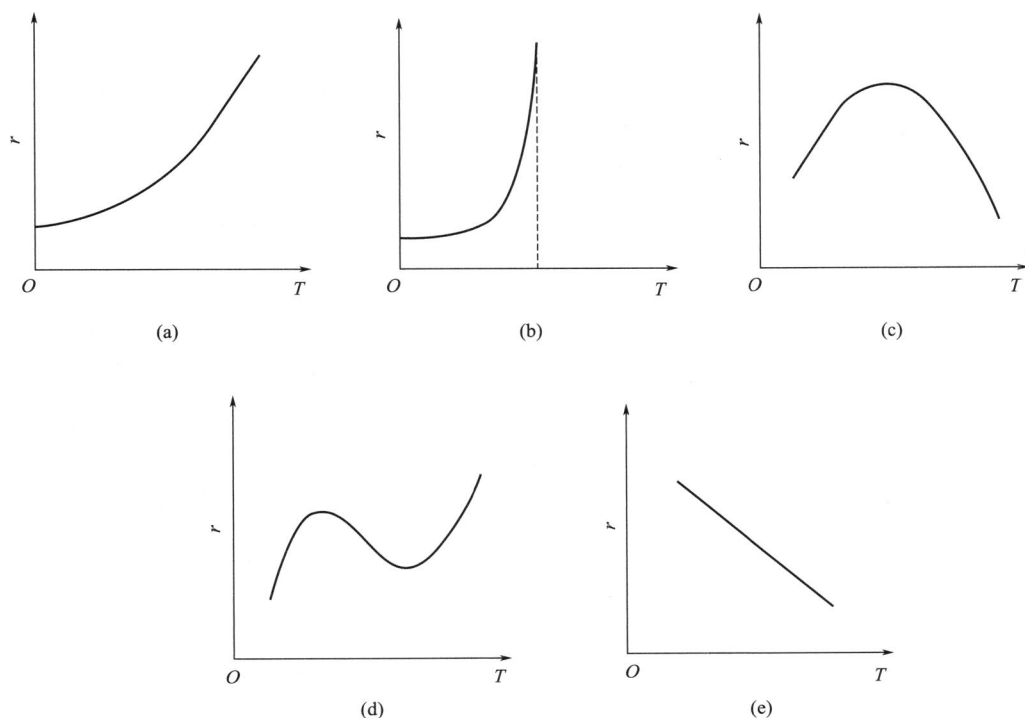

图 9-7　温度对反应速率的影响

阿伦尼乌斯(S. A. Arrhenius，1859—1927)　瑞典化学家。1878 年毕业于乌普萨拉大学并留校。1885 年在化学家奥斯特瓦尔德实验室工作约一年，1886～1887 年在维尔茨堡继续研究溶液电导实验。1891 年任瑞典皇家工业学院讲师，1895 年任院长。1901 年当选为瑞典皇家科学院院士。1905 年任斯德哥尔摩诺贝尔物理化学研究所所长。1911 年当选为英国皇家学会外国会员。

阿伦尼乌斯的最大贡献是 1887 年提出的电离理论：氯化钠水溶液中含有独立的钠离子和氯离子。这一理论是物理化学发展初期的重大发现，是物理和化学之间的一座桥梁。阿伦尼乌斯的研究领域广泛，例如 1889 年提出活化分子和活化热概念，导出了化学反应速率公式。此外，他还研究过太阳系的成因、彗星的本性、北极光、天体的温度、冰川的成因等，并最先对血清疗法的机理作出化学上的解释。1903 年，阿伦尼乌斯因创立电离理论而荣膺诺贝尔化学奖。1902 年还曾获英国皇家学会戴维奖章。著有《宇宙物理学教程》《免疫化学》《溶液理论》和《生物化学中的定量定律》等。

9.5.2　活化能

阿伦尼乌斯认为，反应物分子之间发生反应的前提条件是首先要碰撞，但并不是所有的碰撞都能发生反应，只有少数能量足够高的分子发生有效碰撞后，才有可能克服旧键断开前的引力和新键形成前的斥力，从而发生反应生成产物。

具有能发生有效碰撞所需最低能量的分子称为活化分子(activated molecule)，其数量只占全部分子的一部分。而普通分子只有吸收能量后才有可能变成活化分子，这一过程称为分子的活化。通过分子间的相互碰撞而获得一定能量来实现分子活化的方式，称为热活化，除此以外，分子还可以通过光和电等方法实现活化。

对于基元反应，活化能 E_a 具有明确的物理意义，每摩尔普通分子变为活化分子所需的能量即为活化能。由于每个分子的能量并不完全相同，所以活化能仅仅是指每摩尔活化分子的平均能量与每摩尔普通分子的平均能量之差。

如图 9-8，对于恒温、恒容下的基元反应

$$A \longrightarrow P$$

反应物 A 分子获得能量 $E_{a,1}$ 才能变成活化状态 A*，从而才可能越过能垒生成产物 P。同样，对于逆反应，P 相对而言是反应物，它必须获得能量 $E_{a,-1}$ 后才可能越过能垒生成 A。

因此，无论是正向反应还是逆向反应，反应物分子均要翻越一定高度的能垒才能变成相应的产物分子，这一能垒即为反应的活化能。能垒越高，反应的阻力就越大，反应就越困难。因此，温度一定时，活化能越大，活化分子所占全部分子的比例就越小，因而反应速率常数就越小，反应便越慢。对于一定的反应来说，温度越高，系统中分子具有的能量就越高，活化分子所占的比例就越大，反应速率常数就越大，化学反应就越快。

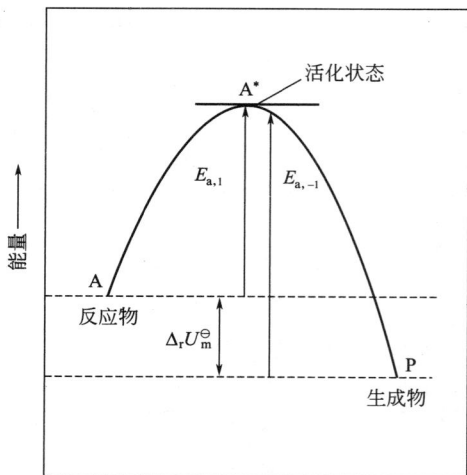

图 9-8　基元反应活化能图示

活化能对反应速率常数的影响以及对反应速率随温度变化率的影响，将通过下面实际例子加以说明。

【例 9-7】　若化学反应 1 与反应 2 的活化能不同 $E_{a,1} \neq E_{a,2}$，但指前因子相同 $A_1 = A_2$。在 $T = 298.15\text{K}$ 时，分别计算 $E_{a,2} - E_{a,1} = 10\text{kJ} \cdot \text{mol}^{-1}$ 和 $20\text{kJ} \cdot \text{mol}^{-1}$ 时，两个化学反应速率常数之比 $\dfrac{k_2}{k_1}$。

解　根据阿伦尼乌斯公式(9-44)得

$$\frac{k_2}{k_1} = \frac{A_2 e^{-\frac{E_{a,2}}{RT}}}{A_1 e^{-\frac{E_{a,1}}{RT}}} = e^{\frac{-(E_{a,2} - E_{a,1})}{RT}}$$

(1) 当 $E_{a,2} - E_{a,1} = 10\text{kJ} \cdot \text{mol}^{-1}$ 时，得

$$\frac{k_2}{k_1} = e^{\frac{-10 \times 10^3}{8.314 \times 298.15}} = 1.77 \times 10^{-2}$$

(2) 当 $E_{a,2} - E_{a,1} = 20\text{kJ} \cdot \text{mol}^{-1}$ 时，得

$$\frac{k_2}{k_1} = e^{\frac{-20 \times 10^3}{8.314 \times 298.15}} = 3.13 \times 10^{-4}$$

对于指前因子相同的反应，在相同温度下活化能小的反应速率常数反而大；同时，活化能相差越大，反应速率常数差距就更大。因此，工业生产上可通过降低活化能的方法(例如加催化剂)，以提高生产效率。

【例 9-8】 大多数化学反应的活化能在 $50\sim250\text{kJ}\cdot\text{mol}^{-1}$ 之间，参见表 9-2。试估算活化能为 $80\text{kJ}\cdot\text{mol}^{-1}$ 时，温度由 300K 上升 10K 与由 400K 上升 10K 时，速率常数增加的倍数，假设指前因子 A 相同。并对活化能为 $160\text{kJ}\cdot\text{mol}^{-1}$ 时的情况作同样估算。

解 根据阿伦尼乌斯公式(9-48)得

$$\ln\frac{k_2}{k_1}=-\frac{E_a}{R}\Big(\frac{1}{T_2}-\frac{1}{T_1}\Big)$$

(1) 当 $E_a=80\text{kJ}\cdot\text{mol}^{-1}$ 时，将 $T_1=300\text{K}$、$T_2=310\text{K}$ 代入上式，得

$$\ln\frac{k_2}{k_1}=-\frac{80\times10^3}{8.314}\times\Big(\frac{1}{310}-\frac{1}{300}\Big)$$

$$k_2/k_1=2.81$$

同样，再将 $T_1'=400\text{K}$、$T_2'=410\text{K}$ 代入，得

$$\ln\frac{k_2'}{k_1'}=-\frac{80\times10^3}{8.314}\times\Big(\frac{1}{410}-\frac{1}{400}\Big)$$

$$k_2'/k_1'=1.80$$

(2) 当 $E_a=160\text{kJ}\cdot\text{mol}^{-1}$ 时，同理可求出：

$$T_1=300\text{K}、T_2=310\text{K} \text{ 时}，k_2/k_1=7.92；$$

$$T_1'=400\text{K}、T_2'=410\text{K} \text{ 时}，k_2'/k_1'=3.23。$$

对于活化能相同的化学反应，同样升温 10K，$\dfrac{k_2}{k_1}$ 值比 $\dfrac{k_2'}{k_1'}$ 大，即反应初始温度低的，反应速率常数增加的倍数，比反应初始温度高的增加的倍数要大，说明低温时反应速率常数对温度的变化更敏感。

对于活化能不同的化学反应，在同样的初始温度下升高同样的温度时，活化能高的反应比活化能低的反应速率常数 k 增加得更多，这就定量地说明了活化能高的化学反应的反应速率常数对温度更加敏感，这与前面理论上的分析是一致的。

9.5.3 表观活化能

阿伦尼乌斯公式除适用于基元反应外，也适用于大多数非基元反应。对于非基元反应，阿伦尼乌斯活化能虽也具有能峰的意义，但由于它的总反应式是由若干个基元反应组合而成，因而非基元反应的活化能只能是若干个基元反应活化能组合的综合结果，它对具体的某一个基元反应没有明确的物理意义。例如反应

$$H_2+I_2 \xrightarrow{k} 2HI$$

其反应历程为

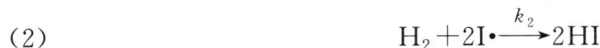

(1) $$I_2+M \underset{k_{-1}}{\overset{k_1}{\rightleftharpoons}} 2I\cdot+M$$

(2) $$H_2+2I\cdot \xrightarrow{k_2} 2HI$$

在后面的学习中，可以证明 HI 的生成速率方程为

$$\frac{dc_{HI}}{dt}=\frac{2k_1k_2}{k_{-1}}c_{H_2}c_{I_2}=kc_{H_2}c_{I_2}$$

其中

$$k=\frac{2k_1k_2}{k_{-1}} \tag{9-54}$$

因为

$$\frac{\mathrm{dln}k}{\mathrm{d}T}=\frac{\mathrm{dln}2+\mathrm{dln}k_1+\mathrm{dln}k_2-\mathrm{dln}k_{-1}}{\mathrm{d}T}$$

$$\frac{\mathrm{dln}k}{\mathrm{d}T}=\frac{\mathrm{dln}k_1}{\mathrm{d}T}+\frac{\mathrm{dln}k_2}{\mathrm{d}T}-\frac{\mathrm{dln}k_{-1}}{\mathrm{d}T}$$

所以

$$E_a=E_{a,1}+E_{a,2}-E_{a,-1} \tag{9-55}$$

式(9-55)表明，对于非基元反应，总反应中的活化能 E_a 是由各个基元反应的活化能组合而成，对反应历程中的任意一个基元反应均没有明确的物理意义，通常把这种活化能称为总反应的表观活化能，其在式(9-54)中所对应的速率常数 k，也同样是由各基元反应的速率常数组合得到，习惯上把它称为表观速率常数。

9.5.4 活化能与反应热的关系

恒温、恒容时，对于一个正、逆双向都能进行的可逆反应，例如最简单的可逆反应

$$A\underset{k_{-1}}{\overset{k_1}{\rightleftharpoons}}P$$

当化学反应处于平衡状态时，正向反应与逆向反应的速率相等，即

$$k_1c_A=k_{-1}c_P$$

反应用浓度表示的平衡常数为

$$K_c=\frac{c_P}{c_A}=\frac{k_1}{k_{-1}} \tag{9-56}$$

上式两边取自然对数后对 T 微分，得

$$\frac{\mathrm{dln}K_c}{\mathrm{d}T}=\frac{\mathrm{dln}k_1-\mathrm{dln}k_{-1}}{\mathrm{d}T}=\frac{\mathrm{dln}k_1}{\mathrm{d}T}-\frac{\mathrm{dln}k_{-1}}{\mathrm{d}T} \tag{9-57}$$

根据范特霍夫方程得

$$\frac{\mathrm{dln}K_c}{\mathrm{d}T}=\frac{\Delta_rU_m^\ominus}{RT^2}$$

依据阿伦尼乌斯方程得

$$\frac{\mathrm{dln}k_1}{\mathrm{d}T}=\frac{E_{a,1}}{RT^2},\quad\frac{\mathrm{dln}k_{-1}}{\mathrm{d}T}=\frac{E_{a,-1}}{RT^2}$$

将以上三式代入式(9-57)，得

$$\frac{\Delta_rU_m^\ominus}{RT^2}=\frac{E_{a,1}-E_{a,-1}}{RT^2}$$

所以

$$\Delta_rU_m^\ominus=E_{a,1}-E_{a,-1} \tag{9-58}$$

因为 $\Delta_rU_m^\ominus=Q_{V,m}$，故可逆反应的恒容摩尔反应热在数值上等于正向反应与逆向反应的活化能之差。在阿伦尼乌斯公式中，把活化能 E_a 视为是与温度无关的常数，但从式(9-58)可以看出，由于反应的 $\Delta_rU_m^\ominus$ 与温度相关，E_a 必然也与温度有关，这与前面讨论阿伦尼乌斯修正公式所得的结果是一致的。

9.6 典型的复合反应

前面所讨论的速率与速率方程，都是对具有简单级数的反应进行的。若一个反应是由两

个或两个以上基元反应以各种不同的方式组合而成，则这类反应便是复合反应。组成复合反应的每一个基元反应，尽管其速率常数仍然取决于反应系统的温度和该基元反应的本性（如活化能），不受其他组分的影响而保持为常数，但是，由于该基元反应中反应物的浓度要受制于同时存在的其他基元反应，从而影响到它的速率大小。因此，复合反应中的基元反应是既独立又相互制约的。下面讨论几种典型的也是最简单的复合反应——对峙反应、平行反应和连串反应。

9.6.1　对峙反应

正方向和逆方向同时进行的反应，称为对峙反应（opposing reaction），也称对行反应，或可逆反应。对峙反应有 1-1 级、1-2 级、2-2 级等类型，现在以其中最简单的 1-1 级对峙反应为例进行讨论。

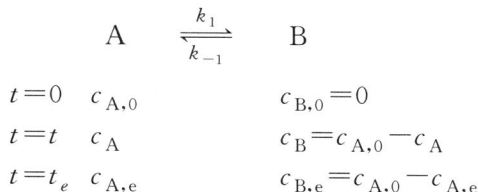

$$A \xrightleftharpoons[k_{-1}]{k_1} B$$

$t=0$	$c_{A,0}$	$c_{B,0}=0$
$t=t$	c_A	$c_B=c_{A,0}-c_A$
$t=t_e$	$c_{A,e}$	$c_{B,e}=c_{A,0}-c_{A,e}$

式中，$c_{A,0}$、$c_{B,0}$ 分别为 A、B 的初始浓度；c_A、c_B 分别为 A、B 反应进行到时刻 t 时的浓度；$c_{A,e}$、$c_{B,e}$ 分别为 A、B 反应达到平衡时的浓度。

反应进行到时刻 t 时，向右进行的净速率取决于正向与逆向反应速率之和，即

$$r=r_1-r_{-1}=-\frac{dc_A}{dt}=k_1c_A-k_{-1}(c_{A,0}-c_A) \tag{9-59}$$

当 $t=t_e$ 时，反应达到平衡，此时反应物与产物的浓度均为平衡浓度，且正、逆反应的速率相等，反应的净速率 $r=0$，因此

$$\frac{c_{B,e}}{c_{A,e}}=\frac{c_{A,0}-c_{A,e}}{c_{A,e}}=\frac{k_1}{k_{-1}}=K_c \tag{9-60}$$

$$k_{-1}c_{A,0}=(k_1+k_{-1})c_{A,e}$$

代入式(9-59)，得

$$-\frac{dc_A}{dt}=(k_1+k_{-1})(c_A-c_{A,e})$$

当 $c_{A,0}$ 一定时，$c_{A,e}$ 为常数，故 $dc_A=d(c_A-c_{A,e})$，代入上式

$$-\frac{d(c_A-c_{A,e})}{dt}=(k_1+k_{-1})(c_A-c_{A,e}) \tag{9-61}$$

令式中的 $c_A-c_{A,e}=\Delta c_A$，称为反应物 A 的浓度距离平衡浓度的差值，代入上式

$$-\frac{d\Delta c_A}{dt}=(k_1+k_{-1})\Delta c_A$$

在 1-1 级对峙反应中，反应物 A 的浓度距离平衡浓度的差值 Δc_A 对时间的变化率符合一级反应规律，速率常数为 (k_1+k_{-1})。也就是说，反应物 A 趋向平衡的速率，既随正向反应的速率常数增大而增大，又随逆向反应的速率常数增大而增大。

当平衡常数 K_c 很大即 $k_1 \gg k_{-1}$ 时，平衡完全倾向于产物一方，$c_{A,e} \approx 0$，逆向反应可以忽略不计，反应表现为朝正向的一级单向反应。相反，当平衡常数 K_c 较小时，反应的平衡转化率也会较小，产物的浓度将显著影响总反应的速率。前面涉及反应级数确定时，遇到

对行反应要确定正向反应的级数时，必须采用初始浓度法的原因就在于此。

对式(9-61)分离变量积分

$$\int_{c_{A,0}}^{c_A} \frac{d(c_A - c_{A,e})}{c_A - c_{A,e}} = -\int_0^t (k_1 + k_{-1}) dt$$

得

$$\ln \frac{c_A - c_{A,e}}{c_{A,0} - c_{A,e}} = -(k_1 + k_{-1})t \tag{9-62}$$

可见，$\ln(c_A - c_{A,e})$ 对 t 作图得一直线，由直线斜率可求出 $(k_1 + k_{-1})$，再由实验测得的平衡常数 K_c，代入式(9-60)，联立二者即可得出 k_1 和 k_{-1}。

对于对峙反应，反应进行到平衡浓度 $c_{A,e}$ 时，反应总速率为零，意味着反应的终结或完成了全部反应。那么，从反应开始到反应的终结，反应物 A 浓度的总变化为 $(c_{A,0} - c_{A,e})$。与简单的级数反应半衰期相似，把 1-1 级对峙反应完成到反应物 A 浓度的总变化一半即 $\frac{1}{2}(c_{A,0} - c_{A,e})$ 所需的时间定义为半衰期，将 $c_A - c_{A,e} = \frac{1}{2}(c_{A,0} - c_{A,e})$ 代入式(9-62)，得

$$t_{1/2} = \frac{\ln 2}{k_1 + k_{-1}} \tag{9-63}$$

1-1 级对峙反应的 c-t 关系如图 9-9 所示。对峙反应的特点是经过足够长的时间，反应物和产物都要分别趋近它们的平衡浓度。

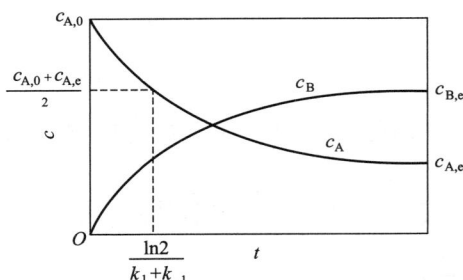

图 9-9　1-1 级对峙反应的 c-t 图

一些分子内重排或异构化反应，符合 1-1 级对峙反应的变化规律，而反应

$$CH_3COOH + C_2H_5OH \Longrightarrow CH_3COOC_2H_5 + H_2O$$

则是一个典型的 2-2 级对峙反应。

9.6.2　平行反应

反应物能同时平行地生成几种不同产物的反应称为平行反应(parallel reaction)。通常将生成期望得到产物的反应称为主反应，其余的反应称为副反应。这类反应常见于有机反应中，例如甲苯发生在苯环上的一硝化反应，反应可平行地生成邻位、间位与对位硝基甲苯。构成平行反应的几个反应的级数可以相同，也可以不同。

现在以最简单的平行反应——两个都是一级的平行反应来讨论。

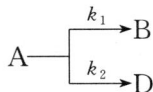

$$A \left\{ \begin{array}{l} \xrightarrow{k_1} B \\ \xrightarrow{k_2} D \end{array} \right.$$

	c_A	c_B	c_D
$t = 0$	$c_{A,0}$	$c_{B,0} = 0$	$c_{D,0} = 0$
$t = t$	c_A	c_B	c_D

B 与 D 的生成速率方程分别为

$$\frac{dc_B}{dt} = k_1 c_A \tag{9-64}$$

$$\frac{dc_D}{dt} = k_2 c_A \qquad (9\text{-}65)$$

根据反应的计量系数关系可得到

$$c_A + c_B + c_D = c_{A,0}$$

对 t 微分，得

$$\frac{dc_A}{dt} + \frac{dc_B}{dt} + \frac{dc_D}{dt} = 0$$

$$-\frac{dc_A}{dt} = \frac{dc_B}{dt} + \frac{dc_D}{dt} = k_1 c_A + k_2 c_A = (k_1 + k_2) c_A$$

分离变量后积分，得

$$\ln \frac{c_A}{c_{A,0}} = -(k_1 + k_2) t \qquad (9\text{-}66)$$

最简单平行反应的积分形式与普通一级反应的完全相同，只不过速率常数为 $(k_1 + k_2)$。用 $\ln c_A$ 对 t 作图所得直线斜率等于 $-(k_1 + k_2)$。

式(9-64)除以式(9-65)，得到

$$\frac{dc_B}{dc_D} = \frac{k_1}{k_2}$$

因为 $t = 0$ 时，$c_{B,0} = 0$，$c_{D,0} = 0$；$t = t$ 时，$c_B = c_B$，$c_D = c_D$。分离变量，积分上式

$$\int_0^{c_B} dc_B = \frac{k_1}{k_2} \int_0^{c_D} dc_D$$

得

$$\frac{c_B}{c_D} = \frac{k_1}{k_2} \qquad (9\text{-}67)$$

即级数相同的平行反应，在任一瞬间，两产物浓度之比都等于两反应速率常数之比。在同一时刻 t，只要测出两产物的浓度，由它们的比值即可求得 $\dfrac{k_1}{k_2}$。再由式(9-66)用 $\ln c_A$ 对 t 作图所得直线斜率等于 $-(k_1 + k_2)$，联立就能求出 k_1 和 k_2。

式(9-66)可以改写为

$$c_A = c_{A,0} e^{-(k_1 + k_2) t} \qquad (9\text{-}68)$$

将上式分别代入式(9-64)和式(9-65)，得

$$\frac{dc_B}{dt} = k_1 c_{A,0} e^{-(k_1 + k_2) t}$$

$$\frac{dc_D}{dt} = k_2 c_{A,0} e^{-(k_1 + k_2) t}$$

对上两式分离变量，积分

$$\int_0^{c_B} dc_B = \int_0^t k_1 c_{A,0} e^{-(k_1 + k_2) t} dt$$

$$\int_0^{c_D} dc_D = \int_0^t k_2 c_{A,0} e^{-(k_1 + k_2) t} dt$$

得到 c_B、c_D 与时间 t 的关系为

$$c_B = \frac{k_1 c_{A,0}}{k_1 + k_2} \left[1 - e^{-(k_1 + k_2) t} \right] \qquad (9\text{-}69)$$

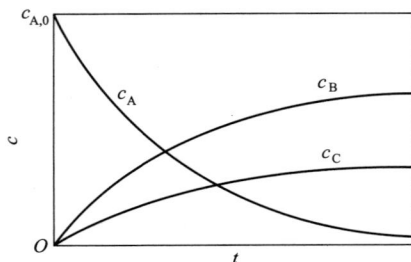

图 9-10 一级平行反应的 c-t 图

$$c_D = \frac{k_2 c_{A,0}}{k_1 + k_2} \left[1 - e^{-(k_1 + k_2)t} \right] \tag{9-70}$$

将式(9-68)~式(9-70)浓度与时间的关系制成图，得到如图 9-10 所示的最简单平行反应的 c-t 曲线。

平行反应中各反应的活化能往往不同，温度升高有利于活化能大的反应；温度降低则有利于活化能小的反应。再根据催化剂的选择性，不同的催化剂往往只能加速某一反应。所以，生产上经常通过控制温度或选择适当的催化剂，来人为地加速目的产物的反应。例如甲苯的氯化，可以在苯环上取代，也可在侧链甲基上取代。实验表明，低温(303~323K)下，使用 $FeCl_3$ 为催化剂，主要是苯环上取代；高温(393~403K)下，用光激发，则主要是侧链取代。因此，生产中可以根据甲苯氯化所需要的主产物，选择适宜的氯化温度和催化条件，确定最佳合成工艺。

9.6.3 连串反应

反应经过连续几步才能完成，且前一步的生成物是下一步反应的反应物，依次类推连续进行，这种反应称为连串反应(consecutive reaction)，或称连续反应。例如，苯的硝化，生成的一硝基苯能进一步生成二硝基苯、三硝基苯。最简单的连串反应是两个单向连续的一级反应，例如

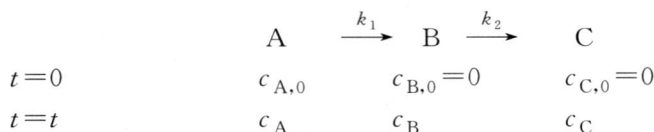

$$A \xrightarrow{k_1} B \xrightarrow{k_2} C$$

$t=0$	$c_{A,0}$	$c_{B,0}=0$	$c_{C,0}=0$
$t=t$	c_A	c_B	c_C

A 的消耗速率只与第一步有关，其速率方程为

$$-\frac{dc_A}{dt} = k_1 c_A$$

积分，得

$$\ln \frac{c_A}{c_{A,0}} = -k_1 t$$

或

$$c_A = c_{A,0} e^{-k_1 t} \tag{9-71}$$

B 作为中间产物，其速率等于第一步的生成速率与第二步的消耗速率之和

$$\frac{dc_B}{dt} = k_1 c_A - k_2 c_B = k_1 c_{A,0} e^{-k_1 t} - k_2 c_B$$

$$\frac{dc_B}{dt} + k_2 c_B = k_1 c_{A,0} e^{-k_1 t} \tag{9-72}$$

这是一个 $\frac{dy}{dx} + Py = Q$ 型的一次线性微分方程，其解为

$$y = e^{-\int P dx} \left(\int Q e^{\int P dx} dx + I \right)$$

式中，I 为积分常数。利用上积分公式，对式(9-72)积分

$$c_B = e^{-\int k_2 dt} \left(\int k_1 c_{A,0} e^{-k_1 t} e^{\int k_2 dt} dt + I \right)$$

$$c_B = e^{-k_2 t} \left(\frac{k_1 c_{A,0}}{k_2 - k_1} e^{(k_2 - k_1) t} + I \right)$$

当 $t = 0$ 时，$c_B = 0$，代入上式，得

$$I = -\frac{k_1 c_{A,0}}{k_2 - k_1}$$

最后得到

$$c_B = \frac{k_1 c_{A,0}}{k_2 - k_1} (e^{-k_1 t} - e^{-k_2 t}) \tag{9-73}$$

根据化学反应计量关系，$c_A + c_B + c_C = c_{A,0}$，即 $c_C = c_{A,0} - c_A - c_B$ 所以

$$c_C = c_{A,0} \left(1 - \frac{k_2 e^{-k_1 t} - k_1 e^{-k_2 t}}{k_2 - k_1} \right) \tag{9-74}$$

式(9-71)、式(9-73)和式(9-74)分别表述了最简单连串反应中各物质浓度随时间的变化规律，绘制成 c-t 曲线，得图 9-11。由图可见，A 的浓度随时间单调减小，C 的浓度则随时间单调增加，而 B 的浓度先增后减，中间出现极大值。

B 为反应的中间产物，浓度在反应过程出现极大值，是连串反应最为突出的特点。一般而言，反应时间长些得到的最终产物会多些。但对于连串反应，反应前期，反应物 A 的浓度大，生成中间产物 B 的速率较大，B 的浓度随反应时间的变化不断增加。但是，随着反应的持续进行，一方面反应物 A 的浓度逐渐减小，生成中间产物 B 的速率逐渐减慢；另一方面，B 浓度的不断增加，促使其进一步生成最终产物 C 的速率不断加快，大量消耗了 B，所以 B 的浓度开始下降。

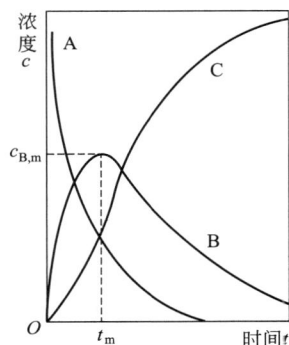

图 9-11　连串反应

当生成 B 的速率与消耗 B 的速率相等，即 $\dfrac{dc_B}{dt} = 0$ 时，中间产物 B 的浓度出现极大值。从连串反应开始，到中间产物浓度出现最大值所需时间，称为中间产物的最佳时间，常用 t_m 表示。下面就 t_m 的求解做进一步讨论。

B 浓度与时间关系的式(9-73)对时间 t 微分后，再令其等于零，得

$$\frac{dc_B}{dt} = \frac{k_1 c_{A,0}}{k_2 - k_1} (-k_1 e^{-k_1 t} + k_2 e^{-k_2 t}) = 0$$

解得

$$t_m = \frac{\ln k_2 - \ln k_1}{k_2 - k_1} \tag{9-75}$$

将式(9-75)代入式(9-73)，得到中间产物 B 的极大值浓度为

$$c_{B,m} = c_{A,0} \left(\frac{k_1}{k_2} \right)^{\frac{k_2}{k_2 - k_1}} \tag{9-76}$$

若中间产物 B 为目的产物，由于它存在一个浓度最大的最佳反应时间 t_m，超出这个时间，不仅目的产物 B 的产率要下降，而且会增加副产物的量。因此，工业生产上常常把反应控

制在最佳时间时就立即终止反应，既可望得到浓度最高的中间产物，又可减少产品的后处理强度。

例如，丙烯直接氧化制备丙酮，是一连串反应

$$CH_3CH{=}CH_2 \xrightarrow{O_2} CH_3COCH_3 \xrightarrow{O_2} CH_3COOH \xrightarrow{O_2} CO_2$$

丙酮为目的产物，是连串反应的中间产物，故当原料气在反应器中达到最佳时间 t_m 时，应立即从反应器中引出，进入吸收塔吸收产物丙酮。

9.7　复合反应速率方程的近似处理法

通常而言，大多数化学反应是经过一系列基元反应来完成的，因而总反应的动力学方程就由这些基元反应的微分方程组合而成，任一基元反应的速率方程均可由质量作用定律得出。然而，基元反应中所涉及的中间体往往参与多个基元反应的反应，这样便会在几个基元反应的微分方程中出现同一个中间体的浓度，使得每个基元反应的微分方程之间不再彼此独立，而是相互关联，给微分方程的积分、求解带来麻烦。特别是随着反应步骤、组分数和级数的增加，其速率方程的积分形式求解将变得极其复杂与困难，有的甚至无法求解。例如，上一节中即便讨论的是最简单的连串反应，其速率方程的积分形式求解已经相当复杂。因此，研究速率方程的近似处理方法就变得极为必要与现实。

9.7.1　慢步骤控制法

在连串反应中，若其中有一步反应的速率最慢，它控制了总反应的速率，使总反应的速率基本等于最慢一步的速率，这最慢的一步反应称为反应速率的控制步骤，简称速控步骤（rate controlling step）或决速步（rate determining step）。

控制步骤的速率近似为整个反应的速率，要想加速整个反应进程，关键是提高控制步骤的速率。利用控制步骤法近似处理反应速率，可以大大简化速率方程积分形式的求解过程。例如，上一节讨论过的连串反应中 c_C 的精确解见式（9-74），为

$$c_C = c_{A,0}\left(1 - \frac{k_2 e^{-k_1 t} - k_1 e^{-k_2 t}}{k_2 - k_1}\right)$$

当 $k_1 \ll k_2$，上式可简化为

$$c_C = c_{A,0}(1 - e^{-k_1 t})$$

这是通过对微分方程精确求解后，利用 $k_1 \ll k_2$ 条件，再对精解公式近似处理所得到的产物 C 的浓度。

现在，用慢步骤控制法来近似处理这一问题。若 $k_1 \ll k_2$，表明中间产物 B 一旦生成就瞬间生成 C，这一反应过程对整体反应的速率几乎没有影响。反应的总速率完全取决于第一步，第一步的速率方程为

$$-\frac{dc_A}{dt} = k_1 c_A$$

即

$$c_A = c_{A,0} e^{-k_1 t}$$

因为 $c_A + c_B + c_C = c_{A,0}$，而 $k_1 \ll k_2$ 表明在整个反应过程中 B 一旦生成就立即转化为 C，无法进行量的积累，即 $c_B \approx 0$，故

$$c_C \approx c_{A,0} - c_A = c_{A,0}(1 - e^{-k_1 t})$$

可见，用慢步骤控制法得到的结果，与精确求解微分方程后再对所得公式近似处理的结果完全相同，但它避免了求解烦琐的微分方程这一麻烦过程，处理问题更为方便和简化。当然，这种方法在控制步骤比其他步骤慢得越多时，其精确度就越高。

9.7.2　平衡态近似法

对于化学反应

$$A_2 + B_2 \longrightarrow 2AB$$

它的反应历程为

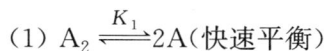

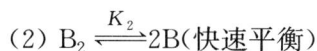

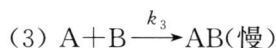

（1）$A_2 \xrightleftharpoons{K_1} 2A$（快速平衡）

（2）$B_2 \xrightleftharpoons{K_2} 2B$（快速平衡）

（3）$A + B \xrightarrow{k_3} AB$（慢）

第一、二个反应是快速平衡，可以认为化学反应瞬间就能达成平衡，即

$$K_1 = \frac{c_A^2}{c_{A_2}}$$

$$K_2 = \frac{c_B^2}{c_{B_2}}$$

第三步为慢步骤，为整个反应的速控步骤，AB 的生成速率便是整个反应的总速率：

$$\frac{dc_{AB}}{dt} = k_3 c_A c_B = k_3 (K_1^{\frac{1}{2}} c_{A_2}^{\frac{1}{2}})(K_2^{\frac{1}{2}} c_{B_2}^{\frac{1}{2}})$$

即

$$\frac{dc_{AB}}{dt} = k c_{A_2}^{\frac{1}{2}} c_{B_2}^{\frac{1}{2}} \tag{9-77}$$

其中，$k = k_3 K_1^{\frac{1}{2}} K_2^{\frac{1}{2}}$，称为表观速率常数。

式（9-77）是运用平衡态近似处理法，由反应机理推导得出的非基元反应速率方程。同样地，对于非基元反应 $H_2 + I_2 \xrightarrow{k} 2HI$，其反应机理为

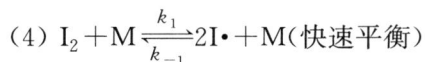

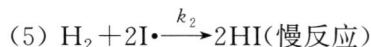

（4）$I_2 + M \xrightleftharpoons[k_{-1}]{k_1} 2I\cdot + M$（快速平衡）

（5）$H_2 + 2I\cdot \xrightarrow{k_2} 2HI$（慢反应）

反应（4）为快速平衡的对峙反应，其平衡常数为

$$K_c = \frac{c_{I\cdot}^2}{c_{I_2}} = \frac{k_1}{k_{-1}}$$

$$c_{I\cdot}^2 = \frac{k_1}{k_{-1}} c_{I_2}$$

反应（5）是慢反应，是整个反应的速控步骤，以 HI 的生成速率表示总反应的速率，得

$$\frac{dc_{HI}}{dt} = 2k_2 c_{H_2} c_{I\cdot}^2 = 2k_2 \frac{k_1}{k_{-1}} c_{H_2} c_{I_2} = k \cdot c_{H_2} c_{I_2}$$

其中，$k = 2k_2 \dfrac{k_1}{k_{-1}}$。这便是 9.5 节中式（9-54）的由来。

值得注意的是，只有快速平衡后面是速控步骤时，才能用平衡态近似法处理，得到的总反应速率及表观速率常数 k 仅取决于速控步骤和它前面的快速平衡反应，速控步骤之后的任何快速反应步骤对反应速率没有影响。

9.7.3 稳态近似法

对于连串反应

$$A \xrightarrow{k_1} B \xrightarrow{k_2} C$$

当 $k_2 \gg k_1$ 时，表明中间产物 B 很活泼，极易继续反应，一旦生成就立即转化为 C，反应体系中 B 不会积累，可认为 c_B 是一个不随时间变化的常数，即 B 的浓度处于稳态或定态：

$$\frac{dc_B}{dt} = 0$$

对于上述连串反应，用稳态法处理

$$\frac{dc_B}{dt} = k_1 c_A - k_2 c_B = 0$$

$$c_B = \frac{k_1}{k_2} c_A = \frac{k_1}{k_2} c_{A,0} e^{-k_1 t}$$

可见，非常方便就能求出 c_B 与 c_A 间的关系，以及 c_B 随时间 t 的变化情况。

而上一节中式（9-73）是连串反应中 c_B 的精确解，为

$$c_B = \frac{k_1 c_{A,0}}{k_2 - k_1} (e^{-k_1 t} - e^{-k_2 t})$$

当 $k_2 \gg k_1$ 时，$e^{-k_1 t} - e^{-k_2 t} \approx e^{-k_1 t}$，$k_2 - k_1 \approx k_2$，上式可简化为

$$c_B = \frac{k_1}{k_2} (c_{A,0} e^{-k_1 t}) = \frac{k_1}{k_2} c_A$$

显然，稳态处理法比求精确解的方法容易得多，它可以使数学处理大为简化，而两者结果完全一致。

【例 9-9】 气相反应 $H_2 + Cl_2 \longrightarrow 2HCl$ 的机理（或历程）如下：

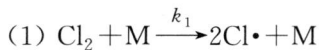

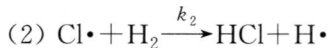

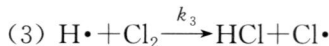

（1）$Cl_2 + M \xrightarrow{k_1} 2Cl\cdot + M$

（2）$Cl\cdot + H_2 \xrightarrow{k_2} HCl + H\cdot$

（3）$H\cdot + Cl_2 \xrightarrow{k_3} HCl + Cl\cdot$

（4）$2Cl\cdot + M \xrightarrow{k_4} Cl_2 + M$

试用稳态近似法推导出以 HCl 生成速率表示的速率方程。

解 在机理中，涉及生成 HCl 的方程式有（2）和（3），对它们使用质量作用定律，HCl 生成速率方程为

$$\frac{dc_{HCl}}{dt} = k_2 c_{Cl\cdot} c_{H_2} + k_3 c_{H\cdot} c_{Cl_2} \tag{a}$$

自由基 $Cl\cdot$ 是活泼中间体，处于稳态。$Cl\cdot$ 在方程式（1）和（3）中是生成、在（2）和（4）中是

消耗，Cl•总的速率方程为

$$\frac{\mathrm{d}c_{Cl\cdot}}{\mathrm{d}t}=2k_1 c_{Cl_2} c_M - k_2 c_{Cl\cdot} c_{H_2} + k_3 c_{H\cdot} c_{Cl_2} - 2k_4 c_{Cl\cdot}^2 c_M = 0 \qquad (b)$$

自由基 H•同样是活泼中间体，也处于稳态。H•在方程式(2)中是生成、在(3)中是消耗，H•总的速率方程为

$$\frac{\mathrm{d}c_{H\cdot}}{\mathrm{d}t}=k_2 c_{Cl\cdot} c_{H_2} - k_3 c_{H\cdot} c_{Cl_2} = 0 \qquad (c)$$

把式(c)代入式(b)，解得

$$c_{Cl\cdot} = \left(\frac{k_1}{k_4}\right)^{\frac{1}{2}} c_{Cl_2}^{\frac{1}{2}}$$

把式(c)和上式同时代入式(a)，得

$$\frac{\mathrm{d}c_{HCl}}{\mathrm{d}t}=2k_2 c_{Cl\cdot} c_{H_2} = 2k_2 \left(\frac{k_1}{k_4}\right)^{\frac{1}{2}} c_{H_2} c_{Cl_2}^{\frac{1}{2}}$$

即

$$\frac{\mathrm{d}c_{HCl}}{\mathrm{d}t}=k c_{H_2} c_{Cl_2}^{\frac{1}{2}}$$

其中，$k=2k_2 \left(\dfrac{k_1}{k_4}\right)^{\frac{1}{2}}$。

一般说来，在化学反应中自由原子或自由基等可看作活泼的中间物，它们的反应能力很强，浓度很低，故可近似认为它们处于稳态。

9.8　链反应

链反应(chain reaction)是一类特殊规律的复合反应，它通常在热、光、辐射、引发剂或其他方法作用下使反应引发，继而在活性组分(如自由基或原子)的推动下发生一系列像链条一样的连续反应。例如，高聚物的合成、石油的裂解、碳氢化合物的氧化和卤化、有机物的热分解甚至燃烧和爆炸反应等都与链反应有关。所有的链反应，一般都由下列三个步骤构成：

① 链的开始(或链的引发，chain initiation)：分子在热、光等外界条件的作用下生成自由原子或自由基。

② 链的传递(或链的增长，chain propagation)：自由原子或自由基与一般分子反应，在生成新分子的同时，能够再生成新的自由原子或自由基，这样不断交替使反应一个接一个传递下去，直至反应物消耗为止。链的传递过程是链反应的主体。

③ 链的终止(或链的销毁，chain termination)：当自由基、自由原子等被消耗完时，链就终止。链的终止可以是两个自由基结合成分子，也可以是与器壁相撞失去能量而使链终止。因此，反应器形状的改变或表面涂料的更换等都可能影响反应速率，这种器壁效应是链反应的特点之一。

根据链的传递方式不同，链反应可分为直链反应(straight chain reaction)与支链反应(branched chain reaction)。

9.8.1　直链反应

在链的传递步骤中，消耗一个链的传递物的同时只产生一个新的链的传递物的反应称为直链反应，或称单链反应。对于直链反应，链的传递步骤中链的传递物的数量保持不变。例如，$H_2 + Cl_2 \longrightarrow 2HCl$ 为典型的直链反应，其反应机理见表 9-3。

表 9-3　$H_2 + Cl_2 \longrightarrow 2HCl$ 反应机理

反应		$E_a / kJ \cdot mol^{-1}$
(1) $Cl_2 + M \xrightarrow{k_1} 2Cl\cdot + M$	链的引发	242
(2) $Cl\cdot + H_2 \xrightarrow{k_2} HCl + H\cdot$	链的增长	24
(3) $H\cdot + Cl_2 \xrightarrow{k_3} HCl + Cl\cdot$		13
$\vdots$　　　　$\vdots$		
(4) $2Cl\cdot + M \xrightarrow{k_4} Cl_2 + M$	链的终止	0

基元反应(1)为链的开始。显然，反应会选择活化能较低的方式进行，由于 H—H 的键能($436kJ \cdot mol^{-1}$)比 Cl—Cl 的键能($242kJ \cdot mol^{-1}$)大得多，因此链的引发是从 Cl_2 开始而不是从 H_2 开始的。Cl_2 分子与一个能量大的分子 M 相碰撞而解离为两个自由基 $Cl\cdot$。

基元反应(2)与(3)为链的传递。自由基 $Cl\cdot$ 很活泼，在反应(2)中与 H_2 反应生成产物 HCl，同时生成一个新自由基 $H\cdot$。$H\cdot$ 同样很活泼，在反应(3)中与 Cl_2 反应生成产物 HCl，同时又生成一个自由基 $Cl\cdot$。$Cl\cdot$ 又按式(2)与 H_2 反应，再生成 $H\cdot$，如此循环往复，一直进行下去。

基元反应(4)为链的终止。两个 $Cl\cdot$ 与不活泼分子 M 或与容器壁相碰撞而失去能量失活，最终变为 Cl_2。

知道了反应机理，加上中间物是活泼的自由基，就可以用质量作用定律，运用稳态近似法导出其速率方程。

9.8.2　支链反应

爆炸是瞬间就完成的高速化学反应。它的研究对于化工安全生产、经济建设和国防建设都具有重要意义。根据爆炸的原因不同分为如下两类。

① 热爆炸(thermal explosion)：指在一定的空间内进行的放热反应，反应热来不及散发而使系统的温度升高；温度升高，又促使反应速率按指数规律加快，放热就更多，温度升得更快。如此恶性循环，结果反应速率毫无止境地增加，在瞬间大到无法控制而引起爆炸。

② 支链爆炸(branched chain explosion)：它是发生爆炸的更重要的原因。直链反应是反应过程中传递物数量不增不减，所以反应稳步进行。而支链反应则是消耗一个传递物的同时，会生成两个或更多的传递物，见图 9-12。如此 1 变 2，2 变 4，4 变 8……迅猛

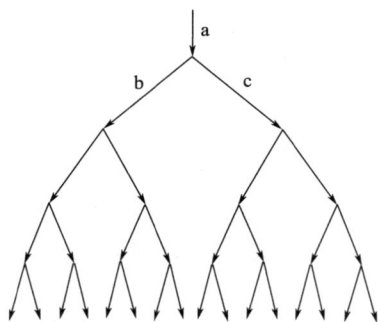

图 9-12　支链反应

发展，瞬间就达到爆炸的程度。

　　爆炸反应一般都有一定的爆炸区域，当反应达到燃烧或爆炸的压力范围时，反应速率由平稳突然增加，图 9-13 展现了氢气和氧气混合系统的爆炸界限与温度、压力的关系。在 AB 段，压力低于 p_1，反应平缓进行。当压力介于 p_1 与 p_2 之间时，反应速率迅速增加，发生爆炸或燃烧。压力高于 p_2 但又小于 p_3 时，反应又趋于平缓。当压力超过 p_3，系统又发生爆炸。

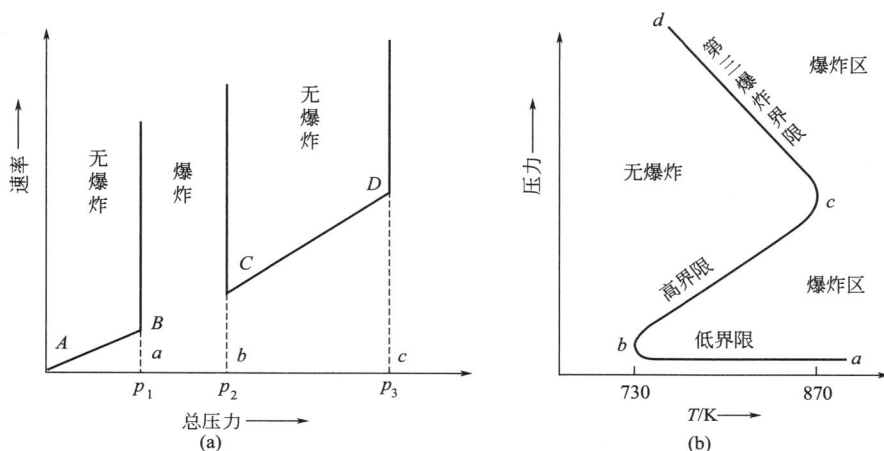

图 9-13　H_2 和 O_2 混合系统的爆炸界限与 T，p 的关系

　　上述体系中的两个压力限与温度的关系，可通过图 9-13（b）。图中 ab 为低的爆炸界限，bc 为高的爆炸界限，cd 代表第三爆炸界限，第三爆炸界限以上的爆炸都是热爆炸。为了解释这三个爆炸界限，现以 H_2 与 O_2 混合系统发生反应的机理加以说明。当 H_2 与 O_2 发生支链反应时，其链反应机理为

链的开始：	$H_2 \longrightarrow H\cdot + H\cdot$	(1)
直链反应：	$H\cdot + O_2 + H_2 \longrightarrow H_2O + OH\cdot$	(2)
	$OH\cdot + H_2 \longrightarrow H_2O + H\cdot$	(3)
支链反应：	$H\cdot + O_2 \longrightarrow OH\cdot + O\cdot$	(4)
	$O\cdot + H_2 \longrightarrow HO\cdot + H\cdot$	(5)
链在气相中的中断：	$2H\cdot + M \longrightarrow H_2 + M$	(6)
	$O_2 + H\cdot + M \longrightarrow HO_2\cdot + M$	(7)
链在器壁上的中断：	$H\cdot \longrightarrow 器壁 \longrightarrow 销毁$	(8)
	$HO_2\cdot \longrightarrow 器壁 \longrightarrow 销毁$	(9)

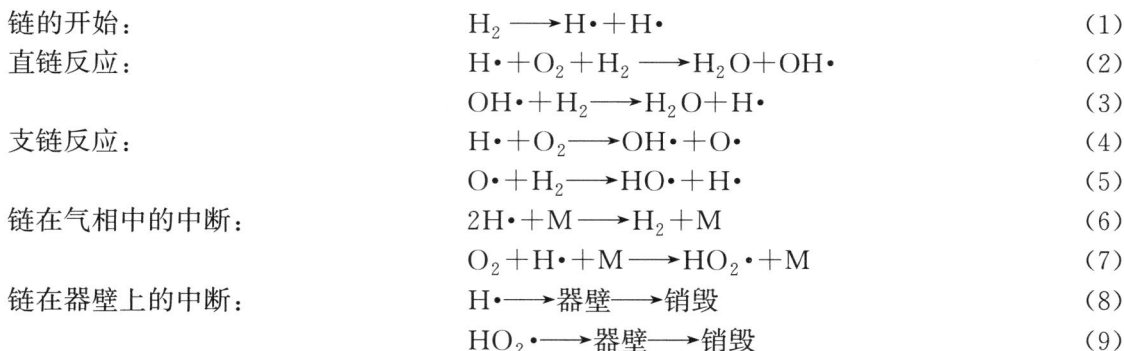

　　反应(1)是链的开始，生成自由基 $H\cdot$。反应(2)～(5)是链的传递，其中(2)与(3)是直链反应的传递。但反应(4)、(5)在消耗一个传递物的同时生成两个新的链的传递物，属于支链反应。反应(4)是慢步骤，而反应(5)是快步骤，即一旦反应(4)生成 $O\cdot$，就通过(5)由一个自由基($O\cdot$)变为两个自由基($HO\cdot$ 和 $H\cdot$)，再次生成一个 $H\cdot$。有了 $H\cdot$ 就能重新开始分支反应,经过两步后再生成 $H\cdot$，不断重复下去。

　　在低压条件下，$H\cdot$ 也能与器壁发生碰撞而销毁，导致链的终止，见反应(8)。因此，能否发生爆炸关键在于反应(4)与(8)在争夺 $H\cdot$ 的过程中何者占优势。一般认为，低压时一方面 $H\cdot$ 易与器壁碰撞而失活，另一方面 O_2 浓度很小，不利于反应(4)，所以不发生爆炸。但

增加压力有利于反应(4)而不利于反应(8)，故压力增加到一定程度而爆炸，这就是爆炸下限。爆炸下限与器壁表面销毁有关，所以受容器大小、形状与表面性质等的影响。

反应(6)～(9)都是链终止反应。继续增加压力，尽管不利于反应(8)，但对反应(4)和(7)都有利。因反应(4)是二级反应、(7)是三级反应，所以在争夺 H· 的过程中，压力增高更有利于反应(7)。而反应(7)生成的自由基 HO_2· 较不活泼，易与器壁碰撞生成 H_2O_2 和 O_2 而失活。因此压力增加到一定程度，(7)占优势而又不能爆炸，这就是爆炸上限。由于(7)是自由基反应、活化能极低，而(4)是慢反应、活化能较高，升温更有利于提速反应(4)，所以升温有利于爆炸。

再增加压力，活性较差的 HO_2· 在运动到器壁之前，能发生下列反应而生成活泼的自由基 HO·，于是又能发生爆炸，这就是爆炸的第三界限。

$$HO_2 \cdot + H_2 \longrightarrow H_2O + HO \cdot$$

另外，气体组成对爆炸也有影响。例如氢、氧混合气体，氢的体积分数在 4%～94% 范围内，点火都可能发生爆炸，若氢在 4% 以下，或 94% 以上就不会爆炸。所以 4% 为爆炸下限，94% 为爆炸上限。氢与空气混合，则下限为 4.1%，上限为 74%。其他可燃气体在空气中，也都有相应的爆炸下限和上限，表 9-4 中列出了一些可燃气体在空气中的爆炸界限。因此，使用这些气体一定要十分注意安全。

表 9-4　一些可燃气体在常温常压下，在空气中的爆炸界限(用体积分数 φ_B 表示)

可燃气体	爆炸界限 φ_B	可燃气体	爆炸界限 φ_B
H_2	0.041～0.74	CO	0.125～0.74
NH_3	0.16～0.27	CH_4	0.053～0.14
CS_2	0.013～0.44	C_2H_6	0.032～0.125
C_2H_4	0.030～0.29	C_6H_6	0.014～0.067
C_2H_2	0.025～0.80	CH_3OH	0.073～0.36
C_3H_8	0.024～0.095	C_2H_5OH	0.43～0.19
C_4H_{10}	0.019～0.084	$(C_2H_5)_2O$	0.019～0.48
C_5H_{12}	0.016～0.078	$CH_3COOC_2H_5$	0.021～0.085

9.9　反应速率理论

阿伦尼乌斯方程是由大量实验得出的，提出了活化能和指前因子的概念，为建立反应速率理论奠定了基础。在反应速率理论中将从微观的角度，对阿伦尼乌斯方程中的指前因子 A 和活化能 E_a 作出定量的解释，从理论上预言反应在给定条件下的速率常数。

9.9.1　气体反应的碰撞理论

气体反应的碰撞理论(collision theory)是以气体运动理论为基础，在 20 世纪初期发展起来的。分子的接触碰撞是发生化学反应的先决条件，但并非每次碰撞都能导致反应的发生，只有那些相对平动能在分子连心线上的分量(称为碰撞动能 ε)，超过某一临界能或阈能(threshold energy，以 ε_c 表示)的分子对相互碰撞时，才能将平动能转化为分子内部的能量，促使旧键断裂而形成新键，这种碰撞称为有效碰撞(effective collision)。在知道了分子的碰撞频率(即单位时间、单位体积内气体分子碰撞次数，以 Z 表示)以及有效碰撞在总碰撞中所占的分数(以 q 表示)后，就可求出反应速率与速率常数。

（1）双分子碰撞的速率方程

两个分子的碰撞过程实质上是在分子间作用力推动下，两个分子相互接近，但接近到一定距离时，它们之间开始产生斥力，斥力随分子间距离的减小而迅速增大，随后分子就改变原来的方向而相互远离，完成一次碰撞过程。假定异类双分子的碰撞为基元反应

$$A+B \longrightarrow P$$

设分子 A 和 B 为硬球，半径分别为 r_A 与 r_B，单位时间单位体积内分子 A 和 B 的碰撞次数称为碰撞数，记为 Z_{AB}，单位为 $m^{-3} \cdot s^{-1}$。若把 B 看作不动，可以计算硬球 A 以相对速率 u_{AB} 碰撞 B 时的碰撞频率 $Z_{A \to B}$，其单位为 s^{-1}。

设想一个以 (r_A+r_B) 为半径的圆，其面积 $\sigma = \pi(r_A+r_B)^2$ 称为碰撞截面。当这个以 A 的中心为圆心的碰撞截面，以 u_{AB} 运动时，单位时间内的轨迹为一个圆柱形，它的体积为 $\pi(r_A+r_B)^2 u_{AB}$。凡中心在此圆柱体内的球 B，都能与 A 相撞，如图 9-14 所示。

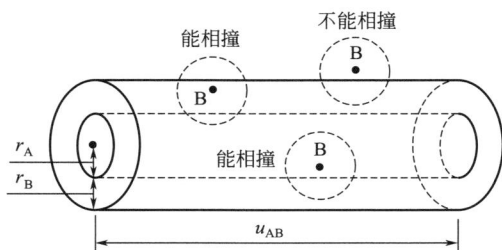

图 9-14　碰撞截面扫过的体积示意

所以，一个 A 分子在单位时间内能碰到 B 分子的次数，即为碰撞频率 $Z_{A \to B}$，应等于此圆柱体的体积与气体分子 B 的分子浓度 C_B（即单位体积内的分子个数）的乘积，即

$$Z_{A \to B} = \pi(r_A+r_B)^2 u_{AB} C_B \tag{9-78}$$

若 A 的分子浓度为 C_A，则单位时间单位体积内分子 A 与 B 分子的碰撞总数为

$$Z_{AB} = \pi(r_A+r_B)^2 u_{AB} C_A C_B \tag{9-79}$$

由分子运动论可知，气体分子 A 与 B 的平均相对速率为

$$u_{AB} = \left(\frac{8k_B T}{\pi \mu}\right)^{1/2} \tag{9-80}$$

式中，k_B 为玻尔兹曼常数；μ 为两个分子的折合质量；$\mu = \dfrac{m_A m_B}{m_A+m_B}$；$m_A$ 和 m_B 分别为分子 A 与 B 的质量。

将式（9-80）代入式（9-79），整理后得到碰撞数

$$Z_{AB} = (r_A+r_B)^2 \left(\frac{8\pi k_B T}{\mu}\right)^{1/2} C_A C_B \tag{9-81}$$

相撞分子对的运动可分解为两项：一项是分子对作为一个整体的运动，另一项是两分子相对于其质心的运动。前者对反应不起作用，只有后者的平动能，才能克服两个相撞分子间的斥力以及原分子旧键的引力，从而翻越反应的能垒，最终发生反应生成产物。

碰撞动能 $\varepsilon \geqslant \varepsilon_c$ 的分子对碰撞称为有效碰撞。由分子运动论可知，有效碰撞数占碰撞总数的分数，即为有效碰撞分数：

$$q = e^{-\frac{E_c}{RT}}$$

式中，E_c 为摩尔临界能，简称临界能。$E_c = \varepsilon_c L$，L 为阿伏伽德罗常数。

因此，用单位时间、单位体积反应掉的反应物的分子个数表示的速率方程为

$$-\frac{dC_A}{dt} = Z_{AB} e^{-\frac{E_c}{RT}} = (r_A+r_B)^2 \left(\frac{8\pi k_B T}{\mu}\right)^{1/2} e^{-\frac{E_c}{RT}} C_A C_B \tag{9-82}$$

将 $C_A = c_A L$ 和 $C_B = c_B L$ 代入上式，得

$$-\frac{dc_A}{dt} = L(r_A + r_B)^2 \left(\frac{8\pi k_B T}{\mu}\right)^{1/2} e^{-\frac{E_c}{RT}} c_A c_B = k c_A c_B \tag{9-83}$$

这是用气体分子碰撞理论导出的异类双分子基元反应的速率方程。式中，k 为速率方程常数，其值为

$$k = L(r_A + r_B)^2 \left(\frac{8\pi k_B T}{\mu}\right)^{1/2} e^{-\frac{E_c}{RT}} = z_{AB} e^{-\frac{E_c}{RT}} \tag{9-84}$$

式中，z_{AB} 称为碰撞频率因子（frequency factor），单位为 $m^3 \cdot mol^{-1} \cdot s^{-1}$，其值为

$$z_{AB} = L(r_A + r_B)^2 \left(\frac{8\pi k_B T}{\mu}\right)^{1/2} \tag{9-85}$$

对于同类双分子反应

$$A + A \longrightarrow P$$

因 $r_B = r_A$，$\mu = \frac{1}{2} m_A$，$c_B = c_A$，代入式(9-83)，得其速率方程为

$$-\frac{dc_A}{dt} = 16 L r_A^2 \left(\frac{\pi k_B T}{m_A}\right)^{1/2} e^{-\frac{E_c}{RT}} c_A^2 = k c_A^2 \tag{9-86}$$

因为气体常数 $R = k_B L$、A 的摩尔质量 $M_A = m_A L$，代入上式，得同类双分子基元反应速率方程的另一种形式为

$$-\frac{dc_A}{dt} = 16 L r_A^2 \left(\frac{\pi R T}{M_A}\right)^{1/2} e^{-\frac{E_c}{RT}} c_A^2 = k c_A^2 \tag{9-87}$$

速率常数为

$$k = 16 L r_A^2 \left(\frac{\pi k_B T}{m_A}\right)^{1/2} e^{-\frac{E_c}{RT}} = 16 L r_A^2 \left(\frac{\pi R T}{M_A}\right)^{1/2} e^{-\frac{E_c}{RT}} \tag{9-88}$$

（2）阿伦尼乌斯方程与碰撞理论的比较

阿伦尼乌斯方程是经验公式，碰撞理论得出的速率常数表达式是理论公式。对两者进行比较，一方面可以检验碰撞理论的合理性和正确性，另一方面可以解释阿伦尼乌斯经验公式中的活化能 E_a 和指前因子 A 的物理意义。为便于比较，将碰撞理论得到的方程化为与阿伦尼乌斯方程相似的形式。

以异类双分子反应 $A + B \longrightarrow P$ 为例，根据式(9-84)由碰撞理论得到的速率常数 $k = z_{AB} e^{-\frac{E_c}{RT}}$，而阿伦尼乌斯方程的一种表示形式为 $k = A e^{-\frac{E_a}{RT}}$。可见，由碰撞理论得到的速率常数与温度 T 的函数关系，与由阿伦尼乌斯方程得出的速率常数与温度 T 的函数关系，两者形式完全相似，差别只在于两个公式中的临界能 E_c 和活化能 E_a、碰撞频率因子 z_{AB} 和指前因子 A。下面就临界能 E_c 和活化能 E_a、碰撞频率因子 z_{AB} 和指前因子 A 的关系分别做进一步的分析。

碰撞理论得到的速率常数公式(9-84)可改写为

$$k = L(r_A + r_B)^2 \left(\frac{8\pi k_B}{\mu}\right)^{1/2} T^{1/2} e^{-\frac{E_c}{RT}} \tag{9-89}$$

此式与 9.5 节中的公式(9-49)即 $k = A T^B e^{-\frac{E}{RT}}$ 相似，相当于 $B = \frac{1}{2}$ 的情况。

对式(9-89)两边取自然对数后对 T 微分，得

$$\frac{\mathrm{d}\ln k}{\mathrm{d}T} = \frac{1}{2} \times \frac{1}{T} + \frac{E_c}{RT^2} = \frac{\frac{1}{2}RT + E_c}{RT^2}$$

即

$$\frac{\mathrm{d}\ln k}{\mathrm{d}T} = \frac{\frac{1}{2}RT + E_c}{RT^2} \tag{9-90}$$

而阿伦尼乌斯公式的微分式为

$$\frac{\mathrm{d}\ln k}{\mathrm{d}T} = \frac{E_a}{RT^2}$$

比较上两式，可得活化能 E_a 与临界能 E_c 的关系为

$$E_a = E_c + \frac{1}{2}RT \tag{9-91}$$

可见，临界能 E_c 与 T 无关，而 E_a 应与 T 有关。事实上，大多数反应在温度不太高时，$E_c \gg \frac{1}{2}RT$，故 $\frac{1}{2}RT$ 项可忽略，上式化为 $E_a \approx E_c$，所以一般可认为 E_a 与 T 无关，此时 $\ln k$ 对 $\frac{1}{T}$ 作图，可得一直线。

温度较高时，$\frac{1}{2}RT$ 项不能忽略，这时应按式(9-90)来处理。对式(9-91)分离变量积分，得

$$\ln\left(\frac{k}{T^{\frac{1}{2}}}\right) = -\frac{E_c}{RT} + I$$

式中，I 为积分常数。此时，用 $\ln\left(\dfrac{k}{T^{\frac{1}{2}}}\right)$ 对 $\dfrac{1}{T}$ 作图，依然可得一直线。

【例 9-10】　800K 时，乙醛热分解反应为二级反应，反应活化能为 190.4kJ·mol^{-1}，乙醛分子直径为 0.50nm，摩尔质量为 44.05g·mol^{-1}。计算反应在该温度下的速率常数。

解　$E_c = E_a - \dfrac{1}{2}RT$

$$= \left(190400 - \frac{1}{2} \times 8.314 \times 800\right) \text{J·mol}^{-1} = 187074 \text{J·mol}^{-1}$$

乙醛热分解反应为二级反应，属于同类双分子反应，其速率方程适合式(9-87)，由式(9-88)可得速率常数为

$$k = 16Lr_A^2\left(\frac{\pi RT}{M_A}\right)^{1/2}\mathrm{e}^{-\frac{E_c}{RT}}$$

$$= \left[16 \times 6.022 \times 10^{23} \times (2.5 \times 10^{-10})^2 \left(\frac{3.14 \times 8.314 \times 800}{44.05 \times 10^{-3}}\right)^{1/2} \mathrm{e}^{-\frac{187074}{8.314 \times 800}}\right] \text{m}^3 \cdot \text{mol}^{-1} \cdot \text{s}^{-1}$$

$$= 2.53 \times 10^{-4} \text{m}^3 \cdot \text{mol}^{-1} \cdot \text{s}^{-1} = 0.253 \text{dm}^3 \cdot \text{mol}^{-1} \cdot \text{s}^{-1}$$

然而，对于不少的化学反应，碰撞理论的碰撞频率因子 z_{AB} 和阿伦尼乌斯公式的指前因子 A 之间却存在较大差异。碰撞频率因子 z_{AB} 是按式(9-85)进行理论计算得到的，而指前因子 A 则是通过测定实验数据然后按阿伦尼乌斯公式求得的，两者结果并不相等，而且

相差甚大。这种较大的差异一般可以用"有效碰撞"加以解释，这里的"有效碰撞"是指在超过临界能量 E_c 的分子碰撞中，仅仅只有一小部分的分子才是真正有效碰撞而发生化学反应的，大部分的分子碰撞都属于无效碰撞，它不同于气体分子碰撞理论中的"有效碰撞"概念。若这样定义"有效碰撞"，反应速率必然会降低，其结果更接近阿伦尼乌斯经验公式，与实验结果能基本相符。为此，定义概率因子（probability factor）或方位因子（steric factor）为

$$P = \frac{A}{z_{AB}} \tag{9-92}$$

表 9-5 列出了一些气相反应的指前因子和碰撞频率因子，供参考、比较，表中还给出了活化能及概率因子 P 的数据。

表 9-5　某些气相反应的指前因子、碰撞频率因子、活化能和概率因子

反应	A 或 z_{AB}/dm^3·mol^{-1}·s^{-1}		E_a/kJ·mol^{-1}	$P = \dfrac{A}{z_{AB}}$
	A	z_{AB}		
$2NOCl \longrightarrow 2NO + Cl_2$	1.0×10^{10}	6.3×10^{10}	103.0	0.16
$2NO_2 \longrightarrow 2NO + O_2$	2.0×10^9	4.0×10^{10}	111.0	5×10^{-2}
$2ClO \longrightarrow Cl_2 + O_2$	6.3×10^7	2.5×10^{10}	0.0	2.5×10^{-3}
$K + Br_2 \longrightarrow KBr + Br$	1.0×10^{12}	2.1×10^{11}	0.0	4.8
$H_2 + C_2H_4 \longrightarrow C_2H_6$	1.24×10^6	7.3×10^{11}	180	1.7×10^{-6}

由表可知，多数反应的指前因子小于碰撞频率因子，即概率因子 $P < 1$。这可能有以下几方面的原因。

首先，当两个分子相互碰撞时，能量高的分子把能量传递给能量低的分子，这一传递过程需要一定的碰撞接触时间来完成，若碰撞接触时间不是足够长，高能量的分子来不及把能量传递给低能量的分子，两个才接触的分子便分开了，低能量的分子没有获得足够的能量而活化，这样的分子碰撞对反应而言是无效的，自然不可能发生反应。

其次，虽然低能量分子在与高能量分子碰撞中已获得了足够的能量，但能量在分子内部传递到达最弱的键并使之断键的过程同样需要一定的时间。假如在完成这一过程之前，这一分子恰好又与其他低能量分子发生碰撞失去能量而失活，那么，这一分子的首次碰撞依然是无效碰撞，对反应速率没有贡献。

再次，复杂分子旧键的断裂与新键的生成往往发生在特定的部位，显然，若分子碰撞不是发生在特定的结构部位上，或者当这种特定的部位被其他较大的原子团掩蔽而形成空间位阻效应时，一定会影响该分子的特定部位与其他分子碰撞的机会，即使碰撞动能高于临界能，也可能不会发生化学反应，降低了反应速率。

综上所述，所有这些原因都可能使碰撞成为无效，而使概率因子小于 1。碰撞理论由于没有考虑能量传递需要时间和分子结构等对反应的影响，处理问题过于简单化，使得它的计算结果与实际情况产生较大的误差。然而，正是因为它的简化，对于基元反应的具体反应过程的描述更加直观易懂，并且突出了反应过程须经分子碰撞和需要足够能量以克服能垒才有可能进行反应的主要特点，因而能定量地解释基元反应的质量作用定律与阿伦尼乌斯方程中的 A 和 E_a。另外，它对结构简单的分子的估算，也具有一定的准确性。

9.9.2　过渡状态理论

碰撞理论是在经典力学基础上发展起来的，对于描述外部运动的模型清晰可见，但由于

忽略了分子的内部结构和内部运动，所得到的结果与实验事实有一定距离。

过渡状态理论(transition state theory)又称为活化络合物理论，这个理论是 1935 年后由埃林(Eyring)、波兰尼(Polanyi)等人在统计力学和量子力学发展的基础上提出来的。该理论的大意是：

① 化学反应要经过足够高能量的碰撞而先形成过渡态(活化络合物)，在活化络合物的形成过程中要兼顾分子的内部结构与内部运动。

② 活化络合物与反应物分子之间建立化学平衡，反应的速率由活化络合物转化成产物的速率来决定。

③ 反应物分子之间相互作用的势能是分子间相对位置的函数，在反应物转变为产物的全过程中，系统的势能不断变化，可以画出反应过程中势能变化的势能面图，从中找出最佳的反应途径。

过渡状态理论原则上提供了一种计算反应速率的方法，只要知道了分子的某些基本物性，如振动频率、质量、核间距离等，就可计算某反应的速率常数，故这个理论也称为绝对反应速率理论(absolute rate theory)。

（1）势能面

原子间相互作用表现为原子间有势能 E_p 存在，势能 E_p 的值与原子的核间距 r 有关，表示成函数关系为

$$E_p = f(r)$$

势能函数的获得一般有两种方法：一是用量子力学进行理论计算，但此法即使是对最简单的双原子分子系统结果也不令人满意，更不用说对多原子分子系统。二是用经验公式，对双原子分子最常用的经验公式是莫尔斯(Morse)势能公式，可以获得足够准确的势能数据。

现以简单的反应为例

$$A + B—C \longrightarrow [A\cdots B\cdots C]^{\neq} \longrightarrow A—B + C$$

式中，A 代表单原子分子；B—C 代表双原子分子。当 A 分子接近 B—C 分子时，就开始使 B—C 分子间的键减弱，同时，开始生成新的 A—B 键。而在这个过程未完成之前，系统形成一个过渡态，即活化络合物 $[A\cdots B\cdots C]^{\neq}$（常用 $X^{\neq}$ 代表）。此时旧键尚未断开，新键又未完全形成。若 A、B、C 在一条直线上，则系统的势能变化只要用 A、B 间距离 r_{AB} 及 B、C 间距离 r_{BC} 两个参数来描述，即 $E_p = f(r_{AB}, r_{BC})$。若以图形表示，则可用 x 轴表示 r_{BC}，y 轴表示 r_{AB}，用垂直于 xy 平面的 z 轴表示势能 E_p，见图 9-15。在 xy 平面上的任一点，代表一定的 r_{BC}、r_{AB}，也就是原子 A、B、C 间一定的相对位置，必然有一定的 E_p 值与之对应。随着 r_{BC}、r_{AB} 的不同，势能值 E_p 也不同，这些不同的点在空间汇成了高低不平的曲面，犹如起伏的山峰，而这个曲面，叫做势能面(potential energy surface)。

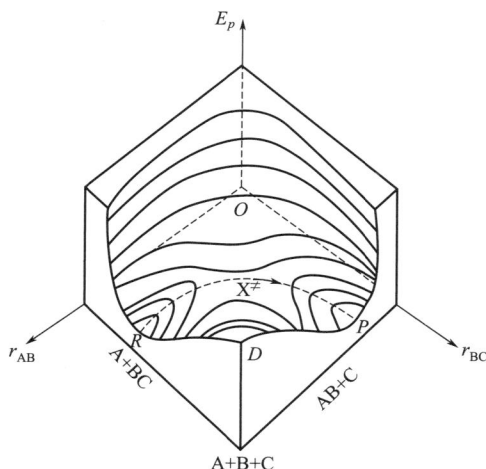

图 9-15　$A+B—C \longrightarrow [A\cdots B\cdots C]^{\neq} \longrightarrow$ A—B+C 反应的势能面示意图

这个势能面有两个山谷，山谷的两个低谷口分别对应于反应的初态和终态(相应于图中点 R 和点 P)。连接这两个山谷间的山脊顶点(RP 连线中的最高点 $X^{\neq}$)是势能面上的鞍点(saddle point)。反应物从左山谷的谷底，沿山谷爬上鞍点，形成活化络合物，用 "$X^{\neq}$" 表示，然后再沿右边山谷下降到右边的谷底，形成生成物，其所经路线如图中虚线 $R \cdots X^{\neq} \cdots P$ 所示。这是一条能量最低的反应途径，称为反应坐标(reaction coordinate)。

与坐标原点 O 点相对一侧的 D 点的势能很高，它相应于完全解离成原子的状态，即 A+B+C。在左前方的切面图上，R 点代表反应的始态(即 A+B—C)，其势能最低。在右前方的切面上，P 是反应的终点(即 A—B+C)，其势能是该势能切面的最低点。当反应开始后，物系沿 $R \cdots X^{\neq}$ 线上升，r_{AB} 渐小，但最初 r_{BC} 不变(即 B—C 键不变，仍然保持稳定分子状态)，说明原子 A 与分子 B—C 迎面运动，由于它们之间的斥力，所以越靠近，则势能越增大。到达 $X^{\neq}$ 点前，B—C 键不断拉长并即将断裂，而 A—B 键刚刚开始形成，A$\cdots$B$\cdots$C 以较弱的键存在，即处于过渡状态。形成活化络合物($X^{\neq}$ 点)后，反应又沿 $X^{\neq} \cdots P$ 线下降。这是一个 B$\cdots$C 键继续拉长而断裂、A$\cdots$B 键继续缩短而加强的过程，系统渐趋稳定而势能逐步变小，到达 P 点生成稳定产物 AB 和 C，完成了反应的全过程。这个全过程也叫做基元反应的"详细机理"。如果把势能面上的等势能线(类似于地图上的等高线)投射到底面上，就得到图 9-16。

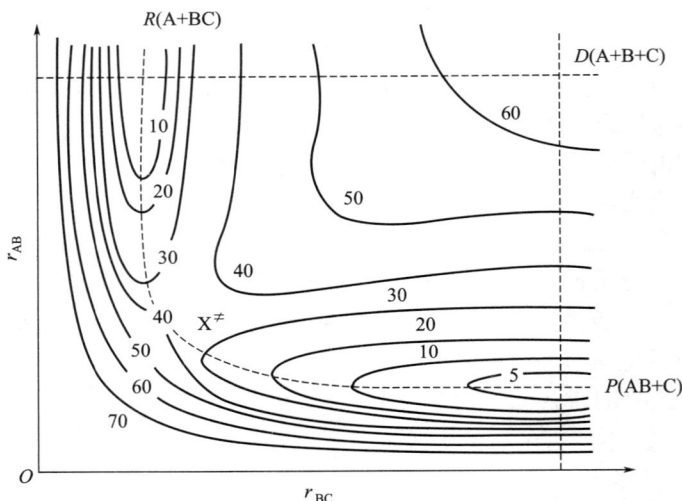

图 9-16 势能面投影示意图

图中曲线代表相同能量的投影，线上的数字表示每一条等势能曲线的能量数值，且数字越大势能越高。如图中 D 点的 r_{AB}、r_{BC} 较大，代表原子 A、B、C 间距离较远，三者都处于自由原子状态，势能较高，因而 D 点相当于一个山顶。O 点与 D 点的能量均比 $X^{\neq}$ 点高。这个势能面模型，很像一个马鞍，原点 O 和 D 点相当于马鞍前后的两个高峰的切点，如果连接 O、$X^{\neq}$、D 三点，则将是一个凹形曲线，$X^{\neq}$ 点是曲线的最低。R 和 P 相当于两个脚蹬，$X^{\neq}$ 点相当于马鞍中心，所以用"马鞍点"来表示活化络合物 $X^{\neq}$ 是十分形象化的。

(2) 由过渡态理论计算反应速率常数

一方面，活化络合物的浓度可由它与反应物达成化学平衡的假设来求算。另一方面，过渡态向产物转化是整个反应的决速步骤，即活化络合物的分解速率可作为整个反应的速率。

有了这两个条件，就可以讨论反应速率常数的计算问题了。例如，对于反应

$$A+B \Longleftrightarrow X^{\neq} \xrightarrow{k_1} P$$

反应物 A 和 B 与活化络合物 $X^{\neq}$ 间存在快速平衡，与此相对比，后一步 $X^{\neq}$ 分解为产物为慢步骤，因此，总速率等于此慢步骤的速率，即

$$-\frac{\mathrm{d}c_A}{\mathrm{d}t}=k_1 c_{\neq} \tag{a}$$

式中，$c_{\neq}$ 为活化络合物 $X^{\neq}$ 的浓度。

$X^{\neq}$ 沿反应途径方向每振动一次，则有一个 $X^{\neq}$ 分子分解，若 $X^{\neq}$ 在反应途径方向上的振动频率为 ν，即单位时间振动 ν 次，则

$$-\frac{\mathrm{d}c_A}{\mathrm{d}t}=\nu c_{\neq}=k_1 c_{\neq} \tag{b}$$

因反应物 A 和 B 与活化络合物 $X^{\neq}$ 间存在着快速平衡，以浓度表示的化学平衡常数为

$$K_c=\frac{c_{\neq}}{c_A c_B} \tag{c}$$

$$c_{\neq}=K_c c_A c_B \tag{d}$$

代入式(b)，得

$$-\frac{\mathrm{d}c_A}{\mathrm{d}t}=\nu c_{\neq}=\nu K_c c_A c_B=k c_A c_B \tag{9-93}$$

式中，$k=\nu K_c$。

将理想气体化学反应用配分函数表示的平衡常数 K_c 表示式，应用于活化络合平衡，得

$$K_c=\frac{q_{\neq}^*}{q_A^* q_B^*}L \mathrm{e}^{-\frac{\Delta_r \varepsilon_0}{k_B T}}$$

由于

$$\frac{\Delta_r \varepsilon_0}{k_B T}=\frac{\Delta_r U_{0,m}}{RT}$$

$\Delta_r U_{0,m}$ 为 0 K 时的摩尔反应热力学能变(常记为 E_0)，也可认为是 0 K 时反应的活化能，因此

$$k=\nu K_c=\nu \frac{q_{\neq}^*}{q_A^* q_B^*}L \mathrm{e}^{-\frac{E_0}{k_B T}} \tag{9-94}$$

从活化络合物的配分函数 $q_{\neq}^*$ 中分解出沿反应途径振动的配分函数 $f_{\upsilon,\neq}^*$，则

$$q_{\neq}^*=f_{\upsilon,\neq}^* q_{\neq}^{*'} \tag{e}$$

式中，$q_{\neq}^{*'}$ 为 $q_{\neq}^*$ 分离出 $f_{\upsilon,\neq}^*$ 后余下的部分。$f_{\upsilon,\neq}^*$ 是一个振动自由度的配分函数，可把此振动按一维简谐振子处理，即

$$f_{\upsilon,\neq}^*=(1-\mathrm{e}^{-\frac{h\nu}{k_B T}})^{-1}$$

由于 $X^{\neq}$ 沿反应途径方向的振动要分解为产物，所以沿反应途径方向振动键比正常的键弱得多，即 ν 很小，$h\nu \ll k_B T$，因此 $\mathrm{e}^{-\frac{h\nu}{k_B T}} \approx 1-\frac{h\nu}{k_B T}$，则

$$f_{\upsilon,\neq}^*=(1-\mathrm{e}^{-\frac{h\nu}{k_B T}})^{-1}=\frac{k_B T}{h\nu} \tag{f}$$

将式(e)、式(f)代入式(9-94)，得到以过渡状态理论为基础的双分子反应速率常数表达式

$$k = \frac{k_B T}{h} \times \frac{q_{\neq}^{*'}}{q_A^* q_B^*} L e^{-\frac{E_0}{k_B T}} \tag{9-95}$$

若令

$$K_c^{\neq} = \frac{q_{\neq}^{*'}}{q_A^* q_B^*} e^{-\frac{E_0}{k_B T}}$$

则式(9-95)的反应速率常数表达式可改写为

$$k = \frac{k_B T}{h} K_c^{\neq} \tag{9-96}$$

式中，$K_c^{\neq}$ 称为准平衡常数，是指把失去一个沿反应途径方向振动自由度后的 $X^{\neq}$ 仍看作正常分子而得出的平衡常数。

式(9-95)和式(9-96)是过渡状态理论运用统计热力学方法，计算出的双分子反应速率常数，也称为艾林(Eyring H)方程。只要知道了有关分子的结构，就可以直接计算速率常数 k 值，而不必作动力学测定。所以，过渡状态理论有时称为绝对反应速率理论(absolute reaction rate theory)。在实际应用中，测定反应物分子的结构一般较容易，困难的是活化络合物很不稳定(寿命$\leqslant 10^{-14}$ s)，无法直接测定其结构参数，只能用类比的方法，测定与其相似的稳定分子的结构，然后进行计算。这样计算的结果，虽然不能令人十分满意，但比碰撞理论的计算值更接近于实验数据。

（3）过渡状态理论的热力学处理法

利用反应物转变成活化络合物过程中的热力学函数的变化值 $\Delta_r^{\neq} G_m^{\ominus}$、$\Delta_r^{\neq} S_m^{\ominus}$ 和 $\Delta_r^{\neq} H_m^{\ominus}$ 来计算 $K_c^{\neq}$，进而计算速率常数 k 值。对于反应

$$A + B \underset{}{\overset{k_1}{\rightleftharpoons}} X^{\neq} \longrightarrow P$$

尽管 $K_c^{\neq}$ 是分离出沿反应途径方向振动自由度后的平衡常数，但仍可近似作为活化络合物 $X^{\neq}$ 的平衡常数来处理，即

$$K_c^{\neq} = \frac{c_{\neq}}{c_A c_B} = \frac{c_{\neq}/c^{\ominus}}{(c_A/c^{\ominus})(c_B/c^{\ominus})} \times \frac{1}{c^{\ominus}} = \frac{K_c^{\neq \ominus}}{c^{\ominus}} \tag{9-97}$$

式中 $K_c^{\neq \ominus}$ 为生成 $X^{\neq}$ 的标准平衡常数。因为

$$-RT \ln K_c^{\neq \ominus} = \Delta_r^{\neq} G_m^{\ominus} = \Delta_r^{\neq} H_m^{\ominus} - T \Delta_r^{\neq} S_m^{\ominus}$$

即

$$K_c^{\neq \ominus} = \exp\left(-\frac{\Delta_r^{\neq} G_m^{\ominus}}{RT}\right) = \exp\left(-\frac{\Delta_r^{\neq} H_m^{\ominus}}{RT}\right) \exp\left(\frac{\Delta_r^{\neq} S_m^{\ominus}}{R}\right) \tag{9-98}$$

将式(9-97)、式(9-98)代入式(9-96)，得双分子反应速率常数的艾林方程热力学表示式

$$k = \frac{k_B T}{h c^{\ominus}} \exp\left(-\frac{\Delta_r^{\neq} G_m^{\ominus}}{RT}\right) = \frac{k_B T}{h c^{\ominus}} \exp\left(-\frac{\Delta_r^{\neq} H_m^{\ominus}}{RT}\right) \exp\left(\frac{\Delta_r^{\neq} S_m^{\ominus}}{R}\right) \tag{9-99}$$

知道了活化熵、活化焓或活化吉布斯函数，就可以计算反应的速率常数。从式(9-99)可发现，反应速率不仅取决于活化焓，而且还与活化熵有关，两者对速率常数的影响刚好相反。这就是有些反应虽然活化焓很大，但由于其活化熵也很大，仍能以较快的速率进行的缘故。例如，蛋白质的变性反应，其 $\Delta_r^{\neq} H_m^{\ominus}$ 值高达 420kJ·mol^{-1}，但反应速率仍很快。相反，有些反应尽管活化焓很小，但其活化熵很负时，其反应速率也可能很小。

对于双分子气相反应有下列关系

$$\Delta_r^{\neq} H_m^{\ominus} = E_a - 2RT$$

将上式代入式（9-99），得

$$k = \frac{k_B T}{hc^{\ominus}} e^2 \exp\left(\frac{\Delta_r^{\neq} S_m^{\ominus}}{R}\right) \exp\left(-\frac{E_a}{RT}\right)$$

将上式与阿伦尼乌斯方程及本章上节介绍的概率因子相比较，可得到阿伦尼乌斯的指前因子 A、碰撞理论的频率因子 z_{AB}、概率因子 P 以及活化熵 $\Delta_r^{\neq} S_m^{\ominus}$ 间的关系

$$A = P z_{AB} = \frac{k_B T}{hc^{\ominus}} e^2 \exp\left(\frac{\Delta_r^{\neq} S_m^{\ominus}}{R}\right) \tag{9-100}$$

一般说来，上式中 $\dfrac{k_B T}{hc^{\ominus}} e^2$ 的数量级与 z_{AB} 大体相当，因此，$\exp\left(\dfrac{\Delta_r^{\neq} S_m^{\ominus}}{R}\right)$ 相当于概率因子 P。如果 A 与 B 生成 $X^{\neq}$ 时 $\Delta_r^{\neq} S_m^{\ominus} = 0$，则 $P = 1$。但实际上 A 与 B 生成 $X^{\neq}$ 时往往要损失平动和转动自由度，增加振动自由度，由于平动对熵的贡献较大，而振动的贡献较小，因此，$\Delta_r^{\neq} S_m^{\ominus} < 0$。而且反应分子 A 与 B 结构越复杂，$X^{\neq}$ 分子越规整，则熵减少得越多，即 P 越小于 1。从另一角度看，$X^{\neq}$ 分子越规整，则形成 $X^{\neq}$ 时对碰撞方位的要求就越苛刻，因而 P 就越小于 1。

碰撞理论对概率因子是无能为力的，而根据过渡状态理论，原则上活化熵可由分子结构数据求得，这显然是一大进步。但目前由分子结构计算还停留在简单分子的水平上，对复杂分子的计算存在相当大的猜测成分，有待进一步发展。

9.10　溶液中的反应

有人曾粗略估计过，90%以上的均相反应是在溶液中进行的，比气相反应多得多。与气相反应相比，溶液中的反应最大特点是溶剂分子的存在。与气相反应一样，溶质分子也只有经过碰撞才有可能发生反应；与气相反应不同的是，溶质分子必须穿过溶剂分子的包围进行扩散，才能与另一溶质分子接触碰撞而发生反应。因此，反应物相同的反应在气相中进行与在溶液中进行时不仅速率各不相同，甚至可以生成不同的产物。所以，研究溶液中溶质分子间的反应，必须考虑溶剂对反应物（溶质）的影响。

溶剂对反应物的影响大致有：解离作用、传能作用和溶剂的介电性质等；在电解质溶液中，还有离子与离子、离子与溶剂分子间的相互作用等影响，这些都属于溶剂的物理效应。溶剂也可以对反应起催化作用，甚至溶剂本身也可以参加反应，这些属于溶剂的化学效应。显然，溶液中的反应要比气相反应复杂得多。本节仅对溶剂的影响中的笼效应、原盐效应以及扩散速度的影响作简要介绍。

9.10.1　溶液反应中的笼效应

溶液中起反应的溶质分子，首先要通过扩散（又称挤撞）穿过周围的溶剂分子，才能彼此接触而发生反应，随后生成物分子同样要穿过周围的溶剂分子包围、通过扩散而离开。由于液体分子间平均距离比气体的近得多，溶质分子实际上都被周围溶剂分子所包围，就好像关在溶剂分子所构成的笼中，而不能像气体分子那样自由运动，只能在笼中不断地与周围分子挤撞。如果某一个溶质分子具有足够的能量，或正在向某方向振动时，恰好该方向的周围溶剂分子让开，这个分子就可以冲破溶剂笼扩散出去，但是它立刻就又陷入另一个笼中。分子由于这种笼中运动所产生的效应，称为笼蔽效应或笼效应（cage effect）。

　　两个溶质分子扩散到同一个笼中互相接触称为遭遇，只有遭遇才能反应。据粗略估计，水溶液中一对无相互作用的分子，在一次遭遇中在笼中的停留时间约为 $10^{-12} \sim 10^{-11}$ s，在这段时间内大约要进行 $10^2 \sim 10^3$ 次的碰撞。所以溶剂分子的存在虽然限制了反应分子作远距离的移动，减少了与远距离分子的碰撞机会，但却增加了近距离反应分子的重复碰撞，总的碰撞频率并未减低。可见溶液中反应分子的碰撞是间断式的，不同于气体中反应分子的连续式碰撞，一次遭遇相当于一批碰撞，包含着多次碰撞。因此就单位时间内的总碰撞次数而论，溶液中的反应与气体的反应在数量级上大致相同，所以溶剂的存在不会使活化分子减少。

　　另外，反应物分子通过溶剂分子所构成的笼所需要的活化能一般不会超过 $20\text{kJ} \cdot \text{mol}^{-1}$，而分子碰撞进行反应的活化能一般在 $40 \sim 400\text{kJ} \cdot \text{mol}^{-1}$。因此一般情况下，扩散作用的活化能比反应的活化能小得多，扩散作用不会对溶液反应总速率影响太大。而反应的活化能高，反应速率慢，是溶液反应的控制步骤，这类反应常称为反应控制或活化控制的溶液反应。相反，有些反应的活化能比扩散作用的活化能还要小得多，例如自由基的复合反应，水溶液中的离子反应等，反应总的速率取决于分子的扩散速率，这类反应常称为扩散控制的溶液反应。

　　（1）扩散控制的溶液反应

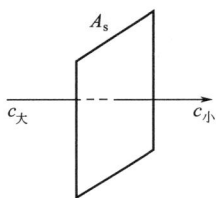

　　扩散控制的溶液反应其总速率等于扩散速率。尽管溶液中每一个溶质分子向任一方向运动的概率都是相等的，但扩散方向总是由高浓度向低浓度进行。如图 9-17 所示，若距离 x 处物质 B 的浓度为 c_B，浓度梯度为 $\dfrac{\mathrm{d}c_B}{\mathrm{d}x}$，则按菲克（Fick）扩散第一定律：在一定温度下，物质 B 单位时间里扩散通过截面积为 A_s 的物质的量 $\dfrac{\mathrm{d}n_B}{\mathrm{d}t}$，正比于截面积 A_s 和浓度梯度 $\dfrac{\mathrm{d}c_B}{\mathrm{d}x}$ 的乘积，即

图 9-17　扩散定律

$$\frac{\mathrm{d}n_B}{\mathrm{d}t} = -DA_s \frac{\mathrm{d}c_B}{\mathrm{d}x} \tag{9-101}$$

扩散过程总是向着 x 增大、c_B 减小的方向进行，所以浓度梯度 $\dfrac{\mathrm{d}c_B}{\mathrm{d}x} < 0$，为确保扩散为正值，上式右边加负号。式中，$D$ 为扩散系数，单位为 $\text{m}^2 \cdot \text{s}^{-1}$。对于球形粒子，$D$ 可按爱因斯坦（Einstein）-斯托克斯（Stokes）方程计算：

$$D = \frac{k_B T}{6\pi r \eta} \tag{9-102}$$

式中，k_B 为普朗克常数；r 为球形粒子的半径；η 为黏度。

　　当半径为 r_A 及 r_B、扩散系数为 D_A 及 D_B 的两球形分子发生扩散控制的溶液反应时，若一种分子不动，另一种分子向它扩散，在 $r_{AB} = r_A + r_B$ 处，假设扩散分子的浓度 $c = 0$，浓度逐渐向外增大，形成一个球形对称的浓度梯度，则由扩散定律得该二级反应的速率常数 k 为

$$k = 4\pi L (D_A + D_B) r_{AB} f \tag{9-103}$$

式中，f 为静电因子，量纲为 1。当反应物电荷相反互相吸引，则反应加速；当反应物电荷相同互相排斥，则反应减慢；若无静电影响，则 $f = 1$。

　　若反应分子 A 与 B 可用相同半径的球表示，即 $r_A = r_B$ 和 $r_{AB} = r_A + r_B = 2r_A$；且无静电影响，即 $f = 1$。联合式（9-102）和式（9-103），可得到扩散控制的二级反应速率常数 k 为

$$k = 4\pi L \left(\frac{k_B T}{6\pi r_A \eta} + \frac{k_B T}{6\pi r_B \eta} \right) r_{AB} f = 4\pi L \left(\frac{k_B T}{6\pi r_A \eta} + \frac{k_B T}{6\pi r_A \eta} \right) 2 r_A \times 1$$

即

$$k = \frac{8 k_B L T}{3\eta} = \frac{8RT}{3\eta} \tag{9-104}$$

例如，298.15K 时，水的黏度 $\eta = 8.95 \times 10^{-4}$ Pa·s，由式(9-104)可求得水溶液中扩散控制的二级反应的速率常数 $k = 7.38 \times 10^9$ dm³·mol⁻¹·s⁻¹。

另外，溶剂黏度 η 与温度的关系同样遵循类似 Arrhenius 公式，即

$$\eta = A \exp\left(\frac{E_a}{RT} \right)$$

式中，E_a 是扩散过程的活化能，代入式(9-104)，得

$$k = \frac{8RT}{3A} \exp\left(-\frac{E_a}{RT} \right) \tag{9-105}$$

可见，扩散速率与温度的关系也符合阿伦尼乌斯方程，根据上式可计算当反应为扩散控制时的活化能。大多数有机溶剂的扩散活化能 E_a 约为 10kJ·mol⁻¹，扩散活化能越小，扩散控制的反应速率就越大，低活化能是扩散控制反应的重要特征。

（2）活化控制的溶液反应

当反应活化能较大，反应速率较慢，相对于较快的扩散过程，溶液反应整体速率取决于较慢的反应速率，成为活化控制的溶液反应。溶剂对反应分子无明显作用时，活化控制的溶液反应速率与气相反应相似。这是因为：①溶剂无明显作用，故对反应活化能影响不大；②与气体分子的碰撞相比，溶液中溶质分子的碰撞尽管受笼效应影响，但对碰撞总数影响不大。所以，溶液中的一些二级反应（可能是双分子反应）的速率，与按气体碰撞理论的计算值基本接近；而某些一级反应，如 N_2O_5、Cl_2O 或 CH_2I_2 的分解和蒎烯的异构化反应的速率，也与气相反应速率很相近。

9.10.2　溶剂对反应速率的影响

多数情况下，溶剂对反应速率可产生显著影响。例如，C_6H_5CHO 在溶液中的溴化反应，用 CCl_4 作溶剂比用 $CHCl_3$ 或 CS_2 作溶剂要快 1000 倍。而对于一些平行反应，一定的溶剂只加速其中一种反应，例如

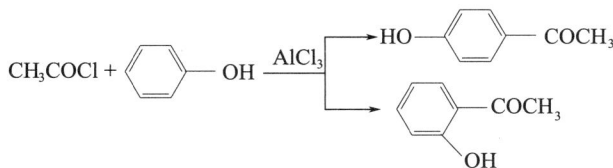

当溶剂为硝基苯，只加速第一个反应；而用二硫化碳作溶剂，仅仅加速第二个反应。因此，选择适宜的溶剂，有时不仅能加速反应，而且还能加速主反应、抑制副反应，这对于降低原料消耗、减轻分离负担、倡导绿色环保，都具有十分重要的意义。

溶液中溶剂对反应速率的影响是一个极其复杂的问题，一般有下列几个方面。

（1）溶剂介电常数的影响

溶剂的介电常数愈大，则会减弱异号离子间的引力，因此介电常数大的溶剂常常不利于异号离子间的化合反应，而有利于解离为阴阳离子的反应。

（2）溶剂极性的影响

如果活化络合物或生成物的极性比反应物大，则在极性溶剂中反应速率比较大；反之亦然。例如反应

$$C_2H_5I + (C_2H_5)_3N \longrightarrow (C_2H_5)_4NI$$

由于生成物$(C_2H_5)_4NI$是一种盐类，其极性远比反应物大，所以随着所用溶剂极性的增加，反应速率将会加快。

（3）溶剂化的影响

一般说来，反应物、生成物以及活化络合物在溶液中都能或多或少地形成溶剂化物。溶剂化可以降低反应的活化能，所以反应总是加速物质溶剂化变大的物种方向。

（4）离子强度的影响

在稀溶液中若反应物都是电解质，第三种电解质的存在虽不参与反应，但对于原反应的速率有影响，也就是说，溶液的离子强度对溶液中的反应速率有影响，称为原盐效应（primary salt effect）。下一节将作详细介绍。

9.10.3 原盐效应

早在20世纪20年代，布耶伦（Bjerram）等就已假设溶液中的反应离子在转化成产物之前要经过一个相当于过渡态的中间体，并用过渡态理论导出了速率常数与离子活度因子之间的关系式。设在溶液中离子A^{z_A}和B^{z_B}的反应为

$$A^{z_A} + B^{z_B} \longrightarrow [(A\cdots B)^{z_A+z_B}]^{\neq} \overset{k}{\longrightarrow} P$$

式中，z_A、z_B和z_A+z_B分别代表A、B和$(A\cdots B)^{\neq}$的离子电荷数，按过渡状态理论的热力学处理方法有

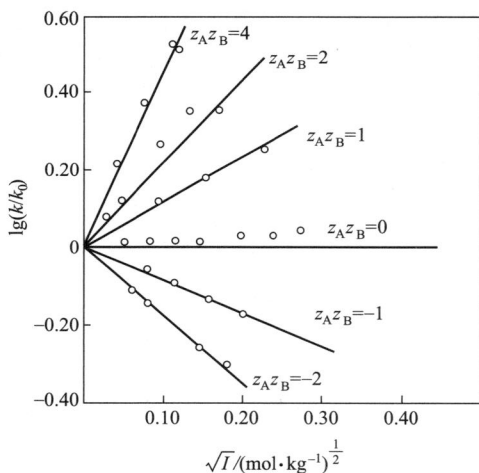

图9-18 原盐效应

$$k = \frac{k_B T}{h} K_c^{\neq}$$

因A、B和$(A\cdots B)^{\neq}$间存在快速平衡，且因离子间存在相互作用，是实际溶液，故应该用活度a_B或活度因子γ_B表示平衡常数$K_a^{\neq}$，即

$$K_a^{\neq} = \frac{a_{\neq}}{a_A a_B} = K_c^{\neq} c^{\ominus} \frac{\gamma_{\neq}}{\gamma_A \gamma_B}$$

因此

$$k = \frac{k_B T}{h} \times \frac{K_a^{\neq}}{c^{\ominus}} \times \frac{\gamma_A \gamma_B}{\gamma_{\neq}} = k_0 \frac{\gamma_A \gamma_B}{\gamma_{\neq}}$$

$$(9\text{-}106)$$

可见，速率常数与活度因子有关，k_0一般由实验测得。对上式取对数

$$\lg k - \lg k_0 = \lg \gamma_A + \lg \gamma_B - \lg \gamma_{\neq}$$

根据德拜-休克尔极限公式 $\qquad \lg \gamma_i = -A z_i^2 \sqrt{I}$

得

$$\lg k - \lg k_0 = -A[z_A^2 + z_B^2 - (z_A+z_B)^2]\sqrt{I} = 2z_A z_B A \sqrt{I} \qquad (9\text{-}107)$$

因k_0为常数，所以$\lg k$-$\sqrt{I}$作图为一直线，如图9-18。

当 z_A 和 z_B 同号，$z_A z_B > 0$，反应速率随离子强度增加而增大；当 z_A 和 z_B 异号，$z_A z_B < 0$，反应速率随离子强度增加而减小；当一个反应物不带电，$z_A z_B = 0$，反应速率与离子强度无关，图 9-18 的结果证明了这一结论。

9.11 光化学反应

只有在光的作用下才能进行的化学反应，或由于化学反应产生的激发态粒子在跃迁到基态时能放出光辐射的反应，都称为光化学反应（photochemical reaction），光化学反应既与电磁辐射有关，又与物质的相互作用有关。光化学现象早已为人们所熟知，例如绿色植物的光合作用、胶片的感光作用、染料的褪色等，但光化学理论的建立才只有短短几十年时间。

光是一种电磁辐射，具有波粒二象性。可见光的波长范围是 $400 \sim 750nm$，紫外线波长为 $150 \sim 400nm$，近红外线的波长为 $750 \sim 3000nm$。通常，对光化学反应有效的光是可见光和紫外线，红外线由于能量较低，不足以引发化学反应。光子的能量随光的波长的增大而下降，因为一个光子的能量 ε 为

$$\varepsilon = h\nu = h\frac{c}{\lambda} = hc\sigma \tag{9-108}$$

式中，h 为 Planck 常数；c 为光速；ν 为频率；λ 为波长，$\lambda = \frac{c}{\nu}$；σ 为波数，$\sigma = \frac{1}{\lambda}$。

植物的叶绿素能利用光合作用把 CO_2 与 H_2O 变成碳水化合物和氧气；人类当今的重要能源（煤、石油、天然气），则是古代光合作用留给人类的遗产；另外，地球上一切生命所必需的氧，追根究底也是光合作用的产物。随着粮食、能源、污染等问题的日益尖锐，对光合作用的研究不仅具有重要的科学价值，而且具有巨大的经济价值。

光合作用的化学模拟研究正成为学科研究的前沿。例如，模拟植物利用阳光把 CO_2 与 H_2O 合成碳水化合物和氧的研究；模拟光合作用中分解水放出氧气和氢气的研究等。另外，结合太阳能的利用，人们正进行着光、电转换以及光、化学能转换的研究。同时，由于具有清洁、环保、节能等优点，所以光化学反应在科学研究、医学、化工生产和军事应用等方面都得到广泛的研究和应用。

9.11.1 光化学反应的初级过程与次级过程

光化学反应首先是物质吸收光子，分子或原子由基态跃迁到较高能量的激发态（用"＊"表示激发态），称为初级过程。若光子能量很高也可使分子解离成原子（或自由基）。例如

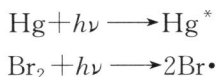

$$Hg + h\nu \longrightarrow Hg^*$$
$$Br_2 + h\nu \longrightarrow 2Br\cdot$$

这两个反应都是初级过程，初级过程的产物可以进行诸如荧光、磷光或猝灭等一系列的过程，这些过程称为次级过程。原子或分子吸收光子后成为能级较高的激发态，其寿命一般只有 $10^{-7}s$，很不稳定，若不与其他粒子碰撞，它就会自动地回到基态而放出光子，称为荧光（fluorescence），切断光源，荧光立即停止。但另一些被光照射的物质，在切断光源后，仍能继续发光，可延续到若干秒甚至更长时间，这种光称为磷光（phosphorescence）。如果激发分子与其他分子或器壁碰撞后失去能量而回到基态时所发出的光，称为猝灭（quenching）。

激发态分子与其他分子碰撞，使后者或激发、或解离、或与后者反应。例如

$$Hg^* + Tl \longrightarrow Hg + Tl^*$$
$$Hg^* + H_2 \longrightarrow Hg + 2H \cdot$$
$$Hg^* + O_2 \longrightarrow HgO + O^*$$

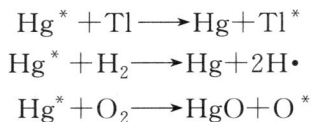

当反应物放在光照之下，若反应物对光不敏感，则不发生反应。但可以引入能吸收光的分子或原子，使它变为激发态，然后再将能量传给原反应物，使反应物活化。能起这样作用的物质叫光敏物质或光敏剂。在 Hg^* 和 H_2 的反应中，Hg 蒸气是光敏剂。因为如果以 λ 为 253.7nm 的光照射 H_2 并不能使之解离，而这一波长的光却能使 Hg 激发成 Hg^*，激发态的 Hg^* 则可以使 H_2 发生解离。

9.11.2　光化学定律与量子效率

只有被分子吸收的光才能引起分子的光化学反应，这是 19 世纪由格罗特斯(Grotthus) 和德拉波(Draper)提出的光化学活化原则，故称为 Grotthus-Draper 定律，又称为光化学第一定律。分子基态与激发态能量是不连续的，受激分子从基态到激发态所需的能量要与光子的能量相匹配，因此并非任意波长的光都能被吸收。

在光化学初级过程中，系统吸收一个光子只能活化一个反应分子。这是 20 世纪初由斯塔克(Stark)和爱因斯坦(Einstein)提出来的，故称为 Stark-Einstein 定律，又称为光化学第二定律。该定律只适用强度为 $10^{14} \sim 10^{18}$ 光子·s^{-1} 的光源，而对光强度很大（如激光）、激发态分子寿命较长的情况则不适用。

根据该定律，如要活化 1mol 分子则要吸收 1mol 光子，1mol 光子的能量称为 1 "Einstein"，用符号 u 表示，则

$$u = Lh\nu = Lhc/\lambda = (0.1196/\lambda) \text{J·m·mol}^{-1} \tag{9-109}$$

式中，L 为阿伏伽德罗常数。

值得注意的是，这里只说吸收一个光子能使一个分子活化而非使一个分子反应。这是因为：一方面，初级过程中一个分子活化后，在次级过程中可能引起多个分子发生反应，例如，光引发的链反应。另一方面，吸收一个光子而成为激发态的活化分子，如果在还没有反应之前就又放出光子而失活，那么这个被吸收过的光子就没有产生化学变化。因此，一个分子吸收一个光子活化后，不一定会使一个分子发生反应或者不一定只使一个分子发生反应。为了衡量物质吸收光子后所引发的光化学反应的效率，有必要引入量子效率的概念。

量子效率常用 φ 表示，可以由反应物的消耗来定义

$$\varphi = \frac{\text{反应物分子的消失数目}}{\text{吸收光子的数目}} = \frac{\text{反应物消失的物质的量}}{\text{吸收光子的物质的量}} \tag{9-110}$$

也可根据产物的生成来定义量子效率

$$\varphi' = \frac{\text{生成产物分子的数目}}{\text{吸收光子的数目}} = \frac{\text{生成产物的物质的量}}{\text{吸收光子的物质的量}} \tag{9-111}$$

对于同一个光化学反应，因化学反应式中计量系数的关系，φ 和 φ' 的数值可能相等，也可能不等。例如

$$2HBr + h\nu(\lambda = 200nm) \longrightarrow H_2 + Br_2$$

显然，$\varphi = 2$，$\varphi' = 1$。

通常光化学反应的 $\varphi \leqslant 1$。$\varphi < 1$ 是由于初级过程吸收光子后产生的激发态分子，在未进一步反应前就失活造成的。而量子产率 $\varphi > 1$ 的光化学反应表明次级过程是链反应。例如，HI 的光解反应机理为

初级过程：$\qquad$ $HI + h\nu \longrightarrow H\cdot + I\cdot$

次级过程：$\qquad$ $H\cdot + HI \longrightarrow H_2 + I\cdot$

$\qquad\qquad\qquad$ $2I\cdot + M \longrightarrow I_2 + M$

总反应过程：$\qquad$ $2HI \longrightarrow H_2 + I_2$

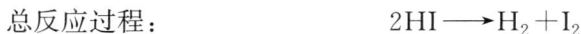

即 1 分子 HI 吸收 1 个光子后使 2 分子 HI 发生分解反应，故量子产率 $\varphi = 2$。若次级反应为链反应，则 φ 可能很大，例如 $H_2 + Cl_2 \longrightarrow 2HCl$ 的反应，φ 值高达 $10^4 \sim 10^6$。若次级反应中包括消活化作用，则 φ 可以小于 1，例如 CH_3I 的光解反应 φ 为 0.01。

9.11.3　光化学反应速率方程

要确定光化学反应的速率，关键是要确定其反应历程。而反应历程只能依据实验数据，各种分子光谱的应用为获取实验数据提供了有力的实验工具。

假设光化学反应 $A_2 \xrightarrow{h\nu} 2A$ 的反应机理如下

（1）$A_2 + h\nu \xrightarrow{k_1} A_2^*$ $\qquad$（活化）$\qquad$初级过程

（2）$A_2^* \xrightarrow{k_2} 2A$ $\qquad$（解离）$\qquad$次级过程

（3）$A_2^* + A_2 \xrightarrow{k_3} 2A_2$ $\qquad$（失活）$\qquad$次级过程

初级过程的速率取决于吸收光子的速率，正比于入射光的强度 I_a，而与反应物浓度无关（即对 A_2 为零级反应）。对 A_2^* 作稳态近似处理

$$\frac{dc_{A_2^*}}{dt} = k_1 I_a - k_2 c_{A_2^*} - k_3 c_{A_2^*} c_{A_2} = 0$$

$$c_{A_2^*} = \frac{k_1 I_a}{k_2 + k_3 c_{A_2}}$$

A 的生成速率只与反应（2）解离有关，即

$$\frac{dc_A}{dt} = 2k_2 c_{A_2^*} = \frac{2k_1 k_2 I_a}{k_2 + k_3 c_{A_2}} \tag{9-112}$$

吸收光的强度 I_a 表示单位时间、单位体积内吸收光子的物质的量，一个 A_2 吸收一个光子生成 2 个 A，故此反应的量子产率为

$$\varphi = \frac{1}{2I_a} \times \frac{dc_A}{dt} = \frac{k_1 k_2}{k_2 + k_3 c_{A_2}} \tag{9-113}$$

【例 9-11】　曾经有学者用实验测得氯仿的光氯化反应

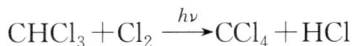

$$CHCl_3 + Cl_2 \xrightarrow{h\nu} CCl_4 + HCl$$

的速率方程为 $\qquad$ $\dfrac{dc_{CCl_4}}{dt} = k c_{Cl_2}^{\frac{1}{2}} I_a^{\frac{1}{2}}$

能否用下列反应机理验证上述速率方程的正确性？

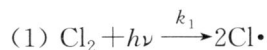

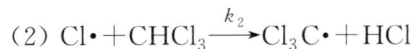

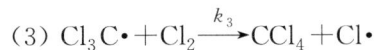

（1）$Cl_2 + h\nu \xrightarrow{k_1} 2Cl\cdot$

（2）$Cl\cdot + CHCl_3 \xrightarrow{k_2} Cl_3C\cdot + HCl$

（3）$Cl_3C\cdot + Cl_2 \xrightarrow{k_3} CCl_4 + Cl\cdot$

（4）$2Cl_3C\cdot + Cl_2 \xrightarrow{k_4} 2CCl_4$

解 方程式(3)和(4)中有 CCl_4 生成，生成 CCl_4 的速率方程为

$$\frac{dc_{CCl_4}}{dt}=k_3 c_{Cl_3C\cdot} c_{Cl_2}+2k_4 c_{Cl_3C\cdot}^2 c_{Cl_2}$$

反应机理中有两种自由基，即 $Cl\cdot$ 和 $Cl_3C\cdot$，它们是活泼基团，由稳态法得

$$\frac{dc_{Cl\cdot}}{dt}=2k_1 I_a-k_2 c_{Cl\cdot} c_{CHCl_3}+k_3 c_{Cl_3C\cdot} c_{Cl_2}=0$$

$$\frac{dc_{Cl_3C\cdot}}{dt}=k_2 c_{Cl\cdot} c_{CHCl_3}-k_3 c_{Cl_3C\cdot} c_{Cl_2}-2k_4 c_{Cl_3C\cdot}^2 c_{Cl_2}=0$$

两式相加，得

$$c_{CCl_3\cdot}=\left(\frac{k_1 I_a}{k_4 c_{Cl_2}}\right)^{\frac{1}{2}}$$

将上式代入生成 CCl_4 的生成速率方程

$$\frac{dc_{CCl_4}}{dt}=k_3\left(\frac{k_1}{k_4}\right)^{\frac{1}{2}} c_{Cl_2}^{\frac{1}{2}} I_a^{\frac{1}{2}}+2k_1 I_a=kc_{Cl_2}^{\frac{1}{2}} I_a^{\frac{1}{2}}+2k_1 I_a$$

式中 $k=k_3\left(\frac{k_1}{k_4}\right)^{\frac{1}{2}}$。

在光化学反应中，一般情况下反应物的浓度总比吸收的光子数多得多，所以上式右边的第二项可省略，得

$$\frac{dc_{CCl_4}}{dt}=kc_{Cl_2}^{\frac{1}{2}} I_a^{\frac{1}{2}}$$

因此，用机理导出的速率方程与用实验测得的速率方程相一致。

9.11.4 温度对光化学反应速率的影响

温度对光化学反应速率的影响与温度对热化学反应速率的影响显著不同。热化学反应速率的温度系数较大，温度每升高 10K，反应速率要变为原来的 2~4 倍。同样升温，光化学反应速率却增加甚微，大多数光化学反应速率的温度系数接近于零。这是因为光化学反应的初级反应过程只与吸收光的强度有关，而与温度无关；次级反应过程尽管具有热化学反应的特征，理论上它的反应速率的温度系数与普通的热化学反应应该相当，但是，参加初级反应的物质中常常伴有反应活性极高的原子和自由基等，使得这些次级反应的活化能很小，甚至为零，因此，次级反应过程的反应速率受温度的影响很小。无论是初级反应过程还是次级反应过程，总的结果是整个光化学反应速率的温度系数很小，接近于零。

但是，并非所有光化学反应速率的温度系数都很小。少许光化学反应，如草酸钾与碘反应，其速率的温度系数基本接近热化学反应；甚至极个别光化学反应，如苯的氯化，其速率温度系数竟然是负值。光化学反应产生这些例外的原因，是由于次级反应的存在，使得光化学反应总的速率常数中可能包括多个中间步骤的速率常数或平衡常数。最简单的情况是，总的速率常数 k 仅仅包含某一步骤的速率常数 k_1 和另一中间反应的平衡常数 $K^{\ominus}$，假设它们的关系如下

$$k=k_1 K^{\ominus}$$

则

$$\frac{d\ln k}{dT}=\frac{d\ln k_1}{dT}+\frac{d\ln K^{\ominus}}{dT}$$

$$= \frac{E_{a,1}}{RT^2} + \frac{\Delta_r H_m^\ominus}{RT^2}$$

$$= \frac{E_{a,1} + \Delta_r H_m^\ominus}{RT^2}$$

式中，$E_{a,1}$ 为光化学反应中某次级反应过程的活化能，一般其值很小；$\Delta_r H_m^\ominus$ 为光化学反应中另一次级反应过程的标准摩尔反应焓变。

如果 $\Delta_r H_m^\ominus > 0$，且其值较大，那么，即便 $E_{a,1}$ 很小，$E_{a,1} + \Delta_r H_m^\ominus$ 仍很大，光化学反应总的速率常数 k 随温度升高增大，可接近热化学反应。草酸钾与碘的光化学反应，可能与这种情况相似。

如果 $\Delta_r H_m^\ominus < 0$，且其绝对值大于 $E_{a,1}$，那么，$E_{a,1} + \Delta_r H_m^\ominus < 0$，意味着升高温度反应速率反而降低，即速率的温度系数为负值，苯的氯化反应就属于这种类型。

9.11.5 光化学反应与热化学反应的区别

光化学反应与热化学反应有许多不同之处，其主要区别在于光作用下的反应是激发态分子的反应，而热化学反应通常是基态分子的反应。光化学反应的开始阶段，反应分子依靠吸收外来光子的能量而成为自身具有高能量的激发态，处于激发态的分子能够直接克服能垒而发生反应。而热化学反应的初始过程，反应分子处于基态，自身能量较低、活性差，反应分子只能靠频繁的相互碰撞而获得克服能垒所需的活化能。

激发态分子的寿命一般在 10^{-7} s 左右，处于激发态的分子有两种可能的变化情形：①进行后续的光化学反应；②激发态的自我衰变，如以辐射方式放出荧光或磷光等。这两种可能的变化情形中只有活化能较小、反应速率快者才能取得优势，由于光化学反应的活化能较小，所以常会按第一种情形进行。

恒温恒压下，热化学反应总是向着系统的吉布斯函数降低的方向进行，但许多（并非所有的）光化学反应却能朝着系统的吉布斯函数增加的方向进行。例如在光的作用下氧转变为臭氧、氨的分解以及植物中 CO_2 与 H_2O 合成碳水化合物并放出氧气等。但如果把光源切断，这些反应仍然向吉布斯函数减少的方向进行。

活化能大小和反应速率的温度系数之间的区别。热化学反应的活化能来源于分子碰撞，一般在 $50 \sim 400 \text{kJ} \cdot \text{mol}^{-1}$，而光化学反应的活化能来源于光子的能量，通常在 $30 \text{kJ} \cdot \text{mol}^{-1}$ 左右。因此，热化学反应的速率受温度影响大，其速率常数与反应温度的关系通常遵循阿伦尼乌斯方程，而光化学反应速率的温度系数一般情况下较小，接近于零。

9.12 催化反应动力学

9.12.1 催化概论

在化学反应系统中，若加入某种物质（也可以是几种）后，可以改变反应的速率，而该物质在反应前后既没有数量上的变化，又没有化学性质的改变，那么，这种物质称为催化剂（catalyst）。当催化剂的作用是加快反应速率时，称为正催化剂（positive catalyst）；减慢反应速率时，称为负催化剂（negative catalyst），但一般不作特别说明，都是指正催化剂。

有时，某些反应的产物也具有加速反应的作用，则称为自动催化作用。化学反应通常是开始时浓度大、反应速率最大，随后反应物的浓度降低而速率变慢，而自动催化反应的速率，却随产物的增加而加快，以后由于反应物太少，才会逐渐变慢。例如，在硫酸存在时，高锰酸钾和草酸的反应，产物 $MnSO_4$ 能起到自动催化作用。

催化剂广泛应用于化工、医药、农药、染料等行业，80％以上的产品在生产过程中都要用到催化剂，如氮氢合成氨、$SO_2(g)$氧化制$SO_3(g)$、氨氧化制硝酸、尿素的合成、合成橡胶、高分子的聚合反应等。同样，在生命现象中存在着大量催化作用，例如植物对$CO_2(g)$的光合作用，有机体内的新陈代谢，蛋白质、碳水化合物和脂肪的分解作用等，基本上都是酶催化的结果，而人体内酶催化作用的终止意味着生命的终止。

除了工业上人为加入催化剂以改变反应速率外，一些偶然的杂质、尘埃，甚至容器的表面结构等，也可能产生催化作用，充分说明了催化现象的普遍性。例如473K下，在玻璃容器中进行的溴对乙烯的气相加成反应，起初认为是单纯的气体反应，后来发现该反应若在较小的玻璃容器中进行，反应速率加快；若再加入一些小玻璃管或玻璃球，则加速更为显著；而将容器内壁涂上石蜡，反应就几乎停止。这说明该反应是在玻璃表面的催化作用下进行的。

催化反应通常可分为均相催化和多相催化。前者是指催化剂和反应物质处于同一相的反应，例如酸性条件下乙酸乙酯的水解。后者是指催化剂和反应物质处于不同相的反应，有时也称非均相催化。工业上许多重要反应大多是多相催化反应，且以固态物质为催化剂，反应物为气态或液态。例如，用铁作催化剂将氢与氮合成氨，或用铂作催化剂将氨氧化制硝酸。

（1）催化反应的机理、速率常数与活化能

催化剂改变反应速率，主要是由于催化剂与反应物可以生成不稳定的中间化合物，改变了反应历程，降低了表观活化能。表 9-6 列出了某些反应在进行催化反应与非催化反应时的活化能数据。

表 9-6 催化反应和非催化反应的活化能

反应	$E_a/kJ \cdot mol^{-1}$		催化剂
	非催化反应	催化反应	
$2HI \longrightarrow H_2+I_2$	184.1	104.6	Au
$2H_2O \longrightarrow 2H_2+O_2$	244.8	136.0	Pt
盐酸溶液中蔗糖的分解	107.1	39.3	转化酶
$2SO_2+O_2 \longrightarrow 2SO_3$	251.0	62.8	Pt
$3H_2+N_2 \longrightarrow 2NH_3$	334.7	167.4	$Fe-Al_2O_3-K_2O$

假设催化剂 K 能加速反应 $A+B \longrightarrow AB$，若其机理为

$$A+K \underset{k_{-1}}{\overset{k_1}{\rightleftharpoons}} AK$$

$$AK+B \overset{k_2}{\longrightarrow} AB+K$$

若这里的对行反应是快速平衡，则

$$\frac{k_1}{k_{-1}}=K_c=\frac{c_{AK}}{c_A c_K}$$

即

$$c_{AK}=\frac{k_1}{k_{-1}}c_A c_K$$

总反应速率为

$$\frac{dc_{AB}}{dt}=k_2 c_{AK} c_B$$

将前式代入此式，得

$$\frac{\mathrm{d}c_{AB}}{\mathrm{d}t} = k_2 \frac{k_1}{k_{-1}} c_K c_A c_B = k c_A c_B$$

所以

$$k = k_2 \frac{k_1}{k_{-1}} c_K \tag{9-114}$$

式中，因 c_K 在反应前后保持不变，计入常数项；k 是催化反应的总速率常数，称为表观速率常数(apparent rate constant)。

将上式中各基元反应的速率常数用阿伦尼乌斯方程 $k = A\mathrm{e}^{-\frac{E_a}{RT}}$ 表示，则得

$$k = \frac{A_1 A_2}{A_{-1}} c_K \mathrm{e}^{-\frac{E_1 + E_2 - E_{-1}}{RT}} = A c_K \mathrm{e}^{-\frac{E_a}{RT}}$$

所以催化反应的表观活化能 E_a 与各基元反应活化能 E 的关系为

$$E_a = E_1 + E_2 - E_{-1} \tag{9-115}$$

图 9-19 给出了反应在是否使用催化剂时，反应历程的改变及活化能的变化。上面一条曲线表示非催化反应，它要克服一个高的能峰，活化能为 E_0。在催化剂 K 的参与下，反应的历程发生了改变，只需克服两个较小的能峰(E_1 和 E_2)，此时反应总的表观活化能 E_a 见式(9-115)。因此，催化反应的表观活化能 E_a 小于非催化反应的活化能 E_0，则在指前因子变化不大的情况下，反应速率显然是要增加的。如表 9-6 中 NH_3 的合成反应，在没有催化剂时活化能为 334.7kJ·mol^{-1}，若

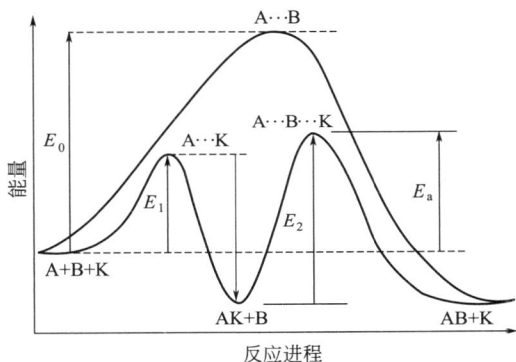

图 9-19　活化能与反应历程的关系

以 Fe-Al$_2$O$_3$-K$_2$O 为催化剂，活化能降为 167.4 kJ·mol^{-1}。假定催化反应和非催化反应的指数前因子 A 相等，合成氨反应在 773K 下进行，则

$$\frac{k_2}{k_1} = 2.0 \times 10^{11}$$

式中，k_2 为使用催化剂后合成氨反应的速率常数；k_1 为不使用催化剂时合成氨反应的速率常数。可见，催化剂的使用，改变了反应历程，降低了活化能，化学反应速率得到了极大提高。

由上述机理并结合图 9-19 可知，催化剂应易与反应物作用，即 E_1 要小；但二者的中间产物 AK 不应太稳定，即 AK 的能量不能过低，否则下一步反应的活化能 E_2 将会增大，而不利于最终反应。因此，那些不易与反应物作用，或虽易与反应物作用但所生成中间产物过于稳定的物质，都不能成为催化剂。

催化反应的机理是复杂而多样的。有些催化反应，尽管活化能降低不多，但反应速率却改变很大；有时同一反应使用不同的催化剂，其活化能虽相差不大，但反应速率却相差很大。这些情况尽管机理尚不是十分清楚，但可以由活化熵的概念来作出可能的近似解释。由 9.9 节中式(9-99)

$$k = \frac{k_B T}{hc^{\ominus}} \exp\left(\frac{\Delta_r^{\neq} S_m^{\ominus}}{R}\right) \exp\left(-\frac{\Delta_r^{\neq} H_m^{\ominus}}{RT}\right) \approx A \exp\left(-\frac{E_a}{RT}\right)$$

可以看出，影响一定温度下化学反应速率常数 k 的因素有 $\Delta_r^{\neq} S_m^{\ominus}$ 和 $\Delta_r^{\neq} H_m^{\ominus}$ 两个。$\Delta_r^{\neq} H_m^{\ominus}$ 近似为反应的活化能，因同一反应使用不同的催化剂时，其活化能相差不大，可把 $\Delta_r^{\neq} H_m^{\ominus}$ 看成是常数，若反应的活化熵 $\Delta_r^{\neq} S_m^{\ominus}$ 改变较大，同样能强烈地影响速率常数 k。例如，乙烯的加氢反应，分别用金属 W 和 Pt 作催化剂时的反应活化能相同，但用 Pt 催化时反应的活化熵大，导致指前因子 A 增加，所以反应速率加快。

（2）催化剂的基本特性

通过上面的分析，对催化剂的特性作出下面评价。

① 催化剂在反应前后，其化学性质和数量都没有改变。但在反应过程中，由于参与了反应，常伴有物理性质的改变（如形状的改变等）。例如，催化 $KClO_3$ 分解用的 MnO_2 催化剂，在催化反应完成后会从块状变为粉末。而催化 NH_3 氧化用的铂网，经过几个星期，表面就变得比较粗糙。

② 催化剂能加快反应到达平衡的速率，是由于改变了反应历程，降低了活化能。至于它怎样降低活化能，机理如何，对大部分催化反应来说，了解得还很有限。另外，对于上面提及的特殊催化反应，其机理尚需深入研究。因此，催化理论有待进一步发展、完善。

③ 催化剂只改变速率，不影响化学平衡。催化剂的存在不会改变反应系统的始、末状态，当然就不会改变系统中的 $\Delta_r G_m^{\ominus}$。催化剂只能使 $\Delta_r G_m = \Delta_r G_m^{\ominus} + RT \ln J_p < 0$ 的过程加速进行，直到 $\Delta_r G_m = 0$，即达到平衡为止。因此，催化剂可以缩短达到平衡所需的时间，而不能移动平衡点。对于已达到平衡的反应，不可能借助加入催化剂以增加产物的比例。

催化剂不改变系统中的 $\Delta_r G_m^{\ominus}$，即平衡常数 K 不变，而 $K = k_1/k_{-1}$，所以，能增加正反应速率常数 k_1 的催化剂，也必定能增加逆反应的速率常数 k_{-1}，即对正反应优良的催化剂也必为逆反应优良的催化剂。例如，苯在 Pt 和 Pd 上容易氢化生成环己烷（473～513K），而在 533～573K 环己烷也能在上述催化剂上脱氢。同样，水合反应的催化剂同时也是脱水反应的催化剂。这一条规律为寻找催化剂的实验提供了很大的方便，例如用 CO 和 H_2 为原料合成 CH_3OH 是一个很有经济价值的反应，在常压下寻找甲醇分解反应的催化剂，就可作为高压下合成甲醇的催化剂。而直接研究高压反应，实验条件要困难许多。

催化剂不改变反应系统的始、末状态，当然也不会改变反应热。许多非催化反应在高温下进行时的热效应，在有适当催化剂时，则可以在接近常温下测定反应热。应当指出的是，催化剂不能催化热力学上不能发生的反应。

④ 催化剂对反应的加速作用具有选择性。例如，523K 时乙烯与空气中的氧反应，可能同时进行生成环氧乙烷、乙醛和二氧化碳的三个平行反应。但是，若用银催化剂，只选择性地加速生成环氧乙烷的反应；若用钯催化剂，只选择性地加速生成乙醛的反应。同样，对于连串反应，选用适当的催化剂，可使反应停留在某步或某几步上，而得到所希望的产品。可见，在实际应用上，可利用催化剂的选择性来提高目的产物的反应速率。

9.12.2　均相酸碱催化反应

酸碱催化是液相催化中最常见的一种，可分为均相与多相两种，而理论上比较成熟、应用较多的主要是均相催化。酸碱催化在化工生产中有着极其广泛的应用，例如在硫酸或磷酸的催化下，乙烯水合为乙醇

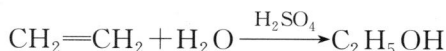

$$CH_2{=}CH_2 + H_2O \xrightarrow{H_2SO_4} C_2H_5OH$$

在硫酸的催化下，环氧乙烷水解为乙二醇

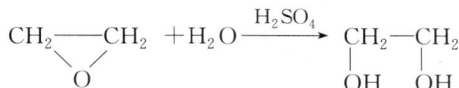

$$CH_2\text{——}CH_2 + H_2O \xrightarrow{H_2SO_4} \underset{\underset{OH}{|}}{CH_2}\text{—}\underset{\underset{OH}{|}}{CH_2}$$

在碱的催化下，环氧氯丙烷水解为甘油

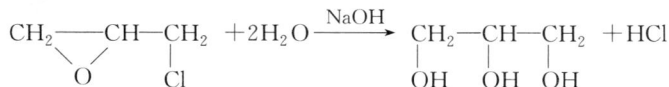

$$CH_2\text{——}CH\text{—}CH_2 + 2H_2O \xrightarrow{NaOH} \underset{\underset{OH}{|}}{CH_2}\text{—}\underset{\underset{OH}{|}}{CH}\text{—}\underset{\underset{OH}{|}}{CH_2} + HCl$$

　　许多离子型的有机反应，常可采用酸碱催化，酸碱催化的主要特征就是质子的转移，其一般机理是，反应物 S 首先接受质子 H^+ 形成质子化物的 SH^+，然后不稳定的 SH^+ 再与反应物 R 反应放出 H^+ 而生成产物。

$$S + H^+ \Longleftrightarrow SH^+$$

$$SH^+ + R \xrightarrow{k} P + H^+$$

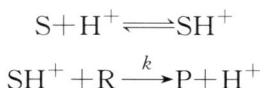

根据平衡态近似法，反应速率为

$$r = kc_{SH^+}c_R = kK_c c_S c_{H^+} c_R \tag{9-116}$$

通常平衡常数 K_c 很小，c_{H^+} 恒定。如 c_R 值很大，在反应过程中其值变化不大，可视为常数，式(9-116)近似为 $r \approx k'c_S$，反应级数为准一级；如 c_R 值与 c_S 值相当，式(9-116)可改写为 $r = k''c_S c_R$，反应级数为准二级。

　　例如，在 H^+ 的催化下，甲醇与醋酸的酯化反应机理为

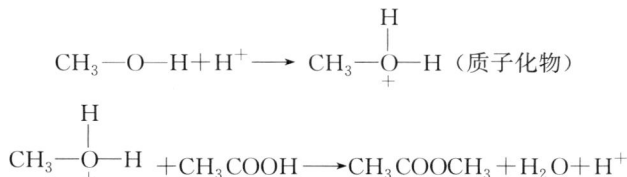

$$CH_3\text{—}O\text{—}H + H^+ \longrightarrow \underset{+}{CH_3\text{—}\overset{\overset{H}{|}}{O}\text{—}H}（质子化物）$$

$$\underset{+}{CH_3\text{—}\overset{\overset{H}{|}}{O}\text{—}H} + CH_3COOH \longrightarrow CH_3COOCH_3 + H_2O + H^+$$

质子 H^+ 核外无电子，在反应中它很容易接近极性分子 CH_3OH 的负极（氧原子）形成中间物 $CH_3OH_2^+$，由于此中间物较正常分子多了一个质子，所以打乱了化学键的正常状态而处于不稳定的状态，因此很容易与另一反应物发生反应而生成产物，同时放出一个质子。

　　在酸催化反应中首先是催化剂分子释放质子，因此酸催化剂的效率常与酸强度有关，而酸的强度（即失去质子的能力大小）可以用酸的解离常数 K_a 来衡量。实验表明，酸催化反应的速率常数 k_a 取决于酸的解离常数 K_a，二者有下列比例关系

$$k_a = G_a K_a^\alpha$$

或

$$\lg k_a = \lg G_a + \alpha \lg K_a \tag{9-117}$$

式中，G_a、α 均为常数（α 为正值，介于 $0 \sim 1$ 之间），它们都取决于反应的种类和反应条件。

　　乙醛水合物在丙酮溶剂中用各种酸作催化剂时，脱水反应为

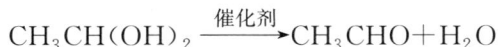

$$CH_3CH(OH)_2 \xrightarrow{\text{催化剂}} CH_3CHO + H_2O$$

图 9-20 是上述反应的 $\lg k_a$ 对 $\lg K_a$ 作图的结果，符合式(9-117)。

　　碱催化的一般机理是，首先碱接受反应物的质子生成中间产物，然后中间产物继续反应生成产物，同时碱复原。

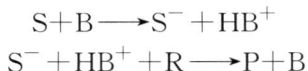

$$S + B \longrightarrow S^- + HB^+$$

$$S^- + HB^+ + R \longrightarrow P + B$$

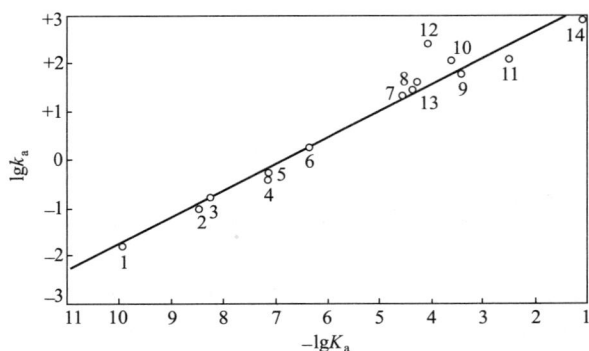

图 9-20　乙醛水合物酸催化 $\lg k_a$-$\lg K_a$ 图

对于碱催化的反应，碱的催化作用速率常数 k_b 同样与它的解离常数 K_b 有如下的关系：

$$k_b = G_b K_b^{\beta} \qquad (9\text{-}118)$$

式中，G_b、β 为常数（β 介于 $0\sim1$ 之间），它们同样是由反应的种类和反应条件决定的。

不仅一般酸碱有催化作用，而且广义的酸和广义的碱同样有这种催化作用。例如，硝基胺的水解，可用碱 OH^-（NaOH）作催化剂

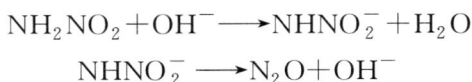

$$NH_2NO_2 + OH^- \longrightarrow NHNO_2^- + H_2O$$

$$NHNO_2^- \longrightarrow N_2O + OH^-$$

也可用广义碱，如 CH_3COO^-（CH_3COONa）作催化剂

$$NH_2NO_2 + CH_3COO^- \longrightarrow NHNO_2^- + CH_3COOH$$

$$NHNO_2^- \longrightarrow N_2O + OH^-$$

$$CH_3COOH + OH^- \longrightarrow CH_3COO^- + H_2O$$

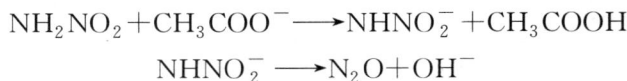

酸碱催化的实质是质子的转移，因此凡有质子转移的反应，如水合与脱水、酯化与水解、烷基化与脱烷基等反应，往往都可以采用酸碱催化。有些固体催化剂按机理也属于酸碱催化。

9.12.3　络合催化

络合活化催化作用，简称为络合催化（coordination catalysis），是在近代络合物化学和化学键理论的基础上发展起来的。它对化学工业的发展起着重大作用，同时又促进了络合物化学和化学键理论的进一步完善。尤其重要的是，许多具有催化性能的络合物可以作为反应的中间体被分离出来，通过对这些中间体的性质、结构等方面的研究，可以更深入地了解催化反应中的机理，这对探讨催化作用的本质是非常重要的，为制备和筛选催化剂提供了更多的科学依据。络合催化又称配位催化，是指在反应过程中，催化剂与反应基团形成中间络合物，使反应基团活化的过程；若所形成的络合物中，具有配位键的则称为配位催化。一般络合催化和配位催化二词并用。

过渡金属元素的价电子层有 9 个能量相近的原子轨道，即 5 个 $(n-1)d$ 轨道、1 个 ns 轨道和 3 个 np 轨道，它们容易组合成各种类型的 d、s、p 杂化轨道。这些杂化轨道可以与配体以配位键的方式结合形成络合物。因此，过渡金属有很强的络合能力，能生成多种类型的络合物。显然，络合物的催化活性主要取决于过渡金属原子或离子的化学特性，即与过渡金属原子（或离子）的价电子结构、成键方式等有关。

同一类催化剂，有时既可起均相催化作用，也可使之成为固体催化剂在多相催化中起作用。例如有人用 $PdCl_2$ 作为催化剂，在异辛烷溶液中通过均相催化将乙烯合成醋酸乙烯；而把 $PdCl_2$ 附载于 Al_2O_3 上催化乙烯则变为多相催化，但两者都形成 $PdCl_2$-C_2H_4 中间络合物，且其催化活性几乎相等。因此，可以通过均相催化认识多相催化活性中心的本质和催化作用的机理，这对多相催化反应催化剂的筛选与其催化机理的研究是非常有意义的。

络合催化的机理，一般可表示为

$$—\overset{|}{\underset{|}{M}}—Y + X \xrightleftharpoons{\text{配位}} \overset{|}{\underset{|}{M}}—Y \xrightleftharpoons{\text{插入反应}} —\overset{|}{\underset{|}{M}}—X—Y$$

空位中心　　　　　　　　　　　　　　空位中心

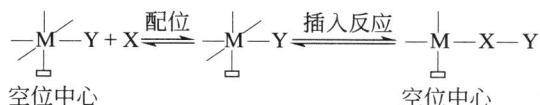

式中，M 为中心金属原子；Y 为配体；X 为反应分子。

首先，反应分子(又称配体 X)可与配位数不饱和的络合物直接配合形成新的络合物，然后新的络合物中的配体 X，随即转移插入相邻的 M—Y 键中，形成 M—X—Y 键(M—Y 键属于不稳定的配位键)，插入反应又使络合物的空位恢复，然后又可重新进行络合和插入反应。

以 $PdCl_2$ 为催化剂，将乙烯氧化制乙醛，是一个典型的络合催化例子。这个方法自1959 年工业化以来，一直是生产乙醛较好的方法。将乙烯通入溶有 $PdCl_2$ 和 $CuCl_2$ 的水溶液，则在 $PdCl_2$ 的催化下 C_2H_4 氧化为 CH_3CHO，这个过程可简单表示为

$$C_2H_4 + PdCl_2 + H_2O \longrightarrow CH_3CHO + Pd + 2HCl$$

然后 $CuCl_2$ 将 Pd 氧化为 $PdCl_2$，即

$$2CuCl_2 + Pd \longrightarrow 2CuCl + PdCl_2$$

而生成的 CuCl 可以较快地被氧化为 $CuCl_2$

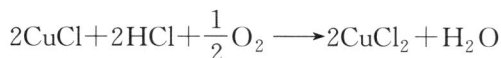

$$2CuCl + 2HCl + \frac{1}{2}O_2 \longrightarrow 2CuCl_2 + H_2O$$

总反应式为

$$C_2H_4 + \frac{1}{2}O_2 \longrightarrow CH_3CHO$$

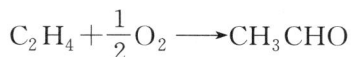

上述过程的机理为一系列较复杂的络合反应，即

(1) $[PdCl_4]^{2-} + C_2H_4 \Longrightarrow [C_2H_4PdCl_3]^- + Cl^-$

(2) $[C_2H_4PdCl_3]^- + H_2O \Longrightarrow [C_2H_4PdCl_2(H_2O)] + Cl^-$

(3) $[C_2H_4PdCl_2(H_2O)] + H_2O \Longrightarrow [C_2H_4PdCl_2(OH)]^- + H_3O^+$

(4) $[C_2H_4PdCl_2(OH)]^- \longrightarrow [HOC_2H_4PdCl_2]^-$ (慢)

(5) $[HOC_2H_4PdCl_2]^- \longrightarrow CH_3CHO + Pd + HCl + Cl^-$ (快)

$PdCl_2$ 在有足够多的 Cl^- 的水溶液中，能形成络离子 $[PdCl_4]^{2-}$，然后在溶液中进行一系列的配位体置换反应，即上述的反应(1)～(3)；反应(4)是插入反应，相当于在络合离子中，被络合的 C_2H_4 插入金属氧键(Pd—O)中间去，形成很不稳定的中间络合离子，是慢步骤；最后按反应(5)不稳定的中间络合离子很快解体而生成产物 CH_3CHO，并分解出金属 Pd。

根据上述机理，可以得出其速率方程为

$$-\frac{dc_{C_2H_4}}{dt} = k\,\frac{c_{[PdCl_4]^{2-}}\,c_{C_2H_4}}{c_{Cl^-}^2\,c_{H^+}} \tag{9-119}$$

在均相络合催化中，由于每一个络合物分子或离子都是一个活性中心，而且活性中心的性质都是相同的，只能进行一两个特定的反应，因此它具有高活性、高选择性的优点；也正因为在不太高的温度下就具有较高的活性，所以反应条件温和。

尽管络合催化的诞生、发展只有短短几十年时间，但它发展速度惊人。自 20 世纪 50 年代初期齐格勒-纳塔(Ziegler-Natta)型催化剂的出现以来，以金属络合物为基础的催化剂研究进展迅猛。现在一些过渡金属络合物已成为加氢、脱氢、氧化、异构化、水合、羰基合成、高分子聚合等类型反应过程的催化活化中间物，络合催化的优点，已经逐渐在工业化生产上显现出来。尤其是近几年中络合催化理论有了长足的发展，已成为均相催化进展的主流。但

络合均相催化的最大不足是，催化剂与反应混合物的分离较困难。为此，提出了优良络合催化剂固体化的研究方向。相应地，为了提高催化效能，也在进行着固体催化剂均相化的研究。因此，络合催化是一个极具发展前途的催化理论。

9.12.4　多相催化反应

多相催化又称复相催化，或非均相催化，主要是指固体催化剂催化气体或液体反应物的反应，这类反应往往在固体催化剂表面上进行。这里主要讨论气-固相催化反应。

（1）多相催化的吸附作用

气体分子与固体表面之间存在吸附作用，这种作用是发生催化反应的前提条件。吸附过程中物理吸附与化学吸附交替共存，系统能量不断变化。例如，氢在镍上的物理吸附过程，氢分子距镍表面甚远时，势能为零；当它逐渐接近镍表面时，因气体分子与固体表面间存在吸引力，导致势能逐渐下降。但当氢分子核距表面镍核的距离达到一定值 r_1（约为 0.32nm）时，势能降到最低，常称为物理吸附平衡位置，此时的势能与零势能的差值，即为物理吸附的吸附热，记为 ΔH_p（一般小于 20kJ·mol^{-1}）。过了物理吸附平衡位置，氢分子再继续接近镍表面时，二者间原先的吸引力变为斥力，势能逐渐升高。

当氢分子核距表面镍核的距离近到一定程度时，氢在镍上就发生化学吸附，可表示为如下的过程

$$2Ni + H_2 \longrightarrow 2NiH$$

氢分子核距表面镍核的距离，相当于 Ni 原子与 H 原子形成了化学键。两核间的距离 r_2 近似为两原子半径之和，约为 0.16nm。这个过程所放出的热 ΔH_c 称为化学吸附热（在低覆盖率时约为 125kJ·mol^{-1}），它的绝对值比物理吸附热大得多。化学吸附需要活化能，而物理吸附却不需要活化能，因此物理吸附低温时即能发生，而化学吸附却需要较高的温度。氢分子核距表面镍核的距离介于 r_2 与 r_1 之间某一位置处时，表示氢与镍处于活化过渡状态。

固体催化剂（大多是指金属）催化气相反应是在固体表面上进行的，首先是固体表面上的活性中心吸附反应物气体分子，这种吸附属于化学吸附。化学吸附来源于化学键力，它能使被吸附分子的价键力发生变化，或引起分子的变形，因而能改变反应途径，降低活化能，从而产生催化作用。所以，化学吸附是多相催化的基础。例如氢分子在金属表面上在发生化学吸附作用的同时，要发生解离，即

$$H_2 + 2M \longrightarrow 2HM$$

式中，M 代表表面金属原子。饱和烃的吸附也属这种类型，例如甲烷在金属上吸附时

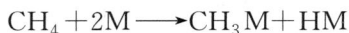

$$CH_4 + 2M \longrightarrow CH_3M + HM$$

这种化学吸附通常称为解离化学吸附。但是，具有 π 电子或孤对电子的气体分子，在化学吸附时并不解离。例如，单烯烃在化学吸附时，可认为其分子轨道重新杂化，即碳原子由 sp^2 变为 sp^3，于是产生两个自由价，然后这两个自由价再与金属表面上的自由价相结合。例如，对于乙烯可认为

$$CH_2{=\!\!=}CH_2 + 2M \longrightarrow M{-}CH_2{-}CH_2{-}M$$

（2）多相催化的反应步骤

多相催化反应是反应物分子必须能化学吸附在固体催化剂的表面上，然后才能在表面上发生反应。同时，吸附在表面上的产物必须从表面上不断地解吸下来，才能使反应继续在表面上发生。另外，由于催化剂颗粒是多孔的，所以催化剂的大量表面还包括催化剂微孔内的表面。因此，气体分子要在催化剂表面上起反应，必须经过如下的七个步骤：

① 反应物由气体主体向催化剂的外表面扩散(外扩散);

② 反应物由外表面向内表面扩散(内扩散);

③ 反应物在表面上发生吸附,主要是化学吸附;

④ 反应物在表面上进行化学反应,生成产物;

⑤ 产物从催化剂表面上脱附(或解吸);

⑥ 产物从内表面向外表面扩散(内扩散);

⑦ 产物从外表面向气体主体扩散(外扩散)。

其中①与⑦是外扩散过程;②与⑥是内扩散过程;③、④、⑤分别代表反应物的吸附、表面反应和产物的脱附过程,合称为表面反应过程。由此可见,一个多相催化反应全过程的速率与外扩散过程速率、内扩散过程速率以及表面过程速率密切相关,整个过程的速率大小受其中阻力最大的慢步骤所控制。

为了简化计算,总是假设其中一个步骤为控制步骤,而其他步骤都很快,能够随时保持平衡。若为扩散控制,则表面过程随时保持平衡;若为表面过程控制,则认为扩散能很快达到平衡,即催化剂表面附近的气体浓度与气体主体相同。一般若气流速度大、催化剂颗粒小、孔径大、反应温度低、催化剂活性小,则扩散速率大于表面过程的速率,所以受表面过程控制,或称为动力学控制,例如以氧化锌为催化剂的乙苯脱氢制苯乙烯的反应。若反应在高温、高压下进行,催化剂活性很高,催化剂颗粒小,孔径大,但气流速度较低,则表面过程和内扩散都较快,而外扩散较慢,这时反应为外扩散控制。例如,在 503K、7.6MPa 下的丙烯聚合反应,1023~1173K 时氨氧化反应,当采用适当催化剂时,均为外扩散控制。

进行化学动力学的实验研究时,应排除扩散影响。在一定条件下,若增加气流速度能使反应加快,则说明反应受外扩散控制,应继续增加流速,直到反应不受流速影响为止。在一定条件下,若减小催化剂粒度,反应速率增大,则为内扩散控制。这时,应继续减小粒度,直到反应速率不受影响为止。这说明操作条件改变,同一反应的控制步骤有可能改变。

(3)表面反应控制的气-固相催化反应动力学

在上述七个步骤中,若表面反应是最慢的一步,则过程为表面反应控制。相对地扩散与吸附都很快,可认为表面上气体分压与主体中气体分压相等,而且随反应的进行,能迅速维持吸附平衡状态。因此,可按朗格缪尔吸附平衡来计算反应速率。

① 只有一种反应物的表面反应　若反应 A——→B 的机理为

$$A+S \Longleftrightarrow A \cdot S \quad (快,吸附)$$

$$A \cdot S \xrightarrow{k_S} B \cdot S \quad (慢,表面反应)$$

$$B \cdot S \Longleftrightarrow B+S \quad (快,解吸)$$

式中,S 为催化剂表面上的活性中心;A·S 为吸附在活性中心上的 A 分子;B·S 为吸附在活性中心上的 B 分子。

因过程为表面反应控制,所以,过程总的速率等于最慢的表面反应速率。按表面质量作用定律,表面单分子反应的速率,应正比于该分子 A 对表面的覆盖率 θ_A,即

$$-\frac{\mathrm{d}p_A}{\mathrm{d}t}=k_s\theta_A \tag{9-120}$$

吸附平衡时,若产物吸附极弱,将朗格缪尔方程

$$\theta_A=\frac{b_A p_A}{1+b_A p_A}$$

代入式(9-120)，得

$$-\frac{\mathrm{d}p_A}{\mathrm{d}t}=\frac{k_s b_A p_A}{1+b_A p_A} \tag{9-121}$$

下面分几种情况加以讨论。

a. 若反应物的吸附很弱，即在同样的 p_A 下，吸附系数 b_A 很小，$b_A p_A \ll 1$，则式(9-121)可简化为

$$-\frac{\mathrm{d}p_A}{\mathrm{d}t}=k_s b_A p_A=k p_A$$

反应级数为一级。例如，磷化氢在玻璃、陶瓷、SiO_2 上的分解；甲酸蒸气在玻璃、铂、铑上的分解；HI 在铂上的分解；NO_2 在金上的分解等都属于这种情况。

b. 若反应物的吸附很强，即吸附系数 b_A 很大，$b_A p_A \gg 1$，固体表面几乎全部被覆盖，所以由式(9-121)变为

$$-\frac{\mathrm{d}p_A}{\mathrm{d}t}=k_s$$

反应速率为常数，与压力无关，为零级反应。当固体表面全部被反应气体覆盖时，改变压力对于反应分子的表面浓度几乎没有影响，因此反应速率维持恒定。例如，氨在钨表面上的解离，HI 在金丝上的解离等都是零级反应。

c. 反应物的吸附介于强弱之间，则式(9-121)可近似地写作

$$-\frac{\mathrm{d}p_A}{\mathrm{d}t}=k_s p_A^n$$

$0 < n < 1$，反应级数小于 1。例如 SbH_3 在锑表面上的解离反应，$n=0.6$。

上面介绍的是在通常压力下，弱吸附表现为一级反应，强吸附表现为零级反应，中间吸附为分数级反应。另一方面，对同一个反应系统，在不同的压力范围内也会表现为不同级数，即低压下表现为一级，高压下表现为零级，中等压力下表现为分数级。

② 有两种反应物的表面反应　若反应 A+B⟶P 的机理为

$$
\begin{array}{ll}
A+S \rightleftharpoons A\cdot S & \text{（快，吸附）}\\
B+S \rightleftharpoons B\cdot S & \text{（快，吸附）}\\
A\cdot S+B\cdot S \xrightarrow{k_s} P\cdot S & \text{（慢，表面反应）}\\
P\cdot S \rightleftharpoons P+S & \text{（快，解吸）}
\end{array}
$$

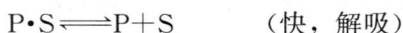

此机理称为朗格缪尔-欣谢尔伍德(Langmuir-Hinshelwood)机理。因控制步骤为表面双分子反应，按表面质量作用定律，得

$$-\frac{\mathrm{d}p_A}{\mathrm{d}t}=k_s \theta_A \theta_B \tag{9-122}$$

吸附平衡时，若产物吸附极弱，应用朗格缪尔方程

$$\theta_A=\frac{b_A p_A}{1+b_A p_A+b_B p_B}$$

$$\theta_B=\frac{b_B p_B}{1+b_A p_A+b_B p_B}$$

所以

$$-\frac{\mathrm{d}p_A}{\mathrm{d}t}=\frac{k_s b_A p_A b_B p_B}{(1+b_A p_A+b_B p_B)^2}=\frac{k p_A p_B}{(1+b_A p_A+b_B p_B)^2} \tag{9-123}$$

式中，$k = k_s b_A b_B$。由上式可知，若 A 和 B 的吸附都很弱，即 b_A、b_B 很小；或 p_A 和 p_B 较小，则上式可化简为

$$-\frac{\mathrm{d}p_A}{\mathrm{d}t} = k p_A p_B$$

为二级反应。

上述式(9-121)和式(9-123)是通过反应机理，按表面质量作用定律推导出的速率方程，属于机理速率方程。若方程与实验数据相符，表明机理的正确性。但如前所述，有时不同的机理可得到相同的速率方程，因此，要验证机理的正确与否，应从实验出发，通过实验加以验证。

9.12.5　酶催化反应

生物体进行的各种复杂反应，如蛋白质、脂肪、碳水化合物的合成、分解等，基本上都是酶催化反应。酶是动植物和微生物产生的具有催化能力的蛋白质分子，主要由氨基酸构成，有些酶还结合了一些金属元素，例如过氧化氢分解酶含有铁，二氧化碳分解酶含有铬，固氮酶含有铁、钼、钒等金属。酶的活性极高，约为一般酸碱催化剂的 $10^8 \sim 10^{12}$ 倍，通过酶可以合成和分解自然界大量有机物质。由于酶的分子大小约在 $10 \sim 100\mathrm{nm}$ 之间，因此酶催化作用就催化剂的大小而言，可看作是介于均相与多相催化的过渡范围，既可以看成是反应物与酶形成了中间化合物的均相催化反应，也可以看成是在酶的表面上首先吸附了底物（酶催化作用时常将反应物叫做底物）而后再进行的催化反应。

酶催化反应的特点之一是酶具有极高的选择性与专一性。例如，尿素酶在溶液中只要含千万分之一，就能迅速催化尿素转化为氨与二氧化碳，但不能水解尿素的取代物，如甲脲。其他情况如蛋白酶只催化蛋白质水解为肽，脂肪酶只催化脂肪水解为脂肪酸和甘油等，体现出了酶催化的高度专一性。

酶催化反应的特点之二是酶催化的高效性，比普通催化剂有时能高出上亿倍。例如，一个过氧化氢分解酶分子能在 1s 内分解十万个过氧化氢分子，而石油裂解所使用的硅酸铝催化剂在 773K 的温度下，大约 4s 才分解一个烃分子。

酶催化反应的特点之三是反应条件的温和性，通常在常温常压下就能进行。例如工业合成氨，要在约 $3 \times 10^6 \mathrm{Pa}$ 的高压、770K 的高温以及特殊设备的条件下才能进行，且氨的转化率只有 7％～10％；而某些植物茎部的固氮酶在常温常压下不仅能固定空气中稀少的氮，而且还能将它还原为氨。

由于酶具有突出的优良催化性能，酶催化已被利用在发酵、石油脱蜡、脱硫以及"三废"处理等方面。但是，由于酶反应历程的复杂性，增加了酶催化反应研究的困难性，因此如何模拟自然界的生物酶是络合催化研究的一个活跃领域、当前科学的一大热门课题。

酶催化反应的机理比较复杂，最简单也是最具有代表性的反应机理是由米恰利斯（Michaelis）和门顿（Menten）提出的。他们指出酶 E 与底物 S 先结合形成一个中间络合物 ES，然后中间络合物再继续分解生成产物 P 而使酶 E 复原。即

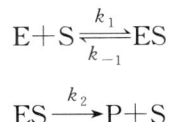

$$E + S \underset{k_{-1}}{\overset{k_1}{\rightleftharpoons}} ES$$

$$ES \overset{k_2}{\longrightarrow} P + S$$

按稳态法，中间络合物 ES 的变化速率为零

$$\frac{dc_{ES}}{dt}=k_1 c_E c_S - k_{-1} c_{ES} - k_2 c_{ES}=0$$

$$c_{ES}=\frac{k_1 c_E c_S}{k_{-1}+k_2}=\frac{c_E c_S}{K_M}$$

式中，$K_M=\dfrac{k_{-1}+k_2}{k_1}=\dfrac{c_E c_S}{c_{ES}}$，称为米恰利斯常数。

反应速率为

$$r=\frac{dc_P}{dt}=k_2 c_{ES} \tag{9-124}$$

以 $c_{E,0}$ 代表酶的总浓度，因 $c_{E,0}=c_E+c_{ES}$，在整个反应过程中 $c_{E,0}$ 恒定。将 $c_E=c_{E,0}-c_{ES}$ 代入米恰利斯常数表达式，整理得

$$c_{ES}=\frac{c_{E,0} c_S}{K_M+c_S}$$

再将上式代入式(9-124)，得

$$r=k_2 \frac{c_{E,0} c_S}{K_M+c_S} \tag{9-125}$$

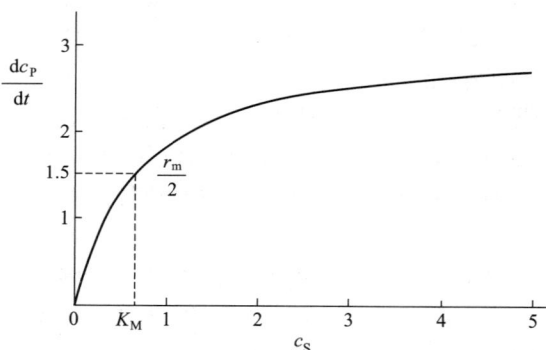

图 9-21　酶催化反应速率曲线图

速率 r 随 c_S 的变化关系见图9-21。当 c_S 很小时，$K_M+c_S \approx K_M$，$r=\dfrac{k_2}{K_M} c_{E,0} c_S$，对 c_S 而言是一级反应，这与实验事实相符。

当 $c_S \to \infty$ 时，速率趋于极大，以 r_m 表示，$r_m=k_2 c_{E,0}$。再将 r_m 的表达式代入式(9-125)，并整理得

$$\frac{1}{r}=\frac{1}{r_m}+\frac{K_M}{r_m}\times\frac{1}{c_S} \tag{9-126}$$

可见，用 $\dfrac{1}{r}$ 对 $\dfrac{1}{c_S}$ 作图，得一直线，由直线的截距及斜率即可求得极大速率 r_m 及米恰利斯常数 K_M。

而当 $r=\dfrac{r_m}{2}$ 时，$K_M=c_S$，即当反应速率达到最大速率的一半时，底物的浓度就等于米恰利斯常数。

酶催化反应越来越多地受到人们的重视，不仅仅是由于发酵化工生产及污水处理等过程中需要借助于酶来完成，更重要的是它在生物学中的重要性，没有酶的存在，几乎所有的生理反应和生命过程均将停止，许多疾病的发生也源于酶反应的失调。人们需要深入研究酶反应的机理，以解决许多疑难病症，为人类造福。

学习基本要求

1. 掌握动力学的基本概念。如：反应速率、反应速率方程、基元反应、非基元反应、反应级数、反应分子数和反应速率常数等。

2. 掌握简单级数的积分形式和基本特征，学会确定反应级数的方法，能熟练运用速率方程进行有关速率常数、反应时间、半衰期和反应级数等之间的计算。

3. 掌握温度对反应速率常数影响的阿伦尼乌斯方程，掌握活化能和表观活化能的概念，能利用阿伦尼乌斯方程各种表达式进行反应速率和活化能等方面的计算。

4. 学会典型复合反应处理问题的方法，掌握复合反应速率方程的近似处理方法，能运用慢步骤控制法、快速平衡法和稳态法等，由复杂反应的机理推导速率方程。

5. 掌握链反应的基本特点，了解爆炸界限等概念。

6. 了解反应速率理论中碰撞理论和过渡态理论的主要区别，掌握活化能、临界能、活化焓和活化熵等概念，能运用速率理论计算简单反应的速率常数。

7. 了解溶液反应的特点，了解溶剂、扩散和离子强度等对溶液反应速率的影响。

8. 了解光化学反应的基本定律，光化学和热化学反应的区别，掌握量子产率和光化学反应动力学。

9. 了解催化反应的基本概念，了解均相酸碱催化反应、络合催化、多相催化反应和酶催化反应等特点。

习题

9-1　蔗糖水解是一级反应。298.15K 时，在 $100cm^3$ 水溶液中含有 0.03mol 蔗糖和 0.1mol HCl，用旋光仪测得反应 20min 时有 30% 蔗糖发生了水解。求：

(1) 反应的速率常数；

(2) 反应开始时和反应 20min 时的速率；

(3) 反应进行到 50min 时蔗糖水解的百分数。

9-2　分解反应：$N_2O_5(g) \longrightarrow 2NO_2(g) + \frac{1}{2}O_2(g)$ 是一级反应，已知一定温度下该反应的速率常数为 $4.8 \times 10^{-4} s^{-1}$。求：

(1) 半衰期 $t_{1/2}$；

(2) 若在体积一定的真空容器中开始充入 N_2O_5 时压力为 66.66kPa，则反应进行到第 10s 和 10min 时容器的压力各为多少？

9-3　反应 $SO_2Cl_2(g) \longrightarrow SO_2(g) + Cl_2(g)$ 为一级气相反应，593K 时速率常数 $k = 2.2 \times 10^{-5} s^{-1}$。问在 593K 加热 90min $SO_2Cl_2(g)$ 的分解分数为若干？

9-4　298.15K 时，一级反应 $A \longrightarrow P$ 的初始速率为 $4 \times 10^{-3} mol \cdot dm^{-3} \cdot min^{-1}$，2h 时的速率为 $1 \times 10^{-3} mol \cdot dm^{-3} \cdot min^{-1}$。求：

(1) 反应速率常数；

(2) 半衰期 $t_{1/2}$；

(3) 反应的初始浓度。

9-5　金属钚的同位素进行 β 放射，14 天后同位素的活性降低 6.85%。试求同位素的蜕变常数、半衰期和分解 80% 所需的时间。

9-6　^{238}U 的衰变：$^{238}U \longrightarrow ^{206}Pb + 8\ ^4He$ 为一级反应。实验测得衰变反应的半衰期 $t_{1/2} = 4.51 \times 10^9$ 年，且每克陨石中含有 ^{238}U 为 $6.3 \times 10^{-8} g$，^4He 为 $20.77 \times 10^{-6} cm^3$（273.15K、101.325kPa 条件下），试求该陨石的陨龄。

9-7　在一真空刚性容器中，加入一定量纯 A(g)，发生如下反应：$A(g) \longrightarrow 2B(g) + C(g)$

若反应能彻底完成，在 323K 恒温一定时间后开始计时，测得各时刻系统的压力数据如下表：

t/min	0	30	50	∞
p/kPa	53.33	73.33	80.00	106.66

求反应的级数与速率常数。

9-8 试分别计算一级反应与二级反应，当转化率达到 87.5% 所需时间是转化率达到 50% 所需时间的几倍。

9-9 某物质 A 分解反应为二级反应，当反应进行到 A 消耗了 1/3 时，所需时间为 5min，则若继续反应掉剩余量 1/3 的 A，应需多长时间？

9-10 二级反应 $2A \longrightarrow P$，初始浓度为 $1.0mol \cdot dm^{-3}$，反应 5min 后反应掉 25%，求速率常数 k。

9-11 某温度时，反应 $2NH_3(g) \longrightarrow N_2(g) + 3H_2(g)$ 的速率常数 $k_{NH_3} = 40dm^3 \cdot mol^{-1} \cdot min^{-1}$，求 k_{N_2} 与 k_{H_2}。

9-12 浓度相同的 A、B 溶液等体积混合，发生 $A+B \longrightarrow P$ 的反应。反应 1.0h 后，A 已消耗了 75%；在下列情况下，反应 2.0h 后，A 还有多少没反应？

(1) 反应对 A 为一级，对 B 为零级；

(2) 对 A、B 均为一级；

(3) 对 A、B 均为零级。

9-13 553K 时，分解反应 $A(g) \longrightarrow 2B(g)$ 可以进行完全，将反应物置于密闭的恒容容器中，于不同的时间测得系统压力如下表：

t/s	0	500	800	1300	1800
p/kPa	2.000	2.520	2.760	3.066	3.306

求反应级数和速率常数。

9-14 791K 时，在一定体积的容器中乙醛气体发生如下的分解反应

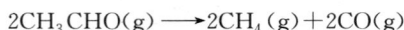

$$2CH_3CHO(g) \longrightarrow 2CH_4(g) + 2CO(g)$$

从实验开始，每隔一定时间，测定容器中的压力，结果如下表：

t/s	0	42	105	242	384	665	1070
p/kPa	48.4	52.9	58.3	66.3	71.6	78.3	83.6

试证明该反应为二级反应，并求速率常数。

9-15 在 773K 时，某气体有机物在初压 100kPa 时分解反应的半衰期为 2s；若初压降为 10kPa，则半衰期为 20s。求反应级数和速率常数。

9-16 反应 $2A(g) \longrightarrow A_2(g)$ 为二级反应，恒温恒压下系统的总压 p 数据如下表，试求速率常数 k_A。

t/s	0	100	200	400	∞
p/kPa	41.330	34.397	31.197	27.331	20.665

9-17 NO 与 H_2 反应如下：

$$2NO(g) + 2H_2(g) \longrightarrow N_2(g) + 2H_2O(g)$$

一定温度下，测得等量的 NO 与 H_2 混合物反应在不同初压时的半衰期如下表：

p_0/kPa	50.0	45.4	38.4	32.4	26.9
$t_{1/2}/min$	95	102	140	176	224

求反应的总级数。

9-18　在 950K 时，测得分解反应 $4PH_3(g) \longrightarrow P_4(g) + 6H_2(g)$ 在不同时刻系统的压力如下表：

t/min	0	40	80
p/kPa	13.33	20.00	22.22

若反应开始时只有 PH_3，求反应级数与速率常数。

9-19　在 673K 时，气相反应

$$A(g) + B(g) \longrightarrow P(g)$$

保持 A 的初压力（1.3kPa）不变，改变 B 的初始压力，测得反应的初始速率如下表：

$p_{B,0}/kPa$	1.3	2.0	3.3	5.3	8.0	13.3
$r_0 \times 10^4/kPa \cdot s^{-1}$	1.3	2.5	5.3	10.7	19.6	42.1

同样，保持 B 的初压力（1.3kPa）不变，改变 A 的初始压力，测得反应的初始速率如下表：

$p_{A,0}/kPa$	1.3	2.0	3.3	5.3	8.0	13.3
$r_0 \times 10^4/kPa \cdot s^{-1}$	1.3	1.6	2.1	2.7	3.3	4.2

求：（1）反应对 A 和 B 的级数以及总级数；

（2）反应速率常数 k_p；

（3）反应速率常数 k_c。

9-20　反应

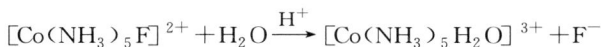

$$[Co(NH_3)_5F]^{2+} + H_2O \xrightarrow{H^+} [Co(NH_3)_5H_2O]^{3+} + F^-$$

速率方程为

$$r = kc^a_{[Co(NH_3)_5F]^{2+}} c^b_{H^+}$$

在不同温度下，采用不同初始浓度测得的 $t_{1/2}$ 与 $t_{3/4}$ 如下表：

$c_{[Co(NH_3)_5F]^{2+},0}/mol \cdot dm^{-3}$	$c_{H^+,0}/mol \cdot dm^{-3}$	T/K	$t_{1/2}/min$	$t_{3/4}/min$
0.100	0.010	298	60.0	120.0
0.200	0.020	298	30.0	60.0
0.100	0.010	308	30.0	60.0

试求：

（1）反应级数 a 和 b 的 k 值；

（2）不同温度时的反应速率常数 k 值；

（3）反应的活化能 E_a 值。

9-21　阿司匹林的水解为一级反应，373K 时的速率常数为 $7.92d^{-1}$，求 290K 时水解 30% 所需的时间。假定在 290~373K 间反应的活化能为 $56.5kJ \cdot mol^{-1}$。

9-22　二级反应 $A + B \longrightarrow P$ 的活化能为 $92.0kJ \cdot mol^{-1}$，A 与 B 的初始浓度均为 $1.0mol \cdot dm^{-3}$，298K 时反应进行 30min 后 A 与 B 各消耗一半。求：

（1）在此温度下，反应 60min 时反应物的转化率；

（2）反应在 315K 下进行 60min 后的转化率。

9-23　反应

$$N_2O_5(g) \longrightarrow 2NO_2(g) + 1/2O_2(g)$$

在 338K 时的速率常数为 0.292min^{-1}，活化能为 103.3kJ·mol^{-1}，求 373K 时反应的速率常数与半衰期 $t_{1/2}$。

9-24 分解反应

$$A(g) \longrightarrow 2B(g)$$

为一级反应。553K 时，在一容器中加入 A，反应 751s 后系统压力为 2.710kPa；经长时间反应全部完成后系统压力为 4.008kPa。升高温度到 578K，改变 A 的用量重复上述实验，经 320s 系统压力为 2.838kPa；反应完成后系统压力为 3.554kPa。求反应活化能。

9-25 反应由相同的初始浓度开始，完成 30% 所需的时间，在 300K 时为 25min，350K 时为 10min，求该反应的活化能。

9-26 一定温度下，下列分解反应

$$2A(g) \longrightarrow 2B(g) + C(g)$$

其半衰期与初始压力成反比。在 970K 时，A 的初始压力为 39.2kPa 的半衰期为 1529s；在 1030K 时，A 的初始压力为 48.0kPa 的半衰期为 212s。求：

(1) 反应的级数；

(2) 反应的活化能。

9-27 青霉素 G 的分解为一级反应，在不同温度下测得反应的半衰期数据如下表：

T/K	310	316	327
$t_{1/2}/\text{min}$	32.1	17.1	5.8

求反应的活化能与指前因子。

9-28 在 673K 时，假设反应

$$A(g) \longrightarrow B(g) + 1/2C(g)$$

可以完全进行，其反应速率 k 与反应温度 T 之间关系如下：

$$\ln \frac{k}{(\text{mol·dm}^{-3})^{-1}\cdot\text{s}^{-1}} = -\frac{12886.7}{T/\text{K}} + 20.27$$

试计算：

(1) 反应级数；

(2) 活化能与指前因子；

(3) 若在 673K 时，向容器中通入 A(g)，使其压力为 26.66kPa，当反应后容器中压力达到 32.0kPa 时所需的时间。

9-29 正、逆反应均为一级的对峙反应 $A \underset{k_{-1}}{\overset{k_1}{\rightleftharpoons}} B$，已知速率常数 k_1 及平衡常数 K 与温度的关系分别如下：

$$\lg k_1/\text{s}^{-1} = -\frac{2000}{T/\text{K}} + 4.0$$

$$\lg K = \frac{2000}{T/\text{K}} - 4.0$$

式中 $K = k_1/k_{-1}$，反应开始时，$c_{A,0} = 0.5\text{mol·dm}^{-3}$，$c_{B,0} = 0.05\text{mol·dm}^{-3}$，计算：

(1) 逆反应的活化能；

(2) 400K 时，反应 10s 后，A 和 B 的浓度；

(3) 400K 时，反应达到平衡时 A 和 B 的浓度。

9-30 一定温度下，对峙反应 $A \underset{k_{-1}}{\overset{k_1}{\rightleftharpoons}} B$ 的 $k_1 = 0.006\text{s}^{-1}$，$k_{-1} = 0.002\text{min}^{-1}$。若反应开始时只有 A，浓度为 1.0mol·dm^{-3}，求：

(1) 反应平衡时 A 与 B 的浓度；

(2) A 与 B 浓度相等时反应所需的时间。

9-31　一定温度下，测得对峙反应 $A \underset{k_{-1}}{\overset{k_1}{\rightleftharpoons}} B$ 中 A 在不同时刻的浓度如下表：

t/s	0	45	90	225	360	585	∞
$c_A/mol \cdot dm^{-3}$	1.00	0.892	0.811	0.623	0.507	0.399	0.300

若反应开始时只有 A，求：反应的平衡常数与正、逆反应的速率常数。

9-32　在 298.15K 时，气相分解反应

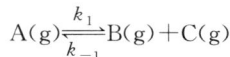

$$A(g) \underset{k_{-1}}{\overset{k_1}{\rightleftharpoons}} B(g) + C(g)$$

$k_1 = 0.21s^{-1}$，$k_{-1} = 5 \times 10^{-9} Pa^{-1} \cdot s^{-1}$，当温度由 298K 升高到 310K 时，$k_1$ 与 k_{-1} 均增加 1 倍，求：

(1) 298.15K 时反应的平衡常数；

(2) 正、逆反应的活化能；

(3) 298.15K 时反应的 $\Delta_r H_m$ 与 $\Delta_r U_m$；

(4) 298.15K 时，A 的初始压力为 100kPa，使系统压力达到 152kPa 所需的时间。

9-33　对于一级对峙反应 $A \underset{k_{-1}}{\overset{k_1}{\rightleftharpoons}} B$，达到 $c_A = \dfrac{c_{A,0} + c_{A,e}}{2}$ 所需的时间为半衰期 $t_{1/2}$。

(1) 证明：$t_{1/2} = \ln 2/(k_1 + k_{-1})$；

(2) 若初始速率为每分钟消耗 0.2% 的 A，平衡时有 80% 的 A 转化为 B，求 $t_{1/2}$。

9-34　对于平行反应

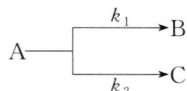

$$A \overset{k_1}{\longrightarrow} B$$
$$\overset{k_2}{\longrightarrow} C$$

若总反应的活化能为 E，证明：

$$E = \frac{k_1 E_1 + k_2 E_2}{k_1 + k_2}$$

9-35　在 I_2 作催化剂的条件下，氯苯(C_6H_5Cl)与氯气(Cl_2)在 $CS_2(l)$ 溶液中发生下列平行反应(均为二级)：

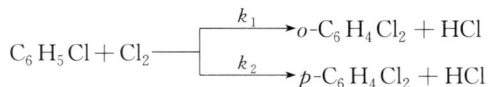

$$C_6H_5Cl + Cl_2 \overset{k_1}{\longrightarrow} o\text{-}C_6H_4Cl_2 + HCl$$
$$\overset{k_2}{\longrightarrow} p\text{-}C_6H_4Cl_2 + HCl$$

设当温度和 I_2 的浓度一定时，C_6H_5Cl 与 Cl_2 在 $CS_2(l)$ 溶液中的起始浓度均为 $0.5mol \cdot dm^{-3}$，30min 后，有 15% 的 C_6H_5Cl 转变为 $o\text{-}C_6H_4Cl_2$，有 25% 的 C_6H_5Cl 转变为 $p\text{-}C_6H_4Cl_2$，求速率常数 k_1 和 k_2。

9-36　气相反应 $A(g) + C(g) \longrightarrow D(g)$ 的反应机理如下：

$$A(g) \underset{k_{-1}}{\overset{k_1}{\rightleftharpoons}} B(g)$$
$$B(g) + C(g) \longrightarrow D(g)$$

其中，B 为活泼物质，可用稳态法近似处理。求出 D 的生成速率方程，并证明反应在高压下为一级，低压下为二级。

9-37　反应 $H_2 + Br_2 \longrightarrow 2HBr$ 的机理如下：

(1) $Br_2 + M \overset{k_1}{\longrightarrow} 2Br\cdot + M$

(2) $Br\cdot + H_2 \overset{k_2}{\longrightarrow} HBr + H\cdot$

(3) $H\cdot + Br_2 \overset{k_3}{\longrightarrow} HBr + Br\cdot$

(4) $H\cdot + HBr \overset{k_4}{\longrightarrow} H_2 + Br\cdot$

(5) $Br\cdot + Br\cdot + M \overset{k_5}{\longrightarrow} Br_2 + M$

试推导出生成 HBr 的速率方程。

9-38　分解反应 $2N_2O_5 \rightleftharpoons 4NO_2 + O_2$ 的历程如下：

(a) $N_2O_5 \underset{k_{-1}}{\overset{k_1}{\rightleftharpoons}} NO_2 + NO_3$

(b) $NO_2 + NO_3 \overset{k_2}{\longrightarrow} NO + NO_2 + O_2$

(c) $NO + NO_3 \overset{k_3}{\longrightarrow} 2NO_2$

(1) 若以 NO_3 与 NO 为活性中间体，用稳态近似法证明：O_2 的生成速率对 N_2O_5 的浓度是一级反应；

(2) O_2 的生成速率常数 $k = \dfrac{k_1 k_2}{k_{-1} + 2k_2}$。

9-39　反应 $OCl^- + I^- \longrightarrow OI^- + Cl^-$ 的机理如下：

(1) $OCl^- + H_2O \underset{k_{-1}}{\overset{k_1}{\rightleftharpoons}} HOCl + OH^-$　　　（快速平衡，$K = k_1/k_{-1}$）

(2) $HOCl + I^- \overset{k_2}{\longrightarrow} HOI + OI^-$　　　（决速步）

(3) $OH^- + HOI \overset{k_3}{\longrightarrow} H_2O + OI^-$　　　（快速反应）

试导出反应的速率方程，并求出表观活化能与各基元反应活化能之间的关系。

9-40　若反应 $3HNO_2 \longrightarrow H_2O + 2NO + H^+ + NO_3^-$ 的机理如下：

(1) $2HNO_2 \rightleftharpoons NO + NO_2 + H_2O$　　　（快速平衡，K_1）

(2) $2NO_2 \rightleftharpoons N_2O_4$　　　（快速平衡，K_2）

(3) $N_2O_4 + H_2O \overset{k}{\longrightarrow} HNO_2 + H^+ + NO_3^-$　　　（慢反应）

求出以 NO_3^- 表示的速率方程。

9-41　二级反应 $2A \longrightarrow P$ 的速率常数 $k\,(mol \cdot dm^{-3} \cdot s^{-1})$ 与温度 $T(K)$ 的关系如下：
$$k = 4.0 \times 10^{10} T^{1/2} \exp(-145.2 \times 10^3 / RT)$$

(1) 在 500K 时，$c_{A,0} = 0.10\,mol \cdot dm^{-3}$，求反应的半衰期 $t_{1/2}$；

(2) 在 500K 时，该反应活化能；

(3) 若反应历程如下：

$A \underset{k_{-1}}{\overset{k_1}{\rightleftharpoons}} B$（快速平衡），$A + B \overset{k_2}{\longrightarrow} C$（决速步），$C \overset{k_3}{\longrightarrow} P$（快反应）

用平衡态法导出该反应的速率方程，并指出在什么条件下表现为二级反应。

9-42　有机化合物热分解的链反应历程如下：

$A_1 \overset{k_1}{\longrightarrow} R_1 + A_2$　　　　$E_1 = 320\,kJ \cdot mol^{-1}$

$R_1 + A_1 \overset{k_2}{\longrightarrow} R_1H + R_2$　　　$E_2 = 40\,kJ \cdot mol^{-1}$

$R_2 \overset{k_3}{\longrightarrow} R_1 + A_3$　　　　$E_3 = 140\,kJ \cdot mol^{-1}$

$R_1 + R_2 \overset{k_4}{\longrightarrow} A_4$　　　　$E_4 = 0\,kJ \cdot mol^{-1}$

上述各式中，各 R 均表示高活性的自由基，各 A 均表示稳定物质。对于某一长链有机化合物的分解反应，请推导出其反应速率方程，并求出表观活化能。

9-43　乙炔气相热分解为二级反应。发生反应的临界能 $E_c = 190.4\,kJ \cdot mol^{-1}$，分子直径为 0.5nm，计算：

(1) 1000K，100kPa 时，单位时间、单位体积内的碰撞数；

(2) 1000K 时的速率常数。

9-44　对于同类双分子反应 $2A \longrightarrow P$，试证明：

(1) A 与 A 之间的碰撞数为

$$Z_{AA} = 8r_A^2 \left(\frac{\pi RT}{m_A} \right)^{1/2} C_A^2$$

（2）反应的速率方程为

$$-\frac{dC_A}{dt} = 16r_A^2 \left(\frac{\pi RT}{m_A} \right)^{1/2} n_A^2 e^{-E_c/RT}$$

9-45　实验测得丁二烯气相二聚反应的速率常数为

$$k = 9.2 \times 10^9 \exp\left(-\frac{12058}{T} \right) cm^3 \cdot mol^{-1} \cdot s^{-1} 。$$

若此反应的 $\Delta_r^{\neq} S_m^{\ominus} = -60.79 J \cdot K^{-1} \cdot mol^{-1}$，试用过渡态理论求此反应在 600K 时的指前因子 A，并与实验值比较。

9-46　303K 时，丙黄原酸离子在乙酸缓冲溶液中反应的速率常数与温度的关系式为：

$$k = 2.05 \times 10^{13} \exp(-8681/T) dm^3 \cdot mol^{-1} \cdot s^{-1}$$

求该反应的 $\Delta_r^{\neq} H_m^{\ominus}$ 与 $\Delta_r^{\neq} S_m^{\ominus}$。

9-47　水在 298.15K 和 308.15K 时的 η 分别为 $8.937 \times 10^{-4} Pa \cdot s$ 与 $7.225 \times 10^{-4} Pa \cdot s$，试计算以水为溶剂时的扩散控制反应的活化能。

9-48　H_2 和 Cl_2 的光化学反应吸收波长为 480nm 的光，量子效率为 10^6。在此条件下吸收 1J 的辐射能，可生成多少摩尔的 HCl?

9-49　330K 时，气态丙酮在波长为 313nm 的光照下，发生下列分解反应

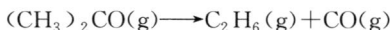

$$(CH_3)_2CO(g) \longrightarrow C_2H_6(g) + CO(g)$$

实验时反应池体积为 $59 cm^3$，丙酮蒸气吸收入射光的 91.5%，入射光的能量 $E = 4.81 \times 10^{-4} J \cdot s^{-1}$。反应开始压力为 102.1kPa，终态压力为 104.4kPa，计算反应的量子效率。

9-50　乙醛光解反应历程如下

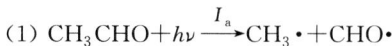

（1）$CH_3CHO + h\nu \xrightarrow{I_a} CH_3 \cdot + CHO \cdot$

（2）$CH_3 \cdot + CH_3CHO \xrightarrow{k_1} CH_4 + CH_3CO \cdot$

（3）$CH_3CO \cdot \xrightarrow{k_2} CO + CH_3 \cdot$

（4）$CH_3 \cdot + CH_3 \cdot \xrightarrow{k_3} C_2H_6$

试推导出 CO 的生成反应速率方程及 CO 的量子产率表达式。

9-51　323K 时，某有机化合物在酸催化下发生水解反应，其速率方程为

$$-\frac{dc_A}{dt} = k_A c_A^\alpha c_{H^+}^\beta$$

当溶液的 pH=5 时，$t_{1/2} = 69.3 min$；pH=4 时，$t_{1/2} = 6.93 min$，且 $t_{1/2}$ 与 A 的初始浓度无关。求：

（1）α 与 β 的值；

（2）速率常数 k_A；

（3）pH=3 时，$t_{1/2}$。

9-52　酶 E 作用在某一反应物 S 上将产生氧气，其反应机理为

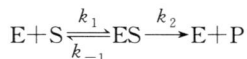

$$E + S \underset{k_{-1}}{\overset{k_1}{\rightleftharpoons}} ES \xrightarrow{k_2} E + P$$

实验测得在底物的不同初始浓度 $c_{s,0}$ 时，产生氧气的初始速率 r_0 数据如下：

$c_{s,0}/mol \cdot dm^{-3}$	0.050	0.017	0.010	0.005	0.002
$r_0/10^6 mol \cdot dm^{-3} \cdot min^{-1}$	16.6	12.4	10.1	6.6	3.3

计算反应的 Michaelis 常数 K_M。

第 10 章

界面现象　▶▶

　　相互接触的两个不同相之间存在约一个到几个分子厚度的过渡区，称为界面。通常，大多数物质以气、液、固三种相态(又称聚集态)存在，按照两个相互接触相的不同，可分为气-液、气-固、液-液、液-固和固-固五种界面。若两个不同的接触相中有一个是气相的界面，习惯称为表面，如气-液界面习惯称为液体表面，气-固界面称为固体表面。

　　从界面的定义可以发现，界面不是纯粹的几何面，具有一定的厚度，可以是单个分子厚度的界面，也可以是多个分子厚度的界面，所以有时将界面称为界面相。紧邻界面两侧的两个不同的相均称为体相(且是两个不同的体相)，界面在其结构、物质组成、受力情况以及能量大小等方面和体相的均不相同，即界面的性质不同于体相，这种性质差异导致界面上发生的一系列与体相不同的现象，称为界面现象。例如，光滑玻璃上的微小液体汞自动呈球形、水在玻璃毛细管中自动上升、液体汞在玻璃毛细管中自动下降、脱脂棉易于被水润湿、固体表面易吸附其他物质、人工降雨、粉尘易爆炸等。

　　一般情况下，物质的分散程度不高时，界面的性质与体相相比，可以忽略。但当物质被高度分散后，界面性质被放大到与体相性质相比已不能忽视的程度，这时必须研究系统的界面性质。

　　物质的分散程度通常用比表面积 a_s (或 a_V)来表示

$$a_s = \frac{A_s}{m} (\text{或} \ a_V = \frac{A_s}{V}) \tag{10-1}$$

式中，a_s 是指单位质量(m)的物质所具有的表面积(A_s)，单位为 $m^2 \cdot kg^{-1}$；a_V 是单位体积(V)的物质所具有的表面积，单位为 m^{-1}。由于 $m = \rho V$，ρ 为密度，则

$$a_V = \rho \cdot a_s \tag{10-2}$$

　　例如，将边长为 1cm 的立方体在三维方向上均匀分割为 10 等份，可以得到边长为 10^{-1}cm 的立方体 10^3 个；若对所得的边长为 10^{-1}cm 的每个立方体继续在三维方向上均匀分割 10 等份，系统将会有边长为 10^{-2}cm 的立方体 10^6 个；…，继续按这种方式不断分割到边长为 10^{-8}cm 为止。分割过程中，系统的一些表面性质列于表 10-1。

表 10-1　边长 1cm 的立方体在分割过程中表面性质的变化

边长/cm	立方体个数	总表面积/cm²	比表面积/m⁻¹	总表面能/J
1	1	6	6×10^2	0.44×10^{-4}
1×10^{-1}	1×10^3	6×10^1	6×10^3	0.44×10^{-3}

续表

边长/cm	立方体个数	总表面积/cm²	比表面积/m⁻¹	总表面能/J
1×10^{-2}	1×10^{6}	6×10^{2}	6×10^{4}	0.44×10^{-2}
1×10^{-3}	1×10^{9}	6×10^{3}	6×10^{5}	0.44×10^{-1}
1×10^{-4}	1×10^{12}	6×10^{4}	6×10^{6}	0.44×10^{0}
1×10^{-5}	1×10^{15}	6×10^{5}	6×10^{7}	0.44×10^{1}
1×10^{-6}	1×10^{18}	6×10^{6}	6×10^{8}	0.44×10^{2}
1×10^{-7}	1×10^{21}	6×10^{7}	6×10^{9}	0.44×10^{3}
1×10^{-8}	1×10^{24}	6×10^{8}	6×10^{10}	0.44×10^{4}

表 10-1 表明，将边长为 1cm 的立方体分割成边长为 10^{-8} cm 的过程中，系统立方体的个数由 1 个变化到 10^{24} 个，尽管系统的总体积不变，始终为 1cm³，但是分散程度增加了；系统表面积由 6cm² 增加到 6×10^{8} cm²；系统比表面积由 6×10^{2} m⁻¹ 增加到 6×10^{10} m⁻¹；系统总表面能由 0.44×10^{-4} J 增加到 0.44×10^{4} J。因此，立方体经过分割后，系统中单个颗粒变得越发细小，细小颗粒的数目变多，系统的分散程度、总的表面积、比表面积和总表面能都大幅增加。所以，可以用比表面积来衡量系统的分散程度，即颗粒越小，分散程度越高，表面积、比表面积和表面能就越大。

界面科学是化学、物理、生物、材料和信息等学科之间相互交叉和渗透的一门重要的边缘学科，随着这一学科研究的不断深入，其在科研和生产中所起的重要作用越来越被科学家所重视。

10.1　表面张力

10.1.1　液体的表面张力、表面功和比表面吉布斯函数

（1）液体的表面张力

处于界面层中的分子与体相中的分子所处的受力环境不同，现以液-气界面（即液体表面）为例，如图 10-1。纯液体（液相）与其饱和蒸气（气相）相接触时，纯液体体相内部的任一分子受到周围同类液体分子大小相等但方向不同的吸引力，由于这些吸引力呈球形对称而彼此相互抵消，则其合力为零，以至于在液体内部移动分子不需做功。但是，位于纯液体表面层中的液体分子，则处于力场不对称的环境中，它一方面受到液体内部同类液体分子的吸引力，另一方面又受到气相中性质不同的气体分子的

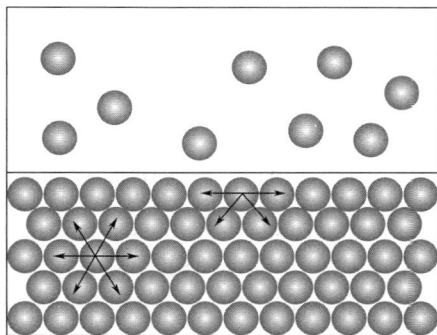

图 10-1　液体表面与内部分子受力情况比较

吸引力。由于表面层中的液体分子受到液体内部分子的吸引力远远大于气相中稀疏的气体分子对它的吸引力，故表面层的液体分子受到指向液体内部的拉力，称为内聚力，此力试图将表面层的液体分子拉入液体内部，内聚力的存在使得液体总有缩小表面积的趋势。与液体内部分子相比，处于表面层的液体分子具有更高的能量，所以若要将液体内部的分子移到表面层，或者要增加液体表面的面积（需增加表面层的分子），环境必须要克服内聚力对系统做功，这部分功将全部或部分转变给新增加的表面层分子。由于体积相同时球形的表面积最

小，处于表面层的分子(能量高)最少，系统能量最低，所以小液滴总是呈球形；肥皂泡只有用力吹气才能变大，是因为扩张液体表面积需要环境(吹气的人)对系统(肥皂泡)做功。

从上述分析可知，在液体表面(即液-气两相的界面)上，处处存在着一种指向液体内部方向、力图引起液体表面积收缩的力。因此，把一定温度和压力下，垂直作用于单位长度两相分界线上的收缩力，称为表面张力，用符号 γ 表示，单位是 $N \cdot m^{-1}$。表面张力的方向总是与液面相切，指向液体内部。若液面是平面的，表面张力的方向总是平行于液面，就在这个液面上；若液面是曲面，表面张力的方向在曲面的切线方向，其合力方向指向曲率中心。

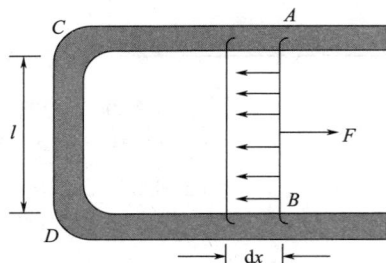

图 10-2　表面张力和表面功示意图

如图 10-2 所示，把金属丝弯成 U 形框架，另一根金属丝附在框架上并可以自由滑动。把框架放在肥皂液中，然后慢慢地取出，框架上就有了一层肥皂薄膜，可以观察到肥皂薄膜会自动收缩，并带动 AB 边向 CD 方向移动，这一表面现象说明肥皂薄膜表面存在指向左侧的表面张力 γ。因此，要维持肥皂薄膜不移动，需外加一个向右侧的力 F 来平衡因表面张力引起的向左侧的合力，因肥皂薄膜有上、下两个表面，表面总长度为 $2l$，根据表面张力的定义，得

$$\gamma = \frac{F}{2l} \tag{10-3}$$

与液体的表面张力类似，固体表面、液-液界面和液-固界面等其他界面，由于它们界面层的分子受力环境不对称，同样存在着界面张力。

(2) 表面功

对于图 10-2，可以从另一个视角来说明环境所做的可逆非体积功，全部用于增加系统的表面积。在一定温度和压力下，金属丝在外加的向右的力 F 作用下缓慢地向右移动 dx，忽略摩擦力的影响，这一过程所做的可逆非体积功为

$$\delta W_r' = F dx = (2\gamma l) dx = \gamma dA_s \tag{10-4}$$

式中，$dA_s = 2(l\,dx)$ 为肥皂薄膜增大的表面积，"2"代表肥皂薄膜有上、下两个面，则

$$\gamma = \frac{\delta W_r'}{dA_s} \tag{10-5}$$

上式表明，γ 也等于系统增加单位表面积时所需环境对系统做的可逆非体积功，单位为 $J \cdot m^{-2}$，称为表面功(superficial work)，有时也称为比表面功。

(3) 比表面吉布斯函数

由于恒温恒压下，可逆过程的非体积功等于系统的吉布斯函数变，即

$$\delta W_r' = dG_{T,p} = \gamma dA_s \tag{10-6}$$

则

$$\gamma = \left(\frac{\partial G}{\partial A_s}\right)_{T,p} \tag{10-7}$$

可见，γ 还可以定义为，恒温恒压下增加单位表面积所引起系统吉布斯函数的改变，单位为 $J \cdot m^{-2}$，故 γ 称为比表面吉布斯函数或比表面吉布斯自由能。比表面吉布斯函数的本质是指单位面积表面上的分子比同样数量体相内部分子所多出的能量。

(4) 表面张力、表面功和比表面吉布斯函数的关系

表面张力、表面功和比表面吉布斯函数三者是不同的物理量，它们的定义或所代表的物

理意义不同。但三者不仅符号相同，都是 γ，而且三者的量纲和量值相等，它们的量纲换算关系是：$1J \cdot m^{-2} = 1(N \cdot m) \cdot m^{-2} = 1N \cdot m^{-1}$，三者是对同一问题从不同角度进行阐述而已。

10.1.2　影响界面张力的因素

界面张力是界面层中的分子与形成界面的两个相中分子之间相互作用的结果，因此，凡能影响两相物质性质的因素对界面张力都会产生影响。

（1）物质本性的影响

物质的界面张力与物质的本性有关，物质不同，其分子间的作用力不同，界面张力也不相同。对于液体的表面张力，其值取决于液相中液体分子和气相中气体分子对表面层的液体分子之间的净吸引力。气相中的气体分子是指空气，或液体自身的蒸气，或是空气和液体蒸气的混合气体，一般对表面层的液体分子作用力很小，对表面张力影响不大，可以忽略。因此，对液体表面张力起决定作用的，是液相中的液体分子与表面层中的液体分子之间的作用力，即同一种物质液体分子间的作用力。不同的液体，其分子结构不同，分子间作用力大小不一样，表面张力不相等。一般来说，极性分子的液体表面张力较大，例如 25℃时水的表面张力为 72.14mN·m^{-1}；而非极性分子的液体表面张力较小，例如 25℃时四氯化碳的表面张力仅为 26.43mN·m^{-1}。

形成分子时键的类型决定着分子间作用力的大小，影响着表面张力。通常，以不同类型的分子键形成的物质，其表面张力的大小遵循以下规律

$$\gamma(金属键) > \gamma(离子键) > \gamma(极性共价键) > \gamma(非极性共价键)$$

表 10-2 给出了一些物质在不同温度下以液态形式存在时的表面张力。

表 10-2　某些液态物质的表面张力

物质	$t/℃$	$\gamma/mN \cdot m^{-1}$	物质	$t/℃$	$\gamma/mN \cdot m^{-1}$
水	20	72.75	FeO	1427	582
乙醇	20	22.30	Al_2O_3	2080	700
乙醚	20	17.00	Hg	25	485.48
正己烷	20	18.60	Ag	1100	878.50
NaCl	803	113.8	Cu	1084.6	1300
LiCl	614	137.8	Pt	1773.5	1800

由于固体分子的相互作用力远大于液体的，显然气相对固体表面张力的影响就更小，所以固体物质的表面张力一般要比液体物质的表面张力大很多。表 10-3 列出了一些固体物质在不同实验温度下的表面张力。

表 10-3　一些固体物质的表面张力

物质	气氛	$t/℃$	$\gamma/mN \cdot m^{-1}$	物质	气氛	$t/℃$	$\gamma/mN \cdot m^{-1}$
铜	Cu 蒸气	1050	1670	苯	—	5.5	52±7
银	—	750	1140	氧化镁	真空	25	1000
锡	真空	215	685	氧化铝	—	1850	905
冰	—	0	120±10	云母	真空	20	4500

（2）温度的影响

同一种物质的界面张力一般随着温度升高而降低。这是因为一方面温度升高时物质的体

积膨胀，分子间的距离增大，减弱了非气相-侧体相分子对界面层中分子的吸引力；另一方面温度升高，蒸气压变大，气相分子对界面层中分子的吸引力增加，从而使界面张力降低。当然，液体的表面张力受温度的影响较大，且表面张力随温度的升高近似呈现直线降低，当温度升高到接近液体临界温度 T_c 时，气-液界面趋于消失，表面张力降低到零。拉姆齐（Ramsay）和希尔茨（Shields）提出了表面张力 γ 随温度 T 变化的经验公式，即

$$\gamma V_m^{2/3} = K(T_c - T - 6.0) \tag{10-8}$$

式中，V_m 为液体的摩尔体积；T_c 为临界温度；K 是常数，非极性液体的 K 约为 $2.2 \times 10^{-7} J \cdot K^{-1}$。表 10-4 给出了一些物质在不同温度下的表面张力。

表 10-4 不同温度下液体的表面张力 单位：$mN \cdot m^{-1}$

物质	0℃	20℃	40℃	60℃	80℃	100℃
水	75.64	72.75	69.60	66.24	62.67	58.91
乙醇	24.4	22.3	21.0	19.2	17.3	15.5
甲醇	24.5	22.6	20.9	19.3	17.5	15.7
丙酮	26.2	23.7	21.2	18.6	16.2	—
甲苯	30.92	28.53	26.15	23.94	21.8	19.6
苯	31.9	29.0	26.3	23.6	21.2	18.2
四氯化碳	29.5	26.9	24.5	22.1	19.7	17.3

（3）压力的影响

从气-液两相密度差和对表面层中分子的净吸引力考虑，气相压力对表面张力是有影响的，但比较复杂。通常，随着压力的增加，表面张力下降，但下降的程度极为有限，每增加 1MPa 的压力，表面张力约降低 $1mN \cdot m^{-1}$，因此压力对表面张力的影响可以忽略不计。例如，20℃时，101.325kPa 下水和 CCl_4 的表面张力分别为 $72.8mN \cdot m^{-1}$ 和 $26.9mN \cdot m^{-1}$，而在 1MPa 下分别是 $71.8mN \cdot m^{-1}$ 和 $25.9mN \cdot m^{-1}$。

10.1.3 表面热力学基本方程

在第 4.3 节中，多组分多相系统的四个热力学基本公式（4-32）～式（4-35）是在忽略了两个不同相之间存在界面的前提下得出的。但当系统扩展相界面时，需增加表面层分子，环境要对系统做非体积功，即表面功，热力学基本公式（4-32）～式（4-35）中必须相应增加表面功 γdA_s 项，得到表面热力学基本方程式，即

$$dU = TdS - pdV + \sum_\alpha \sum_B \mu_{B(\alpha)} dn_{B(\alpha)} + \gamma dA_s \tag{10-9}$$

$$dH = TdS + Vdp + \sum_\alpha \sum_B \mu_{B(\alpha)} dn_{B(\alpha)} + \gamma dA_s \tag{10-10}$$

$$dA = -SdT - pdV + \sum_\alpha \sum_B \mu_{B(\alpha)} dn_{B(\alpha)} + \gamma dA_s \tag{10-11}$$

$$dG = -SdT + Vdp + \sum_\alpha \sum_B \mu_{B(\alpha)} dn_{B(\alpha)} + \gamma dA_s \tag{10-12}$$

$$\gamma = \left(\frac{\partial U}{\partial A_s}\right)_{S,V,n_{B(\alpha)}} = \left(\frac{\partial H}{\partial A_s}\right)_{S,p,n_{B(\alpha)}} = \left(\frac{\partial A}{\partial A_s}\right)_{T,V,n_{B(\alpha)}} = \left(\frac{\partial G}{\partial A_s}\right)_{T,p,n_{B(\alpha)}} \tag{10-13}$$

式（10-13）第一个等式表明，γ 是指熵值恒定、恒容、各相中各物质的量不变时，增加单位表面积时系统热力学能的增量，称为表面热力学能。其余三个等式的意义类似。

在恒温恒压、各相中各物质的量不变时，由式(10-13)最后一个等式得

$$dG = \gamma dA_s \tag{10-14}$$

此式表明在上述条件下，系统由于表面积改变而引起的吉布斯函数变，称为表面吉布斯函数变，并用 dG 或 ΔG 表示。当 γ 不变时，对公式 $dG = \gamma dA_s$ 积分，得

$$G = \gamma A_s \tag{10-15}$$

对上式全微分，得

$$dG = \gamma dA_s + A_s d\gamma \tag{10-16}$$

上式表明，降低系统表面吉布斯函数的方式有两种：降低表面积 A_s 和降低表面张力 γ。在恒温恒压条件下，系统表面吉布斯函数减小的过程是自发过程，例如，一定温度和压力下，小液滴能自发聚集成大液滴，这是一个表面张力不变、表面积减小的过程；而多孔固体表面可以自发吸附气体，则是一个表面积不变、表面张力减小的过程。

【**例 10-1**】　在 293.15K 和标准压力 $p^{\ominus}$ 下，将半径 $r_1 = 1.00 \times 10^{-3}$ m 的水滴分散成半径 $r_2 = 1.00 \times 10^{-9}$ m 的小水滴。已知该温度下，水的表面张力 $\gamma = 0.0728$ N·m^{-1}。试计算分散后的小水滴的数目及表面吉布斯函数变。

解　设小水滴的数目为 N，则

$$\frac{4}{3}\pi r_1^3 = N \cdot \frac{4}{3}\pi r_2^3$$

$$N = \left(\frac{r_1}{r_2}\right)^3 = \left(\frac{1.00 \times 10^{-3}}{1.00 \times 10^{-9}}\right)^3 = 10^{18}（个）$$

$$\Delta G = \int_{A_{s,1}}^{A_{s,2}} \gamma dA_s = \gamma(A_{s,2} - A_{s,1})$$

$$= \gamma(N \cdot 4\pi r_2^2 - 4\pi r_1^2)$$

$$= \{0.0728 \times 4 \times 3.14 \times [10^{18} \times (10^{-9})^2 - (10^{-3})^2]\}\text{J}$$

$$= 0.914\text{J}$$

10.2　固-液界面与润湿现象

当固体(也可以是液体)与液体接触时，液体取代原来固体表面上的气体而产生臣-液界面的过程，称为润湿。润湿是日常生活和生产实践中常见的现象，是很多现代工业技术的基础。例如，荷叶上的水滴、机械的润滑、矿石的浮选、注水采油、农药、涂料、洗涤、印染和防水等都与润湿相关。为了能从热力学观点出发研究润湿过程自发进行的条件，首先介绍接触角。

10.2.1　接触角和杨氏方程

在一块水平放置的、光滑的固体表面上，滴加一滴不完全展开的液体时，固体表面上形成如图 10-3(a)和(b)所示的液滴形状。在气、液、固三相交界处的 O 点，固液界面的水平线与气-液界面切线之间的夹角，称为接触角，有时也称润湿角，用 θ 表示。

在气、液、固三相交汇点 O 处，存在着倾向于使液滴铺展开来的固体表面张力 γ^s、倾向于使液滴收缩的固-液界面张力 γ^{sl} 和液体表面张力 γ^l[该表面张力在润湿时倾向于使液滴收缩，图 10-3(a)所示；在不润湿时倾向于使液滴铺展开来，图 10-3(b)所示]的相互作用。当液滴处于静止状态，达到平衡时，三种力在水平方向上的合力为零，即

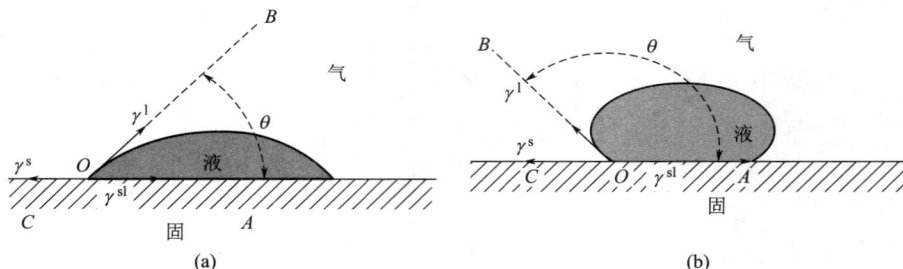

图 10-3　接触角与各界面张力的关系

$$\gamma^s = \gamma^{sl} + \gamma^l \cos\theta \qquad (10\text{-}17)$$

该式称为杨氏方程，是杨氏（Young T.）于 1805 年提出的。

杨氏方程涉及的固体表面张力 γ^s、固-液界面张力 γ^{sl}、液体表面张力 γ^l 和接触角 θ 四个参数中，到目前为止尚无测量 γ^s 和 γ^{sl} 的可靠方法，故不能用杨氏方程直接计算。但是，可以用表面张力仪精准测量液体表面张力 γ^l，通过接触角仪精准测量接触角 θ，从而获得 γ^{sl} 与 γ^s 的差值，即

$$\gamma^{sl} - \gamma^s = -\gamma^l \cos\theta \qquad (10\text{-}18)$$

10.2.2　润湿现象

根据液体对固体润湿程度的深浅，或者说润湿性能的优劣，润湿分为沾湿、浸湿和铺展三种过程。

图 10-4　液体对固体的沾湿过程

（1）沾湿过程

沾湿（adhesion wetting）是指系统中固-液界面取代原先的固体表面（即气-固界面）和液体表面（即气-液界面）的过程，如图 10-4 所示。

在恒温恒压条件下，沾湿过程的吉布斯函数变为

$$\Delta G_a = G_{sl} - (G_{sg} + G_{lg})$$

由式（10-15）可知 $G = \gamma A_s$，设沾湿过程中各界面的面积均为单位面积，即 $A_s = 1 m^2$，再结合杨氏方程，则

$$\Delta G_a = \gamma^{sl} - \gamma^s - \gamma^l = -\gamma^l (\cos\theta + 1) \qquad (10\text{-}19)$$

由于液体的表面张力 $\gamma^l > 0$，只要 $\theta \le 180°$，都能满足 $\Delta G_a \le 0$。因任何液体在固体上的接触角总是小于 $180°$，故沾湿过程是任何液体和固体之间都能自发进行的过程。

沾湿功是指沾湿过程的逆过程所做的功，即把单位面积已沾湿的固-液界面重新分开而形成气-液和气-固界面过程所需的功，即

$$W'_a = -\Delta G_a \qquad (10\text{-}20)$$

这是系统得到环境的最小功。

（2）浸湿过程

浸湿（immersion wetting）过程是指将固体浸入液体中，系统中固-液界面全部取代原先的气-固界面的过程，如图 10-5 所示。

恒温恒压下，设固体的表面积为单位面积，与沾湿过程类似，可以导出浸湿过程的吉布

斯函数变为

$$\Delta G_i = \gamma^{sl} - \gamma^s = -\gamma^l \cos\theta \qquad (10\text{-}21)$$

若浸湿是自发过程，必须 $\Delta G_i \leqslant 0$，那么只有 $\theta \leqslant 90°$ 才能满足。因此，只有液体在固体上的接触角小于 $90°$ 时，固体才能自发浸湿到液体中。

类似地，浸湿功是指浸湿过程的逆过程所做的功，即把单位面积已浸湿的固-液界面分开而形成气-固界面过程所需的功，即

$$W'_i = -\Delta G_i \qquad (10\text{-}22)$$

这是系统得到环境的最小功。

（3）铺展过程

铺展（spreading）过程是指少量液体在固体表面上展开形成一层薄膜的过程，即系统用固-液界面全部取代气-固界面，同时新增了同样面积的气-液界面，如图 10-6 所示。

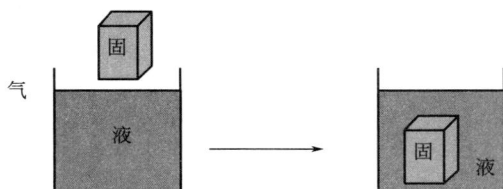

图 10-5　液体对固体的浸湿过程　　　　　　图 10-6　液体对固体的铺展过程

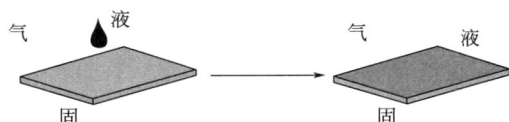

在恒温恒压下，设被铺展的固体表面积为单位面积，用于铺展的少量液体的表面积忽略不计，则铺展过程的吉布斯函数变为

$$\Delta G_s = \gamma^{sl} + \gamma^l - \gamma^s = -S \qquad (10\text{-}23a)$$

式中，S 称为液体在固体表面上的铺展系数。$S \geqslant 0$，即 $\Delta G_s \leqslant 0$，是液体在固体表面上自动铺展的必要条件，且 S 越大，铺展性能越好。若 $S < 0$，则不能铺展。

应用杨氏方程，代入式（10-23a），得

$$\Delta G_s = \gamma^{sl} + \gamma^l - \gamma^s = -\gamma^l(\cos\theta - 1) \qquad (10\text{-}23b)$$

上式表明，当 $\theta > 0°$ 时，$\Delta G_s > 0$，$S < 0$，液体不可能在固体表面铺展。当 $\theta = 0°$ 时，$\Delta G_s = 0$，此时 $\gamma^s = \gamma^{sl} + \gamma^l$，这是铺展能够进行的最低条件。而当 $\gamma^s > \gamma^{sl} + \gamma^l$ 时，由式（10-23a）可知，$\Delta G_s < 0$，铺展必然能够进行，但此时不能用式（10-23b）求出对应的接触角 θ，因为此时的铺展是一个非平衡过程，而式（10-23b）是用平衡条件下导出的杨氏方程代入式（10-23a）后得到的。

（4）润湿现象小结

三种润湿现象中，当 $90° < \theta < 180°$ 时，液体只能够沾湿固体；当 $0° < \theta < 90°$ 时，液体不仅能够沾湿固体，还能够浸湿固体；当 $\theta = 0°$ 或不存在时，液体不仅能够沾湿和浸湿固体，还能够在固体表面上发生铺展。可以这样认为，沾湿是最低级的润湿现象，而铺展是最高级的润湿现象。

用接触角可以直观地判断液体对固体的润湿，把 $\theta < 90°$ 的情形称为润湿；$\theta > 90°$ 的称为不润湿；$\theta = 0°$ 时称为完全润湿；$\theta = 180°$ 时称为完全不润湿。例如，水在玻璃上的接触角 $\theta < 90°$，水可以在玻璃毛细管中上升，通常称水能润湿玻璃；而液体汞在玻璃上的接触角 $\theta = 140°$，汞在玻璃毛细管中下降，表示液体汞不能润湿玻璃。

【例 10-2】 在 293.15K 时，乙醚-水、汞-乙醚和汞-水的界面张力分别为 10.7mN·m^{-1}、379mN·m^{-1} 和 375mN·m^{-1}。若在乙醚和汞的界面上滴加一滴水，试问水能否润湿汞表面？

解 乙醚相当于是气相，根据杨氏方程得

$$\gamma[\text{Hg}-(\text{CH}_3\text{CH}_2)_2\text{O}]=\gamma(\text{Hg}-\text{H}_2\text{O})+\gamma[(\text{CH}_3\text{CH}_2)_2\text{O}-\text{H}_2\text{O}]\cos\theta$$

$$0.379=0.375+0.0107\times\cos\theta$$

$$\theta=68°<90°$$

可见，水能润湿汞表面。

10.3 弯曲液面的附加压力与毛细管现象

通常情况下，液体的表面是水平的，例如平静湖泊的水面，而液滴或气泡的表面则是弯曲的。液体的表面可以呈现凸形或凹形，例如玻璃滴定管中水溶液的液面是凹形的，而福廷式气压计玻璃管中的水银液面是凸形的。液体表面呈现出平坦或是弯曲的形状，是由于液体表面受力情况不同引起的。

10.3.1 弯曲液面的附加压力

（1）附加压力产生的原因及其定义

由于表面张力的存在，弯曲液面上的液体受力情况与水平液面上的情况是不同的。在一定外压下，平面上的液体只承受来自外界的压力，但弯曲液面上的液体除了承受外界压力外，还要受到因液面弯曲而产生的附加压力 Δp 作用。

对于液面上某一微小单元，液面上方气相对微小单元的压力为 p_g，方向由气相垂直指向该液面；同时，液面下方的液相给微小单元的支撑力为 p_1，方向由液相垂直指向该液面。若液面是水平的，则表面张力 γ 的方向与液面平行，当液面处于平衡时，微小单元受到各个方向的表面张力，就像图 10-7(a)中向左和向右方向的表面张力一样是互相抵消的，合力为零，此时液面上微小单元受到液相的支撑力 p_1 与气相中气体对它的压力 p_g 相等。如果液面是弯曲的，如图 10-7(b)和(c)所示，当液面处于平衡时，表面张力 γ 的方向是垂直于圆周线且与弯曲液面相切，作用在圆周线上的表面张力，其合力在水平方向的分力相互抵消，但在垂直方向上的分力不等于零。若液面是凸形的，合力方向指向液体内部，若液面是凹形的，合力方向指向液体外部，总之，合力作用的方向总是指向曲率半径中心，这一合力称为弯曲液面的附加压力 Δp，定义

$$\Delta p=p_1-p_g \tag{10-24}$$

显然，水平液面 $\Delta p=0$，凸形液面的 $\Delta p>0$，凹形液面的 $\Delta p<0$。

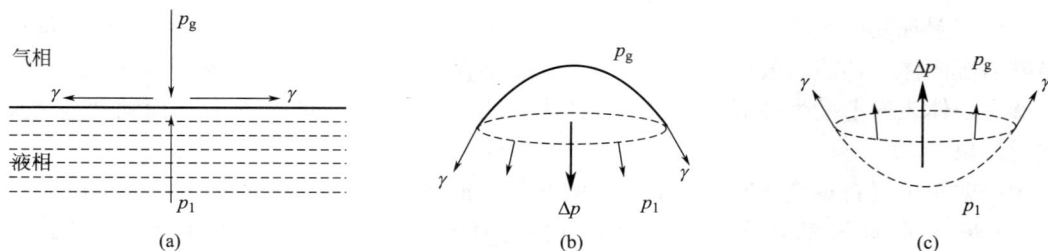

图 10-7 弯曲表面的附加压力

（2）拉普拉斯（Laplace）方程

如图 10-8，现有一凸形液面 AB，其球心为 O，球半径为 r，球缺底面圆心为 O_1，底面半径为 r_1，液体表面张力为 γ。将球缺底面圆周上与圆周垂直的表面张力分为水平分力与垂直分力，水平分力相互平衡抵消，垂直分力指向液体内部，其单位长度的垂直分力等于 $\gamma\cos\alpha$，α 是表面张力与垂直分力之间的夹角，显然，$\cos\alpha=r_1/r$。球缺底面周长为 $2\pi r_1$，则垂直分力在圆周上的合力为

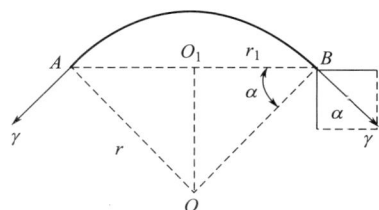

图 10-8　Δp 与液面曲率半径的关系

$$F=2\pi r_1\gamma\cdot\cos\alpha=2\pi r_1\gamma\cdot r_1/r=2\gamma\pi r_1^2/r$$

球缺底面面积为 πr_1^2，故弯曲液面作用于单位面积水平面上的附加压力为

$$\Delta p=\frac{F}{\pi r_1^2}=\frac{2\gamma\pi r_1^2/r}{\pi r_1^2}$$

则

$$\Delta p=\frac{2\gamma}{r} \tag{10-25}$$

上式称为拉普拉斯（Laplace）方程。拉普拉斯方程表达了弯曲液面的附加压力 Δp 与液体的表面张力 γ、曲率半径 r 的定量关系，适用于计算曲率半径 r 为定值的小液滴或小气泡的附加压力。值得指出的是，附加压力存在于气、液两个相界面处的液面层，即只有界面处的 p_1 与 p_g 差值才是附加压力。

对于平面液体，$r\to\infty$，$\Delta p=p_1-p_g=0$，则 $p_1=p_g$；若为凸面液体（如小液滴），曲率半径 $r>0$，附加压力指向液体，$\Delta p=p_1-p_g>0$，即 $p_1>p_g$；若是凹面液体（如液体中的小气泡），曲率半径 $r<0$，附加压力指向气体，$\Delta p=p_1-p_g<0$，即 $p_1<p_g$。

空气中的气泡，如肥皂泡的附加压力，因气泡有内、外两个曲率半径相差极小的气-液界面，故气泡内、外压力差 $\Delta p=\dfrac{4\gamma}{r}$。

10.3.2　毛细管现象

把一支两端开口的玻璃毛细管垂直插入液体中，液体在毛细管内的液面将上升或下降，这种现象称为毛细管现象。

产生毛细管现象的根本原因是弯曲液面的附加压力。若液体能润湿毛细管管壁，液体与管壁的接触角 $\theta<90°$，液体在管中呈凹形液面，附加压力 $\Delta p<0$，方向指向气相，此时凹形液面下方的液体对液面的支撑力 p_1 小于管外水平液面处的压力 p_g，于是管外液体被压入管中而使管内液面上升，例如将玻璃毛细管插入液体水中就是这种情况。若液体不能润湿管壁，液体与管壁的接触角 $\theta>90°$，液体在管中呈凸形液面，液面在管中下降，例如将玻璃毛细管插入液体汞中，汞液面下降，如图 10-9 所示。

毛细管现象中液面升高或降低的动力源于弯曲液面的附加压力 Δp，当液面升高或降低达到平衡时

$$\Delta p=\frac{2\gamma}{r_1}=(\rho-\rho_g)gh$$

式中，γ 是液体表面张力；r_1 是液面的曲率半径；ρ 是液体的密度；ρ_g 是气体的密度；g 是重力加速度；h 是毛细管内液面升高（或下降）的高度，如图 10-10 所示。

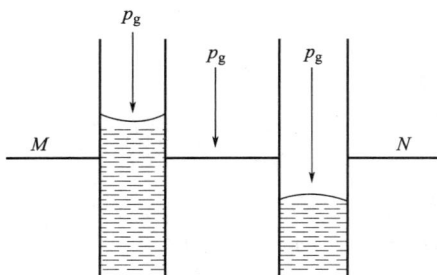

图 10-9　毛细管现象示意图

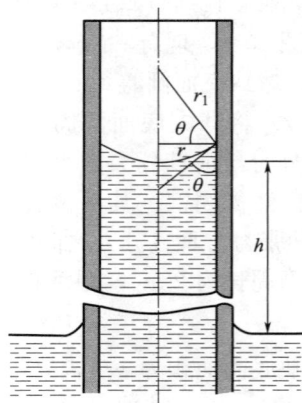

图 10-10　曲率半径与毛细管现象

一般情况下，$\rho \gg \rho_g$，曲率半径与毛细管半径 r 的关系为

$$r_1 = \frac{r}{\cos\theta}$$

因此，毛细管升高或降低的高度为

$$h = \frac{2\gamma\cos\theta}{r\rho g} \tag{10-26}$$

上式表明，一定温度下，毛细管越细，液体密度越小，液体对管壁的润湿越好，即接触角 θ 越小，液体在毛细管中上升得越高；而当液体不能润湿毛细管管壁，即 $\theta > 90°$，$\cos\theta < 0$ 时，液体在毛细管内呈凸液面，$h < 0$，代表液面在毛细管内下降的高度。

毛细管现象在日常生活和生产中有许多应用，例如锄地不仅可以铲除杂草，还可以破坏土壤中自然形成的毛细管，防止植物根下的水分因毛细管现象上升到地表而蒸发，起到了保护土壤水分的作用。

【**例 10-3**】　在 293.15K 时，乙醇的表面张力为 22.3mN·m^{-1}，密度为 0.7894g·cm^{-3}，重力加速度为 9.81m·s^{-2}，现将直径为 0.10mm 的玻璃毛细管插入乙醇中。为防止毛细管内液面上升，需加多大的压力？若不加压力，平衡后毛细管内液面的高度是多少？假设乙醇能很好地润湿玻璃表面。

解　"很好地润湿"意思是"完全润湿"。乙醇能很好地润湿玻璃表面，说明接触角 $\theta = 0°$。防止液面升高，需加的压力等于弯曲液面的附加压力，即

$$\Delta p = \frac{2\gamma}{r} = \left(\frac{2 \times 22.3 \times 10^{-3}}{0.10 \times 10^{-3}/2}\right)\text{Pa} = 892\text{Pa}$$

毛细管内液面升高的高度为

$$h = \frac{2\gamma\cos\theta}{\rho g r} = \left(\frac{2 \times 22.3 \times 10^{-3} \times \cos 0°}{789.4 \times 9.81 \times 0.10 \times 10^{-3}/2}\right)\text{m} = 0.115\text{m}$$

10.4　开尔文公式和亚稳状态

10.4.1　微小液滴的饱和蒸气压——开尔文(Kelvin)公式

纯液体的饱和蒸气压与温度之间具有一一对应关系，服从克拉佩龙-克劳修斯方程，这

仅仅是对平面液体而言。实验发现微小的水滴易于蒸发，这是由于弯曲液面存在附加压力，使得一定温度下微小液滴的饱和蒸气压大于该温度下平面液体的饱和蒸气压所致。因此，液滴的饱和蒸气压不仅与物质的本性、温度和外压有关，还与其曲率半径有关。

如图 10-11，如果将一定体积的平面液体分散成半径为 r 的小液滴，弯曲液面附加压力的存在，使得小液滴液面下液体受到的压力与水平液面下液体所受到的压力不同，其饱和蒸气压力也随之改变。

图 10-11　平面液体转移为小液滴的示意图

设在温度 T 时，某液体(平面液体或液滴)与其饱和蒸气呈平衡

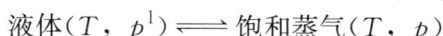

$$液体(T，p^1) \rightleftharpoons 饱和蒸气(T，p)$$

式中，p^1 和 p 分别表示液面下液体所受的压力和蒸气的饱和蒸气压，平面液体与其饱和蒸气，以及小液滴与其饱和蒸气均存在上述平衡关系。对于平面液体，所受的压力记为 p^1，饱和蒸气压记为 p，$p^1 = p$；对于小液滴，所受的压力记为 p_r^1，饱和蒸气压记为 p_r。

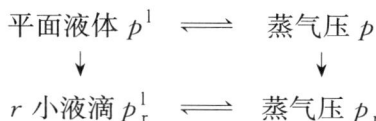

$$平面液体\ p^1 \rightleftharpoons 蒸气压\ p$$
$$\downarrow \qquad\qquad \downarrow$$
$$r\ 小液滴\ p_r^1 \rightleftharpoons 蒸气压\ p_r$$

当将平面液体分散成小液滴后，系统蒸气压由 p 转化为 p_r，小液滴与其饱和蒸气建立新的平衡，此时有

$$\mu(l) = \mu(g)$$

即

$$G_m(l) = G_m(g)$$

恒温时，有

$$\left(\frac{\partial G_m(l)}{\partial p^1}\right)_T dp^1 = \left(\frac{\partial G_m(g)}{\partial p}\right)_T dp$$

则

$$V_m(l) dp^1 = V_m(g) dp$$

假定将平面液体分散成小液滴的过程中，液体摩尔体积 $V_m(l)$ 是不随压力而改变的常数，同时假定蒸气为理想气体。将上式积分，则

$$\int_{p^1}^{p_r^1} V_m(l) dp^1 = \int_p^{p_r} V_m(g) dp = \int_p^{p_r} \frac{RT}{p} dp$$

$$V_m(l)(p_r^1 - p^1) = RT \ln \frac{p_r}{p}$$

式中，$V_m(l) = \dfrac{M}{\rho}$，$(p_r^1 - p^1) = \Delta p = \dfrac{2\gamma}{r}$，代入上式，得

$$\ln \frac{p_r}{p} = \frac{2M\gamma}{RT\rho r} \tag{10-27}$$

此式称为开尔文公式。式中，γ 为液体的表面张力，$N \cdot m^{-1}$；M 为液体的摩尔质量，$kg \cdot mol^{-1}$；ρ 为液体的密度，$kg \cdot m^{-3}$；p 为温度 T 时水平液体的饱和蒸气压，p_r 为半径为 r 的小液滴或小气泡的蒸气压，单位均为 Pa；(p_r/p) 称为蒸气过饱和度；r 为液滴或气泡半径，m，液滴是凸面，曲率半径 $r > 0$，其半径越小则蒸气压越大；气泡是凹面，曲率半径

$r<0$，其半径越小，液体在泡内的蒸气压就越低。293.15K 时，不同半径的水滴、水泡内的饱和蒸气压 p_r 和平面液体水的饱和蒸气压 p 的比值见表 10-5。

表 10-5 不同半径小水滴、小水泡的 p_r 与平面液体水的 p 之比（293.15K，$p=2333\text{Pa}$）

r/m		10^{-5}	10^{-6}	10^{-7}	10^{-8}	10^{-9}
p_r/p	液滴	1.0001	1.001	1.011	1.114	2.937
	气泡		0.9969	0.9891	0.8977	0.3390

开尔文公式除了适用于液体外，还可以用于计算微小晶体的饱和蒸气压，即

$$\ln \frac{p_r}{p} = \frac{2M\gamma}{RT\rho r} \tag{10-28}$$

式中，γ 为固体的表面张力，$\text{N} \cdot \text{m}^{-1}$；$M$ 为微小晶体的摩尔质量，$\text{kg} \cdot \text{mol}^{-1}$；$\rho$ 为微小晶体的密度，$\text{kg} \cdot \text{m}^{-3}$；$p$ 为温度 T 时普通晶体的饱和蒸气压，Pa，p_r 为温度 T 时半径为 r 的微小晶体的饱和蒸气压，Pa；r 为微小晶体的半径，m。曲率半径 r 恒大于零。显然，微小晶体的饱和蒸气压大于普通晶体的，晶体半径越小，饱和蒸气压越大，其溶解度越大，熔点越低。但是，固体没有严格意义的球形，且不同晶面的表面张力有所不同，故计算结果精度不高。

运用开尔文公式可以说明许多表面效应，例如毛细管凝结现象。多孔性固体的孔道多数可看作是半径不同的毛细管，一般认为气体在其中的吸附是气体的液化，且液体可以润湿管壁，在毛细孔中形成凹液面。由开尔文公式可知，一定温度下凹液面的饱和蒸气压低于平面液体的饱和蒸气压。因此，当孔中气体压力增大，但尚未达到平面液体的饱和蒸气压时，对孔中的凹液面来讲可能已经达到饱和状态，这时的蒸气就可在较小毛细孔中的凹液面上凝聚成液体；随着气体压力的增加，将逐渐在直径大些的孔中凝聚，直至所有毛细孔内被液体所填满，这种现象称为毛细管凝结。硅胶干燥剂是一种多孔性物质，具有很大的内表面和较强的吸湿能力，可吸附空气中的水蒸气，在毛细管内发生凝结现象，达到干燥的目的。

10.4.2 亚稳状态及新相的生成

在蒸气凝结、液体沸腾、液体凝固以及溶液中溶质的结晶等相变过程中，系统经历了从无到有的新相生成过程，刚开始生成的液滴、气泡或颗粒尺度非常微小，其比表面积和表面吉布斯函数都很大，使系统处于具有较高能量的不稳定状态，因此，要在系统中产生一个新相是极其困难的。由于新相难以生成，从而引发处于亚稳状态的过饱和蒸气、过热液体、过冷液体和过饱和溶液等现象，尽管这些都是热力学不稳定状态，但它们却能长期"稳定"存在，若一旦有新相生成，亚稳状态将失去"稳定"，系统最终转变为稳定的相态。

（1）过饱和蒸气

当气体刚开始凝结成液体时将产生极微小的新相液滴，根据开尔文公式，微小液滴的蒸气压远远大于平面液体的蒸气压。如图 10-12 所示，曲线 MN 和 $M'N'$ 分别表示平面液体和微小液滴的饱和蒸气压曲线。例如在温度 t_0 时，压力为 p_0 的蒸气对平面液体来说已经达到饱和（A 点），但对小液滴尚未达到饱和，所以蒸气在 A 点不能凝结出小液滴。若维持 t_0 温度不变，将蒸气压升高至 p' 时，才达到了小液滴在此温度时的饱和蒸气压；或者维持压力 p_0 不变，将温度降至 t'。这种在正常相变条件下应该凝结而未凝结的蒸气，称为过饱和蒸气。例如在 0℃ 附近，水蒸气要达到 5 倍于平衡蒸气压的压力，才开始自动凝结成液体水。

在洁净的高空中，水蒸气可以达到很高的过饱和程度而不凝结成水滴。若用飞机、火箭

等向空中播撒干冰、碘化银、盐粉等小颗粒，它们可以成为水的凝聚中心，使凝结的水滴的初始曲率半径加大，这样便能在相对较低的水蒸气过饱和程度下使水蒸气迅速凝结成水滴，实现人工降雨或增加降水量，以解除或缓解农田干旱。

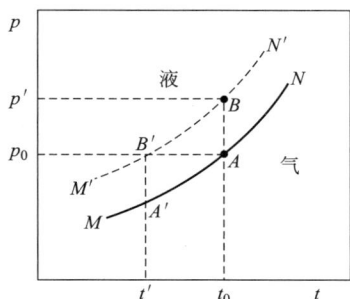

图 10-12　平面液体和小液滴的蒸气压

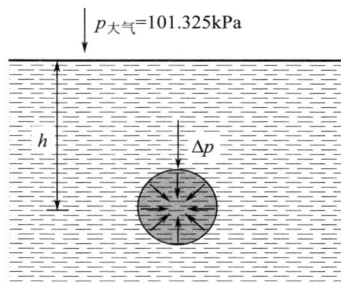

图 10-13　形成过热液体示意图

（2）过热液体

液体沸腾不仅是液体表面上的汽化，而且是液体内部连续地生成微小的气泡（新相），然后小气泡逐渐长大并上升至液面的过程。沸点是在一定外界大气压下，液体的饱和蒸气压与该外压相等时的温度。液体加热到沸点以上温度时仍不沸腾的现象，称为过热现象，此时的液体称为过热液体。

由于水中的气泡是凹形液面，相当于 Kelvin 公式中的曲率半径 $r < 0$，用 Kelvin 公式计算出的饱和蒸气压 p_r，即为形成的小气泡所能承受的最大挤压力，其值小于平面液体水的饱和蒸气压，而且气泡越小，p_r 值越小。在正常沸点时，平面液体水的饱和蒸气压等于外压（为 101.325kPa），而沸腾之初形成的小气泡半径极小，气泡内的饱和蒸气压远小于外压，同时，小气泡一旦形成便会产生附加压力，这时小气泡要受到来自外压 $p_{大气}$、附加压力 Δp 和液体静压力 $\rho g h$ 三方合力的挤压，如图 10-13 所示。所以，加热到沸点时假设能形成的小气泡，其内部的饱和蒸气压 p_r 远远小于三方合力之和，这样的小气泡不可能存在。若要使小气泡存在，必须继续加热升高液体温度（此时液体的温度必然高于正常沸点），使小气泡内的蒸气压增大到等于或大于三方合力之和时，小气泡才能生成，并突然产生大量气泡致使液体暴沸。

为了防止液体过热和暴沸存在的安全隐患，常在液体中投入素烧瓷片、沸石或者毛细管等多孔性物质，这些物质内部贮有的气体可作为加热液体沸腾时的新相"种子"，可以绕过产生极微小气泡的困难阶段，使液体的过热程度大大降低。

【例 10-4】　在 373.15K，101.325kPa 时，纯水的密度为 958.1kg·m^{-3}，表面张力为 58.91mN·m^{-1}。试问若在离液面 0.03m 的深处，要生成半径为 10^{-8}m 的小气泡需要克服多大的压力？

解　此小气泡若能生成，小气泡内饱和水蒸气的压力 p_r 可通过 Kelvin 公式计算

$$\ln \frac{p_r}{p} = \frac{2M\gamma}{RT\rho r}$$

$$\ln \frac{p_r/\text{kPa}}{101.325} = \frac{2 \times 18 \times 10^{-3} \times 58.91 \times 10^{-3}}{8.314 \times 373.15 \times 958.1 \times (-10^{-8})} = -0.07134$$

$$p_r = 94.3474\text{kPa}$$

小气泡能够生成需要克服外界大气压 $p_{大气}$、凹液面附加压力 Δp 的挤压和液体静压力三方

合力，即

$$p = p_{大气} + |\Delta p| + \rho g h = p_{大气} + \left|\frac{2\gamma}{r}\right| + \rho g h$$

$$= \left(101.325 \times 10^3 + \left|\frac{2 \times 58.91 \times 10^{-3}}{-10^{-8}}\right| + 958.1 \times 9.81 \times 0.03\right)\text{Pa}$$

$$= (1.01325 \times 10^5 + 117.82 \times 10^5 + 282)\text{Pa} = 118.8 \times 10^5 \text{Pa}$$

可见，若生成半径为 10^{-8}m 的小气泡，需要克服 118.8×10^5Pa 的挤压力，而小气泡自身内部只能承受 94.3474kPa 的压力。因此，只能继续加热升高液体温度，增加液体的饱和蒸气压，才能形成稳定的小气泡，此过程液体过热。在三方合力中，附加压力对挤压力的贡献独大，是最主要的，其次是外界大气压的贡献，液体静压力的贡献小到可以忽略不计。

（3）过冷液体

根据 Kelvin 公式，一定温度下微小晶体的饱和蒸气压恒大于普通晶体的饱和蒸气压，这是液体产生过冷现象的根本原因。如图 10-14 所示，曲线 AO 表示普通晶体的饱和蒸气压曲线，微小晶体的饱和蒸气压曲线 BO' 居于 AO 曲线上方，进一步说明了颗粒大小不同对晶体饱和蒸气压的影响。CO' 线为平面液体的蒸气压曲线。O 点和 O' 点所对应的温度 T_f 和 T_f' 分别为普通晶体和微小晶体的凝固点（也是熔点）。

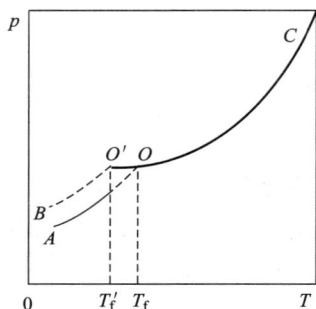

图 10-14　过冷液体产生示意

液体冷却过程的饱和蒸气压沿 CO' 曲线下降，到 O 点时的蒸气压与普通晶体的饱和蒸气压相等，应当有普通晶体析出，但由于新生成的晶体（新相）极其微小而不是普通晶体，这时的蒸气压尚未达到微小晶体蒸气压的饱和值，所以不会有微小晶体生成。温度只有继续下降到正常凝固点 O 点以下，例如 O' 点时，此时的蒸气压才能达到微小晶体蒸气压的饱和值而开始凝固。

按照相平衡条件，上述到了 O 点就应该凝固却未凝固的液体，称为过冷液体。在过冷液体中，若加入小晶体颗粒作为新相"种子"，则能使液体迅速凝固成晶体。

（4）过饱和溶液

一定温度下，溶液浓度超过了饱和浓度时，依然没有析出溶质晶体的溶液，称为过饱和溶液。

若将式(10-28)中的饱和蒸气压换成溶质在溶液中的饱和浓度（用 c 表示），可以得出微小晶体的饱和浓度与普通晶体饱和浓度的定量关系为

$$\ln\frac{c_r}{c} = \frac{2M\gamma}{RT\rho r} \tag{10-29}$$

因此，在一定温度下，微小晶体颗粒的饱和溶解度大于普通晶体的饱和溶解度，这是形成过饱和溶液的内在因素。

在一定温度下，对不饱和溶液进行浓缩时，溶液的浓度逐渐增大到普通晶体的饱和浓度时，这时若有溶质晶体析出，其晶体一定十分微小，显然此时溶液的浓度对微小晶体形成的溶液还未达到饱和值，因而不会析出微小晶体。通过进一步浓缩溶液提高浓度，达到一定的过饱和程度时，细小晶体才能析出。

在结晶过程中，如果溶液的过饱和程度太大，会生成大量过于细小的晶体颗粒，给过滤

和洗涤带来困难。在实际操作中，常常向饱和溶液中投入小晶体颗粒作为新相的"种子"，降低溶液的过饱和程度，获得较大的晶体颗粒。

10.5　固体表面对气体的吸附

与液体表面一样，固体表面层分子周围的受力是不对称的，因此固体表面也存在表面张力和表面吉布斯函数。但是，与液体表面不同的是，固体表面层分子几乎是不可移动的，其表面积不易改变，因此，固体不能像液体那样通过收缩表面积的方式来降低系统的表面吉布斯函数，但可以依靠表面层分子的剩余价力，捕获停留在固体表面的气相中的气体分子来覆盖表面积，从而减少气-固界面的接触面积，使固体表面吉布斯函数降低。在恒温恒压下，系统吉布斯函数降低的过程是自发进行的，所以固体表面会自发地将气相中的气体富集到表面，使气体在固体表面的浓度（或密度）大于气相（体相）中的浓度（或密度）。这种气体分子在固体表面的浓度高于气体在体相中浓度的现象称为固体表面对气体的吸附。具有吸附能力的固体物质称为吸附剂，被吸附的气体物质称为吸附质。例如用活性炭吸附 CO_2 气体，活性炭是吸附剂，CO_2 气体是吸附质。吸附（adsorption）是表面现象，吸附的气体仅停留在固体表面，不同于气体进入固体内部（体相）的吸收（absorption），吸收是整体现象。在本节讨论的是固体表面的吸附作用。

在生产和科学实践中，固体表面的吸附有着广泛的应用。例如多相催化、气体纯化、空气净化、气体分离与回收、储氢材料等，都与固体对气体的吸附有关。

10.5.1　物理吸附与化学吸附

根据固体表面分子对气体分子作用力性质的不同，吸附可以分为物理吸附和化学吸附两大类。物理吸附是指气体分子与固体表面通过弱小的分子间力（即范德华力）而结合的吸附，相当于气体分子在固体表面凝聚。而化学吸附中气体分子与固体表面发生了化学反应，是依靠较强的化学键力相结合。由于物理吸附与化学吸附在分子间吸附作用力上存在本质区别，两者的吸附性质不同，例如，N_2 在铁表面的物理吸附热为 $-10kJ \cdot mol^{-1}$，数量级与 N_2 的液化热 $-5.7kJ \cdot mol^{-1}$ 相当；而 N_2 在铁表面的化学吸附热为 $-150kJ \cdot mol^{-1}$，与物理吸附热相差悬殊。现将物理吸附与化学吸附表现出的不同吸附性质列于表 10-6。

表 10-6　物理吸附与化学吸附的区别

性质	物理吸附	化学吸附
吸附力	范德华力	化学键力
吸附热	较小,近于液化热, 一般在几百到几千焦耳每摩尔	较大,近于化学反应热, 一般大于几万焦耳每摩尔
选择性	无选择性	有较强的选择性
吸附稳定性	不稳定,易解吸	比较稳定,不易解吸
吸附层数	单分子层或多分子层	单分子层
吸附速率	较快,不受温度影响, 故一般不需要活化能	较慢,温度升高则速率加快, 故需活化能
可逆性	可逆	不可逆
吸附平衡	易达到	不易达到

物理吸附的作用力是范德华力，当固体表面吸附了一层气体分子之后，被吸附的气体分子可以通过与另外的气体分子间的作用力继续吸附气体分子，因此物理吸附可以是单分子层吸附，也可以是多分子层吸附；化学吸附的作用力是化学键力，化学键具有饱和性，固体表面与气体分子一旦形成化学键就不可能再与其他气体分子成键，故化学吸附是单分子层吸附。物理吸附是通过普遍存在于任何分子间的范德华力进行吸附的，因此对吸附的气体没有选择性；化学吸附是固体表面与气体分子发生化学反应，但并不是所有物质之间都能发生化学反应，故化学吸附时固体对气体具有很强的选择性。另外，由于弱小的吸附力，物理吸附具有吸附速率快、易于达到吸附平衡的特点，同时也容易解吸（或脱附）；而化学键的生成与断裂一般都比较困难，因此化学吸附不易建立平衡，吸附反应是不可逆的。

需要指出的是，一个具体的吸附过程未必是单纯的物理吸附或化学吸附，两者有时可以同时发生，并且在特定的条件下，吸附类型也可以发生变化。例如，$CO(g)$ 在 Pd 上的吸附，低温下是物理吸附，高温时则表现为化学吸附；而氢气在许多金属上的化学吸附则是以物理吸附为前奏的，其吸附活化能接近于零。

10.5.2 吸附热力学

吸附过程存在的热交换，称为吸附热。由于物理吸附和化学吸附都是在一定温度和一定压力下进行的自发过程，因此吸附过程的吉布斯函数变 $\Delta G < 0$。当气体分子被吸附到固体表面时，气体分子由原先的三维空间运动被限制在固体表面作二维运动，运动的自由度减少，使系统的混乱度降低，故吸附过程系统的熵变 $\Delta S < 0$。根据等温过程 $\Delta G = \Delta H - T\Delta S$，必然有 $\Delta H < 0$，即等温吸附是放热过程。一般而言，升高温度，吸附平衡朝着脱附（解吸）方向进行，降低温度，有利于固体对气体的吸附。

吸附热可以通过量热法实验测定，或在恒定吸附量的前提下测定不同温度下气体的平衡吸附压力，根据温度和平衡压力的关系，按照克拉佩龙-克劳修斯方程计算

$$\left(\frac{\partial \ln p}{\partial T}\right)_{V^a} = -\frac{\Delta_{ads}H_m}{RT^2} \tag{10-30}$$

式中，V^a 为吸附量，$m^3 \cdot kg^{-1}$；$\Delta_{ads}H_m$ 为摩尔吸附热，$J \cdot mol^{-1}$。

10.5.3 吸附量与吸附等温曲线

（1）吸附量

在一定的温度和压力下，固体表面上从气相中吸附气体分子的同时，还会有气体分子从被吸附的固体表面上解吸出来返回气相，当这两个过程的吸附速率与解吸速率相等时，被吸附在固体表面的气体分子的量不再随时间变化而改变，此时达到了吸附平衡，对应的吸附量称为平衡吸附量。

在达到吸附平衡时，吸附量可以用单位质量的吸附剂所吸附气体吸附质的物质的量 n^a 表示，或者用单位质量的吸附剂所吸附气体吸附质在标准状况下（0℃、101.325kPa）的体积 V^a 来表示，即

$$n^a = \frac{n}{m} \tag{10-31}$$

$$V^a = \frac{V}{m} \tag{10-32}$$

两种不同表示法中吸附量所对应的单位分别为 $mol \cdot kg^{-1}$ 或 $m^3 \cdot kg^{-1}$。

（2）吸附等温曲线

实验表明，对于给定吸附剂和吸附质的系统，当吸附达到平衡时，吸附剂对气体吸附质

的吸附量与气体的温度和压力有关，即 $V^a = f(T, p)$。因此，根据不同的需求，可以恒定吸附量 V^a、温度 T 和压力 p 三个变量中的一个，测定其他两个变量之间的变化规律关系，这种关系常用曲线表示。例如，恒定吸附量时，反映吸附过程平衡压力与温度关系的称为吸附等量曲线，即 $p = f(T)$；恒定压力时，反映吸附过程平衡吸附量与温度关系的称为吸附等压曲线，即 $V^a = f(T)$；恒定温度时，反映吸附过程平衡吸附量与平衡压力关系的称为吸附等温曲线，即 $V^a = f(p)$。

在三种吸附曲线中最重要和最常用的是吸附等温曲线，它可以反映出吸附剂的表面性质、孔分布以及吸附剂与吸附质之间相互作用等信息。若吸附温度在气体的临界温度以下，也可以用 V^a 与 p/p^* 之间的关系表示吸附等温曲线，p^* 是吸附质的饱和蒸气压。

常见的吸附等温曲线有如图 10-15 所示的五种类型。其中类型 Ⅰ 是单分子层吸附等温曲线，通常直径在 2.5nm 以下微孔吸附剂上的吸附等温曲线属于这一类型，例如，在 78.15K 时 N_2 在活性炭上的吸附以及水和苯蒸气在分子筛上的吸附等温曲线均属于该类型。其余四种类型都是多分子层吸附等温曲线。类型 Ⅱ 常称为 S 形吸附等温曲线，是第一层吸附热大于凝结热时的多分子层吸附，例如 78.15K 时 N_2 在硅胶上或铁催化剂上的吸附等温曲线属于该类型。类型 Ⅲ 是第一层吸附热小于凝结热时的多分子层吸附，例如 352.15K 时 Br_2 在硅胶上的吸附属于该类型。类型 Ⅳ 是多孔吸附剂发生多分子层吸附时的吸附等温曲线，例如 323.15K 时苯蒸气在氧化铁凝胶上的吸附属于该类型。类型 Ⅴ 是有毛细管凝聚现象时的吸附等温曲线，例如 373.15K 时水蒸气在活性炭上的吸附属于该类型。

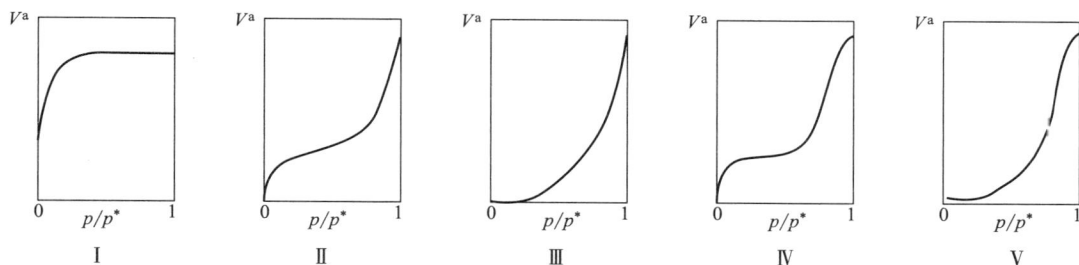

图 10-15　五种类型的吸附等温线

10.5.4　吸附等温式

常用的吸附等温式有弗罗因德利希（Freundlich）吸附等温式、朗格缪尔（Langmuir）吸附等温式和 BET 公式等。

（1）弗罗因德利希吸附等温式

德国化学家弗罗因德利希通过总结大量实验数据，于 1906 年提出了含有两个常数项的经验公式

$$V^a = k p^n \tag{10-33}$$

式中，n 和 k 是两个经验常数，对于指定的吸附系统，它们是温度的函数。k 值可视为单位压力时的吸附量，一般来说，k 随温度的升高而降低。n 的数值一般在 0 与 1 之间，它的大小反映出压力对吸附量影响的强弱。实际应用时常对上式两边取对数，则

$$\lg V^a = \lg k + n \lg p \tag{10-34}$$

上式表明若以 $\lg V^a$ 对 $\lg p$ 作图，可得一直线，由直线的斜率与截距可求出常数 n 和 k。

弗罗因德利希经验式的形式简单，计算方便，一般适用于描述中压范围的类型Ⅰ的吸附等温曲线，不适用于很高压力下的吸附。

（2）朗格缪尔吸附理论及吸附等温式

1916 年，美国物理化学家、表面化学的开拓者朗格缪尔在研究低压下气体在金属上的吸附时，根据大量实验数据，首先提出了朗格缪尔吸附理论，然后从动力学的观点出发导出了朗格缪尔吸附等温式。该理论有以下四个基本假设。

① 固体表面对气体分子的吸附是单分子层的。只有当气体分子碰撞到固体的空白表面上才有可能被吸附，而对已被吸附气体分子的固体表面碰撞只是弹性碰撞，气体分子将会弹开，不会被吸附。这是朗格缪尔吸附理论最重要和核心的假设，因此朗格缪尔吸附理论又称为单分子层吸附理论。

② 固体表面是均匀的。固体表面上各吸附部位的吸附能力相同，每个部位上只能吸附一个气体分子。摩尔吸附热是一个与固体表面覆盖率大小无关的常数。

③ 被吸附在固体表面上的气体分子之间没有相互作用力。被吸附的气体分子处在固体表面各个特定的吸附位置上，与周围固体表面其他吸附位置上被吸附的气体分子不存在相互作用力。

④ 吸附与解吸是一种动态平衡。当达到吸附平衡时，吸附速率与解吸速率相等。

在某固体对气体吸附的系统中，A 代表气相的气体，M 代表共具有 N_0 个吸附位置数的固体表面，AM 代表固体吸附气体后的状态，则吸附过程的始末状态可以表示为

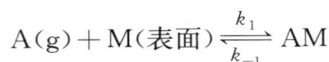

$$A(g) + M(表面) \underset{k_{-1}}{\overset{k_1}{\rightleftharpoons}} AM$$

式中，k_1 和 k_{-1} 分别代表吸附与解吸的速率常数。

若吸附进行到某一时刻，固体表面已有 N 个吸附位置被气体分子所占据，令 $\theta = N/N_0$，θ 称为固体表面的覆盖率，代表被吸附的气体分子所覆盖的表面积占固体总表面积的分数。若固体表面已全部覆盖了一层单分子气体，则 $\theta = 1$。因此，$(1-\theta)$ 表示未吸附气体分子的固体空白表面积分数。根据动力学反应速率原理，这时吸附速率 $r_{吸附}$ 应与气体 A 的压力 p 及固体表面上空的吸附位置数 $(1-\theta)N_0$ 成正比，即

$$r_{吸附} = k_1 p (1-\theta) N_0$$

而解吸速率 $r_{解吸}$ 应与固体表面上已被气体覆盖的吸附位置数 θN_0，或者说是与被吸附气体分子的数目成正比，则

$$r_{解吸} = k_{-1} \theta N_0$$

达到吸附平衡时，$r_{吸附} = r_{解吸}$，即

$$k_1 p (1-\theta) N_0 = k_{-1} \theta N_0$$

则

$$\theta = \frac{bp}{1+bp} \tag{10-35}$$

该式称为朗格缪尔吸附等温式，它定量地描述了固体的表面覆盖率 θ 与平衡压力 p 之间的关系。式中，$b = k_1/k_{-1}$，称为吸附系数（又称吸附平衡常数），单位为 Pa^{-1}，其大小与吸附剂、吸附质的本性及温度有关，其值越大，则表示吸附能力越强。

运用朗格缪尔吸附等温式可以很好地解释图 10-15 中类型Ⅰ的吸附等温曲线。如图 10-16，当气体压力很低或者吸附很弱时，$bp \ll 1$，$1+bp = 1$，则 $\theta = bp$，即 θ 与 p 呈线性关系；当压力足够高或者吸附很强时，$bp \gg 1$，则 $\theta = 1$，固体对气体的吸附已达到饱和，θ 不再随 p

的增大而改变；当压力适中时，θ 与 p 的关系服从式(10-35)，呈现曲线。

若以 V^a 代表覆盖率为 θ 时的平衡吸附量，V_m^a 代表覆盖率 $\theta=1$ 时的饱和吸附量，则

$$\theta = \frac{V^a}{V_m^a} \qquad (10\text{-}36)$$

朗格缪尔吸附等温式可以写为

$$V^a = V_m^a \frac{bp}{1+bp} \qquad (10\text{-}37)$$

或

$$\frac{p}{V^a} = \frac{1}{V_m^a}p + \frac{1}{bV_m^a} \qquad (10\text{-}38)$$

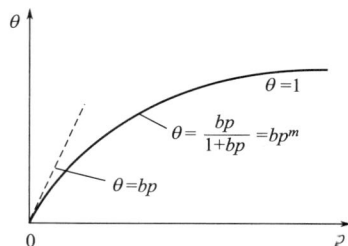

图 10-16　朗格缪尔吸附
等温式示意图

式(10-38)表明，若以 $\dfrac{p}{V^a}$ 对 p 作图，可以得到一直线，由直线的斜率与截距，就能求出饱和吸附量 V_m^a 和吸附系数 b。如果已知饱和吸附量 V_m^a 及每个被吸附气体分子的截面积 a_m，则固体吸附剂的比表面积 a_s 为

$$a_s = \frac{V_m^a}{V_0}La_m \qquad (10\text{-}39)$$

式中，V_0 为单位物质的量(1mol)气体在标准状况(0℃、101.325kPa)下的体积，其值为 22.4dm³；L 为阿伏伽德罗常数。反之，若已知固体对气体的饱和吸附量 V_m^a 和固体吸附剂的比表面积 a_s，也可由上式来推算每个被吸附气体分子的截面积 a_m。

【例 10-5】　已知 273.15K 时，活性炭对 CH_3Cl 吸附遵循 Langmuir 吸附等温式，其饱和吸附量 $V_m^a = 93.8\text{dm}^3 \cdot \text{kg}^{-1}$，测得 CH_3Cl 的分压为 6.6kPa 时的平衡吸附量 $V^a = 73.1\text{dm}^3 \cdot \text{kg}^{-1}$。试求：

(1) Langmuir 吸附等温式中的吸附系数 b；

(2) 当 CH_3Cl 的分压为 15kPa 时的平衡吸附量 V^a。

解　(1) Langmuir 吸附等温式为

$$\theta = \frac{V^a}{V_m^a} = \frac{bp}{1+bp}$$

$$\frac{73.1}{93.8} = \frac{b \times 6.6 \times 10^3}{1 + b \times 6.6 \times 10^3}$$

$$b = 5.35 \times 10^{-4}\,\text{Pa}^{-1}$$

(2)　$$V^a = V_m^a \frac{bp}{1+bp} = \left(93.8 \times \frac{5.35 \times 10^{-4} \times 15 \times 10^3}{1 + 5.35 \times 10^{-4} \times 15 \times 10^3}\right)\text{dm}^3 \cdot \text{kg}^{-1}$$

$$= 83.4\text{dm}^3 \cdot \text{kg}^{-1}$$

朗格缪尔吸附等温式不仅能够成功地应用到一般的化学吸附和低压高温下的物理吸附，而且当针对固体表面较为均匀、只限于单分子层吸附的情况，朗格缪尔吸附等温式也能较好地满足实验结果；同时，朗格缪尔吸附理论为后来的吸附理论发展奠定了坚实的基础。

即便如此，朗格缪尔吸附理论的基本假设毕竟并不十分严谨，致使应用朗格缪尔吸附等温式时与实验结果出现偏差。这是因为对于固体表面覆盖率较高的物理吸附，被吸附的气体分子之间实际上存在着不可忽视的相互作用力。另外，固体表面往往并不均匀，吸附热会随

着表面覆盖率的变化而改变，吸附系数 b 不再是常数。此外，对于多分子层吸附，朗格缪尔公式也不再适用。

朗格缪尔(I. Langmuir，1881—1957)美国物理化学家，表面化学的开拓者。1903 年毕业于哥伦比亚大学矿业学院，1906 年在德国格丁根大学获化学博士学位。1919~1921 年间，他研究了化学键理论，在发表的论文中提出了原子结构的理论模型。1913~1942 年间，他对物质的表面现象进行了研究，开拓了化学学科的新领域——界面化学。1916 年发表论文《固体与液体的基本性质》，文中首次提出了固体吸附气体分子的单分子层吸附理论，并导出了朗格缪尔吸附等温方程，解释了许多表面动力学现象。他因在原子结构和表面化学方面取得的成果，获得 1932 年度诺贝尔化学奖。1915 年和 1920 年两度获美国化学学会的尼科尔斯奖章，1918 年获皇家学会的休斯奖章和朗福德奖章。1947 年他与谢弗尔合作，发明了人工降雨。他一生发表论文 200 余篇，获得专利 63 项。

（3）多分子层吸附理论——BET 公式

弗罗因德利希等温吸附经验式和朗格缪尔吸附等温式只能较好地说明图 10-15 中类型 I 的单分子层吸附等温曲线，但对类型 II～V 的多分子层吸附等温曲线却无法解释。为此许多科学家试图用其他理论来解释这些曲线，布鲁诺尔(Brunauer)、埃米特(Emmett)和特勒(Teller)三位科学家在充分总结和消化朗格缪尔吸附理论的基础上，接受和吸收了朗格缪尔吸附理论中的固体表面是均匀的、吸附和解吸是一种动态平衡以及被吸附的气体分子横向之间没有相互作用力等假设；但是，他们摒弃了吸附是单分子层的假设，认为被吸附的气体分子与其他气体分子碰撞时可以发生纵向之间的吸附作用，即可以发生多分子层吸附。因此，他们于 1938 年提出了多分子层吸附理论，简称 BET 理论。

固体对气体进行多分子吸附时，第一层的吸附是固体表面与气体分子间的相互作用，而第二层和后面各吸附层则是相同的气体分子之间的相互作用，两者有本质区别。BET 理论认为第一层的吸附热为 $\Delta_{ads}H$，第二层和后面各吸附层的吸附热均相等，且等于气体的液化热 $\Delta_g^l H$，这相当于把第二层和后面各吸附层的吸附视为气体的液化，显然 $\Delta_{ads}H \neq \Delta_g^l H$。当吸附达到平衡时，气体的吸附量等于各层吸附量的总和，可以得出 BET 公式为

$$V^a = V_m^a \frac{c(p/p^*)}{(1-p/p^*)[1+(c-1)p/p^*]} \tag{10-40}$$

式中，V^a 为平衡压力为 p 时的平衡吸附量；V_m^a 为单分子层吸附时的饱和吸附量；p^* 为吸附温度下吸附质液体的饱和蒸气压；c 是与吸附热有关的吸附常数。因该式中含有 c 和 V_m^a 两个常数，故又称为 BET 二常数公式。该式可写成直线式的形式

$$\frac{p}{V^a(p^*-p)} = \frac{1}{cV_m^a} + \frac{c-1}{cV_m^a} \times \frac{p}{p^*} \tag{10-41}$$

实验测定不同压力 p 下的吸附量 V^a 后，若以 $p/[V^a(p^*-p)]$ 对 p/p^* 作图，得到一直线，由其斜率和截距，求出常数 c 和 V_m^a，即

$$V_m^a = \frac{1}{斜率+截距}$$

将 V_m^a 代入式(10-39)，可求得吸附剂的比表面积 a_s。

BET 公式广泛应用于测定固体(例如催化剂)的比表面积，测量时常采用低温惰性气体

（例如 N_2）作为吸附质。当第一层的吸附热 $\Delta_{ads}H \gg \Delta_g^l H$ 时，$c \approx 1$，式(10-40)可近似简化为下列形式

$$\frac{V^a}{V_m^a} \approx \frac{1}{1 - p/p^*} \tag{10-42}$$

此时，只要测定一个平衡压力下的平衡吸附量 V^a，就可求出饱和吸附量 V_m^a，所以该式又称为一点法公式。

实验表明，BET 二常数公式只适用于比压 $p/p^* = 0.05 \sim 0.35$ 的范围，当压力较低或较高时，都会产生较大的偏差。这是因为压力太低，无法建立多分子层物理吸附模型；压力过高，易发生毛细管凝聚现象，使结果偏高。尽管 BET 理论存在一些缺陷，但它仍是迄今为止应用最广、最成功的吸附理论。

10.6　溶液表面吸附

10.6.1　溶液表面吸附现象

（1）溶液表面吸附

实验发现，溶剂中加入溶质形成溶液后，溶液的表面张力与纯溶剂的表面张力并不相同。一定温度和压力下，纯溶剂的表面张力是一定值，而溶液的表面张力随着浓度的增加发生明显的规律性变化。

以水溶液为例，根据溶质的不同，浓度对溶液表面张力的影响大致分为三类，如图 10-17 所示。曲线 I 表明，随着溶液浓度的增加，水溶液的表面张力有所增大且大于纯溶剂水的表面张力，无机盐类（如 NaCl、KNO_3 等）、无机酸（如 H_2SO_4）、无机碱（如 NaOH）以及多羟基有机化合物（如蔗糖、甘油等）的水溶液属于此类。曲线 II 表明，随着溶液浓度的增加，水溶液的表面张力逐渐下降且小于纯溶剂水的表面张力，但降幅比较缓和，大部分的低脂肪醇、醛、酸等极性有机物质的水溶液属于此类。曲线 III 表明，在水中加入少量溶质后，溶液的表面张力急剧下降且小于纯溶剂水的表面张力，至浓度达到某一值之后，溶液的表面张力几乎不再随溶液浓度的上升而变化。属于此类的化合物可以表示为 RX，其中 R 代表含有 10 个或 10 个以上碳原子的直链烷基；X 代表极性基团或离子基团，一般可以是—OH、—COOH、—CN、—CONH、—COOR、$-SO_3^-$、$-NH_3^+$ 和 $-COO^-$ 等。

上述实验事实表明，溶液的表面张力不仅是温度、压力的函数，还与溶剂性质、溶质性质和溶液组成（或浓度）有关。由于溶质在溶液表面层和溶液体相中的分布不均匀，使得溶质在表面层和体相中的浓度不同，从而引起溶液表面张力的变化。这种溶质在溶液表面层中的浓度和在溶液体相中的浓度不同的现象，称为溶液表面吸附。

（2）溶液表面吸附产生的原因

在一定温度和压力下，一定量的溶质与溶剂所形成的溶液，只有减少溶液表面吉布斯函数，降低系统能量，溶液才能稳定存在。溶液表面吉布斯函数 $G = \gamma A_s$，由于溶液的表面积 A_s 不能改变，因此减少溶液表面吉布斯函数的唯一途径只能是降低溶液表面张力。

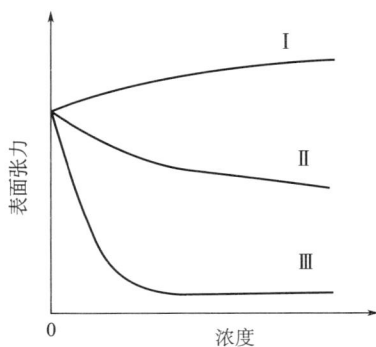

图 10-17　表面张力与溶液浓度的
关系曲线

降低溶液表面张力是通过溶液自动调节表面层中溶质的数量来实现的。若加入溶质后溶液的表面张力小于纯溶剂的表面张力，则溶质分子将向表面层聚集，以增大表面层溶液的浓度，使溶液表面张力最大限度地降低，如图 10-17 中曲线 Ⅱ 和 Ⅲ 中所用溶质。反之，若加入溶质后溶液的表面张力大于纯溶剂的表面张力，则溶质分子将由表面层向溶液体相分散，以减少表面层溶液浓度，从而降低溶液表面张力，如图 10-17 中曲线 Ⅰ 中所用溶质。前者是表面层浓度大于体相浓度，称为正吸附；后者是表面层浓度小于体相浓度，称为负吸附。

10.6.2　吉布斯吸附等温式

在具有一定厚度的单位面积表面层中，所含溶质的物质的量与同量溶剂在溶液体相中所含溶质的物质的量的差值，称为溶质的表面过剩或表面吸附量。

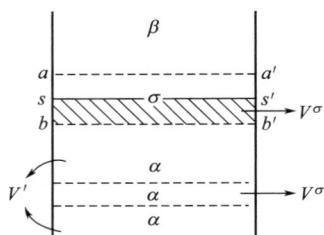

图 10-18　表面相示意图

如图 10-18 是表面相示意图，由溶剂 A 和溶质 B 组成的溶液，与其蒸气达成平衡，以 α 和 β 分别代表液相和气相，两相交界处存在几个分子厚度的表面相 σ（aa' 和 bb' 面之间），其表面积为 A_s、体积为 V^σ，其中的溶质浓度和溶剂浓度与 α 相和 β 相均不同，溶质的实际浓度用 c^σ 表示。在表面相中确定一个 ss' 面，ss' 到 aa' 的表面相部分计入 β 相；ss' 到 bb' 的表面相部分计入 α 相。

若 α 相的体积为（$V^\sigma + V'$）、溶质浓度为 c^α，因溶质在液相 α 中的浓度远远大于在气相 β 中的浓度，故溶质在 β 相（包含 aa' 到 ss' 的表面相部分）中的物质的量 $n^\beta \approx 0$，则系统中溶质实际上的总的物质的量 $n^0 = (c^\sigma \cdot V^\sigma) + c^\alpha (V^\sigma + V')$；把 ss' 到 bb' 的表面相部分计入 α 相后，此时 α 相溶质的物质的量 $n^\alpha = c^\alpha [(V^\sigma + V') + V^\sigma]$，则表面相 σ 中溶质的过剩量为：

$$n^\sigma = n^0 - n^\alpha = (c^\sigma - c^\alpha) \cdot V^\sigma \tag{10-43}$$

用 n^σ 除以表面相面积 A_s，得

$$\Gamma = \frac{n^\sigma}{A_s} = \frac{n^0 - n^\alpha}{A_s} = \frac{(c^\sigma - c^\alpha) \cdot V^\sigma}{A_s} \tag{10-44}$$

Γ 称为溶质的表面过剩（或表面吸附量），单位为 $\mathrm{mol \cdot m^{-2}}$。

n^σ 和 Γ 的大小与 ss' 面的位置有关，吉布斯提出 ss' 面选定在溶剂 A 的吸附量 $\Gamma_A = 0$ 的地方，可以确保溶质 B 的吸附量 Γ_B 和表面相的 G^σ 等有确定值，且都有过剩的意义。

由于系统只有一个界面（即表面），当表面相的吉布斯函数 G^σ 发生一个微小变化时，根据表面热力学基本方程式（10-12）得

$$dG^\sigma = -S^\sigma dT + V^\sigma dp + \sum_B \mu_B dn_B^\sigma + \gamma dA_s \tag{10-45}$$

对于恒温、恒压下由溶剂 A 和溶质 B 组成的二组分系统，则

$$dG^\sigma = \gamma dA_s + \mu_A dn_A^\sigma + \mu_B dn_B^\sigma \tag{10-46}$$

式中，μ_A 和 μ_B 分别为表面相中溶剂和溶质的化学势；n_A^σ 及 n_B^σ 分别为溶剂及溶质在表面相中的过剩量。在 T、p、γ、μ 等强度性质都恒定的条件下，对式（10-46）积分，得

$$G^\sigma = \gamma A_s + \mu_A n_A^\sigma + \mu_B n_B^\sigma \tag{10-47}$$

对上式全微分，得

$$dG^\sigma = \gamma dA_s + A_s d\gamma + \mu_A dn_A^\sigma + n_A^\sigma d\mu_A + \mu_B dn_B^\sigma + n_B^\sigma d\mu_B \tag{10-48}$$

比较式（10-46）和式（10-48），得到适用于表面层的吉布斯-杜亥姆方程为

$$A_s \mathrm{d}\gamma = -(n_A^\sigma \mathrm{d}\mu_A + n_B^\sigma \mathrm{d}\mu_B) \tag{10-49}$$

上式等号两边同时除以 A_s，再结合表面过剩的定义式 $\Gamma = \dfrac{n^\sigma}{A_s}$，得

$$\mathrm{d}\gamma = -(\Gamma_A \mathrm{d}\mu_A + \Gamma_B \mathrm{d}\mu_B)$$

由于吉布斯所确定的 ss' 面处溶剂 A 的吸附量 $\Gamma_A = 0$，上式变为

$$\mathrm{d}\gamma = -\Gamma_B \mathrm{d}\mu_B$$

将 $\mathrm{d}\mu_B = RT\mathrm{d}\ln a_B$ 代入上式，整理后可得

$$\Gamma_B = -\frac{a_B}{RT} \times \frac{\mathrm{d}\gamma}{\mathrm{d}a_B} \tag{10-50}$$

对于理想稀溶液，可用溶质的浓度 c_B 代替其活度 a_B，略去 c_B 及 Γ_B 的下标 B，上式变为

$$\Gamma = -\frac{c}{RT} \times \frac{\mathrm{d}\gamma}{\mathrm{d}c} \tag{10-51}$$

上式是溶液吸附的吉布斯吸附等温式。该式表示，在一定温度下，当溶液的表面张力随浓度的变化率 $\mathrm{d}\gamma/\mathrm{d}c < 0$ 时，$\Gamma > 0$，即凡是增加浓度能使溶液表面张力降低的溶质，在表面层必然发生正吸附；当 $\mathrm{d}\gamma/\mathrm{d}c > 0$ 时，$\Gamma < 0$，即凡增加浓度能使溶液表面张力上升的溶质，在溶液的表面层必然发生负吸收；当 $\mathrm{d}\gamma/\mathrm{d}c = 0$ 时，$\Gamma = 0$，说明此时无吸附作用。$-\mathrm{d}\gamma/\mathrm{d}c$ 的值愈大，表示溶质的浓度对溶液表面张力的影响愈大，同时，溶质在表面层的吸附量也愈大，因此可以用 $-\mathrm{d}\gamma/\mathrm{d}c$ 来衡量溶质表面活性的大小。

用吉布斯吸附等温式计算某溶质的吸附量时，可由实验测定一组恒温下不同浓度 c 时的表面张力 γ，以 γ 对 c 作图，得到曲线 γ-c。将曲线上某指定浓度 c 下的斜率 $\mathrm{d}\gamma/\mathrm{d}c$ 代入式 (10-51)，即可求得该浓度下溶质在溶液表面的吸附量。将不同浓度下求得的吸附量对溶液浓度作图，可得到曲线 Γ-c，即溶液表面的吸附等温线。

【例 10-6】 已知 292.15K 时，丁酸水溶液的表面张力 $\gamma = \gamma_0 - a\ln(1+bc)$，$\gamma_0$ 为纯水的表面张力，a 和 b 为常数。

(1) 试求该溶液的表面吸附量 Γ 与浓度 c 的关系；

(2) 若 $a = 13.1\text{N·m}^{-1}$，$b = 19.62\text{dm}^3\text{·mol}^{-1}$，求 $c = 0.200\text{mol·dm}^{-3}$ 时的 Γ。

解 (1) 由 $\gamma = \gamma_0 - a\ln(1+bc)$ 得

$$\frac{\mathrm{d}\gamma}{\mathrm{d}c} = -\frac{ab}{1+bc}$$

代入溶液吸附的吉布斯吸附等温式，即

$$\Gamma = -\frac{c}{RT} \times \frac{\mathrm{d}\gamma}{\mathrm{d}c} = -\frac{c}{RT} \times \left(-\frac{ab}{1+bc}\right) = \frac{abc}{RT(1+bc)}$$

(2)

$$\Gamma = \left[\frac{13.1 \times 19.62 \times 0.200}{8.314 \times 292.15 \times (1 + 19.62 \times 0.200)}\right] \text{mol·m}^{-2}$$

$$= 4.30 \times 10^{-3} \text{mol·m}^{-2}$$

10.7　表面活性剂及其应用

10.7.1　表面活性剂的定义与分类

溶剂中加入某种溶质形成溶液后，与纯溶剂相比，溶液的表面张力通常都会发生变化。其中，凡是能使溶液表面张力升高的溶质，都称为表面惰性物质，凡是能使溶液表面张力降

低的溶质，称为表面活性物质。但是，只有那些加入少量就能显著降低溶液（一般指水溶液）表面张力的物质，才称为表面活性剂。

表面活性剂的分类有多种方法，最常用的是按化学结构来分类，大体上可分为离子型和非离子型两大类。当表面活性剂溶于水时，凡能解离生成离子的，称为离子型表面活性剂；凡在水中不能解离的，就称为非离子型表面活性剂。而离子型的表面活性剂按其在水溶液中解离后具有表面活性作用的部分的电性，还可进一步分类。具体分类和举例如表 10-7 所示。

表 10-7　表面活性剂的分类

表面活性剂
- 离子型表面活性剂
  - 阴离子表面活性剂 ⊖⊕
    - R—COONa 羧酸盐
    - R—OSO$_3$Na 硫酸酯盐
    - R—SO$_3$Na 磺酸盐
    - R—OPO$_3$Na$_2$ 磷酸酯盐
  - 阳离子表面活性剂 ⊕⊖
    - R—NH$_2$·HCl 伯胺盐
    - R—N(CH$_3$)H·HCl 仲胺盐
    - R—N(CH$_3$)$_2$·HCl 叔胺盐
    - R—N$^+$(CH$_3$)$_3$·Cl$^-$ 季铵盐
  - 两性表面活性剂 ⊖⊕
    - R—NHCH$_2$CH$_2$COOH 氨基酸型
    - RN$^+$(CH$_3$)$_2$—CH$_2$COO$^-$ 甜菜碱型
- 非离子型表面活性剂 ⊖◯
  - R—O—(CH$_2$CH$_2$O)$_n$H 聚氧乙烯型
  - R—COOCH$_2$C(CH$_2$OH)$_3$ 多元醇型

离子型表面活性剂又可分为阴离子表面活性剂、阳离子表面活性剂和两性表面活性剂三类。阴离子表面活性剂分子在水中电离后，表面活性剂分子主体带负电荷，常用的有羧酸盐型和磷酸酯盐型等。阳离子表面活性剂分子在水中电离后，表面活性剂分子主体带正电荷，它们都是含氮有机化合物，也就是有机胺的衍生物，常用的是季铵盐。两性离子型表面活性剂是由带正、负电荷活性基团组成的表面活性剂。两性离子型表面活性剂溶于水后显示出极为重要的性质，当水溶液偏碱性时，它显示出阴离子活性剂的特性，水溶液偏酸性时它显示出阳离子表面活性剂的特性。如果将等量的阴离子表面活性剂和阳离子表面活性剂混合，由于它们的阴、阳离子相互作用，可能使它们各自的性能相互抵消。而两性表面活性剂却能灵活自如地显示出两种不同离子活性基团的特性，因此它具有独特应用性能。有的两性离子型表面活性剂在硬水，甚至在浓盐水及碱性水中也能很好地溶解，并且稳定。这类表面活性剂有杀菌作用，对人体的毒性和刺激性也较小。

非离子型表面活性剂在数量上仅次于阴离子表面活性剂。它除具有良好的洗涤力外，还具有较好的乳化、增溶性及较低的泡沫，在工业助剂中占有非常重要的地位。非离子型表面活性剂在溶液中不是离子状态，所以稳定性高，不易受强电解质无机盐类的影响，也不易受酸、碱的影响；它与其他类型表面活性剂的相容性好；在水及有机溶剂中皆有较好的溶解性能（视结构不同而有所差别）。由于它在溶液中不电离，但有亲水基（如氧乙烯基—CH$_2$CH$_2$O—、醚基—O—、羟基—OH 或酰胺基—CONH$_2$ 等）和亲油基（如烃基—R）。它包括两大类，即聚乙二醇型（也称聚氧乙烯型）和多元醇型表面活性剂。

10.7.2　表面活性物质在吸附层的定向排列

当把表面活性物质 RX 加入水中，亲水的极性基团—X 力图进入溶液体相，而较高碳原子数的直链烷基—R 是非极性的憎水基团，趋向于逃逸水溶液而向气相伸展，使得表面活性物质分子在吸附层进行定向排列，并且是一种近似于单分子层的定向排列。因此，在一定温度下，表面活性物质的溶液系统的平衡吸附量 Γ 和浓度 c 之间的关系，与固体表面对气体分子的单分子层吸附很相似，即

$$\Gamma = \Gamma_m \frac{kc}{1+kc} \qquad (10\text{-}52)$$

也称为朗格缪尔吸附等温式在溶液中对表面活性物质吸附的应用。式中，k 为经验常数，与溶质的表面活性大小有关；Γ_m 称为饱和吸附量，近似地看作在单位面积的溶液表面层上，溶质分子以单分子层的形式定向排列满整个吸附层时的物质的量。

式(10-52)表明，浓度很小时，$kc \ll 1$，公式简化为 $\Gamma = \Gamma_m kc$，Γ 与 c 呈直线关系；当浓度足够大时，$kc \gg 1$，公式变为 $\Gamma = \Gamma_m$，即呈现一个吸附量的极限值，此时若再增加浓度，吸附量不再改变，说明溶液的表面吸附已达饱和状态；当浓度适中时，Γ 与 c 呈公式(10-52)表达的曲线关系，如图 10-19 所示。

由实验测出 Γ_m 值，即可算出每个被吸附的表面活性物质分子的横截面积，即

$$a_m = \frac{1}{\Gamma_m L} \qquad (10\text{-}53)$$

式中，L 为阿伏伽德罗常数。

图 10-19　溶液吸附等温曲线

表 10-8 给出了一些长碳链有机化合物的实验结果。这些化合物的结构形式皆为 $C_n H_{2n+1} X$，所不同的只是 X 代表不同种类的基团。实验测得许多不同化合物分子的横截面积皆为 0.205nm^2，这一实验结果可以帮助人们认识表面活性物质的分子模型，以及它们在表面层排列的方式。

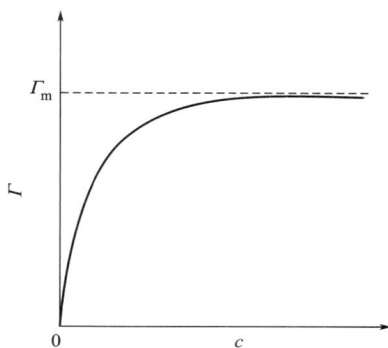

表 10-8　化合物在单分子膜中每个分子的横截面积

化合物种类	X	横截面积/nm^2
脂肪酸	—COOH	0.205
二元酯类	—COOC$_2$H$_5$	0.205
酰胺类	—CONH$_2$	0.205
甲基酮类	—COCH$_3$	0.205
甘油三酸酯类(每链面积)	—COOCH$_3$	0.205
饱和酸的酯类	—COOR	0.220
醇类	—CH$_2$OH	0.216

10.7.3　表面活性剂的结构特征与性质

在讨论溶液的表面张力时，已经知道表面活性剂在低浓度时能使溶液的表面张力显著降低，但达到一定浓度之后，溶液的表面张力就不再随着表面活性剂浓度的增加而降低，在 $\gamma\text{-}c$ 曲线上出现一转折点，如图 10-17 所示。大量实验表明，表面活性剂溶液的很多性质(如电导、渗透压等)随溶液浓度的变化也具有转折点，而且所有转折点对应的浓度都落在一个很窄的范围内，如图 10-20 所示。

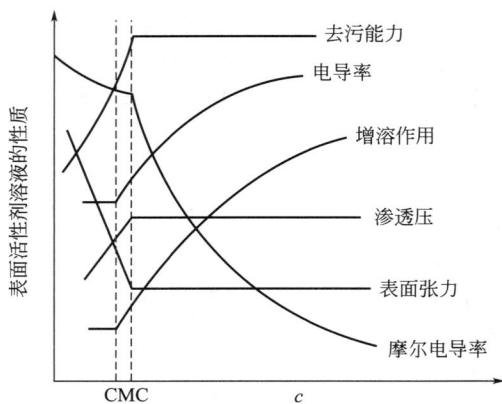

图 10-20　表面活性剂溶液的性质与
浓度关系示意图

如图 10-21 所示，当表面活性剂的浓度很稀时，表面活性剂的分子在溶液体相和表面层中分布的情况。在这种情况下，若稍微增加表面活性剂的浓度，一部分表面活性剂分子将自动聚集于表面层，使水和空气的接触面减小，溶液的表面张力急剧降低。表面活性剂的分子在表面不一定都是直立的，也可能是东倒西歪而使非极性的基团翘出水面。另一部分表面活性剂分子则分散在水中，有的以单分子形式存在，有的则三三两两相互接触，把憎水性的基团靠拢在一起，形成简单的聚集体。

当表面活性剂的浓度足够大时，达到饱和状态，液面上刚刚挤满一层定向排列的表面活性剂分子，形成单分子膜。在溶液体相中，亲水的极性基与水相接触，憎水的非极性基则靠范德华力相互吸引聚集成团，将非极性基包裹在内部，减少了与水相的接触，降低了体系的能量。这种自发形成的表面活性剂分子定向排列的聚集体称作胶束（或胶团）（micelle）；形成胶束所需表面活性剂的最低浓度，称为临界胶束浓度，简称 CMC（critical micelle concentration）。溶液浓度超过 CMC 后，再增加表面活性剂的量，只能增加溶液中胶束的数量，而不增加游离分子的数量。正是由于在 CMC 前后表面活性剂溶液结构的变化，导致了许多性质的突变。CMC 可以作为表面活性剂衡量其表面活性的一种量度，CMC 越低，表面活性越强。胶束的大小与胶体离子的大小相近，所以又将胶束溶液称为缔合胶体溶液。但胶体体系是多分散的热力学不稳定体系，而胶束溶液却是热力学稳定体系。胶束的形状视溶液的浓度不同而异，可能有球状、棒状或层状几种情况。

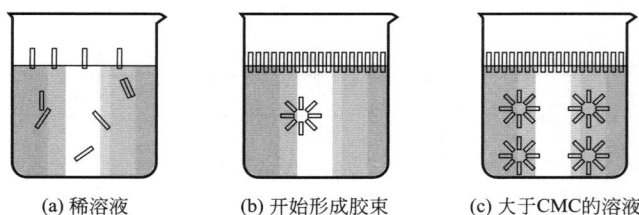

图 10-21　表面活性剂的分子在溶液本体及表面层中的分布

某些表面活性剂在非极性溶剂中也能自发地定向排列成极性头向内，非极性基向外伸向有机溶剂的聚集体，并称为反向胶束（或反相胶束），简称反胶束。反胶束区别于水溶液胶束的特点是：胶束的聚集数小，没有明显的 CMC。一般认为反胶束多数为球形，浓度大时也可能为棒状或椭球状。

10.7.4　表面活性剂的 HLB 值

表面活性剂的亲水亲油性取决于分子中亲水基和亲油基的强弱。1949 年，Griffin 提出用 HLB（hydrophile and lipopile balance）值表征表面活性剂的亲水亲油性，HLB 值即为亲水亲油平衡值。

HLB 值是一个相对值，人们规定亲油性强的石蜡（完全没有亲水性）的 HLB 值为 0；亲水性强的聚乙二醇（完全是亲水基）的 HLB 值为 20，以此为标准，定出其他表面活性剂的

HLB 值。HLB 值越小，表面活性剂的亲油性越强，反之亲水性越强。一些常见表面活性剂的 HLB 值可在表面化学相关资料中查到。表面活性剂的 HLB 值与其性能和作用有关，根据表面活性剂的 HLB 值，可以大体了解它的作用与用途，见表 10-9。

表 10-9　表面活性剂的 HLB 值范围及其用途

HLB 值	主要用途	HLB 值	主要用途
1～3	消泡剂	12～15	润湿剂
3～6	油包水型(W/O)乳化剂	13～15	洗涤剂
8～18	水包油型(W/O)乳化剂	15～18	增溶剂

在实际应用中，HLB 值也是选择合适表面活性剂的依据，但是，由于 HLB 值的计算和测定都是经验性的，所以在实际应用中 HLB 值有一定的指导意义，但不能作为唯一的依据，还需由实验的实际效果来确定。

10.7.5　表面活性剂的应用

（1）润湿作用

表面活性剂在化学结构上的共同特点是，它们都是由亲水的极性基和亲油的非极性基构成的，由于它们能显著降低水的表面张力，因而能强烈地吸附在水的表面上，也能吸附在其他各种界面上，而且这种吸附往往都有一定的取向。正是表面活性剂分子在界面上的定向吸附，使得表面活性剂具有改变表面润湿性能的作用。

在生产和生活中，可以借助表面活性剂来改变液体对特定固体的润湿性能，实现润湿与不润湿之间的相互转变。普通的棉布因纤维中有亲水性基团，容易被水沾湿而不能防雨。若采用表面活性剂实现其极性基与棉纤维的亲水基结合，而非极性基伸向空气，棉布就由原来的润湿变为不润湿，起到防雨水功效。喷洒农药杀灭害虫时，在药液中加入少量表面活性剂，增加药液对植物茎叶的润湿性能，可极大地提高农药的利用率和杀虫效果。

（2）增溶作用

苯、乙烷等非极性碳氢化合物在水中的溶解度本来很小，但浓度达到或超过临界胶束浓度的表面活性剂水溶液中，胶束内部相当于液态的碳氢化合物，根据相似相溶原理，非极性的溶质容易溶解到胶束内部，因而能大大增加苯、乙烷等的溶解度，形成完全透明、外观与真溶液相似的系统，这种作用称为增溶作用。

增溶与溶解不同，溶解是溶质均匀分散，溶液具有依数性，而增溶后的溶液无明显的依数性，说明增溶并未使溶质均匀分散，而是以较大的分子集聚体整体溶入胶束内部。增溶作用应用很广，肥皂液、洗涤液等除去油污时主要依靠增溶作用。一些生理现象也与增溶作用有关，例如不能被小肠直接吸收的脂肪，依靠胆汁的增溶作用才能被有效吸收。

（3）发泡和消泡作用

液体泡沫是气体高度分散在液体中形成的分散体系。"泡"是由液体薄膜包围着的气体，泡沫则是很多起泡的聚集物。由于气-液界面张力较大，气体的密度较液体小，所以气泡很容易破裂。在液体中加入表面活性剂，再向液体中鼓气就能形成较为稳定的泡沫，这种作用称为发泡，所加的表面活性剂为发泡剂。发泡剂的主要作用是：①降低液-气界面张力；②在气泡的液膜上形成双层吸附膜并具有一定的机械强度，不易破裂；③亲水基在液膜中的水化作用使膜内液体黏度增加，使液膜稳定；④离子型表面活性剂可使泡沫带有电荷，气泡间的静电排斥阻碍了它们相互靠近和聚集。

一些表面活性剂也可以作消泡剂，它们的表面张力比气泡液膜的低，容易从液膜表面挤走原来的发泡剂，而其本身不能形成坚固的吸附膜，导致泡沫破裂，从而起到消泡作用。

泡沫浮选是现代工业中广泛应用的选矿方法，是界面化学原理在采矿过程中的重要应用。其基本方法是将粉碎到一定程度的矿石倾入水池中，加入少量表面活性剂，也称为捕集剂和起泡剂，则捕集剂选择吸附在有用矿石粒子的表面上，形成较强的憎水性薄膜而使其变为憎水性。然后从水池底部通入气泡，则有用的矿石离子就附着在气泡上升到水面，而不含矿物的岩石和泥沙则留在水底，从而达到有用矿物与岩石的分离。

（4）助磨作用

在固体物料的粉碎过程中若加入表面活性剂（称为助磨剂），可增加粉碎程度，提高粉碎的效率。这是因为当磨细到几十微米以下时，颗粒度很小，比表面积和表面吉布斯函数很大，系统处在热力学的高度不稳定状态。在一定温度和压力下，表面吉布斯函数有自动减小的趋势，在没有表面活性剂存在的情况下，系统只能靠颗粒自动变大来降低系统的表面吉布斯函数。因此若想提高粉碎效率，得到更多的细小颗粒，必须加入适量助磨剂，如水、油酸、亚硫酸纸浆废液或表面活性剂等，它能很快地定向排列在固体颗粒的表面上，使固体颗粒的表面（或界面）张力明显降低。

学习基本要求

1. 了解比表面积与分散度的关系，了解产生表面张力的原因；熟悉表面张力、表面功和表面吉布斯函数的区别和联系，熟悉表面热力学基本方程；掌握表面张力的定义和影响表面张力的因素，掌握表面吉布斯函数与表面张力和表面积的关系。

2. 了解润湿的概念，掌握接触角的定义和杨氏方程，熟悉沾湿过程、浸湿过程和铺展过程的概念及它们的吉布斯函数变，了解各种润湿现象与表面张力、接触角的关系，掌握润湿、不润湿、完全润湿和完全不润湿的接触角取值范围。

3. 了解弯曲液面附加压力产生的原因，掌握附加压力的定义、Laplace 方程和毛细管现象。

4. 掌握 Kelvin 公式并学会用它计算，掌握过热液体中小气泡内气体压力的计算和外界对小气泡挤压力的计算，熟悉产生亚稳状态的原因、常见的亚稳状态、预防亚稳状态发生的措施。

5. 熟悉物理吸附和化学吸附的主要区别，了解弗罗因德利希吸附等温式和 BET 公式，掌握吸附热力学、固体表面吸附量的定义、朗格缪尔吸附理论的基本假设和吸附等温式，熟悉固体比表面积和气体截面积的换算关系。

6. 了解产生溶液表面吸附的原因，熟悉溶液表面吸附量的定义以及正吸附和负吸附概念，掌握溶液吸附的吉布斯等温式。

7. 熟悉表面活性剂的定义，掌握溶液表面吸附的朗格缪尔吸附等温式、饱和吸附量的概念和表面活性剂截面积的计算，了解表面活性剂的分类、性质和应用。

习题

10-1 设银溶胶中胶粒都是直径为 30nm 的银球粒子，在 $1.0dm^3$ 的溶胶中含 Ag 0.05g。试求：
（1）$1.0dm^3$ 的溶胶中的胶粒数；

（2）胶粒总的表面积。已知银的密度 $\rho=10.5\text{kg·dm}^{-3}$。

10-2　在 298.15K 和 $p^{\ominus}$ 下，水的表面张力 $\gamma=72.0\text{mN·m}^{-1}$。将半径为 1.0mm 的水滴可逆地分散成半径为 10nm 的小水滴。

（1）试计算小水滴的数目；

（2）试计算表面积增加的倍数；

（3）试计算表面吉布斯函数增加值；

（4）试计算环境对系统所做的功。

10-3　在 293.15K 时，汞-水、苯-水和汞-苯的界面张力分别为 0.375N·m^{-1}、0.0350N·m^{-1} 和 0.357N·m^{-1}。

（1）若在水和苯的界面上滴加一滴汞，试求接触角；

（2）若在汞和苯的界面上滴加一滴水，此时的接触角与（1）中相同吗？

10-4　在 293.15K 时，汞-水、汞-气和水-气的界面张力分别为 0.375N·m^{-1}、0.483N·m^{-1} 和 0.0728N·m^{-1}。请分别计算水在汞上面和汞在水上面的铺展系数，并判断能否铺展。

10-5　已知 298.15K 时水的表面张力 $\gamma=0.0720\text{N·m}^{-1}$，水与石墨的接触角为 90°。试分别求水与石墨的沾湿功、浸湿功和铺展系数。

10-6　已知 1373K 时，固体 Al_2O_3 和液态银的表面张力分别为 1.00N·m^{-1} 和 0.88N·m^{-1}，两者之间的界面张力为 1.77N·m^{-1}。试用计算接触角的方法，判断该温度下 Al_2O_3 瓷件上能否涂银。

10-7　在 293.15K 时，汞的表面张力为 0.483N·m^{-1}，试求一半径为 1.0mm 汞滴的附加压力。

10-8　在 298.15K 和 100kPa 的大气中，有一半径为 $3\mu m$ 的某液体的液滴，若液滴内液体所受压力为 150kPa。试求液滴所受的附加压力和液体的表面张力。

10-9　已知 373.15K 时水的表面张力为 58.91mN·m^{-1}。计算该温度下，下列情况下弯曲液面承受的附加压力。

（1）水中存在的半径为 $1\mu m$ 的小气泡；

（2）空气中存在的半径为 $1\mu m$ 的小液滴；

（3）空气中存在的半径为 $1\mu m$ 的小气泡。

10-10　一定温度下，将内半径为 0.235mm 的玻璃毛细管插入密度为 0.790g·cm^{-3} 的某液体中，毛细管内液面升高 2.56cm。试求该液体的表面张力。设此液体能很好润湿玻璃。

10-11　在 293.15K 时，汞的表面张力为 0.483N·m^{-1}，密度为 13.6g·cm^{-3}，现将内直径为 0.350mm 的玻璃毛细管插入液体汞中，汞在玻璃上的接触角为 140°。试求毛细管中液体汞面下降的高度。

10-12　298.15K 时，汞的表面张力为 0.54N·m^{-1}，汞的密度为 13.6g·cm^{-3}。现有一水银气压计，玻璃管的内半径为 0.200cm，管内外水银柱的高度差 75.8cm。若考虑到管内水银面的附加压力，则实际大气压为多少厘米汞柱？设汞与玻璃的接触角为 180°。

10-13　将材质相同、半径不同的两根毛细管插入同一种液体中，测出毛细管内液面的高度差 Δh 可测量液体表面张力。现将内半径为 0.50mm 和 1.0mm 两根毛细管同时插入密度为 0.950g·cm^{-3} 的液体中，测得 $\Delta h=1.47$cm。试计算液体的表面张力。设液体可完全润湿毛细管管壁。

10-14　已知 293.15K 时，水的表面张力为 0.0728N·m^{-1}，密度为 0.998g·cm^{-3}。在夏天的乌云中，用飞机喷洒干冰微粒，使气温骤降至 293.15K，水蒸气的过饱和度（p_r/p）达到 4.5。试计算：

（1）开始形成雨滴的半径；

（2）每一个雨滴中所含水分子的个数。

10-15　已知 773.15K 时，$CaCO_3$ 固体的表面张力为 1.210N·m^{-1}，密度为 3.900g·cm^{-3}，分解压力为 101.325kPa。现将 $CaCO_3$ 固体研磨成直径为 40nm 的粉末，求其在 773.15K 时的分解压力。

10-16　已知 373.15K、101.325kPa 时水的摩尔蒸发焓 $\Delta_{vap}H_m=40.67\text{kJ·mol}^{-1}$，且不随温度变化而改变。298.15K 时水的表面张力为 0.0720N·m^{-1}，密度为 0.997g·cm^{-3}。试求 298.15K 时半径为 10r.m 的小水滴的饱和蒸气压。

10-17 在 351.45K 时，用焦炭吸附 $NH_3(g)$ 测得如下数据。设 V^a-p 关系服从弗罗因德利希吸附等温式。试求弗罗因德利希吸附等温式中的二常数 k 和 n 的数值。

p/kPa	0.7224	1.307	1.723	2.898	3.931	7.528	10.10
V^a/dm^3·kg^{-1}	10.2	14.7	17.3	23.7	28.4	41.9	50.1

10-18 在 273.15K 时，用活性炭吸附 N_2，实验测得当 N_2 分压为 1.7305kPa 时，平衡吸附量为 3.043dm^3·kg^{-1}（标准状况下的体积，下同），当 N_2 分压为 7.4967kPa 时，平衡吸附量为 10.310dm^3·kg^{-1}。假设吸附过程服从朗格缪尔吸附等温式。试求：

（1）吸附系数 b 和饱和吸附量 V_m^a；

（2）当 N_2 分压力为 3.0584kPa 时的平衡吸附量；

（3）当 N_2 的平衡吸附量达到饱和吸附量一半时的平衡压力；

（4）活性炭的比表面积。已知 N_2 分子的截面积 $a_m = 1.62 \times 10^{-19}$ m^2。

10-19 77K 时，测得 N_2 在 TiO_2 上的如下吸附数据

p/p^*	0.01	0.04	0.1	0.2	0.4	0.6	0.8
V^a/dm^3·kg^{-1}	1.0	2.0	2.5	2.9	3.6	4.3	5.0

试用 BET 公式计算单位质量 TiO_2 的表面积。已知 N_2 分子的截面积 $a_m = 1.62 \times 10^{-19}$ m^2。

10-20 298.15K 时，将少量的某表面活性物质溶解在水中，当溶液的表面吸附达到平衡后，实验测得该溶液的浓度为 0.20mol·m^{-3}。用一很薄的刀片快速地刮去已知面积的该溶液的表面薄层，测得在表面薄层中活性物质的吸附量为 3×10^{-6} mol·m^{-2}。已知 298.15K 时纯水的表面张力为 72.0mN·m^{-1}。假设在很稀的浓度范围内，溶液的表面张力与溶液的浓度呈线性关系，试计算上述溶液的表面张力。

10-21 298.15K 时，乙醇水溶液的表面张力 γ(N·m^{-1}) 与浓度 c(mol·dm^{-3}) 的关系为

$$\gamma/10^{-3} = 72 - 0.5c + 0.2c^2$$

（1）计算浓度为 0.5mol·dm^{-3} 时乙醇在水溶液表面的吸附量；

（2）若乙醇在水溶液表面的吸附服从溶液中朗格缪尔吸附等温式，且常数 $k = 0.0183$dm^3·mol^{-1}。试计算乙醇的饱和吸附量 Γ_m 和乙醇分子的截面积 a_m。

10-22 291.15K 时，各种饱和脂肪酸水溶液的表面张力 γ(N·m^{-1}) 与浓度 c(mol·dm^{-3}) 的关系为

$$\gamma = \gamma_0 \left[1 - 0.4343A \ln\left(\frac{c}{B} + 1\right) \right]$$

其中，$\gamma_0 = 0.07286$N·m^{-1} 为纯水的表面张力，常数 $A = 0.411$，常数 B 因不同的酸而异。试求：

（1）服从上述方程的吸附等温式，即吸附量 Γ 与浓度 c 的关系式；

（2）当 $c \gg B$ 时，酸在水溶液表面达到饱和吸附，计算饱和吸附量和酸分子的截面积。

第 11 章

胶体分散系统

▶▶

"胶体"一词是由英国科学家格雷阿姆（Graham）提出的。19 世纪 60 年代，格雷阿姆应用分子运动论研究溶液中溶质的扩散情况时，发现有些物质如蔗糖、氯化钠等在水中扩散快，易透过羊皮纸（半透膜），将水蒸去后呈晶体析出；另一些物质如明胶、氢氧化铝等在水中扩散慢，不能透过羊皮纸，蒸去水后呈黏稠状。格雷阿姆将前者称为晶体（crystal），后者称为胶体（colloid）。另一方面，格雷阿姆在制备胶体溶液时发现，有许多通常不溶解的物质在适当的条件下可以分散在溶剂中形成貌似均匀的溶液，从其外表来看和通常的真溶液没什么差别，但从其扩散速度、渗透能力等来看则属于胶体物质的范围，因此将其称之为溶胶（sol）。20 世纪初，俄国化学家法伊曼（Ваймарн）经过对二百多种物质研究发现，同一物质在适当条件下，既可表现为晶体，又可表现为胶体。例如，氯化钠在水中具有晶体的特性，分散在无水乙醇中则表现为胶体。可见胶体只是物质在特定条件下的一种特殊存在形式，是某些物质分散于另外的物质中形成的分散系统。

    胶体分散系统在生物界和非生物界都普遍存在，在实际生活和生产中也占有重要的地位。如在石油、冶金、造纸、橡胶、塑料、纤维、肥皂等工业部门，以及如生物学、土壤学、医学、生物化学、气象学、地质学等学科中都广泛地接触到与胶体分散系统有关的问题。由于实际的需要，也由于本身具有丰富的内容，因此胶体分散系统的研究得到了迅速的发展，已经成为一门独立的学科。

11.1 分散系统的分类与胶团结构

11.1.1 分散系统的分类

    一种或几种物质分散在另一种物质中所形成的系统称为分散系统（dispersion system）。分散系统中被分散的物质称为分散相（dispersion phase），分散相所处的介质称为分散介质（dispersion medium）。各种溶液（盐水、糖水、茶水等）就是最常见的分散系统，水滴分散在空气中形成的云雾、颜料分散在油中形成的油漆、气体分散在液体中形成的泡沫以及固体颗粒分散在空气中形成的烟尘等都是分散系统的实例。

    分散系统可分为均相分散系统（homogeneous dispersion system）和多相分散系统（heterogeneous dispersion system）。均相分散系统是物质彼此以分子或离子形态分散或混合所形成的系统，如小分子溶液、电解质溶液等。此类系统的分散相及分散介质之间不存在相界面，是热力学稳定的系统。多相分散系统是物质以微相形态分散在分散介质中所形成的非均相系统。按分散相和分散介质的聚集状态不同，可分为八大类，见表11-1。

表 11-1　多相分散系统按聚集状态的分类

分散介质	分散相	名称	实例
液	固 液 气	溶胶、悬浮液 乳状液 泡沫	金溶胶、泥浆 牛奶、含水原油 肥皂泡沫
气	固 液	气溶胶	烟、尘 雾
固	固 液 气	固态悬浮液 固态乳状液 固态泡沫	加颜料的塑料 珍珠 泡沫塑料

分散程度的大小是表征分散系统的重要依据，所以通常又按照分散相粒子的大小将分散系统分为小分子分散系统（也称为真溶液）、胶体分散系统和粗分散系统三种类型，如表11-2所示。

表 11-2　分散系统按分散相粒子大小的分类

类型	粒子的大小/m	实例
小分子分散系统	$<10^{-9}$	空气、NaCl 水溶液
胶体分散系统	$10^{-9} \sim 10^{-6}$	金溶胶、$Fe(OH)_3$ 溶胶 高分子溶液 缔合胶体
粗分散系统	$>10^{-6}$	泡沫、泥浆

（1）小分子分散系统

当被分散物质以分子、原子或离子（粒子大小 $d<10^{-9}$ m）形式均匀地分散在分散介质中时，形成的系统即为真溶液。它又分为固态溶液、液态溶液和气态溶液。真溶液属于均相分散系统，溶质、溶剂间没有相界面，且不会自动分离成两相，是热力学稳定系统。常表现出透明、不发生光散射、溶质扩散快、溶质和溶剂均能透过半透膜等特点。

（2）胶体分散系统

分散相粒子大小介于 $10^{-9} \sim 10^{-6}$ m 的高分散系统，或者是那些在该尺度范围内存在不连续性的系统即为胶体系统。而且还明确分散相不必是分立的，那些基本粒子单元的尺度处于 $10^{-9} \sim 10^{-6}$ m 而形成连续网状结构的多孔固体、凝胶等也属于胶体系统。上面所规定的胶体粒子大小的界限，完全是人为的大致划分，许多在此界限以外的系统，例如，泡沫、乳浊液、悬浮液等属于粗分散系统，它们也具有许多与胶体共同的性质，所以也可作为胶体化学的研究对象。

通过对胶体溶液稳定性和胶体粒子结构的研究，人们发现胶体分散系统包括：①溶胶；②高分子溶液；③缔合胶体。

溶胶是由粒子大小在 $10^{-9} \sim 10^{-6}$ m 的难溶物分散在分散介质中形成的，粒子与分散介质之间存在相的界面，粒子能通过滤纸，但不能透过半透膜，扩散速度慢，在普通显微镜下看不见。其主要特征是高度分散、多相，有很大的相界面、很高的表面吉布斯能，很不稳定，极易被破坏而聚沉，聚沉之后不能恢复原状，因而是热力学中不稳定和不可逆系统，也叫憎液溶胶(lyophobic sol)。

高分子溶液是一维空间尺寸(线尺寸)达到 $10^{-9} \sim 10^{-6}$ m 之间的高分子(如蛋白质分子、高聚物分子等)，分散于分散介质之中形成的系统。其主要特征是高度分散的、均相的、热力学稳定系统，鉴于分散相和分散介质之间亲和力很强，故又称亲液胶体(lyophilic sol)。

表面活性剂在溶液中的浓度高于某一数值后，多个表面活性剂分子形成胶束，在胶束中还可以溶进一些特定性质的物质，形成所谓的微乳液或液晶。这种系统叫做缔合胶体(associated colloid)。缔合胶体在形成过程中由于使整个系统界面能降低而成为热力学稳定系统。这个系统目前具有重要的实用意义。

(3) 粗分散系统

分散相粒子大小 $d > 10^{-6}$ m 的分散系统为粗分散系统。这类系统主要包括悬浮液(suspensoid)、乳状液(emulsion)、泡沫(foam)、粉尘(dust)等。在粗分散系统中，分散相和分散介质间存在明显的相界面，分散相粒子容易自动发生聚集而与分散介质分开，因此，它是热力学不稳定系统，常表现出不透明、浑浊、分散相不能透过滤纸等特点。

胶体分散系统和粗分散系统因高度分散和巨大表面积而具有许多独特性质，而且很多的物质都可能成为该二类系统中的一个组分，这就决定了胶体化学的研究对象、涉及的学科、所用的研究方法和应用范围极其广泛。就其应用来说，遍及生命现象(血液、骨组织、细胞膜)、材料(陶瓷水泥浆料、胶乳、泡沫塑料、多孔吸附剂、有色玻璃)、食品(牛奶、啤酒、面包)、医药(微胶囊、凝胶制剂)、能源(强化采油、乳化和破坏)、环境(烟雾、除尘、水处理)等各领域。尤其是近年来发展起来的超微技术、纳米材料的制备已成为很多学科研究的新热点。掌握胶体分散系统和粗分散系统的知识对指导工农业生产和研究生命科学具有重要意义。

11.1.2　胶团结构

由分子、原子或离子聚集而成的固态微粒常具有晶体结构，它可以从分散介质中选择性地吸附某种离子；或者由于离子晶体表面电离，其中一种离子溶解于周围的介质中等原因，使固态微粒成为带电体，它是构成胶团结构的核心，故习惯上称其为胶核(colloidal nucleus)。胶体粒子带电的正、负号，取决于胶核上离子的正、负号。实验证明，晶体表面对那些能与组成固体表面的离子生成难溶物或电离度很小的化合物的离子具有优先吸附作用，这一规则称为法拉杨-帕尼思(Fajans-Pancth)规则。依据这一规则，用 $AgNO_3$ 和 KI 制备 AgI 溶胶时，AgI 颗粒表面易于吸附 Ag^+ 或 I^-，而对 K^+ 和 NO_3^- 吸附极弱。因而 AgI 颗粒的带电符号取决于 Ag^+ 和 I^- 中哪种离子过量。

例如，在稀的 KI 溶液中，缓慢地滴加少量的 $AgNO_3$ 稀溶液，过剩的 KI 起到稳定剂的作用，反应生成的 AgI 微粒表面将吸附 I^-，胶核表面则带负电荷，K^+ 为反离子，生成 AgI 的负溶胶，胶团结构如图 11-1 所示。

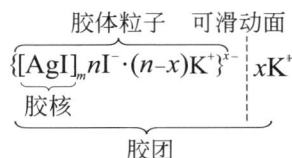

图 11-1　负电性 AgI 胶团结构

其中 m 表示胶核中所含 AgI 的分子数，通常是一个很大的数值(约在 10^3 左右)。n 表示胶核所吸附的 I^- 离子数，n 的数值比 m 的数值要小得多。留在溶液中的 K^+，因受 I^- 的吸引又可以围绕在其周围。但离子本身又有热运动，只可能有一部分 K^+ 紧紧地吸引于胶核近旁，并与被吸附的 I^- 一起组成"吸附层"，$(n-x)$ 为吸附层中的带相反电荷的离子数

（此处为 K^+）。而另一部分 K^+ 则扩散到较远的介质中去，形成"扩散层"，x 是扩散层中的反号离子数，胶核连同吸附在其上面的离子，包括吸附层中的相反电荷离子，称为胶粒（colloidal particle）。胶粒连同周围介质中的相反电荷离子则构成胶团（也称为胶束，micelle）。在吸附层和扩散层之间存在一滑动面，即当胶粒运动时，不只是固相在运动，它还带着一层液体一起运动。这层可动液体的边界叫滑动面。

在同一个溶胶中，每个固体微粒所含的分子个数 m 可以大小不等，其表面上所吸附的离子的个数 n 也不尽相等。在滑动面两侧，过剩的反离子所带的电荷量应与固体微粒表面所带的电荷量大小相等而符号相反。即 $(n-x)+x=n$。

同样道理，若在稀的 $AgNO_3$ 溶液中，缓慢地滴加少量的 KI 稀溶液，过剩的 $AgNO_3$ 起到稳定剂的作用，反应生成的 AgI 微粒表面将吸附 Ag^+，胶核表面则带正电荷，NO_3^- 为反离子，生成 AgI 的正溶胶，这时胶团结构如图 11-2 所示。

以 $AgNO_3$ 为稳定剂的 AgI 溶胶的胶团剖面图如图 11-3 所示。图中的小圆圈表示 AgI 微粒；AgI 微粒连同其表面上的 Ag^+ 则称为胶核。第二个圆圈表示胶核和吸附层所组成的胶粒，最外面的圆圈表示扩散层的范围与整个胶团。

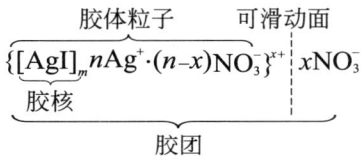

$$\underbrace{\{\underbrace{[AgI]_m nAg^+ \cdot (n-x)NO_3^-\}^{x+}}_{\text{胶核}} \cdot x NO_3^-}_{\text{胶团}}$$

胶体粒子　　　可滑动面

图 11-2　正电性 AgI 胶团结构

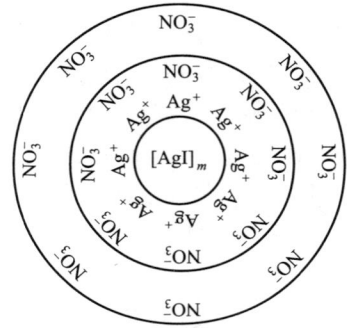

图 11-3　正电性 AgI 胶团剖面图

此外，在化工生产和实验室中常遇到二氧化硅溶胶。这种溶胶粒子的电荷不是由于吸附离子而产生，而是来源于胶核本身的表面层分子的电离。当 SiO_2 与水分子接触时，先生成 H_2SiO_3，它是弱电解质，可电离出 H^+ 和 SiO_3^{2-}，其中 SiO_3^{2-} 不是全扩散到溶液中去，而是有一部分仍然固定在 SiO_2 微粒的表面上，形成带负电荷的胶核，H^+ 则为反离子。该反应过程可表示为

$$SiO_2 + H_2O \longrightarrow H_2SiO_3 \Longrightarrow 2H^+ + SiO_3^{2-}$$

SiO_2 溶胶的胶团结构可表示为：

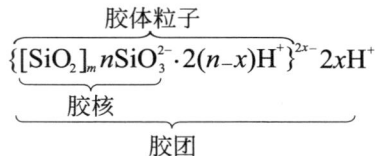

$$\underbrace{\{\underbrace{[SiO_2]_m nSiO_3^{2-} \cdot 2(n-x)H^+\}^{2x-}}_{\text{胶核}} \cdot 2x H^+}_{\text{胶团}}$$

胶体粒子

其中，胶核由 m 个 SiO_2 分子组成，吸附层内层为 SiO_3^{2-}；外层为反离子 H^+。如果 SiO_2 表面水解生成的 H_2SiO_3 为 n 个，则反离子 H^+ 的总数为 $2n$ 个，其中 $2(n-x)$ 个在吸附层内，其余的 $2x$ 个分布在扩散层中。

在书写上述胶团结构时，应注意电量平衡，即整个胶团中反离子所带的正（负）电荷数应

等于胶核表面上的负（正）电荷数，也就是说整个胶团是电中性的。

大分子物质（如蛋白质、石花菜、淀粉、藻酸等）质点上的电荷大多是表面基团电离的结果。比如土壤胶体中的腐殖质多以胶态形式存在，它们不仅成分复杂（有时就是混合物），构造也很复杂。这些质点表面上的电荷，既有吸附因素也有电离因素。因此，对于这类物质的胶团结构，只能用其主要成分之结构单位表示，或者画出示意图来表示。

黏土胶粒表面上的电荷主要起因于晶格取代（当然也有电离）。例如，仅由晶格取代引起带电的钠微晶高岭土的胶团可表示为：

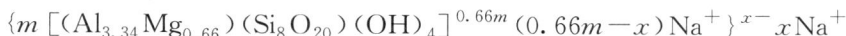

$$\{m\,[(Al_{3.34}Mg_{0.66})(Si_8O_{20})(OH)_4]^{0.66m}\,(0.66m-x)Na^+\}^{x-}\,xNa^+$$

在石油中，胶质和沥青质相互结合成胶团，它们的基本单元结构都是以稠合芳环为核心、兼含非烃化合物的复杂混合物，难于用胶团结构式表示。

由于离子的溶剂化，因此胶粒和胶团也是溶剂化的。在溶胶中胶粒是独立运动单位。通常所说溶胶带正电或负电系指胶粒而言，整个胶团总是电中性的。胶团没有固定的直径和质量，同一种溶胶的 m 值也不是一个固定的数值。不同溶胶的胶团可有各种不同的形状，例如聚苯乙烯溶胶的胶团接近球状，而 $Fe(OH)_3$ 溶胶为针状，V_2O_5 溶胶为带状等。在讨论溶胶特性时除注意其高度分散性外，还应该注意到结构上的这种复杂性。由于胶粒比分散介质的分子大得多，而且由难溶物构成的胶核又保持其原有的结构（从 X 射线分析可以证明大多数憎液溶胶的离子确具有晶体的结构），所以尽管表面看到溶胶是貌似均匀的溶液，而实际上粒子和介质之间存在着明显的物理分界面，是超微不均匀的系统。由于高度分散而又系多相，所以从热力学的角度来看是不稳定系统。胶核粒子有互相聚结而降低其表面积的趋势，即具有易聚结的不稳定性，这就是形成溶胶时必须有稳定剂（stabilizing agent）存在的原因（有时不需外加稳定剂，溶胶也可以很稳定，参看下节中凝聚法制备溶胶）。

11.2　溶胶的制备和净化

11.2.1　溶胶的制备

从分散度的大小来看，胶体系统的分散度大于粗分散系统，而小于一般的真溶液，同时体系中应有适当的稳定剂存在才能具有足够的稳定性。制备方法大致可以分为两类：即分散法（dispersed method）与凝聚法（condensed method），前者是直接将大块物质粉碎为小颗粒，并使之分散于介质中，后者是使分子或离子聚结成胶粒。制备过程可简单表示为：

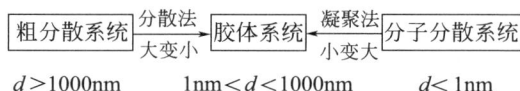

$$\boxed{粗分散系统}\xrightarrow[大变小]{分散法}\boxed{胶体系统}\xleftarrow[小变大]{凝聚法}\boxed{分子分散系统}$$

$$d>1000nm\qquad 1nm<d<1000nm\qquad d<1nm$$

由分散法或凝聚法直接制成的粒子称为原级粒子（primary particle），视具体条件不同，这些粒子常又可以聚集成一些较大的次级粒子（secondary particle）。通常所制备的溶胶中粒子的大小常是不均一的，而是多级的分散系统。为了得到稳定的胶体，还必须注意以下三点：①分散相在分散介质中的溶解度很小，因为介质中高浓度的带电粒子将造成溶胶聚沉；②新制备的胶体，一般含有过量的电解质或杂质，应将其除去；③应加适量的稳定剂。

下面主要介绍溶胶的制备方法。

（1）分散法

这种方法是用适当方法使大块物质在有稳定剂存在的情况下分散成胶体粒子的大小。常用的有以下几种方法。

① 研磨法　即机械粉碎的方法，这种方法通常适用于脆而易碎的物质，对于柔韧性的物质必须先硬化后（例如用液态空气处理）再分散。分散过程所消耗的机械功或电功，远大于系统的表面吉布斯函数变，大部分以热的形式传给环境。常用的研磨设备有球磨机和胶体磨（colloidal mill）。

胶体磨是由两片靠得很近的坚硬耐磨的合金或金刚砂制成的磨盘，磨盘的周边与外壳之间的距离可调节到 5×10^{-6} m 左右的微小距离。当上下磨盘以约 10000r/min 的转速反向转动时，粗粒子就被磨细。研磨又有湿法与干法之分，一般说来，湿法操作的粉碎程度更高。由于颗粒磨得越细越容易聚结，所以常加入单宁或明胶等物质作稳定剂，以防止分散相的微粒聚集成块。湿法的磨细粒度约为 10^{-7} m。胶体磨已广泛应用于工业生产，它可以用来研磨颜料、药物、干血浆、大豆等。例如，铂重整催化剂载体 Al_2O_3 在造粒前必须将它的滤饼磨成胶浆。如果是较脆性的材料，如活性炭等，利用球磨机，就可获得 100nm 以下的超细粒子。

② 胶溶法（colloidizing method）　亦称解胶法。它不是使粗粒分散成溶胶，而只是使暂时凝聚起来的分散相又重新分散。例如刚生成不久的沉淀，$Al(OH)_3$、$Fe(OH)_3$ 等，产生沉淀的原因是由于缺少稳定剂，这些沉淀实际上是刚刚聚沉的溶胶，沉淀颗粒是胶粒的聚合体。此时若洗涤除去过多的电解质，再加入少量稳定剂（此处又称胶溶剂，要看胶核表面所能吸附的离子而决定如何选用胶溶剂），胶粒便因吸附离子而趋于稳定，在适当搅拌下沉淀便重新分散成溶胶，这种将沉淀转化为溶胶的作用称为胶溶作用（peptizing），例如

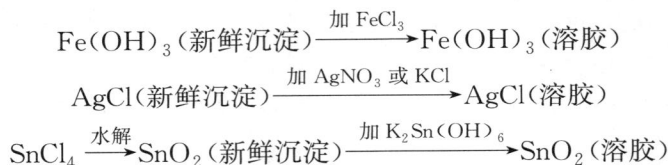

$$Fe(OH)_3（新鲜沉淀）\xrightarrow{\text{加 FeCl}_3} Fe(OH)_3（溶胶）$$

$$AgCl（新鲜沉淀）\xrightarrow{\text{加 AgNO}_3 \text{ 或 KCl}} AgCl（溶胶）$$

$$SnCl_4 \xrightarrow{\text{水解}} SnO_2（新鲜沉淀）\xrightarrow{\text{加 K}_2\text{Sn(OH)}_6} SnO_2（溶胶）$$

一般情况下，胶溶法制取溶胶，只适用于新形成的沉淀，若沉淀放置时间较长，便会老化（ageing），老化生成的大粒子不可用胶溶法重新将其分散。

③ 电弧法（electric arc method）　主要用于制备金、银、铂、钯等贵金属的水溶胶。该法是将欲分散的金属作为电极，浸入水中，外加 $20 \sim 100$V 的直流电源，调节两电极间的距离，使其产生强电弧。在电弧作用下，电极表面上的金属原子蒸发，但立即被水冷却而凝聚成胶体粒子。在制备时，如果先加入少量的碱作为稳定剂，可得到较为稳定的水溶胶。此法实际上包括了分散与凝聚两个过程。

④ 超声波分散法（ultrasonic dispersing method）　用超声波（频率大于 16000Hz）所产生的能量来进行分散作用。目前多用于制备乳状液。图 11-4 是超声波分散法装置的示意图。把 10^6Hz 的高频电流通过两个电极，石英片可以发生相同频率的机械振荡，产生高频的机械波传入试管，使分散相均匀分散而形成溶胶或乳状液。

⑤ 气相沉积法（gas phase deposition）　在惰性气氛中，用电加热、高频感应、电子束或激光灯热源，将要制备成纳米级粒子的材料气化，处于气态的分子或原子，按照一定规律共聚或发生化学反应，形成纳米级粒子，再将它用稳定剂保护（此法是先分散再聚合，故也可归入凝聚法）。

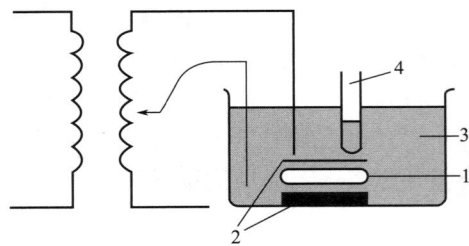

图 11-4　超声波分散法示意图
1—石英片；2—电极；
3—变压器油；4—盛试样的试管

（2）凝聚法

与分散法相反，凝聚法是将分子（或原子、离子）分散状态凝聚为胶体分散状态的一种方法。通常根据凝聚过程所发生的变化类型分为物理凝聚法和化学凝聚法。

① 物理凝聚法　将蒸气状态的物质或溶解状态的物质凝聚为胶体状态的方法。

a. 蒸气凝聚法　罗金斯基（Ротинский）和沙利尼科夫（Шальников）用蒸气凝聚法获得碱金属的有机溶胶，其装置如图 11-5 所示。

以制备钠的苯溶胶为例，先在 4 和 2 两管中分别盛放需要加以分散的物质金属钠和作为分散介质用的液体苯，将整个容器放在液态空气中，将系统抽成真空后取出，在 5 中放液态空气，再适当对 2 和 4 加热，使苯和钠的蒸气一起在 5 的管壁上凝聚成含有胶体钠的固态苯。然后再除去 5 中的液态空气，温度升高后使冻结物熔化为液体流入支管 3 中，而形成钠在苯中的溶胶。两种物质的蒸气同时在器壁

图 11-5　罗金斯基和沙利尼科夫
所用仪器示意图

1—被抽空容器；2,4—盛有溶剂和
需要分散的物质容器；3—盛溶胶
的容器；5—液态空气冷凝器

上经受剧烈冷却，是这种方法的重要特点。用这种方法制得的溶胶似乎没有加入任何稳定剂，实际上此处作为稳定剂的组分可能是金属的离子或其氧化物。

b. 过饱和法　改变溶剂或降低温度均可使溶质的溶解度降低。在过饱和条件下，溶质可自动凝聚成溶胶。例如，将少量的硫溶于乙醇中，再将此溶液在搅拌的情况下倒入水中，硫在水中的溶解度很低，以胶粒大小析出，形成白色浑浊的硫的水溶胶。这种方法是利用一种物质在不同溶剂中溶解度相差悬殊的特性来制备溶胶。用此法可制得难溶于水的树脂、脂肪等水溶胶，也可制备难溶于有机溶剂的物质的有机溶胶。

用液态空气急骤冷却苯的饱和水溶液，可制得苯的水溶胶。

② 化学凝聚法　利用各种化学反应生成不溶性产物，在不溶性产物从溶液中析出时，使之停留在胶粒大小。因为胶体粒子的成长决定于两个因素：晶核生成速度和晶体生长速度。一般采用较大的过饱和浓度、较低的操作温度，以利于晶核的大量形成而减缓晶体长大的速率，防止发生聚沉，即可得到溶胶。可利用的化学反应有氧化还原、水解、复分解等反应。例如：

a. 氧化还原反应　贵金属的溶胶可以通过还原反应来制备。例如用甲醛还原金属盐可制得红褐色的金溶胶：

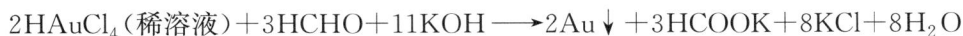

$$2HAuCl_4（稀溶液）+3HCHO+11KOH \longrightarrow 2Au\downarrow+3HCOOK+8KCl+8H_2O$$

得到的金粒子吸附稳定剂 AuO_2^- 而成为稳定负电性金溶胶，金粒子直径和颜色随着制备条件变化而改变。

硫溶胶可以通过一些氧化还原反应来制备，例如

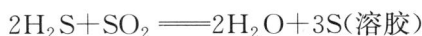

$$2H_2S+SO_2 =\!=\!= 2H_2O+3S（溶胶）$$

$$Na_2S_2O_3+2HCl =\!=\!= 2NaCl+H_2O+SO_2+S（溶胶）$$

b. 水解反应　铁、铝、铬、铜、钒等金属的氢氧化物溶胶，可以通过其盐类的水解而制得。

三氯化铁的水解制备氢氧化铁溶胶，反应为

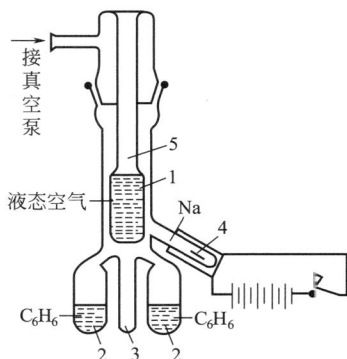

$$FeCl_3(稀溶液)+H_2O(沸水)\longrightarrow Fe(OH)_3(红棕色溶胶)+3HCl$$

在不断搅拌下,将 $FeCl_3$ 稀溶液滴入沸腾的水中即可生成棕红色、透明的 $Fe(OH)_3$ 溶胶。过量的 $FeCl_3$ 起到稳定剂的作用。$Fe(OH)_3$ 微粒选择性地吸附 Fe^{3+} 而形成带正电荷的胶体粒子。

烷氧基铝水解制备氢氧化铝溶胶,反应为

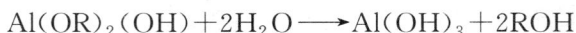

$$Al(OR)_3+H_2O\longrightarrow Al(OR)_2(OH)+ROH$$
$$2Al(OR)_2(OH)+2H_2O\longrightarrow 2AlOOH+4ROH$$
$$Al(OR)_2(OH)+2H_2O\longrightarrow Al(OH)_3+2ROH$$

c. 复分解反应 利用 As_2O_3 的复分解反应可制备硫化砷溶胶,反应为

$$As_2O_3+3H_2S\longrightarrow As_2S_3(溶胶)+3H_2O$$

在 As_2O_3 的过饱和水溶液中,缓慢通入 H_2S 气体,即可生成淡黄色的 As_2S_3 溶胶。HS^- 为稳定剂,胶体粒子带负电荷。

碘化银溶胶可按下列反应制得

$$AgNO_3(稀溶液)+KI(稀溶液)\longrightarrow AgI(黄色溶胶)+KNO_3$$

为了在 AgI 表面形成双电层而使溶胶稳定,制备中 $AgNO_3$ 或 KI 需过量。

以上这些制备溶胶的例子中,都没有外加稳定剂。事实上,胶粒的表面吸附了过量的具有溶剂化层的反应物离子,因而使得溶胶稳定。离子的浓度对溶胶的稳定性有直接的影响,电解质浓度太大,反而会引起胶粒聚沉。例如,如果将 H_2S 通入 $CdCl_2$ 溶液中,CdS 成沉淀析出而并不形成溶胶(这是由于反应中生成的 HCl 是强电解质,它破坏了 CdS 溶胶的稳定性)。在定量分析中,为了防止形成溶胶,可以采用加入电解质或加热的方法使溶胶聚沉并使生成颗粒较大的沉淀。

11.2.2 溶胶的净化

不论用分散法还是凝聚法制备的溶胶,往往含有过量电解质或其他杂质,除形成胶团所需要的电解质以外,过多的电解质存在会破坏溶胶的稳定性。为了提高溶胶稳定性,需进行净化处理。常用的方法有以下几种。

(1) 渗析法

渗析法(dialysis method)是利用胶体粒子不能通过半透膜,而离子或小分子能通过半透膜的原理。首先利用火棉胶(collodion, 其化学成分为硝化纤维素)、醋酸纤维膜、动物膜、羊皮纸等制成半透膜,将待净化的溶胶装入半透膜制成的容器内,然后将膜袋浸在纯溶剂中。由于膜内外杂质浓度的差别,溶胶中的电解质和小分子杂质便会透过半透膜进入溶剂中。若不断更换膜外溶剂,可逐渐降低溶胶中的电解质或杂质的浓度,从而达到净化的目的,这种方法称为渗析法,如图 11-6(a)所示,搅拌溶胶或适当加热(要注意加热对该溶胶的稳定性有无影响)可加快渗析。渗析在许多方面有重要的应用价值。

目前,医院为治疗肾衰竭患者的血液透析仪(即人工肾),就是使血液在体外经过循环渗析除去血液中的代谢废物(如尿毒、尿酸或其他有害的小分子),然后再输入体内。图 11-6(b)是血液渗析仪的示意图。此处常用的半透膜有铜氨膜、醋酸纤维素膜等。临床上除考虑膜孔大小外,还要注意膜的稳定性和与血液的相容性等问题。

在工业上以及许多实验室中,为了加快渗析速度,可以增加半透膜的面积或使膜两边的液体有很高的浓度梯度,或者在较高的温度下渗析(但是由于高温会破坏溶胶的稳定性,因此升高的温度应有一定限制)。若在外加电场下进行渗析可以增加粒子迁移的速率,通常称

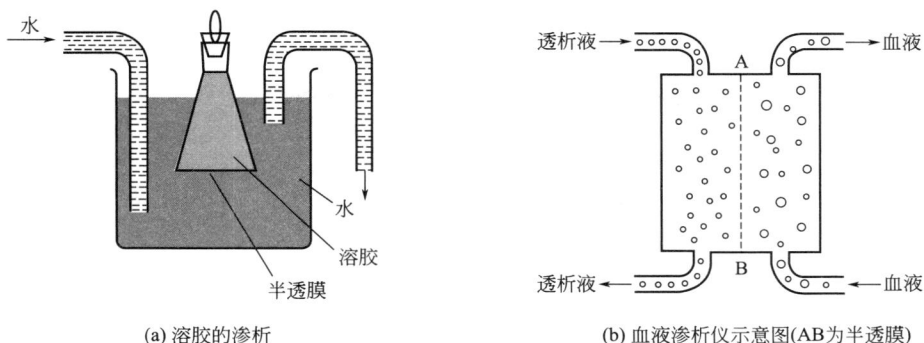

(a) 溶胶的渗析

(b) 血液渗析仪示意图(AB为半透膜)

图 11-6 渗析法

为电渗析法(electrodialysis)。

电渗析的装置如图 11-7 所示，当电极与直流电源接通以后，在电场作用下，溶胶中的电解质离子分别向带异性电荷的电极移动，因此能较快地除去溶胶中过多的电解质。此法特别适用于用普通渗析法难以除去的少量电解质。使用时所用的电流密度不宜太高，以免因受热而使溶胶变质。实验室中常用的半透膜为火棉胶等。

若将离子交换膜用于电渗析中，则可用于制备高纯水、处理含盐废水和海水淡化等方面。咸水淡化常用的电渗析半透膜有醋酸纤维膜、聚乙烯醇异相膜等。异相膜是由磨碎的离子交换树脂颗粒与黏合剂（如聚乙烯）混合，经挤压而成。用电渗析对咸水淡化的装置如图 11-8 所示。在此装置中，将阳离子和阴离子选择性交换膜交替地排列着，这样可组成多室电渗析池。

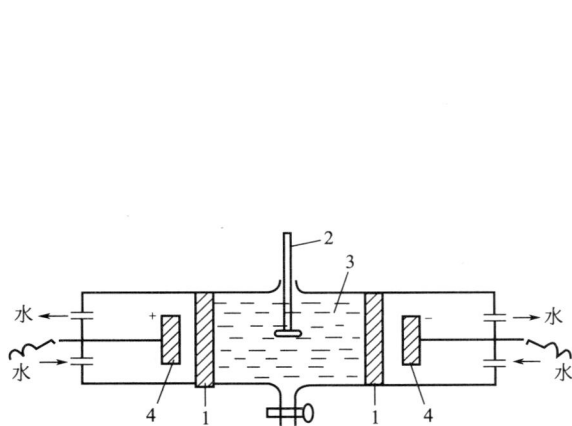

图 11-7 电渗析示意图

1—半透膜；2—搅拌器；3—溶胶；4—铂电极

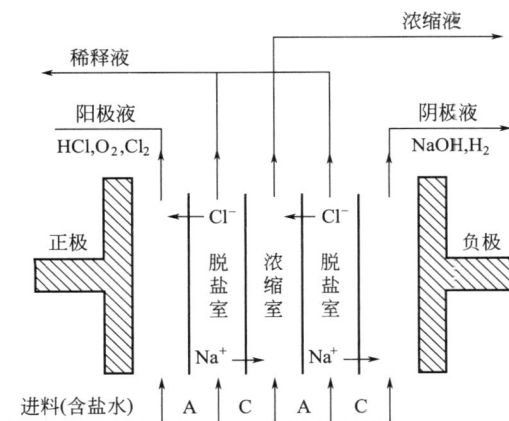

图 11-8 咸水淡化装置示意图

A—阴离子选择性交换膜；C—阳离子选择性交换膜

电渗析技术当前已扩展到化工、食品、医药、废水处理等各个领域。例如氨基酸是典型的两性电解质，控制溶液 pH 值，可使之呈不同的荷电状态。pH 值在等电点时，氨基酸的净电荷为零，在直流电场作用下几乎不移动；当 pH 值大于等电点时，氨基酸带负电荷，可通过阴离子交换膜向正极移动；当 pH 值小于等电点时，氨基酸带正电荷，可通过阳离子交换膜向负极移动。基于此种特点，故可用电渗析与等电聚焦技术分离与纯化氨基酸。

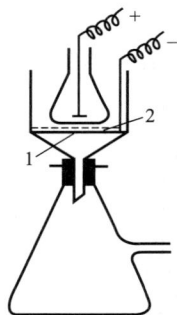

图 11-9　电超过滤仪器
1—负极；2—半透膜

（2）超过滤法（ultrafiltration method）

净化溶胶也可用超过滤法，超过滤是用孔径极小而孔数极多的半透膜（约 $10\sim300nm$）作滤膜，在加压或吸滤的情况下，让介质连同其中的电解质或低分子杂质透过滤膜成为滤液，从而将胶粒与介质分开，达到净化的目的，这种方法为超过滤法。可溶性杂质能透过滤板而被除去，有时可将第一次超过滤得到的胶粒再加到纯的分散介质中，再加压过滤。如此反复进行，也可以达到净化的目的。净化后得到的胶粒，应立即分散在新的分散介质中，以免聚结成块。如果超过滤时在半透膜的两边安放电极，加上一定的电压，则称为电超过滤法。即电渗析和超过滤两种方法合并使用，这样可以降低超过滤的压力，而且可以较快地除去溶胶中的多余电解质。图 11-9 是一种电超过滤仪器的示意图。

（3）渗透和反渗透

在一定温度下，用一个只能使溶剂透过而不能使溶质或胶体离子透过的半透膜把溶剂（如水）与溶液隔开，溶剂就会通过半透膜渗透到溶液中使溶液液面上升[见图 11-10(a)]，此现象称为渗透（osmosis）。当溶液液面升到一定高度达到平衡状态，渗透才停止并产生一定的渗透压 Π[见图 11-10(b)]。这种对于溶剂的膜平衡，叫作渗透平衡。若渗透平衡时在溶液一侧施加外压 p（且 $p>\Pi$），则溶液中的溶剂分子将向溶剂相迁移[见图 11-10(c)]，故称反渗透（reverse osmosis）。

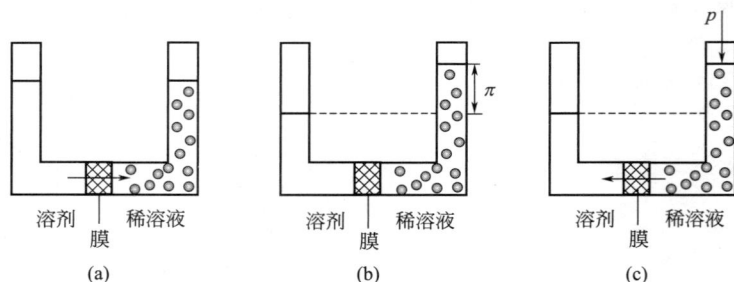

图 11-10　渗透与反渗透过程示意图

目前工业中使用的反渗透膜主要有醋酸纤维膜、芳香聚酰胺膜或具有皮层和支撑层的复合反渗透膜等，但无论使用何种膜都需施加外压。例如，海水淡化工艺中的操作压力常在 5GPa 以上，因为海水的含盐量高达 3.5%，其渗透压高达 2.5GPa；而苦咸水脱盐可在低压下操作，操作压力约为 $1.4\sim2.0MPa$。在我国，反渗透工艺已用于电子、电力、食品、饮料和化工等领域的纯水和超纯水的制备，它能有效地除去微生物、细菌和有机污染物，但值得注意的是它同时能除去水中 Ca、Mg、Zn、Si 等人体所需要的元素，所以饮用纯净水要适度。

11.3　溶胶的光学性质

溶胶的光学性质（optical properties）是其高度分散性和不均匀性的反映。通过光学性质的研究，不仅可以解释溶胶系统的一些光学现象，而且在观察胶体离子的运动时，对确定溶胶的大小和形状具有重要意义。

当光线射入分散体系时，只有一部分光线能自由通过，另一部分被吸收、散射或反射。对光的吸收主要取决于体系的化学组成，而散射和反射的强弱则与质点大小有关。低分子真溶液的散射极弱；当质点大小在胶体范围内，则发生明显的散射现象（即通常所说的光散射，light scattering）；当质点直径远大于入射光波长时（如悬浮液中的粒子），则主要发生反射，体系呈现浑浊。

11.3.1 丁铎尔效应与瑞利公式

（1）丁铎尔效应

英国的物理学家丁铎尔（Tyndall）于 1869 年发现，在暗室中将一束光线透过溶胶，则从侧面（即与光束前进方向垂直的方向）观察，可以在光透过溶胶的途径上看到一个发光的圆锥体，如图 11-11(a)所示，光线越强，则光的路程也就越清楚。这种现象称为丁铎尔效应，也称作乳光效应。而用纯水或真溶液做实验，用肉眼几乎观察不到此种现象［如图 11-11(b)所示］，因此丁铎尔效应实际上就成为判别溶胶与真溶液的最简便的方法。丁铎尔现象在日常生活中能经常见到。例如，夜晚的探照灯或由电影机所射出的光线在通过空气中的灰尘微粒时，就会产生丁铎尔现象。丁铎尔效应的另一特点就是当光通过分散系统时，在不同的方向观察光柱有不同的颜色，例如 AgCl、AgBr 的溶胶，在光透过的方向观察，呈浅红色；而在与光垂直的方向观测时，则呈淡蓝色（有时称为 Tyndall 蓝）。

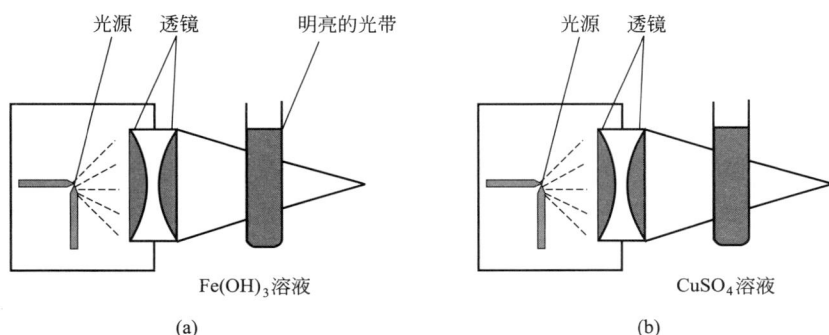

图 11-11 丁铎尔效应

根据光的电磁理论，丁铎尔效应产生的实质是光的散射。当光线射入分散系统时可能发生三种情况。

① 若分散相的微粒尺寸与入射光的波长相近时，则发生光的衍射。

② 若分散相的微粒尺寸大于入射光的波长时，则主要发生光的反射或折射现象，粗分散系统就属于这种情况。可见光的波长在 400～700nm 的范围内，粗分散系统中的粒子直径可高达 1000～5000nm，比可见光的波长大得多，因此在光的照射下发生反射光。例如乳状液，看到的就是呈浑浊状的乳光。

③ 若分散相的微粒尺寸小于入射光的波长时，则主要发生光的散射，即光在绕过微粒前进的同时，又会从粒子的各个方向散射，散射出来的光叫乳光。溶胶粒子的大小在 1～100nm 之间，小于可见光的波长。光本质上是一种电磁波，其振动的频率高达 10^{15} Hz 的数量级，当可见光照射到小于光波波长的胶粒粒子上时，相当于外加电磁波作用于胶粒，使围绕分子或原子运动的电子产生被迫振动（而质量远大于电子的原子核则无法跟上振动）。这样被光照射的微小晶体上的每个分子，便以一个次级光源的形式，向四面八方辐射出与入射光

有相同频率的次级光波,这就是散射光波,由此可知,产生丁铎尔效应的实质是光的散射。在正对着入射光的方向上我们看不到散射光,这是因为背景太亮,就像我们白天看不到星光一样,因此,丁铎尔效应可以认为是胶粒对光的散射作用的宏观表现。若被照射系统是完全均匀的,则所有散射光波因互相干涉而完全抵消,结果就观测不到散射光;如果被照射系统的光学均匀性遭到破坏,辐射出来的次级波不会抵消,就可以观测到散射光。

由于溶胶的高分散度和多相性,入射光照射在溶胶粒子上,必然会产生散射光。当然,由于分子热运动引起密度或浓度涨落,也会造成光学的不均匀性,产生光的散射。散射光的强度可用瑞利公式来计算。

(2) 瑞利公式

1871 年,英国科学家瑞利(Rayleigh)假设:分散相粒子的尺寸远小于入射光的波长时,可把粒子视为点光源;粒子间的距离较远,可不考虑各个粒子散射光之间的相互干涉;粒子不导电,不吸收光。基于这些假设,利用电磁场理论,首先导出了稀薄气溶胶散射光强度的计算式,后经其他学者推广应用于稀溶胶系统。当入射光是非偏振光时,单位体积分散系统的散射光强度 $I(R, \theta)$ 随散射角 θ 和距离 R 的变化关系可用下式计算,并

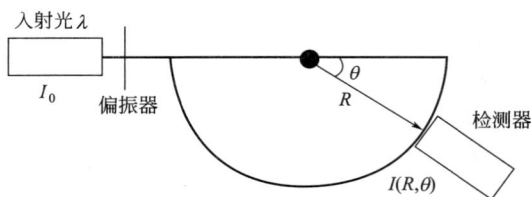

图 11-12　光散射原理

参见图 11-12。

$$I(R, \theta) = I_0 \frac{9\pi^2 c_n V^2}{2\lambda^4 R^2} \left(\frac{n_2^2 - n_1^2}{n_2^2 + n_1^2} \right)^2 (1 + \cos^2\theta) \tag{11-1}$$

式中,I_0 为入射光强度;λ 为光波长;c_n 为粒子的数浓度(单位体积中的粒子数);V 为单个粒子的体积;n_1 为分散介质折射率;n_2 为分散相的折射率;θ 为散射角,即观测方向与入射光传播方向间的夹角;$I(R, \theta)$ 为在距离样品 R 且散射角为 θ 处的散射光强度。

由式(11-1)可以得到如下几点结论:①散射光的强度反比于入射光波长的四次方。因此波长越短的入射光,散射越强。如果入射光为白光,则其中波长较短的蓝色和紫色光散射作用最强,而波长较长的红色光散射较弱,大部分将透过溶胶。因此,当白光照射溶胶时,从侧面(垂直于入射光方向)看,散射光呈蓝紫色,而透过光呈橙红色。晴朗的天空呈现蓝色是由于空气中的尘埃粒子和小水滴散射太阳光(白光)引起的,而日出日落天空呈橙红色,是由于透射光引起的。由此可以预测,若要观察散射光,光源的波长以短者为宜;而观察透过光时,则以较长的波长为宜。例如在测定多糖、蛋白质之类物质的旋光度时多采用钠光,其原因之一就是由于黄色光的散射作用较弱。②散射光的强度与分散相和分散介质的折射率有关。分散相与分散介质之间折射率相差越大,散射光越强,反之则越弱。溶胶具有明显的丁铎尔效应,而高分子溶液中分散相与分散介质之间具有极强的结合力,二者的折射率极为接近,所以丁铎尔效应很弱。因此,可用丁铎尔效应来区分溶胶和高分子溶液。③散射光强度与粒子的数浓度成正比。对于物质种类相同,仅粒子数浓度不同的溶胶,若测量条件相同,两溶胶的散射光强度之比应等于其粒子的数浓度之比,即 $I_1/I_2 = c_{n,1}/c_{n,2}$。因此,若已知其中一个溶胶的浓度,即可求出另一溶胶的浓度。用于这类测定的仪器称为乳光计,其原理与比色计相似,所不同者在于乳光计中光源是从侧面照射溶胶,因此观察到的是散射光的强度。

　　高度分散的憎液溶胶从外观上看是完全透明的，一般显微镜也看不到胶体粒子的存在。超显微镜，特别是电子显微镜的应用，给研究溶胶带来了极大的方便。电子显微镜可将物像放大 10 万～50 万倍，能直接观察到粒子形状及测定某些胶核的大小。

11.3.2　超显微镜与粒子大小的测定

（1）普通显微镜

　　我们首先熟悉一下普通显微镜的分辨率（resolving power）。根据 Abbe 理论，分辨率 A 为

$$A = \frac{\lambda}{2n\sin\alpha} \tag{11-2}$$

式中，λ 为入射光波长；n 为物体和接物镜间介质的折射率；α 为被观测物体轴点发出的光与射于接物镜上边缘线间的夹角（常称为孔径角），在一般估算中近似按 90° 计算。例如，当使用 500nm 的入射光时，有

$$\text{在空气中}(n=1)\quad A = \left(\frac{500}{2\times1\times1}\right)\text{nm} = 250\text{nm}$$

$$\text{在水中}(n=1.333)\quad A = \left(\frac{500}{2\times1.333\times1}\right)\text{nm} = 188\text{nm}$$

$$\text{在油中}(n=1.575)\quad A = \left(\frac{500}{2\times1.575\times1}\right)\text{nm} = 159\text{nm}$$

$$\text{使用波长为 350nm 的紫外线}\quad A = \left(\frac{350}{2\times1.575\times1}\right)\text{nm} = 110\text{nm}$$

　　可见，普通显微镜的分辨率约为 200nm，在极端条件下也只能看到 110nm 大小的粒子，因而不能直接用来观察胶体颗粒。

（2）超显微镜

　　超显微镜（ultramicroscope）是在普通光学显微镜的基础上，采用了特殊的聚光器，使光线不直接进入物镜，背景是黑的。这样，我们便可在黑暗的背景上看到胶粒因光散射而呈现的闪烁亮点，这恰似黑夜观天可见满天星斗闪烁。尽管超显微镜实质上没有提高显微镜的分辨率，但由于胶粒发出强烈的散射光信号，所以即使小至 5～10nm 的胶粒亦可被观察到。但是应当指出，在超显微镜下看到的并非粒子本身的大小，而是其散射光，而散射光的影像要比胶粒的投影大数倍之多。

　　超显微镜通常有两种类型，即狭缝式超显微镜和具有心形聚光器或抛面镜聚光镜的超显微镜。在狭缝式超显微镜中，电弧光源经过透镜和可调节的狭缝（光阑）使细小的光束从侧面照射溶胶［如图 11-13(a) 所示］。

　　心形聚光器也必须和普通显微镜配合使用，通常将聚光器放在显微镜的普通聚光器位置上，由反光镜来的光在其中改变方向后汇聚于一点（此处放置溶胶），从而可在黑暗的背景上通过显微镜观察到胶粒的布朗运动［如图 11-13(b) 所示］。

　　超显微镜在胶体化学的发展历史上曾起了很大的作用。尽管无法在超显微镜下直接看到胶粒的大小和形状，但结合其他数据仍可计算出粒子的平均大小并推断出胶粒的形状。超显微镜的发明更重要的意义在于对胶体粒子动力性质的研究，使所有分散系统都统一在分子运动论的学说之中。超显微镜的具体应用有如下几方面。

　　① 测定胶粒平均半径 r。通过测量光束的高度、宽度及样品厚度，可以得到实际发出散射光的溶胶体积。在超显微镜的视野中数出胶粒的数目，即可算出溶胶的数浓度 c_n。这样

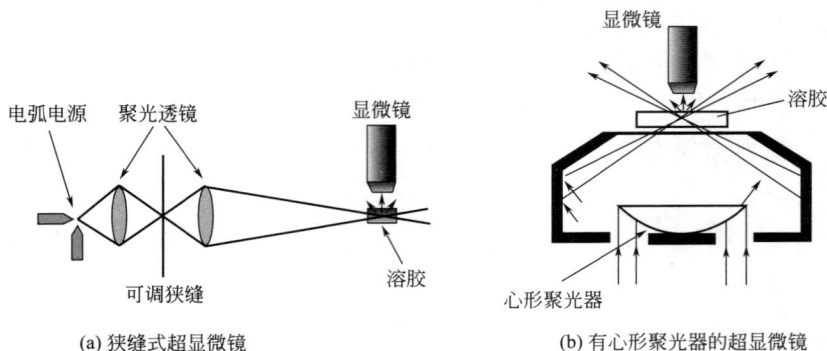

(a) 狭缝式超显微镜　　　　　　(b) 有心形聚光器的超显微镜

图 11-13　超显微镜示意图

单位体积溶胶中胶粒的总质量为

$$M = c_n \rho V \tag{11-3}$$

式中，ρ 为胶体粒子的密度；V 为胶粒的体积。

单个胶体粒子的质量 $m = M/c_n$，对于半径为 r 的球形粒子

$$V = \frac{4}{3}\pi r^3 = \frac{m}{c_n \rho} \tag{11-4}$$

即可求得溶胶粒子的半径 r

$$r = \left(\frac{3m}{4\pi c_n \rho}\right)^{1/3} \tag{11-5}$$

②　根据超显微镜视野中粒子闪光情况推测粒子的形状。在超显微镜下，如果粒子形状不对称，当大的一面向光时，光点就亮，当小的一面向光时，光点变暗，这就是闪光现象（flash phenomenon）。如果粒子为对称的球形、正四面体、正八面体等形状（如 Ag、Pt 等胶粒），则无闪光现象。如果粒子为不对称的棒状结构（如 V_2O_5 等），则在静止时看到闪光现象，流动时无闪光现象；如果粒子为片形结构（如蓝色的金溶胶等），则无论是在静止或流动时都有闪光现象。

③　估计溶胶分散度。在超显微镜的视野中，如果发出的所有光点的亮度差不多，那么就是均匀分散系统，如果相差很大，说明粒子大小相差也很大。因为较大的粒子能散射较多的光。

④　对聚沉、沉降、电泳等现象的研究。通过光点合并，可以观察到胶粒的凝聚过程，还可观察到布朗运动、沉降及电泳等情况。

超显微镜虽然只能看到粒子的光点，但由于设备简单、方法简便，在普通实验室内都能进行。如果要真正了解溶胶粒子的形状和大小，则需借助于电子显微镜（electron microscope），但其设备就要复杂多了。

电子显微镜是利用高速运动的电子束代替普通光源而制成的一种显微镜。一般光学显微镜不能分辨小于其照明光源波长一半的微细结构。由于电子束具有波动特性，而其波长仅为可见光波长的十万分之一，即 0.5nm，故极大地提高了显微镜的分辨率。它的基本原理是在一个高真空系统中，由电子枪发射电子束，穿过被研究的试样，再经电子透镜聚焦放大，在荧光屏上显示出一个放大的图像，这就是一般通用式的电子显微镜。如果用电子束在试样上逐点扫描，然后用电视原理进行放大成像，显示在电视显像管上，这种设施称为扫描式电子显微镜。由于电子显微镜测量一般需要在高真空下进行，故不能直接用于测定分散系统的样品。

11.4 溶胶的动力学性质

溶胶是一种高度分散的多相系统,具有很大的比表面和表面吉布斯函数,粒子间有互相聚结而降低其表面吉布斯函数的趋势,即溶胶会自动聚集为大粒子,以至成为悬浮体,使整个胶体系统遭到破坏。所以,溶胶易受外界干扰,长时间放置会发生聚沉。但是有一些溶胶,如制备得当,却又很稳定,其原因之一是由于胶体粒子的高度分散性而引起的动力学性质。这里主要介绍溶胶粒子的布朗运动以及与之有关的扩散、沉降与沉降平衡等。

11.4.1 布朗运动

英国植物学家布朗(Brown)在 1827 年用显微镜观察水中悬浮的花粉颗粒时发现,花粉颗粒在不停息地进行无规则的折线运动(zigzag motion),后来又发现许多其他物质如煤、化石、金属等的粉末也都有类似的现象,人们把微粒的这种运动称为布朗运动(Brownian motion)。但是在很长一段时间中,人们都无法解释这种现象的本质。

直到 1903 年,随着超显微镜的出现,人们用超显微镜观察到溶胶粒子不断地做不规则的"之"字形的连续运动,如图 11-14 所示。由于能够清楚地看到粒子走过的路径,因此能够测出在一定时间内粒子的平均位移。超显微镜为研究布朗运动提供了物质条件。Zsigmongy 观察了一系列溶胶后得出结论,粒子的运动强度随粒子粒度的减小和温度升高而增加,但不随时间而改变。

关于布朗运动的起因,经过几十年的研究,才在分子运动学说的基础上做出了正确的解释。在分散系统中,分散介质的分子皆处于无规则

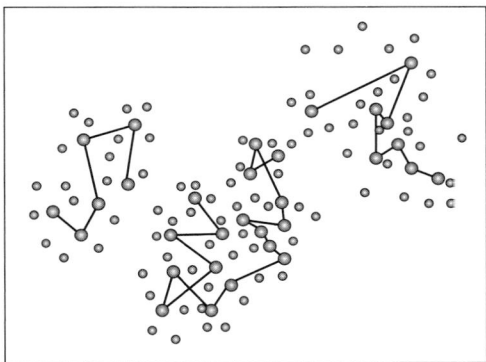

图 11-14 布朗运动

的热运动状态,它们从四面八方连续不断地撞击分散相的粒子。对于粗分散的粒子来说,在某一瞬间可能被数以千万计的介质分子撞击,从统计的观点来看,各个方向上所受撞击的概率应当相等,合力为零,所以不能发生位移。即使是在某一方向上遭到多次的撞击,因其质量太大,难以发生位移,而无布朗运动。对于接近或达到溶胶大小的粒子,与粗分散的粒子相比较,它们所受到的撞击次数要少得多。在各个方向上所遭受的撞击力,完全相互抵消的概率甚小。某一瞬间,粒子从某一方向得到冲量便可以发生位移,即产生布朗运动,如图 11-15 所示。图 11-14 是每隔相等的时间间隔在超显微镜下观察得到的粒子位置的变化在平面上的投影图,可近似地描绘胶粒的无序运动。由此可见,布朗运动是分子热运动的必然结果,是胶粒的热运动。但是粒子真实的运动状况远比该图复杂得多,并且实际上也不能直接观察出来(因为胶粒的振动周期为 10^{-8} s,而肉眼分辨的振动周期不能小于 0.1s)。尽管布朗运动看起来复杂而无规则,但在一定条件下,在一定时间内粒子所移动的平均位移却具有一定的数值。

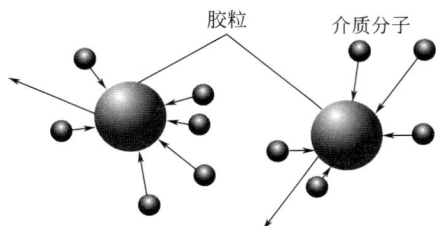

图 11-15 介质分子对胶粒的撞击

1905 年,爱因斯坦(Einstein)用概率的概念和

分子运动论的观点，并假设胶体粒子是球形的，创立了布朗运动的理论，推导出了爱因斯坦-布朗(Einstein-Brown)平均位移公式

$$\overline{x} = \sqrt{\frac{RTt}{3\pi L \eta r}} \tag{11-6}$$

式中，$\overline{x}$ 为观察时间 t 内粒子沿 x 轴方向的平均位移；r 为粒子的半径；η 为介质的黏度；L 为阿伏伽德罗常数。

这个公式把粒子的位移与粒子的大小、介质的黏度、温度以及观察的时间等联系起来。许多实验都验证了爱因斯坦-布朗公式的正确性，特别是斯维德伯格(Svedberg)用超显微镜，把直径分别为 54nm 和 104nm 的金溶胶摄影在感光胶片上，然后再测定不同的曝光时间间隔 t 时的位移平均值 $\overline{x}$，其实验测量值与理论计算值如表 11-3 所示。

表 11-3　爱因斯坦-布朗平均位移公式的验证

时间间隔 t/s	平均位移 $\overline{x}/\mu m$			
	$d=54nm$		$d=104nm$	
	测量值	计算值	测量值	计算值
1.48	3.1	3.2	1.4	1.7
2.96	4.5	4.4	2.3	2.4
4.44	5.3	5.4	2.9	2.9
5.92	6.4	6.2	3.6	3.4
7.40	7.0	6.9	4.0	3.8
8.80	7.8	7.6	4.5	4.2

表 11-3 中数据表明，理论计算值与实验测量的结果相当符合，这不仅表明爱因斯坦-布朗平均位移公式是准确的，而且有力地证明了分子运动论完全可以适用于溶胶分散系统。可见，就质点运动而言，溶胶分散系统和分子分散系统(真溶液)并无本质区别，溶胶粒子的布朗运动和真溶液中的分子热运动都符合分子运动规律。

当用超显微镜观察溶胶粒子的运动时，还可以发现另一个有趣的现象：在一个较大的体积范围内，观察溶胶的粒子分布是均匀的，而在有限的小体积元中观察发现，由于粒子的布朗运动，溶胶粒子的数目时而多，时而少，这种粒子数的变动现象称为涨落现象(fluctuation)。溶胶的涨落现象是研究溶胶的光散射等现象以及大分子溶液的某些物理化学性质的基础。其实在真溶液中的小分子、离子、甚至大气中的空气分子，都存在涨落现象。天空和海洋是蔚蓝色的，这是由于分子运动而引起的局部涨落，产生光散射的结果。

11.4.2　扩散作用

对于真溶液，当存在浓度梯度时，溶质、溶剂分子会因分子热运动而发生定向迁移从而趋于浓度均一的扩散过程。同理，对存在浓度梯度的溶胶分散系统，尽管从微观上每个溶胶粒子的布朗运动是无序的，向各个方向运动的概率都相等，但从宏观上来讲，由于较高浓度区域内单位体积溶胶所含溶胶粒子质点数多，而较低浓度区域内单位体积溶胶所含溶胶粒子质点数少，则当认为划定任一垂直于浓度梯度方向的截面时，虽然较高浓度和较低浓度一侧均有溶胶粒子因无序的布朗运动通过此截面，但由较高浓度一侧通过截面进入较低浓度一侧的溶胶粒子质点数会更多，总的净结果是溶胶粒子发生了由高浓度向低浓度的定向迁移过程，这种过程即为溶胶粒子的扩散(diffusion)。可见，扩散的推动力是浓度梯度。即胶粒从高浓度处向低浓度处扩散是自发的，系统总是要向着均匀分布的方向变化。

胶体分散系统的扩散也遵循菲克第一定律(Fick's first law)

$$\frac{\mathrm{d}n}{\mathrm{d}t} = -DA_s \frac{\mathrm{d}c}{\mathrm{d}x} \tag{11-7}$$

上式表明单位时间内通过某截面的物质的量 $\mathrm{d}n/\mathrm{d}t$ 与该处的浓度梯度 $\mathrm{d}c/\mathrm{d}x$ 及截面积 A_s 成正比,其比例系数 D 称为扩散系数(diffusion coefficient),其物理意义是在单位浓度梯度下,单位时间内通过单位截面积的物质的量。D 的单位为 $\mathrm{m^2 \cdot s^{-1}}$。式中负号是因为扩散方向与浓度梯度方向相反,表示扩散朝向浓度降低的方向进行。

通常以扩散系数的大小来衡量物质扩散能力的大小。表 11-4 给出了不同半径的金溶胶的扩散系数 D,可以看出,扩散系数越大,粒子的扩散能力也越强。胶粒与真溶液相比,粒子要大得多,所以胶粒的扩散速率一般要比真溶液小约几百倍。

表 11-4　18℃ 时金溶液的扩散系数

粒子半径 r/nm	$D/10^{-9}\mathrm{m^2 \cdot s^{-1}}$
1	0.213
10	0.0213
100	0.00213

假定粒子为球形,扩散系数 D 可由爱因斯坦-斯托克斯方程计算:

$$D = \frac{RT}{6\pi\eta Lr} \tag{11-8}$$

可见系统温度越高,分散介质黏度越小,粒子的半径越小,则 D 越大,粒子扩散越快。

又由爱因斯坦-布朗平均位移公式可得

$$\overline{x}^2 = \frac{RTt}{3\pi Lr\eta} = \frac{RT}{6\pi Lr\eta} \times 2t = 2Dt$$

所以

$$D = \frac{\overline{x}^2}{2t} \tag{11-9}$$

上式给出了一种测定扩散系数 D 的方法,即观测一定时间间隔 t 内粒子的平均位移 $\overline{x}$,就可求出 D 值。如再测得系统黏度 η,已知胶体粒子的密度 ρ、单个粒子质量 m,则可得到胶体粒子的半径 r 及胶体粒子的摩尔质量(胶团量)M 为

$$r = \frac{RT}{6\pi L\eta D} \tag{11-10}$$

$$M = mL = \frac{\rho}{162(\pi L)^2}\left(\frac{RT}{\eta D}\right)^3 \tag{11-11}$$

11.4.3　沉降与沉降平衡

多相分散系统中的分散相粒子在自身重力作用下而下沉的过程,称之为沉降(sedimentation)。分散相粒子受到两种作用的影响:一是重力场的作用,它力图把粒子拉向容器底部,使之发生沉降;另一方面则是由布朗运动所引起的扩散作用,当沉降作用使底部粒子的浓度高于上部时,由浓度差引起的扩散作用则使粒子趋于均匀分布。沉降和扩散是两个相反的作用。对于一般真溶液,粒子由于激烈的布朗运功,扩散作用占绝对优势,克服了地球对它的引力,因而能够自由地在分散介质中活动。对于粗分散系统(如浑浊的泥沙),粒子的布朗运动非常微弱,以致无法克服自己重力的影响,粒子向下沉降,静置一段时间可以变澄

清。当溶胶中分散相粒子的大小介于这两种系统之间，扩散与沉降综合作用的结果，形成了下部浓、上部稀的浓度梯度，若扩散速率等于沉降速率，则系统达到动态沉降平衡（sedimentation equilibrium）。此时，粒子可以上下移动，但粒子分布的浓度梯度仍然不变，如图 11-16 所示，粒子在底部的数密度较高，上部数密度较低，一些胶体系统在适当条件下会出现沉降平衡。

图 11-16　沉降平衡

贝林（Perrin）推导出在重力场下，达到沉降平衡时，粒子浓度随高度的分布为

$$\ln \frac{C_2}{C_1} = -\frac{Mg}{RT}\left(1-\frac{\rho_0}{\rho}\right)(h_2-h_1) \tag{11-12}$$

式中，C_2 为高度 h_2 截面上粒子的数浓度；C_1 为高度 h_1 截面上粒子的数浓度；ρ 为分散相（粒子）密度；ρ_0 为分散介质密度；M 为粒子摩尔质量；g 为重力加速度。

式（11-12）不受粒子形状的限制，但要求粒子大小相等。从式（11-12）可知，粒子的质量越大，其平衡浓度随高度的降低也越大。表 11-5 列出一些不同分散系统中粒子浓度降低一半时所需高度的数据。从表 11-5 可知，粒子分散程度属于同一数量级（1.86×10^{-7} m 和 2.30×10^{-7} m）的金溶胶和藤黄溶胶，分布高度相差可达 150 倍，这是由于金和藤黄的密度相差悬殊所致。应该指出，式（11-12）所表示的是分布已经达到平衡后的情况，对于粒子不太小的系统通常沉降较快，可以很快达到平衡。而高度分散的系统中的粒子沉降缓慢，往往需要较长时间才能达到平衡。对于高度分散的金溶胶，减少一半的高度达 2m 多，在实验室的烧杯中，将不能察觉浓度分布，可看作是上下均匀的系统。

表 11-5　不同大小粒子的高度分布

分散系统	粒子直径/m	粒子浓度降低一半时的高度/m
藤黄的悬浮体	2.30×10^{-7}	3×10^{-5}
粗分散金溶胶	1.86×10^{-7}	2×10^{-7}
超微金溶胶	8.35×10^{-9}	2×10^{-2}
高度分散的金溶胶	1.86×10^{-9}	2.15
氧气	2.70×10^{-10}	5×10^3

对于颗粒较大的胶体分散系统，或粗分散系统，当偏离沉降平衡很远时（施以均匀搅拌），颗粒以一定速率沉降。在重力场中，球形粒子沉降速率

$$v = \frac{2}{9}r^2(\rho-\rho_0)\frac{g}{\eta} \tag{11-13}$$

式中，v 为沉降速率；r 为分散相粒子半径；ρ 为分散相密度；ρ_0 为分散介质密度；η 为分散介质的黏度；g 为重力加速度。

根据式（11-13），若已知密度和黏度，可以从测定粒子的沉降速率来计算粒子的半径。反之，若已知粒子的大小，则可以从测定一定时间内下降的距离来计算溶液的黏度，落球式黏度计就是根据这个原理而设计的。

对于胶体分散系统由于分散相的粒子很小，在重力场中的沉降速率极为缓慢，有时无法测定其沉降速率。利用超离心机（其离心力可达地心引力的 10^6 倍以上）可加快沉降速率，则

大大扩大了沉降速率的范围，特别是在高分子溶液沉降研究中具有重要意义。

另外，式(11-12)也适用于在重力场作用下地球表面上大气分子的浓度随距离地面高度变化的计算。因气体压力不大，可近似看作理想气体，若不考虑大气温度随高度的变化，则不同高度处 $p_2/p_1=C_2/C_1$。对于大气中的气体分子，因不存在浮力，不必进行浮力校正，即 $1-(\rho_0/\rho)=1$，于是式(11-12)变为

$$\ln\frac{p_2}{p_1}=-\frac{Mg}{RT}(h_2-h_1) \tag{11-14}$$

式中，M 为气体的摩尔质量。对于空气中任一种气体，则 p 为其分压力。如对于 O_2，可以算出在 25℃，高度每增加 5.473km，其浓度或分压要降低一半。

从式(11-14)可以看出，越接近地面，空气中 CO_2、NO_2 等分子量大的气体含量越高。

【**例 11-1**】 试计算离地面 137km 处的大气压力为多少(设温度为 -70℃，空气的平均分子量为 29)？

解 根据题意可将式(11-14)改写为

$$\ln\frac{p_h}{p_0}=-\frac{Mgh}{RT}$$

已知 $M=0.029\text{kg·mol}^{-1}$，$g=9.8\text{m·s}^{-2}$，$h=137\times10^3\text{m}$，将数据带入上式，得

$$\ln\frac{p_h/\text{Pa}}{1.01\times10^5}=-\frac{0.029\times9.8\times137\times10^3}{8.314\times203}$$

所以

$$p_h=9.67\times10^{-6}\text{Pa}$$

有关分散系统中粒子沉降速率的测定以及沉降平衡原理，在生产及科学研究中均有重要作用，如化工过程中的过滤操作，河水泥沙的沉降分析等。沉降速率和沉降平衡的测定也可以用于粒度和高分子摩尔质量分析，具体见高分子溶液一节。

11.5 溶胶的电学性质

在液-固界面处，固体表面上与其附近的液体内通常会分别带有电性相反、电荷量相同的两层离子，从而形成双电层。在固体表面的带电离子称为定位离子(localized ion)，在固体表面附着的液体中，存在与定位离子电荷相反的离子称为反离子。固体表面上产生定位离子的原因，可归纳为如下几个方面。

① 电离 黏土颗粒、玻璃等皆属硅酸盐，在水中能电离，故其表面带负电荷，而与其接触的液相带正电荷。硅溶胶在弱酸性和碱性介质中带负电荷，也是因为质点表面上硅酸电离的结果。高分子电解质和缔合胶体的电荷，均因电离而引起。例如，蛋白质分子，当它的羧基或氨基在水中解离成 —COO⁻ 或 —NH₃⁺ 时，整个大分子就带负电或正电荷。当介质的 pH 较低时，蛋白质分子一般带正电荷，当 pH 较高时，则带负电荷。当蛋白质分子所带的净电荷为零时，这时介质的 pH 称为蛋白质的等电点(isoelectric point)。在等电点时蛋白质分子的移动已不受电场影响，它不稳定且易发生凝聚。对于血浆蛋白，在 pH=4.72 或更大些时，移向正极；在 pH=4.68 或更小些时，移向负极，因此它的等电点在 4.68～4.72 之间。在等电点上，蛋白质溶液的很多性质如膨胀、黏度、渗透压等皆有最小值。

肥皂属缔合胶体(亦称胶体电解质)，在水溶液中它是由许多可电离的小分子 RCOONa

缔合而成的，由于 RCOONa 可以电离，故质点表面可以带电荷。

② 离子吸附　有些物质(例如石墨、纤维、油珠等)在水中不能电离，但可以从水或水溶胶中吸附 H^+、OH^- 或其他离子，从而使质点带电，许多溶胶的电荷来源属于此类。凡经化学凝聚法制得的溶胶，其电荷皆来源于离子选择吸附。例如，当用 $AgNO_3$ 和 KI 制备 AgI 溶胶时，若 $AgNO_3$ 过量，则所得胶粒表面由于吸附了过量的 Ag^+ 而带正电荷。若 KI 过量，则胶粒由于吸附了过量的 I^- 而带负电荷。实验表明，凡是与溶胶粒子中某一组成相同的离子则优先被吸附。在没有与溶胶粒子组成相同的离子存在时，则胶粒一般先吸附水化能力较弱的阴离子，而使水化能力较强的阳离子留在溶液中，所以通常带负电荷的胶粒居多。

③ 同晶置换　黏土矿物中如高岭土，主要由铝氧四面体和硅氧四面体组成，而 Al^{3+} 与周围 4 个氧的电荷不平衡，要由 H^+ 或 Na^+ 等正离子来平衡电荷。这些正离子在介质中会电离并不扩散，所以使黏土微粒带负电。如果 Al^{3+} 被 Mg^{2+} 或 Ca^{2+} 同晶置换，则黏度微粒带的负电更多。

在水溶液中质点带电荷的原因大致有上述 3 方面。

④ 非水介质中质点带电荷的原因　在非水介质中质点带电荷的原因研究得比较少。科恩(Coehn)曾研究过非水介质中质点的带电规律，他认为，当两种不同的物体接触时，相对介电常数(dielectric constant)D 较大的一相带正电，另一相带负电。例如，玻璃($D=5\sim6$)在水($D=81$)中或丙酮($D=21$)中带负电荷，在苯($D=2$)中带正电荷。这个规则常称为 Coehn 规则。但玻璃在二氧杂环己烷(二氧六环，dioxane，$D=2.2$)中带负电荷，不符合 Coehn 规则。因此，Coehn 规则并没有得到公认。

目前有许多人认为，非水介质中质点的电荷也起源于粒子选择吸附。体系中离子的来源，有可能是某些有机液体本身或多或少地有些解离，也可能是含有某些微量杂质(如微量水所产生的解离吸附而产生的界面电荷)造成的。

分散系统中分散相质点由于上述原因而带有某种电荷，在外电场作用下带电粒子将发生运动，这就是分散系统的电动现象(electrokinetic phenomena)。电动现象是研究胶体稳定性理论发展的基础。

电泳、电渗、流动电势和沉降电势均属于电动现象。

11.5.1　电泳

在外电场的作用下，带有电荷的胶体粒子在分散介质中定向移动的现象称为电泳(electrophoresis)。这和电解质溶液中带电的离子，在外电场作用下的定向迁移本质上是一样的。

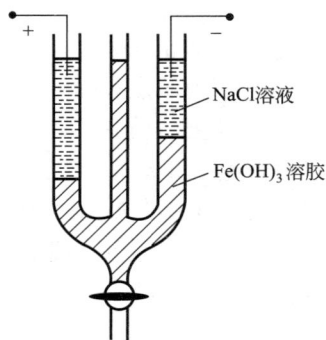

图 11-17　电泳装置

图 11-17 是测定电泳最简单的装置。如图所示，实验开始时先在 U 形管中装入适量的 NaCl 溶液，再通过 U 形管底部的支管从 NaCl 溶液的下面缓慢地压入棕红色的 $Fe(OH)_3$ 溶胶，使其与 NaCl 溶液之间有清楚的界面存在，将两电极插入 NaCl 溶液层中并通以直流电，观测 $Fe(OH)_3$ 溶胶与 NaCl 溶液间界面的移动方向和相对速度，可以确定分散系统中质点所带电荷的符号和电泳速度。一段时间后发现，电泳管中阴极端棕红色界面上升，而阳极一端界面下降，$Fe(OH)_3$ 溶胶向阴极方向移动，这说明 $Fe(OH)_3$ 溶胶带正电。

可见，若被测系统是有色溶胶时，则可直接观测到界

面的移动。若试样是无色溶胶，则可在仪器的侧面用光照射，通过所产生的丁铎尔现象加以
判断溶胶的移动方向。实验证明，$Fe(OH)_3$、$Al(OH)_3$ 溶胶以及亚甲基蓝等碱性染料带正
电荷，而金、银、铝、As_2S_3、硅酸等溶胶以及淀粉颗粒、微生物等带负电荷。还要注意介
质的 pH 值以及溶胶的制备条件，这些常常会影响溶胶所带电荷的正负号。例如，蛋白质含
有许多羧基和氨基，当介质的 pH 值大于其等电点时带负电荷，小于其等电点时带正电荷。

　　测出一定时间内界面移动的距离，即可求得粒子的电泳速度。胶粒的电泳速度受多种因
素的影响，电场越强，粒子带电愈多，粒子的体积越小，则电泳速度越快；介质的黏度越
大，电泳速度则越慢。此外，若在溶胶中加入电解质，则会对电泳有显著影响。随溶胶中外
加电解质的增加，电泳速度常会降至零，甚至改变胶粒的电泳方向，这实际上是电解质的加
入影响了双电层结构，改变了电动电势。

　　电泳的应用相当广泛，生物化学中常用电泳来分离各种氨基酸和蛋白质等，医学中利用
血清的"纸上电泳"作为协助诊断患者是否患病的依据。所谓纸上电泳，是按图 11-18 所示
装置，先将滤纸用缓冲溶液润湿，然后滴一滴待测的样品（如血清等）在湿润的滤纸上，并将
滤纸的两端各浸在含有缓冲溶液和电极的容器中，通电后，血清开始做定向移动。血清中带
负电荷的清蛋白以及 α、β、γ 三种球蛋白，由于其分子量和所带电荷不同，向正极移动的
速度不同，所以通电一段时间后，各组分将呈谱带的形式而分开。然后，将滤纸干燥后再浸
入染料溶液中着色，由于不同组分的选择吸附不同，因而显出不同的颜色，如图 11-19 显示
了健康人和肝硬化患者的血清蛋白的电泳图。

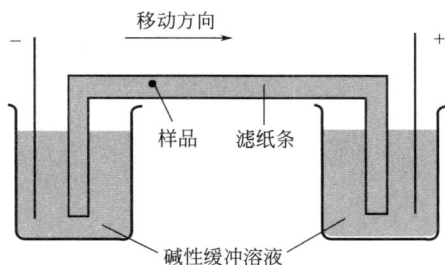

图 11-18　电泳装置

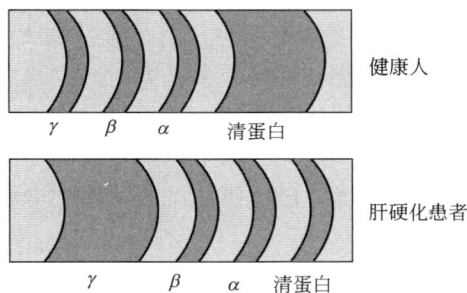

图 11-19　血清蛋白电泳图谱

　　显然，纸上电泳是用惰性的滤纸作胶体泳动时的支持体，实验时不仅样品用量少（微
量），而且可以避免电泳时扩散和对流的干扰，因此特别适合于混合物的分离和组分含量的
测定。但是最初使用的纸上电泳，对人体血清只能区分 6～7 个组分。近年来已用醋酸纤维
膜、淀粉纤维、聚丙烯酰胺凝胶和琼脂多糖等代替滤纸，以提高分辨能力。特别是利用凝胶
作支持体，由于凝胶具有三维空间的多孔性网状结构，故混合物中因分子大小和形状不同被
分离时除有"电泳"作用外，还有"筛分"作用，因而具有很高的分辨能力。用淀粉凝胶对
人体血清能分离出 20～30 个组分。目前，"凝胶电泳"在医学和生物化学中被广泛应用。例
如，临床上用醋酸纤维薄膜代替纸上电泳，不仅对蛋白质的吸附作用小，且能消除纸上电泳
中的"拖尾"现象，染色后背景清晰，分离速度也快，微量的异常蛋白质等物质也可被检
测。而琼脂多糖凝胶电泳，目前在许多医院中不仅可用来分离、检测血清蛋白，在生物化学
中还可用于分离、鉴定和纯化 DNA（脱氧核糖核酸）片段，它对核酸的分离作用主要依赖于
核酸的分子量和分子构型。

除此之外，电泳技术在农业(如基因分析、遗传育种、种子纯度等)、法医(如亲子鉴定、指纹分析)和工业等方面都有重要的应用。

目前工业上的"静电除尘"实际上就是烟雾气溶胶的电泳现象。带有尘粒的气流在高压直流电场(30～60kV)下因电极放电而使气体电离，尘粒吸附阴离子而带负电荷并迅速向正极(集尘极)移动，最后也因放电而下落。静电除尘的效率可达99%，但成本较高。

陶瓷工业中利用电泳使黏土与杂质分离，可得到很纯的黏土，用于制造高质量瓷器。

电泳电镀在工业上也有广泛的应用。例如，电泳镀漆就是将油漆配成稀乳状液体，以欲镀之金属部件为一电极，通电后，油漆质点因电泳而均匀地沉积在镀件上。天然橡胶、胶乳电镀也有很好的效果。

11.5.2　电渗

在外加电场下，可以观察到分散介质会通过多孔性物质(如素瓷片或固体粉末压制成的多孔塞)而移动，即固相不动而液相移动，这种现象称为电渗(electroosmosis)。

若没有溶胶存在，液体(如水)与多孔性固体物质或毛细管接触后，固、液两相多会带上符号相反的电荷，此时，若在多孔材料或毛细管两端施加一定电压，液体也将通过多孔材料或毛细管而定向流动，这也是一种电渗。

用图 11-20 的仪器可以直接观察到电渗现象。图中 L_1、L_2 为导线管，其中装有与电极 E_1 及 E_2 相连的导线。实验时先在多孔塞 M 及毛细管 C 之间的循环管路中装满水(或其他溶液)，再由 T 管吹入气体，使其在毛细管中形成一个气泡。通电后，水(或其他溶液)将通过多孔塞而定向流动。这时可通过水平毛细管 C 中小气泡的移动，来观察循环流动的方向。实验表明，液体流动的方向及流速的大小与多孔塞的材料及流体的性质有关。例如当用滤纸、玻璃或棉花等构成多孔塞时，则水向阴极移动，这表示此时液相带正电荷；而当用氧化铝、碳酸钡等物质构成多孔塞时，则水向阳极移动，显然此时液相带负电荷。产生电渗现象的原因是多孔塞的表面上水溶液带着不同性质的电荷。和电泳一样，外加电解质对电渗速度的影响很显著，随电解质浓度的增加电渗速度降低，甚至会改变液体流动的方向。

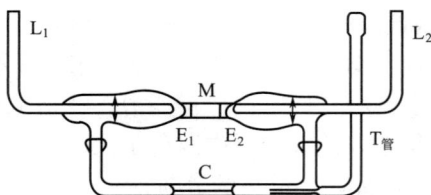

图 11-20　电渗装置
L_1,L_2—导线管；M—多孔塞；E_1,E_2—电极；C—毛细管

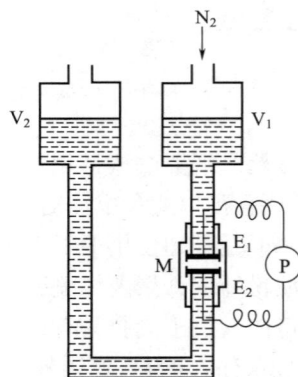

图 11-21　流动电势测量
装置示意图

11.5.3　流动电势和沉降电势

在外力的作用下，迫使液体通过多孔隔膜(或毛细管)定向流动，多孔隔膜两端所产生的电势差，称为流动电势(streaming potential)，它是电渗作用的逆过程。测定流动电势的实

验装置如图 11-21 所示，图中 V_1 及 V_2 为液槽；N_2 为加压气体；E_1 及 E_2 为紧靠多孔塞 M 上下两端的电极；P 为电势差计。用泵输送碳氢化合物，在流动过程中会产生流动电势，高压下容易产生火花。由于此类液体易燃，故应采取相应的防护措施，如将油管接地或加入油溶性电解质，增加介质的电导，减小流动电势。

在电场作用下，带电的分散相粒子在分散介质中迅速沉降，则在液体介质的表面层与其内层之间会产生电势差，称之为沉降电势（sedimentation potential），它是电泳作用的逆过程。电泳是带电胶粒在电场作用下作定向移动，是因电而动，而沉降电势是在胶粒沉降时产生的电动势，是因动而电。如储油罐的油内常含有水滴，水滴的沉降常形成很高的沉降电势，甚至达到很危险的程度，必须加以消除。通常解决的方法是加入有机电解质，以增加介质的电导。

上述的电泳、电渗以及流动电势、沉降电势四种电动现象均说明，溶胶粒子和分散介质带有不同性质的电荷。但溶胶粒子为什么带电？溶胶粒子周围的分散介质中，反离子（与胶粒所带电荷符号相反的离子）是如何分布的？电解质是如何影响电动现象的？有关这类问题，直至双电层理论建立之后，才得到令人满意的解释。

11.5.4 扩散双电层理论

处在溶液中的带电固体表面，由于静电吸引力的存在，同时也是维持整体电中性的要求，必然要吸引等量的、与固体表面带有相反电荷的离子（简称反离子或异电离子）环绕在固体粒子的周围，这样便在固液两相界面上形成双电层，并产生电势差。下面简单介绍几个有代表性的双电层模型。

（1）亥姆霍兹模型

1879 年，亥姆霍兹（Helmholtz）首先提出在固液两相之间的界面上形成双电层的概念。他认为带电质点的表面电荷（即固体表面电荷）和带相反电荷的离子（也成为反离子）构成平行的两层，称为双电层（electric double layer），如图 11-22 所示。双电层的厚度约等于离子半径，正、负电荷分布的情况就如同平行板电容器那样，故称为平板电容器模型。表面与液体内部的电势差称为质点的表面电势 φ_0（即热力学电势），在双电层中电势 φ 呈直线下降（如图 11-22 所示，图中 δ 是双电层的厚度）。在外加电场作用下，带电质点和溶液中的反离子分别向相反的方向运动，产生电动现象。

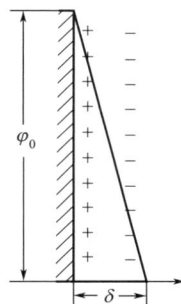

图 11-22 亥姆霍兹双电层

这种模型虽然对电动现象给予了说明，但比较简单，其关键问题是忽略了离子的热运动。离子在溶液中的分布，不仅决定于固体表面上定位离子的静电吸引，同时也决定于力图使离子均匀分布的热运动，这两种相反的作用力，使离子在固液界面附近建立一定的分布平衡，因而它不可能形成完整的平板式的电容器。

（2）古依-查普曼模型

1913 年，古依（Gouy）和查普曼（Chapman）修正了上述模型，提出了扩散双电层的模型。他们认为在溶液中与固体表面离子电荷相反的离子（反离子）只有一部分紧密地排列在固体表面上（距离约为 1~2 个离子的厚度），另一部分反离子是呈扩散状态分布在溶液中。这是因为反离子同时受到两个方向相反的作用：静电吸引力使其趋于靠近固体表面，而热运动又使其趋于均匀分布。这两种相反的作用达到平衡后，反离子呈扩散状态分布于溶液中，越靠近固体表面反离子浓度越高，随距离的增加，反离子浓度下降，形成一个反离子的扩散层，其

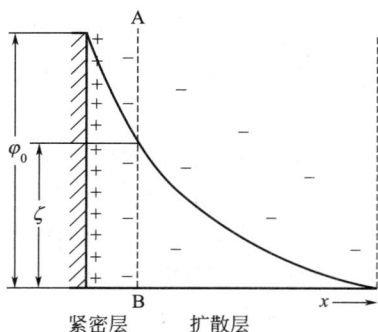

图 11-23　古依-查普曼双电层

模型如图 11-23 所示，因此双电层实际上包括了紧密层和扩散层两部分。在扩散层中离子的分布可用玻尔兹曼（Boltzmann）分布公式表示。当在电场作用下，固液之间发生电动现象时，移动的切动面（或称为滑动面）为 AB 面（如图 11-23），滑动面与溶液本体之间的电势差则称为电动电势（electro-kinetic potential）或称为 ζ 电势（zeta-potential）。显然，表面电势 φ_0 与 ζ 电势是不同的。随着电解质浓度的增加，或电解质价型增加，双电层厚度减小，ζ 电势也减小。

古依和查普曼的模型虽然克服了亥姆霍兹模型的缺陷，但也有许多不能解释的实验事实。例如，虽然他们提出了扩散层的概念，提出了 φ_0 与 ζ 电势的不同，但对 ζ 电势并未赋予更明确的物理意义。根据古依-查普曼模型，ζ 电势随离子浓度的增加而减少，但永远与表面电势同号，其极限值为零。但实验中发现有时 ζ 电势会随离子浓度的增加而增加，甚至有时可与 φ_0 反号等，古依-查普曼模型对此都无法给出解释。

（3）斯特恩模型

1924 年，斯特恩（Stern）对古依-查普曼的扩散双电层理论进行了修正，并提出了一种更加接近实际的双电层模型。他认为离子是有一定大小的，而且离子与质点表面除了静电作用外，还有范德华吸引力。所以在靠近表面 1～2 个分子厚的区域内，反离子由于受到强烈的吸引，会牢固地结合在表面，形成一个紧密的吸附层，称为紧密层或斯特恩层，这种吸附称为特性吸附（specific adsorption），它相当于 Langmuir 的单分子吸附层。其余反离子扩散地分布在溶液中，构成双电层的扩散部分，如图 11-24（a）所示。在斯特恩层中，除了反离子外，还有一部分溶剂分子同时被吸附。反离子的电性中心所形成的假想面，称为斯特恩面。在斯特恩面内，电势变化与亥姆霍兹平板模型相似，电势呈直线下降，由表面的 φ_0 直线下降到斯特恩面的 φ_δ。φ_δ 称为斯特恩电势，在扩散层中，电势由 φ_0 降至零，其变化情况与古依-查普曼的扩散双电层模型完全一致。所以说斯特恩模型是亥姆霍兹平板模型和古依-查普曼扩散双电层模型的结合。

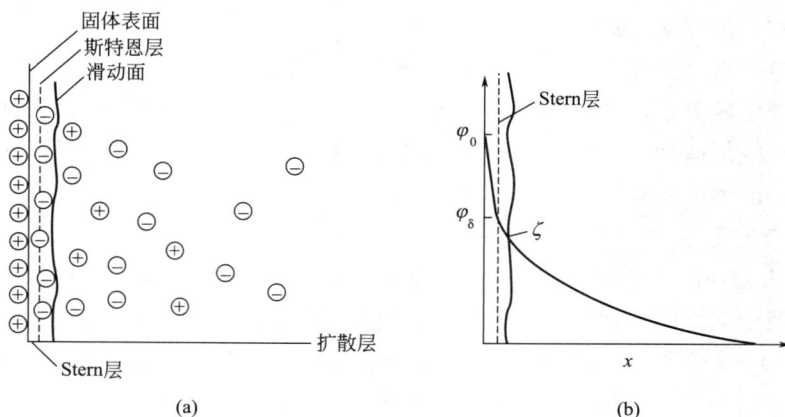

(a)　　　　　　　　　　　　　　　(b)

图 11-24　斯特恩扩散双电层示意图

当固、液两相发生相对移动时，紧密层中吸附在固体表面的反离子和溶剂分子与质点作为一个整体一起运动，因此滑动面的位置略比斯特恩面靠右一些。由图 11-24(b) 可以看出，ζ 电势也相应略低于 φ_δ 电势(如果离子浓度不太高，则可以认为两者是相等的，一般不会引起很大的误差)。

当某些高价反离子或大的反离子(如表面活性离子)由于具有较高的吸附能而大量进入紧密层时，则可能使 φ_δ 反号。若同号大离子因强烈的范德华引力可能克服静电排斥而进入紧密层时，可使 φ_δ 电势高于 φ_0。

应当指出，只有在固液两相发生相对移动时，才能呈现出 ζ 电势。ζ 电势的测定常采用电泳法和流动电势法。ζ 电势与热力学电势 φ_0 不同，φ_0 的数值主要取决于总体上溶液中与固体成平衡的离子浓度。而 ζ 电势则随着溶剂化层中离子的浓度而改变，少量外加电解质对 ζ 电势的数值会有显著的影响。随着电解质浓度的增加，ζ 电势的数值降低，甚至可以改变符号。图 11-25 绘出了 ζ 电势随外加电解质浓度的增加而变化的情形。

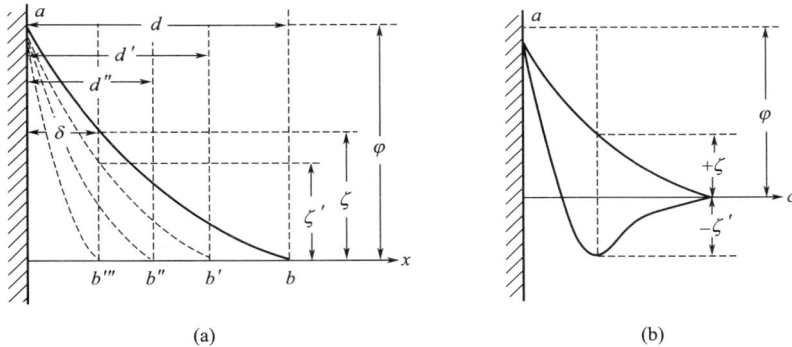

图 11-25 外加电解质对 ζ 电势的影响

在图 11-25(a) 中，δ 为固体表面所束缚的溶剂化层的厚度。d 为没有外加电解质时扩散双电层的厚度，其大小与电解质的浓度、价数及温度均有关系。随着外加电解质浓度的增加，有更多与固体表面离子符号相反的离子进入溶剂化层，同时双电层的厚度变薄(从 d 变成 d'，…)，ζ 电势下降(从 ζ 变成了 ζ'，…)。当电解质浓度足够大，双电层被压缩到与溶剂化层叠合时，ζ 电势可降到以零为极限。此时相应的状态称为等电态。处于等电态的溶胶质点不带电，因此不会发生电动现象，电泳、电渗速度也必然为零，这时的溶胶非常容易聚沉。如果外加电解质中异电性离子的价数很高，或者其吸附能力特别强，则在溶剂化层内可能吸附了过多的异电性离子，这样就使 ζ 电势改变符号。图 11-25(b) 表示 ζ 电势变号前后双电层中电势分布的情况。不过，少量外加电解质对热力学电势 φ 却并不产生显著的影响。

利用双电层和 ζ 电势的概念，可以说明电动现象。以电渗作用为例。研究电渗作用时，所用的多孔塞实际上是许多半径极细的毛细管的集合。对于其中每一根毛细管而言，固液界面上都有如上所述的双电层结构存在，在外加电场下固体及其表面溶剂化层不动，而扩散层中其他与固体表面带相反电荷的离子则可以发生移动。这些离子都是溶剂化的，因此就观察到分散介质的移动，如图 11-26 所示。

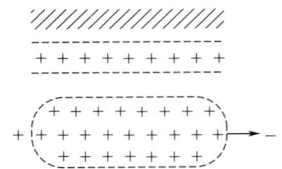

图 11-26 流动电势示意图

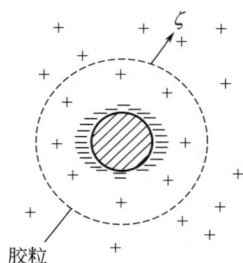

图 11-27 胶粒表面双
电层结构示意图

同样，利用双电层和 ζ 电势的概念也可以说明电泳作用。以上所讨论的双电层结构在胶体粒子表面上也完全适用，溶胶中的独立运动单位是胶粒，它实际上就是固相连同其溶剂化层所构成的，胶粒与其余的处于扩散层中的导电性离子之间的电位降即为 ζ 电势（图 11-27）。因此在外加电场之下胶粒与扩散层中的其余异电性离子彼此向相反方向移动，而发生电泳作用。显然，在电泳时胶粒移动的速度 v 与胶粒本身的大小、形状及所带的电荷有关，也与外加电场的电场强度 E、ζ 电势、介质的介电常数 ε 和黏度 η 等因素有关。

斯特恩模型虽能解释一些事实，但在理论处理上遇到了一些困难，于是又有人对斯特恩模型中所提出的斯特恩层的结构作了更为详尽的描述。有代表性的理论是由 Bockers、Devana 和 Muller 提出的被称为 BDM 理论。主要是对斯特恩模型的紧密层作了补充。尽管如此，目前的各种关于双电层的理论尚未达到尽善尽美的程度，仍需要不断地充实和补充。

11.6 溶胶的稳定性与聚沉作用

11.6.1 溶胶的稳定性

溶胶是一个高分散的多相热力学的不稳定系统，粒子间有相互聚结而降低其表面能的趋势，即具有易于聚沉的不稳定性，因此在制备溶胶时必须有稳定剂存在。另一方面由于溶胶的粒子小，布朗运动剧烈，因此在重力场中不易沉降，即具有动力稳定性。稳定的溶胶必须同时兼备不易聚沉的稳定性和动力稳定性。但其中以不易聚沉的稳定性更为重要，因为布朗运动固然使溶胶具有动力稳定性，但也促使粒子之间不断地相互碰撞，如果粒子一旦失去抗聚沉的稳定性，则互碰后就会引起聚结，其结果是粒子增大，布朗运动速度降低，最终也会成为动力不稳定的系统。粒子聚集由小变大的过程称为聚集过程（aggregation），由胶体粒子聚集而成为的大粒子称为聚集体（aggregated），如果聚集的最终结果导致粒子从溶液中沉淀析出，则称为聚沉过程（coagulation）。为了加速聚沉，可以外加其他物质作为聚沉剂（coagulant），如电解质等。此外，某些物理因素也有可能促使溶胶聚沉，例如光、电、热等效应。

但是，某些溶胶都能在相当长的时间范围内稳定存在。例如法拉第所制成的红色金溶胶，静置数十年以后才聚沉于管壁上。溶胶能够相对稳定地存在，主要是由于胶体带电和胶粒的溶剂化作用引起的聚结稳定性，以及出于胶粒的布朗运动引起的动力稳定性。胶体稳定性理论主要有 DLVO 理论、空间稳定理论和空位稳定理论。

11.6.2 溶胶稳定性的 DLVO 理论

（1）DLVO 理论

1941 年由德里亚金（Derjaguin）和朗道（Landau）以及 1948 年由维韦（Verwey）和奥弗比克（Overbeek）分别提出了胶粒带电引起的聚结稳定性理论，简称 DLVO 理论，其理论要点如下。

① 胶团之间存在着斥力势能和吸力势能。斥力势能是由于胶团间的排斥力引起的，当胶团间的距离较大时，其双电层未重叠，没有排斥力。当胶团靠近使双电层部分重叠时，出于重叠部分中反离子浓度比未重叠部分浓度大，反离子将从高浓度向低浓度处扩散，由此产生渗透排斥力，同时，两胶团之间也产生静电斥力。吸力势能是由于胶团之间存在吸引力引

起的，这种吸引力在本质上和分子间的范德华引力相似。但它是一种远程范德华力，它所产生的吸力势能与粒子间距离的一次方或二次方成反比，也可能是其他更为复杂的关系。

② 系统的总势能 E 是斥力势能 E_R 和吸力势能 E_A 的加和，即 $E = E_R + E_A$。胶体系统的相对稳定或聚沉取决于 E_R 与 E_A 的相对大小，当粒子间的斥力势能 E_R 在数值上大于吸力势能 E_A，而且足以阻止由于布朗运动使粒子相互碰撞而聚结时，则胶体处于相对稳定的状态。当粒子间的吸力势能 E_A 在数值上大于斥力势能 E_R，粒子将相互靠拢而发生聚沉。调整斥力势能和吸力势能的相对大小，可以改变胶体系统的稳定性。

③ E、E_R、E_A 均随胶粒间距离而改变，如图 11-28 所示。虚线 E_A 和 E_R 分别为吸力势能曲线和斥力势能曲线。当距离较远时，E_A 和 E_R 皆趋于零；当距离 x 趋于零时，E_R 和 E_A 分别趋于正无穷大和负无穷大。当两个粒子从远处逐渐接近时，首先起作用的是吸力势能，即在 a 点以前 E_A 起主导作用；在 a 与 b 之间斥力势能 E_R 起主导作用，且使总势能曲线（实线）出现极大值 E_{max}。此后，吸力势能 E_A 在数值上迅速增加，并形成第一最小值。若两粒子再进一步靠近，由于两带电胶粒之间产生强大的静电斥力而使总势能急剧加大。图中 E_{max} 为

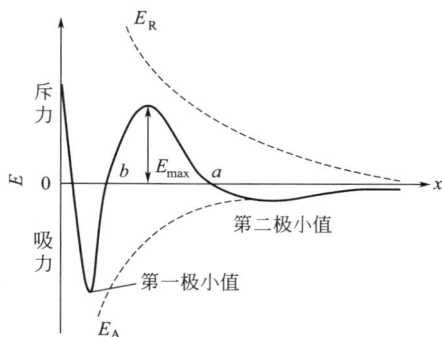

图 11-28　粒子间斥力势能、吸力势能及总势能曲线图

胶体粒子间净的斥力势能的数值。它代表溶胶发生聚沉时必须克服的"势垒"。当迎面相碰的一对胶体粒子所具有的动能足以克服这一势垒，它们才能进一步靠拢而发生聚沉。

在总的势能曲线上出现两个最小值，较深的第一最小值如同一陷阱，落入此陷阱的粒子则形成结构紧密而又稳定的聚沉物，所以称其为不可逆聚沉或永久性聚沉；很浅的第二最小值，粒子落入此处可形成疏松的沉积物，但不稳定，外界条件稍有变动，沉积物可重新分离而成溶胶，这种沉积过程叫絮凝（flocculation）。

④ 电解质的加入对吸力势能影响不大，但对斥力势能的影响却十分明显。所以电解质的加入会导致系统的总势能发生很大的变化。适当调整电解质的浓度，可以得到相对稳定的胶体。

胶体的溶剂化作用引起的聚结稳定性，也是使溶胶稳定的重要原因。若水为分散介质，构成胶团双电层结构的全部离子都应当是水化的，在分散相粒子的周围，形成一个具有一定弹性的水化外壳。因布朗运动使胶团互相靠近，水化外壳因受挤压而变形，但每个胶团都力图恢复其原来的形状而又被弹开，所以，水化外壳的存在势必增加溶胶聚合的机械阻力，有利于溶胶的稳定性。

最后，胶粒由于布朗运动能够克服重力场的影响而不下沉，溶胶的这种性质称为动力稳定性，这是引起溶胶稳定的又一原因。一般说来，分散相与分散介质的密度差越小，分散介质的粒度越小，分散相的颗粒越小，布朗运动越强烈，溶胶的动力稳定性就越强。

综上所述，分散相粒子的带电、溶剂化作用以及布朗运动是溶胶三个重要的稳定因素。可想而知，中和分散相粒子所带电荷、降低溶剂化作用，皆可使溶胶聚沉。

（2）空间稳定理论

很早以前，人们就发现高分子物质对溶胶具有稳定作用。如我国古代制造墨汁就掺进树胶，以保持炭粉的均匀分散状态。现代工业上制造涂料、油墨等均利用高分子作稳定剂。关

于稳定机理，直至近年才有比较深刻的认识。总的来说是因高分子在胶粒上的吸附引起的，主要有以下几个方面的原因。

① 带电高分子的吸附可以增加胶粒间的静电斥力势能 E_R。

② 高分子吸附层可以降低粒子间的范德华吸力势能 E_A。

③ 带有高分子吸附层的胶粒相互接近时，吸附层的重叠会产生一种新的斥力势能阻止粒子聚集，这种稳定作用称为空间稳定作用，产生的斥力势能称为空间斥力势能，用 E_S 表示。这样，空间稳定作用存在时，粒子间的总相互作用势能应写为

$$E = E_R + E_A + E_S \tag{11-15}$$

目前，空间稳定作用的机理主要有两个：

① 体积限制效应　两粒子的高分子吸附层相互接触时被压缩，见图 11-29(a)。压缩后高分子链可能采取的构型数减少，构型熵降低，熵的降低引起吉布斯函数增加，从而产生斥力势能。

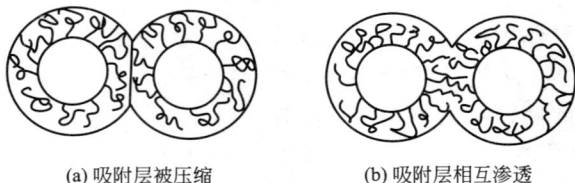

(a) 吸附层被压缩　　　　(b) 吸附层相互渗透

图 11-29　带有高分子吸附层粒子间相互作用情况

② 渗透压效应　当两高分子吸附层重叠时可以相互穿透，见图 11-29(b)。重叠区高分子浓度增高，当溶剂为良溶剂时，因有渗透压而产生斥力势能。当溶剂为不良溶剂时，可产生吸力势能。

影响空间稳定作用的主要因素如下。

① 高分子的结构　能有效稳定胶体的高分子是嵌段共聚物或接枝共聚物，其分子结构中有两种基团，一种基团能牢固地吸附在胶粒表面上，另一种基团与溶剂有良好的亲和力，能充分伸展形成厚的吸附层，产生较高的斥力势能。

② 高分子的摩尔质量和浓度　一般摩尔质量越高，形成的吸附层越厚，稳定效果越好。许多高分子有一临界摩尔质量，低于此摩尔质量时无稳定作用。高分子浓度的影响比较复杂，一般浓度较高时，在胶粒表面形成吸附层就起稳定作用。浓度再大，过多的高分子也不能进一步增加稳定性。但浓度太小时，形不成吸附层，反而会降低胶体的稳定性。

③ 溶剂　在良溶剂中，高分子伸展，吸附层厚，其稳定作用强。而在不良溶剂中，高分子的稳定作用变差，容易聚沉。温度可以改变高分子与溶剂的亲和性，因而用高分子稳定的系统，其稳定性常随温度而变化。

实际上，如果高分子物质能在粒子表面形成合适的包覆层，再加上高分子链与分散介质的强相互作用，有可能使聚集过程的 $\Delta G > 0$，那么这时的溶胶系统应该成为与高分子溶液和缔合胶体类似的热力学稳定系统了。

(3) 空缺稳定理论

向溶胶中加入高聚物，胶粒对聚合物分子可能产生负吸附，即胶粒表面层聚合物浓度低于溶液本体中的高聚物浓度，导致胶粒表面形成"空缺层"。在空缺层重叠时会发生排斥作用，使溶胶稳定。这是空缺稳定理论的基本思想。若溶剂对高聚物的溶解性能较好，则胶粒

表面易形成空缺层。

11.6.3 溶胶的聚沉

由图 11-28 所示的总势能曲线可知，当颗粒间距处于第二极小值时，能发生絮凝形成颗粒缔合体，但由于能量降低很少，缔合很弱，一般热运动或略加搅动即可拆散。当颗粒间距处于第一极小值时，形成稳定的缔合体，如果缔合体大量生成，便产生聚沉，溶胶即被破坏。为了使溶胶聚沉，可通过加热、加入电解质或适量的高分子化合物等方法。

（1）小分子电解质的聚沉作用

溶胶受电解质的影响非常敏感，通常用聚沉值（coagulation value）来表示电解质聚沉能力。所谓聚沉值是使一定量的溶胶在一定时间内完全聚沉所需电解质的最小浓度，又称为临界聚沉浓度，而聚沉率则是聚沉值的倒数。某电解质的聚沉值越小，表明其聚沉能力越强。

电解质对溶胶的聚沉作用与所加电解质的性质、浓度有关，而且还与溶胶本身所吸附物质的电性有关。表 11-6 是不同电解质对一些溶胶的聚沉值。

表 11-6 不同电解质对溶胶的聚沉值

As_2S_3（负溶胶）		AgI（负溶胶）		Al_2O_3（正溶胶）	
电解质溶液	聚沉值/$mol \cdot m^{-3}$	电解质溶液	聚沉值/$mol \cdot m^{-3}$	电解质溶液	聚沉值/$mol \cdot m^{-3}$
LiCl	58	$LiNO_3$	165	NaCl	43.5
NaCl	51	$NaNO_3$	140	KCl	46
KCl	49.5	KNO_3	136	KNO_3	50
KNO_3	50	$RbNO_3$	126		
KAc	110	$AgNO_3$	0.01		
$CaCl_2$	0.65	$Ca(NO_3)_2$	2.40	K_2SO_4	0.30
$MgCl_2$	0.72	$Mg(NO_3)_2$	2.60	$K_2Cr_2O_7$	0.63
$MgSO_4$	0.81	$Rb(NO_3)_2$	2.43	$K_2C_2O_4$	0.69
$AlCl_3$	0.093	$Al(NO_3)_3$	0.067	$K_3[Fe(CN)_6]$	0.08
$Al_2(SO_4)_3$	0.096	$La(NO_3)_3$	0.069		
$Al(NO_3)_3$	0.095	$Ce(NO_3)_3$	0.069		

从一系列聚沉实验结果，可以得到以下几条规律：

① 电解质中能使溶胶发生聚沉的离子，是与胶粒带电符号相反的离子（即反离子），因此，电解质负离子对带正电的溶胶起主要聚沉作用，正离子对负电性溶胶起主要聚沉作用，而聚沉能力随反离子价数的增加而显著增加，这个规律称舒尔茨-哈迪（Schulze-Hardy）价数规则。例如，对于带负电荷的 As_2S_3 溶胶，起聚沉作用的是电解质中的阳离子。KCl、$MgCl_2$、$AlCl_3$ 的聚沉值分别为 $49.5mol \cdot m^{-3}$、$0.72mol \cdot m^{-3}$、$0.093mol \cdot m^{-3}$；若以 K^+ 为标准，不同价数阳离子的聚沉能力有如下关系：

$$Me^+ : Me^{2+} : Me^{3+} = 1 : 70.7 : 532$$

一般可以近似地表示为反离子价数的 6 次方之比，即

$$Me^+ : Me^{2+} : Me^{3+} = 1^6 : 2^6 : 3^6 = 1 : 64 : 729$$

上述关系是在其他因素完全相同的条件下导出的。它表明同号离子的价数愈高，聚沉能力愈强。但是也有反常现象，如 H^+ 虽为一价，却有很强的聚沉能力。应当指出，上述比例关系仅可作为一种粗略的估计，而不能作为严格的定量计算的依据。

② 对于同价离子来说，聚沉能力也各不相同。例如，同价的正离子(如碱金属或碱土金属)对负电胶体的聚沉能力，是随着离子半径减少而增加。如碱金属离子对负电胶体的聚沉能力为

$$Li^+ < Na^+ < K^+ < Rb^+ < Cs^+$$

这是因为正离子的水化能力很强，而且离子半径越小，水化能力越强，水化层越厚，被吸附的能力越小，其进入斯特恩层的数量减少，而使聚沉能力减弱。

对于同价的负离子，由于负离子的水化能力很弱，所以负离子的半径越小，吸附能力越强，聚沉能力越强。根据上述原则，价数为一的负离子，聚沉能力为

$$OH^- < SCN^- < I^- < NO_3^- < Br^- < Cl^- < F^-$$

这种把带有相同电荷的离子，按聚沉能力大小排列的顺序，称为感胶离子序(lyotropic series)。

③ 有机化合物的粒子都具有很强的聚沉能力，这可能是与其具有很强的吸附能力有关。表 11-7 给出了不同的一价阳离子所形成的氯化物对带负电的 As_2S_3 溶胶的聚沉值。

表 11-7　氯化物对溶胶的聚沉值

电解质	聚沉值/$mol \cdot m^{-3}$	电解质	聚沉值/$mol \cdot m^{-3}$
KCl	49.5	$(C_2H_5)_2NH_2^+Cl^-$	9.96
氯化苯胺	2.5	$(C_2H_5)_3NH^+Cl^-$	2.79
氯化吗啡	0.4	$(C_2H_5)_4N^+Cl^-$	0.89
$(C_2H_5)NH_3^+Cl^-$	18.2		

④ 电解质的聚沉作用是正负离子作用的总和。有时与胶粒具有相同电荷离子(也称同号离子)也有显著影响，通常相同电性离子的价数越高，则该电解质的聚沉能力越低，这可能与这些相同电性离子的吸附作用有关。表 11-8 给出了不同负离子所形成的钾盐对负电性的亚铁氰化铜溶胶的聚沉值。

因此，只有在与溶胶同电性离子的吸附作用极弱的情况下，才能近似地认为溶胶的聚沉作用是异电性离子单独作用的结果。

表 11-8　不同钾盐对亚铁氰化铜溶胶的聚沉值

电解质	聚沉值/$mol \cdot m^{-3}$	电解质	聚沉值/$mol \cdot m^{-3}$
KBr	27.5	K_2CrO_4	80.0
KNO_3	28.7	$K_2C_4H_4O_6$	95.0
K_2SO_4	47.5	$K_4[Fe(CN)_6]$	260.0

⑤ 不规则聚沉。在溶胶中加入少量的电解质可以使溶胶聚沉，电解质浓度稍高，沉淀又重新分散而成溶胶，并使胶粒所带电荷改变符号。如果电解质的浓度再升高，可以使新生成的溶胶再次沉淀，这种现象称为不规则聚沉(irregular coagulation)。不规则聚沉是胶体粒子对高价异电离子强烈吸附的结果，少量电解质可以使胶体聚沉，但吸附过多的异号高价离子，使溶胶粒子又重新带异号离子的电荷，于是溶胶又重新稳定，所带电荷与原胶粒相反。再加入电解质后，由于电解质离子的作用(如离子强度和扩散层厚度的变化)，又使溶胶聚沉。此时电解质的浓度已经很高，再增加电解质也不能使沉淀分散。

从上述讨论可以看出，电解质对溶胶的聚沉作用的影响是相当复杂的。其共同点是不论

何种电解质，只要浓度达到某一定数值，都会引起聚沉作用。

利用电解质使胶体聚沉的实例很多，在豆浆中加入卤水做豆腐就是一例。豆浆是带负电荷的大豆蛋白胶体，卤水中含有 Ca^{2+}、Mg^{2+}、Na^+ 等离子，故能使带负电荷的胶体聚沉。又如江海接界处，常有清水和浑水的分界面，这实际上是海水中的盐类对江河中带负电荷的土壤胶体的聚沉的结果，而小岛和沙洲的形成正是土壤胶体聚沉后的产物。

（2）高分子化合物的聚沉作用

在溶胶中加入极少量的可溶性高分子化合物，可导致溶胶迅速沉淀，沉淀呈疏松的棉絮状，这类沉淀称为絮凝物，这种现象称为絮凝作用，产生絮凝作用的高分子称为絮凝剂。

絮凝作用与聚沉作用机理不同。电解质的聚沉作用是因为压缩双电层，降低胶粒间静电斥力而致。聚沉过程比较缓慢，沉淀颗粒紧密，体积小。絮凝作用速度快，效率高，絮凝剂用量少（有些系统仅为百万分之几），沉淀疏松。在溶胶中加入高分子化合物溶液，既可使溶胶稳定，也可能使溶胶聚沉。好的聚沉剂应当是分子量很大的线型聚合物。例如，聚丙烯酰胺及其衍生物就是一种良好的聚沉剂。聚沉剂可以是离子型的，也可以是非离子型的。高分子化合物主要通过以下三个方面来对溶胶起聚沉作用。

① 搭桥效应　长链的高分子化合物，可以同时吸附在多个分散相的微粒上，起到搭桥的作用，把多个胶体粒子拉在一起，形成较大的聚集体而导致絮凝，如图 11-30（a）所示。

② 脱水效应　某些高分子化合物对水有更强的亲和力，由于高分子化合物的水化作用，使胶体粒子脱水，水化外壳遭到破坏而聚沉。

③ 电中和效应　离子型的高分子化合物吸附在带电的胶体粒子上，可以中和分散相粒子的表面电荷，使粒子间的斥力势能降低，从而使溶胶聚沉。

影响絮凝作用的因素主要有以下几个方面。

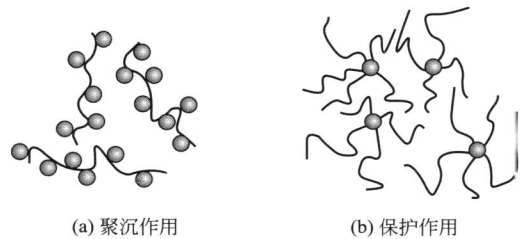

(a) 聚沉作用　　(b) 保护作用

图 11-30　高分子化合物对溶胶的聚沉和保护作用

① 絮凝剂的分子结构。絮凝效果好的高分子一般具有链状结构，具有交联或支链结构的絮凝效果就差。另外，分子中应有水化基团和能在胶粒表面吸附的基团，以便有良好的溶解性和架桥能力。常见的基团有—COONa、—CONH$_2$、—OH 和—SO$_3$Na 等。对于高分子电解质，其带电状态也有影响。一般离解度越大，荷电越多，分子越伸展，有利于架桥；但若高分子所带电荷符号与胶粒相同时，高分子带电越多，因静电排斥作用越不利于在胶粒上的吸附，这对架桥不利。因此常存在一最佳离解度，此时絮凝效果最好。如常用的部分水解聚丙烯酰胺絮凝剂，水解度在 30％时絮凝效果最好。

② 絮凝剂的分子量。一般分子量越大，桥联越有利，絮凝效率越高。具有絮凝能力的高分子分子量一般至少在 10^6 左右。但分子量也不能太大，否则溶解困难，且吸附的胶粒间距离太远，不易聚集，絮凝效果将变差。

③ 絮凝剂的浓度存在一最佳值，此时絮凝效果最好，超过此量效果反而变差。这是因为产生桥联作用的必要条件是胶粒表面存在空白点，若高分子浓度太大时，胶粒表面完全被高分子覆盖，无法通过桥联而发生絮凝，反而会起保护作用，见图 11-30（b）。据研究分析，最佳浓度值大约为胶粒表面高分子吸附量为饱和吸附量的一半时的浓度，这时相当于胶粒表面一半被高分子所覆盖，架桥机遇最大。

④ 搅拌要均匀，但不可太剧烈，以免打散絮凝物而成稳定溶胶。

⑤ pH 和盐类对絮凝效果影响很大，往往是絮凝效率高低的关键。

在工业生产中就利用上述作用，例如，对 SiO_2 进行重量分析时，在 SiO_2 的溶胶中加入少量明胶，使 SiO_2 的胶粒黏附在明胶上，便于聚沉后过滤，减少损失，使分析更准确。氧化铝球磨料在酸洗除铁杂质时，为防止 Al_2O_3 细颗粒成胶粒流失，就加入 0.21%～0.23%阿拉伯树胶，促使 Al_2O_3 粒子快速聚沉；而在注浆成型时，又加入 1.0%～1.5%的阿拉伯树胶，以提高料浆的流动性和稳定性。高分子化合物的这种保护作用应用很广，例如血液中所含的难溶盐类物质，如碳酸钙、磷酸钙等就是靠血液中蛋白质保护而存在。医学上滴眼用的蛋白银就是蛋白质所保护的银溶胶。

（3）溶胶的相互聚沉

将两种电性不同的溶胶混合，可以发生相互聚沉作用。但仅在这两种溶胶的数量达到某一比例时才发生完全聚沉，否则可能不发生聚沉或聚沉不完全。表 11-9 是带正电的 $Fe(OH)_3$ 溶胶（浓度为 3.036g·L^{-1}）和带负电的 As_2S_3 溶胶（浓度为 2.07g·L^{-1}）以不同比例混合时所得到的结果。产生相互聚沉现象的原因是：可以把溶胶粒子看成是一个巨大的粒子，所以溶胶的混合类似于加入电解质的一种特殊情况。

表 11-9 溶胶的相互聚沉

混合物/mL		现象	混合后粒子的电荷	混合物/mL		现象	混合后粒子的电荷
$Fe(OH)_3$	As_2S_3			$Fe(OH)_3$	As_2S_3		
9	1	无变化	+	3	7	完全聚沉	不带电
8	2	长时间后微浑	+	2	8	发生聚沉	—
7	3	立即发生聚沉	+	1	9	发生聚沉	—
5	5	立即发生聚沉	+	0.2	9.8	浑浊但不聚沉	—

溶胶的相互聚沉在日常生活中经常见到。例如，明矾的净水作用就是利用明矾 $[KAl(SO_4)_2·12H_2O]$ 在水中水解生成荷正电的 $Al(OH)_3$。溶胶使荷负电的胶体污物（主要是土壤胶体）聚沉，在聚沉时生成的絮状沉淀物又能夹带一些机械杂质，使水获得净化。不同牌号的墨水相混可能产生沉淀、医院里利用血液的能否相互凝结来判明血型，这些都与胶体的相互聚沉有关。

（4）微波对溶胶稳定性的影响

微波是一种高频电磁波（频率为 2450MHz）。众所周知，微波可用来加热，有热效应。微波也能有效地加快化学反应速率，这已为实验所证实。但微波对一个过程（物理或化学的）的影响比较复杂。例如，经典的 AgI、AgBr、磷酸铁等溶胶经加热，或在微波场中处理，均可使其破坏，产生沉淀，而 $Fe(OH)_3$ 胶体经加热不被破坏，但在微波场中处理，特别是在提高功率的情况下，则吸光度增加，并有少量沉淀产生。这些现象说明，微波对胶体稳定性的影响，除有热效应外，还有"非热效应"现象。$Fe(OH)_3$ 溶胶的例子充分说明了这个问题。

关于"非热效应"的机理还有待深入研究。但从结果来看，它能改变由 DLVO 理论建立的平衡并使其更易被打破，相似于降低了化学反应体系的活性能，在此处是降低了体系的总位能曲线的能峰高度，故易于聚结沉降。

11.7 溶胶的流变性质

流变性质（rheologic properties）是指物质（液体或固体）在外力作用下流动（flow）与变形

(deformation)的性质。研究流变性质的科学称为流变学(rheology)，流变学本身是一门涉及物理、化学、生物等诸多学科的边缘科学。胶体分散系统的流变性质不仅是单个粒子性质的反映，也是粒子与粒子之间以及粒子与溶剂之间相互作用的结果。因此研究溶胶的流变性质，首先要明确胶体系统各种流变学性质的概念。

11.7.1 切变速率、切应力和黏度

最熟悉的流变性质是黏度(viscosity)。所谓黏度，定性地说就是物质黏稠的程度，它表示物质在流动时内摩擦力的大小。为了给黏度一个确切的定义，下面首先分析一下液体的流动状况。

大家都有这样的经验，在流速较慢的河里，河道各处的水流方向虽然一致，但速度很不相同，中心处的水流最快，越靠河岸，水流越慢。一般在流速不太快情况下，可以把流动着的液体看作是许多相互平行移动的液层，各层的流速存在速度梯度，这是流动的基本特征。

假设在两平行板间盛以某种液体，一块板是静止的，另一块板以速度 v 向 x 方向做匀速运动。如果将液体沿 y 方向分成许多薄层，则各液层沿 x 方向的流速随 y 值而变。如图 11-31，用长短不等带有箭头且相互平行的线段表示各液层的流速，这些线段称为流线，流体的这种形变称为切变(shearing)。液体流动时有速度梯度 $\mathrm{d}v/\mathrm{d}y$ 存在，运动较慢的液层阻滞较快层的运动，因此产生流动阻力。为了维持稳定的流动，保持速度梯度不变，则要对上面的平板施加恒定的力 F，此力称为切应力(shearing force)，简称切力。若平板的面积是 A，单位面积

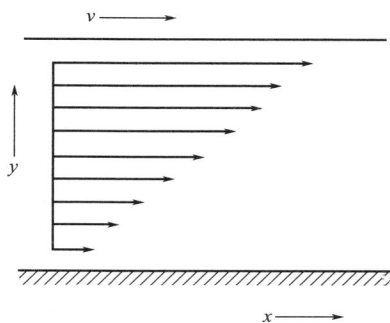

图 11-31 平行板间黏性流动的速度分布

上的切力用 τ 表示，则 $\tau = F/A$，单位为 $\mathrm{N \cdot m^{-2}}$。速度梯度也称切变速度，简称切速，常用 D 表示，$D = \mathrm{d}v/\mathrm{d}y$，单位为 $\mathrm{s^{-1}}$。切应力与切变速度是表征体系流变性质的两个基本参数。

因为流动时在液体内部形成速度梯度，故产生流动阻力。反映此阻力大小的切力 τ 和切变速度 D 有关。实验证明，纯液体和大多数低分子溶液在层流条件下的切应力和切变速率成正比

$$\tau = \frac{F}{A} = \eta \frac{\mathrm{d}v}{\mathrm{d}y} = \eta D \tag{11-16}$$

这就是牛顿(Newton)黏度公式，式中比例系数 η 即为液体的黏度，它反映液体流动时所受到的黏性阻力，单位为 $\mathrm{N \cdot m^{-2} \cdot s}$ 或 $\mathrm{Pa \cdot s}$。液体的黏度标准是这样规定的：将两块面积为 $1\mathrm{m^2}$ 的板浸于液体中，两板距离为 $1\mathrm{m}$，若加一个 $1\mathrm{N}$ 的切应力，能使两板之间的相对速率为 $1\mathrm{m \cdot s^{-1}}$，则此液体的黏度为 $1\mathrm{Pa \cdot s}$。

服从牛顿黏度公式的流体称为牛顿流体(Newtonian fluids)，其特点是 η 只与温度有关，温度升高，η 下降。对于给定的液体，在定温下 η 有定值，不因 τ 值或 D 值的不同而改变。不服从牛顿黏度公式的流体称为非牛顿流体(non-Newtonian fluids)，溶胶仅在分散相浓度很稀时，才符合牛顿黏度公式。非牛顿流体的切应力与切速之间无正比关系，比值 τ/D 不再是常数，而是切速的函数。常用 η_a 表示此时的 τ/D，称为表观黏度(apparent viscosity)。

测定黏度的方法主要有毛细管法、转筒法和落球法。下面简单介绍这三种测定方法。

（1）毛细管法

实验室中测定液体、溶液或胶体溶液的黏度时，用毛细管黏度计最方便。毛细管黏度计有乌氏黏度计和奥氏黏度计两种（见图 11-32）。这两种黏度计比较精确，使用方便，适合于测定液体黏度和高聚物分子量。

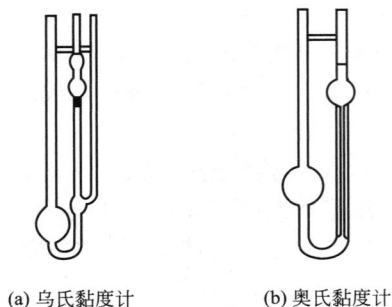

(a) 乌氏黏度计 　　 (b) 奥氏黏度计

图 11-32　黏度计示意图

按照泊肃叶（Poiseuille）定律，溶液经过毛细管黏度计流出的黏度 η 可表达如下

$$\eta = \frac{\pi p r^4 t}{8 l V} \tag{11-17}$$

式中，p 为液体本身重力产生的压力；r 为毛细管半径；l 为毛细管长度；t 为溶液流过毛细管的时间；V 为流经毛细管的液体体积。

根据此公式可以测出液体的黏度。但液体黏度的绝对值不易测定，一般都用已知黏度的液体测出黏度计的毛细管常数，然后令待测液体在相同条件下流过同一支毛细管。因为同一毛细管的 r、l、V 一定，故液体在毛细管中的流动仅受压力差 p 的影响，在此处压力差即为重力，即 $p = h\rho g$，则可据下式求出待测液体的黏度

$$\frac{\eta}{\eta_0} = \frac{\rho t}{\rho_0 t_0} \tag{11-18}$$

式中，η_0、ρ_0、t_0 分别为标准液体（如纯水、纯苯等，其黏度已知）的黏度、密度和使一定体积标准液体流过毛细管所需的时间；η、ρ、t 为待测液体的黏度、密度和使同一体积待测液体流过毛细管所需的时间。若溶液很稀，则 $\rho \approx \rho_0$，这时

$$\eta = \frac{t}{t_0} \times \eta_0 \tag{11-19}$$

所以，只要测出相同体积的标准液体（η_0 已知）和待测液体流经同一毛细管的时间，便可根据式（11-19）算出待测液体的黏度。

常常用作标准液体的水和苯在 20℃时的黏度分别为 1.009×10^{-3} Pa·s 和 6.47×10^{-4} Pa·s。

（2）转筒式黏度计

转筒式黏度计特别适用于非牛顿型液体黏度的测定，在实际工作中主要用它来确定流体的流型。

转筒式黏度计由两个同心筒组成，两筒间保持一定的间隙（例如 1～3mm），此间隙为待测样品所充满。两筒中一筒转动，另一筒固定，这样在样品液体内部存在速度梯度，并产生流动阻力。作用于单位面积上的阻力亦即切应力的大小，可用下面的方法测定：若外筒不动，靠外加重量（砝码）使内筒转动（如图 11-33 所示），则可由砝码重量、力臂长度、筒侧面积求出切应力值。

转筒式黏度计的类型较多，较常用的是的 Stormer 黏度计。无论哪种类型，体系黏度、筒的转速和所加重量 W（有些仪器是根据弹簧丝的偏转角 θ）之间的关系为

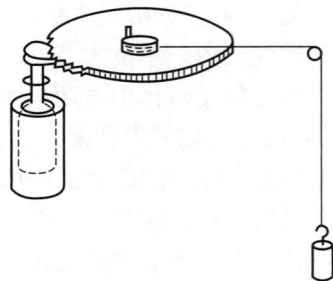

图 11-33　转筒式黏度计示意图

$$\eta = K\frac{W}{\Omega} \qquad (11\text{-}20)$$

式中，K 为仪器常数，与转筒的半径、高度以及两筒间间隙等有关。用已知黏度的牛顿液体(通常用甘油)进行测量，以 W 对转速 Ω ($r\cdot min^{-1}$)作图，便可从直线的斜率求出仪器常数 K。对同一台仪器测量不同转速下所需外加的重量，便可画出流变曲线，并可据此确定体系的流型。

（3）落球式黏度计

落球式黏度计是借助于固体球在液体中运动受到黏性阻力，测出球在液体中落下一定距离所需的时间(如图 11-34 中 a 到 b 的距离)。这种黏度计特别适用于测定具有中等黏度的透明液体。

根据斯托克斯(Stokes)方程式，液体的黏度 η 可表达如下

$$\eta = \frac{2gr^2t(\rho_s - \rho)}{9h} \qquad (11\text{-}21)$$

式中，r 为球体半径；h 为球体下落的高度；t 为球在液体中落下 h 距离所需的时间；ρ_s 为球体密度；ρ 为液体密度；g 为重力加速度。当 h 和 r 为定值时，则

图 11-34　落球式
黏度计

$$\eta = Kt(\rho_s - \rho) \qquad (11\text{-}22)$$

式中，K 为仪器的常数。

根据此公式可以测出液体的黏度。但液体黏度的绝对值不易测定，一般都用已知黏度的液体测出仪器的常数，然后在同一个仪器中让相同的球在待测液体中落下相同的距离。因为同一仪器常数一定，故可据下式求出待测液体的黏度

$$\frac{\eta}{\eta_0} = \frac{(\rho_s - \rho)t}{(\rho_s - \rho_0)t_0} \qquad (11\text{-}23)$$

式中，η_0、ρ_0、t_0 分别为标准液体的黏度、密度和球在标准液体中落下所需的时间；η、ρ、t 为待测液体的黏度、密度和相同的球在待测液体中落下所需的时间。若溶液很稀，则 $\rho \approx \rho_0$，这时式(11-23)又还原为式(11-19)，即

$$\eta = \frac{t}{t_0} \times \eta_0$$

所以，只要测出球在标准液体(η_0 已知)和待测液体的下落的时间，便可根据式(11-19)算出待测液体的黏度。

落球式黏度计测量范围较宽，用途广泛，尤其适合于测定较高透明度的液体。但对固体球的要求较高，要求球体光滑而圆，另外要防止球从圆柱管下落时与圆柱管的壁相碰，造成测量误差。

11.7.2　层流与湍流

只有在层流条件下牛顿公式才成立。层流的特点是体系的流动处于稳恒状态，体系中任何一点的流速(大小和方向)不随时间而改变。当流速超过某一极限时，层流就变成湍流，有不规则的或随时间而改变的漩涡生成，这时牛顿公式就不适用了。

流体的流动状况可以用一个无量纲的数来表示，这就是雷诺数(Reynolds number，通常以 Re 表示)。Re 超过某一临界值时，层流就变成湍流。对于在管中流动的液体，Re 可用下式表示

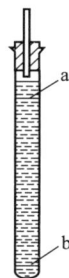

$$Re = \frac{vd\rho}{\eta} \tag{11-24}$$

式中，v 为流速；d 为管直径；ρ 为液体的密度。临界 Re 约为 1400～2000。

11.7.3 稀分散系统的黏度

液体流动时，为克服内摩擦阻力需消耗一定的能量。倘若液体中存在粒子，则流体的流线在粒子附近受到干扰，这就要消耗额外的能量，所以分散系统的黏度均高于纯溶剂的黏度。通常将溶胶黏度 η 与纯溶剂黏度 η_0 之比称为相对黏度 η_r。η_r 的大小与粒子的大小、形状、浓度、粒子与介质的相互作用以及它在流场中的定向程度等因素有关，情形相当复杂。这里先讨论比较简单的稀分散系统的黏度。

(1) 分散相浓度的影响

1906 年，爱因斯坦根据流体力学理论推导出稀分散系统的黏度方程：

$$\eta_r = \eta/\eta_0 = 1 + 2.5\varphi \tag{11-25}$$

式中，φ 为系统中分散相的体积分数。

在推导此式时做了如下假设：①粒子是远大于介质分子的圆球；②粒子是刚体，且与介质无相互作用；③分散相很稀，液体经过粒子时，各层流所受到的干扰不相互影响；④层流流动，无湍流。

研究证明，对于浓度不大于 3%（体积分数）的球形粒子，η_r 与 φ 间确有线性关系，但式 (11-25) 中常数往往大于 2.5。这可能是由于质点溶剂化，从而使实际的体积分数变大的缘故。

倘若浓度较大，由于质点间的相互干扰，体系的浓度将急剧增加，爱因斯坦公式就不再适用了。

(2) 粒子形状和大小的影响

早期研究发现，像 V_2O_5、硝化纤维等胶体即使是浓度很稀时，溶胶的黏度也比爱因斯坦公式所预期的高得多。这些体系的共同特点是质点具有不对称的形状。当分散系统流动时，固体粒子既有平移运动，也有旋转运动。当粒子形状不同时，对运动所产生的阻力有很大差异。在体积分数相同的情况下，非球形粒子具有更大的"有效水力体积"（见图 11-35），因而阻力更大，分散系统的黏度更大。对于粒子为任意形状的稀悬浮体，黏度方程可写为

$$\eta_r = 1 + K\varphi \tag{11-26}$$

式中，K 是形状系数。粒子越不对称，K 值越大。粒子越小，体积分数相同的情况下黏度越大，偏离爱因斯坦方程越远。这是因为：①粒子越小，粒子数越多，粒子间距离越近，相互干扰的机遇越大；②粒子越小，溶剂化后有效体积越大；③粒子越小，溶剂化所需溶剂量越多，自由溶剂量越少，粒子移动阻力越大，因而黏度越高。

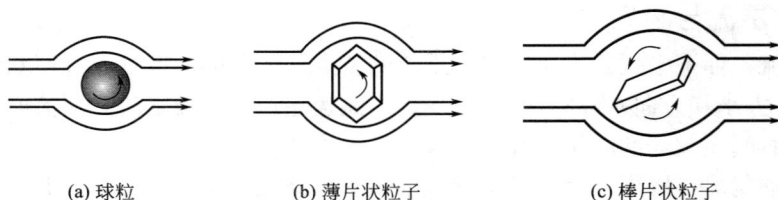

(a) 球粒　　　　　　(b) 薄片状粒子　　　　　　(c) 棒片状粒子

图 11-35　粒子形状对有效水力体积的影响

（3）温度的影响

温度升高，液体分子间的相互作用减弱，因此，液体的黏度随温度升高而降低（如表 11-10 所示）。因此，测量液体的黏度必须注意控制温度。

溶胶的黏度也随温度升高而降低，由于溶剂的黏度也相应降低，故 η_r 随温度的变化往往不大。但对于较浓的胶体系统，由于在低温时粒子间常形成结构，甚至胶凝，而在高温时结构又常被破坏，故黏度随温度变化的幅度要大得多。

表 11-10　液体黏度随温度的变化　　　　　　　　　　　　单位：Pa·s

液体	温度/℃			
	0	20	50	100
甲醇	8.08×10^{-4}	5.93×10^{-4}	3.95×10^{-4}	—
水	1.794×10^{-3}	1.008×10^{-3}	5.49×10^{-4}	2.84×10^{-4}
甘油	12.04	1.45	0.176	0.01

（4）电荷对黏度的影响

若粒子带电，则溶液的黏度增加，这种额外的黏度通常称为电黏滞效应（electroviscous effects）。Смолуховский 曾导出了溶液黏度 η 和粒子半径 r 以及 ζ 电位之间的关系式

$$\frac{\eta-\eta_0}{\eta_0}=2.5\varphi\left[1+\frac{1}{\eta_0 r^2\kappa}\left(\frac{\varepsilon\zeta}{2\pi}\right)^2\right] \tag{11-27}$$

式中，κ 为电导率；ε 为介电常数；ζ 为 zeta 电位；其他符号的意义均同前。显然，当粒子带电时，粒子大小直接影响溶液的黏度。当 ζ 电位为零时，则式（11-27）又转变为爱因斯坦公式。这也说明电黏滞效应与 ζ 电位共存。例如在两性的蛋白质或白明胶溶液中，调节介质的 pH 值使质点处于等电点，此时溶液的黏度最小。图 11-36 为白明胶溶液黏度和 pH 的关系（白明胶的等电点 pH 为 4.7）。两性质点在等电点 pH 的两侧均荷电，会造成某些附加的溶剂化作用（使 Φ 增大），同时也可能增加溶胶在流动时粒子运动的不规则程度。

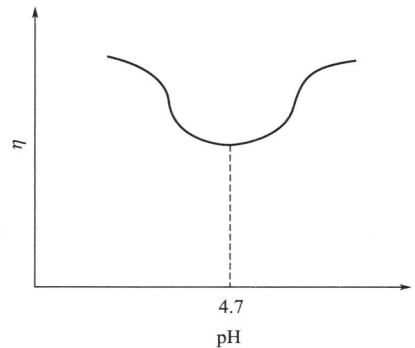

图 11-36　pH 对白明胶溶液黏度的影响

11.7.4　浓分散系统的流变性

以上讨论的是较稀的溶胶系统，其性质比较接近牛顿流体，只用黏度就可基本表征其流变性。然而实际使用的大多是浓分散系统，多属非牛顿体，其 τ 与 D 不呈简单的正比关系，η 随 D 而变化。如果某一流体的黏度随外加切力的改变而变化，称这种流体为非牛顿流体。有些系统的黏度随切力的增加而变大，这种现象称为切稠（shear thickening），有些系统的黏度随切力的增加而变小，称为切稀（shear thinning）。流变学中把切变速率 D 与切应力的关系图称为流变曲线，流变曲线常见类型见图 11-37。根据流变曲线特性，可将系统分为四种基本流型：牛顿体型、塑性体型、假塑性体型和胀性体型。曲线上任何一点的黏度是这一点上的切力与切速率的比值，这种黏度称为表观黏度 η_a。下面简单介绍由四种基本流型引申出的 6 种常见的流型。

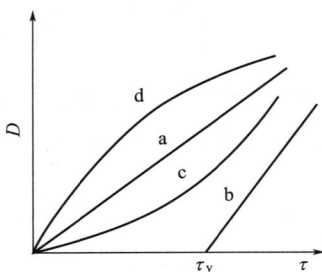

图 11-37　流变曲线类型
a—牛顿体型；b—塑性体型；
c—假塑性体型；d—胀性体型

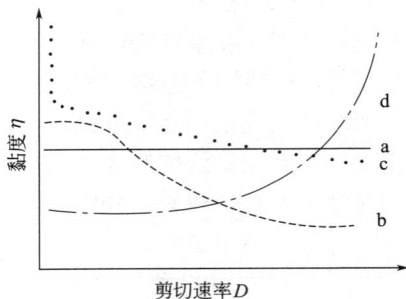

图 11-38　流体的黏度曲线
a—牛顿体型；b—塑性体型；
c—假塑性体型；d—胀性体型

（1）牛顿体

牛顿体流变曲线如图 11-37 中曲线 a 所示，D-τ 关系为直线，且通过原点。即在任意小的外力作用下，液体就能发生流动。对于牛顿液体单用黏度就足以表征其流变特性。另外，从 D-τ 直线关系可见，直线的斜率越小，液体的黏度越大。大多数纯液体（如水、低黏度油以及许多低分子化合物溶液和稀的溶胶）都是牛顿液体。牛顿型液体常称为真液体。

由流变曲线可以推导出流体的黏度与剪切速率的关系曲线，一般称为黏度曲线。典型的牛顿流体的黏度曲线为图 11-38 中所示的水平直线，由此可知，牛顿流体的黏度是一常数。其他非牛顿流体的黏度曲线如图 11-38 所示。

（2）塑性体

塑性体（plastic fluid）也称为 Bingham 体。塑性体流变曲线如图 11-37 中曲线 b 所示，其流变曲线不经过原点，当流体所受的切应力小于某一固定值 τ_y 之前，该流体的切速率为零，也就是说流体不发生流动，其性质类似于固体的性质。当流体受到的切力大于这一固定值后，流体便开始流动，而且其特性类似于牛顿流体的特性。其流动行为可用下式描述

$$\tau - \tau_y = \eta_{pl} D \tag{11-28}$$

式中，η_{pl} 称为塑性黏度（又称为结构黏度）；τ_y 为开始流动时的临界切力，称为屈服值（yield value）。η_{pl} 和 τ_y 是塑性体的两个重要流变参数。

常见的典型的塑性体有牙膏、唇膏、油脂及钻头润滑油等。我们在挤牙膏时若用力很轻，牙膏并不流出，只是膏面由平变凸，一松手又变平；但用力稍大时牙膏就会从管中流出，再也不能缩回。也就是说，像牙膏这类流体，当外加切应力较小时它不流动，只发生弹性变形；而一旦切应力超过某一限度时，体系的变形就是永久的，表现出可塑性，故称其为塑性体。

对于塑性体流变曲线的解释是，当悬浮液浓到质点相互接触时，就形成三维空间结构（见图 11-39），τ_y 就是此结构强弱的反映。只有当外加切应力超过 τ_y 后，才能拆散结构使体系流动。所以 τ_y 相当于使液体开始流动所必须多消耗的力。由于结构的拆散和重新形成总是同时发生的，所以在流动中，可以达到拆散速度等于恢复速度的平衡态，即总的来看结构拆散的平均程度保持不变，因此体系有一个近似稳定的塑性黏度 η_{pl}。

石油工业中钻井用泥浆是一种典型的塑性流体。由于黏土颗粒的不规则形状和表面的不均匀性，极易形成结构。泥浆在高速循环时结构被拆散，流动阻力减小；而在停止循环时

（例如停钻）又重新形成结构。这时泥浆的屈服值 τ_y 保证了它能悬浮钻屑（如细石块等），不致使其沉入井底而引起卡钻，同时也可防止泥浆渗入地层，造成漏失。因此泥浆的塑性流动特点在钻井中起着十分重要的作用。

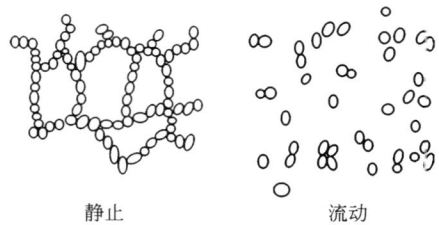

静止　　　　流动

图 11-39　塑性体的解释

（3）假塑性流体

流变曲线通过坐标原点且曲线形状向下凹的流体常称之为假塑性流体（pseudoplastic fluid），简称假塑体。流变曲线向下凹实际上意味着该系统的表观黏度随着剪切速率的增加而下降，即搅得越快，显得越稀，也就是所谓的切稀作用。假塑性流体的流变曲线和黏度曲线如图 11-37 和图 11-38 的曲线 c。可见，假塑性流体具有两个主要的特征：①流变曲线经过原点，即系统没有屈服值；②表现黏度不是一个固定不变的常数，它随剪切速率的增加而下降。这种现象可解释为：如羧甲基纤维素这一类大分子都是不对称的粒子，液体在静止时可以有各种取向，当切速 D 增加时，粒子将其长轴转向流动方向，切速越大，这种转向也越彻底，流动阻力也随之而降低，黏度下降，最终就完全定向排列，黏度就不再变化，D 与 τ 之间又呈直线关系。此外，粒子的溶剂化也有影响，在切速作用下，粒子的溶剂化层会发生变形，减少了阻力。

假塑体也是一种非牛顿流体，常见的假塑性流体有：各种浓度不高的浆体（如超精细水煤浆、钻井泥浆与压裂液等）、悬浮液或各类高分子聚合物溶液（如羧甲基纤维素、淀粉、橡胶等）、乳胶溶液等。此类流体的流动行为常可用指数公式描述

$$\tau = KD^n \quad (0 < n < 1) \tag{11-29}$$

式中，K 和 n 是与液体性质有关的经验常数。K 是液体稠度的量度，K 越大，液体越黏稠。n 值小于 1，所以黏度随切力 D 的增加而减小。当 $n=1$ 时，则为牛顿流体，通常用 n 与 1 的偏差程度表示非牛顿性的量度，n 与 1 相差越多，则非牛顿行为越显著。按式（11-29）若以 $\lg\tau$ 对 $\lg D$ 作图，应有直线关系，据此可求出 K 和 n。

假塑体的形成原因主要有两个：其一，这类体系倘若有结构也必然很弱，故 τ_y 几乎为零，在流动中结构不易恢复，故表观黏度 η_a 总是随切速增加而减小；其二，这类体系也可能无结构，η_a 的减小是不对称质点在速度梯度场中定向的结果。

流体的假塑性质在生产中有很多应用。例如油井进行压裂处理时，为使压裂液具有较强的携砂能力和产生较大的压裂应力，希望压裂液在地层中具有较高的黏度；但压裂液在管道中高速流动时又希望其黏度要小，以减少能量消耗，假塑体的流动特性正符合这些要求。生产中使用的压裂液有聚丙烯酰胺稠化水压裂液以及稠化的水包油压裂液等。

血液在高切速时是牛顿流体，但在低切速时则表现为假塑体。血液流变学的研究对许多疾病的诊断和治疗具有重要意义。

（4）胀塑性流体

Reynold 发现有些固体粉末的高浓度浆状体在搅动时，其体积和刚性都有增加，故称为胀塑性流体（dilatant fluid）。胀塑性流体是一种特性与假塑性流体相反的流体，其流变曲线是一条通过坐标原点且向上凸的曲线（如图 11-37 中曲线 d 所示）。胀塑性流体在有些文献中也称为胀流体，其特点是：①无屈服值；②与假塑体不同，其表观黏度随着剪切速度的增加而增大，也就是说，这类系统搅得越快，显得越黏稠，即所谓切稠。其原因是在静止时，系

统中的质点是分散的，流动时质点相碰而形成结构，因而黏度增加。此类系统的流变曲线也可用式(11-29)表示，但是 $n>1$。

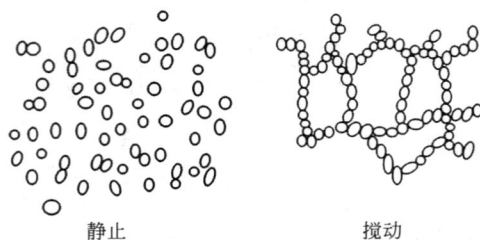

图 11-40　胀流体的产生

胀流体通常需要满足以下两个条件：①分散相浓度需相当大，且应在一狭小的范围内。例如淀粉大约在 40%～50% 的浓度范围内可表现出明显的胀流性。分散相浓度较低时为牛顿体，较高时为塑性体；②颗粒必须是分散的，而不是聚集的。这两个条件不难理解，切力不大时颗粒全是散开的，故黏度较小。切力大时，许多颗粒被搅在一起，虽然此种结合并不稳定，但大大增加了流动阻力，搅得越剧烈结合越多，阻力也越大，也就显得越稠(见图 11-40)。当分散相浓度太小时结构不易形成，当然无胀流现象；浓度太大时颗粒本来已经接触了，搅动时内部变化不多，故胀流现象也不显著。

对胀性流体性质的认识有重要的实际意义。做馒头的面团具有胀流性质，钻井时如遇到胀流性很强的地层，会发生严重的卡钻事故。

（5）触变性与反触变性流体

上面介绍的几种系统都有一个共同点，即其流变曲线都可用 $\tau = f(D)$ 的函数关系来描述，其中都不包含时间因素，即与流体发生切变的时间长短无关。但某些流体的黏度不仅与切变速度大小有关，而且与切变时间的长短有关，它们是时间依赖性流体。

时间依赖性流体又可分为两类：触变性(thixotropy)流体和震凝性(rheopexy)流体(也称为反触变性流体)。这两种系统都是非牛顿流体，前者维持流体以恒定切变速度流动的切力随时间而减小，后者在一定切变速度下，切力随时间而增加。其流动曲线如图 11-41 所示。

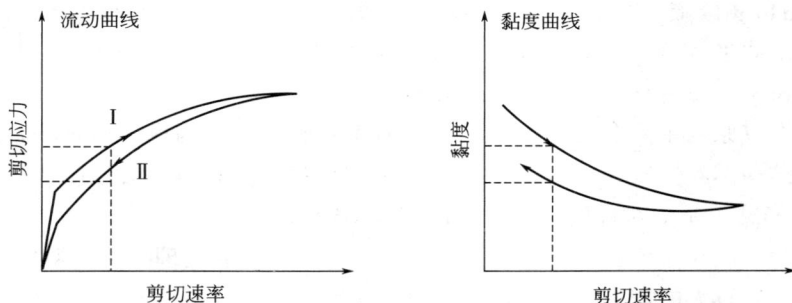

图 11-41　触变性流体的流动曲线

① 触变性流体　触变性流体属于塑性体的体系，大多有一种特点，即触变性(thixotropy)。人们在实验中发现将浓度相当大的 $Fe_2O_3 \cdot xH_2O$ 或 V_2O_5 的水溶胶，或铝皂在苯中的溶胶于试管中静置一些时间，即成半固体的状态，将试管倒置，样品并不流出；若将试管激烈摇动，又可恢复到原来的流体状态，此种现象可任意重复。人们就把这种在搅动时成为易流动的流体，静置一段时间以后又成为凝胶状态的性质称为触变性。触变性的这一定义实际上是基于一些系统在搅拌时出现的物理现象，并不十分严格。比较严格的触变性的定义是：在某一固定的剪切速率下，系统的黏度随着时间的增加而减小的性质。

绝大多数时间依赖性流体是触变性流体。触变性流体内的质点间形成结构，流动时结构被破坏，停止流动时结构恢复，但结构破坏与恢复都不是立即完成的，需要一定的时间，因此系统的流动性质有明显的时间依赖性。可以将触变性看成是系统在恒温下"凝胶-溶胶"之间的相互转换过程的表现。更确切地说，物体在切力作用下产生变形，若黏度暂时性降低，则该物体具有触变性。

在实际生产中有许多触变性问题，例如涂料和油墨的质量常取决于是否有良好的触变性。在刷涂料时，人们希望涂料具有良好的触变性，这样在搅动的时候涂料容易变稀，从而刷时省力，易于涂匀，且可使涂料光滑明亮。但是当涂料刷好后，就要求涂料黏度很快升高，尽快恢复到凝胶或者具有触变结构的状态以防止涂料流下来造成厚薄不匀。又如钻井泥浆也要求有良好的触变性，钻井时希望泥浆黏度低，这样泥浆冲刷力强，泵效率高，有利于提高钻井速度。但是一旦停钻以后，就希望泥浆黏度迅速升高，不然泥浆所携带的矿屑等杂质就要沉到井底而形成卡钻事故。

② 震凝性流体　震凝性流体的特性恰好与触变性流体的相反，即在外切力的作用下，系统的黏度迅速上升，静止后又恢复原状，它是具有时间因素的切稠现象。也就是说震凝性流体是指在固定剪切速率(不等于零)的条件下，黏度随着时间的增加而增加的流体。这种流体在工业中不常见。

（6）黏弹性流体

前面我们所讲的流体都是黏性流体，流体不具有弹性。不过，许多实际的流体除了具有黏性外还具有像弹簧那样的弹性，这就是黏弹性流体(visco-elastic fluid)。对于有些物体甚至很难区分是液体还是固体，有时看起来像固体的东西，当施以较大的剪切应力之后再仔细观察，就会发现该物体产生了形变流动，显示出了液体的性质。而有些看上去像液体的东西，又能显示出固体那样的弹性。另外一些物质的特性还与剪切应力施加的方式有关，例如硅橡胶，当把一个捏成圆球状的硅橡胶快速扔向地板时，它能像皮球一样反弹回来。但是，当你把它放置在桌上几个小时，它就会像流体那样向四周流动。

黏弹性流体的另一个重要特性就是韦森伯格(Weissenbarg)效应。在日常生活中，人们经常会观察到这样一个现象，用一搅拌棒搅动水(或其他牛顿流体)，水就跟着搅拌棒旋转，在靠近搅拌棒处液面下降，而在容器壁附近液面上升，上升和下降的高度决定于搅拌棒的旋转速度，如图 11-42 (a)所示。如果搅拌棒在黏弹性流体中搅动，则液体会沿着搅拌棒上升，上升高度取决于液体的黏弹性和搅拌棒的旋转速度，如图 11-42（b）所示。这种能克服地心引力和本身旋转离心力而又与切力方向无关的液体上升现象就叫作韦森伯格效应。

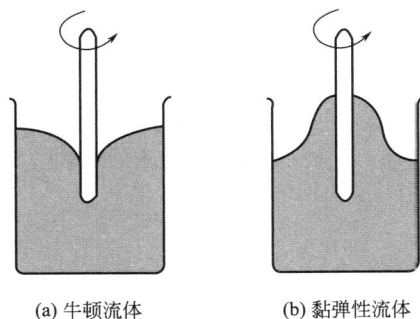

(a) 牛顿流体　　(b) 黏弹性流体

图 11-42　韦森伯格效应

它来源于这种液体的弹性，正如拉紧的橡皮一样，拉得越紧，张力越大。在流体中间，其中心切速最大，张力也最大，从而迫使液体的中心移动，因此液体就有"爬杆"现象。

学习基本要求

1. 了解分散系统的分类，掌握胶团的结构及其带电性质，熟悉溶胶的制备和净化方法。
2. 了解溶胶光学性质中的丁铎尔效应、瑞利公式和胶体颗粒大小测定的原理和仪器。

3. 了解溶胶动力学性质中的布朗运动理论、扩散作用的菲克第一定律和沉降平衡的贝林公式。

4. 了解溶胶电学性质中的电泳现象、电渗现象、流动电势和沉降电势，掌握扩散双电层理论。

5. 了解溶胶稳定性概念和稳定性的 DLVO 理论，掌握小分子电解质和高分子化合物对溶胶聚沉作用的规律。

6. 熟悉牛顿流体和非牛顿流体的区别，掌握流体黏度的泊肃叶（Poiseuille）公式，了解影响分散系统黏度的因素。

习题

11-1 何谓胶体分散系统？胶体分散系统主要包括哪三种体系？各有何特点？

11-2 丁铎尔效应是由光的什么作用引起的？其强弱与入射光波长有什么关系？粒子大小范围落在什么区间内可观察到丁铎尔效应？

11-3 简述超显微镜的原理及应用。

11-4 某溶胶中粒子平均直径为 4.2nm，设其黏度和纯水相同。已知 298K 纯水黏度 $\eta = 0.001 Pa \cdot s$。试计算：

（1）298K 时在 1s 内由于布朗运动，粒子沿 x 轴方向的平均位移；

（2）胶体的扩散系数。

11-5 某一球形胶体粒子，293K 时扩散系数为 $9 \times 10^{-12} m^2 \cdot s^{-1}$，求胶粒的半径及摩尔胶团质量。已知胶粒密度为 $1452 kg \cdot m^{-3}$，水的黏度为 $0.0011 Pa \cdot s$。

11-6 写出由 $FeCl_3$ 水解所得 $Fe(OH)_3$ 溶胶的胶团结构。已知稳定剂为 $FeCl_3$。

11-7 用 $AgNO_3$ 和 KCl 溶液混合制备 AgCl 溶胶时，若 KCl 过量，写出这个溶胶的胶团结构并指出胶粒的电泳方向。

11-8 用 KI 和 $AgNO_3$ 溶液混合制备 AgI 溶胶，若 $AgNO_3$ 过量，下列哪种电解质的聚沉值最大？（1）$CaCl_2$；（2）Na_2SO_4；（3）$MgSO_4$。

11-9 高分子对溶胶起稳定作用的途径有哪些？何为高分子的聚沉作用？有何应用？

11-10 溶胶中电解质浓度增加对扩散层的厚度、电荷密度、ζ 电位及其电动性质有何影响？

附 录 ▶▶

附录一　SI 基本单位

量的名称	单位名称	单位符号	量的单位	单位名称	单位符号
长度	米	m	热力学温度	开[尔文]	K
质量	千克（公斤）	kg	物质的量	摩[尔]	mol
时间	秒	s	发光强度	坎[德拉]	cd
电流	安[培]	A			

附录二　包括 SI 辅助单位在内的具有专门名称的 SI 导出单位

量的名称	SI 导出单位		
	名称	符号	用 SI 基本单位和 SI 导出单位表示
[平面]角	弧度	rad	$1rad=1m/m=1$
立体角	球面度	sr	$1sr=1m^2/m^2=1$
频率	赫[兹]	Hz	$1Hz=1s^{-1}$
力	牛[顿]	N	$1N=1kg\cdot m\cdot s^{-2}$
压力、压强、应力	帕[斯卡]	Pa	$1Pa=1N\cdot m^{-2}$
能[量]、功、热量	焦[耳]	J	$1J=1N\cdot m$
电荷[量]	库[仑]	C	$1C=1A\cdot s$
功率、辐[射能]通量	瓦[特]	W	$1W=1J\cdot s^{-1}$
电位、电压、电动势	伏[特]	V	$1V=1W\cdot A^{-1}$
电容	法[拉]	F	$1F=1C\cdot V^{-1}$
电阻	欧[姆]	Ω	$1\Omega=1V\cdot A^{-1}$
电导	西[门子]	S	$1S=1\Omega^{-1}$
磁[通量]	韦[伯]	Wb	$1Wb=1V\cdot s$
磁感应强度、磁[通量]密度	特[斯拉]	T	$1T=1Wb\cdot m^{-2}$
电感	亨[利]	H	$1H=1Wb\cdot A^{-1}$
摄氏温度	摄氏度	℃	$1℃=1K$
光通量	流[明]	lm	$1lm=1cd\cdot sr$
[光]照度	勒[克斯]	lx	$1lx=1lm\cdot m^{-2}$

附录三　某些物质的临界参数

物 质		临界温度 $T_c/℃$	临界压力 $p_c/$ MPa	临界体积 $V_{m,c}$ $/10^{-6}m^3 \cdot mol^{-1}$	临界压缩因子 Z_c
He	氦	−267.96	0.23	57	0.300
Ar	氩	−122.40	4.87	75	0.291
H_2	氢	−239.90	1.30	65	0.305
N_2	氮	−147.00	3.39	90	0.290
O_2	氧	−118.57	5.04	73	0.288
F_2	氟	−128.84	5.22	66	0.288
Cl_2	氯	144.00	7.70	123	0.275
Br_2	溴	311.00	10.30	127	0.270
H_2O	水	373.91	22.05	56	0.230
NH_3	氨	132.33	11.31	72	0.242
HCl	氯化氢	51.50	8.31	81	0.250
H_2S	硫化氢	100.00	8.94	99	0.284
CO	一氧化碳	−140.23	3.50	93	0.295
CO_2	二氧化碳	30.98	7.38	94	0.275
SO_2	二氧化硫	157.50	7.88	122	0.268
CH_4	甲烷	−82.62	4.60	98.6	0.286
C_2H_6	乙烷	32.18	4.87	145.5	0.283
C_3H_8	丙烷	96.59	4.25	200	0.285
C_2H_4	乙烯	9.19	5.04	131	0.281
C_3H_6	丙烯	91.80	4.62	185	0.275
C_2H_2	乙炔	35.18	6.14	122.2	0.271
$CHCl_3$	氯仿	262.90	5.33	239	0.201
CCl_4	四氯化碳	283.15	4.56	276	0.272
CH_3OH	甲醇	239.43	8.10	117	0.224
C_2H_5OH	乙醇	240.77	6.15	168	0.240
C_6H_6	苯	288.95	4.90	256	0.268
$C_6H_5CH_3$	甲苯	318.57	4.11	316	0.264

附录四　某些气体的范德华常数

气 体		$a \times 10^3$ $/Pa \cdot m^6 \cdot mol^{-2}$	$b \times 10^6$ $/m^3 \cdot mol^{-1}$
Ar	氩气	135.5	32.0
H_2	氢气	24.5	26.5
N_2	氮气	137.0	38.7
O_2	氧气	138.2	31.9
Cl_2	氯气	634.3	54.2
H_2O	水	553.7	30.5
NH_3	氨气	422.5	37.1
HCl	氯化氢	370.0	40.6
H_2S	硫化氢	454.4	43.4
CO	一氧化碳	147.2.5	39.5

气 体		$a \times 10^3$ /Pa·m^6·mol^{-2}	$b \times 10^6$ /m^3·mol^{-1}
CO_2	二氧化碳	365.8	42.9
SO_2	二氧化硫	686.5	56.8
CH_4	甲烷	230.3	43.1
C_2H_6	乙烷	558.0	65.1
C_3H_8	丙烷	939	90.5
C_2H_4	乙烯	461.2	58.2
C_3H_6	丙烯	842.2	82.4
C_2H_2	乙炔	451.6	52.2
$CHCl_3$	氯仿	1534	101.9
CCl_4	四氯化碳	2001	128.1
CH_3OH	甲醇	947.6	65.9
C_2H_5OH	乙醇	1256	87.1
$(C_2H_5)_2O$	乙醚	1746	133.3
$(CH_3)_2CO$	丙酮	1602	112.4
C_6H_6	苯	1882	119.3

附录五 某些气体的摩尔定压热容与温度的关系

$$C_{p,m} = a + bT + cT^2$$

物 质		$a \times 10^0$ /J·mol^{-1}·K^{-1}	$b \times 10^3$ /J·mol^{-1}·K^{-2}	$c \times 10^6$ /J·mol^{-1}·K^{-3}	温度范围/K
H_2	氢气	26.88	4.35	−0.33	273~3800
Cl_2	氯气	31.70	10.14	−4.04	300~1500
Br_2	溴气	35.24	4.08	−1.49	300~1500
O_2	氧气	28.17	6.30	−0.75	273~3800
N_2	氮气	27.32	6.23	−0.95	273~3800
HCl	氯化氢	28.17	1.81	1.55	300~1500
H_2O	水蒸气	29.16	14.49	−2.02	273~3800
CO	一氧化碳	26.54	7.68	−1.17	300~1500
CO_2	二氧化碳	26.75	42.26	−14.25	300~1500
CH_4	甲烷	14.15	75.50	−17.99	298~1500
C_2H_6	乙烷	9.40	159.83	−46.23	298~1500
C_2H_4	乙烯	11.84	119.67	−36.51	298~1500
C_3H_6	丙烯	9.43	188.77	−57.49	298~1500
C_2H_2	乙炔	30.67	52.81	−16.27	298~1500
C_3H_4	丙炔	26.50	120.66	−39.57	298~1500
C_6H_6	苯	−1.71	324.77	−110.58	298~1500
$C_6H_5CH_3$	甲苯	2.41	391.17	−130.65	298~1500
CH_3OH	甲醇	18.40	101.56	−28.68	273~1000
C_2H_5OH	乙醇	29.25	166.28	−48.90	298~1500
$(C_2H_5)_2O$	乙醚	−103.90	1417.00	−248.00	300~400
$HCHO$	甲醛	18.82	58.38	−15.61	291~1500
CH_3CHO	乙醛	31.05	121.46	−36.58	298~1500
$(CH_3)_2CO$	丙酮	22.47	205.97	−63.52	298~1500
$HCOOH$	甲酸	30.70	89.20	−34.54	300~700
$CHCl_3$	氯仿	29.51	148.94	−90.73	273~773

附录六 某些物质的标准摩尔生成焓、标准摩尔生成吉布斯函数、标准摩尔熵及摩尔定压热容($p^\ominus = 100\text{kPa}$, $T = 298.15\text{K}$)

物 质	$\Delta_f H_m^\ominus$ /kJ·mol^{-1}	$\Delta_f G_m^\ominus$ /kJ·mol^{-1}	$S_m^\ominus$ /J·mol^{-1}·K^{-1}	$C_{p,m}$ /J·mol^{-1}·K^{-1}
Ag(s)	0	0	42.55	25.351
AgCl(s)	−127.068	−109.789	96.2	50.79
Ag$_2$O(s)	−31.05	−11.20	121.3	65.86
Al(s)	0	0	28.33	24.35
Al$_2$O$_3$(α,刚玉)	−1675.7	−1582.3	50.92	79.04
Br$_2$(l)	0	0	152.231	75.689
Br$_2$(g)	30.907	3.110	245.463	36.02
HBr(g)	−36.40	−53.45	198.695	29.142
Ca(s)	0		41.42	25.31
CaC$_2$(s)	−59.8	−64.9	69.96	62.72
CaCO$_3$(方解石)	−1206.92	−1128.79	92.9	81.88
CaO(s)	−635.09	−604.03	39.75	42.80
Ca(OH)$_2$(s)	−986.09	−898.49	83.39	87.49
C(石墨)	0	0	5.740	8.527
C(金刚石)	1.895	2.900	2.377	6.113
CO(g)	−110.525	−137.168	197.674	29.142
CO$_2$(g)	−393.509	−394.359	213.74	37.11
CS$_2$(l)	89.70	65.27	151.34	75.7
CS$_2$(g)	117.36	67.12	237.84	45.40
CCl$_4$(l)	−135.44	−65.21	216.40	131.75
CCl$_4$(g)	−102.9	−60.59	309.85	83.30
HCN(l)	108.87	124.97	112.84	70.63
HCN(g)	135.1	124.7	201.78	35.86
Cl$_2$(g)	0	0	223.066	33.907
Cl(g)	121.679	105.680	165.198	21.840
HCl(g)	−92.307	−95.299	186.908	29.12
Cu(s)	0	0	33.150	24.435
CuO(s)	−157.3	−129.7	42.63	42.30
Cu$_2$O(s)	−168.6	−146.0	93.14	63.64
F$_2$(g)	0	0	202.78	31.30
HF(g)	−271.1	−273.2	173.779	29.133
Fe(s)	0	0	27.28	25.10

物　质	$\Delta_f H_m^{\ominus}$ /kJ·mol^{-1}	$\Delta_f G_m^{\ominus}$ /kJ·mol^{-1}	$S_m^{\ominus}$ /J·mol^{-1}·K^{-1}	$C_{p,m}$ /J·mol^{-1}·K^{-1}
$FeCl_2$（s）	−341.79	−302.30	117.95	76.65
$FeCl_3$（s）	−399.49	−334.00	142.3	96.65
Fe_2O_3（赤铁矿）	−824.2	−742.2	87.40	103.85
Fe_3O_4（磁铁矿）	−1118.4	−1015.4	146.4	143.43
$FeSO_4$（s）	−928.4	−820.8	107.5	100.58
H_2（g）	0	0	130.684	28.824
H（g）	217.965	203.247	114.713	20.784
H_2O（l）	−285.830	−237.129	69.91	75.291
H_2O（g）	−241.818	−228.572	188.825	33.577
I_2（s）	0	0	116.135	54.438
I_2（g）	62.438	19.327	260.69	36.90
I（g）	106.838	70.250	180.791	20.786
HI（g）	26.48	1.70	206.594	29.158
Mg（s）	0	0	32.68	24.89
$MgCl_2$（s）	−641.32	−591.79	89.62	71.38
MgO（s）	−601.70	−569.43	26.94	37.15
$Mg(OH)_2$（s）	−924.54	−833.51	63.18	77.03
Na（s）	0	0	51.21	28.24
Na_2CO_3（s）	−1130.68	−1044.44	134.98	112.30
$NaHCO_3$（s）	−950.81	−851.0	101.7	87.61
$NaCl$（s）	−411.153	−384.138	72.13	50.50
$NaNO_3$（s）	−467.85	−367.00	116.52	92.88
$NaOH$（s）	−425.609	−379.494	64.455	59.54
Na_2SO_4（s）	−1387.08	−1270.16	149.58	128.20
N_2（g）	0	0	191.61	29.125
NH_3（g）	−46.11	−16.45	192.45	35.06
NO（g）	90.25	86.55	210.761	29.844
NO_2（g）	33.18	51.31	240.06	37.20
N_2O（g）	82.05	104.20	219.85	38.45
N_2O_3（g）	83.72	139.46	312.28	65.61
N_2O_4（g）	9.16	97.89	304.29	77.28
N_2O_5（g）	11.3	115.1	355.7	84.5
HNO_3（l）	−174.10	−80.71	155.60	109.87
HNO_3（g）	−135.06	−74.72	266.38	53.35
NH_4NO_3（s）	−365.56	183.87	151.08	139.3
O_2（g）	0	0	205.138	29.355
O（g）	249.170	231.731	161.055	21.912
O_3（g）	142.7	163.2	238.93	39.20
P（α-白磷）	0	0	41.09	23.840
P（红磷）	−17.6	−12.1	22.80	21.21
P_4（g）	58.91	24.44	279.98	67.15
PCl_3（g）	−287.0	−267.8	311.78	71.84
PCl_5（g）	−374.9	−305.0	364.58	112.80
H_3PO_4（s）	−1279.0	−1119.1	110.50	106.06

续表

物　质	$\Delta_f H_m^{\ominus}$ /kJ·mol^{-1}	$\Delta_f G_m^{\ominus}$ /kJ·mol^{-1}	$S_m^{\ominus}$ /J·mol^{-1}·K^{-1}	$C_{p,m}$ /J·mol^{-1}·K^{-1}
S(正交晶系)	0	0	31.80	22.64
S(g)	278.805	238.250	167.821	23.673
S$_8$(g)	102.30	49.63	430.98	156.44
H$_2$S(g)	−20.63	−33.56	205.79	34.23
SO$_2$(g)	−296.830	−300.194	248.22	39.87
SO$_3$(g)	−395.72	−371.06	256.76	50.67
H$_2$SO$_4$(l)	−813.989	−690.003	156.904	138.91
Si(s)	0	0	18.83	20.00
SiCl$_4$(l)	−687.0	−619.84	239.7	145.31
SiCl$_4$(g)	−657.01	−616.98	330.73	90.25
SiH$_4$(g)	34.3	56.9	204.62	42.84
SiO$_2$(α 石英)	−910.94	856.64	41.84	44.43
SiO$_2$(s,无定形)	−903.49	−850.70	46.9	44.4
Zn(s)	0	0	41.63	25.40
ZnCO$_3$(s)	−812.78	−731.52	82.4	79.71
ZnCl$_2$(s)	−415.05	−369.398	111.46	71.34
ZnO(s)	−348.28	−318.30	43.64	40.25
CH$_4$(g)甲烷	−74.81	−50.72	186.264	35.309
C$_2$H$_6$(g)乙烷	−84.68	−32.82	229.60	52.63
C$_2$H$_4$(g)乙烯	52.26	68.15	219.56	43.56
C$_2$H$_2$(g)乙炔	226.73	209.20	200.94	43.93
CH$_3$OH(l)甲醇	−238.66	−166.27	126.8	81.6
CH$_3$OH(g)甲醇	−200.66	−161.96	239.81	43.89
C$_2$H$_5$OH(l)乙醇	−277.69	−174.78	160.7	111.46
C$_2$H$_5$OH(g)乙醇	−235.10	−168.49	282.70	65.44
(CH$_2$OH)$_2$(l)乙二醇	−184.05	−323.08	166.9	149.8
(CH$_3$)$_2$O(g)二甲醚	−108.57	−112.59	266.38	64.39
HCHO(g)甲醛	−166.19	−102.53	218.77	35.40
CH$_3$CHO(g)乙醛	−166.19	−128.86	250.3	57.3
HCOOH(l)甲酸	−424.72	−361.35	128.95	99.04
CH$_3$COOH(l)乙酸	−484.5	−389.9	159.8	124.3
CH$_3$COOH(g)乙酸	−432.25	−374.0	282.5	66.5
(CH$_2$)$_2$O(l)环氧乙烷	−77.8	−11.76	153.85	87.95
(CH$_2$)$_2$O(g)环氧乙烷	−52.63	−13.01	242.53	47.91
CHCl$_3$(l)氯仿	−134.47	−73.66	201.7	113.8
CHCl$_3$(g)氯仿	−103.14	−70.34	295.71	65.69
C$_2$H$_5$Cl(l)氯乙烷	−136.52	−59.31	190.79	104.35
C$_2$H$_5$Cl(g)氯乙烷	−112.17	−60.39	276.00	62.8
C$_2$H$_5$Br(l)溴乙烷	−92.01	−27.70	198.7	100.8
C$_2$H$_5$Br(g)溴乙烷	−64.52	−26.48	286.71	64.52
CH$_2$CHCl(l)氯乙烯	35.6	51.9	263.99	53.72
CH$_3$COCl(g)氯乙酰	−273.80	−207.99	200.8	117
CH$_3$COCl(g)氯乙酰	−243.51	−205.80	295.1	67.8
CH$_3$NH$_2$(g)甲胺	−22.97	32.16	243.41	53.1
(NH$_2$)$_2$CO(s)尿素	−333.51	−197.3	104.60	93.14

附录七 某些有机化合物的标准摩尔燃烧焓($p^{\ominus}=100\text{kPa}$，$T=298.15\text{K}$)

物 质		$-\Delta_c H_m^{\ominus}$ /kJ·mol^{-1}	物 质		$-\Delta_c H_m^{\ominus}$ /kJ·mol^{-1}
$CH_4(g)$	甲烷	890.3	$CH_3CHO(l)$	乙醛	1166.4
$C_2H_6(g)$	乙烷	1559.8	$C_2H_5CHO(l)$	丙醛	1816.3
$C_3H_8(g)$	丙烷	2219.9	$(CH_3)_2CO(l)$	丙酮	1790.4
$C_5H_{12}(l)$	正戊烷	3509.5	$HCOOH(l)$	甲酸	254.6
$C_5H_{12}(g)$	正戊烷	3536.1	$CH_3COOH(l)$	乙酸	874.5
$C_6H_{14}(l)$	正己烷	4163.1	$C_2H_5COOH(l)$	丙酸	1527.3
$C_2H_4(g)$	乙烯	1411.0	$C_3H_7COOH(l)$	正丁酸	2183.5
$C_2H_2(g)$	乙炔	1299.6	$CH_2(COOH)_2(s)$	丙二酸	861.2
$C_3H_6(g)$	环丙烷	2091.5	$(CH_2COOH)_2(s)$	丁二酸	1491.0
$C_4H_8(l)$	环丁烷	2720.5	$(CH_3CO)_2O(l)$	乙酸酐	1806.2
$C_5H_{10}(l)$	环戊烷	3290.9	$HCOOCH_3(l)$	甲酸甲酯	979.5
$C_6H_{12}(l)$	环己烷	3919.9	$C_6H_5OH(s)$	苯酚	3053.5
$C_6H_6(l)$	苯	3267.5	$C_6H_5CHO(l)$	苯甲醛	3527.9
$C_{10}H_8(s)$	萘	5153.9	$C_6H_5COCH_3(l)$	苯乙酮	4148.9
$CH_3OH(l)$	甲醇	726.5	$C_6H_5COOH(s)$	苯甲酸	3226.9
$C_2H_5OH(l)$	乙醇	1366.8	$C_6H_4(COOH)_2(s)$	邻苯二甲酸	3223.5
$C_3H_7OH(l)$	正丙醇	2019.8	$C_6H_5COOCH_3(l)$	苯甲酸甲酯	3957.6
$C_4H_9OH(l)$	正丁醇	2675.8	$C_{12}H_{22}O_{11}(s)$	蔗糖	5640.9
$CH_3OC_2H_5(g)$	甲乙醚	2107.4	$CH_3NH_2(l)$	甲胺	1060.6
$CH_3COC_2H_5(l)$	甲乙酮	2444.2	$C_2H_5NH_2(l)$	乙胺	1713.3
$(C_2H_5)_2O(l)$	二乙醚	2751.1	$(NH_2)_2CO(s)$	尿素	631.7
$HCHO(g)$	甲醛	570.8	$C_5H_5N(l)$	吡啶	2782.4

参 考 文 献

[1] 傅献彩，沈文霞，姚天扬等编. 物理化学. 第 5 版. 北京：高等教育出版社，2006.

[2] 天津大学物理化学教研室编. 物理化学. 第 5 版. 北京：高等教育出版社，2009.

[3] 胡英主编. 物理化学. 第 5 版. 北京：高等教育出版社，2007.

[4] 韩德刚，高执棣，高盘良编. 物理化学. 北京：高等教育出版社，2001.

[5] 高月英，戴乐蓉，程虎民等编. 物理化学. 北京：北京大学出版社，2009.

[6] 肖衍繁，李文斌编. 物理化学. 第 2 版. 天津：天津大学出版社，2004.

[7] 傅玉普主编. 多媒体物理化学. 大连：大连理工大学出版社，1998.

[8] 侯新朴主编. 物理化学. 北京：人民卫生出版社，2006.

[9] 范崇正，杭瑚，蒋淮渭编. 物理化学. 第 3 版. 合肥：中国科学技术大学出版社，2006.

[10] 朱传征，褚莹，许海涵主编. 物理化学. 第 2 版. 北京：科学出版社，2008.

[11] 许金煜，刘艳主编. 物理化学. 北京：北京大学医学出版社，2005.

[12] 鲁新宇，刘建兰，冯鸣主编. 物理化学. 北京：化学工业出版社，2008.

[13] 梁玉华，白守礼主编. 物理化学. 北京：化学工业出版社，1996.

[14] 冯新，宣爱国，周彩荣等编. 化工热力学. 北京：化学工业出版社，2011.

[15] 陈钟秀，顾飞燕，胡望明编. 化工热力学. 第 3 版. 北京：化学工业出版社，2012.

[16] 程传煊编. 表面物理化学. 北京：科学技术文献出版社，1995.

[17] 李葵英编. 界面与胶体的物理化学. 哈尔滨：哈尔滨工业大学出版社，1998.

[18] 江龙编. 胶体化学概论. 北京：科学出版社，2002.

[19] 周公度，段连运编. 结构化学基础. 第 4 版. 北京：北京大学出版社，2008.

[20] 马树人编. 结构化学. 北京：化学工业出版社，上海：华东理工大学出版社，2001.

[21] 唐敖庆著. 化学热力学. 长春：吉林科学技术出版社，2003.

[22] Atkins, Peter William. Physical Chemistry. 6th ed. Oxford：Oxford University Press，1998.

[23] 王元星，侯文华. 化学热力学的建立与发展概略[J]. 大学化学，2011，26（4）：87.

[24] 郭子成，任聚杰，罗青枝等. 热力学变化过程方向的完整判据[J]. 化学通讯，2013，76（5）：471.

[25] 彭庆蓉，高海翔，张春荣等. 讲授大学化学中热力学第二定律的探讨[J]. 大学化学，2011，26（2）：28.

[26] 祁学永，毕言锋. 浅谈热力学第三定律的建立和规定熵的求算[J]. 山东教育学院学报，2003，6：97.

[27] 居学海，周素芹. 如何理解热力学基本公式适用条件[J]. 大学化学，2011，26（1）：77.

[28] 卢星河. 有机电合成的理论与应用[J]. 精细化工，2000，17：123.

[29] 王欢，陆嘉星. 有机电化学合成简谈[J]. 电化学，2011，17（4）：366.